协会 行业 企业

发展研究

姚 兵 编著

中国建筑工业出版社

图书在版编目（CIP）数据

协会　行业　企业　发展研究/姚兵编著. —北京：
中国建筑工业出版社，2012.10
ISBN 978-7-112-14748-9

Ⅰ.①协…　Ⅱ.①姚…　Ⅲ.①建筑结构-金属结构-行业协会-研究-中国②建筑企业-企业发展-研究-中国　Ⅳ.①TU39-262②F426.9

中国版本图书馆 CIP 数据核字（2012）第 233597 号

本书是中国建筑金属结构协会会长姚兵同志对协会的工作发展、建筑金属行业的科学改革和相关企业转型升级的一系列研究和思考，以提高协会工作的服务意识和专业水平，推动相关行业的创新、快速发展，鼓励从业企业提升自身竞争力为目的，全面、深刻地体现了作者应用理论、关注实际、切实解决问题的研究成果。

全书共分十篇，内容包括综合篇、协会工作篇、钢结构篇、门窗幕墙及配套件篇、光电建筑业篇、模板脚手架及扣件篇、给水排水设备篇、采暖散热器篇、建筑业篇、建筑节能篇。可供广大住房和城乡建设系统干部、协会成员和相关行业从业人员学习参考。

责任编辑：郦锁林　周方圆
责任设计：赵明霞
责任校对：王誉欣　赵　颖

协会　行业　企业
发　展　研　究
姚　兵　编著

*

中国建筑工业出版社出版、发行（北京西郊百万庄）
各地新华书店、建筑书店经销
北京红光制版公司制版
北京市密东印刷有限公司印刷

*

开本：787×1092 毫米　1/16　印张：50¼　字数：1040 千字
2012 年 10 月第一版　2012 年 10 月第一次印刷
定价：**108.00** 元
ISBN 978-7-112-14748-9
（22811）

序　言

中国建筑金属结构协会是由国内外从事建筑门窗、幕墙、建筑钢结构、采暖散热器、建筑扣件、建筑模板脚手架、建筑门窗配套件、光电建筑构件、建筑给水排水设备，地暖、喷泉及配套产品、服务领域的相关企事业单位（大专院校、科研设计单位等）自愿结成的行业性非营利性社会组织。协会成立30年来，在住房和城乡建设部、民政部的领导下，切实履行为行业及会员企业提供服务、反映诉求、规范行为的宗旨，充分发挥桥梁和纽带作用，加强行业自律，认真服务企业，大力实施自主创新和可持续发展战略，积极推动行业技术进步，努力促进产业结构升级，加快转变行业发展方式，积极推动行业健康发展。

回顾本届理事会4年来的工作历程，协会在姚兵会长的领导下，全体人员以科学发展为主题，以转变发展方式为主线，以“服务企业发展、当好政府参谋、促进行业自律”为宗旨，坚持改革、坚持探索、坚持创新，各项业务不断发展，协会工作生机勃勃。

姚兵会长从事建筑管理工作近40年，正如他自己所说：20世纪70年代做承包商（在建筑安装公司工作13年，任书记、经理），80年代在地方（任省建委副主任、主任10年），90年代在“百万庄”（任建设部建筑业司司长、监理司司长、建设部总工程师10余年），世纪之交当甲方（任国家大剧院业主委员会副主席3年）。40年来，他坚持根据工作需要勤奋学习，结合实际钻研业务，从未间断。他在学习中理论联系实际深入思考，能够做到针对工作中出现的问题提出自己独到的见解，并以此指导工作。业余时间，他把自己工作中的体会和经验总结出来，编著了《论工程建设和建筑业管理》、《论建筑企业经营管理》、《现代建筑企业论》、《建筑管理》、《建设监理的理论和实践》、《建筑行业和企业的发展战略》、《建筑管理学研究》、《建筑经济学研究》、《建筑经营学研究》、《房地产学研究》等一系列有关建筑业发展和建筑企业管理的专门论述，用以启迪后人。

2009年，他来到中国建筑金属结构协会担任会长以后，又开始在新的领域学习、探索、总结。他潜心学习建筑金属结构领域各个行业的专业知识，虚心向企业家和地方协会的同志学习，了解行业的发展状况，深入进行调查研究，积极参加各种行业研讨座谈，与企业家和行业专家广泛进行交流，掌握大量行业发展的第一手材料，并把自己的研究和思考在行业的会议论坛上与大家分享。每次会议他都要查阅大量资料，认真准备会上的讲话，提出自己对行业研究的体会，对行业发展的认识。他的讲话思路清晰，论点明确，论述精辟，内容丰富。既能联系行业的实际，又有理论的高度；既能够引导大家思考，又能够给予大家新的启发。

姚兵会长到中国建筑金属结构协会任职的4年间，共发表讲话百余次，整理出来的有70多篇。这些讲话对很多行业的问题都提出了自己独到的见解，而且有着合乎逻辑的推断和系统的表达，对行业的发展有很强的针对性和指导作用。特别是姚兵会长在讲话中提出的加强学习的观点、合作共赢的观点、调查研究的观点、科技创新的观点、全球战略的观点和推动信息化建设的观点，以及一系列的工作要求，对我们行业适应低碳经济的发展，满足节能环保的社会需要，开拓国际市场有着十分重要的意义。很多会议代表在听过姚兵会长的讲话之后，都希望能够看到文字稿，以便进一步地学习和领会。为此，我们协会将姚兵会长的讲话录音做了认真的整理，并合订成册，供广大会员企业和相关人员学习。

当前，中国建筑金属结构行业正面临史无前例的发展机遇和挑战，中国建筑金属结构协会肩负历史性的重大责任和任务。我们应认真学习姚兵会长关于我们行业发展的相关论述，在节能减排、绿色建筑、民生工程、保障房建设中，树立全局观念和大局意识，抓住历史机遇，转变发展方式，提升产业水平，脚踏实地，开拓创新，高举科学发展的旗帜，努力奋进，实现行业的可持续发展，再创新的辉煌。

中国建筑金属结构协会秘书处

目　录

一、综 合 篇

抓住机遇　迎接挑战

抓住机遇、迎接挑战是改革开放 30 年来每一个组织、每一个人员工作的要求，由此而带来了改革开放的巨大成就。今天讲抓住机遇、迎接挑战无论是对企业，还是对协会，以至于每一位工作人员、劳动者都有着特别重要的内涵和意义。

一、国际金融危机对企业的机遇和挑战

1. 站在新的历史起点上，应对国际金融危机

进入 2008 年 9 月之后，发端于美国的次贷危机终于爆发成一场席卷全球的金融危机。这场危机发展速度之快、影响范围之广、恐慌程度之深出乎了所有人的意料，各国政府则采取了一系列大规模的救市行动。不管这场危机最后如何演变，未来世界经济发展的格局必将出现重大变化。正确认识当前国际金融危机的性质、发展态势及其对世界经济的影响，对于我国应对当前的挑战以及在塑造未来世界经济新秩序的过程中占得先机具有重要意义。

随着这场金融危机不断地深化，对其严重程度的认识也在不断加深。2008 年初，国际知名投资家索罗斯曾说“这是第二次世界大战后最严重的金融危机”，这是与 1929～1933 年间的金融危机相比较而言。而美联储前主席格林斯潘认为“这是一次百年不遇的金融危机”，这是与 1907 年美国的银行危机相比。美国总统布什最近发表讲话终于承认“这是美国有史以来最严重的金融危机”。就目前的发展情况来看，此次危机在某些方面确实比 1929～1933 年间的金融危机或是 1907 年银行危机更严重。

首先，这次危机影响的范围极其广泛。一方面，危机跨越了绝大多数国家，从国际经济和金融体系的核心——美国爆发，迅速波及所有的发达国家和新兴市场国家。另一方面，危机覆盖了所有的金融市场和金融机构，房地产、信贷、债券、股票、商品、外汇市场无一幸免，商业银行、保险公司、证券公司以及包括退休基金、私募股权基金甚至对冲基金在内的基金公司等均受到冲击。这种情况的出现是和近年来经济全球化和信息化高速发展、投机资本在国际间大规模流动以及金融创新和金融衍生产品泛滥密不可分的。这是传统金融危机无法比拟的。

其次，这次危机的恐慌程度非常罕见。2008 年 10 月 6 日～11 日，美国股票跌幅 18%，创历史之最；反映银行信贷风险的伦敦银行间拆借利率与美国国债之间的利差

连续上升，不断创出历史最高纪录；连流动性很好、风险相对较低的货币基金市场和商业票据市场也出现了资金大规模流出和融资困难的局面；由于投资者抢购国债，美国三个月期国债收益率一度为负。充分说明市场已经恐慌到了极点。

第三，政府的救市行动不论是速度、力度和广度都是前所未有的。除了降低利率和向金融体系注入流动性资金等传统手段之外，各国政府还采取了提高存款保险、收购金融机构不良资产和股权甚至直接接管等措施。美联储还对货币基金市场提供担保，直接购买企业商业票据，等于是中央银行直接对企业进行贷款。1907 年银行危机时美国没有中央银行（最后贷款人），1929～1933 年金融危机时美国没有存款保险制度、没有证券监管部门、政府不懂宏观调控。现在这些问题都不存在，但如此大规模的救市措施仍然难以稳定金融市场，也进一步佐证了本次金融危机的严重程度。

本次危机的复杂性远远超过以往。无节制和无监管的金融创新创造出复杂而又难以定价的金融衍生产品，由于大量运用杠杆工具其风险被急剧放大，然后又通过复杂的交易模式传递到其他的金融机构和金融市场。当市场情况逆转的时候，一次错误的衍生产品交易就可能导致一家金融机构破产，并进一步引发其客户、合作伙伴、交易对手破产，形成连锁反应。在当前的国际金融危机中，出现金融机构破产是必然的，但金融机构、监管当局还有投资者都不知道下一个破产的是谁，最终的损失有多大。因此，这场危机已经不是一个简单的流动性危机而是一个破产危机。所以才会有恐慌，旨在缓解金融体系流动性的措施也效果有限。

如果过一段时间，金融危机还不能缓解，西方国家政府唯一能采取的措施就是对大型金融机构实施国有化，并对金融市场采取行政管制。只有这样才能彻底打消对金融机构破产和金融市场崩溃的恐慌。但即使如此，经济衰退已经无法避免了。

面对国际金融危机，要看清我国 30 年改革开放取得的成绩和已经建立的雄厚基础，我们今天处在新的历史发展起点上。

我们坚持以经济建设为中心，我国综合国力迈上新台阶。从 1978～2007 年，我国国内生产总值由 3645 亿元增长到 24.95 万亿元，年均实际增长 9.8%，是同期世界经济年均增长率的 3 倍多，我国经济总量上升为世界第四。我们依靠自己力量稳定解决了 13 亿人口吃饭问题。我国主要农产品和工业品产量已居世界第一，具有世界先进水平的重大科技创新成果不断涌现，高新技术产业蓬勃发展，水利、能源、交通、通信等基础设施建设取得突破性进展，生态文明建设不断推进，城乡面貌焕然一新。

从纵向看，这 30 年可以说是百年中国最少干扰、最快发展、最多实惠的时期。2008 年堪称现代化中国的一个节点。节点的一头连着过去 100 年，连着跌宕起伏的民族复兴之旅；节点的另一头，则是未来 2 年、12 年、41 年，那是中国人民的新期盼：再过 2 年，完成“十一五”规划；再过 12 年，迎来全面小康；再过 41 年，基本实现现代化。

从横向看，30年改革开放成就的中国道路，丰富着当今世界的发展模式，让21世纪困于诸多发展难题的人类社会，在“拉美模式”、“休克疗法”若干探索之外，看到另一种可能——一种将现代化规律与本国国情相结合的可能、一种将世界文明潮流与自身发展进步相结合的可能，这就是中国特色的社会主义道路。

面对国际金融危机，还要看到对我国科学发展的不利影响，必须采取积极措施。

今年以来，世界经济形势急剧变化，国际金融市场出现动荡，特别是第三季度以来，由美国次贷危机引发的金融危机严重冲击世界经济，对我国经济发展也产生了不利影响。九月份以来的两个月，我国经济增长放缓、企业经营困难的状况正加快从沿海向内地、从中小企业向大企业、从出口行业向其他行业蔓延。为有效应对国际金融危机对我国经济带来的不利影响，防止经济增速过快下滑和出现大的波动，党中央、国务院及时果断地对宏观经济政策作出重大调整，出台了一系列政策措施。11月6日，胡锦涛总书记主持召开中央政治局常委会，专门听取国家发改委关于当前进一步扩大内需、促进经济增长十项措施的汇报。在此之前，国务院常务会议也做了专题研究。11月8日，中共中央、国务院转发了《国家发展和改革委员会关于当前进一步扩大内需、促进经济平稳较快增长的十项措施》。11月10日，国务院召开紧急会议，温家宝总理通报了当前国际国内经济形势，部署了进一步扩大内需、促进经济平稳较快增长的有关工作。中央决定，把稳健的财政政策调整为积极的财政政策，把从紧的货币政策调整为适度宽松的货币政策，从今年第四季度到2010年底，中央将安排投资1.18万亿元，带动地方政府和社会总投资规模达到4万亿元；今年第四季度在原计划基础上增加安排中央财政资金1000亿元，主要用于加快民生工程、重大基础设施、生态环境、自主创新和产业结构调整等方面的建设。

2009年正向我们走来。这可能是我国进入新世纪以来经济发展最为困难的一年，也是蕴含重大机遇的一年。

这一判断，是基于愈演愈烈的国际金融危机，使中国的发展面临严峻挑战。同时也在一定程度上表明，中国改革开放的巨轮在激流勇进30年之后，正全面驶向攻坚克难的“深水区”。

“深水区”、“攻坚战”、“矛盾凸现期”、“改革在闯关”……。这些年，改革开放的航船一直在强烈的忧患意识和清醒的危机意识中，在困难和矛盾的挑战中破浪前行。如果说30年改革开放，以举世瞩目的成就、前所未有的跨越，给国家以富强，给社会以进步，给人民以信心，那么我们也不讳言，这场新的伟大革命并非一路坦途，改革越向前推进，触及的矛盾就越深，碰到的难题就越大。

刚刚召开的中央经济工作会议明确指出：贯彻落实明年经济工作的总体要求，必须抓住关键、突出重点。必须把保持经济平稳较快发展作为明年经济工作的首要任务。要着力在保增长上下工夫，把扩大内需作为保增长的重要途径，把加快发展方式转变和结构调整作为保增长的主攻方向，把深化重点领域和关键环节改革、提高对外开放水平作为保增长的强大动力，把改善民生作为保增长的出发点和落脚点。

2. 抓住危中之“机”迎接新的挑战

国外舆论界对当前经济形势多是谈“危机”，然而如何结合我国改革开放、科学发展的实际，如何结合我们所在企业成长壮大的实际辩证地看，在危机中寻找机遇，抓住危中之“机”，想事做事；抓住危中之“机”，坚定我们的道路和选择；抓住危中之“机”，优化我们企业的治理结构；抓住危中之“机”，考验锻炼我们的企业家队伍和经营管理专家队伍，具体说：

一是认真落实中央扩大内需促进经济增长的各项政策。认真实施中央关于进一步扩大内需促进经济增长的一系列的各项政策措施关系到中央宏观调控目标的实现，关系到我国经济社会发展的大局，关系到亿万百姓的福祉。

作为企业来说要弄清中央新增投资的方向，严格执行国家产业政策和市场准入标准，特别是投标或已中标的投资项目，采取非常措施确保尽早开工，同时要加强项目管理、确保又好又快地建成项目，实现投资的高效率和高效益。

企业要充分用好中央的财政和货币政策。中央实施积极的财政政策，是 1998 年我国应对亚洲金融危机时的成功经验，实施积极的财政政策是增加财政支出，加大政府投资特别是中央投资的力度，进而带动社会投资，对拉动经济增长作用明显。适度宽松的货币政策意在增加货币供给，在继续稳定价格总水平的同时，要在促进经济增长方面发挥更加积极的作用。企业要高度重视银企合作，既要注重社会责任又能抓住机遇促使企业实施有效扩张经营。

中央实施增值税转型政策，鼓励技术改造，减轻企业负担的各项政策，企业要积极主动争取，无论是主业的升级还是副业的拓展方面都可能谋求新的发展。

中小企业要充分用好中央加大对中小企业的技术改造兼并重组的支持政策，实施好自身的发展战略。

二是重新审视企业的经营战略，实现可持续发展。企业要调整好发展战略，包括组织结构、产品结构、技术方向等调整，经得起在这非常时期国内外两大市场对企业竞争力的检验。

企业要抓住时机，加大对企业文化、企业品牌的建设，企业产品的研发等方面软实力投资，努力使企业做大做强，同时要高度重视企业合理、有效的资产负债结构，要吸取国际上有些大企业往往因过度负债、财务结构失衡成为经济危机时倒下的庞然大物的教训，要把握好企业适度的经营规模，实施有效的规模经营。

企业经营专业化是方向，努力使技术主导型的专业做精、做强，同时要充分利用企业自身的和社会可利用的各种资源，充分挖掘各类经营要素的潜力，选择多元化的经营，谋求企业更大的经济利益。

三是构建与软实力相匹配的企业结构。企业要特别关注自身的抗风险能力，对危机时的风险识别、风险估算、风险避免、风险转移或自留要进行科学分析，采取多种预案和有力措施。

企业要充分认识到没有技术能力和品牌影响力支撑的企业扩张形成的庞大生产能力是建立在沙滩上的高楼大厦，往往是规模越大风险越大。

企业结构要适应市场的需求，要适应资源和要素所提供的能量，要适应企业所经营的专业涉及的国家产业政策，企业要努力提高技术创新能力、营销能力、品牌影响力、融资能力、系统集成能力、企业的治理能力和管理水平，构建软硬实力相匹配的企业结构，有效应对危机所带来的影响，解决方方面面可能存在的难题。

四是推进并购重组，提高产业集中度。应该看到我们不少产业中的企业是重复的、分散的、技术落后的，程度不同地存在着结构性的低效率，在经济下滑时这类问题显得尤为突出，企业各业务板块的矛盾也充分暴露，在这个时候，企业要在把握好市场规律和自身的航向上做出新的抉择。

经济危机为企业低成本扩张提供了机会又是企业收缩战线优化企业经营结构的有利时机，优势企业要通过并购重组使优势更加集中，从而在做大做强上有新的突破。较为困难的企业要通过并购重组，实施减肥的“瘦身”战略，以减少投资的损失，所有企业要尽可能地通过剥离、收购、重组，充分激发企业存量资产、资源和经营要素的活力。

从全国来看，改革开放 30 年，我们已经形成了较强的产业基础，这次如果我们把渡过这次全球金融危机转化为优化企业资源配置的机会，使制约产业竞争力的某些结构性问题得到解决，那么完全有可能使我国的产业和企业成为这次全球金融危机的赢家。

五是实施技术追赶战略再造竞争优势。我们现在的不少企业特别是建筑业是劳动密集型企业，如何在“危”中找机，增加技术含量，增加产品的高附加值，又是一个企业必须面对的大问题。

应该看到机会总是照顾那些有准备的企业，能从根本上扭转被动局面的关键是创新。无论是原始创新、集成创新，还是引进吸收消化再创新，企业都要把自身摆在创新的主人、主力上。从国外企业发展史上看，不少企业之所以成为几十强几百强，很重要的一点就在于此。如当全球汽油价格上涨的时候，就有各种节油的产品技术使一些企业成了强者。当全球处在经济一体化知识爆炸的年代时，就有 IT 产品的企业走在前面。今天，危机的外部压力和基础要素价格出现幅度较大的涨或落，自有各种企业针对其涨落实施技术追赶，寻求产业升级、企业新生。可以这样看，经济正常时是如此，经济危机时更是如此。看谁能研发新产品、开发新技术、探索新的商业模式、寻求企业新的市场亮点和新的增长点，再造新的竞争优势从而有效地实施企业的可持续发展。

六是苦练内功，向精益管理要效益。应该看到我们企业在经营管理上有了长足的发展，特别是遵循中国特色社会主义理论体系，理论在不断发展、实践在不断积累，创造出了很多宝贵经验，新的智商型的企业家正在茁壮成长，但是还要看到与全球先进企业相比较，一些企业在某些方面还程度不同地存在着差距。无论是成本控制管理，研发能力管理、质量安全管理、供应链管理、品牌战略营销管理，还是融资投资及资本经营管理，人力资源开发管理等方面还存在着这样或那样的差距。然而需要我们认识的差距就是潜力，在今天全球危机的状态下苦练内功，向精益管理要效益，要可持续发展仍是一个重要命题，现实摆在我们面前。市场状况好的时候，企业经营管理水平的差距表现在挣钱的多和少，效益的高和低；而在市场状况不好，全球金融危机时，企业管理水平的差距往往要表现为企业家的成和败，企业的生和死。我们企业要认识到细节可能决定成败，要努力做到精细管理；流程决定收益，要做到精益管理；人本决定未来，要做到知识管理。

经济危机是对每一位企业家素质的检验和能力的挑战，企业家要成为全球金融危机时期抓住机遇迎接挑战的佼佼者。

总之，我们建筑金属结构协会的各专业委员会要组织会员单位深入研讨探索，树立危机中的勇气和底气，使企业在迎接挑战中发展壮大。

二、市场发育过程的不完善是对企业家成长的机遇和挑战

时势造英雄，快速发展的中国将造就很多企业家，优秀经营者。我曾经讲过，一个民族，不重视企业家的民族是没有希望的民族。一个国家要富强，要靠企业去创造财富，而企业要靠企业家去引领。企业家是当今时代最可爱的人，最稀缺、最宝贵的资源。一个地方如果企业家多了，这个地方自然也就发展了；如果企业家少了，这个地方的经济得不到发展。当然我们很多优秀的企业家在成长，我也看过一本书，名字叫《中国没有企业家》，他分析了中国的明、清，一直到当代。他的分析有一定的道理，但我不完全赞同他的观点。现在我们中国正在崛起，正在兴起商会。在北京，什么重庆北京商会，黑龙江省北京商会，江苏北京商会等等。我们中国清朝时期，最大的商会是徽商，徽商是以儒商著称，叫无徽不成城，无徽不成市，全中国到处都是徽商。徽商见证了中国民族资本家的成长。以后就是晋商，山西晋商在全国有名。现在是浙商和苏商，商会现在正在发展。我们现在要承认我们是从商的，我们的建筑公司要勇于承认我是商人，我们的监理公司也是商人，是咨询服务商。商会的成长，就是我们企业、企业经营者的成长。当前中国可真正称之为企业家的不多，比较有名的像海尔的张瑞敏，还有联想的柳传志等，他们很有水平，有的上了美国哈佛大学的教

材，中国的企业家像这样的不多。我说过，中国真正成功的企业家现在并不太多，但是中国从事企业家的行为，从事企业家工作，做企业家职能的人很多，在座的除了政府官员之外，基本上都是。企业家要具备两个条件：第一条，要有经营管理方面的才能；第二条，你要有资本。没有资本不叫企业家，有了资本没有经营管理能力也不叫企业家，那叫资本家。资本加上能力才能叫企业家。应该说，建筑市场正在培育我们的建筑企业家，建筑经营者。

1. 建筑市场发育过程是企业家成长的机遇

(1) 建筑市场经营知识的武装

经营知识从管理科学的全球发展来看，有人说进入到第五代了，也有人说进入到了第四代。大体上说，从美国泰勒先生研究的动作管理，也叫经典管理开始。泰勒当时研究把一个人的劳动用秒表来卡，做哪一步，用多少秒，每一步加起来，最后工作完成要花多少时间，以后按照平均先进的水平制成劳动定额，对工人进行管理，看谁干的好坏，就看你完成定额的数量，按照动作进行管理。

动作管理发展到后来的行为管理。人的行为有X行为，有Y行为，有Z行为，人的行为是根据人的需要产生的，人有什么需要呢？人的最低需要是吃饱穿暖，这是身体上的需要。之后就有了安全的需要，我吃得饱、穿得好，但是工作很危险，不安全，老出事故，谁也不愿意老在危险的地方工作，危险就要采取措施，所以人就有了安全的需要。安全的需要往上，又有了舒适的需要，就是工作环境要舒适，整天灰头灰脸、脏兮兮，累得要死，那不行。再往上，就有尊重的需要。人嘛，我劳动也好，我干什么也好，你要尊重我，敬重我，不尊重我，我不干。你们在民营企业工作，民营企业老板尊重你，你给他干，他不尊重你，他给多少钱也不给他干。就像媳妇和她婆婆一样，女同志有这个体会，你把婆婆哄的高兴一点，尊重一点，在你摔了碗的时候婆婆会说：俺儿媳妇真好，摔个碗挺响的；你不尊重她，你走路也不行，站着也不行，她处处找你的事。领导和同事之间也是这样，你敬我一分我敬你十分，你敬我十分，我敬你百分。你不理我拉倒，你当经理又咋的了，你与我有什么关系啊，人嘛就是有敬重的需要。最高的需要是自我实现的需要。实际上我们每个人都有，比如说我当监理，我的中心思想就是把这个监理工作研究透，监理事情做好，要实现个人的人生价值。我当企业经理，我把企业经营好、管理好，这是我的自我实现。最高的就是自我实现，你想，董存瑞、黄继光，牺牲自己的生命，他们的目的是为什么，为了中国的解放，为了革命的目标自我实现。数学家陈景润，走路撞到树上，家庭生活不能料理，吃什么穿什么不会，但是他一心钻研哥德巴赫猜想，天天研究这个数字，他就是自我实现的需要。一个数学家，为了这个自我实现，他的低级需要都不要了，吃不饱也行，穿不好也行，别人敬重他也行，不敬重他也行，他就是要实现自己的目标，自我实现的需要，最高境界的需要。这就是行为管理。

第三阶段发展到了全面管理。全面管理是以日本为典型的全面质量管理。所谓全面管理，就是全过程的、全员的、全方位的进行管理。什么意思呢，就是你的工程质量好不好，与你这个办公大楼扫地的女工有关系，就全员到这么个程度，什么关系我就不展开讲了。在你大楼扫地的是你大楼的员工，前面盖的大楼与你这个扫地的员工有什么关系？这就是全员的管理，全面的管理。

第四阶段发展到比较管理。现在实际上我们都在进行比较管理。什么是比较管理呢，横向比较，纵向比较。我们说站在新的起点上是纵向比较，横向比较是和国际上的差距。我们每一个企业的成长，和10年前、20年前比较，现在我们发展了，这是纵向比较。个人也是这样，当你念高中的时候，你觉得初中太幼稚了，当你念大学的时候觉得中学太幼稚了，当你参加社会工作几年之后，你又觉得大学生活的时候我们太不懂事了，太幼稚了。只是纵向比较不行，还要横向比较。我们说中国发展了，但是我们中国的小康生活是不完备的，是初步的，是低水平的，这是跟国际上比较，这就是横向比较。除了横向比较，还要从本质上进行比较，开放的实质就是比较管理。对发展关键要素、环境等进行比较差在什么地方，优势在什么地方。这是比较管理。

现代管理是文化管理、知识管理、信息管理、电脑管理。现在已经进入到知识管理的时代，当今人类社会的知识处在爆炸的状态，每年知识都在增长，老同志稍不学习，就会出现新的文盲。过去的文盲是不识字的人，而在知识爆炸的年代新的文盲是不肯学习的人。现在要无纸办公，信息畅通，而且对社会经济之间的联系都要有纵深的了解，进行知识管理，以人为本的管理。

什么叫知识管理，怎样进行知识管理？知识管理的很多知识我们还很外行，但是因为市场经济发展到今天对知识进行管理，将会教育或者说武装着我们每一个企业经营者。我们的企业经营者，无论是个体经营者、国有经营者，都在知识经营的过程中、知识管理的过程中，在不断地提高自己。我们的平均水平都在提高，已经不像过去简单的老板而是人性化管理，一切为了人，一切依靠人，还要自觉担起各种社会责任。

当前，要特别注意实施人性化管理。所谓人性化管理，就是一种在整个企业管理过程中充分注意人性要素，以充分开掘人的潜能为己任的管理模式。至于其具体内容，可以包含很多要素，如对人的尊重，充分的物质激励和精神激励，给人提供各种成长与发展机会，注重企业与个人的双赢战略，制订员工的生涯规划等等。

人性化管理风格的实质就在于“把人当人看”，从而使得员工愿意怀着这种满意或者是满足的心态以最佳的精神状态全身心地投入到工作当中去，进而直接提高企业的管理效率。著名经济与管理学家阿里·德赫斯（Arie de Geus）从自己在皇家荷兰壳牌集团公司38年的工作体验及对世界上能幸存并寿命很长的公司进行了研究后，也提出这种宽容型的人性化管理，其实正是新经济形态下一种新型的管理理念与方式，也是世界上许多企业能保持持久的生命力，并成为“长寿企业”的活力所在。管理者应该意识到，管理的唯一目的不是企业利润，在企业发展过程中，个人与企业共同成长才是企业经营、管理的理想境界。在当今社会，更多企业都在将过去那种机械式、制度式、条例式、家长式的管理逐步向人性化的管理改进以适应新经济的要求。根据员工的能力、特长、兴趣、心理状况等综合情况来科学地安排最合适的工作，并且在工作中充分地考虑到员工的成长和价值，使员工能够在工作中充分调动和发挥积极性、主动性和创造性，从而不断创造优异的工作业绩，为达到企业发展目标做出最大的贡献。这是人性化管理的根本目的。我们不难看出，人性化管理扬弃了传统的“以人为手段”的管理理念，而面对一个“完整”的人，不仅仅是他们的技术和能力。企业应认识到员工的需求和愿望，承认他们对于归属的需要、成就的需要，倾听和理解他们意见、建议，通过让他们参与对企业发展、内部管理和其他重大事项的决策，将有利于塑造员工积极向上的精神面貌，有利于形成企业牢固的凝聚力。

(2) 建筑市场经营能力的锤炼

商场如战场，是没有常胜将军的。我写《建筑经营学研究》的时候，专门写了一章“经营失败”。常胜是没有的，我们国有企业过去有个毛病，要求国有企业经营者都要常胜，败一次就不让干了，那不行。如果十个项目，六个败了，四个成功，那不咋地；六个成功，四个败了，还是不错的企业家。百分之百都要成功，那很难。没有经历失败的锤炼，怎么行。人家说失败是成功之母，你不能忘记母亲的教育，你不能老失败。我们的企业从小到大，就是实践的过程，不是老师在课堂所讲的东西，是我们实践的运作。每一个经理、每一个总监都有自己的性格，都有自己的特点，没有统一的模式。如果谁讲模式，那是骗人的。张经理和王经理，性格不一样，有内向的，有外向的。工作经历也不一样，但成功也不一样。人都是不一样的，都有各自成功的诀窍，各自成长的道路。但是有一条，他的能力在锻炼中提高。我们办一个监理公司，办一个建筑公司，一是求生存，二是谋发展。在求生存谋发展的过程中，经营者也在不断提高自己的能力。

有些企业刚开始是小公司、家族式企业，弟兄两个或夫妻两个开个店，发展到一定规模，家族式企业远远不能适应，必须要规范运作，也就是建立完善现代企业制度。我们有些国有企业也是如此，还保留传统的国有企业模式，什么叫企业做大做强，什么叫大，什么叫强？我们国有企业过去大，什么大？级别高，我这个企业是县团级的，你的企业是科级的，我们企业还有副部级的呢，那就叫大企业吗，其实不然。还有的企业人多，我的企业 5000 人，你的企业 500 人，那我是大企业，你是小企业。都没用，我说过，一些大企业，一分钱没有，小企业还能拿点钱出来呢，大企业空壳子，还赔钱。人多有什么用。我们过去说过人多力量大，但是人多还有不利的一面，看怎么使用，从什么角度来说了。中国人多，如果充分尊重人，敬重人，发挥人的聪明才智，中国人的力量大了。如果不搞计划生育，那人多了是灾难，所以要搞计划生育。我说过，中国现在如果是5亿人口的话，那中国人是世界上最富的。我担任建筑业司司长、总工程师的时候，到国外考察，人家问我，我说我们建筑业有4500万人，人家一听吓一跳，说我们全国人口都没这么多。所以人家就说我是中国最大的包工头。但是也有灾难呀，要从安全的角度讲，在现场施工，多一个人就多一份不安全的因素。

我们如何求生存谋发展？真正的大企业应该是财团式的企业，不管你干什么，你要发展成为财团。比如说香港的李嘉诚，日本的松下幸之助，那都是财团。松下幸之助是兄弟两个搞自行车车铃起家的，现在成为电器王国，成为财团。大企业没钱怎么能叫大企业？所谓的大企业、强企业是经营能力强的企业，别人干不了的你能干，别人做不了的你能做，你是高水平、大规模的，是品牌式的企业。我们说中国当代是一个制造业大国，到外国去，多数商场都有Made in China，中国制造的产品，但是中国的品牌太少，中国是制造大国，品牌小国。中国什么时候成为品牌大国，中国才能强大起来。所以现在我们要搞全民创新、创新型国家。我们搞原始创新、集成创新、引进消化吸收再创新，要搞科技创新、管理创新、制度创新。我们的企业要在创新中成长，要进一步解放思想搞创新，否则不行。一件衣服，同样的布料，都是中国工人造的，一个车间做的，挂中国的牌子，卖200元一件，挂上外国的品牌卖20000块钱，差多少？凭牌子换效益，我们的品牌太少，包括老字号品牌。前几天别人发短信跟我开玩笑，说云南思茅市改为普洱市，现在到处宣传这个普洱茶的功能，根据这个例子，建议中国政府把北京市改成烤鸭市，把山东省改成大葱省，把天津市改成狗不理市，黑龙江省改成红肠省，说这就是我们的品牌，这样可不行。真正的品牌不是靠吹牛吹出来的，或是吃老本吃出来的，而是创新创出来的。我们的企业要在激烈的竞争中依靠自己的优势求生存谋发展，同时，我们企业经营者也在不断锤炼中成长。

(3) 建筑市场中经营者的自我完善

市场是要讲人文的，讲以人为本。现在报纸上出现最多的四个字就是“以人为本”。科学发展观的核心是什么，是以人为本；“三个代表重要思想”的核心是以人为本；企业文化的本质是以人为本。什么叫以人为本？简单地说两句话：一个是一切依靠人，一个是一切为了人。为了人的全面成长，为了造就一代新人。我们办企业干什么呢，办企业也是以人为本，企业的服务、产品是为了人，为了本企业的员工，为了社会的人，企业怎么发展靠企业的员工，靠企业的人。这也锻炼着、锤炼着、教育着我们的企业经营者。我们经营者有很多成功的典范，也有很多惨痛的教训。人家说我们中国企业，改革开放初期，出现了一批“胆商”，胆子大就能赚大钱，一个晚上就能赚大钱。有的从监狱中放出来，有的受过什么处分的，有的是当时不得势的，胆子大，敢干，倒卖，一下子就干成了。有的昨天晚上从海南通过关系买了一块土地，明天早上一卖，成为千万富翁。“胆商”是垮掉的一代，有的蹲了监狱，有的跑到国外，有的无声无息，极少数的还在成长，但是垮掉的多了，像禹作敏等，我不一一举例。改革开放中期中国崛起了一批“情商”。靠关系、靠感情发家的商人，当时国家实行双轨制，有计划内价格，计划外价格。如果通过关系拿到一批计划内钢材，往市场一卖，挣大钱了，明天早上就成富翁了。两种价格，计划内价格，计划外价格，所以出现了“官倒”，“官倒”就是官商勾结。这帮商人，我们说他们是挣扎的一代。因为现在两种价格没有了，还在治理商业贿赂。当然还有一些人，胆大妄为，包括陈良宇，包括北京的那位副市长，还有相当一部分被个别的女老板买通，导致自己的政治生涯结束，家破人亡，妻离子散。这是很残酷的现实。从上个世纪末本世纪开始，中国兴起了一批“智商”，像刚才我说的柳传志、张瑞敏，还有很多，这些智商，用智慧和才能，靠聪明才智经营企业，使企业发展壮大，使自己不断完善。这一批智商，我们称之为中国正在崛起的一代。胆商是垮掉的一代，情商是挣扎的一代，智商是正在崛起的一代。中国需要这一代人，需要这一批懂管理善经营并且特别注重自我完善的人群，这是中国最宝贵的财富，最稀缺的资源。

2. 市场挑战企业家的健康成长

（1）过度竞争的挑战

现在应该承认中国的建筑市场，仍然是供求关系很不平衡，或者像大家说的叫“僧多粥少”，难免有过度竞争，往往出现以压价、垫资、拖欠等为代价，牺牲建筑企业、监理过多的利益而赢得项目。竞争存在不公平、不公正，领导干部干预、地方进行保护等行为，在竞争过程中，又存在着种种商业贿赂，通过商业贿赂，进行不正当竞争、不平等竞争，同时因为市场诚信的缺失，使竞争没有良好的秩序，这些现象的客观存在，对每个经营者都是一个挑战，你要怎么做，如果人家贿赂，你也贿赂，人家不正当，你也不正当，用不正当对付不正当，那可是一个企业家成长的歧路。

现在不诚信的表现很多，一个是吹，还有一个是赖，再一个是假，到处都有。吹牛，能吹就吹，你看那个广告，房地产广告也是如此，这房子一建，小区一建，这广告就做上了，吹的了不得。挖了个坑，放了点水，就说本小区碧波荡漾，水景豪宅。有些领导也在吹，不大的县城也吹，让本县城走向世界，让世界了解本县城，还要建成国际化大都市。什么叫国际化大都市，你知道吗？能吹就吹，反正吹牛不犯罪。吹的现象实在太多，现在包括五星饭店的南瓜，南瓜是好，那都是营养，把这个南瓜吹的，又是降血脂，延年益寿，又能美容什么的。我们小时候在农村吃南瓜都吃伤了，一天三顿全是南瓜，现在就吹到了这个程度。吹牛的还有很多事例，有对夫妻在县城开了一家饺子店，不叫饺子店，叫饺子城。别人在旁边又开了一家饺子店，饺子城就小了，叫饺子世界。不大一个小公司，也叫个集团，小公司的经理都叫总裁，还有董事局主席。我去过日本的竹中工务店，是一家大型建筑公司，每年完成120亿美元的建筑产值，人家就叫个店，在世界各地有分店。我们呢，不叫个大名字，不叫个集团什么的就不行，名字叫多大水分就多大。

还有赖，现在建设垫资，赖账现象很多，不讲诚信。过去的三年建设部花了很大的力气，解决拖欠工程款，应该说做了大量的工作，取得很大成绩。我们到美国去学一学，到美国等发达国家看看人家拖欠工程款怎么解决，人家问“什么叫拖欠工程款哪?”“那就是干活不给钱。”“啊，干活不给钱很简单，蹲监狱呗!”我们中国赖账可不蹲监狱呀。现在政府帮着清欠，维护农民工的利益，他们就赖。

假的更不用说了，太多了。计划经济年代，我们要买东西，买粮有粮票，买布有布票，买烟有烟票，是短缺经济，商店的东西大部分是样品，能看不能买。现在我们什么都有，不大的小县城也有法国香水、意大利皮货。但是后面还有一句话，什么都有，什么都有假的，做假做得非常好。小孩子喝的牛奶有假的，新闻有假的，会计做假账，评估有假的，文凭有假的。还有假药，遇到了等于看病提前送终嘛。人家给我发个短信开玩笑，说国家医药总局的郑筱萸当局长，批了不少假药，被判死刑。这个死是怎么死的，不是用枪打死的，用打针把他打死的，注射执行。开玩笑说，第一针没打死，第二针还没打死，郑筱萸急了，说你别打了，你把我掐死得了，这个药就是我批的。造假呀，假的太多。

种种不诚信问题，不平等竞争，在考验着我们每一个经营者。我们要经得住考验，能掌握全局，把握住自己的人生。

（2）经营风险的挑战

我们的风险意识不强，只想成功不想失败，实际上在市场经济中，风险是一门科学，风险是客观存在的，只有掌握了风险的人，才能很好地经营。我们要研究风险识别风险，区分风险的种类：质量风险、科技风险、社会风险、信用风险等，如何认识风险、识别风险、规避风险，使风险减到最低的程度，使风险转嫁到能承担风险的部门，那就是保险和担保。不研究风险不行，风险意识是一种责任意识。没有风险意识、危机意识、发展意识，只满足于成绩、满足于现状那不行。国外的大企业，相当大，说破产照样破产，我们中国现在企业破产还没到时候，我们有的企业就是年年难过年年过，年年过得还不错。经营风险在挑战我们，要想干大事，风险就大，要想把企业做大，风险就大，这是客观存在的，不以人们意志为转移的。

（3）多元文化的挑战

最近我给项目管理委员会讲项目文化，讲当前项目文化的概念、项目文化的挑战。中国当前处在多元文化的情况之下，都有哪些挑战呢?

如不良潜规则的挑战。不良潜规则实在太多，所谓潜规则不是法定的，大家都是这么做的。比如说，有人认为，干工作、干事情，认认真真地埋头苦干，不会溜须拍马，就难以得到提拔。凡是提拔的干部大多是找关系的、走后门提拔上来的，不找关系，不走后门提拔不了。还有一个是无利不起早，无钱不办事，有钱乱办事，有权不用过期作废，还有很多很多这样的现象，这就是一种不良潜规则。还有诚信体制不完善，像刚才我讲的，吹呀、赖呀、假呀。还有一个扭曲的人际关系的挑战，人是社会的人，现在我们讲和谐，中国最早的孔老先生讲的“仁、义、礼、智、信”，关键是个“仁”字，“仁”，左边“人”字旁，右边是“二”，就是他人和自己、人和他人的关系。我们说，跟你一起共事的人没有完人，人人都会有缺点、犯错误，作为你的父母，作为你的儿女，作为你的丈夫、妻子，作为你的领导、被领导，这些人，都会有缺点、都会犯错误，没有缺点、没有错误的人是不喘气的人，是死人。往往跟你打交道的人，都是有缺点有错误的人，关键看你怎么对待别人的缺点、错误。应该说文化，是人际关系的文化。有的文化，是桥牌文化，是密切配合的文化，会打桥牌的人都明白，中间是一个帘子，你叫牌，我应牌，从你的叫牌、应牌，大致知道你手里是什么牌，你需要我出什么牌，是密切配合、配合默契的文化。还有一种文化，是围棋文化，围棋怎么下，谁围的空当越多，把棋子拿的越多，谁就赢，是敢于牺牲自己的文化。还有的文化是“麻将文化”，怎么打麻将呢，看住上家，瞄准对家，防着下家，我不和也不让你和，你要这个牌，非不给你，我还没提拔，你怎么提拔了，这个事我没做成你怎么做成了，总在嫉妒别人；还有一些人，你比他强，他嫉妒你，你比他差，他笑话你，怎么也不行；还有一些人，在这个班组，说这个班组不好；身在河北，说河北不好，说山东好；身在中国，说中国不好，说美国好，这是扭曲人际关系。胡锦涛总书记讲过，要形成一个一心一意谋发展、聚精会神搞建设的氛围。我们说氛围造人，好的氛围能使人勤快，能使人聪明；坏的氛围、差的氛围，使人想干事也干不成事，不能干事。

（4）庸俗习气的挑战

所谓庸俗习气，就是很庸俗、很低俗的习惯，讲哥们义气，为哥们兄弟两肋插刀也不怕，不讲法律，讲关系，讲老乡，不讲规章，不讲政策，没有团队精神。还有见物不见人的挑战，我们往往办事的时候，只注重事情，不注重人，当经理、当经营者、当监理要管工程、管机制，经理的品质怎么样，他能不能团结人，能不能发挥人们的聪明才智。

什么叫领导，漂亮地讲，服务就是领导，有没有道理呀，有一定道理。要我说呀，有跟随者才叫领导，没人跟随你，你是一个光杆司令，叫什么领导。有人愿意跟着你，不是被迫的、无奈的，愿意跟你去干，那你才是领导。毛主席也说过，当你走在群众前面，走得太远的时候，你是盲动主义，当你落在群众后面太远的时候，你是尾巴主义，你要身在人民群众中间。日本的松下幸之助说过，什么叫经理，经理是给员工端茶倒水的人，而我们有些经理在员工面前是吆五喝六的。世界上很多企业家有一个信念叫爱你的员工吧，你的员工会加倍地爱你的企业，这就是正常人际关系。爱你的员工吧，叫爱抚管理，世界上很多大企业实行爱抚管理。

中华传统、民族文化有很多精华，但是民族文化也有糟粕，比如当官就要捞钱。福建一个腐化的县委书记，当宣判他的时候，他说了一句话：当官不为财，请我都不来。县委书记这么个信念，能不腐败吗？世界上的文化，有先进文化，有糟粕的文化。当我们开放的时候，苍蝇、蚊子都放进来了。世界上有很多拜金主义，这是资产阶级世界观。资本主义不全是这样，也讲仁义。我们说金钱不是万能的，但没有金钱是万万不能的。人不能把金钱带入坟墓，但金钱能把人带入坟墓。我们相当一些腐败分子都是被金钱带入坟墓的。有些人收到来历不明的钱，放在家里怕偷，带在身上怕抢，存在银行怕查，用纪检监察的话来说，是得了一种病“腐癌——腐败的癌症”，同得癌症差不多，活遭罪。一旦败露了，家破人亡、妻离子散、身败名裂，这样的事例不少。

(5) 经营理念的挑战

经营有新的理念，比如，统筹发展的理念。工期统筹，就要把总工期和阶段工期相统筹。效益统筹，就要把社会效益、经济效益和环保效益相统筹。

需要把企业发展和社会责任相统筹，我们绝不能光顾自己企业发展而不承担社会责任。现在国际上已经提到标准的统筹，如SA 8000是社会责任体系，它的含义就是赋予市场经济以人道主义的因素，如果一个企业产品很好，全球销售，但是人家发现你这个企业用了两名童工，或者这个企业排放了污水，那你这个企业的产品全部退回，你要承担社会责任。

第二个体系是ISO 9000体系，就是质量保证体系，大家可能比较熟悉。第一句，就是企业经营者应该说的必须说到；第二句，就是说到的必须做到；第三句，做到的必须记下来。或者倒过来说，记下所做的，做你所说的，说你应该说的。不容易呀，回想一下我们每个企业经营者，我们是否说了很多不该说的话，喊了不少口号，该说的还没说到。第二句话，说到做到更不容易，很多人是语言的巨人，行动的矮子，说到并没有做到。做到记下来也不容易呀，我们遇到大检查，安全记录修改多少。最典型的一件事，我作为组长到青海省检查一个化工装置的安全，当时是国务院组织的，我说把你们的记录拿给我看，看完以后我就火了，我说把你们的厂长找来，看看你这个记录，现在是下午四点半，晚上九点半的纪录都填好了，你们这些人还坐在这里干什么？我们很多企业都是该记的不记下来，到时候补记录，修改记录。

第三个体系就是国际环境管理体系，叫ISO 14000体系。什么叫安全？我们说安全就是要消除人的不安全因素，消除物的不安全因素。物的不安全因素和人的不安全因素，两者一交叉就出安全事故，不交叉就不叫安全事故。比如，有一个吊车吊东西，在吊车的运转半径内没有人，人处在安全状态，不会出安全事故；或者人站在吊车的运转半径之内，但是吊车本身是安全的，东西不会掉下来，也不会有安全隐患。

当人处在不安全状态，站在吊车的运转半径之内，吊车也处在不安全状态，东西掉下来，砸到人，就是安全事故。我们就要考虑如何消除这些不安全的种种因素。

第四个体系是 OHSAS 18001 体系，即环境健康安全体系，职业健康体系。安全永远是一个重大问题。我当纪检组组长也抓安全。只要企业发生了 3 人以上因工死亡事故，就得快报给我，这是国务院抓的廉政建设的重要方面。作为共产党的干部，我们的企业经理为了人命抓安全，这是我们廉政勤政和考核政府的一项重要内容。我们有很多市长、区长，在安全上不能履行责任政府的职能，而不得不被停职或免职。

就项目管理而言，经营理念上还有很多内容。项目很关键，所有城市的发展是通过一个项目一个项目来实现的，所有的企业，施工企业、监理企业，它的效益也是通过一个项目一个项目来实现的，所有的建设经营者，我们的管理人员、工作人员、技术人员，是从项目上锻炼成长起来的。很多大学生毕业，找关系想安排进机关单位，我说你不如到项目上去。我写了一本书，叫项目管理的十大理念。这十大理念有服从全局的理念、统筹协调的理念、人力资本的理念、文化制胜的理念、标准化建设的理念、经济评价的理念、善用咨询的理念、风险管理的理念、阳光运作的理念、四大成果的理念等，时间关系就不展开谈了。

（6）经济全球化的挑战

当今世界经济全球化席卷到每一个国家。我们加入 WTO 以后，第一，我们很多管理方式都要逐步按照国际惯例来进行改造，按国际惯例办事。第二，我们要走出去，放眼世界市场。中国的建筑业迟早要大踏步走向国际市场，尽管今天你还在北京、在石家庄干工程，但你要看到中国的市场已经是国际市场很重要的一部分，你也是在国际市场工作，按照国际惯例干事。人要有世界的眼光，不能眼光短浅。我们有些人，“胸围”太小，总是记着，朋友的朋友是朋友，朋友的敌人是敌人，这可不一定。要站在全人类的角度，经济全球化的角度，特别是经济科技发展的角度，认真学习。今天的文盲是不肯学习的人，我们要建成学习型的社会。美国要建成人人受教育的学习型社会；德国要建立终身学习理念；日本大阪要建成学习型城市；新加坡提出了“智慧王国——2005”全民学习计划；中国共产党提出了要把共产党建成学习型政党，要创办学习型组织。

我们了解经济全球化的规则和瞄准全球市场的同时，也要注重现有的市场，全球是一个大市场。在今天科技高度发达的情况下，地球已经成为地球村，并不遥远。我们在一个村子里生活，在一个村子里工作，要有这样的胸怀，要有这样的战略性思维。我们有些企业并不太重视企业发展战略，只是过一天算一天，国有企业领导人还有一个短期行为，本人本届任期内做什么，期满了我就不管了。民营企业不是这样的，要考虑明天的发展，后天的发展，要用战略思维考虑企业的长远寿命。企业既要是长寿的，还要是健康的。没有世界的眼光、战略的思维，心胸很狭隘，这样的企业是没有出息的企业，肯定是短命的企业。在经济全球化的时代，在这知识爆炸的时代特别需要注重学习的时代，尤为强调经营者要把握建筑市场发展方向。企业经营者必须不断总结行业发展规律，准确把握行业发展趋势，未雨绸缪，掌握主动。分析我国建筑市场发展的趋势，我认为要把握以下几点。

一是专业化分工趋势。建筑业和勘察设计业的专业化分工将越来越细，建筑设计与施工的专业化协作、社会化大生产特点将更为明显。人类工业革命以来的历史证明，专业化分工协作能够大幅度提高劳动生产率，加倍提高创造财富的速度。目前我国建筑企业这种总承包企业数量大大多于专业承包企业数量的"倒金字塔"状况是不合乎规律的，但与我国目前的经济社会发展阶段相适应。因为专业分工协作需要健全的制度安排，需要良好的社会诚信支持。如果一个总包商需要花很大的力气去寻找合格的分包商，花很大的力气监督分包商能否履约，处理合同纠纷，也就是市场交易成本大于他的企业组织成本时，他可能更倾向于自己组建这样一个专业分公司，这也是我国企业长期的组织经营模式。随着我国各项基本法律制度的完善，交易成本的降低，专业化分工的趋势将越来越明显和加快。

二是前期介入的优势将越来越明显。随着工程项目的规模和复杂程度不断增加，项目实施的各种风险陡然增加。在这种情况下，传统的分阶段、分主体，以互相牵制、互相制约为特点的项目实施方式已不适应，业主更倾向于依靠专业人士和专业机构，与有实力的公司建立伙伴关系，优势互补，共同实现项目目标。业主需要的是包括前期策划、项目融资、项目实施和运营服务等在内的成套服务。所以，要获得大型项目的标的，获得利润丰厚的标的，必须从前期就介入。

另外，设计施工总承包模式也将是大型项目实施的合同趋势，这种模式将甲乙方之间的合同关系和市场交易成本，转变为主设计与主承包企业内部的计划命令关系和组织成本，对于确保工期、处理复杂的工程逻辑关系大有好处。

三是信息技术将更为深刻地影响建筑业生产组织方式。信息技术使人类收集、处理、使用信息的速度提高，成本降低，使原来许多不可能的事情变为可能。在管理上，信息技术的应用，使原来企业以层级控制为主，信息竖向流动为主，转变为竖向和横向同时流动，达到信息的充分共享。决策主体多元化，也使企业的组织扁平化，扩大企业主管的管理幅度。对于目前一些企业存在的项目管理"诸侯割据"状态，信息技术可以将项目的计划、成本、材料、技术等管理在公司平台上充分整合，克服资源沉淀在项目上的弊端，提高企业管理水平。在技术上，信息技术能够使设计施工阶段信息充分共享，实现协同设计、协同施工，并实现实时控制、远程控制。总之，信息技术是知识经济的产物，它改变了人类对信息和知识的管理方式，从而也改变了人类生产和生活的方式。

四是产权制度改革是建筑业企业迈不过去的一道槛。产权制度改革的目的是构建合格的市场主体，使他们成为真正的理性经济人，使企业能够以成本—收益权衡为基础作出决策，不会明知项目要亏本，要拖欠，仍会为了一些非经济因素，或者为了个人或小集体的利益而接工程揽项目（资料表明，被拖欠款最严重的是国有建筑公司，民营企业要好得多!）。当前，在我国的建筑市场上，业主和承包商都存在非经济人的现象，特别是国有投资项目的业主表现更为突出（这种现象在国外也存在!）。因此，规范市场秩序，首先要构建合格的市场主体。当然，作为最基础的环节，就是首先使承包商成为合格的市场主体。

目前，建筑业企业的产权制度改革，也已进入攻坚阶段。能改、易改的小企业、二三级法人企业都改了。据了解，地方国有企业，尤其是大型国有企业的改制相对迟缓，其主要障碍表现在改制方向和改制方式不明确，尤其是国有企业存在盘子大，负担重，行业利润率低，投资方积极性不高，高层次管理和技术人才的流失等困难。综合各方面情况看，大型国有建筑业企业产权制度改革，应当走股份制的路子。进一步完善法人治理结构，规范委托代理关系。勘察设计企业则应充分考虑智力服务型企业的特点，以吸引和留住人才为出发点，探讨成为像奥雅娜这样的公众公司的改革模式。

五是市场管理、质量安全管理将更多地采用市场和经济手段。基于我们长期的计划经济体制影响，以及社会诚信体系、市场机制的不健全，我国建筑业和勘察设计业管理中过多地采用了行政手段，尤其是行政审批手段。随着这种情况的逐渐改善，在管理上也将更多地采用更为柔性的手段。譬如，大力推行工程担保与保险，建立以市场利益制衡为基础的诚信体系；适当缩小强制性招标和强制性监理的范围，给予社会投资业主更大的自主空间，减少政府监管成本；在继续实施对单位的资质管理的同时，进一步强化对个人职业资格的管理，把责任和利益落实到个人；鼓励行业协会的建设发展，发挥其在行业自律、反映诉求上的作用，使其真正成为企业自己的组织。

三、自主创新

从根本上说自主创新的意识就是解放思想、实事求是的意识；就是敢闯难关、敢冒风险的意识；就是以创新的观念审时度势，以创新的勇气直面难题，以创新的精神拥抱未来的意识。我们要从以下几个方面来认识：

1. 深刻领会自主创新的意义

一是自主创新是国家独立自主的基础，是支撑国家强盛的筋骨，是国家竞争力的核心，自主创新事关国家的国际地位、民族尊严和发展后劲。我们要克服“坐等”思想，树立企业是我们国家自主创新的主体、企业是我们国家自主创新的主人、企业是我们国家自主创新的主力观念。世界上承认中国是制造业大国，最便宜、最好用的东西都是中国造的，但中国仍是品牌小国，很多有名气、有影响的产品都是国外的品牌。是不是品牌，价格大不一样，质料差不多，成本也差不多，卖的价格差别就大了，这就是品牌的作用。

二是自主创新是应对科学技术突飞猛进和知识经济迅速兴起的必然要求。现在是知识爆炸的年代，比如说手机，刚出来时要卖5000块，用不了半年保准变成3000块，再过两年1000块都不值，新的又出来了，一代一代更新非常快。我说过，走在社会前面的永远是学生而不是老师，变化太大了，去年和今年就大不一样。再比如说数码相机，五六年前我到日本去，当时数码相机刚刚造出来样机，还是样品，给你看，照个相，新鲜的很。没多久就普及市场，日本普及市场后中国到处都是，现在手机也能照相，十万像素、百万像素，胶卷都没人买了。现代社会各行各业发展速度相当快，知识正在以幂指数的速度增长，成等比增长。知识经济的发展，很多东西我们现在不懂，凭老经验是不行的。什么叫文盲？不是不识字的人，是不肯学习、不会学习的人。电脑、手机的功能多了，很多东西都不会用，包括现在的犯罪分子都在使用高科技。所以身处知识爆炸的年代不学习是不行的，我们不能小富即安，要终身学习，中国共产党要建成学习型政党，要建立学习型组织，要塑造知识型员工。现在我们发现有好多民营企业老板很注重学习，注重吸收新知识和管理新理念。还有一些很注重自己子女的学习，花大投入，让小孩上重点小学、重点中学，送到美国，送到日本，因为自己没有念多少书，一定要小孩念更多的书。但也有一些企业领导不再注重学习，没时间上知识培训班，打发个秘书去参加，拿个毕业证书填老板的名字，这样不是自欺欺人吗？企业管理者不重视自身学习，缺乏知识更新企业会是短命的，是不会长寿的。

三是自主创新是深化改革，扩大开放的内在要求和有效途径。

我们现在还要继续扩大开放、深化改革。现在的改革都是深层次的矛盾，难度很大，扩大开放和过去也不一样了。过去我们扩大开放靠的是优惠政策，比如税收优惠、土地价格优惠，吸引外商到我们这里投资，现在不是那种形势了，我们要选择，你的东西到这里来要消耗多少土地，多少能源，对我们国家的产品有什么影响，都要考虑。现在不是到处去招商引资的那个时代。另外扩大开放还要遵循国际惯例，我们现在加入了“WTO”，世界上大多数国家承认中国是一个市场经济国家，但还有几个国家不承认，还说我们是计划经济的国家。当然我们的市场经济还要进一步地完善，所以我们要克服动力不足、改革层次不深、停滞不前的思想，树立世界眼光、战略思维、与时俱进、勇往直前的理念。我们企业也是如此，企业经过改制，经过改革，解放了生产力，取得了发展，但是今天，还有深层次的问题，面临着新的发展，要进行研究。光有好的产权制度还不够，要形成自主创新的良好氛围。这个氛围很关键，自主创新，必须要有自主创新的文化，好的文化能使你创新成功，不好的文化使你无法创新，寸步难行。

2. 要让创新成为一种习惯

创新第一要宽容失败。我们有些国有企业就不让你失败，败了或者亏了经理就给你换掉，不让你干了。不行的，改革需要宽容失败，科技要创新就要宽容失败，不能说一次失败就不行了。有个民营企业家说过这样的话："我最大的财富就是失败，失败是我最大的财富，最重要的财富，我只有善于失败才能善于成功，失败之后我要总结教训。"最近我在研究建筑节能失败方面的课题，包括哪些内容，怎么应对失败。要宽容失败，要敢于创新，我们现在的人不敢去创新，就像我们教育孩子，总是让做听爸爸妈妈话的好孩子。领导也是这样，我的部下很好，很听话的。都听话的是不行的，当然我不是鼓励造反，要提倡的是有独立思维，独立思考，敢于创新。创新的本质是逆向思维，什么事情都听话，他的脑袋就没有思考，没有独立思考，不可能有创新的火花。

第二要抵制模仿和抄袭。现在的模仿和抄袭泛滥，包括论文也是，"天下文章一大抄"。我到工地去，看监理公司的日志写的是：明天集中浇混凝土，质量问题非常重要，希望大家高度重视，下定决心搞好质量问题。全是废话，你要讲在浇混凝土时候要采取什么措施，质量关键在什么地方，怎么搞好质量的检验。我说过，企业家要懂政治，学政治，但企业家不是政治家，政治家有政治家的手腕、政治家的口号，企业家不考虑经营，不赚钱，整天喊政治口号有用吗？我们知道质量第一，安全重要，大家都非常重视，重视不是光喊喊口号，要明确具体怎么做。张经理有张经理的做法，王经理有王经理的手段，要有企业自己的特色，根据本企业状况去做好哪几样工作。我到上海去参加南浦大桥竣工验收，市长是验收委员会主任，我那时是建设部的总工，担任验收委员会副主任。验收报告讨论时有段是这样写的：桥的建设具有上海的速度、上海的质量、上海的水平，给予通过验收。我提了条意见，速度应该是实际工期、定额工期、合同工期的比较，质量应该是质检合格率是多少，优良率是多少，采取了哪几样新的技术，要具体，要有可操作行和可检验性，不能泛泛而谈。

第三要形成自主创新的良好风气。要使自主创新成为一种精神、一种品质、一种风尚，成为鲜明的时代特征。我们要做自主创新的知音、拉拉队、促进派，失败了要帮助分析原因，帮助总结，而不是站在旁边看笑话。我们现在要倡导全社会形成人才辈出、智慧涌流、敢于创新的氛围才行啊！

3. 充分理解自主创新的内容

自主创新主要指科学技术领域的创造性活动，大体有三方面内容。

一是原始创新：以科学发现和技术发明为目的取得专利。我们要高度重视原始专利，力争取得重大突破。

二是集成创新：将多种相关技术有机配合形成新产品、新产业，向国际水平靠近

(先进总成技术)。这是建筑业技术创新的主要形式，因为建筑业是把各类先进工艺、新型材料以及奇思妙想在工程项目上进行集成（工程化），形成新的生产力。所以我们要大力推进集成创新，促进建筑业跨越式发展。

三是引进消化吸收再创新。合资、合作、中国制造。把外国的部件变成中国制造，不能老是外国的，要通过合资、合作最后变成中国制造，要努力加强引进消化吸收，提高我们国家的建筑产业技术水平，自主创新成果要变成新的科学发展并融入自主知识产权品牌之中。科学技术是第一生产力，自主创新是第一竞争力，要加快发展先进制造业。坚持以信息化带动工业化，广泛应用高科技和先进技术，改造提升制造业，包括建筑业，形成更多拥有独立自主知识产权的知名品牌，充分发挥制造业对经济发展的重要支撑作用。

自主创新要紧紧围绕经济全球化、人类可持续发展，环境友好型、资源节约型、循环经济型社会进行。

4. 努力提高自主创新能力

提高自主创新能力，培养发展自主品牌是“十一五”时期我国经济社会发展的重要内容，是一项复杂的系统工程。要建立以企业为主体，市场为导向，产、学、研相结合的技术创新体系。计划经济时期，我们通过行政手段曾有效地组织起产、学、研的“一条龙”协作公关；在市场经济条件下，如何由企业通过经济利益关系、通过市场纽带组织起产、学、研的协作则是一个新的课题。

提高自主创新能力就是提高分析问题、解决问题的能力，就是突破前人，提出新见解的能力，就是认识和掌握客观规律的能力，对我们的专业委员会来讲有这么几点：

一是研发能力。我们要研究发展新型材料、新型结构体系、新工艺、新机具，如盾构机、大型起重机、大型起吊设备等。要搞地下建设，没有大型盾构机是不行的。21世纪中国建筑的结构是钢结构。钢结构设计怎么搞，造型怎么做，保温问题怎么解决，技术难题怎么攻关，这些都是需要解决的问题。

二是优化能力。要把工程优化，设计方案进行优化，施工方案进行优化，优化能力很重要。同样我们还要注重优化管理，管理成效的好坏是需要时间的，5年10年以后才能体现出来。管理的不好，5年10年以后就不去追究当初是谁管的，管理的责任不明确。比如说城市，一座立交桥，建成5年以后拆了，原因是当时设计太小了，不适宜运转了。拆就拆了，当时谁定的，谁设计的，没人追究，造成的损失没人负责。所以说优化能力非常重要。

三是推广能力。就是新技术包括智能化技术、新的智能卡的推广应用。比如说现在CAD的应用，设计也好，画图也好，优化设计也好，都要充分应用电脑技术。中国的工人现在能看施工图纸，而美国的工人能看三维图纸，他们是在三维图的指导下去操作的，我们的工人只懂两维图，平面图，这是不行的。因此先进技术的推广能力的大小直接影响整个建筑行业的发展水平。

四是应用能力。就是技术如何集成应用。很多工业化技术，比如说人体工程技术，就是重大的应用技术。我在德国的时候看到一个电刨子高速运转。他们当时问我的手敢不敢伸进去，结果手一伸，电刨子马上就停了，这就是人一机工程。这么好的技术如果能扩大应用能力，运用到我们的汽车上就好了，这样我们能避免多少交通事故啊。

五是创建自主品牌能力。市场的竞争，最开始是产品竞争，再高层次一点是成本竞争，同样是优质工程，我花的成本比你少，操作成本比你低，我就有竞争力，再到更高层次就是品牌竞争。

我们的建筑技术有不少领先之处，但与全球先进水平比较，总体上尚有不少差距。但我们有自己的优势：熟悉国内市场和用户，有低成本的竞争优势。因此，我们应该学他人之长，创自己之新，充分利用自己的优势，在新能源、新型号、新结构、新材料和自主品牌上建立起有自己特点的差异化竞争优势。所谓差异化竞争优势，就是将已有成熟技术，通过集成和二次创新，使其与国际水平保持同步，进而用更低的成本将其转化为品牌产品、知名产品。

四、树立五种精神，使协会大有作为

1. 爱业精神——最有贡献的敬业者

建筑金属结构协会成立27年来最有贡献的是我们协会会员，是那些最有贡献的敬业者。因为在协会这个组织中，大部分都是兼职的，有的是政府人员，有的是教学人员，有的是科研人员，有的是企业人员。本身就是企业家，在企业当经理，工作很繁忙，那这个协会怎么办好？要把协会当事业干，要有事业心，要有事业心才能干好这个协会。我们这个建筑金属结构协会，有钢门窗委员会、铝门窗幕墙委员会、塑料门窗委员会、采暖散热器委员会、建筑钢结构委员会、建筑门窗配套件委员会、建筑模板脚手架委员会、建筑扣件委员会、建筑给排水设备分会等九个专业，首先要看成是涉及这9类专业企业的商会，这个商会是市场经济的产物，也是在市场经济环境下推动经济发展的一个中坚力量。商会的成立，就是为了推动经济发展，作为一个建筑金属结构协会，要有崇高的事业心，去办好我们的这个协会。

因为时间关系，我不能详细的分析这9个专业国内、国外的发展状况，就举其中一个专业为例，即建筑钢结构专业。就国内来看，在20世纪40～60年代，我们是限制用钢的，因为我们的钢很少，大跃进那个时候说："15年要赶上英国。"那是瞎说，当时是全民炼钢，村里的小钢厂五花八门、各显神通。到了20世纪80年代、90年代，我们开始节约用钢，不限制用钢了，但只是节约用钢，不能浪费，节约一些，能用的用，能不用的不用，必须用的才用。现在我们已是钢铁大国，我们的品种也基本齐全，我们就鼓励用钢。从限制用钢，到节约用钢，到鼓励用钢。我们的钢结构工程越来越多，无论是大型的工矿、桥梁，还是我们的公用厂房和剧院、体育场，包括涉及的大型写字楼、宾馆、住宅都是在发展钢结构。

怎么发展钢结构，2000 年 3 月份我在昆明参加钢结构专家委员会召开的钢结构年会。我做了一个讲话，当时我分析，进入 21 世纪，对于中国来说，就建筑结构来讲是钢结构的世纪。对此我做了些论证，赢得了我们很多钢结构专家的赞同，他们非常地高兴，包括很多钢厂，高兴得不得了，都说太好了。

钢结构要从四个方面来看。第一是节能的，节约资源；第二是环保的，可再生的；第三是科技领先的；相比较而言，就我们的建筑技术来讲，钢结构科技水平、科技含量更高一些，我们的钢结构施工企业，不是劳动密集型的企业，而是技术密集型、资金密集型的企业；第四是稳定的，钢结构工程，钢结构建筑有比较好的抗灾性能，比如在台风、海啸、地震等自然灾害面前钢结构工程的抗灾能力比较强。台湾地区的集集大地震，日本的神户地震，地震之后我都去看过，相比较而言，钢结构的工程情况要好得多。今年汶川特大地震中建筑倒的比较厉害的都是那些砖混结构的，特别是农村学校的砖混结构，没有圈梁，导致里面上课的学生伤亡相当多。我这里举例着重讲了钢结构的地位和作用决定了我们建筑钢结构委员会是大有作为的，其余 8 个专业委员会也是一样的，热心从事各专业委员会工作的各位同志、各位领导应该称为最有贡献的敬业者。

2. 创新精神——最有号召力的组织者

我们国家要成为创新型国家，无论是奥运会，还是我们的宇航员出舱走向月球，还是我们要总结改革开放 30 年，我们的成就，都体现了我国的创新主题。

关于自主创新，我们要成为最有号召力的组织者，要以科学发展观为指导，所谓科学发展观是对党的三代中央领导集体，关于发展的世界观和方法论的集中体现，是同马克思主义、毛泽东思想、邓小平理论和“三个代表”重要思想既一脉相承，又与时俱进的科学理论，是发展中国特色社会主义必须坚持和贯彻的重大战略思想，当前全党深入开展学习实践科学发展观的活动是一项重大紧迫的政治任务。

还是拿建筑钢结构专业举例来说，今年钢结构专业委员会组织专家搞了一个中国建筑钢结构工程质量状况的调查研究报告，这个报告指出了在设计、制作、施工、装修等方面的钢结构工程质量问题，就是钢结构在发展中的问题，如钢结构设计问题，有如下一些：（1）设计项目，层层转包，造成设计质量下降；（2）设计的深度不够，设计院将自己的设计任务转嫁给不具备相应能力的施工企业，造成质量下降；（3）对国外设计方案，简单照抄照搬的问题；（4）设计未充分考虑施工，给施工带来了极大的困难；(5) 设计过于保守或者过于严谨，不恰当地提高设计标准或降低设计安全等级；(6) 设计规范不能满足当前设计的需要。指出这6个方面，还有制作方面的问题。这些就是不符合科学发展观的，或者说用科学发展观来审视，需要我们改进，需要我们提高，需要我们在发展中引起高度重视的突出问题。从科技进步来看，也是如此，我刚才说了，钢结构相比较而言，科技含量较高，我国钢结构企业成立的也不少，不少钢结构的企业注重发展，有的是从外国引进的生产线，有的是我们自己发明创造的。我们有了很大的进步和发展，像这次奥运会所展现的鸟巢、水立方、新机场候机楼等一大批亮点的钢结构工程就是我国钢结构产业高科技高水平的体现，已经引起了全世界的关注，但是我们还要继续开展科技创新，研制更多的先进设备，提高设计理念水平。需要增加品牌，要以品牌的力量来决定市场，在这方面我们的协会应该成为最有号召力的组织者。

3. 服务精神——最有价值服务的志愿者

协会干什么。协会要服务，协会不是政府，政府是靠权力在运作的，当然你有权力也要服务，领导就是服务嘛，但是，协会更是直接体现在服务上。对政府而言，我们协会要为政府参谋、咨询，主要在专题研究，在标准规范的制定、在行业政策制定方面，我们协会可以做很多工作；第二个要成为我们钢结构等9个专业企业的良师益友，主要为企业开展培训、开展技术交流，提供各种信息，办好杂志、简报、网络，为企业与政府相关部门沟通，为企业的各种技术难题和管理问题给予咨询等，可以做很多很多的工作，真正使协会成为政府的参谋、助手，企业的良师益友。尽管我们有的会员是退休的，有的是兼职的，只要在建筑金属协会工作就要做有价值的服务，从而实现我们自身的人生价值。

4. 育人精神——最有影响力的传授者

我们建筑金属协会也是一个学校，应该成为具有影响力的传授者，要培育造就企业家。要培训高素质的企业家，引领我们的企业成长，我们还要培育各种专家，包括我们这9个行业里的，设计、制作、施工这方面的专家，我们的教授专家，教授人才，还有管理方面的专家，同时要培养我们钢结构施工中更高级的能工巧匠。

5. 合作精神——最有凝聚力的推动者

我们搞一个项目，要合作。所谓合作，包括产品合作、能力方面合作。所谓产品合作，就是要扩大我们的市场。中国的建筑金属结构各行业，现在在国际建筑市场上，已经占有了相当大的数目。所谓能力合作，就要考虑我们各种能力需求，譬如说，我企业需要钱，需要流动资金，钱不够，通过银企之间的合作可以提高我们企业的融资能力，另外企业和院校科研单位合作，可以提高企业的攻关能力，科技创新能力。还有企业和企业之间沟通，增强企业市场占有能力和进行施工的能力，除行业内合作，还要大力推进国际合作。无论是发达国家还是发展中国家都有学习借鉴的地方，都有市场需求的问题。无论是行业合作还是国际合作，我们协会在这方面要大有作为，成为具有凝聚力的推动者。

总之，我们建筑金属结构协会这27年是伴随着伟大祖国改革开放不断发展的，是在前四届理事会组织全体会员共同努力而有所作为的，建筑金属结构协会至今是第五届理事会，前四届理事会带领全体会员单位，认真实践了上述五种精神，取得了显著成绩，本届理事会一定要在继承中发展，在发展中壮大，弘扬这五种精神，使协会大有可为。一句话，今天，我们的事业崇高而神圣，我们的前景光明而美好，我们的责任重大而光荣。

（2008年12月26日在“中国建筑金属结构协会
第九届理事会第一次会议”上的讲话）

抓机遇迎挑战 致力实施“走出去”战略

这次会议开得很成功，王司长与刁会长、张秀丽同志的讲话中有理论分析有信息传递有政策指导，大家讲的也很好，有经验有教训也有信心决心和新的举措，对我来说也是一次学习。对参会的代表也是一次重要的培训与学习。根据大家的发言我讲以下三点。

一、关于“走出去”战略的认识

(1)“走出去”战略是经济全球化的必然趋势。我们已经加入 WTO，中国市场也是国际商务市场的一部分，在中国国内施工，也是在国际市场干活，国外市场也是国际市场一部分。我们中国人有能力，有信心“走出去”，必须“走出去”，这是必然趋势。

(2) 我们处在“走出去”战略发展的新的历史起点。我们已经不是 10 年前、20 年前的情况，“走出去”也分几个阶段，企业开拓国际市场也分几个阶段。起步阶段，发展阶段，实际上我们现在正处于一个新的历史阶段。根据美国《工程新闻记录》(ENR) 有 51 家中国承包商公司入选 2008 年 ENR 225 强国际承包商名录，占了 1/4。我们在座的企业也去了不少的国家，以前“走出去”很不容易，现在有这么多国家可以去发展，这不是简单的事情。商务部和承包商会的同志也总结了许多的经验教训，提出了许多新的政策要求。要讲成就，纵向比我们成就是巨大的，中国是个大国，我们力量很大，人也很多，但是国际市场份额不是很大，所以我们处于一个新的历史起点上。要有信心和力量，来积极对待“走出去”战略。

(3)“走出去”战略实施的机遇和挑战。现在是全球经济危机，大家谈得最多的也是危机，我们要在危机中寻找机遇、抓住机遇，危中有“机”，要转危为“机”。给大家发的材料中专门有“金融危机给我们带来的危机和挑战”的分析。

(4) 文化软实力、团队精神和发展战略对“走出去”战略的重要性。我们今天讲“走出去”战略的文化软实力，包括诚信体系，包括你们所拥有的各种综合素质。我们要提高文化软实力，要增强我们的团队精神。我们要随大船走，要有团队精神。我们的协会就是一个团队，但是又不是一般的团队，我们有 8 个专业委员会和一个分会，很多行业，我们每一个行业就是一个团队。我们在全国来讲，商会就是一个团队。我们所在的协会、商会团队都是在政府的指导下工作的，我们的团队精神是至关重要的。刚才商会的领导也表了一个态度，你中有我，我中有你。加强我们之间的合作是特别重要的。

（5）实施“走出去”战略对引进消化吸收再创新的促进。“走出去”不光是为了赚钱，我们要加紧引进、消化、吸收、再创新。我们国家要成为创新型国家，创新包括原始创新、集成创新、引进消化再创新。我们要到国外看看，发达国家的产品总是有值得我们学习的东西，孔子讲过“三人行，必有我师”。我们是大国，但我们要虚心学习，千万不能妄自尊大。我们要学习引进国外的技术，但不光要引进，还要消化，消化还不行，还要吸收再创新，以提高我们行业整体水平和产品的更新换代。

（6）“走出去”战略实施过程中要充分发挥各有关部门、各种国际活动、驻外机构、人员和华侨的作用，驻外使馆、国家领导人出行、外交部、国际合作组织、商务部、海关、财政、文化体育等活动的国际交往、中国对外承包工程商会、世界华人团体组织的重要职能和作用。还有许多这样那样的组织和活动，包括最近的博鳌论坛，还包括我们的演员文化团体演出。华人在世界上每个国家都有。每个华人都是我们走出去的一个重要力量。他们在国外生活多年，大多数还是爱国的，对我们的产品走出去，能够起到这样那样好的作用。这些方面我们要认真研究。

（7）“走出去”战略实施骨干企业和企业家的示范榜样力量。第一个螃蟹总是要有人去吃的，总有先走一步的，今天参加会议的单位都先走了一步的，就起到一个示范的作用、榜样的力量。无论你们的成功的经验，还是失败的教训，都是我们走出去最宝贵的财富，要及时总结、宣传成为大家的财富。

（8）树立中国名牌、中国品牌是协会和会员单位的重要使命和历史责任。要“走出去”，没有品牌是不行的，全世界最有价值的知名品牌共100个，美国占了52个，欧洲40个左右，日本6个，韩国2个，中国一个没有。当然我们的新品牌也在产生，我们要为创立中国的知名品牌而奋斗。

（9）“走出去”战略实施过程中会员单位要切实研究和落实本土化策略和属地化经营的重要性和必要性。一个是本土化政策，一个是属地化经营。所谓本土化，就是要善于利用我们所在的国家的一切可利用资源，特别是人力资源，因为他们有了解这个国家的优势。所谓属地化经营就是了解、掌握和遵守当地的法律法规及产品，材料的标准和工程施工的规范。

（10）“走出去”过程中要注意国内国外市场的统筹兼顾，在金融危机条件下，必须把握好出口和内需的统筹协调和可持续性发展。既要把内需基础打实以利于出口，又要防止出现国内市场国外品牌化。做好国内市场是我们进入国外市场的一个基础，如果一个企业在国内都干不好，就根本不用到国外去，国内国外要统筹好。

（11）“走出去”战略实施要高度重视企业社会责任体系的建立。SA 8000就是社会责任体系，ISO 9000是质量管理体系，还有个安全体系和环境体系，这些都是通向全球的通行证。所谓SA 8000体系就是市场人性化管理体系，是赋予市场经济以人道主义的精神，如果一个企业产品很好，全球销售，但当发现雇佣了童工或者企业排放了污水，那你这个企业的产品全部退还，你要承担社会责任。SA 8000体系是企业能“走出去”占领国外市场的重要条件。

二、关于“走出去”战略已经取得的成效和初步的探索的经验

（1）我们行业内的一些企业已经在国际市场上闯出了一片天地，取得了很好的经济效益，并得到了国际市场的认可。现在出口的国家和地区已达150个左右。

1）铝门窗幕墙行业出口情况：2006～2008年，约15家幕墙企业在外承揽工程，销售额约475亿元。2006～2008年，约300家生产铝合金门窗、铝型材、玻璃、建筑密封胶、五金配件等产品的企业出口，销售额约150亿元。

幕墙企业以沈阳远大、武汉凌云、北京江河、上海杰思为代表，2008年出口额分别是94.5亿元、约20亿元、约30亿元、约15亿元。其中沈阳远大企业集团08年出口额占总销售额的52.4%，预计2009年对外承包额将有希望突破100亿元，已经成为全球最大的幕墙承包制造商。

2）塑料门窗行业出口情况：根据行业骨干企业经营情况统计，2006年24家企业出口累计达11.45亿元；2007年16家企业出口累计达6.26亿元；2008年31家企业出口累计达13.67亿元。出口产品包括塑料门窗及相关型材、模具、五金、组装设备等。

其中，2008年：香河贝德门窗公司及沈阳华新门窗公司出口塑料窗均达2万m^2；大连实德集团出口PVC型材约2万t；铜陵三佳模具公司出口模具479套；济南德佳机器公司出口设备150台。其中济南德佳机器公司生产的塑料门窗加工设备已在全球同行业中具有一定的名气，产品已销往72个国家和地区。

3）建筑门窗配套件行业出口情况：根据定点企业经营情况统计，2005年出口企业7家，销售额8021万元；2006年出口企业7家，销售额1.0317亿元；2007年出口企业9家，销售额2.9914亿元。

以山东国强五金集团有限公司为例，连续三年统计均有出口，且连续两年出口销售额保持在一个稳定水平，出口地区也相对稳定，2008年出口额880万美元。

4）采暖散热器行业出口情况：2008年出口企业约63家，主要是生产压铸铝散热器、板式散热器、钢制散热器产品的企业，出口额约20余亿元人民币。

2008年：浙江永康旺达集团有限公司出口近5亿元；浙江宁波近海暖暖器材有限公司约2亿元；河北圣春股份有限公司约4000万元；北京派捷暖通工程技术股份

有限公司约8000万元。其中浙江永康旺达集团有限公司产品主要销往俄罗斯、乌克兰、波兰、哈萨克斯坦等东欧国家，他们在全球铝压铸采暖散热器行业中，有一定的名气。

5）建筑钢结构行业对外承包工程情况：2006年21家企业出口工程用钢量18万t；2007年26家企业出口工程用钢量23万t；2008年32家企业出口工程用钢量35万t。以活动房、高层建筑、塔桅、办公楼、体育场馆、住宅等为主。

2008年：山东莱钢建设有限公司7.4581万t；浙江杭萧钢构股份有限公司10.0731万t；首钢建设有限公司4.5万t；江苏沪宁钢机股份有限公司2.3万t。

6）建筑给水排水设备行业出口情况：出口产品的企业约27家，喷泉企业9家，喷泉企业近三年出口销售额约为1.6亿元人民币。

主要出口企业有：海鸥卫浴用品股份有限公司、佛山市南海永兴阀门制造有限公司、上海冠龙阀门机械有限公司、天津银河阀门有限公司、温州金星阀门有限公司、上海巴蝶阀门有限公司、阀安格水处理系统（太仓）有限公司、广东顺德联塑实业有限公司等。

(2)“走出去”的企业已经取得了辉煌的成就并积累了的宝贵经验。这些企业具有强烈的社会责任心、具有崇高的爱国心和民族自尊心。

1）质量第一，信誉至上。质量和信誉是企业的生命和根本，关系到企业的生死存亡和发展。在国外更为重要，质量和信誉的好坏不但影响到企业所在国的形象，还直接影响到我们整个行业乃至我们国家的形象。

2）注重人才培养，人才战略是企业稳定发展的保障。舍得投入，不断地有计划地培养优秀的国际化人才队伍，做好国际化人才储备，人才成长是有过程的，不能感到人才缺少时才想起培养。要善于使用人才，要根据每个人的能力特长，给人才能够施展才能的舞台，让每个人都能发挥出最佳状态。每一位在国外工作的员工都把企业当做自己的家，充满对企业的热爱和忠诚。

3）大力加强对海外项目的管理支持力度。海外市场不同于国内市场，远离家乡，工作条件艰苦、生活环境恶劣、危险的社会治安等诸多因素都影响着海外市场的发展。为此，不少出口企业向海外选派了一批经验丰富、政治坚定、事业心强，并具有高度责任感、富有开拓和创业精神的领导班子和技术骨干。组成了一支招之即来，来之能战，战之能胜的优秀团队。

4）不参与价格方面的恶性竞争，降低了经营风险。在国外承接项目，劳动力等许多费用是国内的几倍，还可能发生各种不可预见的费用，所以预算利润能否实现存在很大的风险，必须在价格方面留出抗风险的空间，要充分重视国际项目风险远远高于国内项目的严峻现实。

5）采取了灵活多样的经营策略，建立了广泛的市场营销网络。与国内大银行、大集团保持密切联系，建立长久的合作关系，争取他们的大力支持，也给他们提供我们最好的服务。与当地建筑承包商、分包商、工程咨询公司、政府机构建立良好的关系，扩大了信息源。初步实现与当地大型建筑承包商的战略合作，发挥各专业特长，实现优势互补。继续深化与现有总承包商的合作，为承接后续工程打下基础。实施“大市场、大业主、大项目”和“立足高端、兼顾中端、放弃低端”的营销策略，逐步实现海外经营方向的转变。

三、国际合作部（联络部）的工作思路

协会将在适当的时机成立国际合作部，现在就要把以下工作逐步开展起来：

（1）收集掌握会员单位产品出口情况。建立包括出口国家、产品数量、产品品种、收入、利润等的年度报表，对收集的数据进行汇总分析。

（2）收集掌握会员单位产品出口所在国的有关产品的标准、规范和市场的相关政策。协会要逐步建立“标准库”，把我们重要的其他国家有关的行业和产品标准、规范都收集起来，组织力量翻译整理，为会员单位提供服务。目前许多企业已经收集翻译了一些标准，但很不全面，同时，各自为战重复投入也造成了资源的浪费。要在对原翻译单位适当补偿的基础上把他们的成果收集起来补充整理，为其他企业提供方便。

（3）收集会员单位产品出口国同类产品的技术质量、品牌状况，寻求所在国同类产品生产企业和行业管理协会的合作。由会员单位负责收集提供信息，国际合作部负责组织出国考察和有关合作协议的签订。我们要加强合作，特别是与国外相关行业协会的交流、合作。

（4）了解会员单位在国外的会展参展规模和效果，尽可能地提高会员单位在国外的参展效能。由会员单位填写海外参展情况，由会员单位提出需要协会协助的相关事项。协会要主动寻求商务部、贸促会等有关机构的政策支持，要尽可能地为企业出国参展提供支持，要整合资源，共同出击，我们完全可以在办好国内展览的情况下，把会展举办到国外去。

（5）要根据不同行业的特点和要求制订会员单位在国外市场共同遵守的行为规范，签订自律公约，接受对违反自律公约行为的投诉举报，对违反诚信原则，相互压价、相互诋毁等损害国家、行业声誉和损害兄弟企业利益的种种不正当行为。配合有关部门依法给予相关制裁，建立良好的国外市场竞争秩序。

（6）建立对会员单位出口产品和市场有所研究的国内外华人专家队伍，要充分尊重他们，和他们处理好关系，请他们负责会员单位出口项目中有关问题的咨询或担任会员单位出口工作的顾问。

(7) 加强会员单位的出口工作的经验交流，促进会员单位的合作。合作是高层次的竞争，要促进我们会员单位立商德、寻商机、树商誉。弘扬儒商的诚信和智商的创新精神。

(8) 加强会员单位出口工作的人才队伍的建设和培训，包括出国考察学习、举办讲座。学习是最根本的，我们要多读书，要成为学习型企业、学习型行业、学习型协会。

(9) 加强对会员单位出口工作相关政策的研究，主动承担政府主管部门交办的各项工作，主动争取政府主管部门对我们提出的政策策略可行性研究的采纳和利用。我们有什么好的建议要说清楚，说明白它的可行性和必要性，要有真实充分的数据向政府部门反映。

(10) 增加《中国建筑金属结构》杂志的海外版和网络平台，不定期不定量发行。

由会员单位提出对产品出口所在国对海外版的需求，用所在国语言介绍会员单位的产品性能和企业文化，该版由《中国建筑金属结构》杂志和国际合作部指导、把关、审定，具体出版发行由会员单位负责。要重视网络建设，我们的网络建设很薄弱，要通过网络宣传让国际上都了解我们。

(11) 由中国建筑金属结构协会会同中国对外承包商会评选同一行业出口会员单位名次；出口工作的先进单位和先进个人；表彰奖励对会员单位出口工作有突出贡献的海外专家以及对相关品牌的宣传。

(12) 组织会员单位与相关部门、单位、海内外专家的多项联谊活动。如：坚朗公司在铝门窗幕墙年会期间举办的“坚朗杯”高尔夫邀请赛，有来自近20个国家和地区的330多位代表参加了比赛，创国际高尔夫邀请赛之最，既宣传了企业，又增进了感情，促进了交流与合作，也给企业带来了效益。

(13) 要加强与国外有关企业的合作，促成他们与有关会员单位的合作。要充分了解他们的产品，促进他们与会员单位在第三国市场的开拓。

(14) 维护会员单位产品出口和对外承包的合法权利，建立律师咨询服务队伍，开展有效的法律咨询服务。大力提高会员单位的法制观念，要及时了解出口企业困难和需求，维护其合法权益，并协助助解决有关难题。

(15) 努力提高国际合作部和中国对外承包工程商会建筑业分会的自身能力建设，加强中国建筑金属结构协会与中国对外承包工程商会的合作、交流。要经常组织会员单位，相互学习、取长补短，要认真学习中国对外承包工程商会的先进工作经验，共同推进我们行业健康持续发展。

以上三点，供大家学习，修正和补充，总之这次会上大家根据不同的实际情况谈了“走出去”的体会，我觉得在座的企业家都不容易，许多企业开始开拓国际市场的时候就像“闯关东”、“走西口”那样，单枪匹马，历尽艰难，现在终于闯出了一片天地。我从心里敬佩你们。这次会议我们筹备了很长时间，春节过后分别在深圳、苏州、广州、济南、沈阳开了几个座谈会，又委托特邀专家张秀丽女士进行了专题调研，了解了不少情况，掌握了很多信息。回北京后又与商务部王胜文副司长和对外承包工程商会刁春和会长进行了认真的研究，得到了他们的支持和重视，认为这个会议必须尽快召开，才决定在这个时间开这次会议。一个成功的会议，会前、会中、会后每一过程都很关键，但会前、会中的工作只占30%，会后的落实占70%，一个会议如果会后没有很好的落实会议的精神，也只能算是一个“虎头蛇尾”的会议。我们每一位代表通过这次会议，会后一定要好好思考，相互学习，总结成功的调整不适应的做法，摸索出一条更加适合自己企业发展的“走出去”的方式、方法。希望大家以后的工作做得更好，相会之间加强联系，互相帮助、互相支持、形成合力、共同发展。

（2009年4月28日在“开拓国际市场研讨会”上的讲话）

扩大部件供应商和房地产开发商的联盟合作 推动房地产业向更高品质发展

今天中国建筑金属结构协会和全国工商联房地产商会联合召开产业发展的研讨会，著名的房地产开发商和建筑部件供应商坐在一起共同探讨产业链的深度合作，这样做很有意义，望我们能形成共识——扩大部件供应商和房地产开发商的联盟合作，推动房地产业向更高品质发展。

一、合作联盟是更高层次的竞争

合作是这个时代发展的必然趋势，在房地产市场越来越强调品牌、品质的年代里，房地产上下游的合作联盟是更高层次的竞争。

当今时代从全球来看，无论各个国家的总统、政治家，包括我们的总书记，都在干什么呢？整天忙的就是全球的联盟合作，什么“欧洲国际论坛”、“20 国集团”、“上海合作组织”、“欧陆论坛”等。这既是政治的需要，又是经济的需要，还是当今人类社会的新潮流。

作为企业来讲，要看到我们的市场经济发展到今天也是来之不易的。当年我们的市场经济还不完善，还处在完善的过程之中。在我们的市场上存在着种种问题，要通过整顿去完善市场秩序。另一方面，企业要正确理解、全面把握市场竞争，要树立“竞合理念”，即竞争与合作的理念。可以说合作联盟是更高层次的竞争。

1. 增强产业能力

从合作来讲，我们企业与企业之间、产业群之间、上下游产业链之间开展的各种合作，第一大宗旨是为了增强企业的能力，就是我这个企业能干什么？包括我们房地产企业，我能做什么？可以这样说我什么都能做，我什么都有，那是不是吹牛呢，不吹牛，我没有我的合作伙伴有，我不能我的合作伙伴能。

今天我们这个会还要讨论房地产转型的问题，一会儿我们聂会长要讲转型的问题。其转型最大根本是企业做大做强做优的能力问题。比如说一下“八个型”：

一是科技先导型。因为科技是第一生产力，你要创新，你要科技先导型的，企业家要成为科技先导型的企业家，企业要成为科技先导型企业，房地产的科技先导型就离不开这种建筑的各种部件、门窗的科技先导。

二是资源节约型。我们资源要节约，要节地节材。建筑部件的资源节约，是房地产整体资源节约的一个关键问题。

三是环境友好型。作为环境友好型，我们要低碳、要低碳文明，要节能、要减排，节不节能作为一个房地产、作为一个住宅来说与门窗关系极大。我们的门窗要怎么搞，要按照欧洲的标准。欧洲国家的导热系数标准我们是远远不够的，但迟早要达到 K 值为 1，才是达到节能减排的要求。所以房地产要成为节能减排的环境友好型离不开建筑部件的节能减排。

四是质量效益型。要讲究质量、要讲究效益，而不是单纯追求数量、追求规模。我了解房地产企业的投诉，其中大概 60%～80%都是涉及门窗、卫生洁具这些部件的。真正投诉说这个房子基础不好，房子的结构不好的不多。因此，房地产的质量效益往往起到重大作用的是建筑部件。

五是社会责任型。这个是温家宝总理讲的，家宝对企业家要求有两条：第一个是强调企业家要创新，没有创新企业不会有明天；第二个强调企业家要流着道德的血液，要讲究社会责任。国际上有一个社会责任标准，也就是 SA 8000 社会责任体系。作为我们房地产企业，要尽到社会责任，是与部件质量息息相关的，一个部件不好会毁掉整个小区的声誉。

六是全球开放型。我们转型要转成全球开放型，当今世界是经济全球化、经济一体化，我们在一个地球村生活，我们要走向世界。世界上很多地方需要我们去搞房地产开发，房地产也要走向世界。我们中国建筑金属结构协会的会员企业，每年在国外这一块占相当的份额。建筑部件是要打出去的，我们房地产也是要打去的，只有联起手来打出去才更有力。

七是组织学习型。当今时代，美国提出要成为人人学习之国，日本要把大阪神户办成学习型城市，德国提出终身学习的概念。那么作为我们房地产企业要真正成为一个学习型组织，员工要成为知识型的员工。

八是联盟合作型。可以这样说，前面的七个型的转变都与联盟合作型有关，单打独斗什么型也转不好，联盟合作对实现企业全面转型、扩大经营能力非常重要。

2. 扩大市场份额

我们在市场中要竞争，要有更多的市场份额，无论是在国内或国际市场上都是企业要立足的目标，企业要追求市场的份额就必须要搞好这方面的服务，不然将会影响你的市场份额，不然对你的投诉就会多，社会意见就会大，那你的市场份额就会少，你整个的市场信誉度将会带来严重的影响，而合作联盟的第二大宗旨就是扩大市场份额。

不同地区的连锁经营可以拥有更多的客户，产业链上不同产品的联盟经营可以提高市场的营销能力，关联产品的联盟合作可以提高企业市场的信誉度。

二、增强合作联盟的实力要素

合作联盟不是喊口号，提提要求就能做到，也不是谁都能做的，你要有一定的实力要素。

1. 品种、品质、品位、品牌

作为一个企业，拥有更多市场需要的新品种的产品，具有更高的品质，具有更强的、更富有魅力的品位，还要是品牌。如果说我们质量好是产品的物理属性，那品牌不仅是物理属性，他还是产品的情感属性。就像我们穿衣服，穿上打勾的那叫“耐克”品牌，它有一种情感的满足。同样的，我对房地产企业开发的小区有一种满足感，那就是品牌。如果没有品牌的建筑部件支撑，房地产产品就是空架子。

中国建筑金属结构杂志社王社长赴南山集团做了一次考察，在中国建设报上发了一篇报道，题目是“像南山一样可靠——从南山铝业到南山建材”，我看这个报道是有水平的。文章简要如下：

南山集团始创于1978年，经过30余年的奋力拼搏，现拥有近60家下属企业的大型企业集团，拥有铝业、纺织服饰、金融、房地产、旅游、教育等主导产业，成为位列中国企业500强前列的大型民营股份制企业。其中铝业是南山集团的支柱产业。

紧凑完整的产业链：南山铝业逐渐形成了一条从能源、电力、氧化铝、电解铝到铝型材、轻合金熔铸、热轧、冷轧、铝箔的完整铝加工产业链，成为全球唯一短距离拥有最完整铝产业链的铝业公司，从而保证了公司的规模和产量持续稳居铝产业大型企业的前列。

先进的生产设备：南山建材拥有当今世界最先进的15000t、9000t、6000t等一流挤压生产线50余条，以及美国、日本、意大利、瑞士等一大批国际顶级设备。拥有德国西马克挤压机、意大利全自动粉末喷涂生产线、木纹喷涂生产线、全自动氟碳喷涂生产线、隔热铝型材浇注生产线等一流进口设备。

不断创新的终端产品：南山建材公司是山东南山铝业发展出来的支柱企业，是国家建设部铝合金建筑型材定点生产厂家，包括南山塑钢建材总厂、南山暖通器材厂、南山散热器等多家企业，生产各种建筑工业用铝型材、高档PVC塑料型材、PP-R冷热水管、PE-RT地暖管、铜铝复合、钢制散热器、卫浴散热器，形成了一个比较完整的原料—加工—建筑—装饰体系。目前在全国主要城市已设立专营品牌店面近300家，综合实力已连续3年位居山东省行业第一名。

可以说，只有像南山这样的品种、品质、品位、品牌，才能更广泛地开展合作联盟，合作联盟是一种实力。

2. 诚信实力

诚信是企业生存发展的保证，是企业参与市场竞争的有力武器，是提高合作联盟的基础。要联盟就要讲诚信，不诚信就没有人同你联盟，联盟的实力要素中诚信是非常关键的。在今天的市场经济条件下，不诚信有三种表现：一种是吹。能吹则吹，怎么吹都行，有一部分死吹，屁大点公司也叫集团，也叫总裁。我们一些房地产企业，搞了一个小区，挖了一个坑放上水就叫碧波荡漾。还有的房地产企业叫领先世界 100 年的地产，你知道 100 年是什么样子，你知道一百年有些东西是什么样。第二个是假。什么都有假的，现在假的东西太多。还有一个是赖，就是赖账。吹、假、赖就是社会不诚信的表现。

我们要加强诚信体系建设，诚信是企业生存的发展保障，诚信是企业占有市场的力量，诚信是合作联盟的基础。也可以说合作联盟是一种诚信力。

3. 服务文化

服务文化是企业在长期对用户服务的过程中所形成的服务理念、职业观念等服务价值取向的总和。过去我们强调我为人人，人人为我，要有一个服务的思想，服务的概念。我们的企业就是一个服务行业，建筑部件要服务于房地产企业，房地产企业要服务于建筑部件，服务于住户、用户。作为一个服务文化对企业来讲是非常关键的，能不能合作、能不能联盟，没有服务文化是不可以的。在这个意义上讲合作联盟也是一种文化。

4. 企业家素质

从某种意义上讲，合作联盟是衡量企业家素质的标准，会不会合作联盟，能不能合作联盟是企业家素质高低的表现。我简单提出企业家要具备的 8 个方面：（1）世界眼光；（2）战略思维；（3）儒商诚信；（4）智商才智；（5）人才资源开发；（6）竞合技能；（7）文化自觉；（8）自我修炼。

企业家的素质非常重要，一个人无论是做管理也好，还是做大老板也好，人生就像坐飞机一样，不在乎飞机飞多高、飞多快、飞多远，问题是要安全着陆。企业家要加强自我修炼，不断自我完善，可以这么说，合作联盟是现代企业家的一种修炼。

三、创新合作联盟方式

成立什么样的合作联盟？对于建筑部件和房地产、建筑部件供应商和房地产开发商而言，我想有 4 种或更多的合作联盟方式，需要我们去创新：

1. 联谊合作联盟，搭建平台

这个合作联盟的前提一定要互相了解，互相考察。今天是中国建筑金属结构协会和中国工商联房地产商会在一起合作，就是为了要搭建房地产上下游的合作平台。我很赞赏商会，很赞赏商会为房地产开发商不断创造商机。中国最早商人有徽商，以后是晋商，当时有无“徽”不成城，“晋商”走西口等说法。今天我们有浙商、苏商、鲁商等，都很了不起。我们中国建筑金属结构协会是个协会，其本质也是一个商会。协会要为我们企业创造商机才叫协会，不然不叫协会。协会同政府不一样，政府工作靠权力，协会工作靠魅力，协会靠为企业创造商机赢得企业的信任。

作为一个协会有创造合作的机遇，我们中国建筑金属结构协会下面有15个分会、委员会，门窗就有三个委员会：钢木门窗委员会、塑料门窗委员会、铝门窗幕墙委员会，还有给水排水设备分会、地暖委员会、喷泉委员会，还有钢结构、采暖散热器、模板、扣件委员会，还有光伏委员会等，我们除了钢结构和幕墙属于施工企业外，其他大部分属于建筑部件生产企业，他们需要同我们房地产商会互相合作、互相联盟。我们在浙江的永康有一个会员企业叫步阳集团，他的标语是“用步阳我放心”，步阳集团还与上百家房地产企业有着合作联盟的关系。另外中国建筑金属结构协会下属的专业委员会和与他们相关的或者直接为他们服务的媒体，包括网站、报纸、杂志就有43家，这43家媒体在宣传这些企业，宣传这些产品，同时也在为社会合作提供平台。协会是一个跨行业、跨部门、跨地区的民间团体，可以这样说，合作联盟是协会的重要使命，也是协会的能量标志。

2. 生产合作联盟，服务全寿命

我经常说，我们房地产要注重物业管理。我对房地产有一个观点，就是我主张房地产谁开发物业管理就由谁做，为什么？房地产公司盖完房，外面有什么问题了，找谁？找物业管理，物业管理找谁呀？物业管理找房地产开发商，房地产找施工企业，施工企业再去找部件供应商，很难合作的。如果说我们的建筑部件和房地产一起，是生产合作的联盟，这一工程竣工由房地产企业承担，同时也由你部件企业承担。有问题一个电话就来了，这样的物业管理才有效。强调建筑部件供应商和房地产开发商生产合作联盟，就是要对房地产全寿命周期负责。

3. 资本合作联盟，共同开发

我初步统计了一下我们中国建筑金属结构协会会员有34家上市企业，34家上市的企业中有在香港上市的，有在深圳创业板上市的，有在上海主板上市的。上市企业至少有三个转变：一由向股东负责的股份制企业转变为向股东和股民负责的公众性企业；二由生产经营转变为生产经营和资本经营并重；三由现有产品生产向产品的更新换代的科技创新转变。

房地产开发企业和我们建筑部件企业联合起来，可以共同合作投资建设，这也叫合作共赢，叫资本运行合作。你有资本现在干什么？把钱拿来干什么？合作经营。就是资本合作经营，再共同开发。这也可以说是更高阶段、更深层次的合作联盟。

4. 信誉合作联盟，共树形象

信誉合作联盟要共树形象。一个电冰箱、一个电视机，都有产品说明书，我们的建筑产品就没有说明书。我以前主张过，这样的合作产品，小区竣工以后也做一个建筑说明书。你告诉我这个门是哪个企业的？这个窗户是哪个企业的？评鲁班奖、优秀小区奖，也是共同树立信誉，共同来完成。要有一个产品使命感，要有共树形象的概念。所以一个房地产企业，把部件供应商拉进去，不仅是对部件供应商信任和支持，而且是对房地产自身形象的高度负责。

以上三个方面：第一讲合作联盟是更高层次的竞争；第二主要是讲增强合作联盟的实力要素；第三讲创新合作联盟的方式。对我们房地产来讲转型至关重要，当然我也不能说得太过分了，现在很多事你中有我，我中有你，像南山集团既有建筑部件供应，也有自己的房地产。而且很多房地产企业，他们都有很多合作联盟的招投标服务的方式。一开始就强调合作联盟，正因为合作联盟才使我们有的房地产企业做得如此强大。今后要继续强大，由做大、做强，变成做强、做优。

今天我们还要看到，在“十二五”规划期间我们房地产业的任务相当之繁重，既要建设相当规模的商品房，还要建设3600万套的保障房。今天对房地产的调控，是为了房地产的健康发展。我们提倡扩大建筑部件供应商与房地产开发商的合作联盟，是为了推动房地产业向更高品质发展。

衷心祝愿我们房地产企业和建筑部件供应商的合作联盟，衷心祝愿我们房地产企业家和部件供应商的企业家健康成长，也衷心祝愿我们房地产业和我们部件一起走向世界，共同振兴中华。

（2011年9月23日在房地产转型与产业化发展高峰论坛上的讲话）

站在新的历史起点
负起做强企业壮大行业的重大使命

非常高兴我们聚集在这里庆祝中国建筑金属结构协会成立30周年，与会期间我们表彰了91位突出贡献者、119位优秀企业家、112家突出贡献企业、26名优秀工作者，他们都是我们行业协会的优秀代表，我们首先向他们表示热烈的祝贺！

协会30年，我想应该是总结成就的30年，肩负重大责任的30年，今天我们庆典纪念30周年是为了“站在新的历史起点，负起做强企业壮大行业的重大使命”！

一、30年业绩辉煌

30年，既是一个辉煌的过去，也是一个新的历史起点。要讲未来，就要先讲一讲我们30年辉煌的过去。这里我向大家推荐一本我们中国建筑金属结构协会的《中国建筑金属结构》杂志，是新闻出版总署批准、国内外公开发行的杂志。为庆祝协会成立30周年，杂志社出版了《中国建筑金属结构协会成立三十周年纪念特刊》，讲述了我们协会30年发展历史，承上启下，值得表扬。这个特刊我为什么要在这里说呢？因为这个特刊把我们30年的成就写得很清楚，很详细，希望大家回去能看一看。

中国建筑金属结构协会到我们这一届已经是第九届，我跟刘哲同志是2008年12月26号当选会长、秘书长。前面有八届，我们尊敬的老会长孙靖韬同志，一人担任了五届；还有我的前任会长，现在的顾问杜宗翰会长，担任了两届，到我是第九届。在这本特刊里，有尊敬的孙靖韬会长写的“中国建筑门窗的发展变化”，有杜宗翰会长写的“调结构，转方式，促进行业又好又快发展”，有现任副会长兼秘书长刘哲同志写的“与时代共进，为人民奉献”等好文章，同时，还有我们塑料门窗、铝门窗幕墙、钢木门窗、建筑门窗配套件、光电建筑构件应用、建筑钢结构、建筑模板脚手架、采暖散热器、给水排水设备、辐射供暖供冷、喷泉水景等专业委员会及《中国建筑金属结构》杂志社的文章，还有地方行业发展介绍、企业介绍、专业论文等。所以这本特刊，大家值得一看！

过去的30年，确实是成就辉煌！这30年的成就，我们必须充分认识，必须怀着一种感恩的心情，感谢我们的历届领导班子的勤奋与努力！30年不简单啊，我们能取得这么大的成就，与我们历届领导班子，与各届会长、副会长、秘书长及各专业委员会主任等人的努力是分不开的。所以在这里，我首先代表第九届中国建筑金属结构协会理事会，向历届领导班子的老领导、向我们的孙靖韬同志、向我们的杜宗翰同志表示衷心的感谢！亲切的慰问！

这30年，我们之所以能取得成就，与我们协会的独特结构模式是分不开的。我们协会跟其他协会不同，我们协会有15个专业委员会，日常工作是由15个专业委员会努力协同工作，就相当于15个协会在一起工作。所以我们要衷心感谢各个专业委员会的勤奋、进取以及开拓。

这30年，我们还要感谢我们协会众多的专家，他们是我们的财富。15个委员会都有专家委员会，都由来自于高等院校、科研机构、各大中型企业的专家组成。我们要感谢行业专家的探索与奉献！

这30年，我们的行业在进步，我们的企业也在发展，我们要衷心感谢我们的各位企业家的追求与拼搏！应该说作为一个行业协会来讲，首先要壮大行业，而行业是由企业组成的，那我们首先就要做强企业，而企业是由企业家引领的！当今中国的企业家，是当今时代最可爱的人！中国的企业家是我们当今时代最稀缺、最宝贵的资源！可以这样说，一个不重视企业家的民族，是没有希望的民族！中国的发展要靠我们企业家去追求与拼搏！当然，企业家在市场大潮中也要不断完善自己，企业家也是一个带有风险的职业。我们感谢企业家的追求与拼搏。

这30年，我们要感谢政府部门的支持。首先我们要感谢民政部，它是我们行业协会的主管部门。我们要感谢住房城乡建设部对我们的大力支持。当我们制定各种标准的时候，我们离不开标准定额司的支持；当我们进行企业评定的时候，我们离不开市场司和质量安全司的支持；当我们要进行光电建筑应用创新的时候，我们离不开科技司以及科技发展中心的支持；当我们进行整个所有的工作时，离不开我们部里的所有司的支持。我们与他们有着无比密切的联系。所以在这里，我衷心感谢政府部门的全力支持！

我们的工作，我们30年的成就，还要衷心感谢兄弟协会的合作支持。中央的协会，比如说中国建筑装饰协会、中国建筑业协会、中国房地产协会和中国房地产工商联商会等，包括消防协会、物流协会与我们都是有密切联系、广泛合作的。同时，全国38家地方协会也是我们的兄弟协会，山东省、上海市、江苏省、甘肃省等各地的协会，对我们都有大力的支持。今天他们也都来参加了会议，在昨天我们还一起开了联谊会。最后，我们要衷心感谢各兄弟协会、商会、研究会对我们协会的紧密配合和支持，以及合作与联盟。

我们还要感谢我们的新闻工作者。有80多家新闻单位，包括网站、杂志社、报社，还有中央或部门的新闻单位。他们对我们中国建筑金属结构协会，所有行业，所有会员单位进行及时报道与宣传。新闻也是力量，也是我们30年取得成就的力量所在。在这里，衷心感谢新闻单位对我们工作的支持！

二、面临着新的机遇和挑战

30年过去了，30年既有巨大的成就，也是我们新的历史起点，我们面临着新的机遇和挑战。

1. 把握主题和主线是发展大好机遇所在

今天，我们是处在“十二五规划”时期，发展是“十二五”规划的主题，转变经济发展方式是“十二五”规划的主线。“十二五”期间，我们的建设任务相当繁重。我们要担负铁路建设、公路建设、水利建设以及包括文化部门设施的建设，另外，我们还要担负两房建设，即商品房建设和保障房建设。“十二五”期间，我们要建3600万套保障房，今年要开工1000万套，到期末，我们要竣工3600万套，任务相当繁重。但这同时也是我们建筑金属结构协会所属会员单位发展的大好机遇，也是我们行业发展的大好机遇。

2. 正视行业发展带有共性的三大问题（品牌建设、节能减排、安全）是发展的巨大潜力所在

我们要正视行业发展带有共性的三大问题。这同时也是我们发展的巨大潜力所在。我们管的行业很多，一个专业委员会要管8～9个行业，15个专业委员会所管的行业就是一个巨大的数字。这些行业具有共性的三大问题：

（1）品牌问题。中国是一个巨大的、世界闻名的制造大国，我们制造大量的产品，但是我们品牌太少。也就是说我们很多方面还需要科技创新，去创造我们新一代的品牌。当然，我们现在的行业中，有很多出名的品牌，但远远不够，有的，仅仅是一个地区的品牌；有的，仅仅是一个我们中国国内的品牌，但还没有达到全球公认的品牌。作为一个企业家，作为一个协会，终身的使命就要为创建品牌而奋斗。如果说，产品的质量好是产品的固有属性的话，那么品牌不仅是产品的物理属性还是产品的情感属性，也就是说品牌对产品还有特殊附加值，所以品牌的创立是至关重要的。这是我们当前存在的问题之一。

（2）节能减排。我们所有的建筑部件与建筑节能都有一种密切的关系，建筑能耗占全社会总能耗的40%左右，而建筑能耗的大部分甚至60%～70%，都在我们的门窗结构部件上。我们不能不把节能当作一个重要的工作项目来对待。按照国际最先进的标准，门窗结构传递传导系数，要求在1.0以下，我们地方制定的标准各不相同，北京是2～2.5左右。如果要在1.0以下，也许我们所有的厂都不合格。但是我们完全有能力达到世界先进水平。其实不光是门窗，所有的建筑产品，都存在节能与减排的问题。我们的技术人员、我们的企业家、我们的企业，要在节能减排方面有所贡献、有所建树。这也是我们当今普遍存在的一个共性问题。

（3）安全问题。我们是搞建筑的，安全第一，人的生命第一是建筑的最高准则！我们不能不看到，我们的很多部件与建筑存在着安全隐患。有的是自身因素，包括幕墙、包括其他结构等自身本来就存在的几个安全问题。有的是外在因素，更突出的是建筑抗灾能力问题，我们的部件，我们的产品不一定能抵抗各种自然灾害。中国是一个多灾型的大国，每年都会发生各种各样的自然灾害，如地震、台风、冰雪等。我们的制品要能抵御住自然灾害，要有抗灾能力。还有人为灾害，这几年建筑防火，尤其是高层防火，仍然是全球全人类共同面临的难题。我们的建筑部件，与防火有着密切的关系。现在，我们的企业，包括生产硅胶的、生产门窗的，正在研究新一代防火的门窗幕墙，包括抗震的门窗幕墙，抗震的钢结构建筑。所以安全也是我们一个共性的问题之一。

我指出这三大问题：品牌问题、节能减排问题、安全问题，这三方面的问题既是问题，同时也是潜力，也就是我们企业家进取的潜力，企业发展的潜力，行业重大突破的潜力。在这三个方面，我们要与全球的专家去联系探讨以求解决，我们要走在世界的前列，做出中国对人类应该做出的贡献。

3. 拓展两大市场（国内、国际）是发展的挑战所在

拓展两大市场，是发展的挑战所在。我们的产品，一个在国内市场。从国内市场来讲，我们不要光看到城市，更要看到我们广大的农村。建材下乡是国家正在努力的一个项目，彩电下乡是鼓励农民去买彩电，现在要做建材下乡。所谓建材下乡，就是我们的制品下乡。建筑材料砖瓦砂石，本来就是乡下的，不存在下不下乡的问题。真正的下乡，是我们的铝门窗、塑料门窗、钢木门窗下乡的问题，是我们的制品下乡的问题，我们要为广大农民、新农村建设做出我们的贡献。另外，中国还要在更多的地区，特别是西部地区，建设中小学、卫生所、养老院等福利设施。对于这些福利设施，我想，更应该是高标准的工厂生产出来的标准学校、标准卫生所、标准养老院。在这一方面，就国内市场来讲，我们的发展潜力是相当大的。拿我们钢结构来举例说，3600万套保障房，拿出1/10或者1/20来进行钢结构建筑，我们的钢结构企业就要忙不过来。除了国内市场，我们还要看到国际市场。我们中国，我们的行业以及所在的部门，我们的产品都面临着走出去的严重问题。我们自己的第九届门窗博览会明天开幕，我们的门窗博览会是亚洲最大的，国际最大的门窗博览会在欧洲，我们要赶上欧洲超过欧洲。国际上很需要我们中国的企业走向国际建筑市场。国际上先进国家的建筑物，绝大部分其实是钢结构建筑物，国际上先进国家用的门窗都是节能门窗。我们的光电产品等，实际上大部分都已经在国外销售。所以说，国际市场，仍然是我们一个重大的市场。我们的企业，我们的会员单位要面向国际国内两大市场，占有更广更大的市场份额，这是我们面临的巨大挑战。

三、提高文化自觉，增强文化自信，创新协会工作思路

30年过去了，这30年有很多值得我们总结的经验。当然，也有不足，我们的会员单位不够广泛，我们的工作，从国际交流来讲，也不够广泛，我们的创新深度还不够。作为协会来讲，要进一步提高自己的工作能力，要克服30年来我们所存在的不足，同时，要总结吸取30年来的宝贵经验，真正做到继往开来。在这里，我强调一个文化自觉和文化自信的问题。作为文化自觉，主要是指我们文化上的觉悟和觉醒，以及对文化的地位作用、发展规律和建设使命的深刻认识和准确把握。所谓文化自信，是我们对自身文化价值的充分肯定和对自身文化发展的坚定信心。刚刚开完的中央全会，提出要把我们中国建设成为文化强国，推进文化事业的大繁荣大发展。那作为我们来讲，我们是一个产业部门，我们说的是产业文化和企业文化，我们要用中国先进的文化精神去引领我们行业的发展。我们要创新，在创新上，要总结30年成就。昨天下午，我们召开了第四届地方和地方兄弟协会的联谊交流会，在会上，我从六个方面表达我们协会工作创新的工作思路，分别是协会的使命、协会的生命、协会的能力、协会的资源、协会的工作以及协会的转型。从这六个方面，我阐述了协会工作自主创新的思路，也就是说，协会要在30年的基础上，在我们的新老同志创造的一个良好基础的环境下，百尺竿头更进一步，更加壮大更加发展。

最后，我想要说，30年过去了，今后的30年，我们还要继续发展下去。我们要具有创新精神，真正成为我们行业中最有贡献的敬业者；我们要弘扬创新精神，使我们协会真正成为我们行业最有号召力的组织者；我们要弘扬服务精神，真正使我们协会成为我们行业最优价值服务的志愿者；我们要提倡育人精神，真正使我们协会成为我们行业最有影响力的传授者；我们要大力提倡方方面面的合作精神，使我们协会成为中国行业，乃至世界行业最有凝聚力的推动者。

同志们，朋友们，30年的辉煌，是我们的宝贵财富，辉煌之后我们追求的是更加辉煌，我们的任务更加繁重，需要我们同心协力，共同为我们中国的腾飞、中国的振兴，为我们行业在国际上能具有一定的力量和名气，去贡献我们的聪明才智！接下来的30年，我相信一定是更加美好的30年！让我们协会从30年的辉煌走向明天的更加辉煌！祝愿我们的会员企业，我们的专家从过去的成就走向未来更大的成就！

（2011年11月1日在中国建筑金属结构协会第九届三次理事会
暨纪念协会成立30周年表彰大会上的讲话）

建筑部品产业和房地产业的紧密结合

举办这样内容的研讨会，是我们两个单位从去年开始战略合作的。2011年9月份在南山开了第一次研讨会。据反映，那次会议的效果还是不错的，一是加强了我们门窗幕墙行业与房地产企业的联系；二是南山集团的产品能够与更多的房地产企业进行合作。今天在这里我们同样举办这样的会议，由中国建筑金属协会、全国工商联房地产商会两个团体共同举办。所谓协会，就是为企业创造商机的一个民间团体。如果协会不能为企业、不会为会员单位创造商机，这个协会就没有存在的必要了。今天我想进一步阐述一下，我们建筑部品产业和房地产产业必须要紧密结合。据我了解，今天参加会议的代表约1/3是我们国内比较有名气的房地产开发商。作为中国建筑金属协会，除了三大施工（钢结构的施工、幕墙施工和光电建筑施工）以外，其他就是部品了，其中包括铝门窗、钢木门窗、塑料门窗、采暖散热器、建筑构配件、模板脚手架，还有地面供暖、给水排水设备等。而我们国强五金是建筑门窗配套件委员会的副主任单位。所有这些部品必须和房地产业紧密结合，具体可从以下三个方面来认识和理解。

一、建筑部品在房地产业链中的地位和作用

1. 建筑部品是房地产产业的重要组成部分

建筑离开部品不叫建筑，无论是建筑的结构质量、功能质量，还是魅力质量、可持续发展质量都离不开部品，在某种意义上我们可以这样认为，建筑部品将决定着房地产业的成败。

2. 建筑部品体现了绿色建筑的特征

我们强调绿色施工，所谓绿色建筑是指在建筑的全寿命周期内，最大限度地节约资源（节能、节地、节水、节材）、保护环境和减少污染，为人们提供健康、适用和高效的使用空间，与自然和谐共生的建筑。也就是说资源节约型、环境保护型、节能减排，建筑节能引起了世界的关注，社会总能耗中建筑占了40%，而建筑能耗80%是在围护结构上，而围护结构的能耗中门窗部品占了一半还多。由此，英国、德国都专门成立了建筑节能联盟，他们特别重视门窗和配套件的节能水平，因为它决定建筑节能的水平，决定了我们建筑是否是绿色建筑，我们施工是否是绿色施工，这也是房

地产业特别关注的一个问题。

3. 建筑部品关系到社会责任

所谓社会责任，就是我们讲的民生问题。以前人们追求的是政府或单位分房子，分到房子就满足。现在没人给分房子了，都是自己买房子。对住房者来讲，不光讲住多少平方米房子，更强调这个房子住的舒不舒服，现在人们追求的是住房条件的改变。作为政府和开发商来讲，不是简单给老百姓盖多少平方米房子，而是要改善老百姓的住房条件，这个住房条件就不光是住房面积的大小，而是包括住房条件的舒适。从房地产业住户的投诉来讲，80％都是住房围护结构中的建筑部品的质量，如门窗及配套件等。可以这样说，建筑部件的优劣关系到住房条件，由此也关系到我们开发商的社会责任。

二、房地产业和建筑部品产业经营方式的转变

房地产业和建筑部品如何结合与经营方式转变相关。

1. 互联网的效能

刚刚在浙江永康召开了第三届国际门博会，在这个会上我做了一个报告，重点讲了学习互联网助推企业经营方式的转变。互联网已经越来越多地改变我们的生活，人们对电子商务的注意力已经转变到如何将这些电子业务变成更便捷、模块化、个性化、更紧密集成的电子化服务。我们认为电子商务中存在巨大的商机，而各行各业也都在考虑如何从网络中寻找到商机。全新的营销模式颠覆了传统营销渠道。小而美的企业也可能当主角了。如何根据网络市场的特点和企业资源，形成一套完整的、行之有效的网络营销战略和方案，使之能与传统销售有机结合将成为各个企业需要具体研究的课题。又如物联网的英文名称为“The Internet of Things”。顾名思义，物联网就是“物物相连的互联网”。通俗地讲就是万物都可以上网，物体通过装入射频识别设备、红外感应器、全球定位系统或其他方式进行连接，然后接入到互联网或是移动通信网络，最终形成智能网络，通过电脑或手机实现对物体的智能化管理。还有云计算的英文对应为“Cloud Computing”，是一种将池化的集群计算能力通过互联网向内外部用户提供弹性、按需服务的互联网新业务、新技术，是传统 IT 领域和通讯领域需求推动、技术进步和商业模式转化共同促进的结果。云计算既是一种技术，也是一种服务，甚至还是一种商业模式，只有符合某些特征的计算模式才能称之为“云计算”。我坦诚地说，对互联网的开发和利用我们年龄大的人还处在半文盲阶段。互联网在企业将发生重要作用，我们要开网上的博览会，把博览会办到网上去，不管您的企业有多远，我们通过互联网把您拉近，同时通过互联网把国际上相关单位也拉近了，也一样通过网上商会、网上物流会及其他网上多种交流，来推进我们这种经营方

向的转变。虽然我们是实体经济，但是有些虚拟经济对我们实体经济的发展也在经营方式转变方面起着重要的作用。所以说学习互联网提高我们经营方式的效能，是非常关键的。

2. 合作共赢的效果

有人说市场是竞争的经济，有人说市场经济是大鱼吃小鱼，小鱼吃虾米的经济，是你死我活的经济，现在看来这种讲法不那么确切。科技发展到今天，也可以说竞争到了一个新的阶段，善于合作、敢于合作可以说是更高层次的竞争。大概10年前，我们学会一个词汇，就是WTO。中国申请加入WTO，要和WTO里的成员国家进行谈判。这些有的叫双赢，有的叫三赢。和美国谈判达到双赢，美国赢了，我们也赢了。我们和德国谈判达到三赢，我们赢了，德国赢了，其他关联欧共体的国家也跟着赢了。这种理念叫竞合理念，就是竞争和合作的理念。在市场经济条件下，我们产业链中的关联企业，产业群中的同行企业，有的时候在某种场合上我们是竞争的对手，而在更多的场合上我们是合作伙伴。合作本身能达到两大成果：一是增强本企业的能量，就是我的公司有多大本事，我可以说我什么都能干，我什么都有，那是你吹牛，你哪里什么都有？我没有的我的合作伙伴有，我不能的我的合作伙伴能，你要什么机械设备，要国外的机器设备？我没有但是我的合作伙伴有，这样就通过合作增强了本企业的能力。房地产商没有门窗厂，但是我有合作伙伴，他要为我负责，这是一种通过合作，拓展本企业的经营能力。二是拓展市场份额。就像连锁店那样，在北京住我这个宾馆，你到了济南还住我另外一个宾馆，那个宾馆是和我连锁，这可以增强客户与客户之间的联系。今天可以这样说，是国强五金把客户联系了起来。如参加此次活动的大连实德、南山集团、华建铝业、奥润顺达、行盛公司、深圳宝航、西安高科等行业知名企业作为合作伙伴，真正实现了合作共赢。我们国强一再说你们是我的上帝啊，因为请来就是上帝，说到底其实就是一个更好的合作伙伴，参加这次活动是我们一次合作的机会。我们合作包括很多方面，不管是生意上的也有情感上的，包括上午的参观，参观国强车间里生产状况，可以说他们新的机械装备、他们的生产能量以及他们厂房里的标语，我告诉国强老总，你让人把这些东西都给我写下来，很多体现了一个企业的现代企业文化水平，这就是学习，合作的学习。

总之，合作是为了更好的竞争，任何的合作都是基于双赢或者多赢的，是为了拥有更强的竞争优势，意味着实力和优势更明显，在市场上更有话语权。要做到合中有分，分中有合。之所以分和合交融在一起，才是竞合时代的精髓所在，合和分不是对立的；也是因为市场竞争环境的变化大家才走到了联合的道路上来，合作的目的是具有更大的竞争力。

3. 科技创新的效率

在原始的状态下手工作坊生产到今天现代工业化条件下的机器人生产，靠智能生产，自动化生产，这种科技创新的效率非常之关键，科技创新包括三大方面的创新：一是原始创新，就是我们要有发明权，要有专利权。我们国强五金大约有 200 多项专利。二是集成创新。我搞一辈子建筑，当过承包商，也当过甲方。我常说马路上跑的宝马汽车，是公路上跑的建筑；天上飞的飞机是天上飞的建筑；海上的轮船、军舰是在海上航行的建筑，假如说把这些技术都集成到建筑上，我们的建筑水平还要大大提高。他们的门窗是什么门窗，他们的材料是什么材料，所以技术是集成的，我们的化学建材在发展，像装修，以前装修都是什么锯、什么刨啊，现在都用不上了。还有各种各样的涂料，明明是钢结构的，但是看起来像木质结构的，这就是技术创新。三是引进消化吸收再创新。我们国强五金挪威的技术有了，俄罗斯的技术有了，韩国的技术有了，还有德国的技术，把他们都弄过来就变成了国强五金的技术。中国是一个制造大国，全世界所有的商店到处都有 Made in China 中国制造，现在要变成中国创造。我们中国是对外开放的，向世界所有国家开放的，开放的是什么？是学习；学习的目的是什么？是超过他们，是赛过他们。他们先进我们就引进，引进了还要消化，消化了就要吸收再创新，便成为我们自己的创造。当然，创新的方式很多，包括性能的创新，包括生产模式上的创新、产品功能上的创新。房地产业要创新，房地产业除了企业自己本身是技术和艺术的结合，我们见过许多优秀的建筑，因为他们不光是技术还包括艺术，他们是技术和艺术结合。从我们部品来讲，今天的部品也不光是产品，部品也有很多艺术，它的创新也非常之重要，通过科技创新提高我们的效率，提高我们的整个产品的科技含量。都说我们是劳动密集型，但我们要用高新技术来改造我们的传统产业。

三、建筑产业和房地产业品牌力量

1. 产业的品牌经营

如果说一个产品的质量是产品物质属性的话，而一个部品产品的品牌不光是物质属性还包括情感属性，这个品牌是至关重要的。全世界现在可以这样说，大型的品牌在日本、美国，我们很多品牌现在引起了重视，但还远远不够，我们对品牌的认识也远远不够。一个企业家终生为品牌而奋斗，在中国品牌都是老字号的，现在老字号不行了，人们做品牌不光是在价格和质量上的满足，更重要的是情感上的。我们国强五金创造了五金质量、五金的品牌。人们说我的房地产都是用国强的五金，就是用了品牌，感觉是精神上的满足。

2. 企业家的品牌形象

企业家是当今时代最可爱的人，今天我们在经济发展时期，我们最宝贵最稀缺的资源是企业家，一个不重视企业家的民族是没有希望的民族。我曾经和很多省长、市长都谈过，你们发展经济写过很多口号，想过很多办法，但是最重要的一条你们要负责培育企业家，社会的财富是企业创造的，企业是靠企业家运营的。我跟有些省市长讲过，你们政府报告写得关注就业这很对，但是你必须高度重视关注创业，没有创业就没有就业。离开一个创业者，至少要损失少则几十人，多至几百人，乃至上千人的就业。就像国强五金，2500多个员工，没有国强五金就没有了中国2500多个就业岗位，或者说这2500多人就相当于失业，这叫创业与就业的关系。作为企业家的品牌形象是非常关键的。但我们也强调企业家是有社会责任的。在我们市场经济不完善的情况之下，有些企业家是不太重视社会责任的。有的专家分析过，中国改革开放初期的时候，我们企业的领导人，往往是就业加保险，到改革开放中期我们的企业讲的是创业加危险，你要创业就要承担危险。至20世纪末，我们企业家是职业加风险。企业家是一个职业，从事这个职业是一个高风险的职业，它拥有着成功和失败，有着焦虑和成熟，更有着自己的担忧，带领着企业走向成功，这就是企业家的品牌形象。

3. 协会的品牌活动

什么叫协会，它是要为企业创造商机的，它的活动要有品牌性活动。可以这样说，我们希望把我们金属结构协会和全国工商联房地产商会开展这样的活动要成为品牌活动，我们争取像品牌活动这样搞下去。所谓的品牌活动，就是说每一次活动比上一次活动更有影响，活动更有效率。因为大家参加活动是花了时间的，时间就是金钱，他是花了金钱来的，是花了路费来的，希望每一位来参加这次活动的都能有所得。所以我们今天来参加国强25周年庆典和地产研讨会，多少对自己有所启发，那这次就没有白来。

我们中国建筑金属结构协会品牌活动不少，如每年3月广州的幕墙展，今年已是第十八届了；还有永康的国际门博会，今年是第三届了；再有每年11月在北京召开的中国国际门窗幕墙博览会今年是第十届了，已经成为世界第二大门窗幕墙行业的展览会。另外我们的各种年会、研讨会、产品的技术研讨会、门窗的博物馆和国际门窗城等，所有这些活动都在社会上有反响、在企业中有影响、在国际上有回响。这些品牌活动就为建筑部品和房地产的结合创造了非常有利的条件。

今天我从地位作用、经营方式和品牌力量三大方面阐述了建筑部品产业和房地产业的紧密结合，衷心祝愿这种结合能给壮大行业做强企业带来强大的生机。

（2012年6月3日在“2012中国房地产及部品发展研讨会”上的讲话）

企业文化软实力

非常高兴大家又聚到一起，刚刚刘主任对委员会所做的工作作了报告，我给它总结了三个字：实、细、深。即报告的内容讲得很“实”、很“细”，对门窗配套件技术讲得也很“深”。在报告里讲到今后的工作中有一段话，这段话是这么说的：“根据‘十二五’规划提出的方向，委员会要推动企业加强企业文化、企业品牌和形象建设，增强企业社会责任意识和能力”。我今天就将这段话给大家细化一下。在文化大繁荣、大发展的今天，在文化事业、文化产业走向强势的今天，在文化知识普及、文化人才崛起的今天，我们特别强调提高文化自觉，增强文化自信，高度重视行业和企业的文化软实力。其宗旨是使我们的企业在国内和国际两大市场上树立起民族品牌，立于不败之地。讲文化，实际上也是讲民族，中国特色的文化，中华民族的品牌。在座从事企业工作的，大多数是从事实体经济的，中央高度重视实体经济的发展，实体经济的企业家们终身的使命是要建立起中华民族的产品品牌。而产品品牌的形成与发展离不开企业文化软实力，企业文化软实力体现在以下五个方面。

一、企业的文化底蕴

什么叫企业文化？企业文化是指企业中长期形成的思想作风、价值观念和行为准则，是一种具有企业个性的信念的行为方式，它是社会文化系统中一个有机的重要组成部分。广义上说，企业文化是企业在实践过程中所创造的物质财富和精神财富的总和；狭义上说，是指企业经营管理过程中所形成的独具特色的思想意识、价值观念和行为方式。企业文化从外延看，包括经营文化（信息文化、广告文化等）、管理文化、教育文化、科技文化、精神文化、娱乐文化等。企业文化从内涵看，包括企业精神、企业文化行为、企业文化素质和企业文化外壳。其精髓是提高人的文化素质，重视人的社会价值，尊重人的独立人格。从企业文化的层次来看，可分三大层次：

一是企业的精神文化，是企业最核心的部分。

二是企业的制度文化，围绕精神文化形成本企业的制度文化，企业有各种规章制度，这种规章制度也是一种文化，因为是要大家共同遵守的。

三是企业的物质文化，企业向社会提供的产品，企业所创造的社会财富，是企业的物质文化。

无论是产品还是服务都是企业的物质文化的体现。

企业文化的主要作用有六大方面：

一是促进我们企业产品的创新。也就是我们讲的科技创新、管理创新。

二是提高企业家和经营人员的经营管理水平。就像美国哈佛大学讲的要培养那些能力分子：培养市场竞争的职业杀手，不断追求企业产品的质量与效益。

三是有助于企业目标的确立和实现。企业的发展从原始积累阶段到发展壮大阶段，不同的阶段有不同的目标要实现。

四是增强企业的凝聚力。

五是提高企业的管理效能。

六是加强辐射作用，增加对社会的影响。

就企业文化的几个层次来说，特别要强调企业精神，下面我们先来说企业精神。

（一）企业精神

什么是企业精神？企业精神是指企业在长期生产经营活动中逐步形成并成为全体职工所认同的理想、价值观和基本信念，是企业文化的核心。

1. 企业精神特点

（1）专属性

作为特定企业精神的价值观念是企业在长期发展过程中形成的，与企业的历史、人员、管理等息息相关，不宜转移和分割。把张家企业的文化搬到李家企业来用不一定适用，既有共性特征，也有个性特征：国有企业、民营企业、家族式企业、股份制企业、上市企业，不同企业的企业精神都有各自的特点。

（2）群体性

企业文化不是某一个人或某两个人的事情，而是企业全体员工共同遵循的，具有群体文化特征。

（3）模糊性

企业文化不是简单地用数字可以概括的，它是一种精神方面的，一些语言看起来很抽象，但是对大家来讲它有丰富的内涵，外部人员很难掌握企业内部的一些东西。

2. 企业精神的定位

（1）注重责任型；

（2）抽象目标型；

（3）团结创新型；

（4）产品质量、技术开发型；

（5）市场经营型；

（6）顾客服务型。

现在的市场经济大家都有个口号，就是“顾客是上帝”、“用户是上帝”，对顾客的服务将决定你这个企业经营销售状况。我曾经讲过，什么叫销售，销售就是推销员的品德形象，不是说你这个人长得怎么样，而是说你服务得怎么样，服务得好人家才愿意买你的东西。

（二）企业竞争力

竞争力分国内竞争力和国际竞争力，各个企业在面对转型中遇到的成本上升、国内外市场出现萎缩、资金链短路、社会责任艰巨等问题，但有些已经成功找到了一些解决办法，例如：加强企业内部的精细化管理 ；以节能、环保为突破口，摒弃加工过程中高能耗、影响环境的生产工序；采取专业合作、外协、外购的方式，克服了小而全的生产经营模式，提高了工效 。

纵观 2011 年行业的总体形势，配套件行业的总体情况良好，一些企业还略有上升。从配套件委员会定点企业的销售情况可以看到：

（1）2011 年 12 家定点企业总销售额为 308168.4 万元，比 2010 年增长 23.7%。其中 4 家国内胶条生产企业总销售额增长 27.5%；7 家国内五金件生产企业总销售额增长 24.6%；毛条生产企业总销售额增长 11.6%。

（2）2011 年 4 家国内胶条生产企业销售的产品数量增长 14%；7 家国内五金件生产企业销售的产品数量增长 39.3%；毛条生产企业销售的产品数量增长 2.3%。

配套件行业更涌现出了像广东合和建筑五金制品有限公司、广东坚朗五金制品股份有限公司、江阴海达橡塑股份有限公司、宁波新安东橡塑制品有限公司等一批优秀企业。当然更包括本来就有名气的咱们的杭州之江。

（三）企业的社会责任

什么叫社会责任？社会责任是指一个组织对社会应负的责任。一个组织应以一种有利于社会的方式进行经营和管理。社会责任通常是指组织承担的高于组织自己目标的社会义务。如果一个企业不仅承担了法律上和经济上的义务，还承担了“追求对社会有利的长期目标”的义务，我们就说该企业是有社会责任的。

二、企业家的文化形象

什么叫企业家？有资本不会管理，叫资本家；会管理没资本，叫管理专家。有资本又会管理，同时具备才叫企业家。企业家不是一个人，不要把企业的董事长称为企业家，企业家在中国特色的企业里是一个队伍，是企业的高级管理层。企业领导是企业形象的代表人。领导者只有以身作则，率先垂范，言行一致，带头实行自己提倡的道德准则和价值观念，凭借崇高的人格力量去赢得职工的信赖，才能对职工产生强大的吸引力、感染力、说服力和号召力。面对建立社会主义市场经济新体制给人们的价值取向、人生观、价值观带来的变化，面对各项已经出台和将要出台的措施、制度给人们利益关系带来的调整，面对思想政治工作出现的新情况和新问题，企业领导要更好地运用身教重于言教的方法用自己的模范行为去影响和带动群众，才会使企业以更加灿烂的形象出现在社会上，出现在用户的心目中，出现在竞争者面前。抗美援朝时期，最可爱的人是“中国人民志愿军”，在今天经济建设时期最可爱的人是“企业家”，一个不重视企业家的民族是没有希望的民族。社会财富要靠企业去创造，企业要靠企业家去引领，企业家的形象非常重要。不同的时代对企业家的要求也不同，现在的企业家是职业+风险，在座的各位可能不是公司的总裁、一把手，但是你们做的是企业家的工作，我们配套件行业中拥有像江阴海达彭汛常务副总经理、宁波新安东陆慰尔总经理、广东合和谢耀洪董事长、山东国强宋国强董事长、杭州之江何永富董事长、海宁力佳隆徐峰总经理，还有热心支持行业工作的广东坚朗公司的杜万明、青岛立兴杨氏公司的朴永日、泰诺风公司的吴亚龙、杭州之江公司的刘明、张旭以及姜峰同志等一批肯为行业发展出谋献策，为行业技术标准的制定和完善辛勤工作，对行业工作做出了突出贡献的优秀企业家。他们运用较为先进的生产设备和试验手段，率先攻破技术壁垒并毫不保留地分享成果，对推动整个行业的技术进步起到了举足轻重的作用。

企业家的素质有几方面：

1. 世界眼光

在知识经济时代，企业家必须要有全球意识和观念，明白技术国际化、人才国际化和跨国经营对知识经济发展的重大促进作用，并善于运用跨国经营来促进企业的发展。

当今中国的企业家要具有世界眼光，你的产品在杭州市场销售就是在国际市场销售。因为杭州市场是中国市场的一部分，中国市场是国际市场的一部分。我们加入了WTO，无论在国内国际都是国际市场，要有世界的眼光，要有全球意识。

2. 战略思维

企业家不能只看眼前，头痛医头，脚痛医脚，要有战略眼光，要有规划思维。企业家的战略性思维具有三大特征：一是全局性、二是长远性、三是定位性。

3. 儒商诚信

企业家要作为有文化教养的学者化的商人。诚信同商业经济关系最为密切。企业家要从自己做起，以“诚”为做人第一要义，以“信”为处世第一准则，以诚取信，以信养诚。

4. 智商才智

“儒商”是讲诚信的，智商是才智。改革开放上世纪末到本世纪初，出现的是“智商”，我们是靠聪明才智去做事的。像联想的柳传志、海尔的张瑞敏等，这些都是在哈佛大学案例教材出现的中国的成功商人。有人说，改革开放初期的“胆商”是中国垮掉的一代，20 世纪 80 年代的“情商”是正在挣扎的一代，现在的“智商”是中国正在崛起的一代。

5. 华商胆略

成功的企业家能够有比别人更强的承担风险的能力，并不是来自他们对风险的爱好和天生的大胆，而是来自对风险的更清醒认识与制定良好的回避风险战略的能力。

全世界哪个国家都有华人，美国和英国都有华人街，华人街都是华商人，所以华商的战略是走遍世界。我经常讲我们中国现在要发挥华侨经纪人的作用，建立华侨经纪人的队伍，让他把我们的产品销往全世界。

6. 人力资源

我们要有华商的胆量，还要懂得人力资源开发，因为事情都是人干的，如果不会用人，那企业家的形象就不好了。企业家通过积极地倡导、示范和实践，创造符合时代特点的、有个性和特色的企业文化，并通过企业文化强烈的感召力，来引导员工实行自我管理，充分调动员工的主动性、积极性和创造性。要切实做到尊重知识、尊重人才，感情留人、事业留人、待遇留人。

7. 文化自觉

文化自觉主要是指一个国家、一个民族、一个政党在文化上的自觉觉悟和觉醒。包括文化在历史进程中的地位作用的认识，对文化发展规律的正确把握，对发展文化历史责任的主动担当。

企业家通过积极地倡导、示范和实践，创造符合时代特点的、有个性和特色的企业文化，并通过企业文化强烈的感召力，来引导员工实行自我管理，充分调动员工的主动性、积极性和创造性。在座的可以回想一下你所经历过的领导：有些领导，你在他的领导下拼命地干，累死了都行，打两下、骂两句都行；还有些领导，在他的领导下，不论他怎么说，就是不想给他干。所以说，人的自愿和文化的自觉很重要。

8. 自我修炼

企业家要有自我完善、自我控制的能力，以高尚的思想、正确的价值观去把握企业的健康发展。自我修炼是很重要的，不管你是当官的，还是做企业的，人生就如飞机，不论这个飞机飞多高、飞多远、飞多快，最终都要安全着落在机场，所以企业家要加强自我修炼。

三、员工的文化素质

1. 人力资源开发

企业文化是整体性和群体性两种的管理，员工的文化素质是很关键的，我们要有四大队伍：企业家队伍、管理专家队伍、技术专家队伍、工人技师队伍，真正做到"以人为本"。什么叫"以人为本"？简化成四个字：人为、为人。所谓的"人为"，所有的事情都是人做的，虽然有电脑，但电脑也是人来操作的；所谓的"为人"包括两个方面：第一，是为了我们企业的员工和企业所提供产品的社会人员，满足其日益增长的物质文化的需要；第二，是为了造就一代新人。

2. 敬业精神和创新能力

创新不容易，创新意味着改变，所谓推陈出新、气象万新、焕然一新，无不是诉说着一个"变"字。意味着付出，因为惯性作用，没有外力是不可能有改变的，这个外力就是创新者的付出；意味着风险，从来都说一分耕耘一分收获，而创新的付出却可能收获一份失败的回报。创新确实不容易，所以总是在创新前面加上"积极"、"勇于"、"大胆"之类的形容词。

对企业员工来讲，他不是机器，不是呆板型的劳动体。日本的管理水平比我们高，但最早是学习我们的鞍钢宪法："两参一改三结合"。我到过德国的一个公司，他们把员工的建议都当成企业的准宪法，每个员工都能给企业的管理、生产工艺改进提供意见。企业要分析、吸收员工的建议，改进企业的管理和技术。

3. 学习型组织和知识型员工

首先，要明确学习价值。终身求知已成为一项准则，人类最有价值的资产是知识。学习是一个人的真正本领，是人的第一特点，人的第一智慧，人的第一本领，其他的一切都是学习的结果，都是学习的恩泽。学习造就人才，学习是消除贫困的武器，学习是社会进步的推动力，学习是终身受益的，学习是我们每一个人，就是整个社会开启繁荣而赋予的动力，学习是一个人不断自我完善、提供改善生活的机会，学习是一种精神境界，学习是人生的滋养。

全世界都在研究学习型组织，美国提出来要成为全民人人学习之国，德国提出了终生学习，日本要把大阪神户建成学习型城市，新加坡提出了一个"智慧王国 2015计划"，要把新加坡办成全世界技术最先进、信息最灵通、大人小孩每人一台电脑、无纸化办公这种程度，全世界信息他都能及时掌握，全世界的智慧王国。我们党在十六大明确提出，要把中国共产党建设成学习型政党。

其次，要创建学习型组织。这个组织包括很多方面，行政组织，各种群众组织，网络组织，非法定组织也能成为学习型组织。比如说同乡会，老乡和老乡在一起，都是一个村子出来的；战友会，都从一个部队出来的；校友会，都一个大学出来的。这些虽然不是法定的组织，但是大家可以相互学习，在一起共同研究问题。我常说现代"文盲"不是不识字的人而是不肯学习和不善于学习的人，企业要创条件努力使员工成为知识型员工。

四、产品的文化内涵

我们是实体经济，我们是创造产品的，前几天房地产商会和我们协会共同组织了一个会议，我在报告中说，再好的房地产离不开配套件，在某种意义上来讲，现在老百姓投诉的大部分都是门窗的配套件。现在人家买房子，不是看你这个房子的结构怎么样，而是看看你们门窗怎么样，而门窗要看门窗的配套件怎么样，在某种意义上来讲，我们这个配套件将决定着你们这个房地产的水平和质量，从而称之为细节决定成败。产品的文化内涵体现在三个方面：

1. 体现人居环境——舒适

我们的产品，首先体现人居环境，人居环境是人类工作劳动、生活居住、休息游乐和社会交往的空间场所。而现代建筑更强调其便捷、智能以及能给人们带来的满足感。

2. 体现绿色建筑——节能

建筑能耗占社会总能耗的40%左右，建筑维护结构的能耗占建筑能耗的60%，围护结构中门窗的能耗又占到60%左右。所以今后要尽可能采用绿色建材和设备；节约资源，降低能耗；清洁施工过程，控制环境污染；基于绿色理念，通过科技和管理进步的方法，对设计产品（即施工图纸）所确定的工程做法、设备和用材提出优化和完善的建议意见，促使施工过程安全文明，质量保证，促使实现建筑产品的安全性、可靠性、适用性和经济性。

3. 体现人文价值——品牌

我比较赞同一句话“如果说一个产品的质量是产品的物质属性的话，那么品牌不仅是物理属性，还包含着情感属性”。品牌是有附加值的，品牌带给消费者的是一种心灵需求的情感价值，这个价值也是利益。门窗构配件行业2011年有14家企业申报的52个产品被评为推荐产品，截至2011年底共有30家企业、307个产品获得了推荐，2012年截至目前共有15个企业的54个产品进行了申报。这些工作都是企业品牌建设的一部分。

五、行业的文化氛围

协会是做什么的？协会一是为企业创造商机的商会，二是营造行业内文化氛围的团体，企业的文化氛围可从以下三个方面来看：

1. 协会的凝聚力氛围

凝聚力很关键，凝聚力首先靠社会活动家的人格魅力，有的人你们信任他，相信他，他一叫你们就都来了，这就是人格魅力。第二个靠企业家全局的胸怀，企业家不光关注本企业，还要关注行业、了解行业、熟悉行业，在某种意义上讲，了解、熟悉行业也是为了本企业发展。不仅要了解国内行业发展，还要了解国际上行业的发展。立足于行业工作，既是为行业做贡献，也是做好本企业工作的很重要方面。担任协会的副会长、副主任，不是为了要一个名，而是更积极的、现实的意义。要营造一个什么样的氛围？我们要认真学习胡锦涛总书记的一段话：要着力营造聚精会神搞建设、一心一意谋发展的良好氛围；营造解放思想、实事求是、与时俱进的良好氛围；营造倍加顾全大局、倍加珍惜团结、倍加维护稳定良好氛围；营造权为民所用、情为民所系、利为民所谋的良好氛围。

协会要靠社会活动家的人格魅力，靠企业家的全局胸怀，靠专家的智慧奉献，来营造我们构配件行业的良好氛围。

2. 竞合理念氛围

什么叫“竞合”?“竞合”就是竞争与合作。在市场经济下不能不讲竞争，不能不讲合作。过去讲所谓市场经济就是充满竞争的经济，是大鱼吃小鱼、小鱼吃虾米的经济，现在看来就不那么确切了。市场经济是合作的经济，合作是更高层次的竞争，要有一种共赢的思想。中国是个市场经济的国家，还有不完善的地方，但正因为有市场经济才有民营企业的成长。我们要积极面对这些发展中的问题，从多年工作的体会而言，编制标准、规范规程是非常重要的，目的是维持一个良好的生产秩序。过去有种说法“三流企业卖劳力，二流企业卖产品，一流企业卖技术，超一流的企业卖标准”，标准是企业创新的基础。协会要营造一个规则，让大家有个正当的竞争。

合作主要有三大方面，重视三个方面的合作，一个是银行和企业的合作，解决我们的资金问题和资本经营问题；二是甲方、乙方的合作，解决我们高效优质地完成一个项目的问题，下游企业是上游企业的客户，既是买卖关系，也是合作关系，合作关系做好了，买卖关系才能做好；三是产学研的结合，解决企业科技含量提高、科技先导型企业的问题。一个企业的寿命跟企业的产品更新换代是有关系的，当你企业的新产品处于旺销的时候，企业处于青年时代，当你的产品在社会上滞销的时候，企业就处在老年状态，全部不需要的话，那就死亡了，那就要更新换代新的产品，让企业获得新的生命力。作为协会来讲，我们就是要搭建这些合作的平台和规范竞争的秩序。

3. 文化自觉和文化自信的氛围

所谓“文化自觉”是借用我国著名社会学家费孝通先生的观点。它指生活在一定文化历史圈子的人对其文化有自知之明，并对其发展历程和未来有充分的认识。换言之，是文化的自我觉醒，自我反省，自我创建。

文化自信来源历史深处。泱泱大汉、煌煌盛唐，当这些盛世湮灭于历史的长河时，留给人们的是深深扎根在民族灵魂深处的文化。所以，当人们谈到兵马俑，谈到丝绸之路，甚至谈到不被人熟知的缶，都满怀对自己历史文化的自信。这种自信，就是人们的一种文化自觉。我国著名社会学家费孝通先生认为，生活在一定历史文化圈子的人对其文化有自知之明，并对其发展历程和未来有充分的认识 。

协会要在全行业中提高行业文化自觉，增强行业文化自信。以上五个方面，我只是简单的概述了一下，其中每一个方面都可以做成一篇大文章，下来后还请我们的行业专家去思考。我讲的行业专家不光是技术专家，还包括文化管理方面的文化管理专家。让企业家去实践，让社会活动家去推波助澜，推动我们企业文化的大发展、大繁荣。我们的会员单位要做到：

文化，文化，以文化人：造就企业家队伍，造就技术专家队伍，造就管理大师队伍，造就工人技师等四大人才队伍；

文化，文化，以文会友：大家要明白，朋友是财富，我们今天是朋友聚会，过去同行是冤家，今天我们在社会主义市场经济条件下，在共产党的领导下，我们同行是朋友，朋友是财富，要“读万卷书，行万里路，交万人友”为了企业的发展，以文会友；

文化，文化，以文强企：我们要用儒商的诚信，智商的才能，华商的胆量，以文化来做大，做强企业，振兴我们的行业；

文化，文化，以文兴业：要振兴我们的行业，使我们的行业做到学习成风，合作成风，创新成风，超越成风。敢于超越，超越自我，还要在国际市场上超越同行。

企业文化软实力至关重要，祝愿大家在企业文化建设上取得新的成就！

（2012 年 6 月 13 日在“2012 年配套件委员会工作会议”上的讲话）

充分发挥文化图书出版业的优势 全力助推建筑文化发展与繁荣

今天文化出版业的各位齐聚一堂，我要演讲的题目是——充分发挥文化图书出版业的优势，全力助推建筑文化发展与繁荣。主要分以下三方面来讲。

一、文化大发展大繁荣的时代特色

党的十七大报告指出，“推动社会主义文化大发展大繁荣”，要坚持社会主义先进文化前进方向，兴起社会主义文化建设新高潮，激发全民族文化创造活力，提高国家文化软实力，使人民基本文化权益得到更好保障，使社会文化生活更加丰富多彩，使人民基本风貌更加昂扬向上。

对于这一点，我们有深刻的认识。首先，它意义深远。对于国家来讲，软实力是竞争力，是生命力，是创造力，也是凝聚力。从文化意义深远方面来说，对于软实力无论有何种认识都不为过分。现在有很多专家也在研究文化的软实力。它是一种国力的象征，于企业而言，也是企业竞争力的象征。

软实力是文化和意识形态吸引力体现出来的力量，是世界各国制定文化战略和国家战略的一个重要参照系。表面上文化确乎很“软”，但却是一种不可忽略的伟力。任何一个国家在提升本国政治、经济、军事等硬实力的同时，提升本国文化软实力也是更为特殊和重要的。“提高国家文化软实力”，这不仅是我国文化建设的一个战略重点，也是我国建设和谐世界战略思想的重要组成部分，更是实现中华民族伟大复兴的重要前提。

其次，是普遍缺乏文化的自觉和文化的自信。

要谈文化，每个人都有发言权，都可以讲出很多门道，但真正做到文化自觉、文化自信，我们还差得很远。

文化自觉主要是指一个国家、一个民族、一个政党在文化上的自觉觉悟和觉醒。包括文化在历史进程中的地位作用的认识，对文化发展规律的正确把握，对发展文化历史责任的主动担当。目前我们的实际状况是——相当一部分领导干部或者企业负责人对于“文化”的认识是肤浅的，认为搞个文体活动，唱歌卡拉OK就是文化，这是很有误导性的。我们往往认为经济效益提升的压力很大，企业经营方式的压力很大，但很少有人会认为企业文化建设的压力也很大，也就是说没有到文化自觉的程度。

文化自信，是一个国家、一个民族、一个政党对自身文化价值的充分肯定，对自身文化生命力的坚定信念。

谈到这点，首先会让我们想到，我们中华民族是否对我们自身文化充满了自信？社会上存在着“崇洋媚外”的思想，这表现在很多方面。很多人认为外国人比我们强，在这一点上，我认为我们既要做到不卑不亢，也要做到不妄自菲薄，不要什么都是别人比我们好。

还有一种就是怨天尤人的想法，特别是一些企业，总是强调目前市场竞争太不公平，好东西卖不出去，市场制度不健全等。但事实上，所有企业都同样在一个环境下生存发展，为什么有的企业可以做大做好？而有的企业就只能停留在怨天尤人这一步呢？我们应该多追究自身的原因。特别是一些民营企业，正因为有了市场经济，才有了民营企业的发展与壮大。我们承认市场经济是有一些不完善的地方，但该怎样生存下去，要自己多动脑筋，怨天尤人不是一个可以解决问题的方法。在出版业也同样存在一些问题，一样不要怨天尤人，要多检讨自己，承担自己主动性的责任。

还有一些企业有着小富即安的思想，不思进取，不求上进。这也是缺乏文化自信的一种表现。

以上就是我们所说的当今文化发展的两大特色——意义深远和普遍地缺乏文化自觉、文化自信。

二、建筑文化博大精深

1. 行业文化

行业文化，是社会文化的有机组成部分。一个具有凝聚力的行业文化，不仅是行业可持续发展的基本驱动力，也是行业管理的核心和灵魂。其核心内容是对行业使命、行业荣誉感、行业心理、行业规范以及行业礼仪的自觉体现和自愿遵从。

如果说文化作为一种“软实力”，日益成为一个国家和地区综合实力的重要组成部分，那么同样，一个行业的文化发达程度和特质内涵，也深刻地影响着行业的发展模式、制度选择、政策取向以及各种资源开发和生产要素组合的水平。这也就进一步深刻地影响着行业发展的速度、质量和水平。

行业文化作为社会文化的一部分，它应该有突出的共性，但更要追求鲜明的个性。个性不仅是一种表现形式，还是行业文化建设者独特的价值取向、理想信念、甚至是美学追求的体现。因此，个性越鲜明，越能体现出行业特色和行业文化建设的定位和趋势。建筑本身就是艺术建筑行业文化。既要体现整个行业的精神风貌，又要体现建筑的艺术特征。

2. 企业文化

企业文化是指企业中长期形成的思想作风、价值观念和行为准则，是一种具有企业个性的信念的行为方式，是社会文化系统中一个有机的重要组成部分。广义上说，企业文化是企业在实践过程中所创造的物质财富和精神财富的总和；狭义上说，是指企业经营管理过程中所形成的独具特色的思想意识、价值观念和行为方式。企业文化从外延看，包括经营文化（信息文化、广告文化等）、管理文化、教育文化、科技文化、精神文化、娱乐文化等。企业文化从内涵看，包括企业精神、企业文化行为、企业文化素质和企业文化外壳。其精髓是提高人的文化素质，重视人的社会价值，尊重人的独立人格。

有很多企业不重视企业文化的建设，因为它对于企业经济效益的提升显效不够快、不够明显，需要一个长期的累积过程。但对于企业的长远发展来看，企业文化建设至关重要。每个员工的一言一行即代表了企业的企业文化，对于企业的公信度有着深远的影响。建筑企业从业人数较多，建筑企业文化水平既由企业经营管理的水平决定，还受企业劳动者素质高低的影响。

3. 社团文化活动

社团文化活动分两大类：一是为会员单位创造商机的文化活动。协会搞一个活动，让会员单位看到商机，看到利益，这个活动就是受会员推崇的活动。二是营造行业氛围的文化活动。这个氛围就是锦涛总书记指出的“要着力营造聚精会神搞建设、一心一意谋发展的良好氛围；营造解放思想、实事求是、与时俱进的良好氛围；营造倍加顾全大局、倍加珍惜团结、倍加维护稳定良好氛围；营造权为民所用、情为民所系、利为民所谋的良好氛围。”

三、文化图书出版业的文化产业实力

1. 文化精品的传承

文化图书出版业本身就是文化产业，其宗旨在于文化遗产的挖掘和保护，在于文化精品的传承，在于以文化人、以文会友、以文强企、以文兴业。这也就是说文化图书出版业的发展宗旨就是在于文化精品的传承。比方说中国建筑工业出版社在最近几年获“中国出版政府奖 优秀图书奖”的《中国古代建筑史》、《中国古代园林史》等，就实现了文化传承的目的。

2. 建筑产业和企业文化的创新

从出版业去带动、推动产业文化和企业文化的创新。建筑文化图书的出版、发行，要集专家、企业家之智，致力于建筑行业和企业文化的创新。

一些成功企业把自己在企业文化建设上取得的成就以著书或制作影像资料的形式

拿出来与大家分享，作为建筑类文化图书出版商，需要将这样的文化加以广泛传播，正确引导更多的企业加入到企业文化建设中来。中国建筑工程总公司目前正在做这方面的事情，他们从项目、科技、投资、法律等方面分别总结经验，单独出版书籍，使他们的先进经验既能在企业内得以传承，又能给其他企业以启示。

城市建筑不仅仅是施工，建筑产业文化不仅仅是盖一栋楼那么简单。如果把一栋大楼看成是建筑的微观，那么城市就是建筑的宏观，所以建筑产业文化与城市文化是紧密相连的。所以建筑文化图书的出版必将推动建筑产业文化，建筑企业文化促进城市文化的创新与繁荣。

3. 建筑文化的国际交流

现在中国在国际文化交流上有三大方面：一个是孔子学院，现在全球很多地方都有孔子学院；二是中国园林，很多国家都在建设中国园林，中国园林体现的是一种中国文化；三是文化体育，中国现在已经是一个文化强国、体育强国。

对于出版来说，文化出版同样用于国际交流。建筑文化图书出版有利于建筑业的国际交流，能为我国建筑业走向国际市场做出新的贡献。这也是我们文化出版业的一个重大责任。

我相信中国建筑工业出版社在当今这个新的时代、有作为的时代下能够做出更加不平凡的业绩，能够迎来更加美好的明天！谢谢大家！

（2012 年 7 月 24 日在“建筑企业文化座谈会”上的讲话）

大力发展建筑机械租赁
推进新型建筑工业化进程

很高兴今天应邀参加第六届全国建筑施工机械租赁大会，大家从全国各地汇聚一堂，共商建筑机械租赁大计。借此机会，我想讲讲如何“大力发展建筑机械租赁，推进新型建筑工业化进程”。

人类社会最早是农业文明，经济发展到工业文明，今天进入到低碳文明。在低碳文明下的工业化，叫新型工业化，对我们建筑业来讲，就是新型建筑工业化。我多次说过，一个城市的发展、乡村的变化、江河湖海的改造离不开建筑业的丰功伟绩。各行各业的振兴、千家万户的幸福离不开建筑业的奋进奉献。建筑业作为国民经济的支柱产业，正在向新型工业化道路迈进。我们说，新型建筑工业化，新就新在科技含量越来越高，经济效益越来越佳，质量安全越来越优，资源消耗越来越低，环境污染越来越少。我们必须认真研究，避免走重建轻管的弯路，重规模数量、轻质量安全的错路，还要避免走“先污染后治理”的老路，让我们共同努力，走出一条新型建筑工业化的康庄大道。

一、建筑机械租赁是新型建筑工业化的重要组成部分

1. 建筑专业化的发展需求

建筑必须以专业化施工，有哪些专业呢？有基础及岩土工程、安装专业施工、装饰装修专业施工、光电建筑业专业施工、钢筋配送专业化作业、模板脚手架租赁和专业化作业、混凝土集中搅拌作业、砂浆集中搅拌作业、建筑机械租赁作业，由此可见建筑机械租赁作业是新型建筑工业化的一个重要组成部分。

2. 建筑业改革深化的成果

建筑机械租赁是我国建筑业的转型升级深化改革的成果。

我国的建筑机械实行租赁起始于20世纪80年代末，其因有二：一是建筑业改革以及项目管理的实施；二是当时建筑业发展经历了一段“低谷”时期，建筑施工企业除了严重的“任务不足”以外，“大量机械设备闲置”也成为企业沉重的包袱。为解决这个问题，当时建设部施工管理司提出“推进建筑机械租赁的意见”，拟从根本上改变“建筑业装备结构”。之后行业主管部门采取各种措施支持建筑机械租赁发展。

“八五”期间，建设部把“发展建筑机械租赁”和“发展商品混凝土”作为两大技术改造项目，投入约5亿多元技改贷款支持成立专业化的建筑机械租赁公司，并着手组建了“北京中兴联机械租赁公司”等租赁企业。自此，我国的建筑机械租赁从企业内部租赁逐渐向社会化、规模化租赁迈进。

到20世纪90年代，建筑施工机械租赁的形式被社会普遍认同和采用，近些年来，随着人们观念的转变，特别是施工企业的改制，使建筑机械租赁社会化的进程加快，国有、民营、合资、生产厂家租赁等各类形式的专业化租赁企业相继成立，仅北京现在就有建筑起重机械租赁企业690余家。建筑业“自购、自有、自用”的固化式装备结构被打破，到“十一五”初，全国大中城市的建筑机械租赁市场基本形成。2001年建筑业企业资质标准中，明确减轻对企业机械装备的权重；2006年中国建筑业协会制订了《建筑施工机械租赁行业管理办法》，促进行业健康发展，加强行业自律。以协助主管部门规范市场为主要目的，对行业实行行业确认、信用评价、合同管理、信息服务。同年11月1日，建设部办公厅全文转发（建办市［2006］82号）要求各地区履行建筑市场监管职能中，注意发挥行业协会的行业管理与自律作用，推动建筑施工机械租赁市场的培育和健康发展，确保建设工程质量和安全。

3. 建筑工程项目管理的创新

要看到建筑工程项目管理的前景。多年来我们强调工程建设、强调项目管理。过去施工企业的项目管理，有相当一部分施工企业是小而全，大而全，小作坊，自有、自采、自购的形式。现在是专业化的道路，尤其是在建筑机械租赁方面，不是本公司拥有多少机械设备，而是本公司在项目上如何实现租赁经营，这对项目管理来讲有一个很大的促进，保证了项目管理的质量和效率。

如：中国水电建设集团租赁控股有限公司对建筑机械实行集团化管理。公司目前拥有设备近14万台套，其中自有设备资产近4亿元，包括基础施工机械、起重机械、铁路机械等。其下设租赁部，主要为集团系统内施工企业做设备配套服务。在设备管理方面，公司有以下四个特点：一是专业设备配套齐；二是全国各地有自有基地；三是管理制度流程健全；四是有自己的培训机构。

江苏省建筑工程集团有限公司2006年改制后，不再设设备管理机构，设备一律外租，由工程部管理。大量依靠外租解决，外租设备比例大约在80%。

中核华兴达丰机械工程有限公司是中国塔式起重机专业租赁服务企业中最具品牌影响力的公司，使用信息化管理系统，可实现远程办公、远程会议、远程视频监控，在总部可实时监测物资材料的进出，同时可以实现设备的GPS动态管理，实现塔吊运转时间、高度的实时掌握。

深圳海邻机械设备有限公司从设备采购的第一天开始就为设备购买了综合保险。

上海建工集团股份有限公司现拥有完整的设备管理体系，建立了机械准入管理制度，对人员实行四档考核，建立设备转场维保制度。

以上企业既保留了本公司现有尽量少的机械设备的完好和利用，更重要的是充分利用建筑机械租赁来满足建筑机械施工的需要，这就是我们项目管理本身的发展。

二、建筑机械租赁关系到生命第一的最高准则

1. 建筑机械设备是施工现场的重大危险源之一

建筑机械租赁在新型建筑工业化的进程中，它有特别的重要性，关系到生命第一是建筑的最高准则。我们说生命第一是建筑的最高准则，至今尚未完全深入人心，我们的设计单位、施工单位、监理单位，机械租赁行业，对生命第一作为建筑的最高准则，正处在深化阶段。这个阶段，应该看到，塔吊、施工升降机等起重机械是建筑施工最常用机械，建筑起重机械作为特种设备，是施工现场的重大危险源之一，由起重机械施工造成的高处坠落、起重伤害的伤亡人数一直在事故总伤亡人数中占有较大比例，因此，建筑机械是历年来我国建筑行业安全管理的重点之一。据住房和城乡建设部质量安全司《2011年房屋市政工程安全事故情况通报》统计，2011年，我国房屋市政工程生产共发生安全事故589起，按照发生部位划分，洞口和临边事故125起，占总数的21.22%；塔吊事故80起，占总数的13.58%；脚手架事故69起，占总数的11.71%；模板事故46起，占总数的7.81%；基坑事故39起，占总数的6.62%；井字架与龙门架事故29起，占总数的4.92%；施工机具事故20起，占总数的3.40%；墙板结构事故20起，占总数的3.40%；临时设施、外用电梯、现场临时用电线路、外电线路、土石方工程等其他事故161起，占总数的27.34%。由塔吊、井字架与龙门架和施工机具等建筑机械设备（不包括外用电梯）造成事故数已占到总事故的20%。据统计2000～2011年12年共发生建筑起重机械事故567起，死亡1014人，其中塔吊事故410起，占72.3%。除了塔式起重机造成的施工占近年来建筑机械事故数大部分外，施工升降机作为施工现场的载人设备，近年来也造成了多起造成群死群伤的重大安全事故，如2007年11月14日江苏无锡施工升降机坠落事故，造成11死6伤；2008年10月30日福建霞浦施工升降机事故，造成12死1伤；2008年12月27日湖南长沙施工升降机事故，造成18死1伤；2010年8月16日，吉林梅河口施工升降事故，造成11人死亡。因此，对施工机械、建筑机械的管理，直接涉及建筑工人的生命安全。

2. 建筑机械租赁将确保机械的完好率

作为建筑机械租赁，我们要看到建筑机械租赁行业实行的租赁制度，租赁行业要确保机械的完好，和自己拥有机械抽出一部分人去管理机械，那是不一样的。所以租赁行业对自己的机械管理是相当之严密的。如厦门中环建建设集团有限公司自主研发

了“远程视频安全监控系统”，包括采集、传送、接收、处理等功能。该系统前端采用模拟摄像机采集监控图像，通过编码器将视频及控制信号编译成数据包，利用无线传输回监控中心，同时，监控系统可以远程控制模拟摄像头和配套的云台设备，采集所需画面，远端传回的数字图像通过解码器还原成视频图像，投射到大屏幕上或投影仪上，便于监控中心集中指挥。实现了设备现场管理、安全现场管理、操作现场管理的远程全天候动态监控。可以说他们精益求精，在打造一流的建筑机械设备的完好。机械设备完好了，才能确保安全。

在德国，不光强调完好，还强调机械的人机工程系统，机械高速运转，手一伸机械咔一下就停下来了，那叫人机安全系统。建筑机械在安全完好方面还有很多科研项目需要研究。

3. 建筑机械租赁将全面提高操作人员素质

建筑机械操作人员的水平至关重要。如果只有机械，建筑机械工人操作的次数也不多，这样操作水平很难提高，而我们建筑机械租赁企业对机械操作人员的培训要求是严格的，如浙江宏基租赁有限公司设有专门的培训学校，主要培训建筑起重机械司机、安装拆卸工、信号司索工、电焊工等，培训学校目前初具规模，成为杭州市建筑行业特种作业人员的实操培训基地。还有我们身边的深圳海邻机械设备有限公司建立了人才培养基地，与湖南建设学校联合办学，重点培训塔吊司机及安装拆卸工人，并拟在四川省广安市开办建筑起重机械安装培训学校。

提高操作人员的素质和建筑机械的高度完好率，才能保证我们的建筑施工现场机械事故越来越少。

三、建筑机械租赁行业伴随着新型建筑工业化的发展而发展

1. 稳重求进发展的大趋势

建筑机械租赁行业伴随着新型建筑机械化的发展而发展，大家要认识到，建筑机械租赁业不光是租赁、不光是赚钱，而是在发展中国的新型建筑工业化，要看到我们稳重求进发展的大趋势。国民经济自“八五”期间，建设部把“发展建筑机械租赁”作为重大技改项目以后，建筑机械租赁逐步推开，特别是上世纪来，随着建筑施工企业改制、剥离到21世纪初，建筑机械进入快速发展阶段。据中国建筑业协会机械管理与租赁分会统计，到2012年，全国仅塔吊、施工升降机租赁企业可达18000家，而施工企业塔吊、施工升降机等通用机械自有量只占10％～30％，70％～90％的通用机械完全靠社会租赁。

建筑机械租赁社会化推进，提高了设备的利用率，实现了建筑行业设备租赁资源的合理配置，这一举措完全符合国家“建立资源节约型社会”的大政方针。2011年

《国家产业结构调整指导目录》也明确把“租赁服务业”列为国家“鼓励类”行业。

我国的基础设施建设、社会主义新农村建设、工业与民用建筑建设等，正沿着可持续发展的方向发展，巨大的建筑市场将成为建筑机械租赁业提供巨大商机。项目管理的不断完善，“以租代购”已被越来越多的施工企业认可，建筑机械租赁社会化已成趋势。

我国的建筑机械租赁业也必将成为国家、社会、施工企业所重视，成为建筑业产业链上的一个重要环节和朝阳产业。努力打造租赁品牌，不断把企业做大做强，做专做精，现在的18000家，几年后让它变成1万家、5000家！租赁企业整合将是建筑机械租赁行业要走的路，名牌企业要给整个行业树立榜样，带动全行业健康发展。

刚才我们表彰的建筑施工、机械施工租赁品牌企业，还有建筑施工企业租赁的50强企业，这些企业就是我们行业的代表。民营建筑机械租赁企业，随着建筑行业的快速发展也具备了一定的规模和经济实力，推动了机械租赁行业的发展。像上海庞源机械租赁有限公司是1998年成立的，主营塔吊租赁的股份制企业。1998年当年营业收入43万元，以后逐年大幅增加。到2011年为止，上海庞源已发展成为一个注册资本2.25亿元，拥有各类型号塔吊1400多台，履带吊2000t，施工升降机300余台，架桥机2700t的租赁企业。庞源公司已形成了区域公司+子公司的经营格局。成立了东北、华北、华东、西北、华中、华南、西南等7个营销中心，以及12个全资子公司。

深圳海邻机械设备有限公司成立于2001年10月，是一家从事塔吊专业租赁的民营企业。企业最初是凭几台二手塔吊租赁起家，不断发展起来的。从2004年起新添塔吊逐年增加，到今年为止，已超过600台，今后5年内的目标：塔吊数量达到8000～10000台，且都要国内知名品牌厂家的产品。深圳海邻现有工程技术与经营管理人员220余人，同时储备具有国家认可资格的专业安装拆卸工、维修工、塔吊司机900余人。深圳海邻的营销理念是：用最好的设备、最专业的人士为客户提供高效、安全、专业的服务。同时提出了“三化”，即规模化、品牌化、专业化的发展方向。

2. 发展面临的机遇和挑战

要看到我们当前面临的机遇和挑战。在“十二五”期间，就我国建筑业来说，当前的发展是西部比较快，但是从整体来看，我们的城市化规模仍然在不断扩大。两房建设，一个是商品房，一个是城市居民保障房，要求在“十二五”期间建立3600万套房的保障房，这样建设规模在不断地扩大，那对我们建筑机械行业来说，是一个很好的市场、很大的发展机遇。但是，我们也面临着挑战，和国际上发达的租赁企业比较，我们的企业是有差距的。总的看，对机械租赁行业来说社会有需求，对我们企业来讲就是市场；和国外有差距，对我们企业来讲是有发展的潜力；经济建设方面有机遇，对我们企业来讲就面临挑战。

如美国联合租赁公司是世界上最大的设备租赁公司，由布拉德利·雅各布斯和其他7位主要成员于1997年成立。在美国和加拿大遍及850个租赁点，员工超过10000名。其客户群主要包括建筑业和工业企业、公用事业、市政当局和房主。在2008年的年度总营业收入为33亿美元，其中包括25亿美元的设备租赁收入，到2012年该公司全球营业额超过195亿元。希望我们的租赁公司以它为榜样，中国这么大市场，我们完全有能力超过他们。应该说全球最大的租赁公司不应该在美国，也不是在日本、新加坡，应该在中国。中国这么大的市场，全球最大的企业近几年中将会在中国诞生，希望在座的你们能够成为全球最大的租赁公司。

3. 发展中的社会责任

作为一个租赁企业，我们是搞租赁，租赁靠什么？它是一种服务，一种诚信服务，我们要以最好的机械、最好的操作人员的素质，在市场上运作，要尽到企业的社会责任。

2007年7月1日，《建筑施工机械租赁行业管理办法》正式实施。中国建筑业协会机械管理与租赁分会制定了《建筑施工机械租赁行业管理办法实施细则》并对建筑机械租赁企业实行行业确认管理。行业确认主要是在行业主管部门大力支持下，行业组织依法通过一定的程序和方法在行业内部实行行业确认或推荐，并加强行业自律管理、实行信用评价等动态管理，并主动接受有关行政机关及社会监督的一种新型的社会化管理模式。也是我们中国机械行业，机械租赁行业能够健康发展的保障，或者说是科学发展的保证。

为加强天津地区建筑起重机械管理，从2007年起，天津市就开展了“建设工程机械设备登记”工作，主要是对机械设备的产权登记，登记后发放天津市工程机械设备产权单位信用档案证书和天津市建设工程机械设备信息卡（IC卡），此项工作具体由天津市工程机械行业协会负责，并在天津市工程机械行业协会网上公布。

江苏省建筑安全与设备管理协会根据《建筑施工机械租赁行业管理办法》，结合江苏省的实际情况，经过协会会员大会通过，对建筑机械租赁企业、建筑机械安装检验检测机构和建筑业安全管理中介服务机构的实行行业确认自律管理。

建设部办公厅转发《建筑施工机械租赁企业管理办法》以后，陕西省建筑门窗与设备管理协会立即着手制定《陕西省建筑机械租赁行业管理办法》及《实施细则》，并得到陕西省建设厅的大力支持。那就是说，我们的协会，我们的政府部门，我们的企业，都要高度重视社会责任。作为一个企业来讲，我们的温总理前年在法国巴黎国际企业家座谈会上提出：第一企业不创新，企业就没有明天；第二强调企业要重视社会责任，不重视社会责任的企业，是不受社会欢迎的企业。我们强调行业的治理，当然，租赁行业的发展，还有很多方面需要我们探讨、需要我们研究。另外在租赁方面的管理创新、科技创新，还有很多工作要研究、要落实。

4. 协会使命

我们要全面贯彻《建筑施工机械租赁行业管理办法》，并扩大覆盖面，不仅塔吊、施工升降机，还有其他建筑机械，如模架、盾构、挖掘机等。任何一个城市企业数量都要接近上千，其中小企业数量所占比例较高，但也要看到中小企业的发展非常重要，一个行业的发展离不开中小企业，但代表行业发展方向的是由规模较大、对行业有影响的、敢于与国际同行相比较的重点企业所决定，所谓的“行业栋梁、行业脊梁”。协会选的企业家会长，是在行业中能够作为行业代表、行业栋梁的企业家。协会要抓行业的发展，既要考虑全面性，更要抓住代表性，能够代表行业发展方向，代表行业发展水平。毛主席常说“榜样力量是无穷的”；总要有行业的领头羊、领军企业，而我们企业家会长的所在企业正是行业的领军企业，在行业发展上有重要的地位和作用。

在“十二五”期间我们要巩固改革成果，继续推进建筑机械租赁社会化，促进建筑租赁服务业健康发展；政府主管部门引导和支持建立行业自律管理机制，重视施工现场机械设备管理，把建筑起重机械管理像机动车管理一样管理起来；行业主管部门建立“引导企业加强机械设备管理”的机制和制度，完善现行的有关建筑机械设备管理的法规、制度。让我们共同努力，以美国联合租赁公司为学习和赶超的目标，以加快新型建筑工业化进程为己任，开拓创新，走出一条具有中国特色的建筑机械租赁的新路子。希望建筑机械租赁企业家具有儒商的诚信、智商的才智、华商的胆略，茁壮成长。祝愿建筑机械租赁企业做到品牌服务闯天下，名牌企业走天下。祝福建筑机械租赁行业的明天更加美好。

（2012 年 8 月 10 日在“第六届全国建筑施工机械租赁大会”上的讲话）

二、协会工作篇

推进廉洁建会　促进改革发展

在党的十七大即将召开前夕，部党组决定召开社团工作会议，说明部党组对社团的健康发展是非常重视的。刚才，汪光焘同志全面地总结了建设部社团工作所取得的成就，阐述了社团工作的重要性，强调指出，要以创新精神做好社团工作，各社会团体和机关各司局都要认真学习贯彻。今天，我主要结合学习国办 36 号文件的体会，从推进廉洁建会、促进社团改革发展方面，谈四点意见。

一、认真学习贯彻国办 36 号文件精神，创新工作，做好改革与发展的大文章

最近，国务院办公厅印发了《关于加快推进行业协会商会改革和发展的若干意见》(国办发［2007］36 号)，对政府部门如何转变职能，如何加强对协会的指导提出了明确的要求，部机关各司局一定要认真学习贯彻落实。《若干意见》主要适用于行业协会和商会，但是，对学会、研究会等社会团体具体重要的指导意义，部管社团更要认真学习贯彻落实。

1. 认真学习，切实掌握改革与发展的内容和精神

国办 36 号文件，是行业协会改革和发展纲领性文件，要认真学习领会，吃透精神。通过学习，我体会要掌握 8 个方面的内容。

(1) 总结并发挥好四大作用。国办文件肯定了行业协会在提供政策咨询、加强行业自律、促进行业发展、维护企业合法权益四个方面发挥了重要作用。这是行业协会对社会的贡献，我们应该总结并继续发挥好这四个方面的作用。

(2) 正视总体存在的三大问题。行业协会还存在着结构不合理、作用不突出、行为不规范三大问题，这是需要我们高度重视、努力改进的。

(3) 明确改革发展的目标。要努力建成体制完善、结构合理、行为规范、法制健全的行业协会体系，充分发挥行业协会在经济建设和社会发展中的重要作用。这就是“十六字”目标，是要通过我们齐心协力去实现的。

(4) 深刻认识“四个坚持”总体要求。坚持市场化方向，坚持政会分开，坚持统筹兼顾，坚持依法监管。“四个坚持”是做好行业协会工作的保障，也是行业协会改革发展的纲要。

（5）积极拓展“四大职能”，充分发挥桥梁和纽带作用、加强行业自律、履行服务企业、维护本行业企业的正当权益的宗旨，积极帮助企业开拓国际市场，这是行业协会要积极拓展的“四大职能”。

（6）大力推进“三大改革”。要从实行政会分开、改革和完善监管方式、调整、优化结构和布局三个方面推进行业协会体制机制改革。

（7）切实加强“五大管理”。就是要切实加强健全法人治理结构、深化劳动人事制度改革、规范收费行为、加强财务管理、加强对外交流管理。

（8）进一步完善“四大政策措施”。要进一步完善落实社会保障制度、完善税收政策、建立健全法律法规体系、加强和改进工作指导措施。

概括地说就是8句话：总结提高、进一步发挥四大作用，正视总体存在的三大问题，明确改革发展的十六字目标，深刻认识四个坚持的总体要求，积极拓展四大职能，维护本行业企业的正当权益，大力推行三大改革，切实加强五大管理，进一步完善四大政策措施。

2. 以创新的精神，建立科学的协会工作机制

（1）树立全面协调可持续发展的协会工作理念。要立足当前，放眼长远，探索人力资源、手段、方法、制度相衔接的工作机制，提出科学、合理、有预见性的改革创新工作思路。没有创新的工作思路，协会就死水一潭，失去活力。

（2）树立以人为本的理念。一切为了人，一切依靠人。探索形式、内容、效益相统一的工作机制，创造性地、高质量地开展各项活动。活动是协会的生命，活动的质量是协会生命的价值。没有高质量的活动，协会就失去了存在的价值。

（3）树立服务大局、服务企业的观念。想大事，抓实事，当好政府的参谋和助手，成为企业的良师益友，探索政府、企业、协会相协调的工作机制，以科学发展观，创新改革协会的各项工作，谋求协会和行业的发展。

二、坚持廉洁建会，保障协会改革发展的方向

1. 廉洁建会的提出

2001～2003年，驻部纪检组、监察局收到并核实的，反映有关社团领导问题的来信18封，占反映部机关、事业单位、社团共43件的41.8%。经过整理和分析，反映出部管社团存在的11个方面问题：

（1）设立“账外账、小金库”，或公款私存；

（2）滥发奖金、劳务费等补贴，逃避个人所得税；

（3）在办班、办展览等活动中乱收费；

（4）出版培训教材、文件汇编等强求企业赞助；

（5）在出国（境）组团中违反规定乱收费；

（6）在开办企业、搞开发等投资活动中违反规定；

（7）用公款为退休干部购买商业保险；

（8）用假发票报销；

（9）为机关相关人员支付通信费，发放过节费及补贴；

（10）利用职权为子女、亲友经商办企业提供便利条件；

（11）违反规定收受和发放礼品、礼金等。

当时，在个别协会有一些很不好的现象，工作靠老面子照顾，挣钱靠赞助，花钱靠小金库，协会有了挣钱的项目，交给老婆孩子去做等。群众对这些不良现象非常不满，一段时间举报信比较多。对部分社团存在的上述问题，部党组非常重视，提出了“廉洁建会”的工作指导思想和工作原则，2003 年 9 月 25 日制定下发了《关于加强社会团体监督推进廉洁建会的意见》（建党［2003］41 号）（以下简称“廉洁建会意见”）。

2. 廉洁建会的贯彻

“廉洁建会意见”下发后，社团党委非常重视，及时召集所辖社团领导研究落实办法，通过多种方式对党员干部和职工进行法制教育和廉洁建会教育。各社团结合各自实际情况，认真贯彻落实，不同程度地加强了教育、完善了制度、强化了监督，努力推进廉洁建会，总的情况是好的。各社团根据“廉洁建会意见”的要求，普遍加强了廉洁建会责任制建设，明确了廉洁建会责任人。如中国建筑学会、中国房地产业协会、中国动物园协会等支部明确支部书记为廉洁建会责任制的责任人；中国物业管理协会、中国房地产估价师与房地产经纪人学会等，明确法定代表人为廉洁建会责任人；中国建筑金属结构协会明确重大问题都由会长办公会议讨论决定；中国贸促会建设行业分会建立了工作责任追究制度等。

大部分社团根据“廉洁建会意见”要求，进一步完善了财务制度，强化了财务管理，不同程度地实行了财务统一核算管理、统一开支范围、统一报销程序，实行了财务公开。如中国市政工程协会，规定秘书长负责管理财务工作；中国出租汽车暨汽车租赁协会在总结多年工作经验的基础上，制定完善了 10 项有关规范协会建设、加强财务管理的制度；中国城市规划协会和风景名胜区协会建立了廉洁自律和财务管理等制度；中国动物园协会，实行了财务收支公开制度；中国城镇供水协会，重视协会二级机构的管理，进一步规范了各项管理制度；中国土木工程学会财务管理经上级多次审计，评价比较好，他们不满足于现状，对财务管理制度又作了进一步的完善；中国建筑业协会，严格了财务报销程序及报销时限，建立了固定资产购置年度计划和固定资产的报销报废处理制度；中国建设工程造价管理协会，建立了财务预算管理办法及监督预算执行的工作机制；中国建设职工思想政治研究会，实行定期向会员代表大会报告会费收支、使用情况报告制度；中国安装协会，规定重大开支由班子集体研究决定，定期向常务理事会报告财务收支与资金使用情况，并向协会工作人员公布。

各社团逐步将廉洁建会工作融入到业务工作之中，尤其在建设领域关注的“评优评奖”热点问题上，各有关社团都在不断加强制度建设。中国建筑业协会在“鲁班奖”的评审过程中，坚持“四公开”和“两回避”制度。为避免专家、评委长期参与评选工作而与企业关系过密影响评审的公正性，制订了定期更换工程复查和评审专家的规定，并重点抓参评专家及工作人员廉洁自律，实行公示制度，以确保评审工作公平、公正；中国建筑装饰协会，承担评选全国建筑工程“装饰奖”工作，很多企业和地方协会通过各种渠道，希望获奖或增加名额，协会及时制订了评审工作程序，强调有关人员要严于律己，廉洁工作，严格按程序办事；中国勘察设计协会在承担全国工程勘察、工程设计、计算机软件、标准设计等四优评选中，制订了相关标准和程序规定，并将评选结果在网上公示，接受社会监督，有效防止了暗箱操作；中国房地产业协会通过筹集发展基金的办法，解决“广厦奖”评选活动中的收费问题，使评选活动更显公正性、公益性。

3. 廉洁建会的成效

从近几年来的情况看，部党组提出的廉洁建会的指导思想和工作原则是正确的，社团对“廉洁建会意见”的执行情况是认真的，对于社团事业的健康发展，社团领导的廉洁自律和监督机制的形成起到了一定的指导和督促作用。由于社团领导重视廉洁建会，加强行业自律，不断完善相关制度，加强财务管理，社团领导干部廉洁自律方面存在的问题有了明显好转。整体上看，部管社团的领导干部是廉洁的，廉洁建会工作是很有成效的。2004～2006 年，驻部纪检组、监察局共核实反映有关社团领导问题的举报 15 件，占反映部机关、事业单位、社团 48 件的 31.3%。与前 3 年相比，下降了 10.5%。今年到目前为止，仅接到反映有关社团领导的举报信 3 件，总体上处于下降趋势。

同时，我们还看到，廉洁建会促进了社团改革发展，使多数社团能在更广的领域、更高的层次，更加切合实际地发挥了作用。

部管社团廉洁建会的成效之所以显著，正是由于社团党委、协会各级干部认真贯彻部党组的意见，严格要求自己，严格管理下属，严格执行了制度。领导干部的作用是非常重要的，我们的事业发展，选好人、用好人，特别是选好、用好领导干部尤为至关重要。我们要注意防止二种干部：一是“两能干部”。工作很能干，点子多，工作成效也不错，但是腐败起来也很能干。二是廉洁而无能干部。虽然很廉洁，却碌碌无为，什么也不干，工作全无成效。这两种干部都不能用。领导干部在自己的岗位上，要干事情，要发挥作用。

三、部分社团仍然存在的主要问题

廉洁建会成效显著，廉洁自律情况好转，举报信下降，说明部管社团的进步。但部分社团仍然不同程度地存在一些问题，主要是财务管理和发挥作用两个方面。

1. 财务管理问题

主要是财务收支管理和坚持财务管理制度方面。

(1) 在财务收支方面的问题有：

会费收入程序不全；经营盈利目的不对；评比活动收费不可；有偿服务收支不明；授权活动违规不少等问题。

授权活动主要指社团对下属单位和分支机构监管不够。随着市场经济的发展，各社团成立不少经营实体和分支机构，共约300余家，分布在全国大、中城市。还有一些写作、挂靠单位等。对这些单位和分支机构，管理制度不健全，有的只收管理费，其他一概不管。这些单位或机构经常打着协会名义活动，违规违纪的事例不少，有的讲话口气大得很，威胁地方企业不参加活动将会如何等。

(2) 在坚持财务管理制度方面问题有：

财会人员不称职。有的没有岗位证书，有的不履行岗位责任，有的缺少敬业精神；

管理制度不健全。存在账目混乱、借贷不清、乱报销、乱分配等问题；

委托代办不统一。存在分支机构过多、分支机构财务管理过乱、财务委托给亲朋好友，过于随意等问题；

监督检查不严格。主要是社团领导对财务工作的监督和领导不力，审计制度坚持不严格、不经常；

资产管理不清楚。从财务管理方面看，主要是有账无物、有物无账，资产底数不清，资产处置随意等问题。

有些问题客观地看，有关政策规定不够细，也使得协会同志执行起来有一定的困难。

2. 发挥作用方面的问题

从协会职能角度来看，应该能够更好地发挥作用，目前发挥得还不够好。主要是在两个方面作用发挥得不够好。

一是桥梁和纽带作用发挥得不好。近年来，建设部在行业纠风、行业治理方面做了很多工作，如治理商业贿赂、规划效能监察、房地产市场秩序专项整治、出租汽车行业纠风、市场诚信机制的建设以及市政公用事业等六个方面的改革制度建设等，社团都应该更紧密地参与，发挥更大的作用。在行业纠风和行业治理方面，协会是有人才的，应该让他们参与并有发言权。在行业自律方面，协会应该负有责任。

二是服务企业的宗旨要进一步树立。行业协会全部工作的出发点和落脚点，就是为企业服务。为企业服务好不好，是检验行业协会工作的标准。行业协会为企业服务能做的事情很多，如提供市场发展动态和信息，科技创新的指导工作，专业人才培训和人力资源开发，现代管理的交流，事故认定和分析，国际市场开拓等。应该确信，在为企业服务方面，相关社团组织有相当的优势。希望各社团能够确立一个信念：在为企业服务问题上，你们工作有水平、有能力；你们的事业有舞台、有作用；帮助企业发展，你们有义务、有责任。

分析协会发挥作用不够的原因，有两个方面需要重视。一方面，从政府的角度，职能转移或委托不够，对协会指导帮助不多，听取和征求协会意见不足；另一方面，从协会的角度，行情调研不深，建议和意见不多不及时，参与协助不力、不主动，在发挥优势方面，认识和行动都远远不够。

应该充分认识到，在行业管理方面，政府工作需要协会协助，离不开协会协助；协会工作需要政府的扶助，也离不开政府的扶助。

四、提四点改革发展的要求

(1) 把加强领导、强化管理、推动社团改革发展，作为社团领导同志实现社团改革发展的重任。领导同志要在健全法人治理机构中站在行业协会改革发展最前沿，锐意进取，将自己的光和热奉献在具有重大价值的社团发展事业上。在协会工作岗位上，我们可以也应该更好地建功立业。

(2) 把改革发展作为一个重大而艰巨的科研项目，组织全员用于攻关。总结成立以来最成功最闪光的经验，研究确定本社团改革发展的战略和目标，聚精会神地奉献聪明才智，在实现其目标的同时实现社团工作者的人生价值。

(3) 把“廉洁建会”的制度和要求，落实在全员的自觉行动上。弘扬新时代社团的和谐文化、廉洁文化，弘扬社会主义核心价值体系；培育本社团的团队精神，构建和谐社团，为本社团的科学发展、可持续发展，进行新的探索、新的实践。

(4) 把创办学习型组织作为一个特别重要的任务统领全员思想。当前要把认真学习胡锦涛的6·25讲话和学习研究国办发［2007］36号文件结合起来，与学习贯彻汪光焘同志代表部党组所做的重要讲话结合起来，研究新思路，探索中国特色社会主义的社团改革道路、社会主义市场经济条件下社团自主发展的模式。学习是至关重要的，学以立德，学以增智，学以致用，把社团的改革和发展推向一个新的阶段。

协会走进了新时代，改革发展的机遇前所未有，挑战也前所未有。让我们共同努力，在建设有中国特色社会主义伟大事业中，使行业协会成为本行业改革、稳定、发展最有号召力的组织者，成为本行业科技创新、管理创新具有价值服务的推动者，成为本行业产业文化、企业文化和行业、企业发展战略最有影响力的传授者。祝愿各社团深化改革健康发展，祝愿每位社团工作者健康成长。

（2007年7月30日在“建设部社团工作会议”上的讲话）

拓展工作思路　提高工作能力
推进改革发展

首先感谢大家来参加中国建筑金属结构协会（以下简称“协会”）与全国地方相关行业协会第三次联谊交流会。这个会之所以叫做联谊交流会，目的就是联络感情，交流经验。大家刚才的讲话都很好，对我也是一次很好的学习。我最近一直在思考一个问题，就是我们应该深刻认识并且认真思考该如何办好协会？我们面临着机遇，也面对着重大的挑战。现在协会很多，商会也风起云涌。有的协会工作开展得很不错，得到了会员单位的认可；有的协会反而成了会员单位的负担。有的同时存在几个同行业的协会，有的还没有建立地方行业协会。因此，我们大家更需要不断思考和学习，共同进步。

2005年11月，我们“协会”在河北邯郸召开了第一次联谊交流会，当时只有6个省、市、自治区的9个协会参加。2007年4月在山东龙口召开第二次联谊交流会，有15个省、市、自治区的19个协会参加。今年是第三次，在山东潍坊召开，有16个省、市、自治区的28个协会参加了本次联谊交流会。目前全国32个省、市、自治区，有18个省（两个协会请假没来参加会议）的协会和相关机构与我们保持经常性的联络与沟通。由于协会的地位和作用显著，因此相互之间的交流就非常必要和重要。在全国有的地方协会主动联络兄弟协会轮流做东开展联谊活动；有的协会是在重大活动时邀请兄弟协会参加；有的协会以地区为单位开展交流协作。今后我们“协会”要主动加强沟通和联络，尽快地把全国与我们行业有关的行业组织联系起来。

我到协会工作5个月左右了。到底该怎么办好协会？这个问题我还在调研思考。我觉得首先要向企业和兄弟协会学习，光学习不行，还要思考。关于我的讲话都是我自己思考的提纲，我在“协会”第九届会员代表大会、铝窗、塑窗、钢结构行业年会以及安徽开拓国际市场研讨会上共作了5次讲话。每一次都是思考的结果，每一次开会都有很深的体会。我们的行业企业是非常令人敬佩的，其产品已经在全世界150多个国家和地区都有销售，而我们的行业大多数是民营企业，这些企业通过自己的努力将企业做大做强，我们应该为他们做好服务，充当他们的坚强后盾。

总而言之，联谊交流会就是我们之间的学习。今天这个讲话只是座谈交流，不是部署工作。希望每次我们的交流都能够让我们深刻认识到一些问题，进行改进，从而提高我们的工作质量。根据大家的发言我讲以下三个方面的内容：

一、拓展协会工作思路

(1) 政府工作靠权力，协会工作靠魅力。协会工作人员在会员中的影响力，决定了协会的凝聚力。目前希望政府放权给我们可以理解，但主要还是靠我们的工作魅力和人格魅力。有为才有位，我们的行为方式，我们的工作内容决定了协会的形象和协会的工作能力。

(2) 人的生命在运动，协会生命在活动。一个协会活动的质量，决定了协会存在的价值。大家放下工作从四面八方赶来，一起参加活动就要有所得！从我个人来讲，山东省建机协会和上海协会的发言给我印象特别深，讲话深刻，活动搞得也不错。另外，大家应该经常活动。我们的联谊会基本上是两年一次，大家花了很多时间和精力，必须是有所得的。活动有质量，参加有所得才能体现活动的价值。

(3) 协会工作难以按照完成任务与否来衡量，不存在上级指令性部署，全在于自加压力，自找活干。而自找活干在于责任，责任就要有代价，有付出。协会工作要干，干起来没完没了，不干也不多不少。为了干好工作，可能要付出身体、时间等许多代价。因此，责任感就决定了是否能够高质量地完成任务。

(4) 人在一个岗位多年，会有熟悉行业和工作经验的优势，但容易产生惰性和惯性，工作积极性会降低，难以创新，唯有勤于思考和学习才能改变这种状况。协会工作人员不仅要熟悉行业，更重要的是要成为社会活动家。现在有些年轻人，认真学习不够，静下来看书太少，学习积极性不高，工作上就凭经验。世界上没有真正不困难的事情，个人的价值体现在克服困难的能力，困难越大，人的自我实现价值越大。要勤于学习，认真学习，努力改变自己惰性和惯性，创造性地开展工作，使协会可持续地发展。

(5) 协会要视自己为商会，只有真正为会员单位创造商机才是最好的、最受欢迎的、最有魅力的协会。换一个思维，如果我是一个工厂厂长，如果协会找我开会能够带来商机，对我的发展会有帮助，我肯定愿意参加，我不愿意老是听一些与我企业发展无关的长篇大论等内容的讲话。商机才是对企业最有价值的内容。

(6) 协会具有跨行业、跨部门的优势，全社会人才是协会做好工作的第一资源，尊重人、善待人是做好协会工作的根本。我一直在建设行业工作，建设部历任部长也很难说清楚建设系统到底分管多少个行业。建设系统众多行业众多人才是协会的能量所在。要特别重视充分发挥各行各业专家的优势和作用。

(7) 协作是协会的最佳工作方法和最高工作境界，善于与方方面面的合作是协会工作的基本素质。协会工作人员必须是社会活动家，而不能只是行业专家。现在全世界都在忙着搞国与国之间的论坛、联盟等各种活动，而协会与政府、与企业、与院校和科研单位、金融机构、法律机构及新闻单位的种种伙伴关系非常重要，协会要努力提高自己的合作素质和能力。

（8）一个大国的一级协会必须有全球化的理念和意志。我们是一个大国，我们的一个地方协会就相当于别的一个国家协会所管辖的范围，因此我们要有全球化的理念。协会工作人员要努力增强自己的世界眼光和战略思维的素质。

（9）协会工作要有全局和大局意识。对“协会”来讲，住房和城乡建设部的工作是全局和大局，以各委员会、分会来说，“协会”是全局和大局。我们做任何事情，都不能忘记全局和大局。我们应该想办法促进有关的省、市、自治区成立相关地方行业协会，共同围绕建设事业的大局把我们的行业协会办好。

（10）民主办会是协会工作的原则。协会工作人员要善于听取会员单位的意见，开展活动要民主协商，要重视重大问题决策的程序。民主办会是原则也是方法，更是一种能力。

二、提高协会的工作能力

共产党要长期执政，必须要提高执政能力；中央和各级省、市政府要提高行政能力；作为协会来讲要提高自己的工作能力、活动能力。没有能力，没有本事是不行的。能力不是先天就有的，是工作中学习、实践中锻炼的，是在工作过程中逐步形成的。要做好协会工作的前提条件是，既要是业内的专家，要懂行，又要是社会活动家。我们在协会工作的同志基本上应该是行业的专家，同时要有很强的社会活动能力。协会是一种商会，所有的活动都为了推进产品的创新，推进企业的壮大，推进我们行业的发展。

1. 示范榜样的号召能力

协会抓工作，抓什么？抓示范、抓样板。毛主席说过“手中无典型工作一般化”“榜样的力量是无穷的”。特别是重点企业、金奖示范、基地命名、新技术推广示范、经验交流、考察学习，要树立榜样、加强示范，来推动企业和行业的发展、提高。协会要有号召能力，哪些企业干得好，大家要向他学习；哪些产品是品牌，大家要向他看齐。协会必须要有示范榜样的号召能力。

2. 专家人才智慧借用能力

我们的行业众多，专家人才也众多。我们在标准规范的制定上、在技术攻关上、在专题调研上、在合理化建议方面以及在有关对企业的咨询顾问方面，如何借用专家的力量，借用有关人才的力量非常关键。我们每一个人都有很多关系，你的朋友、你的同学、你的战友、你过去的同事、你的熟人都是你可以发动的人，发动所有关系来为本协会服务。使方方面面的关系单位和人员了解我们协会应该做什么，他们对我们协会在哪些方面能有所帮助。社会团体组织就要发动所有与我们有关系的单位和专家人才，做到千军万马千方百计众志成城。

3. 市场信息情报的收集应用能力

我们是为企业服务的，信息情报工作非常重要，如网上信息、技术信息、产品信息、价格信息、工程信息、国内信息、国外信息等。我们谈经验、谈工作必须要了解行业发展的状况，要用数字来说明，没有数字的报告是空洞的，是没有说服力的。信息处在动态变化的过程之中，信息的收集也必须是动态的、及时的，任何动态的变化都有它自身的原因，有经济原因、社会原因等，要有人专门负责收集、分类、统计、分析、应用，要让信息充分发挥作用。我们可以通过调研、统计、网站等多种方式了解信息。网站的作用很重要，要高度重视网站建设，通过网站了解前沿的信息，有效指导企业和为行业发展服务。

4. 全面创新的引导能力

全面创新是我们国家的要求，我们中国要成为创新型国家。中国是一个制造大国，却是一个品牌小国。世界100个特别有价值的品牌，中国一个也没有。我们要创新，第一是创新人才的培训；第二是创新人物事迹的宣传；第三是创新成果的推广应用。我们协会的工作本身也是一种创新，我们开展的每一项活动，没有前人教你怎么去做的。实际上中国的协会有很多，建设部就有40多个，每个协会的工作都是不一样的，他们有好的方法都值得我们学习、了解，并对协会工作进行创新。另外对企业要创新、对行业要创新。我们不全是专家，就是专家能力也是有限的，要动员社会上的一切力量实施企业管理的创新、企业产品的创新、行业管理的创新和我们协会工作的创新以及其他方方面面的创新。我们不能只满足于做好已有的、成熟的工作，要密切关注国家出台的有关政策，从中寻找我们协会要干的工作，及时占领阵地。比如国家出台了对光伏一体化建筑的政策，和我们行业内的幕墙、门窗、玻璃等企业都有很大的关系，就要考虑我们在标准和规程制定、技术引导、人员培训等方面需要开展哪些工作。同时，还要密切关注行业中新出现的产业和问题，寻找创新的突破，“协会”给排、水分会地暖和喷泉委员会就是这样开创出了新的局面，取得了良好的经济和社会效益，奠定了他们在行业中的地位。要通过创新使我们出人才、出成果、出经验，不断开拓新的局面。

5. 繁荣产业文化的倡导能力

产业文化应该引起我们足够的重视，文化是国家发展的软实力，也是企业发展的软实力。要重视企业文化软实力的研究、儒商智商精神的倡导、名牌品牌文化的研讨、学习型组织的建设。我们的企业很多，企业家素质参差不齐，企业家的素质很重要，要努力推进企业文化产业文化的大发展大繁荣，加强学习型组织和知识型员工队伍的建设。

6. 协调维权的服务能力

我们现在正在建立的市场经济还不健全、不完善，如作为市场经济基础的诚信机制不完善，还没有建立公开、公平、公正的市场秩序，政府部门不能及时、全面掌握企业的需求，相应的政策措施滞后，有的地区甚至存在地方保护和行业垄断等问题。协会要充分发挥自己的作用，站在全行业的立场，协调解决企业间的纠纷，促进市场竞争的公平、有序；要充分发挥协会为企业代言、反映企业诉求的作用，与律师等咨询机构开展合作，保障企业的合法权益，特别要注意提高我们在这方面的服务能力，帮助企业解决问题。

7. 国际市场开拓协助能力

我们刚刚召开了开拓国际市场的研讨会提出了很多工作设想，要认真研讨落实。对会员单位实施“走出去”战略，进行有效指导、热情服务，以及有效地开展全球同类型协会之间的国际交往。

8. 政府部门参谋助手能力

我们要成为建设部各司局包括其他政府部门的得力助手，而不是天天跟他们要事干。你干得好，有为才能有位。你有所作为了你才有地位，你干得有成效了人家才让你干。标准规范的制定、资质标准的制定，还有行业技术政策的研讨。各种新技术的推广，我们可以做更多的工作。

9. 行业健康发展自律能力

在行业管理方面，国外全是行业协会管理。现在中国主要还靠政府主管部门。协会是协助参与管理，特别要重视的是行业自律问题。如制约不正当竞争措施、发布诚信倡议、制定诚信公约等。另外还要研究我们协会要就四大体系认证的问题如何去帮助企业，第一个是 ISO 9000 产品质量管理和保证体系；第二个是 ISO 14000 环境管理体系；第三个是 ISO 18001 职业健康安全体系；第四个是 SA 8000 社会责任体系。这四大体系既是企业管理标准化工作，也是企业健康发展的自律要求，我们协会要做些工作，帮助企业找专家，帮助企业通过认证，帮助企业宣贯落实等。

10. 商会的凝聚力

凝聚力的首要问题是民主办会，使我们协会成为学习型组织、和谐的团体。应该说我们在座的许多协会工作开展得是很不错的，多少年来协会的工作人员是比较有奉献精神的。但也不是一点问题没有，这也是一个动态的过程，矛盾是不断产生的，而工作是在不断解决矛盾，实现和谐生活。大家在一起工作，也是一种缘分。包括我在内的每一个人都是有缺点的，人不可能是完人，人的性格不同，往往是优点和缺点同时产生。人有两个家：一个是充满亲情的家，夫妻、父母、儿女；一个是工作单位充满友情的家，人与人之间应当是充满友情的，在一个单位、在一个行业工作就要尽你的力量去做。另外要在商机、商法、商情、商志、商业合作推动这方面多做工作。一方面是协会自身的和谐团体，另一方面协会要活跃在商业、商场、企业之间，要在全行业中有一种凝聚力。同时，我们还要推动国外的协会、国内的协会、建设部的协会和其他部委的协会之间的合作，同时要推动我们的会员在银行和企业之间的合作、企业与企业之间的合作、企业与高校科研单位的合作。我们协会的凝聚力与我们每一个人都有关，我们的一言一行、一举一动要么是增强凝聚力，要么就是削弱凝聚力。特别是刚退休的五六十岁的老同志这些人很有经验，要充分发挥作用。同时，更要注重培养年轻人，年轻人要看到自己的责任。勇挑工作重担，要想干事，会干事，能干事，干成事，不出事。

协会要加强自身建设，一是要加强组织理论和业务的学习，提高我们为企业服务、为行业服务的能力；要不断完善协会内部机构的设置和职能人员的调整，以更适合和发展的需要；要加强协会内部规章制度的建设，健全内部考核评比机制，规范好自身的行为，提高工作效率，坚持廉洁办会；要坚持民主办会的原则，协会是全体工作人员的协会，不是几个会长、秘书长、主任的协会，协会工作的开展、资金的使用、机构和职能设置、规章制度的制定，都要充分听取大家的意见。同时，协会所有的工作人员也都要毫无保留地提出自己的意见建议，要把协会当成自己的协会，大家共同研究如何把协会办好。

三、推进协会的改革与发展

2007年国务院办公厅印发了《关于加快推进行业协会商会改革和发展的若干意见》(国办发［2007］36号文)，国办36号文件，是行业协会改革和发展纲领性文件，要认真学习领会，吃透精神。通过学习，我体会要掌握8个方面的内容。

(1) 总结并发挥好四大作用。国办文件肯定了行业协会在提供咨询、加强行业自律、促进行业发展、维护企业合法权益四个方面发挥了重要作用。这是行业协会对社会的贡献，我们应该总结并继续发挥好这四个方面的作用。

(2) 正视总体存在的三大问题。行业协会还存在着结构不合理、作用不突出、行为不规范三大问题，这是需要我们高度重视、努力改进的。

(3) 明确改革发展的目标。要努力建成体制完善、结构合理、行为规范、法制健全的行业协会体系，充分发挥行业协会在经济建设和社会发展中的重要作用。这就是“十六字”目标，是要通过我们齐心协力去实现的。

(4) 深刻认识“四个坚持”总体要求。坚持市场方向，坚持政会分开，坚持统筹兼顾，坚持依法监管。“四个坚持”是做好行业协会工作的保障，也是行业协会改革发展的纲。

(5) 积极开拓“四大职能”，充分发挥桥梁和纽带作用，加强行业自律、履行服务企业、维护行业企业的正当权益的宗旨、积极帮助企业开拓国际市场，这是行业协会要积极拓展的“四大职能”。

（6）大力推进“三大改革”。要从实行政会分开、改革和改善监管方式、调整、优化结构和布局三个方面推进协会体制机制改革。

（7）切实加强“五大管理”。就是要切实加强健全法人治理结构、深化劳动人事制度改革、规范收费行为、加强财政管理、加强对外交流管理。

（8）进一步完善“四大政策措施”。要进一步完善落实社会保障制度、完善税收政策、建立健全法律法规体系、加强和改进工作指导措施。

概括地说就是8句话：总结提高、进一步发挥四大作用，正视总体存在的三大问题，明确改革发展的目标，深刻认识“四个坚持”总体要求，大力推进“三大改革”，切实加强“五大管理”，进一步完善“四大政策措施”。

现在民政部已经开始开展协会的星级评级活动，这次“协会”没有参加星级协会评比，下半年参加，以促进我们整改。国家民政部开展协会的评估，就是要告诉我们，协会也有优胜劣汰。我们要通过评估去提升我们自身的水平。

最后我想讲的是，“协会”与地方行业协会的合作、协调的关系。“协会”的工作要依靠地方行业协会，要充分发挥地方协会作用，支持地方协会的工作。同时地方协会也要进一步健全完善，加强自身建设，一是同时有几个协会的要协调好整合好，否则一些工作无法委托；二是地方协会要全面掌握当地企业的数量和生产销售情况，及时统计分析行业发展情况；三是要完善协会自身的规章制度，严格规范自身行为。具备了这些条件，真正成为行业的代表，“协会”就可以更好地支持地方协会工作，发挥地方协会作用。比如“协会”需要树立全国典型，评选优质工程、产品等工作，可由地方协会初选或与地方协会会商；“协会”在地方开展的活动，可以和地方协会联合举办；“协会”在行业发展方面的活动，主动征求地方协会的意见，探求有效合作的方式；“协会”可以组织地方协会开展对产品质量的检查监测和认定等。

总之，“协会”与各地方行业协会是同盟关系、联谊关系、合作伙伴关系，不是上下级关系，要努力做到宗旨相同、工作互动、资源共享、活动协办、相互学习、同心共赢。我相信通过我们的共同努力，一定能够把行业协会的工作做好。一朵鲜花不是红，万紫千红才是春，要全国都发动起来，才能真正推动行业进步。衷心祝愿各地方行业协会能够做好、做强，要不断总结自身的不足和学习兄弟协会的经验。一句话：搞协会非常不容易，但搞协会非常有价值。人的生命是短暂的，但我们应该在有限的生命里，去做能够实现自己人生价值的事情。

（2009年5月15日在“中国建筑金属结构协会与全国地方相关行业协会第三次联谊交流会”上的讲话）

重在调查研究

今天，我们召开2009年中国建筑金属结构协会工作会议，各委员会、分会、职能部门以及秘书处都汇报了2009年协会工作和2010年工作计划，总体看来，过去的一年大家做了大量工作，取得了较好成绩。可以这样说，2009年是协会的发展年、开拓年，对于2010年，我认为这应该是协会的调研年、创新年。我们要以更加富有成效的实际行动迎接2011年协会30周年庆典，而不应是简单地筹备庆祝活动之年，而是强调协会以调查研究和创新的实际行动迎接庆典。对于富有成就的实际行动要强调重在调查研究，调查研究的根本目的就是要把协会做大做强，而做大做强的前提必须是企业强、行业强。只有企业强、行业强，协会才能成为"儒商智商行商之友、敬业兴业行业之柱"。重在调查研究，首先要确立宗旨、目的，还要明确以下四个问题。

一、调查研究的特别重要性

1. 大国国情的决定性

中国是个13亿人的大国，国情决定了中国没有小行业，只存在不同特点、不同要求的行业。如地暖行业，从业人员大约有100万人，相对国外这就不算小行业。目前，中国经济学家都在研究西方经济学，但西方经济学并不是完全适用中国经济，中国是个大国，经济状况不是很好说明，因为13亿人要生存、要发展，有人说，谁要是能弄明白中国经济，就该获得诺贝尔奖。对于协会来说，同样如此，大国国情决定了我们必须进行调查研究，否则不可能成为行商之友、行业之柱。

2. 行业迅速发展的决定性

中国仍处在改革开放时期，发展速度相当快，城市正处在翻天覆地的变化时期，过两三年再去一个城市就有不认识的感觉。我们的行业也是如此，在行业迅速发展过程中，很少有企业一直都是行业领头羊，而过去很多小企业经过近几年发展，迅速成为大企业。在座大家可以回想一下，你们在协会工作期间，有多少企业在5～10年内实现了由小到大、由弱到强的迅速发展？对此，如果不进行调查研究，我们就很难说清楚行业状况，因此，行业迅速发展决定了不能依靠过去掌握的情况，必须要坚持开展调查研究。只有与时俱进，掌握发展的规律、特点和问题，才能为振兴行业做出贡献。

3. 协会工作创新的决定性

协会工作的特点是没有固定模式，没有上级部署，像各单位汇报的2009年工作，都是我们创新工作的结果。我对协会工作总结过两句话“干起来没完没了，不干也不多不少”。这些“干起来没完没了”的工作，是我们深入调查研究的结果。就我而言，今天点评了各单位工作，是建立在近1年调研的基础上，还有分会的一些委员会。没有调研，我就没有发言权，调查研究特别重要，要牢记协会工作不创新不行，创新不调查研究不行。

以上三方面决定了调查研究的特别重要性，希望大家有清醒认识。

二、调查研究的主要内容

1. 行业发展状况

作为协会，我们必须要了解行业状况，比如产业结构、市场状况、科技创新。谈到科技创新，中国要成为科技创新型国家，尤其在行业有充分体现。各行业科技是不一样的，医药行业的科技创新和我们行业的科技创新就不同，协会要指导行业科技发展，协会专家组就必须掌握行业科技状况，研究推广新技术、新材料、新产品、新工艺，淘汰或限制使用落后技术。

2. 重点企业发展状况

之前，刘哲秘书长谈到的行业集中度（行业集中度是指行业内规模居于前几位的企业的产值在行业总产值中所占的比重，集中度越低，竞争越激烈，行业利润率越低），就是强调重点企业的重要性。行业内企业数量很多，有小作坊、夫妻店、家族式企业、现代化大企业，面对成千上万的企业，协会精力有限，只能将工作重点放在扶持重点企业发展上，发挥重点企业作为行业领头羊的作用，因此，对于重点企业发展状况，我们需要跟踪掌握。

3. 国际同行业发展状况

协会工作起点要高，要站在全人类可持续发展角度、站在经济全球化角度上，掌握国际上不同国家同行业的发展状况，学习外国先进技术、先进理念，最终实现总结全人类智慧，谋求行业发展的目的。尽管中国经过30年改革开放，行业不断发展壮大，国际影响力逐步增强，但是我们不能妄自尊大，外国有值得中国学习的地方，更不能妄自菲薄，总认为中国人口多，底子薄。我们只有充分掌握国际同行业发展状况，才能更好地指导本国行业发展。

三、调查研究的方法

1. 一般和重点，点、线、面相结合

我们在了解行业一般状况的基础上，需要重点解剖一个城市的行业状况。我要求采暖散热器委员会以天津市为试点，了解掌握天津市采暖散热器行业发展状况；我请北京市建委对北京市模板脚手架行业状况进行调查研究等。希望通过一般和重点、点、线、面相结合的调研方法，更好地了解全中国行业发展状况。

2. 定性分析和定量分析相结合

过去，行业汇报往往习惯于定性分析，描述行业状况通常是形势一片大好，但是问题不少，不能做到定量分析。在这次各单位的汇报中，办公室做得很好，工作汇报中列出不少数据，有助于更加清楚地掌握工作情况。而没有数字的报告往往是空洞的，缺乏深层次了解的，调查研究必须做到定性分析和定量分析相结合。

3. 座谈和研讨相结合

调查是一方面，更重要的是研究。研究可以采取座谈和研讨的方式来实现，通过座谈，我们汲取行业各方面人才智慧，集中讨论问题，确定工作重点。在做好广泛座谈的基础上，重点就某些主要问题展开研讨，做到研讨和座谈相结合。只有这样，才能对发展状况认识更清楚，对发展问题认识更深刻，解决问题才富有成效。

四、调查研究的能力

调查研究是个本事、是种能力，协会每个工作人员都要有调查研究的能力，在与企业交往、在开展活动过程中，要不断提高自身调查研究能力。

1. 业务分析能力

协会工作人员在行业中工作，在某种程度上可以算是行业专家，应该具备一定的业务分析能力，而各专业委员会主任原则上就是行业专家组组长，应该对业务分析更加全面、深刻，或是成为懂行的人，具备推动行业发展的基本功和基础能力。

2. 战略思维能力

我们要拥有战略思维能力，要能从宏观角度思考国民经济现状和发展趋势，从中观角度分析产业、行业现状和发展趋势，从微观角度去分析重点企业现状和发展趋势。在了解掌握有关信息基础上，要会去概括、罗列、提升，要有战略思维能力。思维能力要表现出来，一是靠演讲，二是靠写作，写作就要有文字能力，我对协会有些人员的文字水平不敢恭维，需要加以改进和提高，工作人员的战略思维能力决定了协会的活动能力，需要每位工作人员认真思考和对待。

3. 对会员单位和专家人士的亲和能力

协会要做好调查研究，就要了解企业真实情况。在与企业沟通过程中，企业能不能讲实话，是恭维你还是敷衍你，我们要学会思考，还有些话中有话、话中有音，这就要求我们拥有亲和能力，从而获取企业真实情况。应该说，各专业委员会、各位专家亲和能力还是不错的，通过多年在行业内工作，你们和企业建立了比较深厚的友谊，能听到一些真话、实话。我多次强调政府工作主要靠权力，协会工作主要靠魅力、靠亲和能力，协会工作人员对会员单位和专家人士的亲和能力决定调查研究的成败。

以上四方面内容，我讲得很简单，关键在于在座各位充实。我强调调查研究的根本目的是发展行业、壮大企业，并在此基础上，推动协会做大做强。能否做好调查研究，关键在对调查研究的特别重要性要有深刻认识。明年是调研年、创新年，切忌“情况不明决心大、数字不清点子多”，还要确立调查研究的主要内容，切忌“胡子眉毛一把抓”，还要学会调查研究的方法，切忌“生搬硬套、东拼西凑”，更重要的是增强调查研究的能力，切忌“工作中的惰性，满足于在协会还算混得过去”。我们要紧紧围绕行业、企业，做好调查研究工作，努力提高协会工作能力、活动能力、调研分析能力。我经常讲人有两个家庭，一个是充满亲情的家庭，一个是充满友情的家庭，在座 74 个人在协会工作是一种缘分。我们在做好协会工作的同时，也要促进自身成长，因为协会有了聪明才智的工作人员才能创新发展，同时工作人员因为在协会工作才能有施展才干的舞台，这是非常重要的。协会更要做到出成果，出人才，出振兴行业壮大企业之成果，出更多的行业专家和社会活动家之人才。最后，为了今年的调研年、创新年，让我们携手同进、奋力进取，以工作创新、工作成效的实际行动迎接协会 30 周年庆典，衷心祝愿协会在新的一年从过去的成就走向新的辉煌！

（2010 年 1 月 14 日在“中国建筑金属结构协会工作会议”上的讲话）

发挥优势 恪尽职责

今天，我们在坚朗五金召开中国建筑金属结构协会第九届理事会会长办公会（第二次会议）。刚才秘书处简要汇报了2009年工作总结和2010年工作要点。在1月中旬，协会召开了内部工作会议，各委员会、分会70多人聚集在一起，总结了2009年工作，研究讨论2010年工作要点，内容很多，比较详细。会上针对协会工作，我作了《重在调查研究》的讲话，已印发大家。中国建筑金属结构协会与建设部系统其他协会相比，特点之一就是会长最多，有19位正副会长，其中17位是企业家会长，因此，我将从企业家会长的地位和作用、优势、职责三个方面，来讲一讲企业家会长应如何发挥优势、恪尽职责。

一、企业家会长的地位和作用

1. 行业的资源和财富

我多次强调，如果一个国家、一个民族不重视企业家，那么这个国家、民族是没有希望、没有前途的，因为社会的进步、经济的发展是靠企业创造财富，而企业要靠企业家来引领，可以说，企业家是创造社会财富的核心力量，是宝贵的资源和财富。在和政府多次交流过程中，我主张社会在重视解决人民群众就业问题时，要高度重视创业，要充分认识到企业家的重要性和稀缺性，发挥企业家作用，只有企业家的创业才能带来就业，像在座的副会长企业基本都解决了成千上万人的就业，为缓解社会就业压力做出了巨大贡献。

目前，中国经济学界研究国内企业家，特别是民营企业家，划分为三代：20世纪60年代，出现了一批胆商，像大邱庄禹作敏那样，是垮掉的一代；到改革开放中期，由于价格双轨制的客观存在，出现了“官倒”现象，同时也出现了一批情商，是正在挣扎的一代；到了改革开放的后期（20世纪末、21世纪初），出现了一大批智商，像海尔的张瑞敏、联想的柳传志，是正在崛起的一代。就协会的企业家会长而言，应该是儒商加智商，拥有儒商的诚信品德、智商的聪明才智，是社会最稀缺的资源，是社会最可爱的人。尽管当今企业家面临种种困难，市场经济仍不完善，存在种种不正当竞争现象，企业家面临着种种诱惑和挑战，存在着不断自我完善的问题，我们必须深刻地认识到，只有进一步发育和完善市场经济，只有充分发挥企业家的聪明才智，才能促进社会持续发展。

2. 协会的栋梁和代表

行业是由若干企业组成的，在中国不存在小行业，只有小企业，任何国际上认为的小行业，在中国13亿人口的基数下也算最大的，像擦皮鞋就是大行业。但企业有小企业，行业在不断发展过程中，企业数量不断增加，从小店铺、夫妻店，到现代化企业，任何一个城市企业数量都要接近上千，其中小企业数量所占比例较高，但一个行业的发展不是小企业所决定，是代表行业发展方向的、规模较大、对行业有影响的、敢于与国际同行相比较的重点企业所决定，所谓的“行业栋梁、行业脊梁”。协会选的企业家会长，是在行业中能够作为行业代表、行业栋梁的企业家。协会要抓行业的发展，既要考虑全面性，更要抓住代表性，能够代表行业发展方向、代表行业发展水平。毛主席常说“榜样力量是无穷的”，总要有行业的领头羊、领军企业，而我们企业家会长的所在企业正是行业的领军企业，在行业发展上有重要的地位和作用。

3. 会员单位的核心和表率

协会的企业家会长在行业中享有较高声誉，既拥有较大比例的市场占有份额，也与同行们建立了深厚的友谊，行业发展比较和谐。我经常说，协会就是商会，企业家会长所在企业在行业中自然就成为了有号召力、有影响力的单位，企业家会长也就成为了在行业中有一定号召力和影响力的重要人物，同时相当多的企业家会长也是行业的专家，是学习的榜样，在行业发展上起到示范作用。企业家会长是会员单位的核心和表率，从某种意义上讲，抓住企业家会长就代表了行业的发展水平。

4. 产业文化的倡导者和执行者

在座企业家会长所在企业发展至今，都有一定的文化内涵，各有特色。回顾企业发展过程，正是因为企业家会长宣扬的企业文化，企业内部从发展战略、发展目标等方面达成共识，形成了较强的凝聚力，具有较强的市场竞争力。你们既是在倡导企业文化，也是在创造企业文化，在发展企业文化。我看过部分协会会员单位的标语口号，从市场、做人、产品质量等方面宣传企业文化，有些提法相当好，我建议各专业委员会收集行业内优秀标语口号，开展宣传学习，以提升行业文化水平。可以说，每一个成功的企业家都有文化特征，少数企业家还写个人成长的书，拿日本松下电器为例，松下电器总裁松下幸之助一开始是搞自行车铃铛的，之后转到电器行业，建立了电器王国，他对企业发展建立了一整套的企业文化理念和现代企业管理理念，现在各大书店都能买到，影响力甚广，对宣传企业文化、产业文化起到了重要作用。因此，企业家会长应是协会所主管行业的产业文化、企业文化的倡导者和执行者。

综上所述，党和政府高度重视企业家，协会以企业为骄傲，更要高度重视企业家，特别是企业家会长，协会人员更要有深刻认识。协会要做大做强，前提是企业强、行业强。只有高度重视企业家，充分发挥企业家作用，协会才能真正做到“儒商智商行商之友、敬业兴业行业之柱”。应该说，各专业委员会主任是认识本系统、本行业企业家最多的，和企业家感情最深的、对企业家具有亲和能力的人，具备做好协会工作的能力。在某种意义上，协会正因为有企业家会长才能使协会具有较强的生命力，离开企业家会长，协会就会存在官僚作风，存在“懒会惰会”的情况，而企业家会长能够对这些不良现象起到弥补、纠正和监督的作用。总之，在创新协会工作上，企业家会长有着重要的地位和作用。

二、企业家会长的优势

1. 成功企业家的优势

成功企业家有三方面的优势，一是精神方面，从小作坊、夫妻店、乡镇企业发展至今的成功企业家，敬业精神最强，你们视企业为自己儿子，含辛茹苦，没有这种精神做不到如此，相比而言，相当多的政府官员没有企业家这种敬业精神；二是能力方面，企业家的成功没有固定模式，但都有独到的能力，不是靠拿到博士学位去完成的，而是具有解决问题的能力，美国哈佛大学强调不培养知识分子，而培养能力分子，培养拼命地、疯狂地追求质量、追求利润的市场竞争的“职业杀手”，我们的教育要实行素质教育改革，要彻底改变高学历低能力、高文凭低水平的现状，提高解决企业发展实际问题的能力，企业家会长从企业发展过程中锻炼了能力，同时具有资格对行业提出建议；三是需求方面，这也是协会的优势，人生需求有生理需求、安全需求、社交需求、尊重需求、自我实现需求等五大需求，企业家自我实现的最高需求是做大做强企业。有人说老板要挣钱，但那不是最重要的，像外国成功企业家如比尔盖茨，他的人生需求已经不在生理需求层面，考虑更多的是为社会服务。可以说，企业家需求是协会存在的前提，协会所有的活动是围绕企业家需求开展，要让会长单位、会员单位有所得，为他们创造商机，不然是没有价值的，是不受会员单位欢迎的。

2. 领军企业的优势

相比较而言，我们选任的企业家会长是来自行业的领军企业，无论从市场份额，还是科技水平，都代表了行业发展方向。作为协会而言，最根本的两项任务是壮大行业，做强企业，协会不具体来做，而是通过各种活动协助、指导企业去思考如何做大做强。无论从行业角度，还是企业角度，领军企业均具有这方面优势，因为只有实践才能出真知，领军企业在发展过程中，遇到的成功经验和失败教训是书本上所没有的，是需要亲身感受体会的。因此，领军企业在协会中是具有很强优势。协会正是靠这种优势，从领军企业来，到会员单位去，增强活动能力，创新活动的方式和效果。

3. 国际合作和交往的优势

在近几年企业发展过程中，企业家会长经常赴世界各国考察和经商活动，了解了一定的国际同行业发展状况，像中建钢构董事长王宏，在国外工作5年，具有国际合作和交往的优势。或者企业本身就是合资合作企业、外贸企业，像沈阳远大，50%业务在国外，通过业务积累了国际合作和交往的经验，具有一定的优势。同时外国企业家特别重视中国企业家，希望和中国企业家合作，寻求企业发展，为国际合作和交往打下基础。作为中国的协会，我们不能仅限于研究中国行业，要眼观全球，了解国际上同行业发展水平。相比而言，企业家会长较多地、较深地了解国外同行业发展现状，在国际交往方面，协会正是靠这种优势去创新实施走出去战略。

综上所述，企业家会长具有这三方面优势，这也是协会工作的优势，协会能否发挥企业家会长优势是协会工作能力的体现，协会工作人员的重要工作就是发挥企业家会长优势，从而起到壮大行业，有效指导企业发展的作用，这一点是非常关键的。

三、企业家会长的职责

在国外，大型协会像英国CIOB，是企业自愿组成的团体，会长是由大企业家轮流担任。但中国有自身的国情，现阶段会长往往是由退休的政府官员担任。未来将会改变，有人预测未来的世界将不是由大国总统来决定，而是由大企业决定世界发展。作为企业家会长，具有重要职责，尽管各位现在还是副会长，也必须认识到自己的双重身份，要认识自身的职责。

1. 做大做强领军企业的责任

企业家会长最基本的职责是要做大做强自身领军企业，这本身就是对协会贡献，如果企业搞得今不如昔，“老太太过年一年不如一年”，会长当了也没意思。因此，必须要做大做强自身企业。杜顾问跟我说过，高速公路旁边广告牌上宣传最多的是我们协会会员单位的产品，可以说，协会主管企业的产品是建筑工业化的重要标志，是体现人类可持续发展、节约能源、改善环境、低碳经济的重要方面，也是党和政府切实关注民生、关系群众利益的重要方面。作为企业家会长，在做大做强领军企业时必须认识到这一点。此外，当今社会发展很快，领军企业、大而强的企业不是一成不变的，在美国也存在有的大企业一夜就破产，如雷曼兄弟，与此同时，一些中小企业在以扩张式发展的速度追赶领军企业。谈到这一点，我要求各专业委员会回去统计一下，包括协会会员单位已经上市的数量，近一两年准备上市的数量，打算召开协会会员单位中上市公司的交流研讨会，研究企业融资上市之后的发展战略。为什么研究上市企业？我认为企业上市后风险很大，企业的发展不是一成不变的，是处在动态变化过程中，如果不认清情况，不随机应变、与时创新，不做大做强领军企业，企业迟早会停滞不前，甚至严重到破产。

2. 社会责任

企业家要尽到社会责任，温家宝在法国巴黎会见世界企业家座谈时，强调两点：一是企业要创新，不创新是没有出路；二是企业家身上要流有道德的血液，要尽到社会责任，否则是社会不欢迎的企业。去年，中国对外承包工程商会评选了在国际工程承包中获得社会责任金银奖的中国企业。在颁奖时我注意到，获奖的基本都是国有企业，只有一家获得银奖的民营企业就是沈阳远大，可以说这是非常不容易的。现在，国际上越来越强调社会责任，包括低碳经济、建筑节能、劳资关系等方面。在这里我强调下劳资关系的和谐问题，相当一部分的工厂环境还是不错，但仍有一些工厂环境实在不太令人满意，噪声大、灰尘多，企业赚的钱是靠牺牲工人生命价值取来的，这是不行的。所以，我们企业家会长在协会中要带头尽到社会责任，同时关注行业发展也是社会责任。在四川地震期间，我们的会员单位积极行动，为抗震救灾做出了巨大贡献，体现了企业家强烈的社会责任感，这是非常重要的，这样的企业才是受社会欢迎的企业。同时，企业家会长要充分认识到协会和企业的关系，正因为有了协会，作为协会副会长，将会为自身企业增强更多的无形资产，为企业家会长提供更宽阔的活动空间，协会正因为有企业家会长才能更有生命力，如果哪天协会成为企业累赘、负担，协会就没有存在价值。我还经常讲，企业家会长有双重身份，不能讲你们协会怎么样，要讲我们协会，要以协会主人翁身份关心协会发展，关爱协会网站、年鉴、杂志等，关注协会的各种活动和成效，这也是尽社会责任的体现。

3. 协会活动的智囊和带头承办的责任

我来协会工作1年多，深刻体会到任何工作都要创新，具体包括三大方面内容：一是协会工作的创新，协会工作特点是没有固定模式，没有上级部署，都是我们创新工作的结果；二是行业创新，我们要创新行业规划，行业科技、行业品牌，要有效地宣传行业，并为全社会所认识，不仅仅是房地产商，更重要的是广大社会民众；三是企业创新，在行业成千上万的企业中，协会的会员单位都是行业代表性企业，如何有效指导领军企业创新是非常关键的。企业只有创新才有生命力，不然是短命的。无论从协会、行业创新，还是企业创新，这些都需要我们动脑筋，在这方面，企业家会长有发言权，应该肩负协会活动的智囊和带头承办的责任。像这次会长会议由坚朗五金承办，是白总主动要求的，是企业家会长责任感的体现，因此，今后我们要多思考、多动脑筋，要调动企业家会长积极性，依靠企业家会长带头承办多种有价值的活动。

4. 协会领导者的权利和义务

企业家会长是协会的领导者，要尽到权利和义务，协会是你们的，你们在与刘秘书长沟通的前提下，可以代表协会参加国内外活动。我在协会机关内部会议多次提出，希望各委员会主任能成为国际协会成员或者在中国成立国际协会，像给水排水设备分会华明九会长，现任国际水协常务理事。中国是个大国，有这个条件，我们希望和外国协会联系，各位副会长在出国时，除代表企业活动外，也可代表协会与国外协会合作，可以草签协议，回国后再商量。企业家会长要带头执行协会民主办会的章程，带头履行协会副会长职责，恪尽职守，才能做好协会。对于企业持续发展，企业家要干，企业家的儿子孙子也要继承干下去，协会亦是如此，协会领导者都要在任职期内尽到自己的义务。既要在前届工作的基础上继承和发展，又要为后人接着干、为协会自身的可持续发展打下坚实的基础。

今天，在座企业家会长提出的问题和建议，非常重要，协会回去要认真研究，我们会尊重每个副会长，无论是口头还是书面意见，秘书处都要有书面答复，这是民主办会的特征，是区别于政府的特点。对于协会，我经常在思考究竟怎么办，仅住房和城乡建设部就有 40 多个协会，业务有交叉，协会也在彼此竞争，我认为有为才能有位，没有作为就没有存在的必要，要让中国建筑金属结构协会、各委员会有所作为，就必须动脑筋，要研究在当今国情下协会如何有效开展工作，如何和兄弟协会开展竞争和合作，所谓“在商言商、在协会言协会”，只有这样才能体现我们人生价值。尽管这次会议时间不长，但是各位副会长都发了言，会议效果不错，等过了春节，每年 3、4 月份是各委员会最繁忙的时期，我们接触机会更多，在这里我要强调，活动年年搞，年年都要有新的东西，要在前人基础上、在改革开放 30 年的基础上，按照这次会议精神认真研究，要促进协会发展，要提高活动的质量和水平，不能靠简单的课本知识，不能靠固守已有的模式。就协会而言，我们有优势也有缺点，优势是熟悉行业。行业企业家，工作老练，有成效，缺点是或多或少有点惰性，不能全身心地时时刻刻在思考工作，尽管有时想到不一定都能做到，但首先要想到，如果在其位不思考、不创新，是耽误大事的，对此，后人是有评论的，因此，人在活着时，工作有所成就才是最大的安慰。

这次副会长没有参会的，副会长代表回去要反馈会议精神，协会尽管不是严密的党组织，也不是一盘散沙，尽管不是有组织有纪律的军队，但也是有一定凝聚力的团体，否则没有战斗力。我来协会研究协会工作，总结两句话：“干起来没完没了，不干也不多不少”。“不多不少”是不行的，是懒汉惰性，要“没完没了”地思考，“没完没了”有成效地开展各种活动，相信企业家会长也是如此。春节即将来临，我们在坚朗五金团聚很高兴，我代表中国建筑金属结构协会 76 位工作人员向各位副会长致以崇高敬意，祝全家幸福。

（2010 年 1 月 30 日在“中国建筑金属结构协会第九届理事会会长办公会第二次会议”上的讲话）

共同关注三大问题 不断改进与创新协会工作

今天，我们召开中国建筑金属结构协会年中工作会议，会议的主题是研究讨论展会、网站的运营和协会工作的创新等有关内容。刚才，联络部和信息部分别介绍了协会展会展览情况和网站情况，钢木门窗等六个委员会分别汇报了上半年的工作和下半年的计划，都很有代表性，各有特色。下面，我从三个方面重点强调，协会要共同关注三大问题，不断改进与创新协会工作。

一、行业网站品牌建设

21世纪是信息化的时代。网站作为新兴传播媒体，是信息化时代的重要工具。它突破了传统传播媒介在地域上的限制，可为全世界的人们提供全方位、多层次的即时信息，具有很强的便捷性、时效性。作为其中专业性较强的网站——行业网站，它专注于为业内企业、从业人员提供行业内及行业相关信息服务，强化业内信息的分类，体现行业特色，区别于综合门户网站，如搜狐、雅虎等，而要建成行业网站中的品牌网站，就必须全面实施与行业特征紧密结合的供求、招商、推广等电子化的商务运作，从而树立业内信息权威形象，确立行业门户地位。

1. 行业网站应具备的三大功能

（1）信息交流。简单地说，网站是一种通讯工具，是一个提供信息交流的平台。行业网站的信息交流主要包括八大信息系统：行业信息管理系统、企业资料库系统、产业信息系统、市场供求信息系统、招商信息系统、广告投放系统、行业数据发布系统、人才信息系统。以筑龙网为例，它是专注于建筑行业技术交流的专业网站，通过收集行业内各种工程技术图纸、方案，建立了庞大的技术资料库，并以此为基础，延伸出提供技术资料有偿服务，组织工程技术交流、专家讲座，开辟论坛交流、发布人才招聘信息等业务，在行业中的知名度和网站访问量比较高，经济效益也不错。可以说，信息交流是网站的基础功能，离开了信息，网站将是无源之水，无本之木。

（2）网上运营。网站是跨地域的交流平台，可以让全世界的人们共同参与网上的活动。从网站来看，目前网上运营的项目主要包括网上采购，如阿里巴巴、当当等，网上节目视频同步直播，如CNTV、土豆等，网上视频会议，如腾讯、MSN等，网上新产品、新技术视频推荐会等，是网站提高网民忠诚度、创造收入的重要业务。这些网上运营项目的成功与否，关键在于网站的知名度和诚信度。如果网站不出名，网上活动就没有足够多的人关注，没有人关注，网站的经济效益就无从谈起。如果网站拥有很高的知名度，但是诚信度不够，比如保证到货的承诺无限期推迟，参与活动的实际收费超过承诺费用等这样不诚信的行为，必将对网站造成致命的打击，因此，协会网站要高度重视自身知名度和诚信度的维护，保证网上运营顺利进行。

（3）网上培训。如果说网络是传媒的话，网页就是出版物。随着中国互联网的不断发展，网上培训逐渐兴起，它取代了以往定时间、定地点的传统式上课和纸质化的课本，替代成电脑和网页，通过网络，用户随时随地都可以进行网上培训，非常便捷。网上培训的发展取决于网民的规模和互联网的发展水平。据了解，截至 2008 年 6 月底，中国网民数量达到 2.53 亿人，网民规模已跃居世界第一位，但中国互联网的普及率只有 19.1%，只有不到 1/5 的中国居民是网民，可以说，中国互联网还处在发展上升阶段，未来前景非常好，这些可喜的数据为开展网上培训奠定了坚实的基础。同时网上培训的性价比较高，在相同的投入下，录制型的网上培训所产生的经济效益是现场培训所比拟不了的。作为行业网站，协会网站要在开展实地培训的基础上，积极开展网上培训，实现行业培训线上、线下相结合，创造更大的社会效益和经济效益。

2009 年底，协会总网站成立。经过半年多的运营，反响还是不错的。要特别注意处理好总网站和分网站的关系，理顺关系，有利于促进总网站和分网站的共同发展。协会总网站是在协会秘书处的指导下由信息部负责运营，而分网站是在各委员会领导下相对独立运作的，信息部对于各委员会的分网站要加强协调和指导，分网站要主动加强与总网站的联系，配合总网站的工作，共同做好行业有关工作。

2. 三大优势

行业网站要建成品牌网站，必须具备三大优势：一是容量最大——可读性，以中关村在线为例，它是 IT 数码行业的专业网站，拥有所有类别数码产品的信息资料库，包括电脑、手机、打印机等，从型号、颜色、配置，到各代理商的报价、维修等信息一应俱全，用户无需出门，仅通过访问该网站，即可查询或购买自己钟爱的数码产品，具有很强的可读性；二是功能最强——可用性，以中国建筑金属结构协会建筑钢结构网为例，它是建筑钢结构行业的专业网站，以建筑钢结构委员会为依托，通过举办网上品牌工程评选钢结构金奖，推动行业的技术进步，具有很强的可用性；三是知识面最广——可欣赏性，以中国建筑装饰协会网为例，它是家装行业的专业网站，以中国建筑装饰协会为依托，谋求设计师与终端用户的互动，研究各种家装材料和设计理念，拥有很多时尚、前卫的设计方案，具有很强的可欣赏性。品牌行业网站是需要精耕细作的，协会网站要立足网站定位，积极寻求自身的三大优势，树立行业网站的权威形象。

3. 三大协调合作

目前，与协会有关的媒体有三种，包括网站、杂志和年鉴（出版物）等。其中网站包括协会总网站、各委员会分网站、同类型协会网站、房地产网站、会员单位网站、相关政府网站等；杂志包括中国建筑金属结构协会杂志（通过新闻出版总署审批公开发行的），各委员会的杂志、企业的杂志、其他相关协会的杂志等；年鉴（出版物）包括正在编写的协会年鉴、建筑业年鉴以及各种出版物等。杂志和年鉴（出版物）属于传统媒体，在网站等新兴媒体日益壮大的同时，并没有被新兴媒体完全取代，而是和新兴媒体相得益彰，共同发展，具有很好的互补性。还有社会上同类的媒体很多，协会不能局限于掌握个别媒体，要充分发挥各种媒体协调合作的作用，共同宣传推广中国建筑金属结构协会的各项工作，以及行业的发展，协助协会做好壮大行业、做强企业的宣传工作。

信息化是世界经济发展的大趋势，是推动经济社会变革的重要力量。信息技术对于工业化有着极大的带动作用，丰富和拓展了工业化的内涵。我们要高度重视信息化建设，推进信息化与工业化的融合，以信息化带动工业化，以工业化促进信息化，实现工业由大变强。作为协会网站，要充分发挥信息技术的优势，建成行业品牌网站，树立行业权威形象，推动行业经济发展方式的改变。据了解，中国网站数量达到843000个，全国网页数量为44.7亿个，其中协会网站如何建成品牌网站，如何脱颖而出，具体工作需要我们深入探索研究。

二、会展业成长壮大

会展业是中国改革开放以来一个迅速崛起和壮大的新兴产业，在国民经济发展中发挥着举足轻重的作用。日益繁荣的展览活动不仅对引导有关产业发展，提升制造业水平，促进生产要素流动、优化资源配置发挥了重要作用，而且有力地推动、配合了中国企业发挥比较优势、走向国际市场、参与国际商品供应链，实现了良好的经济效益和良好的社会效益。同时会展业还能拉动或间接带动数十个行业的发展，直接创造商业购物、餐饮、住宿、娱乐、交通、通信、广告、旅游、印刷、房地产等相关收入；能够集聚人气，对一个城市或地区经济发展和社会进步产生重大影响和催化作用。据有关统计表明，一个好的会展对经济拉动效应能达到1：9，甚至更高。由此可以看出，会展业有非常好的发展前景。

1. 协会主抓产业

协会是行业组织，主要职责是推动行业的发展，是协助会员单位经营，而自己“生产”的就是会展业，是协会主抓的产业。目前，协会的会展业，主要包括中国（国际）门窗幕墙博览会以及建筑钢结构、铝门窗幕墙、塑料门窗、散热器、建筑模板脚手架等展览会。可以说，通过近几年会展发展的实践证明，无论是协会主办的，还是和其他协会共同举办的展览会，在向全社会展示成果、为会员单位创造商机、为行业营造创新环境上都做出了积极的贡献。以“中国（国际）门窗幕墙博览会”为例，博览会至今已成功举办了七届，是全亚洲排名第一的门窗幕墙行业盛会，居世界同类展会第三位。共有来自德国、美国、日本、韩国、瑞士、意大利等近20个国家的328家知名的行业企业参展，展示面积达到28000m^2，展品范围涵盖了各种材料的门窗幕墙产品及其加工设备、五金配套件、各类型材、检测设备及玻璃产品，反映了国际、国内全行业的先进水平和技术发展的最新动态。据统计，在2009年博览会三天展期内，共接待来了来自35个国家和地区的近30000观众到场参观，其中国际观众2368人次，国内观众24990人次，85%以上的参展商对观众质量和数量给予了高度评价，95%左右的参展商实现参展目标。

当前，我国会展业发展很快，但会展市场仍存在不同程度的混乱情况。作为协会，一是要积极发展会展产业，二是要本着廉洁建会的要求，严格遵守相关法律规范，促进会展业健康发展。

2. 巩固成果、全面推进

（1）媒体作用

媒体宣传的作用是非常重要的。2010年5月，中国建筑金属结构协会和浙江永康市人民政府共同举办了第一届门博会。在此之前2个月，宣传第一届门博会的广告就在中央电视台早间广告播放，在杭州机场通往永康的高速公路两旁，每隔一段距离就会出现一块巨大的广告牌，宣传力度显而易见。再说世博会，全世界的媒体起到了巨大的作用，从世博会开始至今，每天有关世博会的新闻都会在各种媒体上传播，致使全中国人对世博会兴趣高涨，参观世博会的人数屡创新高，很多企业因此赢得了不少商机。事实证明，如果没有媒体的宣传，展会的效果必将会大打折扣。

（2）地方能量

这次永康门博会的顺利召开，一个重要的因素就是地方能量。在前期门博会筹备阶段，永康市政府始终很积极，因为门博会的举办对于提高永康国际知名度、推进永康门业产业群发展具有巨大的潜在作用，意义重大。由此，我强调：一是除了办好北京的国际门窗幕墙博览会外，协会积极参与各省市举办的展会；二是在北京举办的展会要和地方协会建立更好的合作关系，要发挥地方能量，让地方组织更大的团参加我们的展会，这样展会才能越做越大。

（3）参展商的主导力量

参展商是展会中的主导力量。参展商的数量多少、水平高低、兴趣强弱决定了展会的成功与否。刚才，黄圻同志讲了展览会头一天参观的人特别多，之后两天的人数就比较少了，参展商兴趣就不强烈了。对此，我们可以分析下上海世博会，世博会期间每隔几天就有一个国家馆开馆，分担了一部分的人流，使得人流分布更加平均，维持了参展商的兴趣，这一点值得我们借鉴。如果我们展会也可以组织每天一个省的参展团参展，这样人流分布不均的问题将有可能予以解决。还有不得不提坚朗公司，坚朗公司参展很活跃，围绕一个展览会，举办了很多活动，加强了与客户的合作关系，协会也要如此。协会不仅要召开研讨会，还要举办产品推介会等其他活动，调动参展商的积极性，为参展商创造商机，这样才是受参展商欢迎的展会。

目前，协会有五、六个委员会举办了展览会，均取得了一定的成绩。将来，联络部就是会展工作的综合部门，在巩固成果的基础上，全面推进、协调发展，无论是各委员会主办的展会，还是和其他单位合办的，都要事先报送联络部，联络部要对各类展会起到统筹管理和指导的作用，但不束缚各类展会的相对独立运作，这项工作必须要办，这是协会职能的需要。

三、创新协作办会

前几天，建筑门窗配套件委员会在东莞召开了工作会议，我在会上作过“重视合作、善于合作”的讲话，这个讲话也是对各专业委员会和协会各部门讲的，望大家共同对此进行研讨。我说上海合作组织就是上海合作协会，20 国集团、东盟都可以说是协会，协会就是“协作办会”，要树立一种协作精神，才能更好地做好协会工作。

1. 协作是需求

（1）会员单位需求

会员单位需要什么？需要协会为他们创造商机。最近，塑料门窗委员会在成都召开年会的同时，和房地产业协会合作召开了“西南地区房地产高峰论坛”，为塑料门窗企业和他们的“上帝”－房地产商搭建了交流的平台，提供了了解市场需求的机会。还有钢木门窗委员会在永康召开门博会的同时，与房地产业协会合作召开了“第一届中国房地产开发与门业发展高峰论坛”。两次论坛效果都不错，参会的会员单位表示有所收获，欢迎举办更多这样的活动。由此可以看出，这些活动都是满足会员单位的需求，是会员单位所欢迎的活动。

（2）行业发展需求

一个行业的发展离不开协作。光靠行业自身的发展是不行的，要团结、要齐心协力，要与行业所在的产业链和产业群相协作。比如说，门窗配套件行业的发展，和产业链上的原材料、加工设备有关系，如果没有质量有保证的螺母，就没有质量有保证的配套件，没有质量有保证的配套件，就没有质量有保证的门窗；如果门窗配套件产业群中有一个企业质量作假，那么整个产业群将因此而蒙受损失。因此，任何一个行业的发展离不开各方面的协作，只有协作，才能促进行业的健康发展。

(3)“两型”社会需求

当今社会强调“环境友好型、资源节约型”，如何实现“两型”社会需求是需要社会各方面的协作。协会的会员单位大都是中小民营的制造型企业，属于劳动密集型产业，在“两型”社会的需求下，除了制造型企业自身不断改进生产流程，改善工人的作业环境，增加员工的福利待遇，还需要国家政府的扶持和行业协会的指导，离开了各方面的支持，企业改进的积极性就不高，仍将处于低水平的竞争状态，不利于全社会的结构调整和产业升级。

2. 协作是素质

(1) 协会工作人员＝社会活动家＋专家

协会工作人员，尤其是各委员会的主任，更应该是社会活动家＋专家。成为专家固然重要，但在两个“家”中更主要的是社会活动家，他的最大本事就是善于协作，善于管理，善于调动别人的积极性，让专家发挥作用，自己的精力则集中在把握行业发展的战略上。我说过，协会就是协作办会，协会工作人员更应如此。

(2) 协作是协会工作更高层次的“有为才有位”的竞争

目前，中国的协会数量相当多，其中与中国建筑金属结构协会相关的或者业务相同的协会也有不少，比如说中国建筑装饰协会也有幕墙委员会，木材协会也有木门委员会，中国钢结构协会与我们的建筑钢结构委员会也有交叉等，有些是一级协会，有些是二级协会。这些都是历史形成的，是客观存在的。事实上，协会之间也在互相学习和互相竞争，但是更高层次的竞争是建立在协作的基础上。比如说我们铝门窗幕墙委员会和装饰协会的幕墙委员会协作就不错，各有特点，装饰协会举办不了我们铝门窗幕墙委员会操办的展会，但装饰协会能举办我们铝门窗幕墙委员会操办不了的评选活动。我们要关注学习其他协会的工作，不能简单模仿，要在别人工作的基础上创新自身的工作，不能排斥、消灭别人，只有做到“有为”，才能“有位”，才能实现更高层次的竞争。

(3) 协作能力是为满足“需求”水平的直接体现

无论是会员单位需求，行业发展需求，还是“两型”社会的需求，能否满足这些“需求”体现在协作能力的高低。协作就像人说话一样，是个本事，同样一句话，有人说得好，能把人说笑起来，有人说得不好，把人说跳起来。怎样去了解对方的需求，对方能不能讲实话，是恭维你、还是敷衍你，还有些话中有话、话中有音，我们都要学会思考，在了解对方需求的基础上，和对方加强合作，达到你所要合作的目的，是社会活动家协作能力的直接体现。

3. 将协作精神融入协会工作的全方位、全过程

(1) 内部协作

协会的部分委员会和其他协会有所相同，存在一定程度的竞争。以钢结构委员会为例，有个中国钢结构协会，是原冶金部成立的一级协会，它的前身是研究院，专注于技术理论方面的研究，我们好多专家也是中国钢结构协会的专家，面对这样竞争的形势，协会要深挖内部潜能，全面推进内部协作。从协会内部来看，三大门窗委员会和门窗配套件委员会是紧密联系的，模板脚手架委员会与建筑钢结构委员会、模板脚手架委员会与扣件委员会的关系亦是如此，这就为实现内部协作打下了基础。在面对社会上同行业协会时，协会的16个委员会必须以全局为重，要维护中国建筑金属结构协会的整体利益，在举办活动时要写上总会的名字，不要光写本委员会的名字，在强调内部协作的同时，也要强调主次地位，有些合作以我为主，有些合作以他为主，一定要从合作的实际效果出发确定主次地位，从姿态上来说，要有甘当配角的精神。实践证明，二级协会开展的活动不亚于一级协会，具有很强的生命力。

还要充分发挥协会内部职能部门协作的作用。今后，各委员会网站建设、展会、出国考察、标准申报等工作，都要报送信息、联络、国际合作和质量等有关职能部门，做到既要发挥各委员会的主动性、积极性，不影响委员会相对独立运作的工作职能，又能在各职能部门的统一协调和指导下，充分体现各委员会之间配合协作，互相支持的整体优势，规范运行协会各项工作。

(2) 与会员单位用户所在行业协会的协作

协会开展的活动，不能局限于行业内部的交流，要突破固有模式的制约，创新协会工作，积极与会员单位用户所在行业协会加强协作，就是加强上下游行业协会的合作，通过上下游协会之间的合作，旨在为协会的会员单位搭建互相交流、洽谈商机的平台。今年，塑料门窗委员会、钢木门窗委员会与房地产业协会分别开展了两次合作，会后获得的反馈比较好，会员单位表示这是有意义的活动，增进了相互了解，提高了行业地位。可以说，这两次活动是创新协会协作的积极探索，为今后其他委员会的活动指明了方向，但是模式尚不成熟，需要各委员会深入研究。

(3) 尊重政府部门、专家和企业家

协会属于行业组织，要尊重政府部门、专家和企业家。关于政府部门，这里我要强调一点，凡是协会开会，不论在哪里开会，都要通知当地政府的主管部门，不要忘记政府，政府部门作用很大。回顾近年来韩国经济的发展，韩国从成为亚洲经济四小龙，到后来遭遇国内经济危机，总结的教训是：成在大企业，败也在大企业。大企业总结了6条教训，其中第一条是：与政府关系恶化。企业办得再大，如果与政府关系恶化，那么企业也就快完了。因此，要尊重政府部门，要让政府部门了解我们，支持我们。在地方召开会议时，要抄送会议通知给地方的政府部门。同样，要尊重专家和企业家，他们是稀缺性资源，是协会的宝贵财富，要与他们共同协作，才能更有效地推进行业健康发展。

(4) 用协作精神做好协会成立30年庆典和行业发展规划

2010年上半年已经过去，距离明年协会成立30年仅有1年的时间，时间比较紧，协会秘书处现在就要认真研究，着手筹备庆典。庆典怎么弄？我认为不是找个明星，组织文艺表演，而是以2010年协会创新工作来迎接30年庆典，包括编制协会历年来命名的各种基地的小册子，计划表彰一批对行业有突出贡献的专家、社会活动家和协会工作有成就的行政人员，不在多而在精，还有编制协会年鉴等工作，要形成庆典方案，明确每项工作的负责人和完成时间，为30周年庆典打下基础。是否可以考虑庆典活动和明年的中国（国际）门窗幕墙博览会一起举办，借第九届国际门窗博览会的召开，庆祝协会成立30周年，秘书处要认真讨论。此外，今年是国家“十一五”规划的完成年，国家各部门都在制定第“十二五”国民经济发展规划，作为中观经济，行业协会也要在此基础上，要组织专家、企业家制定行业的5年发展规划，能细就细，不能细粗一点也行，关键是要有，这对于指导行业发展意义重大。

2009年末，在协会年终工作会议上，我提出今年是创新年，要树立协作精神，坚持协作办好协会。应该说，协会秘书处会议体现了民主办会，今后将考虑吸纳一些工作出色、出类拔萃的人员参与秘书处会议，集思广益，进一步协作办好协会。

（2010年6月30日在中国建筑金属结构协会年中工作会议上的讲话）

协会要随经济发展方式的转变而转型

经过国家民政部批准，中国辐射供暖供冷委员会、喷泉水景委员会成为中国建筑金属协会的二级协会，这意味着协会迈上了新台阶。同时，正值国家“十二五”规划时期，协会今后的发展之路在哪里？协会又应该成为什么样的协会？“十一五”期间中国的经济总量达到世界第三，发展成果全球有目共睹。党的十七届五中全会提出了中国“十二五”规划的建议，下一个五年规划中我们怎么做？党中央确定了发展大纲，提出“发展”是“十二五”规划期间的主题，在发展过程中我们会面临很多矛盾和问题，国家如此，社会如此，企业更是如此。解决所有问题和矛盾的办法只有一个，那就是发展，只有坚持发展是硬道理才是科学发展。“十二五”期间的主线是转变经济发展方式，转变经济发展方式涉及生产、分配、交换、消费等各个领域，涉及政治、思想、经济、文化各个方面，我们说谋发展是主题，转方式是主线，谋发展是转方式的必然前提，没有发展这个主题，转方式的主线就成了无源之水、无本之木，反过来讲，转方式又是谋发展的必然要求，没有转方式，发展就重量轻质，不可持续，二者是内在统一、相互促进的。刚刚结束的中央经济工作会议提出了2011年我们的经济工作的六大任务，这六大任务也是围绕着谋发展的主题和转方式的主线提出。作为国家，要谋发展转方式，中国地暖行业以及喷泉水景行业同样要谋发展转方式。作为具有中国特色的协会，我们的工作怎么做？随着国家经济发展方式的转变，协会工作也要转变，只有这样才能适应国家谋发展转方式的要求。关于协会的转型我提出七个方面。

一、协会要向资源整合型方向转变

从人力资源、信息资源以及市场要素资源三个方面来实现资源整合型协会。把行业内的专家和成功的企业家资源整合起来，凝聚成强大的人力资源，成为行业内的宝贵财富。我们要建设资源节约型社会，往往注重的是财力和物力资源，忽视了人力资源，只有把人力资源整合好，我们的行业才能够发展和壮大。

随着经济的迅猛发展，全球经济一体化已成为不可逆转的发展趋势，信息更是成为经济发展、社会稳定、企业进步的重要资源，协会要整合行业信息，发挥信息资源的作用，发挥互联网的作用，使会员单位能够在大量的信息资源中，寻求本企业发展的商机。劳动力、生产资料、资本等都是生产要素，将生产要素整合起来才能更好地促进企业健康发展，尤其是在市场经济体制的今天，企业的发展更是离不开市场要素的整合资源。协会有条件、也有能力进行这方面的整合，满足会员单位发展的需求。

协会拥有强大的人力资源、信息资源以及市场要素资源，在拥有资源的同时，更要主动积极地整合资源，实现行业资源利用的最大化，实现资源整合型协会。

二、协会要向科技先导型方向转变

企业要成为科技先导型企业，就要高度重视科技创新，而不是靠简单体力劳动或者延长劳动者的工作时间去赢得利润。中国要成为创新型国家，原始创新、集成创新和引进消化吸收再创新是我们转变过程中的重要任务，要从“中国制造”转变为“中国创造”，中国不应只是世界的制造工厂，而应是创造发明的集聚地。对于长期工作在行业里的每个成员，我们有条件、也有能力、更有信心将我们的行业转变成为具有高科技含量的事业。无论是地暖行业还是喷泉行业，都不是一项简单的技术，而是把方方面面的技术应用到这个领域中，以科技创新的方式为消费者提供更加可靠、舒适的生活环境。

企业要成为世界500强的大企业，要以科技为先导，围绕“低碳经济、低碳文明”的理念去创新，从农业文明进入到工业文明，再到低碳文明，以科技先导为主题使专家和企业家紧密结合，让协会的会员单位成为行业科技创新的主力军。

三、协会要向协调服务型方向转变

在竞争日益激烈的市场经济环境中，“合作共赢”是越来越多经济共同体的愿望和共识。合作共赢是更高层次的竞争方式，企业以更大的精力和方方面面合作，获取更加可观的发展。协会要做好行业上中下产业链之间的协调服务、与政府之间的协调服务。对于我们的行业来说，合作共赢还涉及文化方面，使我们的行业成为环境友好型行业。我们要发展的不仅仅是产品本身，还要打造企业核心——品牌文化，只有这样，才能提高我们的产业文化水平，造就当今时代的中国地暖人、喷景人。

四、协会要向组织学习型方向转变

当今社会中，学习是人类文明进步发展的重要途径。美国提出要成为学习之国，日本提出要把大阪神户办成学习型城市，德国人提出终生学习，我党明确提出要把中国共产党办成学习型政党。协会是一个民间组织，一个社团组织，企业也是一个组织，我们要将组织转变成为学习型组织。作为企业也要成为学习型组织，作为员工要成为学习型员工。我们中国建筑金属结构协会与相关的协会及地方协会之间，我们协会内部的十五个专业委员会之间，都要开展互相学习，不管你愿意不愿意，事实上，众多的协会之间、委员会之间都在进行着一种竞赛，看谁受企业欢迎，谁办得有特色有成效。活着就要学习，干事就要学习，学习是人生的最高价值。

协会更要广泛开展义务培训，不仅仅提高企业的专业水准，更是提高了全社会对地暖以及对喷景的认识和了解。协会要提供广泛的交流平台，相互学习。孔老夫子讲过“三人之行必有我师”，不做井底之蛙，会员单位之间相互交流、相互启发、共同促进提高。协会要组织企业针对新技术、新产品进行考察活动，包括国际性考察，借鉴国外的先进理念和技术，向先进学习就是要超过先进。走在技术科学领域中的佼佼者往往是学生，因为他们有着强烈的求知欲望和果敢的实践活动，只有通过学习，人类社会才能不断进步。

学习是人生的宝贵财富，也是企业成长壮大的必由之路，通过接受广泛的培训和连续的教育，使企业成为真正的学习型组织。

五、协会要向全球开放型方向转变

21世纪，中国成为世界舞台上不可或缺的重要角色。我们作为中国的协会，要有大国的胸怀和责任，广泛开展国际性交流，欢迎外国专家来给我们讲课，中国专家也要走向世界。

其次，要学会共同举办活动，无论是合资合作，还是简单的跟外国联合开展活动，共同开展产品生产和销售方面的活动，寻求我们走向世界做全球开放型协会的有效途径。

再次，要引导企业勇于走出国门，占有更多的国际市场份额。为了使产品更好地走向世界，中国建筑金属协会专门联系国际性相关的企业和协会，为会员单位赢取更多的国际市场商机。同时，我们也要考虑企业是否有条件、有能力走向国际市场，所以企业之间要进行更加密切的交流与合作，敢于创新、敢于走向世界。协会要高度重视行业之间的国际交流，高度重视行业之间的国际合作，高度重视行业之间的国际考察，使我们的协会成为真正全球开放型组织。

六、协会要向社会责任型方向转变

社会责任是指一个组织对社会应负的责任，指组织承担的高于组织自己目标的社会义务。如果一个企业不仅承担了法律上和经济上的义务，还承担了“追求对社会有利的长期目标”的义务，我们就说该企业是有社会责任的。2009年，温家宝总理在法国世界企业家会上讲过，当今时代，任何国家的企业家要有道德、有责任，尤其是中国的企业家，我们是儒商的后代，儒商是讲究诚信的。中国要走社会主义市场经济，企业要实现蓬勃快速发展，那就要讲诚信经营，要讲行业自律。

工程质量是建筑领域中的永恒话题，安全是建筑的最好准则。提倡社会责任，要以人为本，充分调动人的积极性，作为质量效益型企业要对消费者生命财产的安全负责，要高度重视质量，高度重视安全，这就是一种社会责任的体现。协会要围绕社会责任，开展更多更有效的活动。

七、协会要向开拓进取型方向转变

办企业要有事业心，同样，只有把协会工作当成自己的事业来看待，才能做好工作。协会工作和政府工作不同，政府工作靠权力，协会工作靠魅力，靠影响力。作为协会工作者，真正为企业服务了，企业才会相信、信任你。协会工作需要主动性和创新性，更多时候是以自己的人格魅力，开拓进取，形成强烈的行业影响力。

协会要为会员单位寻找和创造商机。人的生命在于运动，协会的生命在于活动，要开展好更多更有效的活动。协会要成为行业内的权威组织，就要通过诸多的社会活动家、行业的专家和企业家，以强烈社会责任感开拓进取，繁荣产业文化。在行业振兴、企业经营管理等方面当好强有力的政治部门的助手，当好会员单位欢迎期盼的参谋。

在“十二五”规划即将到来之时，协会更应随着国家的发展转型而转变发展方向，成为具有中国特色和价值的新型组织。每个会员单位要为行业的发展出谋划策、献策献计，真正做到壮大行业，做强企业，使行业从过去取得的成功、成就、辉煌走向“十二五”期间更加成功、更有成就、更加辉煌！

（2010年12月17日在辐射供暖供冷委员会、喷泉水景委员会成立大会上的讲话）

加强协会工作人员的能力建设

过去的2010年，是大家勤奋工作的一年，也是卓有成效的一年。上午听了部分专业委员会汇报的工作总结，也看了其余几个没有汇报部门的书面材料，我感觉还是很不错的，秘书处的总结也有一定深度。

2011年是“十二五”规划的开局之年，是国内经济发展方式的转型之年，亦是协会转型发展的关键之年。在这一年里，我们协会要向学习型组织的方向转变，协会内部的专业委员会之间都要开展相互学习，看哪个部门更受企业欢迎，工作更有成效。

学习是人生的最高价值，搞合作要学习，干事情也要学习。对于协会而言，学习的主体是协会工作人员，工作人员能力和素质的提高对协会至关重要。今天，我想从四个方面讲一讲加强协会工作人员能力建设的问题。

一、能力建设的必要性

1. 能力建设是协会的地位和作用之必需

随着市场经济体制的不断完善和深入，协会已经成为市场的三大主体之一。政府部门、企业、协会，这三大市场主体相互影响、紧密联系，在社会主义市场经济中扮演不同的角色，发挥各自的重要作用。

协会作为连接政府部门和企业的中间环节，承担着行业管理的责任。尽管今天很多权力仍在政府部门手里，但是政府部门也得依靠协会。从国外来看，协会完全是行业管理的主体。近期国务院针对加强社团建设的问题发了文件，我们对此专门开会讨论，会上有人提出协会要向市场化转变。这个观点我不太赞同，协会本来就是在市场中，政府也没有给我钱。什么叫市场化？就是说协会要在市场经济的建设中发挥行业组织的作用，而我们协会正在发挥这个作用。

我们身在协会工作，不能小看协会，总觉得协会没有政府公务员那么牛，协会好像没有权威。事实上不是这样的，协会的地位和作用是非常重要的，但是要充分发挥协会的作用，还需要我们加强学习，加强能力建设。

2. 能力建设是协会的工作特点之必需

协会的工作特点是什么？我们大家做的工作没有上级指定的，所有的工作都是自己想的。我以前也讲过，政府工作靠权力，协会工作靠魅力。要有魅力就必须有能力，协会工作更需要能力，没有能力在协会活受罪。你给会员单位办不了事，人家嘴上不说心里也在生气。我们和会员单位打交道体现不了我们的工作能力，是不受会员单位欢迎的。尽管表面上是敬重的，背后不知道怎么评价我们。因此，要想做好协会工作，必须要提高我们的工作能力。

3. 能力建设是人生价值之必需

人来到世间总是有寿命的，总是要工作的，人的最高价值是做好自己的本职工作，干什么就把什么干好。我们在协会工作，就是要把协会的工作做好。那么，要做好协会的工作就要提高自己的能力，有心无力不行。

我们国家的教育制度正在改革，注重能力培育，改变有些人有学历、无能力，有文凭、无水平的状况。美国哈佛大学曾经宣扬，“我们培养的不是知识分子，我们培养的是能力分子，我们培养的学生总是千方百计、拼命的、疯狂的关心本企业的利润，关心本企业的质量，他们都是市场竞争的职业杀手”。他们说自己“最大的缺点”是：我培养的学生身价太高，没有几十万美金聘用不到我的学生，就因为我的学生有能力。这种说法不一定确切，但值得思考。还有中国共产党明确提出要加强共产党执政能力的建设，共产党要保持长期执政不提高自己的能力不行。我们政府要提高自己的行政能力，要提高自己的公信力、执行力，我们的协会亦是如此。协会要提高自己的影响力、凝聚力，协会的工作人员要提高自己的工作能力，既要有心也要有力，这样才能充分体现自己的人身价值。

二、能力建设的基础

1. 学习

不学习不可能搞好能力建设。学习有两点，一个是增长知识，一个是增长见识。知识不光是读书，听报告也是学习，看报纸也是学习，看电视剧也是学习。学习是增长知识，知识有了还要增长见识，光有知识不行，见识短也不行，要有知识，更要有见识。

我们到会员单位去，到工厂去看，就是增长我们的见识。通常说我们人生要读万卷书，交万人友，行万里路，什么意思？就是要增长知识和见识。从我们协会来说，梁岳峰同志，他是比较注重学习的，他并不是学光电的，但是到了光电建筑构件应用委员会，他就考虑学习这方面的知识。

2. 调研

调研是一项基础性工作，必须始终放在各项工作的首位来抓。要加强调查研究，千万不能“情况不明决心大、数字不清点子多”。我们说，调研的目的是要搞清“四情”：一是要了解国情，中国的国情是今年进入“十二五”发展期，“十二五”的核心就是一个主题和一个主线，主题是发展，主线是转变经济发展方式，对我们行业同样如此。二是要了解行情，行情包括中国的行情，也包括世界的行情。我们这个行业里全球最大的企业是谁，在哪个国家；我们中国最大的企业是谁？这些都要用数字来表达，要说清楚行情。三是要了解企情，我们每个专业委员会要知道全国有多少个企业，入会的有多少个企业，去年协会会员单位有多少个，今年会员单位有多少个，增长了多少，这是第一点；第二点是把企业分分类，大中小，或者规模前10位哪几个企业，都能说明白、说清楚，这就叫情况清楚，不然叫情况不清楚。特别是我们会员单位的情况，我们不可能全部掌握，但至少要了解我们行业的领军企业、骨干企业，在协会中起着重要作用的企业，它们的情况要了解清楚。四是要了解会情，就是了解与我们相关协会、同类协会的情况，如何与他们进行联合。

具体来说，我注意到去年我们好几个专业委员会广泛开展了协会间联合，总体是不错的，包括昨天钢质防火门的信息发布会，就是五个协会同时发起的。这个会由中国建筑金属协会牵头，联合中国消防协会、北京消防协会，还有房地产总工俱乐部、建筑学会，会议效果很好，其他四个协会都非常感谢中国建筑金属结构协会牵头。还有塑料门窗、铝门窗幕墙专业委员会分别和房地产协会联合召开研讨会等，效果都很好。

我们说要了解企业情况，还要了解企业文化。你们请我到会员单位去看工厂，我恨不得把工厂墙上的标语都抄下来，包括企业关注质量、履行职责等。标语形象生动，贴近实际，感染力强，企业文化氛围浓厚。

企业情况还包括技术方面。我举个例子，塑料门窗委员会的易序彪同志对行业情况进行分析，策划设计出《塑料门窗型材数据库基本组建方案》，并与《门窗幕墙热工计算规程》的主编单位广东建科院协商，获得广东建科院的认可与支持，确定了数据库在国内合作软件为MCMQ软件。同时，在塑料门窗委员会2010年12月召开的委员会工作会上，向参会的各委员、副主任委员们汇报了这项工作，获得了各委员的广泛支持。

能力建设的基础是充分做好调研，要有调研的能力，调研能力是其他能力的基础。

三、能力建设的内容

1. 人格魅力的修炼

人格魅力的修炼也就是人的素质修炼。关于人的素质，我提出了现代人素质的五大方面，也就是人的可持续发展与全面发展的五大方面。

第一个是思想素质。人在思想素质上要实现向能力本位的转变，要体现人的能力，增强人的能力，培养和提高人的思想素质，就要去思维，要善于思考。我们的协会工作除了学习以外，就是思考，听完会就思考我该怎么做。从我们协会来说，杂志社王小莹、张敏同志，她们就很注重思考，中国建筑金属结构杂志怎么办，中国金属结构协会的信息网站怎么办，她们通过思考提出很多办法，有一些取得了显著的成效。还有办公室主任赵志兵就很注意思考，思考每一个活动怎么进行，去年协会申请民政部的星级评审，把小赵忙得不行。今年又来个审计抽查，他也是认真地组织大家做好配合工作，虽然小赵的学历并不高，但他的思考精神很强。

第二个是能力素质。能力素质主要是向思想型、管理型转变，强调敢于决策。中央党校我进去学习过四、五次了，他们培养我们领导干部，就是要培养具有世界眼光、战略思维的领导干部，能够去思考问题。像光电建筑构件应用委员会梁岳峰同志的社会活动能力较强，工作起来就很有特色。

第三个是交往素质。交往素质就是要使人实现由封闭短视、心胸狭隘的不善交往向具有世界眼光、战略思维的开放型交往转变，我们要跟世界上所有国家交往，要总结人类的一切先进文明东西为我所用，要有这样的胸怀和眼光。协会去年组织了18次国外考察，就是要了解世界，要有开放的眼光。像给水排水设备分会的华明九同志，他就加强和各个方面进行交往，并且他是世界水务协会的第一届执行委员。我们要走到世界组织当中去，跟世界上所有的人进行交往，不管白人黑人，在国内更要加强交往。

第四个是道德素质。就是在道德素质上要实现以个人独立自主向能够承担社会责任的道德转变。我们在协会工作承担着社会的责任，要有自己的道德修养，要恪守规范。像我们采暖散热器委员会关惠生同志一直在埋头苦干，吴辉敏同志踏踏实实，铝门窗幕墙委员会白新同志精心做事、真诚待人，国际合作部史汉星同志严于律己等，这些都是道德素质。我们在协会工作，同样要注意这个问题。

第五个是心理素质。要实现由注重人情关系向恪守规范制度转变，改变行为的随意性。要懂得遵守工作规范、生活规范和制度，按照制度和规范办事才能实现现阶段人的现代化，促进人的全面发展。在这方面，钢木门窗委员会陈庆元、王颖同志的财务责任心，张秀梅同志的团队精神，都是值得我们学习的。

我看了一个材料很受感动：钢木门窗委员会王颖做过会计，委员会与财务有关的工作大多由她来做，她并没有因为钢木门窗现在没有独立账号而降低工作的标准。钢木门窗委员会所有经手的票据，特别是手写的票据，她都要上网查一查真伪，还要分类写在备板上，然后再贴到有关的单据上。这个不容易，遵照财务准则做得这么细是难得的。

2. 社会活动能力的培养

我经常讲，协会要靠“三家”，一个是社会活动家，一个是企业家，一个是专家。我们在协会工作，既要成为这个行业的行家，更要成为社会活动家，紧紧依靠专家和企业家，把这“三家”团结在一块，这样协会就能活跃起来。

社会活动能力包括两方面：一是号召力，你在这个行业要有号召力。什么叫领导？有人解释得很清楚：有人跟随才叫领导，后面没人跟你叫光杆司令。毛主席说，走到群众前面太远了，你就是盲动主义，落到群众后面太远你就是尾巴主义，你要在群众中间带领群众前进那才叫领导。

在这方面，像我们的黄圻同志、董红同志，以及铝门窗委员会做得不错，他们在这个行业中有强大的号召能力，对企业熟悉、对行业了解，没有这样一个号召能力在协会是很难工作的。当然，这个号召能力也不是一天两天就能得来，也有多方面的因素，也靠长时间的积累，才能获得会员单位的信赖和支持。

像门窗配套件委员会刘旭琼同志，对她的会员单位很亲切，我看到她的几个会员单位对刘旭琼的到来都很热情和敬重，她在她的会员单位里面有号召能力。

像刘浩同志是辐射供暖供冷委员会，张晓阳同志是喷泉水景委员会的，这两个专业委员会之前是给水排水设备分会六个专业委员会之一，现在被民政部批准为二级协会，上升到中国建筑金属协会专业委员会了，这与他们的工作是分不开的。他们为此动了很多脑筋，做了大量的工作，体现了他们在这个行业的号召力。

社会活动能力的另一个方面是合作能力，合作能力是当今时代一个重要特征。例如国家与国家合作：胡锦涛总书记访问美国，奥巴马以最高规格的接待体现了两国合作的巨大潜力；还有金砖四国、东盟、上海合作组织等，这些联盟是干什么的？其实它们也是一个协会，是为了合作。

什么叫协会？协会就是协作办会，就是要加强合作，提高合作能力。钢木门窗委员会潘冠军和谭宪顺之间合作是不错的，而且更注重与他们专业委员会的相关协会、社会团体以及政府部门进行合作。他们和政府部门合作，包括举办门博会，永康市委市政府对潘冠军特别重视，看上去是他们有求于潘冠军，实际上我们更有求于人家开展各项活动。还有联络部孟凡军同志，他特别注重和房地产协会联合去为专业委员会服务。黄圻和孟凡军多年来操办的国际门窗幕墙博览会，规模一年比一年大，影响一年比一年深远，已经成为中国建筑金属结构协会的一个品牌。对此，我的要求是还要办大，因为仅仅亚洲最大是不够的，还应该超过德国，成为世界同行业最大的展会。但是这也不是一天能办成的事情，这需要广泛加强合作。

3. 业务工作能力的提高

业务工作能力包括两方面：

一是行业管理的能力。我们既然是协会，按国际规则应该是行业管理的主体。尽管今天很多权力仍在政府部门手里，但是很多事情仍要由我们协会来承担，协会要有能力才能承担行业管理的责任。我们不能去跟政府要权力，而是我们有能耐、有作为，有能耐、有作为才有自己的地位，有为才能有位。

比如和中国钢结构协会相比，我们建筑钢结构委员会是二级协会，他们是一级协会。但是我们建筑钢结构委员会尹敏达和张爱兰、顾文婕、董春等同志开展的工作很全面，成绩很显著，比如对外合作企业认证、技术工人职业资格、企业资质交流研讨、评优评奖、网站建设等都做得很好。

像黄圻同志有一个特点——关心全局，除了关心铝门窗幕墙委员会以外，他高度关注整体工作，能处理好局部和全局的关系。他对协会的工作能够主动提出自己的见解，发表不同意见，不是说姚会长同意的我们就同意，而要大家商量。

像采暖散热器委员会宋为民同志，能够密切关注行业的发展，历年来为行业做了大量的工作，在行业的文化建设，行业专利的收集与编制，行业的技术研讨以及地区调研等工作中都做出了成绩，在行业管理中很有影响，也很有人格魅力。

二是基础业务知识和专业技术的掌握。搞协会工作，我们要成为社会活动家，但是也不能光是社会活动家，也要懂得这个行业的技术特点和技术发展状况。像塑料门窗委员会闫雷光同志，他对化学建材颇有研究，而且能充分发挥新来的李福臣同志的作用。李福臣到协会工作之后，很注意团结，尊重老同志，关心年轻同志的成长。他特别注意尊重企业，带会员企业到先进企业参观学习后，都会对接待企业表示感谢，回来之后还给参观的企业发个短信进行问候等，这是很不错的。

另外，像模板脚手架委员会的杨亚男和丁振中，他们对技术业务熟悉，工作也很努力，今年的收入和结余增长幅度有明显提高，干得也不错。还有扣件委员会王峰同志，他最大的特点是依靠建研院的技术背景，积极主动帮助推广六大新技术，推进了行业的科技创新。

4. 表达能力的养成

表达能力很重要，尽管心里有很多想法，但是如果都是茶壶里煮饺子，倒不出来也不行，你要把它倒出来。表达能力包括两方面：一是文字表达。前年我在年会上讲过了，我不敢恭维我们的文字能力，你们写的总结给我看，倒不是我的水平有多高，我看一个是态度不认真，一个是文字不通顺。这个文字能力也很关键，应该说我们协会文字能力比较强的是缪长江同志，他的文字能力可以当老师。文字它要讲出逻辑，讲出论点和论据。把一个事情说透谈透，不是那么容易的事情。

二是语言表达。就是能把事情和大家说明白，能把行业说清楚，这方面我们在座的同志做得都不错。毛主席说了，只要人一张口就是宣传，就是说你有这个宣传的能力。在这方面应该说我们财务部李雅媛同志做得比较好，她是个一心为大家的同志，认真组织协会人员进行合唱训练，参加部里组织的文艺竞赛，为协会争取了荣誉。另外在协会里，王双芬、高碧英、吕志翠、吴辉敏、易序彪、高建秋、董春、王贺等同志都很关心工会的工作，积极支持工会活动。工会活动需要大家支持，没有大家支持活动开展不了。我们千里有缘来到一个协会工作，是缘分，我们做什么事情都不要落后，要把它做好。

四、能力建设的绩效

能力建设要看效果，什么样能力就算强了？什么样能力就算不强？要体现在效果上。你说你能力很强，没效果那是不行的。具体说主要有两个效果：

1. 壮大行业有业绩

协会作为行业组织，每年为行业干了些什么事，向行业交代些什么问题？比如说我制定了一个法规文件，解决了一个技术难题，开展了一个有效活动，或者说对行业做出了一件有影响的事情等，这些都是壮大行业的业绩。在这方面，像黄圻、宋为民、闫雷光、华明九等多年来一直从事本行业工作的同志，应该说他们对行业做出了贡献，在行业中拥有较强的影响力，还有新成立不久的钢木门窗委员会，尽管时间比较短，但是做得也不错。

2. 做强企业有指导

我们跟企业打交道，不是让企业能够恭维我们，请我们吃饭，关键是对企业要有所贡献，对人家要有所帮助，有所指导。因为协会是站在面上，企业是在点上，我们要到行业里去了解我们的企业应该怎么做，怎样做能更好，能出一些点子，企业是不会忘记我们的。今年，在广东白云胶厂 25 周年庆典上，广东白云表彰对本企业有贡献的人员，其中特别表彰了我们协会的郑金峰同志，发个奖杯给他，郑金峰同志 70 多岁了，人家不忘记我们。也就是说我们只要对企业有所指导，企业是不会忘记你的，这也就是我们协会工作的价值。

同志们，我们到中国建筑金属结构协会都是缘分，我们肩负着重要的使命，要把中国建筑金属结构协会做大做强，把中国建筑金属结构协会的会员指导好，使他们能成为中国当今时代最好的民营企业。

过去的一年我们取得的成绩来之不易，我们积累的经验弥足珍贵，我们创造的精神财富影响深远。2011 年的曙光已经降临，在伟大的“十二五”规划开局之年，让我们充分认识中央五中全会对“十二五”规划做出的英明判断，这个判断是：“十二五”规划期是全面建设小康社会的关键时期，“十二五”规划期是深化改革开放、转变经济发展方式的攻坚时期，“十二五”规划期是大有作为的重要战略机遇期。让我们带着“十一五”留下的精神财富，抓住机遇，勇于变革，应对挑战，奋发有为，创造我们属于“十二五”的历史荣耀。让我们以新的努力、新的成效做好本协会 30 周年庆典工作，并以新的业绩、新的光荣迎接中国共产党成立90周年，纪念辛亥革命100周年！

（2011年1月19日在2010年中国建筑金属结构协会年终会议上的讲话）

做强企业　壮大行业
创新协会工作思路

非常高兴我们大家聚在一起庆祝中国建筑金属结构协会成立30周年。30岁是中年，三十而立。在这30年中，如果说我们有什么成就的话，那也全部是大家的成就。在协会的很多工作方面，我们有共同语言，有很多事情可以互相切磋。作为协会来讲，中国建筑金属结构协会对我们地方省、市、县等协会，不存在领导关系。中央的协会不领导地方协会，我们都是兄弟协会，我们有联谊的关系，我们有同行的关系，所以我们举办的这是联谊交流会。我们两年举行一次交流会，前年是在山东潍坊召开的，今年在北京和我们30周年大庆同时进行，明天也希望大家能参加我们30周年庆典活动和我们举办的大型国际门窗幕墙展览活动。

会上印发给大家，有我的10篇讲话，全部是讲怎么做协会工作的。关于协会工作怎么做，很多协会的同志已经发表了自己的看法，包括山东和上海等地协会的同志。我很欣赏甘肃协会的同志们，甘肃建筑门窗协会30年搞了一个大本子叫30周年历程，非常不错。山东协会在山东省有很大的权威，和政府组织在一起有它优势，既是协会又是山东省的行业管理办公室。这是个特色，很好，有政府的又有协会的，具有多方面的功能。上海协会也具有一些政府性质，抓协会工作非常实在，特别是在整个世博会的工程建设上立了大功，而且它还有一套独到的见解，非常不错。我们在座的，还有很多没有发表意见，但是我们都有共同语言，是互相学习的过程。今天想分六个方面来和大家一起讨论协会如何“做强企业，壮大行业，创新工作思路”。

一、协会使命

1. 壮大行业——敬业兴业行业之柱

所谓壮大行业就是做敬业、兴业，行业之柱，做我们行业的大柱。作为行业来讲有三个方面：第一个是行业的科技进步。行业要进步，它的科技水平要进步。第二个是行业的管理水平。行业怎么进行管理，在国外来讲行业管理全在协会，在中国还在政府，但是呢，协会也具有重要的责任，来进行行业上的管理，包括制定标准规范，都属于行业管理范畴。第三个是行业的国际交往。谁代表中国门窗行业，谁代表目前行业跟美国进行会谈？不是总理，也不是省长，是行业协会。行业协会代表中国的行业进行国际交往，也就是说，行业有一个国际交往的水平能力，尤其中国作为一个大国。今天的中国已不是过去的中国，在国际市场是经济第二大国，但人均还是不够的。大国要尽到大国的责任，要有大国的风度，要以大国的身份去进行国际交往、行业交往。我们的副秘书长华明九同志就是国际水协的执行理事，大国应该执行这个任务。

2. 做强企业——儒商智商行商之友

所谓做强企业就是做儒商智商行商之友，做企业家的朋友。行业是由企业组成的，我们协会涉及很多行业。从规模来说，行业里应该分两类企业：一个叫大企业。大企业要进一步做强做优，才能代表这个行业。另一个叫中小微企业，现在中央特别重视中小企业和微型企业，这也是一大片。小企业要做精，在某一个方面，在一些小产品或在某个部件上要做精，任何时候不能只有大企业，还要有中小企业。对中小企业我有一次专门的讲话，国家经贸委有个中小企业管理司，专门管理中小企业。你看像台湾，台湾之所以成为亚洲四小龙，完全靠中小企业，你看小小的台湾它是中小企业的王国，中小企业支撑了整个地区经济。做强企业，企业谁做强？不是我们协会去做，协会是为做强企业服务的，企业要靠企业家去引领，企业家非常关键。那么作为协会来讲，如何成为企业家之家这也非常关键，企业家有个说话的地方，企业家有个交流的地方，企业家有个相互提高的地方。所以我们说我们要讲儒商，儒商是中国最早的儒家后代，儒商是最讲诚信的，但是我们现在市场上有很多不诚信的，吹牛作假赖账等，但是我们儒商是最讲诚信的。第二个是智商，就是靠我们的聪明才智去科学管理，去科技创新。

我们作为协会来讲，它的使命一个是壮大行业，一个是做强企业。

二、协会生命

人的生命在运动，协会生命在活动。生命的价值决定于活动的质量。我们要搞有意义的活动，有利于壮大行业、做强企业的活动。这些活动体现在：

1. 协助政府

主要是协助政府制订行业法规、标准、规范，开展有关问题调研，规范完善市场行为等。

2. 壮大行业

就是制订行业发展规划，开展行业发展技术进步研讨，针对行业发展问题调研，进行国际同行业的交流考察，推进与行业发展的跨行业、跨地区、跨部门的合作。

3. 服务企业

（1）举办新产品、新技术会展，像我们协会明天的会展，第九届了，已经成为我们的品牌；（2）评定领军企业，开展示范交流；（3）协助企业新产品推介；（4）举办企业间的管理和技术交流，促进企业之间的相互交流；（5）开展企业发展的各种咨询服务，企业碰到难题，要有咨询服务；（6）繁荣产业和企业文化，这也很关键。这次中央全会开会的内容之一就是强调文化是支柱产业，文化非常重要，要成为支柱产业，我们更要重视国民经济支柱产业建筑业以及几个涉及的各个行业产业的文化建设和企业的文化建设；（7）企业培训，就是企业之间各类人员的培训；（8）参加企业发展的重大活动，有些企业会使用协会、会利用协会，重大活动让协会宣传；（9）开展市场信息交流，让企业了解市场，了解市场的信息，这个很关键。现在我们看电视剧，经常有谍战剧，讲的是军事情报，现在市场情报也很关键，在战争年代军事情报很关键，谍报人员关键，在经济建设时期，经济信息情报也同样关键；（10）扶持企业涉外市场的拓展，利用协会跟国外交流，让企业打到国际市场；（11）评定品牌产品和工程等。

4. 协会自建

开展地方协会联谊交流，就是今天我们的活动。加强协会能力建设，协会要有能力，光有想法，没有能力也是不行的；广泛开展行业产业链相关协会和地方政府部门的合作，就是行业产业链相关协会。我们希望同房地产协会、房地产商会联合起来搞活动，为我们企业搭个桥；寻求国际相关协作的合作；加强协会自身建设。

5. 其他

主动负责承担政府部门交办的事，建设部交给我们办的事，我们都办漂亮一点；参与重大社会经济活动，履行社会责任。比如抗震救灾，重大活动我们要参与，像上海世博会等；完成民政部和建设部要求的各项工作，民政部是我们的主管部门，建设部是我们的指导挂靠部门。协会既要主动承担，又要切实办好交办事宜。

三、协会能力

协会的能力很重要，主要体现在以下几点：

1. 政府工作靠权力

政府职能是国家三定方案决定的，政府的工作就是使用好国家赋予的权力，不能超过三定方案。

协会工作靠魅力。作为协会工作者，真正为企业服务了，企业才会相信、信任你。协会工作更多时候是以自己的人格魅力，开拓进取，形成强烈的行业影响力。

2. 协会的优势

协会的优势有三点：

（1）信息优势，协会作为行业组织，汇集了全行业信息资源，有着单个企业无法比拟的信息优势。我们是中国协会，我们要掌握全国的信息；我们是省的、地方的协会，我们就掌握省的、地方的信息，这个是企业无法比拟的。

(2) 人才优势，协会汇集了行业里资深专家、优秀企业家、社会活动家。

(3) 三跨（行业、地区、部门）优势。

1) 跨行业：协会与产业链上的相关协会互有合作。

2) 跨地区：包括城市与乡村、沿海与内地、国内与国外三方面。

3) 跨部门：协会与住房城乡建设部、工信部、发改委、工商管理总局、国土资源部、海关等部门都要有联系。

3. 协会的基本功

协会的基本功是重在调查研究，没有调研协会就没有发言权，所以调查研究特别重要。调查研究内容包括行业发展状况、重点企业发展状况、国际同行业发展状况；调查研究的方法包括一般和重点，点、线、面相结合，定性分析和定量分析相结合，座谈和研讨相结合；要提高调查研究的能力，有业务分析能力、战略思维能力、对会员单位和专家人士的亲和能力。

协会要搞好调查研究，就要跟踪四个情况：

(1) 世情。当前世界经济发展可谓“冰火两重天”，发达国家经济复苏前景莫测，新兴市场国家经济发展面临过热。经济全球化，全世界任何情况，包括战争，利比亚结束战争了，它马上就要建设。

(2) 国情。我们今年进入“十二五”发展期，“十二五”的核心就是一个主题和一个主线，主题是发展，主线是转变经济发展方式。

(3) 行情。行情包括中国的行情，也包括世界的行情。要了解国内外行业的发展规模，科技创新水平等信息。

(4) 企情。每个专业委员会要知道全国有多少个企业，入会的有多少个企业，每年会员增长了多少；把企业分分类，大中小或者规模前10位企业，协会至少要了解行业的领军企业、骨干企业，在协会中起着重要作用的企业情况。

四、协会人力资源

我把协会人力资源分成三家：

一是专家，专家是协会的资本。我们要给专家提供舞台，专家是创新的大脑与智囊团，专家是企业发展的良师，协会离开专家一点能力都没有。协会的最大资本就在于有中国的专家包括外国的专家、行业的专家，我们要把他们组织起来，发动起来。

二是企业家，企业家是主力。企业家是当今时代中国经济建设时期最可爱的人，是最稀缺、最宝贵的资源。一个不重视企业家的民族，是没有希望的民族。企业家是推动企业和行业发展，是推动行业科技创新的主要实践者。专家的意见、论文，包括得奖论文，要经过企业家的实践，才能变成生产力。

三是社会活动家，社会活动家是活力。也就是我们协会这方面的人员，他是一种活力，是善于协作、善于管理、善于调动专家、企业家的积极性，提高行业活动水平的组织者。我们从事协会工作的同志就是社会活动家，就是为这个行业去活动，为企业去活动。当然某一个人可能也是专家也是社会活动家，或者说我们有的企业家自身就是专家，我们协会的副会长本身就是企业家，他们也兼任社会活动家。

五、协会工作

协会干什么？怎么做工作？当然前面的活动就是工作，但是我这里还要分几个方面讲。协会就是商会，为会员企业创造商机的商会，协会协会，就是要协作办会、协商办会，它是民主办会。所谓协作办会，就是开展多方位的、全面的协作联盟，使协会工作更高层次的有为才能有位的竞争，广泛地开展联盟合作。协会的能力是为满足需求水平的自觉体现，就是企业需求什么，行业需求什么，我都要去满足。这里我讲几点：

1. 职责是自定的

就是协会的职责都是自定的，没有“三定”方案，协会是行业内企业为了共同利益自发组成的组织团体，协会的职责就是为保护和增进全体成员间的合理合法的利益。

2. 活动是自找的

协会工作不存在上级指令性的部署，全在于自加压力，自找活干。协会做什么是自己找的，没有上级部门非要你干什么，当然有个别少量的可能上级部门希望你做什么，大量的活动都是自找的。

3. 品牌是自创的

协会通过发掘行业需求，创新各类品牌活动，提升行业发展水平。所以我有时候讲，协会工作啊，干起来没完没了，不干不多不少。你要什么都不干，人家企业照样生存，但你要干起来啊，事情太多太多。关键要干一些社会影响大的品牌活动。

六、协会转型

“十二五”期间作为我们国家经济要转型，转变经济发展方式；作为企业要转型，转变经营方式；作为行业也在转型，作为行业协会来讲也要有个怎么转型的问题。我想讲以下几点：

1. 资源整合型

协会要从人力资源、信息资源和市场要素资源三个方面来实现资源整合型的协会，就是要把这三个方面的资源把它用上。人力资源、信息资源还有市场要素资源，整合起来，来为某一个企业服务或者为某一行业、某一方面服务。

2. 科技先导型

中国要成为创新型国家，原始创新、集成创新和引进消化吸收再创新是我们转变过程中的重要任务，要从“中国制造”转变为“中国创造”，中国不应只是世界的制造工厂，应还是创造发明的集聚地。也就是说协会要依靠专家，要掌握这个行业最先进的科学技术。

3. 协调服务型

在竞争日益激烈的市场经济环境中，“合作共赢”是越来越多经济共同体的愿望和共识。合作共赢是更高层次的竞争方式，企业以更大的精力和方方面面合作，获取更加可观的发展。

协会要做好行业上中下产业链之间的协调服务，与政府之间的协调服务。就是要把方方面面的关系协调起来去达到我们的目的。

4. 组织学习型

当今社会中，学习是人类文明进步发展的重要途径。协会是一个民间组织，一个社团组织，也要将组织转变成为学习型组织。

中国建筑金属结构协会与相关的协会及地方协会之间，协会内部各专业委员会之间，都要开展互相学习。我们今天联谊交流会不光是联谊，实际上是相互学习，包括刚才上海协会讲的、山东协会讲的，都是大家互相学习的机会。事实上，众多的协会之间、委员会之间都在进行着一种竞赛，看谁受企业欢迎，谁办得有特色有成效。

中国现在的协会有许多，光我们建设部主管的就有47个，现在协会很多，事实上协会也在竞争，事实上哪个协会受欢迎，企业心里是最清楚的。

5. 全球开放型

中国的协会，要有大国的胸怀和责任，广泛开展国际性交流，欢迎外国专家来给我们讲课，中国专家也要走向世界；要学会共同举办活动，包括我们明天的展览会，德国的展团要来，人家的会长要讲话。无论是合资合作，还是和国外机构联合开展活动，共同开展产品生产和销售方面的活动，寻求我们走向世界做全球开放型协会的有效途径；要引导企业勇于走出国门，占有更多的国际市场份额。去年我去德国，看到我们协会有26个企业在参展，不简单。

6. 社会责任型

社会责任是指一个组织对社会应负的责任，指组织承担的高于组织自己目标的社会义务。

当今时代，任何国家的企业家要有道德、有责任，尤其是中国的企业家，我们是儒商的后代，儒商是讲究诚信的。中国要走社会主义市场经济，企业要实现蓬勃快速发展，那就要讲诚信经营，要讲行业自律。协会要围绕社会责任，开展更多更有效的活动。现在有不少协会对有社会责任的企业给予社会责任奖，这个也很关键。

7. 开拓进取型

把协会工作当成自己的事业来看待，才能做好工作。协会要为会员单位寻找和创造商机，要开展好更多更有效的活动。协会要成为行业内的权威组织，就要通过诸多的社会活动家，行业的专家和企业家，以强烈社会责任感开拓进取，繁荣产业文化，在行业振兴、企业经营管理等方面当好强有力的政治部门的助手，当好会员单位欢迎期盼的参谋。

今天共讲了六大方面：一是协会的使命；二是协会的生命；三是协会的能力；四是协会的资源；五是协会的工作；六是协会的转型。综合起来讲，我们要有神才有心、有心才能有为、有为才能有位。我们要树立五种精神，达到五个目标：第一是有敬业精神，使协会成为最有贡献的敬业者；第二是具有创新精神，使协会成为最有号召力的组织者；第三是要有服务精神，使协会成为最有价值服务的自愿者；第四是育人精神，使协会成为具有影响力的传授者；第五是合作精神，使协会成为最有凝聚力的推动者。我想主要就是这几个方面，包括我发给大家的10篇讲话，也是讲的这个，比这个要具体一点，就是讲协会工作怎么做。我个人认为，干什么要爱什么，干一行要爱一行，爱一行还要钻一行。今天我还没有来得及讲协会的价值这方面内容，时间不允许，就从刚才这六个方面讲一下，很不全面，只是点滴体会，希望和大家共同探讨。

而我们协会本身，也还存在许多问题。首先我们还不全面，还没有覆盖到每个省，每个市，每个县，这是一个。第二个我们协会工作30年了，我们的企业覆盖面还不够广，我们的整个企业工作的号召力还不够强等这些问题，也是客观存在的，需要我们改进的。总的来说，我想我们大家都是在协会工作的，有人说我只在一个省，那一个省也是了不得了，跟别的国家比也是一个大国了。所以我们作为一个大省也好，大国也好，我们既然从事这份工作，就要有所研究，有所启发，把我们的协会工作做得更好。

（2011年10月31日在协会与全国地方相关行业协会
第四次联谊交流会上的讲话）

稳中求进 规划好协会工作

2012 年是实施“十二五”规划承上启下的重要一年，是我国发展历程中具有特殊意义的一年，做好今年的行业工作，指导好企业的稳进发展是协会的重大使命和重要责任。

一、认真学习贯彻好今年经济工作稳中求进的总基调

2011 年中央召开的经济工作会议，确定了 2012 年中国经济工作的总基调，叫稳中求进。主要目标是稳增长、控物价、调结构、惠民生、抓改革、促和谐。

1. 五大任务

2012 年经济工作的五大任务是：

(1) 继续加强和改善宏观调控，促进经济平稳较快增长；

(2) 坚持不懈抓好“三农”工作，增强农产品保障供给能力；

(3) 加快经济结构调整，促进经济自主协调发展；

(4) 深化重点领域和关键环节，改革提高对外开放水平；

(5) 大力保障和改善民生，加强和创新社会管理。

2. 五大亮点

这次经济工作会议有五大亮点：

(1) 首次提出了促进经济增长由政策刺激向有序增长转变。

(2) 提出了继续实施积极的财政政策和稳健的货币政策。

(3) 提出要提高中等收入者比重，收入分配改革将提速。

(4) 提出牢牢把握实体经济这一坚实基础。

(5) 强调要坚持房地产调控政策不动摇，促进房价合理回归。

3. 经济工作的总基调是稳中求进

稳中求进有两个概念：一个是我们现在取得重大成就了还要促进各种发展；第二个是我们现在或者说没有取得重大突破，还得下点工夫。如果再把它分的话就是成绩面前再努力，差距面前还要努力。“稳”就是：经济增长要平稳，物价要稳定，社会要稳定。“进”就是：转变经济发展方向要有新进展；深化改革开放要有新水平；改善民生方面要有新成就。

二、稳步提高协会五大品牌活动水平

我们协会有五大品牌活动，需要稳步提高。

1. 会展活动

首先大家要重视会展产业，会展产业是市场经济发达才有的产业，它是当代科技信息的展示，是当前市场信息的展示，还是我们行业形象的展示（产品展示行业的形象），我们协会工作的一种展示，更是我们研讨与交流的一种机会。展会期间，我们召开各种研讨会和交流会，进行客户和工厂之间的交流、同行之间的交流、国内国外的交流，实践证明会展有非常大的作用。我们这几年比较成功的，有北京的国际门窗幕墙展（九届）、广州的铝门窗幕墙展（十八届），还有永康的门展（二届），还有其他的，刚才刘秘书长总结了去年总共是办了九个会展，都取得了很大成效。同时我们还有一个很大的成就，就是把会展和行业的年会结合起来，行业年会同时又组织会展。行业年会非常重要，全行业作为协会来讲一年搞这么一次活动，有的年会两年搞一次。这个年会期间大家聚到一起研究行业的重大问题，跟会展紧密结合起来，这也是非常好的。这项工作要稳步提高水平，我们北京的中国国际门窗幕墙博览会现在是亚洲第一，世界第二，我总想要世界第一，必须要做全世界第一。现在全世界第一在德国，我去过一次，我们将近 26 家企业不远万里跑到德国去参加会展，我去参观了他们的展台，还是相当不错的。但我们要清楚地看到真正的大市场在中国，外国人也认识到了这点，也曾跟我说过，将来你们的会展肯定会超过我们。怎么超过呢？这个我们还得动动脑筋。这次在北京的会展比较成功，山东临朐的一个县要开自己的展馆，它一个县要在我们的会展里开一个展馆。一个县开的展馆会有多大，可了不得了。即使我们已经取得了重大的成果，但是还要了解会展，重视会展，稳步提高会展质量和水平。

2. 研讨和技术创新活动

（1）尊重专家、尊重知识，推进三大创新

我们尊重专家、尊重知识，推进原始创新、集成创新，引进、消化、吸收再创新，各个专委会成绩都很突出。我们的一些老专家，有 80 后甚至 90 后（指 80 多岁 90 多岁的老专家），90 后要注意身体问题，不要把专家累坏了。当然更要发展 70 后（指 70 年后出生的年轻人）的一些中青年专家。我们每次召开专家委员会研究一些问题，都是很有成效的。就我所观察到的，专家的积极性还是很高的，还是愿意和我们的专业委员会共同研讨一些问题，需要他们，他们也觉得是他们价值实现的一个机会，这就是我们工作做得比较好的一个体现。

（2）专利和专利分析

专利和专利分析，这个做得也是很不错的。最典型的就是采暖散热器专业委员会。他们搞了专利汇编送给我，总共两本，一个是前20年的，一个是最近“十一五”期间的专利，很厚的一本。专利和专利分析对企业来讲至关重要。

（3）工法

幕墙施工、钢结构施工有工法这个问题，建设部把工法审批放在建筑业协会，我们还要加强联系。因为施工这一块是工法，也是科技创新，它不是产品制作，实际上是施工工艺的创新，这个应该说也是我们一个很成功的做法。

3. 协助政府部门制定标准的活动

（1）行业标准体系

我们还应该进一步健全行业的标准体系，就是这个行业还应该有哪些标准，应该要修改什么标准，完善什么标准把它弄明白，我们提出来和政府部门、标准定额司、标准定额研究所再去修订这些标准，这个也不简单。2011年一年就组织了70项标准的制定和修编，这么多对一个协会来讲也是了不得的。我还想把我们协会成立以来所有参与标准编制的目录拿出来，这是我们的成果，这是我们专家的心血，这个工作还要进一步做好。

（2）国际标准比较

国际标准的比较很重要，钢结构委员会现在已经搜集了日本的标准，还有国际上很多其他国家的标准，同时组织专家把国际钢结构的标准和我们的进行比较分析，从而提高我们标准的水平。

（3）指导重点企业制定企业标准

标准这一块还有一项工作做得不多，应该要进一步做好，就是指导重点企业制定企业标准。应该说企业标准应该高于地方标准、国家标准和部门标准，这样我们的一些大企业、有名的企业才能有更大的发展空间。所以这项工作也是我们协会比较突出的一项活动。

4. 扶持重点会员企业的经管活动

可以说我们的专业委员会和行业的重点企业的关系相当之密切。无论是个人的交往还是工作的联系，在扶持重点会员企业经管活动这方面我们协会办了很多重点企业非常满意的事情。

（1）产品推介

我们协会的每个专业为重点企业做了很多的工作，包括专家研讨和它的产品推介。

（2）专家咨询

在重点企业经营方面，包括专家的咨询，现在重点企业也了解我们的行业专家，因为经常活动，重点企业需要什么，我们就请什么专家去给它进行咨询。

（3）产业链合作

我们搞了很多和房地产方面的合作。这里我再讲一讲新的形势，因为国家的房地产调控，提出了价格合理回归，这个老百姓就要观望了，而那些买了、交了订金的人就想把房子退掉，他们是想把订金退回来，不要了，再等一等。买了房子的也想退，退他们就要找理由，找的理由都是什么门窗、水管子，房屋的技术他找不到这个理由，所以对房产的门窗部件这方面挑剔和舆论很多，使得房地产商也很头疼。住户找上门来，说房子我要退，你的房子毛病很多，所以他们自己应该感到门窗部件企业对房地产生存的必要性，刚才房地产协会的刘会长讲的是代表房地产企业的心声。这就是市场的分析、产业链之间的合作，非常之关键。我们除了房地产外还有建筑企业以及其他方方面面的合作，还有我们内部之间的产业链，我们在座的也是一个产业链。扣件是为模板脚手架服务的，配套件是为门窗幕墙服务的，内部也有一个合作的问题。这个很关键，既有外部的产业链合作，又有我们金属结构协会内部之间存在的合作。多少年来，我们大家都有一套办法、一套经验，深受重点企业欢迎，或者说我们赢得了威望。

5. 表彰和树立典型的活动

（1）产品表彰

包括像钢结构的金奖，这个是大家承认的、国家承认的，还有其他产品表彰。

（2）协会命名

我们协会自成立以来命名了二十几家基地、中心，命名了一些地区、县、企业。这些命名不能命完了就完，要把资料整理出来，进行宣传。我们协会就是一个无形资产，有什么用处呢，命名给他们带来的优点就是宣传他们，他要给我们行业起一个带头作用，他要对我们行业有所贡献。

（3）专家和企业家表彰

还要表彰我们的专家和企业家，我们专业委员会有专家委员会的成员、有对行业做出贡献的专家。专家过生日去看看他们，一些重大活动对专家的进行表彰，都是很有效的。

以上五大活动我们叫品牌活动，所谓品牌活动是指活动内容方式已规范化定型化，社会知誉度高，活动参与人数多，内容质量高，社会影响面大的活动，这些活动需要稳步提高它的水平。为什么能够成为品牌活动，与我们金属结构协会下面的专业委员会很有关系。金属结构协会和其他协会不一样，基本上是各专业委员会独立活动。我们专业委员会的主任基本上是专家型的，本身就是懂行的。专业委员会主任本身就是本专业专家组的组长，他们领导专家、团结专家一起工作。我在建设部当过总工程师，什么叫总工，我说过在专家面前是领导，在领导面前是专家。我们的专业委员会主任类同总工。第一是我们本身就是专家型的；第二是我们专业委员会的主任和建设部等政府部门，包括各个市、各个局、各个中心、各个所关系比较密切。这也是我们做人的结果、也是我们做事的结果。人家为什么要把这么多标准给我们，我们和标准定额司、标准定额研究所、科技中心等关系都很密切，和部里、和政府部门关系密切；第三是我们在重点会员企业中的威望高，这也是我们多少年在这个行业活动中树立的威望；第四是我们有事业心、责任心强。我们今年开会你看看协会有多少人，80个人左右，实际上我们一个专业才4个人，4个人就相当于一个协会，4个人就把伟大的中国这个行业给它抓起来，多么的不容易啊，所以我们的事业心责任心强；第五是我们的独立工作能力强，15个专业委员会，它的工作思路要自己去独立思考、去独立工作。由此使我们的品牌活动一年比一年好，一年比一年强。在稳中求进中的稳，就是要把这些活动在新的一年——2012年做得更好。

三、开拓进取协会五大活动的新成效

接下来再讲"进"。言下之意，"进"就表示它和品牌活动比还差一点，就是在这方面还不够，还要"进"。当然也不是说它一点都不好，跟前面提到的品牌活动比有差距，现在要开拓进取。

1. 在协助政府部门加强行业和市场管理方面要有新成效

(1) 行业分析

我在建设部当总工的时候，对部究竟管多少个行业总是搞不清楚。开始说建筑业、房地产、市政公用事业，还有人说有建设业。究竟多少行业，应该说有大行业、中行业、小行业。我们每个专业委员会也不是一个行业，门窗幕墙专业委员会有多少个行业，包括配套件，都有四五个行业。那么这个行业是什么状况，我们说不清楚。至少现在说不清楚，我们只能估计加大概，还差很远。究竟这个行业在中国有多大的规模，能完成多少产值，有多少个大中小企业，这个行业分布在青海有多少、黑龙江有多少、上海有多少，我们说不清楚，我们的行业状况、行业分析，规模、大小调研不够、分析不够，当然行业存在的主要问题还是能说清楚的。如门窗幕墙行业的问题叫"三难一大"，难就是安全难、防火难、节能难，一大就是既有幕墙的改造量太大，这个量相当之大。这个还能说得清楚，但行业总体规模调研分析还要加强。

(2) 市场分析

前面我说了一下市场分析总的状况，刚才刘会长也分析了中国当前经济总的状况。假如我们协会能有三大历史贡献：第一个是钢结构住宅，钢结构住宅什么时候在中国能够像在日本城市里的建筑占到70%～80%。日本人说"我们搞的住宅是为子孙后代造福的住宅，是可持续发展的住宅，你们建的住宅今后都是垃圾，今后都是混凝土垃圾"。钢筋混凝土住宅拆下来以后全是垃圾，钢结构住宅拆下来以后还可以用在其他地方，是财富。日本开始也不是这样的，为发展钢结构日本实施强制推行的政策。我们现在钢结构住宅究竟占多大的量，百分之一、千分之一都没有，你看我们在座将近 80 人谁家住的钢结构住宅？没有。发展钢结构住宅究竟什么时候能成为我们国家的一个重要政策。我们国家是 20 世纪 60 年代的茅草房，70 年代砖瓦房，80 年代带走廊，90 年代建楼房，钢筋混凝土结构发展了，但未发展到钢结构。何时城市住宅能以钢结构为主，这是一件大事情，你们把这个事情做好了这一辈子就了不得。第二个，我们三大门窗专业委员会——铝门窗、木门窗、塑料门窗，什么时候我国能够像美国那样把门窗的窗口标准化，这个也是一个大问题，现在这个工作已在做了。我们的窗户现在是业主想要什么样的就是什么样的，设计单位想怎么设计就怎么设计，建完之后是什么样的说不清楚。我家去年换门窗，每一个窗户都要重新测量重新做，每一个窗户都不一样。由于施工单位的不规则施工，窗户的长宽都不一样。我们的门窗什么时候能够标准化，你们三大门窗专业委员会这一辈子能够实现门窗洞口标准化，把这个工作做好就是非常大的贡献。第三是门窗 K 值问题。这次北京门窗展我专门到德国展台去，问德国 K 值多少，德国要求标准是 1.3，而他这个能做到 1.0。我们北京的是 2.8，其他的还有 3.2、3.5 的呢，如果严格按德国标准去要求，我们现在百分之百的门窗不合格，那还得了。但是迟早有一天我们能够达到这样的标准，德国人可以做到的为什么我们中国人就做不到呢？现在要节能减排，低碳经济，所以门窗迟早要按照 K 值 1.0 的要求去搞的，什么时候政府能把标准再提高一下，这个是我们要做的工作，真正使中国人做的能够和德国人一样，我们也是可以做 1.0 以下的，那就了不起了。

我说的这三个问题：门窗洞口标准、门窗 K 值、钢结构住宅是我脑子里想的，能够把这三个做到是我们毕生的历史贡献，但是很难，非常之难，难的原因很多很多，不是那么容易的事情。尽管如此，我们要坚持不懈地做下去。

(3) 扩大会员量

我们作为行业协会必须会员量要扩大，最起码代表半数以上吧，没有半数以上的会员可能很难了解这个行业，现在我们远远不够。刚才我们秘书长作为成绩来讲去年我们的会员数量增加到 4191 家，比前年 3799 家增加了 8%。要我说，一个专业委员会也不止 4191 家。中国太大了，中国一个省相当于好几个国家。我想，最起码要有三种会员单位：一个是团体会员单位，比如说山东省建机协会就可以成为一个大会员单位，它下面的会员单位是我的会员单位。第二个是企业会员单位。还要设个人会员单位，个人在这个行业上的贡献，包括学生会员单位。我们协会不像中国建筑业协会，不像中国建筑装修协会。各个省也有建筑业协会，市里有建筑业协会，县里也有建筑业协会。中国省里有装饰协会，市里、县里也都有。但我们没有。现在我们有名的就那么几个，山东有一个，辽宁有一个，陕西也有一个。有的是建筑业协会中的一个分会，一个分支，这也可以，只要能发挥行业管理作用就行。我认为这是个大事，当然今年也有进步，增加了8%。至于大家说的，有一些会员不交会费，不交会费要在我们自身找原因，关键是服务到位和扩大我们活动的影响力，这一方面我们要有新成效新进展。

2. 在拓展海外合作方面要有新局面

我们在安徽开了海外合作的座谈会，请来了商贸部的司长，还有对外承包商会的会长讲了讲。我们各专业委员会有一个基本的统计，但远远不够。

(1) 国际会展

现在参加国际会展的企业基本上是自成体系、单枪匹马自己朝外闯的，了不起。我说你们真不简单，胆子挺大，闯到德国去参展，有到越南参展的、有到俄罗斯参展的。协会在这一方面没帮助，怎么弄我没想好，用什么方式，企业要求我们协会做什么？你看人家德国企业跑到我们这里参展，德国人的协会负责人每年都来，甚至组成德国展团，我们能不能在德国组成中国展团？我们能不能联合起来？现今国际会展中我们的会员积极性很高，花了人力物力财力在那里拼搏，我们协会能帮助干点什么？需要研究。

(2) 国外考察与交流

国外考察和交流，这几年有，但是不够。国外考察我们绝不是到国外去游山玩水，确实有很多要考察的。我们现在虽然取得了一些成绩，但是国际上很多发达国家的先进东西，我们还是要学习的，还是要考察交流。包括那些重点企业，有的之所以成为重点企业，开始也是靠搞国际合作的，在国际合作的基础上往前走的。还是要加强国际考察，我们要了解国际状况，作为一个大国，对中国来讲，不了解人类历史、人类社会发展的状况我们怎么知道行业的发展前景呢？所以国外考察交流都要加强。国际合作部要收集齐我们协会30年来组团考察的考察报告，并认真阅读分析，提出有价值的关于国际合作的协会工作建议。

(3) 国际合作

国际合作分很多方面，我们协会有我们协会的合作，我们任何一个专业委员会，都可以成为国际协会的一员，比如说国际水协。我们可以搞国际之间的合作、协会与协会之间的合作、企业与企业之间的合作、国内知名企业和国外大企业之间的合作。我们国内的企业近几年总体来说还是不错的，我们的一些大企业相当不错，但是人家国外的大企业有上百年的历史，我们再伟大也才建国六十几周年，有的企业还没有60年，才20年、才25年，人家上百年不值得我们学习吗？到国外的考察我们要加强，但是我们要真正去学习和了解。另外我们还要表彰在海外市场做出贡献的企业，中国建筑业协会最近在研究一个海外鲁班奖。我们要表彰能把自己的商品卖到国外去的企业，表彰能和世界的华侨联系建国际市场经纪人队伍的企业，我觉得这种表彰不一定两年一次三年一次，随时都可以表彰，随时都可以送个锦旗，也是很有意义的。所以我们要做这方面的工作，表彰在海外市场贡献大的企业。各个专业委员会要掌握，掌握以后表彰。

3. 在扶持中小、小微型会员企业方面要有新措施

在扶持中小、小微型企业方面要有一定的措施。我们的大企业、重点企业业务非常好，但是很多中小微型企业我们不了解，它们也不了解我们。怎么做？我想有这么几点：

（1）组织重点企业帮扶

组织重点企业帮扶，就是一个重点企业要帮扶它周围的中小企业，同时也为了自己。我老琢磨，就是要制定企业标准，要中小企业帮它生产部件。假如我们的重点企业把周围的中小、小微型企业团结起来，也是一种帮扶，同时对自己来讲也是一种壮大。

（2）联合金融单位开展银企合作

通过与银行之间的合作，由银行扶持我们的中小企业。现在银行也很需要在这方面做点贡献，扶持中小、小微企业，几家大银行跟中央表态要做点成绩，但有时往往找不到投资对象，它不了解行业的情况。我们要在这方面下工夫，不要光说没钱，有银行嘛。

（3）组织中小、小微型企业培训和考察交流

组织中小、小微型企业和重点企业的相互之间的考察交流，把他们组织起来去我们的重点企业、重点会员单位看看，这个大家都做过，但是还要继续做，对他们也是个帮助。还有，我们要把中小、小微型企业上升到我们协会的一个重点工作层面上，在新的一年在这一方面要有新的进步。

4. 在行业自律和产业文化建设方面要有新成效

在行业自律和产业文化方面要有新的成效。行业自律，说是这么说，但是没有取得什么巨大成效。刘秘书长报告里说了那些不正当竞争的要点名批评曝光，这个我们怎么做需要再研究研究。

（1）指导企业联盟和公约

要鼓励制定企业联盟或公约。企业联盟不是协会，它是几个企业联合起来成立一个联盟，大家都这么做。企业联盟我们是鼓励的。还有鼓励企业能自己提出自律公约，我们几个企业提出了自律公约，可不要窝里斗。中国市场大着呢，我们还得考虑怎么制定行业的公约。

（2）开展法律服务

在贴近法律服务方面还远远不够，我们协会动了脑筋，和两个我们行业的搞得活跃的律师事务所签订了合作协议，但是影响面不够，我们各专业委员会要认真思考如

何在法律服务方面发挥它们的作用。

(3) 企业文化交流和表彰

去年党中央召开了一个关于文化的会议，提出要“繁荣社会主义文化，增强文化自觉，提高文化自信，社会主义文化大发展大繁荣”。我从前的秘书收集过企业墙上的标语，都是反映企业的文化和精神的。这几年我们也在企业文化建设上做了一些工作，大家都要重视这个事情，包括企业文化的交流和表彰、我们网站的建设。我也多次强调网站的建设，有几家网站也确实有加强，去年我专门讲了网站的建设，包括各专业委员会的网站。要充分发挥互联网的作用，这也是现代企业管理的重要组成部分。

5. 在协会转型升级方面要有新突破

在协会转型升级方面要有新的突破。协会的转型升级，我想说三点：

(1) 办成学习型组织

要办成学习型协会，我们在座的80多个人都要学习。有两句话我有深深的体会，越学越觉得自己越要学，越不学觉得自己知道得越多，越学觉得自己知道得越少，必须要加强学习。要想干好工作，不学习是绝对不可能的。

(2) 营造缘分、和谐、可亲的氛围

我这里强调一下缘分。中国13亿人口，我们80多人能在一起工作就是缘分。我也没想到和大家一起工作，但是缘分就把我放在这里了。在这个协会和大家一起工作，人与人之间就是缘分。我老说一个人有两个家：一个是老婆、孩子、父母，那是充满亲情的家，下班回家，过年回家，那是充满亲情的家；第二个，单位是充满友情的家，白天工作时间上班去，那是充满友情的家，我们都是同行都是同事都在一起工作。还有一点我们要记住，我们都是和有缺点有错误的人一起共事，没有缺点没有错误的人是不喘气的人我们不跟他同事，那是死人。只要他喘气就是有缺点的人，那就要求你善待他，要善待周围的同事，善待他人，不能要求他一点缺点一点错误都没有，要善待周围的同事。还有呢我们要团结大度，不能搞两三个人的小圈子，大伙在一起嘛，事情要大家干，任何一个工作的成就都是大家的，这个事也很关键，我们协会这几年在这方面有很大的进步。

(3) 突出整体形象和全局观念

我们协会有很大的优点、很大的特点，各专业委员会独立工作能力很强，但是全局观念和整体形象需要加强。

1) 个人的威望和能力与整体和岗位是紧密关联的。我举个例子，我要是温家宝呢，我说一句，3600万套保障房拿出20%做钢结构，那是什么形势啊，我现在还在这里瞎吵吵还不知道什么时候能吵吵成功，因为我的岗位决定了我就这么点能力，这是我说的能力不足。人家搞活动，请我去讲话，为什么把我请去了？因为我是这个协会的会长，我没当会长的时候他哪一次活动也没找过我啊，从来没找过我，对不对？所以说你个人能力再强，这和你现在的岗位有关系。就是说我们个人能力再大水平再高，你也应该知道你是在服务于岗位上，整体有威信才能使你的才能起作用。反之，不是啥也不是，也是也不是。

2）内部协作配合的重要性。尤其是我们中国建筑金属结构协会专业委员会之间好多属于产业链的形式，更需要协作。比如我们三大门窗的节能，塑料门窗的节能、钢木门窗的节能、铝门窗的节能都是我管的，不要肯定这个否定那个，都各有企业嘛，无论是钢木门窗、塑料门窗、铝门窗，都要研究结构节能的问题。我不能说不要钢木门窗、不要铝门窗或者不要塑料门窗。就是说都各有自己发展的潜力，内部的协作配合是非常重要的，记住这个协会是一个整体。假如我听到一句别人跟我这个专业委员会讲别的专业委员会有什么不是，回来我得想一想跟这个专业委员会讲一讲怎么改进，要爱护关心我们的兄弟专业委员会。

以上我讲了稳中求进、五大品牌活动要稳步推进，还有五大活动要开拓进取三个方面，我讲的不一定很完整、很全面，只是按照中央经济工作要求的一种思路。我们这个协会是行业协会，是搞经济工作的，要围绕经济发展的思路去规划我们的工作思路，我特别重视经济工作的会议，因为经济工作与我这个协会紧密关联。所以希望大家从这几个方面进行讨论，有什么意见收集起来再进行修改和完善。希望每个专业委员会组织专家和企业家找出自己的“稳”和自己的“进”，规划好协会工作。

（2012年1月11日在协会2011年度工作会议上的讲话）

和谐与共勉

今天的会是协会秘书长扩大会议，是从秘书长扩大到各专业委员会主任、副主任和机关的部门负责人的会议。我们今年还要开一次全体工作人员会议，也算是年度会议。全体工作人员大会的时候，要把工作做一个全面的总结，大家一起来交流经验、布置今后的工作。今天的会议主要是落实两项制度——财务制度和人事管理制度。

财务制度方面，上次财务审计曾经提出我们财务制度有一些毛病，需要完善。人事制度也要完善。作为一个协会应该有什么样的人事制度？公务员有公务员法，我们不是公务员，我们属于社团组织，我们有自己的管理办法，而且每个社团的管理办法也不尽相同。中国建筑业协会和中国建筑装饰协会最近做出了很大的人事变动，建筑业协会采用了轮岗管理制度，装饰协会也有自己的管理办法。所以说各个社团根据自身的特点，采取着不同的人事制度。我们的人事制度，是植根于我们协会制定出的人事制度。

这次会议我要讲的主题是“和谐与共勉”，主要从以下三个方面来讲。

一、制度与氛围

我们的两大制度——人事制度和财务制度与氛围有很大关系。

1. 制度保证协会可持续发展

协会是要可持续发展的。为什么需要制度？是要防止一种“临时”观念，我曾经批评过这种观念。我们一些干部“临时”观念非常严重，他们存在一种“换届”思想。民营企业之所以会长久，就是因为他们不存在这样的“临时”观念。例如日本的松下，企业追求的是百年史。我们的国有企业为什么会难办呢？因为国有企业到时间领导班子就要换。而民营企业，不存在这样的问题，到了八九十岁，还是可以指挥企业的运作。我们要建立一种制度，防止领导干部的“临时”观念，要从长远去思考协会的可持续发展。另外还要防止领导干部的“随意性”，不能一人独大，个人说了算，要用制度保持可持续发展，真正做到协商办会，民主办会。

2. 制度体现以人为本的原则

我多次提过“以人为本”的问题。什么叫“以人为本”？简而言之就是一切为了人，一切依靠人。协会做什么的？就是为行业、企业以及社会用户的人服务。共产党是做什么的？共产党是为了人的全面发展。

所有的事情都是人做的，制度是人定的，也是人执行的。所以制度要体现出“以人为本”的思想，这就涉及个人利益和全局利益的问题。任何时候，个人利益必须服从全局利益。不能把哪一个团体看成哪一个人的。社团不是私营企业，也不是一盘散沙，它是有社团组织纪律、有社会条例和制度约束的组织。无论为协会工作多久，奉献多少，都不能把协会看成是某一个或某几个人的私有财产。归根到底，我们都是在为协会工作的。一旦个人利益和全局利益发生冲突，个人利益永远都要服从于全局利益。

“以人为本”在我们这个协会还体现于老中青的关系中。相比较而言，协会里老同志多一些，这也是协会工作的一个特点。老同志有责任帮助协会里的年轻人，帮助他们锻炼成长；年轻人任何时候都不要忘记尊重老同志，即使他退休了，不在协会工作了，只要和你曾经共事过，你总是要懂得尊重他。

协会中还有编制内和编制外人员的关系问题。有离退休返聘人员、有编制内人员、有借调人员，我还在考虑协会吸纳我们主要会员单位的驻会人员，充实协会的力量。所谓驻会人员，就是他到我们协会工作，他的工资、福利仍由原单位负责，在协会工作半年到一年，帮助他们全面了解协会的运作。无论是编制内还是编制外的工作人员，都是同事，都要和谐相处。所以我们要制定为人服务、要靠人去执行的、体现“以人为本”原则的制度。

3. 制度与文化氛围的一致性

制度的执行要与社团文化氛围达到一致。任何一个团体，都有他独特的文化氛围。应该说协会这些年，在文化氛围建设上越来越好，但也存在一些小毛病。一般来说，各委员会是不可以讲其他委员会的毛病，如果发现其他专业委员会的毛病，应该直接找那个专业委员会的主任进行沟通，或者听到有关于其他专业委员会的反映，应该转告与他。

还有，领导者不能讲被领导者的毛病。向上级领导汇报是可以的，但不能在同事之间议论。我曾经说过一些司局长，凡是埋怨部下不行的都是他自己不行，因为你领导有问题。不能工作没干好全都怪责到下级身上。

我多次强调，大家在一起工作是一种缘分。人有两个家：一个是充满亲情的家——父母、儿女、亲人的家；一个是充满友情的家——工作单位。我们和人打交道，都是和有缺点、有错误的人打交道的，不能要求别人都和自己一个样，要学会尊重人。尊重别人，就是尊重自己，善待别人就是善待自己，宽容就是善待。

任何制度的执行都是一个过程，制度不是绝对的，但是也不是可以随意修改的，它是一个不断完善的过程。任何制度的制定都是很复杂的，在执行过程中也会不断遇到新的情况，所以制度是需要修订的，是要和文化氛围保持一致的。

二、部门负责人的职责与修炼

1. 部门负责的特色弘扬与传承

中国建筑金属结构协会有个很重要的特点——各专业委员会负责制，各专业委员会独立自主地开展工作。中国建筑业协会在各省市都有自己的协会，我们没有。我们都是由各专业委员会在全国独立负责地开展自己的工作。所以我们协会的工作性质就是由各专业委员会自主创新，作为一个相当于独立的协会在开展自己的工作。而且各专业委员会各自承担着本专业委员会的责任，担当起行业发展的重任，同时也承担着一个大国、一个大行业发展面临的困难和压力。

我不是批评大家，尽管我们为协会、为各个委员会做了大量的工作，但是也清楚地认识到，我们对本行业的情况还没有很深入地了解，很多该了解的还没有了解，很多该发展的会员没有发展，对整个行业起到一个统领的作用还远远不够。但是在中国还有很多协会交叉，协会名称交叉、职能交叉的情况下，我们的各专业委员会还能独立开展自己的工作，相当不错。所以，各专业委员会独立开展工作这一点，我们不能变。但要在继承中发展，在发展中继承，任何时候都要肯定我们做了不少工作，但还有很多工作没有做或者说还没有做好，任何时候都不能小富即安或者说小有成绩就自满。

2. 部门负责的全局观念与合作精神

前面讲过，我们的协会有个先天的不足——各省市没有建立分支机构，这就导致我们在有些问题的全局性考虑上存在不足。由于全局观念的不足，协作精神方面也相应有所不足，“共商”不够。比如我们三大门窗，离不开构配件，构配件就是为你们服务的，你们需要多进行沟通。所以各部门的优势我们要发扬，但存在的不足容易形成整体、全局观点不强、协作共商不够等问题。需要增强克服不足的自觉性，增强顾全大局的自觉性，增强主动与他人合作的自觉性。

3. 部门负责人的修炼与领导艺术

部门负责人是管理者，什么是管理？管理就是让别人劳动，如果自己劳动，那叫做操作。敢于让下属锻炼提高的管理者才是好的管理者。管理者要时刻想着你的被管理者他们的作用发挥得如何？如何充分调动他们的积极性、能动性去工作？

什么叫领导？有人跟随才能称之为领导。毛主席当年说过：你本事太高，走到群众前面去了，那叫盲动主义；你落到群众后面去了，叫尾巴主义；要在群众的中间，和大家一起去工作。有些领导喜欢单枪匹马，什么都自己去做，这是不对的。作为领导要加强在自身的修炼中不断提高领导艺术。

三、协会工作是一门科学

1. 部门负责人任职时间长的优势与劣势

我们协会部门负责人的特点之一是任职时间比较长。它的优势在于：

(1) 积累了比较丰富的经验。

(2) 在行业中有较好的人员关系。人员关系对于协会工作是很关键的。协会工作不是靠权力去干，而是靠魅力工作的。特别适合同一些主要的会员单位建立比较深的关系，对我们的工作开展十分有利。

(3) 使专业委员会的工作可持续发展。能知道过去、现在，从而知道专业委员会的未来。

以上说的都是优点，但也有不足的地方。由于任职时间较长，往往就会有局限性，思路展开不够，形成一种固定式思维。而不是用一种动态的眼光、发展的眼光、变化的观点去思考。还有就是由于在协会中形成了较好的人员关系，往往形成一种自满的心态，缺少新的压力。

所以说，作为一个任职时间较长的部门负责人，应该清楚地认识自己的优势与劣势，要发挥好自己的优势，纠正自己的缺点，获取新的成绩。

2. 树立对待科学的学习与思考的态度

协会也是一个学习型组织，对于主任这一级的同志更需要学习，要加强学习。无论是专家还是行家，不可能什么都懂，还有很多东西有待于学习。学习后还要思考，思考后还要反思。孔夫子讲过“吾日三省吾身”，就是要反复思考自己的不足，思考自己需要加强的地方，而不能自以为满足，对待自己的同志、对待部门的工作、对待协会的全局要有清醒的认识。

3. 注重协会工作理论与实践的创新

协会工作的一整套理论至今也很不完善。究竟作为社会主义条件下的协会应该怎样开展工作？作为协会本身，它的工作理论要进行研究，它是一种群众工作理论，是一种独创的工作理论。

协会的活动要搞品牌。我们协会的很多活动已经创立了品牌，为大家所公认。有的活动干一场扔一场，有的活动做得非常平淡；有的年会开展得有声有色，有的则让与会者不情不愿；有的会员单位很活跃，有的会员单位和我们还不亲密。

另外还有专家的能动性问题。我们要尊重专家、依靠专家。但专家的能动性还是个很大的问题，要让专家主动地为我们服务。

协会工作开展多年，要深入分析哪些活动是取得成效的，哪些活动还有着不足，哪些活动需要改进，特别是品牌活动。我们充分肯定成绩，但也要清醒认识和分析不足，使下一届活动办得比上一届更为出色、更有影响力。

另外，我们还要观察、了解兄弟协会开展工作的情况，吸收兄弟协会在同一方面工作的优点，减少工作的盲目性。协会工作需要政府部门的支持，除了住房和城乡建设部以外，各地建委同样是政府部门，同样值得我们敬重。

刚才讲过我们在各省市没有自己的分支机构，但是不代表我们在各地没有自己的组织。联络部和各专业委员会要重视如何和分散到其他机构中隶属于我们的同行机构建立联系。例如门窗协会，有的隶属于当地建筑业协会，有的隶属于建筑材料协会，还有一些隶属于其他协会。不管隶属于那个协会，只要与我们专业委员会有关联就要争取与他们联系，并发挥他们的作用。

以上讲到的不作为我们年终的总结，没有过多地肯定这一年工作的成就，主要就是讲讲制度的制定与执行。重点放在制度和部门负责人上。我们绝对不做任何败坏协会，不利于协会或是不利于他人的事情。所以保持协会的和谐发展是需要我们共勉的。我今天讲的既是对同志们讲的，更是对我自己讲的，所以我讲的总题目是和谐与共勉。这几年大家把协会工作做得很好，应该说，在协会工作，每个人都要有成就感、充实感。协会的换届工作很复杂，量也很大，希望大家再接再厉，有计划、有步骤地把工作做好。

我就讲这么多，有什么不对和不足之处，希望大家共同研究探讨。

（2012年8月23日在“协会秘书长扩大会议”上的讲话）

三、钢结构篇

开拓创新　奋力促进建筑钢结构的发展

各位专家、教授、各位企业家：

很高兴参加建筑钢结构委员会的年会。去年在厦门召开的年会我也参加了。今天在西部地区昆明开，我看了一下，门前花篮送了不少，很活跃，很温馨。来的人精神状态特别好，反映了我们钢结构事业的发展。今年参加年会的，除了高等院校、科研院所、会员单位，还有几位外国专家，这很不错。一个行业，在国际国内形成力量，这是很需要的。说到对钢结构的研究，在座的专家、教授很多，要我说清楚很难，但觉得是建设部来的，不讲也不好，向大家谈几个观点。

首先我代表建设部、代表建设部俞正声部长、叶如棠副部长，对从事钢结构教学、科研的机构，对各个企、事业单位，对你们的工作成就和为中国钢结构事业的发展所做出的贡献，表示衷心的感谢。我想从下面 3 个方面来讲：

一、就建筑结构来讲 21 世纪是金属结构的世纪

1. 从土木工程的进步来看

我们都是从事土木工程的。土木工程最初是土和木，以后是砖和混凝土，现在发展到钢结构、钢筋混凝土结构，这是科学技术发展的必然，也是土木工程本身的进步。中国有个土木工程学会，是 1912 年成立的。世界上一致公认，中国的土木工程在全世界是领先的。我记得，日本土木工程协会会长对我说："我是非常敬佩中国人的，我们现在仍然在学习中国的土木工程。"我一听，有一定道理，因为我们的祖先在土木工程方面在全世界确实是领先的。但是土木工程发展到今天，已经不是原来意义上的土和木的工程，而是钢结构工程或者钢筋混凝土结构工程。在这方面，说我们领先是不客观的，我们和发达国家的水平相比，从总体上来讲有差距，这一点应保持清醒的认识。在土木工程中科技含量高的是钢结构，体现土木工程进步的是钢结构或者金属结构。高等院校的教科书要讲历史，要讲土木工程的发展史。对 21 世纪来讲，应该重点讲金属结构。就结构来说，确实要进入以金属结构为主的世纪了。

2. 从发达国家和地区金属结构的发展来看

对发达国家的金属结构状况，我没有什么系统的资料。这几年因为在部里工作，每年都要出国走一走。我想在座的同志也到国际上参观或考察过。无论是北美或者欧

洲，在发达国家的大城市中，钢结构建筑已经成为城市的主要建筑。

在美国，金属结构以其耐用性、实用性及经济性已经获得设计师和结构工程师的重视、青睐。在工业建筑中，金属建筑占市场总量的最大一部分。大量的金属结构用于工业厂房，达到16%。工业建筑主要用于生产、仓储以及辅助办公，其基本特点是用金属结构能比较满足工业运作的需要。在商业设施方面，存在金属结构第二大的市场，约占31%，主要是商店、汽车服务业、旅店，还有医院、办公中心等。这些设施的特点，不仅要求外观漂亮，而且要经久耐用，能服务于多项功能的要求。至于私有的或公有的社区活动建筑，如学校、图书馆、教堂，也转向了以金属结构为主。金属结构提供了结构安全性和稳定性，而且在金属结构设计上人们感到更加灵活，更加先进。1997年，美国金属建筑制造协会会员公司的产品交付总量，从1996年的169万t增到188万t，主要市场包括制造厂房、库房、办公室、医院、银行、购物中心、学校、维修中心以及化工设施等。美国的金属制造协会和钢铁营造协会，对低层建筑制定了一系列的规定，促进了广泛采用钢结构。从美国来看，建筑金属制品在两层楼以下的非居住型建筑市场中已占70%以上。

在欧洲，无论是法国巴黎、德国柏林和法兰克福，那些高层建筑很多都是金属结构的，德国提出了钢结构建筑具备绿色建筑的条件。所谓绿色建筑，就是我们讲的有利于保护环境、节约能源的建筑。建筑，不光是居住、使用，更应考虑为人创造更舒适的空间，节约能源的空间。美国、德国都在研究绿色建筑，说金属结构建筑具有良好的空间感，能够实现创新的规划和空间设计。有的在金属结构上建立了空间单元和空间花园，内部规划也有助于人与人之间、部门与部门间的交流，还有大量开放型的办公空间围绕着空中花园。中央天井加上合理的电梯设计，达到了最低的能源消耗。像法兰克福的商业银行大厦，它是第一座采用自然通风的，内部环境和可开启的幕墙形成一体，整个空间环境由大楼的管理系统或者说大楼本身的气象中心去调节，把能源消耗降到了最低。它有非常有利于员工进行空间活动的服务设计，是高质量的工作环境。一句话，它是环保型、节能型建筑，或者叫绿色建筑。

我国香港地区，在座的可能去过。你们看看香港的建筑，就在一个海岛上，大量的钢结构高层建筑。香港的高层建筑在设计、施工技术上可以说是世界领先的。像香港的长江中心，62层，是甲级办公楼大厦。它在建筑物上配备了21世纪的高新科技装置，结构的设计和建造，运用了当今世界最新的技术，具有千禧之年的特征。现在到香港，首先看到的是长江中心。长江中心设计上成功运用了高强度混凝土和钢混组合结构，还有耐火极限的理论。在这方面，它是具有特色、具有效率的钢结构建筑或者说钢—混凝土结构建筑。去年我到了台湾，因为台湾地震，从台北走到台中，到台南，到高雄。从地震过程中看，很明显钢结构建筑优于钢筋混凝土建筑。就地震破坏情况来说，高层钢筋混凝土建筑优于低层钢筋混凝土建筑。一般的多层住宅，地震以后就全部坍塌为平地了，而高层住宅只是倾斜，甚至一层、二层楼进到地下，三层楼以上还是竖在那里。台湾的高层建筑钢结构近几年来发展也是很快的。它的一些标志性大楼，如1991年建成的42层汉来新世界中心，钢材用料1.9万t；还有1990年建成的“新光人寿大楼”、世贸联合国，都是用2万t钢材建成的，都是50层大楼；1993年建成东帝士国际广场85层，用钢量5.8万多吨。

3. 从我们国家来看

当然，上面讲的香港、台湾也是我们国家的地区。从整个大陆来看，金属结构存在巨大的潜力和广阔的发展前景。

近几年，我们的建设速度是相当快的。深圳的发展中心、地王大厦，上海的国贸中心、金茂大厦，北京的工商银行，还有像深圳机场的航站楼、厦门的国际会展中心、沈阳最近要扩建的桃仙机场，都是钢结构工程。钢结构在大城市已引起了重视。我们的一些大型钢厂像宝钢、马钢、鞍钢就有感觉。过去有段时间钢材生产多了，销售不出去。现在呢？觉得好多了，我国的发展潜力还是很大的。但是既要看到整个建筑结构的发展、生产力的发展、建筑产业的发展，同时又要看到当前发展中存在的问题。就钢结构来说，存在着这么几大问题：

1. 钢材产品

应该说，钢材生产量取得了飞跃的发展，但是我们的钢材品种还不够齐全，有些品种还需要进口，规格还不能适应市场的需要。

2. 钢结构设计

钢结构设计不是一般的结构设计。通常所说设计，往往是先搞建筑设计，然后去做结构方面的设计。而钢结构设计，既要包括建筑物形象设计，又要包括本身的结构耐力计算设计。也就是说，既需要建筑大师，又需要钢结构的结构工程师。而就设计本身来讲，我们的设计标准还没有完全发布，有设计软件，但还不够先进；我们的设计审查制度还没有完全建立起来。我们的大型设计院，甲级设计院，以及新中国成立以来培养的大量建筑设计人员，更多的是熟悉钢筋混凝土结构。钢筋混凝土结构设计，在技术上讲，我们在全世界是处于前列。但要承认，我们在钢结构设计方面还有不足之处，或者说有差距。

3. 钢结构管理

钢结构管理应该包括从钢材生产一直到钢材加工、制作、拼装、吊装、施工以及整个市场行为。在招标、投标、合同管理、建设监理等各种市场管理制度、市场行为中，我们的管理存在薄弱的环节。客观地讲，现在是从计划经济向市场经济转轨的过程中，市场上存在着混乱现象，存在着不正当竞争行为，存在着腐败现象。刚刚兴起的钢结构行业包括生产企业、制作企业、安装企业，在市场中遇到了拖欠工程款，压得喘不过气来；还有对市场信息掌握不准确、不全面，市场信息还没有完全掌握起来。我看见现在搞了个信息网——建筑金属结构网，这是很关键的。这么大的中国，要放在欧洲最起码有十几个国家。外国人说中国是个大的建筑工地，全中国是一个大工地，你要把这些工地信息掌握起来，是很不容易的。所以，管理中还存在着薄弱环节，还需要我们去整顿或整治。

4. 专业教育

教育包括两个方面：

(1) 社会教育问题

我们穷日子过惯了，苦日子过惯了。对新东西、新知识，有的还接受不了。社会上难免存在这样的认识，钢结构是不是太奢侈了？我刚才讲了，从土木工程的发展来看，应该承认，土、木结构发展到砖混结构、钢筋混凝土结构有进步，现在又发展到了钢结构，我们的国情是，20世纪50～70年代钢产量比较低，政府发布了各行各业要节约用钢的政策；到80年代，钢有了一定的产量，已能够满足生产的需要，我们提出了合理用钢，而不是节约用钢；在90年代，由于钢产量已有很大的发展，建筑技术也发展了，我们提出了鼓励和积极用钢。今天，我们是在鼓励和积极用钢的情况下来谈钢结构的。今天已进入鼓励和积极用钢的时候，但社会上有些部门、有些投资单位或者说有些首长们，脑子仍然还停留在节约用钢的时代，对钢结构还提出了种种质疑。是不是超前了？是不是价格太高了？是不是奢侈了？对钢结构还没有全面的经济价值的了解，这是需要教育的。

(2) 学校专业教育

目前，钢结构的人才教育，钢结构的建筑设计大师，钢结构的理论家，钢结构的制作安装专家，培养得很不够。就从教材来讲，当今世界上钢结构的前沿技术，我们的教材中没有完全反映。当然，不管怎么说，我国通过改革开放、四个现代化建设、全国大规模的建设，是举世瞩目的。对我们发展潜力的认识，有些外国的钢结构企业比我们中国的钢结构单位认识还清楚。在加入世贸组织的时候，国际上要求我们开放这个市场，我们说市场是开放的，但现在对外国企业进入中国市场是有条件的。我们不能把民族的金属结构工业扼杀在摇篮里，即全面的、无条件的向世界开放市场。实际上，世界上任何一个国家对外国的开放都是有条件的。我们要认真学习国外的先进技术，欢迎世界各国的建筑金属结构专家和企业来中国参与市场竞争，但是我们是有条件的，首先是扶持民族建筑业的发展，其他国家也是如此。我已说过金属结构是建筑业中科技含量相对比较高的产业，或者说，在建筑业中科技走在前面的是钢结构或者金属结构。在这方面，我们要学习外国，决不可妄自尊大。说中国土木工程是先进的，是老祖先先进。现在有落后的一面，但是也不能妄自菲薄，认为中国人不行。中国人是聪明的，完全有条件、有能力学习世界上先进技术，使钢结构的发展尽快缩短与世界整体水平的差距，进入世界先进的前列。

二、金属结构相关企业的协调发展和科技创新问题

在这里我用了“金属结构”，我没想好这个词。金属结构企业包括哪些？不光是钢结构厂，金属结构企业应该包括金属结构的相关单位，包括钢厂。钢厂也是我们的相关企业，没有钢厂你搞什么金属结构。然后是设计单位，这里很重要的是投资单位，要有钱搞建设，包括房地产商、投资单位。要投资钢结构，不了解、不熟悉钢结构是不行的。还包括制作安装单位，制作和安装有时可能是分开的。大型的钢结构制作企业管材料的下料、加工、焊接、部分成型；通过现场安装让它成为建筑物，这就是钢结构安装单位，还包括钢结构的维护、钢结构的物业管理等。所有这些，都称之为金属结构的相关企业，还要包括与金属结构相关的各种零部件生产企业，可能我说不全。

我问了几个企业，这几年发展比较快，有相当一部分是从原国有大型建筑安装企业、大型设计院分离出来的钢结构单位；有的是从原钢厂中派生出来的钢结构制作、安装单位，还包括从原来的造船厂和冶金系统分离出来的；有一部分是外国的钢结构企业，到中国通过合资、合作而产生的新型钢结构企业。国有企业、中外合资企业，现在又涌现出一批民营企业，当前这些企业的协调发展和科技创新是一个大问题。要发展中国的钢结构或者金属结构，根本希望或者中心在于企业。一个产业的发展，一个行业的发展，最根本的是企业。我想在这个问题上讲 3 点：

1. 作为企业，协调发展和创新的核心在于理性经营

办一个公司、一个设计院甚至一个科研单位，必然要碰到经营问题。在改革开放初期，可以说不大强调理性经营，由于钻了某个政策的空子，由于抓住了一个所谓的机遇或者说利用了一项优惠政策，由于某些特殊条件或者说特殊关系能使某一个企业、某一个人暴富起来。某一个地区的发展速度相当之快，或者是碰大运、钻空子发展起来了，这在十几年前是有的，存在的。但是事情发展到今天，可以说不管你是国营还是民营企业、个体户，要办好一个企业都不是那么简单的事情。在我国，要搞活国有大中型企业，那是非常艰巨的任务。大多数亏损的国有企业希望在三年之内扭亏，而要把所有的大企业都搞好，不是那么简单的事。企业到了理性经营的阶段，靠钻空子、碰大运是不行的，所以要讲所谓的协调发展。因为钢结构行业的发展必须要协调，必须从钢材生产到最后的施工维修和物业管理都做到协调发展。如果中间一个断档，或者中间一个发展稍微慢一点，它将会影响整个钢结构行业的发展。这种协调发展和科技创新的核心就在于企业的理性经营。

（1）理性经营，首先要了解企业理性经营的思维，也就是脑子里怎么想，怎么看。思维包括很多方面，简单地讲就是企业规模的思维、企业竞争的思维、企业制度

的思维。

1）企业规模的思维

什么叫大企业，什么叫小企业？企业怎样由小到大，这里头实际是原始资本积累的问题。任何一个企业从小到大，不断地健康成长为大企业，是一个原始资本积累和发展的过程。而任何一个原始资本积极发展的过程又是牺牲企业员工眼前利益的过程。如果眼前利益不肯牺牲，什么都想要，那么这个企业是发展不起来的。企业发展有一个艰苦创业的过程。现在有的企业不是这样，过去那种钻空子的办法不行了，企业思维就转向“大企业”，最好明天就成为一个大企业。改名字——在某些形式上动脑筋。现在中国有一阵风，我上次就讲过，你到某些城市，一个饺子店不叫饺子店，叫饺子城；12层楼不叫大楼，叫大厦；18层楼“大厦”都不愿意叫了，叫花园，叫广场。企业也是这样，本来是刚开始，还在发展过程中，马上就叫集团；经理都是总经理、总裁、董事局主席。小企业本来就是小企业，不怕小嘛，小是一个发展过程。在广州有人对我讲一个企业经理拿名片，“总经理”，那个支部书记拿名片，“总书记”。这么干企业就发展了？不发展，你叫政治局也白搭。什么叫企业大小？一不在于企业人数的多少，过去人数一多就叫大企业；二不在于企业级别的高低，过去讲局级企业比处级高，处级企业比科级高。在座的钢结构企业，这种概念就少多了，最近几年已经没有这个概念了。真正的大企业应该是具有相当的经营能力、占有较大市场份额的企业。大企业应该是财团，你工资都发不出去还叫什么大企业。像香港李嘉诚办的长江实业、日本松下幸之助办的松下电器等开始也是小企业，通过资本积累才逐步成长为大企业，同时也是财团。它首先是财团，才称之为大企业。这个大小企业的思维，主要是树立一个原始资本积累的思想，要踏踏实实地求得企业健康成长。

2）企业制度的思维

我们相当一部分钢结构企业是从原来国有大中型企业分离出来的或者是从原来大钢厂分离出来的，大的建筑公司分离出来的，这些企业必须改制。应该说，全民所有制的大型企业，已经不适应市场的需要。十五六年前谈论一个企业的员工，要么就是企业的雇主，要么就是企业的雇员，界线是很清楚的。但是今天看一个企业员工，他既是企业的雇主，又是企业的雇员，二重性比比皆是。也就是说本人是企业的员工，拥有企业的股份，是企业老板的一份子。同时又在本企业从事管理或生产，又是企业的打工仔。既是企业雇主的一份子，又是企业雇员一份子，要办这样的股份合作制企业。只有建立现代企业制度，才能和国际企业交往，才能适应市场经济的需要。否则，像过去那种全国的、全民所有制的企业，“赢利了向上交，亏损了向上报。花钱打个报告向上要，多要多花，不要是傻瓜”。这种企业是没有生命力的。

3）企业竞争的思维

过去认为竞争是残酷的、是你死我活的，“大鱼吃小鱼，小鱼吃虾米”，实际上这只是说明了问题的一个方面。今天从全球范围来看，竞争包括更高层次的竞争、更高水平的竞争、更广范围的竞争。联合在一定意义上讲是为了更高层次的竞争、更高水平的竞争。许多企业已经实行了跨国的联合，大型企业集团间的联合。无论是航空工业还是石油工业，全世界都进入了大型联合、兼并这样一个高潮，这就是为了市场竞争。联合体内部肯定还充满着各种竞争的因素。过去只讲所谓“你死我活”，不讲联合，是狭隘的。今天要讲发展金属结构相关企业和金融业之间的联合，也就是银行和企业之间合作。还要和大的投资者联合，同时也要发展我们本身各系统之间、各相关企业之间的联合，这样才能进入竞争的高层次。

我们的大型钢结构企业有哪几家？有人告诉我年产值就是1000多万元、2000多万元。我看，1000多万元对建筑业来讲还看不上。要有一定规模的经营，这不是盲目追求大规模。我们往往企业很多，现在钢结构企业究竟有多少？有人给我讲全国有400多个金属结构企业，可是我听说上海就有300多个，有那么多吗？当然小企业也是可贵的，大企业是从小企业来的。美国建筑业90%的企业是小企业，10%是大企业。全球大的建筑企业最多是日本，日本是大建筑企业的王国，任何时候，从社会需求来讲，都需要大、中、小企业形成一个整体，在市场上形成不同梯度的联合和竞争。不是说所有的企业都要变成大企业，但作为一个行业来说必须要有大企业，而不是简单地重复去搞小企业。

(2) 理性经营，面对市场的挑战。

上次开年会，同志们说过现在市场太乱。市场挑战比较严重，这个大家首先要承认。我们生在这个年代，是个什么年代？你说是计划经济，那已经不是了，而市场经济还不完全像。按照国家的《“九五”计划和“2010”年发展纲要》，已向世界宣布：1992年市场经济建立，到2000年，也就是今年，市场经济初步发育，到2010年社会主义市场经济比较完善。到2010年还有10年，还有10年就比较完善，所以说现在是计划经济肯定不对。老同志都是知道计划经济的，最大的特点就是买东西都要票。买粮食要粮票。在北方还有细粮票，照顾我是江苏人，一个月给我2斤细粮票买大米。穿衣要布票，买油要油票，抽烟要烟票，买肥皂要肥皂票。现在年轻人已经不知道了。现在什么都能买到，就是在昆明你也都能买到法国的香水，意大利的皮货。由于市场经济不完善，什么都有假的。我们生在这个年代，是在这个市场经济还不完善的条件下，市场还存在混乱的情况下，来从事企业的经营和管理，从事行业的发展。我们不能设想现在睡觉，睡到2010年中国市场经济比较完善了，起来再当经理，那样的话，到2010年可能还是不完善，从“初步发育”到“比较完善”，一定要通过我们的工作和努力。我们生在这个年代，就要碰到市场种种不规范的挑战。理性经营就是规范化的经营，科学的经营。你讲科学，讲规范化，科学去管理，这是好的，但在市场上，你这一套有时吃不开，生气也白搭。当然，作为政府要认真整顿市场上种种不规范的行为，执法监察、整顿市场的工作也没少做，但只能取得阶段性的成果，好多工作还要继续去做。我们企业在这种条件下，怎么才能做到健康发展？由于市场不规范，我们有些企业在发展过程中会碰到很多挫折，有的挫折是要我们交学费的，交了学费才使我们更懂得管理。有的挫折是不应该的，会让企业走向破产。有的企业家认真探索，带领职工冲破种种阻碍，克服种种困难，引导企业发展；而有的则不是这样，今天是“五一”劳动奖章获得者、全国劳动模范、赫赫有名的大经理，明天“进去了”，这就不行了。所以要理性经营，当前会碰到市场的挑战，要迎接这个挑战。

（3）理性经营，重点在于资源开发、质量升级、市场营销三大方面。

作为一个钢结构企业，首先要考虑本身企业内部和外部的种种资源开发，以利于本企业的经营。同时要注意本企业的产品质量升级，不能贪便宜吃大亏，对质量要终身负责。去年元月4日我印象最深，重庆綦江大桥也是钢结构的，4日下午6点坍塌的，5日我到现场。看这个钢结构是什么样子，钢管混凝土内的振捣密实度只达到60％左右，钢管之间的焊接，虚焊占有60％，钢材焊接时母材是熔化的，而这个工程母材没有熔化的虚焊点60％，而且两端钢管的接茬焊接是在同一个平面上，断开时像刀切一样整齐，简直是胡干蛮干。当地老焊工曾向本县的领导说了，“这个桥这样焊接是不行的，将来要倒的”，县领导不当一回事。这老焊工在家里开会告诉家里人，告诉孙子，“坚持不走这个桥”，这也是钢结构，钢管混凝土结构，很漂亮，像彩虹一样的大桥，叫“彩虹桥”。结果导致了40人死亡的恶性灾难事故。我前面讲了“从建筑结构来讲21世纪是金属结构的世纪”，我们从事钢结构行业的企业应该以此感到荣耀，同时也要看到我们应尽的责任和所承担的风险。我们的建筑产品，像钢结构，必须要有本企业的知名品牌，产品的寿命、产品的安全度要对全社会负责，对子子孙孙负责，要做到终生负责。

2. 发展和创新的国内外环境机遇

这一点要加深认识、加深了解。

（1）国内的环境机遇。改革开放后，我国的生产力发展已有了一定基础，建筑业发展在全世界也引人瞩目。在国际建筑市场上，外国人称中国的建筑业已经成为一支不可低估的力量。当然也要看到我们的差距。今天，我们还要加上西部大开发，这是两会的重要议题。西部大开发是中央第二代领导人提出，第三代领导人认真执行的，是中国的重大发展战略部署。理论界在研究投资界也在研究，中青年企业家到西部来了解。现在我们建筑行业也在研究，研究的是上项目问题。西部十个省市在认真的研究。中央采取了一系列政策，我可以简单跟大家说一下：

1）西部地区鼓励外商引进投资，投资限制上放宽了。超过15％、20％的投资，可以按100％的外商企业来享受投资优惠。

2）在信贷上实行了倾斜。国家开发银行已经提出，贷款530亿元到四川等西部省份，首批已经拨出38亿元到西部地区进行投资。就是说，国家的金融机构、几大银行已带头将投资向西部倾斜。

3）将投资1200亿元，在20年内建80条高速公路，总共达15000km。

4）在“十五”期间，将投资1000亿元，到2005年建铁路达到18000km。

5）在三大重点领域加强投资力度。一个是基础设施建设，一个是生态建设，还有优势产业的开发和结构调整。

6）对外商投资企业，按15%税率征收企业所得税，远远优惠于沿海地区。

7）金融部门将投资2000亿元到西部地区。

8）西气东输，在2007年建成。开发西部天然气资源，同时西部天然气的能源建设将成为新的增长点。把西部的天然气一直送到上海、川、渝、青海、长庆、靖边还有乌胜等地区的产能建设将大大加快。

9）实施西电东进工程。在西部将建立8～10个60kW的大电厂，把西部的电送到东部，送到上海。

这些大型项目的建设都将造福于西部。新中国成立以来，西部已经是第三次大开发了。20世纪50年代曾经开发过西部，60～70年代搞三线建设也是到西部地区，今天又面临一个新的西部大开发。过去在三线建设的时候，东部大量的工程技术人员、部门、甚至重点工厂都搬到了西部，充实西部开发。今天西部大开发，很多专家都在议论、在研究，需要新的思路。西部开发首先要立足于科技的开发。就建筑业来说，不能再在西部地区发展老的秦砖汉瓦，需要发展新的钢结构，西部的基础厂房要尽量采用钢结构。有的专家说，西部有资源，也不是什么资源都有，在有限的资源里，我们要进行适合于可持续发展资源的开发。有的说，西部大开发不是西部大开荒，不是西部资源的大破坏。在这个新的阶段，我们要总结社会发展进步中的经验教训，进行高科技型的、对传统产业改造的科技开发。

（2）国外的环境机遇

主要是我国将加入WTO。应该说我们现在国际交往是不错的。从建筑业来讲，中国的建筑业企业在全世界140个国家和地区有办事机构。1973年、1974年，当时我们在国际建筑市场上只有2～3万人，承包总额一年只有5～6亿美元。当时美国《工程新闻记录杂志》，每年统计世界225家企业，大承包商排序中国只列入2～3家。今天可不是这样了，225家中有27家是中国企业。目前，在国际建筑市场上有中国的建筑人员30多万人，每年的承包总额已达100多亿美元。当然这是纵向比较，自己跟自己比我们的进步是很大的；如果跟国际上发达国家比，我们的差距也是很大的。但是，我们的潜力很大。加入世贸组织，外国钢结构专家看重中国的就是建筑市场。我有一次到加拿大，与部长去了一个礼拜，每半天要接待100多人，回答问题。

他们问的问题，核心就这么几句话，“我是我们国家最强的建筑企业，最优秀的建筑企业，有最精良的装备，能不能到中国去?”我们说“可以，最好你要带资本去。我们中国有3400万建筑人员，把你加拿大加起来也没这么多人。我们这些人也要吃饭，也要发展的”。

所以说，无论理论界对加入WTO怎么研究，归根到底就是两句话：第一，外国的企业要打进中国；第二，中国的企业要走向国际。在加入WTO以后，中国的国内建筑市场也是国际建筑市场的一部分，我们在国内施工也要按国际惯例来进行。企业将逐步发展成为跨国企业，现在有的已经发展成为无国界的企业。企业没有国界，在全球范围内，哪里有市场就到哪里去。这对我们是挑战，也是良好机遇。

无论是国内，我们的经济发展，加上西部大开发；还是国际，对外开放的扩大，加入WTO，这都是我们良好的发展机遇，看我们能不能抓住这个机遇。

3. 在发展和创新方面，建设部和冶金局开展的主要工作

为了发展金属结构，发展钢结构，建设部、国家冶金局紧密协作，在去年发出了两个文件。第一个是《建筑钢结构中推广应用国产H型钢的通知》，即1999［103］号文件；第二个是《关于成立建设部和国家冶金工业局建筑用钢技术协调小组的通知》，其内容包括为什么成立这个小组、协调小组的工作大纲及组织名单。协调小组组长是叶如棠副部长，副组长是国家冶金局单亦和副部长和我。下面还有秘书组进行工作。秘书组由国家冶金局的有关司、局和建设部的有关司、局组成。这个协调小组成立以来，在1999年5月召开了“钢筋混凝土结构用钢技术发展研讨会”，提出了“加强建筑用钢生产和应用的技术协调，提高建筑业和冶金行业的总体水平”、“强化信息服务，提高建筑用钢生产和推广应用水平”、“加强技术经济政策研究，规范建筑用钢的市场发展”等建议。会后，建设部、国家冶金局建筑用钢协调小组及其秘书组主要开展了以下几项工作：

（1）研究制定建筑用钢的技术政策。

（2）研究制定建筑用钢的产品标准和应用规范，并组织编制相关标准图集。

（3）研究制定建筑用钢“十五”计划和“2010年规划纲要”。

（4）开展建筑用钢的研究开发，组织重大科研项目的开发研究工作。

（5）拟组织一批试点示范工程，重点抓好钢筋新产品在重大工程项目中的推广应用。

（6）规范建筑用钢市场。对建筑用钢的原料、相关设备的生产和供应等实行重点管理。

（7）做好信息交流和宣传工作。拟组织专家组编写培训教材以加强技术培训，提高从业人员素质。

（8）拟于今年上半年召开建筑用钢和钢结构技术研讨会。

三、协会的生命价值和作用

中国建筑金属结构协会，在座的绝大部分是会员，和我们息息相关。在当今社会主义市场经济并不完善的条件下，中国的协会有很多，也处在一种竞争环境之中。有的协会有用，有的协会不太有用。有的协会开展活动是游山玩水，有的协会开展活动是促进行业发展。我觉得中国建筑金属结构协会是有前途的。我刚在广州参加了铝门窗幕墙专业委员会的行业年会，1000 多人，非常活跃。今天在座的人也这么多。你们还要开塑料门窗委员会年会，3000 多人。政府部门要开个 3000 人的会是困难的。我想对协会讲几点：

1. 地位决定的作用

（1）行业管理的主体

中国建筑金属结构协会要成为全国金属结构行业管理的主体。过去行业完全由政府来管理，现在逐步转移到以行业协会管理为主。实行行业管理的主体是协会，像审查定点企业，这都是行业管理的内容。在行业管理方面我们往往还有旧习惯，有官本位思想，对协会还不够重视。

（2）国际交流的媒体

中国建筑金属结构协会应与其他国家的相应组织加强联系，加强交流。因为钢结构，就技术和某些管理来说，人类知识是共同财富。

（3）产业发展服务的实体

中国建筑金属结构协会是市场服务的中介组织。这个服务，其内容就很多了，只要有利于企业的经营管理，能指导企业通过科学管理健康发展的事都应该做。我们不能光开会，要多做有益于企业的事，做好为企业和行业发展的咨询服务，应是一个有效的中介服务实体的责任。

2. 人才凝聚的作用

为发展一个产业，发展一个行业，作为协会，要把各方面的、跨地区和部门的人才凝聚和团结起来，形成钢结构的专家、教授、人才队伍。随着我国钢结构的发展，我们的人才队伍也在不断壮大，现在国内辛辛苦苦为发展民族工业而努力的有一大批人才。比如说在钢结构理论界有清华大学王国周教授，重庆建大吴惠碧教授，哈尔滨建大钟善桐教授，浙江大学夏志斌教授，同济大学沈祖炎、李国强教授，西安建筑科技大学陈绍蕃教授，天津大学刘锡良教授等。在钢结构设计方面有刘树屯大师，就是设计北京机场四机位钢结构库的，那是相当大的机库，能同时停四架飞机进行检修，吊装时我在现场；还有浙江大学的董石麟院士，是网架规范的主编人；蔡益燕教授，是高层轻钢结构规程的主编人；还有兰天、崔鸿超、陈云波、陈明辉等。在钢结构制作安装方面有中建三局机施公司鲍广鉴、上海冠达尔陈楚碧、协会专家组成员范懋达、中建一局李忠、西安机施公司金虎根、北京机施公司王康强等。方方面面，我不可能说全。我们已经有了一支专家人才队伍，但是这支队伍还需要年轻化。同时我们还应该拥有一批明星企业、带头企业，在中国金属结构行业有影响、在世界金属结构行业有名气的企业。这需要在市场竞争中培植，需要经过市场竞争锻炼成长。

3. 活动的价值作用

协会一定要开展活动。我听说有的协会不活动，让民政部门解散了。我讲过，人的身体要运动，运动是人的生命。协会的生命是活动，不活动协会就没有生命了。当然还要加一句话，活动的质量是协会生命的价值。说开展活动，今年游云南，明年游西藏，到处游，那不是我们的活动。对企业来讲时间就是金钱，到这儿来参加两天会，要有所得，有所交流，要使各企业、各研究部门，在金属结构方面、在掌握前沿科学方面有所交流；要取得共识。对钢结构的发展能拿出意见、拿出主张，向政府建议，真正做好政府的参谋和助手。

从地位决定的作用、人才凝聚的作用、活动的价值作用这三个方面来看，中国建筑金属结构协会能为中国金属结构行业的发展做更多富有成效的工作。协会的会员应该关心协会的工作。协会是由会员组成的，没有高质量的会员，也就没有高水平的协会。这是我的观点。我只能做协会和在座企业的拉拉队。衷心祝愿大家在协会的组织领导下，高举建设现代化中国的旗帜，开拓创新，奋力促进建筑钢结构的发展，把钢结构行业推向前进。也祝愿在座的人员和企业中，有许多能够迅速成长为中国钢结构名副其实的专家，成为中国钢结构企业的明星企业。

（在“2000年全国建筑钢结构行业年会”上的讲话）

注重钢结构的研究

建筑是人类文明的象征，建筑的发展代表着人类文明的发展。21世纪作为建筑结构来说是钢结构的世纪，建筑钢结构的发展是21世纪建筑文明的体现。当前江总书记提出“三个代表”的重要思想，特别体现的是先进的生产力。建筑行业的先进生产力就在钢结构。钢结构在制作、施工和建成后的使用过程中，所具有的优越的抗震性、无污染性、节能及安全等诸多方面的特征，符合人类可持续发展的原则，符合建筑可持续发展的原则。因此，我们必须高度重视钢结构的研究和钢结构的繁荣发展。我从事建筑多年且毕生从事建筑管理，对钢结构研究了两个问题：第一个是钢结构研究的重大课题；第二个是钢结构在当前发展过程中，在繁荣过程中有关的一些重大关系。

一、钢结构研究的九大课题

1. 钢结构体系的创新

对结构体系研究，我们过去搞结构体系有教训。我在20世纪70年代当企业经理，当时发展大板体系，全国搞大板，现在没了。大板是工厂化制作，现场全装配吊装，施工很快，但很多技术难题没有解决。使用过程中老百姓感到很不方便，家里挂个东西都没法挂。大板楼是盒子结构，缺少建筑美学价值，几年后就没有了。也许我们重视研究改进有新的前景，所以结构体系要认真进行研究，才有长远的生命力。

2. 钢结构设计的理念和实践

任何一个建筑设计，不论是住宅还是厂房的设计，都要有一个理念，总的来说，就是要以人为本。开发商开发一个小区，几十万平方米、上百万平方米的一个城中小区（城市中的住宅小区），还有城中村（城市中的农村），建这些住宅小区要研究《五通论》，要体现以人为本：一是人与人的沟通，一个住宅小区建成之后，小区里有各种各样的人，有老人、年轻人、小孩，还有正常人、残疾人，人与人之间能不能实行沟通，有没有共同沟通的场所，这很关键；二是人与自然的融通，这涉及生态环境，即小区建设、住宅建设要考虑与大自然的融通；三是要考虑人流、物流、信息流的畅通；四是考虑人与历史的脉通，文脉相通，文化相通。现在有些规划和设计把真的名胜古迹破坏了，造假古迹，编假名胜，不能实现人与历史文化的相通；五是人与社会的联通，要实现可持续发展，能源、资源要节约，要考虑整个小区的住宅节约能源状况，这个非常关键。就是设计的理念和实践，作为钢结构可能更加突出。我们的设计院最擅长钢筋混凝土的设计，钢结构的设计方式和设计理念的变革将引发一场变革或者是一个飞跃。

3. 钢结构施工工业化、施工和检测机具的革新

要使用施工机具、检测机具，不能是人抬肩扛，德国 50kg 以上用人工抬是犯法的，我们现在 100kg 以上的还人工抬。如何对我们的施工机具，包括检测机具进行革新是我们面临的一项新课题。德国有一种技术相当于扫描，能测出钢筋的布置。我们的钢筋网做得很好，下料也下得不错，混凝土倒进去后，在振捣过程中，钢筋位移现象非常严重，有的上下位移，有的左右位移，用扫描仪一看就非常清楚，能在图上画出来。吊、卡、量是我们的本事，但不精确。所以我们钢结构，尤其是焊接需要用仪器检测，需要革新。

4. 与钢结构相匹配的建筑材料的开发

除了小配件、小零件，更重要的是装饰材料，装饰材料真假都有，我在上海体育馆工程上看到一种叫仿石涂料，喷在混凝土上就变成石头了，变成花岗岩了。我们要进行钢结构的各种防腐、防火、美观的装饰涂料等相匹配的各种材料的开发。

5. 钢结构的设计、施工、防火抗震标准的补充、修订和完善

标准非常重要。我们现在检查是否认真执行强制性标准，已经开始重视标准了。人类文明的发展，世界文明大发展，最终体现在标准上，甚至说一个企业的市场竞争力，也是体现在产品或者企业的标准上。我们的标准有个毛病，多年不改，一个标准就贯彻十几年、二十几年。美国混凝土 8 年、5 年改一次，现在 3 年就要修改。另外在钢结构方面，我们很多标准还不健全。举个防雷击的例子：北京市的同志给我讲，北京市遭雷击破坏了家庭用电脑、电冰箱、电视机等各种家电，数量相当大。以后我就查标准，邮电部门有标准，建设部门也有标准。我们建设部的标准是防止雷电对建筑物破坏的标准，没有防止雷电对建筑物室内的各种家用电器的保护，没有雷电屏蔽。所以标准要补充、完善、修改，动态修改这是非常关键的。

6. 钢结构制造安装企业国内外市场竞争力亟待解决

我们要搞钢结构企业，不能简单地认为就是成立一些民营企业，我们的目标是要打入国际市场。我们已经加入了 WTO，很明显国内市场也是国际市场的一部分。尽管你没有出国，你在中国国内市场干活，也是在国际市场干活，就必须遵守国际市场的规则，必须提高企业的国际市场竞争力，否则，是寸步难行。过去是成立要审批不容易，要破产一个企业更难，将来破产的会越来越多。有人说美国一天产生 3000 个企业，成立一个企业像小孩上托儿所一样容易，两个人、五个人就能成立一个企业，破产更快，一年也要破产 3000 多个企业，说破产就破产，大企业、大集团也破产。

这都迫使我们的企业必须去好好研究市场竞争能力，包括科学的管理能力。

7. 钢结构产业化和产业链发展的各种技术经济政策

产业化首先指的是产品必须系列化，而不是单一的，要成龙配套的，形成大的系列或小的系列；其二是生产必须工业化，而不是人工手工操作的，生产方式必须是工业化的；其三是产业管理方式必须科学化，在系统管理中必须是科学化的；其四是企业管理必须是现代化的，经营方式必须是市场化的，这样才真正构成产业化。钢结构当然有条件形成产业化，也应该向产业化方向发展。另外还有产业链，钢结构本身不是孤立的，它是由方方面面产业构成的，有设计、施工、生产、配套生产、钢结构生产的配套厂家、零配件生产厂家（建筑材料、相关机械）、与钢结构相关的各种信息中介机构、经济评估机构包括大专院校科研单位，都进入到了一个产业链当中。一个产业化，一个产业链，发展过程中就是要把它量化，通过各种技术经济指标制定各种技术经济政策，这将有利于产业化实现和发展。

8. 各类钢结构的技术经济指标测算、分析和优化

钢结构的技术经济指标测算、分析和优化就是用比较学来分析如何优化钢结构。在国际建筑中优化的科学是最高的科学。建筑需要优化，钢结构的优化程度体现了钢结构工程的最终效果，包括各项技术经济指标的测算。比如拿钢结构住宅同钢筋混凝土住宅全方面比较社会效益、环境效益和经济效益，从而确立它的技术经济指标，非常关键。

9. 钢结构的信息化和发展战略问题

信息化很关键，最近中央部领导经常开会学习。现在从政府来讲，要实现无纸化办公，搞电子政务，企业也要搞电子政务。全世界信息化进入到竞争阶段，中国必须大力推进信息化。作为我们钢结构信息化，也应该有三大考虑：第一个要建立钢结构的工艺设计和钢结构生产控制的各类信息系统；第二个要建立企业内部和行业内部的实行科学管理的信息系统；第三个要建立互联网的钢结构企业链的各类企业的商务、贸易信息系统，它包括人流、物流、才流几种流通的组合，或流通的整合。我认为行业信息化是根，企业信息化是杆，工程信息化是果。因为行业信息化以后，行业许多类似的、共性的东西，企业信息化才有所遵循，才能遵循行业信息化的基本东西去建立企业的信息化，或者要求一个企业考虑自身的发展，必须了解、熟悉本行业的状况。行业发展也好，企业发展也好，最后还是要发展工程，或是在中国大地上建立更多更漂亮的、能留给人类历史的、留给我们子孙后代的钢结构工程，所以工程信息化是果。总的来说我们要政府推进，市场引导，以企业为主体，以行业为突破，全面推进钢结构信息化，同时来体现我们用信息化促进或带动钢结构的工业化，体现钢结构的发展战略问题。

这九个重点课题需要进一步研究。

二、钢结构繁荣的九个重大关系

1. 钢结构的功能优化和建筑美学艺术之间的关系

钢结构的建筑美学很关键，我们现在要全社会重视建筑美学，这关系到功能、优化和建筑美学的关系。

2. 钢结构与其他结构的交融、组合和优化的关系

钢结构与混凝土结构或其他结构都是相互交融在一起的，如长安街上的中国银行是在大的钢结构上面做一个混凝土结构，安德鲁先生设计的国家大剧院是钢结构、钢球结构，广东省的体育馆是钢索结构，还有钢和钢筋混凝土结构。结构之间的相互交融、相互组合，达到最大限度的优化，这个关系要进行研究。

3. 钢结构生产线先进设备的引进与消化的关系

有些日本进口的生产线，钢结构加工生产只需 6～7 人，一年能够创造 600 多万元的产值。引进、消化的关系要考虑，不能全靠引进，也不能大家争着引进，引进一套设备如何组织在国内进行消化，进行国产化，形成我们自己的品牌，这是非常重要的。

4. 钢结构中小企业大力发展与防止低水平重复建设的关系

钢结构的中小企业必须大力发展，当然大企业也要发展。作为中国来说，发展中小企业有很大意义，中小企业发展解决就业问题、解决社会的稳定问题、解决大量的供求关系、解决内需的问题，从而带动国民经济的增长。要大力发展中小企业，但要防止低水平的重复建设。低水平的重复建设表现在两个方面：一个是不加研究，人家干啥你也干啥，或改头换面干，这不行；二是从企业发展来讲，追求小而全忽视专业化协作，追求眼前利益不求科技创新。此外，企业要有诚信观念，要讲诚实信用，要诚实、信用地发展中小企业，真正有利于人民，有利于社会。

5. 钢结构制作、设计、施工的知识普及和业务素质的培训，与学科负责人、专家队伍建设的关系

这涉及两个方面：一方面是钢结构学科的带头人、科研院校的专家队伍、工程院院士是我们宝贵的财富，另一方面是我们整个钢结构队伍的素质偏低。我们经常强调我们的高级技工欠缺，就是因为普通工人和技工他们工作的效果是大不一样的。可以说没有高级技工的成长，中国工人阶级的素质是难以提高的。要提高整个钢结构队伍的素质，我们不仅要重视高级科学家、高级工程师、科研人员，也要重视发展技工队伍。

6. 钢结构的理论研究、试点示范与稳步推广积极发展的关系

我们目前的理论研究还不到位，研究得还不透彻，试点示范工作做得还不够多。

要大力搞试点示范工作，用试点示范工程来带动产业的发展，通过稳步推广，积极发展。

7. 企业、科研院所、高等院校和行业管理主体之间的配合关系

钢结构技术发展的核心力量主要是企业、科研院所、高等院校和行业管理主体之间的配合关系。行业管理主体主要是金属结构协会、钢结构专业委员会，当前很多国家都是政府和协会配合。对于钢结构来说，政府忙不过来只有靠协会，协会应该作为行业管理的主体把大家凝聚起来，共同进行研究。协会又是依靠企业、高等院校、科研单位，形成钢结构发展核心的综合力量。当今钢结构的发展为中国建筑金属结构协会钢结构专业委员会提供了新的舞台，要求我们站到新的高度，认准新的坐标，通过全行业的共同努力，以培训、抢高点、唱主角来发展钢结构企业。现在讲双赢、三赢，各方面都要赢才是本事。要联合起来，高等院校要和企业联合起来，协会要依靠高等院校、企业来共同发展我们行业，使之成为技术发展的核心力量。

8. 钢结构制作、设计、施工一条龙的综合功能与专业化协作的关系

在计划经济年代我们吃尽了大而全、小而全的苦头。干什么都不求人，什么都能干，什么都是自己的，美其名曰肥水不流外人田。这叫低水平生产，不能达到专业化协作。不要片面地强调搞一条龙，有能力的才搞一条龙，从制作、设计、施工搞一条龙；没有能力的不要搞一条龙，要搞专业化，可以做配件，把配件研究透了，做精了也是很大的贡献。

9. 遵守 WTO 的原则，引进来提高和走出去发展之间的关系

中国加入 WTO 之后给了我们多数企业 3～5 年的时间准备，5 年之后外国人可以搞独资企业。我们现在对外国建筑业的独资企业、建筑业市场准入有一些要求，还有些限制。但是加入 WTO 我们承诺了，3～5 年之后要让更多的外国企业进入中国市场。日本的大型钢铁生产厂家看准看好中国市场，他们有先进的工艺、先进的设备、成套的技术、优惠的价格，进入中国市场，合理竞争。但是加入 WTO 不能光考虑引进来的问题，更重要的是要走出去，江总书记一再提出走出去的战略。应该说从 1992 年以来，我们自己跟自己比有了很大的进步，1992 年我们走向国际市场有 3 万人左右，承包工程世界市场 5 个亿美元就了不起了，现在有 30 万人，130 亿美元。美国有家《工程新闻记录》杂志统计了世界上 225 家大承包商，我们中国开始只有 3～5 家，现在 37 家。我们的发展速度相当快，外国人说中国的建筑业在国外市场上虽不是一个强大的力量，却是一支不可低估的力量，不能小看。但一进行横向比较，我们的差距就大了。我们 37 家的产值加起来还不如人家一家的总产值，工程、技术、吃穿用玩等，跟世界比就九个字：差不多、差很多、差太多。最先进的差不多，如人造卫星上天、基因技术研究、高级钢结构的建设（大剧院的建成、上海金茂大厦等）；我们的平均水平差很多，还有更多的差太多。所以要引进来提高，走出去发展，中国建筑也迟早要成为国际市场上一支强大的竞争力量。我们有3500万占世界25%的建筑从业人员，我们完全有能力、有实力走出去。现在我们在外国建中国园林不错，但建大型建筑钢结构的水平还不行。真正成为国际市场一个强大的力量的时候，也是中国钢结构发展到一定水平的时候，这是必然的。

所以，我提出九大关系，要引起高度的重视。九大重点、九大关系的中心思想是社会在前进，经济要发展生产力在不断提高，钢结构将随着社会的发展而发展，随着经济的发展而发展，随着生产力的提高而提高。从总体上来看我们建筑行业不是高科技行业，比较而言我们的科技含量甚至是比较低的。我们要用高科技改造我们的传统行业，而在我们行业中真正体现科技发展的就是钢结构，因为钢结构的科技含量比较高。我们处在中国庞大的建筑业中，在技术前沿阵地从事理论研究，从事施工实践，代表着中国建筑业技术发展方向，应该说这个岗位值得珍惜，可以大有作为。作为委员会和会员要抓住这个发展的大好机遇，能抓住机遇的都是有备而来的人，我们要有精神准备和技术准备来抓住这个机遇，真正做到用“三个代表”来进行检验，做到与时俱进，奋发有为，大干一场，干出我们辉煌的事业。衷心希望我们金属结构协会、钢结构专业委员会能挑起这个行业管理主体的重任；也衷心祝愿我们的每个企业作为我们技术发展的主体、核心力量，包括一些高等院校，在发展钢结构的过程中使自己企业不断地发展壮大，健康地成长，从而使企业有自身的发展战略；也衷心祝愿我们的每个科研人员、每个从事钢结构工作的人员，随着钢结构事业的发展不断地自我完善，在发展事业过程中使我们人生具有更大的价值，做更突出的贡献。希望来自钢结构产业链的各个单位、各类人员相互切磋、交流，并取得圆满成功。

（在“2002年全国钢结构行业年会”上的讲话）

钢结构工程质量创新

我和钢结构的缘分是我在建设部当总工时，当时我担任冶金部与建设部建筑用钢领导小组组长。我国建筑钢结构的用钢政策，20 世纪 50 年代是节约用钢，70 年代是合理用钢，90 年代鼓励用钢。我曾经提出 21 世纪是钢结构大发展的年代，钢结构行业带动了钢铁产量和质量的提高和增长。举例来说，马鞍山钢铁公司的 H 型钢生产线有 2km 长，产品质量好。

建筑钢结构委员会是专家活动的舞台，专家荟萃，要充分发挥专家的优势，让建筑钢结构行业在专家的指导下，使技术和管理能有大的提升，尽快与国际先进技术接轨。

今天讲质量问题，主要谈质量理念创新、质量工作创新、质量管理创新。

一、质量理念创新

1. 结构质量

结构质量涉及工程的安全与寿命，我们有的工程设计虽然符合现行的国家标准，但由于市场管理不规范，导致一些恶性竞争，出现质量问题。如在制造施工方面有的偷工减料，在使用方面有的建筑不到设计使用年限就早早拆除了，当然这里也有城市规划方面的问题。

2. 功能质量

建筑物的功能质量，以住宅为例，要求居住舒适。但如有门窗漏缝、地面开裂等通病或者是客厅过小、居室过大、内过道过长、厕浴间不通风，都影响使用。

3. 魅力质量

建筑是艺术的科学，科学的艺术。城市建筑风貌的保护很重要，城市建筑能够熏陶人、感染人，例如伦敦临街风貌保护很好，悉尼歌剧院的建筑造型以及色彩对人的影响。高质量建筑应能够创造使人能感受到身心舒畅的环境。

4. 可持续发展质量（能源、资源、环境）

节能、节地、节材、环境处理等属于可持续发展质量的范畴。例如澳洲墨尔本政府大楼 1～15 层建筑空气清新，地下设有污水处理，日本新泻每家都有污水处理系统。还有我们讲供热体制改革，实际上是供热方式的技术改造，采暖应从分户计量，打卡消费来设计，从而达到节约资源的效果。节约资源、能源、保护好环境也是质量问题，不能狭义地理解质量问题就是房子倒不倒塌。

钢结构比混凝土结构有优势，比较符合可持续发展、环保、增加居住面积等要求，问题是要做到建筑造型有魅力，标志性强。目前我国各大城市已建、在建的标志性建筑绝大部分都是采用钢结构的，这里我就不一一列举了。

二、质量工作创新

1. 结构形式多样化

钢结构发展很快，形式多种多样，不同材料的结构组合，形成混合结构。例如，长安街上中国银行（贝聿铭设计）是钢结构和钢筋混凝土的混合结构，上海大剧院是以钢结构为主的复合结构，还有北京的2008奥运场馆，北京电视台、中央电视台新台址等，这些建筑都体现了钢结构的建筑魅力。通过这些独一无二的建筑，使我们的技术人员获得了前所未有的创新机会，我们让不可能变为可能，更加锻炼了我们的建筑队伍，促进我们的施工工法不断创新。

2. 钢结构的重点环节

（1）设计

钢结构设计环节很关键，对新的建筑有不同争议。例如，国家大剧院、鸟巢等建筑。都说中国是世界建筑实验场，我们的设计人员要在实践中总结经验，大胆创新，确立新的设计理念，创造新的设计成果。

（2）钢结构的加工与安装

国内钢结构加工水平还不错，但还要进一步精细化。钢结构工程施工包括工厂加工制作和现场拼装与安装，二者是一体的，绝不能分开。因为钢结构在我国起步比较晚，在建筑市场准入管理方面，把工厂制作和现场安装分开是不科学的，钢结构工程的安装比混凝土工程施工精度要求高、工艺复杂，技术含量高。混凝土构件和结构公差是以厘米计算，而钢结构构件的制作和安装公差是以毫米计算的，在整个钢结构工程中加工占的比重约为80%。目前我们的建筑市场准入管理还是按照原来传统观念来管理，这方面还有待于改进。例如，一个熟练的焊工培训要5～6年，焊接种类也很繁多，重庆綦江大桥就是由于钢管焊接不过关，虚焊，成了豆腐渣工程。焊接是钢结构工程的关键环节，我们许多工程出现质量问题都是由于岗位人员技能不过关所致，当然也有一些是材料方面的问题。这就需要我们加强技术工人的岗位培训，不能在盖房子时随便找个农民工队伍就可以干的，焊缝有美观和质量问题，焊缝检验要由专业技术人员来进行，要用先进的检测手段和设备。

（3）装修

钢结构工程的装修与混凝土结构不同，有独特之处。钢结构的涂料、色彩，有的全包在里面，有的露在外面。例如，法国蓬皮杜建筑钢结构、埃菲尔铁塔全部外露也很好，逐渐被人们接受。钢结构工程种类很多，例如公建、住宅、桥梁、构筑物，它们的装修要求不同。

3. 四个标准体系

（1）SA8000：国外推广强调市场人性化，道德责任，企业的社会责任，对人类要负责任，例如不能使用童工、不能有污染等问题。

（2）ISO9000：质量管理体系，大家都很熟悉，我就不多讲了。

（3）OHSAS18001：安全卫生体系，安全在某种意义上讲也是质量，质量也是安全，质量不好就会造成人员伤亡。

（4）ISO14000：环境体系，与可持续发展有关。

标准化管理，除上述管理体系外，对标准的编制、修改和管理也至关重要。标准是技术的固化。有的标准多年不修改，修改周期太长，远远满足不了行业的发展需要。除此之外，还要明确国家标准是生产产品最低保证，行业标准要严于国家标准，企业标准要高于行业标准。对于企业来说，以上4个方面的标准体系是非常好的管理模式，是国际通用的，但目前有相当一部分企业是流于形式，花了大量的人力财力去取得认证，结果只是用来应付检查和市场的营销，没有真正落实到企业的管理当中去。这就需要我们加强建筑市场的监督管理。

4. 技术质量

质量与人的心情好坏、感情变化、思想重视与否有关，由此以人为本搞好质量管理很重要，但对技术管理不可忽视。要强调技术质量，要大力提高设计、制作、施工以及检验方面技术含量，做到向先进技术要质量，向科学管理要质量。

5. 质量经营

通过质量谋求公司经营，质量是素质的综合表现，对用户负责。把抱怨顾客变成满意顾客，把满意顾客变成信赖顾客，把信赖顾客变成传代顾客，建立企业的诚信体系，努力使企业经营科学化。

三、质量管理创新

1. 全面化

全面质量管理，是全员的、全过程、全方位、全面化的管理。

2. 人性化

工程服务于人、工程要考虑为人的全面需要，要造福人类，体现人性化。例如，住宅要舒适，商场环境要好。建筑是文化，要以人为本，要一切为了人，满足人们生活和文化需求。一切靠人去做，充分调动人的积极性。

3. 品牌化

中国是制造大国，美国、欧洲等世界各国到处都有中国制造的产品，但我们缺少品牌，在世界竞争上吃了不少亏。有的老品牌优势也不大。国家提倡创新体系，品牌化，以质量为核心，包括售后服务，广告宣传等理念。工程质量也同样，在我国钢结构行业领域中，“沪宁钢机”目前在国内应该是质量领先的品牌企业，但如果沪宁钢机要成为世界品牌，要牢固地树立这个品牌也是不容易的，还要经过长期的不断努力，加强企业全面的规范管理。

4. 产业化

产业化指产品系列化、加工制作现代化和规模化。钢结构产业化很广泛，不仅指钢结构建筑，还有桥梁、地下工程，以及构筑物等。纵向包括钢材生产、质量、加工、半成品安装及中间检验，横向包括冶金、水利、交通、文化等多个行业部门。钢结构产业链、产业群有很多内容。

5. 数控化

钢结构制作安装逐渐数控化。用信息技术、IT 技术改造建筑行业以及施工控制手段。数控化也包括建筑产品的智能化，这里首先就要涉及我们钢结构岗位人员的系统化培训。尽快提高我们岗位人员的素质和技能，对于岗位人员的培训工作，钢结构委员会应该组织专家利用广泛的资源，有组织有计划地进行岗位人员培训，逐步做到持证上岗，并且要做到知识和技能不断更新，让我们的技工真正掌握先进的技术，与国际接轨。使我国建筑钢结构行业在国际上拥有更多的先进品牌。

以上所讲，是我一些不成熟的想法，望各位专家指正。我希望通过这次“重大建筑（钢结构）工程质量状况调研”课题，能够总结出一些先进的工法经验，发现建筑市场管理方面的问题，提出合理化的建议，以使我们在建筑市场管理方面更加规范，更加完善。还要开拓创新，在建筑产业发展上取得新的辉煌。

（2007 年 2 月 4 日在“重大建筑（钢结构）工程质量状况调研会”上的讲话）

站在新的历史起点上
全面推进钢结构行业新型工业化的跨越式发展

今天，我讲三个问题。中心是站在新的历史起点上全面推进建筑钢结构行业新型工业化的跨越式发展。

一、钢结构行业发展的历史新起点

新中国成立60年、特别是改革开放30年以来，我国建筑钢结构行业取得了巨大的发展，奠定了雄厚的基础。大家知道，建国以后一段时间我们的钢产量很少。改革开放初期，我国钢年产量仅300万t，国家实行节约用钢的政策。到了20世纪90年代中期，我国钢产量有了较大发展，建设部提出了合理采用钢结构的方针；其后，随着我国钢产量的进一步提高，又提出了在建筑中积极采用钢结构的方针。为此，国家建设部和原来的冶金部成立了建筑用钢协调领导小组，对钢结构用钢和钢筋混凝土结构中的钢筋用钢分别提出了发展要求。当时我是建设部的总工程师，担任该小组副组长。1996年，在中国建筑金属结构协会建筑钢结构委员会的年会上，我作过一次讲话，预言21世纪中国建筑业将迎来钢结构的世纪。我们今天处在一个新的历史发展起点上，主要表现在四大方面。

1. 我国钢产业和建筑用钢的新政策

从钢产量说，现在我们已经达到什么程度了呢？去年，即2008年，已突破5亿t，是世界的钢产量最多的国家。1998年建设部发布了《关于建筑业进行推广应用十项新技术的通知》，其中第五条提出了要把推广使用钢结构作为建筑新技术来推广使用；国务院1999年72号文件提出了发展钢结构住宅、扩大钢结构住宅的市场占有量；1999年《国家建筑钢结构产业“十五”计划和2010年发展规划纲要》提出了在“十五”期间，建筑钢结构行业要作为国家发展的重点；2002年，建设部发布了《钢结构产业化技术原则》；2003年，《建设事业技术政策纲要》指出，2010年建筑钢结构用钢量要达到钢产量的6%，即1500万t以上；2005年7月份，又公布了国务院常务会议批准的《钢铁产业发展政策》，明确了我国钢铁工业的产业政策目标、产业发展规划、产业布局调整、产业技术政策等以及对行业咨询、设计、施工等单位的政策和要求；2009年，我国正在进行的十大规划产业调整，首先提出的就是钢产业的规划调整。所有这些新的政策指引了我国钢结构迅猛发展。

2. 钢结构工程技术有了新的成就

新中国成立以来特别是改革开放以来，钢结构工程技术有了飞跃的发展。我谈谈外国对我们的评价。美国《时代》周刊评选出2007年世界十大建筑奇迹，其中第六位、第七位和第八位分别是北京的国家体育场“鸟巢”、中央电视台新址大楼和当代万国城。同年7月，英国《泰晤士报》评出的全球在建的十大最重要工程，其中我们国家体育场“鸟巢”列为榜首，首都国际机场三号航站楼和中央电视台新址总部大楼也同时入选，这些项目都是钢结构项目。从我国钢结构技术来讲，铁路建设我不说了，桥梁建设你们知道的，上海的32.5km的海上大桥、紧跟着36km的杭州湾大桥，都是钢结构的。除了桥梁、铁路等一大批新的钢结构工程外，在中国大地诞生的，首先是以“鸟巢”为代表的大中城市体育项目；以国家大剧院为代表的已建、在建的大型剧院（包括上海剧院）工程和文化设施；还有以北京机场3号航站楼和广州白云机场为代表的机场航站楼工程；公用项目如一些博物馆工程，基本上都是钢结构的。它们展现了我国钢结构技术的新成就，有自己的创新点，自己的工法和专利权。

3. 钢结构产业链的新规模

无论是钢结构制作还是施工企业，伴随着它们的出现，周围就有很多相关产业。如各种机械设备的制造企业；门窗和幕墙制作企业，密封条、密封胶、粘结材料等的生产企业；工程设计、施工、安装企业；建材生产和供应企业等。现在全国有资质的钢结构施工企业大大小小有3000多家，一些城市已形成了钢结构的产业城。特别是浙江的萧山，那里有大地、杭萧、精工、东南网架等著名的大型企业，还有约50家中小企业。我们的副会长说：中国“古有秦砖汉瓦，今有杭萧钢构”，萧山钢构早已遍布全国。

4. 钢结构市场的新拓展

我国钢结构的市场，从国内来讲，从大中城市扩展到中小城市，现在又拓展到比较发达的农村。从国外来讲，从东南亚地区扩展到欧洲地区，现在又扩大到南北美。我对市场情况没有详细调查，有材料说，马钢生产的H型钢2006年出口到韩国就有4000t，到印度数千吨，T形钢已与印尼签约几百吨；还有出口深加工的板材，包括舢板、桥板，东南沿海每年出口500万t。在国际承包过程中，我们承建的方式也多种多样。我们有一些国际性公司，比如冠达尔、ABC、巴特勒等，他们的很多项目是面向国外的，如冠达尔的产品2008年销往国外达20%，杭萧大概是21%，多维集团在阿塞拜疆与当地合建了一座占地1万m^2的钢结构工厂，准备在也门等地也建厂子；还有富煌钢结构也与美国公司合作，准备出售30%的股权。在国外承揽工程，出国比较早的像青岛建设，在世界上十几个国家设有办事处，与国外劳务合作已经有17年的历史，承建的国际会议中心、国家图书馆、联合国办公大楼，还有写字大厦等都得了极好的评价。有的企业，承揽了加纳、斐济、利比亚、阿尔及利亚、塞内加尔等国家的工程。国资控股的北京首佳钢结构公司，2007年承建了安哥拉议会大厦，面积42000m^2，地上25层，高105.9m，地下4层为停车场，180根钢柱，1330根钢梁，用钢量达到4500t，是当地的第一座钢结构建筑。正在加紧施工的印度的一个码头和除渣场，钢结构用钢量11.2万多吨。还有正在谈判的有美国、加拿大、阿联酋、乍得等高层建筑和场馆。中建三局承建的伊斯兰堡人马座大酒店，总面积达32万m^{2}等。就是说，我们的市场有了新的拓展。

我们说，建筑钢结构行业处在发展的历史新起点，主要表现在四个方面：第一是对钢产业、钢产量和建筑用钢的新政策；第二是钢结构工程的新成就；第三是钢结构产业链的新规模；第四是钢结构市场的新拓展。

二、全面推进钢结构行业新型工业化的跨越式发展

怎样推进钢结构行业新型工业化的跨越式发展，我想讲以下几点：

1. 要抓住发展的机遇

关于抓住发展机遇，迎接挑战。我在中国建筑金属结构协会第九届会员代表大会上有个以此为题的报告，它已编入2009年全国建筑钢结构行业大会论文集中，希望大家去看看。当前我们面对国际金融危机，所谓危机，是危中有机，我们要转危为机。关于金融危机，我今天就不在这里讲了，那个报告里头都有。同时，我们每一个同志，只要你打开中央电视台的中央一台、四台和新闻台，几乎每天都有世界各国应对金融危机的消息和他们采取的措施和政策的报道。刚刚开完在伦敦举行的世界大国集团——G20集团首脑会议，我国胡锦涛主席参加了会议，受到了所有与会国家的高度赞扬，我们要抓住机遇。

（1）环境机遇，即应对世界金融危机的机遇。金融危机对没有准备的人来说，可能是灾难，是危机；对我们有准备、有信心、有力量的企业来说，是一次机会。我们要在金融危机中成为赢家，在危机中获得新的发展，我就不展开说了。

（2）当前的政策机遇，就是可持续发展的机遇。所谓可持续发展，就是对我们的环境、资源、能源全面考虑，不仅考虑到我们当代人的发展，还要考虑到我们子孙后代人的发展；不仅要考虑到我国自身的发展，还考虑到世界全人类的发展。在这方面我们已经采取了很多措施和一些政策。例如，强调能源的节约，资源的可控和节约，以及可再生能源的开发和利用等。钢结构加上周边幕墙，完全可以搞太阳能综合利用。建筑是巨大的能耗行业，大概占全社会总能耗的30%～40%左右，其中，建筑产品在施工过程中的能耗占30%，在使用过程中的能耗占70%。巨大的能耗行业就有着巨大的节能潜力，可能带来巨大的社会效益。钢结构建筑技术的开

发，可带动节约、节能、环保以及利用废旧品的新型墙体建材的开发和利用。

（3）扩大开放带来机遇。我们要进一步扩大开放，还要实施走出去的战略。前面提到我国的钢结构以及相关产业在这方面取得的新成就，今天我国要进一步扩大对外开放。我国总理出去考察的时候都带着企业家。我们的老会长杜宗翰曾经跟着温家宝总理和20多位企业家走访南非。进一步扩大开放是我们的新机遇。

（4）市场发展潜力的机遇。在这方面，我要特别讲一讲新农村建设。新农村的发展，给我们带来了很多新的机遇。比如说，我们知道的江苏江阴有个华西村，就是我们社会主义的新农村。华西村的建设，被人们称之为“天下第一村”，发展比较快。现在施工一座现代化的超高层的建筑，高380余米，有3栋塔楼，呈品字形连接，有多层花园，采用钢管混凝土柱和混凝土核心筒，据说是全国第八。在村镇建成如此高层建筑，实属罕见，令人惊讶。随着，周边几个村也在加紧农业规划，每户一栋400～600m^2 别墅式的轻钢住宅设计。要看到，农村建设很快。这次我在海口，跟秘书长刘哲同志考察了一个“美国村”，这个“美国村”是什么模样呀，他的业主在中国搞了20多年了。业主是中国人，在美国生活了40多年。我国改革开放以来，他搞了将近9个“美国村”。所谓“美国村”，就是在我们的城市开发区里建一批轻钢结构的标准厂房供出租，什么药厂呀，电子产品厂啊，都租他的厂房，他进行物业管理。每天早上起来，升中国国旗和美国国旗，大家叫他“美国村”村长。这成了一个巨大产业，他的收入相当可观。我联想到，包括中国红十字会，全国有很多机构要在农村建立卫生所、中小学。我总想，这些中小学都应该成为标准化建筑、工厂化生产。我们要有轻钢结构的标准化中小学，标准化卫生所，这个需要量相当大。特别是现在，最近刚刚颁布的医疗改革将会极大地推进农村的病有所医，推动农村的医疗卫生所建设。

（5）钢结构本身的很多优点。1）它可再生利用，不会产生大量建筑垃圾，属绿色建筑；2）它的抗灾能力强，据目击者讲，汶川地震中门式刚架轻型钢房屋没有一幢倒塌的（仅少数房屋有支撑损坏），与周边房屋的倒塌和破损形成鲜明对照，成为灾区人民的避难所；3）钢结构房屋的有效面积较大。一般混凝土结构或砖混结构，特别是采用混凝土核心筒，使用面积只是建筑面积的70%左右，而钢结构建筑可达到80%～85%；4）钢结构的工业化程度高，可以工厂化生产，标准件我们可以批量生产，有利于保证质量和降低成本等。

2. 要确立我们发展的目标

这个目标怎么确立？我今天讲不出来，我个人的力量是有限的。我交给我们钢结构专业委员会专家成员，你们给我讨论。最起码三个阶段：到2010年，我们钢结构发展到什么程度；到2021年，我们建党100周年的时候，我们钢结构发展到什么程度；到2049年，我们建国100周年的时候，我们钢结构发展到什么程度。希望专家们很好地研究，给我们行业一个比较明确的答复，形成我们行业总的发展目标，使大家为这个目标去努力形成一种合力。

在具体要求上，我讲四句话：

（1）钢结构要进行系列化的研发，包括轻钢系列，空间结构系列、钢结构住宅系列、钢结构配套产业系列，要搞系列化研究、系列化研发，不搞单一。

（2）要搞集约化生产，就是要提高工业化水平，特别是新型工业化水平。表现在我们的装备水平要提高。钢结构企业是建筑的制造厂，也是施工和生产厂家，没有精密的设备、仪器、仪表，没有精密的制造设备是不行的，要高度重视装备现代化。

（3）精细化管理。作为精细化，一是信息化，用数控来控制；二是程序化，沿着程序化、标准化、工厂化、专业化方向进行管理，要注重生产、加工、营销的每一个细节。

（4）品牌化经营。我国排名前 20 个的钢结构企业，有的已经有自己的品牌了，如沪宁钢机、杭萧钢构、东南网架等，但品牌的知名度还不够，还要被世界所认可所认同。

3. 潜下心来认认真真地正视我们发展中的薄弱环节

我国钢结构行业发展，我认为有三大薄弱环节：

（1）钢结构设计理念和创作是薄弱环节。和发达国家的先进设计比较有差距。我们习惯于钢筋混凝土建筑，钢结构虽然要怎么创新都可以，但是搞稀奇古怪的也不行。理念要时代化，要将中华民族建筑和发达国家的先进标志化建筑相结合，传统建筑和现代建筑相结合。我们既不能一味地崇尚国外的，也不能一味地崇尚中国古代的。大屋顶，厚墙体，琉璃瓦，也不行。要创新，设计系统要广泛研讨，要活跃设计思想，繁荣设计创作，开展大大小小城市的设计竞赛。我赞赏上海。我当总工程师期间，有一年上海市建委举办一个国际住宅小区设计竞赛，我是评委之一。当时，世界著名的建筑设计大师都来了，大家都拿着作品来，专门进行比较，没有约定的，不是说给那个特定小区用的，只是为了繁荣小区住宅设计创作举办这次设计竞赛。我们也可以借鉴这种做法，让我们的大师们，让我们高等院校的学生们发挥他们的聪明才智，参与国际范围的设计思想、设计理念、设计作品的竞争。

（2）当前的薄弱环节是钢结构住宅体系的推进。我国钢结构的发展，在体育场、航站楼以及铁路、桥梁等方面是有目共睹的。但是在钢结构住宅方面目前仍未推广开。早在 2003 年，北京市建委就在委托节能墙改办组织专家进行了一次全国性的钢结构住宅情况的调研。当时主要围绕三个问题，一是要不要在北京发展推广钢结构住宅体系，二是钢结构住宅体系存在什么问题，三是如何解决。历时半年，专家走访了北京、上海、天津、山东、安徽、福建等地，考察了 20 个工程项目。专家的结论是：钢结构住宅是先进的生产力和可持续发展理念在建筑领域的重要体现，北京市发展钢结构住宅具有良好的前景；建议重点应放在多层和小高层住宅上，采取节能65%的设计标准；在初级阶段不强调全装修、产业化、市场化，作为一个互动的过程来推动钢结构住宅建设。从2001年到现在已过去9年，2001～2002年部建筑科技发展促进中心就颁布了《钢结构住宅建筑产业化导则》，2004年颁布了《钢结构住宅设计规程》，这些工作应该说没有少做。但是，今天我们在全国有多少个钢结构住宅呢？我认为这个工作仍然没有推广开，人们的思想阻力重重，各地的市长、政府官员对此认识不足。开发商想到赚钱，没有想到产业的发展，认识也不足，没有得到大面积的推广和使用。当然，我也很高兴地看到，这次四川地震危及到我们陕西，当时我是部里第一个来到陕西灾区现场，和他们（侯厅长）一起去的，汉中市宁强县、略阳县我都去过。最近他们跟我说，这个地方搞了户均建筑面积220m^{2}的钢结构住宅，是台湾抗震民间团体出资、台湾大学设计、陕西地方建筑施工的钢结构住宅。杭萧钢构在武汉世纪家园建了有11栋高层建筑的小区，总面积（包括地下室）26万m^2，由武汉祥利开发公司开发，浙江城建建筑设计院设计，杭萧钢构公司承建。采用钢框架和轻质墙体，节能50%。另外，山东莱钢也建成一批钢结构住宅。他们为了推广钢结构，自己建了将近100万m^{2}的钢结构住宅。这些都在全国起到示范作用。但到今天为止，我国钢结构住宅发展仍然是薄弱环节。

(3) 钢结构标准化体系尚未建立。标准是非常关键的，要创新，要推广使用，没有标准是不行的。有人说，三流企业卖劳力，二流企业卖产品，一流企业卖技术，超一流的企业才卖标准。标准在企业化、信息化的进程中起着重要作用。我国钢结构的标准体系，这几年做了大量工作，但是存在两大不足：一是有些新技术、新产品、新材料的标准尚未建立；二是我国已建立的标准往往是上个世纪的，现在还有六几年的、七几年的，这种标准规范不能与时俱进、不能及时修订。美国混凝土标准，开始每10年修改一次，后来每6年修改一次，现在3年就要修订了。我们没有能力这么快就修订，赶不上他们。新的标准要及时建立，老的标准也要及时修订，才能适应生产力发展的需要。还有，我们的很多标准和国际不接轨。我们的钢结构设计还往往不被国外所认可。还有，现行标准在引导钢结构应用方面仍然存在不足。我们的高层房屋目前主要采用的是钢框架-混凝土核心筒体系，这种体系在低烈度区还是经济和适合的；但是在高烈度区国外很少采用，普遍采用的全钢结构。钢结构在推广减震耗能技术方面更显优势。这方面，作为协会的钢结构委员会，已经组织专家和大型企业参与建设部标准定额司和标准定额研究所的标准编制和修订项目，今后这方面的工作还有大量的要去做。同时，我们还应了解掌握全球所有我们能得到其他国家的有关设计和施工标准。在这方面，我很佩服外国的。我在当总工程师期间，有一年到比利时考察，当时我抓建筑安全，在当地的一个国家图书馆，我们问他们，你们的标准是怎样制定的？他们说，我们制定国家标准参考三个方面：第一，世界各国的标准和安全规范；第二，联合国国际劳工组织的标准；第三，世界各国的以此来制定我们比利时国家的标准。我看他是不是吹牛，想试试他，我就向他提个了问题：你说世界各国的，包括不包括中国的？他说，包括。我说，我们中国 1956 年在建筑安全方面有个规范，你这里有没有？他说，有啊，我说，你可不可以给我调出来？他说，可以。不到 20min，给我拿出了我们国家 1956 年颁布的建筑安全规范。哎呀，当时我很感动，我不知道该怎么想、怎么说？在建设部，今天当司长，明天不当，走了，走了就交个桌子，再去找 1956 年的东西，到哪去找呀？人家就这么重视、就这么认识和制定标准规范的，我到现在都老想到这些事情。我们领导干部一退休，或调动工作，一交就是个办公桌子，其他什么都没有了。当然现在我们标准定额研究所已有了过去所编的全部标准的电子版本，至于国外的我们收集的就不多了。所以，标准、规范、标准化的建立健全，我们在座的企业、我们的协会还可以做大量的工作。

这里我强调，我说的是三大薄弱环节，是否准确，请专家们审议。第一，是钢结构设计理念和创作我们有差距；第二，是钢结构住宅体系的推进早有政策，但推进不快；第三，是钢结构标准化体系的建立和健全还有大量的工作要做。

4. 强化人力资源的开发

人力资源开发，在我那个材料，即协会第九届会员代表大会上的讲话里有了，我不重复了。我在这里点一下：一是企业家人才，二是技术专家人才，三是管理专家人才，四是高级技工人才。

企业家人才，我们在座的有成功的企业家，我们协会将来还可以考虑评选我们自己认为成功的优秀企业家。

技术专家，我提出来希望专业委员会考虑，将来要分类，请专家进行研讨。怎么分类呢？我们的专家，应在某一方面是专家，不能像我这样万金油，什么都能说两句，这不叫专家。我想，我们应该有专门搞钢结构设计的专家组、钢结构制作加工的专家组、钢结构轻钢和空间结构专家组，等等。授予我们专家组权利和职能，发挥专家的聪明才智。

管理专家，是为了实行科学管理，包括项目管理、企业管理。我们这次表彰了一批，协会分三批表彰了全国优秀项目经理，达到 116 名。

还要表彰高级技工人才，特别是焊接，并不是一般农民工所能完成的。高级技工，非常关键，要培训高级技师。你们知道，重庆有个綦江大桥垮了，垮的第二天我到了现场，非常悲惨。这个大桥怎么垮了，最根本的就是焊接。当时有个老工人师傅在现场看了以后说焊接不对头，没焊透，是虚焊。书记没听他的，他回家很生气，把他家儿子、女婿、姑娘都找回来，开了个家庭会议，并规定“以后你们谁也不准走这个桥！”没过两年，这个桥垮了。这些都是教训，我们一定要重视培养高级技工、技师。

5. 推进全面创新

我那个讲话稿里也有，内容很多。全面创新包括原始创新、集成创新和引进、消化、吸收、再创新。这些讲的都很透。什么叫创新，怎么创新，都讲了，我就不展开说了。推进全面创新有这么几个方面：

一是经济全球化条件下的市场理念创新。每个企业家要关心，重视社会责任。二是信息社会条件下的管理创新。三是新型工业化的组织创新。四是可持续发展的技术创新。

三、强化协会的活动能力建设，形成钢结构行业新型工业化跨越式发展的强大推动力

我强调一个活动能力建设，当今社会能力建设至关重要。我们个人，不管干什么，都要提高自己的能力。作为协会来讲，活动能力建设至关重要。生命在于运动，协会的生命在于活动。要积极开展各种有效活动，来促进我们钢结构行业工业化、新型工业化跨越式发展，形成强大的推动力。

（1）重视示范榜样的推动力。我跟钢结构的专家委员会提出，你们要列出当今钢结构发展的十大新技术，我协会就要组织十大新技术在工程上的应用。我们的论文研讨应更加专业化，就一个问题把它研究透，允许有不同意见。要研究论文发表后的效果、效能。

（2）发挥专家人才的智慧推动力。要高度发挥我们专家、学者人才的智慧的推动力。特别是对有突出贡献的专家、突出贡献的技师，我们要进行表彰。

（3）重视市场信息方面的经营推动力。要通过国际交流了解我们国内外的经营；通过原材料价格、工程招标信息的掌握，给我们的企业提供自己今年可能获取的商机，加强对企业经营的推动力。

（4）全面创新的引导推动力。这就是胡锦涛总书记讲过的，要形成全心全意谋发展，一心一意搞建设的良好氛围。

（5）协调维权的推动力。要推进市场经济中的诚信体系，凡是协会会员单位，在诚信方面有恶劣行为的，我们协会要通报批评。冒充协会会员单位的名义在市场招摇撞骗的，协会要严正交涉。

（6）产业文化的推动力。要在我行业系统提倡儒商的诚信精神，智商的创新精神。

（7）行业自律健康发展的推动力。在创造商机行业内部，既为协会的会员，就要制约我协会内部成员之间的不正当竞争，倡导诚信。衷心祝愿我们的会员单位把协会

看成自己的协会，高度地重视、关心、爱护和支持这个协会。协会、协会，要大家协作来办会，共同出谋划策，把协会的工作搞好，促进行会的发展。

（2009 年 4 月 11 日在“2009 年全国建筑钢结构行业大会”上的讲话）

以抗震救灾的精神扎实推广钢结构建筑

2009年3月，我们建筑金属结构协会在西安召开了钢结构2009年年会，在年会上我有一个讲话，这个讲话已经印发到大家手上。这个讲话的主题是：站在新的历史起点上，全面推进钢结构行业新型工业化的跨越式发展。主要内容：一是我国钢结构行业发展处在一个新的历史起点，二是全面推进钢结构行业新型工业化跨越式发展要抓的几项主要工作：

（1）要抓住发展的机遇。要发展就要研究和抓住机遇，我们中国要应对世界金融危机，主要采取扩大投资规模、扩大内需、扩大出口三大方面的政策，这些都是钢结构产业今后的重要发展机遇。

（2）确立我们的发展目标。研究和确立钢结构行业未来发展的三大目标：一是在“十一五”规划期内的今后两年要达到的发展目标；二是到2021年纪念建党100周年的时候，中国的钢结构从规模到水平发展到什么程度；还有一个就是到2049年，中华人民共和国建国100周年的时候，我们的钢结构能够发展到什么程度。关于战略目标我提出了一些要求，要求进行系列化的研究、集约化的生产、精细化的管理、品牌化的经营。

（3）正视钢结构发展中的三大薄弱环节：1）设计问题。2）发展钢结构住宅问题。3）完善钢结构有关标准和规范中存在的问题。

（4）可持续发展战略。

（5）强化人力资源的开发。

（6）全面推进创新。

今天这个会议，是我们钢结构行业有关抗震课题的论坛，是关于钢结构行业如何为灾后重建做贡献的论坛。我们与会的专家将围绕怎么抗震，或者说我们的结构，无论从结构的设计，构件的制作安装，怎么符合达到地震区的要求，将进行深入讨论、广泛交流。我想借此机会，借题发挥，说这么一个题目，就是：以抗震救灾的精神，扎实推广钢结构建筑。

“5·12”汶川大地震自发生至今，已经一年了，这场空前惨烈的自然灾害，使中华民族遭受了巨大的人员、物质和财产的损失。抗震救灾斗争，为我们留下了极其珍贵的精神财富。胡锦涛同志指出：“在同这次特大自然灾害的艰苦搏斗中，我们的民族和人民坚持了这份崇高的精神，这个精神就是万众一心，众志成城，不畏艰险，百折不挠，以人为本，尊重科学。”这二十四个字的抗震救灾精神，作为中华民族精神的重要组成部分，将流传青史，永放光芒。抗震救灾精神是民族精神和时代精神有机融合的伟大结晶，抗震救灾精神是党的坚强领导核心作用和社会主义制度优越性的生动写照。抗震救灾精神是以人为本理念同科学精神的和谐统一。我们要把抗震救灾精神用到很多方面，激励我们大力推广钢结构。我今天要讲的是，抗震救灾精神是我们建筑领域推广钢结构建筑的科学精神和强大动力。

一、全社会要提高对钢结构建筑的认识

从建筑准则来看，要提高全社会对推广钢结构建筑重要性认识，就是说钢结构建筑不能只是在我们专家之间，也不能只是在钢结构企业之间进行交流，而是全社会都要提高认识，增加共识。建国 60 年来，特别是改革开放 30 多年来，我国经济有了较大幅度的增长，人民的居住条件有了新的变化。也就是说，钢结构可以为满足我们改革开放中人民日益增长的物质和文化生活的需求做出巨大贡献。这里要强调一点，“生命第一”是建筑的准则。2008 年的“5·12”汶川地震，给建筑界的启示是深刻的。作为我们搞建筑的都知道，地震是自然灾害，对建筑物来讲，也是一种破坏性实验。我们不可能把一个大楼建起来，再去检查它的基础怎么样，去把它的主体结构搞碎了，那是不允许的。地震灾害，正是对建成的建筑进行一次破坏检验。在日本神户地震中，发现有些建筑在混凝土中有不少易拉罐，政府就把不法承包商抓了起来。1999 年台湾发生集集大地震，后来我到台湾去看了现场。钢筋混凝土结构基础钢筋应该弯到 135°，但有些结构倒了以后，看到有些钢筋只弯到 90°，就因这一条，抓了 60 多名承包商。地震是自然灾害，但是要追究建筑承包商在建筑过程中的质量缺陷。这次地震造成的灾难让人震惊，一些中学，三层砖混结构，竟然连一根圈梁都没有。那么多中小学生就牺牲在这里，这哪是搞建筑，简直是在搞坟墓！给无数的人和家庭的生命财产造成了巨大损失。当然，建筑本来也很复杂，很难追究哪一个承包商的责任。我们要总结和思考怎么教育才是正确的。对此，不仅要求大家提高抗震的标准，还要求建筑师、规划师和结构工程师，能够共同推进中国减灾建设和城市安全。安全，作为人生活的基本要求，表明了人的生命存在和发展作为基本权利的保障，也是制约社会发展的核心问题。建筑师们的创作必须把握的准则，就是：人的生命只有一次，建筑安全至高无上。建筑是艺术，也是如何维系生命的艺术。中国是世界上自然灾害最严重的国家之一，70％以上的城市，50％以上的人口，都分布在气象、地震和海洋等自然灾害严重的地区。近年来，各类自然灾害频繁发生。2008 年我们发生了冰雪凝冻灾害、台风灾害，还发生了地震灾害。我讲过，世界上只有中国有这么一个机构，叫“防涝抗旱指挥部”，一边防涝一边要抗旱。这本来是两

个相反的事情，防涝还要抗旱，南边涝了北边旱了，北边涝了南边又旱了。近年来每年因灾害、公共安全问题造成的非正常死亡人数，超过20万人，受伤人数超过300万人，经济损失每年达到6500亿元，相当于GDP总量的3%～6%。从发达国家的经验来看，在城市化发展快速发展的阶段，城乡发展与抗灾能力不足的矛盾将日益突出。我们的城市发展相当快，包括绵阳市的发展也相当快。北京市过去只有2环路，后来又有了3环、4环、5环、6环。城市人口不断在增加，农村人口向城市集中，城市化率1978年才17.9%，到了2008年达到40.9%，预计到2020年，我国城市化率将达到60%。而这个时期，正是我们城市防灾、抗灾、减灾的关键时期。当然，我们要从很多方面去考虑，从法律、法规健全，从技术标准建立，从防灾规划，从防灾组织，以及建筑的防灾能力等方面来加强这一工作。在四川的地震中，众多建筑物受到很大损害，而绵阳钢结构的九洲体育馆安然无恙，成了当时抗震救灾的指挥部、庇护灾民的“诺亚方舟”。到现在，这个建筑依然完好。九洲体育馆之所以能够在这场突如其来的近乎惨烈的灾难中屹立不倒，是因为我们建筑师们在项目的方案设计阶段，就清醒地认识到：如此大跨度的空间结构，必须要在满足设计规范要求的同时，主动加强抗震的构造，就是以卓越的设计来保证、提高我们建筑物的抗震能力。综上所述，我想说明一个问题，就是中国是自然灾害比较多的国家，我们的钢结构正具备抗击各种灾害的能力，不光是地震，还包括台风、暴雨和其他各种各样的自然灾害。

要大力宣传钢结构的优越性。对我们来讲，就是要以地震为契机认真宣传、介绍钢结构建筑的优越性。我们要做三件事情，希望四川能率先做到。第一件事情，就是发挥我们钢结构行业协会的组织、协调作用，发挥建设部门的领导、主管作用。今天，这么多四川省的人大原主任在这里，我希望都能支持我们的协会工作和部门工作。我们要召开有关专家、学者、企业家参加的钢结构座谈会议，也要请人大的代表参加，谈谈钢结构的优越性、重要性。今天在座的有这么多的钢结构专家，我只想简单地讲一下，就是：钢结构是特别轻的建筑，是绿色建筑，是可以循环再生利用的建筑，是使用面积能得到充分体现的建筑。要通过座谈会，把这些优越性进行宣传、普及。第二件事情，就是在座谈讨论的基础上，请政协委员和人大代表组成课题组对我们钢结构建筑进行调研，对这个课题我们将积极参与，协助起草调研提纲和整理讨论发言的意见。在调研的基础上，向省人民政府提出在地震灾区大力推广钢结构的建议。第三件事情，就是希望四川省建设厅，代表省政府起草《关于推广钢结构建筑的意见》。由省政府发文，这样对于推广钢结构具有重要作用。四川省去年发生了地震灾害，灾后重建对我们大力发展钢结构提供了重要契机。当然，我们要在全国推广，而四川省要率先搞上去，起表率作用。我们在向政府提出这样一个建议以后，还要在过去很多政策的基础上，进一步提出发展钢结构的政策性意见，制定国家政策。

中国人是强调直观的，强调有榜样的，有示范的。毛主席说过，榜样的力量是无穷的。我们要积极地把专家的主张、专家的智慧贡献于工程，让这些工程在中国起示范作用，起推动作用。这样下来，我们协会、企业、专家们要做的，就是如何提高钢结构的水平。

昨天，我到了北川。北川县城，整个在地震过程中被夷为平地。现在，正在进行新址规划，由山东省援建。在北川新址的规划过程中，有一个新区，叫北川的工业园区。我提到这个工业园区，要思考怎么建。我当时提出：希望山东省建设厅考虑，按照工业园区的要求把各种配套设施建立起来，要用钢结构、轻钢结构建设一大片标准厂房，进行工业房地产开发，把北川—山东工业园区建设成为中国的创业园区。这是我受了一个美籍华人的启发。他在美国生活了四十多年，在中国的广州、上海、天津、海口等城市，建了九座“美国工业村”，他当村长，建了有10年、8年，所有的房子全部出租了，租给电子产品厂、医药产品厂，等等。所有的工厂，都希望租用这样的标准厂房，而他就承担这个小区的物业管理和收租金，这实质是工业房地产开发，经济效益和社会效益都很好。由此，我看北川—山东工业园区完全可以用轻钢结构的标准厂房去推进发展，吸引绵阳市内外的电子工厂、生化工厂、卫生用品工厂以及其他各种日用产品的工厂入驻和发展，这是一个很好的契机。

为了大力推广钢结构，我们可以组织专家们到企业去看看，到发达国家看一看，到台湾、香港看一看，哪一幢建筑不是以钢结构为主体的。而我们现在还在那里犹豫和选择！昨天在从成都来绵阳的路上，我很高兴地到一个叫“攀成钢”的钢厂去看了一下，这个钢厂新建的100万m^2厂房全是钢结构的。几年来，我们这次论坛的协办单位之一——泛华建设四川赛特蓝钢结构集团也参与这个项目几个工程的建设。我看了以后给予充分肯定，但是我们还要考虑，建筑结构的颜色、建筑结构的外部涂料、建筑结构的门窗就是建筑结构的眼睛，可以做得更好。

我们要用抗震救灾的精神大力推广钢结构，明确“生命第一”是建筑的准则。明确钢结构在所有结构中符合当前人类社会可持续发展的种种要求，同时也要正视钢结构建筑的薄弱环节。

二、要从三大方面，夯实钢结构建筑，推广钢结构建筑的基础性工作

钢结构建筑要在全国推广，要在中国这块土地上，随着我们国力的进一步增强、人民生活水平的提高，钢结构建筑得到更大范围的推广应用，实现工业化的快速发展，要做好基础工作，主要是三大方面。

（1）建立健全钢结构建筑的法规体系。近几年来，就抗震来说，我们加强了法律的规定，落实出台了建筑工程抗地震灾害管理规范，超限高层建筑抗震设防的规范，并提出城市抗震的防灾规划管理，房屋建筑工程抗震设防管理规范，还有市政公用设施抗震设防管理规范，我们还加强了新建工程抗震设防质量的监督，这些方面已经做出了很多大的调整，但是健全钢结构法规体系，仍然是至关重要的，而且钢结构的验收，不光是钢结构本身的验收我们还要出台详尽的验收标准，要把钢结构配套的幕墙、扣件及其他东西都要跟着一起验收。这些好不好，也影响钢结构整个工程的功能质量。幕墙也是如此，一个幕墙时间长了，它的连接胶硬化了，到时候幕墙就会掉下来，那还得了吗！前些年在珠海，一次台风，把这个城市的幕墙建筑刮得差不多了，钢结构纹丝未动，幕墙掉得差不多了，那你说钢结构好不好，也不能说钢结构就好，你幕墙和钢结构是相辅相成的，建筑好，其中不光是钢结构好，包括与钢结构配套的各种东西，它都在建筑的功能里面。

（2）完善钢结构的各种标准规范。标准规范是非常重要的，我曾经讲过，从国际发达国家来看，在市场经济进程中，人们通常说的一句话，“三流企业是卖劳力，二流企业是卖产品，一流企业是卖技术，超一流的企业是卖标准”。标准是我们创新工作的必要环节，要想技术更新，技术改造，没有标准，你的新技术是得不到应用的，你的专利是没有市场的，标准至关重要。当然，我们有国家标准、行业标准、地方标准，我们大型企业、先进企业有自己的企业标准，进行标准化管理，标准化生产，建设部共编制和修订了有关抗震的标准、规范四十余项。有关我们钢结构常用的规范有99项，还有不少地方性标准。有些就是我们协会组织专家、学者、企业及有关部门编制的。在完善标准规范的同时还要强调国际上的四大标准体系，ISO 9001质量管理保证体系，ISO 14001环境管理体系，OHSAS18001职业健康安全管理体系，还有SA8000社会责任体系，推行国际通用的标准体系使管理工作法制化，这就是科学管理进入到知识管理的最前沿阶段要求我们实行标准化生产，标准化管理，这也是我们新型工业化的必要条件。

（3）增强钢结构建筑工程检查的科学性，先进性。搞建筑质量检查，靠“吊、卡、量”，用线吊一吊，尺子量一量，钢结构检查，吊卡量是不行的。像人体检查一样的，我们过去老中医，把把脉，望闻问切，现在光望闻问切不行，要到医院扫描去，全面检验。我们的检查手段要科学化，要检查建筑物建造过程中，它的内部构造结构。我们钢结构焊接的每一道焊缝，还要检查钢结构在使用过程中疲镣程度，抗风压、抗剪、抗侧压等压力状况，以及钢结构的结构防火、保温、隔热系数，钢结构和非钢结构的接合状况等。要增强这些检查的科学性、前瞻性，而不是凭我们的经验去检查。经验是宝贵的，却是如果成为经验主义，那就不行了。要有先进的检测仪器、先进的检测手段，增强检测的科学性、先进性。

三、要从四大方面进行研讨，钢结构建筑的技术创新和品牌建设

我们的工程技术，必须要创新。尽管我们不是高新技术行业，但我们需要用高新技术行业改造我们的传统行业，更何况我们钢结构，是在建筑中科技含量比较高的。要搞品牌建设，我们更要认识到我们中国在发展过程中全世界各大商场都有中国制造的产品，叫 Made in China。却是应该看到，中国是制造大国，却是品牌小国，很多有价值的品牌，都是在国外，而我们的品牌太少，我们的品牌意识不强，我们企业，光考虑自己发展挣钱，而不考虑品牌建设，仍然是我们一个大的问题。品牌建设，包括城市的品牌建设，比如说成都，成都怎么进行品牌化建设，先是提出成都的品牌是一个来了就不想走的城市，这么个品牌，后来改进提出成都是一座来了还想再来的城市，这样的品牌意识就很好。钢结构的科技创新要从四大方面抓好：

（1）要弘扬钢结构建筑新理念，活跃钢结构建筑设计思想，繁荣钢结构建筑创作。我们民族建筑有民族建筑风格，但是我们不能光靠琉璃瓦造房屋，我们要把民族建筑时代化，把我们民族的传统风格和世界的先进理念紧密结合。最早，我们建筑的设计指导思想，大概是 1956 年左右，中国建筑设计的指导思想是三句话，经济、实用，在可能的条件下注意美观。发展到今天，这个指导思想就要赋予新的时代精神，不是在可能的条件下做到美观，而是要创造魅力建筑，要经济，要实用，还要美观，如果一个城市建筑不美观，没有魅力，没有什么亮点，成为老百姓看到难受的建筑，那可不行。任何一项建筑，作为一门艺术，是百花齐放，百家争鸣。建筑的魅力也体现了一个国家的文化，国家的竞争力，一个民族的精神。

（2）要推进钢结构制作、施工的新型工业化。所谓新型工业化，是在高新科技条件下的工业化，是可持续发展条件下的工业化，而不是简单的工厂化生产。那么，钢结构工程来说，当前的制作和施工，应该说我们相当一批企业规模还是比较小，设备还是比较简陋，钢结构如何做到精细管理、精细制作非常重要。钢结构焊接有自动焊接和人工焊接，焊接过程受人为意识的左右，人为思想的影响，精密的钢结构用的全是铆接、栓接、焊接，那就更需要发展钢结构的精度。钢结构的制作如此，钢结构的安装更是如此。大型钢结构的安装方案，那更值得研究。一个大跨度的钢结构，吊起来，就像面条一样，如果要保持它的精密度，既有制作问题又有吊装工艺问题，无论是制作还是安装，包括制作安装一体化，我们现在有的钢结构高层建筑，有的做到两天半建一层，全是工厂化制作，现场化安装，我们钢结构公司完全可以做到这一点。施工是最快的。在钢结构的制作和施工中还有很多技术需要攻关，从而切实提高我们钢结构的制作、安装水平。

（3）要拓展轻钢结构、空间结构的应用。空间结构、轻钢结构，要在社会生活中得到广泛的应用，要渗透到方方面面的领域。大型公用事业不说，那当然是钢结构，大型公用事业，如体育场、博物馆、影剧院、火车站、机场等。我们的民用住宅建筑，小型的卫生所、检查站、中小学校，完全可能标准化，批量生产，要拓展轻钢结构和空间结构的应用领域。

以上这三个方面，要有三个专家组、就是钢结构设计专家组、钢结构制作安装专家组、轻钢结构和空间结构专家组，进行专题研究，进行研讨。但是，我们专家组的研究，必须要明确如何发挥专家组的作用，专家组将怎样发挥作用，应该看到技术进步的主体在企业，科技创新主体在企业，那么专家起什么作用，专家的知识和理念、智慧和技能，要作用在企业。协会组织要有效地发挥每个专家的聪明才智，去全面推进钢结构的技术进步。

（4）要全面推进钢结构工程管理创新，努力做到知识管理、信息管理、文化管理。我们钢结构的发展，从企业来说要围绕人的全面发展进行以人为本的管理，一方面一切为了人，为企业员工日益增长的物质和文化生活的需要，还要为社会为用户日益增长的物质和文化生活的需要，还要做到一切为了造就一代新人。另一方面要一切依靠人，尽管电脑和信息技术飞跃发展，但是都是人操作的，我们要尊重人，善待人，发挥人的聪明才智，充分调动人的主观能动性。

地震灾害给我们带来了灾难和教训，同时伟大的抗震救灾精神也给了我们机会来发展钢结构。中国钢结构专家，中国的建设者，我们完全有能力有信心，在全力推广钢结构上做出新的贡献，使我们钢结构实现跨越式发展。也希望大家认真向参加会议的各位专家学习，向灾区领导和人民学习，进行深入的思考，以抗震救灾精神扎实推广应用钢结构共同出谋划策实现科学发展、可持续发展。祝愿钢结构产业链上的众多企业，能蒸蒸日上。祝愿我们的各位专家、各位企业家能够在实施钢结构更大幅度的推广上更大规模的跨越发展上发挥自己的聪明才智。众志成城，钢结构的明天一定会更加美好！

（2009年5月19日在“钢结构在地震地区应用论坛”上的讲话）

发挥专家作用　推进行业科学发展

中国建筑金属结构协会有八个专业委员会和一个分会（下属六个专业委员会），各专业委员会的专家约2000人。如何发挥专家作用，推进行业科学发展不仅是钢结构委员会，也是其他各专业委员会应该共同思考的问题。

一、专家智能是行业科学发展特别重要的力量源泉

协会是协助政府管理行业发展的社团组织，行业由企业组成，企业要健康成长。行业要科学发展，而成长和发展的特别重要的力量源泉又来自专家智能。可以从以下四方面具体阐述：

1. 自主创新的大脑

中国要成为一个创新型国家，各级政府，包括各个省市都在为创新型城市、创新型省份而努力。作为协会工作者要深刻认识自主创新的重大意义：自主创新是国家独立自主的基础，是支撑国家强盛的筋骨，是国家竞争力的核心；自主创新至关国家的国际地位、民族尊严和发展后劲；自主创新是应对科学技术突飞猛进和知识经济迅速兴起的必然要求；自主创新是深化改革、扩大开放的内在要求和有效途径。

要让创新成为一种习惯。在日常工作中，在过去思想不够解放的情况下，中国的创新很难快起来，并且容易失败。有位企业家曾说，“我最大的财富就是失败，失败是成功之母”。中国的国有企业不允许失败，如果失败领导者就要让位。创新要有宽容的环境，要形成自主创新的良好风气、形成自主创新的良好氛围。自主创新包括三个方面的内容：

一是原始创新，以科学发现和技术发明为目的取得专利；行业、企业要有更多的专利权，要在专家的指导下争取更多的专利权；施工要有更多新型工艺、新型施工工法，这非常关键。

二是集成创新，将多种相关的技术有机配合形成新的产品、新的产业，向国际水平靠近。尤其是建筑行业，科技创新至关重要。建筑行业是劳动密集型行业，因此提高技术含量至关重要。建筑业是把各类先进工艺、新型材料以及奇思妙想在工程项目上进行集成，形成新的生产力，这是建筑业技术创新的主要形式。所以要大力推进集成创新，促进建筑业跨越式发展。近年来，建筑业推行十大新技术，科技创新取得了

很大成就，特别是在盾构施工、大跨度桥梁建设、高层建筑施工以及钢结构施工方面，发明了很多新技术。但总体而言，建筑业仍然是劳动密集型行业，需要用高技术含量、高新科技改造传统产业和产品。可以说飞机是空中飞的建筑，汽车是在公路上跑的建筑，航空母舰是在海上航行的建筑，飞船就是登上月球的建筑，如果把它们的技术集成用在建筑上，一定是高水平的建筑。当然，现在集成的不仅是这些，要集成成功的制造技术。建筑行业现在集成创新的还有太阳能光伏技术的应用、节能减排、绿色建筑、绿色施工等方面的技术。

三是引进消化吸收再创新。当前是经济全球化，中国是一个大国，在全球化背景之下，我们应该掌握全人类的技术，无论哪个国家，只要有先进技术，就要学。国外有些技术比中国先进，要引进来，引进来就要消化，消化了还要吸收，吸收了还要再创新，变成中国造。

钢结构建筑在境外或国外有很多成熟的经验，台湾地区的钢结构建筑很好，芬兰、瑞典的钢结构建筑占总建筑量的70%～80%。我经常呼吁要大力发展钢结构，要引进消化吸收再创新。自主创新需要专家，专家是创新的大脑与智囊团。

2. 知识产权的资本

我们要高度重视专家的知识产权。所谓产权资本就是财富，最大的财富是知识，人力资本是所有经营投入的第一资本，人力因素是所有管理中的第一因素，要强调人力资源的开发。所谓原始创新就是产权问题，无论是新工艺、新工法，还是发明权都是知识产权，它是一种资本，是一种知识资本，不要认为只有钱才是资本。希望企业和会员单位拥有更多的知识产权，更多的发明权，这些都离不开专家。

3. 企业发展的良师

协会要更多地重视中小企业，中小企业占全国企业总数的98%，它现在创造的利润、创造的价值也占70%～80%以上，中小企业非常关键。从世界各国的发展来看，主要是由中小企业发展起来的。台湾地区可以称之为中小企业的王国，是中小企业带动了整个台湾地区的经济。目前，国家非常重视中小企业，为此形成了许多文件和法律。国家工业和信息产业部有中小企业发展司，有些专家正在向国家建议成立中小企业发展研究中心。然而，在现实中，中小企业仍然受到不公平的待遇，如国有企业欠了民营企业、中小企业的钱，很难解决；而中小企业、民营企业欠了国有企业的钱，叫“侵吞国有资产”，中小企业经常受到不公正的待遇。就协会而言，下属企业几乎100%是中小企业，当然也有像沪宁钢机、沈阳远大这样的大型企业，但绝大部分是中小企业。中小企业要发展，关键是科技创新，而不是简单地增加人员、增加设备。作为协会要更多地请教专家，使专家成为中小企业发展良师，建立健全中小企业的服务体系。

4. 协会工作的优势

协会同政府机关不同的是：政府工作靠权力，协会工作靠魅力。协会在某种意义上说是商会，协会工作跨行业、跨部门，它最大的优势是能凝聚社会上各个方面专家的力量。协会只有依靠专家才能进行科学指导，才能有效地对企业进行服务。协会工作的优势在于专家，在于充分发挥专家的作用，各专业委员会的优势是行业专家的地位和作用所决定的。

二、创新发挥专家智能作用的路径

1. 开展研讨提高行业科技含量

通过多方面的研究和讨论，分析当前行业中科技含量不高的问题，可以研究解决提高科技含量的方法和步骤。特别是有目的地扶持一批重点企业，在科技含量的问题上走在前面，在行业中起领头羊的作用。中国之大，企业之多，不可能把所有企业的科技水平都大幅度提高，但完全有可能使一批企业，包括一些明智的企业家能率先起到榜样和示范的作用。科技含量包括很多方面：有关施工效率的科技问题；有关社会公益方面的问题，包括可持续发展、能源的节约、环境的友好，以及可再生能源的利用等方面。如抓建筑节能时，要抓“供热改革”，而“供热改革”不是简单的体制问题，更重要的是供热技术改造。我国北方地区要一家一户地将原有的串联采暖方式改为并联采暖方式，并非易事。冬天供暖，应按消耗的打卡计量收钱，那么打卡计量是一户一户的计量，像电一样用了多少度就收多少钱，才称得上能源的合理使用和高度节约。要对楼房进行技术改造，城市有多少楼房，要投入多少资金进行技术改造？作为行业的科技含量，它是围绕行业的原材料、生产工艺和行业产品的研发趋势去考虑的。

2. 开展调研咨询增强企业核心竞争力

协会要为企业服务，特别是会员企业，多数是中小民营企业，为他们做好服务。企业的竞争力来自于管理和科技两个方面，协会要引导企业面向专家进行咨询。咨询服务业在我国是个新兴行业，在国外这是非常大的产业，我们强调自力更生，但不等于所有事都是自己解决，不请专家做咨询服务。过去我们有些人认为顾问是过问过问而已，事实上顾问是高科技含量的职业，顾问是担当咨询服务重任的。协会要担当起企业和专家之间的中介服务，要发展咨询产业，开展咨询服务，帮助企业提高核心竞争力。

3. 开展培训传授提升企业家素质

我国中小企业居多，就企业家来讲，当前综合素质水平不是太高。企业家又是非常重要的，一个不重视企业家的民族是没有希望的，企业家是当今社会最稀少、最短缺、最宝贵的资源。但是企业家也有两种可能：有的成为真正的企业家，有的可能今天风光，明天就进了班房，那是社会另外一种现象，所以提高企业家素质至关重要。当然，现在进行MBA培训，像哈佛商学院那样进行人力培训，可以解决企业家的问题。我们的企业家需要具有儒家风范、儒商精神、要讲诚信，要有儒商的经营风格，又要有智商的科技精神。要成为科技先导型企业，而不是仅仅靠延长工作时间、增加体力消耗、笨重体力劳动的企业。企业家的素质怎么形成？一方面靠企业家自己钻研学习，另一方面要靠协会组织专家对企业家有针对性地培训和职业教育，教育是至关重要的。人需要刺激，人需要激励。有个心理学家说过激励的作用，人在无激励的状态下，只能发挥自身能力的10%～30%；在物质激励的状态下，可以发挥自身能力的30%～50%；在适当的精神激励的状态下，能够将自身能力发挥到80%～100%，甚至超过100%。物质激励到一定程度就会出现边际递减的效应，而精神激励则更持久、更强大。有专家认为：人最大的未被开发的领域是在两个耳朵之间的大脑。普通人大脑开发多少呢？科学家们发现，普通人的大脑只是用了10%或者更低一些，有90%的东西还在睡觉，需要去唤醒、去挖掘、去开发。有位外国专家说过这样一句话：我们人类目前使用仅仅不到1%的大脑细胞，人类本身就是未被开发的资源。人的潜力相当巨大，人力资源开发至关重要。作为企业家更需要开发，发挥专家作用，对企业家、企业管理人员有针对性地组织培训，技术再教育至关重要。

4. 开展专题研究协助政府主管部门建立健全行业标准规范体系

要建立健全行业的标准规范体系，有人讲过：三流企业卖劳力，二流企业卖产品，一流企业卖技术，超一流企业卖标准。因此，标准规范至关重要。以美国的混凝土标准为例，开始是8年修改一次，现在3年就要修改一次。在中国，一方面有些标准不健全；另一方面还是20世纪60年代的标准，没有根据生产力的发展及时进行修改。我们应把世界各国的钢结构标准都汇集起来，翻译出来，作为参考来制定我们中国的标准。在标准方面，要发挥专家的作用，协助政府部门建立健全标准体系，及时修改标准，使先进技术得到很好的应用和推广，实际上这也是科技创新的能力。如钢结构设计必须优化，美国有专门钢结构优化的公司，专门做优化，优化的结果既节省投资，又节约材料，使整个建筑物的重量减轻。千万不能："不动脑筋加钢筋"，生怕出现安全事故，钢筋加得密密的、多多的；承重做得大大的，把房屋建成碉堡。为了安全，房子不能建成坟墓，也不能建成碉堡。要有优化的能力，而优化离不开标准的更新，这实际上也是新技术应用推广的能力。

5. 开展国际交往交流推进实施走出去战略

目前，根据行业初步统计，金属结构协会的会员企业已经走向世界150多个国家。他们走的很不容易，有几个山东的企业，三次到美国去参加展览，都被安排在很差的位置，交了不少钱，真的很不容易，精神可嘉。但是走出去还存在很多问题，这次在安徽召开了一次关于企业如何走出去的研讨会，会议分析了走出去企业的现状，走出去不只是要挣外汇、美元，更重要的要引进消化吸收再创新，是了解世界、了解全面，进一步使产品得到提升，这是非常关键的。包括标准规范、新技术、新材料、新工艺等。走出去就需要广泛开展国际交往交流，更好地扩大管理者的眼界，提高企业的创新能力。

6. 开展合理化建议活动增强协会的工作能力

关于协会怎么干，能力很重要。共产党执政强调的是提高执政能力，各级政府、省市县政府强调的是提高行政能力，协会强调的是提高活动能力。协会的生命在活动，生命的价值在于活动的质量、活动的有效性。那么开展什么样的活动更具有层次，更具有社会性，并使参加活动的每个人、每个企业能有所得，这需要广泛征求专家的意见。需要把有见解、有见识的人员发动起来，提出活动的合理化建议，通过民主办会的方式来研究提升协会的活动能力。

三、正确处理好发挥专家作用的十大关系

1. 专家和企业家的关系

协会有专家队伍，协会服务的对象是企业与行业。而在行业中，中小民营企业居多。从科技创新的角度出发，科技创新的主体是企业。专家的重点，是发挥其智能作用与智慧。换言之，就是专家作用点应该在企业，就是把专家研究的成果应用到企业之中，所以说专家是很宝贵、很重要的。但不是所有的企业家都能够认识到这一点，对专家的作用有重要认识，把对科技高度重视的企业的企业家先组织起来。企业家要尊重专家，不要只靠有点儿胆子、赚几笔大钱，因为企业是要长寿的，要可持续发展的。尽管你今天的效益还不错，但寿命不长久，不可持续发展不行。因此，企业家应认识到专家的重要作用，协会要帮助他们寻找到他们应该找的专家。同样，作为专家要认识到作用在行业上，研究成果要在企业中应用，实现技术成果转换成生产力，这才是最终的成果。也可以这样看，在应用技术研发上，企业家离不开专家，专家也离不开企业家。

2. 专家与专家群体的关系

专家也不是万能的，专家应该是在某一方面有一技之长的人，但专家有专家的思维，不仅是在一方面具有一技之长，而且能用科学的思维对待其他事物。今天任何一门技术的发展不可能像过去牛顿那样，牛顿看到树上掉下来一个苹果，就能发现万有引力定律。今天没有哪个定理可以一个人发明。美国的月球计划是几千万人在为之工作着；中国一个工程项目的完成，需要相当严密的组织，包括现在正在制造的大飞机，还有飞船上天，都是需要成千上万的人一起来完成，其中专家就有上千人。任何

一个专家都要发挥个人的聪明才智，要与专家群体的作用紧密结合。比如说钢结构，什么叫钢结构专家？什么叫钢结构工程？如何评定一个钢结构工程的质量？假如钢结构主体很好，但是钢结构外面是幕墙，在深圳、珠海，一次台风来了就把幕墙刮裂了，那能说这个钢结构工程质量好吗？上海前几年幕墙的玻璃又掉下两块，调查结果是胶的质量不好。如果胶的质量不好那么整个钢结构工程的质量能好吗？因为他们是密切相关的。钢结构专家是研究结构的，应与研究钢结构的各种配件专家、配套体系专家紧密相连。钢结构是个系统，钢结构工程更是一个大的系统，很多环节之间有着紧密的联系，所以好多问题都不是一个专家所能够解决的。比如最近研究的太阳能在光电建筑系统的应用，屋顶可以使用太阳能，幕墙也可以使用太阳能，那么光电建筑应用就需要建筑专家、结构专家、光电专家、各种半导体材料专家，还要与施工工艺紧密结合起来才能搞好光电建筑的应用。所以专家与专家之间有着紧密的联系，专家之间不仅保持生活的友谊，保持紧密的联系，对同一个问题，专家讨论可以有不同的思路以不同角度来进行，最后结论往往是相对正确。以国家大剧院为例，我当了三年的国家大剧院工程业主委员会副主席，为国家大剧院的总体设计进行设计招标，当时有45个国际投标方案全部是模型（现在这些模型都保留着），最后是政治局常委讨论确定了现在这个安德鲁（设计师）的方案。在这期间，因为当时的观点太多了，多少个院士反映不要用这个方案，还有一部分直接支持这个方案的专家，都是著名的建筑大师，最后在广东开了一个南方地区的建筑大师会议，在上海开了一个华东地区建筑大师会议，认真听取各方面的意见进行综合，报政治局讨论。这些专家从不同角度提出了意见，所以假如这个大剧院是成功的话，应该归功于那些提出反对意见的专家。因为是他们提出的意见使工程的构思更加完善。还有三峡工程，曾经有一个专家说过这样一句话，三峡工程的成功应归结于当年那些反对建三峡工程的专家们，因为反对三峡建设的专家提出了很多意见，这些意见让专家必须综合考虑才使三峡工程取得了成功。就专家而言，对钢结构的发展可能有不同的意见，那是从不同的角度思考的，可以开展一些广泛的讨论，专家要和专家群体相和谐、相协调，并且相互发挥作用，这才能让专家的聪明才智得到更好的发挥。

3. 发表论文与生产力的关系

协会每个专业委员会每年都有本论文集，有些论文水平较高，也有的很一般，更重要的是，论文发表会产生多大的社会效益？哪些变成了生产力？我很快就联想到，当年我当黑龙江省建委主任到原苏联（就是现在的俄罗斯）的国家建研院参观学习的时候，学习他们的新技术，学习结束后一个苏联的专家跟我说：我们都是社会主义国家，专家研究发表论文是为了得到列宁勋章，为了得到奖励。而日本人真聪明，我们刚发表论文他们就拿回去变成产品，在市场上取得经济效益。专家发表论文不仅是为了获得奖励，而应该是将论文转变成生产力，通过企业研究出一定的工艺使其变成产品，或者转变成工艺创新。专家应强调论文的社会效益、经济效益和环境效益，所以研讨论文必须和发展生产力紧密结合起来。论文要研究钢结构施工工艺的创新问题、钢结构设计问题、钢结构维护结构问题、还有轻钢空间结构问题，钢结构住宅的推广问题等，研究问题是为了解决问题，或是有效改进管理或是研发提高生产力。

4. 原始创新、集成创新和引进消化吸收再创新的关系

创新包括三个创新，原始创新当然是好，也非常的重要；但更要集成创新，集成创新就是把建筑业和建材的、化工的、冶金的、光电学的等方方面面的技术结合到一起去研究，当然也不能忽视引进消化吸收再创新。专家的价值就在于创新。当然专家也需要学习，专家也不是先天就是。今天之所以成为专家，是通过过去的拼搏奋斗、刻苦钻研和自身的聪慧相结合的结果，但拼搏学习是无止境的，专家更应钻研于技术的研发，钻研于集成创新和引进消化吸收再创新。

5. 技术进步和技术经济政策管理的关系

要发挥专家的作用，宗旨在于推进行业的技术进步。而一个行业、一个企业的技术进步与当今的技术经济政策有很大的关系，或者说与技术管理有很大关系。当然管理有管理的专家，对技术专家来讲，应该知道怎样管理才能使技术充分发挥作用，什么样的管理使技术被搁置，或者说不被人们重视，或者不能充分发挥作用；什么样的政策有利于技术得到推广和应用；什么样的政策将会限制技术的推广和应用。要用技术经济政策去引导，应协助政府制定有利于推进技术进步的经济政策。建筑钢结构委员会成立三个专家组，一个是钢结构设计研发组，一个是钢结构制造安装组，还有一个是轻钢结构组，这三个组都要承担研讨有利于科技推广应用的管理问题。管理和科技是分不开的，管理是为科技服务的，他们之间的关系是紧密联系的，技术经济政策是至关重要的。最近为了推进光伏电池、光伏电能建筑应用，由住房城乡建设部和财政部发布了一个文件，文件大概就是每一千瓦电补助 20 元钱左右。政策颁布之后，在几次全国研讨会上，我都强调不能一哄而起。一哄而起可能给光伏电能的应用带来新的质量和安全问题。另外，整个抗风压怎么考虑，抗地震怎么考虑，建筑要综合进行考虑，除技术问题很多是管理方面需要研究的问题。

6. 技术进步和文化氛围的关系

文化氛围是一种生活。好的文化氛围和好的组织氛围使老同志也满意，年轻人也满意。科学家、专家就能充分地发挥自己的潜力、才能。好的氛围使不干活的人能干活，不好的氛围使干活的人也干不成事。现在整个社会都重视文化氛围，全世界很多国家都在创造学习的氛围，美国提出要成为人人学习之国，德国提出终身学习月、终身学习年的终身学习意识。日本把大阪变成学习型城市，新加坡提出了“2015 学习计划”，不管大人小孩人均两台电脑。中国共产党提出要办成学习型政党，中国有些城市、企业也提出办成学习型组织，建立一个良好的文化氛围，要形成人与人之间，组织内部、协会和企业群体之间的尊重人、善待人、充分发挥人的作用的氛围，否则科技进步就难以实现。我们要尊重专家，要善待专家，要给专家发挥作用创造必要的条件，包括物质条件，同时要创造一个良好的氛围。也许专家在某些方面失败了，失败是成功之母，是正常的。我写过一本书《建筑经营学研究》，有一章专门写了“经营失败”，专门研究哪些情况造成失败，失败以后如何对待，为什么说失败是财富？去研究这个问题，就要创造一个良好的氛围。胡锦涛总书记讲过：“要在全国形成一个一心一意谋发展，全心全意搞建设的良好氛围，在全党全国要形成一个良好的氛围”。协会也是一个氛围，如果协会有凝聚力、有影响力，那么专家就愿意加入进来，没有好的氛围，给多少钱也不来。如果有个良好的氛围，我觉得能实现我的人生价值，我就愿意来。克服多少困难我也来，所以文化氛围至关重要。

7. 技术领域竞争与合作的关系

作为市场经济竞争是最大特征，通过竞争才能产生新的事物。但是今天竞争的概念和原始状态下的竞争是不一样的。在资本主义初期的竞争，就是大鱼吃小鱼，小鱼吃虾米，就是你死我活的，是残酷的、无情的。但是今天的竞争，是单位之间的竞争，人与人之间的竞争。在有些场合是竞争的对手，但更多场合又是合作的伙伴。今天的竞争强调的是“竞合”的理念，竞争与合作的理念。合作包括多个方面，科技进步需要与银行合作，需要与高等院校的合作，需要与研究所的合作，需要企业之间合作，还需要和外国同行之间合作。还有很多方面，不同学科专家之间的合作，施工材料供应商与监理等各方面的合作。合作是高层次的竞争，通过合作可以增加技术推广的市场份额，通过合作可以增强技术进步的原动力。

8. 科技创新中经济效益、环境效益和社会效益的关系

三个效益要统筹兼顾，通过科技进步提高劳动生产率，可以说一个小时能干完一天的活，能增加经济效益。但是更应强调在增加经济效益的同时能对环境效益有所改善，能对社会效益有所提高，考虑绿色施工、绿色建筑、环境友好型、资源节约型以及循环经济等方方面面的要求。只有科技创新，才能达到真正意义的科学行事。因为这些方面，这几个效益是并列的，有时候也有矛盾，经济效益很高，可能环境效益并不太高，尤其是中小企业，有些门窗制造厂、铝材加工厂、钢结构加工厂的工人劳保条件较差，比如噪声、通风等工人的工作环境较差，一些中小企业还没有引起足够的重视。现在的社会效益也是问题，比如说门窗的生产，美国的门窗全部是统一的标准，企业严格按标准生产，其通用性、可替代性就很高。但中国的门窗是五花八门的，想怎么设计就怎么设计。所以使供应门窗的生产企业的模具在不断地改进，模具换的特别快，造成了社会资源的巨大浪费。就像手机使用的电池，不能通用，这也是社会效益很差的表现。这个社会效益问题究竟如何解决？将来社会如何发展？如何建立统一的标准体系等一系列问题需要研究，要高度重视在科技创新中经济效益、环境效益、社会效益相统筹、相协调的问题。

9. 专家作用和诸多方面的人力资源开发的关系

人人都可以成才，高明的领导把自己的下属、自己身边的人培养成人才。但人才具体到某一方面来讲是不一样的，它的内容是不一样的。专家也一样，专家称谓尚无严格的标准。一个人在一单位做十年二十年不能称之为专家就是白活。当然这里说的专家可能是一个企业的专家，也可能是一个县的专家，进而发展成全市的专家，一个省的专家，乃至发展成为全国、全世界的专家。各方面的专家人才也有个协调的问题，方方面面人力资源开发都与专家发挥作用有关。我检查施工企业工程质量时曾经说过：质量与技术、与管理、与技工人才都有关系。无论是经理，无论管理人员，无论是技术工人，都是做好质量管理工作的人力资源。科技进步也一样，专家要发挥作用，但其他人都对科技创新起着很大作用，或者说是推动作用，或者说是阻力作用。方方面面人力资源的开发，与发挥专家的作用有着紧密的关系。有的技术攻关不是专家的技术水平不高，这个发明不行，或者说这项建议不合理，而是周围有的人不适应，有的人水土不服。我们常常聘请人才，有本事的领导是把自己身边的人培养成人才，还有一些领导是专门挖人才，挖人家的人才，花高薪聘请外国的人才，结果聘用三年不到人就跑了，水土不服，多少高薪也没用，这与方方面面的作用关系有关。要处理好专家的作用和诸多方面人力资源开发的关系，保证专家的技术成果在诸多方面都能顺利实施。在某种意义上，专家是发挥智慧，或者说起到一个领路的作用，起到一个思维创新的作用，能开拓周围人的思维去研究同一个问题。

10. 协会活动能力与专家智能作用的关系

协会要为专家搭建舞台，为专家创造条件，为专家寻求发挥聪明才智的条件；同时要使会员单位认识到专家的重要性，认识到专家咨询新产业的重要性，从而提高协会的活动能力。作为专家而言，应该看到协会是专家所需要的协会，要给协会提出更多合理化的建议。协会要了解专家之所想，如何尊重专家的意愿，如何更有利于发挥专家的作用。要协会成为专家之“家”，专家也应视协会为“家”，协会工作能力的强弱，协会在行业影响的强弱，与专家发挥作用也有很大关系。协会作用强，专家就能更好地发挥作用。后年是金属结构协会成立30周年，在30周年的时候，将重点表彰10名有特殊贡献的专家，表扬100名对协会、企业有贡献的专家。协会和专业委员会要和专家们一起讨论制定专家管理办法。专家不是那么简单的，谁都可以当的。要实实在在制定专家的管理办法和激励办法，这些方面作为协会都要考虑。专家要活动在企业之中、行业之中，在自己熟悉的科学领域中，尽量了解行业的行情、企业的内部情况；同时开展国际间专家学术交流，了解国内外专家技术研究的成果，积极投入协会开展的各项活动。由于有协会，专家的脑筋和智能将会越来越强，经过付出的努力让自己有所得，实现自己的人生价值。协会因为有专家的支持而更有能力、更强大。协会的工作人员，不仅是行业的行家，同时也是社会活动家；也不要因为你懂得这个专业，而自称为专家，而不去尊重别的专家，应该高度重视从事科学研究和科技成果推广的各位专家，这样才能使专家和协会的关系更加密切。

钢结构工业房地产开发五大理念

（2009年6月18日在“2009年建筑钢结构委员会专家会”上的讲话）

钢结构工业房地产开发五大理念

非常高兴在这里召开这样一个较高层次的国际研讨会，首先讲一讲我们为什么要召开这个研讨会。

我从 2008 年 12 月份开始担任中国建筑金属结构协会会长，对钢结构的建设情况做过一些考察，考察过程中受到三次启发：第一次是到海口，考察海口的美国村，也是一个工业村，当时感觉相当不错；第二次是去四川考察抗震救灾一周年的情况，参观了各省市定点援建地震灾区的建设工程，参观了山东省待建工业园规划，参加了河南省在北川建设的工业园区开工典礼。四川地震后的恢复建设也将建很多的工业园区，怎么建，我认为应该建钢结构，特别是轻钢结构的工业厂房；第三次是今年 6 月份到江阴，参观了江阴工业园区和中建钢构江苏公司，当时就提出了钢结构工业房地产开发这个议题，之后与江阴园区周琛副主任和招商局陈华局长一起商量并策划了本次研讨会。可以说，这次会议经过了周密的策划，也召开的很成功，国内外专家的发言更是让我们很受启发。

另外，这次钢结构工业房地产研讨会为什么选在江阴召开？从全国来讲，江阴是全国最强的县级市，江阴连续七年蝉联全国县域经济百强县市第一，江阴的工农业生产总值超过了甘肃、青海这样一个省的工农业生产总值。江阴的上市公司就有 25 家左右，创全国县级市上市企业之最，江阴的发展速度相当之快。可以说，江阴是中国改革开放经济迅速发展的典范。同时也可以看到，江阴的市委市政府、开发区各位领导有着世界眼光和战略思维能力，江阴还有众多凝聚专家才智的情缘，以及拥有很多具有儒商品德、智商才智的现代企业家。

有这样一支企业家的队伍、有专家教授、有胆识的领导，可以说选择在江阴召开本次研讨会是正确的。我也相信，本次会议一定会收到意想不到的成果，对江阴和对我们国家的钢结构发展将起到重大的推动作用。

怎么建钢结构的工业园区，如何从事我们钢结构工业房地产的开发，也就是我今天所讲的主题——钢结构工业房地产开发的五大理念。

我们讲的钢结构包括有普通钢结构、轻钢结构、空间结构等。我们在这里讨论的房地产不是住宅小区建设，而是工业园区建设，是工业房地产开发的概念，我们讲的理念是讲理性思考。因此，我讲工业房地产开发的建设理念就是讲如何进行以钢结构为主要建设形式的工业园区建设的理性思考。

一、可持续发展理念

1. 绿色施工和绿色建筑

钢结构是重量最轻的建筑、是施工工期最短的建筑、是安全性能最强的建筑、是经济最省的建筑，也是污染最少、影响环境最小的建筑，因此，最符合绿色建筑和绿色施工的要求。

2. 节地、节能和节材

中国可利用的土地资源紧张，作为用地大户的各类建筑，尤其要节约用地。我曾经担任过国务院的关于各类开发区占地状况的检查员，检查了三个省市。当时，中国到处都在搞开发区，按照当时的规划，中国15～20年以后，耕地全部没有了，到那个时候，即使把全世界粮食贸易量全买回来，也不够中国人吃半年。到那时候怎么办？所以，要节约土地资源。节能、节材更不用说了。而钢结构建筑具有节地、节能、节材的优点，应当予以着力推广。

3. 经济、适用、美观

经济，就是要注重节约；适用，就是要与循环经济和功能相联系；美观，则是对人文环境而言，要符合建筑美学要求，要具有时代文化精神。要符合经济、适用、美观，各类住宅小区、公共建筑、工业园区就要有高水平的园区规划，要有齐全的配套服务设施，要有高效能的基础设施，同时还要有先进的物业管理。

4. 抗灾能力

5月份，我在四川召开的钢结构在地震地区应用论坛上的讲话中强调，生命是建筑的准则，安全是人类生存和生活的基本条件，是人的生命和发展的基本权利的维护与保障，也是制约社会发展的因素，建筑要把生命放在第一位，予以高度重视。在灾难面前，我们有过很多深刻的教训，比如有个省级城市下了3小时的雨，就死了30多人，可见城市抗灾能力太弱，所以提高城市的抗灾能力至关重要。而钢结构建筑抗灾能力要强于其他建筑，这不仅在四川地震中得到了验证，而且在日本这样的多地震国家早已是成熟的技术。

二、设计优化理念

1. 方案优化

作为设计方案来说，是通过设计招投标进行的，实际上是一种方案竞赛。中标的方案有其优点，没有中标的方案也有可采纳的优点，如何进行方案优化，综合各方面的优点结合到一起，形成更加优化的方案这才是关键。在方案的选择中，不能有猎奇心理，造型可以独特，但不能怪异，建筑最本质的功能在于适用。

2. 结构优化

我国钢结构建筑的用钢量比发达国家多很多，可是，钢结构用量越大越多并不是优点。应该合理用钢，要优化设计，使得钢结构不仅功能更加符合要求，而且用量更加合理。同时，钢结构设计要使加工制作、施工安装、维修养护都能更加的方便。

3. 作业优化

作业优化分为现场优化和工厂制作优化。制作优化，要尽可能做到机器人作业。现在有了不用焊材的焊接，是钢材的直接融化，焊接效果非常好，也能充分保证焊接的质量。焊接事故中最大的教训是重庆的綦江大桥，因为焊接质量问题，导致大桥垮塌，是惨痛的教训。还有现场的拼装、吊装方案至关重要。

4. 制品及配件优化

制品及配件是影响钢结构优越性发挥和整体功能的重要因素，所以说制品及配件都要做到标准化、规范化。

对于优化来说，协会可以指导、帮助、组织钢结构优化咨询公司。优化是一个新型的产业，也是一个新型的职业，优化是经济社会发展的需要。只有通过设计优化，才能在保证各种功能质量的同时，节省大量的材料和资金。美国和欧洲已经有很多优化公司，直接从事优化咨询工作。我国也应当积极试行。

三、新型工业化理念

1. 加工制作生产线工业化

钢结构的加工制作要做到模块化、标准化和自动化，形成生产线的自动作业，降低劳动强度，降低材料消耗，节省制作时间，从而实现降低成本、提高效率的目的。

2. 拼装、吊装工业化

钢结构的安装施工要做到机械化、定型化，技术集成化，装备机械现代化。

3. 辅助材料配套件工业化

辅助材料、配套件都要做到标准化、规范化，以确保工程的整体质量。

4. 检测、检验工业化

钢结构检验检测工业化要做到电子化，用电子测量方法检查钢结构的成分、焊接水平和质量。

5. 设计、制造、施工一体化方向

大型钢结构企业要走设计、制造、施工一体化的道路。今后，像工业园区这样以钢结构建筑为主的工程，其规划也可以由有实力、有能力的大型钢结构企业一家来完成，进行一体化操作。因此，有条件的大型钢结构企业要争取获得施工总承包资质。

6. 管理现代化

无论是企业管理，还是行业管理，都要逐步实现现代化，也就是要用科学发展观来指导企业的生产经营和行业的改革发展。这里，要强调管理的人性化，体现以人为本的原则。

四、可再生能源建筑应用理念

1. 太阳能建筑应用

协会在北京刚刚召开了第一届中国太阳能建筑应用国际研讨会，中国和德国的专家介绍了太阳能建筑应用。协会正在筹备太阳能建筑应用专业委员会，专门研究太阳能建筑应用的问题。

2. 地热、风能等建筑应用

有条件的钢结构工业园区要向地热、温泉、地下水、风能等建筑领域进军。政府要注意宏观调控，协会要加强产业指导，做到有序发展。

3. 废弃物热电转换

要实现垃圾资源化，取得一举多得的效果。这也是钢结构工业房地产开发需要进军的一个领域。

五、环境友好理念

（1）无害化处理和零排放 工厂的垃圾要进行无害化处理，污水、污气要实行零排放。

（2）厂内空气风洞换新 一些工厂的空气实在是不好，怎样才能使得工厂的空气保持新鲜？如何通过地下风洞来进行空气换新，有效解决空气的问题，需要很好研究。

（3）厂内外运输轨道通畅 大型钢结构企业可以通过完善的轨道运输系统，来实现原材料、制成品的运输畅通。

（4）地下空间有效利用 钢结构工业园区地下停车场、地下仓库、地下通道等都是地下空间的利用。拓展地下空间，可以节约大量的土地资源。

（5）厂内噪声的消声问题 钢结构工业房地产开发要采用吸声较强的材料，努力降低音量分贝。

（6）厂区智能化 钢结构企业的厂区要做到防火智能化、通信智能化、安全保卫智能化、尽可能地实行智能化管理。

以上是我们建设钢结构工业园区五个方面的理念。除此之外，我们还要充分认识建设钢结构工业园区的意义，要认识到建设钢结构工业园区是国家扶持中小企业发展的需要。

前两个月，国务院专门讨论了如何发展中小企业的问题。中小企业占全国企业的92%，对国民经济的发展有着重要影响。党和国家越来越认识到中小企业发展的地位，采取支持和扶持的措施。所以建钢结构工业园区是全面支持中小企业发展需要的，是工业发展的必然趋势，是国际上先进国家的成熟做法，也是人类社会可持续发展的需要，所以我们对建设钢结构工业园区要引起足够的重视。

我们提到房地产多数是指民用房地产，一般是公用建筑或小区开发，工业房地产作为房地产的一个概念提出的时间并不长，希望更多的有识之士投入到钢结构工业园区的开发和建设中去。

本次会议是非常成功的，是有价值的，非常感谢专家和企业家的发言。同时希望大家去参观一下美国工业村，值得一看，也值得我们思考。

最后我提出三点希望：一是希望钢结构专业委员会组织专家、企业家进一步深化研究，逐步制定出合理、健康地发展钢结构工业房地产开发的指导意见。二是希望这个会议能引起市委市政府的高度重视，将这次研讨会的成果付诸实施，在园区和江阴城市建设中率先推广钢结构。三是希望钢结构专业委员会选择适当的时间，在江阴这样有基础、有实力的城镇召开研究钢结构民用房地产开发的研讨会。钢结构住宅建设也需要认真研究，需要在经济发达地区大力发展。

中国作为发展中国家，我们要向发达国家看齐，发达国家能做到的，我们也一定能做到。我相信钢结构的发展，钢结构工业房地产的开发，钢结构民用房地产的开发一定会走在世界前列。中国不仅是钢产量大国，还要成为建筑用钢大国。

（2009年10月20日在“江苏江阴——国际钢结构暨工业房地产论坛”上的讲话）

把握低碳经济时代的发展方向
促进钢构产业和企业快速发展

低碳经济就是以低能耗、低污染、低排放为基础的人类文明的发展成果，是人类从农业文明、工业文明发展到今天，又出现一个新的文明，就是低碳文明，这是人类发展史上的一个重要历史阶段。低碳经济的实质是能源的高效利用，开发清洁能源，追求绿色 GDP，核心是人类生存发展概念的根本性转变。对低碳经济我不想多讲，今天重点围绕钢结构的低碳经济讲三点。

一、低碳经济是全球钢构业发展的总方向

1. 建筑业是低碳经济的重要领域

现在从全世界来看，欧盟、美国、日本都已将建筑业列入低碳经济、绿色经济的重点。2008 年的 11 月份，美国前副总统戈尔发表文章，世界 40%的二氧化碳排放量是由建筑能耗引起的，提出要改变建筑的隔热性能、密封性能，动员一些国家，像法国、英国、德国等国家，于 2008 年倡议并成立了可持续建筑联盟。2009 年，英国政府发布了节约低能耗低碳资源的建筑，要在 2050 年实现零碳排放，通过设计绿色节能建筑，强调采用整体系统的设计方法，即从建筑选址、建筑形态、保温隔热、窗户节能、系统节能与照明控制等方面，整体考虑建筑的设计方案。法国于 2007 年 10 月提出了环保倡议的环境政策，为解决环境问题和促进可持续发展建立了一个长期的政策。环保倡议的核心是强调建筑节能的重要性和潜力，以可再生能源的适用和绿色建筑为主导，为建筑行业在降低能源消耗、提高可再生能源应用、控制噪声和室内空气质量方面制定了宏伟的目标：所有新建建筑在 2012 年前能耗不高于 $50kWh/m^2$ 年，2020 年前既有建筑能耗降低 38%，2020 年前可再生能源在总的能源消耗中比例上升到 23%。德国从 2006 年 2 月开始实行新的建筑节能规范，新的建筑节能、保温节能技术规范的核心新思想是从控制城乡建筑围护结构，比如说外墙、外窗的最低隔热保温对建筑物能耗量达到严格有效的能源控制。

中国在这方面也下达了一系列的文件和要求。在 2009 年，胡锦涛总书记在世界气候变化峰会时向全世界承诺，中国 5 年内要节约 6.2 亿 t 标准煤，要少排放 15 亿 t 二氧化碳。2009 年，温总理在哥本哈根气候变化领导人会议上也承诺，到 2020 年中

国单位国内生产总值所排放的二氧化碳要比2005年下降40%～45%，这个要求是相当之高的。

2. 钢构建筑凸显绿色低碳特征

我们是从事钢结构行业的，应该对钢结构有一个清晰的了解。不光我们了解，还要让社会也能够有所了解。钢结构建筑是绿色建筑、绿色低碳建筑，势必将成为中国工业产业和循环经济的代表，引领创造绿色城市生活的方向。

针对建筑节能，国家住房和城乡建设部设定了两个阶段的目标：第一阶段，到2010年，全国新建建筑1/3以上达到绿色建筑和节能建筑的标准，全国城镇建筑的总能耗要提高节能50%。第二个阶段，到2020年，要通过推广第一批绿色建筑和节能建筑，使建筑总能耗达到节能65%的目标。如果这个目标能够实现，那么我国减少二氧化碳的排放量就相当于当年英国二氧化碳排放量的总和。

大家都很清楚，钢结构是一种重量轻、强度高、抗震性能强，并且节能环保，能够循环使用的建筑，是绿色建筑。钢结构建筑是实行建筑节能的一个有代表性的项目，或者说它具有非常明显的绿色建筑特点。

3. 钢构业快速发展的潜力和空间

钢构业这几年的发展速度还是非常快的，协会对2009年钢结构行业做过统计。2009年，我国钢结构加工总量为1380万t，在不考虑材料损耗8%的情况下，使用钢材1490万t，在上海、浙江、江苏地区，钢结构加工量在410万t以上，占全国钢结构加工量的1/3以上；公用建筑物、厂房钢结构用量为264万t，民用建筑房屋总量约为172万t；钢材品种中厚板约占50%以上，彩钢板包括镀锌板占12%，管材占3.5%左右，其他型钢和冷弯型钢约占19%。钢结构的发展以及钢材的需求以5%～8%的速度在不断增加，与国民经济发展的速度相适应。

我们还看到，尽管到2010年，钢结构年产量、消耗钢量将占全国钢产量的10%，建筑结构占到6%，2009～2010年钢结构产量增速将达到50%，但目前，钢结构建筑在整个建筑行业所占比例仍然还不到5%，而发达国家达到10%。这说明什么问题呢？说明了我们的发展潜力很大，或者说我们的钢结构同世界发达国家相比较，我们存在的差距很大，这个差距就是钢结构发展的潜力，也是我们钢结构发展的空间。2000年，我在全国钢结构行业年会上，提出21世纪中国的建筑结构是钢结构世纪。从“十一五”规划来看，钢结构的发展速度是相当快的。明年将进入“十二五”规划，在“十二五”规划期间，我可以断定中国钢结构发展速度将会更快。

应该说，无论是低碳经济的要求，还是中国钢产量的增加和现实的需求，都说明了当前是中国钢结构发展的最佳机遇期，也是最难的挑战期，更是我们钢结构企业成长、钢结构企业的企业家成长最大有作为的时期。如果说21世纪是钢结构的世纪，第十二个五年规划的时候，将是钢结构发展最大有作为的时期，最佳的机遇期，同时也是最难的挑战期，我们要有充分的认识。

二、钢构产业和企业快速发展的几个关键问题

1. 要有一个好的发展规划

作为行业来讲，在中央和中央各部门正在制定第十二个五年规划的时候，我们作为钢结构行业的组织，应该制定全国钢结构行业的发展规划，我们的企业应该制定本企业的发展规划。制定发展战略、发展规划对于一个行业来说、对于一个企业来说是非常重要的，规划、战略是行业、企业发展的灯塔，工作不能推着干，而是要向着我们的既定目标去努力、去发展。作为建筑公司来讲，不能满足于“日子难过年年过，年年过得还不错”的现状，要有一个远大的、现实的发展规划来鼓舞我们的全体员工，凝聚全体员工的力量，去努力实现本企业、本行业发展的既定目标。

2. 要有一个科技创新的指导意见

当今时代是科技创新的时代，对于建筑业而言，钢结构是建筑业科技含量比较高的产业。但是，钢结构要发展，就要高度重视科技投入，包括钢结构的设计。这些年来，钢结构的设计应该说有了很大的发展。但是，我们的设计优化没有引起高度重视，设计优化作为一个产业没有引起全社会的高度重视。有些专家在评论我们的大型钢结构建筑，问题太多，用钢量太大，值得我们思考。我们既要看到大型钢结构的成果，包括奥运会的钢结构项目、大型钢结构的桥梁以及上海世博会的钢结构建筑，也要看到，我们钢结构的用钢量跟世界发达国家相比，单位面积的用钢量偏大。什么叫工程质量？什么叫强度？什么叫工程寿命？并不是说用钢量大就好，而应该是在保证工程质量的前提下，发挥钢结构的设计优化的作用，达到提高效率、节约资源的目的。

还要研究钢结构配套的各种产业，包括刚才我看到的水性漆。钢结构、钢材上涂上水性漆，涂后效果是什么？普遍来讲，涂完水性漆后，钢材具有了防腐蚀、防火等性能，同时还可能出现一些外观上的改变，比如说有的看上去是像木材，或者看上去像新型的大理石等，这些改变就是涂料在起着很重要的作用。同时与钢结构配套的各种工具，检验的各种辅助材料以及各种配套件都需要进行研究。

我们的专家委员会应该制定出行业科技创新的指导意见，归纳出当今中国钢结构行业十大或二十大新技术，通过采用新技术的示范工程，推进钢结构工程向新技术、新结构、新材料方向发展。

3. 要扶持一批健康发展的示范性企业

什么叫协会？协会就是扶持企业、做强企业、壮大行业的行业组织。协会要为企业创造商机，要使行业能够得到健康的发展。

中国的企业比较多，并不是一二一齐步走的。作为协会来讲，协会要扶持一批示范性企业，引导行业健康发展。刚才发布的51家重点企业，是很不简单的。我们要重点关注这51家定点企业。我们有必要请管理专家、技术专家对企业进一步进行诊断，帮助企业挖掘发展的潜力。也就是说，企业与当前发达国家现代企业的差距，是企业更进一步发展的空间。对于副会长单位中建钢构、沪宁钢机、东南网架、大地、杭萧等很多好的企业，协会要做好扶持工作。

4. 要有一个人才培训的大纲

这个会议是由我们三家单位共同举办的，其中有一个单位就是金海集团。金海集团了不起，不简单。董事长沈勇从部队里出来，到政府机关干过，之后选择了钢结构，把自己人生的价值献给了钢结构。他们钢结构企业发展很快，今天主席台后在金海集团下面写了八个大字，叫“金质品牌，海阔市场”，金是要金质品牌，要创造品牌企业；海是指市场，要开拓市场。这是不简单的企业，也就十多年的功夫，发展相当之快。今天主席台后在协会下面也写了八个字，叫“钢构品质、闪耀长沙”，我认为不光是闪耀长沙，应该是闪耀全国，闪耀全世界，这才是真正的目的。由此，我们要扶持一批示范性企业，要有一个人才培训的大纲。

我们与世界的差距，从发展来看，最主要的是人力资源的开发。有一个外国专家评论中国过去国有企业有两大毛病：一个毛病是我们会财务管理，不会资本经营；第二个毛病是企业会人事管理，不会人力资源开发。这种评论不尽全面，但值得思考。人力资源的开发，仍然是当前企业发展最重要的方面。企业当今最大的浪费仍是人力资源的浪费，没有把人力资源的潜力充分挖掘，如果挖掘出来，我们的企业将会有一个更大的发展。

三、协会要围绕快速健康发展做实服务工作

刚才我们建筑钢结构委员会主任尹敏达对去年的工作报告以及2010年的工作计划还是很有创意的，和我的想法、要求是一致的。我曾经在中国建筑金属结构协会全体机关干部大会上，对70多个同志说，要重在调查研究。我们要使行业壮大，使企业强大，协会才能强大，因此协会要做好调查研究工作。应该说在座的企业家是协会的老师，而不是我们去给企业家指手画脚，我们的责任是把所有企业家的智慧集中进行归纳再还给企业。大家知道，我们党的群众路线是从群众中来到群众中去，借这一命题，那么我们协会的工作路线是从企业家来到企业家去，来推进我们各项工作。具体我想讲几点：

1. 制定行业发展规划

建筑钢结构专业委员会要制定中国钢结构行业的发展规划，三年的、五年的或者

十年的。企业要制定企业的发展规划，地方要制定地方钢结构行业的发展规划。我已经跟几个省说过，其中一个是四川省，我们在四川省调研的时候，明确提出在当前四川灾区的恢复重建过程中，灾区的工业园如何实现以钢结构为主，希望四川省能够率先拿出发展钢结构的方案。因为，在灾区，我们看到的钢结构建筑物在抗震救灾中发挥了非常关键的作用，如绵阳的钢结构建筑九州体育馆在地震期间是灾民的避难所，是抗震救灾的指挥所，为什么我们不发展钢结构？另外，我们在福建调研的时候，福建省提出要在中国建立海西经济区，怎么建设？要搞经济区建设，首先要抓项目，没有项目都是空话，都是口号，而项目要特别注重钢结构的项目。我们看到台湾的钢结构是相当不错的，我去过台湾，在台湾集集大地震中钢结构经受了考验。那么，在海西经济区的建设中钢结构应该来一个大的发展。今天这个会是在湖南长沙开的，我希望王厅长回去告诉领导，要认真研究一下湖南省怎么发展钢结构。另外，我还正在考虑海南。海南要建立世界上的国际旅游岛，旅游岛也离不开建筑，不是简单的炒概念，让房地产涨价，而是要真正建立具有国际一流钢结构水平的各种建筑供旅游人来休闲生活。所以，我们要制定行业发展规划，引导行业发展。

2. 制定行业科技成果开发推广指导意见

要制定行业科技成果开发推广的指导意见，不仅把现有的成果推广应用，还要专门加强研发。对于行业来讲，专家们要制定开发推广的指导意见。对于企业来讲，要加强研发，要有自己更多的专利产品，不能创新的企业是短命的企业，只有高度重视创新企业才能兴旺发达。

3. 制定实施钢结构人才十年培训大纲

人才培训有几个方面，第一个人才首先是企业家队伍，中国要有更多的具有儒商的品德、具有智商的聪明才智的企业家队伍。每个企业要高度重视企业家队伍的建设，不光是一个人，不是张总经理，李总经理，而是企业家队伍的建设。另外，要加强技术专家再教育、再学习。中国钢结构技术专家是了不起的，我们有掌握全人类技术的能力。使中国钢结构技术能融入到世界前列，和世界发达国家相比较。一个企业的发展，离不开懂经营的管理人才、工程质量管理专家、财务管理专家以及各种人力资源的管理专家和市场营销的专家。最后，还要高度重视技工人才的培训。钢结构不是一般农民工所能干的，我们的焊工是要具有高级焊工资格。当然，我们要发展无人的、机器的自动电焊机自动焊接。但是，有的还离不开人的焊接。焊接技工技师的培养仍然是我们人力资源开发的重要方面，也就是说特种技术人才对企业来讲还是非常需要的。后几方面都是人才的培训，协会也好，会员单位也好，都要拿出规划，拿出培训大纲，不光制定还要实施，自己制定的规划，自己还要负责回答，去组织实施规划。

4. 开展有效的咨询服务

我们的咨询活动要大力开展，要发挥技术专家、管理专家的作用，重点扶持企业开展咨询活动，为他们出谋划策。特别是对于产业链和产业群来说，任何一个产业有上游产品，有中游产品，有下游产品，产业链之间的合作对企业来讲是至关重要的。一个地区钢结构比较多，像浙江的萧山，钢结构企业比较多，该区域就能形成一个产业群，相比较而言，产业群更能体现当今世界产业的前沿技术。

另外，要办好网站。会员单位、理事单位都要进到我们的网站来。网站除了是信息之外，还是重要的情报来源。大家看电影特别喜欢看间谍片，经济上的“暗战”，经济上的“潜伏”更加重要，我们要高度重视钢结构的技术情报工作。同时，在有条件、可能的情况下，进行网上采购、网上招标、网上推荐各种新型产品。

5. 继续开展好钢构工程金奖评选和企业的排名发布

开展钢构工程金奖评选和企业的排名发布，也是需要的。这几年搞得不错，但需要总结、提高，无论是评前，还是评后，还能开展很多有益的活动。前面我们说 51 家定点企业，可以说 3 年或 5 年之内，肯定有这 51 家以外的企业超过他们。在市场经济发展过程当中，企业的排名从来不是固定的，它是动态的。放弃创新就会停滞不前，今天你是老大，过几天你就往后去了，这是很正常的现象。我们这种金奖工程、企业排名要研究如何发挥它更大的作用，不是为了评奖而评奖，是要让它产生市场效应，让它产生产业的导向效应。

6. 开展各种有针对性的研讨活动

对于开展各种研讨活动，我强调要有针对性，不是为了研讨而研讨，不是为了拿奖而发表论文，而是为了行业的发展。去年在江苏江阴举行的钢结构工业房地产开发研讨，当时我要求钢结构委员会组织专家开展研讨，特别是对钢结构住宅，即民用房地产开发的研讨。应该说，对钢结构住宅我们国家发布了一系列的政策，但到今天为止，发展很不理想，速度发展太慢，社会上对钢结构住宅有种种疑虑，什么造价高了，使用不方便等。尽管我们发布了调查报告，发布了各种标准规范，效果仍不太令人满意，钢结构的优势没有发挥出来。对此，建议可以联合几个钢厂开展研讨，既是研讨，又是示范，看看钢结构住宅工程能不能有大的推广。

7. 开展各方面的行业间交流、国际性的交流和会展活动

明天，我去成都参加塑料门窗专业委员会年会，塑料门窗专业委员会为把房地产企业引到塑料门窗企业面前，让塑料门窗会员单位找到用户，和用户建立密切的联系，与房地产协会联合召开了研讨会。我希望钢结构专业委员会要会同中国房地产协会和房地产企业家，与我们钢结构企业家坐在一起共同研究钢结构工业房地产的开发、钢结构民用房地产的开发，使钢结构的发展真正能够纳入到社会和经济发展的规划之中。

各种展览会、博览会也是非常关键的。我刚刚从德国回来，从世界最大的门窗幕墙博览会回来，我看了一下我们的会员单位，中国去了将近有20个企业，能从中国千里迢迢到德国参加展览，是不容易的。而我们的展览会，除了门窗幕墙展览会不错之外，其他的专业委员会的展览会都不够规模，效果也不大。上海世博会应该说是一个最好的契机，我们要充分利用，了解好上海世博会，钢结构委员会在9月份，也是在世博会接近尾声的时候，和上海钢结构协会联合举办中国或者说是国际的钢结构展览会、钢结构的国际峰会。在座的所有单位和所有参会单位，我希望你们积极参与。我们去不光是壮大我们这个峰会，同时我们要充分了解国际上钢结构发展的前沿信息，这样才能使我们的企业家具有世界眼光，具有战略的思维，把企业推向国际新的水平。

当然，这里还包括走向国际市场的问题。我们中国建筑金属结构协会，已经成立国际市场部，专门负责会员在国际事务中的事情，包括国际上行业协会之间、企业之间开展各种各样的合作，以及会员在国际会展上参展事宜，还要做好会员企业走向国际市场，参与国际市场角逐的咨询服务。

8. 协助政府制定有关标准规范和有关技术经济政策

近几年，我们的标准规范和政策，包括钢结构的总承包资质，已经做了大量工作。但是，还远远不够。刚才税务总局同志跟我们讲了一下税收的事情，我们已经与有权威性的建筑与房地产的律师事务所签订了合作协议，宗旨是为会员单位维护合法权益。同时，我们在政府规范市场过程中，要指导钢结构企业本身树立自身的信誉和声誉，就是遵守市场秩序，诚心经营项目和产品。

简要地讲，作为协会应该围绕着快速发展，做实服务工作。这是尹敏达同志在2010年提出的工作思路，我归纳出来，又强调了几点。总之，协会为大家，协会靠大家，要协会干什么，为我们的会员单位创造商机；协会怎么办，协会靠会员单位去办。大家要把协会看成是我们的协会，我的协会，为了行业的发展，也是为了企业的发展。在国民经济、宏观经济指导下，在中观经济方面，钢结构行业要有大的发展，在微观经济方面，在中国要涌现出一批新型的现代钢结构企业。

（2010年4月9日在“2010年全国建筑钢结构行业大会”上的讲话）

钢结构行业发展的十大课题

上海世博会是我国继成功举办奥运会之后的又一重大国际盛事，是世界各国人民的一次伟大聚会，是探讨新世纪人类城市生活的一次伟大盛会，更是人类文明的一次精彩对话。在这样的背景下，影响世界——钢结构中国品牌2010国际峰会在上海隆重召开了，这是中国钢结构行业的一次盛会，一次聚会，标志着中国钢结构行业从粗放型发展模式向品牌化发展模式转变，标志着中国钢结构行业从“中国制造”向“中国创造”蜕变。从某种意义来讲，上海世博会也是钢结构的世博会，钢结构品牌峰会的主题是“钢结构，让城市更精彩”，与上海世博会的主题“城市，让生活更美好”相互呼应。这次峰会的召开要达到三个目的：一是展示，向全世界展示中国钢结构行业自改革开放以来的巨大成就，展示中国钢结构行业企业家的风采；二是交流，中国钢结构是世界成员中的一员，要和国外同行共同交流钢结构行业的经验，共同分享全球钢结构行业的各项创新；三是研讨，研讨中国钢结构行业的发展规划，推进中国钢结构行业、钢结构企业做大做强，真正做到“学习世界，影响世界”。在此，我重点谈谈钢结构行业发展面临的十大课题。

一、钢结构行业的发展规划

2010年是中国“十一五”规划完成年，明年开始实施的“十二五”规划正在制定中，对于中国钢结构行业而言，也要相应制定下个五年的发展规划。回顾钢结构发展历程，在建国初期，国内钢铁产业刚刚起步，钢产量很低，我们提出节约用钢，在20世纪70、80年代，钢产量达到一定的水平，我们适时提出合理用钢，到了20世纪90年代乃至今天，中国的钢产量全世界第一，我们提出鼓励发展用钢。在2000年的时候我就讲过，21世纪就建筑结构来说，在中国是钢结构的时代。目前，钢结构建筑在世界上已经得到普遍应用，全世界101栋超高层建筑中，纯钢结构的有59栋，同时国外60%以上的高档住宅都采用了钢结构。与美日等发达国家相比，我国在建筑结构中的使用比例仍有6倍提升空间，预计未来5年钢结构产量复合增速15%以上，可以说市场潜力巨大。对此，我们要抓住机遇，认真研究并制定钢结构行业的发展规划，从而更好地指导行业健康稳定的发展。

1. 国际钢结构行业的发展现状

衡量钢结构行业在一个国家的发展状况，最直观的一个指标就是建筑用钢量占全部钢产量的比率。在这方面，中国和发达国家相比还存在较大差距，日本和美国均已经超过50%。以美国为例，美国钢结构建筑的市场分布：工业（生产用厂房、仓库及辅助设施等）、商业（商场、旅馆、展览馆、医院、办公大楼等）、社区（私有及公有社区活动中心及建筑，如学校、教堂、体育馆、图书馆等）、综合等方面，分别占到46%、31%、14%、9%的份额。在美国，低层建筑中采用钢结构十分普遍，参照美国钢结构学会（AISC）和金属房屋制造协会（MBMA）联合编制的低层建筑设计指南，所谓低层建筑是指楼高低于18m，层数不超过5层的工业厂房、仓库、社区建筑等，其中两层以下非居住用楼房占70%。从美国、日本、欧洲一些发达国家的经验来看，建筑业已经成为钢材应用的主要市场。值得注意的是，美国钢结构建筑的材料大多来自于回收利用的废旧钢铁，充分展示了钢结构建筑可循环利用的特性。

2. 国内钢结构行业的发展现状

目前，国内钢结构行业有大中小规模企业10000余家，比较有影响的企业在150多家，真正上规模的企业有30～50家，其中中国建筑金属结构协会钢结构委员会有会员企业近1000家。2010年钢结构行业对钢材需求是2600～2800万t，2009年中国的钢产量已经接近6亿t，钢结构用钢量约占全部钢产量的5%，和发达国家相比有着巨大的差距。对于中国钢结构企业来说，差距就意味着潜力和希望；对于中国钢结构行业来说，要尽力去弥补这一差距，推动中国的钢结构行业迈上一个新的台阶。

3. 钢结构行业发展的市场预测

在全社会倡导节能减排的背景下，从西部大开发、中部崛起、振兴东北老工业基地等国策相继实施使城市化、工业化步伐的进一步加快，到北京奥运场馆、上海世博场馆、广州亚运场馆等各类场馆的兴建，以及国家拉动内需的政策使重大基础设施工程纷纷上马等，均为钢结构行业带来了巨大的发展商机。在下个五年发展中，钢结构企业将面临更广阔的发展空间。据了解，住房和城乡建设部设定了两个阶段的目标：一是到2010年，全国新建建筑争取1/3以上能够达到绿色建筑和节能建筑的标准。同时，全国城镇建筑的总耗能要实现节能50%；二是到2020年，要通过进一步推广绿色建筑和节能建筑，使全社会建筑的总能耗达到节能65%的目标。钢结构建筑作为引领“创造绿色城市生活”的绿色建筑，在行业前景被一片看好和巨大市场潜在商机的利益驱动下，众多的钢结构企业已经在不断扩大生产经营规模，同时越来越多的跨行业企业正源源不断地涌入钢结构行业，一方面加剧了钢结构行业竞争的持续升级，另一方面也壮大了钢结构行业的整体实力。作为行业协会，我们要引导企业进行有序竞争，开展良性比拼，从而促进整个行业的健康发展。

4. 促进钢结构行业发展的技术经济政策

随着我国钢产量的突飞猛进，中国钢结构行业迎来了大好的发展契机。1998年建设部发布了《关于建筑业进行推广应用十项新技术的通知》，其中第五条提出了要把钢结构作为建筑新技术来推广使用。国务院1999年72号文件提出了发展钢结构住宅、扩大钢结构住宅的市场占有量。1999年《国家建筑钢结构产业“十五”计划和2010年发展规划纲要》提出了在“十五”期间，建筑钢结构行业要作为国家发展的重点。2003年《建设事业技术政策纲要》指出，2010年建筑钢结构用钢量要达到钢产量的6%，即1500万t以上。2005年7月，又公布了国务院常务会议批准的《钢铁产业发展政策》，明确了我国钢铁工业的产业政策目标、产业发展规划、产业布局调整、产业技术政策等以及对行业咨询、设计、施工等单位的政策和要求，政府加强了钢结构发展的政策引导和支持。2009年，我国又大刀阔斧地进行了十大规划产业调整，首先提出的就是钢铁产业的规划调整。上述技术经济政策的相继出台，都为我国钢结构行业的发展指明了方向。最近，我正和一些全国人大代表商量，准备组织人大代表、政协委员编写提案的初稿，建议国务院提出中国加大力度发展钢结构的意见，以推进我国钢结构进一步发展，这是一项很重要的政策。实践证明，钢结构是符合绿色经济、低碳经济的发展要求，发展钢结构可以让中国的钢有用武之地，这对于整个国民经济保持持续稳定增长具有重要的影响力。因此，为了促进钢结构更好地发展，有必要争取中央领导的高度重视和国家政策的大力支持。

二、钢结构行业的科技创新

1. 应竭力推广的科技成果

钢结构行业不仅是一个资金密集型行业，也是一个技术密集型行业，钢结构行业的发展壮大离不开技术能力的提高和完善。虽然我国钢结构建筑真正取得突破性的发展还是在近10余年，但是，由于受到西方建筑设计的影响，兴建了“鸟巢”、国家大剧院、“水立方”等具有突破性理念的建筑，使得我国钢结构行业的技术水平有了飞跃性的提高，在兴建这些建筑的过程中，不仅锻炼了钢结构企业和施工队伍，更是取得了丰硕的科技成果。今年，中国建筑金属结构协会钢结构委员会评定了“国家体育场（鸟巢）特大型空间异型钢结构工程施工技术”等十大科技成果，旨在推广现有的科技成果，并指导企业在施工中学习，在创新中进步，推动行业科技水平上新台阶。

2. 需集中力量研发的科学技术成果

钢结构建筑是世博会的亮点和看点。通过世博会的展示，钢结构建筑的“绿色低碳”形象深入人心。作为可以回收利用的钢结构建筑，在今后的应用肯定会越来越广泛，毕竟中国现在的钢结构建筑市场占有率还非常低，距离发达国家还有很大的差距。但是，钢结构要想发挥更大的作用，就一定要在节能上动脑筋，绝不能仅仅满足于最基本的优势。因此，钢结构企业、研究机构应该集中力量研发提高钢结构建筑的节能功效的科学技术成果，包括钢结构太阳能屋顶、太阳能幕墙、太阳能建筑一体化等，努力实现钢结构建筑的节能优势最大化，争取把钢结构建筑变成节省能源的模范、创造再生能源的“先锋”。

3. 确立向行业推广的加工制作、吊装和检验检测的先进机械设备、仪器仪表

钢结构企业是建筑的制造厂，也是施工和生产厂家，没有精密的设备、仪器、仪表，没有精密的制造设备是行不通的，因此要高度重视装备现代化。只有这样，才能提高工业化水平，特别是新型工业化水平。正所谓“工欲善其事，必先利其器”，对于钢结构企业来说，想要在市场竞争中站稳脚跟，想要企业能够跟上行业发展的步伐，就一定要拥有先进的机械设备、仪器仪表，绝对不能输在起跑线上。从协会来说，有责任为企业在更新设备、升级换代提供力所能及的帮助，尤其是要掌握国际先进设备的信息，为企业做好“参谋”。

4. 总结全行业已有的技术专利、成熟工法，提高钢结构的新型工业化水平

钢结构行业想要取得更大的发展，一定要在体现工业化水平上展现出独有的优势，只有这样才能赢得更大的发展空间，同时也能展现出钢结构建筑的节能环保优势。作为一个企业，需要思考的就是如何让企业发展壮大，去赢得更加广泛的市场，为员工谋取更多的福利。作为行业的领导者，协会必须站在全局的高度考虑问题，必须以振兴整个钢结构行业为己任，必须让尽可能多的企业能够在市场竞争中生存壮大起来。从市场竞争的角度来说，同行业的企业都是“竞争对手”，彼此只有对立的关系，所以企业之间对于技术专利、成熟工法，大多严格保密。从全行业来说，这并不利于整个行业的发展。我们应该清醒地看到，同行业的企业在更多场合还是“合作伙伴”，中国的钢结构行业拥有广阔的前景，作为行业协会，有责任、有义务总结全行业已有的技术专利、成熟工法，并向全行业推广应用，以提高行业整体科研效率，实现行业内企业互利共赢，提高钢结构行业的新型工业化水平。

三、活跃钢结构设计思想，繁荣钢结构设计作品

1. 注重钢结构建筑美学研究，促进民族建筑和世界建筑的紧密结合

钢结构建筑在中国的发展目前还不是十分理想。从国家的角度看，近年来，国家一直在推动钢结构住宅建筑的普及，颁布了一系列法律、规范，但是，效果并不是十分理想。这里有一个很重要的原因——钢结构住宅建筑缺乏美感。而大型公用钢结构建筑，又陷入了另外一种误区——过分追求“新、奇、特”，无论是“鸟巢”、国家大剧院，还是央视新楼，都饱受争议。这里虽然有中、西建筑师合作的原因，但是，更

为主要的问题还是设计者对于建筑美学的理解出现了一定的偏差。对于钢结构建筑来说，由于钢结构比混凝土结构的可塑性更强，在某种程度上激发了设计师创作的欲望，也让一部分设计师萌生了“实验”的想法，把现实的建筑当成了实现自己奇思妙想的“道具”。在这里，我想说的是，钢结构建筑能够呈现出其他类型建筑难以表达的造型，但是，任何钢结构设计也不应脱离建筑美学的基本范畴，那就是结构应该为建筑服务，而不能建筑作为展现结构的“傀儡”。

2. 组织钢结构设计大赛

近些年，我国在钢结构建筑设计方面取得了不小的成就，但是，这其中大多有西方设计师、设计机构的影子，真正由中国单独设计师设计的大型钢结构建筑还不是太多，尤其是一些具有世界影响的超大型钢结构建筑。因此，我们必须清醒地认识到，在钢结构建筑设计方面我们和发达国家相比仍然有不小的差距。值得欣慰的是，与此同时，我国钢结构施工技术水平达到甚至超过了发达国家的水平，这在某种程度上为我国钢结构建筑设计水平的提高奠定了基础。为了尽快提高我国钢结构设计水平，协会将会组织钢结构设计大赛，争取通过比赛的形式，激发起中国钢结构设计师的热情，设计出真正体现中国风格的钢结构建筑。更重要的是，通过比赛，营造行业内鼓励创新的良好环境，为中国钢结构设计行业培养造就优秀人才。

3. 制定钢结构设计优化的实施方案

钢结构建筑的优势之一就是能够回收利用，从而节省对钢材的消耗。对于作为“铁矿石”进口大国的中国来说，普及钢结构建筑还具有特殊的意义。钢结构建筑越多，以后可供循环利用的钢材就越多，节省的能源也就越多。但这是不是就意味着现在可以毫无节制地在建筑中使用钢结构呢？答案是否定的。我们不能因为钢结构可以循环利用，就毫无节制的滥用钢结构，因此，制定钢结构设计优化的实施方案也就十分必要。我们应该明确，使用100t钢就能完工的建筑，如果使用150t钢就是一种浪费，也是对“节能减排”的反作用。作为钢结构企业，我们要充分发挥钢结构的优势，同时有责任合理利用钢结构，优化钢结构设计，节省对钢材的消耗，为国家推进节能减排做出贡献。客观上，设计取费、施工计算工作量的方法要加以改进，否则不利于优化产业的发展。

4. 用信息技术和高新技术推进钢结构设计智能化

如今，在钢结构的设计中，电脑正在发挥越来越重要的作用，不仅可以帮助设计师模拟各种设计效果，做出以假乱真的效果图，更能模拟各种荷载，帮助设计师测试建筑的安全性能。与此同时，互联网也拉近了中国与世界的距离，通过互联网我们可以接触到最新的钢结构研究成果，最新的国际标准，了解到最新的国际市场行情信息。同样，中国的钢结构企业也可以通过互联网进行更广泛的宣传和合作。最重要的是，信息技术和高新技术的应用，大大提高了工作效率，充分发挥了钢结构预制化生产的特性，使得钢结构企业的发展如虎添翼。

四、注重钢结构工程质量安全的四大新概念和与之密切相关的国际标准化体系

1. 四大新概念

钢结构建筑符合低碳环保的理念已经是深入人心了。但是，钢结构建筑的推广，尤其是钢结构住宅的推广并不十分如意，有许多人不接受钢结构住宅。这有几个方面的原因，一是钢结构住宅的功能和钢混住宅相比有一些差距，宜居性较差；二是钢结构建筑的外观不是很吸引人，仍有人把彩钢房和轻钢住宅画等号。因此，为了真正实现推广钢结构的目的，必须要解决这些问题。对此，我们要树立结构质量、功能质量、魅力质量、可持续发展质量的四大新观念，从突破新的结构入手，丰富钢结构建筑的实用性，增加钢结构建筑的功能。不仅仅是突出钢结构的节能功效，而是把钢结构住宅建筑的居住性提高到更重要的位置，从而增加钢结构住宅建筑的吸引力。最重要的是，作为预制化生产、可回收利用的钢结构建筑，应该考虑到回收利用以及升级换代，从而真正凸显钢结构建筑的优势。

2. 四大标准体系

虽然全球经济因为当前的金融危机而遭遇到了极大的挑战，但经济全球化的趋势不会改变，建筑管理也必然朝着国际化的方向前进，这就要求对国际化的标准体系进行了解。目前，与工程建设直接相关的管理标准体系包括 ISO 9000 质量管理体系、OHSAS18001 职业健康安全管理体系、ISO 14000 环境管理体系和 SA8000 社会责任体系。ISO 9000 是指质量管理体系标准，它不是指一个标准，而是一族标准的统称。OHSAS18000 职业健康安全管理体系是由英国标准协会（BSI）、挪威船级社（DNV）等 13 个组织于 1999 年联合推出的国际性标准，它是组织（企业）建立职业健康安全管理体系的基础，也是企业进行内审和认证机构实施认证审核的主要依据。ISO 14000 系列标准的用户是全球商业、工业、政府、非营利性组织和其他用户，其目的是用来约束组织的环境行为，达到持续改善的目的，与 ISO 9000 系列标准一样，对消除非关税贸易壁垒即“绿色壁垒”，促进世界贸易具有重大作用。SA8000 即社会责任标准体系，是 Social Accountability 8000 的英文简称，是全球首个道德规范国际标准。其宗旨是确保供应商所供应的产品，皆符合社会责任标准的要求。

推行四大标准体系的好处：一是强化品质管理，提高企业效益；增强客户信心，扩大市场份额；二是获得了国际贸易绿卡——“通行证”，消除了国际贸易壁垒；三是节省了第二方审核的精力和费用；四是在产品品质竞争中永远立于不败之地；五是有利于国际间的经济合作和技术交流；六是强化企业内部管理，稳定经营运作，减少

因员工辞职造成的技术或质量波动；七是提高企业形象。

3. 建立健全钢结构安全施工的规范和标准

生命第一是建筑特别重要的准则，安全施工是建筑企业必须要高度重视的重点领域，对于钢结构行业来说更是如此。由于钢结构建筑大多是超高建筑、超大跨度空间结构、铁路桥梁、公路桥梁等，大多是施工难度非常大的工程，对于施工人员的专业技能也有着很高的要求。因此，钢结构行业建立完备的安全施工规范和标准也就成了重中之重，只有做到尽全力地保证施工人员的安全，才能保证工程安全顺利地完工。尤其是随着兴建超高建筑热潮的掀起，制定相关的安全施工规范也就迫在眉睫。作为行业协会，必须要抓紧建立健全钢结构安全施工的规范和标准，做到安全可靠。

4. 加强钢结构施工质量和安全的监督检查与检验检测的标准规范的研究

我国现阶段实行的建筑业企业资质管理，作为保证建筑业正常有序运行的一项基本市场准入政策，对规范建筑市场起到了极其重要的作用。按照目前的资质管理规定，建筑钢结构企业属于专业承包类企业，资质分为一级、二级、三级共三个档级，这个资质管理在建筑钢结构市场的起步与培育阶段起到了无可替代的作用。但随着建筑钢结构市场的逐步成熟，在具体操作实践中逐渐出现了许多不适应现实发展的问题，在某种程度上已经制约了钢结构行业的持续发展。因此，为了严格施工质量，必须要加强钢结构施工质量和安全的监督检查，以及检验检测标准规范的研究，保证钢结构施工的顺利进行。

五、进一步建立健全钢结构的标准规范

1. 针对低碳经济的需求，协助政府部门修订已有标准

近期，为了完成“十一五”节能减排的目标，从江苏、浙江开始对钢厂等高能耗、高排放企业实施“拉闸限电”，到河北省对钢铁厂实施强制性的“拉闸限电”，尽管这不是根本的措施，但让我们再一次体会到国家对于“节能减排”的高度重视。在低碳经济的背景下，中国钢结构行业更是深切地感受到身上所担负的责任。毫无疑问，钢结构是符合低碳经济发展需求的，但是，我们不能因此而沾沾自喜。我们需要拿出更大的热情，积极为国家实现“十二五”节能减排的目标而努力。因此，我们必须要拿出十足的干劲，协助政府部门修订已有的标准，争取让钢结构行业为我国的节能减排做出更大的贡献。

2. 针对国际发达国家的标准，努力推进我国相关标准国际化

在加入WTO之后，我国和世界经济的接轨日渐加快，各种国际化标准越来越多地出现在我们身边。对于中国的企业来说，这是难得的发展机遇，因为只有和世界标准同步，我们的企业才能跻身于世界市场。由于历史发展的原因，我国在和国际标准

衔接方面仍然存在着一定的差距，对于钢结构行业来说，就必须要面对美标、欧标、英标、日韩标准等现实问题，这在一定程度上阻碍了中国的企业走出国门，去开拓国外市场。许多已经走出国门的企业，大多遇到过国产配件尺寸和国外的要求不匹配的问题，由此造成了不小的施工障碍。因此，在今后一段时间内，这将是我们必须要下大力气解决的一个问题。

3. 健全新技术推广的相关标准

科学技术是第一生产力，对于需要预制化生产、现场装配的钢结构来说，几乎任何一个新的工程项目都会伴随产生新的施工技术。一方面，新技术能够缩短施工周期，提高施工效率；另一方面，有些标新立异的建筑设计，必须要创造出新的施工技术才能完成。对于钢结构行业来说，随着钢结构建筑的增多，产生了越来越多的新技术，作为协会而言，要充分发挥行业组织作用，整理归纳实用性高、操作性强的新技术，健全新技术推广的相关标准，有利于向全行业推广，从而起到促进全行业集体进步的作用。

4. 总结推广重点企业的企业标准

2009 年钢结构行业总产值超过 10 亿元的企业一共有 16 家，相对于中国建筑金属结构协会钢结构委员会近 1000 家会员来说，这个比例并不是很高，这也就意味着中国钢结构行业的发展潜力仍然十分巨大。对于整个钢结构行业而言，产值超过 10 亿元的 16 家企业，是行业的领军企业，是其他企业学习和超越的榜样，有利于树立整个行业的形象，有利于引领行业的健康发展。我曾经多次说过，三流企业卖劳力，二流企业卖产品，一流企业卖技术，超一流企业卖标准。对于行业内的重点企业来说，企业标准至关重要。在某种程度上，国家标准、行业标准是在行业的平均水平的基础上制定的，企业标准则是根据企业情况各有不同，重点企业的企业标准则是行业内最高水平的，代表了最先进的生产水平。作为行业协会，我们要总结推广重点企业的企业标准，扶持中小企业做大做强，进一步提高行业的整体水平。

六、拓展钢结构四大市场

1. 大型公用建筑市场

目前，钢结构在国内建筑市场的发展拥有巨大潜力，各地的城市建设越来越多地采用钢结构，例如地铁和轻轨工程、城市立交桥、高架桥、环保工程、城市公共设施及临时房屋等，尤其在北京、上海、天津、重庆和各大省会城市以及经济发达的中型城市，建筑用钢量明显增加。此外，铁路桥梁均采用钢结构，公路桥梁采用钢结构也正在成为一种趋势。但值得注意的是，在大力兴建大型公用建筑的同时，一定要减少对钢材的浪费，不要为了使用而使用钢结构，要在充分发挥钢结构特性的前提下，尽可能做到优化设计、减少用钢量，从而为节能减排做出应有的贡献。

2. 工业房地产市场

由于钢结构施工周期短、抗震性能强、综合效益高，目前绝大多数的工业厂房采用钢结构，但是工业房地产开发并没有形成规模。我从前年12月份开始担任中国建筑金属结构协会会长，对钢结构的建设情况做过一些考察，一次是到海口，考察海口的美国村，是个拥有几千平方米轻钢结构厂房的工业村，由一家中美合资的钢结构企业建设和经营，主要为入村的中小企业提供厂房租赁服务，经过多年的经营，工业村在地方取得了较好的经济效益和社会效益；二是去四川考察抗震救灾一周年的情况，在参观了山东省待建工业园规划和河南省在北川建设的工业园区开工典礼后，联想到四川各地灾后恢复建设将建很多的工业园区，我认为应该进行工业房地产开发，建设标准化、规模化的钢结构工业厂房。为此，我在江苏江阴召开的钢结构工业房地产开发研讨会上，做了一个研究性的报告，希望同行们认真研讨。事实证明，钢结构工业厂房是符合循环经济、绿色经济要求的，在土地资源日益稀缺的今天，标准化、规模化的钢结构工业园的兴建对于缓解中小企业固定资产资金压力、提升工业园区的品位和管理水平起到重要的作用，同时能够取得非常好的经济效益和社会效益，这一点非常关键。

3. 民用住宅房地产市场

成规模的将钢结构作为住宅的结构体系应用于建筑市场开始于20世纪60年代中后期的英国和美国，随后日本、法国、意大利、澳大利亚等国家纷纷制定标准发展钢结构住宅。相比较发达国家而言，中国钢结构住宅发展缓慢，不仅受制于技术水平，还受制于人们对钢结构住宅缺乏足够的认识，认为钢结构住宅价格偏高。但随着钢结构行业的发展，钢结构建筑规范和标准逐渐完善，钢结构住宅建筑的成套技术不断成熟，配套新材料不断涌现，加上人们对生命安全、生活质量的日益重视，这些都为钢结构住宅大规模发展成为趋势提供了良好的技术支持和市场保障。钢结构住宅建筑形式不断突现的优势，同时迎合了众多高层建筑、桥梁和大型公共场所、新型的智能化小区等建筑的建设需求，为钢结构的发展提供更多的机会。目前，杭萧钢构等少数钢结构企业正在积极推广钢结构住宅，取得了不错的成绩，但还远远不够，在全社会推广住宅产业化、绿色建筑的趋势下，这块市场潜力巨大，我相信会有更多的企业关注钢结构住宅市场，钢结构住宅房地产开发必将迎来更加美好的春天。

4. 轻钢结构市场

目前轻钢结构行业的发展十分迅速，它广泛应用于厂房和仓库等建筑，是混凝土结构和网架结构的良好替代品，而能替代轻钢结构的产品目前尚未出现。因此，对于轻钢结构行业产生的压力比较小，十分有利于行业的发展。可以说，轻钢结构市场需求增长较快，其中在中国西部的少数民族地区，国家要建若干个学校、医院、卫生所等公共设施，我认为可以采用轻钢结构建设标准化的公共设施，这不仅有利于提高财政资金的使用效益，还有利于保护当地的生态环境，一举两得。对此，我们要下大力气，进一步推广轻钢结构，让轻钢结构绿色、环保的理念更加深入人心。

七、推进钢结构建筑品牌建设

1. 继续完善钢结构金奖评选

针对各个行业“评奖”过多过滥的问题，国务院纠正不正之风办公室专门下发了《关于评比达标表彰保留项目的通知》，其中对原建筑行业90多个奖项进行了严格清理，最终保留了16个奖项，“中国钢结构金奖”就位列其中。“中国钢结构金奖”得以保留，可以看出国家对于推广钢结构建筑一如既往地支持，对此，中国建筑金属结构协会感到十分欣慰，同时也感觉到所肩负的责任也更加重大。正因为如此，协会组织专家对《评选办法》进行了严格的修订，力图能够达到国务院精简行业评奖的初衷，把“中国钢结构金奖”做好做精，力争成为行业树立先进、鼓励创新的一个“窗口”。

2. 探索钢结构焊接、吊装、先进工法的评选

质量是企业的生命，建筑质量更是关系到千家万户的安全。为了保证焊接质量，要尽量将立柱、横梁上的加强筋板、连接板、垫板、挑梁（梁）等在地面钢平台上按施工图尺寸进行组对焊接。在钢平台上预制的钢构件除按施工图和规范要求制作组装外，还应考虑现场安装的工艺性和安装尺寸的变化。因此，如何提高钢结构建筑的质量，是我们必须要思考和解决的一个问题。虽然钢结构是工厂预制化生产，在施工现场进行组装，但是仍然需要解决焊接、钢结构部件吊装、工法的具体应用等问题。对此，协会正在探索通过合理、有效的评选，推广应用钢结构焊接、吊装和先进工法，提高钢结构施工人员的专业技能和钢结构建筑施工水平，从而提高钢结构建筑的施工质量，提高钢结构建筑的整体质量。

3. 加强钢结构品牌文化的研究

随着社会主义市场经济的深入，人们对于品牌有了崭新的认识。“代工”的只能赚取一点工本费，“贴牌”的却能获取高额的收益，这其中的门道早已经成为公开的秘密，如果说质量是建筑的物理属性的话，那么品牌应是建筑的情感属性，这让我们见识到了“品牌”的价值。对于中国的钢结构企业来说，通过北京奥运会建设“鸟巢”、“水立方”等一批充满技术难度和挑战的工程，已经让世界建筑业的同行们见识到了中国钢结构企业的施工能力和技术。而此次“影响世界——钢结构中国品牌上海峰会”，更是一次树立并推广中国钢结构品牌的良好契机。许多企业发展壮大的事实告诉我们，仅仅拥有过硬的产品并不足以在激烈的市场竞争中立于不败之地，只有树立起自己的品牌，并且维护好自己的品牌形象，才能在市场竞争中占据一席之地，这正是许多钢结构企业在今后应该努力的方向，钢结构制造有我们的优势，钢结构创造更是我们的特色！

4. 总结钢结构品牌建设的方方面面的经验

通过近十多年的发展，我们欣喜地看到，一批具有实力的钢结构企业正在崛起，越来越多的钢结构企业正在成为行业发展的中坚。无论是北京奥运会、上海世博会，还是其他各地地标性建筑，还是其他大型公用设施，如机场、车站等，都活跃着中国钢结构企业的身影。更加可喜的是，随着中国钢结构行业的发展，越来越多的钢结构企业意识到了品牌建设的重要性：一方面许多企业都积极参与社会公益事业，尤其是在“汶川地震”、“玉树地震”等地的灾后重建中发挥了积极的作用，以此来树立企业的形象；另一方面，一些企业充分发挥行业领军者的作用，利用自身技术、资金等方面的优势，打造钢结构样板住宅区，从而推动钢结构住宅的普及。但是，我们必须清醒地看到，由于现实中存在的一些问题，钢结构品牌的推广和树立仍然需要做出更大的努力，对此，协会要总结钢结构品牌建设经验和教训，扶持重点企业提高品牌知名度和影响力，从而提高中国钢结构国际地位，为更多的中国钢结构企业走出去打下基础。

八、推进钢结构重点企业和中小企业的合作

1. 支持一批重点企业进一步做大做强

据统计，2009 年完成主结构超过 200000t 钢的只有浙江精工钢结构有限公司、中建钢构有限公司、浙江东南网架集团有限公司、中国二十二冶集团有限公司金属结构工程分公司、江苏沪宁钢机股份有限公司、浙江杭萧钢构股份有限公司等 6 家企业，同时也是中国钢结构行业前十强企业中的成员。2009 年，我国的粗钢产量已经突破了 5 亿 t，钢结构建筑在我国的市场占有率比较低，和发达国家相比存在十分明显的差距。对钢结构企业来说，差距意味着无限的机遇，我们欣喜地看到，以杭萧钢构为代表的一些企业正在通过自己的努力，积极推广钢结构住宅。对此，协会将会充分发挥行业组织的作用，鼓励和支持企业技术创新，扶持行业内的重点企业又好又快地发展。

2. 总结重点企业和产业链中的中小企业合作的成功经验

目前，在我国钢结构行业中，绝大多数的企业还是中小企业，真正具有实力的大企业只是凤毛麟角。在市场经济中，重点企业想要更快地抢占市场，一个捷径就是和中小企业合作。既可以发挥重点企业资金实力雄厚、管理和施工技术先进的核心竞争优势，也可以发挥出中小企业谋求发展的积极性。这是一种双赢的合作模式，最终不

仅能让重点企业开拓更多的市场，也可以让中小企业在激烈的市场竞争中谋得一席之地。以美国波音飞机为例，飞机的很多零部件都不是波音公司制造的，而是和产业链中的中小企业合作，委托他们按照波音公司的产品标准生产相应的产品，从而使得波音公司腾出精力，专注于飞机整体系统的研发，最终成就了世界500强之一的跨国企业，因此，重点企业和产业链中的中小企业的合作至关重要。

3. 扶持中小企业的专业化发展

作为中国钢结构行业的中坚力量，中小企业占据着很大的比重，也是全国各地钢结构市场的主力军。对于这些企业来说，如何生存是它们面临的最大问题。中国的钢结构市场还远远没有成熟，企业的生存环境较差，大多数中小企业只能争夺拆迁临建房，以及一些彩钢大棚工程，能够参与工业厂房工程竞标的中小企业已经算是较有实力。相对于大型企业规模化、产业化的优势来说，对于中小企业来说，唯一的出路就是在专业化发展方面下工夫，不求样样涉及，但求一项能专攻，争取把自己擅长的项目做精做细，做成品牌，做出名堂。中小企业是国民经济持续发展的主要力量，协会要高度重视中小企业的发展，扶持中小企业向专业化转变，促进行业的健康持续发展。

4. 注重产业集中度的研究

产业集中度也叫市场集中度，是指市场上的某种行业内少数企业的生产量、销售量、资产总额等方面对某一行业的支配程度，它一般是用这几家企业的某一指标（大多数情况下用销售额指标）占该行业总量的百分比来表示。20世纪90年代以前，我国钢结构企业的分布区域比较稳定，主要分布在江苏、浙江、上海、京津、闽粤地区，并形成徐州网架、萧山钢构两大产业集中地及产业链集群。以浙江省为例，目前，浙江省的钢结构企业已超过300家，年产值达500亿元，具有钢结构工程一级资质的企业有30余家，具有特级资质的企业有8家，杭州市萧山区因此获得中国钢结构产业基地称号。但是，随着国家产业政策导向及市场导向，越来越多行业将目光投向钢构产业及钢构企业，区域布局加速，跨区域、大规模扩张，旧的产业格局逐渐被打破，新的区域竞争格局已基本形成。我们应站在全球发展的大格局中找准产业发展定位，明确产业发展目标，科学制定产业发展规划，遵循产业发展的内在规律，对接新一轮世界产业调整及产业转移，谋划产业发展新布局。

九、钢结构行业发展的人力资源开发

1. 评定行业技术的领衔专家和学科带头人

对于任何一个行业来说，专家都是最宝贵的财富。中国钢结构行业的发展离不开各位专家的支持，尤其是行业内的领衔专家和学科带头人，为此，中国建筑金属结构协会特意在今年设立了"资深专家"、"终身成就奖"，授予了吴学敏、刘树屯、徐国彬、薛发、董石麟、沈世钊、沈祖炎、顾子聪、陈继祖、李少甫、邬烈民、邵卓民、柴昶等25名专家。"资深专家"、"终身成就奖"两个奖项的设立，既是表彰这些专家在钢结构行业的发展中做出的重大贡献，也是为了更好地发挥专家的技术特长，进一步为行业服务。

2. 树立成功的企业家标兵

"榜样的力量是无穷的"。现代企业的发展证明，拥有一个出色的领导者是至关重要的，在风云变幻的市场竞争中，只有那些真正具有远见卓识的企业家才能带领自己的企业战胜各种困难，把企业做大做强。我国企业的发展实践也证明了这一点，对于钢结构行业来说，同样如此。因此，我们要树立钢结构行业成功的企业家标兵，让他们分享管理企业的成功经验，帮助其他企业取得更大的进步，从而实现做大企业、壮大行业的目标。

3. 评定各专项管理和技术专家

近几年，全国各地陆续成立了一些钢结构设计研究所，专门从事钢结构的结构设计、详图设计和咨询工作。伴随着我国钢结构建设的深入，逐渐涌现出一大批优秀钢结构设计机构，设计软件和科研成果也不断涌现，并且编制和修订了一批钢结构设计、施工质量验收规范、技术规程、设计图集等，出版了大量钢结构专业教材、论文著作和应用手册。随着时机的成熟，协会将会组织专家制定相关的评定标准，从而规范对钢结构专业人员和技术专家的管理，以促进行业的迅速发展。

4. 制定行业技工大师的考核办法

钢结构是一个对施工技术有着很高要求的行业，尤其是焊接，更是重中之重，焊接工艺的好坏对于钢结构工程质量能够产生很大的影响。除此之外，吊装、定位、组装都有较高的技术要求。更为重要的是，钢结构具有很强的可塑性，各种各样的钢结构建筑都会对施工提出新的要求，如果施工人员没有扎实的基本功，灵活的头脑，有时很难完成工作任务。相反，一些优秀的施工人员会在面对工程难点时脱颖而出，成为技术创新的能手，甚至是行业的先锋。因此，为了树立典型，提高钢结构全行业技工水平，协会将制定行业技工大师的考核办法，选拔行业内技术出众的技工大师，成为全行业学习的模范。其中我特别强调一点，"农民工"这个词是不规范的，我们的农民工、钢结构农民工应该是中国的建筑产业工人。但是应该承认，我们当今大量的农民工离产业工人的标准还有相当大的差距，在过去计划经济时代有八级工制，它对于培养建筑产业工人起到了重要的作用，现在取消了，农民工一进城就成了八级工，工程质量难以保证。只有重新认识八级工制的重要性，才能更好地培养农民工的素质和专业技能，使农民工这个不规范的名词成为名副其实的产业工人。

十、注重钢结构行业的国际化

1. 关注和学习人类社会钢结构行业发展前沿知识

没有学习就没有进步，没有创新就没有发展。对于中国钢结构行业来说，虽然近几年前进的脚步很快，甚至在某些方面已经达到了国际先进水平。但是从整个行业来看，仍然和国际先进水平存在不小的差距。尤其是从上海世博会国外建设的“零碳馆”来看，我国钢结构行业在技术创新和应用上，仍然存在着先天不足。学习国外的先进技术，可以缩短我们和世界先进水平的差距，但是长此以往，我们只能始终亦步亦趋地跟在别人后面，不会有真正的前途。我们应该有居安思危的思想，抓住现在大好时机，尽快把学到的先进技术、理念消化吸收再创新，为我所用，更重要的是能够走到世界钢结构行业发展的前沿，引领世界钢结构行业发展的潮流，发出真正属于中国的声音。

2. 瞄准全球钢结构大型企业，实施追赶式、跨越式发展

“中国已经成为世界第一产钢大国”，作为中国钢结构行业的从业者，我们应该为此感到由衷的自豪，这意味着我们拥有了更多的发展资本。2010 年中国钢结构行业的用钢量达到 3000 余万 t，但是，和将近 6 亿 t 的钢产量相比，说明中国钢结构行业的发展潜力还大有可挖。对于全国的重点钢结构企业来说，这是企业谋求进一步发展的最好契机，在稳固企业国内市场份额的基础上，应该把更多的目光投注到国际市场，在更广阔的国际舞台上展现中国钢结构的风采。经过多年国内市场的磨炼，国内重点企业已经具备了起码的国际竞争力，要进一步把企业做大做强，就要瞄准全球钢结构大型企业，以此为榜样和目标，实施追赶式、跨越式发展，而现在你们需要拿出的就是走出国门的“勇气”。

3. 努力参与国际钢结构市场竞争

国内的钢结构企业要想走向国际市场，必须做好以下准备：一是储备国际型人才；二是要熟悉国际市场的游戏规则；三是提高自身的科技含量；四是熟悉国外的政策、规范，目前国际上通行的有通用规范、美洲规范、欧洲规范，企业必须要熟悉这些规范，才能找到打开国际市场的“钥匙”。今年，中国建筑金属结构协会成立了国际合作部，旨在发挥行业组织的优势，在会员企业走出去方面，搜集尽可能多的工程招投标以及法律法规等各类信息，争取帮助企业少走弯路，为国内企业走向国际市场、参与国际竞争提供力所能及的支持和援助，为中国钢结构走向世界保驾护航。

4. 积极开展国际钢结构行业多层次的合作

经过多年的发展，中国钢结构行业取得了可喜的成绩，但是与发达国家相比仍还存在着差距和不足。为进一步促进中国钢结构行业发展，缩短与发达国家的差距，近

些年，协会积极开展国际钢结构行业多层次的合作，加大与国外协会交流的力度，通过了解国外协会的运作，以及相关行业规范、标准的制定，为我国制定相关行业规范、标准提供参考。此外，为了拓宽国内企业的视野，协会经常组织会员企业到国外进行技术交流和参观。这次“影响世界——钢结构中国品牌上海峰会”是中国建筑金属结构协会和上海市金属结构行业协会主办，邀请了香港钢结构学会、澳门钢结构协会以及奥地利、美国、日本、新西兰、法国等代表参加，旨在向国外的钢结构同行，展示中国钢结构行业的品牌企业和先进技术，从而提高中国钢结构在国际上的知名度和影响力。会议期间，中国建筑金属结构协会与香港建筑金属结构协会、澳门钢结构协会签署了三大协会合作协议，进一步推进港澳地区业界与我们在教学科研专业技术及经验上的交流、合作。通过不断的“走出去，请进来”，我们有理由相信，中国钢结构行业今后一定会更加稳健地向前发展。

这次上海钢结构品牌峰会是中国钢结构品牌企业的一次集体亮相，代表了中国钢结构行业最先进的生产力。面对潜力巨大的钢结构市场，品牌企业一定要把握住行业脉搏，努力练好内功，进一步拓展市场空间，提高企业市场竞争能力，为中国的钢结构行业做大做强作出不朽的功勋。

（2010 年 9 月 17 日在 2010 年上海钢结构品牌峰会上的讲话）

坚持主题　突出主线

“把握主题，突出主线”。主题是什么？就是以科学发展为主题。我们“十二五”期间，从明年开始，是在讲发展，坚持发展是硬道理，就是科学发展。第二个要讲主线，主线是什么？加快转变经济发展方式为主线。把握这么两个，一个主题，一个主线。主题要发展，主线要又快又好的发展，转变经济发展方式。作为我们钢构行业来讲，也是如此。钢构行业怎么去坚持发展，去把握主线，去把握主题突出主线。今天我大概讲三个问题，一个是钢结构行业的发展，主题。第二个是钢结构行业发展方式的转变，主线。第三个，讲讲我们协会，包括我们各省市协会，我们协会的使命。

一、钢结构行业的发展

行业的发展可以用一句话概括叫坚持做大做强两业，哪两业，一个是行业一个是企业。行业是由企业组成的，没有企业的做大做强谈不上行业的做大做强。发展对我们来讲，就是要行业做大做强。这叫壮大行业做强企业。

1. 发展机遇

改革开放 30 多年来，我们发展的形势相当好，中国钢结构的发展面临着极好的机遇。在解放初期也就是五六十年代中国的钢材产量很少，全面建设，没有钢材，我们怎么办。在建筑方面是节约用钢。到了 20 世纪 70 年代 80 年代，我们的钢材量达到了一定的数量。我们发展提出了要合理用钢。到了 20 世纪 90 年代，我们的钢材产量逐步走向世界前面，现在我们是全球第一。我们提出了鼓励和发展用钢。当年我当建设部总工程师的时候，当时国家两个部共同成立了建筑用钢领导小组，我当时是领导小组的副组长。我和全国的几大钢厂和部门的同志们一同研究鼓励发展用钢的政策发展钢结构。在 2000 年我的一次讲话中我就提出了 21 世纪就建筑结构来讲是钢结构的世纪。21 世纪是我们发展的大好世纪。

（1）钢产量

目前我们的钢材量已经接近能够达到 6 亿 t，我们钢结构的用钢量在全部用钢量里占到 4%，这是一个机遇。在世界金融危机来的时候，我们国家增加了 4000 亿元投资。我当时作为中央检查小组的组长，检查贵州省，检查很多项目，我们的大型项目提出了要用钢，要发展建筑用钢。所以说在发展建筑用钢，应该说我们国家在应对世界金融危机作出了贡献，今天应该看到巨大的钢产量是我们发展钢结构的一个机遇。

（2）与发达国家的差距

第二个机遇就是我们的差距。有人说这差距怎么是机遇，差距就是潜力，差距就是我们发展的动力。我们认清了差距，我们就知道应该怎么往前发展。我们说改革开放我们的成就是巨大的，但是要看到跟发达国家相比较，我们毕竟时间还短，我们的差距还不小。我们按照“十二五”规划往上赶，追赶并超过他们。从建筑用钢来说，我国钢结构用钢量占钢产量比例只是3.5%～4%，而发达国家占到15%～25%。这就说明我们在钢结构的发展上还有很长的路要走，还有很大的空间，我们的企业发展将面临着很大的机遇。

2. 发展方向

我们钢结构，大型桥梁、大型机场、高铁等，基本都是钢结构的。整个发展还是很快的，但是我们还有几个方面发展还不够的。

（1）工业房地产开发

在美国有一个叫“美多”的公司，在中国的上海、天津、广州、海口等九大城市建设了一批钢结构的工业厂房，他们称作美国村。实际上轻钢结构的工业厂房建设，可以让中小民营企业入住，方便生产，效果相当不错。我推荐很多钢结构企业去看过，经济效益、社会效益都很好。在四川汶川地震期间，我去过几个地方，当时我就提出汶川地震以后恢复建设要建立工业区，我希望都建钢结构的工业厂房会是不错的。今年，协会在江苏江阴开发区共同召开了一个钢结构工业房地产开发研讨会，我有个讲话《钢结构工业房地产开发五大理念》，已印发给大家，供研讨参考。

（2）民用房地产开发

在民用房地产开发方面，我国以前发过一系列的文件、一系列的标准，发动专家做了一系列的调查，应该说做了大量的工作。但至今，进步不大，规模不大，影响也不大。为什么会有这个问题呢？这里有很多原因。不是我们设计，我们的施工跟不上，更重要的是社会认识以及国家的一些政策还不到位，现在我们建设了一些民用住宅的试点。就钢结构的民用住宅开发，我们现在的房地产开发很多，但能搞钢结构民用房地产开发的不多，我们还没有认识到钢结构民用住宅跟钢筋混凝土民用住宅相比较有哪些优点。

（3）轻钢标准公用设施开发

目前中国红十字会、国家民政部及其他部门都在研究，在我国西部地区、西北部地区的广大农村建立既抗震又可防止其他自然灾害的大量卫生所、中小学等公共设施开发项目，我相信轻钢结构会有广阔的前途。我们完全可以让这些公用设施做到标准化、实现轻钢结构的批量生产。

3. 发展条件

我们要强调“十二五”规划，发展是主题。我们当前发展条件是很充足的。但是我要强调两点，或者说是显得不够的地方。

(1) 社会共识

目前全社会对钢结构建筑的认识并不是那么了解。钢结构建筑是抗震性能强、节能环保、可循环使用的绿色低碳建筑。目前买房都是以建筑面积较量，实际上使用面积只能占建筑面积的40%左右，而钢结构能占到45%～55%，这一点买房者都不了解。现在需要新闻单位和媒体向全社会大力宣传钢结构符合当前低碳经济的要求，符合社会发展的要求，是生产力发展到一定程度的要求，社会共识是钢结构发展的前提。

(2) 政府支持

政府支持是关键，要争取政府出台大力发展钢结构行业的意见。目前钢结构委员会组织专家研究一个提案，建议政府发出一个大力发展钢结构的政策与意见。我们的省市，哪个省能率先行动，就具有很强的优越性。我在四川省、福建省谈过，四川在抗震救灾的时候，福建在建闽西经济开发区的时候。需要发展钢结构，需要政府拿出支持发展钢结构的指导意见。

二、钢结构行业发展方式的转变

遵循两个经济，循环经济和低碳经济。所谓循环经济，就是资源集约型经济。所谓低碳经济，就是节约型经济。人类社会，由人开始。进入了今天第三次大文明。第一次文明是农业文明。人类知道把野果子拿回来。种庄稼收粮食。不去吃野草野果子。农业文明是人类一大发展。第二次蒸汽机发明了。人类进入到工业文明，发明了机械，进入了工业文明。人类社会到今天，进入了第三大文明，低碳文明。所谓低碳文明，就要以低污染、低排放、低消耗为特征的经济、社会、生活。所以我们经济方式的转变，要紧紧遵循着两大经济。一是循环经济，一是低碳经济。

1. 科技创新

科技创新我想不多讲，一个是制造，要从笨重的制作变成机械化的制作变成工业化的过程或者新型工业化的过程。二是焊接，我们有焊接高手，可是我说焊接高手也比不过机器的焊接。焊接有多种方式，焊接在钢结构还是致命的一环。重庆有个大桥垮了，第一天晚上垮的第二天早上我到了，我看了非常惋惜，我一看就知道最根本的原因就是焊接，焊接很多是虚焊，好像是焊了，实际上没有焊。焊接在钢结构中是一门学问，包括焊接工艺、焊接材料。三是吊装，吊装是一门综合性的工法，无论是国家大剧院还是鸟巢，这样的大型工程都是吊装一次成功。四是新型配套材料，钢结构配套的新型材料必须引起我们的高度重视。很多防火材料是不过关的，高层建筑存在很多安全隐患，而高层救火又是世界一大难题。钢结构新型配套材料有待进一步研究和发展。

2. 重视优化产业

（1）设计优化

钢结构的优化产业必须引起高度重视。对于钢结构来说，并不是用的钢材越多，这个钢结构就越好。在同样的结构质量、功能质量、魅力质量和可持续发展质量下，用钢量越少越好。我们比发达国家同样条件的钢结构比人家多用多少钢，优化是追求合理用材，合理造价，但目前存在着造价越高，设计施工取费越高的问题，这里要优化设计。优化本身是一个产业。优化了以后对我们的设计施工企业没好处但对国家对社会有好处。这个政策导向一定要解决。

（2）安装方案优化

现在很多大型工程是整体吊装的，方案的优化是非常关键的。事实上对于施工来讲，过去最早在“一五”时期向原苏联专家学的一个东西，学的什么东西呢，当是苏联支持我们156个大项目，很重要的教给我们编制施工组织设计。以后工程开工前首先要编制施工组织设计，招标投标要按施工组织设计的要求。这几年有些放松了这个问题，放松了施工组织设计，淡漠了施工组织设计。在工程开工以前，施工组织设计是最关键的，而施工组织设计的优化更是关键，这样才能保证又好又快地施工。

3. 合作、联盟经营

转变经济发展方式、行业发展方式。钢结构行业要加大联盟发展，合作发展。在当今市场经济条件下，合作是高层次的竞争，谁会合作谁才会竞争，而不是过去说的市场经济是竞争型经济。竞争是残酷的、无情的，竞争是你死我活的，这不完全确切。有些情况下竞争确实是对手，更多情况下，是合作伙伴。

目前全球都在合作，国家与国家的合作以及一些合作组织如上海合作组织、东盟合作组织，到处开展战略性合作。全球都在努力合作，同样我们的企业也需要合作。合作是高层次的竞争，现在我们很多企业不懂合作，不知道怎么合作，我强调两个方面。

（1）银企合作

钢结构行业发展、企业发展需要资金，金融合作要有强大的金融靠山，确保在关键时刻、关键部位、关键项目上资金能供应上，保证企业能持续发展。同银企搞好密切的关系，同银行合作不仅是我们企业的需要，也是银行的需要，其实商业银行就是经营人民币的商店。它的扩大发展同样需要企业，企业的发展需要银行，这就是银企之间的合作。

（2）产学研合作

本次会议就是产学研合作的典型。一些华北水利水电学院、研究钢结构的专家，同在国外留学在国外科研的一些人员和我们工程院的院士，来研究我们的行业发展。我跟华北水利水电学院的书记说你们是开门办学、社会办学、面向企业办学。既要培养社会上需要的人才，又要和社会和企业去开展产学研方面的合作，参加行业的各种经营管理方面的活动，这是河南省钢结构协会的一大特点或者说一大长处一大优越点，产学研合作是非常关键。据我了解，国外高等院校的教授是办企业的是企业顾问。如果一个教授长期脱离企业脱离行业的现状，整天靠一本书教一辈子，那这个就没有发展。走在学科前面的永远是学生，而不是老师。如果走在学科前面的永远是老师，那这个社会就不进步了。走在任何学科前面的永远是学生，社会才能进步。所以产学研活动就是生产单位、高等院校、研究单位、要紧密开展合作，瞄准全球最先进的前沿信息、瞄准全球最大的企业去追赶去超越它。

合作不仅这两个方面，还有很多，如上下游企业之间，设计施工与建设单位之间，国际上同行之间等，合作的目的是做大做强，我经常讲，最大的钢结构企业在哪个国家？应该在中国。中国这么大的市场，中国完全有条件产生全球最大的企业。我们主张钢结构产业链上下游产业之间的合作。在福建有一个钢结构企业是台湾过来的，它在福建成立一个合资企业。我们的钢结构施工企业要与首钢、马钢、鞍钢、莱芜钢厂和钢结构生产企业钢结构施工企业设计单位合作。

在我国下游钢结构制作配套线或者说辅助材料与用户之间的合作，建火车站与铁路之间的合作，建飞机场与民航合作等。我们的产业群就是在一个地区相对形成，钢结构企业比较多、钢结构信息比较集中、钢结构优势比较明显，形成产业群的优势，带动地方经济发展、带动地方社会的进步。

三、协会的使命

依靠两家，专家和企业家。专家是社会的财富，是社会的资本。企业家同样也是。只有专家和企业家的紧密结合，才能使科技变成生产力。这才能体现科学技术是第一生产力。我们要重视专家，不重视专家，这个民族是没有出息的。我们更要重视企业家，不重视企业家，这个民族也是没有希望的。社会的财富要靠企业去生产。而企业要靠企业家去引领。我最近看到一个报道，报道我们联想被世界评为先进企业，中国的民营企业家，上升到美国哈佛大学的典型案例教学教材。协会一定要重视专家，要重视企业家。

1. 服务企业

组织专家开展咨询服务，继续开展好钢构工程金奖评选和企业的排名发布。这里有个观点，什么叫协会，我到协会工作一年多时间，我到了协会研究了半天。我说过我到协会工作有两句话：协会工作干起来没完没了，不干不多不少。我们协会天天睡觉，人家企业照常发展。协会要干没完没了的事。什么叫协会？协会就是商会。协会就是为企业创造商机的一个组织。合作组织，它凭借着专家的优势，凭借着跨行业跨部门的优势，去有效地为企业进行服务。在这里我也想讲讲我们的企业，我们的钢结构企业要学会用这个协会，要学会利用这个协会。你不要光交会费，你要交会费后要这个协会为你的企业发展服务。你让协会为你干什么，你要说出你的心愿。你要从协会这里得到什么，要有所得。

2. 振兴行业

在国外，行业发展是协会承担的。在中国不完全是，政府承担着大部分。但协会也承担了行业发展的一部分，协助政府做好有关方面的工作。

（1）制定行业发展规划

现在正在编制着钢结构行业发展规划，规划要细要实，不能太原则。另外全国不能是一个规划，全国各省不一样。有的省可能以钢结构为主轴做支柱产业，有的省不一定，工程的条件也不一样，我们的企业应该是跨省的跨国的，编制好本企业的发展规划。

（2）制定行业科技成果开发推广的意见

重视行业的科技研究、专利开发，已经成熟的新技术、新工艺、新工法，要组织推广。

（3）制定实施钢结构人才十年培训大纲

人是最宝贵的资源，中国现在讲反浪费，人才要节约，资源要节约，最大一个问题人才要节约。最大的浪费是人力资源的浪费，人不能尽其才。人的潜力是很大的，人脑现在才用了20%，还有80%都没用一直到死为止。如何实行人力资源的开发，最有本事的企业家把自己的身边把自己的手下培养成人才，人人可以成才。要把企业办成学习型组织，员工成为知识型员工。

（4）扶持领导企业做大做强引领行业发展

现在的钢结构行业出现了一批相当大的、相当强的企业。如中建钢构、杭萧钢构、东南钢构、沪宁钢机等。你们河南天丰集团也不错。要使一批钢结构企业做大做强。企业家人生的最大希望是把本企业做成品牌。把本企业做大做强。把企业当成自己的儿子来养，把它做大做强。我们这一代人交给我们的下一代交给我们的下两代。国外的企业一谈，都是上百年的历史。我们完全有条件有可能把企业做成世界一流的企业，传承发展。

3. 协助政府

协会要全力依靠政府、协助政府制定有关标准规范和有关技术经济政策。规范行业的健康发展。今年我们做了不少的工作，我们编制了不少标准和规范，最近在钢结构总承包资质正在进行研究。钢结构不能只是土建的帮手，钢结构完全可能实现总承包，还要逐步实现设计、制作施工一体化。

4. 联系全球

中国完全可以主办全球的会议，我们完全有能力有水平跟世界上的兄弟国家互相学习取长补短。实现联盟共同发展。要组织我们的企业家考察全球了解全球。了解全球的目的是两个。一是学习人家先进的，通过引进消化吸收再创新变成我们中国创造，由中国制造变成我们中国创造。二是学习人家要打出去，中国的建筑业要走向世界。俄罗斯的联邦大厦，罗马尼亚的联邦大厦。还有其他一些包括迪拜的高层建筑大厦钢结构，很多是由中国钢结构企业承担施工的。中国的钢结构无论从技术无论从力量，特别是我们风格，完全能走向世界。

今天，因为时间关系，我非常简洁地说了三个问题：

一是钢结构的行业的发展，要振兴两业，振兴行业、振兴企业；

二是钢结构行业发展方式的转变，要围绕两个经济，循环经济和低碳经济；

三是协会的使命要依靠两家，一个企业家，一个科学家或者专家；

宗旨就是一个，把握发展这个主题，突出转变钢构行业发展的转变这个主线，使我们中国钢构行业的明天更加美好。

（2010 年 11 月 20 日在 2010 河南钢结构协会年会上的讲话）

注重信用　自主创新
致力于企业家队伍的成长壮大

每年召开的一届钢结构行业大会，就是要把行业内的专家、企业家、建筑主管部门的领导请来，共同学习研究国家新的产业政策、分析行业发展方向和趋势，探讨行业发展的思路和办法，交流最新发展经验和成果，收集和反映企业和企业家们的诉求，这是钢结构行业的一件大事。

在当今激烈竞争的市场环境下，一个成功发展的企业，必定离不开这个企业的灵魂人物——企业家。现代新型企业的发展，企业家的智慧、胆识和魄力非常关键。今天我就着重讲一讲企业家，不单单是总经理、董事长，凡在钢结构企业中从事高层管理工作的人员都在从事企业家的工作。我讲过，一个不重视企业家的民族是没有希望的民族，社会财富要靠企业去创造，企业要靠企业家去引领，在中国当今年代，最宝贵、最短缺、最稀有的资源就是企业家，最可爱的人也是企业家。我和一些省长、市长讲过，你们关注民生，要解决本市的就业问题，就必须高度重视创业，没有创业哪有就业？我们创业一个工厂，就有几百人、上千人就业，没有这个工厂，就会失去成千上万人的就业岗位。我们政府要解决就业，总不能都弄到机关扫地吧，所以要重视创业，企业家就是创业者。对企业家怎么看？我在北京机场买过一本书，书名叫《中国没有企业家》，我详细看了一下，我不赞成作者的结论，但是赞成他的一些观点，他从明清时期起分析中国企业家不成熟的几个阶段，企业家要有资本，企业家要有管理能力。有的专家把改革开放以来的民营企业家分成三代。改革开放初期，中国出现了一批民营企业家，叫做胆商。谁胆子大，谁就挣大钱。改革开放中期，中国出了一批“情商”。当时政府办企业，部队办企业，国家实行价格双轨制。那个时候谁有本事通过关系拿到钢材指标，一批计划内钢材指标，往市场一倒卖，挣大钱了。谁有本事，拿到一块地的指标，你都不用开发，第二天一转手就发大财了。中国出现的官倒现象，是导致北京“六四”事件的一个诱因吧，当然“六四”事件有国际背景，我们说是反动的。但是官倒现象，也是客观存在的。从上个世纪末到本世纪初，中国兴起了一批“智商”，聪明才智的“智”，靠聪明的管理、才智的管理，把企业做大做强，像联想的柳传志、海尔的张瑞敏，都已经是国际知名的中国企业家，成为美国哈佛大学 IBM 企业家成功的案例。从发展的过程看，胆商是垮掉的一代，情商是挣扎的一代，智商则是正在崛起的一代。我们在座的各位企业家，应该是智商，是正在崛起的一代。当年我也办过企业，在企业呆过13年，在国家建工总局六局四公司当经理，当时20多岁，企业13000多职工，计划经济年代搞企业，叫从业加保险，当时我当经理是组织任命的，干不好就会把我调走。到改革开放中期，我们相当一部分企业家是创业加危险，尤其是胆商这一代。现在的企业家是职业加风险，企业家，或者叫董事长、经理也好，是一种职业，这个职业是一种风险，我们今天搞企业，要树立职业意识、风险意识，从企业家角度，我想多说几句，标题上要加上“注重信用，自主创新”这八个大字。为什么讲这个话题，要回到前年温家宝总理在巴黎召开的世界企业家座谈会上，向企业家们提出了两点希望：一是希望企业家血管里流着有道德的血液，企业家要注重社会责任，讲究社会信用。如果不注重社会责任，不讲究社会信用，这样的企业是不受社会欢迎的企业。二是企业家要高度重视自主创新，创新是为了企业的明天，不创新的企业是不能长寿的、不创新的企业将是短命的，要高度重视创新。按照温总理讲的这两点，一个注重信用、一个自主创新。就企业家的健康成长问题，我讲三个方面：

一、企业家成长的平台

第一，钢结构企业家成长的时代机遇。我们处在一个什么样的时代背景下，企业家成长的平台是什么？我们钢结构行业，据初步统计，到2010年，年加工能力在8万t以上的有39家，年加工能力在1.2～5万t的一级企业超过60余家，从行业态势上看，我们钢结构企业已经从粗放型开始往技术型转变，由盲目扩张型向管理型、集约化转变。钢结构企业经过这些年的改革开放，已经有了一个很大的发展。从发展规模看，我们的国有企业、民营企业、外资企业三大类型企业，相互促进、互为补充，初步形成良性健康的发展群体。以中建钢构、宝冶、中冶作为主体的国有企业，包括承办这次会议的云南建工钢构，集团的总经理兼钢结构公司的董事长，以技术和质量取胜，承建了国内一批高、大、坚、新、特工程；以杭萧、精工、东南网架、沪宁钢机等为代表的民营企业，这几年飞速发展，适应市场能力强，制造加工一条龙，规模扩张的很快。还有像巴特勒、美联、中远川崎等外资或中外合资的钢结构企业、福建的台资企业，逐步在国内市场站稳脚跟，以技术和资金优势抢占市场先机，带来了新的设计理念，推动了我国钢结构建筑的发展和与国际水平的接轨，这些企业为国家的经济建设做出了巨大贡献，同时也为我国钢结构事业发展做出了不懈的努力。这就是今天钢结构企业家成长的平台，也可以是说我们取得的成就，或者说是新的历史起点，

第二，谈谈建筑钢结构“十二五”规划。你们手里都有了钢结构行业“十二五”规划讨论稿，刚刚开完的全国“两会”，明确了“十二五”期间的主题是发展，只有

坚持发展才是硬道理，才是科学发展。应该说，我们国家仍处在大发展时期，尽管有不少矛盾和问题，比如说贫富悬殊的问题、分配不均的问题、社会保障不健全等等，只有通过发展才能够解决，发展就是我们钢结构企业家成长的机遇。建筑业发展的动力是啥？是建筑单位，没有建筑单位、没有工程、没有钢结构你钢结构企业干什么？国家要发展，有钢结构建设项目等着我们，那样钢结构企业才能成长。国家提出追求绿色纲构、追求科学发展、追求节能减排、追求人与自然的和谐发展，对钢结构的要求高了，大家说钢结构本身是绿色建筑，是不错。不是说只要钢结构就是绿色建筑了，钢结构抗震好、牢固，但钢结构要做到优化发展，应该看到，我们钢结构在“十二五”期间是要大规模发展的，这次人大代表向全国“两会”提了提案，87名人大代表联名，反映了民意，解决问题还需要我们专家解决。

钢结构事业的发展，是钢结构企业家发展的最好机遇。昨晚我在房间里看电视，一个经济台正播专门研究钢材的节目，我国钢产量全世界第一，现在鞍钢第一个带头降价，说钢降价，说钢材、线材库存问题，我觉得我们的专家应该呼吁一下，发展了钢结构才能解决库存问题。节目谈了十几分钟，专门谈这个钢的问题，也启发了我，这就是钢结构企业家们成长的一个历史机遇呀。

第三，谈谈钢结构的走向。走向是什么？走向是转变经济发展方向，刚才讲主题是发展，走向是我们怎样发展，强调经济发展方式的转变，这就是一个挑战，对企业家成长的一个挑战。对钢结构行业来讲，我们行业内的企业应该怎样转型升级？在江苏会议上我讲了3个小时，提出了“八个转型”。一是要从粗放型，依靠笨重的体力劳动、靠延长时间、靠增加体力消耗、靠大家苦干，要转成科技先导型。因为科学技术是第一生产力，要推广我们的十大新技术，要有我们的工法、有我们的专利。二是资源节约型。企业要根据循环经济的要求，做到节能、节材、节地。三是遵循低碳经济要求，做成环境友好型企业，做到减排、降污，文明施工。四是质量效益型。坚持质量是建筑工程的核心，生命第一是建筑的最高准值，要提高工程结构质量、功能质量、魅力质量和可持续发展质量，加强我们的项目管理。五是把企业建成联盟合作型，加大企业合作，特别推进企业与银行、产销、科研机构的合作。六是要转成社会责任型，遵照温总理指出的企业家血管里要流着道德的血液，妥善处理好企业内部的劳资关系，要强调企业诚信体系建设。七是把企业做成全球开放型企业，要遵照走出去的战略，加大我们在国际市场上的占有量，八是要把企业办成组织学习型。在科技日新月异时代，要强调学习，这对企业家非常关键重要，对企业转型升级也是非常关键，时代的发展进步，使企业家赶上了发展的机遇。有的企业抓住机遇、不断创新，实现了企业健康成长，有的企业经营者并没有意识到，还是凭着一时运气，抓住了一次有利的机会，使企业发了一阵子。还有的企业经不住残酷市场竞争，败下阵来，成为昨日星辰。从世界范围看也是如此，企业也是天天有破产的，处处有倒闭的。当前，我国正处在改革开放和现代化建设的关键时期，推进国有企业的改革，壮大民营经济，离不开企业家的艰苦努力，社会主义市场经济离不开企业家们的积极探索、深化改革，现在比以往任何时候更加强烈的呼唤，时代呼唤高素质企业家队伍的成长。

二、企业家的素质

企业家素质是对企业家的要求，是一种挑战，也是企业家发展方向。讲这么几点：

第一、世界眼光。企业家要有世界眼光，不能小家子气，不能坐井观天。任何企业的发展都是这样的，我们讲山外青山楼外楼，过去企业都习惯纵向比较，不习惯横向比较，自己和自己比，和 5 年前、10 年前比是前进了、发展了。但更要横向比，和国际上大企业比，我们差距在哪里？看国家的发展，过去也习惯纵向比，比前几年发展大了，现在我们要横向比较，横向一比差距就出来了。就像什么是中国国情，有人说就是九个字“差不多”、“差很多”、“差太多”，我们吃的、用的、穿的、我们飞船上天的，和世界发达国家比差不多。我们国内超市和日本的差不多，但人均水平、资源占有量差很多。我们的经济总量已经超过日本了，现在是全世界第二，但用人口数一除，我们还是差很多。我们还有不少穷困地区、灾区、贫民窟，就差太多了，这就是中国国情。这是横向比较。用世界眼光看中国的发展，企业也是如此，应该有世界发展的眼光。经济全球化，我们今天是在一个地球村工作，中国建筑市场也是世界建筑市场的一部分，所以要有世界眼光，作为中国的企业，要了解世界的市场信息，了解世界市场信息是为了走出去，去实现更多的目标。迪拜的钢结构就有中国的钢结构企业在那里干活，联邦大厦也有我们的钢结构企业在那里干活，我们的钢结构只有拿到世界上去，和国际水平比较，才能占有更大的国际市场。

我们讲创新，集成创新，引进吸收消化再创新，不是闭门造车，是掌握大量人类已经掌握的技术往前走。要了解人类最新的钢结构技术是什么，要为我所用。一个企业要实行跨越发展，必须了解世界的管理信息，学习世界上的管理经验，学习的目是什么？是为了追赶，为了超越，使企业真正做大做强。还要了解人才信息，我们的钢结构专家，也是国际专家，我们可以去国际上讲学，同时美国有那么多专家，我们也可以请到中国来，专家也是跨国的，也是国际型的，人才是我们事业发展的第一资本。我们有很多成果、经验，像沪宁钢机这几年的发展，说明了企业家要有世界的眼光。北京奥体中心的外壳，仿鸟巢结构，是世界上独一无二的异形弯曲、纵横交叉网状结构，比蜘蛛网还要复杂，加工制作和施工难度大，技术质量要求高，在世界建筑史上没有先例。“鸟巢”吊装方案在全球招标，当时，很多人认为国内钢构企业不能完成难度系数这么高的钢结构。董事长王寅大不这么看，他认为：竞标“鸟巢”吊装方案，沪宁钢机不仅代表一个企业，更代表中国的实力。当时，一家德国公司提出整体吊装方案，总承包商很可能采用这个建议。王寅大就组织了科技人员，反复认真测算。结果发现整体吊装方案有一个重大缺陷，要等到“鸟巢”混凝土结构完工后，才能进行钢吊装，这样就需要等很长时间，“鸟巢”就不可能在预定的时间完工。经过比较，沪宁钢机拿出自己的方案，整个结构吊装分八期三个阶段，加临时支撑体系，高空分跨散装。这个方案工期短，安全性高，成本低。经过世界级专家组成的评审团评比竞标方案，沪宁的方案让他们眼前一亮。所以企业家的眼光，带来的是企业世界水平的跨越式发展。

第二，战略思维。战略思维很关键。任何一个企业，从小到大，从组建到发展壮大，企业原始积累完成后，企业逐步进入快速发展、扩张式发展时期，企业家的战略思维非常重要。从我国的情况看，有相当一部分企业不太重视发展战略的规划。我们过去一些国有企业，往往是找几个秀才，写一本企业发展战略，写完了，就放在那里不用了，这样的事情也不少。作为一个企业来讲，一是发展战略的选择，决定了企业的发展方向，决定了企业的经营活动。在发展战略选择上，要摆脱传统的经济成长模式的束缚，按照自身经济的要求，依靠知识信息资源的利用，形成强大的生产力，谋求其企业的发展。在投资战略上要加快对高新技术投入，重视高新技术的推广利用，不断地自主更新。在品种发展战略上，要利用高新技术研制开发新的、有较多知识含量的、生产有知识品味和文化内涵的产品。对建筑业，要着眼于国内外市场考虑，着眼于建设全过程能力的发挥，着眼于与工程相关的技术咨询、新产品的开发。在文化发展战略上，要引进先进的管理理念，要珍惜、培养有中国特色的企业文化，将这种文化渗透到企业各个方面，充分利用网络优势，开展有效的需求合作，包括技术合作。我们的建筑企业往往缺乏战略管理的理念，缺乏长远的战略考虑，目光较短，而研究企业发展战略，是企业发展最急切、最艰难、最困难的一项工作。没有战略眼光的企业家，不管短期成就如何辉煌，而命运注定只能是流星，而不能是长久的。

企业家的战略思维要求企业家瞄准同行业的最好水平，不断地提高市场竞争能力和市场创新能力，创造产品使用价值和剩余价值的能力，发展生态市场的能力，引入世界产业的成果和经济产业的循环方式，做到为实现战略目标不断调整战略，紧紧围绕战略目标组织实施、勇往直前。这方面，方朝阳所率领的精工钢构，从小到大，由弱到强，历经10年，发展成为管理规范、技术领先跨地区的综合型集团公司，年销售规模超过50亿元，荣获中国制造企业500强，中国民营企业500强。一条重要的经验就是企业发展战略目标明确，坚持产品专业化，生产规模化。公司提出科技为先导战略，通过实践，实现精工八大建筑技术体系，通过与同济大学合作，成立同济精工钢结构技术研究公司。10年来，为公司的科技研发、重大工程项目建设提供了强有力的技术支撑，并向公司输出了50多名同济大学的优秀毕业生，为公司培养了多名钢结构领域的高端人才，真正做到了产学研相结合的发展格局。

第三，儒商诚信。我们要承认，做建筑也好、做钢结构也好，我们首先是商人，我们是建筑承包商。作为一个商人，我要强调的是做儒商，中国商人自古是有儒商诚信品德的，应该看到，我们现在出现了一些问题，我国的市场经济还处在不断完善阶段，或者说还不太完善。我们和企业家们座谈，就谈到现在好东西卖不出去，到处压价、围标，能讲出很多市场不规则、不公正的行为，这点我承认。现在市场上是存在吹、假、赖行为，吹牛不上税，能吹尽量吹。一个小公司也叫集团、十几个人也叫董事长，盖的房子不叫大楼，叫大厦、叫山庄、叫花园、叫广场。开发商盖几千平方米的房子，中间挖个坑，放上水，做广告就碧波荡漾。饺子店不叫饺子店，叫饺子城，再开就叫饺子世界。能做假都作假，假烟、假酒、假药什么都有假的，世界上有的我们都有，但是都有假的。还有赖，干活赖账不给钱，拖欠工程款，我们有些人真够呛，还研究怎样用人家的钱发财，用赖账的办法发财，这不是诚信的。有些企业家和我讲，我说，我承认这些问题，毕竟是在市场经济发展不完善的过程中，没有市场经济，民营企业是不可能有的，是资本主义尾巴应该割掉的。正是因为市场经济，才有企业的今天，市场不完善不怕，要看到市场在不断完善的过程中，关键是我们自己，不能人家作假你也作假，人家吹你也吹，人家赖你也赖。在当前的市场经济环境中，有的企业飞速发展，有的企业坚持不前，有的企业家怨声载道，有的企业信心百倍，什么样的人创造什么样的业绩。所以要讲究诚信，讲究社会责任，要让血管里流着道德血液，对社会负责。我们的产品是对社会极大负责任的产品，钢结构企业不但要研究钢结构，还要大力研究配套产品，怎么防震？怎么防火？高层建筑的防火也是大难题，各种涂料都需要研究。另外要追求品牌，这是至关重要的。什么叫品牌？如果说质量是物理属性的话，那么品牌不单单是它的物理属性，也是一种情感属性，对中国品牌研究，要对历史负责，对于一个企业家来讲，追求品牌是终身使命，活着就要为品牌而奋斗，为企业品牌而努力。外国的企业叫百年企业、百年老店，我们才几年？要把你们的企业做成百年老店、创造品牌，这就是企业家的终生使命。

作为一个企业家，也要关心行业，重视企业与行业的关系，要关心行业的发展，了解中国行业与世界行业的差距，为行业做出贡献。要有整体全局的观念，企业是微观经济，行业是中观经济，国民经济是宏观经济，微观经济要在中观经济指导下，中观经济要在宏观经济指导下，去考虑自己的发展，这是我们作为儒商讲究诚信的一面。重信守诺者往往是市场最终的赢家，我们的杭萧钢构，成就了国内最大的钢结构生产基地，中国钢构第一个，中国钢构第一楼，国家住宅产业化基地，创造了钢结构行业的辉煌。董事长单银木并不单纯以产值利润为常规数据看待业绩，而是强调企业的社会责任，关注钢结构建筑节约能源、节约资源、保护环境的一面，不是简单地做企业，而是在实现自己的理念，去追求精益求精，始终把对业主负责、对股东负责、对员工负责、对社会负责作为企业的核心价值。从公益基金、救灾济贫到捐献希望小学、慰问武警官兵，单银木把捐资助学当成一种快乐，常怀感恩的心，慈善的心、责任的心，真诚与人交往，成为时代的楷模，为人类的福利事业添砖加瓦，企业家的人格最终成就的是杭萧钢构的影响力和广阔的发展天地。

第四，智商才智。在科技发展的今天，聪明才智对企业家非常重要，科学技术是第一生产力，科学管理是企业发展的重大动力。从管理科学来讲，我们要不断地创新，人类的管理科学，从美国科学家研究的动作管理，到行为管理。到日本的全面管理，全员、全过程、全方位的管理，到今天国际上的比较管理，发展到信息管理、知识管理、文化管理，必须要有管理的科学理念，实现管理的创新。

对钢结构工程来说，特别强调质量管理，工程质量不光是结构质量，我们一直强调工程质量，过去我们有的工程是“豆腐渣”工程，就是结构质量不好。现在的记者不知怎样形容我们的工程，什么“楼倒倒”、“楼歪歪”，建筑结构质量要好，也不能把房子都盖成碉堡，还有其他功能质量、魅力质量、可持续发展质量，质量的概念要完全。要真正树立生命第一是建筑质量的最高准则，把人的生命视为企业经营的最高原则。

还要强调科技创新，要认真推行建设部颁发的十大新技术，钢结构新技术包括在建筑业十大新技术中，有地基基础和地下空间工程技术、混凝土技术、钢筋及预应力技术、模板及脚手架技术、钢结构技术、机电安装工程技术、绿色施工技术、防水技术、抗震加固与监测技术、信息化应用技术。我在部里当总工的时候，就建议搞十大新技术示范工程，现在还要加上一个太阳能应用技术，要考虑创新，要有自己本企业的专利，创造自己的工法。

要善于资本经营，从经营来讲，智商不单单讲生产经营，还有讲资本经营，都要有所创新。在各种经营中，要围绕资本经营有所创新，企业的根本目的是实现资本增值。比如说企业上市，现阶段上市肯定是对企业有好处的，但上市后企业家的责任更加重大。作为企业家，要紧紧围绕企业转轨、机构调整、企业改制、增长方式转变进行研究，实现低成本扩张经营，避开和化解经营风险，增强企业的实力。东南网架的郭明明有自己的一道公式：就是责任心＋信心＋耐心＋细心＝精品，用心做好每项工程，以科技创新求发展，辛勤的汗水留在了水立方、羽毛球馆、首都机场三号航站楼等一座座建筑中，通过自主创新，中南网架成功地攻克了一道又一道难题，演绎了科技奥运理念，每一项工程都追求完美，瞄准的是当今最新最高标准，打造的是民族品牌及高端产品，发展占领国际市场，体现出企业家的智慧和博大的胸怀。

第五，人力资源。我们今天讲资源节约型，讲了很多，节约土地、用水、节约能源，讲的少的是如何节约人力资源，现在最大的浪费我看是人力资源的浪费。作为一个企业家要做到尊重知识、尊重人才，有本事有能力的企业家应该把自己身边的人都培养成人才，人人可以成才。中国有个武大郎，生怕别人比自己高一点，武大郎是绝对搞不好企业的。美国的钢铁之父叫卡耐基，他的墓志铭是："一个高度重视比他能力高的人葬于此地"，作为企业家，就要高度重视比自己能力强的人，发挥他的作用。我在一个房地产峰会上，提出了人力资源开发的十大理念。人是最关键的，人力资源是第一资源，人力资源是企业最重要最宝贵的资源，要真正重视人力资源，把企业搞好，首先要有一个创业团队，任何一个企业家、老板、经理，是这个企业人力资源策划部的总经理。第一个本事，是把人力资源开发好。我们上海中远川崎也是近几年成长起来的一家大型钢构企业，总经理赵增山，在整合资源上显示了高超的技能。作为中远企业集团和川崎重工两位巨人合资企业，面对两种文化、两种企业的冲击，传承和创新是赵总的必修课，在他的大力推进下，上海中远川崎对企业内部管理流程进行了集中优化，调整了部门结构，明确了管理层次、管理的跨度、管理授权及管理的职责，强化了执行力，提高了企业对市场变化的敏感度和运作效率，同时把外方开明管理与中方尊重人、理解人、关心人的管理思路相互融合，形成以人为本的人本管理理念。用赵总的话说，要从"形似"、"神似"到自主创新的"我是"，既积极消化日本川崎重工的先进技术工业和现代管理理念，又充分发挥中国国有企业的传统优势。使中远川崎在很短时间从高层重型钢结构、钢-混凝土组合结构到轻型钢结构、大跨度空间钢结构、钢结构住宅等领域取得丰硕成果。

还有恒达钢构的俞建国董事长，他就认识到人力资源的开发比运营更重要，企业的各种发展变革及付诸实施，人的因素是决定性的。没有高素质的人才，担负起关键岗位的工作，就不能对企业进行有效的管理，目标也就无从落实。俞建国在工作中坚持量才而用，扬长避短，了解员工的表现和潜质，为他们搭建最广阔的舞台，让人才得到满意的回报，所以不能不说这是恒达钢构快速发展的重要原因。他说过一句话，没有满意的员工就没有满意的客户。很多员工就是在这种宽松的人际关系、舒适的工作环境、较多的竞争机会、较高的福利待遇投入工作的，产生了更大的效率。

第六，竞合理念。竞合理念是当今倡导的新理念，我们不要光看到竞争，过去说市场经济就意味着竞争，竞争是残酷的、无情的、你死我活的，现在更多的是合作的关系，合作是更高层次的竞争。在一些场合下，两个企业共同投标是竞争对手，在更多的情况下是合作伙伴。现在国与国的关系更多的是合作关系，东盟五国、上海合作组织、博鳌论坛、东盟合作组织等统统讲的是联盟、合作。我们国家跟国际上很多国家建立了战略性合作关系，企业也是如此，要有竞合才能，强调合作，强调目光远大。竞争与合作形成一个新的理念，叫竞合理念。我国在加入 WTO 的时候，研究了很多新的词汇：双赢、多赢。就要我赢你也赢。我们办一个企业，我们企业本身要赢，与企业合作的各个方面：材料供应商、客户等都要赢，我们整个员工要赢，参加企业劳动的民工也要赢。

我特别强调三个方面合作，一个是银行和企业的合作，解决我们的资金问题和资本经营问题；二是甲方、乙方的合作，解决我们高效优质地完成一个项目的问题；三是产学研的结合，解决企业科技含量提高、科技先导型企业的问题。要进行各种有效的资源整合，要有竞合才能。宝钢钢构的陈建辉这方面就比较突出，面对日趋激烈的市场竞争，陈总始终把科技创新作为工作的重中之重，对重大工程要组建专项科技攻关团队，对工艺难点进行技术分解、创新，他总是深入现场，与技术人员共同研究问题。2008 年公司投入资金 105 万元在中央电视台新台主楼的项目中，对箱型多头复杂节点和铸件节点等进行科研立项，解决了锻件节点的价格昂贵、周期长、工期无法保障的难题。该项目荣获了协会颁发的科技进步二等奖。近几年来，宝钢公司的“钢结构多箱柱与异型柱加工技术”、“模型重用在钢结构深化设计中的应用”等 8 项科研成果获得国家级奖项。

第七，文化自觉。我们说文化是客观的，个人、企业都有文化内涵，它是精神和物质的总和。但是要文化自觉，要用社会主义先进文化改造、引领本企业是至关重要的。要培养本企业的企业精神，要在社会上打造企业形象，做到以人为本。为什么叫以人为本？就是“为人”和“人为”。企业所有的事情都是人做的，要充分调动人的积极性。企业所有的目的都是为了人，为了提高人的日益增长的物质和文化生活的需要，文化自觉就是要营造一个良好氛围，一个好的氛围，不想干事的人也想干事，一个不好的氛围，想干事的人也干不成事。我们有些企业、一些领导者并不注意这些问题，要什么文化？有的是一种打麻将文化，看住对家，瞄住上家，挡住下家，我不胡你也不能胡。我没做成，你怎么做成了？比你强，你嫉妒人家，比你差，你笑话人家，这种文化对于企业来讲是一种致命型的内耗文化。要把企业变成学习型组织，全世界都在强调这个问题，美国提出要变成人人学习之国、日本要把大阪神户变成学习型城市、新加坡提出 2015 学习计划，德国提出终身学习的口号。我们的企业要成为学习型企业，我们的员工要成为学习型员工，要实行文化自觉。

第八，自我修炼。自我修炼对企业家来说至关重要。我在中纪委工作 10 年，在部里做纪检组长，专门研究这个，我提出纪检监察工作是一门科学，我写了 96 万字的书。最近我看了一个资料，我把这个资料读给你们听听。我提出企业家的自我修炼是与社会相对应的，建设法制社会，法律是无情的，相当一部分企业家过去非常有名，头上戴着全国人大代表、五一劳动奖章获得者的光环，最后这家伙进去了。

（工作人员：宣读 2010 年 10 大国有企业违法违纪典型案件、10 大民营企业违法违纪典型案件）

刚才读这些案件，都是触目惊心的，特别是10大国有企业的案件，现在的国有企业跟我们当年的国有企业不一样了，我当国有企业领导时候，一个月工资76块钱，也干了10年，现在国有企业老总那个不是上百万、甚至上千万年薪，还不够，还要贪污受贿。10大民营企业的案子也很说明问题，从民营企业讲，从一个小企业干到今天你容易吗？怎么自己干到监狱里去了呢？现在社会上老百姓有两种观点：一个仇富，一个仇官。仇官，确实存在腐败现象，一出事才发现你讲的漂亮，干的不是那么回事。今天我不给你们讲当官的，你们是从商的。仇富，老百姓认为钱不是好来的，有的人拿了来路不明的钱，放在家里怕偷，带着身上怕抢，存在银行怕查，警察一叫，自己吓个半死，这种我叫腐癌，腐败癌症，活着也很难受。人的一生，像飞机一样，不管你飞多高，飞多远，飞多快，你得安全着陆啊。你得降下来，不能老在天上飞呀。我们这些当老板的，老板是要飞的，不能安全着陆叫什么老板？松下的老板松下幸之助讲过一句话，老板就是给员工端茶倒水的人，我们的老板们呢，有的是给员工吆五喝六的、一群为非作歹的人，那还得了吗？所以企业家必须不断地自我完善，自觉修炼。有一本书不知大家有没有看过，是专门讲修炼的书，专门讲企业家的修炼问题。企业家应该时刻保持清醒的头脑，思考自我修炼和自我超越，追求高尚的精神境界。我们中建钢构总经理王宏同志，是我们协会的副会长，在他的带领下，中建钢构年均收入，利润总额，年度资产总额，员工收入，分别增长了28倍，487倍，26.6倍，1.7倍。年均增收分别达到：75.4%，180.1%，70.08%，18%。企业规模连夸4个升级阶段，他的一个重要特点是宽以待人、严于律已，有一种拼命三郎的精神，本人多次获得省市党委的表彰。在企业发展的同时，把“铁骨”人的精神，演进为“铁骨仁心”文化，又把“铁骨仁心”文化作为主流文化注入被整合后的组织中，成为支撑公司跨越发展的强大精神动力，使企业具有经济精神双重价值。这样的企业才会更加显生机活力。

在企业家素质方面，我只是简单地举了一些例子，我讲的八个方面，不仅是要求，也是一种挑战，更是企业家成长的一种方向。在我们钢结构行业，有相当一部分成功的企业家，还有像福建闽船钢构邹鲁建同志，把国有企业改造的很具有生机实力。还有广东启光集团邱启光，很重视企业的文化建设。还有河南的天丰李续禄，十分注重企业的创新，最近准备要上市。还有云南钢构的陈文山，要把云南钢构建设成大西南的首强，成为第一。作为钢结构委员会，还应该包括六大行业：一是钢厂，二是钢结构设计院，三是钢结构制造厂家，四是钢结构施工企业，五是钢结构中间服务组织，六是加工设备制造企业。在加工设备制造方面，哈尔滨四海集团注重信誉，注重质量，在我们行业中也具有重要的影响力。可以说，六大行业中都有很多事例，很多经验，无论是理论还是实践，都充分说明企业家至关重要，企业家的素质能力提高至关重要，企业家的健康成长至关重要。

三、协会的使命

这部分我想就不多说了，因为时间关系，可能前面讲长了。协会是干什么的？我前面讲了，协会首先是商会，要创造商机。今天我讲了协会要为企业家的成长要创造一个好的环境，创造一个中国钢结构企业家成长的环境，这就是我们协会的使命。

第一，协会要树立典型，继续做好中国品牌的推广，中国钢结构金奖的评选工作。举办一些像在我们上海召开的“影响中国——钢结构品牌”2010国际峰会这样的活动。

第二，协会要组织考察。组织国内企业家到国际上考察，真正需要世界眼光，战略思维，组织企业家走出去，出去考察发达国家，学习人家先进管理经验。有条件的，选择一些大型企业与发达国家的企业实行资质互认，要充分发挥专家的作用，强化为行业的服务责任，通过开展多种互动的交流活动，为企业提供技术服务和支持，在企业家和专家之间架起一座桥梁。把协会办成企业家之家、专家之家。

第三，协会要为企业创造商机，进行商机勘察，协助企业畅通市场信息渠道，为行业内的企业提供更好、更有效的服务。通过人才培训的规划和实施，培训我们行业精英、企业精英，为中国新一代企业家的成长壮大储备人才。北京中关村过去提出要变成一个中国硅谷，中关村这个地方过去是搞电子的，现在提出要建设中国特色的人才特区。我们过去提出建设深圳特区、珠海特区，现在要建设人才特区，要人才辈出。协会也要发挥优势，像中关村那样，建设钢结构企业家人才辈出的人才特区。

今天，借此机会我主要讲了三个方面内容：一是我们企业家成长的平台；二是现代企业家的素质，是对企业家的要求，也是对企业家的挑战，更是企业家发展的方向；三是协会要为企业家人才辈出，开展各种有效的活动，这是协会的使命。

衷心祝愿在座的各位从事钢结构企业管理的同志，各位企业家，发挥你们的聪明才智，带领你们的企业，在新的一年里创造更新的业绩，取得更辉煌的成就，迎接中国共产党成立90周年、纪念辛亥革命100周年。

（2011年4月12日在2011年建筑钢结构行业大会讲话）

求真务实　科学严谨
做好钢结构住宅产业化的研究

我今天要讲的就是关于钢结构住宅的产业化。关于钢结构住宅产业化，我已讲过三次，第一次在四川，第二次在福建，第三次在江苏，这是第四次了。但每次都不是简单的重复，更不是无谓的空谈。每讲一次，我都能在以下两个方面增加了认识，取得些成效。要不要讲第五次我不好说。钢结构委员会2012年工作方向第一阶段就是推进钢结构住宅的产业化，可能不仅仅是今年，往后都要继续做下去。

一是推广意义很大。钢结构住宅的产业化这方面意义很大，究竟多大要看怎么去做。我们多次讲过这个问题之后，国家很多专家、新闻工作者也高度重视，做到了报上有字、电上有声、网上有页、视上有影，都在宣传钢结构的产业化。

二是推广难度很大。钢结构住宅的产业化这方面的难度也很大，意义很大难度很大，究竟多大多难我不好说，因为至今钢结构住宅只占全部住宅的百分之一、百分之零点几。难度大，从客观上说是随着经济实力的增加，住宅产业化、新型建筑工业化、科技进步和节能减排的发展程度而定。我国现在是全球经济第二大国，但是人均水平很低，还是发展中国家。钢结构产业和经济实力是紧密联系在一起的，我国的住宅是20世纪50年代茅草房、60年代砖瓦房、70年代带走廊、80年代建小楼房、90年代钢筋混凝土结构，钢结构住宅还远远没有形成规模，我只是预测21世纪就建筑结构来说是钢结构世纪。另外与住宅产业化有关系，住宅产业化到今天为止也没有形成产业化的一系列要求，还差很远很远，这有待专家去研讨。

还有新型建筑工业化问题。我们的建筑业到今天为止不是知识密集型，不是技术密集型，而是劳动力密集型。还有我们的科技进步，尽管有技术进步但是离不开笨重的体力劳动，离新型建筑工业化还差很远很远。建筑业的科技进步也是存在很大差距，需要用高新技术改造传统的产业，还有与我们节能减排发展有关。节能减排党和国家高度重视，但是我了解了与发达国家相比我们在技术措施上也有很大差距。客观上与经济实力有关，与住宅产业化有关，与新型建筑工业化有关，与科技进步有关，与节能减排的要求程度有关。

主观上是我们政府部门并没把这个放在首位，但是我们有文件，今年住房和城乡建设部已经作为一个软课题，下达给中国建筑金属结构协会。作为住宅产业化这一科技项目，我们得到住房和城乡建设部领导的批示，协会给住房和城乡建设部打的报告部长都有批示。作为企业家来讲我们有胆有识，30强的企业在当今住宅推广上做到什么程度，有多少家在钢结构住宅上有新的突破，我知道的企业有杭萧钢构、上海宝钢集成公司和鞍钢。钢结构专家委员会的专家是有责任的，我也注意到钢结构专家在钢结构住宅方面的研究还远远不够，工程院院士、科学院院士如何发动起向中央领导去提出专家的意见，去年人大会议有两个提案是关于钢结构住宅的，住房和城乡建设部也有了回应。作为我们协会来讲要组织企业家、专家去日本考察，同时组成了钢结构住宅产业化研究的课题组，已经开始了工作。总之，从主观来说要全社会动员起来开展钢结构住宅产业化的调查研究。

一、开展钢结构住宅产业化研究的宗旨

1. 充分认识钢结构住宅产业化优势

钢结构住宅的大多数构配件都可采取工厂化制作和生产，机械化作业效率高，可实现设计标准化、模数化，带动建筑部品生产规格化，有益于从工业化走向大规模的通用体系，即发展以标准化、系列化、通用化建筑构配件、建筑部品为中心，逐步形成以专业化、社会化生产和市场化供应为基本方向的产业发展模式。钢结构建筑的优势有：

一是建筑材料大部分可以回收再利用。目前，我国建筑垃圾已占到城市垃圾总量近四成，每年我国城镇所产生的建筑垃圾高达4亿t。而钢结构住宅改建和拆迁较为容易，70%的材料均可再利用，其建筑垃圾比钢混结构住宅减少2/3以上，大大减少对环境的污染，减少资源消耗和温室气体排放。

二是建设过程充分体现节能减排要求。建造钢结构住宅的物料总运输量比钢混结构减少1/2以上，施工占地比钢混结构减少1倍以上，现场水电用量比钢混结构减少1～2倍，施工噪声比钢混结构降低30%以上，外运渣土量比钢混结构减少30%～50%，使用能耗比钢混结构降低20%～30%，技术贡献率比钢混结构提升15%以上。

三是工期更短更快捷。钢结构住宅施工，多采用构件、板材配套件运到现场进行连接和装配，各项工序可立体交叉作业，比钢混结构施工工期减少30%～50%。施工作业受天气及季节因素影响较小，可实现工厂制作与现场安装平行进行。一些标准化的住宅体系可随订货、随建造，全天候进行装配作业，大大缩短建造周期、节省资金成本。

四是建设成本可以大大降低。行业检测数据表明钢结构住宅尽管用钢量高于钢混结构，但混凝土用量减少2倍以上；非主材造价比钢混结构降低50%以上，墙体造价降低6%左右，人工费降低4%左右，建筑有效面积增加近10%；钢结构住宅自重比钢混结构减轻30%～50%，减少30%的桩基工程，基础造价低；建设工期缩短，

减少资金占用及利息支出；钢结构住宅的构配件如果能实现产业化，形成一定生产规模，其建设投入更加经济。

五是房屋的抗震效果更明显。基于我国地震分布广、频率高、强度大、灾害重的基本国情，地震灾害是典型的土木工程灾难，建筑物是造成地震伤亡的最大杀手。据台湾对1999年9·21大地震房屋倒塌情况分析，钢筋混凝土结构达52.5%，钢结构仅为0.6%。据日本2011年3·11大地震的统计，因房屋倒塌造成的人员伤害微乎其微。而我国2008年四川5·12汶川大地震和青海2010年4·14玉树大地震，都因房屋倒塌造成了重大人员伤亡和财产损失。因此，必须高度重视建筑物的抗震减灾能力，钢结构住宅应该成为防震减灾的首选结构体系。

六是可促进和带动相关产业发展。钢结构住宅的推广与运用，可以带动与之配套的节能、环保的轻质建材的研发生产，带动钢铁、机械制造、工业化设计、材料回收等一系列相关产业链的升级。改变房地产行业传统的、低端的发展方式，减少对劳动力和资源的过度依赖，鼓励大量的建筑领域劳动力向技术密集型产业方向发展，通过培训提高技能，成为有社会保障的产业工人，提高工人的薪酬待遇，有助于缓解建筑工地“用工荒”难题。

七是充分体现民生工程与转变经济增长方式有机统一。推行钢结构住宅，可大幅减少水泥、砂石、模板和脚手架等资源的消耗，有利于保护耕地，持续满足节能环保等诸多方面发展要求。按每年全国新建房屋20亿m^2的规模，如15%采用钢结构体系，则每年可节约水20～30万t、节约土地5～6万亩、节约水泥40～50万t、节约标准煤500～650万t、减排二氧化碳1500～1800万t。如果我国钢结构住宅市场份额增长10个百分点，每年减少的污水排放相当于10个西湖水的总量，减少木材砍伐相当于9000公顷森林，节约用电相当于葛洲坝水电站一个月的发电量。

八是扩大建筑用钢量是对冶金行业乃至整个国民经济的推动。我国是当今世界第一钢铁大国，2011年钢铁产量预计将超过7.2亿t。在钢铁企业库存加大、产能过剩矛盾更加突出的情况下，如果保障性住房建设能够下达300～500万套采用钢结构住宅体系，每套建筑面积拟按50m^2推算，总建筑面积将达1.5亿～2.5亿m^2，建筑用钢量可达1400万～2400万t。有利于拉动内需，带动相关产业的发展，并可以把钢铁资源储备在住宅建筑产品之中，为钢铁企业寻找新的市场出路，为建筑业落实中央经济工作会议精神，培育新的可持续发展的经济增长点 。

九是发展钢构建筑是对建筑业走出国门的推动。中国的建筑业要走向国际市场，需要的是钢结构。我们现在参加国际竞争的工程就是钢结构工程，包括迪拜和其他地区的钢结构建筑。

2. 学习借鉴发达国家钢结构住宅产业化的经验

钢结构住宅推广在世界发达国家由来已久，发达国家日本、美国、法国等国钢结构住宅占到全部城市住宅建筑40%，这些国家不仅产业指导政策、房屋建筑标准由政府主导实施，并由行业组织牵头，研究开发了一整套成熟的钢结构住宅设计、建造、产品配套体系及工艺，随着工业化发展进程、市场需求的不断扩大而发展起来的，已经到了相对成熟、完善的阶段。

在钢结构住宅运用方面，日本、美国、澳大利亚、法国、瑞典、丹麦是具有代表性的国家。日本是率先在工厂里生产住宅的国家；美国注重住宅的舒适性、多样性、个性化；法国是世界上推行建筑工业化最早的国家之一；瑞典是世界上钢结构住宅最发达的国家，其80%的住宅采用以通用部件为基础的住宅通用体系；丹麦走的是"产品目录设计"，它是世界上第一个将住宅模数法制化的国家。

从最初解决住房问题、提高住房性能、居住水平，到建造绿色住宅，住宅建设随着不同阶段需要，不断发展提高的。钢结构住宅发展大致经历了三个阶段：第一阶段（20世纪60年代）追求数量（培育）阶段；第二阶段（20世纪80年代）追求质量（成熟）阶段；第三阶段（20世纪90年代）追求可持续发展（绿色环保）阶段。

以日本为例，日本钢结构住宅推广、实施、协调、组织的主体是企业，而这些企业不是传统施工企业或房地产投资企业，而是大型生产企业：如大和、丰田、松下等都参与其中，主要原因是这些企业拥有完整的制造运营组织经验，通过技术创新，工业化生产手段，至上世纪末的钢结构住宅即达到住宅总量的30%，同时，住宅的质量及功能构成得到提高，能耗、材料消耗极大下降。如住宅节能水平已远远超过我国现行的50%标准。

美国地多人少，其住宅产业形式与日本略有不同。美国是以产业协会起主导协调作用，市场为手段。但生产方式与日本相似，即技术标准统一，建材、设备、产品通用，钢结构住宅形式以独立住宅（house）为主。日本地少人多，城市大多为集合住宅（类似我国情况）。

发达国家基于国情，住宅形态有所区别，但都关注节能降耗（可循环）、构件、产品都实现标准化、系列化、通用化。由于钢材的可加工性和符合循环经济、可持续发展特点，由此，在日本钢结构住宅已成为主流。钢结构住宅在发达国家能推广，在我国能不能行，曾经有一个日本朋友说过，搞钢结构住宅，为子孙后代留的是财富，可再生使用，而混凝土住宅若干年后是建筑垃圾。听了很有感触，我们为什么不能借鉴呢?

我们钢结构委员会多次去了日本、美国、法国、瑞典、丹麦，这次我争取在5月中旬出发，全面考察日本钢结构情况。

3. 我国钢结构住宅产业化的发展现状

20世纪60年代，由于钢铁工业的落后，产量不高、材质较差、品种不全，使得高层或超高层钢结构建筑基本上处于停滞状态，只有为数不多涉外投资的高层建筑和桥梁工程采用钢结构，对建筑钢结构的认识和施工技术远远落后于英美等发达国家。现在中国的大剧院、大型图书馆、体育馆、海上大桥、火车站、航空港等都是钢结构的。

我国20世纪50年代、60年代钢很少，我们限制用钢，后来节约用钢，再后来合理用钢，现在的中国是鼓励发展用钢，扩大建筑用钢使用量。

到20世纪80年代末期，随着我国改革开放事业的发展，钢结构建筑技术开始在建设领域得到推广运用。特别是本世纪初，我国建筑钢结构在城市公共设施、交通基础设施、体育场馆建设领域突飞猛进，在学校、医院等公共设施建设开始起步，但在钢结构住宅领域还是薄弱环节。20世纪90年代我在建设部当总工的时候，就讲过21世纪中国建筑结构是建筑钢结构的世纪。我们要充分认识到，这是世界发展的趋势，也是中国经济发展的趋势，当前的薄弱环节是钢结构住宅产业化发展缓慢的问题。

早在2003年，北京市建委就委托节能墙改办组织专家进行了一次全国性的钢结构住宅情况调研，主要围绕三个问题，一是要不要在北京推广钢结构住宅体系；二是钢结构住宅体系存在什么问题；三是如何解决。历时半年，专家走访了北京、上海、天津、山东、安徽等地，考察了20多个工程项目。专家的结论是：钢结构住宅是先进生产力和可持续发展理念在建筑领域的重要体现，北京发展钢结构住宅具有良好的前景。建议重点应放在多层和小高层住宅上，采取节能65%的设计标准。在初级阶段不强调全装修、产业化、市场化，作为一个互动的过程来推动钢结构住宅的建设。

从2003年到现在已经过去10年，2002年部科技发展促进中心就颁布了《钢结构住宅建筑产业化导则》，2004年颁布了《钢结构住宅设计规程》，也没有得到大面积的应用。钢结构住宅产业化推广为什么这么难，或者说我们推进缓慢的主要原因，除了我前面讲的主客观原因外，从大环境看是社会对钢结构住宅的认识，可信度不足，政府部门缺乏相应的产业发展优惠扶持政策；从住宅建设行业看技术性的难题还制约着钢结构住宅的推广运用，钢结构住宅的一次性投入相对较高，房屋维护结构、楼板连接工艺复杂、技术要求高。相对于开发商而言，在短期内获得最大经济利益的目的，使得其对采用低碳节能等新技术的积极性不高，对钢结构住宅具有的有效面积大、施工速度快、品质好等综合性造价优势认识不足，钢结构住宅建设的推进缓慢。目前，只有一些大型钢铁企业或钢结构企业，如宝钢、杭萧钢构、北京住总集团在钢结构住宅建设上已经起步。据初步统计，我国的钢结构住宅只占到住房建设面积不足1%。

当然，我也很高兴地看到我国的钢结构住宅，经过多年来引进、吸收发达国家的先进技术，通过国内钢结构企业的自主创新和开发运用，初具相对成熟的产业基础。近年来，宝钢、莱钢和杭萧钢构等国内企业开发建设了一批钢结构住宅小区，总建筑面积达229万m^2。其中，已建成规模较大的有山东莱钢碧海金沙嘉苑31.3万m^2、四川都江堰幸福逸园 7.5 万 m^2、武汉世纪家园 22.5 万 m^2 等。在建的有杭萧钢构包头万郡大都城，一期 27.5 万 m^2，二期 29.5 万 m^2。钢结构住宅的楼板体系、防腐防火技术，整体厨房和卫浴体系等关键技术和产品取得突破，只要国家适时出台一些产业扶持政策，结构安全、造价合理、功能完善的钢结构住宅就将在我国蓬勃发展，更好地造福于国家、服务于社会、惠及于百姓生活。

中央特别重视中、小、微企业的发展，这是供给钢结构工业房地产开发的极好机遇，钢结构工业标准厂房对中小企业的发展非常有利。我多次讲过，美国的一个美东钢结构公司在中国八大城市搞了钢结构的工业园，实行租赁和物业管理，租赁给中国的中小民营企业。两房建设，即商品房建设、保障房建设是钢结构民用房地产开发的大好机遇，我们协会给住房和城乡建设部打过报告，提出来在保障房建设上适当采用钢结构。厦门的建设局局长有胆识提出要带头在保障房建设上推广钢结构住宅。我们想想 3600 万套保障房拿出 10%，就是 360 万套，360 万套一套 50m^2 就是 1800 万 m^2，这个潜力相当大，能否实现还有待大量的工作。

二、钢结构住宅研究报告的重点方向

1. 应该放到产业化推动的问题分析上

钢结构住宅在我国推进缓慢，原因很多。首先是技术标准、规范跟不上住宅产业发展要求，现有部分规程未体现钢结构住宅产业化制造的特点，仍然参照传统建筑规范执行。围护、墙体、装饰与结构分离，可用于住宅结构连接件匮乏。钢结构住宅的设计方法非智能化、标准化，不能与制造厂家实行无缝连接等。

钢结构住宅在技术配套方面还存在许多问题，比如早期开发的钢结构住宅出现墙体开裂、漏水等问题，影响了业主的使用。后续的开发建设就会受到极大影响。

在建筑的灵活性方面，为了采光的需要，钢筋混凝土住宅在设计时可以任意地凹进或凸出，而钢结构住宅因受其结构的限制，一般都是规则建筑，自身的优势并未能充分体现。

另外，在不能形成规模建造量的情况下，钢结构住宅的造价相对要高一点等，造成房地产开发商不愿采用钢结构住宅。以上的这些问题还不全面，课题研究就是要把问题搞清楚，希望我们的专家、生产厂家在这方面多出些力。

2. 应该放到产业化推动的技术经济政策上

钢结构住宅的产业化，需要政府部门出台哪些扶持、优惠政策，也是研究的重点之一。

（1）在项目规划、立项、设计、审批环节上，是不是可以建议政府主管部门出台一些优先发展、优先审批的政策，对一些地震等自然灾害活跃地区，办公、医院、学校、文化公共设施可否应强制性推行钢结构建筑规范。

（2）充分利用钢结构住宅对土地污染小、利于空间结构发展的优势，建议在建设用地的立项、审批、管理费征收和税收政策上可否给予一定的优惠。

（3）从钢结构住宅可以储备钢铁资源的功能，建议在政府主导的保障性住房建设入手，保障性住房具有安置性、周转性功能的住房，短时间的拆除有利于节约资源、减少污染。对钢结构住宅的建设用钢、建材供应，政府可否出台一些优惠、扶持措施，实行国家补贴价格，推动发展。

（4）从建筑节能、绿色建筑的发展角度，建立钢结构住宅建设专项发展基金，金融机构应给予必要的倾斜、优惠政策，在国家政策范围内的节能减排资金方面，可否应对发展钢结构住宅给予一定的财政补贴。

（5）对消费者在购买钢结构住宅时，在房贷利率上可否给予适当的照顾。

（6）对钢结构住宅的建设可否给予贷款和税收方面的支持等。对建筑进行审批时，根据其建筑的碳排放量来确定其税率，用政策引导市场，用市场拉动钢结构住宅和相关企业的发展。我们行业的专家要在这些方面很好地研究，为政府决策出好点子、出谋划策。

3. 应该放到产业化推动的科技创新上

一是坚持在发展方式上创新。创新是钢结构住宅产业发展的核心。推进钢结构住宅产业化，是跨行业之间的协同作战，单靠一个行业难以形成气候、规模。钢铁生产企业开发适合钢结构住宅的新技术、新产品、新材料，以满足设计要求；房地产公司、钢结构企业在住房建设中，满足住房经济性能、安全性能、耐久性能（包括舒适性）等方面的综合要求，形成完善的建筑体系。设计单位要加快相关技术标准、规范、规程的制订和修订。政府相关部门和行业组织在市场监管、资质审查、工程质量上严格把关，是产业化发展的重要保证。

二是坚持在性能上创新。注重对钢结构住宅建筑物理指标的实验研究，努力开发具有自主知识产权的智能化设计、智能化生产软件及钢结构工业化生产机制的认证标准构件，建立钢结构住宅性能评价体系和测试方法。注重满足住宅在适用性能、环境性能，从国情和地方习俗、习惯等都要在钢结构住宅设计、建造环节予以充分考虑。

三是注重在生产模式上创新。产业化的重要特征是实现钢结构住宅的工业化生产。从部品研制生产。到整体住宅的成型，配套的建筑围护墙体功能开发，在住宅部品、部件标准、模数协调机制研究，钢结构住宅设计、生产、装配、验收技术标准的研究，都要突破传统产业的局限和框框，走创新发展之路。

四是坚持在产品功能上创新。钢结构住宅示范生产线的设计建设及其产业布局的研究，要加强社会组织功能与工业化住宅协调发展模式的研究，钢结构住宅产业与配套产业发展、环境影响相关度研究。

4. 应该放到产业化推动的标准规范上

要围绕发展钢结构住宅的关键技术展开攻关，现代中高层钢结构住宅在结构体系优选、抗震技术研究、节点连接试验、楼板屋盖技术研究、外围护结构选用等方面取得了一系列成果，我国与钢结构住宅相关的技术标准的制订工作得到了政府部门的高度重视。据统计，我国现行和正在积极制订中的用于建筑钢结构的各类技术标准、规范共有90多本，我们要巩固这些研究成果，为钢结构住宅在我国的推广、普及打下坚实的基础。

钢结构住宅的推广还需要做大量的工作，完善不同类型结构设计规范和施工技术标准，研制新型的轻质保温墙体材料以及与住宅部品的配套问题，还有钢结构住宅窗口尺寸地方标准的研究制定。同时还要广泛宣传开发轻钢住宅的益处，让更多的开发商、设计师和用户认识了解钢结构住宅的优点。

要通过专家的调研，解决一个可行性的问题。调研不光是调研机构的事，调研的过程就是提高认识的过程，调研的过程就是发动的过程，调研的过程就是我们专家和企业家发挥作用的过程，调研的过程就是完善机制、解决难题的过程。

三、开展钢结构住宅产业化研究的方法

1. 协会和住宅产业化促进中心共同协作、各负其责

住房和城乡建设部有个住宅产业化研究中心专门研究产业化，产业化是指施工生产工厂化、建筑部件标准化、钢构住宅规模化、建筑管理规范化、产业链企业现代化。

钢结构住宅产业化的研究，是个大课题。整合建设主管部门有限的资源，发挥相关部门的专业资源优势，实行部门间的团结协作，汇集近年来在钢结构住宅推进过程中已经取得的成果，对丰富研究的内容、得出更权威、更科学的结论十分重要。

2. 坚持国内研究和国际考察交流相结合的方法

国内研究和国际考察相结合，我们的企业可以到国外企业去考察，我们的协会可以和国际上的同业协会考察交流，我们的政府部门和国际上其他国家的政府部门也要了解考察。

世界发达国家在推进钢结构住宅的政府主导方式、产业政策和技术标准、规范方面的经验做法对我们在研究国内的政策和措施上一定是有些帮助、有些启发的。

我们必须坚持从我国的实际出发，考虑到国内地区之间的经济发展不平衡的现状，对不同地区房屋建筑水平、建筑风格，对不同地震灾害的影响程度、不同地方民众的住房标准、生活习惯等进行考察研究，摸索出一条切实可行的加快推行钢结构住宅建设的路子。发挥使馆商务参赞、外国华人社团、中外合资钢构企业作用，做好钢

构住宅的信息情报工作。

3. 实行专家领衔、企业家为主相结合方法

我们的方法是实行专家领衔，企业家为主相结合。专家领衔就是要把各相关的专业技术的专家组织起来，系统的分配各工作，以企业家为主，就是企业作为钢结构住宅产业化的直接实施者，对专家研究的成果，组织实施认证，起到典型示范，以点带面的作用。我多次讲过，我们协会经常开专家论证会、优秀论文评奖、专家研究报告，都很不错。我希望专家研究的成果要迅速转化为生产力，也欢迎社会各界到大专院校、科研机构、工厂企业和各专家自主交流或提供资料，或技术交流，或发表文章。

4. 采取理论研讨会和案例现场会相结合的方法

专题研讨会的重点应放到产业政策、政府作用、技术标准等方面；案例现场会则重点在钢结构住宅的使用功能、材料选择、技术难题攻关、实验数据的数值取得等方面；还要广泛征求钢结构住宅用户的意见，使理论研究的数据在实践中获得证明，现场实际的使用和实践的结果来丰富理论的内容，形成科学结论。

5. 运用课题组负责和社会讨论相结合的方法

钢结构住宅产业化研究的结果，最终是要被全社会、广大用户所接受、认同，才是钢结构住宅产业真正发展的动力。

对钢结构住宅推进这种大的产业政策应该提交到社会中去讨论、验证。让钢结构住宅的优势、特性，得到国家、社会、老百姓的认可，才能真正形成社会发展的力量、市场发展的动力。

需要新闻单位、中国钢铁工业协会、中国钢结构协会、大型钢厂、钢构设计、制造、施工、监理等各类企业的通力协作。同时需要新闻单位有见解的新闻记者、有社会责任的记者通过各种方法宣传，还需要钢结构委员会的专业宣传，还有我们的兄弟协会，还有我们的大型钢厂，还有我们的钢构企业、制造工厂、施工企业、监理公司，所有与钢结构相关的各类企业的共同努力。钢结构产业主要指路桥、机场、车站、海上平台和基地设施、风力发电站等工业交通项目建设，靠出租出售工业厂房的工业园区的建设即工业房地产开发，靠出租出售的住宅的小区建设即民用房地产开发还有从事剧院、文化宫、体育场，特别是农村大量的学校、医院、养老院等标准化的文化体育设施建设即公用设施的开发。

钢结构产业是可持续发展、潜力大的新兴产业；是国内外市场大，对国民经济带动效应大的支柱产业；是科技含量高的朝阳产业。

钢结构产业的发展在于科技创新，科技创新在于人才。闽船钢构在创建新型百亿钢构成的同时正策划创办全国唯一的钢构学院。这是一件利国利民的好事，行业发展的大事。我们协会、钢构行业的企业家、专家、教授、学者理应全力支持。

总之钢结构住宅产业化的推广一个是意义很大，一个是难度很大。但只要我们紧紧把握“十二五”规划主题、发展“十二五”规划的主线——转变经济发展方式，求真务实，科学严谨，做好调研，全面创新，要用我们的努力，让中国早日迈进钢结构为主的世纪，拥有更为欣欣向荣的明天。

（2012 年 4 月 13 日在“2012 年全国钢结构行业大会”上的讲话）

创新钢结构住宅技术 推进钢结构住宅产业化进程

近日，在住房和城乡建设部印发的《住房和城乡建设部 2012 年科学技术项目计划》中，已将“钢结构住宅产业化推进研究”列为 2012 年软科学研究项目下达给中国建筑金属结构协会。中国建筑金属结构协会建筑钢结构委员会已经按照住房和城乡建设部的要求，组织钢结构行业的专家、研究机构和生产企业组成了课题组，将全面对钢结构住宅在我国的推广、运用进行认真研究。近期刚到日本考察完，还要到国内各个企业进行考察，最终形成“钢结构住宅产业化推进研究”报告，并将报告提交给国务院相关部门，希望能引起中央的重视，并促使一些地区开始在保障性住房的建设中采用钢结构。钢结构住宅体系推广将是未来我国钢结构行业实现可持续发展的必由之路。

在钢结构住宅产业化推广过程中，还存在一些问题。如对钢结构住宅产业化科技研究课题不少，实际应用不够；还有需要国家政策扶持问题等。但是最重要的还是钢结构住宅技术问题。创新钢结构住宅技术是一项特别重要的工作，我国第一部关于钢结构住宅的规范——《轻型钢结构住宅技术规程》JGJ 209—2010（以下简称《规程》）于 2010 年 4 月 17 日由住房和城乡建设部颁布，2010 年 10 月 1 日起正式实施。其中提出了一种符合中国国情、与国家现行标准保持一致的“轻型钢结构住宅”新体系，规定了轻型钢结构住宅建筑的功能和性能，给出了轻型钢结构住宅的材料标准、设计、施工和验收技术要求，以及使用和维护的规范。《规程》的颁布，不仅用以规范我国轻型钢结构住宅的工程实践，而且对企业开发新型墙体材料，建筑节能新体系和钢结构住宅技术创新具有指导作用。我想从以下 10 个方面来阐述钢结构住宅技术。

一、智能设计技术

1. 计算机设计技术

我们的设计院普遍采用计算机设计技术，但是计算机在钢结构设计方面（很多软件）还有待开发。现在多数设计院设计钢筋混凝土结构轻车熟路，但钢结构的设计还存在一些问题。在国家已经建成的项目中，很多建筑专家对钢结构项目中的设计都有争议，这是一个重要技术问题。

2. 高强度钢结构设计技术

高强钢结构在钢材的生产供给、冶金技术方面已经日趋成熟，在工程应用方面更是已经成为国内外钢结构领域的趋势，并取得了良好的效果。但仍缺乏合理、安全、可靠的设计方法和标准给予指导，工程应用的进一步发展受到限制，因此必须尽快制定高强钢结构设计相关的规程标准。同济大学专门对此进行了大量的研究，并提交住房和城乡建设部标准定额司，为将来的高强钢结构设计方面的规范（标准）奠定了基础。

3. 设计优化技术

在美国，设计优化是一个专门的职业、专门的产业。设计院设计完成后，再经过优化部门进行优化，这样无论在投资、用钢量方面都会更加合理。我多次讲过钢结构不是用钢越多越好，要合理用钢，钢结构建筑造成钢碉堡那不行。要合理用钢、合理投资就需要优化，不只是设计方案要优化，其他方面也要优化。

二、钢结构住宅墙体技术

1. 复合保温板材

墙体保温材料是复合保温板材的开发，复合保温板材应用是非常关键的。跟国外相比，我们复合保温板材应用还远远不够。因为强调建筑节能，中国建筑节能是个大问题，现有的 440 亿 m^2 住宅中只有 1%能称得上是节能住宅。新建的建筑要节能，老的要改造成为节能建筑，所以说复合保温板材的市场需求量是相当大的。

我们知道，钢结构住宅的难点在墙体，采用水泥基的材料，既能就地取材，节约成本，又能与现有的建筑饰面相容，比国外的 OSB 板要耐久、耐火，符合人们消费习惯，舒适度好。从墙板的构造上，走复合板材的开发道路，能发挥不同材料的优点。因为无论保温或隔热，都是一个提高围护结构热阻问题，而围护结构的热阻值 R 取决于材料的厚度与材料本身的导热特性。实际外墙的厚度是有限的，不可能单凭增大厚度来增大热阻，例如用多孔砖砌筑的墙体，为达到节能设计标准，在北京地区墙厚为 490mm，在沈阳为 760mm，哈尔滨为 1020mm，这是不现实的。而 5cm 的聚苯乙烯板的热阻就相当于 1m 厚的红砖墙的热阻。虽然不同材料的热传导系数差别较大，但一般导热系数较小的材料，强度也较低，不能满足墙体防撞击性能的要求，使用安全强度不够。墙板不仅要有一定的强度和耐久性，而且还要有保温、隔热、隔声和防潮等主要功能。采用单一材料很难同时满足墙体的所有功能，而采用多层轻质材料叠合而成的复合墙体，使各层具备不同的功能，且便于制作安装、整体性能好，这是墙体技术开发的方向和路线。

2. 抗侧刚度的合理化

钢结构工程中抗侧刚度非常关键。在钢框架中镶嵌安装条形墙板组成“框架墙板”复合结构体系，其强度、刚度和延性与原纯钢框架的结构性能相比有明显不同。国内外的研究表明，忽略填充墙体的作用，不一定对抗震有利。填充墙使得结构的抗侧移刚度增大，同时也增大了抗震作用。框架与填充墙之间的相互作用，使得钢框架的内力重新分布。考虑填充墙的作用，不仅有利于结构抗震，而且还可利用填充墙体抗侧移，从而减少框架设计的用钢量，使结构轻型成为可能。

《规程》规定，墙体的抗侧刚度应根据墙体材料和连接方式的不同由试验确定。墙体的抗侧刚度应根据墙体材料和连接方式的不同由试验确定，并满足以下要求：当钢框架层间相对侧移角达到1/300时，不得出现任何开裂破坏；当钢框架层间相对侧移角达到1/200时，墙体可在接缝处出现可以修补的裂缝；当钢框架层间相对侧移角达到1/50时，墙体不应出现断裂或脱落。

三、轻质楼板技术

钢结构住宅的楼板也是一个重要问题。我们强调的是轻质楼板或者说轻质高强楼板，采用整体密肋钢网格梁使楼板变薄，重量减轻，强度能够增大，这是很关键的。

《规程》推荐使用轻质复合楼板，从而大大降低荷载，使结构轻型成为可能。例如采用密肋井字钢梁，上面铺设薄型水泥板，构成轻质楼板结构体系，再做面层满足隔声等建筑要求即可。

四、钢异形柱技术

我们讲钢结构住宅是房屋，房屋离不开柱子。什么样的柱子好，建造小高层的框架住宅用柱子有十字形截面、T形截面、L形截面，各种截面形柱子对钢结构住宅来讲起着不同的作用。

在钢结构住宅设计中，结构体系主要是用热轧H型钢建造多层（4～6层）或小高层（7～18层）的框架结构，H型钢柱截面尺寸一般在200mm×200mm～400mm×400mm，再加上保护层和饰面，柱子在室内凸出，影响建筑美观，使用不方便。其实，钢筋混凝土框架结构也存在类似的问题，但钢筋混凝土结构为此研究了一种异形柱（肢长和肢宽比为2～4，区别于短肢剪力墙——肢长和肢宽比为5～8），应用于住宅建筑中，较好地解决了室内柱角凸出的问题。由此设想，在钢结构住宅建筑中若能使用钢异形柱，就能解决钢结构住宅建筑室内柱角凸出问题。

例如中柱用十字形截面、边柱用T形截面、角柱用L形截面，它们都由H形钢和T形钢组合而成，我们称它们为钢异形柱。我国现行《钢结构设计规范》对十字形柱和T形柱给出了设计计算公式、L形柱的设计计算方法。中国建筑科学研究院对此进行了试验和理论研究，既能完善我国钢结构住宅技术应用基础研究，促进我国钢结构住宅建筑技术发展，又能丰富我国钢结构设计理论具有现实和理论意义。

五、构件板件技术要求

钢结构住宅对构件、板件的要求和钢筋混凝土住宅是不一样的。

1. 构件长细比技术要求

我国《轻型钢结构住宅技术规程》JGJ 209 对构件长细比按低层和多层建筑的分类分别做出了不同规定，框架柱长细比应符合其要求。

2. 构件宽厚比技术要求

框架柱构件的宽厚比限值应符合下列要求：

（1）低层轻型钢结构住宅或非抗震设防的多层轻型钢结构住宅的框架柱，其板件宽厚比限值应按现行国家标准《钢结构设计规范》GB 50017 有关受压构件局部稳定的规定确定。

（2）需要进行抗震验算的多层轻型钢结构住宅中的H型截面框架柱，其板件宽厚比限值可按公式计算确定，但不应大于现行国家标准《钢结构设计规范》GB 50017 规定的限值。

六、套筒式梁柱节点技术

梁与柱之间的连接节点，钢结构和钢筋混凝土结构也不一样，混凝土结构是浇筑。钢结构现在采用套筒式梁柱节点技术，解决柱内横隔板可取消的问题，方便钢结构加工。

在钢结构中，当采用钢管柱与H型钢梁结构时，其梁柱节点常用环板式。但这种节点在住宅建筑中有时满足不了建筑的需要，它不仅在室内露下环板，而且外墙（尤其是墙板）也不便安装。有的工程将边柱和角柱的环板直接切除，这种做法未见到科学依据。采用套筒式的节点，由于钢管柱的管壁较薄，不宜直接焊接H型钢梁，可选用一节钢套筒来加强和保护柱在节点区不被先拉坏，并通过套筒来承载和传力。钢套筒与钢管柱要有可靠连接，除在套筒上下边采用角焊缝外，还要在中间加一些塞焊点，然后将H型钢梁与套筒进行常规的栓焊混合连接。为了加强梁根部的受力能力，还应在梁上下翼缘加盖板，或部分削弱梁翼缘形成“狗骨”式以减少梁根部的应力集中。经计算分析和试验对比，研究套筒式和环板式这两种节点的承载力和变形性能，《规程》给出套筒式节点的设计构造建议。

七、梁柱端板式连接技术

我国明清建筑很少像现在的钉钉子，都是采用铆接、栓接。同样的钢结构也应该加强铆接、栓接，减少焊接。采用端板式全螺栓连接可取消现场焊接，解决焊接质量难以保证的问题。

《规程》第5.4.5条规定：H型钢梁、钢柱可采用端板式全螺栓连接，当构造满足下列要求时可按刚性节点计算：

（1）窄翼缘H型钢梁时，端板厚度不应小于梁宽的1/14，且不宜小于14mm。

（2）高强螺栓直径应不小于端板板厚的1.2倍，且不宜小于20mm。

（3）端板宽度不应小于8mm，否则应增加柱截面宽度。

（4）当柱翼缘壁厚小于端板厚度时，应将翼缘加厚，使得该处翼缘厚度不小于端板的厚度。

这样做好处是现场不用焊接，保证钢结构连接质量，实现现场全装配式结构成为可能。

八、喷涂装饰技术

喷涂装饰技术也非常关键，钢结构住宅喷涂技术有两种类型：

1. 防火喷涂材料及技术

钢结构涂料有的是不防火的，钢结构也会变形融化的。有人贬低钢结构，总拿美国“9·11”事故说话。“9·11”事故是个特例，那是一架飞机载多少吨汽油燃烧才把钢结构融化了。目前我国防火涂料正在研究开发阶段，深圳珠海有一家开发企业，上海有一家企业研究实验了一种在120℃以上不被融化的涂料。

2. 美化喷涂材料及技术

钢结构住宅可涂装成看起来似木结构形式的住宅，外观主要在于使用的涂料。需要钢结构就涂成钢结构的，需要木结构就涂成木结构的，也可以涂成铝合金结构。外装涂料非常关键，这种涂料技术也有待于进一步开发。

九、现场吊装技术

中国建筑金属结构协会钢结构委员会对吊装技术研究的不够，我没有找到讲吊装技术的经验。钢结构构件看起来是很牢固的，当吊起来的时候，它跟面条一样，不是弯曲就是变形，甚至于发生事故。我当总工程师的时候，上海造船厂发生了钢结构吊装事故，牺牲了两位大学教授。

由于屋架跨度太大，侧向刚度太小，吊装难度大，经验算，若进行吊装，即使加固也难免变形。正确选择其吊装方案和吊装顺序，是确保工程质量、加快施工进度、提高经济效益的关键。

吊装技术包括单榀吊装技术方案和整体吊装技术方案，整体吊装更关键，是多个节点、多个吊车同时同步作业。所以吊装技术有待进一步研究，从工厂制造到现场组装，吊装是关键的一步。正确选择其吊装方案和吊装顺序，是确保工程质量、加快施工进度、提高经济效益的关键。

十、工厂自动化制作技术

钢结构住宅实现工厂化作业，效率高。可实现设计标准化、模数化，带动建筑部品生产规格化，有益于从工业化走向大规模的通用体系，即发展以标准化、系列化、通用化建筑构配件、建筑部品为中心，逐步形成以专业化、社会化生产和市场化供应为基本方向的产业发展模式。工厂自动化制作技术有4个方面：

（1）数码切割机械和技术。钢结构的构件多长多宽，数码切割机械很关键，将构件的外形尺寸输入切割机械中，由电脑控制切割，尺寸精度非常高。

（2）自动焊接材料及技术。焊接能力也是一大方面，我们有焊接协会专门研究，焊接技术也在不断地发展，包括焊接材料都发生很大的变化。

（3）物流安全运输技术。从工厂到工地能够做到物流安全，因为钢结构是整体安装的，它不是小零部件，在运输过程中装、卸都很关键。

（4）钢材及加工质量检验检测技术。钢材检验和钢材加工质量的检验，检验检测做到自动化、数字化，而不是凭人工去看。我们以前看焊缝，都说这焊缝焊接不错，那是不行的。最沉痛的教训是我亲眼所见，重庆的綦江大桥，头天晚上垮了，我第二天早上到现场，钢管是平行对焊都是虚焊，我们一定要总结教训。

以上10个方面不是钢结构住宅的全部技术，钢结构住宅产业化不光是技术，但最重要的是技术。今天是施工技术研讨会，专门讲的是技术问题。我不是专家，也不是学钢结构的，今天在各位钢结构专家面前我确实是学生，需要不断地向你们学习。

钢结构产业主要指路桥、机场、车站、海上平台、和基地设施、风力发电站等工业交通项目建设；靠出租出售工业厂房的工业园区的建设即工业房地产开发；靠出租出售的住宅的小区建设即民用房地产开发；还有剧院、文化宫、体育场，特别是农村大量的学校、医院、养老院等钢结构标准化的文化体育设施建设即公用设施的开发。钢结构产业是可持续发展、潜力大的新兴产业；是国内外市场大，对国民经济带动效应大的支柱产业；是科技含量高的朝阳产业。

钢结构产业化的发展在于科技创新，科技创新在于人才。闽船钢构在创建新型百亿钢构成的同时正策划创办全国唯一的钢构学院。这是一件利国利民的好事、行业发展的大事。我们协会、钢构行业的企业家、专家、教授、学者理应全力支持。

轻型钢结构住宅的工厂化生产方式转变，标志着住宅建造由工地走向工厂、由粗放型走向集约型的产业化发展道路，标志着建筑行业整体技术进步。住宅产业现代化是生产力发展和科技进步的必然趋势，我国是钢产量大国，推广建筑用钢意义重大。我国住宅建设量大面广，建设持续时间长，是国民经济的增长点。随着黏土砖被禁用，建筑资源可持续发展和建筑节能等问题被提上议事日程。若能促进住宅建筑用钢，对建筑行业中新技术、新材料、新体系的开发以及建筑行业整体水平提高能起到重要推动作用，同时对冶金行业的发展也能起到促进作用。因此，开发和应用轻型钢结构住宅技术具有重要的现实意义。

只要我们紧紧把握“十二五”规划主题——发展“十二五”规划的主线——转变经济发展方式，求真务实、科学严谨、做好调研、全面创新钢结构住宅技术，推进钢结构住宅产业化进程，钢构事业的明天一定会更加美好。

（2012年8月2日在“第四届全国钢结构技术交流会”上的讲话）

四、门窗幕墙及配套件篇

用科学的发展观指导行业健康发展

各位同行、各位专家，海外的朋友们：

我很高兴受杜宗翰会长的邀请前来参加2004年全国铝门窗幕墙行业年会暨门窗幕墙新产品展示会。在此，我代表建设部和汪部长，对年会和展示会的召开表示热烈的祝贺，向在铝门窗幕墙行业作出杰出贡献的所有企业和企业家表示崇高的敬意。

本着向同行的学习、向专家的请教的意愿，在来之前我对我国的铝门窗和幕墙行业的发展进行了一些思考，即用科学的发展理念来审视我们的铝门窗和幕墙行业的发展。对我们国家来说，从十六届三中全会以后，强调用科学的发展观来指导我国的现代化建设。对于我们行业来说就是用科学的发展观指导行业健康发展。下面我着重讲五点。

一、全面发展的理念

1. 管理与技术

作为我们铝门窗幕墙行业和企业，要做到全面地向前发展，首先就要做到管理和技术的全面发展，要用现代管理、现代科学技术来引导行业的发展、指导企业的发展。从管理来说，有生产管理、销售管理、施工管理等；从技术上讲，我们有多样化的系统设计技术、原材料技术、精品加工技术等。就门窗行业来讲，社会上也存在不同的看法，我认为各种门窗都有它独特的优点。虽然目前铝合金门窗占到50%左右的市场份额，但它也必须伴随技术的不断发展而发展，它本身存在的许多问题需要随着当前新技术的发展而解决。有人说门窗是建筑物的眼睛，从这点就可以理解门窗对建筑物的重要性。国外的门窗，有的大量用平开窗，也有的大量用推拉窗；以前是单层结构的，现在发展到双层的，还有三层的；有低辐射的，有小开启、大固定的等多样化的发展。原材料的框材也同样是在发展中的，原材料玻璃已经不是原来的概念，有各种各样的中空玻璃、镀膜玻璃。现在各类门窗中最高级的要算宝马汽车的门窗，建筑门窗要争取达到宝马门窗的精密度。如果我们要把一个建筑看成是一辆宝马汽车，它的门窗就是铝合金门窗，无论是门窗或是幕墙都应该精密到这个程度，不要认为建筑物就该是粗糙的。管理和技术依然是当今行业和企业发展的两个车轮，只有这两个车轮都动起来，我们的行业和企业才有可能发展。

2. 产品与服务

市场是无情的，有了好的产品，还必须附之以优质的服务。从某种意义上来说，用户买得不是产品，而是企业这个推销者的人格。推销者以什么样的人格在市场出现，其产品也就会以什么形象出现在市场上。铝合金门窗的优点很多，重量轻、强度高、采光好、不易老化、经久耐用、美观大方、利用率高等，但还应提高气密性、水密性、隔声性和保温性等物理性能。还有在当今的中国市场上，诚信是一个大的问题。我们的服务要到家，要讲诚信。我们在向社会提供优质产品的同时必须提供优质的服务，这样才能吸引用户，取得更大的市场份额。

3. 利润与价值

作为一个企业需要重视自己的利润。但更应该明白，利润最大化不是企业发展的最高目标。企业创造利润目的是为了更好的发展，而企业发展的至高目标是为社会提供价值。企业存在和发展的最大目的是为社会提供价值，提供方方面面的社会价值，而不是简单地去追求利润。不择手段地去追求利润，甚至冒着违反国家法律的危险，通过不正当竞争的手段以坑人害人的办法去获取利润，这是我们坚决反对的。

所以，作为企业不要简单地只为了谋取利润，而要为市场、为社会、为国家、为人民提供价值，这才是企业存在的根本目的。

4. 产权与融资

企业要产权清晰，但仅仅产权清晰不行。还要提高企业的融资能力，做到银企联手、增强企业和银行联手的能力，银企联合才有企业的更大发展。

二、以人为本的发展理念

所谓以人为本就是把人放在首位，协调人的生存、发展各方面的相互关系，满足人的成长方面的需求渴望，一切从这些需求出发，调动个人工作的积极性和创造性。行业和企业要以人为本，应该体现在三个方面：

1. 用户至上的生产、销售、服务观念

企业市场定位要准确，要以人为本，真正把用户视为上帝。我们有些门窗和幕墙没有给人们带来舒适的环境，而是带来了一些灾难，有的地方幕墙刚建完不久就需要维修；有的地方幕墙掉下来砸伤行人。建筑的门窗，特别是幕墙既是装饰更是结构，建筑物的结构直接关系到人民的生命财产的安全，必须坚持用户至上、用户是上帝的观点，才能体现以人为本。

2. 对内有三种人才

行业和企业内部有三种人才：第一类是管理人才，即各类管理专家也包括企业家队伍。企业家是当今人类社会最奇缺的资源，而企业家又是经济发展的发动机。没有企业家的民族是没有希望的民族。所谓企业家就是愿意把经营企业当成自己的终生职业，愿意把企业发展当成一种事业去追求，视经营企业为自己的职业生涯的人。国家正在研究企业家的职业化和职业化企业家的问题。企业家的职业化是推动市场经济的动力，是促进企业家队伍成长的重要前提；职业化企业家是市场经济的主体，所以我们必须要培养出大量的管理人才，要培养符合时代要求的高素质企业家的队伍。

第二类是技术人才。国家刚刚表彰了重大科技的带头人物，这里包括对我们的航天载人技术作出重大贡献的科学家。我们必须把科技类人才作为第一生产力、第一资源去考虑。一个企业要想研发产品、要想发展，没有技术人才是不行的，是不堪设想的。

第三类人才是技工的群体。当前中国的最大技工群体是农民工队伍。有人认为搞建筑很简单，实际上建筑是门科学，搞建筑设计大学要学 5 年，技工在计划经济的年代有八级工制度，工人技师也是宝贵的人才，是企业发展的原动力，所以必须重视技术群体，现阶段就是要重视农民工的培养。大家要有一个清醒的认识，我们的铝合金门窗和玻璃幕墙在建筑业中相比较而言，要求的技工水平层次更高一些，更需要素质较高的技工队伍，要培养相对稳定的农民工技工队伍，粗放式的作业我们是坚决反对的，所以技工群体的培养要引起高度重视。人力资源是社会的第一资源，人人可以成才，人才竞争已经成为最具全局竞争力的竞争。国家在刚刚召开的新中国成立以来第一次人才兴国的人才战略会议上提出人才强国的战略。同理，对企业来讲以人为本就是要体现为员工服务，体现人才强企。

3. 学习型组织

在行业、企业内部形成一个浓厚的学习氛围，把企业办成学习型的组织，强调任何企业、人和产品的全面发展。有个作家说过：学习是一个人的真正的看家本领、是人的第一特点、第一长处、第一智慧、第一本钱，其所有的一切都是学习的结果、学习的恩赐。学习可以创造财富，我们要高度重视本行业、本企业的学习，协会今天给我们搭了这个舞台，我们从全国来到这里就是学习的，就是要有所得的，就是要开阔眼界、增长知识的。美国哈佛大学教授曾讲过：我们培养的不是知识分子而是能力分子，我们培养学生要让他们都是市场的“职业杀手”，都要拼命地、疯狂地追求本企业的利润。这样讲虽然不那么全面、准确，但也可以让我们深刻体会到学习造就能力之重要。企业以人为本就是要把企业办成学习型组织。

三、协调发展的理念

我们讲“五个统筹”，一个很重要的主线就是要协调发展。国家要协调城乡发展、协调区域发展、协调经济和社会的发展、协调人和自然的和谐发展，还要协调对内发展和对外开放。对企业来讲也要做到统筹发展。

1. 四种体系协调

按照国际惯例来说，企业发展有 4 种体系的协调：企业社会责任体系SA 8000；质量保证体系 ISO 9000，企业必须通过这个认证，否则产品打不进市场，更进不了国际市场，它是企业产品年的市场通行证；环境管理体系 ISO 14000，是检测企业生产、安装的工艺要符合环境建设的要求的一个体系；职业安全健康管理体系 OHSAS 18001，就是我们提倡的“文明施工”、“安全施工”。这是世界上对当前企业发展的四大管理体系，需要我们的企业进行学习。应该说我们的玻璃幕墙工程或铝合金门窗工程，是与生态工程、信息工程、品牌工程都有关系。我们讲的所谓生态工程是指利用生物、微生物之间的相互依存关系，应用现代的科学技术，保护、培植和利用自然资源来塑造生态环境的工程。利用生态工程可以实现我们的健康住宅、生态住宅、绿色住宅和智能住宅，现在还远远没有达到标准。信息工程是集知识、信息、智能、技术等生产经营要素为一体的开放型、高效率、高科技的新型工程，用高新技术改造我们的传统产业。铝合金门窗和幕墙还不能说是高新产业，但存在着需要用高新企业改造我们的传统产业的问题。品牌工程是指通过相关标准质量体系的认证取得商品的注册权，具有较高的市场认知度、知名度以及消费者的忠诚度。一句话，没有生态就没有生命和文明，没有信息就没有市场和效益，没有品牌就没有资本和财富，因此必须要考虑协调发展。

2. 产业链、产业化与循环经济相协调

从今天的展品可以看出来一个门窗涉及型材产业、玻璃产业、五金产业、门窗组装产业等。这些产业要形成一定的产业链，要形成产业化。产业化即生产要工厂化、产品要系列化、企业管理要现代化、行业管理要符合国际规范化，要形成循环经济，即产业的本身的自我循环和社会资源之间的循环。不能以牺牲环境为代价发展幕墙产业、铝合金门窗产业。

3. 协调内外主体利益之间关系

一个企业在成长过程中联系着很多利益关系主体，如铝门窗幕墙要涉及设计单位、施工单位、监理单位、业主、房地产开发商，并最终涉及用户。所有单位的利益都需要协调，尤其在市场经济中，竞争是市场的必然，但真正的竞争也不是传统概念的竞争，并不一定是你死我活的竞争。从某种意义上讲，在一个项目的竞争中，双方是竞争的对手，但在另一个地方，换一个场面，双方可能是竞争的助手，是竞争的伙伴。在市场中，伙伴也是一个重要关系。有一个新的竞争理念，就叫竞合的理念，也就是所说的双赢、三赢、多赢的概念。竞合理念是当今很重要的理念。在市场竞争中，门窗幕墙行业要想得到发展，就要让业主受到实惠，让施工单位得到方便，让设计单位获得荣誉感。大家都从玻璃幕墙、从铝合金门窗行业得到益处，这就是我们要形成完整的、合理的利益链。合作性的竞争是高层次的竞争。当前必须要转变理念，要广泛的、多层面地开展各种有益的合作。

4. 大市场协调

在国际上有很多的跨国公司，它们不再属于某一个国家。在美国西雅图有个制造波音飞机的公司。前些年我们国家领导人在访问波音公司时的讲话中，代表中国人民感谢美国波音公司。但该公司总裁提了两点不同看法：“一是我们公司不是美国的，我们还有些产品在中国的西安生产；二是我们更要感谢中国人民，中国使用了我公司生产的飞机。”像波音这样的公司已经变成了跨国性的公司，面对的是全球市场，通过子公司所在国家的各方面优势去赢得利润。反过来在中国，有些企业仍然还考虑我是某个县的企业、某个镇的企业、某个区的企业，还没有形成全国性的企业，更不谈跨国了。比如我们东部沿海地区的崛起，由于改革开放那里出现了商机，我们东部的企业抓住了这个商机自身有了很大发展，也为当地经济作出了很大的贡献。但西部大开发也有大量的商机，东北三省老工业基地的振兴同样存在大量的商机，这需要我们从大市场观念去协调考虑。我这次参加金属结构协会授予南海“中国铝型材产业基地”揭牌，这是对南海市的肯定，但南海市也不能只满足于这个基地、满足于现有的产品和现有的企业，咱们这个基地是要具有辐射的功能的，必须要辐射到全国，辐射到世界，这样才能更好地发挥积极作用。要有世界的眼光，要有大市场的眼光，这就是大市场的协调观念。要清醒地认识到在我们在加入 WTO 以后，中国的市场已经成为国际市场的一部分。中国必须走与国际市场相接轨的道路。我们企业的产品往往伴随着协会的努力进入到世界贸易“反倾销”的行列之中，这是一个客观发展的事实，所以要有大市场的发展理念。

四、可持续发展的理念

人类要可持续发展，国家要可持续发展，行业、企业也同样要可持续发展。可以从 3 个方面理解。

1. 战略思维的理念

企业的发展战略应该是以今天为基础、以未来为主导所作出的各种决策，这些决策的实施叫战略管理。当今的中国企业最薄弱的环节是缺少战略，更没有真正实施战略管理。实际上对于企业家来讲，最吃力的、最难办的、耗资最多的、耗神最大的是制定本企业发展战略。企业之间的竞争在相当的程度上表现为战略思维和战略定位的竞争。企业发展成功的道路是由目标铺成的，是由实现一个目标争取达到另一个目标，不断走向新的更高目标，这样才能不断地铺成我们成功的道路。过去我们传统认识上的大企业是级别高、人员多，但在市场经济中真正的大公司是有竞争实力、融资能力、经营能力的公司。我是主张公司要做强、做大，而只有把自己当前的产品做强了，才能扎扎实实地大。但不能盲目地追求大，否则可能会走向破产的深渊。所以，有一个战略思维的观点是至关重要的。

2. 创新思维的理念

江泽民同志曾经指出“创新是一个民族进步的灵魂，是一个国家兴旺发达的不竭动力”，没有创新就没有生命的未来，没有思路、没有战略就是死路一条。企业必须要有自己的创新思维，要提倡科技思维、创新思维，充分发挥现有高等院校、现有政府部门、现有科研机构等各方面人才人力资源的作用，提倡官、产、学联手。“官”是政府部门要支持，就像南海区政府这样支持我们的行业；“产”是我们的产业、我们的企业、我们众多的产业界的企业家，产业链中的各个不同企业的企业家；学就是我们的学院大学、研究所、中介服务机构。要官、产、学联手来实现产品的创新、管理的创新、技术的创新。比如国家大剧院的建设方案是有许多争议的，施工难度也不小，仅大剧院外壳的焊缝就有 65km，是 100％探伤的，是合格的，整个一个椭球上要铺上钛金属板，钛金属板有很多复杂的工艺和矛盾，还有防水、保温、防氧化和很多技术方面的难题，这些问题我们是依靠高等院校的研究、专业公司的开发和政府部门的支持才得以攻克，这使得法国人也看到我们中国人不简单、了不起，中国人能办成大事情。

3. 价值思维的理念

企业的价值就在于质量，在于我们企业向社会提供什么产品。我曾提出建筑产品的质量是要功能、寿命、魅力并举，重在结构的方针。所以建筑产品的质量首先是功能的质量，门窗是采光的、通风的，还要保温、防水、防噪声；第二是寿命的质量，一个建筑的寿命 100 年，而有的才用了 20 年就坏了，那是不行的；第三是魅力的质量，魅力是一道风景线。我们到一个国家考察首先是看它的建筑，建筑本身就是艺术，艺术就是供人们欣赏的价值，还有长期保存的价值。所以建筑的功能、寿命、魅力质量是并重的，但根本还要看结构质量。结构质量不好，功能肯定不好；结构质量不好，肯定寿命不长；结构质量不好，再涂脂抹粉也不会有魅力。价值还要考虑到建筑、门窗、幕墙的节能、环保、资源再生方面的价值，这是当前可持续发展强调的一个方面，在这方面我国政府颁布了建筑节能的有关规定、建筑环境保护的有关规定，有的已经被列为行业标准，所以我们要建立建筑可持续发展的战略理念。

五、协会走进新时代的理念

1. 使命和眼光

协会肩负着重要的使命，必须具有世界眼光、战略眼光、未来眼光来考虑我们行业的发展，要担负起行业管理的重任。尤其在中国行业之大、数目之多，这是世界上任何国家都不可比拟的。所以我们必须要用世界的眼光、未来的眼光办好我们的协会，使我们中国建筑金属结构协会成为铝门窗幕墙行业最具影响的传播者，成为铝门窗幕墙行业最有号召力的组织者，成为铝门窗幕墙行业最有价值服务的提供者，还要成为中国当前最富有竞争力行业发展的推进者。中国建筑金属结构协会是不错的。但还要横向比较我们才能进步，我说过当今中国跟世界比较各行各业有 9 个字：差不多、差很多、差太多。差不多是指载人航天、基因工程等少数技术产品同世界比差不多；而我们的平均水平是差很多，比如我们很多东西用 13 亿人口去分，在世界上的排名就是倒数的、后面的；有些差太多，如城市我们有贫民窟、有贫困山区、有文盲等。中国当前确实存在着这种国情。所以说我们必须要有使命感、责任感去改变这种情况。应该说来参加会的人是当今改革开放的弄潮儿、佼佼者，是在改革开放大潮中涌现出来的一批在企业经营管理中卓有成效的组织者、领导者。

应该说金属结构协会工作做得比较扎实，是有影响的传播者、有号召力的组织者、有价值服务的提供者、富有竞争力的行业发展的推进者。但还就应该有更强烈的进取意识去推动企业、行业和社会的进步发展。

2. 求真务实的服务

我们协会要走进新时代必须要求真务实的服务，必须要求真务实地干事。胡锦涛总书记向全党提出了要大兴求真务实的精神，大兴求真务实的作风，提出了 4 个方面的求真务实。我们的金属结构协会、我们的铝门窗幕墙行业在这方面应该要“求”市场经济规律之真，“务”铝门窗幕墙行业管理之实；要“求”世界铝门窗幕墙现代科学技术之真，“务”中国的铝门窗幕墙行业科技进步之实；要“求”协会走进新时代肩有新使命之真，“务”高效地为行业，为众多的企业服务之实，为政府做好咨询之实。大家需要建设部制定什么政策来促进我们行业的发展，请通过协会，协会有责任反映本行业企业的要求，反映行业科技工作者的要求，向政府提出咨询建议来共同谋求我们行业的发展。

以上，我从五个方面简要地讲了如何用全面发展的理念来思考我们铝门窗幕墙行业的发展。应该说当今形势大好，中国加入 WTO 以后在国际上的政治地位、经济地位越来越引人注目。世界上有很多我们的同行，他们非常羡慕在中国这块国土上从事铝门窗玻璃幕墙行业，从事我们建筑设计、施工工作，他们也非常仰慕中国的这块市场，我们欢迎他们带资金、带人才、带技术到中国来。我相信我们同行之间良性的竞争会推动全世界行业的发展。祝愿我们参加这次会议的所有企业、所有科技人员、所有专家在新的时代，能通过学习型组织来带动我们理念上的更新，依据科学的发展观在行动上、实践上更加富有成效地去创造我们更加美好、更加辉煌的明天。

（在“2004年全国铝门窗幕墙行业年会”上的讲话）

用工程质量的最新理念统筹门窗幕墙的创新和发展

今天参加年会的绝大部分同志都是企业的领军人物、管理者，或者说是我们行业的技术专家、管理专家，能够讲清楚行业的是你们，而不是我。黄圻同志的工作报告，我认真地看了一下，我看实际是一种学习，对全行业而言他对我们铝门窗幕墙行业30年来的发展现状以及当前存在的问题进行了分析，讲得贴近行业，比较实际。今天我想从另一个角度讲，从工程质量的最新理念来统筹门窗幕墙行业的创新与发展，我主要从四个工程质量方面来论述。这四个工程质量的概念与我们铝门窗幕墙之间存在着什么关联，我希望大家来共同研讨。

一、结构质量

1. 围护结构的合理寿命

任何一个建筑都是有寿命的，民用建筑50年，重要建筑100年。建设部评出鲁班奖是针对建筑工程施工领域的，还有一个詹天佑奖，是针对结构工程的奖项，这说明结构对建筑工程质量至关重要。建筑门窗幕墙不仅仅是装饰，还是建筑外维护结构，是结构的重要组成部分，尤其是现代建筑。门窗幕墙作为建筑的外围护结构必须有自己的合理寿命，寿命有多长，怎么看这个合理寿命。比如建筑密封胶，既是一种简便的化学粘剂，又是一种化学建材在建筑上的应用。化学建材加上简便的施工技术，使新型的门窗幕墙形成一个完整的建筑整体。所以说建筑门窗幕墙是有自己的结构、寿命、质量。

2. 建筑外围护结构的更新换代

如果说：过去的钢筋混凝土结构很难更新换代，很难扒掉重整。但现在的建筑幕墙完全可以做到更新换代。我曾经同黄圻同志探讨过，中国幕墙行业自新中国成立以来大致经历了三个阶段：20世纪80年代我国的铝合金门窗和建筑幕墙处在刚刚起步阶段，从德国、意大利、日本、美国和香港带来了一些门窗样品，照搬搞了一些建筑的幕墙工程。后来社会上有些人提出了玻璃幕墙光污染的问题，可能是原来看惯了混凝土墙体，现在突然看到整栋透明的玻璃建筑不太习惯，总之这样那样的事情不少；20世纪80年代之后，在我们城市的一些大型公用建筑开始大量使用建筑幕墙，幕墙的外立面装饰材料的使用也发生了较大的变化，大面积的全玻璃幕墙工程也在逐步减少，这时听到光污染的声音不太多了。但对幕墙本身结构功能、结构质量方面存在这样、那样的问题，这个时期是建筑幕墙更新换代的新时代，也是幕墙走向全面更新的时代。我比较担心20世纪50年代前搞的那些工程，结构容易出现问题，甚至包括钢筋混凝土的高层建筑，我总担心哪一天突然倒下来了。我曾经当过建设部总工程师，检查过很多建筑工程，当时成型的、好的钢材卖不出去，农村的、小型钢厂生产的钢筋供不应求，钢筋合格的只占30%，钢筋从一米高的桌面掉到地面，一下子就摔断了，这是我在现场亲眼看到的，这也叫钢筋混凝土建筑。今天我们的儿子、孙子还居住在这样的房屋里面，我们能不能放心？因此，建筑门窗幕墙作为一个十分重要的建筑产品，同样存在着更新换代的问题。

3. 围护结构的抗灾能力

建筑结构质量很重要的一点是防灾能力，建筑不能不考虑防灾。比如去年的汶川地震，给建筑物造成破坏的情况。地震是大自然对建筑结构进行的一次破坏性实验，平时我们不可能做这样的破坏性实验。这次四川大地震，我们很多企业也收集了一些门窗幕墙遭受地震破坏以后的宝贵资料，为今后在地震地区的门窗幕墙设计积累了充足的经验。日本神户大地震，震后工程检查发现在钢筋混凝土中混有易拉罐，说明施工质量有问题，把承包商抓起来了。台湾的大地震发现基础钢筋温度应该是135°，结果只有90°，建筑遭到惨重的破坏，也把承包商抓了起来。还有就是台风，我国是多台风地区国家，沿海地区的对门窗幕墙的物理性能要求也比较高，门窗的防水是个重要问题，经济比较发达的地区随着生产力的提高，对建筑的要求就更高，建筑幕墙的使用相对更多一些。但是在沿海地区，台风和海啸不时在考验着我们的建筑，1988年广东汕头地区一场台风登陆刮坏了不少铝合金门窗，当时我们国家的铝门窗标准不够严格，有些工程使用薄型铝合金料，用0.8mm的铝型材制作的门窗当然禁不住台风的袭击，从这次事件以后我国的铝门窗标准增加了铝型材壁厚的要求，铝门窗质量明显提高。再有火灾，这次中央电视台发生的火灾，对我们搞建筑的人来说不能不是一次沉痛的教训，虽然这场火灾与幕墙无关，但是我们有关技术人员也为幕墙的防火问题收集和积累了相关的技术资料。再加上反恐怖分子、防涝抗旱、防冰雪等。所以我们要记住建筑不得不考虑防灾的事情，结构质量尤其是我们的幕墙要抗台风、抗地震、抗火灾、抗冰雪灾害等。去年一年很不容易：前期与天斗，南方遭遇到冰雪灾害；中期与人斗，藏独分子杀人放火；后期与地斗，四川的汶川地震。今年又是世界金融危机，更是不容易，因此作为我们的门窗幕墙在建筑结构中要充分考虑到抗灾能力。

二、功能质量

任何建筑都是有功能的，建筑是为人服务的，建筑是对人说话的，它有自己的功能。作为门窗幕墙有哪些功能我可能说不完整，我只说几点。

1. 开启与关闭

门窗不是开一下、关一下这么简单，它与我们的门窗配件有很大关系。我过去批评建筑公司的一些经理，他们经常说我的主体工程是不错的，但是细部还不行，质量通病还不少。我说：你一个“但是”老百姓要遭多少罪你知道吗？门窗开关不严，想开打不开，想关关不上。门窗关闭以后四面透风、房屋墙面漏风、地面开裂等工程质量问题，这些事情看起来问题不大，但老百姓却很遭殃。

2. 维修与保养

任何产品使用到一个周期以后都需要维修，门窗幕墙也需要维修、需要定期保养。幕墙玻璃会破损、门窗五金配件会损坏，部分门窗开关、把手等附件也会人为地遗失，建筑密封胶长期在太阳底下暴晒后会失效，门窗与墙体的接缝部位会漏水。因此需要门窗产品需要定期维修和保养，同样门窗的设计也要利于维修和保养。

3. 舒适与安全

建筑门窗需要给使用者提供一个舒适的环境，功能设计要符合人的需要，开启要方便，在这里安全是最重要的。这里更详细的门窗构造问题我也说不透，在座的你们是企业家，你们是公司技术和管理骨干，也是我们行业和国家的骨干力量。今天在这里应该承认我们当前的门窗制作精度还是不够的，产品的质量是不稳定的，门窗研发的系列产品还是不多的，五金配件的研发也是滞后的。当然，我们自己跟自己比，改革开放 30 年我们的企业和行业都有了巨大的发展。但是，我们要放眼全球，要横向比较，要看到我们存在的不足和问题，才能提高门窗幕墙的功能质量。

三、魅力质量

下面我谈谈魅力质量至关重要的关系，在这里我把魅力和质量这两个词给联系起来了，质量这个词大家都用得很多了，但是我们的工程有魅力质量就不容易了。

1. 建筑霓裳

建筑幕墙我们叫做现代建筑霓裳。建筑是城市的景点，特别是城市的标志性建筑，是城市的魅力所在，建筑幕墙是建筑漂亮的外衣，所以叫霓裳。我们是搞建筑的，到世界各地首先看这个城市的建筑怎样，城市规划、城市建筑，特别是地标性建筑。近 50 年来，由于世界上大量发展钢结构建筑，特别是轻钢结构建筑。由于有了幕墙技术的发展，幕墙技术把建筑物的墙体施工变得十分容易了，大大缩短了建筑施工周期。同时建筑幕墙技术开始使用大量的新型建筑材料，使得过去不可能直接用在建筑墙体上的材料，一下子得到了广泛使用，玻璃幕墙、铝板幕墙、陶土板幕墙，建筑设计师很高兴，建筑物的外观丰富多彩许多。幕墙使建筑更加引人瞩目、形式多样，建筑变得更加充满了活力。

2. 建筑眼睛

门窗是建筑的眼睛，这句话很贴切，人的眼睛是至关重要的，建筑的眼睛——门窗决定了它的地位和作用。太空舱是人类飞向月球的建筑，飞机是在空中飞行的建筑，高级轮船是水中的建筑，高级轿车是在马路上跑的建筑，它们的窗户怎么样？和我们的窗户比怎么样？它们的眼睛怎么样？我总觉得我们的产品还有很粗糙的地方。

3. 建筑时尚

从建筑美学的角度来考核我们的建筑，大家都说：建筑幕墙是建筑的再设计，幕墙工程设计就是把建筑师的设计理念，变为建筑工程的漂亮外衣，所以建筑设计，特别是我们的幕墙方案设计是需要有魅力的。要把幕墙设计既符合建筑设计师的要求，同时又有工程、艺术的再创造。我曾经担任过国家大剧院预案委员会的副主席，主持大剧院设计方案的招标。当时有 45 个国家国际上招标，选择了这个方案，有不少专家反对，至今还有不少反对意见。但方案最后是政治局常委确定的，我做的记录，每个政治局常委都表态了。这 45 个方案每个方案都有模型，现在还放在国家大剧院里，有中国的、日本的、英国的，最后中标是法国的。建筑时尚方案设计我也看不透，但是我知道，人家给我讲过，比如人民大会堂都说是中国建筑，实际是欧式建筑；还有人跟我讲，当初法国设计埃菲尔铁塔的设计师就反对在城市中心建这么一座埃菲尔铁塔，人说你现在还反对不反对，他说现在还反对，他每天都到埃菲尔铁塔顶上酒吧间坐着，他说巴黎只有这里才看不到埃菲尔铁塔，其他地方都能看到，但大家都很欢迎；澳大利亚的歌剧院当初有很多设计方案，最后的方案是被扔掉的、从字纸篓里拣出来的，结果中标了。目前我国很多大型建筑、高级建筑的设计方案确实比较多的是外国人中标的。我们的方案设计包括钢结构、幕墙结构的设计需要创新设计理念，再用我们的设计创作为城市提供更好的建筑产品，更好地装点城市、装饰城市。

四、可持续发展质量

现在强调人类社会可持续发展，中国叫科学发展。科学发展观很重要一点是可持续发展观，在法国和欧洲的其他一些国家，政府都有一个可持续发展部，研究人类社会的可持续发展。可持续发展质量包括以下几点。

1. 节能与太阳能开发

能源的节约和再生能源的利用，太阳能、风能、地热能、海潮能等被称为再生能源。对于我们幕墙门窗来说，太阳能更是一个抢先的技术、争先的技术。珠海兴业太阳能技术有限公司在香港上市，在今天世界金融危机的情况下，世界股市低迷，新上市是很难的，有太阳能技术就上市了，而且上市以后股价还在上升，因为它利用了当今人类最需要的太阳能技术。建筑能耗包括很多方面：材料、制作等，特别是使用过程中的能耗很高，其中门窗幕墙在建筑物中的能耗是很大的。中央要成立一个中国节能协会，我们下一步要成立一个建筑节能专业委员会，来研究建筑节能问题。世界上缺少汽油的时候，就有节约汽油的汽车或是不用汽油的汽车出现，也就是新产品的出现。在世界上缺少能源、需要节约能源的时候，我们就有节能的产品、节能的企业应运而生。人类社会到了今天，能源、资源是一个大的问题。

2. 环境协调友好

建筑本身就是制造环境的，是人为地制造环境的。从建筑哲学的观点来看，如果单独建筑、单位建筑是建筑的微观，那么城市就是建筑的宏观，它是从整个城市的美学、建筑的美学来思考问题。所以都市的质量与环境的关系是紧紧地联系在一起的，都市是人住的地方。我们要建立生态城市，特别是建筑的相互协调，包括民族建筑、古建筑的保护，或者说对它做一些必要的改进，这都是我们要思考的问题。

3. 以人为本与人性化

建筑是为人造的，建筑是可以对人说话的，从建筑能力的角度去看我们建筑的人性化，也就是今天说的三大方面，也可以说是建筑的服务质量体现在三大方面：一是对用户负责，用户是上帝；二是对民生负责，节约能源、节约资源、环境友好是对整个民生负责，我们的建筑、幕墙要从人民群众的生活、人民群众的生机去考虑；三是对社会负责，现在国际上推崇的是 SA8000 社会责任体系认证。社会责任体系就是市场经济人性化，企业产品价格很便宜、质量很好，但是发现企业用了两名童工，或者企业向周围大气放出了废气、排出了污水，全社会都要抵制你的产品，全部退回去，因为你的企业没有对社会负责。2008 年 9 月份，温家宝总理出席了一个世界经济论坛的企业家座谈会，并回答了世界经济专家的提问："温家宝总理你对你的企业家有什么希望和要求?"，温总理回答说："企业是经济的主体，我想对企业家提两点希望：第一、要坚持创新，要想成为领军人物、领军企业、领军经济体，没有创新，不走在别人前头是没有出路的；第二、企业家要有道德，每个企业家都应该流着道德的血液，每个企业家都应该承担着社会的责任，合法经营与道德结合的企业才是社会需要的企业"。

上面我从结构质量的理念、功能质量的理念、魅力质量的理念与可持续发展质量的理念来统筹讲述了门窗幕墙行业的发展和创新。围绕我们所做的工作，在产业方面，我们应该做成产业链、产业群，认真搞好产业结构方面的调整。当然，这几年我们的结构调整不是很有成效，但中央一直把调整产业结构作为一个大事来抓。因为我们整个行业存在着结构性的浪费、结构性的低效率，我们企业要讲究社会效益、环境效益和本企业经济效益的高度统一。由于结构性不合理的毛病，我们中国人模仿能力强、联合能力差、合作能力差，形不成规模，既达不到经营的规模，更达不到规模的经营，所以企业就在低水平的重复建设。

作为企业要进行全面创新，从大的方面有三个：第一，经营方面的创新，要重视我们中国建筑企业、门窗幕墙企业走出去的问题，明天上午我们要开一个“中国幕墙出口企业座谈会”，下一步还要开一个研讨会，讨论作为协会如何来有效地帮助我们的企业走向世界。我讲过 21 世纪从建筑结构来讲是钢结构的世纪，同时也是门窗幕墙的世纪，要看到中国的幕墙行业成为世界建筑市场的主力军、生力军。我们完全有能力、有水平走向世界。但是有很多方面制约着我们不能走向世界：一个是我们对走向世界战略的本土化政策了解不深，单枪匹马就闯出去了。所谓本土化政策就是利用当地人为你服务。外国企业、外资企业用高薪吸引了我们很多高层的技术人员，同样香港人居住的 1/3 房子是我们海外公司建造的，海外公司的办公室有 1/3 是当地人员，是当地本土化的人员，他们的工作并不见得比我们 2/3 的大陆人员的工作重，但他们的工资却是我们的 8 倍、10 倍。因为我们本身的团队精神不够，协会发挥的作用也不够，我们中国人包括在国内同行之间互相压价、互相诋毁，形不成一个团队精神。作为一个经营方面的创新就是要研究走出去战略，在本企业、在本产品方面应该做哪些工作。第二，管理方面的创新。管理的创新主要是知识的创新，所谓当前最前沿的管理是知识的管理，外国是 CEO 管理，还有知识管理、文化管理、信息管理、以人为本管理或者说人性化的管理。第三，科技、技术方面的创新，包括三个方面：一是原始创新，我们企业有多少是自己设计和创造的产品，有多少个发明权和专利权，有多少个专利，我们企业一定要有自己设计和制造的原始创新；二是集成创新，就是把方方面面的技术用到我的产品上，像医疗器械那么精细，像航空器械那么精工细做，研究汽车的技术、太空船的技术、航空母舰的技术怎么用到建筑上来，使我们的建筑更加精细；三是引进、消化、吸收、再创新，我们要面向全球，引进外国的技术。引进就要消化，消化就要吸收，吸收以后再创新，由外国制造变成中国制造，由中国制造变成中国品牌。所以作为一个优秀企业，人力是至关重要的，企业家是至关重要的，管理专家是至关重要的。当今时代一个不重视企业家的民族是没有希望的民族，城市的政府不重视本城市的企业家，特别是不重视民营企业家的存在，那么他们喊得其他任何口号都是假的。要解决就业问题，没有创业哪有就业，在座的企业家无论大小都是创业者。企业家是当今时代最稀缺、最宝贵的资源，也是当今时代最可爱的人。企业家也面临着种种挑战，需要不断完善自己，在整个改革发展的大潮中发展成长。胆商是垮掉的一代，情商是正在增长的一代，今天的智商是正在崛起的新的一代。我们的企业家要具有儒商的文化精神，要具有智商的科技水平，把我们的企业不断地发展壮大。作为协会来讲，协会就是要有为有位，首先做事要有为，才能有作为。协会要为企业创造商机的活动，活动是协会的生命，但活动的质量是协会生命的基础，要更多地开展为企业创造商机的活动，要想企业之所想，急企业之所急，以更多企业家的智慧来干好我们共同的事业。协会要成为最有号召力、最有影响力、最有凝聚力的社团组织，这样的协会在更大的意义上来讲就是商会，是我们商业团体自己组织起来的协会。我们的会长除了两个是政府官员来的，17个都是企业的领导人。协会是企业自己自愿组织起来的商会，协会是为企业服务的。从协会来讲，要想方设法地为企业服务；从企业来讲，要把协会当成我们自己的协会、我的协会，你有责任共同办好协会。今天我特别强调用工程质量的最新理念统筹门窗幕墙的创新与发展，这个统筹关键是要创新。企业要靠创新，产业要靠结构性调整，协会要靠有为有位，来共同做好我们的事情，这也是我们这代人为中华人民共和国这么一个大国发展门窗幕墙事业所作出的人生贡献。

（2009年3月18日在“2009年全国铝门窗幕墙行业年会”上的讲话）

塑料门窗产业发展的十大理念

各位同行、各位朋友，非常高兴今天在这里召开塑料门窗委员会成立十五周年庆祝会和表彰会，更是在新的时期、新的起点的动员会。十五年前塑料门窗生产的总产量只有700万m^2，发展到现在的2亿5千万m^2；十五年前塑料门窗型材消耗7万t/年，现在消耗220万t/年；十五年前塑料门窗的市场占有量才3%，现在接近50%。形成了近千亿元人民币的塑料门窗产业链。可以这么说，十五年来我们的技术发展之快、商品推广之快、企业家成长之快、企业发展之快、行业振兴之快，使人欢欣鼓舞。当然，这十五年的成就是伴随着我们伟大的祖国改革开放总的进程而进行的，离不开我们在座的各位企业家和企业的努力，当然也有我们协会的塑料门窗专业委员会的功劳，大家共同推进了我们行业的发展，这是值得我们骄傲和自豪的。今天这个会议我们既要总结十五年、表彰十五年、回顾十五年，更重要的是要在新的起点上思考如何向前进一步推进。下面我简要讲讲塑料门窗产业发展的十大理念。

一、化学建材是新兴产业的理念

化学建材是指合成高分子材料为主要成分，配有各种改性成分，经过加工制造的，适合我们建筑工程使用的各类材料。目前有塑料门窗、建筑防水材料、塑料管道、涂料、塑料壁纸、地板、装饰板、各种装饰材料、塑料、各种保温材料、建筑胶黏剂等主要产品，我们塑料门窗占化学材料之首。塑料门窗有很多优点：(1) 使用、应用广，2006年从全世界市场占有率来看，德国超过54%，欧洲超过41%，美国超过45%，俄罗斯超过50%；(2) 价格比较低，与铝门窗比是1∶1.6；(3) 抗风压；(4) 隔声性能比较好；(5) 气密性、水密性好；(6) 环保、可回收；(7) 难燃；(8) 不导电；(9) 耐腐蚀；(10) 不被虫蛀、耐久性强；(11) 装饰效果好。我到协会之后，走访了一些塑料门窗企业，和一些企业家进行座谈，大家反映说我们的塑料门窗行业的工程没有什么引人注目的建筑，行业地位低。我就针对这个地位低，讲一讲化学建材是新兴产业的理念。同志们工作在这条战线、工作在这个行业，可不要小看自己这个产业，小看自己的地位，我们是满足了千家万户的节能需要，我们的地位会得到社会的公认。因为符合建筑节能产业技术政策的要求，我们有着良好的发展前景。刚才我们的几位老会长也这样说了。

二、市场竞合理念

我们通常讲市场型经济是竞争型的经济，竞争是残酷的、竞争是无情的，竞争是大鱼吃小鱼、小鱼吃虾米，是你死我活的，不完全正确。当今时代的竞争，可以说合作是更高层次的竞争。我国在加入WTO世贸组织时，在谈判过程中我们学会了一个词叫双赢，我们与美国谈判我们赢了、美国也赢了，我们与欧共体谈判中国赢了、欧共体赢了、欧共体所属的国家也赢了，叫三赢。在市场经济条件下，我们在这些场合下是竞争的对手，更多的场合下我们是合作的伙伴、合作的同盟。我们需要建立一种合作关系、联盟关系，国际、国家也是如此，经常开一些合作组织会议、高层论坛会议，就是要合作、要联盟。合作、联盟是更高层次的竞争，要在市场竞争的条件下学会联盟。合作有两种类型：一种是市场中的合作，通过合作能够扩大一个企业在市场中的占有份额；第二种是通过合作增强企业的生产经营能力，我的企业不大，但什么都有，我没有的，我的合作伙伴有。说我的企业没有钱，我有银行跟我合作，有银行和企业之间的合作；说企业的科研技术不高，我有高等院校和科研单位的合作；还有整个产业链之间的合作，上游产品、中游产品、下游产品之间的合作。通过合作提高自己的市场能力，这样才能做大做强。

三、产业标准化理念

当今时代，科技发展到今天，有人说三类企业卖劳力、二类企业卖产品、一类企业卖技术、超一流的企业是卖标准。标准化生产是我们工业发达的表现，是我们科技创新得到社会公认的表现。有企业的同志跟我说，我们中国的标准有毛病，我们的门窗是一个设计成一个标准，没有基本规范的门窗能够标准化生产，一个建筑物的门窗一个样，造成浪费，包括模具成千上万，过几年就扔，当废铁卖。无论从原材料、型材、门窗、设备、模具以及五金配套等，到整个产业都有一个标准化的问题。近几年我们协会的塑料门窗委员会协助政府和大家一起共同编制了16项标准，这很好。但有些新技术的应用标准还需要制定，老的标准还需要修改，要适应当前科技发展的需要。在标准方面我们还可以做很多的工作，参加编制国家标准、行业标准、地方标准，贡献我们的聪明才智。更重要的是我们大型的、有实力的企业要制定好自己的企业标准，要高于、严于国家标准，使自己的产品能有更强的竞争能力。

四、核心技术创新理念

我们中国要成为创新型国家，要加强研发，要搞创新。

创新包括原始创新，就是我们的专利权、发明权；还包括集成创新，把其他方面的技术用到建筑上来、用到塑料门窗上来。我常想太空舱就是登上月球的建筑，飞机是空中飞的建筑，宝马汽车是在公路上跑的建筑，火车是在铁轨上行驶的建筑，它们的窗户就是我们建筑门窗，它们的技术完全可以被我们利用，如果到了这个程度，我们的窗户还有很多技术值得学习。我很高兴地看到我们有很多企业不光研究了平开窗、推拉窗、悬窗，还研究了天窗等各种各样开启的窗户；还有引进、消化、吸收、再创新，把国外最发达国家的最先进技术引进来，经过消化、吸收成为中国的先进技术。我很高兴专业委员会的同志编了一本《2009 年全国塑料门窗行业年会论文集》，大约有 34 篇论文。想起 20 年前我任黑龙江省建设委员会主任时，带队考察当时苏联国家建研院，研究建筑的新技术。当时有一个工程师跟我说了一句话我今天还记得，他说中国和苏联都是社会主义国家，都是计划经济，有很大的毛病。他说，每年我们建研院都要发表大量的论文，是为了得奖，得列宁勋章，这就是我们发表论文的最终目的。他说小日本最聪明，我们的论文登在杂志上得了奖，得了勋章，不出三个月就变成了他们的工程、他们的产品。我们社会主义国家是为了得奖，而他们是为了产品、为了市场、为了利润。回来我想了很多，我们不能光为了得奖，我们要把论文的东西、科研部门研究的东西形成生产力。科学技术是第一生产力，可不是第一奖。我们的企业要加强这方面的研发，要想方设法开发应用这些研究成果。所以我向专业委员会提出不光要印这么大一本书，过一年后你们看看这些论文在下面的推广应用成果怎么样？我们的技术创新要有研发能力，要有推广应用能力，这是我们的根本。

五、品牌战略理念

我很高兴这次年会颁了八个品牌，但还远远不够。中国今天是一个制造大国，到世界各国包括美国、英国、法国的商场都有 Made in China，中国制造产品。中国是一个制造大国，但只是一个品牌小国。市场的竞争最早是产品的竞争，是产品的质量竞争，然后是产品的价格竞争，最高层次的竞争是产品的品牌竞争。我们的工业制造品牌、门窗品牌在哪里？我们要为品牌而努力，作为一个企业家一生不搞出一个品牌就实现不了人生应得的价值。现在的发展是相当快的，我讲五个快：科技发展之快，产品推广之快，企业家成长之快，企业发展之快，行业振兴之快。但是应该看到，我们的塑料门窗企业规模小、产品种类少、档次不高、缺乏竞争能力，主要靠价格竞争，同时还有质次价低的门窗充斥市场，不能不引起我们的高度重视。我们要加强这方面的工作，要有品牌战略理念。

六、知识管理理念

我们要把企业管理好，从事件管理科学、动作管理到行为管理、全面管理、比较管理、今天知识管理，也叫文化管理，还叫信息管理，最突出的就是以人为本的理念。所谓以人为本就是一切为了人，一切依靠人。我们的门窗厂是为了本厂职工日益增长的物质和文化生活需要，同时是为了我们的上帝——需要和使用我们门窗的人，为了我们的社会日益增长的需要。我们的发展靠人，要依靠人。我们中国共产党的最终目标是一切为了人的全面发展。管理科学在发展，管理水平要不断提高，企业成长、行业发展有两大轮子：一个是技术，一个是管理。

七、可持续发展理念

在欧洲的一些国家都有一个可持续发展部，我到法国、德国跟他们可持续发展部讨论过不少问题。研究人类社会的可持续发展。我们中国提出的科学发展观其中很重要的就是可持续发展，就是我们在能源、资源、环境等方面要为人类作出贡献，强调企业要承担社会责任。国际上有一个 SA8000 社会责任体系，要我们的企业高度重视本企业的社会责任。温家宝总理在去年国际上一个企业家座谈会上强调两点：一个强调我们的企业家要创新，不创新我们的企业是没有希望的；第二个强调企业家要流着道德的血液，要承担社会的责任，不重视道德的企业是不受欢迎的企业。我们塑料门窗与建筑节能、建筑能耗有着密切的关系，应该看到建筑节能、建筑能耗占社会总能耗的 25%左右，而建筑本身的建造能耗、施工过程中的能耗占建筑能耗的 20%左右，80%是在建筑使用过程中所要消耗的能量，这 80%有墙体，更主要的是门窗。我到澳大利亚的墨尔本市政府大楼去考察，人家骄傲地给我看了这个大楼，我非常高兴，这个大楼是 140 多米高，下面办公的人呼吸的空气都是 140 多米高空下来的新鲜空气，所有的窗户都是太阳能综合利用的，整个大楼的循环水都是自己排污解污的，下面有一个很小的污水处理设备。现在我们的建筑讲节能、智能化、环保，这些方面还有很多工作要做，我们的塑料门窗在这方面承担着重要的责任。

八、经济全球化、产业国际化理念

中国是一个大国，我们中国人很聪明，世界上有的技术我们都能学来，我们还能创新。中国国情有九个字：差不多、差很多、差太多。我们吃的、穿的、用的、住的高楼大厦、建的海上大桥，我们还要到月球上走一走，跟世界上发达国家差不多，西安的超市跟日本的超市差不多。但是我们的人均资源占有量很少，我们的人均消耗能源量很多，人均收入很低，什么事拿 13 亿人口一除就差很多，我们的经济总量在世界上排第三或第四位，但我们的人均水平排到了 20 多位之后。还有差太多，我们确实还有不少山区的少数民族贫困地区，存在着看不起病、上不起学的问题。但是我们要看到我们有差不多的地方，完全可以从差不多的地方走向世界。中国的建筑业在 21 世纪必须在国际建筑史上作为一个相当大的主力部队，我们应该走向世界。我很高兴地看到包括我们的门窗、幕墙在迪拜、在欧洲、在南美、在北美都有我们的施工队伍，而且我们的队伍发展速度相当之快，可以说他们在国外产值的利润是国内同样产值利润的 3 倍以上，何乐而不为，为什么不能干？能干，当然存在着这样和那样的问题，我们协会正承担着这样的研讨和帮助企业尽快走出国门的工作任务，显示中国建筑业在全球的力量。这是一个国际化、经济全球化的战略。

九、文化制胜理念

我们要强调经济硬实力，同时要强调文化软实力。在座的要勇敢地承认我们就是当今时代的商人。有人说，改革开放初期有一批胆商，胆商是已经垮掉的一代；改革开放中期出现了一批情商，情商是正在挣扎的一代；上个世纪末、本世纪初中国正在崛起一批智商，而智商是中国社会正在崛起的一代。像海尔的张瑞敏、联想的柳传志这些民营企业家已经列为美国哈佛大学的案例教学，是中国成功的智商的一代。我多次讲过，一个不重视企业家的民族是没有希望的民族，当今的智商——民营企业家是我们社会最可爱的人，是最短缺、最宝贵的资源。企业家要不断地完善自己，要提高自己的能力。第一要具备儒商的文化精神，要讲儒家的诚信经营、奋发进取、勤俭节约、艰苦致富的精神，同时要具备当今时代智商的精神。既要有儒商的文化、精神、信用，还要有智商的科技、管理和品牌，使我们真正做到繁荣我们的企业文化、产业文化，提高文化软实力，使我们的企业进一步壮大做强。同时要使我们的企业成为学习型组织，员工要成为知识型员工。不重视学习的企业是短命的，不会长寿的。美国提出要成为人人学习之国，日本提出把大阪神户办成学习型的城市，德国提出要成为终生学习之国，建立终生学习年，新加坡提出 2015 年人人学习计划、平均大人和小孩每人 2 台电脑。科技在发展，我们中国共产党也提出把我们的党办成学习型政党。要用文化制胜的理念，把我们的门窗企业变成学习型组织，把我们的员工变成知识型的员工。

十、抓机遇迎挑战的团队精神理念

作为世界金融危机，今年和明年很多问题尚不见底，但是我们要充满信心，我们有四个基本没有变。我们要充满信心，信心就是力量。关于这一点我在协会九届理事会上有个讲话，讲了如何应对世界金融危机，或者说面对世界金融危机我们企业面临的机遇和挑战，以及中国的市场在发育过程中种种不完善对企业家成长的机遇和挑战。我们的企业家在成长过程中，我们的企业在发展过程中，都有成长的烦恼，看怎么健康地成长、健康地发展，这是至关重要的，要有信心，要有力量，同时要看到问题的严重。同志们每天看电视都能看到世界各国应对金融危机的种种措施。

我们协会首先要办成商会，协会要积极地开展活动，要开展为企业创造商机的活动，才是最受企业欢迎的协会。如何办好协会还要靠协会各位理事单位、各位会员单位共同努力。我相信 2009 年是中华人民共和国成立 60 周年，我们作为企业家要以经营管理和企业为重任，用实际行动迎接我们伟大的国庆。我们还要看到 2011 年将是我们中国建筑金属结构协会成立 30 周年，协会的各会员单位、各专业委员会都要以自己近两年的实际成效、实际成绩迎接本会 30 周年庆典。迎接庆典只是一种动力，更重要的是把我们企业更健康、更扎实地发展起来。衷心地祝愿我们在座的企业家、在座的企业管理人员，你们将在新的年代里取得更大的成效；衷心地祝愿你们所在的企业、我们的行业从过去的辉煌走向未来的更加辉煌！

（2009 年 3 月 25 日在“2009 年塑料门窗行业年会”上的讲话）

增强发展信心　正视发展难题　共谋发展方略

中小企业的发展，对我们国家的发展至关重要。什么是中小企业？《中小企业标准暂行规定》中对建筑业、工业中小企业的标准是不一样的，我们协会所属的行业可以认为是工业。“工业，中小型企业须符合以下条件：职工人数2000人以下，或销售额30000万元以下，或资产总额为40000万元以下。”所谓的中小企业又分为中型企业和小型企业。“中型企业需同时满足职工人数300人及以上，销售额3000万元及以上，资产总额4000万元及以上；其余为小企业”。在座的各位可以对照一下，这个标准是否适合我们行业，我们也可以再研究。

据我了解我们行业的企业有这样几个特点：第一，从规模上讲是中小型企业；第二是民营企业；第三是家族企业。怎样看待对这些企业，我认为至关重要。或者说我们国家、社会对中小企业当前存在着认识不足的问题，要重视如何认识、发挥这些企业作用的问题。在我们协会现有的会员单位中多数还是中型企业，我们应该承认、应该反思我们的工作，中国之大，由于我们对中小企业重视不够，使得我们的会员单位还很有限。我们要将协会办成中小企业的行业协会，要为中小企业服务。当然国家要成立中小企业研究会。所以我研究和讲话的内容可分为三个方面：增强发展信心、正视发展难题、共谋发展方略。所谓共谋就是协会、专业委员会和企业共同谋求发展方略，促进中小民营企业又好又快发展。很多中小企业还在我们协会会员单位之外，我们要把他们吸收进来。一个是我们协会本身是否重视中小企业，另外我们同样是中小企业会员单位，是不是认真对待别的中小企业同行。我们自己不能看不起自己、瞧不起自己，我们应该把我们认识的中小企业都吸引到我们会员单位的大家庭来，不要怕有竞争，有竞争还有联合。

一、增强发展信心

1. 地位和作用

我们要看到中小企业和非公有制经济（包括民营企业、个体企业和家族企业）是中国市场经济的主体。而市场经济的主体必须坚持创新驱动，为转变发展方式，政府应该提供有利的和持久的支持。在我国工商注册的各行各业企业中，中小企业的数量占所有企业总数的99%。如果到我们协会大约要占到99.8%～99.9%。我到协会以后注意观察，我们对中小企业应该普遍关心、普遍支持。协会要抓重点企业，起到带头羊的作用。但是我们协会不能只立足抓几个大企业、交朋友，而忘记了整个行业的发展，忘记了整个中小企业群体。中小企业创造了我国近六成的国民经济总量，国民财政收入近一半来自中小企业，为社会提供了近八成的就业岗位。中小企业在经济社会发展中的作用和地位日益增强，特别是在当前国际金融危机还在继续蔓延加深的严峻形势下，加快中小企业的健康发展对促进经济增长、增加财政收入、扩大城乡就业、维护社会稳定都具有十分重要的意义。还要看到，中小企业在经济社会中的重要地位和作用。重视中小企业是我们国家一项长期战略。改革开放以来，特别是今年以来，我国中小企业发展迅速，已经成为经济增长的推动力、扩大就业的主渠道、自主创新的主力军，在改革开放和经济社会中发挥着越来越重要的作用。

截至2008年底，我国中小企业数已达3660多万户（其中工商注册法人900万户，个体工商户2760万户），占全国企业总数的99.8%。在我们行业我认为能达到99.99%。但是应该看到，在当前经济形势急剧变化的情况下，中小企业依然是市场竞争中的弱势群体。

2. 企业成长论

我过去当总工研究企业发展主要研究的是建筑业的企业，我写过一个《建筑企业成长论》，任何一个企业的成长过程都是从开始的小企业逐步发展、成长、壮大。特别在刚开始的原始资本积累期间，企业原始资本积累阶段往往是牺牲员工的眼前利益时期，是从一个小的起点开始。完整的企业生长、生命的成长周期大致分为四个阶段：创业阶段、扩张阶段、全胜阶段，然后到衰亡阶段。任何一个企业都是有寿命的，到衰亡阶段如果创建立一个新的产品，他就不至于衰亡，又会从另一个起点发展起来。后一个阶段将是前一个阶段转折性的提高、提升。处在较高阶段的企业各方面的能力，包括：研究开发能力，生产组织、规模、财务融资能力，营销能力和市场份额，以及企业的发展速度都会比较低的阶段有着量的扩张和提高。

企业的生命属性和成长动力，主要体现在：

（1）企业的成长促进了对未利用资源的有效利用；

（2）企业的成长改善了企业的成本构成；

（3）企业的成长增强了全体员工的上进心；

（4）企业的成长会进一步刺激企业之间的竞争。

成长的动力主要来源于竞争；还要来源于充分利用企业内存在的未利用资源，和由此造成的不均衡状态，这是企业存在的内在动力，甚至是根本动力。

在中小企业阶段，创业是很关键的。企业的成长有多种方式：有单一产品的成长，由行业多产品的成长，有纵向产业链一体化的成长，有行业的升级成长，还有多行业的成长。企业成长的速度一般在成长段位比较高的时候成长速度会越来越快，从创业到起家越来越快。企业只有在创业阶段用集中型战略，采用集中战略不等于企业日复一日、年复一年地以同样的方式干同样的事情，企业通过不同的途径实施集中战略，使企业始终处于生机勃勃、高效率的局面。企业通过市场开发、产品开发，通过创新完成企业的创新阶段，进入到扩张阶段。

很多的大企业开始都是很小的企业，日本松下幸之助的企业现在是全世界的电器王国，当初则是以自行车铃铛起家的。我们回想一下，当初你们决定下海、决定开始干事的时候，企业有多大？现在有多大？都是通过这几年发展起来的。任何企业、特别是国外的一些大企业都是家族企业，世界上最大的建筑企业——美国的佛罗·丹尼亚公司是大型的石油化工建筑安装公司，是由佛罗和丹尼亚两兄弟筹集到一笔资金后联合创办的，是股份制企业。家族股份只占到总企业股份的5%～8%，员工的股份一般只能是零点零几的比例；而中国的企业要搞股份制企业，控股就一定要占到企业股份的51%。所有大型企业（包括全球企业、跨国企业）的成长都是从很小的事情、很小的产品做起的。你们今天做的门窗配套件产品不大，但是这是企业的创业阶段。从企业成长来看，大企业的发展离不开从小到大，离不开资本的积累，而且今天我们已不是当初几个同学、夫妻俩、兄弟俩下海创业初期的情景，我们已经有了发展，具备了一定的规模。我很敬仰、也很羡慕我们协会的中小企业会员单位，你们很有成就，你们是敢第一个吃螃蟹的人，你们在大海的商潮中已经作出了成就、已经进行了探索。企业已经处于成长过程之中，当年你们当中有许多开始创业的民营企业领导人文化程度并不高，但是你们高度重视下一代的文化教育、知识和教育投入。父辈是初中生、小学生，但他们把子女送出国，把儿女培养成博士。因此企业还在发展、成长阶段。

3. 党政重视与支持

我们党和政府对中小企业的认识这几年正在逐步加深，高度重视中小企业的发展。最近也找到、看到了许多党和政府是怎样重视中小企业的发展，确实中小企业在发展过程中存在各种各样的问题。从中央来看，我们的领导同志多次到中小企业去考察，最近我们看到，胡锦涛主席到了远大集团，习近平副主席到了我们甘肃的一个会员单位，对我们的会员单位鼓舞很大。党和中央高度重视、多次部署，党和中央领导同志多次深入到沿海地区专题调研，温家宝总理，李克强、张德江副总理先后到广东、上海、浙江、江苏、河北、天津等地进行调研，主持召开中小企业座谈会，并作了重要讲话。党中央国务院根据国民经济、国际经济形势的变化及时调整了我们国家宏观政策的取向，果断地实现了积极的财政政策和适度宽松的货币政策，出台了进一步扩大内需、促进增长的十大措施。去年我作为中央检查组检查贵州的十项措施落实情况。十大措施的出台对增强信心、克服困难、稳定经济发挥了重要作用。中央有关部门和单位出台了36个配套文件，20多个省市出台了非公经济36条实施意见，各省市还出台了具体措施和配套办法200多个。制约非公有经济发展的体制性、政策性保障障碍正在逐步消除，平等的市场主体地位正在逐步确立，有利于非公有制经济发展的环境正在逐步形成。江苏、浙江、广西、四川、湖南等13个省市还出台了中小企业促进法实施办法和条例。应该说中央很重视。当然社会上也还存在对中小企业不公正、不公平的现象。我们企业的产品存在着被建设单位、总承包单位买去不付钱、拖欠材料款的情况。国有企业拖欠我们企业的款通过法院要、也要不回来；但倘若我们的企业欠国有企业的款，就变成了侵占国有资产。这是很不公平的事情。都是企业，国有企业、民营企业在市场竞争中处于平等的法律地位，同样都是法人地位。

这几年国家出台了许多与中小企业有关的文件，我举出几个在文件题目上直接点出和中小企业有关的文件，如：《工业和信息化部关于做好缓解当前生产经营困难保持中小企业平稳较快发展有关工作的通知》（工信部企业［2009］1号）、《国务院办公厅关于当前金融促进经济发展的若干意见》（国办发［2008］126号）、《关于支持引导中小企业信用担保机构加大服务力度缓解中小企业生产经营困难的通知》（工信部企业［2008］345号）、《财政部工业和信息化部关于印发〈中小企业发展专项资金管理办法〉的通知》（财企［2008］179号）、《中国银监会关于银行建立小企业金融服务专营机构的指导意见》（银监发［2008］82号）、《国家税务总局关于小型微利企业所得税预缴问题的通知》（国税函［2008］251号）、《财政部、工业和信息化部关于做好2008年度中小企业信用担保业务补助资金项目申报工作的通知》（财企［2008］235号）等，政府从政策上给予了很大的支持。由于政府的重视和支持，使得中小企业在机构调整和产业提升、技术创新、产业集群和创业，以及支持地震灾区、恢复生产和重建等工作方面，中小企业也取得了积极的进展。中小企业要增强信心，你们不要小看自己，企业的创业很不容易，企业的发展有着非常宏伟的发展前景，你这一代要干，你的下一代、下下一代还要干！要沿着创业、原始资本积累的轨迹把企业向着健康发展的方向去推进，要有企业家的胸怀，要有企业家的信心。

二、正视发展难题

当前中小企业发展过程中困难很多，工商联总结了九条，我认为主要有三个方面。

第一个是融资难的问题。中小企业发展过程中需要资本、资金的支持，但是银行支持的都是大企业，对中小企业重视不够；中小企业的融资渠道很窄，另外民间融资渠道也不通畅。加之中小企业在融资方面的企业信誉度不高，诚信体制尚未健全，企业贷款就要有企业担保，10个担保9个又受牵连，使得中小企业的融资很难。

怎么能解决中小企业融资难的问题？

（1）中小企业要树立自己的信用机制，敢于搞银企合作，在银行间享有信誉，这是最大的一个渠道；

（2）中小企业发展期间、成长的过程，企业本身处在创业阶段，原始资本积累阶段是牺牲员工眼前利益的阶段，要员工同心协力，把资金用到刀刃上；

（3）协会也正在调研、探讨基金会的问题。想成立中国建筑金属结构协会会员单位科技发展交流基金，用这个资金支持我们的会员单位中的重点企业，用于发展我们的重点企业，用于教育、用于培训，用于提高我们全行业的素质。此项工作正在筹办中，已经得到了银监会、民政部等方面的同意。此基金的建立将解决我们会员单位的困难问题。但是要建立基金的安全机制，建立独立的法人机构进行管理，要建立信用机制、监管机制。资金来源于会员单位，用之于会员单位。这是第一个难的问题，其他问题我们都在想办法。

政府这几年也在想办法。包括上一次我到贵州检查，我们发生过一次争论，看来现在我的观念是对了。中央自2008年、2009年和2010年是4万亿投资。去年政府拨了1000亿投资到地方，当时拨到贵州省是49个亿。我带着发改委、财政部、监察部和税务总局的同志去检查贵州省的应用情况。当时有一个项目，这个项目中国家的补助资金用在一个民营企业身上。当时我们检查组内部发生了意见分歧——这个资金怎么用在了民营企业身上？我当时就发表观点：为什么不可以用在民营企业身上？我认为，特别是用于股份制企业，相当于国家在民营企业中增加了股份，并不是白送给这些民营企业的。由于民营企业的自主创新发展，为什么不可以中央投资呢？前几天我在北京听到人家给提意见，人家反过来给中央提意见：中央4万亿投资都用到国有大企业去了，用在民营企业上的投资太少！中央也在想办法。另外可以看看，外国的老板到中国来和中国人打交道，德国也好，香港也好，美国也好，英国还好，法国也好，他们更关心民营企业，愿意和民营企业打交道，跟国有企业打交道他不太乐意。因为他们所处的社会就是这样，只要是市场经济比较完全的国家，到处都有中小企业在蓬勃发展。台湾可以称之为世界中小企业王国。昨天我们这里的一个台湾企业跟我谈了谈台湾中小型企业的一些优点，他说了两条。三个“专”：专注、专心、专业；还有一条就是创新。台湾中小企业的产品都是按照世界上最先进的产品生产的。小小的台湾干的都是国际尖端的产业，小小的企业出的都是创新型产品。他们每一个创意来源于专心、专注去促进企业发展，他们对企业像父母对儿女一样扶持企业的成长。他们中老的一辈、八十多岁甚至九十岁的老人干了企业一辈子，死了之后，成立一个基金会，让自己的儿子、孙子干基金会会长。因为如果他死了以后按照遗产交给他儿子，遗产税达到60%～70%，遗产税都要交给政府了，很不合算，所以他就成立一个基金会。台湾的中小企业在某种意义上对世界的了解程度，对世界各个国家从例行产品、标准、技术的了解程度和香港一样，比我们内地的企业要强。他们接触世界、了解世界，外语水平也比较高。现在中央党校培养的部（多）级干部就是要有世界眼光，要有战略思维。这就是我讲的中小企业融资难的问题。

第二是中小企业的素质问题。应该承认，我们中小企业的素质仍然比较低下，的确存在着不少亟待解决的问题。与大企业相比较，中小企业依然是市场竞争的弱势群体。特别是在当前经济形势急剧变化的情况下，中小企业无论是从意识、还是能力上都没有做好充分的应对准备，需要政府的扶持和帮助。就我们面临的这场危机而言，根据我们国家企业现在的情况，从宏观方面上讲，是机遇与挑战并存。但是如果没有政府的支持与帮助，一旦出现中小企业大面积退出市场的情况，将会对保持我国国民经济平稳较快发展、维护社会稳定形成巨大的压力。当前采取措施促进中小企业发展，不仅是应对经济形势变化的需要，更是维护政治社会稳定的需要。我们中小企业信心不足，为什么信心不足？是我们企业家本身素质有问题。有这么几种情况，我说得不一定正确，大家可以共同探讨。一是我们当初创业很不容易，今天有了一定的规模，我们有的就不知道天多高、地多厚。大家都喊老板、老板，就被叫昏了。什么是老板？什么叫企业家？企业家拥有资本，但是还有一条，要会经营管理。所以有些专家把中国的民营企业家封为“山寨”。改革开放初期，中国对第一代的民营企业家叫“胆商”，胆子大就挣大钱。所以就有倒卖，胆子大就要发大财。胆商最典型的就算天津大邱庄的禹作敏。胆子大，一帮教授到大邱庄参观学习，学习禹作敏。禹作敏高兴坏了，把他们接进来就把他们训了一顿，问：“你们这些教授的公车都是共产党配的，你看我们的卡迪拉克，都是我们自己劳动出来的。”好像人家教授不劳动似的。后来讲得高兴了，往地毯上吐了一口痰，教授说企业家往地毯上吐了一朵梅花。再讲高兴了，坐到了沙发背上，脚踩在沙发上。教授们发表一通感慨：“中国的这些民营企业家，是土豆，叫马铃薯也不行，还是土豆”。改革开放中期，20世纪七十年代、八十年代，中国出现了一批情商。他们靠关系、靠感情。因为中国当时的国情存在着双轨制，谁能从自己的亲属、当官的手里拿到一批计划内钢材指标，那么拿到市场一卖就能够发大财。谁能够到海口去弄一块土地，或者从广西的北海弄一块土地，到手后不需要开发，一转卖就能成大富翁了，那个时候社会上出现了官倒现象。官倒导致了“6·4”事件，“6·4”事件是有政治背景的。当时提出的问题是存在的，就是反官倒。以后我们党采取了很多措施，一是取消了价格的双轨制，一是不允许政府或军队办企业。我听到这样一个笑话：“一个农民进城卖菜，赚了六百元钱。在他到小旅馆吃早餐的时候，拴着的驴跑掉了，糟蹋了一片菜地。他只能陪了菜农三百元钱，于是他生气地抽着驴说：‘你以为你是国家干部呢，走到哪吃到哪啊！’回家路上，驴走了马路中间，他又被警察罚了三百元，他更加生气，又抽着驴说：‘你以为你是军车呢，哪都能开呀！’”。到了上个世纪末、本世纪初，中国出现了一批智商。智商，聪明才智的智。青岛就是智商成长比较多的地方。青岛海尔的张瑞敏、青岛啤酒、双星球鞋、海信等，青岛的企业家，品牌是比较多的。像张瑞敏、还有联想的柳传志都在哈佛大学，我都和他们讨论过一些问题。他们都成了美国哈佛商学院的成功案例教材。所以有人说中国改革开放以来，胆商是垮掉的一代，情商是正在挣扎的一代，智商是正在崛起的一代。我们企业家确实存在素质问题，有的老板搅黄了企业，叫“老板一抓，企业就垮”，不像台湾的企业专心、专注、专业。

还有一种是小富即安，认为自己不错了、赚的够花了、这辈子够用了。外国资本家的钱用几辈子也用不完，但是他们仍然在精打细算，坐飞机仍然不坐头等舱，到老了也是一样。他为什么这样做呢？他挣的钱用来干什么？用于扩大社会投资，用于捐助社会慈善事业。我到四川就经常说，成都就是这样一个小富即安的地方，吃点麻辣烫，打点小麻将、看点录像就差不多了，不思进取。还有我们一些民营企业家，无论文化素质、自身能力、谈话水平，远远适应不了现代知识的需要，学习能力不足。昨天你们给我们协会提出个建议，要加强培训。我看到过别的一个协会，请著名的教授来讲课、为企业家培训六天，企业家们借口很忙，没有时间参加培训，派了个小姑娘来了，堂而皇之的拿了个写有企业家名字的证书回去。雇人参加培训，培训还有找人代自己培训的？最近我受邀参加房地产企业总裁研究会和中国建设教育学会，给他们讲讲人力资源开发问题，我讲到过这个问题。这就是小富即安的问题。

还有就是我们的企业家创新精神差，凭老经验、老方法，老爷子始终主持着、按照传统的家族式企业管理方式进行管理。老爷子开始很有功，家族式企业开始时是效率最高的企业、意见最容易集中的企业、决策最快的企业，也是效率最高的企业。但是发展到了一定程度，老爷子仍然主宰一切，企业慢慢就会落后了。在知识爆炸的今天，他的很多决策与社会格格不入。他不用现代知识去武装，凭经验办事将会与他的儿子一代发生激烈的冲突，这就是在我们的企业家。在我们的企业家素质方面，我们企业的管理人员及各方面的人员素质需要提升。企业人员中有的是亲戚套亲戚的关系，而不是量才为用。国外民营企业、家族式企业，老一代退休的时候，哪怕是自己的亲儿子，也要看他是否有这个本事才让他接管，不能让儿子把企业断送了。他必须能够把这个事业继承下来，能够有所发展，才能让你去干。

第三点，品牌创新问题。有人认为我们干的产品并不起眼，只是配套件产品、是个小玩意。昨天有位专家跟我说过“小产品，大市场”，小玩意从开始做、到现在已大不一样。现在你谈家庭装修，二十年前的装修与现在的装修能一样吗？很多新材料层出不穷，小玩意的制造工艺越来越先进。过去我们打铁有个打铁工具就行了，就能做各种工件，铁匠炉子一开就可以干了。现在能行吗？昨天我参观了给排水分会会员单位三利集团，三利是制造给水设备的，这个公司一年就有二百多项专利，几年来共有一千多项专利。人家已经研究了第八代产品，是开发一代、上市一代、储备一代新产品。昨天看到三利焊接技术，我原来是搞石油化工的，我看这个焊工水平相当之高。但是他们并没有满足，研究了焊接机器人。机器能够焊接，一个机器相当于四十五个焊工。我到了香港，在青岛办的青岛立兴杨氏门窗配件有限公司，是一个生产门窗配套件的企业，它去年也有二百多个专利。配套件的表面处理技术，不但机械化、自动化，现在已经数控化。我们好多政府的首长，每年喊着科学发展观，要扩大就业、解决就业问题，把就业停留在口号上。你不重视创业，哪里来的就业？你不重视企业家，哪里来的就业？我们创业、企业家才是我们彰显创新的关键，才是当前国家社会的宝贝。企业家是我们稀缺、宝贵的资源，不重视企业家的民族是没有希望的民族。温家宝总理2008年在法国世界企业家座谈会上提出了两点希望：第一，企业家要创新。不创新，企业是没有前途的。企业是有寿命的，不创新的企业是短寿的、短命的。第二，企业家要有社会责任感，脑子里要流着道德的血液。要强调社会责任，不重视社会责任的企业，社会是不欢迎的。我们的品牌创新，老牌子用了，创新远远不够。中国是世界上制造业大国，世界各大国的商场都有中国的商品。如果把中国的商品一撤，商场就办不成了，都是“Made in China”（中国制造）。中国制造，太便宜了，没有名牌，没有品牌。全球一百多个有价值的品牌大部分在美国，还有一部分在日本，还有一部分在德国，韩国也有一两个，我们大的品牌不多。我们过去的老品牌，人家上次发个短信跟我开玩笑：大家重视品牌，受思茅市改成普洱市的影响，建议中央政府将北京改成烤鸭市，山东改成大葱省，天津改成狗不理市，这叫品牌吗？我们的工业品牌哪里去了？我们做衣服，同样的衣料，同样的加工，同样都是中国人做的，你用了国外的知名品牌就不一样，价格差十倍。有一个国外品牌的商标像打了一个勾，打勾的叫“NIKE”，不打勾的，就是中国造，非常便宜。品牌呀！什么叫品牌？品牌是产品质量的标志、是物理属性。品牌是产品的情感属性，品牌是创造超值服务，品牌使人们感到一种满足，品牌使人感到占到很大便宜，品牌是人们一种地位的需要，品牌是人们的满足情感的一种需求。品牌是一种文化。我们不重视品牌建设，还有的看人家的品牌知名，就想办法用人家的名字，后来打官司败诉了。自己没有本事创造自己的品牌，看到人家的好的品牌就偷过来，怎么行呢？这是什么呢？这就是我们常说的东施效颦。盲目跟人家学不行，要自己去创造品牌，要有品牌意识。没有品牌意识的企业家是没有出息的企业家。没有品牌创新意念的企业是没有希望的企业，是短寿、短命的企业，会夭折的。品牌创新至关重要，当然我们的品牌创建要有过程，品牌不是靠招摇撞骗喊出来的。我们现在就是在拼命地喊品牌。我看到过一个房地产的广告：“领先世界一百年的住宅小区”，一百年后的住宅小区是什么样，你知道吗？靠广告欺骗，不靠实实在在的产品而树立品牌，是不行的，品牌是实实在在干出来的。当然，最初可能只是一个青岛的品牌，经过努力、发展升为山东的品牌，进而升为全国的品牌，最终成为了世界的品牌。品牌也有一个发展过程，品牌有一个被人们认知的过程。不在企业大小，所谓大企业是指规模而言，大、中、小企业是指规模而言，规模之大、之中、之小。而品牌不在于此，不在于规模大小，不在于所做的产品大小，各有各的品牌。其实每个人脑子里都有一种品牌欲望，还有一种品牌崇拜。大企业，钢铁制造厂固然有；小的，麦当劳，我们称之为垃圾产品，孩子们就是崇拜他、拼命买，这就是品牌，肯德基也是一样。我们要重视资本，重视品牌。这三大发展难题是我们中小企业发展过程中的问题，是完全可以通过努力解决的问题，也正是需要我们企业创新的问题和需要企业努力的方向，也正是我们协会要开展工作的问题。

三、共谋发展方略

我不想展开多说，给出些题目，让我们在工作中共同做出文章，共谋发展方略。在座的有相当一批是我们协会的骨干力量，是门窗配套件委员会的副主任委员及协会理事单位，具有双重身份。你既是中小企业的老板，又是协会的领导，是专业委员会的副主任，是协会的理事单位。有的人甚至是三重身份，你既是德国的，你又是中国人。你既是德国企业的中国经营者，又是中国人，又是中国人协会的领导。三重身份归于一体，如果共谋我们当前的发展方略，我提出十点，我简要说一下。

第一，筹集发展基金。前面已经说了，你们也要筹集，你们要努力搞好银行的关系，搞好银企合作。我们将积极筹办我们的发展基金，扶持我们的重点中小企业。

第二，增强管理能力。学习管理，管理科学发展到今天，有人说是第五代，也有人说是第六代，我认为是第五代；从动作管理，到行为管理，到全面管理，到比较管理，到今天的文化管理、知识管理，还有信息管理。要增强管理能力，我多次讲过什么叫管理？我们老板要管理，管理就是叫别人去劳动，自己劳动叫操作。我们要人家干活，人家肯不肯干活？人家是主动干活、还是被动干活，是创造性的干活、还是呆板性地干活，是磨洋工地干活、还是高度积极性地干活，有责任地干活、还是没责任地干活，都看你管理水平的高低。我们民营企业要善于处理好劳资之间的纠纷。民营企业中劳资关系历来是企业发展中的重要关系。我曾经作过一个讲话：在联合国搞过一个三方关系调查，一个是工会、一个是资方、一个是职工代表，三方正确协调、处理好劳资纠纷是企业发展的一个重要管理。我们有的企业和我反映，企业这几年搞得不错，但是工人跑得多。工人在我这学了技术，跑了、走了，因为在人家那边工资收入更高。我们还有的挖人家的人才。我认为最有本事的企业家、管理者应该是把身边的人培养成人才，人人可以成才。在你的身边、在你的部下的人员都可以成才，看你怎样用。这次会议专门发给大家一个《关于人力资源开发的十大理念》，里面讲的很多，在这就不重复了。国际上成功的企业对员工实行爱抚管理，员工的家属、家庭出了什么问题老板要清楚。松下幸之助讲过，所谓的老板就是给员工端茶倒水的人。我们许多老板则是对员工吆五喝六的人，他们认为：我花钱雇你，想怎么使就怎么使。物还有感情哪，何况是人哪！松下幸之助有句话：爱你的员工吧，你的员工会加倍地爱你的企业。有效的管理不仅会使这一代人为本企业服务，他的儿子、孙子都会为本企业服务，才能真正更加有效的实现管理。

第三，提升科技含量。相比较而言，我们的行业总体科技含量不算高，但是我们和前几年相比已经有了很大的提高。由机器人焊接、有各种先进的表面喷涂线。在上海有个企业向我介绍一种门窗的贴面纸，说贴了有很多好的效果。总之我们行业有很多新的产品。家庭装修，以前也就是找个木工钉个箱子、钉个柜子，现在装修科技发展层出不穷，我们的科技含量要进一步增加。作为一个中国的中小民营企业要了解世界当今科技发展的方向；要了解世界新材料、新工艺和产品新的发展趋势；管理要做到信息管理。昨天我去了三利给水设备公司，他们能够在青岛监控到销往北京使用的设备运转状况。我们的民营企业也完全可以知道，产品销售到每一个点的销售状况，产品使用后的功能、性能情况、运输状况。我们的科技含量焊接有了机器人焊接，我们的配套件表面喷涂有了自动线。昨天我看过的青岛立兴杨氏门窗配件有限公司从深圳搬到青岛，家族企业、兄弟几个搞得不错，销售额达到 3 个多亿。但是从工艺的创新、人身安全的保护等方面还有待提高；德国做的就不错，所有的运转机械实行的是人—机工程。所谓人—机工程，就是作业中的人、机器及环境三者间的协调。当人处在不安全的状态、物处在不安全的状态的交叉，就会出现事故；吊车处在安全状态物品不会掉下来，人不进入吊车运行的区域就是安全的，反之就会出事故。人－机工程在我们工厂的应用，我们工人的高效劳动、安全劳动、环保劳动上还有很多科技潜力可挖，我们要瞄准国际上先进的技术，中国人有本事、完全有能力把国外先进的东西学过来，再加以科技创新。

第四，拓展全球市场。中小企业是我们国家出口世界产品的主体，我们的大企业的产品出不去，承包工程还可以，汽车制造厂能出去多少汽车？出去的都是我们中小企业生产的生活用品。作为中国建筑金属结构协会，我们的会员单位在世界 150 多个国家和地区，有我们销售的产品。为此，我和中国对外承包商会、商务部对外合作司联合在合肥召开了一个“抓机遇迎挑战 治理实施‘走出去’战略”的研讨会，几位领导都作了讲话，我也作了一个讲话，希望大家能看一看。我简要的总结了我们各专业委员会出口的情况，以及下一步我们加强对出口的指导意见。我看到工商联有一个对中小企业出口状况需要政府给予指导的报告，包括昨天下午大家提到的一个出口退税的问题，一个海外企业在中国进口税的问题。这些问题都要和政府的有关部门进行磋商协调。有利于我们中小企业走出去，还有参加国外展览的问题。我们在山东济南的几个设备企业，一年要跑到国外去参加三次展览，花了不少钱，展览时还摆不到好的位置。因为中国的产品或中国的参展在国外没有形成舰队的力量，是一个小舢板，是单枪匹马，是处于山东人当年闯关东、是山西人走西口的状况。今天我们要有团队的精神，要组织起来，形成整体的力量去占领更多的国际市场。

第五，铸建信用体系。我很高兴，你们这次会议搞了一个行业自律倡议的活动。中国建筑金属结构协会也要搞，我们的会员单位必须共同遵守诚信守则，违反的我们一定要登报除名。我们要共同建立一种诚信品质，企业不能靠假、不能靠骗、不能靠赖、不能靠吹去发展。要增强信用体系，要搞信用体系建设，协会本身就是一个行业自律的组织，行有行帮，行帮有行规，这样才能形成协会的凝聚力。协会不是可来可不来的，来了就会使企业感到壮大了企业的力量，不来的企业就会感到力量薄弱，要真正对企业有所帮助，给企业创造商机。

第六，搭建合作平台。要明确当今社会，市场经济竞争是必然的。但竞争已经不是过去的老概念：竞争是残酷的，竞争是无情的，竞争是你死我活的，竞争是大鱼吃小鱼、小鱼吃虾米。竞争在今天已经有了竞合的理念，即竞争和合作的理念，合作是更高层次的竞争。国和国之间现在不停地在搞联盟，还搞国际合作组织、二十国集团；国与国之间搞联盟，企业与企业之间搞联盟，企业之间的联盟就是我们协会，企业与银行之间有联盟，配套件企业与房地产企业之间搞联盟、要合作；我们同行业之间也要搞联盟。联盟有两种，一种是扩大市场，就像连锁店一样，比如同一品牌的不同地区的连锁酒店。第二种是增加功能的联盟，比如说我可以向社会宣布你要什么我有什么、我什么都能干，因为我没有的东西我的合作伙伴有。你要进口原材料，我的合作伙伴有；你要某种机械设备，我的合作伙伴有；要钱，我的合作银行有。我们要探讨如何扩大配套件企业与配套件客户（房地产开发商、大型总承包企业）间的联谊。包括我们的会展业，搞展览必须创造成效，必须让参展单位获得实惠，要研究提高我们办展览的水平。大家建议我明年参观学习德国明年的大型展览，我会安排我们联络部和办展览的同志去好好学习。现在协会也是一样，全国协会很多很多（包括商会）。展览也是全国很多很多，到底哪个富有成效，都在探索过程之中。我们协会有责任办好更大规模、更富成效、更有影响的各种展会，以利于开展合作。

第七，创新服务体系。中小企业服务体系正是中央当前考虑的问题，中央要建立各种咨询服务组织。要激励技术咨询，哪个企业有困难、有问题，我们派去专家队伍。协会和政府不一样，我们是跨行业、跨部门的群众团体，可以搞技术咨询；法律有问题，我们有协作的律师事务所，按照我们的要求为会员单位服务，维护会员单位的合法权益。还有方方面面的事，我们将去探讨如何创新为中小民营会员企业单位进行服务的体系。

第八，开发人力资源。以人为本，一切为了人、一切依靠人、一切为了造就一代新人。要充分尊重人、善待人，充分调动人的积极性、主观能动性，开发人的大脑。我在中国教育协会和房地产总裁研究会会上的讲话稿已经发给大家。如何进行有效的开发人力资源，我说过，所有民营企业的老板你首先要把自己看做是本企业人力资源公司的老板，你把人的人力资源开发出来，包括人的本身，因为人的大脑现在只用1%，还有99%尚未被开发。

第九，繁荣企业文化。企业文化是企业竞争的软实力，企业文化代表企业的精神风貌，企业文化是维系企业发展的精神动力，企业文化也是企业的形象；同时通过企业文化要把企业办成学习型组织。关于企业文化，近十年我在建设部任纪检组组长同时兼任中国建设职工政研会会长期间对企业文化进行了研究，也出了一本书，已由协会秘书处写了序，以秘书处的名义向会员单位提出要求，准备发给每一个会员单位。关于企业文化的建设这是一个重要课题，繁荣企业文化是当前建立企业和谐、建设企业发展、进步的良好氛围，至关重要。

第十，增强维权意识。维权意识有两个方面，包括了很多的权利。包括各种专利、工法的知识产权；包括我们企业和其他企业在交易、合作过程中的利益权利，包括我们在一个地区的参政议政的权利，还包括我们民主办会、在协会里的权力。你们既是会员单位，或者是说分会、专业委员会的副主任单位，你们在协会就享有权利、拥有义务。要注重权责利相统一，权利和义务相统一。我们同时通过法律律师咨询服务，有效的、有针对性的就个别问题进行维权服务。

我讲了三大方面的问题：增强发展信心、正视发展难题、共谋发展方略，三个问题的题目中都有发展；中心就是围绕着“发展”。当然我所说的发展是科学发展、是可持续发展。我们还要记住，作为协会要和大家共谋发展。协会是你们的协会，你们是我们的会员，我们有着共同的目标，有着共同的利益体；也可以说为了共同的理想，使得我们的人生有着共同的价值。衷心的祝愿我们的会员单位在当今形势下成为当前国际金融危机的赢家，成为中国经济全面发展的强者，成为我们行业发展的领头羊。也衷心祝愿建筑门窗配套件委员会更加创新自己的工作，创造自己的服务品牌，把我们协会、专业委员会在配套件行业中能够发挥更有效的作用。

（2009年6月24日在“中国建筑金属结构协会建筑门窗配套件委员会工作会议”上的讲话）

创新思路　拓展活动

今天是钢木门窗委员会筹备会，在这里我主要讲三个方面的内容。

一、筹备工作思路

1. 两会一体、资源共享、优势互补

所谓两会一体，是指中国建筑金属结构协会原钢门窗委员会和住房和城乡建设部自动门车库门标准化技术委员会（以下简称门业标委会）合并，成立中国建筑金属结构协会钢木门窗委员会，而同时门业标委会作为标准工作机构和专家咨询机构继续存在。两会一体就是钢木门窗委员会和门业标委会一套人马两块牌子。中国建筑金属结构协会下辖 14 个专业委员会，每个专业委员会都相当于一个独立的协会，今天筹备成立的钢木门窗委员会是其中之一。

资源包括方方面面，但其中最根本的是人的资源。其一是专家资源，关于专家资源我有专门的讲话。二是企业家资源，协会的会员单位都是企业，特别是中小企业，这些企业的负责人都是我们的资源。我们要依靠专家资源、企业家资源谋求行业的发展和协会的壮大。我们协会的优势是会员广泛，跨行业、跨地区、跨部门。无论是协会工作还是标准的编制、宣贯工作，都要利用好这项优势。不仅标委会做标准，钢木门窗委员会也要做标准，协会其他专业也做标准。今天建设部标准定额研究所的李所长也在场，标准所一定要大力支持我们的标准化工作。

2. 会员企业的广泛性和代表性相统一

今年我专门对协会的会员做了一些走访和调研。应该肯定的是，近三十年来各委员会的会员工作做出了很大成就，尤其是会员的代表性做得很出色。但是也有不足，对于会员的广泛性不够重视。今天在座都是一些主任委员，你们所熟悉的和经常跑动的单位都一些重点企业。全国任何一个行业协会会员都达上千上万。一个天津市采暖协会就有会员 300 多家，而我们的协会是全国性的，全国三十几个省市区，应该有更广泛的会员。一个行业的发展，不能离开广泛性。当然有了广泛性还要突出重点。今天参会的自动门、车库门企业 19 家，钢门窗 7 家，木门窗 15 家，加起来 41 家，你们就是行业的重点企业，是领头羊，要走在行业发展的前列。广泛性和代表性要统一，要积极发展会员，努力做到广泛性。

3. 注重规范化，在继承中发展

我们做任何事都要规范化。中国建筑金属结构协会是社团，是住房和城乡建设部同意的由民政部审批的社会团体，有协会的章程。政党也是团体，有党章，一个社团要有章程。各个行业都在做标准，而标准本身就是一种规范。协会仅有章程是不够的，还要进一步完善。首先要健全各类规章制度，比如用人、开支等。还有网站，各专业委员会都有自己的网站，但这是不规范的，今后要统一起来，规范地运作。再有杂志，门业标委会的《自动门车库门技术与信息》办得非常好，内容丰富，技术含量高，但没有出版号，没有相关部门审批，不规范。协会的《中国建筑金属结构》是国家新闻出版署审批的，有法律依据的。协会各专业委员会也有自己的杂志，也存在同样的问题，怎么办？协会新上任的社长今天也在座，今后各委员会信息要统一起来，规范起来。我在想各专业委员会的杂志能否与《中国建筑金属结构》统一到一起？还有网站能否也统一到一起，成为协会网站的分网，包括各委员会，各地方分会，甚至国外分支机构都连在一起。协会组织活动也要规范化，包括资料、培训等都要规范起来。

今年起每年协会都要出版《中国建筑金属结构年鉴》，总结协会各专业委员会一年里做了哪些工作。我还在考虑，协会成立三十周年时再出版专刊，表彰对行业有突出贡献的专家，表彰对协会做重大支持的企业家，表彰各专业委员会中对协会对行业有贡献、有突出成就的工作人员。共和国成立六十周年，有大庆，我们协会在成立三十周年时也要做一些总结工作。协会在三十年里做了很多工作，取得了很大成就，我们要做好总结，真正做到在继承中发展。从今天开始，合并成立的钢木门窗委员会要在同时继承钢门窗委员会和门业标委会的基础上力求发展，合并后的工作要做得更好，不能做得还不如合并前。作为协会负责人，我也要继承上一任杜会长（在座）的基础再图发展，我不能离开杜会长的基础。在继承的基础之上还要发展，如果不求发展，那就不能长久生存。

4. 争取领导支持和倾听会员单位意愿相结合

我们办协会，很重要的一项工作就是争取领导的支持，争取政府部门的支持。住房和城乡建设部是我们的政府领导，标准定额研究所是我们做标准的领导机构。有效的管理者，要主动争取政府的支持，要善于争取上级领导的支持，会争取领导的支持是工作艺术。多年来我一直在建筑部门担任一把手，对此深有体会。共产党有一个好的传统，就是善于发动群众。而对于我们的工作来说，善于“发动”领导有时候比善于发动群众更有作用。如何主动争取领导支持？有一条是企业做得再大也不能有“牛气”，也要重视政府、重视领导。资本主义制度的韩国政府在经济危机时总结了一条经验，就是“成在大企业，败在大企业”，换成中国话就是“成也萧何，败也萧何”。韩国经济的成功靠的是大企业，而造成经济下滑的也是大企业。以现代集团为代表的大型企业总结了九条教训，其中有一条就是与政府部门关系恶化。与政府关系的恶化导致企业利润的下滑，所以要争取领导的支持。

要倾听会员单位意愿，潘主任所说的“会员之家”就包含这层意思。要真听，认真听，要换位思考，要了解企业希望协会做什么，多思考协会的活动对他们有什么好处。我今天在这里讲话，也是做了多方面了解的，协会 14 个单位，这么多专业，要做全面了解。协会工作真干起来没完没了，协会不干，各专业委员会也要干，委员会不干，企业自己也都在干，都要谋求发展。我们要认真倾听，真正办成会员之家。

5. 创办学习型组织，增强务实工作能力和有效开展活动的能力

我们做协会，无论是对于企业还是商业团体，我们就是行帮，就是“帮主”。学习的内容很多，要有务实工作能力和有效开展活动的能力。我多次讲：人的生命在运动，协会的生命在活动。人的生命价值在于运动过程中自我实现的人生价值，协会的生命价值在于开展活动的质量，在于活动为企业创造商机的价值。

以上就是筹备工作的一些思路。虽然叫筹备会，实际上工作已经正式开展起来了，不是简单的大家鼓掌通过就行了，要严格按照《章程》办事。今后开展工作，要在以上五个方面给予高度重视。

二、标准工作创新

今天李所长也在座，有关标准工作我也有一些经验，我在住房和城乡建设部当总工的时候，经常与专家讨论标准的相关工作。关于标准工作，我讲以下六点：

1. 标准工作的特别重要性

标准工作特别重要。标准工作包括标准、规范、规程的制订、修订、宣贯、实施等。标准包括有国家标准、行业标准、地方标准、企业标准等。标准是科技创新的依据，中国要成为创新型国家，科技创新要以标准做基础。没有标准依据，创新得再好，也只能是试验。标准也是生产力发展的标志，随着生产力水平的提高，相应的标准也要不断地进行修订。比如美国标准的修订期间由原来每六年修订一次缩短为每三年修订一次，这说明美国的生产力水平在不断提高。标准还是科学管理的基础。产品质量的好坏、管理水平的高低都要用标准来衡量，没有标准，从何谈科学管理？世界上有四大标准体系：质量管理体系 ISO9001，环境管理体系 ISO14001，健康安全体系 ISO18001，社会责任体系 SA8000。这四大标准体系是科学管理的基础，也是市场竞争的核心。有专家说，三流企业卖劳力，二流企业卖产品，一流企业卖技术，超一流企业卖标准，中国的企业大多还是在卖产品。标准体现了企业的核心竞争力。

2. 标准的全球化意识

关于全球化意识，我在安徽召开的“走出去”研讨会时强调过，我国已经加入

WTO组织，产品要走出国门。产品要全球化，必须坚守熟地化经营和本土化战术。熟地化经营是指产品要符合当地国情，要熟悉当地标准体系。20世纪90年代，我随同联合国劳工组织去比利时考察，参观比利时国家图书馆时与他们馆长谈到制订安全标准，馆长说比利时制订标准的原则是根据联合国劳工组织的要求，还要参照世界各国先进的标准规范，再结合本国国情制订。我就问他，既然参照各国标准是否也包括中国，他回答说中国是大国当然包括。我就说1965年中国制订的安全标准你们有参照吗？结果不到15分钟他就拿出了这本标准的中文版。我不禁感慨，我们住房和城乡建设部部长、司长、总工退休后，在他的办公室要想找到65年的标准那要费大劲了，15天都不一定。欧洲小国比利时都可以这么说这么做，我们作为“金砖四国”之一的大国更应该了解世界各国的标准体系，参照它们制订我们的标准，熟悉它们来提高我们的产品技术水平。

3. 标准编制强调专家和企业家的共识

今天标准研究所的专家，行业的专家也在场，对于标准编制专家的作用，大家都有共识，我在这里主要强调一下企业家的作用。我们的标准都要在研究所、研究院里经过专家充分地研究，但仅凭这些是不够的，我们还要和企业家达成共识。曾经有小区采暖散热器的标准，要求每个型号产品在每个施工现场抽检1%，这就让企业很不理解。第一，这类产品既往的抽检结果显示不合格率非常低，没有必要定1%这么高；第二，产品质量可以通过出厂检验来控制，不合格产品严禁出厂，现场抽检既不方便操作又大大增加了企业的成本；第三，每个地区每种型号的产品经常安装在多个小区现场，没必要每个现场都进行抽检；第四，从实际运作结果来看，很多现场抽检都变成了走形式，很多现场检验人没有专业知识，只要交一定的费用，就不用检了。综其结果，既浪费了资源，又很难得到技术上的保证。因此，标准编制要了解实际情况，专家和企业家要达成共识，把标准制订的更切合实际。

4. 标准编制要特别重视技术创新和可持续发展

我们今天制订标准已经不是简单的可靠问题。标准除了要保证产品质量安全可靠外，还要特别重视可持续性发展，要符合科技创新。像英国、德国、法国等发达国家都有一个部叫可持续发展部，世界各国的首脑们也经常聚到一起开会研究人类社会可持续发展问题。碳排放问题、地球问题、环境问题、能源紧缺资源紧缺问题、产品问题等都属于可持续发展问题。因而，我们要站在可持续发展的高度来制订标准。

5. 标准编制和实施要在政府部门指导下注重门类和体系的健全

当今，行业繁多，我到协会时间不长，要问我协会有多少行业，我说不上来。原来我在住房和城乡建设部做领导，非但我，可以说建设部历届部长也都说不清具体管理多少行业。中国建筑金属结构协会有多少行业呢？是不是14个专业委员会就14个行业呢？肯定不是的。我到协会来有个设想，就是分门别类来管理，分大类、中类和小类。今天筹备的是钢木门窗委员会，之前我就跟潘主任、谭副主任研究过名称问题。钢木门窗就是钢门窗、木门窗吗？那自动门、车库门呢？叫“门窗委员会”？那也不对，铝门窗、塑料门窗等又不在我们这里。门的门类就很多，从用途上说有防盗门、车库门等；运行方式上说有推拉门、平开门、提升门等太多了。所以说，标准的编制和实施要分门类形成体系，要由政府部门——标准定额司李所长（在座）进行指导，还要参照国际上成熟的做法。

6. 深入开展标准和理论研究

我认为，现在标准的制订做得还是可以的，但对标准的理论研究还不到位，这也是清华大学几位院士的共识。浙江宁波一大桥垮塌就牵扯到标准问题。设计方天津市政设计院称完全按斜拉桥标准进行设计，符合设计要求，而施工方路桥公司也是严格按规范施工。最后事故调查发现大桥并不完全是斜拉桥，2/3 是斜拉桥，1/3是平挂桥，而正是在斜拉与平挂接口处断裂。这是怪胎，没有标准依据，此乃技术事故，而非标准问题。这样的事故说明对标准的研究不够。标准的理论工作还包括标准的成因、标准对实践的指导作用、标准的机理等，今后要不断深入研究。

三、紧紧围绕钢木门窗行业和企业发展拓展有效活动

针对门窗行业，社会上有很多协会。比如木门行业，有木材流通协会里的木门协会、林产协会里的木门协会等。挂靠在住房和城乡建设部的协会就有 45 家，可想而知全国各行业的协会有多少。协会竞争相当激烈，其根本是“有为才能有位”，有所作为才能有地位。个别委员会反映会员单位不愿参加活动，不愿交会费，还有杂志卖不出去，这些问题你们自己好好反思。一本杂志才多少钱，一年会费又有多少钱，一个企业来北京请一顿饭就比这些费用高得多。只要对企业有利，哪个企业在乎这点钱？问题在于活动对于企业有什么作用，为企业创造了多少商机？如果没有，那就是浪费时间，不要钱也不去，如果能创造商机，花多少钱也去，求之不得。因此，我们要有所作为，要为企业创造出商机。

1. 钢门窗行业状况和发展趋势

从门窗的材质来说，钢质并不是特别大的发展方向。从发展趋势来看，钢质窗应该向彩钢方向发展，钢质门要向防盗门、机库门等方向发展。九月份永康五金博览会有 5000 个展位，门业大约 1000 多家。永康防盗门厂家 300 多家，加上周边其他地区门业五金厂家共有 1000 多家参会。永康地区钢质门市场占全国的 70%以上。据调查测算，全国生产企业 1000 家以上，整个行业年产值 100 亿以上。永康地区钢制门市场已形成以防盗安全门为核心，配套钢木实地门、钢质实地门、木质门、防火门、上滑道车库门等多系列产品，规格型号款式上千种。防盗安全门材质从单一钢质到钢

塑、钢木复合等多种材料方向发展，门的表面处理工艺也从喷漆向法兰、一次成型等多种处理方式发展。防盗门产业还带动了锁具行业的发展，2008年永康锁具行业年产值已达到14亿元。

2. 电动门窗行业现状和发展态势

目前国内电动门行业制造型公司、安装装饰公司、工程贸易公司6000多家，其中制造型企业2000家。国内电动门的发展相当快，以推拉门、旋转门为代表的自动门厂家年产量已达35000余樘，销售额十几亿，有自主品牌的企业90多家，较大的生产厂家十余家。行业特点是生产企业众多、规模不大。随着一系列产品标准和相应技术规范的制订实施，电动门行业将一改产品参差不齐的局面。

门窗作为建筑围护的重要结成部分，其能耗占整个建筑能耗的30%以上。技术研发和产业规模是企业发展的根本。电动窗包括车站、机场、码头、宾馆、剧院、体育馆、写字楼等建筑物配套采用的电动防护窗、电动遮阳窗等，生产厂家不计其数，但真正能够满足防护、采光、节能、遮阳要求的产品却不多见。伴随着现代建筑防护、采光、节能、遮阳的要求，电动窗行业正处于高速发展阶段。

3. 突出重点企业和全面扶持中小企业相结合

协会要抓住重点企业，研究重点企业的发展道路，使重点企业成为行业的带头羊。同时还要全面扶持中小企业。国家对中小企业非常重视，工业和信息产业部有个中小企业发展司，负责管理中小企业，还计划成立中小企业发展研究中心。台湾之所以成为亚洲四小龙，就是以中小企业为主，台湾为中小企业的王国。全国的企业90%是中小企业，我们的会员98%～99%是中小企业。中小企业无论是国家创收创税还是安排就业、稳定社会都起到非常巨大的作用。中小企业应该有自己相应的地位和作用。现在社会上还对中小企业有不公正的看法。例如，中小企业欠国有企业钱，那就成了占用国家资产；而国有企业欠中小企业钱不还，官司却打不赢。同样是法人，在法律面前应该人人平等，无论是国有企业还是民营企业都应享有同等的法律权益。党和国家领导人到各地考察，都在视察中小企业。政府相关部门、银行、税务等机构也都在出台有利于中小企业发展的政策和措施。

4. 突出品牌产品和全面推进科技创新相结合

我们中小企业的发展，门窗行业的发展，要依靠科技创新，要把全世界最先进的技术拿过来。创新包括原始创新、继承创新、引进消化吸收再创新。所谓原始创新，就是要求企业高度重视知识产权、专利权。我希望今后有企业来汇报一年申请多少专利，拥有多少自主专利权。我考察过一家三利供水设备公司，他们生产一批、储备一批、研发一批，拥有一千多项专利，创新要有专利。所谓继承创新，就是要继承应用相关行业先进的科技成果。门窗是建筑的眼睛，也是建筑的围护。航空母舰是海上的建筑，宝马是陆上的建筑，飞机是天空的建筑，宇宙飞船是太空的建筑，把它们的技术应用到我们的建筑门窗上来，那我们的门窗将会是什么样的？还有引进消化吸收再创新，我们要把世界各国的先进技术引进吸收过来，再进行创新变成中国技术。另外我们要重视品牌效应。世界各国的商场都有中国制造的产品，叫“Made in China”但是中国的品牌太少了。中国是制造大国，品牌小国。有品牌和无品牌大不一样，产品是物理属性，品牌是产品的情感属性，品牌能创造超值服务，品牌是满足人们情感的一种需求。同样的产品价格能差十倍，但质量往往差不多。比如做衣服，同样的布料，同样的机器，同样的女工，打勾的是“NIKE”，不打勾的就是中国货，非常便宜。我们所有的企业，特别是重点企业，要努力创造自己的品牌，全面推进科技创新。潘主任所讲的“两个中心一个家”，做行业的“技术中心”、“信息中心”，就是搞科技创新。

5. 突出会员单位行业自律和协助政府主管部门规范市场行为相结合

我们的会员单位之间一定要和谐相处。我非常赞赏采暖散热器行业，他们很重视产业文化，企业之间非常团结。但有些行业的企业特别是大企业之间恶性竞争，互相攻击。协会作为行帮，作为商会，对会员单位要民主集中，行业内部要互相协作，互相信任。中国的市场大得很，不要狭隘地认为别人会抢占了你的市场，只要你努力生存，一定会有市场。要协助政府主管部门规范市场行为，查处不正当竞争行为、假冒伪劣行为、冒用国内外知名品牌行为。

6. 突出关注会员单位营销运作和广泛开展与产业链相关企业、科研单位协作相结合

我们要了解、关注会员单位，特别是了解、关注重点企业的运作模式、营销方法和他们的经验教训，更主要的是要牵线搭桥，帮助他们与相关的房地产开发企业、科研机构甚至银行开展合作，要明确当今的合作是更高层次的竞争，要进行拓展市场的合作和提高能力的合作。这就是潘主任讲的“会员之家”，不是各家玩玩，各家看看，而是到家以后要有所作为。

7. 突出主动服务和有效指导与会员单位积极参与协会事务和关注行业整体发展相结合

作为协会要主动服务和有效指导会员企业，使协会真正受到企业的欢迎。过去对于领导讲话，总有“关键时刻出了一个关键的想法”、“高屋建瓴”什么的一通吹捧，不管讲的是什么，最后把领导捧到监狱里了。我们有些机关干部到基层，去的时候人家很重视很受欢迎，走了以后就骂，说来了啥事不干，吃吃喝喝就走了。还有些干部很不自觉，到企业去带着老婆孩子亲戚一大家，走了以后也是一通骂。这样干部怎么去主动服务和有效指导会员单位？作为会员单位要积极参与协会活动，要关注行业整体发展。一个行业的发展与企业发展紧密相连，不了解行业全局，不关注行业发展，很难做到企业自身有较大的发展。关注行业不是企业额外的事，是可以为企业创造经济效益社会效益的事。只有了解全局，才能使企业有效地发展。有个民营企业家花了一个亿，到江苏常州办个钢铁厂，后来被中纪委查处。这个企业家办厂的愿望很高，也具备资金实力，但不了解全局，不了解生产布局。当然政府也有责任，钢铁业的生产布局原来是由冶金部研究实施，现在冶金部没有了，但企业不了解全局，盲目发展。现在调整产业结构相当困难，某地上某种酒，各地也都上某种酒；某地上某种烟，各地也都上某种烟；某地上汽车，各地都上汽车，这样是不行的。行业要有生产布局，行业要有科技领先。要想始终走在行业的前面，就要关注行业发展。关心协会就是关心行业，参与协会事务就是参与行业发展，履行企业的社会责任。

8. 突出行业内的交流和联谊与繁荣产业文化相结合

我们行业的企业家们和管理人员要经常交流和联谊。我们是儒商，要讲诚信，我们还要充满情感，要有联谊。现在国与国之间的交流很多，海南有博鳌论坛，上海有经济合作组织，20 国集团，金砖四国集团等。国与国之间都在搞联盟合作，我们企业也要互相走动。有人说要保密，该保密的保密，但不要以保密为借口。孔子说“三人行必有我师”。互相之间要有借鉴，互相促进。我提倡要高度重视今天参加会议的会员企业，你们在商业活动中很有成绩。但是我们的素质要进一步提高，要真正繁荣产业文化。门有门文化，窗有窗文化，都与人民生活息息相关。企业家既要有儒商的文化精神和诚信品德，又要有智商的科技精神和创意水平，才能把企业提到一个新的高度。

这次筹备会议我听过两次汇报，我充分相信，在我们的大家庭中，在 14 个专业委员会中，钢木门窗委员会应该在继承中发展，在在座的会员单位和政府相关部门支持下，通过潘主任、谭副主任和所有工作人员的努力，能做出一番新的成就。要有紧迫感，不能不慌不忙，成立和不成立就是不一样，两三天就要见成效，工作思路就要见成效。我衷心希望、衷心祝愿在过去原有的基础上能做出更加有效的成就，行业的、也祝愿钢木门窗行业的所有会员企业在协会协同下走向快速发展的过程，迎接世界科技发展的新潮流。

（2009 年 8 月 18 日在“钢木门窗委员会筹备会”上的讲话）

企业发展战略思考

诸位都是来自于中国塑料门窗企业，应该说是比较成功的一些企业的代表。作为这个行业怎么发展、企业怎么发展？昨天中央经济工作会议闭幕，这次中央经济工作会议主要是总结了我们应对金融危机，中央采取的一系列的积极的财政政策、宽松的货币政策，有效地加强了国民经济宏观调控，应该说使中国成功度过了金融危机，当然还没有完全结束。明年还要继续推进，并且还有较今年行之有效的办法，主要强调国民经济能够做到稳定发展、协调发展、可持续发展。国民经济是如此，我们的行业、我们的企业更应该是如此。经济工作会议的精神，对我们企业的发展是一个很重要的引导和指导。大家回去要学习领会有关的文件精神。因为国民经济是宏观的，塑料门窗行业是中观的，企业是微观的。微观要在中观的指导下，中观要在宏观的指导下，这样才能有效地发展经济。

2009 年 10 月 25 日，塑料门窗专业委员会在西安召开了 2009 年年会，在年会上我做了一个讲话，提出了当前塑料门窗行业、企业发展的十大理念问题。之后，我和刘秘书长在闫雷光主任的陪同下，分别考察了河北、山东、辽宁、北京一些塑料门窗厂和型材厂，也召开了几个塑料门窗企业领导的座谈会，座谈会提出来的问题，是我们会员单位的要求，也是我们协会要做的工作，作为专业委员会要组织大家制订一些办法、制度，开展一些有益的活动。

根据大家座谈的情况，结合年会上我讲的“十大理念”，今天着重和大家共同研讨一下我们塑料门窗企业的发展战略问题。题目就叫“企业发展战略思考”。在世界上很多发达国家比较成功的企业高度重视发展战略，在我们中国这个问题还没有引起企业的足够重视，所以我们强调这个战略问题。我们说战略是企业发展的航标；是企业发展的灯塔；战略也是企业发展的一个视野；企业发展的思维、思路、指导思想。所以用企业发展战略去凝聚本企业员工的智慧，使本企业达到自己发展的预定目标。只有科学的发展战略才能够有效地去化解成长过程中的烦恼，有目的解决发展过程中面临的种种问题。没有战略天天也在干，我曾经说过我们的一些建筑施工企业叫日子难过年年过，年年过得还不错，那这个企业是没有发展出路的。可以说发展战略决定着企业的寿命。在市场经济条件下，企业的发展有的企业是长寿的，有的企业是短命的；有些企业的辉煌是暂时的，有些企业的辉煌是持久的。所以重视不重视发展战略是一个非常重要的问题。一个企业的发展战略，反映了这个企业家，企业的领导人的素质。昨天我看到11月30号的《中国经济日报》比较长篇的报道了海螺集团是怎么做大做强的这么一个报道，其中有这么几句话我读给大家听一下：海螺集团的成就来源于具有前瞻性、可行性的战略规划，来源于资本市场的有效运作，是产业资本和金融资本有机结合的成功范例，这种领先给海螺带来的是别人无法相比的竞争优势。

我们明年要完成第十一个五年规划。行业的发展在国民经济发展的五年规划指导下，企业的发展战略也在我们的行业的发展战略的指导、引导下才能更加有效。所以作为塑料门窗专业委员会，要组织会员单位、组织专家制定中国塑料门窗行业发展的战略，五年的、或者十年的。这是战略的重要性所决定的，也是有利于我们企业指导本企业的发展战略。

要制定发展战略，首先要熟悉行业的情况，我们对中国的塑料门窗行业情况是不是了解呢？应该说基本了解、大概了解，不详细了解。我们的专业委员会会员单位现在有600多个会员单位，应该说我们这个会员单位包括我们在座的，有代表性。光一个大连市，塑料型材有16个厂家，有300多家塑料门窗厂家，门窗的小门店就有上千家。全国31个省，不包括台湾就有多少？我们代表了什么程度？应该说我们会员的广泛性远远不够。我们的会员代表性比较突出，在座的有比较成功的企业家，还有这个行业的专家，对于塑料门窗行业有话语权、有代表权，了解这个行业，你们讨论的问题，你们提出的意见对塑料门窗行业还是熟悉的。我们要发展好会员单位。会员单位怎么发展呢？因为你们在座的都是我们塑料门窗专业委员会的副主任委员、常务理事，就是说你们都有双重的责任。一是你们是本企业的董事长、总经理，你的人生自我实现的价值是把本企业做大做强；第二你们是中国塑料门窗专业委员会的领导成员，你要对这个行业负有一定的责任。只要能够实现我们的会员的广泛性和代表性，才能有效地制定中国塑料门窗行业发展的规划、发展的战略。

制定行业发展战略要突出塑料门窗行业的新型工业化。新型工业化，新在哪里？新在八个字上。

一是高。就是我们的企业、我们的行业科技含量要高，而不是靠笨重的体力劳动、不是靠延长工作时间、不是靠你在工厂里的非常难受的工作环境，而是靠科技含量，新型的更高的科技含量。二是好。好就是要求不仅经济效益好，社会效益还要好。经济效益好，企业要赚钱；社会效益还要好，给社会带来了更高的使用价值。三是低。就是资源消费量要低。要做到资源节约型，不能够资源浪费型。四是少。就是指保持生态的平衡，环境污染少。五是优。就是我们的人力资源的优势能得到充分发挥。我说过作为我们一个工厂、一个企业，你是总经理，你是总裁，首先是本企业人力资源开发的总经理。当今最大的浪费在我们的企业，特别是在国有企业人力资源浪费极大，人力资源浪费是最大的浪费。有一篇我在清华大学给中国房地产总裁讲的课，专门讲了人力资源开发的十大理念的问题，已发给大家。六是谐。就是和谐。就是产业结构的和谐。七是适。适度，就是我们的发展规模适度、发展速度适度。就是比较稳定的发展速度，比较稳定的发展规模。做大做强是靠稳定的发展速度、稳定的扩张速度、稳定的发展规模去支持企业去做大做强。八是序。有序，主要是指我们的发展规模、发展速度要与我们前面讲的高、好、低、少、优、谐相一致，做到有序地发展。这八个字，前面六个字：高、好、低、少、优、谐是我们企业质的规定。后面讲适度、有序是企业量的规定。所以新型工业化就是要使我们的行业、要使我们的企业在发展中做到质的提高和量的扩大，做到有机统一。也就是我们说的又好又快地向前发展，就是说科学发展。具体地讲，重点强调以下五大战略。

一、科技先导战略

1. 研发

从企业来讲，我们强调今天的企业应该是成为科技先导型企业。我们的企业家、我们的企业领导人应该是科技先导型企业家。要努力提高企业的科技含量。过去在计划经济条件下，我们的工厂企业其结构往往是两头小，中间大。研发很少，营销很小，占的土地很多，厂房很多，工人很多。我们过去大企业有两条标准：一个是级别，我这个企业是科级，我这个企业还是处级的，我这个企业是局级，我这个企业是副部级的；还有一个就是人多，人多企业就大。现在在市场情况下，有的就起个大名字，名字大就大。小企业也叫集团，小公司经理也叫总裁。过去的企业总想有很大的车间，很大的厂房，再加上企业办学校、办医院。所有这些什么级别啊，人多啊，大厂房啊，大名字都是不行的。现在的企业是两头大，中间小。研发要大，研发的队伍要大，营销的队伍要大，生产的厂房、工人要少，仓库最好是零，零仓库才好呢。当然不可能是绝对的，所谓大企业要有强大的经营能力、融资能力，要有较高的科技素质。

我们说任何一个企业都有它的成长期、成熟期，也有它的寿命终结期。企业的产品在市场营销比较旺盛的时候是企业的成熟期；在市场滞销的时候卖不出去的时候这个企业的寿命就应该结束了，就是破产。那不破产、不结束，还要生存，那就要新的产品研发出现在市场上，那企业就能长寿下去。我们要搞好研发，我们也不是什么都从零开始研发。科学发展到今天，我们不是说今天再去研究一门新东西。研发，像当年牛顿研究力学，一个人就研究出来了，看到苹果掉下来他研究了自由落体定律。今天不是这样，科学发展到今天，任何一个科研成果都不能说是一个人所能完成的。他要学习、实践、总结。总结多学科的知识，总结前人成功的经验，了解世界行业发展的现状，要掌握大量的资料。我觉得你们互相走访一下非常必要，要组织大家互相走一走，看一看。有的人说我这个企业保密，我这个企业有经营的秘诀在里面，不完全是这样的。你这个秘诀可怜得很。我们成功的秘诀可以说是企业的核心竞争力，不是别人一拍照、一参观就能拿去的，拿不去的。而是要通过互相学习、互相借鉴去提高。

从创新来说，有三种方式：一是原始创新，就是我们的研究发明，专利权和工法。二是集成创新，集成原先的很多方面，把方方面面的技术如何运用到门窗上来。我曾经讲过，宝马汽车是公路上跑的建筑，航空母舰是海上航行的建筑，飞机是天上飞的建筑，登上月球的飞船是登上月球的建筑。如果把他们的技术、他们的工艺用到我们建筑上来，集成到我们建筑上来，那我们的塑料门窗是什么样子。窗户是建筑的眼睛，是建筑的时尚，是建筑的霓裳。我们看宝马的窗户怎么样？飞船的窗户怎么样和我们建筑的窗户又怎么样？我们在窗户有很多方面值得研究。当然有很多我们国家体制的问题，我们的窗户不标准化。再加上施工总承包施工单位的质量通病，把窗户框搞的四不像。集成创新就是将多种相关技术配合形成新材料、新工艺、新技术、新产品。三是引进、消化、吸收、再创新。我们通过中外合资、中外合作，通过我们到国外参观、考察和交流等，发达国家成熟的塑料门窗的经验、技术引进过来消化了，消化了还要吸收，吸收了再创新变成中国造的东西。我们中国人是聪明的，有这个能力，搞好引进、消化、吸收再创新。总之，作为一定规模的企业，应该有自己的研发部门和研发的合作。

2. 专利

专利是企业发展的无形资产。企业的厂房、企业的装备这些都是企业的有形资产。但是当企业上市的时候，当企业跟其他人合作的时候，专利是企业的核心、是企业的财富。专利是企业发展过程中，使企业成长、成熟的标志，是企业实力强大的标志。专利有发明专利，实用新型专利和外观专利。专利非常关键，要高度重视专利和施工工法。

3. 产品更新换代

我们的产品不能几十年一贯制。说十年前的门窗、二十年前的门窗是什么样子，现在是什么样子。作为一个工厂，作为一个塑料门窗厂，他的产品也是在不断的更新换代中。我们叫研发一代产品，生产一代产品，同时储备一代产品。比如现在我们说手机，手机不断地在换新产品。一个新手机出来要 2 千块钱、3 千块钱，过不了一年，就剩下 1 千多块钱，再过一年 5 百块钱。它不断地在更新换代，功能不断的整合。我们不能按照老样子做，要总结，要更新换代。新材料不一定就是塑料，塑料跟铝合金还有一个结合，塑料还可以跟木质结合，还有复合型的材料。新材料，新工艺，凝聚着我们的新产品，使我们的产品不断的更新换代。我想这就是科技先导的作用。我们制定方针战略的时候，首先要高度重视更新换代。

作为行业协会，要组织我们的行业专家和企业家共同研究，当今中国塑料门窗需要推进、需要推广的十项或者更多的新技术、新工艺、新产品，搞更多的示范企业、示范工程，淘汰落后的产品，要使我们的新产品、新技术全社会有所了解。通过新技术的推广意见去有效引导我们的会员企业制定创新战略，科技先导战略。

二、市场拓展战略

企业从一个点做大，要搞好营销。营销就是市场。现在市场竞争很激烈，你这个企业再大，你也不可能去垄断中国市场，也没有本事垄断市场。但要从以五个方面去拓展市场，不断增强本企业的市场份额。

1. 国际市场

在我以前的讲话里，有一个是在安徽合肥作的关于走出去战略的讲话。其中我们总结了一下，我们塑料门窗行业的出口情况，是这么说的：2006 年 25 家企业出口累计达 11 亿 4 千 5 百万元，2007 年 16 家企业出口累计 6 亿 2 千 6 百万元，2008 年 36 家企业出口累计 13 亿 6 千 7 百万元，出口产品包括塑料门窗其相关型材、模具、五金、组装。其中 2008 年香河贝德门窗公司及沈阳华新门窗公司出口的塑料门窗均达 2 万 m^2。大连实德集团出口 PVC 型材有 2 万 t。安徽铜陵三佳模具公司输出模具 479 套，济南德佳塑料门窗机器公司出口设备 150 台。

我们过去都喜欢引进国外的设备。现在我们也可以出口。外国还买我们的，我们德佳出口 150 台，其中德佳机器公司生产的塑料门窗加工设备在全球同行业中技术领先，产品销售到 72 个国家和地区。当然走进国际市场必须引起我们高度重视。因为大的国际市场不光是挣外汇，更多的是我们的产品拿国际上去比较，去了解、熟悉人们所掌握的塑料门窗的先进技术。不管白种人、黑种人谁的先进技术我都能学到。敢于在这么大的国际市场规模上竞争、比较自己的产品。

从出口这方面来说，除了需要懂外语、又要懂行业技术、又要会营销的复合型的人才以外，可以说有两个方面：一个叫国际化、一个叫本土化。国际化就是我们作为一个中国的塑料门窗市场，你销到哪个国家，你就要做一些计划。你就要了解这个国家在塑料门窗方面国家颁布的有关规范、标准，以及当地的民风民俗、人们的需求。你不能用中国的标准去套人家。你卖给人家的，人家是当地的，你得了解他的规范标准，要按他的规范标准加工制作。第二个本土化，本土化就需要在营销过程中，要先于聘用这国家的有关人员。要有一批外籍员工，充分发挥外籍员工的作用，做好营销。这就是本土化。

2. 房地产开发市场

无论是工业房地产开发、民用房地产开发，哪个都离不开窗子。房地产开发商要建一个小区，需要几十万平方米、上百万的平方米的成套塑料门窗。要让开发商对我这个门窗有一定的了解，我们的门窗要参与他的开发，了解他整个对开发区或者说小区、建筑的各种住宅中对门窗的需求。想方设法开展多渠道、多层次的合作。

3. 新农村建设市场

农村的建筑发展很快。过去是70年代茅草房，80年代砖瓦房，90年代小楼房。特别是经济百强县，这些经济强县、强镇对住宅的要求很高，自然对建筑的门窗要求也高了。全国有几百个新农村的示范点，生产力水平相当之高。这可能是我们要进军的市场。这个市场的潜力随着农村的经济发展会越来越大。

4. 商业零售市场

商业零售市场，把商品放到商场。一家一户进行家庭装修的时候，儿子要结婚的时候，他就需要改造房屋。搞很多的零售点，丰富了零售市场，销售量也相当的大。搞供热体制改革时就需要改建窗户，这就给节能窗提供了新的市场空间。

5. 品牌领先

我们中国是一个制造业大国，全世界几乎90%以上商场，都有中国的产品，叫中国制造。中国是世界制造大国，但还是品牌小国。世界著名的十大品牌都在美国、日本、欧洲，还有韩国，很多品牌包括服装、汽车、制造业品牌。我们品牌太少了，我们过去的老品牌太陈旧了，现在要全力推广新的品牌。我们的责任就是变中国制造为中国创造，品牌领先至关重要。如服装，同样的中国女工加工的，同样的机械、同样的服装、生产同样的产品，你打上一个勾跟不打上一个勾价格差10倍。打上一个勾叫耐克，和不打勾相比，价格差那么多。品牌是产品的情感属性，是人们的超值享受，是人们的追求。随着经济的发展，人们对品牌的追求欲望越来越高。他穿的品牌，带品牌的东西，住上品牌窗的房子，他会感到骄傲、自豪，觉得满足。所以品牌要引起高度重视，要全力打造品牌，要向全社会推介宣传品牌，作为一个企业家要终生为创造一个知名度更高的品牌而奋斗。

我们的塑料门窗委员会领导成员应该开展一些工作，比如说国际市场的研讨；比如说在市场中具有一定规模、具有一定名气、具有一定的信用度的企业的排名；比如说相互之间的一些考察，国外的考察、国外厂家的考察；还有我们协会也可以通过多种形式同新闻界的联合，向社会推荐我们认为当今比较好的产品。协会还可以开展网上营销，还可以开展营销的研讨会议，同时要开好博览会，会展业也是一个重要的产业。我们金属结构协会比较成功的召开了中国国际门窗幕墙博览会，现在属于亚洲第一。中国绝不是一个亚洲第一，要做就做世界第一的。明年我们要求要四大展览一起搞，变成全球最大的展览，影响力最大，规模最大，声势最大。一个是门窗幕墙展，包括各种门窗，铝门窗、木门窗、钢门窗、塑料门窗、幕墙；第二个是钢结构及钢结构的配套产品展；第三个是供水、排水设备展；第四个是模板、脚手架、采暖散热器、地暖博览会。把四大展览会一起搞，博览会的面积最大，声势最大，相关的人数最多，同时要召开国际研讨会。我们协会的门窗要和欧洲的门窗协会，钢结构要和日本的铁骨协会、澳大利亚钢结构协会，模板要和西班牙的模板协会联合起来在中国举行规模最大的博览会。我们召开这个博览会是展示我们行业、企业的功能，是展示我们企业的新产品，是展示我们企业会员单位的社会责任，同时是扩展市场的交流。我们协会的活动不能光自己跟自己活动，我们上游的型材供应商、下游的客户群体都要联系起来，让更多的房地产企业了解我们的产品，让更多的居民了解我们的塑料门窗的产品，要为我们的会员单位创造商机。所以协会组织的活动也是为我们企业制定市场战略的有利条件。

三、竞合战略

竞合战略就是竞争与合作的战略，从根本概念上来说，我们过去讲市场经济就是竞争的经济。有人说竞争是残酷的，无情的。有人说竞争是大鱼吃小鱼，小鱼吃虾米。不管是什么，当今的年代，合作是更高层次的竞争。我们的同行在某一个项目上可能我们是竞争的对手，在更多的场合，更多的项目上我们是合作的伙伴。要学习在市场经营中去建立伙伴关系、合作关系、同盟关系。

现在国家与国家之间也在搞同盟关系。我们企业经营宗旨要双赢，要三赢，在市场竞争中我赢了，你也赢。塑料门窗厂家赢了，开发商也赢了，住户也赢了。不能把我们的盈利建立在别人的亏损之上，把我们的成功建立在人家的失败上面，那不行。

1. 产科研合作

我们现在要研发，要投资研究，但是也不可能搞庞大的科研机构。要搞联合，同高等院校的、研究所的、化学建材研究机构的联合。在我们的经营体制上进行调整，通过产科研合作，确立我们的科研公关项目，取得我们的科研公关成果，使我们在研发的这方面有强大的实力。

2. 银企合作

与我们当地的中小银行，民营银行进行合作，使我们的经营的资本可靠。应该说在中小企业的发展上，要研究中小企业客户，民营企业客户，中小企业在发展的过程中，最大的难题是融资的难题。你需要研发，那需要投入。你需要创新也需要投入的。银行和企业之间的合作也是做到双赢。企业赢了，银行也赢了，使我的经营资本有可靠稳定的来源。

3. 联盟合作

产业群、同行之间，在经营方式上要实行多渠道、多层次的联盟合作。当前，塑料门窗的加工厂的规模发展还是比较快的，企业规模有的已达到5亿以上。但是欧洲的一个塑料门窗厂人家有不少都是在百亿以上，我们总体上还不大，当然我们今后会有的，在我们现在较大的企业的周围还有大大小小的手工作坊企业、兄弟家族企业、开一些门店的。这些企业也可以联盟，我刚才说了，中间要小，生产厂房不要大，生产工人不要多。那我们怎么生产产品呢？那就要靠联盟。前提是要制定好本厂的标准。用我的企业标准跟更多的大大小小的厂子联盟，让他按本企业标准进行生产，贴上本企业的标签，也是本企业的产品。美国有一个大的飞机厂，在西雅图，叫波音飞机厂。当年我们的总书记去那里。去了以后开始第一句话就说要感谢美国的波音飞机制造厂。人家的总裁马上站起来说总统阁下我想纠正你的说法，他说我不是美国的，我有很多波音飞机的零部件生产、制造是由中国西安很多厂子，是我的同盟生产厂家，他们按照我的标准生产的。那就说明他的波音飞机厂不需要增加厂房、不需要增加土地、不需要增加设备，我们的西安的企业搞联盟生产的就变成他的了。我们何必不把周围大大小小的联盟团结起来，现在市场上的假冒伪劣，甚至还用你的名字顶替，明明不是你的，贴上你的标签销售。如果实行联盟合作，按照本企业的标准生产，做到双赢，你也赢了，他也赢了。联盟生产，连锁生产。作为合作还可以与上游联盟，与房地产开发公司建立可靠的、促进的供销关系、联盟关系。当然现在做不容易，慢慢来。与大型的房地产开发企业建立比较稳定的供销关系，与上游联盟。要按照合作和联动。力争通过合作增加市场份额。就像连锁店一样。你在广西做这个酒店，你到上海、北京做这叫联盟酒店，叫连锁经营，联盟酒店、连锁商店，现在很多都叫连锁、联盟的扩大自己的市场份额。这就叫市场合作。还有一种是能力合作，通过合作增加本厂的制造能力，供应能力。就是说我这个厂什么都能干，什么都有。不是吹牛，你要哪个国家的，我有哪个国家的，我这个国家有合作伙伴。就是说这个订单很大，我干不了，我们有我的合作伙伴，我的合作伙伴有，就是我有。所以走联盟合作的关系，通过合作增大自己的市场份额，通过合作提高自己的经营、生产能力。

作为协会，要充分发挥专家作用，开展有效的专家咨询活动、或者专家的研讨活动。如果发挥专家的效用？我的观点，专家必须和企业家相互结合。企业是科技创新的主体，专家好的主张首先要有企业的需求。专家的知识、智慧要变成生产力，要通过企业去实现。包括我们的各种研讨会的专家发言，我一听研讨会发言，我就想到我20世纪80年代，我当时考察了原苏联国家建研院。我考察他们的新技术以后，他们有一个专家说我们召开了很多研讨会，评出很多的论文奖。日本人太聪明了，看到我们的论文发表在杂志上，拿回去没有两个月变成产品了，进入市场的。他没花本钱，他就买个杂志回去。就是把专家的研讨成果如何变成生产力？如何变成产品？如何走向市场？作为协会要根据大家会员的需要，可以为一个会员单位，还可以为几个会员单位共同开展一些专家咨询。专家的聪明才智和我们企业家的聪明才智紧密结合，使我们的理论和实践紧密结合，使我们的科研成果变成我们的产品，变成我们的资源。

四、人力资源开发战略

企业当前最大的浪费也是人力资源的浪费。我们民营企业，中小民营企业还好一些，人尽其才非常关键。我们中国当前企业家的素质还有待进一步的提高。首先我说，包括你们在内，我高度敬佩你们。你们非常不简单，你们从机关下岗的，从机关公务员退出来的，或者部队转业的，或者从乡镇企业发展起来的，今天干成了一个有一定规模的塑料门窗厂，非常了不起。这是我们自己创立的成果。我也常跟一些政府领导讲，要高度重视企业家。企业家是我们当今时代最可爱的人，是当今时代最宝贵最稀缺的资源。要想发展某一个地方的经济，不重视企业家一定是不可能的。当然企业家要不断地自我完善。企业家在成长的过程中还有种种挑战，种种诱惑。我们的企业家，包括我们的民营企业家、家族式企业如何发展？这也是一个新的课题。

1. 企业家素质

我们企业开始的时候就靠我们企业家个人的奋斗做到了今天的规模，当形成一定的规模的时候光靠某一个人的奋斗远远不够。光靠兄弟、夫妻之间的密切合作也远远不够，因为现在的经营理念不同。当我开始搞的时候，我以 2 万块钱的资本发展起来的。但是发展到一定的规模的时候有一定的资本规模的时候就可能从个体走向民营，再走向股份合作，从家族企业走向现代化新型企业的模式。有的家族式的企业继承危机的问题，父亲苦苦创业，盖起来工厂，儿子不愿意经营。有的家族式企业发展面对着一个新的转型的问题等。所有这些问题的解决主要取决于企业家素质，中国的企业家要具有儒商的品德，具有智商的聪明才智，这儒商加智商才能成为我们现代企业家的概念。

2. 管理专家队伍

企业发展到一定规模之后，我们走向专业管理非常关键。举两个例子，一个外国人说，他说中国的国有企业，有两个会两个不会。说有的企业会人事管理，不一定会人力资源开发管理；会财务管理不会资本经营管理。我们都有财务科、财务司，会记账、会出纳、会开资，这个是财务管理。他不知道如何用资本生产资本，如何进行资本的经营。我们有人事管理，但是不会人力资源开发。外国人的说不一定全对，但值得我们思考，现代企业必须要有现代管理专家，包括我们的项目管理、市场营销管理、人力资源开发管理、资本经营管理等。还有各种保险、风险管理，还有法律方面的有关管理。

3. 高效技工人才

工人不要多，但是高级技术人才不能少。要有一些特殊技能、技艺的人才，把手艺变成工艺、塑料门窗变成塑料工艺门窗。技工荒也是随时可能发生的，技工人才也是企业人力资源的一个方面。

4. 学习型组织

我们企业是制造产品的，是为盈利而存在的。同时肩负重要的社会责任，在知识经济的今天，企业要成为学习型组织，员工都要成为知识型员工。学习不能像过去每天两个小时雷打不动，都在那里头填鸭式教育。要动脑子，要主动学习。通过学习使员工所有的人际关系的人，员工的同学、员工的兄弟姐妹他都能为我本企业的发展提供资源。他到全国的各个地方他都想到本企业的产品能够在这个地方生根。他要处处的去思考社会对本企业的需求。本企业的发展需要哪些有利的条件和环境，这就是学习，要主动学习。中国共产党要办成学习型政党，我们任何一个企业都要办成学习型企业。这种学习方式不要变成坐下来读报纸，坐下来看书。而是把思维、精力都集中到企业的经营、企业的管理上，去研究、思考问题。

作为对人力资源开发建设，作为专业委员会，要积极开展对短缺人才的培训、稀有人才的培训，要开展企业家的交流，互相学习。同时我们也打算由高等院校来培养我们的工商管理硕士，让我们的企业家有更高的素质，让我们的行业有更多的高级人才。

培养人才我们强调就像美国哈佛大学似的，他说了这么一句话，他说我们哈佛大学不培养知识分子，我们培养能力分子，就是要有能力。我们确实存在着一些高学历低能力，高文凭低水平这样一个情况，不能解决问题。人家说了，我们哈佛大学培养的学生能千方百计地、拼命地、疯狂地追求本企业产品的质量。拼命地、疯狂地追求本企业的利润，我们培养的是市场竞争中的职业杀手。他骄傲地说我哈佛大学的学生身价太高，没有几十万美金的薪金聘不到我的学生。这些说法不一定确切，但值得我们思考。作为企业的内部人员从经理到每一个工作人员都要具备自己的能力，都要成为为企业发展想干事、会干事、能干事、干成事、不出事的优秀员工。

五、企业文化制胜战略

1. 以人为本

企业文化要体现以人为本的原则，企业的发展一切都是为了人的需要。为了本企业员工日益增长的物质和文化生活的需要。本企业为社会提供产品，服务也是为了社会人的日益增长的物质和文化生活的需要。企业存在的价值就是为了人的全面发展，企业的发展一切依靠人。要充分调动人的积极性、主观能动性。尽管有电脑，但是所有电脑技术都是人来操作的。要尊重人，善待人。要以感情留人、要以待遇留人、要以事业留人，使我们的企业能够做到逐步强大起来。

2. 企业核心竞争力

要逐步提升企业的核心竞争力。包括国内市场竞争力与国际市场的竞争力。特别是我们中小民营企业在市场竞争中如何提高增强企业核心竞争力的问题至关重要。企业的核心竞争力，体现在企业的方方面面，也不是一天形成的，也不是被一个企业很容易拿走的。而是经过多年去培养、造就人，要形成一个好的氛围，好的氛围使我们能干成事，干好事。不好的氛围想干事也干不成。从一个企业的状态、这个企业的核心竞争力充分体现在企业发展的全过程、全方位，就是要全面的管理。

3. 企业社会责任

强调企业的社会责任。企业要树立崇高的社会责任。我们的温总理去年在法国企业家座谈会上向企业家提出了两条。他讲一个是现代企业家要有创新的精神，不创新这个企业是不会永恒的；第二个是现代的企业家要流着道德的血液，要有社会责任，没有社会责任，这个企业迟早是要完蛋的。所谓社会责任，前几天中国对外承包商会开了一个会议，我参加了。他们搞了一个中国外对外承包企业社会责任宣言。他们搞了评选，社会责任金奖的好几个企业，社会责任银奖的好几个企业。我们的远大，获得了银奖。宣言是这样说的，在经济全球化的今天，执行全球的社会责任是跨国企业义不容辞的，作为中国承包对外工程企业在实现自我发展基础上，肩负着保护生态平衡、促进中国与世界合作发展，为构建和谐世界贡献力量的庄严承诺。为此中国对外承包商会发起宣言，倡导广大会员单位认真落实。

（1）树立全球责任观念。将社会责任融入企业发展变革和经营管理之中。维护利益相关的产业，做负责任的企业的表率。

（2）坚持质量重于泰山的理念，向业主和社会提供质量可靠的产品。

（3）注重生态环境保护，自觉遵守项目所在地有关环境法律法规的标准，建立环境友好企业。

（4）坚持以人为本和重视员工素质发展，保护员工合法权益，尊重当地风俗习惯，推进员工本土化。

（5）坚持依法诚信经营，坚守行业自律规则，自觉维护市场秩序，与同行企业公平竞争。

（6）重视回报当地的社会，促进当地经济长远发展，实现互利双赢。

在文化制胜战略方面，专业委员会提出了一个和谐的倡议，一个是行业自律的公约，还有在社会责任方面我们协会还要考虑聘请一些法律单位为我们开展有效地维护我们会员单位的打假、维权活动。我们要对社会的企业负责任，同时对社会不负责任的企业我们协会要拿出一些办法，既然协会是企业的社团组织，就要为我们协会的会员撑腰，要干事，协会要充分履行法律手段来维护我们会员单位的合法权益。

今天，在调研的基础上，提出我们这些企业进一步发展壮大需要高度重视企业发展战略，对战略进行思考提出了五个方面：一个是科技先导战略；第二个就是市场拓展战略；第三个是竞合战略；第四个是人力资源开发战略；第五个是文化制胜战略。

相信我们协会的所有会员单位、我们的会员企业，在国民经济宏观调控下，在我们的塑料门窗行业的中观指导下，能够做到又好又快的发展，相信我们的会员单位企业家能够健康成长。

（2009 年 12 月 8 日在“塑料门窗委员会工作会”上的讲话）

专家的神圣使命

关于铝门窗幕墙，我有两次讲话：一是提出用科学发展观指导行业健康发展，提出了科学发展的五大理念。二是用工程质量的最新理念统筹门窗幕墙的创新和发展，着重讲了我国铝门窗、幕墙的地位和作用。对于协会如何发挥专家作用，我有一个讲话，题目是“发挥专家作用，推进行业科学发展”，主要讲了专家的地位和作用，专家和协会的关系，以及发挥专家作用的十大关系，专家与专家群体，专家与企业家等的关系。这三个讲话已印发给各位，供大家讨论参考。今天下午要讨论专家组 2010 年的工作规划，我先作一个讨论性的发言，谈一谈专家的神圣使命。

一、深刻认识专家使命的神圣性

（1）当今时代是经济全球化时代。所有的国家，无论政治、经济，都面临着经济全球化的挑战。经济全球化，也是信息化，也是科技高速发展的时代。我们专家处在这个时代，处在知识爆炸的年代，处在知识以幂指数高速增长的年代，处在经济全球化的年代。专家的地位与作用的特别重要性决定了专家使命的神圣性。

（2）我们要看到现在，特别是 2009 年，我们碰到世界上严重的经济危机，也是中国最为困难的一年、最为挑战的一年，我们取得了出色的成绩，至今挑战仍然存在。作为金融危机，与我们科技有什么关系呢？温总理最近答记者问的时候有一句话，他说：“每一次国际金融危机都会带来一场科技的革命，或者说大的变革，而决定经济危机应对取得胜利的关键还是在人的智慧和科技的力量。”由此可见，专家智慧和科技力量的关键就决定了专家使命的神圣性。

（3）今天处在人类社会可持续发展的这么一个重要关键时刻，全世界所有国家都要高度重视人类社会可持续发展。最近在哥本哈根开了一次会，总统们吵得很凶，对我们中国也是一项挑战。就是发达国家都经过一百多年的发展，他们对全球节能减排、对发展中国家应承担重要责任。当然我们中国也要尽到自己的责任，期间温总理在大会强调“中国政府确定减缓温室气体排放的目标是对中国人和全人类负责的”，还特别强调“我们言必行必果，一定要实现目标”，由此可见，研究节能，研究减排，研究低碳经济，其任务的艰巨性、实现目标的坚定性决定了专家使命的神圣性。

（4）中国是一个人类社会的大国，铝门窗幕墙行业是一个大行业，无论是国内还是国外，其市场是一个大市场，整个行业处在一个大发展的阶段。无论是大国也好、大行业也好、大市场大发展也好，对专家来说，压力很大，责任很重，这种责任和压力同样决定了专家使命的神圣性。

总之，从以上四点，从经济全球化看，从金融危机看，从人类社会可持续发展看，从我们大行业、大市场、大发展看，我们专家使命是神圣的，这一点，我们应该有着深刻的认识。

二、拓展专家使命的主要内容

在神圣使命面前，专家们都在千方百计动脑筋、千方百计做工作，也可以说工作纷繁复杂，但主要内容应有以下三个方面。

1. 提高行业发展的科技含量，致力振兴行业

(1) 开展国内外行业科技水平的比较

中国是一个大国，什么叫中国国情？用比较的观念来看，中国国情很简单，九个字：一个“差不多”，一个“差很多”，一个“差太多”。我们中国发达得很，我们的高层建筑，上海金茂大厦，最长的海上大桥，我们的飞船上月球，以及我们其他各项科技的发展，包括我们吃的、穿的、用的，包括我们城市的超市，跟美国、日本差不多，跟发达国家差不多，外国有的中国都有，我们先进的跟全世界最先进的也差不多。但是我们什么东西除以 13 亿人，人均水平差很多，我们的经济总量全球第三，我们人均就少了，我们人均资源贫乏，人均耕地状况、资源状况水平都很低。还要看到我们是发展中国家，我们的小康是不完备的。我们还有很多贫困地区，我们山区、少数民族地区相当贫困的大有人在，我们的贫困地区差太多。特别是受灾难，像地震灾害，其他灾害的地区，山区，边远地区。

从比较学观念看，中国作为一个世界性的大国，在国际比较中，我们从来是不卑不亢。我们既不能妄自尊大，因为是大国，我们是老大；我们也不能妄自菲薄，因为我们人多，我们就落后，不是这样。我们要进行比较，要开展国际之间的交流。中国的专家和世界任何一个发达国家的专家都可以站起来比较，中国人有自信。我们承认我们和国际之间有差不多的地方，或者有比它更先进的地方，我们也有比人家有差距的地方。我们要学习人类社会在门窗幕墙方面新的技术，要勇于开展国际交流。从全世界、全人类科技成果来说，在科技理论方面，获诺贝尔奖金的，获重大科技成果的，不少是华人，这是由于在有些国家，由于他们的经济发达，在那儿科技研究具备了很优越的条件，而使我们的华人更聪明的发挥了作用。今天的中国，从党和政府高度重视科技创新，要把中国变成一个创新型国家，我们的科技人员在国内，在国际行业中才能发挥更大的作用。我们要和国际同行业科技水平进行比较。我看到我们在下一步计划中有几个问题也说得很好，就是我们在下午讨论的规划中也提到了，主要提到了以下几点："建筑门窗幕墙行业面临的市场是全球化的市场，因此专家组的工作必然要与此相适应。专家组成员要通过积极参与国际技术交流与合作，了解国内外技术发展的总体趋势，洞悉目前行业发展所需关注的重点领域，优先主题，前沿技术，同时加强行业基础研究工作和人才队伍的建设与培养。1）材料科学技术的研究与推广应用。2）太阳能光伏技术在建筑幕墙及屋面系统中的推广应用。3）建筑节能产品与技术的推广应用。4）防火产品与技术的研究开发与推广应用。5）节能门窗与幕墙系统的研究开发与推广应用。6）相关集成技术的研发与推广应用。"

（2）研发行业的新技术、新材料、新工艺、新产品

我们的行业在迅猛的发展，它的地位作用我也讲了，建筑门窗幕墙是建筑的眼睛、建筑的时尚、建筑的霓裳，涉及建筑的结构质量、功能质量、魅力质量和可持续发展的质量。专家组要引领行业科技革命，参与并组织行业新技术、新材料、新工艺、新产品的研发，在全行业里推广应用。

我在建设部任总工期间，就组织专家编制了《建筑业的十大新技术》。为了推广这些新技术，我们紧跟着搞推广新技术的示范项目、示范工程。要评定推广的示范项目、示范工程，谁推广新技术，示范项目多，示范工程好，就要进行表彰，对专家组来说，要考虑我们铝门窗幕墙整个产业群、产业链中的各方面的相关技术，包括原材料制造和安装，各种硅胶，以及相对应的各种部件、配件等，全面开展研发，同时高度重视推广应用。

（3）开展行业科技人员的培训

行业的发展人是关键，科技人员的培训仍然是非常重要的。刚才黄圻同志总结了我们前三届专家委员会的工作。十五年时间，专家委员会的成就，这确实是功不可没。中国铝门窗幕墙今天的发展，离不开我们各位专家的辛勤劳动，离不开专家的无私奉献。我们过去组织了培训班、学习班，刚才说了每次学员达到三百人，学习的非常好，应该说这个培训的效果是长远的，培训的效果在整个行业的发展之中，事业的发展之中。包括开办计算机辅助学习班，编辑各种技术书籍，编写各种资料，这都是为我们行业人才的培训作出了贡献，这项工作还要继续做，怎么做？专家组要研究一些方法，要更有成效。特别是四种人员的培训：一是企业家素质的培训。特别是中小民营企业家，家族式的企业家，要使他们更具有现代化知识。二是各种管理人才的培训，包括营销管理方面、管理人员的培训。三是各类技术人员的再继续学习问题。尽管科技人员在大学，或者在工作中学习过门窗幕墙的技术，从事门窗幕墙的技术工作，但是要看到技术在飞跃发展，需要再学习、再培训。四是对技工人员的培训。技工人才是我们不可忽视的人才，就是我们说有各种手艺，各种工艺水平比较高的，专门从事操作的一线工人。这些培训工作仍然很重要，需要我们研究以什么方式进行培

训。当然，我还考虑刘哲秘书长作为法人代表，他与哈尔滨工业大学签署了培训我们行业的工商管理硕士，就是MBA，国家承认的工商管理硕士的协议。使得一些民营企业中的技术人员能够逐步成为我们国家的，能够类同于美国哈佛商学院培养的那种"工商管理硕士"。这项培训工作也至关重要。

2. 扶持重点企业提高技术素质

（1）开展重点企业特别是科技先导型企业评估

以前，协会掌握的是我们行业的重点企业，是对的，我们的重点企业，体现了行业的代表性。就是说在这个行业中，无论从产业集中度讲，就是对产业相对规模比较大，能够代表行业，能够引导行业，能够起领头羊作用的企业，我们基本掌握。但是行业的广泛性我们还没有掌握，究竟我们全国有多少个铝门窗幕墙企业？我们的会员代表几百个、上千个，远远不够。据我初步掌握的，我们一个城市，铝门窗幕墙大大小小的企业，一个城市加起来就有上千个，那全国有六百多个城市，究竟有多少个企业？我们的会员的广泛性还不够。当然，作为我们专家的作用来讲，协会要掌握广泛性，专家还要掌握重点企业，不能大大小小的作坊让我们专家都去，那不行。我们专家的力量、精力也是有限的，专家工作的重点是放在重点企业的，以企业的科技含量评估。作为协会，应该考虑中国的门窗幕墙企业，什么叫做科技先导型企业？哪些是科技先导型企业？哪些企业家是科技先导型企业家？对科技先导型企业，专家组能否制定一个标准，具备这个标准，自己的企业要申报，专家组要进行科技评估，说明你这个企业是科技先导型企业，我可以发给你牌子，你在市场上可以运作科技先导型企业的企业技术和企业标准。企业家要成为科技先导型企业家，作为企业家来说，不能蹲在井里头妄自尊大，山外青山楼外楼，请专家给本企业开展有效的评估，能促使我们了解企业发展的潜力，企业发展的动力，企业发展的压力，从而使企业能够更加健康的向前发展。

（2）开展企业的科技项目攻关

企业的科技项目攻关至关重要，需要确定企业的科技项目攻关的课题。在我们下午要讨论的工作规划里第一项比较好，第一项就是开展科研课题研究。新的一届专家组要把开展科研课题研究作为推动行业科技进步的重点任务，围绕以下优先发展的课题开展工作：

一是建筑节能与绿色建筑。结合建筑幕墙行业发展的实践性特点，研究与建筑节能相关的技术政策、技术标准和标准体系，如何建立建筑节能、建筑能效标准系统和推动建筑节能优化技术，对建筑门窗幕墙行业至关重要。围绕可再生能源与建筑一体化的应用技术，节能门窗幕墙系统的开发应用的技术，绿色建筑结构材料与功能材料，装饰、装修材料的研究开发等特点，都可以进行。

二是信息化。围绕软件推广应用，信息共享，综合信息管理与服务平台的建设为重点的开展研究工作。力争研发更多具有使用价值的软件产品，并在行业推广应用。如建筑门窗幕墙的设计软件，建筑门墙幕墙的节能分析软件，行业建筑门窗幕墙产品数据库的建立等。这个信息化，我记得温总理在答记者问的时候他提出："现在我们应对金融危机，除了发挥装备制造业这种我们传统的优势之外，应当大力发展物联网、绿色经济、低碳经济、环保科技、生物医药这些关系到未来环境和人类生活的一些重要领域的科技。"他特别提出还要发展"物联网"，过去我们知道"互联网"，什么叫做"物联网"？"物联网"就是传感器加互联网，也就是说通过传感器可以将互联网运用到基础设施和服务产业，这有着广泛的前景。

(3) 提高管理现代化水平

企业管理水平关系到企业的生存，因此提高行业、企业的管理水平是很重要的方面，管理现代化是一个整体的概念，它的重要方面包括管理思想、管理准则、管理方法和管理手段等，围绕以提高企业管理现代化的水平，专家组要进行研究，并取得切实可行的科研成果。

(4) 开展"企业科技创新"的咨询服务

专家要通过自己的技术进行服务。这个在我们下午讨论里也提到这个问题，专家组要深入到重点企业开展技术服务工作，引导企业进行技术革新，加强管理，提升技术含量和管理水平，从而达到提高企业核心竞争力的目的。主要做好及时周到的技术咨询与技术服务，送教上门，培养人才，针对企业实际情况，开展有针对性、个性化的企业技术服务，以工程项目为中心，开展全方位、系统化的项目技术服务。如企业的专利，企业的集成创新，企业的引进消化吸收再创新，包括企业的各种技术资料的积累和各种技术信息情报工作等。

(5) 指导重点企业到国际上参与国际市场的竞争

专家组要思考研究制定我们的"走出去"战略的实施，如何由"小舰队"变成"航空母舰"，如何联合开展有效的合作，而不是外在外行，内在内行，如何更好地担当社会责任。首先，我们要充分肯定我们那些敢于冲向世界的企业，应使给它们以更多优越的支持，协会要成为走向世界会员企业的后盾，要善于通过法律咨询与服务，维护他们的合法权益。

3. 主动担当政府部门的技术参谋助手

协会是政府部门的助手，要取得政府部门的信任和支持，为政府部门出谋划策：

(1) 协助政府部门制定行业科技创新技术及其经济政策

一个行业的发展，技术经济政策至关重要。如对太阳能建筑应用，由住房和城乡建设部和财政部发文，全国到处兴起太阳能建筑申报项目，这就是政策。有效的政策，这些政策有利于企业增强提高技术含量，更好地去鼓励我们的创新人员开展创新活动。作为我们铝门窗幕墙行业的技术经济政策也应该研究，去给政府出点子，给政府做助手，得到政府部门的认可。包括我们铝门窗幕墙的检测检验机构，有的在企业，有的在科研单位，也要得到国家技术监督部门的认同才行。还有涉外政策，像沈阳远大这样的企业，大部分在国外干活的，我们为了鼓励出口，应该享受到出口退税政策，或者说我们出外施工的优惠政策。所有这些政策都需要我们去思考、去研究。通过我们专家组专家的提出，再通过人大、政协各种代表的渠道，向政府提出我们合理化的建议。能够使政府部门制定出有利于铝门窗幕墙行业发展的技术经济政策。

（2）协助政府部门积极参与门窗幕墙行业发展的标准、规范、规程的制定与修订

这方面应该说我们过去做了大量的工作。这项工作还有待进一步加强，应该要看到我们的标准，不管国家标准、部门标准、地方标准，还是企业标准，都非常重要。过去我多次讲过，现在三流的企业卖劳力，二流的企业卖产品，一流的企业卖技术、超一流的企业才是卖标准，要参与标准的制定和标准的修改。我们要根据建筑门窗幕墙行业发展的实际需要，研究制定相关技术政策，技术标准和标准体系，这始终是专家组成员的重要工作内容。它包括确立科学合理的标准体系，制定实用的、具有前瞻性的标准技术规范，随着科学实验与工程实践的深入，不断完善标准体系，丰富标准的内容，及时对标准规范进行修订，作标准规范的宣传者、执行人，保证技术政策、技术标准和标准体系的正确实施。

（3）协助政府部门组织好行业科技成果的评定

我们行业每年创新，无论在管理上面，在技术进步方面都出现了很多的成果。或者说各个企业不断地涌现出新的专利，这些专利需要我们专家进行认证、评估，包括我们参与工程方面的评标。刚才黄圻讲了，我们专家是处于科学、公正的来处理这些事情，我们要尽量避免那些不必要的纠纷。但是有些评估也使专家很为难，本来不行，专家碍于面子，评估都要通过，这是不行的。作为专家，任何时候要认真履行自己的职责。

前不久我参加了一个博士论文的答辩，让我当主任，应该说论文还是有水平的，但是我直说了当前论文一个通病，我说你们博士生导师们，博士生们，你们要注意一下你们的论文，生造了不少新的名词、新的概念，这些名词、概念别人看不懂，也毫无意义，不去研究经济发展实用的东西，造一些图像，造一些模式，都是在学校里面想象的，不符合实际发展。我们要研究对经济发展有实际作用的东西，所以科技成果的评定必须着眼于有利于经济的发展，而不是为评定而评定。包括我们的论文的交流，或者说我们开展的各种研讨工作，我多次讲过，在专家研讨会上我也讲过这个问题。我老想着在20世纪80年代在黑龙江当建委主任，到原苏联考察的时候他们给我讲的话。中国和苏联那个时候都是一样的，都是计划经济的社会主义国家，他说我们专家发表论文就是为了得奖，为了去领勋章，发表一等奖、二等奖，奖完以后就完了！日本人把我们发表杂志上的论文拿回去，没过一个月人家变成产品，变成生产

力。我们如何使专家的论文、教育的成果，能变成企业的生产力，至关重要！不能形成生产力的论文，那是没用的论文。

三、创新专家履行使命的途径

以上从行业发展、从重点企业、从协助政府部门三个方面，讲了专家使命主要内容或任务。要做好这些工作，创新履行使命的途径非常重要。大家要看到专家与协会的关系。铝门窗幕墙专业委员会，正因为有铝门窗幕墙的各位专家，而使我们专业委员会更加强大，没有这些专家，专业委员会可以这样说，它的力量是非常薄弱的，或者说它的实际作用是十分有限的。正因为有了专家，这个专业委员会才能深受企业的欢迎，才能给会员单位去创造商机，才能给我们铝门窗幕墙行业提出各种合理化建议，也就是说协会因专家而强大。从专家来说，专家因协会而更为有效的施展才能。正因为有协会，协会是跨行业、跨部门的一个群众团体，是大家自愿组织起来的一个行业组织，他在这个组织里头，使我们各位专家更加活跃思想，更加促进专家的创作和创新，或者说，给专家一个更宽阔的舞台。所以协会和专家的关系是非常密切，非常紧密的。我很高兴地看到我们铝门窗幕墙委员会高度重视专家的作用，我们专家也特别看重协会，可以说创新专家履行使命，需要协会和专家在以下三个方面共同努力。

1. 要开展有效的活动

人的生命在于运动，协会的生命在于活动，协会生命的价值在于它开展活动的质量。那么协会的活动，第一个能够给企业创造商机，第二个能够给专家搭建好舞台。协会可以开展各种研讨活动，还有各种会展的活动，应该说我们协会，铝门窗幕墙委员会搞的会展活动是比较有影响力的，你们号称“亚洲第一”。但是我的要求光亚洲第一不能满足，应该世界第一，这么大个中国，搞这么个会展业活动，以及各种有效的交流活动，规模得大、影响要大才行。

2. 要加强沟通和协调

专家有的来源于企业，有的来源于高等院校、科研机关，我们将来还有可能聘请外国专家。作为专家来说，现在和重点企业之间应该说联系是比较密切的，但是因为中国太大，仍然存在着企业有了难题找不到应该找的专家，专家研究的项目需要找一些企业，也不知道找哪个企业为好。每个专家有专家特长，各位专家需要在哪些企业中能够更加有效去发挥作用，这就需要协会要大力开展调查研究，通过调研给予沟通、了解。了解企业的需求，了解专家的才能，让企业的需求与专家才能实行紧密的结合。

3. 要充分发挥信息产业的功能作用

我这次很高兴看到你们提出一个“专家网络工作室”，这个很好，这也是利用互联网开展专家网络性的活动。这个很不错，当然这也是实验性的东西，看怎么把它搞好。你们提出建立专家网络工作室，为了让专家组和成员之间交流互动，成果共享。通过给每个专家分配的账号和密码，专家可以直接进入专家网络工作室。专家网络工作室的功能有文件传输的功能，有文件分类汇总的功能，有开展论坛的功能，有信息发布和公告的功能。还有如果专家网络工作室运转的效果良好，还可以进行扩充，让更多的行业精英参加，这样吸引力会更大，科技成果的汇集会更丰富，效果会更显著。这也是很好的设想，也是一种创新，值得研究和推广。

以上我讲了通过活动的开展、行情的沟通、信息的功能，三个方面去创新专家履职的途径。今天，我讲了专家使命的神圣性、专家使命的主要内容以及创新专家使命的履行途径，就算学生向各位专家、各位老师交了一份答卷，供专家们研讨。明年是“中国建筑金属结构协会”成立30周年，我们要进行大庆。一是总结“中国建筑金属结构协会”里的会员企业、主管行业以及协会自身工作的成就和对未来的展望，同时要表彰对我们行业发展有贡献的企业家，有特殊贡献的专家。要表彰专家，要引导人们去尊重专家、重视专家，有效的发挥专家的作用。我代表中国建筑金属结构协会向各位专家诚心诚意的拜个早年，祝你们全家幸福！祝你们健康长寿！你们是我们的宝贵财富。

最后，我想借人家发给我的一个短信送给各位专家，短信是这么说的：“新年的钟声伴随着新春的旋律，奏响了新的乐章。让我们携手共同祝愿，在新的一年新年新事新气象，新思维、新思考、新观点；新思路、新项目、新起点；新胜利、新成果，新发展！”

（2010年1月5日在“2010年铝门窗幕墙委员会第四届专家组工作会议”上的讲话）

低碳经济导航　加快行业转型升级

今天我们在这里召开2010年全国铝门窗幕墙行业年会，我认为这是在新形势下我国建筑门窗幕墙行业的一次重要会议，这对于全国铝门窗幕墙行业工作的开展具有十分重要的意义。我想从几个方面讲讲低碳经济与行业发展的关系。

一、发展低碳经济已经成为国际社会共识

1. 低碳经济是人类社会文明的又一次重大进步

人类社会发展至今，经历了农业文明、工业文明，今天，一个新的重大进步，将对社会文明发展产生深远的影响，这就是低碳经济。

所谓低碳经济就是要以低能耗，低污染，低排放为基础的发展模式。其实质是能源高效利用、开发清洁能源、追求绿色GDP，核心是能源技术创新、制度创新和人类生存发展观念的根本性转变。随着全球人口和经济规模的不断扩张，能源使用带来的环境问题及其诱因不断地为人们所认识，不仅是废水、固体废弃物、废气排放等带来危害，更为严重的是大气中二氧化碳浓度升高将导致全球气候发生灾难性变化。发展低碳经济有利于解决常规环境污染问题和应对气候变化。环顾当今世界，发展以太阳能、风能、生物质能为代表的新能源已经刻不容缓，发展低碳经济已经成为国际社会的共识，正在成为新一轮国际经济的增长点和竞争焦点。据统计，全球环保产品和服务的市场需求达1.3万亿美元。

目前，低碳经济已经引起国家层面的关注，相关研究和探索不断深入，低碳实践形势喜人，低碳经济发展氛围越来越浓。

从国际动向看，全球温室气体减排正由科学共识转变为实际行动，全球经济向低碳转型的大趋势逐渐明晰。英国2003年发布白皮书《我们能源的未来：创建低碳经济》；2009年7月发布《低碳转型计划》，确定到2020年，40%的电力将来自低碳领域，包括31%来自风能、潮汐能，8%来自核能，投资达1000亿英镑。日本1979年就颁布了《节能法》。2008年，日本提出将用能源与环境高新技术引领全球，把日本打造成为世界上第一个低碳社会，并于2009年8月发布了《建设低碳社会研究开发战略》。2009年6月，美国众议院通过了《清洁能源与安全法案》，设置了美国主要碳排放源的排放总额限制，相对于2005年的排放水平，到2020年削减17%，到2050

年削减83%。奥巴马政府推出的近8000亿美元的绿色经济复兴计划，旨在将刺激经济增长和增加就业岗位的短期政策同美国的持久繁荣结合起来，其“黏合剂”就是以优先发展清洁能源为内容的绿色能源战略。

2. 低碳经济是科学发展的必然选择

发展低碳经济是中国实现科学发展、和谐发展、绿色发展、低代价发展的迫切要求和战略选择。既促进节能减排，又推进生态建设，实现经济社会可持续发展，同时与国家正在开展的建设资源节约型、环境友好型社会在本质上是一致的，与国家宏观政策是吻合的。

发展低碳经济，确保能源安全，是有效控制温室气体排放、应对国际金融危机冲击的根本途径，更是着眼全球新一轮发展机遇，抢占低碳经济发展先机，实现我国现代化发展目标的战略选择。

发展低碳经济，是对传统经济发展模式的巨大挑战，也是大力发展循环经济，积极推进绿色经济，建设生态文明的重要载体。可以加强与发达国家的交流合作，引进国外先进的科学技术和管理办法，创造更多国际合作机会，加快低碳技术的研发步伐。

中国发展低碳经济，不仅是应对全球气候变暖，体现大国责任的举措，也是解决能源瓶颈、消除环境污染、提升产业结构的一大契机。展望未来，低碳经济必将渗透到我国工农业生产和社会生活的各个领域，促进生产生活方式的深刻转变。

在发达国家倡导发展低碳经济之时，中国应该找到自己的发展低碳经济之路，低碳经济是我国科学发展的必然选择。综观发达国家发展低碳经济采取的行动，技术创新和制度创新是关键因素，政府主导和企业参与是实施的主要形式。

3. 低碳经济是行业转型升级的指南

加快传统产业优化升级。我国产业结构不合理，一、二、三产业之间的比重仍然停留在“1∶5∶4”的状态，经济的主体是第二产业，钢铁、煤炭、电力、陶瓷、水泥等是主要的生产部门，这些产业具有明显的高碳特征。因此要大力推进传统产业优化升级，实现由粗放加工向精加工转变，由低端产品向高端产品转变，由分散发展向集中发展转变，努力使传统产业在优化调整中增强对经济增长的拉动作用，在扩大内需中实现整体水平的提升。

随着经济的增长，发展受到的约束由资源约束转向资金约束，经济发展已经进入从传统资源性走向低碳经济时代，转型是必须的。

低碳经济既是后危机时代的产物，也是中国可持续发展的机遇。资源依赖与发展阶段有关，要改变我们的经济发展模式、对自然资源索取的方式以及人们生活的习惯和思维方式，这些都是革命性的转变。

在企业转型过程中，低碳经济对成本的增加是一定的，但需要以辩证的角度看待问题，经济学上有一个边际收益递减原理，即以资源作为投入的要素，单位资源投入对实际产出的效用是不断递减的。因此，我们应该从政策、技术自主研发等各方面来提升综合效益。面对中国工业化和城市化加速的现实，用高新技术改造钢铁、水泥等传统重化工业，优化产业结构，发展高新技术产业和现代服务业，尤为重要；门窗幕墙更是如此，在未来的发展中，我们不仅要“中国制造”，更应关注“中国创造”。

发展新能源是发展低碳经济的一个重要环节，近年来中国在可再生能源和清洁能源发电方面取得了令人瞩目的成就。截至 2008 年底，中国累计风力发电装机容量已超过印度，达到 1217 万 kW，成为全球第四大风电市场，同时也提前实现了可再生能源“十一五”规划中 2010 年风力发电装机容量 1000 万 kW 的目标。目前，我国已成为全球光伏发电的第一生产大国。对于我国新能源来讲，不但要保持价格优势，还应培养质量、产业链优势。

环境经济政策是指按照市场经济规律的要求，运用价格、税收、财政、信贷、收费、保险等经济手段，调节或影响市场主体的行为，以实现经济建设与环境保护协调发展的政策手段。它以内化环境成本为原则，对各类市场主体进行基于环境资源利益的调整，从而建立保护和可持续利用资源环境的激励和约束机制。与传统的行政手段“外部约束”相比，环境经济政策是一种“内在约束”力量，具有促进环保技术创新、增强市场竞争力、降低环境治理与行政监控成本等优点。

环境经济政策体系之所以重要，是因为它是国际社会迄今为止，解决环境问题最有效、最能形成长期制度的办法。与以往的“排污者治理”相比，不久的将来还应推出环境税，“碳税”的征收也将指日可待，它不仅能深化能源资源领域价格，推进财税体制改革，也能转变经济增长模式，从而提高资源利用效率，促进清洁能源的开发和追求绿色 GDP，更为重要的是能实现节能减排的预期目标，为地球重现碧水蓝天作贡献。

二、门窗幕墙行业面临低碳经济争夺战的三大挑战

1. 建筑节能的挑战

节能减排是全球关注的问题，作为节能减排重要内容，建筑节能也备受人们的关注。目前，由于我们处于工业化和城镇化加速发展的时期，伴随着建筑总量的不断攀升，能源消耗急剧上升。据不完全统计，我国建筑能源消耗占全社会能源总量的 40%，是工业能耗的 1.5 倍。如果按照这样的速度发展，我们的建筑能耗将达到 8900 万 t 标准煤，相当于三个三峡发电站发电，造成了巨大的能源消耗。从政策层面来说，建筑节能也面临着挑战，很多政策还没有形成。假如世界上有一些国家要征收碳排放税，估计我们国家缴税是最多的。这些是我们面临的挑战。从习惯思维来讲，

现在中国人节能意识还不够强。在丹麦哥本哈根，低碳生活已经成为居民的热门话题，并且都在身体力行地支持节能减排。比如，现在人们运动，可以不用跑步机，因为跑步机是要耗能；不用洗衣机洗衣，因为它既要耗电，又要浪费水。

还有以前美国总统访问哥本哈根，哥本哈根送给他的礼物是一辆自行车，说这是低碳的需要。

由此可以得出，我们一定要转变自身意识，要采取更加节能的措施。在门窗方面，我们在保证日照、通风等条件下，研究、推广、利用先进技术和产品，提高门窗系统的节能性能，营造舒适的室内环境。如：窗帘要采取节能的，使用 Low-E 玻璃等。目前，这些措施我们还远远没有完全落实，包括开发商，包括我们的住户，也包括铝门窗幕墙的生产企业。

2. 加工制作的环境挑战

目前，我们不少企业忽视生产车间环境问题，有些生产车间环境差，噪声大，粉尘多，违背低碳经济发展要求，不利于企业健康长远发展。当今，我们要以新型工业化的水平，以工厂现代化的管理水平来创建良好的加工制作环境，要让员工干的放心、舒心、安心，这样有利于提高生产效率，提升市场竞争力。

3. 行业整体技术差距的挑战

目前，与国外门窗幕墙行业相比，无论是从材料、加工制作，还是节能减排来看，我们有我们的长处，有值得我们骄傲的成绩，但是应该看到，行业整体技术水平还是不高，只有少数企业高度重视研发机构的建设，比如郑州中原应用技术研究开发有限公司就有企业内部的研发团队和机构。

在未来的几年，材料制作的需求会陆续增加，将朝全球化、智能化方向发展。在制作过程中，会更加注重环保。在材料方面，要突破原始材料的结构与性能的设计。在设计过程中，注重材料结构和性能演化的规律。要加快材料产业调整结构，提高降耗减排的效率。要加强新型材料、功能材料等的研发。加快发展电子信息材料，改变传统发展思路，重视材料的可再生循环性，在材料使用过程中形成节能减排，加快从材料大国变成材料强国。

我们的材料机构存在很多不好的情况，大大小小的企业遍布全国，技术水平参差不齐。我们要鼓励企业发展，大企业要联盟，从企业规模来讲，大企业联合小企业，可提升整体水平。从加工制作来说，如何实现加工制作现代化，目前做得还不够，还存在很大的距离。

三、行业转型升级必须遵循发展低碳经济的途径

1. 科学制定行业和企业发展战略

在经济全球化的大背景下，企业面临复杂多变的市场和诸多不可预知风险的挑战，要实现科学发展、可持续发展，必须要制定自身发展战略。而当前，有些企业发展存在两种倾向：一种是有些企业仅仅满足年年过得还不错，并没有一个长远的发展目标；第二种是有些企业觉得现在做得不错了，跟以前相比，发生了很大的变化，但是与国外的企业相比，他们在同样的时间，完成了几十亿美元，而我们发展了多少，是否还有很大发展的潜力。作为协会，要制定行业发展战略，帮扶我们的企业做大做强，我们的会员基本都是中小企业，中小企业的发展要充分利用国家和政府给予的扶持政策，要去研究这些政策，要用活这些政策。还有银行的贷款、资本融资，还有产品认同等问题。

2. 培育新的经济增长点

如何发展低碳经济，培育新的经济增长点，需要大家共同研究。去年，在应对金融危机时，政府采取了诸多有效措施，包括制定“家电下乡”、“彩电下乡”等政策，极大地调动了国内消费热情，为促使经济平稳向上作出了巨大贡献。现在政府又提出“建材下乡”，什么是建材下乡？我认为主要是建材的制作下乡，建材的成品下乡。我们各种企业的零配件等消耗材料主要使用在发达城市，但像华西等新型发达农村，可以说是新的经济增长点。

对建筑物而言，维护结构占了其中一半的能耗量，门窗又占维护结构中的一半，这样门窗能耗占建筑物能耗的1/4，因此，门窗节能是建筑节能的重大方面，无论从技术层面，还是政策层面，我们都要进行深入研究，才有可能催生新的门窗、新的幕墙。比如说太阳能建筑一体化，要研究让幕墙在保证原有性能的基础上，又能利用太阳能发电，这不是单纯某一个方面的事情。诸如太阳能等可再生能源的应用，都会形成新的经济增长点，对此，我们要认真研究，抓住机遇，努力实现行业转型升级。

3. 提高自主创新能力

企业要发展，就要有创新，就要依靠设计和创意，这是非常重要的。比如说什么是建筑？我认为宝马是路上的建筑，航空母舰是海上的建筑，宇宙飞船是天上的建筑，试想如果把它们的先进技术应用到建筑上，我们的建筑会成什么样？因此，我们要全面收集国内外先进技术，通过原始创新、集成创新和引进消化吸收再创新，逐步把“中国制造”变成“中国创造”，增强市场核心竞争力。

4. 推进管理现代化

中国企业，无论是国有企业，还是民营企业，随着规模不断扩大，亟须推进管理

现代化。从全球整体观念来说，从动态管理，到全面管理，到机械管理，到今天的知识管理、文化管理、信息管理，国内企业面临着一个技术全球化的局面，要学会了解、掌握、利用全世界、全人类的先进技术。在经济全球化形势下，中国制造要走向世界，成为世界制造的主力军。在走向世界的过程中，中国企业一是要实行属地化管理，即遵循国外的法律规定来管理企业；二是实行本土化经营，即雇佣当地员工为我们企业服务。只有高度重视属地化管理、本土化经营，中国企业才能真正在国际市场生根发芽、逐渐壮大。

5. 深化经济全球化条件下的行业和企业发展的战略思考

在改革开放前，我们眼中的香港、台湾就是国际城市，代表了世界上发达地区的生产力水平。中国经过30年的改革开放，经济社会发展取得了很大的成绩，国内企业实现了跨越式发展，与香港、台湾的差距不断缩小，但是在经营管理理念和科技创新上仍存在较大差距。中国是个伟大的国家，要实现富民强国，只有依靠企业，做大企业，才能做强行业，带动经济社会持续稳定发展。要做到这一点，我们企业需要有全球眼光，有使命感，有面对经济全球化的对策。

四、协会要紧紧围绕发展低碳经济、促进行业转型升级开展有效活动

1. 制定行业五年发展规划

2010年是完成“十一五”计划的最后一年，中央各部门正在认真总结“十一五”成果，并在此基础上规划制定“十二五”发展规划，作为行业组织，协会要紧紧贯彻政府宏观经济发展规划纲要，围绕发展低碳经济，促进行业转型升级，制定行业“十二五”发展规划，积极指导行业可持续发展，指导企业健康发展。

2. 提高企业素质

提高企业素养，是我们的重大使命。协会要通过组织培训、企业互访等方式提高企业家的素质，培养一批拥有儒商的品德、智商的聪明才智的高素质企业家。同时要提高企业专业技术人员的素质，技术是企业的核心竞争力，专业技术人员的素质高低，意味着企业在未来激烈的市场竞争中能否成功抢占先机。

3. 组织专家咨询服务

企业要做大做强，就要高度重视专家的作用，协会要充分发挥行业组织的优势，组织专家开展企业管理、产品研发等方面咨询服务，协助企业科学发展、可持续发展。我们要高度重视企业家和专家合作，要实施产学研结合，所谓产就是生产企业，学就是各类院校，研就是我们的科研机构，通过三方面有效组合形成的科技先导型企业，代表了最先进生产力发展方向，是未来市场竞争中的领军企业。

4. 推进交流与合作

协会要推进全方位、多层面的交流活动，鼓励行业内交流、鼓励国际间交流，包括情报的收集。中国是个大国，要有全球眼光，要收集国际工业发展的全面情况，要开展频繁交流。今天，上海行业协会会长讲了，上海即将召开世博会，这是我们获得情报最重要的机会。我们要通过世博会了解到我们这个行业在世界上的位置，要了解到我们这个行业在国际上还存在哪些差距。通过互相交流、收集情报，才有可能产生合作。当今是提倡合作双赢的社会，一是市场之间的合作，通过连锁店，通过企业之间的合作进一步扩大产品之间的市场，使我们的产品在市场扩大占有份额；二是战略合作，本企业没有的产品，我的合作单位有，这样通过互相的帮助，建立联盟关系、合作伙伴关系，提高自己企业的经营能力。

5. 协助政府部门规范市场和制定标准

协会要积极协助政府部门规范门窗幕墙行业和制定相应标准。以门窗为例，据说美国都有一些门窗大的标准，而中国门窗尺寸标准有点乱套，比如一栋楼的门窗尺寸均不相同，施工企业在丈量尺寸时的不精确，设计单位对门窗形状、颜色的要求多种多样，给企业生产造成了极大的浪费，对此，我们一定要深入研究，继续做好规范标准。

6. 为会员单位创造商机

协会是我们会员单位自愿组织起来的协会，要树立两个理念，一是协会为大家，要为我们的会员带来商机；二是协会靠大家，要靠我们的会员单位、副主任单位等来共同研究。协会的存在就是代表行业整体利益，因此要做什么，都要和协会各单位商量。可以说，政府工作靠权力，协会工作要靠魅力，要靠自己的所作所为来获得会员的协助与支持。中国正在积极建设服务型政府，就是要为大家服务，协会更是如此。协会在行业内要有地位、有号召力，就要树立“有为才能有位”的理念，靠我们去张罗，去为会员单位提供有效服务，这样才能有所发展，否则没有存在必要。

还有一个思考，现在大家要思考上海世博会会给我们带来什么。也许世博会能给我们行业的发展一些新的思考，希望大家来共同思考。总之，围绕一句话，协会为大家、协会靠大家。2009 年应对金融危机是中国经济社会最艰难的一年，在实施 4 万亿政府投资计划后，中国经济实现了 V 字形反转，保增长、扩内需、调结构、促改革、惠民生取得重大成就，我们也取得了很大的成绩。2010 年是中国经济社会最复杂的一年，行业要怎么发展，我们的会员企业怎么发展，需要我们共同研究。衷心祝愿在新的一年，我们行业会取得更大的成绩。衷心祝愿我们的企业做大做强。

（2010 年 3 月 10 日在“2010 年全国铝门窗幕墙行业年会”上的讲话）

站在新的历史起点上　谋求塑窗行业的新发展

今天我们在这里召开2010年全国塑料门窗行业年会，在去年的年会上，我讲了“塑料门窗产业发展的十大理念”，今年我的讲话内容，是要站在新的起点上，谋求塑窗行业的新发展。

一、新的历史起点

1. 塑窗行业发展的坚实基础

塑料门窗行业包括门窗生产的整个过程，涉及型材和门窗的加工制作，门窗配套的密封条、密封胶、五金配套件，还有门窗的加工机械等。我国的塑窗行业是20世纪80年代从国外引进技术发展起来的，在引进的过程中也走了一段弯路。当时过分地强调适应市场的消费能力、过分降低了塑料门窗的造价、简化了型材的断面、简化了配方，塑料门窗使用很短的时间就发生颜色变化，加上门窗的制造技术不够成熟，在工程上安装存在不少问题，给人们带来塑料门窗性能水平低的印象，在社会上产生了不好的影响，阻碍了塑料门窗的健康发展。因此，在很长的时间里，人们不接受塑料门窗和化学建材。到1993年，国务院重视化学建材的发展，建设部、化工部、轻工部、国家建材局、石化总公司等联合组成化学建材生产协调小组，推动化学建材发展，塑窗就是化学建材的重要产品之一。时任副总理的朱镕基同志亲自挂帅，在调研的基础上印发了《关于化学建材加快推广应用计划和发展的规划纲要》，提出了化学建材发展的目标和要求。对化学建材的发展，从国家到地方相继出台了很多的政策，塑料门窗开始进入到一个快速发展的时期。这个行业近30年时间发展起来，从国外引进、消化、吸收和再创造，变成中国制造，塑料门窗从原料、设备、模具、五金和密封材料等基本实现国产化，整个行业的产值超过每年1000亿元人民币，产量达到3亿m^2。

2. 塑窗行业水平的国际比较

我们今天要谈的是，塑窗行业要在新的基础上发展，就要进行国际比较。行业要进行横向比较，不要总是进行纵向比较，总是看到自己的发展，要通过横向比较，寻找自己与国际先进水平的差距。我国塑料门窗的生产水平和产品质量与德国相比，相差30多年，有些企业使用的设备还是国外先进国家20世纪90年代末的设备，生产的产品普遍还是欧洲企业20世纪80年代使用的产品，在性能、质量和外观上还有许多的差距，在产品的设计上、企业的管理上，包括生产工艺上、质量管理等方面存在不少问题。我国的塑窗企业规模普遍比较小，而先进国家的塑料门窗企业普遍比较大，有很大门窗企业的生产厂家，年产200～300万m^2，主要瞄准既有住宅改造的市场。

3. 塑窗行业市场的分析探索

我国现在的门窗市场比较乱，发展不太成熟，困难比较多，但这些都不是我们企业搞不好的理由。尽管市场不成熟，但也得承认，正因为有了市场经济，民营企业才有了产生和发展的可能。同时，回顾市场经济发展历程，无论存在什么样的市场，都有发展好的企业和发展不下去的企业。所以，企业发展的好坏和市场有关系，但也不是绝对的。

目前，我国门窗市场确实存在很多困难，但是我认为，塑料门窗节能性能优越、价格合理，在未来发展中面临着巨大的机遇：

第一，国家建筑节能政策和低碳经济的发展趋势为塑料门窗创造了更多的机会和更大的市场。我国房地产市场发展仍然很快，相应门窗需求量将保持上涨趋势，建筑节能政策的要求将为节能性能优越的塑料门窗赢得更多的机会。同时，为了提高建筑物的节能性能，还会有大量不符合节能标准的门窗需要进行改造，这将为塑料门窗的生产商提供一个相当大的市场。

第二，新农村建设也将为塑料门窗提供巨大的市场和机会。为应对世界金融危机，国家计划出台一系列建材下乡的政策，建材下乡主要是指我们建筑材料制品的下乡，用我们先进的建材制品改善农民的住宅，提高农民的居住水平，建设社会主义新农村。现在，我国经济发达地区的农民住宅达到了很高的水平，他们的住宅已经开始使用先进的新型建材制品。还有很多地方的农民住宅需要改善，需要提高建筑产品的节能性能，国家也出台了许多扶持政策，这将会成为我们塑料门窗的一块巨大的市场。

第三，企业要去开发国际市场。这个市场也很有潜力，我们要高度重视这个市场。现在有些企业的产品已经销往国际市场，如实德的型材，德佳的加工机械等。塑料门窗委员会今年有十多家企业参加纽伦堡的国际门窗展览，在展会上推广我们的产品。我们协会也在北京举办亚洲最大的国际门窗展览会，今后我们还要努力把这个展览办成世界最大的展览。通过举办或参加展会等活动，协会要帮助我们的企业走出去，开发国际市场。

二、新的发展导向

我们塑料门窗行业在新的起点上已有坚实的基础，虽然与国际先进水平相比还有差距，但是我们的现有市场和潜在市场都很巨大，可以说，我们面临巨大的市场机遇。面对这样一个发展机遇，我们应明确新的发展导向，行业要应该怎样去发展？往哪里发展？这里应去思考行业的发展战略问题。

1. 建筑节能的新要求

人类社会从农业文明发展到工业文明发展，今天又出现一个新的文明，就是低碳文明，这是人类发展史上一个重要阶段。低碳文明背景下的低碳经济就是以低能耗、低污染、低排放为基础的经济发展模式。实质是能源高效利用，开发清洁能源，追求绿色GDP，核心是能源再生，这是人类生存发展概念的根本性转变。从全世界来看，欧盟、美国、日本都已将建筑业列入低碳经济、绿色经济的重点。2008年的11月份，美国前副总统戈尔发表文章：世界40％的二氧化碳排放量是由建筑物能耗引起的，必须要改变建筑物的隔热性能、密封性能。美国动员法国、英国、德国等国家，于2008年倡议并成立了可持续建筑联盟。2009年，英国政府发布了低能耗低碳资源的建筑，要在2050年实现零碳排放。绿色节能建筑强调采用整体建筑节能方案，即从建筑选址、建筑形态、保温隔热、窗户节能、系统节能与控制等方面去整体考虑建筑物的设计方案。

中国在这方面也下达了一系列的文件和要求。在2009年，胡锦涛总书记在世界气候变化峰会上向全世界承诺，中国五年内要节约6.2亿t标准煤，要减少二氧化碳排放。2009年，温总理在哥本哈根气候变化领导人会议上也承诺，到2020年中国单位国内生产总值所排放的二氧化碳要比2005年下降40％～45％，这个要求是相当之高的，从这一点上我们可充分感到建筑业在低碳经济中的重要地位。住房和城乡建设部也设定了两个阶段的目标：第一个阶段，是2010年全国新建建筑物1/3以上能够达到绿色建筑和节能建筑的标准，全国城镇建筑的总能耗要提高节能50％。第二阶段，到2020年，要通过进一步推广绿色建筑物和节能建筑物，使建筑总能耗达到节能65％的目标。如果这个目标能够实现，那么我们减少二氧化碳的排放量就相当于英国二氧化碳排放量的总和。门窗能耗占建筑能耗的四分之一，是建筑节能的重点，因此，行业发展的方向和导向都要符合低碳经济的新要求。

2. 中小企业发展的新视野

中小企业在中国占企业总数的90％，是我国国民经济增长的推动力，是扩大就业的主渠道，是科技创新的主力军。我国现在高度重视中小企业，出台各种优惠政策进行支持。习近平同志还到过我们陕西的散热器企业，这是我们的会员企业，是个高度重视产品研发的民营中小企业，发展非常快。可以说，中小企业对于国民经济意义重大，要促进中小企业的发展，就要有新视野，一方面要重视自身的发展难题，如能耗大、融资难、素质低、品牌少等，一方面要重视信息的收集和利用。

3. 科技创新的新能力

要注重加强新产品、新技术的研发。我们的民营企业成立了不少研究所，不仅有像实德这样的大型企业有研究所，还有一些中小企业也有自己的研发机构。从行业角度来讲，我们要研究这些科研力量的整合问题，大家要站在巨人的肩膀上去研发，避免重复劳动，避免什么事都要从头研究。要掌握别人的研究成果，在别人的研究成果上再研究，不断发展。要重视引进外国的先进技术和人才，进行合作，特别是德国的技术，注重消化吸收，变为我们的技术。

三、协会要紧紧围绕行业发展创新工作

1. 人才培训

随着社会的发展变化，企业的成长壮大，我们的管理方式也要发生变化，企业要适应这种变化，企业家要加强学习，企业员工要加强学习。因此，协会要重视开展培训工作，不仅要通过培训提高企业员工的素质，也要提高企业管理人员的素质，提高企业技术人才的素质，提高企业高级技工的素质。

2. 技术攻关

企业不仅要提高产品质量，也要不断改进企业生产的工艺，要重视产品的创新。企业要有自己的品牌战略，努力创造自己的知名品牌。协会要充分发挥行业组织的优势，组织专家开展技术咨询等服务，协同企业进行技术课题研究，为企业排忧解难，扶持企业做大做强。

3. 交流与合作

要继续组织企业与企业之间的合作。合作是更高层次的竞争。谁能合作谁就能赢，企业能够通过合作增加自己的生产能力，增加自己的市场占有份额。在有些场合，企业和企业之间是竞争的对手，但在更多的时候，是伙伴关系、联盟关系、合作关系。我们行业与行业之间，要建立联盟，企业与银行建立联系能解决融资难的问题，企业与教育科研单位建立联系能解决产品研发的问题，企业和用户建立联系能解决产品的销路问题，企业与大企业合作能解决生产能力不足的问题。联系和合作才能提高我们企业的层次，我们协会的作用就是解决企业家之间的联系和联盟问题。

4. 经营指导

协会要通过各种场合，开展各种活动为企业提供指导，这也是很有必要的。企业

也要学会利用协会，利用协会的场所、利用协会的关系、利用协会的影响开展活动，加强与各方面的联系，助推企业向前发展。

我们的企业虽然都还不大，但要有自己的发展战略，在新的起点上谋求本企业的进一步发展。我相信通过5～10年的努力，中国在塑窗行业会产生十几个与世界上的大型企业能进行比较的大企业。只有企业强了，行业才能强，行业强了，协会才能强。我相信我们的事业、我们行业的明天会更加美好！

（2010年4月13日在“2010年全国塑料门窗行业年会”上的讲话）

弘扬门业品牌　提升房产质量

前面听取了5位门业专家、2位房地产专家的讲演，讲得很好。房地产业协会王平同志刚才谈了房地产业的过去、现在和将来，下面我从三个方面来谈一下门业的现状、发展趋势以及与房地产业的关系。

一、我国门业的发展现状令人振奋

首先探讨门业发展的现状和潜力。

1. 门产品的种类齐全

门业发展迅速，种类齐全。大体上门产品有四大方面的分类：从使用场所讲，有厂房用门、围墙大门，住宅用门、特种门；从做门的材料来说，有钢门、铝门、塑门、木门、铜门，以及两种以上材料复合而成的门；从开启方式来说，有手动的、电动的、遥控的、感应的；从运行方式来说，有侧移的、平开的，上翻的，旋转的等。

2. 门业企业的发展迅速

门业企业发展迅速。就门业发展的现状说，有众多的门产品生产企业，行业的年产值在1000亿以上。拿防盗门来说，70%在永康及永康附近的武义，这两个地方起码有上百家企业，永康带动了武义这个门业起源地。中国林业协会有位副会长讲过，木门行业2004年总产值尚不足200亿元，其后每年以25%的速度高速增长，近几年以30%的速度增长，2006～2008年产值分别达到了320亿元、400亿元、500亿元。2009年受国际金融危机的影响，众多行业的发展出现了不同程度的下滑，国内木门业却保持了30%的增长速度，到2010年可以达到700多亿元，全国大大小小的木门生产企业有5000多家。电动门生产企业也很多，工业门、车库门、卷帘门等门的市场用量估计有630万樘，也以20%～30%的速度增长；还有自动门，拿自动门来说，2009年以推拉门、旋转门为主的自动门，年安装量达到9500樘，销售总额达到20亿元人民币，据统计中国大陆境内的品牌就有102家，较大的生产厂家20家，国际品牌11家，在高端市场，目前国外品牌仍占有优势，在中端市场我们跟国外品牌市场占有率平分秋色。从中长期来看，我们的门产品向国外出口有较大的优势。

行业的发展完全依赖于企业的发展。在中国门业行业迅猛发展的过程中，涌现了一批大的领军企业。从钢制门来说，像重庆的美心、辽宁的盼盼，员工总数在3000～

5000人，年产值都达20多亿元；木质门像浙江梦天、重庆星星、沈阳天河、江苏合雅、广东润成创展、山西孟氏等企业，2009年的产值都分别在亿元以上，有的达到了5个亿；电动门领域，北京凯必盛、深圳红门、南京九竹等公司，员工数大约在800～1500人，年产值达到2～4亿元，许继施普雷特、浙江梅泰克诺、无锡明和、无锡华荣、无锡旭峰等公司，也比较靠前，员工有300～600人，年产值也在1.5亿左右。防火门企业，像瑞中天明，1亿多产值，是专业厂家；像蓝盾集团，在广东、北京、上海、西安、福建、武汉设有六大基地，共5000员工，规模较大。今天论坛所在地是永康，在全国永康的门业大企业也是比较集中的，年产值达到20亿的有步阳集团，18亿元的有王力集团，15亿元的有群升集团，10亿元以上的有新多集团、隆泰集团、富新集团、星月集团，达到8亿以上的有索福门业、金大门业、大力门业、天行门业等，这些企业都相当了不起。另外北京米兰之窗门业公司被授予“中国木结构门窗科技产业化基地”，产品档次和生产规模都值得称赞。今年3月份，我到德国纽伦堡参加国际建材展，在那里看到中国有20多家企业参展，不远万里到欧洲国家展示自家产品和企业形象，非常了不起。

3. 门业振兴的潜力巨大

虽然中国的门业近年来发展迅猛，但在看到我们成绩的同时，也要看到我们的差距，要在比较中找出我们的方向。这个差距也正是我们需要发现的前进的动力。找差距一要自已跟国内企业比，会感到进步非常之大；同时更要与世界上大的门业公司相比较，这样的比较，就能发现明显的差距。

比如说瑞典的亚萨合莱集团就堪称门业的航空母舰。瑞典在北半球的北边，这个集团公司总部在瑞典的首都斯德哥尔摩，为瑞典上市公司，目前在美洲、欧洲、亚洲共拥有近110家工厂、180多家全资和合资子公司，全球雇员30000人，销售总额超过50亿美元。亚萨合莱集团旗下共有近100个国际品牌，包括瑞典的ASSA，Besam，Portsystem2000，芬兰的ABLOY，挪威的VINGCARD，德国的EFFEFF（安福），IKON，美国的YALE（耶鲁），SARGENT，HID，法国的VACHETTE，JPM，澳洲的LOCKWOOD，以色列的MUT-T-LOCK，韩国的CHEIL，意大利的DITEC，中国的固力（Guli）、永康王力门业的锁，北京的瑞中天明，新近加盟的盼盼门业等。还有瑞士的严实股份有限公司，有空腹钢门窗、幕墙、隔断系统，隔热断桥符号节能要求，可防火、防盗、防弹。外观与彩色铝门窗相似，强度比铝门窗要高得多。与德国旭格是合作伙伴。是欧洲类似企业中最好的一个，在中国也有代表处。2007年销售额达到3.2亿瑞士法郎。其产品结构和功能对中国的钢门窗企业有很好的示范作用。还有德国的霍曼集团，是一家始建于1935年的家族企业，经过长期不懈的努力，“霍曼”品牌已经在国际市场上代表着最高的品质，最先进的技术标准和最强的客户理念。今天的霍曼集团依然是全资家族式企业，全球员工共计约为5000

名，年销售额达到10亿欧元，并且继续迅速地向国际化发展，不断地新建及并购高品质门类产品企业，在霍曼集团分布于世界各地的十多家高度专业化的工厂中，生产各种工业用门、车库门、平开门及与门配套的驱动系统、升降平台等高品质产品，引领着欧洲门类产品市场，成为同类产品的市场先导。在先进强大的生产保证基础上，霍曼建立了完善紧密的销售和售后服务网络，通过分公司和合作伙伴，在所有欧洲国家设立了集团的分支机构，并在中国的北京，美国的田纳西州沃诺瑞建立了欧洲以外的专业工厂。

看看上述国外大企业，再比较我们的企业就会发现，尽管我们的发展速度相当快，但是我们的差距还相当之大。中国市场很大，这也是我们取得发展的潜力所在。单中国住宅用门，每年大概就有2700亿元的市场容量，再加上工业用门，商业用门等，中国的门业市场相当之大，发展潜力不可估量。但我们的品牌差距大，与人家国际著名的品牌相比较，品牌优势不够强。今后对门的要求愈来愈高，不能仅满足传统意义上要求，除满足隔离、屏蔽、安全、开启等功能要求外，还要满足循环经济的要求，满足低碳经济的要求。这也是门业发展和振兴的潜力。这是我讲的第一个问题，我国门业发展的现状。

二、房地产的工程质量与门产品质量息息相关

下面我谈谈门业的四大质量问题。

1. 门产品的安全性

第一是结构质量安全、抗震性，还有防触电、防撞击、牢固性、开启关闭的可靠性、防护方面的安全性等。安全与人的生命息息相关。我们的门产品在安全方面也还存在不少问题。我们的门还存在着自动门扇夹人、伸缩门电人、滑升门砸人、防盗门不防盗、防火门不防火等诸多问题，安全事故时有发生。我们的标准体系还不完善，要求还不明确，或者是可操作性不强。有的抱着侥幸心理，对材料、器件到工艺以次充好，削弱了门的安全性，这是房屋几个安全要求的一个重要方面。

2. 魅力质量与门产品的创新

老百姓这么看待门的呢？老百姓说：看房不如看门，看门不如看锁，房子怎么样要看门怎么样，这就是门的魅力质量。

3. 功能质量与门产品功能人性化

门是为人服务的，门产品符合人性化要求至关重要。门的开关闭操作要便捷。门有利操作对人来讲就是功能的人性化，开启的便捷性，通行的顺畅性非常之关键。

4. 可持续发展质量与门产品的环保节能要求

门产品要实现可持续发展，环保非常关键和重要。作为建筑能耗来讲，国家产业

政策有要求，提高人民生活质量有要求。门的加工过程使用的材料，门的使用过程，门制造过程和使用过程中都有环保问题。现在还有一些不环保的现象，在制造环节上还有不少门企业，包括一些大型企业，环境条件差、光线暗、粉尘大、异味明显，环保超标的也有。有资料显示，门窗作为建筑维护的重要组成部分，其能耗占整个建筑物能耗的30%以上，因此讲建筑物节能，门窗节能是不可以忽视的一个重要环节。我们的房地产建筑质量与门之间有着紧密的联系，可以说是息息相关的。

三、协会要紧紧围绕“弘扬门业品牌，提升房产质量”的四大方面下工夫

我们要紧紧围绕“弘扬门业品牌，提升房产质量”去开展工作。中国建筑金属结构协会下设一个钢木门窗委员会，今天的论坛就是这个委员会组织的。钢木门窗委员会的主任和副主任今天也都在场，大家要相互认识，加强交流。在座还有很多门业专家，多年从事门的研究和发展，对标准的制定、门业的发展历程都有比较深入的了解。我希望钢木门窗委员会要依托专家，在如下四个大的方面下工夫。

1. 要在技术创新和专利保护上下工夫

要重视技术创新，象采暖散热器委员会一样，把门的专利汇编成册，共享成果。专利作为成果是有价值的，我们不能说专利仅仅是为保密的，可以供专家进行筛查和研讨。通过企业科技人员之间的交流，进一步发挥成果的效益，减少资源的浪费。通过原始创新、集成创新、引进消化吸收再创新，取得新的成果，对专利保护的同时也有一批新的成果出现。

2. 要在品牌培育上下工夫

我们要树立品牌理念、意识。做门的终生要为门的品牌奋斗。比如说，产品的品牌质量要让产品使用者感到自豪、骄傲、情感上的满足。品牌不是一天形成的，也不是作广告形成的，而是一个长期的维护过程，同时也是一个生产、营销过程，在方方面面的服务上体现出来的。协会要每年或者每两年做一次中国门的品牌评选，评出哪些是中国的知名品牌。

3. 要在人力资源开发上下工夫

当前我们行业的发展，企业的发展，最关键的是人力资源的开发，当前最大的浪费是人力资源的浪费。人力资源开发对企业来讲，一个是企业家，一个是技术专家，一个是管理专家，三个家，还有工人技师或者叫能工巧匠。企业家是当今中国最宝贵、最稀缺的资源。特别是我们的民营企业家，是当今时代最可爱的人，他们在当前市场拼搏中经历了考验，不断地锤炼自己、完善自己。要避免出现“老板一抓，企业就垮”的现象。第二是技术专家，门有它的技术含量，我们要提高它的科技含量，特

别是门及门配件的优秀设计会大大地带动门行业的发展。再就是管理专家，一个企业的员工队伍，有上百人、上千人，在材料管理、质量管理以及资金管理等方方面面都应有专家、有内行。我们中国的国有企业有两个会两个不会，中国国有企业会人事管理，设有人事科、人事局等管理部门，记录你的档案，你什么时候提升，什么时候犯过错误，都会记在里面，但不会人力资源开发。第二个是中国的国有企业会财务管理，不会资本经营管理。对收支记得很清，但不会钱生钱。我们的民营企业要充分考虑这些因素，克服国企存在的弊端。

技工也是不能少的，高级技工也是我们的重要人才，作为协会来讲，通过技工的培训、人才的培训、人才的交流，造就一批中国门业行业的三家一师，即企业家、技术专家、管理专家和技工大师，这项工作特别重要。

4. 要在扶持一批领军企业做大、做强上下工夫

要对中国的门业企业进行排名，这个排名是动态变化的，要经过专家设置科学的排序指标，从一年排到10年或20年，从中看变化情况。要扶持一批领军企业，有效地从管理、从技术方面使他们不断做大、做强。做大、做强离不开扩张性地发展，做大、做强离不开合作同盟。今天我们中国建筑金属结构协会与中国房地产业协会在这里联合召开这样一个高峰论坛，我们门窗企业要与房地产企业建立联盟。房地产企业是我们门窗企业的上帝，我们要尊重上帝，按照上帝的要求不断改进我们的产品，提高我们的质量，做好我们的服务。同时，我们还要在合作过程中，了解全球这个领域的发展，寻找与我们可能合作的单位和部门。在国外还有很多这样的社会团体，像美国、英国的钢门窗协会、美国的国际门业协会、加拿大的钢门制造协会、加拿大门窗制造协会、澳大利亚门窗协会、美国的门窗制造协会、欧洲门窗制造商联合会、欧洲建筑业木材工业协会木材联合会、欧洲塑钢门窗制造商协会、德国门和门禁系统制造商联合会、日本自动门协会国外同行业的协会、商会，我们中国的协会要与国外同行业协会加强联系，相互考察、研究经验，共同推进中国门类事业的发展。

与我们中国建筑金属结构协会钢木门窗委员会相近的协会或商会也有很多，如中国林产工业协会木门专业委员会，中国木材流通协会木门专业委员会，全国工商联家具装饰业商会钢木门专业委员会，中国安全防范产品行业协会，中国消防协会等，跟这些协会也要建立密切的合作关系。

今天我们还看到，中国对外工程承包商会建筑业分会与会。要使中国的门业企业走向国际市场，这是非常必要的。我们召开门博会，这是第一届。这个门博会整体说是不错的，应该说永康市政府下了很大的工夫，我们的门企业也下了很大的工夫，到了今天的程度相当不错，我在展馆看到了德国的厂商，还看到了意大利厂商，但国际化程度还不够，要加大宣传，动员其他行业组织共同参与，吸引外商。前不久我与刘秘书长去趟山东，到山东寿光一看，真是了不得，很受启发。寿光有个“世界菜博会”，就是蔬菜的“菜博会”，面积相当之大、品种相当之多，一个黄瓜2m长，一根豆角也是5～6m长。当地一个老总说，你要知道，我们寿光是全国蔬菜集散地，全国从南到北，不少地方的蔬菜都是从寿光批发出去的。

我们搞了门博会，要以此为契机不光把门博会所在地变成门的展览中心，还要建成门的集散中心、研发中心。要看到工业化进程中，欧、美已经走过了两、三百年的时间，我们中国才走了三、四十年，中国面临的问题和挑战强度会更高。我们作为一个门专业化的发展，就要深入研究门业。现在专业化的内容已经形成，专业化的机制已经形成，我相信我们的发展是健康的、是快速的。迄今为止，我们门业发展仍然是一种最典型的经济发展，今后要与世界上最大的门业企业进行对接，赶上世界潮流。我到过美国、加拿大，走了一圈，就看到两个塔吊，我们中国到处都是塔吊，我们的社区项目建筑面积上百万、上千万平方米，这是多大的市场啊！反过来，我们的门业企业为什么还比人家小那么多？就不能靠着房地产业发展而壮大吗？我认为完全可能。在这么好的条件下，我们门业的企业家和员工一定要振奋精神，努力进取，迎接门业更加美好、更加壮丽的明天。谢谢大家！

（2010年5月26日在永康“中国房地产业开发和门业发展高峰论坛”上的讲话）

重视合作　善于合作

去年，建筑门窗配套件委员会在青岛召开了一次会议，在那次会议上我提出了"增强发展信心，正视发展难题，共谋发展方略，促进中小民营会员企业又好又快发展"，讲完以后，委员会做了大量的工作，包括去年底在佛山合和召开的品牌经济高峰论坛。今天委员会在东莞召开2010年工作会议，我想借这次会议讲8个字，"重视合作，善于合作"。下面我从三个方面重点讲一讲。

一、增强合作理念，寻求跨越式发展

1. 合作是知识经济时代的必然趋势

合作是知识经济时代的必然趋势。今天的时代是知识经济的时代，是知识爆炸的时代，是知识以幂指数增长的时代，也是经济全球化的时代。全世界是一个地球村，我们同在一个村子里面生活和工作。目前，无论从国家之间、地区之间，还是组织之间、个人之间，都在进行有效的合作。

从国家之间来说，什么叫上海合作组织？上海合作组织是由中国与哈萨克斯坦、吉尔吉斯斯坦、俄罗斯、塔吉克斯坦和乌兹别克斯坦共同组建而成，致力于推进六国间合作的国际组织。还有20国集团，它是由八国集团（美国、日本、德国、法国、英国、意大利、加拿大、俄罗斯）和十一个重要新兴工业国家（中国、阿根廷、澳大利亚、巴西、印度、印度尼西亚、墨西哥、沙特阿拉伯、南非、韩国和土耳其）以及欧盟组成，旨在推动国际金融体制改革，为有关实质问题的讨论和协商奠定广泛基础，以寻求国家间合作，并促进世界经济的稳定和持续增长。

从地区之间来说，以中国为例，广东经济的迅猛发展主要获益于与香港、澳门的区域合作，而近年来广西经济的迅速崛起得益于与东盟的深入合作，东盟博览会的召开、中国—东盟自贸区的建立实现了广西和东盟区域经济的合作共赢。还有欧盟，它是一个集政治实体和经济实体于一身、在世界上具有重要影响的区域一体化组织，旨在推进欧洲的一体化的进程，促进欧洲各国经济贸易的共同发展。

从组织之间来说，无论国家组织、行业组织、还是民间组织，都要开展合作，特别是现在有很多国际性的组织，就是每个国家同类组织共同组成的，比如说联合国，还有行业组织的合作，比如中国建筑金属结构协会联合国际上同行业协会举办的中国国际门窗幕墙展览会，同时协会也会组团参加国外的博览会等。

从个人之间来说，现代社会是专业高度分工的社会，不论你是研究科学的，还是做政府工作的，还是做经济工作的，大家都离不开合作，光靠自己单枪匹马，什么也干不成，必须要和人进行合作。任何一个成果不属于任何一个人，它都是在别人的支持下所产生的。可以说，航天英雄杨利伟的成功，是他身后从事载人飞船事业的团队整体协作的结晶，是团队合作的典范。

从企业来说，现代企业形态从国际范围来看有这样的突出特点：

（1）外包已成为企业生产的核心组成部分，不再是补充成分；

（2）联盟已成为企业组织结构的重要环节，不再是外在因素；

（3）合资合作企业也成为组织结构的常见形式，不再是个别公司的延伸。

2. 合作是更高层次的竞争

无论是知识经济时代，还是地球村时代，合作是这个时代发展的必然趋势，合作是更高层次的竞争。有人说市场经济就是竞争，是大鱼吃小鱼，小鱼吃虾米，竞争是你死我活的，竞争是无情的，竞争是残酷的，现在看来这种说法不尽确切，新时代的竞争离不开合作，更强调“竞合理念”，合作是在更高范围、更高层次、更广领域开展的竞争。

首先要看到，合作是一种文化，它体现了一个组织的发展，一个事物的发展。人家过去讲文化，比如像打桥牌的文化，打桥牌是一种比较高雅的文化，日本打桥牌中间有一个帘子隔着，你叫牌我应牌，通过几次叫牌应牌，我就能知道你手里面有什么牌。你需要什么牌，我就出什么牌，这就叫做默契配合的文化，配合的好能打好，配合不好就要输。还有一种打麻将文化，四个人打麻将，你要看着对家，瞄着上家，防着下家，我不胡，也不乱打。你要这个牌，我也不给你出。这种文化多少有点嫉妒性，有些人的想法是我干不成，你也别想干成，人家比他强，他就嫉妒人家，人家比他差，他就笑话人家，这种文化是要不得的。同时合作需要一种氛围。大家无论是在坚朗，还是在建筑门窗配套件委员会，都要形成一个良好的氛围。良好的氛围感染不想干事的人也想干事，糟糕的氛围让想干事的人也干不了事。锦涛同志在党的会议上提出中国要建立一个良好的氛围，要着力营造聚精会神搞建设、一心一意谋发展的良好氛围；营造解放思想，实事求是，与时俱进的良好氛围；营造倍加顾全大局、珍惜团结、维护稳定的良好氛围；营造权为民所用、情为民所系、利为民所谋的良好氛围。合作也是一种精神，中小企业面临的难题很多，需要我们团结起来，坚定信心，克服困难。针对有些企业家抱怨市场太乱，好货卖不出去又压价，我强调企业家要正确认识市场，一方面是正因为中国建立了市场经济才有你的企业成长的环境；另一方面是市场经济仍在发育的过程之中，有假冒伪劣产品充斥市场，有互相压价等种种不公平不公正的现象随之产生。该怎么对待？不能看人家不公正我也不公正，人家做假我也做假，那是不行的，你要坚持企业发展的原则和方向。同时换个角度看，在同样的市场环境下，有的企业迅速发展，有的企业停滞不前，为什么？因为有的企业在经历转变的时期中失去信心。可以这样说，凡停滞不前的企业都具有企业领导下缺乏合作的文化精神，失去信心而致，凡迅速发展的企业都具有合作的文化进取精神。

其次，合作是一种需求，是一种动力。为什么要合作？企业有需求。企业需要什么，就开展什么合作，无论是技术合作，还是市场合作，只要大家认同，合作就有动力，我们希望动力越来越强，能推动企业又好又快的向前发展。同时要知己知彼，要了解各方面的信息，在这一点上，我简单地说一下。刚才旭琼同志总结了行业发展的速度相当快，涌现了一批知名企业，像坚朗五金等。可以说，我很钦佩他们，经过几年的努力或者十几年的努力，企业的发展速度是快的，发展质量是好的，在中国是走在行业前列的，但是我们要看到国际上同行业大企业的状况，比如德国的丝吉利娅年产值5亿欧元，德国的格屋2009年产值7亿美元，德国的诺托年产值10亿欧元，德国的多玛2009年产值10亿欧元。通过比较发现，中国企业规模和产值与他们差距很大，但是我们要看到这些国外企业都是百年老店，而中国的企业发展才有十几年的历史，中国的市场前景很大，我们完全有可能超越他们，我这一辈不行，儿子辈、孙子辈要超过他才行，这就有了合作的需求和动力。只有合作，才能实现迅速追赶发展，只有合作才有可能实现有效跨越发展。

再次，合作是能力、修养、素质。合作也不是那么容易的，人家肯不肯和你合作，合作有没有成效，就看合作的能力。在20世纪70～80年代之间，国内各地政府到处招商引资，回来写报告说签订了100多亿的合作项目协议，表面上数据喜人，实质上协议不是合同，没有取得实质性的效果。合作就像人说话一样，是个本事，同样一句话，有的人说得好，能把人说笑起来，有的人说得不好，把人说跳起来。怎么去了解对方的需求，和对方加强合作，达到你所要合作的目的，那是一种合作的能力，也是一个企业家、企业管理人员修养和素质的体现。合作是在更高层次、更广领域、更高范围中开展的竞争。对企业之间来说，在某一个项目上，在某一个时期内是竞争对手，但在更多的情况下是伙伴关系、联盟关系、协作关系。往往会出现合作的能力决定了企业在市场竞争中的生死存亡和快速发展。

3. 合作的两大商业宗旨

合作的宗旨很多，包括文化、需求、能力等。从商业宗旨来讲，一是增强商能，就是指我通过合作能向市场宣布，我什么都有，什么都能做，我没有的我的合作伙伴有，我的朋友有，我的同盟有，我可以帮你解决，从而增强自己的经营能力。对于一企业来说，是否强大其决定要素在企业的商能，包括研发能力、生产能力、融资能力、营销能力，而能力一方面存在企业的自有，而另一方面是靠合作变他有为自有；二是扩大商场，就像旅游业中的酒店，在北京住我的这个宾馆，在深圳住我连锁店的宾馆，通过建立合作同盟关系，提高联盟酒店的市场占有份额。对于一企业来说，是否强大其关键要素在商场，包括市场的适销对路、市场的前沿信息、市场的占有份额，企业要研究分析市场，千方百计扩大市场份额，其中特别重要的一点是广泛开展合作。建筑门窗配套件企业要加强和房地产开发企业合作，扩大门窗配套件行业的商场，寻求行业跨越式的发展。

二、创新合作的途径与方式，力争实质性成效

1. 经营方式方面，谋求产业链之间的合作

产业链是由产业的上下游各个环节所组成的。建筑门窗配套件的产业链，具体包括上游的材料供应商，即提供门窗配套件原材料和制造门窗设备的各种机械设备，可以说，和材料供应商之间合作关系的好坏，将直接影响到供应渠道顺畅和产品价格的稳定；下游的客户，即配套件所供应的客户，主要包括三大方面，城市房地产开发、城镇居民家庭装修、新农村建设等。在经营方式上，建筑配套件企业不会全部生产配套件的零部件，有的是和产业链中的零部件供应商合作，通过采购零部件满足生产配套件的需要，这样在产业链之间的合作有利于企业发挥各自的技术优势，有利于提高行业的整体科技水平。回顾企业经营方式的发展历程，过去计划经济年代，我们的国有企业是橄榄球式的，两头小中间大，中间的工厂很大，工人成千上万，研发机构很小，营销力量很小。现在市场经济年代，我们的民营企业变成哑铃式的，两头大中间小，研发力量很大，营销力量很大，厂房很小，工人很少，但这样怎么生产呢？这就需要联盟合作，比如坚朗，借助本企业产品的生产标准，委托其他企业按照坚朗产品标准生产，这样不仅有利于降低扩大生产规模的风险，而且有利于品牌企业专注于科技进步，提高产品质量。举个例子，美国的西雅图有个波音飞机制造公司，当年总书记访问波音，说我非常感谢波音公司，这句话刚讲完，波音公司的总裁站起来举个手，说总统阁下，我想纠正一下你的说法，我们的总书记很有风度，示意你站起来说吧，波音总裁说：波音公司不是美国的，我有很多零部件是在中国西安生产的，我是跨国公司，我还要感谢中国，购买了很多波音飞机。可以看出，作为跨国公司，波音公司不需要更大的厂房，更多的工人，通过联盟合作，委托其他公司生产波音飞机标准要求的零部件，最后由它负责组装、总装，这就是典型的哑铃式经营方式。在当今社会专业高度分工的时代，建筑门窗配套件企业要学习哑铃式经营方式，谋求产业链之间的合作，推进企业做大做强。

2. 在科技创新方面谋求产学研的合作

今天，我们强调科技创新，强调中国的企业要成为创新型企业、科技先导型企业，企业家要成为科技先导型企业家，是新一代的智商。要在科技创新方面谋求产学

研的合作，那么从产学研来说，“学”就是指高等院校，是传授知识、培养人才的地方，通过和高等院校的合作，可以为企业补充更多智能型的员工，高学历高水平的员工，还可以通过高等院校的实验设备和教学条件，为企业的骨干人员进行培训，可以说，和高等院校合作最大的优点就是能获取知识、培育人才。“研”就是指科研单位，有技术专家和研究设备，专门研究产品的前沿技术和理念，通过与科研部门的合作，使我们在有些技术难题上组织攻关，以解决技术难题、提高工作效率，还能创造专利，同时还能使企业研发第一代产品、第二代产品、第三代产品等，实现产品不断的更新换代，还有开展新技术标准规范的制定，新技术必须要有标准规范。没有标准规范，产品质量无法衡量。而标准规范的制定就需要在政府部门的指导下开展专家和企业家的合作。“产”就是指生产企业，提供满足市场消费者需求的产品。企业要生存发展，要寻求利润最大化，必须要摆脱同质化，针对高度竞争化的市场状况，需要在科技创新方面狠下工夫，因此，企业要充分利用“学”和“研”的优势，通过开展产学研的合作，促使企业成为创新型企业，从而掌握市场竞争的主动权，变“中国制造”为“中国创造”，引领行业迈入更高层次的发展。

3. 在管理创新方面谋求产业群间的合作

产业群是由行业中各种相互关联的企业在一定地域范围内的聚集所形成的。现阶段，建筑门窗配套件的产业群主要集中在北京、上海、江苏、浙江、广东等地。从产品来看，包括十三大类：一是建筑门窗五金件，欧式、美式系列五金，自成体系的五金系统；二是门控五金；三是玻璃门的五金件；四是密封胶；五是通风器；六是密封毛条；七是密封胶条；八是门窗智能控制系统；九是隔热材料；十是中空玻璃用其他附件；十一是门窗组装用附件；十二是纱窗用附件；十三是连接件。这十三大类都是我们的同行，每类企业都有管理创新的特点，要互相学习、互相交流，还要学习失败。我写过一本《建筑经营学研究》，其中写了一章，叫经营失败。失败是一门科学，失败是成功的母亲，不能不要“妈妈”，有一个成功人士曾经讲企业的成功完全归结于企业的失败给我带来的教训，他认为失败也是财富。每个企业都在发展，张经理有张经理的做法，王经理有王经理的做法，要互相走访、互相学习、共同提高，这样才能少走弯路，不要老死不相往来，动不动就提企业机密。企业固然有重要机密，但在一般情况下要积极谋求产业群间的合作，促进行业管理水平真正取得实效。

4. 在实施走出去战略方面谋求全球性的合作

现在全球进入地球村时代，国际间商业活动日益频繁。中国是发展中国家，我们之所以要走出国门干什么？是要挣得外汇，但更重要的是要引进消化吸收再创新，看看外国先进技术和产品，然后引进别人的东西，要吸收还要消化，不要“拉肚子”，消化以后再创新，由中国制造变成中国创造。中国产品不但要在国内销售，更要使欧美、南美都欣赏我们的产品，从而增加国际市场的份额。这次我到德国去，参加了3

月25日举办的德国纽伦堡门窗幕墙展，中国建筑金属结构协会的会员单位有20多家，他们不简单，从中国飞到德国参加展览，销售自己的产品，增加本企业的市场份额，其中与我们配套件行业相关的有泰诺风、坚朗、诺托、国强五金、温州春光五金等五家，这些企业为什么要花费这么大的本钱把自己的产品拿到国外去参展呢？因为企业自信，相信中国的产品能走向国际市场，需要在国际舞台展示我们的产品，彰显我们的力量，中国的产品可以和欧洲的产品相比较之间，他们很了不起，我很敬佩。还有我们看到一些建筑门窗配套件的跨国企业为开拓中国市场，把子公司、分公司、办事处搬到中国来，中国的企业为什么不可以把自己的企业搬到外国？外国的企业可以兼并中国的企业，中国的企业为什么不能兼并国外的企业呢？事实证明，中国的很多企业兼并了国外的企业，这不是梦想，是现实。因此，国内企业在实施走出去战略方面，要多动脑筋，谋求全球性合作。在走出去战略实施方面，我在合肥座谈会上强调了三点：一是属地化经营；二是本土化策略；三是"航空母舰"战略。对此，大家还可深化探索。

5. 在资本经营方面谋求银企间的合作

关于银企间的合作，首先要解决建筑门窗配套件中小民营企业的一个最大的难题——融资难，主要原因有三方面：从企业自身来看，有的中小民营企业仍然存在产权制度不合理，经营理念相对落后，抵押担保不足等问题；从银行方面来看，银行长期青睐大企业、银行信贷人员缺乏有效激励机制、银行的工作流程与中小企业资金需求不适应等原因限制了中小民营企业的间接融资；从社会因素来看，抵押贷款评估登记手续繁琐、信用担保机制尚未完善健全等因素增加了中小民营企业融资的成本。面对融资难的问题，中小民营企业要积极寻求解决的途径，在树立企业良好形象和信用的基础上，积极探索和银行的合作方式，保证企业的资金流稳定，同时坚持两条腿走路，主动寻求其他融资方式，包括直接融资——上市融资。据了解，中国建筑金属结构协会其他委员会有不少家上市公司，目前协会在考虑召开一个上市公司研讨会，邀请证交所的专家给我们讲一讲，中小民营企业为什么要上市？怎么上市？上市成为公众企业以后，怎样实现扩张发展？除上市外，银企合作还有很多形式，需要我们去研究探索。

6. 在品牌建设方面谋求全面的合作

品牌是什么？品牌是技术。没有技术含量的产品是不能成为品牌的，这就要求开展产学研合作，提升产品的科技含量。品牌还是质量，质量不好的产品不能形成品牌，这就要求产品的制造部门、质量监管部门和用户进行合作，对产品的质量进行不断的改进和有效的监管，确保无缺陷产品的上市，最终获得用户正确的评价。品牌是服务，产品在售出后，营销部门包括代理商要做好回访服务，比如我对海尔的售后服务非常满意，我家安装海尔空调，两个安装人员进门前先给鞋子套上塑料袋，不踩脏家里地板，在安装完成后15分钟内，海尔营销部来电咨询服务满不满意，又过了几天电话询问产品使用情况，整个过程感觉非常贴心，这种优质的售后服务是建立在企业和服务商、中介服务商代理商良好合作的基础上的。品牌是知誉度，大家知道的才叫品牌，大家都不了解就不叫品牌。不好的东西光吹不行，好的东西不宣传也不行，提高知誉度就要求和新闻行业建立好合作关系。建筑配套件行业属于制造行业，对于提高知誉度的需求很大，一些企业除了在高速公路两边刊登广告，还有冠名举办的一些大型活动，包括坚朗坚持举办七届的国际高尔夫球赛，每年有三百多个球员参赛，球场的工作人员说是全世界最大的一次球赛，坚朗品牌也因此在行业内拥有非常高的知名度。可以说，这是和新闻行业开展合作的一种成功模式，坚朗邀请他的“上帝”、他的客户，通过高尔夫球赛增进感情、增强合作的基础、增加市场份额。同时坚朗积极参加展览会，他们不仅带着自己的产品去参展，还举办了一系列的活动，充分利用开博览会的机会，开展一系列的营销活动，抓住了合作的机会。品牌是企业的无形资产，品牌价值不可估量。门窗配套件企业要谋求技术、质量、服务、宣传等全面的合作，坚持推进品牌建设，促进企业做大做强。

三、发挥协会优势，全力推进合作

从某种意义上来说，上海合作组织可以叫做上海合作协会，同样，协会本身也是合作组织，建筑门窗配套件委员会可以叫做建筑门窗配套件合作组织，我们的使命就是全力推进合作，目的是为会员创造商机。协会的宗旨是一切为了会员单位，一切依靠会员单位。刚才旭琼同志讲了建筑门窗配套件委员会组织的一切活动，包括制定行业标准规范、技术交流、产品的鉴定和命名都是依靠大家去办的，离开大家是办不成的，同时大家要会用这个协会，你是协会的会员单位，副主任单位，你要用好它，要用协会去为你的企业发展服务。

1. 发挥政府部门与企业间的桥梁优势，增强合作的沟通力

协会属于行业组织，在政府部门和企业之间起到桥梁纽带的作用。这里我要强调一点，凡是协会开会，不论在哪地开会，都要通知当地政府的主管部门，不要忘记政府，政府部门作用很大。回顾近年来韩国经济的发展，韩国从成为亚洲经济四小龙，到后来遭遇国内经济危机，总结的教训是：成在大企业，败也在大企业。大企业总结了6条教训，其中第一条是：与政府关系恶化。企业办得再大，如果与政府关系恶化，那么企业也就快完了。在东莞，坚朗和政府关系极好，东莞政府把坚朗公司当做宝，给予了坚朗公司大力支持。同样，协会也应如此。协会在地方开会时要邀请政府部门参加，要保持市场信息、政策信息、战略信息的沟通和交流，取得他们的支持。刚刚旭琼讲到房地产形势是信息方面的沟通，在政策信息上，协会要掌握国家各部门制定的中小企业的发展政策，哪些政策可以用，哪些政策可以用活，不做违背政策的事情；在战略信息上，国家制定的“十一五”、“十二五”发展规划中，协会要掌握与配套件的发展有关系的信息。可以说，与政府部门保持良好的合作沟通非常关键。

建筑门窗配套件在门窗系统中承担着门窗的开启关闭功能，它是持续活动的，是门窗系统中最容易磨损的，配套件功能有效性不仅直接关系到安全问题，而且影响到建筑门窗的保温性、水密性、气密性，没有高性能的配套件做保证就谈不上高性能的门窗，没有高性能的门窗也谈不上高质量的房子，也就谈不上高品质高性能的建筑，因此，建筑门窗配套件在建筑门窗中绝对不是配角，在某种意义上讲是建筑门窗的心脏，要让政府部门有所了解。最近几年委员会宣传做得不错，现在建设部的标准定额司、标准定额所经常咨询配套件委员会，找委员会的专家参与有些问题的研究，委托委员会编制部分标准规范等。由此可以看出，只有加强与政府部门合作的沟通力，才能让政府部门更加了解我们，支持我们，才能更好地为行业的发展和协会会员单位的成长作出贡献。

2. 发挥跨部门、跨地区、跨行业的优势，增强合作的扩展力

协会和政府部门不同，政府部门有三定方案：定人员、定职能、定部门，定你干什么，没有定的你就不能干。协会没有三定方案，都是创新工作的结果，关于协会的工作我总结出两句话：干起来没完没了，不干也不多不少。没有上级交给的任务，协会工作就需要靠我们的责任心去想企业之所想，做企业需要做的事情。那么对于跨部门来说，建筑门窗配套件行业跟那些政府部门有关呢？具体包括住房城乡建设部、工信部、发改委、工商管理局、国土资源部、税务局、科技部、技术监督局、海关等，和他们加强合作，以解决企业和行业的发展需要。

对于跨地区来说，包括城市与乡村、沿海与内地、国内与国外三方面。以沿海和内地为例，沿海地区一直在建设对外开放的实验区，比如海南要建成国际旅游岛，以后国外游客上岛不用签证，内地福建的海西经济区、天津的滨海新区，以及西部大开发、中部崛起、振兴东北老工业基地等国家发展战略所涉及的地区，这些都是中国经济发展的重点地区，在这样的地区我们如何开展合作，增强合作的扩展力，为会员单位创造商机。

对于跨行业来说，建筑门窗配套件委员会与建筑部门、建材部门、轻工部门等都有关系，因此在协会层面上，应该积极与产业链上的相关协会增进合作。在此重点强调，配套件委员会要与协会内部的铝门窗幕墙委员会、塑料门窗委员会、钢木门窗委员会等加强合作，形成整体合力。从协会外部来看，国外有很多同行业协会，有值得我们学习合作的地方。今年，委员会考察了美国的三家协会：第一个叫 BHMA，是美国建筑五金制造商协会，成立于 1925 年，前身是美国五金制造商统计协会（HMSA），BHMA 从 1966 年起主要从事研究和制定相关规范编制工作，并一直维护美国行业标准 ANSI/BHMAA156 系列，他们代表北美地区 90%的制造企业；第二个叫 DHI，是美国门五金学院，始建于 1934 年，是美国建筑门控行业专业机构，长期致力于发展建筑领域的安全与安保，拥有全球行业内最专业、最权威的技术培训体系及管理体系，通过严格考核对合格人员发放专业证书，为开发商、承建商、建筑师、业主提供专业技术服务，这个协会有 5000 多个会员；第三个叫 NFPA，是美国消防协会，成立于 1896 年，在全世界设有六个地区联络部，仅工作人员有 300 多人，是全世界公认的关于火灾问题、消防、防火等方面的技术背景、数据和客户服务的权威资源，同时拥有个人会员 75000 人，来自 80 多个国际商业和专业组织，遍及全球一百多个国家。通过横向比较，我们看到了差距与不足，一是国外协会历史悠久，国内才发展几十年，我们不在同一起跑线上；二是国情不一样，中国政府机构转变职能还没到位，国外政府机构很多事务都委托协会去做。应该说，发现差距和不足才有进步的潜力和空间。中国是一个大国，一个省就相当于国外一个国家，如果一个省有一个会员，委员会就有 31 个会员，一个省两个就有 62 个会员，一个省三个就有 93 个会员，中国建筑金属结构协会下面的建筑门窗配套件委员会，在中国要有更大的广泛性，才有话语权，有了广泛性才能代表中国，作为协会，要发挥跨行业、跨地区，增强合作的扩展力。

3. 发挥专家队伍的优势，增强合作的创新力

专家是协会的资源和财富，协会因为有了专家的支持才会变得更加强大，而专家因为有了协会就有了发挥聪明才智的舞台。专家包括个人与群体，个人专家可以帮助某一个企业解决某一个具体问题，或者进行培训讲课，专家的群体可以联合起来制定一个标准规范，或者研究行业的发展战略，研究哪些新技术可以推广应用，哪些新专利可以得到市场应用。协会的职责就是在了解会员单位需求的基础上，促使专家的聪明才智和企业家的需求相结合，形成巨大的生产力。我来到协会一年多，批评了一些现象。每年我们召开了不少研讨会，会上都会发本论文集，表示研讨会开得很有成绩，对此，我联想起我 20 世纪 80 年代考察苏联科学研究院的时候，当时前苏联有个专家跟我讲：中国和苏联都是社会主义国家，每年都会评选获奖科研报告，我们专家研究的目的就是为了得到一个列宁勋章，而日本人很聪明，在获奖文章发表一个月内，把我们的科研成果变成了产品，形成了生产力，相比较而言，我们得到勋章，人家赚了大钱。因此，研讨会要开得有成绩，必须要注重实际，要协助企业形成生产力，要对会员单位起到制造商机的作用。

协会是专家们的“家”，行业的发展离不开“家”里的各位专家，建筑门窗配套件行业的发展战略要靠各位专家来制定，专家们要积极当好咨询与顾问，有什么建议跟协会说，有什么发展难题找协会帮忙，协会能组织行业的力量来实现专家的意图，这样协会才能更好地发挥专家队伍的优势，增强合作的创新力。

4. 发挥行业合力的优势，增强合作的亲和力

行业的发展离不开宏观经济政策的支持，更离不开企业在市场经济下的践行。在现代经济学体系中，企业属于微观经济范畴，国民经济属于宏观经济范畴，而行业则归属于产业经济、中观经济范畴。在中国，中央政府每五年都会制定国民经济五年发展规划，旨在规划宏观经济发展来指导中观经济、指导行业的发展，而企业又离不开行业的中观经济，必须在中观经济的指导下发展，没有中观经济的具体指导，企业很难确定自己的发展方向，很难在发展中少走弯路，很难使本企业的发展符合国家的产业政策要求。我举个例子，江苏常州有个民营企业家，花了几个亿建设了一座像首钢规模的钢铁厂，最后被中纪委查处了，理由是不符合国家产业政策，土地是违规的，最后把人还抓了，给予了处分。分析其原因就是中观经济没有做好指导，民营企业家想做好事，花了大本钱，结果倒了大霉。所以，企业的发展必须在中观经济的指导下才能稳健发展。希望配套件委员会认真组织专家制定好本行业的五年发展规划。

行业要发展，必然会涌现出很多企业进入本行业。关于同行，该如何正确认识之间关系？我说在旧的观念中，同行是冤家，在新时代，同行应该是哥们儿，是兄弟，在一起应该有兄弟般的情谊，相互支持，相互信赖，取长补短，共同发展。不会合作的企业是亚健康企业，不会合作的企业家是残疾的企业家，就像一个人，身体各部位是要互相合作的，不合作就是不健全、不完整的。因此，企业要做大做强，必须把合作提高到更高的认识层面上。

今天我们讲“和谐社会”、“环境友好型社会”、“低碳社会”，就是强调社会发展要实现全方位的和谐，包括国家的和谐、行业的和谐、环境的和谐等，应该说，和谐是为了合作，不和谐带来不了合作，同时合作也体现和谐，不合作不是和谐，只有通过合作，才能真正体现和谐。我想借这个机会，在去年提出要增强发展信心，正视发展难题，共谋发展方略，促进中小民营企业又好又快发展的基础上，今天提出建筑门窗配套件中小企业的发展，要重视合作、善于合作，关键在于我们企业家的言行，决定了能否做到增强合作信念，寻求跨越式发展，创新合作方式，力争实质性成效，同时协会发挥行业组织的优势，全力推进全方位的合作，衷心祝愿建筑配套件委员会各会员单位在开展合作，谋求企业跨越式发展上有更大的视野、更宽阔的思路，在企业健康的发展上取得更大成效！

（2010 年 6 月 21 日在建筑门窗配套件委员会工作会议上的讲话）

门窗幕墙行业的转型

在座的都是老朋友了，我来到协会一年多的时间，尤其是这个大企业的面孔都很熟悉，都是老朋友，实实在在讲，应该说我们铝门窗幕墙专业委员会是协会能力最强、工作最活跃的一个专业委员会，特别是2010年在北京成功地举办了第八届国际门窗幕墙博览会，还有不少外国人来参加，比2009年的规模大了很多，效果也非常好，增加10%，是亚洲最大的，我还老不满足，必须超过德国，必须是世界最大的，中国亚洲最大的能行吗，明年比今年规模还要大。

在这个会上举行了两次研讨，一个是门窗幕墙行业和房地产业的研讨会。房地产和我们门窗幕墙企业的技术人员，房地产开发公司经理与我们幕墙企业的经理在一起开了一个研讨会。在会上我做了一个讲话，我强调房地产产业的发展离不开我们门窗幕墙，你们的工作质量如何很大程度决定和影响到房地产产业的发展，房地产作为一个产业要发展，门窗幕墙起着非常重要的作用。一个是我们门窗幕墙行业自身的研讨会，我提出了门窗幕墙行业在国家转变经济发展方式的时候，要转变行业发展方式，并提出了三大重点，第一个重点是质量，第二个重点是讲的我们的创新，科技创新，第三个重点强调了太阳能建筑的应用，这个讲话在资料里面有了，我不重复了。

从国家宏观形势去了解，我们党的十七届五中全会是审计通过了中国第十二个五年发展规划，2010年完成“十一五”，2011年开始“十二五”，这五年我们国家强调的是一个主题一个主线。主题是发展，而且说得很明白，只有坚持发展是硬道理才是科学发展，无论我们的行业，我们的企业都要发展，所有问题在发展中才能解决，所以我们中国当前也有不少问题，物价问题、工资差距问题，所有这些问题，包括碳排放比较多的问题等这些问题，只有发展才能解决，不发展什么问题也解决不了，我们任何一个企业也是如此。企业现在也有不少困难，市场中的困难，企业自身的困难，昨天老郭（郭忠山）还跟我讲，民工价格又贵，还不太好稳定等，所有这些困难都要通过发展来解决，不发展什么困难也解决不了。主线是转变经济发展方式。作为一个国家来讲叫转变经济发展方式，作为我们来讲，我们会员单位要转型，要升级，就是在现在的基础上我们企业向什么方向发展，转什么样的型。可以这样说，发展是转型的必然要求，不发展，转型就是无源之水、无本之木。转型又是发展的必然前提，不转型发展就可能还是光抓数量不抓质量，发展就可能在质量上有问题，或者说发展也可能走入歧途，转型和发展是相互之间密不可分的、紧密联系的、有机联系的。

对我们企业来讲，转型我认为主要有这么几点。

一是科技先导型，我们的会员企业要成为科技先导型企业，我们的企业经理，企业家要成为科技先导型企业家，要提高我们工厂、提高我们企业的科技含量，我们不是靠笨重的体力劳动、不是靠延长工人工作时间、不是靠工人增加体力消耗去完成我们的产品，增加我们的利润，而是靠科技，但是科技创新有很多，我今天不讲太多，包括原始创新、集成创新，还有引进消化吸收再创新，尤其是门窗幕墙科技创新的路子很长，还有很多问题我们不认识不了解，包括我们说的硅胶，胶是化学产品，物质是由各种分子组成的，你不知道它能组成什么东西，在化学领域，化学建材领域我们还有很多未知的东西，需要我们去创新。这样就要求我们的会员单位把赚的钱增加到科技投入中去。可以这样说，我们今天发展得不错，发展到今天，不重视创新我们就没有明天，创新是为了明天，我想你们能讲得比我更多，我就不多说了，我们专家委员会是我们的宝贵财富，就是创新。要把专家，学者，教授和我们企业家紧密结合起来，从事我们行业的创新，使我们的行业，使我们企业科技含量能更高一点，这不是喊口号，要你们专家具体一点，在哪个方面我们还有差距，每一家企业都有自己需要研究创新的东西，郑州中原公司有一个研发机构，研发中心，多半是学化学的大学生，我专门跟他们开过一次会，你们这些年轻的大学生在这里，我跟他们讲：你们要了解世界上最新的技术，在化学建材里面，在我们胶里面很多领域是未知领域，你们要钻进去，去攀登科技高峰。

二是资源节约型，国家强调资源节约型，我们的资源需要节约，表现在我们的工厂里存在比如资源浪费的问题，我们工厂的地下空间没有用，上面建了一片工厂，地下我们这块没有当回事，资源就浪费。还有我们工厂的屋顶可以利用起来，屋顶可以利用太阳能的，你这个资源又浪费掉了。更大的浪费是人力资源浪费，充分发挥每一个人的作用，有能力的企业家把自己身边的人，自己手下的人培养成人才，才叫企业家，人人可以成才，发挥每一个人的作用。真正做到以人为本去发展，重视人力资源，这种资源，包括节能、节材，包括可再利用，包括可循环经济等方面，都是资源节约型。我们现在多多少少在各个企业存在这样那样的浪费现象，资源没有得到充分的利用，当然我所说的资源还包括，除了人力资源，还有有形资源、无形资源，这个品牌就是非常重要的资源。成都硅宝刚才说了，上市也是资源，资源要想办法怎么用好它。

三是环境友好型。我们企业有什么环境，我想有四大环境，第一个环境是我们的市场环境，这个我们协会有责任，昨天晚上老郭（郭忠山）跟我说深圳存在地方保护等问题，我跟大家讲，大家要从两个方面来看，我们在座的企业绝大部分都是民营企业，中国不搞市场经济没有你们，如果邓小平说中国不搞市场经济，我们在座很多人你们都要受批斗的，当成走资本主义道路挨批，正因为市场经济才有了我们企业的今天。还要看到中国的市场经济还很不完善，市场中还有不少不正当竞争，还有不诚信的行为，还有贪污腐败分子，扰乱市场。这也是正常现象，市场在完善的过程之中，对企业来讲一方面要看到市场成长的有利一面，一方面还要看到市场不完善的一面，在这种情况下，企业怎么干。我在有些企业的座谈会上谈过，咱们都是在中国的市场环境下，都是在中国共产党领导下，为什么有的企业发展得很快，有的企业怨天尤人，迟迟不能发展，都是这么个条件，都这么个市场环境，但是作为政府，作为我们协会，要想办法去规范市场，去制止市场不正当竞争行为，讲究市场的诚信，这是一个环境。第二个环境是工厂的环境，我到过你们工厂，我很欣赏远大的工厂，新型工厂很漂亮，工厂环境也很关键，工厂环境是工人作业环境，是优质产品的生产环境，是一种人们能够充分发挥主动性，积极性的环境。同时我曾经叫我的秘书，收集一下，我发现工厂里的一些标语写得非常漂亮，讲质量、讲管理，体现了以人为本的文化环境。第三个环境是工程的环境，就是说我们要建工程，工程环境，施工过程中的环境，建成之后的环境。房地产开发也是这样的，我曾经说过加拿大一个老太太告状，在马路上走路，有一阵风刮来，老太太刮倒了，就到法院去告状，告房地产开发商，赢了，原因是开发商建的两栋楼中间形成一个风力漩涡，老太太就刮倒了，房地产开发商你没有考虑好工程的环境，有人说我们幕墙有关质量问题、光污染问题等，这都是环境方面应考虑的。第四个环境是人文的环境，包括企业内部，昨天你们说我没有吭声，你们讲的是对的，现在工人是老大哥，中央领导也支持，你们对工人态度不好那不行，要反过来，作为一个工厂来说，对员工的高度重视也是非常关键的。在员工中一种很好氛围和环境，在日本松下它提出我不仅要这一代员工为企业服务，我还要这一代员工的下一代为企业服务，这是我工厂厂长的本事。松下幸之助还有一句名言，什么叫老板，老板就是给员工端茶倒水的人，他的企业就很和谐，人家思想政治工作讲人文的关怀，谁过生日或者家里有事，谁家老太太住院等，老板都关心，而且从班组长开始互相关心。老板和员工不会直接发生矛盾，由班组长自己管理自己，我们大学和中学的区别在哪里，上中学的时候是老师管，上大学的时候老师不管，大学生自己管自己，学生会把学生管得紧紧的，三点一线，一个是奔食堂，一个是奔课堂，一个是奔宿舍，这三个点上管得紧紧的。同样也是我们工厂的工人要自己管理工人，工人是主人，而不是老板去管。什么叫管理，管理就是让别人劳动叫管理，自己劳动不叫管理，叫操作。别人劳动是不是创造性的劳动、积极的劳动，主动的劳动，这就看你管理水平的高低。我们在座每一个人从你参加工作开始，你当过领导也被领导过，在有些领导的领导下，我拼命干，撅着屁股干，我很高兴，在有些领导的领导下，你不让我干，天天让我呆着我也很生气，这是领导水平的高低，管理水平的高低，人文关怀的深浅。人文环境还包括我们行业的人文环境，我就说过，行业里远大和江河是幕墙行业的两个老大，这两个最大，都很了不起，我很敬佩你们，你们之间的和谐合作很关键，我听到不少风言风语，不愉快的事，这些事的出现，我们有责任，黄主任有责任，工作不细不到家，中国市场之大，过去同行是冤家，今天同行是同盟，你们大企业领导人要有大企业家的风范，要成为行业里合作最好的典范，可不能成为行业里议论的笑料，你们要高举合作的旗帜，向世人展示合作的社会责任。今天所有世界上国家与国家，总统忙什么，天天忙合作，忙联盟，合作是一种社会潮流，什么国际合作团，上海合作组织，G20集团，东盟合作组织等，什么叫协会，协会就叫协作办会，友好的环境，大家到一块协作，硅宝把一个胶弄到今天上市了，不简单，我跟他们讲三条，第一条就是硅宝你们这几个人，董事长、总经理等高管之前分别在白云、之江硅、中原工作过，一方面要看到你们对这些工厂有功劳，你们做了很多工作，另一方面还要看到这些工厂对你们也有功劳，给你们提供发挥才干的机会和实践，才有硅宝今天的加速发展，没有这么一段，硅宝的发展不能这么快，不能忘记他们，他们也不能忘记你们。今天如何更好？这是非常关键的。第二条是上市不容易，上市之后更不容易，风险更大，责任更大。第三条眼光要远大，不是在中国争一流做老大，要和全球最大的企业去比较，学习他们，超过他们，无论从市场看，还是从人才看，全球顶尖的企业应该在中国，若干年应该在你们中间，这就是我们的人文环境。讲到人文环境，我举一个例子，美国有一个钢铁之父叫卡耐基，卡耐基死了以后墓碑上写着，一个高度重视比自己强的人葬于此地，大概这么一个意思，英文写的。而我们有些人，部下比领导强，这个部下就倒霉了，这叫“武大郎”。我们要高度重视比自己能力强的人，就是水平高的人，这样才能有很好的人文环境，也就是企业的文化，也是中国儒家企业的精神。作为当代企业家，应具备两点：一个叫儒商，所谓儒商我们都是孔老先生的后代，儒商是讲诚信的，儒商讲仁义礼智信，讲友好的，讲和谐的；一个叫智商，所谓智商是讲聪明才智的，靠科技领先的，儒商加智商是我们中国的现代商人的特征。

四是节能减排型，节约能源，减少排放，这个事情是国际上争得很凶的，最早是京都议定书，以后叫哥本哈根会议，最近坎昆会议，墨西哥坎昆会议争得很激烈，一些发达国家，包括日本他们不想承担责任，人类社会不想有灭顶之灾，必须节能减排，减少二氧化碳的排放，每个国家都要承担自己的责任，发达国家要承担更大的责任。我们中国是一个大国，我们大国是一个负责任的大国，无论在哥本哈根会议上，以及这次坎昆会议上，中国人都提出了很多积极的方案，但是我们还是在发展中，过去发达国家靠大量的碳排放，经济繁荣发展，今天要偿还，要比发展中国家承担责任多。我们作为大国，我们采取的措施世界上是承认的，我们这方面，节约能源，我们的工厂怎么节约能源，我们的工程怎么节约能源，这里我特别强调一个太阳能建筑应用，或者叫太阳能建筑一体化，是一个方向，我们幕墙，就是不再是现在意义上的幕墙，可能是太阳能一体化的幕墙。太阳能一体化不是简单地把太阳能元件加在我们墙上，加在我们屋子上，是和建筑一体化，有很多技术问题要解决，今年我带了一个团在德国考察了德国太阳能一体化建筑应用，德国人真是比我们强，有好的政策，2009年我们住房和城乡建设部和财政部发了一个关于太阳能建筑应用，发一度电补助四毛钱的政策，起到了促进作用。过去没有这个条件。过去我们是世界上生产太阳能元件最多的国家，但是我们的太阳能元件80%～90%都被外国人拿去用了，元件在我们这生产，人家利用，你们知道今年南非世界杯足球赛中有来自中国的太阳能元件商的广告。现在我们要应用，我们很多地方都不会应用，德国有一个好的政策，凡是太阳能都要优先上网，补助，相当于我们买飞机票，要增加机场建设费，就是所有乘客都要为机场建设服务，要作贡献。它是谁用电要加上一个太阳能建筑应用的补助费，谁家用电你要交这笔钱，这笔钱补助给太阳能上网的人，老百姓就算账，农民都在算这个账，一个农民，农村里一层楼的小房子，屋顶是太阳能的，发的电上网，网上要给我钱，一度电补助我四毛钱，我平时消耗每度电两毛钱，一度电就赚两毛钱，大概三年到四年，我整个投资全部收回，到第五年我净赚，老百姓都愿意，家家都上了太阳能。这是个方向，中国住房和城乡建设部和财政部出台了一系列补助政策，这个影响力也很大。

五是质量效益型。幕墙的质量问题，这是我交给黄主任的一项重要任务，我看到在网上和报纸上有些人写了有关我们当前幕墙质量问题的文章，应该怎么看这个问题，两方面，一个不要简单把我们幕墙当成城市的定时炸弹，做幕墙的人都是做炸弹的人，不是这样的，没有严重到这个程度，但当前工程质量的问题不容忽视，过去说豆腐渣工程，现在新闻里说楼倒倒、楼歪歪，上海一失火了又楼火火，幕墙还没有到这个程度，但是幕墙也有问题，幕墙的质量也不能忽视。质量，我讲过有四大方面的质量，一是结构质量，幕墙不光是装饰，在某种情况下它也是围护结构，它的结构质量很关键，寿命很关键。二是功能质量，幕墙干什么用，过去建筑是耗能的，今天如果是太阳能的话，那就是造能的，那是一场革命，功能还包括供暖、照明及采光的功能等。三是魅力质量就是漂亮，有魅力，工程是有魅力，幕墙是时尚的，建筑外墙，它是有魅力的。四是可持续发展质量，特别是节能减排和环境评价。黄圻在这次会议的安排中有三个报告，大家还可以共同研讨，研究提高幕墙建筑质量的方法，讲目前国内密封胶市场存在的问题，还有环境，合作共赢，促进行业科学发展等专题报告。洗衣机、电视机在使用时有一个说明书，教会大家怎么使用。对幕墙来说，如果我们没有说明书，反正你爱怎么用怎么用，在幕墙上随便装个钉子，装个什么东西，那能行吗？这就把我们质量搞坏了。使用方面质量问题是很重要的，还有一条大家要记住，我在住房和城乡建设部当总工的时候就讲过，任何发生事故，包括质量事故、安全事故，结果都是具体的，如房子倒了、死人了、幕墙掉下来了等。原因是复杂的，房子为什么倒，幕墙为什么掉下来，原因不是单一的，是多方面原因造成的，大家还可以讨论，幕墙质量不要简单化，任何工程质量都是综合的，有建材方面的，有施工工艺方面的，有设计方面的，还有使用方面的，必须全面分析综合治理。

有质量才有效益，没有质量谈不上效益。我们要强调企业的效益，没有效益我们干企业干嘛，而且我们这个效益也是持续发展的，稳固增长的，而不是一夜暴富的。我们的效益还要承担起社会责任的。

六是组织学习型。我们企业是个组织，这个组织要强调学习型，今天全球都在强调学习型组织。美国提出要成为人人学习之国，日本提出要把大阪神户变成学习型城市。新加坡提出来2015计划，大人小孩一个人两台电脑。德国提出终身学习之年。人从胎儿到死亡都要学习。我们中国共产党明确提出，要把共产党办成学习型政党。我们的企业要变成学习型组织，我们企业的员工要成为知识型的员工。学习是能力，学习是财富。

奥润顺达公就在河北高碑店建了一个比较大的门窗城，国际门窗城，我们要把这个城变成我们协会的国际门窗城，常年做我们的门窗幕墙、配件，各种各样的材料展览，同时也是我们的研发中心。我希望有条件，我们企业成立一个门窗的博物馆，国外什么都有博物馆，火柴还有博物馆呢，铅笔有博物馆，我们的门窗什么样的，过去唐宋元明清的窗户什么样子，我们还没找到呢，门窗怎么发展。

建博物馆，办展览是学习，出国考察也是学习。学习干啥，学习是为了超越。我们的会员单位，应该说今天你们在这里开会，是我们的门窗幕墙行业整个产业链上相比较而言，是比较强大的企业。无论是幕墙、配件、胶等，还是玻璃，都是比较大的企业，但不是全球最大。全球最大的应该在中国，而不应该在德国，更不应该在什么什么瑞典这些其他小地方，这么大的中国，市场这么大，大企业应该是我们，只是我们发展晚了一点，我们开发晚了一点，人家企业都有一百年的历史，我们企业在座的哪有一百年历史，我们才发展几十年，中华人民共和国成立才61周年，人家外国企业叫个企业就是百年史，百年以上的企业，我们完全应该成立世界上最强大的企业，我们要瞄准世界上最强大的企业，我们学习它目的就是超过它。我这代不行，我让我的儿子也行。民营企业，我们总要有一天能超过你，中国人就是这样。学习型组织就是一种追求卓越、敢于超越的组织。

今后五年强调发展主题，强调转变经济发展方式，刚刚开完的经济工作会议。确立了2011年国民经济发展的六大任务，我们要研究落实门窗幕墙行业的发展和门窗幕墙行业的转变经济发展方式。在第八届博览会期间，我提出了门窗幕墙行业转变经济发展方式的三大重点，今天我提出门窗幕墙行业转型升级六个方面，或者六大转型，第一个是科技先导型，第二个是资源节约型，第三个是环境友好型，第四个是节能减排型，第五个是质量效益型，第六个是组织学习型。我希望专家学者、各位企业家、同行们相互之间多交流，祝愿我们的企业和门窗幕墙行业在“十二五”期间有一个更好更快的发展。

（2010年12月16日在“2010铝门窗幕墙委员会工作会议”上的讲话）

门业的发展、转型与文化

今天召开的是协会钢木门窗行业的常务理事会，会议开得很好，大家发言踊跃，对协会工作提出了许多好的意见和建议，感觉时间不够用。今天的会议有两大特点，一是会议在红门公司开，比在宾馆开氛围好、效果好。以后这样的小型会议还会有多次，可以考虑轮流坐庄，既开了会，还可以起到巡回观摩的作用；二是今天参会的都是协会的常务理事，常务理事就是协会专业委员会领导层的一员。协会是我们大家的协会，不是“你们的协会”，从会议安排上不是一个人做报告大家听，而是共同探讨、共同商议。在座的企业家常务理事都有双重身份，既是本企业的掌门人，也是协会和钢木门窗委员会的领导。有关企业家兼任协会职务如何发挥双重作用的议题，今天发给大家的一份会议资料中有专门论述，这是去年在东莞召开的协会会长办公会上我讲给副会长的，也完全适用于今天在座的常务理事，大家可以自己看一下，我就不展开多说了。下面我就门业的发展、转型与文化谈几点意见。

一、门业的发展

十七届五中全会审议通过的“十二五”规划建议，明确了“十二五”期间国民经济发展的主题和“十二五”期间国民经济发展的主线。主题是发展，中国现在已成为世界经济总量第三位，但我们还是发展中国家，发展过程中还存在很多困难和问题。我们的企业发展壮大过程中也遇到成长的烦恼，存在困难和问题。这些困难和问题怎么解决？就是靠发展，发展是硬道理。主线是转变经济发展方式。这两点是相辅相成的。什么是转变经济发展方式？它包括发展理念的变革、模式的转型、路径的创新，是综合性、系统性、战略性的转变，与改革开放的要求是一脉相承的，一以贯之。所谓经济发展方式，包括生产、交换、分配、消费等各个环节在内的大系统，涉及生产力与生产关系、经济基础和上级建筑的关系，需要政治建设、文化建设和社会建设的紧密配合，经济离不开政治，离不开文化，离不开社会。转变是发展的必然要求，不转变，就会重数量轻质量，发展不可持续。发展是转变的必然前提，不谋发展，转变就成了无源之水、无本之木。转方式和谋发展是内在统一的，相互促进的。国民经济是谋发展和转方式，门业行业也需要发展和转型。对此，我和大家共同研讨门业的发展、转型和文化。

1. 产业规模大幅度提高

“十一五”是中国门业发展变化巨大的五年，据有关资料统计，钢质户门在2006年至2010年间，全行业的年产量以26%～35%的速度递增，截至2010年上半年，我国钢质户门行业企业总数已超5000家，年产量达3800万樘。其中被誉为“中国门都”的浙江永康就聚集了454家生产企业，年产各类产品2500多万樘，出口700多万樘。

木质门企业2006年行业产值为300亿元，2007年超过400亿元，2008年达到500亿元，2009年受国际金融危机的影响，众多行业的发展均出现程度不一的下滑，而木质门行业独善其身，仍然保持了30%的增长速度。2010年国内木质门企业大大小小有6000家以上，预计行业产值可达700亿元。

自动门和电动伸缩门、遥控车库门、工业门、卷帘门等各种电动门大都在“十五”期间起步，“十一五”期间得到快速发展。全国企业数量由2006年的不足320家增加到目前的1200家左右，年产值共增长了大约200%，达160亿元左右。

下一个五年，即“十二五”期间，我们的行业要有一个大的发展。协会也在编制这样的规划，编制我们门业行业的“十二五”发展规划，递增行业的产业规模。各行各业的发展离不开建筑，而建筑离不开门，离不开我们的产业。所以说，我们的产业规模在“十二五”期间将有一个大的发展，在座的门业企业要看到即将到来的“十二五”是一个大发展的年代。就像红门，自1997年成立以来的十几年是一个发展时期，那么“十二五”期间将会走上发展的高速公路，可以预计“十二五”期间的发展速度要比前十年要快一倍以上。

2. 一批领军企业超越发展

随着行业的快速发展，门业内各分支领域都涌现出了一批领军企业。简要介绍如下：

（1）钢质门：重庆美心、辽宁盼盼每家员工总数大约3000～5000人，年产值20多亿元/家。其次是永康地区涌现了步阳、群升、王力、富新、新多等一批大型企业，品牌知名度高，产业集中度高。

（2）木质门：浙江梦天、江苏合雅、重庆星星、沈阳天河、秦皇岛卡尔·凯旋、广东润成创展、山西孟氏等为国内木门行业位居前列的几家规模较大的公司。员工人数一般在500～1500人之间，2010年产值分别在1.5～6亿元不等。

（3）电动门：深圳红门、南京九竹分列伸缩门第一、二名，员工分别为1200、500人，产值分别约4亿元、2亿元。车库门和工业门：许继施普雷特、浙江梅泰克诺、无锡明和、无锡华荣等公司行业内比较靠前。员工大约都是100～600人，单家门业产值约0.6～2亿元。

（4）自动门：北京凯必盛自动门集团公司为自动门行业第一名，在北京、沈阳、宁波三地都设有生产基地。员工总数约1300人，年产值约3亿元。

（5）防火门：北京瑞中天明，1亿多产值，较专业；蓝盾集团在广东、北京、上海、西安、福建、武汉设六大基地，合计5000人，规模较大。

“十二五”期间，我们的企业要走向国际，和国际企业作比较。要了解国际上大的企业情况，你们考察了意大利博洛尼亚，要把你们的考察报告发给大家，相互之间要做交流。与国际上大的企业相比较，我们的规模还远远不够，差距还很大。瑞典的亚萨合莱，年销售额50亿美元，德国的霍曼年销售额达10亿欧元，折合90多亿人民币，我们的企业才4亿、5亿。“十二五”期间，我们的领军企业要瞄准国际上最大的企业，追赶和超过它们。中国是世界上最大的市场，规模最大的企业应该在中国，而不应该是在德国，也不应该在美国，而应该是我们的领军企业超越发展。

3. 门业的科技进步明显

“十一五”期间，各种类别的门从结构上都有明显改进，钢质门外观花样翻新，门锁使用更可靠和便利；木质门和钢木门外观漂亮，套装的安装方式已经成为主流；自动门、电动门产品质量和造型都接近国外的先进水平。

从生产方式上，近三年来部分行业领头企业加大了设备改造力度，通过国外引进或自主创新等途径已经用上了先进的生产设备和流水线。如木质门企业江苏合雅，车库门企业许继施普雷特、无锡苏可等就是其中的代表。

“十二五”期间，我们的科技还要进一大步，还要在科技创新上下工夫，在座的企业都要应该去思考。科技进步离不开科技攻关，原始创新、集成创新、引进消化吸收再创新，创造各种专利，把我们的科技含量提高。随着科技的进步，该修改的标准要修改，新的标准要建立，标准是新的科技成果得以应用的必需途径，标准化工作要向前推进。因此，在“十二五”期间，我们在科技攻关，在标准制订方面还有很多工作去做，真正促进门业的发展。总之，在“十二五”期间，我们的产业规模要更大，我们的领军企业要更强，我们的科技水平要更高。

二、门业的转型

1. 产业结构调整

国家一直在进行产业结构调整，逐步形成一些产业集中度。合理规划和布局产业基地，提高行业集中度，通过市场化运作和政策扶持相结合的办法，引导门业各领域的合理布局和健康发展，避免盲目发展，非均衡发展。协会还要动态跟踪行业的变化趋势，研究产业规划的解决方案，提交政府有关部门去实行，使我们的产业发展拥有很好的布局。“十二五”期间要拓展门产品的市场，今后要集中在大城市一些大的工业项目、民用住宅项目用门，但同时不要忽略农村。新农村的发展促进了建材下乡，建材饰品下乡，门窗下乡。

据统计，东莞某个镇的工农业总产值不亚于青海一个省，新农村发展比较快的地方门需求量很大，新农村建设的市场也是我们企业需要考虑的。门业产业调整重点是两个方面，一是要扶持一批大的企业带动周边小企业，提高行业产业集中度，二要考虑门业市场的拓展。

2. 门的性能导向

门最基本的功能是防盗和分割封闭空间，其性能要求是随着科技的发展而变化的。特别是目前倡导的低碳经济，对门也提出了许多新的要求。人类社会自农业文明发展到工业文明，现在要发展低碳文明。过去我们的工业生产是高污染、高排放、高消耗，今后要发展成低污染、低排放、低消耗，要节能减排，门同样如此。

围绕低碳经济，门的性能，包括门本身的导热系数和门制作过程中的节能。工厂制作消耗能源多少，包括加工过程中的节能和效率，周围的环境，使用过程中的节能，产品密封性能、保温性能。这是一个新的性能要求。

第二个性能要求是环保性，要强调环境友好型，强调环境保护。包括加工过程的环保，我们推荐工厂的环保、材料的环保以及运货过程的环保。

第三是安全性。安全性包括使用的安全性能。如使用过程的防坠落、防夹伤、防触电等。防护安全主要是进户门，包括封闭的牢固性，启闭开关的可靠性，等等。过去我在建设部当总工时抓安全，统计全国的电击事故一年发生好几起，都是电机的不安全性。这些不安全性有的是产品本身的，有的是操作人员的，比如小孩或保安不懂安全操作造成的。但作为产品本身来讲，要提高人—机工程水平，要具备自动保护系统。

第四是便利性能，门是为人服务的，功能人性化，开启便利性，通行正常性。我们的门要围绕着节能性、环保性、安全性、便利性去考虑性能导向。

3. 门业的新型工业化

门的制造工艺要达到新型工业化水平，要提高科技含量，而不是靠笨重的体力劳动，不是靠延长工人的劳动时间，不是靠增加体力消耗，要靠提高机械效率，提高工种效率，提高环境舒适度。这些方面还有许多需要我们进行科技创新。尽快把门业专家委员会建立起来，包括高等院校、研究部门的门业专家，他们作为门业行业的宝贵财富，要发挥他们的作用。

新型工业化的要求，除了科技含量还有环保性能，还有智能化、自动化、生产线一体化，包括工厂地面和地下空间的利用，工厂的空气、噪声等都要实行技术改造。

4. 门业走出去战略

以前门业是为了满足中国市场的需要，但中国必须要走向世界。今年四月，我参加了德国慕尼黑的一个门窗展览，其中有二十四家中国的民营企业参加展览。我一家一家参观，觉得我们的民营企业家了不起，很伟大，不远万里从中国到德国把自己的产品拿去展览。这不仅仅是展览，而是拿我们的产品去和外国的产品作比较，敢于拿我们的产品去和外国的产品争夺市场。在展览的同时去学习外国产品的造型、制造技术等先进的方面。我们的门业也有一些企业走了出去，红门产品已经走向十几个国家。最近协会在越南办了个产品展示会，会上希望我们的产品能过去，东南亚联合成立了办事处，希望我们会员的产品能打入他们的市场。关于走出去战略，我有过专门的讲话，主要是：属地化经营和本土化政策。所谓属地化经营，就好比产品打到日本去，就要符合日本的标准、日本的要求、日本的颜色等，不能按中国的。所谓本土化政策，现在在中国的外资企业，都从中国的高等院校用高薪挖掘人才为它服务。同样的，我们企业走出去也要用当地的人才，否则就不能了解当地的情况。用属地化经营本土化政策来拓展我们在国外的市场。

三、门业文化

无论是谋发展还是转方式，都离不开政治建设、文化建设和社会建设。我们的发展和转型离不开文化，要高度重视门业文化。文化的内容包括很多，我就讲几点。

1. 管理文化

所谓管理文化，从最早的动作管理，比如做门，按照生产工序，每一步用秒表计算时间，促进劳动定额，按照制式生产分配工资，计件管理。以后发展为行为管理，发展为全面管理，即全员全过程全方位的管理，进而又发展为比较管理，中国人往往搞纵向比较，而不善于横向比较。中国总是强调比过去发展多了，中国国情要横向比较。中国国情就九个字——“差不多，差很多，差太多”。中国发达的部分和外国“差不多”。深圳的超市和日本的超市差不多，包括家用电器，包括穿的皮尔卡丹和美国差不多。往大了说，我们的飞船上天上月球，我们的基因工程，我们的高层建筑，和美国差不多。第二个是“差很多”，什么东西拿人口一除，人均占有资源，人均消耗能源，人均收入，人均产值都差很多。我们的经济总量在全世界很大，但人均占有量我们是发展中国家，在六十几名以后，人均水平差很多。我们还有很大一部分山区、少数民族地区、老少边穷地区、地震灾害地区，更穷，差太多。这就叫横向比较，还有实质性比较等。今天，管理又发展到知识管理，又叫文化管理、信息管理，用信息去了解，用文化去管理。外国企业没有总工程师，他们有个知识主管。知识主管就是用知识把企业所有的资源有效地协调起来，为企业发展服务。这就叫知识管理。我们国家要发展企业的物联网，就是传感器加互联网。在网上采购，互联网掌握信息。我们协会的网要和国际挂上钩，要和企业挂上钩，网上可以开展很多工作，进行互联网服务。我们要开展各种论坛，我们还有很多知识管理理论需要学习，还有很多问题需要探讨、研究。我们要开展有效的，富有成效的论坛。

2. 团队文化

企业是一个团队，管理必须是全员的、全过程的、全方位的。这就是全面管理。

比如红门产品的质量好坏，与红门走廊里扫地的女工有关系。这有什么关系呢？需要我们去研究。红门的整个品牌效应，红门的产品质量与全员有关系，与生产的全过程有关系，与企业管理的全方位有关系。团队有两个方面，一是人力资源的开发。什么叫企业家？你们现在叫董事长、董事局主席、总经理，你就是企业员工的开发公司的总经理，首要把员工的职能开发出来，人人都能成才。有本事的领导人，要把自己身边的人，把自己手的人培养成人才。要尊重这些人才，当然也有些企业反映，现在的员工不好管，员工越来越少，特别是技能型工人越来越少，出现了所谓的“民工荒”。我认为关键是怎么进行人力资源的管理。日本松下老板说过什么是老板，老板就是给员工端茶倒水的人。日本的企业要求员工为自己的企业服务，同时要求企业的下一代也要为本企业服务。员工和企业的关系，因为有了企业，有了工厂，才有了就业，员工在这里就业，才有了增长自己才干的机会，没有企业他就不能增长才干。反过来，企业有了有才干的员工，企业才能发展、才能壮大，企业没有这些员工是壮大不了的。企业和员工的关系特别要注意，重视民工，或者说最基层的技工、操作工。要把民工当成新一代的产业工人去培养、去造就。我们还要重视管理人员，每个企业都有搞财务管理的，搞劳资管理的，搞材料管理的，这些管理人员的水平非常关键。我就经常说过，我要是当老板，员工在我的企业做了多少年某一项的管理工作，要是不成为专家就算白活，管了多少年材料不懂材料，搞了多少年财务不懂财务，那能行吗？外国人说我们国有企业比民营企业好得多，有两个会，两个不会。我们的国有企业会人事管理，设有人事科，管理档案，不会人力资源开发；国有企业有财务处、财务科，会记账、会出纳，不会资本经营，不会用钱生钱。这不一定确切，但值得我们思考，今天无论是国有企业，还是民营企业，在科学管理方面都有了很大的进步。人力资源还包括技术专家，要有技术专家队伍。企业一方面要有自己的专家队伍，第二要了解与本产品相关的在高等院校、在其他企业或某个机关工作的人员，随时召集起来，请他们过来。协会有责任组建专家委员会，为我们会员单位做一些技术咨询。人力资源中更主要的是企业家。我多次说过，一个不重视企业家的民族是一个没有希望的民族，我们有一些市长、省长跟我说，要重视就业问题。我就对他们说，首先要重视创业，以后再重视就业。没有人创业，哪有人就业。深圳没有红门的余家红创业，哪有这1600人的就业？哪天余家红不干了，这1600人就要失业。中国的企业家是当今最宝贵的资源，是最可爱的人。当然企业家也要不断地完善，因为市场有种种挡不住的诱惑。包括领导干部也一样，一个有权的，一个有钱的，这两类人要在当今市场条件下不断地完善自己，挡住种种诱惑。过去毛主席说，共产党进城要防止糖衣炮弹的袭击。现在不是糖衣炮弹了，都是“飞毛腿”了，厉害的很。对于种种诱惑，企业家要不断完善自己。企业应该是长寿的，企业家也要是长寿的，不能是短命的，不能是昙花一现的。所以说人力资源是非常关键的。今天的企业家，我多次强调，要成为儒商加智商。我们要承认我们是儒商，是孔子的后代。儒商是讲究诚信的，讲究社会责任的，以诚为本，而不是能骗就骗，能吹就吹。而市场上骗、假、赖种种现象是普遍存在的，能讲出很多。市场上到处都有能吹的，夫妻俩开个饺子店叫“饺子城”，旁边再开一家饺子店就叫“饺子世界”，比“饺子城”还要大一些；我们的企业，一点大的企业也叫“集团”，老板叫“总裁”，小公司也都叫“集团”，真正的集团应该叫“集团”。房地产开发吹的就更多了，盖个小区，盖几套房子，挖个坑，放点水，就做广告了，本小区碧波荡漾，能吹就吹。假的就更多了，中国什么都有，任何一个城市都有意大利的皮货，法国的香水，但都有假的。牛奶有假的，药也有假的。还有个“赖”，社会不讲诚信地赖，到处赖账。建工程甲方不给建筑公司的钱，建筑公司有办法，不给民工的钱，建筑公司买材料买门不给钱，拖欠工程款。住房和城乡建设部没少下工夫，清理拖欠工程款。我们到美国、日本等发达国家交流，清理拖欠工程款没有什么好的办法，人家不知道什么是清理拖欠工程款。解释说拖欠工程款就是干活不给钱，回答说干活不给钱太简单了，让他蹲监狱，而中国不到杀人放火不会蹲监狱。赖账，我们有些专家还研究理论，用人家的钱发财，用拖欠款来搞好公司的经营，这些理论胡说八道。整个社会不讲诚信，所以假、赖现象普遍存在。而我们的企业家，作为儒商的企业家，是要讲诚信的。儒商要加智商，要讲聪明才智，使我们的企业成为科技先导型企业，我们的企业家成为科技先导型企业家。把科技放在前面，而不是靠自己吃苦能干，要重视当前科技的发展，今天的科技发展速度是相当之快。所以要学习，企业要成为学习型企业，员工要成为知识型员工。现在有些老板就忙着挣钱，一听说要学习，就大言不惭，说哪用什么学习、培训，我们直接派个小姑娘去听课拿个证书写上自己的名字就行了。今天的文盲是不重视学习、不善于学习的人，不是不识字的人，这必须引起我们高度重视。

3. 服务文化

服务就涉及品牌问题了。如果说产品质量是产品的物理属性，那么品牌不光是物理属性，还是产品的情感属性，它不光是好，还包含着服务。

社会上有这么多单位，这么多企业用了我的门，他们的反映怎么样，我的门究竟怎么样，通过他们的反映，怎么改进我的门，通过我们的服务，怎么提高我们门的魅力质量、品牌质量。企业家不光要挣钱，他终生的重大使命是要把产品变成一个品牌，一辈子创造一个品牌。我羡慕肯德基那老头，从法国巴黎到香港，到处都是他的画像挂在那里，他的品牌就是肯德基。品牌是我们企业家的终生使命。另外品牌是一个过程，不是简单一评一做就是品牌，它是在社会生活中形成的，是逐步深入人心的为社会所共识的，不是一天就造就的，不是下点工夫加班加点干个三天三夜就练成品牌了。品牌还有一种社会责任，前年在法国世界企业家座谈会上温总理对企业家提出两点要求，一条是企业家要讲社会诚信，第二条是企业家要有创新精神。不讲道德不讲诚信，企业是不受欢迎的，不讲创新，企业是没有明天的，是短命的。所以我们要真正担当起企业家的社会责任，确实把生命第一当成是建筑的最高准则去考虑，把品牌建设当成重大使命去考虑。

4. 合作文化

合作文化贯穿于合作与竞争的理念，过去我们讲市场经济是竞争的，竞争是你死我活的，竞争是激烈的，竞争是坎坷的，这只讲了一个方面。今天的竞争，很多的场所我们是合作的伙伴，是联盟关系、是同盟关系。

合作是当今人类的一种潮流。国家与国家之间，所有的外交活动都在忙合作，前段时间，温总理在澳门强调中国与葡语系统国家的合作。现在国际上有二十国集团、上海经合组织、金砖四国，等等，所有忙的都是合作，国家与国家建立战略性伙伴关系。今天可以这样说，企业不会合作就不会竞争，合作是更高层次的竞争。只有善于合作的企业才能在市场竞争中不断发展壮大。比如说，我们企业需要资金，就需要与银行合作。商业银行是经营人民币的商店，它也需要合作，需要把钱变成更多的钱，我们需要和他们合作，他们也需要和我们合作。还有很多企业要上市，上市就是更大的融资阶段。比如我们搞科研，搞科技攻关，需要和高等院校、研究机构进行合作，产学研合作。比如我们还要和上游原材料合作，建立长期的供销关系，同时我们要和我们的客户合作、和下游产品合作、和房地产企业合作。还有很多合作，包括和政府合作，不要忘记书记、市长。韩国企业在经济危机时总结了六大问题，其中第一个问题就是与政府关系恶化。企业不要看财大气粗，跟政府关系恶化也不好。企业内部也要讲合作，今天任何一个科技成果不是一个人能发明出来的，都是合作的结果，比如我们上月球了，是很多很多人合作的结果。科技发展到今天，任何一项成果都是合作的结果，我们的企业发展也是企业领导人和员工合作的结果。我们加入 WTO 以后有个词叫双赢、三赢、互赢，就我赢你也要赢，不能把我的盈利建立在他人亏损的基础上，不能把本企业的发展建立在员工没有收入或损害员工利益的基础上。要共赢，要合作，要善于合作，协会也要合作，我很赞赏合作，要在流通领域，还有其他领域，广泛开展合作，不要给企业增加很多负担。现在的协会很多，我中有你你中有我，企业既要参加这个又要参加那个，搞活动也重复，好多重复劳动。这样不行，这是当前市场发展过程中存在的问题。经常有企业反映市场存在的问题，不正当竞争、压价，好的卖不出去，次的通过腐败关系就卖出去了。我说你不要光埋怨，我说过这样一句话，正因为中国搞了市场经济，才有你民营企业的春天，因为有了市场经济才有你们的今天，第二点，我们的市场经济还在完善的过程中，市场中种种不正当竞争客观存在，即使如此，你也应该看到，太阳总是从东方升起，都是在当前市场经济不完善的情况下，有的企业在不断地发展壮大，有的企业领导人在怨天尤人，埋怨政府不支持，埋怨市场不公平。要树立信心，在当今的市场经济条件下，如何把本企业做大做强，要有坚定不移的毅力把企业做好，哪有那么容易的？天上不会掉馅饼。我们这里的民营企业家不错，民营企业家都付出了艰辛的劳动，我们的成功是艰辛劳动而来的。同样的，我们企业的发展还要付出更加艰辛的劳动。

我们的协会，我们这个专业委员会，是在座的常务理事组成的。常务理事会肩负着重要的责任，把我们这个专业委员会在协会十五个专业委员会中，办得比他们更好。确实办得也不错，以什么样的方式把这样的会议继续下去？在社会主义条件下，我们的同行是战略伙伴，中国的市场很大，任何一个企业都不能包办下来。协会也不能包办天下，协会应该发挥自己的作用，但协会也不能什么问题都解决，在经过常务理事共同的商量，能解决多少解决多少。协会就是商会，协会就是为会员单位创造商机的会，协会就是协作办会，就是团结办会。协会如果不能创造商机，那协会就没有存在的价值。人的生命在运动，协会的生命在活动。协会活动的质量，决定了协会存在的价值。大家从四面八方来到深圳，来到红门，不枉来，来有所得，来有所启发，对回去办企业有所体会，那就是来得值得。如果花的钱是冤枉的，花的时间是浪费的，那来这里干嘛？协会开展的活动要让大家有所得。协会工作不同于政府，政府的工作靠权力，协会的工作靠魅力。协会的工作没有上级指派的，协会所有的工作都是自找的，自己想做的。那么自己想做的，大家需不需要，符不符合实际，要和大家共同商量。协会工作都是创造性的，这是第一次常务理事会，我们大家要齐心协力，把我们的协会办好。和其他的协会既是伙伴关系也是竞争关系，不用强调协会有实力、有能力，在住房城乡建设部，说这些没用，要看你办的事怎么样、看你开展的活动怎么样。我要求专业委员会主任、副主任具备两方面素质，既是行家又是社会活动家。我认为社会活动家还不够，要在会员单位活动，要成为会员单位可信赖的朋友，要使会员单位自愿、自觉地支持你、想到你、帮助你。

我们要明白，企业是微观经济，行业是中观经济，国民经济是宏观经济。我们的行业要在宏观经济国民经济、国家“十二五”规划的指导下研究我们行业的发展，作为一个企业，不了解行业发展对企业发展的影响，是没有好处的，不可能把企业办好。不了解行业的发展状况对企业是绝对不利的。会员企业对协会的建议，尽到的责任，参加协会的活动，归根到底还是为你本企业发展服务的。当然，企业也尽到了社会责任，你了解行业、熟悉行业，就有助于更好地经营好本企业。

圣诞、元旦马上就要到了，衷心地祝愿大家节日快乐，希望大家能集思广益，把我们的专业委员会办得更好，同时也祝愿我们的企业家和你们所在的企业能从过去的辉煌走向今后五年的更加辉煌。

（2010年12月19日在“钢木门窗行业第一次常务理事会”上的讲话）

企业发展战略

各位专家、各位企业家，还有我们的社会活动家，在中央刚刚开完两会之后，全国各省市正在贯彻两会精神。我们在这里召开2011年全国铝门窗幕墙行业年会，现在已经是第十七届年会了，很多老朋友17年里每年都来参加年会，相聚在一起，共商行业发展大计。“十二五”期间是大有作为的战略机遇期，所以这一次在“十二五”开局之年召开的年会更加重要。这次年会主要想跟大家商讨一个问题，就是企业的发展战略问题。

一、企业发展战略的重要性

1. 新的起点

铝门窗幕墙委员会所属的会员单位主要来自于七大行业，有铝门窗、幕墙、玻璃、铝型材、硅胶、配套件、机械设备等。特别是改革开放以来，七大行业有了新的发展，今天我们的发展战略要在新的历史起点上去研究。

铝门窗行业：国家建筑节能要求，建筑门窗在“十一五”期间要达到建筑节能的第一个目标，新建建筑全面实行节能50%的设计标准，中国引进穿条式和浇注式隔热断桥铝合金门窗，配合低辐射镀膜玻璃和优质五金配件，使得铝合金节能门窗产品有了较大幅度的改进。2010年全行业节能铝合金门窗产量增幅明显，2010年门窗企业产值近773亿元，比2009年有了较大幅度的提高。

幕墙行业：2010年我国的幕墙企业产值近千亿元人民币，行业的飞速发展离不开一大批优秀企业的突出贡献，幕墙行业已经形成了以100多家大型企业为主体，以50多家产值过十亿元的骨干企业为代表的技术创新体系，这批大型骨干企业完成的工业产值约占全行业工业总产值的50%以上。其中，沈阳远大2010年销售额相比2009年增加了25%；北京江河2010年企业销售额也比2009年增加了10%以上。

玻璃行业：2010年我国的玻璃行业发展势头良好，平板玻璃产量达到了5.79亿重箱，占了全世界平板玻璃50%的份额，也是中国历史上的最好水平；去年由于建筑节能的大量需求增加，整个深加工玻璃行业也是形势大好，镀膜玻璃约一亿平方米，其中低辐射镀膜玻璃约6000万m^2；中空玻璃2.5亿m^2，钢化玻璃1.8亿m^2，夹层玻璃4000万m^2。几家专业生产建筑玻璃企业，深圳南玻、深圳信义玻璃等企业总产值和销售额都有不俗表现，信义玻璃2010年度总营业额、盈利与2009年同期相比分别增长60.8%，建筑玻璃增长25%以上。

铝型材行业：2010年我国原铝产量接近1690万t，同比增长24.1%，达到了历史最好水平，2010年挤压铝型材1100万吨，其中建筑铝型材突破750万t。中国积极应对世界金融危机，政府拿出4万亿拉动经济，在国家建筑节能政策的促进下，节能铝合金门窗及隔热铝型材的需求也越来越大，技术水平全面提高，节能门窗需求量仍持增长态势。

铝型材行业的整体技术水平明显提升，我国的建筑用铝型材占了铝挤出行业70%的份额，近两年铝型材厂出现一个好的现象，铝型材厂不满足单独挤压铝型材，积极配合门窗企业的门窗系统研发工作，与五金件企业配合研发门窗通用型材工作，使得门窗的节能性能大幅度提高。广东坚美铝型材厂、广亚铝型材厂、广东兴发铝型材厂、德国泰诺风公司等企业为编制国家及行业标准，研究隔热铝型材的节能数据做了大量的试验，积累了有用的技术数据。

密封胶行业：尽管面临着原材料和能源价格的上涨等多种因素的影响，建筑密封胶行业状况仍稳定上行。杭州之江、郑州中原、广州白云、成都硅宝、安泰化学等企业在过去的一年中都不同程度实现了业务增长。建筑节能政策的实施使中空玻璃结构密封胶的使用量增大，耐候密封胶需求逐步增长，产品质量有所提高；硅酮结构密封胶随着幕墙设计结构的多样化，近几年的总量略有减少。

建筑密封胶行业品牌效应突出，也许是化工产品本身的特性，除了原来道康宁、GE等国际品牌外，之江、中原、白云等一批企业都在采用各种方式打造企业品牌。目前国内建筑用胶的主流市场现象已经基本确立。因此企业要想占领市场份额还要在产品质量、售后服务、品牌宣传上多下工夫。

随着国内超高层建筑增多，以及部分企业的结构密封胶出口量的增加，不少企业提议应当对我国现行结构密封胶的国家标准进行修订，尽快与欧洲标准并轨。

门窗配件行业：门窗五金配件配合新型节能门窗研发，近几年来根据新型门窗节能需要，积极研发了多功能门窗五金配件、优质密封条等配套产品。过去国产门窗五金配件和门窗密封件的产品质量差，发展相对滞后。近几年，一批国产门窗五金配件厂在产品研发和产品推广方面取得了显著的进步，广东坚朗五金制品有限公司、广东和合建筑五金有限公司、青岛立兴杨氏门窗配件有限公司等企业不仅提高了产品质量，还与研发门窗系统的企业合作，对优化门窗产品设计做出了积极配合，使新产品更加适合门窗节能要求。同时也有部分国际品牌产品逐步在国内建厂。

七大行业中，我们的企业有的是起步阶段，有的是高速发展阶段，有的是腾飞阶段。从铝门窗行业来看有河北奥润顺达、北京嘉寓门窗等企业，从幕墙来看有沈阳远大、北京江河、武汉凌云等，从玻璃来看有金晶科技、中航三鑫等，从型材来看有广东兴发、广东坚美、亚洲铝厂、广亚铝材，从密封胶来看有广州白云、郑州中原、杭州之江、成都硅宝等，从门窗配件来看有广东坚朗、广东合和、立兴杨氏、国强五金等，从机械设备来看有北京平和、济南天辰等，这些企业已基本成为七大行业的领军企业、代表性企业，能代表这个行业发展的科技状况、科技水平。去年我去考察德国的光电建设，同时我到了德国纽伦堡国际门窗博览会，看了一下德国最大的铝门窗、幕墙企业，应该说我们广州展览是第十七届了，北京展是第八届了，都办的越来越大，但是跟纽伦堡博览会相比，人家是世界级的。我特别注意看了一下我们的会员企业，我大概走了 20 家，有泰诺风、鸿鑫幕墙、维卡塑料、东莞坚朗、广州白云、诺托、和合、莱美特、广亚铝业、国强五金、海宁力佳隆，温州春光五金、浙江雅德居、中航三鑫、上海雷诺丽特、天津捷高、广州瑞好、天津柯梅令等企业，这 20 多个企业展台我都走了一遍。我们从千里迢迢跑到德国，实际上到那里是跟人家竞赛，跟人家比比，看中国的产品怎么样，我们这些企业家确实有世界眼光，敢于和世界上发达的国家或者说比较强大的企业进行竞争。

2. 新的要求

当前，我们面临新的时代要求，就是“十二五”规划，“十二五”规划提出两个方面：第一是主题，主题是发展，坚持发展是硬道理才是科学发展，所有问题、所有困难、所有矛盾都要在发展中解决，那对我们七大行业来说也是要发展，应该大力发展。第二是主线，主线是转变国民经济发展方式，对我们企业来说、对我们行业来说就是要转变我们的经营方式，我们企业要从规模速度型转成质量效益型，要按照循环经济的要求，从粗放发展变成资源节约型，节约能源、节约材料、节约土地、节约资源；要按照低碳经济的要求，做到环境友好型，要减少排放，减少污染；企业家要承担社会责任，我们的行业要对全民、全社会、全人类承担我们的社会责任，企业要成为社会责任型。当今全球经济条件下科学技术正在以幂指数的速度在增长，我们要适应科技发展的要求，企业成为科技先导型企业，企业家也要成为科技先导型企业家；企业还要成为学习型组织，企业的员工要成为知识型的员工。这一系列的新的要求，无论是发展还是转变经济发展方式对我们企业来讲通通离不开企业发展战略，企业制定发展战略，正是围绕发展，围绕企业的转型升级，我们也看到在市场经济条件下，一些企业的起起落落，或者大起大落，一个重要的原因就是这些企业对企业发展缺乏前瞻性的考虑，缺乏战略性的指导，发展战略对中国企业来讲，没有引起足够的重视，而外国一些大企业包括我们香港的一些大企业，能成为全球著名的大型企业，都是靠自身的发展战略为指导。而我们的建筑企业、施工企业，有不少企业是日子难过年年过，年年过得还不错，差不多就行了，有一种小富即安的思想。没有一种发展战略，或者没有一种战略性的思维。还有我曾经批评一些国有企业，以往的国有企业也在制定发展战略，往往是写了一篇文章就是说是企业发展战略，那是秀才做文章，没有形成本企业员工共同的奋斗目标，或者行动动力，只是一种形式。

许多企业不重视发展战略，主要表现在：重规模扩大、能力扩张，轻经济环境研究和市场开拓；重硬件投入，轻组织结构优化、劳动力的可流动性；重资产扩张，轻资本结构优化和风险防范；重近期业绩，轻技术开发和产业、产品结构的可持续发展，盲目多元化经营，贸然进入自己不熟悉的领域等。作为一个企业来讲要发展，要提高自己的核心竞争力。任何一个企业都是有寿命的，企业可能存在青年状态，中年状态和老年状态，当一个产品在市场旺销的时候，企业处在中年和中壮年状态；当一个产品处于滞销的时候，企业已经处于老年状态，需要重新开发新产品。企业要做到生产一代销售一代，同时要研发一代产品，保持企业永远年轻，不至于短寿短命。

由于我们站在新的历史起点上，由于我们面临新的历史要求，因而我们要高度重视企业的发展战略。

二、企业发展战略的必要性

1. 行业的发展问题

我们行业发展站在新的历史起点，无论是发展的规模、还是发展的水平都有了很大的进步，但是在发展过程中要看到正在成长中的烦恼，发展过程中我们还会碰到不少问题，我们和发达国家先进的幕墙企业相比较，我们的幕墙行业存在着以下一些问题：

（1）幕墙产品成套系统开发研究少而落后；

（2）幕墙基础技术研究零散、不系统、不深入；

（3）幕墙配套产品研发落后，标准化进程缓慢；

（4）幕墙的质量管理不到位，工程隐患严重；

（5）建筑设计水平差，幕墙的应用普遍采用不节能的玻璃幕墙。

我们要看到这些问题的存在，要认真研究并予以解决。当然我也很高兴地看到，河北奥润顺达建了一个中国国际门窗城，投资了 33 个亿，用近 1000 亩地（980 亩地），总建筑面积 85 万 m^2，打造我们中国的门窗行业产品交易市场。中国国际门窗城，它有“五个最大”：中国最大的门窗技术研发中心，中国最大的门窗生产加工中心，中国最大的门窗商贸交易中心，中国最大的门窗物流集散中心，中国最大的门窗展览展示中心。还有三个第一：中国第一个国际化、专业化、集约化、现代化的专业门窗交易市场，中国第一个专业的门窗历史博物馆，中国第一个多功能、全方位、高品位的门窗信息交易平台。这些问题也随着发展在不断地改进，只有发展才能解决这些问题。

2. 行业面临的危机

这个问题更突出，主要体现在这几个方面：

（1）幕墙的结构安全隐患越来越引起我们的关注，包括玻璃石材掉落，外饰构件松脱，结构的老化。我们既要重视新建的幕墙建筑，还要重视我们过去幕墙建筑物的维修保养，或者是改造。

（2）玻璃幕墙不节能已经成为社会普遍接受的观点，玻璃幕墙建筑能耗普遍较高。我们要解决这个问题。

（3）高层建筑幕墙的防火问题已经引起全社会的高度重视。

现在国家规定建筑高度超过 24m 的公共建筑，10 层及 10 层以上住宅建筑以及建筑高度超过 24m 的工业建筑，均为高层建筑，高度超过 100m 的建筑就是超高层建筑。上海超过 100 米超高层建筑物就有 400 多栋，建筑数量远远超过了中国的香港成为全球高层建筑数量第一的城市；北京共有高层建筑 7000 多栋以上，超高层建筑有 60 栋；广州也有超高层建筑 360 栋。2009 年奥运央视新址配楼大火，在救援过程中造成一名消防人员牺牲，6 名消防人员和 2 名施工人员受伤，直接经济损失达到 1600 多万；2010 年 11 月 15 日，上海静安区余姚路胶州路 28 层教师公寓大楼特别重大火灾事故，外墙面结构由铁制脚手架、绿色的塑料过滤网、泡沫、聚氨酯泡沫保温材料以及木板等组成，均为易燃物；今年刚开始沈阳第一高楼因燃放烟花爆竹引发火灾，皇朝万鑫国际大厦是东北第一高五星级国际酒店，有三个塔楼组成的一个品字形联体建筑，主体高度是 219m，两顶尖高度是 200m，造价 27 个亿，三座楼毁了两座。高层建筑防火大家现在都感到是世界难题，救灾也是世界难题，疏散困难，火势发展较快，容易造成群死群伤。作为幕墙行业来说，不能不高度重视这些问题，我多次讲生命第一是建筑的最高准则。我也看到有些企业在这方面有了一些突破，刚才说的广东金刚玻璃科技股份有限公司，他们搞了一个金刚玻璃钢化防火门，我们中国建筑金属结构协会和中国消防协会等一起专门就此开了座谈会和新闻发布会，宣传推广此类防火玻璃。实验证明在 1000℃大火里面，普通的玻璃破裂时间就是 1 分钟，钢化防火玻璃为 5 分钟，无论是普通玻璃、钢化玻璃基本上不具备防火，而金刚的防火玻璃在 1000℃火焰冲击下能保持 60 分钟以上的时间不炸裂，能保持良好的完整性，从而有效阻止火焰与烟雾弥漫，可为火灾受困人员撤离和消防人员救援赢得宝贵的时间。

钢框架与金刚玻璃组合新技术，玻璃防火，与它组合的框架、构配件都要防火，有企业推出钢制防火窗，普通窗是火势往上蔓延的重要通道，因此建筑外墙防火功能是提升建筑防火不可忽视重要环节。提高建筑外墙的防火能力，有效阻止火势的蔓延，就成为降低损失和人员伤亡的一个重要措施，钢制防火窗就成为高层建筑阻止楼层间火势蔓延的关键高新技术。

（4）既有幕墙的维修、更新和节能改造问题随着时间的推移已经暴露（水密性问题、开启窗、连接件腐蚀)。除了防火,还有节能减排,建筑节能是很大的事,建筑能耗占社会总能耗的30%,而建筑门窗的能耗要占建筑总能耗的50%以上,所以门窗的节能更是一个问题。门窗的节能要求很高,我国每年建成房屋面积将近20亿m^2,97%以上建筑是高耗能的建筑。如此到2020年,全国高能耗建筑面积要达到700亿m^2。现在全国400多亿m^2既有建筑中,90%以上是高能耗建筑。中国门窗1800~2000亿市场,可以说行业的发展市场巨大。北京嘉寓、深圳中航幕墙等企业均已开发、设计、推出了各自的隔热铝合金型材节能门窗,产品的抗风压性能、空气渗透性、雨水渗透性、隔热性能和隔声性能都达到了预期的效果。

三、企业发展战略的制定与管理

我们要看到行业存在的问题,看到行业存在的危机,看到新的形势对我们行业的要求,就突显了我们发展战略的必要性。什么叫战略?战略是决策重大决定全局的谋划,其本质是以集体的意志和集体的目的,以及在一定时期达到集体的目的与意志所做出的总体规划,其核心是集体的目的和意志的战略目标,要把战略目标、战略思想、战略方针、战略途径、战略对策统称之为战略。一个国家,一个地区,一个部门,一个行业,一个企业乃至一个团体、组织都存在着战略问题。战略对于这些组织来说,犹如手灯对于夜行人,有了战略企业就不会迷失方向,尤其对于企业来说战略是以未来为主导,与环境相联系,影响企业总的发展方向。战略具有总体性、未来导向性、环境适应性、层次性、时效性、系统性六大特性。企业发展要有战略观念,战略观念指导着战略的理论研究,决定企业对战略管理的认识、地位、性质和重要性。

1. 战略决策

(1) 战略决策的对象

战略决策的对象是企业的整体发展方向,许多企业经营的业务种类不止一种,这种不同业务具有不同的经营特点、不同的经营方向,需要制订不同的发展目标,采取不同的管理方式,虽然这些工作都很重要,其中对于任何一项工作的决策错误都会使所涉及的部门受到损失,这些都是企业各业务部门的决策内容。企业战略也是公司和部门决策的依据。战略决策的主要内容要根据企业内部和外部环境的特征,为企业确定发展方向,根据可获得的资源量和企业的发展方向在各项业务之间分配资源,制定战略计划,决定各企业之间的协调,监督战略的实施,并根据环境的变化及时调整和完全改变企业战略。

(2) 战略决策的基本步骤包括八个方面:

1) 提出决策目标;

2) 确定方案标准;

3）划分方案标准（限制标准和合格鉴定标准）；

4）制订若干备选方案；

5）比较备选方案；

6）预测风险；

7）估价风险（可能性/严重性）；

8）决策。

（3）战略决策的风险

战略决策的风险是非常重要的，因为战略决策是根据企业本身所具备的竞争优势和劣势，企业的外部环境的机会和威胁，并根据企业的经营宗旨来决定的，虽然企业经营宗旨在较长一段时间内利润保持稳定，但企业内部和外部的环境却非常复杂，而且经常变化，这就使得战略决策具有很大的不确定性，需要及时根据环境的变化进行调整。非战略决策所涉及的环境变量较少，一般不涉及外部环境，因此决策的不确定性相对降低，决策的风险也比较小。

2. 战略基本类型和制定战略所必要的能力分析和文化分析

（1）企业发展战略的基本类型

按企业经营战略态势分：

1）发展型战略。企业发展型战略强调的是如何充分利用外界环境中的机会，避开威胁，充分发掘和运用企业内部的资源，以求得企业的发展。其特点是：投入大量资源，扩大生产经营规模，提高竞争地位，提高市场占有率。这是一种从战略起点向更高水平、更大规模发动进攻的战略态势。企业发展型战略主要包括：企业产品市场战略、企业联合战略、企业竞争战略以及国际化经营战略等四种。

2）稳定型战略。企业稳定型战略强调的是投入少量或中等程度的资源，保持现有生产经营规模和市场占有率，稳定和巩固现有的竞争地位，这是一种偏离战略起点最小的战略态势。企业稳定型战略主要包括无增长战略和微增长战略两种。

3）紧缩型战略。企业紧缩型战略是当企业外部环境与内部条件的变化都对企业十分不利时，企业只有采取撤退措施，才能抵住对手的进攻，保住企业的生存，以便转移阵地或积蓄力量，准备东山再起。企业紧缩型战略主要包括调整紧缩型战略、转让归并战略及清理战略三种。

按企业规模分类：

1）中小型企业发展战略

中小型企业是指生产规模较小、生产能力较弱的企业。中小型企业既具有适应性强、易管理、企业负担轻的优点，又具有资金不足、经营风险大、技术管理水平低等缺点。因此中小企业发展战略主要包括：

一是小而专、小而精战略。即根据本地地区资源优势，通过细分市场，选择能发挥企业自身优势进行集中经营战略。

二是钻空隙战略。即中小企业根据产业结构某一方面空缺薄弱之处，凭借自己快速灵活的优势，进入空隙市场，努力取得成功。

三是经营特色战略。中小型企业通过使自己的产品或服务具有与众不同的特色来吸引顾客，从而取得成功。

四是联合战略。即通过与其他中小建筑企业形成松散的或紧密的联合，来克服单个小企业资金少、技术水平低、达不到规模效益等弱点，从而使企业得到生存和发展。

2）大型企业经营战略

大型企业具有资金、技术、设备、人才、管理等多方面优势，大型企业是现代化建设的骨干，是国民经济的命脉。从行业发展来看，大型企业在行业中处于领导地位。但目前国有大中型企业也存在许多不足，如包袱太重、竞争优势难以发挥等。如何正确选择发展战略，也是目前国有大中型企业所面临的问题。

按战略空间分类：

可分为企业国内发展战略和国际发展战略两种。

按企业性质分类：

分为国有企业的发展战略，股份制企业发展战略，私营企业发展战略和中外合资企业发展战略等。

按涉及的角色分类：

1）基于顾客的战略：

市场上推销产品，能被顾客接受的各种涉及产品、价格、推销、地点等因素。因此，基于顾客的战略要从以下因素来考虑。

一是以产品为着眼点的战略。以产品为着眼点的战略应该致力于增强提供给顾客的产品价值，在这方面可以有两种考虑，即开发新产品和提高产品的质量。欲开发新产品，首先必须了解和满足顾客的需要（现在和将来的需要）。提高产品的质量有多种途径，关键是加强管理与监督。

二是以价格为着眼点的战略。企业对产品总的定价是战略性的，包括四种定价战略：根据成本定价、高标定价、竞争性定价和渗透定价。

三是推销战略。推销时机是向顾客宣传自己的产品，使顾客相信并乐于购买。

2）基于竞争对手的战略：

对于一般工业企业来说，基于竞争对手战略可以从产品方面考虑，可以生产特殊性产品制胜，也可以产品多样化制胜，还可以名牌产品制胜。在行销方面，基于竞争对手的战略有创造市场欲求策略制胜的、有以创造新的行销方式和途径制胜的、有以地域扩张策略制胜的、有以售后服务的加强制胜的。在生产方面，有以提高生产能力制胜的、有以成本降低制胜的、有以原材料的供应制胜的。总之，基于竞争者的战略在于竞争者之间的差异。

企业竞争的战略可以分为三种类型。三种类型拧成一股绳，就能维持和提高企业的竞争地位，包括：低成本战略、产品差异化战略和集中优势重点攻关战略。低成本战略实现比竞争对手的成本低；产品差异战略是生产出其他企业没有的独特产品（独特技术、独特服务）；集中优势重点攻关战略是将力量集中到市场的某一部分，在这部分建立成本和产品差异方面的优势地位。建设企业可以建立本企业的独特技术或独特管理方式，以代替独特的“产品”，其他方面没有什么特殊之处。

3）基于企业自身的战略：

一是用于增长的战略。为企业增长而奋斗时采用的战略可称为增长战略。为使企业增长，可以采取五种方法：其一是通过筹措资金促进生产能力增长：其二通过削减成本促进增长；其三是通过推销促进增长；其四是通过联合促进增长；其五是通过购买技术获得增长。二是用于稳定的战略。三是用于压缩的战略。

（2）企业能力分析

1）生产能力。生产能力有企业完成工程量的能力和企业生产产品质量的能力。决定企业生产能力的因素很多，如技术水平、劳动积极性、管理能力、经营能力等。

2）开发能力。开发能力取决于创新能力。

3）经营管理能力。不同企业之间，体现不同能力的关键因素一般说来是经营管理能力，它影响着企业的组织力、创新力、市场开拓力、资源利用率和经营效果。

4）财力。当今，要求提高资本经营水平，对企业的财力（包括理财能力）要求更高。发展集团化企业的一个重要原因就是聚积财力，有足够的财力，才有足够的竞争力。企业必须清楚是否有充足的财力支持持久的竞争。

5）人力。人力既包括劳动力，也包括管理人员的能力，两方面都需要优秀的人才。

（3）企业文化分析

企业文化是企业进行战略管理的重要前提。企业应分析现有的文化是否适应现行战略和新战略的需要，如果有差距，应抓紧建设新的企业文化。企业文化主要由历史感、整体感、归属感和成员间的交流四个因素组成。历史感有助于加强企业的内聚力。整体感表现在两个方面：一是确立领导和教师模式；其二是对规范和价值标准进行交流。归属感有助于组织的稳定。成员间的交流作为一种组织活动，能加强成员间的接触，为成员参与决策并协调一致提供条件。企业文化协助职工了解其环境，并在环境中感觉到自我的存在，使成员不用正式的语言，而透过行动进行有效地沟通，引导成员达到组织认同的适当行为。

3. 战略的制定和资本经营

（1）企业发展执行战略

执行战略是由企业成长战略、企业科学研究发展战略、企业创新战略、企业技术发展战略、企业人才战略、企业经营发展战略、企业产品质量战略、企业的企业形象和企业文化战略等八大战略构成。

第一，企业成长战略。每一个企业的发展过程，本质上是一个成长过程。企业的成长过程是有规律可循的，企业要健康发展，就必须遵循企业成长的规律，符合企业成长的基本理论，讲究按照基本理论实施战略管理，以达到成长的目标。企业成长所形成的结果是使企业具有强大的生命力，促进对未利用资源的有效作用，改善企业的成本构成，使企业增强竞争实力、增多经济能力，最终形成企业不断增强的实力和不断提高企业经济效益，使企业进入良性发展。企业成长战略是企业首要的发展战略，也是综合性较强的战略。

第二，企业要发展，理论要先行。理论是通过科学研究和实践发展起来的，所以企业要建立科学研究发展战略，以便完善发展理论。科学研究战略固然包括了技术方面的研究，但是管理理论（含战略管理理论）的研究也不可忽视。在当前情况下，我们要加强管理学科的研究。科学技术是第一生产力，但是科学管理也同样重要。

第三，企业要发展，创新是灵魂、是动力。创新也是效益的源泉，所以企业要建立创新战略。我们坚持认为，创新是重要的，但实现创新，最重要的还是有创新的战略。企业是创新的主战场、是主力军，故企业的创新战略显得特别重要。也正是在这一方面，企业显得十分薄弱，这是影响企业发展的大问题。

第四，企业的发展应当依靠技术，因为技术也是第一生产力。技术融汇于各生产要素之中，使各生产要素技术含量增加而能使生产力水平提高。建立技术发展战略对于企业发展的作用不言而喻的，但我们主张技术发展战略要全面、有效，所以建立这一战略既包含了技术改造战略，也包括了技术引进战略，更注重了技术开发质量。只有各项分战略成功实施，才能使技术的综合水平得到提高，促进企业发展。

第五，企业的发展靠人才。生产力诸要素中，最重要也最有潜力的就是人才，包括领导人才、管理人才、专业技术人才和作业人才。人才是企业发展的原动力。建立企业的人才发展战略，造就企业家、专家和行家，从而使企业发展，这是建立人才发展战略的目的。

第六，企业的发展要求制定并实施经营战略。经营好比大树生长所需的养分。企业发展靠经营，经营得好必能使企业发展。在论述这一战略时，我们既要系统阐述企业经营的基本理论，又要对资本经营和生产经营两大经营体系进行详尽的和突出创新思想的论述。在知识经济时代，随着市场经济的发展、竞争的加剧，实施经营战略是制胜的法宝。

第七，实施产品质量战略，也就是品牌战略。质量好可赢得信誉，顾客和效益，使得企业持续发展，不断扩大市场。我们曾经多次说过，质量的重要性是怎样强调也不过分的。同样的，产品质量战略在企业发展战略中，也是特别重要的。

第八，一个企业发展的标准，应是已经形成了企业特有的形象和文化，它代表企业的思想作风、价值观念、行为准则和个性，是企业的象征。企业以它的文化特征作为自己的形象展现在世人（顾客、协作者、全社会）的前面，接受他们的评判、考核和褒贬，并吸引他们。企业应当把自己的文化作为无形资产，为企业的发展提供有力的支持，故要有企业形象和企业文化发展战略。

这八种战略体系形成这么一个表，中间是企业发展战略，外面是八大方面的战略。

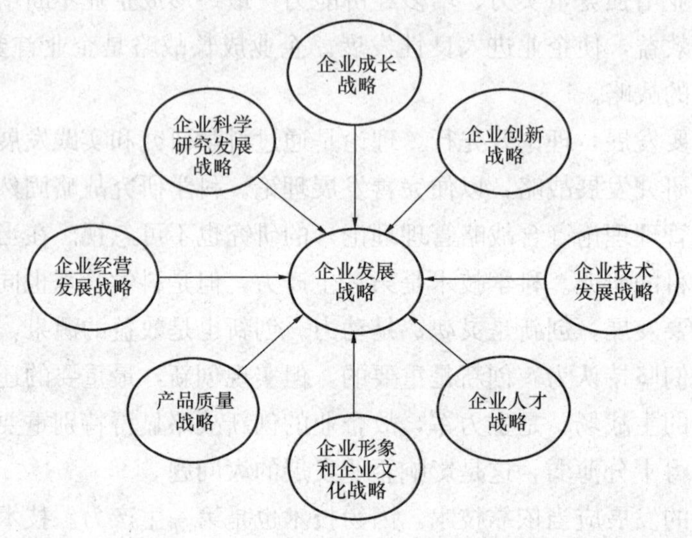

（2）资本经营

资本经营是对企业可以支配的资源和生产要素进行运筹、谋划、优化配置和裂变组合，把企业所拥有的一些有形无形的存量资产变成可以流动的活化资本，以最大限度地实现资本增值目标的过程，故被称为现代企业的"摇钱树"。

资本经营与生产经营之间既有联系又有区别的几个特点：

第一，资本经营的对象主要不是产品本身，而是价值化、货币化、证券化了的物化资本，或者说是可以按价值化、货币化、证券化操作的物化资本。资本经营虽然在过程中表现为对资产具体形态的认真运作，力求合理配置，但最终目标必然是资本的收益和市场价值，以及相应的财产权利，以确保资本不断增值，因此，在其运作方式上主要采取两种形式：一是转让权的运作；二是受益者和控制权的运作，通过优化配置来提高资产的运行效率。

第二，资本经营的收益主要来自于生产要素优化组合后产生效率提高所带来的经营收益增量，或者是生产效率提高后资本的增值。从根本上讲，资本经营收益是企业经营利润的一部分，可以量化地表现为较高的投资收益与较低的投资收益之间的差额。

第三，资本经营一般要求企业全部财产资本化，并以获得较高的资本收益率为目的进行运作。因此，资本经营中资本的循环与生产经营中资本的循环不尽相同。有时它可以表现为生产资本、货币资本、虚拟资本三种形态。

资本经营时一种有别于传统经营的超级经营，或者说是为我国企业家开通了一条新的活力途径。其诱人之处是通过低成本高效益的扩张让企业加速成长，说的更白，就是以最快的速度赚最多的钱。

然而，君子爱财取之有道，每个企业家都要通过资本取得成功，甚至于如果多了会欲速则不达，因而在资本经营的同时风险管理也提出了更高的要求。这里我们很高兴地看到，我们的行业去年又有三家企业进行了上市，他们是成都硅宝、广东金刚和北京嘉寓，在资本经营中又迈出了新的一步。当然资本经营不完全是上市，但是上市必然是资本经营。

4. 战略管理

战略管理的概念是指企业关注自身和环境的关系，研制战略并确保战略能得以执行的全过程。具体包括八个方面：

（1）界定企业的任务，包括内部目标、外部追求和管理宗旨；

（2）侦测支配企业生存和发展的外部环境，特别是外部环境的变化；

（3）分析企业的基本能力，以明了自己的优势与欠缺；

（4）开发指向外来发展的战略方案；

（5）从战略方案中选择最佳方案，即进行战略决策；

（6）设定年度目标、行动计划、职能战略、业务政策，将战略具体化，启动战略；

（7）战略制度，即通过组织结构、组织领导、组织文化，将战略渗入企业日常活动之中；

（8）控制战略的执行过程，以确保战略的成功。

四、协会的职责

协会在我们的会员单位进行战略研究，制定发展战略、实施发展战略的过程中应该起到参谋助手的作用，简要讲三点：

1. 制定行业发展规划

协会要想办法制定这七大行业发展规划，国家已颁布“十二五”规划，我们在“十二五”期间，我们这七大行业怎么发展，有一个大概的策划。因为行业的发展是根据国民经济来制定，企业的发展根据行业的发展来制定。某种程度来讲国民经济是宏观，行业是中观，企业是微观，微观要在中观指导下，中观要在宏观指导下，所以要组织我们专家组拿出一个大概总体的七大行业在这五年中的发展要求。

2. 组织专家研讨与咨询

协会要组织专家研讨与咨询，研讨行业发展中的问题，行业发展中的危机。所谓咨询就是因企业家要求帮助会员单位进行战略化的咨询，让我们的专家到一个企业了解这个企业的发展状况，直言不讳指出本企业在发展过程中存在的问题，需要加强哪方面工作。企业家们听取专家的意见，再结合本企业的战略思考形成企业家的行动。

3. 推进合作与交流

协会要推进合作与交流，今天在座这么多企业，我们有产业链上、下游产品的企业，既有产业链上游的各个企业，又有产业链下游的各个企业，还有在一个地区形成的产业群的优势。我们需要相互之间切磋、交流，作为一个中国的企业，在改革开放大背景下，要形成行业的整体力量，企业家们不能做井底之蛙，不能光进行纵向比较，要敢于善于进行横向比较。所谓纵向比较，我们要比较本企业五年前什么样，十年前什么样，在我领导下现在发展不错了，这叫纵向比较。更重要的是，我们要进行横向比较，把我们企业放在国际环境中比较，把我们的企业和其他同行业企业进行比较，尺有所短，寸有所长，三人行必有我师。一个人要长知识，更重要的还要长见识，要了解兄弟企业，同行业发展的状况，要了解我们的高等院校、研究单位专家的研究成果，这样才能形成自己的世界眼光，形成自己的战略思维。

我们协会还要进一步推行合作与交流，当今时代是合作的年代，所谓协会就是协作办会，协会要为企业寻找商机，协会要促进合作交流。我们协会要促进企业和银行之间的合作，叫银企合作；促进企业和高等院校、研究部门合作叫产学研合作；促进企业和各个地方、房地产联合叫产销联合；促进我们的企业和我们同行业之间上下游产品之间进行联合。这样才能使我们的企业能够有更宽阔的眼界，确定自己的发展战略，研究自己的发展。

今天我们共同研讨发展战略，和会员单位商讨、制订和执行好发展战略，宗旨是使我们行业的专家、行业的社会活动家和行业的企业家在大有作为的战略机遇期，为我们行业发展，为我们的企业壮大作出更大的贡献。

（2011年3月17日在2011年全国铝门窗幕墙行业年会上的讲话）

企业经营方式

2011年作为“十二五”的开局之年，“十二五”规划的主题是发展，中国要大发展。现在我国的经济总量世界第二，但是发展还不够，只有坚持发展是硬道理才是科学发展。从我们投资规模来说，大概要面临20%～25%的规模增长，中国的城市和农村，从南到北、从东到西都是一个大工地，都在搞建设。经济要发展，当然我们塑料门窗行业也要发展，坚持发展是我们这个行业“十二五”规划的重心。我们今天参加这个会议，到一起来研究我们塑料门窗行业的发展问题。

“十二五”的主线是转变经济增长方式，就是怎么发展、怎么又好又快地发展？发展国民经济要转变经济发展方式，作为我们塑料厂、塑料门窗厂、塑料门窗行业要转变我们的经营方式，要和国民经济相适应。我想今天借这个机会和大家共同研究，作为塑料门窗行业在“十二五”期间如何转变我们的经营方式。

我想从三个方面来讲：一是当前我们国家塑料门窗行业基本情况或者说经营的基本情况。也就是说塑料门窗发展的一个新的历史起点，我们发展的起点是什么？二是我们转变经营方式，转变什么？转变成一个什么样的方式。三是作为协会大家来共同研究，协会应该怎么尽到协会的责任、做好协会的工作。

一、行业现状

1. 行业基本情况

我们行业的现状，是我们转变经营方式的一个新的历史起点。应该说我们这个行业在改革开放以来发展的速度还是相当之快，从1994年我们国家的年产门窗是700万m^2，耗用了型材7万吨。市场占有率将近是3%左右；经过短短的17年，到2010年年底，实现了年产门窗已经超过了3亿m^2，耗用型材达到280万t。其中海螺的型材年销量达到50万t，大连实德年销量达到40万t。在世界范围，大连实德和海螺可能也算排在前面，从生产塑料型材的企业中还没找到有哪个国家的企业比我们海螺还大？比我们实德还大？

(1) 塑料门窗行业相关的六大行业

第一个是塑料门窗。塑料门窗在全国的平均市场占有率超过了50%的水平，形成颇具规模的以门窗为先导，从化工原料、型材、模具、挤出生产线、组装设备到五金的综合年产值超过1000亿元人民币的产业链。

第二个是型材。包括做型材的化学原料，建成约400家型材企业和8000家以上门窗企业。

第三个是塑料门窗的五金配套件，像刚才坚朗为代表的塑料门窗的五金配套件。

第四个是塑料门窗的各种密封材料，包括胶、密封材料这样的生产厂家。

第五个是模具，因为塑料门窗用的模具比较大，也有模具生产厂家。

第六个是解决塑料门窗生产厂需要用的设备制造企业，专门提供的。比较有代表性的是山东德佳。

塑料门窗委员会的会员单位来源于这六大行业。这六大行业都在发展。他们综合的年产值，当然还不包括其他的方面，一年都要超过1000亿元人民币。全国将近有四百多家型材企业，有8千多家我们塑料门窗企业，有世界上最大规模的型材生产基地。整个产业链带动了中国100万以上人口的就业。

(2) 塑料门窗行业的技术进步

我们行业怎么转变经营方式，就要谈到行业的技术进步。17年前行业的门窗产品大概就是两三个品种，以平开的门窗、推拉的门窗为主。机械设备模具的制造也往往处在一个模仿的阶段，还没有建立起自己完整的设计理论、加工手段，那个时候加工手段也相对比较落后。17年前的五金配套件也十分简陋，由于没有产品，没有产品的标准，我们17年前的质量也十分不稳定。经过17年的奋斗，行业产品面貌有了翻天覆地的变化，除了原有的平开、推拉门窗外，还增加了平开下悬窗、提升推拉门、折叠门窗、下悬推拉门、提升推拉门、圆弧门窗、柱面门窗等众多品种。你看我们的博览会品种多了，现在新的品种也成熟了很多。我们门窗的设计师们也不断地在研究，门窗的概念也不是原来的那些概念了。像我们塑料门窗的顺德成立个塑料门窗博物馆，将全世界的、全中国的，中国历史的、中国现在的门窗展览出来。

另外门窗的质量本身抗风压强度也大大提高了，有的还可以抵御沿海地区超过12级的台风吹袭。还有随着我国建筑节能工作的开展，外窗的传热系数已可降到2.0W/(m^2·K)以下，充分满足现阶段各地区门窗保温性能要求，这个2.0已经不错了。我知道德国不管什么铝门窗、塑料门窗，要求高了，都在1.0以下。我们将来能不能做到，我们的标准现在没改，我们这个迟早要改的。节能要求越来越严，对传热系数的要求越来越高。我们现在应该说相当不错，降到2.0以下，充分满足现阶段各地区门窗保温性能的要求，我讲的是现阶段。通过共挤、覆膜和喷涂工艺，塑料门窗具有了丰富的色彩和多种表面质感。有的叫塑料门窗，你看起来不是，像铝门窗、木门窗，因为它表面进行了处理之后像木质门窗。挤出设备和模具完成了国产化，挤出型材速度最高达到6m/分钟，达到或接近了世界先进水平。门窗组装设备应用了先进的数字技术。门窗、型材、五金机电设备和模具也成批量出口，包括到欧美等发达国家。说明我们行业的制造水平现在有的已经达到，有的已经超过国际上发达国家的水平。

2. 经营方式的基本情况

现在门窗行业经营方式要改变，但是传统的经营方式还不少。在工程建设中，往往是由甲方招标型材，由于材料成本十分透明，又是最低价中标，门窗厂利润微薄。一个做门窗的人跟我说，甲方往往不是买门窗，而是买型材了。确定型材之后，由承包方再去要求型材厂提供门窗的材料成本。这样型材厂就把型材、五金、密封材料、玻璃等材料的价格全部告知。承包方随即招标门窗厂。由于材料成本是十分透明的，又是最低中标的，这样门窗厂普遍反映，我们的利润比较微薄。如果遇上拖欠款，拿了门窗不给钱，那更是雪上加霜。所以我们企业，尤其是小的企业就容易被拖垮。究其原因，除了外部因素以外，我们行业内部也存在着一些问题。主要是型材，我们又是按重量销售的，型材的材料成本一目了然。另外型材产大于求，各产业、各企业的产品的同质化比较突出，质量差不多，只有靠价格去抢占市场，在这种形势下也催生了一批生产厂想办法使型材成本比较低，价格达到了要求，质量达不到要求了。我们行业内部叫非标型材，达不到国家标准要求的型材。他们靠减少价格昂贵的添加剂的份数，因为有些添加剂价格比较贵，该达到的没有达到，增加了碳酸钙的添加量，降低了材料的成本，以低价出售。有人说这种型材在我们市场上一年大概也有百万吨左右。这种型材可了不得，时间长了就要变质，容易老化，性能下降给我们塑料门窗带来了致命的打击，或者说让全社会对塑料门窗的认识造成了极坏影响。那么作为我们塑料门窗专业委员会，阎雷光本身也是专家，是研究化学建材的专家，他们一直在研究，希望能够在销售中维护门窗企业的利益。现在有点效果，但是还不理想，现在正在编制我们型材材料的标准，去遏制那些掺假、掺杂造假的行为。前面我讲的这一部分是我们国家塑料门窗行业，包括这六大行业发展的现状，也可以说是“十一五”以前我们的状况。我们在技术上进入“十二五”了，也就是说进入“十二五”新的水平、新的平台。在这个平台上、在这个基础上、在这个新的历史起点上，我们在“十二五”阶段如何来转变我们的经营方式。

二、企业经营方式的转变

1. 科技先导型（专利、工法）

我们的企业要转成科技先导型，为什么？因为科技是第一生产力，因为现在我们世界上全人类、全地球科技发展速度相当之快。我不知道大家是否体会到现在的科技水平发展相当的快，怎么体会呢？你们简单地从手机体会，你们买新手机，今天刚出来了可能要四千块钱，不到一年就变成两千块钱了，两年以后五百块钱了，新的又出来了。你要感觉到科学技术在以幂指数规模在增长、在变化。我在建设部当总工程师的时候，那是1994年、1995年的时候，我带了一个团到日本去，他跟我们非常骄傲地讲，说我们正在研究照相技术，不用胶卷。他给我拿了样品给我，没有胶卷，还没进入市场呢。没有过3个月就进入市场了，没过一年中国就很多了，开始10万像素，现在都是五百万、上千万像素了，发展速度相当之快。就是这个科技发展速度相当之快，科技是第一生产力，塑料门窗是化学建材，这个化学建材的科技发展也相当之快。咱们学化学的知道，物质由分子、原子组成，分子结构稍微一变化那新的物质就出现了。所以我们有很多新的技术需要推广，我建议我们塑料门窗的专家们总结一下，中国当前塑料门窗行业有哪些技术比较成熟，或者是十大、八大的新技术需要在全行业推广，其他的陈旧技术不让用。还有哪些技术需要我们去攻关、需要我们研究的。改革开放以来我们的企业创造了多少专利？每个企业，任何企业要善于搞专利分析，就是对现有的专利进行分析，在分析专利的基础上再产生自己的专利，这是非常关键的。就是说新的技术需要推广，新的我们看到有难题的技术需要攻关，我们的专利、我们的工法需要总结。无论是原始创新、集成创新，引进消化吸收再创新，需要我们共同的努力。应该说中国人是聪明的，世界上发达国家能做到的中国都能做到。在塑料门窗这方面，我们在技术先进这方面，我们想我们有人才、有能力、有研究所、有高等院校，能够加快塑料门窗的科技进步或者提升塑料门窗的科技含量。

像我们的实德集团，他们成立了技术研究院，并被人事部授予博士后研究基地。他们和四川大学、大连理工学院等国内院校，以及德国、美国多家企业合作，开发了大量的新产品、新技术，获得了29项国家专利，参加了高层建筑塑料门窗防侧击力部分研究项目，获得建设科技华夏奖三等奖。海螺集团成立技术研究中心，与科研单位和高等院校合作，进行了多项科研开发。浙江中财集团与浙江方圆集团合作，利用方圆集团先进的设备和人才，开发了多项新产品。济南德佳非常重视门窗制造技术和工艺，除了自己到国外考察，了解先进国家门窗制造设备和工艺外，并与一家美国企业合作，贴牌生产，通过合作了解了国外对门窗机械的性能质量要求，在企业内部组织设计师，设计的研发团队，消化、吸收并创新新产品，以及德佳的门窗窗户制作的机械已经进入到美国主流门窗企业，获得专利近百项。该企业被山东省科技厅定为省建筑门窗制造技术和装备制造工程技术研究中心。广东坚朗公司也建立了研发中心和实验室，研发成果获得了200余项专利。哈尔滨中大对严寒地区使用塑料门窗进行了深入研究，率先开发了三玻三密封门窗。

有些企业我看着很难受，靠大量的工人，延长工作时间，增加体力劳动、笨重的体力劳动去获得一些利润，而不是靠科技进步。我们的企业应该成为科技先导型企业，我们的企业家应该成为科技先导型企业家。所以这一点是非常关键的。

2. 资源节约型（循环经济：节能、节材、节地）

我们要讲循环经济。什么叫循环经济？所谓循环经济就是一种以资源的高效利用和循环利用，用完还能用，以循环利用为核心，以减量化再利用资源化为原则，以低消耗、低排放、高效率为基本特征。符合可持续发展观念的一种经济发展方式。强调循环经济，在我们门窗行业同样是如此。我们要搞塑料门窗，我们首先考虑的是节能的要求，节约能源的要求。因为全社会能耗中建筑大概耗去35%～40%。而建筑本身的能耗，门窗耗去50%。所以门窗节能将是建筑节能的一个重要方面。还有节约材料、节约资源、节约土地。我去看安徽的一个叫国风的企业，我建议你们专家有时间时候到安徽国风去看一看。这个企业叫国风木塑科技有限公司，这个东西是新产品，我看了一下。他收集了大量的木材废制品，叫木塑木窗。这方面我不是专家，我请塑料门窗的专家们过去研究研究，确实符合循环经济的要求。我们塑料门窗本身就是节能产品，塑料门窗生产的能耗比较低，单位重量的生产能耗仅为铝的八分之一，而且废料可回收，只需要粉碎就可以通过再挤出，挤出成为制品，能耗也很低，在节约能耗方面有着独特的优势，并且在各类门窗的性能比也是比较高的。当然我也不是在这里说塑料门窗比铝窗好，不是说你们都上塑料门窗不要铝门窗了，各有各的用处、各有各的市场，都有广阔的市场。我们要从资源节约型去研究发展我们的企业、发展我们的行业，使我们的企业成为资源节约型企业。

3. 环境友好型（低碳经济：减排）

环境友好型本来是对社会说的，对我们企业来讲同样是如此。首先要我们考虑到低碳经济。什么叫低碳经济、低碳社会？所谓低碳经济是以低能耗、低排放、低污染为特征的一种社会、一种经济。人类社会进入到第三次大文明。第一次文明是农业文明，第二次文明是工业文明。今天人类社会要进入到第三次文明，就是低碳文明。对低碳文明来讲，我们要做到减排、降污，减少二氧化碳的排放，对全人类负责。世界各个国家总统们现在都在考虑人类地球的生存和发展，每个国家都要尽到自己的责任，减少大气中二氧化碳的排放量，防止气温升高北冰洋融化，地球毁灭。我们中国作为一个大国，总理也好、总书记也好都是在世界国际会议上做出了一个大国的承诺，要求我们做到节能减排，对世界人类负责。另外环境友好，因为我们搞门窗，在建筑工地上，还有我们文明施工、文明工地的问题。所以这方面是非常之关键，可以说对我们塑料门窗提出了更新更高的要求，努力使我们的企业工厂也好，工地也好，制造也好，安装也好，都要高度重视节能减排，重视低碳文明，使我们的企业成为环境友好型企业。

4. 质量效益型（品牌）

我们不是简单地靠发展多大的规模、招收了多少工人，我们追求的是产品的质量、工程质量。我在住房和城乡建设部当总工程师，主抓工程质量。那个时候有豆腐渣工程，我们整天抓豆腐渣工程。现在不出豆腐渣了。我发现就是报纸上那个小记者们又造出了一些词汇，说我们工程质量不好的，什么楼倒倒、楼歪歪、楼挤挤，还有楼火火，说明我们的质量不好。工程质量是我们工程的永恒主题，我在房地产会议上也讲过这个问题。房地产开发的投诉，投诉的大部分来自于门窗，我们自己不要回避。很少有人投诉你房地产的结构不好、技术不好，谁知道你房子的技术是什么，老百姓不知道。老百姓关注的内容之一是他家的门窗。所以说门窗同样涉及我们工程的结构质量、工程的魅力质量、工程的功能质量、工程的可持续发展质量。

我们多次讲过，生命第一是建筑的最高准则。要做到建筑安全。这种安全还要包括建筑或者说城市抗灾能力的提高，地震、台风、海啸、冰雹等对建筑物的破坏。建筑物本身又具有一定的抗灾能力。当年我说就是它的结构质量有抗灾能力，我也不是说建筑物越牢固越好。怎么牢固？都把房子建成碉堡，我们都生活在碉堡里，那不行。要有功能质量，要有魅力质量。另外我们要认真贯彻与工程质量相关的四大标准体系，有 ISO 9000 质量管理体系、OHSAS 18001 职业健康安全管理体系、ISO 14000 环境管理体系和 SA 8000 社会责任体系。另外我们讲质量效益型不能不讲品牌，什么叫品牌？我们说如果一个产品的质量是产品的物理属性的话，那么品牌不光是物理属性，品牌还是产品的情感属性，有了品牌效益是大不一样的。你像我们中国做服装，我们的服装厂那个布料并不差，我们的工人技术也不差，做出来一件衣服多少钱，哎，如果这个衣服打个钩，在这个地方打个钩再去卖，那这个钱就贵了，贵十倍。叫什么？女同志知道，叫耐克，不是耐克就不行了。所以他有情感的需求。作为我们来讲，我们要追求品牌。中国人过去应该说也有自己的品牌，在清朝时代，我们从世界上逐步落后就是品牌落后了，老的品牌也不咋的了。世界上著名的一百个大品牌都在国外。我们的企业品牌非常关键，对现代企业来说，生产产品是经营者制造价格，我推荐品牌是经营附加值，产品是靠低价劳动力和能源价值的转移，而品牌是卖文化创意，有形资产经营和无形资产的结合。人家说，有形资产经营好比 1，无形资产好比 0.1 加上后来的 0，那这家伙就大了，就变成 100、1000、10000。不然你永远是 1，你没有无形资产、没有品牌，你就是 1。有的品牌可能就是 1000、可能是 10000，可能是 100000。就是后面加了很多 0，无形资产的经营。所以这个非常关键。

另外我们作为质量效益型，还要强调效益，工程上是强调项目，对我们塑料门窗厂也强调项目，我们签一份合同就是一个项目。对于运行这样一个合同要体现我企业的价值。在某种意义上来说项目是至关重要的，或者说合同是至关重要的。如果你这个产品很好，没有合同，没人跟你签合同，你也没有项目，那怎么说你好啊？哪来的效益？我们企业的效益是靠一个项目一个项目、一个合同一个合同去积累增长起来的。更扩大地说，一个城市的发展也是靠一个项目一个项目才能变化的。从我们个人来说我们在座的每一个人，从事企业的经营管理，也是从一个项目一个项目去增长自己的才干。所以加强项目的管理、加强合同的管理，是我们质量效益型至关重要的方面。我们型材企业有大连实德、芜湖海螺、西安高科建材、浙江中财、福建亚太等企业，在区域或全国都建立了品牌；门窗企业有沈阳华新、葫芦岛辽建、武汉鸿和岗、高科门窗、通化东宝、厦门祥禾、福州新特力、北京米兰之窗；五金件企业有广东坚朗、山东国强和温州瑞信德；机械生产企业有济南德佳等企业都是行业中的品牌，有较好的经济效益。不能光要钱，钱是越多越好，你们没品牌哪来的钱？君子爱财、取得之有道。企业就靠品牌去赢得自己的质量效益，可以说作为一个企业家，终生的事情是为创造一个品牌而奋斗。

5. 社会责任型（诚信）

社会责任型就是我们总理多次讲过的，要求我们中国的企业家要流着道德的血液，要对社会负责任。作为一个企业家如果在职业道德上不行，这个企业是不受社会欢迎的。当前还有我们企业的劳资关系，这个不容回避的。企业存在的劳方和资方，企业存在的老板和员工，这个关系怎么处理好？那是非常关键的。我知道日本有个松下电器，松下电器的老板叫松下幸之助，他说过一句话，什么叫老板？老板就是给员工端茶倒水的人。这句话很有意义呀！你看又很简单，很深呢！我们很多老板不是这样的，是对员工吆五喝六的人。有的不知道老板是干啥的，有的企业劳资关系紧张，拖欠工程款、拖欠工资。我们叫思想政治工作，人家叫企业管理，他不仅要求员工为本企业卖命，还要员工的儿子、员工的孙子，下一代也为企业卖命，做好这样一个和谐的劳资关系。还有，我们诚信体系，这也是道德的问题。现在中国市场经济，一个企业家跟我说，说他太难了，现在市场乱套了，什么好东西卖不出去，坏的价格便宜、低廉的产品有人要，通过回扣、通过腐蚀卖出去了。我说，这个现象存在，我们的社会主义市场经济正在完善的过程之中，存在着不正当竞争行为。但是你作为一个民营企业家，我也告诉你，你要看到正因为市场经济才有你，要是不搞市场经济，你今天存在都是违法的。市场经济不完善，它有一个完善的过程。不能人家做假你也做假，人家吹牛你也吹牛，那你就不是个好的企业家。现在社会上风气，我说有三个字：吹、假、赖。围绕这个假我能给你讲半天，我的例子太多了。到处都是吹牛的。我以前跟你们讲过，开了个饺子店，他不叫饺子店，叫饺子城，叫饺子世界，更大了。五六个人成立个公司，他不叫公司，叫集团，经理不叫经理，叫总裁。凡是开发商开发一个小区，挖个坑，放个水，那就做广告本小区碧波荡漾。建个大楼不叫大楼了，叫广场、叫山庄、叫花园。我们北京天安门广场东边不远有个东方广场。东方广场干啥的？写字楼。这个不多说了，说了这么多了，这个是吹牛的。假，假更多。中国什么都有，一个小小的县城，有法国的香水、意大利的皮货都有。但什么都有假的，没有一项没有假的，都有假的。会计作假，做假账。还有赖，那中国现在这个赖太多了，干活不给钱，把材料卖出了，拖欠着不给钱。拖欠工程款、拖欠农民工工资、拖欠材料设备款。我们有些人够缺德的，研究什么？用拖欠别人的钱去经营，一个什么经营的诀窍，胡说八道。赖账，能赖就赖，见面就赖。这都是社会不诚信的东西。我们企业要讲究社会责任、要讲诚信。另外社会责任我还讲一句，作为我们这个企业要关注行业、关注协会，你们别老说你们协会干什么？不是你们协会，是我们协会。协会是干什么的？协会是协作办会，是咱们联合起来的一个社团组织，为企业寻找商机，要对社会负责任。要关注行业的发展。国民经济是宏观，行业经济是中观，企业经济是微观。微观在中观指导下，中观在宏观指导下。我们开展一个行业会议是研究中观的，但对企业是起作用的，是引导企业的。我们制定的《“十二五”塑料门窗行业发展规划》，对每一个门窗企业它有着启示和指导作用。所以这一点也非常关键。

我们的型材企业在质量效益方面，有大连的实德、芜湖的海螺、西安的高科建材；在社会责任方面我们除了靠产品质量，还要靠诚信建立品牌，像实德、海螺、中财、亚太和西安高科还提出了企业越大，在维护行业利益方面应负更大的责任。大企业对我们这个行业的发展应该肩负起更大的社会责任。

6. 联盟合作型（竞合）

竞合就是竞争与合作。我们过去说，市场经济是竞争型经济，竞争是你死我活的，竞争是残酷的，竞争是无情的，这个话有一定道理，但不全面。今天讲合作，会合作是更高层次的竞争。我们中国加入 WTO，开始不让我们加进去，和各国谈判。我们发明了一个词汇，就是双赢，叫多赢。跟美国谈判，我们中国赢了，美国也赢了，跟德国谈判，中国赢了，德国赢了，都赢了，叫双赢。要合作，我们去办企业，我们企业要赢、企业家要赢、企业的员工也要赢。我企业要赢，提供原材料的企业也要赢。我的企业要赢，我提供给下面的房地产企业也要赢。我不能把自己的盈利建立在别人的亏损之下，把自己的成功建立在人家的失败之上，那是不行的，要讲竞争与合作。

在这里我特别强调三大合作：第一银企合作，就是企业和银行之间的合作，不管多大的企业你要选择一个、建立一个比较可靠的银行进行合作。大家对银行也有个了解，什么叫银行？银行有两种，一种叫政策性银行，像中国人民银行，他是研究中国货币政策、信贷政策的。更多的是商业银行，包括各种地方银行。什么叫商业银行？商业银行就是买卖人民币的商店，你们就把它看成这个。和卖布的有商店一样，就是个商场，他就靠存款、贷款产生的利益，以资金产生更多的资金，以人民币产生更多的人民币。他也需要企业，我们企业更需要它。企业要发展，企业要有流动资金，需要它。同时企业无论是生产经营还是资本经营，都需要与银行之间的合作。就是第一个大合作，银企合作。第二个合作是产学研之间的合作，我们作为产业要靠院校，要和研究机构进行合作，因为今天我们要研究、要创新，不是在零的基础创新，今天的科技我们是站在别人的肩膀上往前走，要掌握大量的国际国内科技现代的信息资料。在这个基础上再去研发。

计划经济年代，企业像橄榄球，橄榄球是两头小中间大。研发机构很小，营销力量很小，中间很大，有厂房、仓库，大得了不得。今天，我们的市场经济条件下的企业应该变成哑铃式的企业，哑铃是什么？两头大中间小。研发力量要大，营销力量要大，中间的生产机构要小。要说不够，不够可以联合，可以合作。要通过产科研合作，壮大研发力量。制定好本企业的标准，和其他中小企业的合作，他的厂房就是你的，他的工人也是你的。他们生产出来的产品是按你的标准做的。美国有一个飞机制造厂，叫波音飞机制造厂。当年总书记到那里去跟人家说，感谢美国的波音飞机制造厂。人家那个总裁就说总统阁下，我想纠正你的说法。我们总书记很有风度，你讲吧。他说我们不是美国的波音飞机制造厂，我们是世界的。我们很多产品是在中国西安生产的，在西安制造的。用我波音的标准制造出来扣上我波音的牌子。所以你不要建更多的厂房不要有更多的工人。这就是第三个合作，即产业链的合作。我们的产业有产业链，这个产业链刚才我说了五大产业，型材厂、模具厂，还有我们五金配套件厂，还有机械设备制造厂，还有密封条厂，下游还有房地产开发商，给他用的。和这些进行合作干什么？这个也有两种形式的合作，一种是生产型合作，和产业链的上下游企业合作，使我生产更高效、更有保障，原材料、或者上游的原材料、或者零部件，它的质量更有保障。第二个是市场的合作，设计的是一种连锁店，现在你看外面连锁店很多。你在成都住在我这个宾馆，你到上海就住我那个连锁店宾馆去。那个旅游的人就把你领到那个宾馆去，连锁经营，扩大自己的市场规模。我们今天要成为伙伴关系、联盟关系。作为企业来讲是赢得自己更大的市场，作为国家来说他是为了赢得在全球更大的国际影响。另外还有市场的开拓，我们联盟合作为了市场的开拓。现在我估计塑料门窗将来有大的市场，除了城市以外新农村的建设，塑料门窗是一个非常广阔的市场，农村卫生所、农村卫生院、农村托儿所、农村中小学，应该大量地用我们这个塑料门窗。相比较而言价格便宜一点，另外性能好一点，有利于这些公共设施，包括我们中国的红十字会、中国的扶贫基金会，在中国要建大量的农村卫生院、农村中小学等。还加上中国发达的农村，这就是我们的市场开拓。所以这些东西非常关键。

我们除了在研发合作中，像维卡、实德、海螺、中财都和固定的开发商建立战略合作关系。实德还选择了一批门窗生产企业作为重点支持企业，他也是门窗生产企业，他选择一批门窗生产企业作为实德重点支持企业，扶持它就扩大它，去提供更为全面的服务。门窗企业由于产品运送距离的问题，一般也不依附开发商，特别是大型开发商建立合作关系。还有的和物流企业要建立合作关系，因为现在门窗都是选择本地附近的，远了物流是个大问题。

7. 全球开放型（走出去战略）

经济全球化、全球一体化，我们现在人类住在一个村子里生活，大家都是老乡，叫地球村。中国的市场是国际市场的一个重要组成部分，我们要了解国际市场，要实现走出去战略。中国的企业完全有能力走向亚非拉、走向欧美，和世界各国进行比较。去年我去德国的慕尼黑，有一个展馆，中国有20几个企业参展，其中也有塑料门窗，20多个企业去参加了展览，有维卡塑料、广东坚朗，还有国强五金等，我一个一个地去看，你们不容易，是我的会员单位，你们不简单，你们从中国跑到德国来展览，拿你们的产品和德国的产品进行比较，我们要学习他们的，但是我们有胆量跟他们较量较量，我们要站在整个欧洲市场去考虑。这个就了不起。

所谓走出去战略，我去年在安徽走出去战略会上有个讲话。强调两点：一个是强调属地化经营，你这个产品销往那个国家，按照这个国家的风俗习惯、这个国家的规范标准去生产，你不能拿中国的套路讲，非要人家相信你中国这一套，那不行。要以买产品的这个国家的规范标准去生产，你要了解他们，做到属地化经营。第二个要本土化策略，光靠你不行。这里举个不确当比喻，小小的日本国，当年侵略中国，占领了中国大片地区。什么本事？靠什么？汉奸。我跟你讲，汉奸他有这个本事。现在包括外资企业在中国搞经营的比较好的，是大量的用高薪聘用了中国的科技人员。同样的，我们的产品销往国外去必须要有当地的人员，了解当地的风俗习惯、风土人情，去推销我们的产品，和当地的文化进行结合。

在这方面2010年我们部分型材的出口企业，有一个表，像实德的、高科的、亚太的等，把这些加起来多少钱呢？四个多亿。

2010年部分型材企业出口情况

单位简称	出口数量（万t）	出口销售额
实德	1.8	2.7亿
高科	0.5	6500万
亚太	0.2	2400万
宏博	0.57	5000万
新龙	0.07	896万
崂塑	0.05	700万
中德	0.046	562.3万
合计	3.356	43058.3万

从这个表来看，这些企业很了不起，但离经济全球化差得很远，离走出去战略实施要求差得很远，我们要企业办成全球开放型，可以说任重道远。

8. 组织学习型（企业文化创新）

我们企业是个组织，是个团体。这个组织要成为学习型的组织。当今社会是知识经济年代，我前面讲了，知识在以幂指数爆炸式地增长，不学习是不行的。当今的文盲，是那些不肯学习、不善于学习、不会学习的人，是当今时代的文盲。我们可不要做这样的文盲。全球全人类都在注重学习。美国提出要把美国变成人人学习之国，德国提出终身学习之年，日本提出把大阪变成学习型城市，新加坡制定了一个2015学习计划。我们中国共产党也提出，要把我们党变成学习型政党。我们的企业理应成为学习型组织，员工应该成为知识型员工。做好企业的文化创新，企业文化至关重要，企业文化是企业精神、是企业的灵魂。包括你们厂子的标语我很注意，我看了很多工厂，下次我叫他们收集起来，一些工厂的标语写得非常好，很人性化。还有企业文化，还包括企业的氛围。一个企业必须有良好的氛围，有一个良好的氛围不会干事的他也要干事的，他待不住。一个氛围不好的地方，氛围不好的单位，想干事的人干不成。你干事干成了会说你的，会埋汰你、会攻击你的。我们有些人在单位里，人家比他强，他就嫉妒人家，人家比他差他就笑话人家。我说老兄你还让不让人家活了，跟你在一起难受死了。我们要有一个良好的氛围、和谐的氛围。你们还要知道，人力资源的开发。简单地说，人人可以成才，三人行必有我师。有本事的经理把自己手下的人、把自己身边的人培养成人才，要以感情留人，以待遇留人、以事业留人。是塑料厂的厂长，你也是塑料厂全体员工人力资源开发总公司的总经理。一定要把人力资源充分开发，这里特别关注的是企业家的成长。一个企业的领导人至关重要，他也是重要的人才，当今社会我说过民营企业家非常重要，我说一个不重视企业家的民族是没有希望的民族。当今我们的民营企业家是最稀缺、最宝贵的资源，是当今社会最可爱的人。抗美援朝最可爱的人是中国人民志愿军。今天社会财富要靠企业去创造，企业要靠企业家去引领。我过去跟省长、市长讲过，你们重视关注民生、重视就业是正确的。但是你们必须要重视创业，只有创业才有就业。有我们这些工厂就有几百人就业，没有这个工厂这几百人就失业了。要有更多的创业者这个地方的经济才能发达。你不能叫老百姓就业，都到政府办公室扫地去，那才能有几个人？要重视创业者。当然今天的创业者要不断地完善自己。计划经济年代我当过公司经理，我的公司一万三千多人。我那个时候怎么说呢，叫就业加保险，就是我当经理是上面叫我当经理，不是我想当就当的，我也很保险，干好了提拔，干不好调走。到了改革开放初期，企业经理是创业加危险，非常危险，你选择一个厂子，这个厂子在建设中会有很多的风风雨雨，有很多的危险，尤其是老板，老板是很容易被人叫昏的。当今社会老百姓中确实存在着仇富观念、仇官思想，为什么仇官？官有权，有权不好好用，有权就容易腐败。为什么仇富，认为你的钱不是好来的。但也不完全是这样的，但是存在这样的问题，国有企业的十大案件我就不说了，我说说民营企业的民营企业家，2010年十大民营企业家犯罪案件，原国美集团董事局主席前中国首富黄光裕以内幕交易罪、非法经营罪、单位行贿罪等数罪并罚判处有期徒刑14年，中国东兴集团董事局主席总裁兰施丽以逃避税款被判处有期徒刑4年等，辛辛苦苦把企业干得这么大，有的跑到国外去了，有的跑到监狱去了。过去毛主席告诫我们八路军共产党进城要警惕糖衣炮弹的袭击，现在不是糖衣炮弹了，糖衣炮弹连小孩都虎不住了，现在是飞毛腿了，你想什么，想要什么，给你研究得透透的，怎么也要把你拖下水。赖昌星把公安部副部长都研究透了，怎么也要把你弄进监狱里了，有种种挡不住的诱惑。我们的老板、我们的企业家要不断地完善自己，无论是当官的、无论是有钱的，拿了来路不明的钱，放在家里怕偷，带在身上怕枪，存在银行怕查，活着很难受。所以我们的企业家要学习，今天的企业家应该是职业加风险，要搭建企业家发展的平台，要抓住企业家成长的机遇，要迎接企业家成长的挑战，营造企业家成长的环境，把我们的企业做大做强。这方面像海螺高管在中国科技大学脱产培训，送技术人员到境外培训，岗位培训600人次。实德2010年内部培训3221人次。高科内部培训千余人次，海尔企业文化培训20人次。亚太和坚朗也开展了大量培训工作，这都是值得提倡和学习的。要努力使企业成为学习型的组织。

三、协会的责任

什么是协会？协会就是协作办会，协会就是商会，为企业创造商机。政府的工作靠权力，协会的工作靠魅力。协会工作靠三大家，等于三大家的合作：第一专家，专家是协会的资本，是协会的力量所在，要依靠塑料门窗行业的各位专家；第二是社会活动家，我们在为塑料门窗行业奔走、呼叫，包括我们的杂志、网站等新闻单位为我们塑料门窗作出贡献的都是社会活动家；第三个是企业家，专家的意志要和企业家结合，我们每年召开各种研讨会，要让我们专家的研究成果变成强大的生命力、强大的生产力，要变成产品，要把专家研究的意见、研究的报告变成企业经营、企业生产，管理专家的意见，变成经营的法宝，技术专家的意见变成自主创新的法宝。所以协会等于社会活动家加专家加企业家，协会的工作才能有成效。今天借这个机会，同大家一同提出，共同交流我们塑料门窗行业在“十二五”期间如何转变企业的经营方式，使我们塑料门窗行业在“十二五”期间能够跟上我们国家发展大趋势的良好机遇。“十二五”期间是我们每位专家、每位企业家、每个企业难得的大有作为的发展机遇期，我们要抓住机遇，勇于变革，让我们的企业真正做大做强，我们作为中国企业来讲不做大做强死不甘心。国内瞄准实德、瞄准海螺，国际瞄准强的，美国强超过美国，日本强超过日本。应该说最大的企业理应在中国，中国有最大的市场，真正把企业做大做强。今年，我们的每个企业要用新的成就、新的辉煌，我们每个企业家要以自己新的成绩去迎接中国共产党成立90周年，要以我们的企业发展、企业的壮大、中华民族的辉煌去庆祝、纪念我们的辛亥革命100周年。

（2011年4月13日在“2011年全国塑料门窗行业年会”上讲话）

名牌企业与品牌产品

这次会议正值“十二五”规划的开局之年，也值建筑门窗配套件委员会成立10周年。刚刚刘旭琼同志对去年的工作总结和今年的安排中提到的各项内容，我完全赞同。在2009年的建筑门窗配套件委员会工作会议上，我着重讲了“中小企业发展的问题”；在2010年的6月21日，也是我们建筑配套件委员会的工作会议，我专门讲了“重视合作善于合作”，今年我想讲讲“名牌企业与品牌产品”的问题。

一、时代需求

1. 经济建设的项目需求

总观我们国家的经济建设，2010年国内生产总值达到398000亿元，跃居世界第二位。国家财政收入达到83000亿元，“十二五”期间我们的国民经济增长速度要达到7%，城镇化率要提高四个百分点。城乡区域发展的协调性进一步增强，单位国内生产总值能耗要降低16%，单位国内生产总值二氧化碳的排放要降低17%。“十二五”规划提出，建筑业要推广绿色建筑、绿色施工，着力用先进建造、材料、信息技术优化结构和服务模式。从保障性安居工程来讲，政府将继续增加保障性住房和普通商品住房有效供给，加快保障性安居工程建设，全面启动城市和国有工矿、棚户区改造工作。

“十二五”期间，城镇保障性安居工程建设3600万套，2011年计划开工建设1000万套保障性住房，共需投资14000亿元。水利工程方面，“十二五”期间比“十一五”期间投资总量翻番，规划达到18000亿元。预计“十二五”期间，快速公路网将达到4万km，从铁路来看，我们到2020年全国铁路运营里程要达到12万km以上，建设客运专线16000km。“十二五”期间新增铁路旅程30000km，直接投资需要30000亿人民币，大量的铁路建设将给建筑施工企业带来巨大的市场空间。2011年光高速铁路投资将达到7000亿元。从城市的轨道交通来看，有226个城市将发展轨道交通能源，到2050年规划增加289条，2011年我们制定规划的36个城市中有29个城市轨道交通规划获得国务院批准，到2020年，我国城市轨道交通累积运营里程将达到7395km，以每公里5亿元的造价来计算，保守估计也需要30000亿元人民币财政投资。

从建筑行业来说，2011年我国固定资产投资总额278000亿元人民币，增加了24.5%；2009年建筑总产值达到75860亿元人民币，增长了22%。2009年全社会建筑业增加值22333亿元，企业为68283个，从业人数大约4000万。2010年全社会建筑业增加值为26451亿元，比上年增长12.6%。全国具有资质等级的总承包和专业承包建筑实现利润为3422亿元，增长了25.9%。“十一五”期间建筑业增加值占国民生产总值比重始终保持在6%左右。“十一五”期间我们建筑业积极开拓国际市场，对外承包工程营业额年均增长30%以上，2009年对外承包工程营业额是777亿美元，新签合同额达到1262亿美元。

“十二五”规划的主题是发展，发展就要建设，建设就要上项目。在项目上，无论是住宅项目、铁路公路项目、水利项目等都离不开我们的配套件。配套件行业隶属于制造行业，服务于建筑行业，项目越多我们的市场越大，当然我们要求的项目量大，更重要的是项目要好，要又好又快的发展。好，就需要名牌企业，好，就需要品牌产品。

2. 行业发展的领军需求

从我们行业来说，配套件委员会今年成立10周年，那回忆我们十年以前刚成立的时候，我们配套件生产企业规模不大，大部分都是小作坊企业，当时私营、股份制企业占配套件企业的76%，集体、国有企业占14%左右，国外独资、合资企业占10%左右。一般固定资产在600万元以下，固定资产在千万元以上企业较少。生产能力可以满足3亿平方米以上门窗的配套。经过十年的发展，建筑门窗配套件行业取得了长足的发展。生产能力从3亿m^2提高到5亿m^2门窗的配套（年生产2.3亿套以上五金件，50亿米以上胶条）。据不完全统计，截至2011年4月：建筑门窗配套件委员会会员企业中企业总资产1000万元以上的约占70%以上，年销售额最高的企业已接近10亿元人民币。当然在这十年中，有的企业由于经营不善被淘汰，有的企业不断成长壮大，成为行业的排头兵。

在十年的发展中，行业的标准体系已基本建立。十年前整个配套件行业标准可以说很不健全，通过委员会这几年的工作，主编并已实施的标准18项，已完成报批的2项。作为主编单位共同新编和修改的标准达到22项。行业工作开展范围大幅拓宽。门窗配套件委员会行业工作覆盖已从最初的窗五金件、胶条为主拓展到以窗五金件、密封材料（胶条、胶、毛条）、门控五金为主的多个建筑配套件应用领域。同时，建立行业专家队伍，定期组织行业技术交流、培训等活动，促进行业技术交流，推动行业技术发展。

从我们行业来说，很多人在问中国建筑金属结构协会到底分多少个行业？中国建筑金属结构协会有十五个委员会，我把它分成十五大行业，建筑配套件行业属于其中一个行业。建筑配套件行业管什么？建筑五金。什么叫建筑五金？建筑五金包括五个方面：门窗五金、水暖五金、装潢五金、丝钉网类五金和厨房设备五金等5类。我们配套件管的这个行业，还可以进一步细分出七个行业：门窗五金、门控五金、密封胶、密封胶条、密封毛条、通风器和隔热条，当然还包括生产这些部件的机械和原材料行业。这些行业都在发展，一个行业的发展究竟有多少企业，大大小小从小作坊到大型企业，究竟有多少谁也说不清楚，实在是太多太多，说1000家肯定不止，说10000肯定也不多。但是这个行业发展的标准，我们不能以大大小小的作坊来衡量，有代表性的领军企业才能标志着行业的发展水平。

作为协会来讲，要尽量的覆盖行业具有代表性，重点的扶持、宣传领军企业，抓住领军企业就抓住了行业的发展。从门窗五金行业来看，有合和、坚朗、国强、立兴、丝吉利娅、诺托这几个为代表性的企业，这几个企业代表了门窗五金行业的发展；从门控五金来说有多玛、固力、英格索兰、盖泽等这几个企业代表整个门控五金的发展；从密封胶来说，有硅宝、之江、中原、白云等企业代表整个密封胶的发展；从密封胶条来说，有江阴海达、宁波新安东代表了密封胶条的发展；从密封毛条来讲，有海宁市力佳隆代表密封毛条的发展；从通风器来说有丝吉利娅和住邦，隔热条有泰诺风。这些领军企业是我们的名牌企业，他们不仅加快了企业自身的发展，也带动了整个行业的发展。行业的技术水平、行业的管理水平、产品的品牌水平在他们身上都有所体现。

3. 国际市场的竞争需求

今天的人类社会是产品经济一体化的社会，整个市场是国际化市场。全世界不管白人、黑人都是在一个地球村工作，我们是一个村的村民。在江阴市场销售就是在国际市场销售，因为江阴市场是中国市场的一部分，中国市场是国际市场的一部分。用这种眼光看市场，所以我们的产品要走向国际市场。

2010年的3月25号我参加了在德国最大的一个展览会，这个展览会里，参展的中国企业有20多家，建筑门窗配套件行业的单位有10家，他们敢于到国际市场去展出自己的产品，这是很不简单的。我见到的有：坚朗、泰诺风、诺托、宁波新安东、合和、广东白云、国强五金、海宁市力佳隆等企业，他们的展台我都去了，我很赞赏他们，他们从中国到欧洲，在世界最大的博览会上展出自己的产品，拿我们的产品和人家较量，建立国际市场。我们走向国际市场靠什么？过去我们靠廉价的劳动力，靠不值钱的产品，叫中国制造。今天光靠这个远远不行，要靠品牌，要靠自己产品的技术含量。建立国际市场最根本的是要有中国的名牌企业和中国的品牌产品。这些才能真正地适应国际市场竞争，靠廉价的劳动力不能占据国际市场，更何况国内的劳动力价格也一直在走高。要靠技术含量、要靠品牌、要靠名牌，品牌产品走天下，名牌企业闯天下。

二、名牌企业的五大特性

作为一个名牌企业，不是一天形成的，是逐步发展壮大的，具有共同的特征：

1. 具有战略思维的企业领导人员及有效的人力资源开发

企业是人做的，名牌企业需要更强的人力资源，人力资源大致包括四大类型：第一，企业领导人。什么样的企业领导人，什么样的企业家就会带领什么样的企业。企业家不光是董事长、总经理，而是整个决策层人员。当然企业一把手更为重要。可以说当今的民营企业家是我们中国最稀缺的资源、最宝贵的资源、最可爱的人。我常说要重视创业，有了创业才能解决就业，我们在座的企业都是解决了几百人甚至上千人的就业问题。要重视创业，创业家就是我们的企业家。当然就企业家而言，有其可爱之处，也有其风险之处。企业家有很多说法，从改革开放初期，民营企业家有胆商，改革开放中期叫情商，今天叫智商；有人说，胆商是垮掉的一代、情商是正在挣扎的一代、而智商是中国正在崛起的一代。我们要做中国的儒商，是讲诚信的；要做中国的智商，是讲科技进步的；要做中国的华商，是具有胆略的。第二个方面的人力资源是技术专家队伍。干哪一行都要有科技创新，都要有技术专家。第三个方面的人力资源是管理人员。我们无论进行质量管理、技术管理、营销管理等，都要依靠我们的管理人员、管理专家。最后，还不能忘记能工巧匠的产业工人队伍。坚朗集团就高度重视企业的人员管理。

2. 具有知识经济的管理模式

对企业管理来讲，第一代管理科学，是泰勒先生研究的动作管理，也就是今天还用的劳动定额管理，把人完成某项工作所用的劳动时间分阶段用秒表测定下来，按此为依据确定劳动定额，实现劳动定额管理；第二代发展到人的行为管理。行为是由人的需求产生的，人的最低需求就是吃饱了穿暖了，高一点是安全需求，再高一点是尊重需求，最高的是自我实现的需求，这些跟人的行为有关。管理科学发展到第三个阶段，叫全面管理。以日本为首提出的全面质量管理。也就是说企业的管理是全员的、全面的、全过程的、全方位的。再发展到比较管理，也就是说横向比较、纵向比较、实质性比较等；今天管理科学已经发展到知识经济时代，叫信息管理、知识管理、文化管理。信息管理、文化管理、知识管理是当今管理科学的最前沿。

所以企业要具有文化管理的意识，企业要成为学习性组织，企业要用信息、文化统领企业的各种资源，进行有效管理。今天我们企业要成为哑铃式企业，研发力量要大、营销力量要大，位于中间的生产要小、人员要少。那生产不过来怎么办？生产不过来，可以制定企业标准，找其他协作企业来做，只要按照自己企业标准来验收，就是自己的产品。重要的是加强研发力量，加快营销力量。要把企业办成学习型组织，这一点合和五金做得相当不错，每年都开展很多活动重视全员的学习。

3. 具有自主创新的科技含量

作为一个企业来讲，我们不能光靠笨重的体力劳动。配套件委员会编写的“十二五”规划当中就着重的提到了自主创新。作为一个名牌企业来讲一定要提倡自主创新，首先要注重科技与标准。协会着重在标准制定上协助政府，发挥专家作用，大量的在完善和制定标准。为什么？有人说过，当今社会，市场经济比较发达的情况下，三流企业卖劳力、二流企业卖产品、一流企业卖技术、超一流的企业卖标准。标准是我们新技术推广的前提。没有标准、没有规范，我们的新技术得不到推广和运用。但是标准也会成为新技术推广的障碍。我们有些新发明、新专利会超过标准，这个时候标准就作为一个参考者，超过标准我们同样地要进行鼓励。

在这里我还要强调的一点是专利和专利分析。昨天在泰诺风公司参观，他们告诉我，公司有 20 多项专利，这是很好的事情。专利分析非常关键。企业可以没有专利，但不能没有专利分析。专利分析能够使企业做到以无胜有，以无制有。越是专利不多的领域，技术上就越可能有未被开垦的处女地。一个企业没有专利并不可怕，但要细心的研究其他专利技术，在别人的技术基础上发明研究自己的专利，这就是日本科技进步的最佳的途径。日本怎样科技进步的呢？他就是对全世界大量的专利进行专利分析。

4. 具有先进文化的企业精神

作为一个企业来讲，必须要有先进的文化。什么叫文化？是人们物质财富、精神财富的总和。生产产品是文化，工厂厂房也是文化，人们精神上的物质上的通称为文化。还可以更具体些，比如说，我们的企业形象、商标都是文化。产品就是企业的文化、企业的精神、企业的氛围，从企业经理到员工的精神状态等。我们说的老板，在外国有位企业家说，老板就是给员工端茶倒水的人，使企业形成一种强大的文化力量，它就叫文化软实力，也是企业的无形资产。这一点杭州之江非常突出，这么多年来他们搞活动，特别注重企业的文化建设。

企业要有先进文化的企业精神，不是死板的赚钱，企业所有的一切都是员工和用户日益增长的物质和文化生活的需要，所有的一切都是围绕着员工、用户的物质和文化生活的需要。企业承诺的一切都是人所为，都是充分调动人积极性的因素。所以说工作是为人做的，做了是为人的。企业不仅生产产品，还要造就一代新型企业人。

5. 具有社会责任的大客户服务

首先讲一下客户是谁？不仅买你产品的人是客户，整个社会都是你的大客户，整个人民群众都是你的大客户。我们要讲究诚信，讲究对社会负责。2009 年温家宝总理在世界企业家座谈会上就提到两条：第一条是企业要讲创新，这样企业才会有明天；第二条企业要有道德的企业，要讲诚信，要讲社会责任。企业不承担社会责任，这个企业是不受社会欢迎的。所以企业的大客户服务就是要通过方方面面，为你的客户服务、为人民服务。这一点泰诺风非常典型，泰诺风他们生产的产品在技术上自主创新，他们厂还有一个特点是按客户的需要专门为客户研究产品、为客户培训服务，征求客户的意见，按照客户要求不断改进产品，真正把客户当成上帝对待。所以企业要承担社会责任，要有优良的客户服务规则。

三、品牌产品的五大建设

品牌对产品来讲非常关键，但我们国家真正的技术品牌、产品品牌还远远不够。对现代企业来说，生产产品是经营制造价值，而推荐品牌是经营附加值。产品是我们劳动力和人员价值的转型，而品牌是文化、创意等附加值的转型。有形资产好比数字1，品牌创意是数字1后面的0，1后面增加的0越多，产品的附加值越大。很多人在说中国应该吸取清朝时候的教训，认识品牌的重要性，品牌是这个时代的最大财富。抢占世界经济的制高点靠什么？靠品牌。品牌不仅能满足人们的物理属性需求，同时品牌也能满足人们的情感需求。

1. 产品的质量改进

从工程来说，什么叫工程质量？第一是结构质量，我们的建筑要有合理的结构，还包括我们的建筑抗灾防灾等问题，要抗风灾水灾等。结构跟我们的门窗配套件有什么关系？门窗配套件的好坏直接影响到我们的门窗整体结构的好坏。第二是功能质量，建筑是为人服务的，建筑要充分满足使用者的功能需要，如空间合理规划、声学、美学要求等。同样的作为我们配套件来讲也有我们配套件的功能。第三是魅力质量，总的来讲建筑是艺术，是供我们欣赏的，能够熏陶人的，建筑搞好了是一个城市的经典，搞不好是城市败笔。同样的我们配套件也有他的美感。第四是可持续发展质量，可持续发展就是说我们要节能要减排，建筑耗能占整个社会耗能的30%～40%，而建筑的耗能约50%在门窗，门窗的耗能除了与门窗的材料有关，和配套件的选用也有着相当大的关系。像泰诺风、多玛、立兴等企业都很重视质量的改革。

2. 产品的更新换代

我们说一个企业不是靠一个产品吃一辈子的，产品应该不断的更新换代。1986年我在建设部带了一批人到日本东京，日本人很骄傲地展示了不用胶卷的照相机，之后两个月就上市了，半年以后我们中国就有了。数码相机开始是五千像素，后来变成五万像素，再以后十万像素，现在千多万像素。再看看手机，刚出来的时候四千块钱不到，半年就两千块钱了，再过两年五百块钱都不值，新的又出来了。这就是产品的不断的更新换代。我们的产品应该生产一代、销售一代、储备一代，不断的更新换代。这一点上，海达做得很典型，他们在不断的研发新品种的胶条。

3. 产品的社会认可

作为品牌产品必须要得到社会的认可。有人会说，产品质量好就不怕，其实不是这样的。过去一句老话说的“酒好不怕巷子深”，现在是不行，要宣传。所以我们要感谢媒体，感谢网站来替我们宣传产品。封闭式的经营是不对的，有效地宣传、有效地向社会推荐自己的产品是有必要的。同时光靠推荐不行，要做好对客户的服务，做好对产品的回访，要知道客户对产品的需要，要和客户成为最牢靠的合作伙伴。根据客户的需求不断改进产品的方方面面，得到社会的认可。

4. 产品的文化内涵

前面讲过产品是物质的，也是文化的，任何产品都具有文化的内涵。我们要做到产品的密封、安全、便利，人性化就是文化内涵。一个品牌、一个商标、一个企业的名称都是一个企业的文化内涵，我看了很多企业的标语写得相当的好，文化内涵能启发人，能引导人、影响人。

5. 产品的营销管理

营销管理很关键。营销是一门学问，营销人不光是卖产品，是一个营销人的人格，是营销员的品格，要高度重视营销管理。比如说华侨全球各国都有，我们可以让他们作为我们产品的国际经纪人，向全世界推销我们的产品。另外还要广泛的合作：和房地产企业的合作，和上、下游产业链的合作，和科研单位的合作，和银行之间的合作等，这样才能扩大我们的营销，营销才能形成规模。在配套件行业，成为世界上最强最大的企业应该是在中国，世界上没有任何一个国家能够有这么大的市场。

品牌产品不是生来就有的，不是上帝恩赐的，是我们企业家的终身追求。企业家的终身使命就是创名牌企业、品牌产品而奋斗，这就是企业家人生的最大追求，人生的最大价值。

今天我从三个方面讲了名牌企业与品牌产品：第一是时代的需求，第二是名牌企业的五大特征，第三是品牌产品的五大建设。我们要推进名牌企业和品牌产品，只有具备名牌企业的五大特征，才有前提去生产品牌产品；没有前面的五大特征，品牌产品是生产不出来的。同时也要看到，只有品牌产品才能称得上名牌企业，否则名牌企业也是名不符实的。我们的名牌企业、品牌产品要靠我们的“三大家”强力推进：要靠企业家、要靠我们的技术专家、要靠我们的社会活动家，来共同推进。行业的进步就是我们名牌企业、品牌产品的土壤和条件。同时名牌企业、品牌产品又是行业进步的标志。在这方面，我们表彰的江阴海达、广东合和、坚朗就是有贡献的、推进行业发展的企业。还有行业的合作单位，与他们的合作，促进行业有更多的名牌企业、品牌产品。作为协会，就是要为行业发展服务，要壮大行业、做强企业；而壮大行业、做强企业就是推进名牌企业的建设，推进品牌产品的建设。祝愿我们配套件行业的企业在“十二五”期间，在名牌企业和品牌产品建设上取得更大的进步，实现每一位企业家、每一位专家、每一位社会活动家的人生价值。

（2011 年 6 月 23 日在“建筑门窗配套件委员会工作会议”上讲话）

企业营销

伴随着国民经济进入第十二个五年规划，我国门业发展也迈入了一个新的历史阶段。“十二五”规划的主题是“发展”，在发展过程中对门业的营销，也提出了新的要求。营销是一门科学，也是企业经营的重要组成部分。在座的专家、企业家对企业营销都有自己的经验和体会。借召开钢木门窗行业年会之机，就门业营销问题，我讲一些意见与大家共同探讨。

一、中国门业企业的营销现状

据中国建筑金属结构协会、中国建筑装饰装修材料协会、中国林产工业协会等几家行业协会联合统计，截至2010年底，我国生产工业与民用建筑门的各类企业，初具规模的约有11000多家，其中年产值在1000万以上的有4500家，全行业累计年产值约1891.93亿元，比十年前增长了近8倍。据统计，包括钢质门、木质门、自动门与电动门四大门类，我国2010年度的营销总额约1800多亿元，其中国内市场约占96%，国外市场约占4%。从出口情况来看，我国木门出口额有5.2亿美元，钢质门与钢木门合计为3.6亿美元，自动门和电动门合计为1.5亿美元。从营销队伍来看，钢质门和钢木门全国营销网点有79832家，从事营销的人数就达到38万人；木门窗全国销售网点100600家，从业人员近50万人；自动门、车库门、卷门等电动门窗销售网点11800多家，从业人数约15万人。这就是我们的营销队伍和基础力量。

综观全局，门业营销当前还存在如下问题：

（1）新产品更新速度特别快，导致传统营销模式采用的宣传资料、样品更新方式难以适应营销模式创新的需要。

（2）从农村走出来直接进入营销队伍的农民工占有一定比例，营销队伍缺少正规培训和实践的锤炼，整体素质和营销水平亟待提高。

（3）市场发展存在着不规范的竞争环境。某些企业间的竞争不是靠实力和核心竞争力，而是采用不正当手段甚至用打架的方式来获取销售订单，与发达国家同行业相比，在品牌竞争意识方面还存在明显的差距。

（4）我国多数工程用门还不是由最终用户而是由开发商选定，这种营销模式普遍存在着重价格、轻质量的问题。

二、门业企业营销的五大关系

1. 营销与企业生产的关系

我们说营销，实际上是讲企业的全面管理，而不是仅靠销售员的嘴皮子搞销售。从某种意义上来讲，企业的销售与企业的全面管理相当于一个国家的外交与国力之间的关系。一个国家强大，在国际舞台上才有外交发言权，国力不强则不行，企业营销也是如此。企业营销与企业的生产管理、产品的科技创新有着紧密的关系。我们所说的生产方式、生产能力、生产质量都会对门业的营销产生影响。从生产方式来说，门业产品有的能以成品出厂，如进户门、木门；有的在工厂只能形成半成品，再到现场组装或者安装，如自动门、工业门。生产方式直接影响企业的销售模式，生产方式不同，对应的销售模式也不应一样。

生产能力和质量控制水平对销售的影响也是非常明显的。大多数有规模的工程项目都要事先招投标，有的需要提供实物样品和试验数据，甚至还要到工厂进行考察，其目的之一就是深入了解企业的生产能力和质量控制水平，以便从中选优。目前在门业企业中，无论是进户门还是木门都正在形成减少人工投入，增加自动流水线生产的潮流。反过来，门业的销售方式和销售批量，也促进了生产方式的变革，这是市场作用的效果，也可以说是企业因市场需要而改变了发展模式。

2. 营销与市场的关系

要通过加强对中国门业市场甚至对国际门业市场的调查分析，来寻求营销与市场的关系。因为经济在发展，社会在进步，客观上存在一个有大规模需求的门业市场，而这个客观需求，并不是为每一个企业家所掌握。主观上能把握住需求机遇的企业家才更易获得成功，这就是说客观市场需求和企业家善抓机遇都是非常重要的。

营销与市场关系还要从两个角度来看。一个是要细分产品的发展阶段，产品处在引入期、成长期、成熟期的不同阶段，各类级别的产品、市场的需求也是不同的，营销手段也不同；就市场需求总量来说，对量大面广的产品与小批量供求的产品，营销对策也会有所差别。现阶段来讲，我们的进户门正处于成熟期，木门正处在成长期，也属于量大面广的产品领域；自动门、电动门大体处于成长期的后期和成熟期的前期，大部分是属于公共建筑使用的门类产品，供求批量不太大。

3. 营销与营销人员的关系

营销，当然销售的是产品。但是我们说，在营销过程中销售的不仅仅是产品，往往也在销售营销人员的人格、人品、人情，而此三者之间又有着紧密的联系。我们的营销组织和营销人员需要进行有效的人力资源开发，需要企业的营销架构与营销模式相对应。

营销模式大体上分为直销式、代理式、专卖式和复合式四种。不同产品类型和不同的市场营销范围适应不同的营销模式。如果营销经理对相应人员的配备与营销模式不适应，就会犯错误，会造成销售市场的混乱和营销绩效的下降。

门业中如电动门开门机，在全国范围内可以作为单独产品销售，适用于直销。而进户门、室内门目前在全国范围内一般都还是按需订货，量大面广，适于营销代理制。自动门、工业门等产品，涉及现场测量、安装、长期售后维护，适用于生产企业、经销商、现场服务人员一条龙合作完成的复合式销售模式。

4. 营销与企业文化的关系

营销与企业精神、企业氛围、企业的知名度、企业的社会认可度、企业的软实力，或者说企业的无形资产有着紧密的联系。企业文化包括企业的使命、发展目标和价值观三部分。企业文化对企业的营销人员的言行产生影响的同时，还会传递到用户那里，二者的共同作用，最终将对门业的营销产生影响。如我们大家耳熟能详的广告词“盼盼到家，安居乐业”、“用步阳，我放心”、“王力，特别方便老人、小孩使用”等，最初可能是宣传产品特点或者企业理念的口号，而久而久之，就延伸升华为企业文化的一部分。上升到文化层面之后，对包括营销人员在内的企业全体人员，都会产生作用，企业员工都按这个要求去行动，谁破坏这个准则，就会受到大众的谴责。自动门行业中的凯必盛公司，倡导的企业使命就是以“创造民族品牌为己任”，相信以这样的使命为文化基础，在其销售过程中，内部任何人绝对不会以冒充洋品牌作为销售手段。

5. 营销与品牌的关系

对门业产品来讲，随着市场的发展和用户的需求不断变化，要求我们各个门类不断产生新品种、新品位、新品质，还要有新的品牌。如果说产品质量是产品的物理属性的话，那么产品品牌不仅是物理属性，而且包含着情感的因素。用了知名品牌产品，也会有一种情感上的满足。如果说卖产品是营销的产品价值，那么加上品牌，就提高了产品的附加值。如果说我们产品的价值是一，那么品牌就是零，一加上若干个零，也就变成了一千、一万、十万，就使我们产品的价格向更高的阶段进军。

产品品牌对促进营销无疑起着正相关的作用，作为大众化的民用产品门尤其如此。比如提到防盗门，大部分普通百姓很自然地会想到盼盼、王力、步阳、美心、日上等。据统计，同样档次的家用门包括进户门和室内门，位于前十位的品牌产品的价格比质量相当的非品牌产品的价格要高出15%左右。这个价差是大众认可、社会认同的。

当然，知名品牌除产品质量保持稳定外，自然对经销也提出了在安全、服务、供货期等方面更高的要求。在进户门、木门、围墙大门、自动门、车库门等门类产品中，老百姓通常把进户门叫做防盗门，相对的知名品牌也比较响亮，而其他的几个门类还需要加大品牌创造或塑造品牌的力度。

三、门业营销的创新

1. 营销理念的创新

首先是理念上的创新。营销的理念我讲不全，我讲这么几种，大家共同研究。

(1) 树立营销是经营管理重要环节的理念

首先要树立营销不光是卖东西，而是企业经营管理环节的理念，换句话说营销是企业经营管理中有实际性标志、有重大影响的一个环节。过去计划经济年代，中国的国企管理都是橄榄球式的模式，七十年代我当过一家国有企业的经理，那个时候企业生产规模很大；工人人数很多，一万多人；车间很大；还要管社会上很多事情，如有一个中等规模的小学、一个医院、四个卫生所，还种两千多亩地，还有拖拉机。那时虽然叫企业，实际是个小社会，中间很大，两头很小，研发队伍小，营销队伍小，像橄榄球似的。而现代型企业应该成哑铃式的，中间要小，两头要大，即研发力量要大，营销力量要大。

所以，营销直接关系到整个企业的管理，不要把营销看成单纯的销售，不要单纯看成卖商品，而要当做企业经营管理的重要标志。

(2) 树立营销大客户的理念

我们慢慢重视营销，把买我产品的单位叫客户。让我说的话，不买你的东西，也可以是你的客户。门业是在为全社会、为全人类服务，不光是为买门的这家来服务，社会上很多人都要走这个门，就是说你对用户要有一个大客户的概念。我们企业要树立承担社会责任这个理念，要树立大客户的理念，门业企业要承担对全社会、全人类负责的理念。

(3) 树立人性化的理念

营销人性化的理念，我前面已经讲了，营销不光是卖产品，还是卖人格、人品，现在还要提倡绿色营销，包括售后服务理念。经过经济高速发展阶段的21世纪以后，全球经济的显著特征是企业朝多元化、一体化发展。我国企业应该抛弃简单的模仿学习模式，必须结合中国企业自身特色，不断创新市场营销的理念和方法，积极应对严峻的市场竞争。门业营销的理念主要体现在服务营销，如像我们所倡导的“质量就是人格，销售就是服务”。目前，很多门企也在运用网络营销、绿色营销，如木门行业中北京的米兰之窗、河北的奥润顺达、浙江的瑞明等企业，在生产过程和产品质量方面都追求高度的绿色环保理念，从而赢得客户的青睐，为可持续发展打下了基础。无锡苏可自动门制造公司老总说“买便宜货别来找我，我只卖高档货”，显示了对自身产品质量的自信。还有不少企业对营销人员的提醒是“不要只卖你所能制造的产品，而是卖那些顾客想购买的产品”，不是说你能生产什么就卖什么，而要看顾客需要什么再去卖什么。我们要真正树立“客户至上”更加人性化的理念。

2. 营销机制的创新

（1）创立国际门业经纪人制度

今年在浙江永康门博会上，我和永康的同志们商量，永康门业现在靠博览会，是一种营销机制，对所有供需双方都是一个机会。更重要的，我想在明年或后年要面对着国际化的营销，建立国际门窗经纪人队伍。现在世界所有的国家都有华侨，要给这些华侨一个发财的机会，让他们在世界范围内上销售我们的门窗。为此，我提议适时建立国际门业经纪人制度，召开经纪人大会。可以跟他们签订个协议，包括什么时候可以请他们回来，规定合作规则、让利幅度。你卖了你就发财，你不卖就不发财，都是互利互惠的事情。召开华侨经纪人大会、发展国际门业经纪人队伍可以充分发挥华侨遍及世界各地的优势，去开拓中国门业的国际市场。

（2）建立合作联盟的机制

我们所说的联合理念，应是当前市场最新的理念。过去讲竞争是你死我活的、残酷无情的，现在不能完全这么讲，要搞更高层次的竞争。合作的宗旨有两点：一个是提高本体的能力，也就是说“我企业什么都能干，我企业什么都有”。这不是吹牛，即便我没有，但我的合作伙伴有；我不能干，我合作伙伴能干，这就是我什么都能干。第二个通过联盟扩大自己的市场份额，就像宾馆开连锁店一样，在北京你住我这个宾馆，到上海你也住我的连锁店。通过联盟合作，扩大市场份额，所以“联盟合作”是最关键的促销手段。

我到永康，看到步阳的一个宣传栏，上面写的是步阳公司与12000多家房地产企业建立了联盟关系，当时我很感兴趣，一个门企业能与上万家房地产企业建立联盟关系，还愁营销吗？这样的联盟也是很重要的营销机制。还有品牌活动、博览会、门博会都是有效的活动。最近河北奥润顺达搞了“国际门窗城”，还建成了“国际门窗博物馆”，设在保定，离北京不远。它也是一种活动，也是一种营销的机制，目的是吸引国内、外大量同行及用户到这里来，集中了解门窗产品的发展史、类别和各种性能。

3. 营销方式的创新

有一些活动，我也是很欣赏的。如广东东莞的坚朗集团，是搞门窗的配套件的，它也能做到十多个亿。坚朗每年3月18号，搞一次国际高尔夫球邀请赛。在深圳两个球场开场，330个赛手参加，330个球童下场，660个人同时下去，成为国际上最大的邀请赛。越南、印度、新加坡还有台湾的都来参加，他邀请的就是坚朗客户的高尔夫球选手。这种互动，已经进行了大概第四次、第五次了，它也是一种品牌性的活动。另外，我们会员还有的单位跟网球、排球、足球建立了联系，这些都是营销的一种新的机制形式。

北京的日上防盗门打出“日上永远就在你旁边”，仅在北京，日上公司就有300多家门店，这是门店的营销机制。北京的信步自动门公司，前几年沉寂了一段时间，但他们不是在睡觉，而是在拼命地练内功，积聚力量，在充分掌握了具有自主知识产权的核心技术和生产准备、具备品牌扩张的前提下，开始加大品牌的宣传力度，全面布局营销策略。北京的闼闼木门，重视网络销售方式，公司实行两头大、中间小的哑铃式的运作模式，就是销售队伍和研发力量比较强大，生产规模尽量小，实现OEM与自主生产相结合的供货方式，效果非常明显。

4. 营销信息化的创新

现在，营销方式有的是通过广告，有的是直接通过实物，有的是通过展会、门博会和门博馆来实行。深圳的红门智能机电公司的伸缩门产品销售靠配套样品车，他们打破了过去仅仅是拿样本向用户介绍产品的传统方式，现在可随时随地能看到实物，有样品保障。在营销方式上，除了广告、实物、参展等形式。营销途径不断创新，营销有零售与批发、有直销与代销有互联网等。

刚才，我看了钢木门窗委员会今年的工作计划，能不能实现，大家来共同研究。我们与永康开办了门博会，2011年5月刚开完了第二届，应该说一年比一年规模大，一年比一年影响大。现在正在筹备2012年的门博会。我前几天提出一个概念，充分发挥现代科技手段，咱们来搞一个“网上门博会”。除了永康门博会以外，我们的协会还可以举办互联网门博会，发挥网站的作用。营销的路径通过多个方面，像我们的步阳进户门，江苏的合雅木门，还有梦天实木门，都打破了传统的直销、代理等销售模式，与数百家、上千家房地产公司结成了战略合作伙伴，实现了营销路径的创新。目前，做网络营销的大多数规模不大，千方百计、下大工夫搞好“网上门博会”不能不说是一个很好的路径，也是对传统展会的传承，也是营销信息化的创新。

5. 营销文化的创新

我们说营销是一种文化，它要体现“以人为本”的理念，要体现人性化。什么叫“以人为本”，应该说就两句话或者是四个字，一个是“人为”，一个是“为人”。营销是干什么，是为了人，不光是为了具体客户，而是为全人类大客户服务的概念；营销是人做的，从这个意义上说，营销是“人为”的。从营销是“为人”服务的理念出发，就要树立“以人为本”的人性化文化。

另外，营销必然会有时代文化特征。古代的营销和今天的营销就是不一样的，现在搞营销要有符合时代的现代化特征。营销还要有面向大市场的概念，不能光看到目前城市房地产市场，还要面向中国的广大农村，要建立现代化新农村的概念，考虑到它的建设需要，国务院提出“建材产品下乡活动”。现在，包括电视机等下乡都给以鼓励，价格给以优惠，甚至政府给以补贴，鼓励农民去买电视机、电子产品，建材业下乡同样也是要给予优惠。我跟他们讲，所谓的建材下乡不是砖瓦沙石下乡，本来这些建材就是农村产的，说建材下乡就有门窗产品下乡。中国农村是一个大市场，建设社会主义新农村会让门业市场越来越广阔，这不能不引起我们的高度重视。

另外，营销还要重视媒体的力量，我们的新闻单位、网站、报社、电视台都可以参加。营销要做到网上有页、电台有声、电视有影、报上有字，要达到这个程度，我想，你们委员会也可以考虑，那些对门业发展有贡献的媒体，将来协会可联合企业，通过媒体进行表彰。比如说，媒体发表了哪些很有影响的文章、哪些宣传报道，协会和会员单位要对门业发展作出贡献的新闻单位进行奖励表彰。过去说的“酒香不怕巷子深”的传统文化已经被颠覆，现在的文化理念是人性化服务、人性化管理。

目前，中国大多数用户信赖进口的自动门品牌，国产品牌也在与国外品牌建立联盟，像凯必盛依靠自身打造“民族品牌”，王力集团防盗门“特别方便老人、小孩使用”，这些应大力宣传，同时也应表彰宣传这些品牌的媒体。

所以，我们对营销文化要引起足够的重视。我想今天借这个机会加以强调。

为适应门业的发展，应把营销推到一个更新的高度，要求我们的企业家引起更加重视。要求行业全员、技术和管理专家对门业营销有所研究。通过营销，使我们的行业实现十二五规划的要求。

四、“十二五”规划指标将大大促进门业发展

“十二五”规划的主题是“发展”，发展到什么程度，在这里我简单地讲几句。“十二五”期间，我国国民经济年增长速度平均要达到7%。城乡区域发展协调进一步增强，单位国民生产总值能耗要降低16%；单位国民生产总值的二氧化碳排放量要降低17%。城镇保障型安居住宅要建成3600万套。3600万套是什么概念呢？仅2011年度计划开工建设的1000万套保障房，就需要投资14000亿元人民币，大家也可以依此推算出门的用量；水利工程，“十二五”要比“十一五”期间总量翻番，规划投资要达到18000多个亿；“十二五”期间，我们将建成国家快速公路网，总里程超过4万km；“十二五”期间要新建铁路3万km，直接投资30000亿人民币，2011年我们的高铁投资达到7000亿元，到2020年全国铁路营运里程要达到12万km以上。全国共有发展城市轨道交通能力的城市229个，2011年制定轨道交通规划的36个城市中已经有29个城市的规划报到国务院审批，到2020年，包括现在运营的城市轨道交通累计营业里程要达到7395km，以每公里5亿元造价计算，保守估计还要有3万亿的财政投入。

2010年我国全社会建筑产值增加了26450亿元，比上年增长12.6%。全国具有总承包和专业承包资质等级的企业实现利润3422亿元，增长25.9%。在“十一五”

期间，我国国内工程的承包总额年增长30%以上，2009年度对外承包工程完成营业额是777亿美元，合同额是1262亿美元。未来五年，我国建筑业无论在国内还是在国际市场都将会出现一个新的发展阶段。我讲这些，就是要我们看到的门业的发展背景和前途。

今天，我着重讲的是门业营销。我开始说过“营销是科学”，我是不可能讲透的；营销是企业家的实践，我也不可能讲细，需要大家共同努力探讨。希望大家能够认识到，第一重要的是要实行“营销的科学管理”，能够做到绿色营销、人性化营销，使企业能够通过更新营销理念，在综合经营水平方面提高一大步，使我们行业的营销管理在国内和国际市场上都有一个明显的提高。

（2011年6月27日在“全国钢木门窗行业年会上”的讲话）

认真学习贯彻中央经济工作会议精神，正确认识门窗幕墙的“三难一大”，积极探索创新发展新思路

中央刚刚召开了经济工作会议，中央各部门陆续都要召开工作会议，我们现在召开的是铝门窗幕墙委员会的工作会议也正是贯彻中央经济工作会议的精神。今天与会的，应该说都是中国当今铝门窗幕墙行业发展的关键人物，我们的专家、副主任委员、企业家，要根据中央经济工作会议稳中求进的总基调，认真研讨铝门窗幕墙行业的工作，是研讨，而不是简单的部署。

认真学习贯彻中央经济工作会议精神，正确认识门窗幕墙的“三难一大”（即安全、节能、防火和改造等问题），积极探索创新发展新思路，具有非常重要的现实意义。“三难一大”中的“三难”：一个是安全问题、一个是节能问题、一个是防火问题；“一大”则是指既有幕墙的更新、改造和维修，这个量大。既有建筑幕墙，在国外也叫在役幕墙，按照节能的要求，许多需要改造和维修，这也是本次会议要讨论的议题之一。

正确认识和探索解决这“三难一大”是铝门窗幕墙行业贯彻中央经济工作会议稳中求进总基调的实际行动。

一、认真学习贯彻中央经济工作会议精神

中央经济工作会议确定明年经济工作的总基调，一个是“稳”，一个是“进”，叫“稳中求进”。“稳”的内容有四个方面：一是政策要稳定，就是宏观经济政策的基本稳定；二是经济要平稳较快的增长；三是国家物价总水平要处于稳定；四是社会大局要稳定。“进”的内容有以下三个方面：一是“十二五”规划的主线是转变经济发展方式。如何转变经济发展方式，明年要取得新的进展。二是要进一步深化改革开放，要取得新的突破。入世十年，实际上提高了我国的改革开放水平，入世的风险也没当初预想的那么大，许多方面进展平稳。世界贸易离不开中国，中国发展也需要世界。实践证明入世是我国改革开放过程中非常成功的一件事情。三是在改善民生方面要取得新的成效。

明年经济工作的总目标是稳增长、控物价、调结构、惠民生、抓改革、促和谐。

明年经济工作的五大任务是：(1) 继续加强和改善宏观调控，促进经济平稳较快增长；(2) 坚持不懈抓好“三农”工作，增强农产品保障供给能力；(3) 加快经济结构调整，促进经济自主协调发展；(4) 深化重点领域和关键环节改革，提高对外开放水平；(5) 大力保障和改善民生，加强创新社会能力。

这次会议与以往工作会议相比，有五大突出亮点：

(1) 首次提出了促进经济增长由政策刺激向有序增长转变；

(2) 提出了继续实施积极的财政政策和稳健的货币政策；

(3) 提出要提高中等收入者比重，收入分配改革将提速；

(4) 提出牢牢把握实体经济这一坚实基础；

(5) 强调要坚持房地产调控政策不动摇，保证房价合理回归。

以上概要讲了一下刚刚结束的中央经济工作会议精神，具体说就是要正确认识其目的是以此指导我们行业和企业的发展和探索解决“三难一大”问题。

二、“三难一大”是差距更是潜力，走科技创新之路

1. 安全

门窗幕墙作为建筑的外围护结构或装饰结构，是由面板、铝合金结构、胶和其他附件组成的一个系统，门窗幕墙的安全问题绝不是简单的事情。玻璃、密封胶和五金构配件等系统配套产品的质量、工程产品的设计及项目管理、门窗幕墙产品的安装都同样重要，他们共同作用，从而决定着门窗幕墙的质量与安全。安全问题，我们要引起高度的重视，生命第一，是建筑的最高准则。我们做什么都要把生命第一放在最前面。说实话，我们的新闻媒体单位、我们的标准规范、我们的政府工作，远没有把生命放在第一的位置，这是我们与发达国家的差距。

同时要看到提高门窗幕墙的安全性也正是我们行业和企业发展的潜力，无论是科技创新还是企业管理，我们的专家、企业家将要在充分发挥其聪明才智、解决重大潜力方面取得新成效。

2. 节能

我国建筑节能与发达国家相比更是有差距的。建筑能耗占社会总能耗的35%左右，门窗幕墙作为建筑的外围护结构，其能耗又占到建筑总能耗的50%左右，提高门窗幕墙的节能水平问题将是我们建筑节能工作的重要内容。

大家知道：德国门窗K值系数是1.3，有的地区甚至是1.0，我国北京市门窗K值系数要求是2.8，有的地方是2.5，有的是3.1，按照德国标准要求，我们许多门窗产品都是不符合要求的。但中国迟早会到1.3。我们应该要有技术上的创新，就是国家在国家要求2.8，还没有强制要求1.3和1.1的时候，作为我们企业应该要有这种

技术上的储备和创新。这个差距应该说特别大，同时也可以说我们行业和企业发展的潜力特别大，我们的专家和企业家既要看到改革开放以来我们为行业作出了巨大的贡献，更要看到在壮大行业、做强企业方面我们还任重道远。

3. 防火

高层防火是个世界性的难题，防火有很多方面的防火，比如幕墙防火、玻璃防火、胶的防火。我们的钢木门窗委员会和中国消防协会，也曾在北京召开玻璃、门窗防火产品的推荐会。广东和上海等地研发了防火玻璃，但总的看来，门窗幕墙的防火问题涉及方方面面，有着很大差距。在门窗幕墙产业链上的各个企业都要挖掘解决防火问题的潜力。

安全、节能、防火，还有就是既有幕墙的更新、维修和改造量大。我们要正视“三难一大”是差距，但差距是我们发展企业的潜力，正是有了这个差距，我们才知道往哪个方向发展，如何发展，才有我们的方向和目标，这不仅是我们企业要考虑的问题，也是全行业、全人类都要考虑的问题。我们要通过科技创新来减小这个差距，消除这个差距。也就是说我们在座的企业要通过科技创新，发挥各自本身存在的潜力。

一要加强研发力量。我以前到过郑州中原应用技术研究开发有限公司，他们的董事长张德恒，他本身就是学化学的，以前搞研发是科学家，现在做实业是企业家。他们公司引进了大批大学生对胶进行研发。胶的用途很广泛，航空、工业发电、核电、太阳能发电等都离不开胶，我们门窗幕墙更离不开胶。真正把研发放在第一位就是好的。我们过去的国有企业，橄榄球型的企业，中间大（工厂很大，仓库很大，而且企业里还有学校、有医院、托儿所等，什么都有），两头小（研发力量小，研发人员少，营销队伍小）。现在我们要发展哑铃型企业，中间小（企业不能办社会，学校、医院要交给社会，大家各司其职）；两头大（加大研发和营销力量）。我们企业家和专家要发挥主力军作用，专家的研究结果和企业家的实践需紧密结合在一起，形成高效生产力。我看到这次会议上有通知，征求明年年会论文，我认为不光要有论文，关键是发挥论文的效能作用，使论文形成生产力，形成产品、标准和工法。

二是专利权。专利对企业来讲非常重要。创新在三个方面：一个是原始创新、二是集成创新、三是引进消化吸收再创新。在原始创新方面，专利权是非常重要。对企业来讲，重视专利体现在两个方面：一个是企业通过研发形成本企业的专利；第二个企业必须想方设法了解外国的、外单位的专利。不是说偷他们的技术，是研究他们的技术，我们所有的研究不是从零开始，都是有基础的。我们是在前人的成果上再研发、再创新，这就要我们的企业学会专利分析，企业可以没有专利，但不能没有专利分析。专利分析能使企业做到以无胜有，以无制有，越是存有差距的领域，就越是有潜力可挖的领域；越是专利不多的领域、技术上就越有可能有未被开垦的处女地。

三是工法。我们门窗幕墙的施工方面，施工工艺、施工工法也是一种创新。怎么进行有效施工，节约施工、环境友好施工、或者说高效施工、专业化施工，这是我们工法需要解决的。需要我们工程技术人员和工人技师认真总结，在工程施工中高度重视合理化建设，像外国企业那样把合理化建议视为企业准宪法，我们要发挥过去鞍钢宪法提出的群策群力，不断总结提炼新工法，高度重视新工法的推广应用。

三、“三难一大”是挑战也是机遇，走科学发展之路

走科技发展之路，不是喊一喊这么简单，因为这个行业能在这个方面作出巨大成就，这将是非常有价值的。“三难一大”对我们来讲确实是一个挑战，或者说是巨大和严峻的挑战，但是挑战又代表机遇，是企业发展的机遇，企业壮大的机遇。站在挑战的面前，我们取得一定成就，就能发展一大步。企业就是要迎接挑战，抓住发展机遇，走科学发展之路。

所谓科学发展，我特别提出三点：

一是增强文化软实力。这也是中央强调的，强调增强文化的自觉，提高文化的自信，确立文化强国、文化强企。企业要创造企业文化氛围、文化环境、倡导企业的精神，特别是以人为本，企业要充分调动人的积极性和主动性，注重人的全面发展，既要满足企业员工日益增长的物质和文化生活的需要，又要满足企业提供产品和服务的用户日益增长的物质和文化生活需要。

二是人力资源开发。这里强调抓住机遇、迎接挑战，要靠人去抓住机遇，要靠人去挑战。抓住企业的发展机遇，就是要尊重人才、尊重知识，要依靠人就要事业留人、感情留人、待遇留人。企业家用人的最高境界就是要把自己身边的人培养成人才，要善于用人，用人之所长。企业和员工的关系，是相互依存的。员工是企业效益的创造者，企业是员工获取人生财富、实现人生价值的场所和舞台。员工因在企业岗位上增长了某项技能、提高了素质而受益，企业则因为有了受过良好素质的员工而不断发展壮大。

三是企业转型升级。十二五期间，国民经济的主线是转变国民经济发展方式，作为我们的行业、企业要转变经营发展方式，使我们的经营更有效，使我们的企业成为科技先导型企业，我们的企业家成为科技先导型企业家，我们的员工要成为知识型员工。同时，我们的企业要成为质量效益型企业，不仅是规模，还有质量，强调三大效益一起抓，强调社会效益、经济效益、环境效益。同时，企业还要转变成资源节约型、经济循环型、环境友好型、社会责任型、组织学习型的新型企业。

总之要把增强文化软实力、人力资源开发和企业的转型升级，落实到企业经营管理的方方面面，使我们的企业能够抓住机遇、迎接挑战，走科学发展之路。

四、“三难一大”是压力更是动力，走做强做优之路

“三难一大”对于我们的行业来讲，确实是压力，而且是相当大的压力。这“三难一大”有可能使我们的行业企业重新洗牌，有些企业或许借此机遇会更强大，有些企业则因此而破产，特别是我们技术能力不强的企业，在面对“三难一大”时可能会破产。对于我们企业家来说，要化压力为动力，在压力面前，要把企业做大、做强、做优；对于我们微小企业，产品要做精、做优。

做强做精做优上我着重讲三点：

一是品牌问题。应该说到今天为止，我们的工业经济，品牌仍然是件大事。很多知名国内品牌，到国外的知名度也不高。品牌是我们企业家的终生努力、终生奋斗的目标。品牌不仅体现了产品的物理属性，质量好，同时还体现了产品的情感属性，使产品有更好和更高的附加值。但是这企业如果不做品牌企业，不做名牌产品，那这个企业做下去就没有什么意义了，很可能面临更大的风险，甚至是灾难。对我们企业家最高的人生自我实现的需求，最大的人生价值就是终生为创品牌而奋斗。

二是合作。要做强做优，光靠本企业单打独斗是不够的，要善于合作。要树立“竞合”理念，就是竞争与合作的理念。我一个工厂可能变为10个工厂，我一个企业可能变为50个企业。我很多产品，在制定好本企业标准之后，可以是委托加工，包括科研加工、科技攻关；还要做好与银行的合作，能保证融资，保证我的流动资金等；还有产业的上下游企业，产业链的企业合作，和我们产业群的同行业的企业合作，使我们做大做强。合作，其根本目的是两个：一是增强本企业经营能力。我的企业什么都能干，我干不了的，我的合作伙伴能干。我什么都有，我没有的我合作伙伴有。二是拓展市场。通过合作使企业有更大的市场，就像连锁店，我在上海有酒店，我在广州有连锁店，这个很关键。无论是增强能力还是扩大市场都要求企业家敢于合作、善于合作，合作是当今时代更高层次的竞争。合作能力是当今时代高水平的竞争能力，是企业的竞争力的体现，包括国际竞争力。

三是发展战略。重视企业的发展战略，用发展战略去指导本企业，或者说引导本企业全体员工为企业既定目标扎扎实实、一步一步地向前奋斗。国家有“十二五”规划，我们行业要有自己的规划，企业更要有自己的发展战略，使企业像一条航船，在大海里向既定目标、既定方向快速前进。

总之，“三难一大”是压力，人没有压力轻飘飘，企业没有法力就会小富即安，没有出息，而我们今天的企业家就是要化压力为动力，作出一番前人没有作出的事业。

五、“三难一大”是需求更是市场，走稳步拓进之路

“三难一大”是社会的需求，也可以说是人类社会要解决的需求。全人类、全地球人都在为低碳社会而努力。各个国家总统，都在为低碳社会、低碳经济，为减少碳排放去动脑筋。它是一种社会需求，也是用户的需求，这种需求必然带来广阔的市场。在这个市场面前，作为我们企业家如何稳步拓进，就是中央经济工作会议中提的“稳进”。这里我想讲以下三点：

一是增强企业营销能力。企业营销是一门科学，企业营销是针对市场而言，没有市场怎么营销。现在我们国内是市场经济，而且还在不断完善中，市场经济确确实实是有积极的一面，但也有消极一面，市场的恶性竞争、不正常竞争依然存在，但我们也不能因为市场存在不正当竞争，自己也去不正当竞争，我们需要完善，要进一步完善市场的竞争机制。因为有了市场才有企业的今天，没有市场怎么会有你。要是在以前，没有市场经济，你就是资本主义尾巴，会把你割掉的。现在中央无论对民营企业，还是对中小型甚至微型企业，都提出来要高度重视。所以市场对于企业来讲要增强营销。增强营销能力的内容很多，营销的是什么？营销的是企业家的形象、营销人员的形象，营销的是企业的社会形象，营销的是企业聚集的力量、营销的是我们企业的精神，当然还有营销的技巧等。我们要为用户需求去营销，为用户满意去营销。

二是国际产业合作。加大国际幕墙行业的联合，与国际幕墙产业的合作，国内企业与国外企业的合作，中国协会与外国协会的合作，增大增强与国际幕墙行业的产业联盟。中国是大国，应该走向世界，应该承担人类社会发展的重任。我们之所以要搞国际产业的合作，正是表明我们要解决“三难一大”这样一个市场问题。幕墙不是只有我们有，发达国家比我们早，而且人家比我们多。有人说我们做的幕墙多，再多哪一个中等城市也多不过香港，香港幕墙不多吗？它的幕墙质量问题、节能问题、安全问题、防火问题是怎么解决的？我们专家是中国的专家，我们要成为世界的专家，要走在世界科技的前沿。作为一个大国来讲，我们有责任在这个行业上，走在世界前沿，当然我们不能妄自尊大，我们要认真学习发达国家如何解决在门窗幕墙方面“三难一大”的问题。我们也要注意到，门窗幕墙在国际市场上的需求，国际门窗幕墙产业存在很大的市场，我们要加大门窗幕墙产业的国际化合作。

三是走出去战略。在世界上发达国家、甚至中等收入的国家，例如迪拜，它不是什么发达国家，幕墙建筑很多。我们中国有相当一部分企业已经走向世界，并且取得了很好的成就。他们广泛地参与到国际社会的各种活动中，积极参加世界各地的国际博览会、国际协作会议，参与到国际市场竞争里。我们门窗幕墙企业、包括与之相关的硅胶、五金配件以及机械设备制造企业等完全可以走向世界，我们有责任去占有国

际市场的更大份额。把我们的企业做大做强，我们需要稳步拓进，在现有的基础上，总结今年，规划明年，再展望后年。在“十二五”期间，中央特别强调，在走出去战略方面，要有新的突破。

明年是实施“十二五”规划承上启下的重要一年，是我国发展历程中具有特殊意义的一年，做好明年的行业工作，指导好明年企业的稳进发展是协会的重大使命和重要责任。今天我讲的只是些想法，很不完善，需要专家、企业家的聪明才智，也需要我们协会发挥跨行业、跨部门、跨地区的优势，组织全社会的力量，积极探索新思路，为明年的稳中求进作出新的成绩。

（2011年12月17日在“2011年铝门窗幕墙委员会工作会议”上的讲话）

中小企业争当隐形冠军的五大要素

非常高兴参加这次活动，我们这个活动也是一个品牌活动，应该说它是贯彻中央两会精神的一个缩影，是2012年我们经济工作稳中求进主基调的一个实际行动，也是我们门窗配套件行业各企业家们欢聚一堂、共商大计的一个活动。这个品牌活动已进行三届了，深受企业家的欢迎，对行业发展有积极的影响和有效的促进，我相信还会有第四届、第五届，一届比一届红火。

最近经济学家们在讨论怎样使中小型企业成为经济发展的隐形冠军，由此我联想到中小企业争当隐形冠军的五大要素。

一、人

人就是人力资源。

1. 人力资源开发

人力资源开发要在企业界建四大队伍：企业家队伍、技术专家队伍、管理专家队伍，还有工人技师队伍。要做到事业留人、感情留人、待遇留人，把人放在第一位。

2. 以人为本

所谓以人为本就是一切为了人，一切依靠人。我们办企业的为了人、为了本企业员工日益增长的物质和文化生活的需求，也为了我们企业向社会提供产品的人、使用我们产品的人得到日益增长的物质和文化生活的需求。我们中国共产党最高宗旨就是为了实现人的全面解放。同时我们还要造就一些新人，造就新一代复合型人。还要强调一切依靠人，无论是一个企业、一个地方的经济都要依靠人去做，要充分调动人的主观能动性、积极性，发挥人的聪明才智，才能够做出来。

二、艺

艺就是艺术和技术。

1. 科技创新、研发第一

我们强调科技创新、研发第一。严格说作为中小企业的隐形冠军，经济学家们有的说在日本，有的说在台湾，有的说在新加坡。我说，完全这么说是不确切的，而且从市场来讲，应该在中国。作为隐形冠军就不是显形冠军，显形冠军是世界500强、100强那些大规模、大型的企业。而我们中小企业存在发展的潜力，是隐形冠军。所以要把科技创新、研发第一作为我们的宗旨。我们要生产一代产品，销售一代产品，同时要储备一代产品。作为隐形冠军一定要有自己的专利，更要有深入的专利分析，是企业的生存与发展满足低碳社会人类的需求，符合低碳型社会节能减排的要求等，既是需求更是市场，既是潜力更是挑战，也是我们企业发展的机遇。

2. 更新换代、品牌第一

如果说质量是产品物理属性的话，那么品牌既是产品的物理属性，还是其情感属性。作为一个企业的企业家终身的宗旨是不停顿的创新，而创新的价值就体现在创造的品牌上，这是至关重要的。作为一个协会搞活动要成为品牌，企业产品要成为品牌，这是当前企业家的重要使命。

三、理

理就是理念和管理。

1. 现代理念

理要有现代理念。当今的企业家是我们中国最稀缺的最宝贵的资源，他具有现代的理念，现代理念就是要有世界眼光，要有战略性思维，这种理念符合时代特征，适应改革开放，注重科学发展，统筹协调可持续发展，指导把企业做大、做强、做优。

2. 文化管理

理要有文化观念。从人类管理历史来说，当今现代的管理是文化管理、知识管理，要增强文化自觉，提高文化自信，要充分发挥文化软实力的作用，这是至关重要的。

文化管理要求我们要有体现时代特征的创新精神，具有以人为本的服务文化，具有企业精神以及和谐环境或者说氛围文化。作为一个企业它不单单是一个生产产品的一个经济实体，还是一个有高度文化理念、高度文化价值的团体。

四、市

市就是市场。

1. 市场情报

随着市场经济的发展，市场情报、市场信息非常重要，企业是适应市场而存在，是拓展市场而发展的。

2. 市场分析

也就是说作为要成为一个隐形冠军来讲，要高度重视市场，要认真做好收集好国内国际两大市场的市场情报，要做好国内国际两大市场的市场分析，从市场情报到市场分析上再到更深入、更广泛地开展旨在提高能力和拓展市场的产科研合作、银企合作和产业链合作，进而可以更好地拓展适合本企业发展的业务，更好地修订和确定可以指导本企业的发展战略，这是至关重要的。

五、信

信就是信用和责任。

1. 儒商诚信

在全世界范围内当今中国的儒商是最讲诚信的，要以诚信为本。我们的产品质量、产品安全、产品服务，是讲究诚信的。对于我们今天参加聚会的所有客户，诚信是第一位的，我们讲究的就是儒商的诚信和智商的聪明才智。

2. 社会责任

一个企业家、一个企业要高度重视社会责任，不重视社会责任的企业，是社会不受欢迎的，这一点是至关重要的。

我们强调中国的儒家文化，强调的是仁、义、理、智、信，五个字有着丰富的内涵，我借此联想到中小企业争当隐形冠军的五大要素即人、艺、理、市、信这五个字，其宗旨是使我们中小企业能够做大、做强、做优，能够走向世界，能够在行业里真正起到一个领军的作用。

今天所有参加会议的代表们，我衷心的感谢你们对“合和”的支持，不仅是对企业发展做出了业绩，也是对门窗配套件行业的发展作出了贡献，促使中国门窗配套件在我们领军企业的带领之下，在“十二五”期间有一个崭新的发展。衷心祝愿我们与会的代表真正像这次会标上写的，“合和”就是合作共赢、就是和谐发展。服务宗旨就是农村、城市，争锋 2012。我们不仅要在中国争锋，还要在全世界范围内争锋，中国人应该有所贡献，使中国门窗配套件行业在全世界领先。

（2012 年 3 月 16 日在“第三届门窗配套件行业科技创新优秀论文颁奖大会”上的即席讲话）

注重铝门窗幕墙行业的国际比较

2012年全国铝门窗幕墙行业年会在广州召开，这是行业的一件盛事。刚才中国建筑玻璃与工业玻璃协会张佰恒秘书长谈到了玻璃行业的发展前景和与建筑门窗幕墙行业的相互关系，香港建筑幕墙装饰协会会长王永光先生介绍了香港建筑幕墙行业的发展情况，并提出了建立幕墙行业联盟的想法，铝门窗幕墙委员会主任黄圻同志比较系统地总结了2011年铝门窗幕墙行业的发展状况，并对今后行业的发展提出了很多设想和指导性意见。在本次年会上，我主要想跟大家讲讲“注重铝门窗幕墙行业的国际比较”这一话题，这是我首次在铝门窗幕墙行业提出国际比较的概念。我想从以下几个方面来谈谈。

一、比较管理的概念

1. 比较管理学的概念

人类管理科学是在不断发展进步的，从最早的动态管理、行为管理，到全面管理包括比较管理、文化管理和知识管理等。比较管理包括三种方式，一是横向比较，二是纵向比较，三是实质性比较即抓住关键环节或要素的比较，我们讲的国际比较，就是一种横向比较。中国是一个大国，改革开放使中国成为了一个经济大国，改革开放本身就是一个国际比较，改革是我们的纵向、开放是横向，因此比较管理至关重要。

比较管理学是20世纪60年代以后发展起来的一个管理学分支。它是学者们对各国企业管理的实践经验和理论模式进行比较研究的成果。它研究不同国家（和地区）之间“管理现象”的异同点、模式及其效果，并且研究这些管理现象与文化地域环境因素的关系，进而探讨管理经验和管理模式的可移植性，以达到“博采众长，为我所用”的目的。这里所说的“管理现象”有着广泛的含义，既可以指管理体制、管理制度、管理规章和惯例，又可以指管理过程、管理哲学、管理行为和管理效率等。

在今天，管理已经成为人们使用最多的一个词汇了。而且，人们还把管理同技术一起并称为推动经济增长的“两个车轮”。更重要的是，在跨国界、跨文化的研究中，人们发现，国家间在经济发展上的差距并非只是由于技术的原因，而更可能是管理或其他因素出了问题。为此，第二次世界大战结束后，在欧洲大陆还曾展开过一场激烈的论战：欧洲的科学技术并不比美国落后，可经济发展为什么落在美国后面？于是，人们试图从比较研究的视角去“揭示工业增长过程与管理间的密切联系”，并形成了比较管理分析的最初范式，其代表作就是《工业世界的管理：国际分析》(F. Harbfson 和 A. Meyers，1959)，由此正式拉开了比较管理分析的序幕。美国纽约大学在 1970 年举办的比较管理学学术研讨会，被认为是比较管理学形成的重要标志。比较管理研究初期的特点是注重建立概念体系、分析框架，探讨管理是否具有可移植性，而 20 世纪 80 年代出现的“管理新潮流的四重奏”则采用案例研究方法比较日美企业管理的异同，更具有实证性特点。20 世纪 90 年代以后，“硅谷模式”举世瞩目，比较研究的论著层出不穷，从最初的文化比较（Anna Lee Saxenian，1994）到后来的比较制度分析（Masahfko Aoki，1999），研究不断深入，越来越深刻、精细。这期间，福山先生的专著《信任——社会美德与创造经济繁荣》（Francis Fukuyama，1995）研究了信任结构与企业模式的关系，令人耳目一新，堪称比较文化管理研究的典范。

从事比较管理研究的必要性：

（1）企业管理人员从事跨国经营活动需要通晓不同文化类型的管理方式；

（2）发展中国家赶超发达国家需要了解他们的企业管理特征和成功经验；

（3）可以理智地借鉴选择甚至移植别国企业的管理方式；

（4）推动比较管理研究的跨文化的国际学术交流。

2. 比较管理研究经历的三个阶段

迄今为止，比较管理研究已经有 50 余年的历史，经历三个阶段：20 世纪 50 年代创立、20 世纪 80 年代末出现高潮、20 世纪 90 年代以来比较沉闷。

（1）理论模式构建阶段（1950 年代～1970 年代）；

（2）经验分析盛行阶段（1980～1990 年代）；

（3）制度分析崛起阶段（1990 年代……）

3. 比较管理学产生的背景

（1）跨国企业的迅速发展

跨国公司的兴起可以追溯到 1870 年代，1950 年代以后迅速发展；子公司所在国的经济、文化和政治背景；经营管理方式的“水土不服”。

（2）东西方文化差异的冲突

人们把经营管理方式的“水土不服”归结为东西方文化的不同。

（3）理性与非理性

管理具有科学性和艺术性双重属性，瑞典学者斯文·艾里克·肖斯特兰曾将管理的两面性比喻为“雅努斯（Janus）因素”（雅努斯是一位长着面对两个相反方向面孔的罗马神，用雅努斯神来比喻管理的两面性）。

（4）管理制度的“可移植性”

许多学者认为，管理作为人类实践活动，一些共同的规律和具有普遍性的原理，这些原理和制度具有可移植性。

（5）“巴西事件”

一些学者在巴西进行了两年的调研，得出结论否定管理原理的普遍性和可移植性，认为管理受文化环境和地域的制约。

（6）与政治制度、意识形态、社会传统的相容性。

（7）管理学理论的多样性。

20 世纪 30～60 年代，形成 5 大学派的理论体系，20 世纪 80 年代已经形成 11 个学派；各有适用范围，相互渗透，相互补充。

二、比较管理的重要性

1. 深化对外开放的需要

深化改革开放，让中国企业走向海外，参与全球市场的竞争，无疑需要认真研究不同国家（和地区）之间“管理现象”的异同点、模式及其效果，并且研究这些管理现象与文化地域环境因素的关系，进而探讨管理经验和管理模式的可移植性，以达到“博采众长，为我所用”的目的。

当中国企业走向国际市场以后，其在中国的管理模式，不太可能直接移植到国外，还需要按照比较管理的范式和方法进行比较研究，使其更能适应所在国家和地区的文化、地域和环境，并产生良好的效果。

通过深化改革开放，一方面，我们可以理智地借鉴选择甚至移植国外企业的成功管理经验和模式，为中国企业所用；另一方面，中国企业走向世界，也可以通过比较研究，将中国企业的成功管理经验和模式，推广到世界各地。改革开放 30 年多年以来，特别是中国加入 WTO 以后，中国改革开放的力度得到进一步增强，中国企业有更多机会参与国际市场的竞争。在经济全球化的背景下，在共同的国际化游戏规则中，中国企业综合竞争力得到了很大提升。

我国建筑门窗幕墙行业，也在改革开放的大背景下，得到了前所未有的大发展和繁荣。

（1）概况

一般认为国内最早最具代表性规模较大的幕墙是北京长城饭店，但是由于配套材料是直接从比利时进口加工好的板块，整个块板运过来，国内只是负责安装，因此严格上来讲还不是真正意义上的国产幕墙。

在国家改革开放政策的推动下，我国建筑门窗幕墙行业从引进国外先进技术起步，逐步缩小了与国际先进水平差距。20 个世纪 80 年代，沈阳黎明、沈飞、西飞等航空、军工、建材、机械行业的大型企业投入到铝门窗和建筑幕墙行业，陆续学习国外的经验，引进了一批铝门窗专用加工设备和生产技术。按照国外的模式，在各个地方都做了些个别早期的幕墙，但普遍技术质量水平较低。1990 年以前，国内中高端幕墙工程几乎都是由国外公司设计安装完成。

20 世纪 90 年代后，随着改革开放逐渐深入的影响，国内大量的工程建设，大量的办公修建都伴随着建筑幕墙的大量使用。较早成立的航空、军工企业以其雄厚的资本、较强的技术力量储备和先进的管理，不断学习、消化吸收国外先进技术，行业加工应用水平也有了显著的提高，这一类企业也成为开拓市场和技术创新的骨干力量。

国内 1993 年开始编制第一本玻璃幕墙规范，并于 1996 年国家正式批准实施，我们国家在幕墙的设计、加工、施工上有了统一的规范参考，进一步加强了幕墙的安全保障。

20 世纪 90 年代中后期，一批优秀民营企业集团以其新型企业管理机制、先进的专业技术、现代市场运作模式、引进建筑幕墙的先进生产技术和新型成套设备为主，相应地引进了国外最新的工程材料及国内的工艺技术，逐步缩小了与国际先进水平的差距，并掌握了国外前沿技术，这时候的行业是以学习国外先进技术、独立开发中国特色产品的动态发展为主题，行业整体技术水平得到了极大的提升。20 世纪 90 年代中后期，国内大多数工程都是可以由国内公司来完成了，只有一些高端的、极为特别的、少数个性化的工程还是由国外公司设计施工。

随着社会经济的不断发展，人们对建筑物使用品质的要求也不断提高。国内幕墙市场总量不断提升，幕墙产业的整体大发展，由于玻璃、金属等材料科学和制造工艺技术的飞速发展，幕墙形式也是随着行业技术水平的提升及材料工艺的进步不断升级丰富。幕墙形式除了早期的明框玻璃幕墙，还发展出了隐框幕墙、点式幕墙、单元式幕墙，在材料应用上也是不断丰富，铝板幕墙（铝合金单板或复合铝板）、彩钢板幕墙、石板幕墙、陶瓷板幕墙等以及用上述材料组合而成的组合式幕墙。

1990 年以前，国内基本是以玻璃幕墙为主。我国公认的第一座幕墙建筑北京长城饭店就是国内第一次采用玻璃幕墙。玻璃幕墙作为一种新的建筑语言的出现，在国内得到迅速发展，玻璃幕墙的发展初期主要使用第一代玻璃幕墙——明框幕墙，由幕墙框架和装饰面玻璃组成，框架大都采用型钢或铝合金型材作为骨骼，通过引进、模仿国外技术没有自己的规范和标准，技术质量水平较低。

隐框玻璃幕墙作为后来一种比较流行的形式，最大特点是立面看不见骨骼和窗框，使玻璃幕墙外观更统一、新颖，通透感更强，逐渐获得了市场的青睐。

1997 年引进的单元式幕墙则解决了幕墙漏水问题；可以在工厂内加工制作，促进了建筑工业化程度；安装方便，大大缩短了工程周期等诸多优势成为国际上最先进的幕墙，也称第三代幕墙。其以工厂化的组装生产、高标准化的技术、大量节约施工时间等综合优势，成为了建筑幕墙领域最具普及价值和发展优势的幕墙形式。

人们希望更多地利用玻璃透明的特性诱发了建筑点式玻璃幕墙技术的产生，它是用金属连接件和紧固件将建筑玻璃与金属（或玻璃）支承结构连接成整体的新型组合式建筑结构形式。它具有其他形式不可代替的优点——更通透、更安全、更灵活，使建筑的现代工艺美、技术美得以尽情地表现，因此，点式玻璃幕墙受到广大建筑师们的青睐。

点式幕墙作为一种比较特殊的幕墙形式，具有一定设计、技术门槛。深圳三鑫、珠海晶艺、广东金刚等幕墙企业就是凭着点式幕墙发展机遇，投入大量技术用于拉索幕墙、点式幕墙的研究，将点式玻璃技术应于建筑中，建成了一批由中国人自己设计、制作的点式玻璃幕墙，引发了点式幕墙在中国应用的潮流，逐渐发展成为了国内一流幕墙公司。除了这三家幕墙公司之外，配件企业坚朗则成为了点式幕墙发展的最大受益者，在洞悉点式幕墙发展机遇后，坚朗全力研究开发点支式配件，并在此领域做精做专，占据国内点式幕墙配件50%以上的市场份额，成为了全球最大点式幕墙配件供应商。

除了玻璃幕墙，铝板幕墙和石材幕墙凭借各自的特点也在行业大发展过程中获得了一定的发展。

铝板幕墙质感独特，钢性好、重量轻、强度高、色泽丰富、持久，而且外观形状可以多样化，并能与玻璃幕墙材料、石材幕墙材料完美地结合。其完美外观，优良品质，使其备受业主青睐，其自重轻，仅为大理石的五分之一，是玻璃幕墙的三分之一，大幅度减少了建筑结构和基础的负荷，而且维护成本低，性能的价格比高。

石材幕墙随着社会经济的发展及城市面貌的改善在建筑外装饰中备受广大业主及建筑师们的青睐，并在建筑中已占有较大的比例。近年来，石材幕墙应用的高度越来越高，体量越来越大；使用的石材品种越来越多，由原来单一的花岗岩发展到大理岩、石灰岩、砂岩等品种；造型越来越复杂。

可以说，建筑幕墙在我国的发展是非常迅速的，技术日益成熟，形式日趋丰富，企业成长很快，规模也是越来越巨大，“六五”末期（1985年）只有15万平方米，到1990年达到105万平方米；“九五”末期（2000年）年建造量达到1000万平方米，十五年增长70倍，年平均增长5倍。仅仅十多年，我国已建成的建筑幕墙从首都北京到经济特区，从上海等东部沿海大中城市到西部新兴城市，随处可见新型建筑幕墙装点着秀丽多姿的现代化建筑，与周边环境和谐辉映，成为美化城市新的高科技人文景观。

伴随建筑门窗幕墙行业高速发展的同时，技术的不够成熟、市场的不规范因素也会为行业的发展带来一些隐忧。特别是随着玻璃幕墙的大量应用，也会带来一些问题及负面效应，如：玻璃幕墙的吸热作用产生的热岛效应问题，以及不安全的隐患等问题。

硅酮结构密封胶（简称结构胶）是隐框铝合金玻璃幕墙的关键性材料，主要用于建筑幕墙受力金属构件与玻璃等非金属材料的结构性粘接。用胶接取代焊接或机械连接，是建筑幕墙应用先进科学技术的重要标志之一。1966年国外开始用结构胶对玻璃进行结构性装置。

1987年后的10年间，我国结构胶全部依赖进口，每年进口多达5000吨左右，用汇上亿美元，美国道康宁结构胶一度占国内市场份额达60%～80%。不但价格昂贵，而且相容性、粘接强度等各种技术实验全部在境外进行，延误工期。因当时国家未设置市场准入，故真假结构胶自由进入国内。国内有的厂商打着与台湾合资合作的幌子，也销售所谓结构胶。

面对结构胶市场的混乱情况，1997年，经时任国务院副总理吴邦国的批示，6月4日国家经贸委、国家建材局、国家技术监督局、建设部、国家工商局、国家进出口商检局等六部门共同发布了《关于加强硅酮结构密封胶管理的通知》，同时由国家经贸委牵头成立了"硅酮结构密封胶工作领导小组及办公室"。1999年6月3日国家经贸委、海关总署、国家出入境检验检疫局联合发布了《关于加强进口硅酮结构密封胶进口管理的通知》，对结构胶实行了市场准入管理制度。当年审定了广州白云、郑州中原、杭州之江3家国内厂商和60家国外代理商。

我国自1988年开始，建筑幕墙工程界各级管理和工程技术人员以极大的热情参与结构胶的工程研发和应用推广工作，历经10年，实践表明国产结构胶的品种、性能、工艺、质量现已全面达到进口产品的先进水平。1998年7月1日以来，已有广州白云、郑州中原、杭州之江等结构胶厂商获得国家生产销售认证。2004年该产品的国产化率达到90%。

但是20多年以来，全国各地使用假冒伪劣结构胶十分严重，有用透明硅胶代替结构胶的，甚至有用粘鱼缸的胶粘玻璃幕墙的情况，施工质量也参差不齐。1997年和2000年建设部先后组织过两次全国性的幕墙工程质量大检查，结果令人担忧，有的省市不合格幕墙高达30%～50%。

此外，还有被媒体不断议论的玻璃幕墙光污染及隐框幕墙是"定时炸弹"的问题。其实这都是一些不够专业、不够科学的表述。

在生活中人们认为光污染主要是玻璃幕墙产生的，这是一种误解。在阳光强烈照射的季节，城市里众多的建筑物的釉面砖墙，磨光大理石、铝合金等幕墙、玻璃幕墙和各种涂料等装饰，明晃白亮，光耀夺目。在各种建筑装饰材料中，玻璃幕墙并不是有害光反射最严重的，在生活中有一些其他情况产生的光污染比镀膜玻璃产生的有害光反射的危害严重，对人体的危害更大。且玻璃幕墙将阳光中的紫外线吸收，反射出的光对人体的危害比阳光直射还要小。只是因为玻璃幕墙是镜面反射，所以看起来更耀眼。而且通过在主干道两旁的建筑物使用低反射率的玻璃是可以减少镀膜玻璃的有害光反射。人们对于光污染和镀膜玻璃的认识不足，才产生了玻璃幕墙是产生光污染主要原因的误解。

隐框玻璃幕墙由于没有外框，而是完全依靠结构胶黏结在铝材上，因此对铝材、玻璃和结构胶的要求极严。但是由于在玻璃幕墙发展初期，主要使用的硅酮胶大部分是进口产品，价格贵，而且使用时的相容性检验要送到其生产厂家检验，检验时间长，如送到美国检验需一个月左右，致使一些厂家以次充好，不完全按标准、规程做，从而使隐框玻璃幕墙存在严重安全隐患。在国内曾出现一些因为使用假冒伪劣结构胶导致幕墙塌落的事故，损失严重，引发了媒体对隐框幕墙是“定时炸弹”声讨。

玻璃幕墙在带给人们高科技、高品位享受的同时，也会带来一些新的问题及负面效应。尽管这些问题在一定程度上阻碍行业的发展，但反过来看也正是这些问题促进我们从城市规划、环境设计、建筑科技及材料等多方面去综合解决这些问题，促进了行业的技术进步。

近些年来，人们不断加强环境意识，在实践方面不仅竭力保护环境，而且努力创造良好的环境。我们要用可持续发展的观念去研究玻璃幕墙的未来，决不能因以前个别建筑幕墙设计、施工中曾存在着不安全因素而因噎废食。社会各方应同心协力，强调综合整治，不断推陈出新，使玻璃幕墙建筑得以持续健康地发展，以营造出优美的城市建筑环境。

（2）发展状况

随着中国改革开放的力度不断加大，中国与世界经济达到了一个前所未有的融合，中国政治稳定、廉价和勤恳的劳动力、各类政策优惠保障了中国制造的快速发展，中国企业走出国门，向海外发展的步伐也在不断加大，MADE IN CHINA 的产品在国外随处可见。

行业通过不断地深化对外开放，更加紧密地开展了国际间的交流与合作。在技术与管理方面，通过引进、消化和再创新，中国建筑门窗幕墙行业的技术水平得到了迅速的发展，培养了一大批专业技术和管理人才队伍，建立较为完善的科学的行业标准体系，打造了具有国际竞争力的企业集群，部分企业的技术与管理水平已经达到了国际先进水平。

对外开放为中国企业走向国际市场开辟了道路，我国建筑门窗幕墙行业企业也在这样的大好形势下，积极参与了国际市场的竞争。这些企业通过对外承包工程、技术合作、来料加工、进料加工和产品制造销售等方式，积极参与了国际建筑门窗幕墙行业的市场竞争。20 世纪 80、90 年代，我国建筑门窗幕墙行业企业承包国外工程的情况非常少，但进入 21 世纪，在中国建筑门窗幕墙企业综合竞争力不断增强的背景下，中国企业参与了国际建筑门窗幕墙市场的竞争，外汇收入年均保持了 25%以上的增长速度。特别是“十一五”期间，总产值达700亿元人民币，2011年外汇收入也在250亿元人民币以上。

2. 自主创新的需要

我国建筑门窗幕墙行业是在国家改革开放政策的推动下，通过开展国际交流与合作，不断从国外引进先进技术和管理，并将国外先进技术与我国建筑门窗幕墙行业的实际结合起来，并通过大量的工程实践，才逐步缩小了与国际先进水平的差距。在赶超国外先进水平的过程中，坚持了自主创新，才是今天取得长足进步的根本原因。发挥行业企业在科技创新中的主体作用，鼓励行业企业积极参与科技创新工作。着重引导企业在科技创新方面做好以下工作：一是对科技创新在企业中的地位和作用要有清晰的认识；二是营造良好的科技创新环境；三是要培养创新型人才；四是充分发挥资源在科技创新中的作用，没有足够的资源，包括足够的投入与适合的平台，科技创新无法开展。在行业中，有不少企业创建了自己的实验室、研发中心、研究院所，构成了企业乃至行业科技创新的大平台和大系统，是行业科技创新的主体；五是要有完善的创新制度。应该说创新也是一个系统工程，在创新管理这样一个系统中，也是一个闭环的控制系统，我们需要在创新当中构建一系列有利于创新的制度；六是创新要有成果。创新不是目的，创新是一种途径，它的目的就是要我们取得创新成果，并将其应用于生产实践中；七是在创新模式方面，原始创新、集成创新和引进消化吸收再创新是自主创新的三个有机组成部分，也是一个必然的发展过程。原始创新为科技创新提供动力源泉；集成创新、引进消化吸收再创新利用别人的原始创新成果，使自己的创新能力借势成长。三者不可偏废。但是，原始创新、集成创新和引进消化吸收再创新三者资金投入、创新周期、创新风险以及对技术能力和技术积累的要求都是不同的。鼓励企业重视原始创新，占领世界门窗幕墙产业链的“高地”。

进入2000年以后，在市场经济条件下，随着这一时期经济的高速增长，中国建筑规模不断扩大，我国建筑门窗幕墙行业迎来了大发展时期。

其中铝合金门窗方面，随着我国整体经济高速发展，人们在技术含量上、形式上对门窗逐渐有了更高的要求，要求有更高档次多功能的窗型。铝合金窗虽然解决了钢窗的一些缺点，但型材本身为金属材料，冷热传导快，钢窗与早期的铝合金窗都没有从根本上解决密封、保温等问题。在经过第一轮市场更迭洗礼后的铝合金门窗企业也开始更注重新门窗系列的研究和开发，形式和质量均有明显的提高，铝合金门窗也明显向新型式高档次发展。

断桥隔热型建筑铝型材，在铝型材中间用硬质塑料断开，阻断铝合金导热使之达到和塑钢窗同样的隔热条件，是一项全新的环保节能材料，解决了铝型材传热系数高，铝门窗和建筑幕墙节能的关键技术。采用隔热铝型材，配置低辐射（LOW-E）中空玻璃制成的环保节能铝门窗，主要物理性能已全面达到我国“三北”高寒地区建筑节能设计标准。

目前，隔热铝合金型材技术有两种（注胶和穿条）。这两种技术都能实现隔热铝合金型材“冷桥”，解决了铝合金型材冷热传导快的实际问题，达到保温、节能的功效，推动了铝合金门窗幕墙隔热产品的制造。

其实早在80年代，我国已开始研制隔热型建筑铝型材，河北涿州、辽宁营口、沈阳黎明先后引进和开发出隔热型铝型材，并完成了工程试验，积累了一定经验。

随着铝合金门窗向高新技术、多功能发展，对铝型材有了更新的、更高的要求，以满足新型铝合金门窗的发展需要。铝合金门窗在20世纪90年代初经历了一段低谷时期后，加大了节能型铝门窗和隔热铝型材技术的引进与开发力度，分别引进了“浇注式隔热铝型材”和“穿条式隔热铝型材”两种生产工艺技术和成套专用设备，在广东、北京、辽宁、黑龙江、河北、湖北、江苏、新疆等地建成了500多条隔热型建筑铝型材生产线，形成了年产50万吨（相当于2亿平方米铝门窗）的生产能力。

目前，我国已自行开发研制的多系列隔热断桥节能环保型铝合金门窗，主要性能指标均已达到国际先进水平，填补了国内空白。隔热断桥节能环保型铝门窗、节能环保型玻璃幕墙已在高端建筑工程中推广应用，取得了良好的经济效益和社会效益。

当用断桥铝型材生产出的铝合金窗和塑钢窗一样节能，且整体节能效果不比塑钢窗差的时候，原本就具有的独特优势使铝合金门窗又再次占领了市场主导地位。截至2010年统计数据显示，铝合金门窗年产量约为5亿平方米，产值约1070亿元，市场占有率高达60%以上，在建筑门窗多元化产品体系中，成为名副其实的技术领先的支柱产品，已连续多年成为世界第一大铝合金门窗生产与使用大国。

2000年后，我国建筑幕墙继续保持高速增长，从北京的奥运会场馆到上海世博会，从东部沿海地区到西部，随处可见新型建筑幕墙装点的现代化建筑。建筑幕墙的产量开始达到5000万平方米/年以上的水平。

在总量不断增长的同时，我们建筑幕墙科技创新也是不断获得突破。在材料应用上，建筑幕墙一直以来面板材料主要集中在玻璃、石材、金属板上，以及后来的一些人造板（如陶瓷板、微晶玻璃）。其中，玻璃幕墙、石材幕墙、金属板幕墙的使用量占总量的90%以上。

随着建筑设计师们渴望把抽象的设计理念更形象化，希望华丽多姿的建筑幕墙与周边环境和谐辉映成为美化城市不可或缺的人文景观，真正使建筑和艺术融为一体，对建筑幕墙材料也不断提出了更高的要求。不同的应用要求与应用环境也为其他的新型节能幕墙建材提供了发展空间，陶土板、搪瓷钢板、千思板等新型建材也得到一定的发展。

随着幕墙行业的高速发展，我们国内幕墙企业也是迅速成长。

1990年以前，一大批国内知名的航空、军工、建材、机械行业大型国有企业由于企业效益也不好，开工不足，设计人员和技术工人都在闲置，于是找一些民用项目开发，铝合金门窗幕墙作为新生事物，并在市场上迎来了不错的发展机遇。这些企业本身对铝合金产业有一定的认知，于是这些企业纷纷投入到铝门窗和建筑幕墙行业，以其雄厚的资本、较强的技术力量和先进的管理，为壮大行业队伍，提高行业素质发挥了重要作用，成为铝合金门窗幕墙早期开拓市场和技术创新的骨干力量。

1990～2000年，迎来了幕墙行业发展的第一个高峰期。国内经济体制正逐步由计划经济向市场经济转变，一批优秀民营企业集团以其新型企业管理机制，先进的专业技术，现代市场运作模式，为推动行业与国际市场接轨，发挥了良好的示范作用。

在以不同地域条件为背景下，造就了一批优秀的幕墙企业，为我国幕墙行业的发展奠定了坚实基础。此期间沈阳远大、武汉凌云、中山盛兴等企业成为业内三颗耀眼的明星。

2000年以后，迎来幕墙行业发展的第二波高峰，企业发展上出现国退民进的趋势，早期开始做幕墙的，是很多大型军工企业，如黎明、西飞、沈飞等，也随着国家经济实力的加强，军备的加强，这些企业军品产业的日子好过了，也逐渐开始收缩民品项目直至逐渐退出。而一批民营企业通过精准的市场战略，凭借良好的公关优势获得工程与资本，乘着中国建设热潮成为行业内成长最快的企业。现有幕墙企业中，民营占80%，国有占20%，市场份额方面国内幕墙企业约占85%。

我国建筑门窗幕墙行业坚持自主创新，取得的主要成就：

(1) 铝型材产业后期发展与成就

铝型材作为铝合金门窗幕墙的重要材料，仅仅伴随着行业的发展进程，从1997年起中国铝型材工业随着铝合金门窗的发展结束了数量型高速发展期，进入了以效益为中心的结构调整期，由于产能严重过剩，又面临塑料以及塑钢型材的步步紧逼，铝型材产业出现了前所未有的激烈竞争，行业利润率大幅度下降，进口铝材生存空间被急剧压缩，此外，一些竞争力弱的国产企业也纷纷退出市场，停产或转产工业型材，而一些竞争力强的大企业则通过资产重组与优化产品结构、扩大生产能力得到了更大的发展。如亚洲铝业集团的组建，并于2000年10月与美国鹰都铝业公司联姻后相继收购、控股了周边的4家铝型材生产企业，使集团公司的生产能力成为中国建筑铝型材工业第一位。而兴发铝业、凤铝铝厂有限公司、坚美铝厂等则通过优化产品结构与扩大生产能力，使企业更加壮大与更具竞争力。2000年以后，建筑铝型材基本不再进口了，我们的建筑铝型材企业还实现了大量出口，成为了全世界建筑铝型材生产的大国与强国。

铝型材产业的发展特点：

1) 产业集群，优势尽显

从中国建筑铝型材版图上很容易就能找到三大产业集群地。首先要提的当然是占全国建筑铝型材总生产能力40%的佛山南海。

南海是中国挤压铝型材发祥地之一，这块面积仅为1073.82平方公里的土地，并没有出厂一吨的铝土，但却出产了全国40%的铝型材，现有生产建筑铝型材挤压企业近200家，占全国总厂数的三分之一，并涌现出如兴发、坚美、亚铝、凤铝等诸多中国知名品牌，成为我国目前唯一的国家铝型材产业基地。这一切都因为南海形成了明显的产业集群优势。

在南海这个建筑铝型材产业集群里面，有做铸锭的企业、有做铝棒的企业、有做模具的企业、有做配套设备的企业。广东的模具制造业、设备制造业都是中国一流的，当这些基础产业集群到一起后，形成了一个产业链群，建筑铝型材的配套成本最低，且还能保证一流的产品质量。各家相互竞争，在挤压技术、氧化技术等各方面争奇斗艳，促进了整个中国建筑铝型材产业的高质高效发展。因此，南海也成为整个中国建筑铝型材产业突破的龙头。

随着市场经济的持续增长，全国各地的建筑铝型材产业都得到了极大的发展，其他地区的铝材工业也在不断进步，这其中以山东板块、东北板块的崛起尤为明显。

南山、华建等企业集聚的山东以及忠旺等企业集聚的东北本身就是铝资源大省，在设备产业也具有很强的实力，因而这两个板块也具有较为明显的产业集群优势，也能够形成一定的成本竞争优势。

2）在设备与技术上持续投入

中国的建筑铝型材生产企业在求发展壮大的过程中花大代价引进了大量先进的挤压机，据统计，中国建筑铝材挤压机的70%左右是引进的，到2008年年底，中国在产的挤压机达两千多台，这其中就有近1500台是引进的，其中的70%左右是从台湾省引进的，来自日本的约占24%，其余的6%来自意大利、美国与西班牙等国。在引进的大型先进挤压机中，其中不乏125MN、75MN、55MN这样的“大家伙”。好的设备对生产高质量的建筑型材产品提供了有利保证，据我们统计，拥有挤压机数量多的也恰恰就是兴发铝业、凤铝、南山、坚美铝业、亚洲铝业等先进知名建筑铝型材生产企业。

我们除了引进先进设备外，还积极在设备工艺上的消化吸收，比如现在的兴发就已经能开发部分种类的大型挤压机，除了关键部件需引进外，其他配套附件都能实现自产。从原来引进大型挤压机，到后来引进关键部件，自己开发挤压机、维修挤压机，这样的企业不简单，这也从一个侧面说明我们建筑铝型材产业确实已经非常发达，兴发等几个铝材企业的产品质量堪与全世界顶尖铝材企业品牌相媲美。

3）规范管理积极整合

2002年中国有色金属工业协会对建筑铝型材挤压企业实行许可证制度，领到许可证的并经过验收合格的方可生产，截止到2008年年底共领到生产许可证的建筑铝型材生产企业有545家，所以在产的建筑铝型材挤压企业不会超过580家。相关协会及管理部门这些规范市场管理的措施对规范建筑铝型材工业与市场、抑制假冒伪劣产品与提高产品品质起了很大的作用。一些铝材重镇还积极通过政策来拉动铝材产业的发展，如2008年广东省公布了《铝工业发展路线图》，这是中国地方制订的第一个指导本地区铝工业今后发展的很有实际指导意义的规划，对广东省铝加工业的发展将起有效的推动作用。

此外，我国铝型材企业已在积极进行产业结构及产品结构的深层次调整，各企业也在不断随市场的变化积极整合提升企业竞争力。突出表现在铝型材企业重组兼并加快，大型企业越做越大，向着集团化、大型化、专业化迈进；普遍加大科技投入，积极组建技术中心，全面提升企业研发能力，装备向着大型化、连续化、紧凑化和自动化方向发展，工艺技术向着流程短、节能环保型方向发展。从2001年凤铝三水基地的建设就拉开了这场加速战的序曲，随后亚洲肇庆工业园的兴建，还有兴发铝业积极在江西宜春、四川成都等地建设新基地扩充产能形成规模优势，大企业的规模化整合趋势这都充分说明了这一点。

未来，中国建筑铝型材产量仍将快速增长，质量不断提高，品种、规格不断增加，将表现出了良好的持续发展的态势在国际市场上形成更大的突破。

(2) 建筑玻璃产业的发展

建筑玻璃产业作为门窗幕墙主要配套材料产业，经过改革开放以来的跨越式发展，目前已经成为世界上生产规模最大的平板玻璃生产国，据统计资料显示，2010年我国平板玻璃总产量达6.6亿重箱（折合3300万t），产能达8.5亿重箱。其中浮法产能达7.44亿重箱。平板玻璃总量已21年居世界第一，占全球总量50%以上。由此我们看到，在门窗幕墙配套材料领域，我们不仅仅是建筑铝型材生产的大国与强国，也是建筑玻璃生产的大国与强国。

建筑玻璃产业的崛起历程：

中国建筑玻璃工业的崛起总的来说是经过三个阶段的发展。

第一阶段发展在1995年以前，这个时期属于中国建筑玻璃工业的成长期。国内最早由川玻引进第一条镀膜玻璃线。但真正推动玻璃行业发展的则是南玻，1991年南玻引进第一条德国莱宝的镀膜玻璃生产线，后来耀皮、格兰特也相继引进了镀膜线。当时在广东地区就有南玻、腾辉、骏雄、超艺、格兰特、耀皮、兴业7家厂商生产镀膜玻璃，国内其他厂商除了川玻那条线，早些还有洛玻，及山东几家企业和北方玻璃厂。

从这一时期我国建筑玻璃工艺技术水平上看，我国建筑玻璃行业整体水平落后于发达国家，与发达国家建筑玻璃企业无论是质量、技术还是服务上都存在较大的差距。1995年以前，国内中高端门窗幕墙工程大都选择使用的进口建筑玻璃，而且比例还非常大，来自法国的圣戈班（Saint-Gobain）、美国的福特（Ford Glass）、PPG、比利时的格拉威宝（Glaverbel）等国际品牌建筑玻璃企业几乎瓜分整个中国建筑玻璃中高端市场，国产建筑玻璃企业产品基本只能应用到中低端的门窗幕墙工程。此阶段，我们广大的建筑玻璃企业普遍属于学习期，特别是在一些需要进行深加工的功能型建筑玻璃领域，对我国企业来说几乎还处于空白状态。

第二阶段的发展在1995年至2005年之间，这一时期是中国建筑玻璃工业的快速发展期。随着中国社会经济逐步迈进小康时代，中国建筑业的快速发展推动了上游建筑玻璃工业的联动发展，使其在生产技术更先进、优势企业更有竞争力、产品科技含量更高和功能更趋向差异化等方面不断取得新的成就。

随着改革开放的深入影响，社会经济持续高速增长，中国的南玻、耀皮、信义等大中型建筑玻璃企业通过资产合理流动和重组，积极推行股份制，最终形成科、工、贸一体化的特大型玻璃集团。发展成为具有较强竞争力的大公司企业集团与国际品牌竞争。随着国内建筑玻璃市场激烈的竞争逐步引导和促进了建筑玻璃工业产业结构调整和优化升级，促进了高新技术，先进工艺得到逐步推广应用，中国建筑玻璃企业整体工业水平在生产规模、产品结构、技术结构等方面有了很大的发展变化。

这一时期，已经掌握核心技术的国产建筑玻璃企业以优质低价在占有中低端建筑门窗幕墙市场的同时，逐步进入城市市场乃至一线重点城市中高端市场与国际品牌建筑玻璃企业进行竞争。由于建筑玻璃高昂的运输成本，很多在功能性需求上越来越多的要按照工程定制产品，进口玻璃高昂的成本成为了国际品牌建筑玻璃企业无法逾越的难题。此外，国产建筑玻璃企业通过不断消化吸收国外先进技艺，产品质量已经能达到甚至超过国际品牌产品。

第三阶段就是2005年至今。这5年来，国内工程基本不再使用进口玻璃，除非有一些很特别要求的工程，国产建筑玻璃企业全面占领了国内建筑门窗幕墙市场。特别是随着节能门窗幕墙的发展，具有良好节能效果的Low－E玻璃的开发大发展，国产Low－E玻璃由于补片快、周期短、服务好、产品质量又确实提升上来了，性价比极高，国内Low－E玻璃市场几乎被南玻、耀皮等国产企业所完全“垄断”。

玻璃产业近年崛起的几大关键要素：

1）积极引进先进设备与技术

国产建筑玻璃产业的超越与舍得投入引进先进设备与技术有很大关系。引进主要有两种方式：

一是斥巨资直接引进先进设备与技术。如南玻集团，信义玻璃等企业在早期都花费了较大的代价去购买先进的生产线，如购买世界领先的德国莱宝镀膜玻璃生产线。此外，还引进了大量高顶级的浮法玻璃生产线。

二是合资引进先进设备与技术。如耀皮玻璃通过与英国皮尔金顿玻璃合作，获取了先进的浮法玻璃生产技术与生产线。此外，利用与国际资本的合作，充分利用资本引进先进技术，改造提升工艺水平，现在皮尔金顿的生产线甚至还不如耀皮玻璃的生产线。

2）坚持自主创新，消化吸收先进技艺，完成属于自己的研发创新

在消化吸收先进玻璃生产设备水平上，中国企业做的尤为成功，并且还完成了一些属于自己的研发创新。

如南玻集团现在已经可以制造镀膜玻璃生产线了，除了少数关键部件需要买进外，整个镀膜玻璃生产线从设计、生产、安装上基本都能完成了。

还有很多企业吃透国外先进浮法玻璃生产线的先进技艺，也只需买进关键设备就可独立设计制作高顶级的浮法玻璃生产线了。随着我国浮法玻璃技术的不断提高与创新，浮法工艺已成为我国平板玻璃生产的主导技术，逐步取代了垂直引上工艺和平拉工艺。截至2008年年底，我国已建成浮法玻璃生产线190条，其中全部或主要采用中国浮法技术的生产线近160条。

还有北玻，以前钢化炉设备基本是全部进口的，现在北玻已经攻克钢化炉的关键技术，十多米的高等级、高平整度的大型钢化炉都可以自行设计制作，截至今天，北玻钢化炉销售台数已达到2000台。在玻璃设备领域的形成突破后，我们现在完全可以说中国建筑玻璃产业已经达到世界先进水平。

此外，在产品研发领域，中国企业一直非常注重研发创新。如南玻集团从一九九六年即开始了节能玻璃的研发和生产，成为最早的低辐射节能玻璃制造商，培育和引导了中国的节能玻璃市场，参与多项节能建筑、节能产品的国家标准和行业标准的制定与修订。而且在镀膜玻璃、太阳能超白玻璃等节能玻璃领域中国已经达到或超过了世界领先水平。

国内外市场的协调发展是中国建筑玻璃企业生产良性发展的重要因素。我国的建筑玻璃及其制品除了在国内市场上完成了全面崛起外，在国际市场上也形成了突破，份额也是逐步增加，在原有传统市场的基础上，在中东、俄罗斯、哈萨克斯坦等区域也开始有良好的表现。

（3）铝板行业的成长与发展

铝单板大约在20世纪90年代初期被引入中国幕墙应用领域，早期由于中国面板工艺以及表面处理上较为落后，1995年以前铝单板几乎全部靠进口的，基本都是由澳铝喷涂加工的。

1995年以后，国内开始引进几条先进的喷涂生产线，形成了几家不错的厂家，如最早的成功、金边等企业是国内较早突破铝单板喷涂技术壁垒的，他们取得了PPG、阿克苏等几个国际先进涂料企业的认可，在中国开始生产喷涂铝单板。随着几

个香港企业家陆续在国内开设铝单板厂以后，带来了先进的设备、先进的技术，国内开始兴起大量民营单板喷涂企业。

材质轻、强度好，这些特点使得铝单板的生产应用近年来在我国也得到迅速发展，随着生产工艺、设备、管理、应用水平的不断发展与提高，铝单板作为一种优质材料越来越受到建筑幕墙以及建筑装饰装修各界的极大重视。2000年以后，铝单板大量实现国产，甚至几大幕墙工程企业远大、盛兴、凌云等都引进建立了大型的钣金生产线以配套幕墙产业发展。

复合铝板则是一种典型的铝制品复合材料，具有良好的隔热性能，属于具有较高附加值的高新技术产品。而且相比于市场上的铝单板，复合铝板在铝材料的使用上大大节约，复合铝板的用铝量只有铝单板的三分之一，而且研究表明，每万平方米复合铝板的能耗比铝单板低得多。

相比于铝单板等其他金属材料，复合铝板能够节约能源、降低白色污染、节能降耗，有利于环保，是一种新型生态绿色环保建筑装饰材料和高新技术产品，而且产品的附加值高，符合国家产业发展政策，因此复合铝板被引进后得到了国家产业政策的鼓励发展。

1995年以前中国复合铝板市场几乎由日本三菱、德国阿诺克邦、美国雷诺贝尔等国外企业以及一些韩国、台湾面板企业占市场主导地位。当时所谓的国产复合铝板都是买进国外的面板进行粘接工序加工后形成的，企业赚的只是加工费，并不掌握滚涂面板生产等核心技术。

直到20世纪90年代中后期，中国企业才开始从国外先进复合铝板企业的引进技术、生产线。西南铝最开始引进冷滚涂面板生产线，然后引进先进的滚涂线，通过一系列的引进后，国内复合铝板产业开始有了一定的发展，复合铝板产品质量也越来越好。部分企业还不断通过研发创新制造出更先进，更适应市场的新产品。

经过多年的努力，整个复合铝板行业开始形成充分竞争，国产复合铝板企业开始全面崛起。2000年以后进口的复合铝板企业日本三菱、德国阿诺克邦、美国雷诺贝尔等国外企业开始慢慢淡出中国市场，到现在基本没有进口企业的踪影了，随着几个优秀的企业，如华源、华尔泰等几个知名企业在国内形成全面的影响，国内品牌复合铝板不但成功替代这些进口品牌的主要产品，而且逐年扩大出口，进军国际市场。

(4) 硅酮胶产业发展与超越

硅酮胶行业随着20世纪80、90年代建筑幕墙在中国的引入开始发展，由于中国早期在舶来品——建筑幕墙以及建筑硅酮胶领域技术上的空白，占有技术优势的国外建筑硅酮胶企业快速占领中国建筑硅酮胶行业市场几乎占有垄断地位。

随着我国科学技术水平的不断快速发展，积累了大量硅酮胶产品在建筑上广泛使用经验的国内少数几家企业通过自主研发，在建筑硅酮胶产品生产技术和生产装备国产化方面逐渐取得了突破，并结合市场需求研发出一批拥有自有知识产权的民用产品。随着中国制造业的快速崛起，我国建筑硅酮胶行业自上世纪九十年代产业化以来，国内一批建筑硅酮胶制造企业逐渐成长起来。国内企业打开技术壁垒后，相较于外资企业具有原材料、人力资源等诸多方面的成本优势、价格优势成为了国内企业打开由外资企业垄断建筑硅酮胶市场缺口的重要武器。

由于硅酮结构密封胶是建筑幕墙使用材料，为保证建筑物的安全，强化建筑应用材料的管理，1997 年国家经贸委成立了硅酮结构密封胶管理领导小组及办公室，对该产品（硅酮结构密封胶）的生产、使用、进口和销售实施认定和行政审批，特颁布认定规则和产品认定标识。这种认定和行政审批第一次让国人了解到国产硅酮结构密封胶质量也是不错的，虽然此时进口硅酮结构密封胶在中国依然占有市场主导地位，但是这个认定为国产硅酮结构密封胶企业彻底打破了进口企业对主流市场的垄断。

进入 2000 年后，国产硅酮结构密封胶企业开始获得突飞猛进的发展。以杭州之江、广州白云、郑州中原、成都硅宝为代表的国产硅酮结构密封胶生产企业凭借以下三点优势异军突起，一举完成对进口硅酮结构密封胶企业的超越。

1）积极自主创新，掌握核心技术

国内建筑硅酮胶工业化起步晚，由于受体制的限制，硅酮胶主要用于国防军工、航空航天少数领域，从 20 世纪 80 年代才开始对军用产品向民用产品转化进行研究，20 世纪 90 年代中前期，随着国内经济开始日渐腾飞，门窗幕墙市场的日渐扩大，国外企业由于拥有成熟建筑硅酮胶技术其产品占据国内建筑硅酮胶市场的绝大部分份额。

国产建筑硅酮胶企业在起步阶段由于技术设备方面的落后，只能采用分离式生产，这样落后的生产技术设备使得产品容易出现沙粒、均匀性差，产品质量难以得到保证。20 世纪 90 年代中后期，以杭州之江等国产工业企业为首的有机硅生产企业，开始积极寻求引进先进生产设备，积极开展自主研发，斥巨资推行技术创新，并通过不断学习消化吸收，根据自身工艺流程特点设计改造设备，工艺路线亦不断摸索完善，实现了全密闭性生产。如今国内企业通过自主研发不但拥有独特配方，还控制关键原材料和原料供应商，某些关键助剂由自己合成，形成了一定根据客户需求研发不同性能产品的研发力量。掌握了建筑硅酮胶核心产品生产技术，并形成自身的专利，开发出具有自主知识产权的产品，逐渐形成规模化生产，积极参与市场竞争，促进市场的良性发展。

2）制定标准，构筑行业壁垒

1997 年国家相关部门颁布了强制性国家标准《建筑用硅酮结构密封胶》GB 16776—1997，并由原国家经贸委牵头成立的硅酮结构胶领导小组对国内外生产企业和产品进行生产认定制度，部分进口建筑硅酮胶企业由于与中国建筑硅酮胶标准理解上的不同，部分产品指标因为不符合国内标准不能取得行业认定资格，不能在国内销售使用，如一直以来我们的建筑硅酮胶标准就过度注重强度指标，而较为忽略弹性指标，而国外建筑硅酮胶企业则恰恰注重胶的弹性指标、抗老化度。进口建筑硅酮胶企业不是做不出高强度的建筑硅酮胶产品，但是由于进口建筑硅酮胶企业多为跨国大型企业，需要面对的是全球市场，它不太可能仅为中国这样一个区域市场去改变产品生产技术标准。这个时候，在中国建筑硅酮胶市场，进口建筑硅酮胶企业开始进入困惑时期。国内建筑硅酮胶企业正是利用这样一个契机，快速发展，占领了国内主流市场。

3）成本优势，物美价廉

国外企业凭借早期技术上的垄断优势几乎垄断了国内建筑硅酮胶市场，特有的优势心理使得它们提供的服务有限，价格还相当昂贵，赚取较高的利润。在行业成长期，为进一步抢占市场份额，适当的价格竞争是有利于市场扩大的。与达到同一认定标准的国外产品相比，之江等国产工业企业的建筑硅酮胶产品相较于国外同类产品具有巨大的成本优势，可谓是物美价廉。以杭州之江为首的一批国产有机硅生产企业通过适当的价格战打破了外资企业对中国市场的垄断，促进了中国建筑硅酮胶市场的快速发展。

特别是近年来，伴随着我国建筑业的持续高速发展，国内建筑硅酮胶制造业的迅速崛起，国内厂商的市场份额迅速扩大。曾经由外资厂商占主导地位的岁月已经不复存在，如今与国内厂商的市场份额比已经直线下降至1：8左右，杭州之江、广州白云、郑州中原、成都硅宝等一线国产建筑硅酮胶企业在促进中国建筑硅酮胶产业国产化的道路上有着卓越的贡献，都逐渐确立了自身的市场竞争优势。今天我们认为，除了低模量、允许高位移的耐候胶方面国产企业还有所落后外，在其他类型建筑硅酮胶方面我们已经彻底占据了国内建筑硅酮胶市场的主导地位，占领主流大众市场。

在我国，隐框玻璃幕墙在建筑上的大量使用，推动了建筑用硅酮结构密封胶产业的发展，我国建筑用硅酮结构密封胶企业的技术、管理水平和产品质量已经达到了国内外相关标准的要求，到2012年2月止，通过我国建筑用硅酮结构密封胶企业和产品行业认定的企业已经达到70家，产品有155种。

（5）配件业的发展与突破

门窗幕墙配件是门窗幕墙整体的一部分，它在一定程度上影响着门窗幕墙的外观、功能、安全性能等，因此它是门窗幕墙重要一部分。它的设计要求严谨、工艺要求精良、品质要求严格，因此门窗幕墙配件业具有一定的技术门槛。

中国配件起源较早，早在20世纪90年代初广东开始流行铝窗时就有了铝窗配件，但是由于窗型较老，当时的铝窗配件只是一些老90轮、老月牙锁等。但是后来由于铝窗由于走薄壁的路线，做到0.8mm、1.0mm，假冒伪劣产品充斥市场。塑窗随之崛起，特别是在北方较为流行，山东及北方等一些城市开始做的塑窗配件，当时还做得比较好。

多年以来，中国的门窗配件业都处于比较低端的发展阶段。一是受于国人的消费观念影响，很多人认为门窗配件能用就行，美观性要求差，性能要求不太加以选择。二是随着中国经济的发展，门窗幕墙市场急剧扩大，门窗幕墙配件需要巨大，广大的门窗幕墙配件企业市场上有什么就生产什么，不愁销售，使得大部分的企业只管埋头制造，不求设计创新。

而国外企业则不同，他们会系统研究门窗幕墙配件，满足各种不同类型的功能性需求，不断通过门窗幕墙配件改善门窗功能，因为有高档多功能的配件才能有多功能门窗，因此他们不同品种、不同性能的五金配件层出不穷，从而使得我国很多重要工程都大部分使用高额的进口五金配件，国外配件品牌占据了中国门窗幕墙配件领域的主导地位，特别是在中高端领域。

诺托、飞高 FERCO（后被德国 GU 格屋收购）、丝吉利娅等进口配件企业进入中国配件市场后，他们带来了全世界最新的如平开内倒的欧式系列配件，中国当时是空白的，他们的窗型配件占据了配件市场主导地位。

随着中国经济、中国制造的逐渐崛起，在 20 世纪 90 年代后期，诺托带进来欧式系列配件后，中国开始模仿生产。一批门窗幕墙配件企业也随之成长起来，我国门窗幕墙配件业已从单一、传统、落后的小五金、小企业、小行业发展成为多门类、多功能的现代新型配件产业。经过这十几年的发展，中国配件企业确实有了长足的进步。2000 年以前，中国配件企业是没有自己专利的，大多是模仿抄袭国外企业产品。2000 年以后，一批优秀中国企业在研究国外先进的工艺，进行消化吸收，有了很多原始创新的东西。现在创新最厉害的配件企业已经是中国配件企业，有一批优秀的企业已经脱颖而出。

经过长期的发展中国已建成了全球规模最大、品种较全、质量可靠的门窗幕墙配件生产体系。像坚朗、合和、立兴杨氏、国强等国产配件企业多年来通过不断的技术积累、大力创新，建立自身独特的竞争优势，从广大的配件企业中脱颖而出，更是在中高端门窗幕墙配件领域与国外企业展开了强劲的竞争。

回顾中国配件产业成长的历史，真正带动中国配件产业崛起的其实就是这两个进口品牌一个是诺托、一个是飞高 FERCO（后被德国 GU 格屋收购），他们进入中国以后给中国人带来了全新的窗型理念，如平开内倒窗，即可平开还可内倒，过去是我国连听都没听过的。随后丝吉利娅也进入了中国，他们对中国早期配件业的贡献是非常大的，这三家一直以来都是品牌信誉度比较好的企业，他们对中国现代配件业的崛起起到了一个非常大的启蒙与推动作用，他们的很多理念在影响中国配件市场、很多做法在服务于配件产业，对中国配件产业产生了非常深远的影响。

当然，目前我们还仅仅是暂时超越，还并没有取得绝对优势。门窗幕墙配件行业作为整个门窗幕墙领域被国外配件品牌长时间占据市场优势的行业，国际配件品牌从20世纪90年代初期进入中国市场，并逐步占据了门窗幕墙配件市场主导地位，特别是在中高端市场占据绝对优势地位，他们在中国市场拓展的同时，他们的技术、观念对中国门窗幕墙配件业的崛起，对中国门窗幕墙配件企业的提高还是起到了很大作用的，尽管我们现在逐步完成了学习、消化、成长的过程，但我们目前还只是在数量上形成了超越，这只是因为我们更适合中国市场而已。国外配件品牌在较长时间内还是会有它独特的市场竞争优势的，真正在产品质量、品牌美誉度方面，我们广大国产配件企业与其相比还是存在一定差距的，在一段时期内国外配件品牌在中国还是会存在广泛的生存空间。

配件企业能崛起除了他们本身各有特长外，与中国特殊的市场环境有利于国产企业成长也是息息相关的。欧洲各国普遍都只有一种气候条件，如德国就是一种气候条件，只需要配合该气候条件功能需求的少量几种窗型就能满足市场需求。而中国太大了，不同地区有着截然不同的气候，西北一年难得下几场雨，水密做到一级有必要吗？着重于防风，气密性要做得好；江南经常常年有雨但少尘，水密性相对就要做得更好；东北要防严寒。整个中国这么复杂的气候条件，仅凭一个德国的欧式系列其实是满足不了中国这么复杂这么多样气候条件需求的。欧洲制造业最大的优点就是标准化做得很好，但正是因为标准化程度太高，相对单调的产品品种不容易满足中国如此复杂的气候条件，如此多样化的需求。

特别是2000年以后，在中国这种断桥铝窗大面积崛起后，在德国欧式槽的理念影响下，中国的这四家企业难能可贵的是，在消化德国技术的基础上针对中国的国情做了很多原始的创新。根据中国气候条件的多样化，市场需求的多元化，设计的个性化，在低成本优势的前提下努力创新开发了很多窗型去适应不同的需求。

2005年以后，有一批国产配件企业茁壮成长起来了。但是在中国配件企业里面最有代表性的、最有特色，能形成最后突破的还是坚朗、合兴等四家企业。这四家企业在消化借鉴了欧洲的经验后，针对中国市场需求特点做了很多创新。不但是在品质上做得好，在满足中国市场的需求方面，很多品种上比国外企业做得更完善。所以说这几年逐步上来，实行全面超越并不奇怪。

特别是2005年以后，随着中国模具工业全面崛起，从而加速带动了我们配件产业的崛起。配件的核心就是模具和表面处理。模具的冲模、压铸模等都达到世界级水准了。我们的表面喷涂工艺，如喷粉、电镀工艺等方面，很多企业都引进了先进的电镀线、喷粉线，电镀、喷粉工艺也确实实现了整体提升。正是因为这些原因，再经过我们的消化吸收，实行了配件产业的全面超越。

（6）设备行业发展与持续进步

早在20世纪90年代以前，国内门窗幕墙加工设备也是以进口企业为主导，如耶鲁、威格玛等。中国企业仅仅只能做一些简单的机械设备。1995年左右，国内开始有企业涉足门窗幕墙配套设备领域，并且逐渐形成三个板块：一个是以锦兴、金工为代表的广东板块；一个是以天辰、德佳为代表的山东板块；一个是以平和为代表的北京板块。

这三个板块随着中国制造业的全面崛起，中国制造业整体水准的提升，特别是很多相关配套产业的水平逐渐提高了，在区域内形成良性竞争，诸多相关配套产业逐渐完善，在板块区域形成一个以门窗幕墙配套设备为核心的产业链。而且我们也看到在设备领域非常明显有一个消化吸收的过程，很多企业在发展过程中引进了很多先进生产设备，如耶鲁、威格玛、飞幕、安美百事达等进口知名品牌设备，中国企业非常注重消化吸收它们的一些优点。

特别是近几年，中国门窗幕墙配套设备领域的发展势头越来越强势。设备领域在2005年以后就开始很少进口了，除非一些特别高精尖的设备。中空玻璃加工设备能做；玻璃深加工的机械基本都能做；甚至北玻等几个企业，连Low－E玻璃的镀膜线都能自己做；大型铝材挤压机能做；硅酮胶生产线能做；加工铝板的设备诸如自动刨槽，喷涂线等都能做。

来看看今天我们门窗幕墙设备领域的成就：

在建筑铝型材领域，简单的冲床、刨床对我们现在机械设备制造水平来说，根本不在话下。兴发都已经能开发部分种类的大型挤压机，除了关键部件需引进外，其他配套附件都能实现自产。铝型材设备领域开始完成从引进挤压机，到自己开发挤压机、维修挤压机这样一个历史性的蜕变。

在建筑玻璃领域，南玻集团现已经可以制造镀膜玻璃生产线了，除了少数关键部件需要买进外，整个镀膜玻璃生产线从设计、生产、安装上基本都能完成。洛玻已经开始在海外承接大型浮法玻璃生产线项目。北玻钢化炉销售台数已达到2000台，攻克了钢化炉的关键技术，十多米的高等级、高平整度的大型钢化炉都可以自行设计制作。截至今天，在玻璃设备领域基本形成了全面的突破，我们完全可以说中国建筑玻璃设备产业达到了世界先进水平。

在建筑硅酮胶领域，搅拌机、反应釜、真空设备等制胶专用设备，全密闭性工艺路线，这些我们国产建筑硅酮胶企业已经能根据自身工艺流程特点设计制造设备。

在铝板领域，我们的喷涂线、钣金生产线、滚涂面板生产线、滚涂线都已经能实现自行设计制造，甚至还广泛出口到国外市场。

不单是这些，铝窗加工设备、甚至到加工中心都是国产企业在自行设计制造，除了个别高精度的、特大型的、自动化程度非常高的加工中心可能还需要进口外，基本上在所有门窗幕墙配套设备领域实现了突破，而且今天我们觉得无论是量上还是质上中国门窗幕墙配套设备都达到了国际先进水平。

（7）检测行业的逐步配套完善

国际上门窗检测发展也较晚，其中英国的门窗检测标准出台是比较早的，但也只有一套钢窗的检测标准，因此早期国际上做钢窗检测基本都是参考英国标准。对我国新型门窗发展影响较深的邻国日本在门窗检测方面时间也不长。

国内门窗配套检测从1980年开始，1980年之前针对门窗的性能基本上是没有任何检测的。最开始的门窗检测还谈不上有什么标准，国内当时也还没有出台相关的门窗标准，只有一个依据，那就是在门窗上堆放重物，抗压能力能达到每平方米70公斤。

1986年，我国开始组织研究适应国内气候应用的门窗检测方法与相关门窗检测设备。最初是建研院从日本买了一个有关门窗的物理性能三性检测的设备，并在全国范围内开始实行门窗普测。也正是在这次普测之后，我国第一次出台了自己的门窗性能检测相关标准，即建筑门窗气密性、水密性、抗风压性能标准三本同时出台，当时叫空气渗透性检测方法、雨水渗透性的检测方法、抗风压性能的检测方法。从此以后，我们门窗行业也有了自己的检测方法与检测参考标准，对提升我国门窗产品质量起了非常大的作用。

1989年以后，国内部分单位也开始陆续引进与研发相关的门窗实验检测设备并成立了门窗检测中心，如广东建科院、上海建科院、河南建科院等陆陆续续的在全国各地检测中心就可以做门窗检测了。门窗检测方法与标准也逐渐丰富与完善，如隔声、保温性能的检测。

国内检测仪器行业的发展从起步开始就定位较高，由于早期我国是参照日本门窗标准的，所以我们的检测设备要求与日本几乎是相同的，而且从一开始引进日本设备到后期的发展基本都是同步的。

门窗检测行业的发展一直到2000年都是比较规范的。门窗检测在绝大多数的地方已经可以由龙头企业或相关地方部门来做，而且各地的监督站、各地的建科院、建设厅都已实行相关的监管，并在此阶段由技术监督局实施了门窗生产许可证制度，在一定程度上引导了铝合金门窗行业健康发展。

在我国幕墙检测方面，就是按照门窗的方法去研究摸索，与国外机构与企业的交流幕墙的检测方法。从国内第一个幕墙工程长城饭店开始的，我国第一次做幕墙检测就是给长城饭店的幕墙做检测实验。

20世纪80年代中后期，国内多数中高端幕墙工程多由国外公司来完成，早期大多是在国内做工程在国外做幕墙检测。但随着国内幕墙行业高速发展，这样的操作无论在时间上还是在成本上都是越来越不现实，这些工程开始更倾向于直接在国内做相关幕墙检测。国内开始逐步参考国外机构与企业的检测方法与标准陆续展开幕墙的检测。

幕墙的第一个检测标准是1994年的建筑幕墙抗风压性能标准，最后幕墙的三性检测方法与幕墙的产品标准逐步出台，从那时开始幕墙的相关性能要求才有据可依，以前做相关幕墙工程检测完全是参照国外的指标。随着1996年的JGJ102的编制出台，发展至2003年的金属幕墙的标准出台，幕墙检测方法与检测标准开始逐步完善与规范。

由于中国幕墙市场巨大，并不断出现新、奇、特的幕墙，幕墙的检测量相对越来越大，国内幕墙检测设备行业的发展也越来越成熟，2000年的时候我国与日本合作就开发出了一个5×11米的大型的幕墙机械设备。为配套做央视幕墙实验，我国在2006年开始开发，并于2008年研制出了21m高、26m宽的我国最大的幕墙机械检测设备。

门窗幕墙检测行业的发展日趋成熟与完善，但也开始暴露出来一些问题，门窗幕墙检测市场2000年开始显得混乱了，由于国产检测设备行业成长较快，检测行业的门槛一再降低，特别是在检测机构的审批上我们的监管也显得较为松散，目前国内能做门窗检测的机构已达千余家，能做幕墙检测的机构上百家。很多检测机构迫于竞争压力，什么检测都做，这样的结构就是相关检测就越来越显得不太专业，相关检测报告越来越不具权威性，而其直接后果就是会影响我国门窗幕墙的质量与安全。

(8) 门窗幕墙行业标准体系的自主创新

在我国门窗幕墙行业已经经历了近三十年的发展，有关行业政策和标准体系基本建立。在三十年的发展进程中，大量的工程实践、科学实验与研究，为建筑门窗幕墙行业的发展积累了丰富经验和科学数据，通过从经济、技术和产业政策等方面的不断总结、分析和研究，我国已经自主建立起了一个比较完善的有关建筑门窗幕墙的标准体系，制订了有关法规和政策，走出了一条符合我国国情的发展之路。

标准化对推动行业技术进步发挥着重要作用。三十年来，从无到有，已初步形成产品标准化体系。现有产品标准、试验方法标准以及相关基础标准的国家标准、行业标准200多项，基本消灭了无标准产品。等效及等同采用国际标准和国外先进标准的步伐加快，标准的技术内容达到或接近国外同类标准先进水平。许多行业标准都是国内首次制订，填补了技术空白，规范了技术创新成果推广应用。

目前我国涉及建筑幕墙的现行标准与技术规范主要有：

我国涉及建筑幕墙的标准与技术规范 **表1**

序号	标准名称	标准编号
1	《建筑幕墙》	GB/T 21086—2007
2	《建筑用硅酮结构密封胶》	GB 16776—2005

续表

序号	标准名称	标准编号
3	《玻璃幕墙工程技术规范》	JGJ 102—2003
4	《点支式玻璃幕墙支承装置》	JG 138—2001
5	《吊挂式玻璃幕墙支承装置》	JG 139—2001
6	《建筑玻璃应用技术规程》	JGJ 113—2009
7	《铝合金结构设计规范》	GB 50429—2007
8	《金属与石材幕墙工程技术规范》	JGJ 133—2001

除此之外，我国还有建筑门窗与幕墙相关的大量产品标准，涉及平板玻璃、钢化玻璃、均质钢化玻璃、夹层玻璃、各种人造板材及密封胶、结构胶等等。

（9）从业人员素质和能力的提高

建筑门窗幕墙行业是通过在技术与管理方面的引进、消化和再创新发展起来的，而我国从业人员素质和能力的全面提高才是行业取得发展的根本原因。人才是行业健康发展的根本保障和核心。三十年来，行业取得的重大成就之一就是培养和造成了专业化的人才队伍。在我国，已经有部分大学增设了建筑门窗幕墙专业，用于培养专业化的人才队伍。部分企业还建立了企业内部的研究院、所，从事相关技术和产品的研发与创新。

3. 走出去战略实施的需要

随着行业整体技术水平的不断提升，门窗幕墙行业随着中国经济发展，我们的企业除了全面主导国内幕墙市场外，已经敲响世界市场的大门，在世界市场上表现也是日趋成熟，在国际市场也具备了较强的竞争力。

中国门窗幕墙企业一直以来因为多种因素很难打进欧洲门窗幕墙的核心市场，尽管如之前远大承接到的欧洲最高楼俄罗斯莫斯科联邦大厦工程以及其他很多公司在中东承接到的一些工程都没有发展到欧洲门窗幕墙的核心市场。但是，沈阳远大2006年在世界玻璃幕墙的发源地——德国打败世界知名竞争对手承接到了法兰克福航空铁路中心工程，成为了中国企业开拓海外市场的重大标志性事件。

远大中标法兰克福机场航空铁路中心工程不仅仅标志着中国门窗幕墙企业开拓海外市场的成功，它更大的意义在于说明中国门窗幕墙行业“走出去”在海外市场上的表现已经越来越成熟，证明了中国门窗幕墙企业有实力、也有能力去开拓欧洲门窗幕墙的核心市场，目前的中国幕墙行业也因此站在了一个颠覆世界幕墙格局、征服世界的拐点。

中国第一高楼上海中心大厦工程，沈阳远大也是打败世界知名幕墙企业中标成功。远大、江河等企业在工程国际化并完成整合的同时也相应极大的提升与促进了整个幕墙产业升级与发展。截至目前，我国50多家幕墙企业已经在世界各地承接了多项大型高端幕墙工程。

目前，世界各地的第一高楼、规模最大的、难度最大的幕墙工程频频被中国公司中标，中国幕墙企业已经彻底打开了海外市场。但是我们担忧的是我们的中国企业一窝蜂去开拓国际市场，将低价竞争带到海外，这样做的后果无论对本国幕墙行业，还是世界幕墙业来说无疑都是一个危险的信号。

世界最多的大规模幕墙项目，最复杂的幕墙，最新颖的幕墙都在中国。目前我们幕墙总量约占全世界的85%，总规模是世界最大的，数量是世界最多的，单个工程的难度和规模也都是世界少有的，项目的复杂程度，稀奇古怪程度都是世界上少有的，国内幕墙企业不仅全面主导了国内幕墙市场还大力开拓海外市场并取得了不错的成绩。现在，无论是从规模还是技术水平、产品质量上来看，我们已不仅仅是世界第一幕墙生产与使用大国，而且已经成为世界一流幕墙强国。

20世纪80、90年代，我国建筑门窗幕墙行业企业承包国外工程的情况非常少，但进入21世纪，在中国建筑门窗幕墙企业综合竞争力不断增强的背景下，中国企业参与了国际建筑门窗幕墙市场的竞争，外汇收入年均保持了25%以上的增长速度。特别是“十一五”期间，总产值达700亿元人民币，2011年，外汇收入也在250亿元人民币以上。

三、比较管理的内容

1. 科技进步的前沿比较

建筑节能和安全等问题将为建筑门窗幕墙行业的发展带来极大的挑战和机遇，与此相关的前沿技术的突破，将为解决这些问题提供保障。我们只有依靠科学技术进步、攻克关键技术难关，才能真正解决这些问题。

门窗幕墙是我国近30年来发展起来的集新技术，新材料和新结构为一体的新型建筑外墙形式，是现代化建筑的主要外围护结构之一，在国家将建筑节能作为战略决策前提下实施的公共节能标准是推动幕墙技术的持续发展的动力，必将引领幕墙新一轮的技术革新，开创节能幕墙的新局面。

《公共建筑节能设计标准》的实施，标志着我国建筑节能工作在民用建筑领域全面铺开，对建筑幕墙行业的发展也提出了新的要求。对门窗幕墙行业来说，既是机遇又是挑战，是一次优胜劣汰的技术革命和产业升级。

(1) 节能门窗幕墙时代的机遇

如今，节能已经作为一种使命摆在全中国面前，政府、企业、公民皆有责任。如今这种力量正在潜移默化地改变着我们的生活，建筑节能将带来更健康、绿色、环保、低代价的生活。

2005 年，国家《公共建筑节能设计标准》和《民用建筑节能管理规定》发布。除对门窗保温系数做出规范要求外，着重强调对不符合建筑节能强制性标准的将予以处罚，鼓励发展节能门窗技术。

2007 年，中国建设部、国家发展改革委、财政部、监察部、审计署五部委联合发布《关于加强大型公共建筑工程建设管理的若干意见》，在全国加大推行建筑节能力度。

研究结果表明，建筑门窗是建筑围护结构最薄弱的环节。在建筑总能耗中，围护结构导致的采暖空调能耗可以占到建筑总能耗的 50%以上。建筑门窗是建筑围护结构的重要组成部分，其造成的能耗占围护结构所导致能耗的 50%。可见门窗能耗的高低对建筑总能耗的影响至关重要。

另外，在影响空调制冷负荷的因素中，门窗的影响远远大于围护结构其他部位的影响，这对于夏热冬暖地区和夏热冬冷地区的建筑节能更为重要。

2008 年 8 月，国务院发布实施国家第一部建筑节能法《民用建筑节能条例》，明令禁止使用不符合节能标准的门窗。国家发改委也宣布会同有关部门鼓励节能门窗的发展。

建筑节能，首先门窗要节能是大势所趋。

目前，我国建筑门窗的用量很大。按年均竣工房屋建筑面积 20 亿 m^2、按窗地面积 1 比 4 计算，每年新建房屋建筑的门窗用量约 5 亿 m^2。同时，随着既有建筑节能改造工作的推进，400 多亿 m^2 的既有建筑对节能门窗的需求量将是相当惊人的。

据统计，我国的铝合金门窗企业超过 1 万家，生产能力超过 5 亿平方米/年，但成规模的企业较少，更多的是规模较小、水平较低的企业。很多生产企业普遍缺乏研发力量和有效的管理手段，产品仍处于低水平重复生产阶段，建筑门窗企业已经呈现生产能力特别是低端产品生产能力过剩的状态。

尽管现行节能标准对门窗的节能指标作出了明确规定，但一直以来我国的门窗应用状况都不甚理想，甚至是混乱的。一方面，目前市场上低端产品充斥，采用性能优良的铝合金型材，配优质中空玻璃、Low-E 玻璃的门窗，仅占 10%左右。行业整体技术水平仍然偏低，门窗的节能性能指标与节能标准有较大差距。另一方面，我国地域辽阔，气候区域复杂，同样的窗户应用在不同气候区域，其节能效果差异很大。市场上销售的门窗产品通常没有关于节能性能完整的指标，建设方、设计者或其他用户在选用窗户时缺少技术依据，难以作出正确合理的选择，有时仅凭门窗生产企业的介绍或产品的外观作出选择，更有甚者仅凭价格来盲目地选择，导致选用的窗户不适合本地区、本建筑物，不能满足节能标准的要求。

工程建设的招投标、产品进场和竣工验收中，尽管需要出具门窗的检测报告和进行抽查复检，但现实工程中门窗的节能性能依然存在问题。主要是因为目前检测施行的是送检制度，实验室只对来样负责，检测报告对应的产品和工程中实际产品是否一致，需要借助产品进场抽查复验。现行国家标准《建筑节能工程施工质量验收规范》GB 50411—2007 中规定，复验抽样应从进场的门窗中进行抽取，而实际上很多工程验收采取的是变通方式，即在监理的见证下由门窗企业重新制作标准规格的窗户进行复验。这实际上难以真正起到复验的作用，同时又让企业额外付出检测费用。

鉴于建筑门窗的生产应用现状和面临的紧迫形势，针对社会大众普遍对建筑节能技术与相应节能指标认识不足的问题，住房和城乡建设部近年来陆续颁发了《建筑能效测评与标识治理办法》、《建筑能效测评与标识技术导则》、《建筑门窗节能性能标识试点工作实施细则》、《建筑门窗节能性能标识实验室治理细则》、《建筑门窗节能性能标识试点工作治理办法》（以下简称《办法》），这几个文件借鉴国外建筑节能经验，建立符合我国国情的能效标识技术和治理制度，建立起具有我国特色的能耗标识体系，对有效推广建筑节能及建筑门窗节能会起到很大推动作用。

此外，中国陆续开始要求销售商品房时说明节能等级，当明示所售商品房的能源消耗指标、节能措施和保护要求、保温工程保修期等信息的办法普遍推广开来，将对推广建筑节能门窗起到重大作用，也对开发商起到监管和激励作用，进而达到全社会节能减排目标。

门窗要节能，意味着责任，也意味着商机，中国将加速迎来节能门窗时代，节能门窗业将会存在着巨大想象空间的机会。

然而，我们不得不面对的现实是中国门窗幕墙市场存在着一种重幕墙、轻门窗的情况。门窗企业虽然数量众多，但普遍规模较小，市场散、乱、杂，是一个典型的“碎片市场”。这样一个年产值 1800 亿～2000 亿巨量市场里面，门窗企业规模做到 10 亿的都凤毛麟角，专注于节能门窗领域发展的大企业更是少之又少。

未来随着房地产行业整合效应加剧，前十名房地产商占据相应市场比例越来越大，规模效应越来越明显。万科去年已经达到了千亿规模，未来像万科这样体量越来越大的房地产商将会越来越多，当它达到一定的规模后，越来越倾向合作客户能够门当户对，希望与规模大、信誉有保证的节能门窗厂合作，结成长期稳定的战略合作伙伴。但很遗憾的是我们目前仍然缺乏与之相匹配的大规模节能门窗企业。

希望一些有志于成为中国门窗行业领头羊的大企业，在看到节能门窗发展的机遇后，加大节能门窗研发投入，加大新产品的开发力度，建立实验室，提升实验检测水平，顺着这样一个时代趋势去推波助澜，借助国家、相关协会对建筑节能的大力推广以及国际社会对门窗节能普遍越来越重视的契机深耕节能门窗产业。标杆企业的出现将加速节能门窗产业的发展，把我们门窗产业的发展拉向一个新的高度。

目前，已经有一批企业在节能门窗领域加大投入、加强自主技术创新与自主研发、坚持做一些节能实验、认证等，开发出了一些适应各种使用条件的系统门窗。

节能门窗时代的机遇正是我们一线企业利用节能门窗较高的技术壁垒，进入门槛、研发创新能力门槛建立新的竞争平台，建立新的游戏规则的大好时机，亦是拉大与其他中小型企业差距的重要契机。

未来也希望国家相关部门、行业协会以及社会各界的力量共同呼吁，加快中国节能门窗发展的步伐，提高节能门窗的认识，加快行业的整合，呼唤一批能把我们铝合金门窗产业拉向一个新的高度，带入一个新的领域的标杆企业成长起来，从而加快中国建筑铝合金门窗业整体发展的进程。

(2) 光伏幕墙的发展

近年来，光伏技术已在建筑工程中得到广泛应用。目前，我国光伏产业正迅速发展，加之国家出台了一系列鼓励采用光伏技术和产品的政策，建筑幕墙行业在工程中采用光伏技术和产品的积极性不断提高，光伏技术在建筑中的应用必将前景广阔。

目前，我国在建筑幕墙中主要采用了两种光伏技术，一种是分离式光伏建筑，另一种是合一式光伏建筑，两种光伏技术各有所长。

就目前应用来看，合一式光伏建筑在国内应用迅速增长，幕墙厂家也在大力推广这种形式。如深圳方大幕墙公司办公楼、汕头金刚光伏公司办公楼都采用了这种形式。

在工程具体应用过程中，我国的合一式光伏建筑有所创新，如长沙中建大厦（高度 99.4m）的光电池是安装在玻璃百叶上，把发电与遮阳功能有机地结合在一起，很有创意。光伏玻璃总面积 2000m^2，年发电量 22 万 kW。玻璃百叶后玻 6mm 镀膜，总厚度 36mm。百叶 45°斜放，间隔 20mm。

广州电视塔将光伏幕墙设置到了世界最高——460m。在最高的第 5 段幕墙顶部标高为 450m 至 460m 的区段，布置了 1078m^2 的光伏板，共 360 块，总功率为 18kW。由于是环形布置，只有 1/3 的光伏板受到阳光照射，加之外围柱子遮挡，同一时刻直接受阳光照射的光伏板并不多。此工程采用非晶硅薄膜电池，弱光下也有一定的电力输出。虽然总功率不是很大，但这个工程为特殊、超高、极端气候条件下工作的光伏幕墙提供了新经验。

我国光伏建筑刚刚起步，有着广阔的发展前景。对于各种形式的光伏建筑系统，还需要一个深化认识、不断探索的过程。我们还应在工程实践中不断总结经验，创造出符合我国国情的光伏建筑设计施工成套技术，为绿色节能建筑作出贡献。

近年来，铝合金门窗幕墙技术不断发展。重视建筑门窗幕墙节能环保是当今建筑科技发展最具活力的领域，铝合金门窗幕墙产业正在依靠技术创新，进一步提高建筑门窗幕墙的保温、遮阳性能，开发具有智能型的铝合金门窗幕墙，合理组织通风、传热，有效利用太阳能、地热（地冷）等可再生能源。使铝合金门窗幕墙在满足人们“景观、采光、通风”等使用功能的基础上，依靠现代科学技术手段来实现建筑节能的要求，使铝合金门窗幕墙这一建筑艺术外围护形式与建筑节能达到和谐统一，是完全可能的。节能门窗幕墙的研究、开发、推广工作任重道远。

(3) 相关检测方法与设备的研究

建筑节能和安全等相关问题的解决，依赖对现有检测技术、方法和设备的创新。如对既有建筑门窗和幕墙安全状况的检测设备与技术的突破，钢化玻璃钢化度的检测，中空玻璃稳定状态的测试。

2. 三大难题解决的技术经济政策比较

正确认识和解决门窗幕墙行业的"三难"(即安全、节能、防火)问题，积极探索创新发展新思路，这具有非常重要的现实意义。"三难"问题，一个是安全问题、一个是节能问题、一个是防火问题。要正确认识门窗幕墙的"三难"问题。为什么要正确认识呢？因为有的认识不太正确。比如说幕墙是"定时炸弹"，这不相当于把我们搞幕墙的人都说成是埋炸弹的人了？我们的幕墙怎么就成了"炸弹"呢？让人感觉问题很严重，这是不正确的认识。但关键是要知道问题的严重性和紧迫性，我们的行业企业有这个意识，认识到了这些，就能够积极探索创新发展新的思路。

解决"三难"问题，可以通过比较研究的范式和方法，找到解决问题的途径：

首先，通过对国内外建筑门窗幕墙行业的横向比较，了解国外发达国家和地区是如何认识和解决门窗幕墙行业的"三难"问题的，从经济、技术层面了解其应对方法，进而通过比较研究，了解国外行业企业是如何通过管理模式的创新积极参与解决"三难"问题的，探索出其成功的经验，并在实践中根据中国的实际情况加以应用。

其次，通过对中国行业发展历程的纵向比较研究，发现其在不同成长阶段的特点，找出"三难"问题产生的本质原因和特征，并制定相应的解决办法，制定合理的技术经济政策，合理解决"三难"问题。

再次，通过对行业企业在不同技术经济政策下经营管理状态的比较研究，分析"三难"问题存在的企业原因。利用比较研究的范式和方法，对企业在不同阶段进行纵向比较研究，对处于不同国家和地区的企业进行横向比较研究，就能找到更多产生"三难"问题的企业层面的原因，进而找到解决问题的方法与途径。

3. 壮大行业做强企业的实例比较

(1) 发展概述

中国建筑门窗幕墙行业发展的这30年，是波澜壮阔的30年，在世界产业发展史上也是非常罕见的30年。在30年前我们才知道什么是幕墙、什么是铝合金门窗，从无到有、从小到大、从弱到强，仅仅30年，我们就成为了世界幕墙大国、一流幕墙强国。

这30年，是举世瞩目的30年，是被称为世界经济史奇迹的30年。一个国家在百废待兴之后，发动了举世瞩目的经济改革，政治改革。中国经济连续30年保持高速增长，国民生产总值占全球的比重由 80 年代初的 1%上升到 2010 年的 5%以上，仅仅 30 年，我们就成为了世界第二大经济体，成为了世界经济总量大国与出口大国。

在此背景下，我国建筑门窗幕墙行业作为一个紧紧伴随着改革开放步伐逐渐发展起来的新兴制造行业，从 20 世纪 80 年代初东方宾馆在国内首次采用铝合金窗开始及随后我国第一栋现代化玻璃幕墙高层建筑——北京长城饭店的开工，铝合金门窗幕墙行业在我国的发展拉开帷幕。伴随着改革开放的步伐悄然兴起，从不知道什么是铝窗、什么是建筑幕墙，到形成一个庞大的产业链，包括铝合金门窗、建筑幕墙、建筑铝型材、门窗五金配件、玻璃、建筑用胶、加工设备、隔热条及胶条等上下游产业，行业总产值几千亿人民币，不仅规模巨大，行业技术水平也已经达到了世界一流水平。这一切，我们只用了 30 年，30 年走完了西方国家 100 年甚至更长时间走过的路，这在全世界经济发展历程中都是不多见的。

改革开放 30 年中国除了在经济总量上取得了巨大的成就，各行各业都取得了翻天覆地的变化，但是鲜有一个行业能像门窗幕墙行业一样在世界产业领域获得竞争优势。中国目前是全世界第一的建筑门窗、建筑幕墙生产大国和使用大国，截至 2010 年全行业铝合金门窗企业产值近 800 亿元，建筑幕墙企业完成产值近 1500 亿元。

“十一五”时期，全行业幕墙总产值为 4,187 亿元，铝门窗总产值为 3,254 亿元，铝门窗幕墙行业总产值为 7441 亿元。企业市场开拓能力和核心竞争力得到增强，国际市场的份额从“十五”期间的 50 亿左右增加到“十一五”期间的近 700 亿元。

“十一五”时期，行业得到了发展壮大，至 2010 年底，行业具有一级幕墙施工资质的企业 261 家，比“十五”期间增长了 80%，二级幕墙施工资质的企业 1218 家，比“十五”期间增长了 83.2%；建筑门窗施工企业 14506 家，比“十五”期间增长了 41.5%。成就了一批具有较强市场竞争力和综合实力的企业，行业目前年产值上 10 亿元的企业有 50 家以上，其中沈阳远大铝业工程有限公司 2011 年销售额 130 亿元，产值达 92.6 亿元，2011 年企业销售总值达到 204 亿元，是目前行业的龙头企业。

行业企业科技创新能力得到增强，人才队伍不断壮大。行业企业从事科研的研究院有 50 家以上，通过全行业的努力，“十一五”时期，企业获得的专利成果和知识产权超过 1000 项，在科技创新方面有重大突破。行业拥有专业技术人员 15 万人以上，从业人员超过 100 万人。

(2) 资本市场对行业越来越关注

近几年我国建筑幕墙行业越来越受到资本市场的强烈关注，去年北京江河幕墙公司在上海主板上市，沈阳远大幕墙公司在香港上市，在创业板上市的有成都硅宝、北京嘉寓、广东金刚玻璃三家公司，建筑幕墙装饰板块已经在资本市场中初步形成。企业上市，使企业在短时间内提升了自身的资本实力，极大地补充了企业快速发展所需的资本，推动企业抛弃传统的积累式发展，采用超常规、跨越式、可持续的发展模式。其中沈阳远大、北京江河两个幕墙公司上市以后，企业资本实力跻身于世界大型幕墙行列之中，在世界大型幕墙工程投标中的竞争力显著提高。

在资本市场中，资金供应者把资金用于储蓄和投资，而资金需求方的企业，把募集来的资金用于扩大生产和新品研发。资本市场原来仅限于国外，近些年开始在我国的金融、石油、矿产等行业兴起，近些年也开始逐步向建筑门窗幕墙行业渗透，主要是融资、参股和收购。去年日本最大的建材企业骊住株式会社宣布，用约合 5.75 亿欧元的价格，收购了意大利的帕马斯公司的全部股份，并将该公司设立为骊住的子公司。同年又在中国收购了上海美特幕墙工程公司，加上帕马斯公司在中国的分公司，骊住（中国）投资有限公司在中国同时拥有两家大型幕墙公司。同时国内的资本市场也很活跃，广东华轩集团股份有限公司收购了香港成功集团公司，成为国内最大的铝单板喷涂企业。

在资本市场的推动下产生一些超大公司，在中国似乎已成为不可抵挡的趋势，目前国资委、发改委的产业政策也都印证，要在石油石化、电信、电力、煤炭、冶金、船舶制造、航运、建筑这 8 个行业中产生一批世界一流企业，将在行业里作为主导力量来推进央企整合。通过资本市场实现兼并重组是成本最小、最便捷的方法，还可以把行政意志与市场资金流完美地结合成一体。

我国的建筑门窗幕墙行业已经形成以大型企业为主导、中型企业为基石的市场结构。在国内外标志性建筑的设计施工中，不仅突出了企业综合实力，在人才竞争、团队合作方面也具有出色综合表现，为全行业树立了良好品牌创优意识。

四、比较管理的方法

1. 考察与交流

我国建筑门窗幕墙行业的发展走过的是一条从学习、到消化吸收、到自主创新，完成超越的道路。是通过与国外行业和企业的交流与合作，通过比较研究，才使我国企业完成了对国外企业的追赶与超越。因此要继续坚持走这样的道路，更加注重自主创新，以使行业取得更大的发展。

要成功开拓国际市场，我们要善于利用比较研究的范式和方法，将企业发展的成功模式移植到国际上不同的国家和地区，并取得好的成效；要保持行业和企业的可持续发展，更需要利用比较管理的方法，分析行业和企业的过去、现在和将来，使过去的成功经验能对将来行业和企业的发展过程产生积极作用。

（1）行业协会的作用

中国的行业协会在政府支持下，在广大会员单位的拥戴下，发挥着越来越重要的作用。中国建筑金属结构协会在铝门窗与建筑幕墙行业的发展和建设中做了大量的工作。可以组织以下活动：

1）会展活动

会展产业是市场经济发达情况下才有的产业，它是当代科技信息的展示，是当前市场信息的展示，还是我们行业形象的展示（产品展示行业的形象）、我们协会工作的一种展示，更是我们研讨与交流的一种机会。展会期间，我们召开各种研讨会和交流会，进行客户和工厂之间的交流、同行之间的交流、国内国外的交流，实践证明会展有非常大的作用。我们这几年比较成功的，有北京的国际门窗幕墙展（九届）、广州的铝门窗幕墙展（十八届），还有永康的门展（二届），一年总共是办了九个会展，都取得了很大成效。同时我们还有一个很大的成就，就是把会展和行业的年会结合起来，行业年会同时又组织会展。行业年会非常重要，全行业作为协会来讲一年搞这么一次活动，有的年会两年搞一次。这个年会期间大家聚到一起研究行业的重大问题，跟会展紧密结合起来，这也是非常好的。

2）研讨和技术创新活动

3）协助政府部门制定标准的活动

4）扶持重点会员企业的经管活动

5）表彰和树立典型的活动

（2）主要考察交流活动

目前比较有影响力的建筑门窗幕墙行业考察交流活动有：

建筑门窗幕墙行业考察交流活动 表2

序号	会展名称	展会时间	展会地点
1	2012 德国纽伦堡国际门窗、幕墙展览会	2012 年 03 月 21～24 日	纽伦堡
2	2012 德国杜塞尔多夫国际玻璃展览会	2012 年 10 月 23～26 日	德国杜塞尔多夫
3	2012 年土耳其国际门窗及玻璃工业展览会	2012 年 03 月 01～04 日	伊斯坦布尔
4	2012 美国拉斯维加斯国际玻璃和门窗展览会	2012 年 09 月 12～14 日	拉斯维加斯
5	中国（北京）国际门窗幕墙博览会	2012 年 11 月 08～10 日	北京

这几年行业组织了许多国外考察和交流活动，每年不少于10次。首先要认识到，到国外考察我们绝不是到国外去游山玩水，确实有很多要考察的。我们现在虽然取得了一些成绩，但是国际上很多发达国家的先进东西，我们还是要学习的，还是要考察交流。包括那些重点企业，有的之所以成为重点企业，开始也是靠搞国际合作的，在国际合作的基础上往前走的。所以要加强国外考察交流。其次要通过考察和交流，全面了解国内外的情况，用比较研究的方法与范式，分析和制定正确的走向国际市场的战略，同时批判性吸收国外同类企业的成功经营管理经验。

2. 竞争与合作

竞争与合作是在市场经济环境中不可回避的问题。现代企业的竞争，应该要坚持科学合理的竞争与合作理念即“竞合理念”。“竞合理念”是当今倡导的新理念，我们不要光看到竞争，过去说市场经济就意味着竞争，竞争是残酷的、无情的、你死我活的，现在更多的是合作的关系，合作是更高层次的竞争。在一些场合下，两个企业共同投标是竞争对手，在更多的情况下是合作伙伴。现在国与国的关系更多的是合作关系，东盟五国、上海合作组织、博鳌论坛、东盟合作组织等统统讲的是联盟、合作。我们国家跟国际上很多国家建立了战略性合作关系，企业也是如此，要有竞合才能，强调合作，强调目光远大。我国在加入 WTO 的时候，研究了很多新的词汇：双赢、多赢。就要我赢你也赢。我们办一个企业，我们企业本身要赢，与企业合作的各个方面：材料供应商、客户等都要赢，我们整个员工要赢、参加企业劳动的民工也要赢。

行业企业要重视三个方面的合作：一是银行和企业的合作，解决我们的资金问题和资本经营问题；二是甲方、乙方的合作，解决我们高效优质地完成一个项目的问题；三是产学研的结合，解决企业科技含量提高、科技先导型企业的问题。要进行各种有效的资源整合，要有竞合才能。

不同的竞争与合作模式，会产生不一样的结果。通过对不同竞争与合作模式的比较研究，找出其在不同国家、不同地域和不同文化背景下的特殊性和应对策略，才能真正使“竞合理念”成为一个科学合理，可以在实践中广泛应用的理念和才能。

3. 专利研发与分析

要增强行业企业的核心竞争力，提高企业的自主创新能力是关键。其中企业的专利研发能力和专利技术的推广应用状况，是企业核心竞争能力的重要体现。

铝门窗幕墙行业发展近三十年来，催生了大量的专利技术。据不完全统计，铝门窗幕墙行业专利总数在 3500 项以上。如北京江河幕墙股份有限公司就拥有幕墙领域已授权发明专利 7 项、实用新型专利 45 项、外观设计专利 3 项、专利技术几十项；北京金易格幕墙装饰工程有限责任公司也拥有门窗领域已授权专利技术 35 项以上。

今天我在这里谈到的国际比较是一个动态的比较，是指要在考察交流中进行比较，在竞争合作中进行比较，在专利研发与分析中进行比较。可以这样说，敢与国际比较，展示的是我们门窗幕墙行业企业家、专家和社会活动家的胆量和实力；善于国际比较，展示的是我们铝门窗幕墙行业企业家、专家和社会活动家的智慧和才能。我们要通过比较，抓住机遇，迎接挑战；通过国际比较，正视差距，发挥我们的潜力；通过比较，使我们行业做得更大，使我们的企业做大做优。所以我们要有世界眼光和战略思维，在国际比较中把我们的行业推向新的阶段，在“十二五”期间能有一个更大的发展。

行业将如何发展，我这次着重强调了注重行业和企业的国际比较，希望大家在这方面多研究、多思考。衷心祝愿我们的企业和行业在国际比较中能取得新的成就，能做大、做强、做优。

（2012年3月17日在“2012年全国铝门窗幕墙行业年会”上的讲话）

全力推进塑窗下乡活动

2011年也是在这个时候，在成都召开了2011年的塑窗年会，我重点讲了“转变塑窗企业经营方式”。今天我重点讲塑窗下乡的问题，刚才住建部村镇司的同志也简单讲了一下我国新农村建设的情况，以及建材下乡的有关情况。建材下乡是党中央国务院有关部门共同颁发的文件，住房和城乡建设部也参加了，是一个大号召。什么叫建材下乡？砖瓦沙石本来就是乡下的，本来就是农村的，城里哪有砖瓦沙石啊？所谓建材下乡就是建材制品下乡，经过我们加工过的成品下乡，塑窗正是下乡的主要内容，也是农民的需要。

塑窗下乡作为我们协会的大事，也是全体在座与塑窗相关产业链中八大行业企业的大事，大家共同来抓这个事情。我具体想讲以下几个问题。

一、塑窗下乡的意义深远

1. 社会主义新农村建设的需要

改革开放30多年来农村经济快速发展。农民收入持续增加，1978年至2010年农民年人均纯收入由134元增加到5919元，随着农民生活水平的提高，农村住房条件有了很大改善。城乡住宅建设20世纪50年代是茅草房，60年代砖瓦房，70年代小楼房，到了80年代加上外走廊，90年代都是钢筋混凝土的森林。随着农民生活水平的提高，农村住房条件也有了很大改善，按照中央保增长、保民生、保稳定的战略部署，住房城乡建设部、国家发改委、财政部组织实施了扩大农村危房改造试点工作，帮助住房最危险、经济最贫困农户解决最基本的安全住房问题。自中央2008年第四季度启动贵州省级农村危房改造试点起，中央投入逐年快速增长，具体补助标准从户均5000元，提高到2010年户均6000元，在此基础上对边境县一线贫困农户、建筑节能示范户每户再增加2000元补助。累计补助资金286亿元，共支持全国473.4万贫困农户完成危房改造，补助范围已覆盖中西部重点地区。

现有农村住房建设现状主要体现在以下三个方面：

（1）建设量持续快速增加

农村住房存量大幅增长。据住房和城乡建设部统计，1980年至2010年全国农房实有建筑面积98.3亿现在增加到222.3亿m^2，新增194亿平方米，一半以上的农户建立新房，农村人均收入、民房面积增大。1980年至2010年，农村人均住房面积由11.6m^2增加到31.6m^2，增幅达到173%，居住条件明显改善，农村住房建设规模仍然很大，历年农村新建住房保持在400万户以上，每年农村危房改造300万户，农村住房的质量逐步提高，从农民住房的结构上来说，2005年到2008年，在收入水平和经济条件逐年改善，农村住房的质量提升，已经全面加速，近几年结构改变更为迅速。

随着农村经济发展和农民生活水平的提高，农村住宅内部设施配套日益完善，功能逐步趋于合理，并且开始重视住房的美观。总之，近年来，受国家惠农政策支持，农民持续增收，农村住房建设规模扩大，一个侧面拉动了门窗等建材需求，客观上也促进了塑料门窗等制品销售。2010年，中央1号文件提出“推动建材下乡”是党中央、国务院针对目前农村建房快速增长和建筑材料供给充裕的形势，为了进一步扩大农村市场，支持农房质量安全性能提高而做出的重要决定。我国农村农民建房存在的可用建材种类少、结构建材材质差、建材流通成本高、建材使用不规范、很少采用建筑节能措施等问题，是农房质量安全状况差的主要原因。农村每年新建农房在800万户左右，大部分节能性能很差，推进农房建筑节能潜力很大，这项工作利国利民。2010年9月，住房和城乡建设部会同财政部、国家发改委、工信部、国土部、商务部等六部委共同下发了《关于开展推动建材下乡试点的通知》，确定在山东、宁夏开展水泥下乡、地方政府予以补贴的试点，探索下乡建材生产企业招标、下乡建材经销网点备案、下乡建材质量监管、下乡建材用户（农户）备案管理等建材下乡的管理办法，所需补助资金由区、市、县财政共同承担，共补5万多户农户建新房。2011年，住房和城乡建设部会同国家发改委、工信部、国土部、商务部等五部委印发了《关于做好2011年扩大建材下乡试点的通知》，试点范围扩大为北京、天津、山东、重庆和宁夏，并协调试点省份落实了省级补助资金。试点内容在2010年水泥下乡的基础上，扩大到节能建材下乡，即用于墙体、门窗、屋面等农房围护结构的节能建材产品。而作为节能示范内容之一的塑料门窗将会拥有巨大的市场潜力。

(2) 房屋质量逐步提高

1) 农村住房结构方面。仅2005年至2008年期间，在收入水平和经济条件逐年快速改善的情况下，农民住房质量的提升已经全面加速。近几年结构改变更为迅速。

2) 农村住房抗震性能方面。上世纪农村住宅的稻草房、土坯房年代久远，由于建筑材料和结构原因，难以进行修缮加固。近年来砖木和砖混结构住房的建设，使住房结构显著改进，而“构造柱竖向钢筋在地圈梁内的锚固”、“过梁、挑梁的安装”、“卷材防水施工”等关键技术的使用大大加强了农村住房的抗震性能。

(3) 居住功能不断完善

随着农村经济发展和农民生活水平的提高，农村住宅内部设施配套日益完善，功能逐步趋于合理，并且开始重视住房的美观。

总之，近年来，受国家惠农政策支持，农民持续增收，农村住房建设规模扩大，一个侧面拉动了门窗等建材需求，客观上也促进了塑料门窗等制品销售。

2010 年，中央 1 号文件提出“推动建材下乡”是党中央、国务院针对目前农村建房快速增长和建筑材料供给充裕的形势，为了进一步扩大农村市场，支持农房质量安全性能提高而做出的重要决定。

我国农村农民建房存在的可用建材种类少、结构建材材质差、建材流通成本高、建材使用不规范、很少采用建筑节能措施等问题，是农民质量安全状况差的主要原因。农村每年新建农房在 800 万户左右，大部分节能性能很差，推进农房建筑节能潜力很大，这项工作利国利民。

2. 拓展化学建材市场的需要

1993 年，在时任国务院副总理朱镕基同志支持下，成立了由国家经贸委牵头，建设部、化工部、轻工部、国家建材局和中石化总公司组成的全国化学建材协调组，组长由当时的建设部常务副部长担任，目的是协调原料、生产、应用各部门工作，推动我国塑料管道、塑料门窗、防水材料等几种化学建材的发展和应用。原因是化学建材有许多优于钢材、铝材、木材和传统材料的性能，可以节约能源、保护生态环境，改善居住环境和条件，提高建筑功能。

1994 年，化学建材协调组，印发了《关于加强我国化学建材生产和推广应用的若干意见》提出各级主管部门要明确发展目标，确定发展重点，抓住应用环节，推动化学建材产品在建设领域大面积应用。充分利用各种新闻媒体，大力开展推广应用化学建材重要性的普及宣传工作。自此之后，我国化学建材事业进入快速发展时期。

2000 年，国务院机构改革后，重新组建了全国化学建材协调组，会上印发了《我国化学建材推广应用“十五”计划和二〇一〇年规划纲要》，要求推出化学建材进入产业化发展。

而随着建筑节能工作的推进，塑料门窗作为节能门窗获得更大的应用。我国自 1986 年执行采暖地区民用建筑节能设计标准实施 30％的节能标准，至 1995 年节能率提高到 50％的节能设计标准，2004 年许多城市地区逐渐执行 65％的节能设计标准，2012 年北京市将执行 75％的节能设计标准。2011 年 11 月发布的《北京市建筑节能十二五规划》提出要重点研究推广四腔或五腔塑钢型材生产应用技术。近二十年的推广应用，塑料门窗、塑料管道和防水材料应用已十分广泛，其中塑料门窗年销售量已达三亿平方米，但主要集中在城市成片开发的住宅小区中应用。

3. 低碳文明社会建设的需要

塑窗下乡是低碳文明社会建设的需要，所谓低碳文明，就人类社会发展到今天，进入到第三大文明阶段，人类社会最早是农业文明，由于蒸汽机的发明人类社会进入到工业文明，今天要从工业文明进入到低碳文明。发展低碳经济、节能减排是经济工作中的重中之重，也是实现我国可持续发展的重要战略，建筑行业是典型的高能耗行业更应如此。

众所周知，建筑能耗占社会总耗能的40%，门窗能耗又占建筑能耗的50%见下图。过去安装的普通钢窗、铝窗等金属门窗，不但对于建筑造成较大的使用能耗，增加了老百姓的采暖和空调费用，增加了污染物的排放。为此，我国在2007年颁布了《节约能源法》对建筑节能进行了规定，同时严寒、寒冷、夏热冬冷等地区也于2010年也实施了新的民用建筑节能设计标准，新建工程必须按照要求使用性能达标的节能窗。

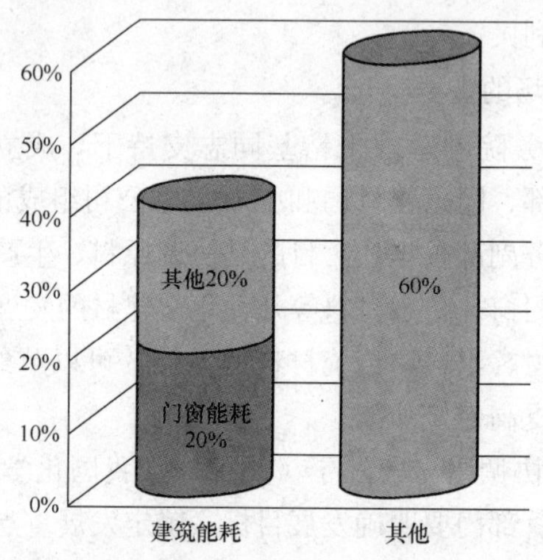

塑料门窗在建筑节能中扮演着重要的角色。欧洲很早就大量推广使用塑料门窗，其市场占有率也是高居首位，如德国为50%，法国为56%，美国为45%。据了解，每年塑料门窗可帮助欧洲的家庭房屋节约热成本总共约10亿欧元。

随着我国节能工作的深入，未来中国将对塑料节能窗框会有进一步的需求。而塑料门窗的节能性还体现在其生产和回收方面，首先生产单位重量的PVC的能耗仅是钢材的1/5，铝材的1/8，旧窗改造换下来的金属窗如果要重新利用，还要经过熔炼，这依然会造成巨大的能耗。塑料的回收利用只需把旧制品清洗、粉碎，分选之后，即可掺入新原料或单独挤出成制品。这一过程因不像金属材料要重新熔铸，节能效果更为明显。因此发展塑料门窗有益于节能和减少污染物的大量排放。

根据欧洲节能发展历程和现状以及塑料门窗自身的节能和优良性价比的优势，可以确信在我国塑料门窗将来必将有更大的发展。开拓农村市场也是应对当前城市开发建设不活跃，市场总需求可能下降的重要对策之一。通过用户市场的调整，保持相对稳定的产销量，使行业度过这一时期。

二、塑窗下乡的组织构架

1. 塑窗委员会牵头联合相关协会和民间组织组成塑窗下乡办公室

经过十几年的发展，塑料门窗行业已成为从原料、型材、模具、机械设备、门窗组装、五金、玻璃、密封材料八个行业组成的一个完整产业链，但在城市里濒临饱和的塑窗市场，如何将新农村转化为新的市场增长点成为下一步工作的重点。可否由中国建筑金属结构协会塑料门窗委员会牵头联合相关地方协会以及民间组织组成塑窗下乡机构，负责协调各方面关系和工作，确定门窗生产企业资格，组织生产和供应，对产品进行监督，更好地维护企业和用户双方的利益。

这方面工作相当的多，我们自己要组织起来，要有一些人去研究，我们要了解农村、熟悉农村，才能去做好塑窗下乡，你说的话农民不爱听，你做的事情农民不欢迎，那就糟了。塑窗办公室有许多事情要做，目的使全社会特别是广大农村农民认识到塑窗的优越性或者好处。

2. 由几家大的塑窗公司组成塑窗下乡的企业联盟

目前，全国的塑料门窗企业有万余家，综合产值超过1000亿元人民币。但技术实力强、设备装备程度高的企业不足10%。全国的PVC型材企业有400多家，其中建成了大连实德、芜湖海螺、浙江中财等一批具有世界规模的型材企业，其中连续几年芜湖海螺年销售50万t以上型材，居全国首位，销售额50亿元以上；我国门窗设备企业主要集中在济南地区，有100多家，其中，德佳机器公司产品达到国外先进水平，出口到西方先进国家，而近些年其自动化生产线销售也增加了23%；铜陵耐科、北京长城牡丹等模具企业年出口创汇数千万元。

由于多数农村距离城市较远，出于对运输费用的考虑，门窗公司对于工程的承接距离一般不超过500km，而且农村市场相对于城市建设分散，个体经营门窗加工店或者小规模的门窗企业也无法满足农村门窗的规模化生产、产品质量、安装质量、服务等方面的要求。因此，有必要组织一些有地区或全国影响的大型型材企业，由它们就近选择一批门窗公司，经机构审查确定后，组成企业联盟，向农民推出一批就近的企业，供用户选择。

这个我多次讲过，告诉你们的总经理、总裁，作为塑窗公司总经理、总裁，应该要考虑周围方圆几百里内的县和镇，把他们视为上帝，把他们请到工厂，叫他们看看我们的产品，也可以联合几个企业到县、镇办塑窗博览会或者可行的广告，跟县政府、镇政府有关农房建设部门签订合同，凡是农房改造，都用我这个窗户，我会优惠的，批量优惠。塑料门窗生产厂家要有一批人作为研究农村市场的专家，使县镇领导了解塑窗的优势、了解本公司的优势的社会活动家。现在不能光在我们同行内部炒作，作为企业要主动考虑的，企业和企业之间结成面向农村的联盟。现在市场有一个不好东西就是不正当的竞争，就是同行和同行之间互相撬行。怎么把这个招标撬成我的，把你们企业的人撬到我这边，这不是本事，真正的本事是竞争与合作。企业之间组成联盟，善于合作、敢于合作是最高层次的竞争，是新时代竞争理念，叫竞合理念。

3. 选择几个新农村组成塑窗下乡的示范乡、示范村

在北方地区有相当农户使用了塑窗，特别是新农村建设试点、示范工程应用较多，农户的个人采购活动中往往只能就近在一些规模小、质量不能保证的小企业采购，使用后往往问题较多，建议有条件、有质量保证的大企业在自己所在区域的农村中开设一些门店，分散承接订单，统一由企业设计生产，分送到各门店，再由他们完成安装。

全国现有村庄320多万个，自然条件、经济发展、生活习俗等情况千差万别，东、中、西部地区有差别，甚至同一个地区也有较大差别。为了探索塑料门窗在农村市场的应用，希望在住房和城乡建设部和地方有关部门的帮助下，选择一些发展水平较高、规划较为完善、农民集中住房建设量较大的新农村示范乡、示范村和农村节能试点工程的建设中向他们推广塑料门窗。

示范点从哪找，具体做法我们是不是能借鉴住房城乡建设部和国家旅游局联合公布“全国特色景观旅游名镇（村）示范名单”：

《关于公布全国特色景观旅游名镇（村）示范名单（第一批）的通知》（建村[2010]36号）中公布了105个全国特色景观旅游名镇（村）。其中包括：北京市的门头沟区斋堂镇、云南省丽江市古城区束河古镇等。

《关于公布第二批全国特色景观旅游名镇（村）示范名单的通知》（建村[2011]104号）中公布了111个全国特色景观旅游名镇（村）。其中包括：黑龙江省亚布力国家森林公园滑雪旅游名镇、重庆市奉节县白帝镇等。

还有住房城乡建设部和国家文物局联合公布“中国历史文化名镇（村）名单”，旨在更好地保护、集成和发展我国优秀建筑历史文化遗产，弘扬民族传统和地方特色。

《关于公布中国历史文化名镇（村）（第一批）的通知》（建村[2003]199号）中公布了10个镇，如：浙江省桐乡市乌镇等，12个村如：江西省乐安县牛田镇流坑村等。

《关于公布第二批中国历史文化名镇（村）的通知》（建村[2005]159号）中公布了34个镇，如：福建省邵武市和平镇等，24个村如：新疆鄯善县吐峪沟乡麻扎村等。

《关于公布第三批中国历史文化名镇（村）的通知》（建村[2007]137号）中公

布了41个镇，如：河北省永年县广府镇等，36个村如：山东省荣成市宁津街道办事处东楮岛村等。

《关于公布第四批中国历史文化名镇（村）的通知》（建村［2008］192号）中公布了58个镇，如：天津市西青区杨柳青镇等，36个村如：安徽省泾县桃花潭镇查济村等。

《关于公布第五批中国历史文化名镇（村）的通知》（建村［2010］150号）中公布了38个镇，如：上海市嘉定区南翔镇等，61个村如：海南省三亚市崖城镇保平村等。

三、塑窗下乡的技术经济政策和推广措施

1. 塑窗下乡的优惠政策

（1）开展对农民的宣传，使之了解使用塑窗可带来的益处，同时并使之了解、选择好的加工企业和好的材料对保证产品的质量的重要性。

（2）支持和发挥行业组织在选择生产企业、制定标准、质量把关和保护双方合法利益等方面能够起的作用，也可选择试点，成功后再更大范围，甚至全国进行推广。

（3）有条件的地区，能否考虑使用塑窗后，对节能减排作出的贡献，给予农户一定补贴。

2. 塑窗下乡的技术创新

（1）塑料门窗的技术优势

1）生产和回收利用能耗低。据计算，单位生产能耗塑料分别仅为钢材和铝材的1/4和1/8。此外，塑料的回收利用只需把旧制品清洗、粉碎、分选之后，即可掺入新原料或单独挤出成制品。这一过程因不像金属材料要重新熔铸，节能效果更为明显。因此发展塑料门窗有益于节能环保。

2）使用能耗低，并且性能价格比优良（见表1）。

塑料门窗性能价格比　　表1

	中空玻璃塑料窗	中空玻璃断热铝窗	Low-E玻璃塑料窗	Low-E玻璃断热铝窗	Low-E玻璃断热铝窗
保温系数K值W/（$m^2 \cdot K$）	2.4～2.7	3.1	2.0	2.5	2.0
市场价格元/m^2	280～300	400～500	600～700	800以上	1300以上

由此可以看出，使用塑料门窗，可以降低建筑造价，并可为居住者提供更为舒适的热环境。有效降低采暖和空调能耗，并实现减排目的。就我们观察，2010年参观德国纽伦堡门窗展时，了解到德国将在2012年实施外窗U值（类似我国K值）小于

等于 1.0W/(m^2·K)，此外展览上基本上展出的产品都是塑料窗，其他材料窗很少见。

就是说塑料门窗的优势在我们这个会上大家都能说出个一二，要是讨论每个人都能说出不少，但全社会不行，中国十三亿人口我们才几个人啊，要十三亿人口去了解有点难。

3）塑料窗密封性好。因塑料窗角部是焊接结构，避免了其他窗因角部组角连接可能造成的泄漏，所以可提高水密性、气密性和隔声性。

4）在国内应用广泛。我国塑料门窗基本上可以满足各类不同气候区、多类建筑，尤其是住宅的使用要求。在高风压地区的高层建筑中也得到成功应用，如厦门 38 层的光明大厦，历经多次，最高达 15 级的台风，仍未损坏，保持了原本功能；哈尔滨的观江国际小区，四栋 50 层住宅也成功应用了塑料窗。

（2）行业发展及技术创新

产品开发进步较快，趋向大断面、多腔体、高性能发展。65 系列外窗已成为北方主流门窗，许多企业更开发了 70、80 等更大系列门窗，其中浙江宏博公司开发出了 90 系列八腔平开窗；维卡公司开发出了 MD82 系列外窗，配合 K 值小于等于 0.84W/(m^2·K)的三层中空玻璃，其整窗 K 值达到小于等于 1.0W/(m^2·K)。

塑料门窗要满足全国各地的农村建筑，就要根据各地不同的气候条件和使用要求，加大技术研发，做好产品储备。如型材变大，窗户重量及厚度也会增大，五金配件应解决好强度、承重能力和使用寿命方面的问题。

我国各地气候差异很大，如西北地区日照时间长、辐射强度大，需要耐候性能高的门窗。西安高科、浙江中财等公司就开发了高耐候系列的型材。南方地区雨水多，需要抗风压、水密性能高的门窗。亚太、实德公司既开发了高水密性能的型材，同时开发了可装配内置百叶中空玻璃的门窗以满足遮阳要求。

另外，随着农村百姓生活水平提高，许多农村居民也对住宅质量和装饰效果有了更高的要求。不少农村地区也出现了花园式住房，这对门窗的装饰要求也更高。许多型材企业开发出了彩色覆膜、共挤、喷涂型材、铝塑复合型材产品，可以仿木材、金属、大理石的质感和效果。农村住宅同样需要节能和改善居住环境质量，塑料门窗应是首选产品。

同时我们也要看到高性能的塑料门窗固然很好，但要考虑到目前农村消费承受能力和没有节能设计标准。因此要通过调查，了解不同地区农村的使用习惯和要求，以及当地经济发展水平，选择或开发适应不同地区和情况、价格适宜、性能满足要求的产品。企业在保证质量的基础上，适当让利，通过试点、示范，让农民感觉到实惠，从而扩大市场份额，实现双赢。

3. 塑窗的社会宣传

1996年，曾与北京市建委合办一次会议，由委员会组织国内企业参加，北京市建委召集了北京市开发设计施工等单位代表参加会上集中介绍了塑料门窗的技术特点和行业现状，并邀请了建设部科技司有关同志，介绍了国家发展和推广应用化学建材的有关要求。会议效果很好，从此打开了北京市场的局面，并因此而带动全国市场。

自北京会议后，委员会未再组织集中宣传活动。20世纪初，社会上曾经有过针对塑料门窗的不恰当的说法。如“强度低、不能用于高层，是中低档窗、材料不能回收、受热释放二恶英毒气”等等，有的甚至伪造国家部委文件说“限制使用塑料窗、到2004年淘汰塑料窗”。此时，正值塑料门窗行业供大于求现象凸现，恶性竞争逐渐加剧，产品质量下滑，更是火上浇油。自2002年起，东部沿海发达地区，塑料门窗市场占有率一路下滑。协会未组织正面回应，但其影响一直到现在仍未消除。

根据发达国家及国内塑窗的应用和技术情况来看，塑料门窗完全能够生产出满足不同的性能要求和消费层次的产品。社会上曾流传过一些塑料门窗的负面宣传或者报道，比如塑料门窗“会短期内老化，强度低、不能用于高层、档次低、不能回收”等。全行业应该正视这些不客观的说法，用实例说明真实情况，既要做好技术研发和提高产品质量，又要抓好行业宣传和产品推广工作。我们要编印宣传手册，详细介绍使用塑料门窗对居住环境改善的效果，可以节省的空调和采暖费用，给住户带来的实际好处。也要说明使用加工作坊粗制滥造的劣质产品的危害，免费发放给农民，提高他们抵制劣质产品的意识。

4. 塑窗下乡的示范合同文本

针对农民法律知识不多的普遍现状，和各地不同情况应该制作一些示范合同文本，如关于“下乡企业和用户的合同文本”，委员会还可作为中介机构，制定企业与乡镇政府签订有关合同文本，避免产生纠纷，做到既保护农民利益也维护企业权益。在这方面要特别重视塑窗行业的诚信和社会责任，要承担得起对住房保修包换的种种承诺。

5. 塑窗下乡规模化和下乡塑窗标准化

为了降低农村门窗的成本、保障农村新建门窗的生产和安装质量，应该积极推动农村建筑工程的洞口标准化，促进实现农村用塑料门窗的标准化生产。同时要在政府的指导下，研究制定不同气候区的农村节能标准，作为技术依据，指导开发设计和生产。

这是两个不同的概念：一个是塑窗下乡规模化，就是某一个村，这个村子以后新建房屋窗户统统用塑料窗户，这个村子现有窗户的改造，统统换成塑料窗户。旧房改造换成塑料窗户，新房建设全部使用塑窗，一个乡不是一个农户、两个农户的事，而是一批农户，一个镇的农户，形成一定的规模化，工厂生产也方便，签订合同也方便，在全国就寻找这样规模化的示范乡村镇。第二个是下乡塑窗标准化，这是政府部门的责任，我们协会正在工作。现在制造的窗户，用户想多长多宽就多长多宽，设计院想设计多长多宽就多长多宽，同一个标准的设计，出来都不一样，设计随意、用户随意、施工随意，窗户尺寸标准不一样。发达国家日本、美国不是这样，因为不能标准化，我们不好批量生产。没有标准化人家说的不是卖窗户是卖型材，所以窗户行业很苦恼。如何推进标准化，这个标准化也有两个方面：一个从全国来讲，全国的企业东南西北中相差较大，我们要做工作，但要更注重地方标准。黑龙江有黑龙江的标准，海南有海南标准，沿海地区有沿海地区的标准，西部地区有西部的标准，要做到窗户的洞口标准化，这个方面也有许多工作要做。我指出两个化，塑窗下乡要做到规模化，要逐步实现塑窗下乡做到标准化，做到批量生产、商店销售。

从总体来说，塑窗下乡应看成是党和政府的号召，开展建材下乡有红头文件为证，要把这个红头文件用好，要具体落实。中国很多事情有个大的毛病，就是把许多实际的工作都变成喊口号，都会口号化。住建部说建材下乡，我也说建材下乡，建材下乡好，怎么办呢？怎么做呢？没人去研究，把工作变成口号化，而不实实在在去研究，是远远不够的。包括节能，有些人也是把节能当口号化，保障房建设是解决民生问题，有的也当成口号喊，所以中央下狠心一个省一个省去落实，一千多套保障房你给我建起来。别老喊口号，喊口号就能当市长了，不能什么事情都当口号去喊，要扎扎实实的工作。所以塑窗下乡是作为中央政府部门发出的通知，作为行业协会提出来一系列的想法，我们的企业要作为重要任务和企业发展的重要课题去组织实施。塑窗下乡，我期待如毛主席当年说的话“榜样的力量是无穷的”，希望中国这么多村能涌现出若干个全部用塑料窗户的示范村示范乡，这么多企业，哪一个企业在塑窗下乡方面有做出突出贡献的，我们应给予重重表扬。哪一个县长、哪一个镇长在塑窗下乡中作出贡献的，我们通过组织部门、宣传部门，好好宣传宣传他们，这是关键。什么叫万事开头难？也许由于我们的官僚主义，下面有的企业已经作出了成绩，我们没有及时的跟踪总结。今天我们仍然强调的是万事开头难，作为塑料门窗委员会来讲明年工作的重中之重应是开展塑窗下乡的活动。塑窗下乡活动不是简单的叫人家买窗户，我们要用塑窗下乡活动，促进我们的经营方式的转变；用塑窗下乡活动，促进我们行业科技水平提高；用塑窗下乡活动，促进我们塑窗企业家的茁壮成长；用塑窗下乡活动，促进行业产品品牌产品和名牌企业提高美誉度，使我们一批塑窗企业做大做强、做优。

（2012年4月15日在2012年全国塑料门窗行业年会上的讲话）

学习互联网　助推企业经营方式现代化

今天这个会的主题是“新经济、新营销、新品牌”。新，那就离不开互联网。

互联网已经越来越多的改变我们的生活，人们对电子商务的注意力已经转变到如何将这些电子业务变成更便捷、模块化、个性化，更紧密集成的电子化服务。全球现正陷入 Internet 的淘金热中，我们认为淘宝（Taobao）与亚马逊（Amazon）的成功足以证明电子商务中存在巨大的商机，而各行各业也都在考虑如何从网络中寻找到商机。全新的营销模式颠覆了传统营销渠道。小而美的企业也可能当主角了。也许你已经来不及成为现存产业的重要品牌，但是你绝对有机会成为网络上的知名品牌。

我们要承认网络资源的利用程度已经可以很大地决定一个企业的生存与发展，如何根据网络市场的特点和企业资源，形成一套完整的、行之有效的网络营销战略和方案，使之能与传统销售有机结合将成为各个企业需要具体研究的课题。我今天想从两个方面来讲。

一、网的业务开发

当今世界进入到知识经济时代。知识经济是科技以幂指数增长的速度在迅速增长，我们必须要学习当今科技的新知识。对于网络来讲，我们多数人还是陌生的。有人给我发个短信，说有 4 个 70%。这是什么意思呢？一部好的手机 70%的功能我们都没用，只用了 30%的功能；女同志家里的衣服，70%的都没穿，就穿了 30%；一个人一辈子挣的钱，70%没有花，到死也就花了 30%等等。网络的业务开发，就是这么个意思。这就是说，电子商务中还有 70%的功能都没有利用起来。网络究竟有什么用？我想从十个方面来说。

1. 网客户群信息

通过网络，我们在所在地、在工厂所在地能够了解国内乃至国际所有客户的信息。

(1) 确定客户范围

从基础客户，指定供应商，上下游企业以及个人客户能通过网络进行沟通。作为一个企业来讲，客户就是上帝。客户越多越好，你能联系的客户越多越好。那怎么联系呢？全世界你不能到处跑，你跑不动。但是通过网络，就可以把客户联络起来。

(2) 研究客户心理

通过网络，网络营销是一种软性营销，它更多的是靠自身的信息吸引顾客，是一种拉式而非推式的营销。软营销和强势营销的一个根本区别就在于：软营销的主动方是客户而强势营销的主动方是企业。在此前提下，为顾客提供大量符合其需要的信息，以信息代替说服，从而使顾客的个性和需求得到最大的尊重和满足。

过去，我们的信息都是在马路上竖大牌子。从杭州到这里，我就看到很多大牌子，都是各个企业的广告。这是一种信息，它比网络上的信息起的作用要小多了。

网络上的信息很关键。通过网络拉近和客户的距离，了解客户。而且可以使客户掌握更多的信息。或者我们就说做广告吧，比任何广告、比中央电视台广告，还要传播得更广、时间还要长。电视台给你短短 30 秒钟，最多 5 分钟就了不起了，要你不少钱。而且播完就没了，人家还不一定看得到。

2. 网博会

2011 年在第二次的“门博会”上，我就提出要求我们的协会和我们的网站考虑网博会。我们能不能搞“网上门博会”？它主要是选择企业的优势产品，突出表现产品特点和保证市场的良性竞争。我们认为“网博会”非常关键。

中国有一个“中国网上博览会”，是中国政府首次在互联网上举办的大型展览展示活动，也是中国网络经济发展中的一个重要举措。《中国网上博览会》是由国家发展和改革委员会组织。全国各省市信息中心共同参与建设，众多权威机构指导和承办的大型信息化项目，并建立了互联网高峰论坛、互联网专题展区、互联网推介路演等单元。

我想搞一个网上的门博会，我已经多次向协会提出，协会一直在研究，我和潘冠军同志一直在研究。包括我们的信息部主任，他们也在研究。就把我们永康的门博会上网，变成网上的门博会。

3. 网友会

就是网上交朋友。咱们说“金钱是财富”，而朋友是更大的财富，朋友是终身的财富。所以网友会——通过网络注重客户的使用行为，及时反馈客户的意见和重视产品优缺点的评价。

在网络上，我们可以结识很多网友。但不是谈情说爱、东拉西扯、坑蒙拐骗，结识朋友要高度警惕，不要上当。我们上网是为商业服务的。

4. 网经纪人会

2011 年在永康的门博会我提出永康要发展海外经纪人队伍。经纪人对我们门业的销售非常关键。很多大的国家我都到过，个别小国家我也去过，没一个国家碰不到中国人。全世界到处都有华人！我有次到瑞典，瑞典一个隧道工程的山洞里都有中国人。而这些华人在全世界的影响是很大的。他们也要挣钱，也要发财，我们给他发财的机会——做我们的经纪人！我们要开设门窗业经纪人职业资格、建立门窗业经纪人体制、规范门窗业经纪人制度、健全门窗业经纪人职业道德！我们给他们提出要求，让他们为我们服务。

我来的时候看到飞机上登着我们的广告。宁波市最近召开了一个活动“宁波帮，帮宁波”，让全世界宁波人都回到宁波来，帮助宁波。我看我们永康帮也当然帮永康了！全世界也是如此。我们的华人，把华侨变成经纪人，为我们向国际进军，或者说开拓国际市场，作出贡献。

5. 网商会

网商的发展有助于中国竞争力的提升和国家的崛起，国家的竞争力在于企业，企业的竞争力在于企业家。网商的崛起，新型商人和企业家的崛起，必将从多个层面影响和带动整个国家竞争力的提升。从个人网商到企业网商，从单个网商到电子商务产业，从电子商务产业到国家竞争力的提升——这一价值链条将随着电子商务的普及越发完整和高效。

由阿里巴巴集团研究中心发布的网商发展指数显示，广东、浙江、上海这三个沿海发达地区的网商发展居全国网商前三位。我们是浙商。我很喜欢看浙江的一本杂志叫《浙商》，这个杂志办得不错。它是为浙江民营企业家办的。中国的商人，大家都知道，最早在建国前，民国时代，我们的商人是安徽的商人最厉害——叫“徽商”。叫“无徽不成城”——徽商走遍天下。之后，比较强大的是“晋商”——山西的商人，包括红顶商人胡雪岩等。当今中国，我认为比较强大的商人是“浙商”和“苏商”——浙江的商人和江苏的商人。他们在世界上有很大的影响。

有一个华南网商会的宗旨和目标是“让更多的商人成走进网商，成为成功网商”。

6. 网技会

就是在网络上搞技术创新、搞信息研究，或者说搞情报。现在我们都喜欢看电视，《潜伏》等都是过去一些间谍戏，大概拍了有几十部，尤其是重庆的、南京的、上海的间谍活动。有国民党的、共产党的，还有日本鬼子的，间谍战非常厉害。但那些都是在战争年代。

而经济建设年代，经济信息的情报同等重要。总是要想方设法地去获取经济信息，科技发展的信息。

我们通过网络，来分享产品的创新、分享技术的创新、分享工法的创新、分享管理的创新。就是通过网络，了解、掌握当今时代，作为企业在技术、产品、工法、管理方面的创新一定要掌握。

7. 网校

网校是通过互联网实现教学的完整过程，只要具备上网条件即可以在任何时间、任何地点接入互联网，自主地选择学习内容。相对于面授教育而言，网络教育最大限度地突破了教育的时空限制，是师生分离、非面对面组织的教学活动，是一种跨学校、跨地区的教育体制和教学模式。

网校的优势和特点在于资源利用的最大化、学习行为的自主化、学习形式的交互化、教学形式的个性化、教学管理的自动化。

我们现在有个办得比较成功的网校，开设了系统经典的实践课程。包括“网商为什么要学习做网商”、“网商训练的十八式”、“网商选对人、说对话、做对事”、“网商自我激励是成功的先决条件”和“优秀网商领导力的自我修炼”、“网商起步的入职训练”、“网商运作不成功的十六大因素”、“网商的细节决定成败”、“如何让网友喜欢赢得赞同”、“优秀网商讲师拓展训练”。根据团队需要他还开设了“网商之时间管理”、“目标、计划、行动”还有“如何打造卓越的团队”等。

在做好教材和培训的基础上，他们推出了600次以上的大型培训。只要你愿意，你想做，你也可以成功。系统团队合作全力协助配合积极的，想成功的，有梦想的朋友早日梦想成真！

8. 网业务工作会

网络的业务工作会议，像我们企业的总裁、董事长都要布置自己的业务工作。过去靠什么？靠开会。作为一个企业总是把骨干召集到一起开会是不行的。

我们一个企业，在全国各省市都有分布，包括世界各地都有。叫他们全都回来开一次会，那要多大的成本？多大的难度？现在，网上就可以开。大家都上网，就知道董事长要讲话、董事长要讲什么内容。能做到上传下达，能促进无纸化办公，能加强企业的宣传。现在有很多企业都这么做的。昨天我们座谈会，永康几个大的门业企业也都是这么做的。徐步云也是这么做的，他们要开会，他说了，与1500多个房地产开发商建立友好合作关系。你要开会，把1500多个友好关系企业都找来，那麻烦了。网上开，网上解决问题，无纸化办公。

9. 网统计

做企业内的统计和行业内的统计，还有产业链的统计和国内外统计。在网上我们可以了解和掌握行业的信息，进行有效统计。这个网络上的统计也很关键。

10. 网人才联谊会

我以前讲，企业有四大人才队伍：第一是企业家人才队伍；第二是管理专家人才队伍；第三是技术专家人才队伍；第四是技工人才队伍。这是企业最重要的四大方面人才。

但今天我们谈的是网络，我还谈三个方面的人才。

（1）互联网人才

互联网人才——他了解互联网、熟悉互联网、掌握互联网。互联网行业是一个全新的行业，与传统行业差异很大。所以想转行进入互联网行业的同志，一定要先更新思想。如果您是个门外汉，请先把自己变成内行人再说。否则没被别人忽悠，自己先把自己忽悠了。要懂得放权和相信别人。不懂的事不要掺和，交给懂的人去做吧。若实在不放心，可以找一些第三方的公司或是人咨询一下。做互联网切忌不要太浮躁，心态很重要。目前中国成功的网站中，一夜暴富型的少之又少，大部分网站都经历了两三年的沉淀期才走向成功。所以一定要耐得住寂寞，要学习知识。

前天座谈会，我问过你们这些企业有多少人搞网络营销的。有的企业就一个人，最多的企业是 11 个人。这样的话，人数可能太少了。要有专门人才从事这项工作。

(2) 门业专家人才

门业的专家人才。这个不用我多说了。我们各种门——自动门、防盗门、大型车库门，要有各种专家，包括设计专家、制造专家、加工专家。

上午看博览会，我走了个大概。各种各样的门，真是漂亮。但是设计都是不一样的。门的设计可以成为设计的专利产品。我看到一个企业，他们销售的是钢门。这个钢质门，看上去和木质门是一样的。根本不像金属门，像高级的木质门。有的门，像中国人讲究“福”啊，“寿”、“禧”、“财”啊，还有的搞孔雀开屏啊，基本上什么花样都有。都是设计专家人才和工艺专家人才的功劳。

(3) 门业经纪人人才

我们把经纪人也称之为门业的人才。包括海外的华侨，包括中国国内的经纪人。

现在北京有个经纪人协会，北京经纪人协会是由北京市工商行政管理局、北京市文化局、北京市体育局、北京市国资委、北京市国土房管局、北京市科学技术委员会和经纪机构共同发起设立，依法经北京市民政局注册登记，于 2003 年 11 月 21 日正式成立的经纪人自律性社团组织。其目的是为了贯彻党中央关于深化改革的精神，尽快实现政府职能的转变，适应我国加入世贸组织后的要求，充分发挥行业协会的作用，促进经纪人行业规范有序的发展。

他们共有十大业务范围：一是宣传贯彻党和政府有关经纪人管理的方针政策和法律法规；二是开展经纪行业的情况调查，建立经纪人信用信息管理系统，制定经纪人从业规则，建立会员奖惩办法，组织行业考核；三是反映会员的意见和要求，维护会员的合法权益；四是开展对经纪人的职业道德教育，指导会员守法文明经营，调解会员之间的纠纷，对本行业的经营秩序进行自律监督管理；五是组织经纪业务培训和经纪资格考试，培训专业资格人才，指导各教学单位的教学活动，保证教学质量，提高行业素质；六是组织业务交流活动，开展学术研讨，编印发行有关培训及经纪专业刊物和有关资料；七是开展咨询服务，提供国内外市场信息，发展与国内外相关民间经纪组织的友好往来与合作；八是建立经纪行业风险准备金、履约保证金等风险防范机制，营造公平竞争环境，提高行业信誉，保障经纪活动当事人各方的合法权益；九是开展会员之间的联谊活动和其他服务活动，丰富活跃经纪人生活，促进本行业精神文明建设；十是承担主管部门和有关单位委托的事项，开展有益于本行业的其他活动。

这个协会为会员提供了六项服务：建立经纪人档案库；采取多种形式向社会推介经纪人；共享行业有关信息；提供有关法律咨询；推荐经纪人参加政府的“守信”企业公示活动；建立经纪人网站，会员共享网站信息发布、利用等权利。

以上我从十个方面，讲了网络有什么用。虽然讲了十点，但也很不完整，只是供大家借鉴和参考。

二、网的工作落实

要做事，要把网络的工作做实了。特别是我们一些董事长、总经理，往往在这方面做不实。而使得真正懂得网络的人才，在你的企业英雄无用武之地，浪费人才，使人才的潜力没有充分发挥出来，这是我们一大弊端，作为企业家来讲，这还是从传统企业家向现代企业家转变的一个关键问题。也就是我们讲的要真正做到“新经济、新营销、新品牌”。新在什么地方？作为企业家要新，自己要重视这项工作，工作要落实。我分四个方面来讲。

1. 网在专

当前，以互联网为代表的信息技术飞速发展，进一步加速了经济全球化的进程，这使得传统的管理方式和手段无法或者难以适应企业全球化市场竞争和国际化经营的需要，反映了企业管理的时代特征，反映了大家对信息化引发管理变革的期待。就中央企业而言，经过30多年的改革开放和国内外市场竞争的洗礼，中央企业在许多方面有了长足的进步，但是站在全球的视野审视我们就会发现，中央企业在规模、装备等硬实力方面和国外先进企业差距已经不是很大了。但是在“软”的方面，尤其在管理方面，我们的差距比在“硬”的方面所显示出的差距要大得多，特别是一些企业基础管理薄弱，管理方面长期存在突出问题得不到有效解决，以致其成为严重制约企业做强做优科学发展的瓶颈。

网在专，就是在互联网工作上要做好五大方面工作：一是进一步加强对标管理；二是进一步强化基础管理；三是进一步深化改革调整的结构；四是进一步健全风险体系；五是进一步加快信息化建设。

我听说永康市政府很不错的，永康市政府对永康市企业搞信息化建设奖励的钱不少。这可以看出永康市政府很重视永康市企业的信息化建设。

2. 网在联

互联网，互联网，关键在联。开放的2012年，互联网行业全面进入“竞合”时代开放将是大势所趋，作为变化节奏最快的行业之一，互联网正在验证这一趋势；开放意味着会有更多的合作和共享，“开放”意味彼此的竞争更具“挑逗性”，也让竞争对手之间的竞争变得更加赤裸裸。

对于中国的互联网企业来说，合作的意义远大于本身，必须着眼未来，去“纳”上市圈几亿美金，这不是企业成功和行业进步的标志。从这个意义上讲，视频行业的重组合并，可以有效推动网络版权价格回归理性，控制版权价格虚高，促进整个视频行业良性竞争和有序发展。

合作是为了更大的竞争，任何的合作都是基于双赢或者多赢的，是为了拥有更强的竞争优势，意味着实力和优势更明显，在市场上更有话语权。要做到合中有分，分中有合。之所以分和合交融在一起，才是竞合时代的精髓所在，合和分不是对立的；也是因为市场竞争环境的变化大家才走到了联合的道路上来，合作的目的是具有更大的竞争力。

但反过来看，如果在联合和合作的过程中失去了个体的差异化，这种合作是不可取的，如果联合不能做到一加一大于二的效果，这种合并的效果就得打个问号。

2012 年如果一定要给互联网命名的话，那一定是“竞合”元年，“竞合”时代下的互联网行业，没有硝烟，明规则缺失，潜规则不少！

市场竞争，过去我多次讲过，什么叫竞争？有人说“竞争就是大鱼吃小鱼，小鱼吃虾米。竞争是残酷的，竞争是无情的”。所有这些说法不错，但是不准确。我们加入了 WTO 之后，一个常用的词汇叫做——互赢双赢。现在说合作应该是更高层次的竞争，任何一个企业要重视合作。

我们一个企业，公司要赢，工厂要赢，工人也要赢。你们生产产品的厂家赢了，客户买了产品也要赢。不能把我们的盈利建立在别人亏损的基础之上，就是说要双赢，要讲究合作。

3. 网在用

一个网再好，不用不行。目前，对越来越多的网站来说——目前越来越多的网购者受陌生用户的真实有用的使用心得和商品性价比的影响更大。

从使用心得来看：一是要真实有价值，最好是值得信赖的朋友发表的；二是克服消费信任度的好帮手；三是更深入了解商品使用细节的贴心助手；四是用户传递商品生命力的象征；五是情感性营销的人性触动利器。

商品的性价比更关键。消费者特别重视商品的性价比——我花了钱了，我尽量少花钱买到更实用的东西。商品的性价比是消费者对商品总体价值的重要评估点；商品的性价比将直接影响消费者选择商品，加强其购买欲望；商品的性价比是博取顾客满意度和重复消费的核心基础；商品的性价比是客户自愿口碑传播的本质原因；商品的性价比是消费者购买决策的内在影响因素。

电子商务与门窗业的结合从本质上改变了中国门窗业的管理模式和行为模式。当前，门窗业正处于发展转型期，电子商务对于门窗业的积极作用日益凸显。随着电子商务影响力不断提高，网络正在成为消费者的主战场。我们在感受电子商务热潮滚滚袭来的同时，也热切地期待中国门窗业尽快融入电子商务时代带给我们全新的感受。

从政策扶持来讲：中国有电子商务“十二五”规划。“十二五”将是中国电子商务发力的最佳时机，3G网络将会无缝覆盖、4G网络将商用、3D技术将成型、物联网技术将会对电子商务产生巨大的推动力、云计算技术也将会得到长足的发展，为电子商务从技术、速度、资源上给予了保证。由工信部等9部委联合制定的电子商务“十二五”规划初稿已经草拟完毕，2012年2月已正式成稿。根据规划初稿，预计到2015年，电子商务交易额将翻两番，在GDP中贡献率大幅提高。“十二五”期间，电子商务将被列入战略性新兴产业的重要组成部分，作为新一代信息技术的分支，成为下一阶段信息化建设的重心。与此同时，电子商务各相关方面都在加速推进：第三方支付管理细则已经颁布，更多电子商务网站启动上市计划。

从我们的门业现状来说：电子商务是趋势所在，欧美市场如今贸易保护主义横行，壁垒高筑，众多外向型门窗企业已经调转船头，力拼国内市场。众多企业家在2011年期间，就更多地提到了扩张和内销。十年之内家居市场都将保持高速前行，门窗市场也是前景广阔。近年来应该说形势也是一片大好。据了解，四川的大小门企有近千家，目前，有70%的门企都在通过本土的中国建材第一网作为向外拓展和宣传的窗口及平台。这些门业老总认为，网络成效立竿见影，川门崛起有目共睹。

从门业未来看：要打造木门网络商城。纵观木门行业，门企间正悄然刮起一股“网络商城风”，互联网已成为木门竞争的角逐赛场，至于采用类似阿里巴巴形式的电子商务，还是另辟蹊径打破套路，万变不离其宗的是消费行为模式决定商城的一切设置，木门企业间的互联网硝烟之战，不在乎有多独创，有多另类，而在于谁能把握这根主线。

中国门都网认为，既然门窗电子商务前景如此看好，门窗企业没有理由会错过。而目前当务之急是解决观念和技术问题，这两个问题解决了，门窗业才会得到更大的发展，而这对正处于上升期的电子商务来说，也将起到更大的推动作用，二者将达成双赢。

昨天我看了永康的三家门窗企业的材料，看到浙江金大门业，他们说“我们金大门业使用B2B交易平台进入了第六个年头，因其不同于一般的传播渠道，例如杂志的推广、设计的展会、影视广告、户外广告等，电子商务会凭借我们企业的WEB服务器和客户的浏览，在因特网上发布各种商业信息。客户借助网上的检索工具以及现有的国际电子商务平台来迅速找到我们公司的商品信息，利用网上的主页和电子邮件，在全球范围内做广告宣传、商务座谈。与以往的广播广告相比，网络广告成本最为低廉，带给客户的信息却最为丰富。”他们还说通过网上传递信息，使他们的生意越做越大，越做越远。

还有一家企业是春天集团。他们写道："一直以来春天集团都与新浪、搜狐等主流官方门户网站建立友好合作关系。同时也与针对性强，专业化的网站有很好的合作。如：搜门网、中华地板网、商盟网等专业性网站在网络方面的持续推广的公司，也应用传播的模式，如：手机报信息发布，发布信息软文，还有木门世界杂志发表集团动态等。现在这家企业已经配备专业网络人员10余人，对电子商务进行建设与操作。为将来木门行业真正的电子商业的到来做准备工作。"

还有一个群升集团。他们写道："近年来集团在电子商务方面主要建立了各个事业部，产品的监视网站，在阿里巴巴等B2B推广平台上建立了自己的渠道。但如何深入地搞，还有待于研究、探索。"

4. 网在名

网没有名气不行。我们不可能今天建立网站，明天就出名了。利用知名站点快速提高网站知名度，有很多增加外链的办法，虽然并不是所有的办法都很实用，但是还是被我想出来一些相对来说比较容易操作的而且得到的外链质量很高的办法。一个就是依靠论坛，靠论坛签名和修改论坛标题以及回帖等办法增加网站外链。就是想一切办法，通过有名的网站带动我们名气的增长。

以上就是工作落实在这四个方面落实——网在专、网在链、网在用、网在名。

不久前召开的"2012年全国企业管理创新大会"以"互联网时代的管理变革"为中心议题，深入探讨了信息化、网络化对企业管理所带来的冲击和影响，提出互联网正在引领我国管理创新进入新阶段。认真思考和应对互联网时代的管理新变化，不仅已经成为我国理论界、管理界关注的具体趋势性的重大课题，对于我国广大企业来说，更具有关乎生存和发展的现实意义。

总结和归纳专家学者们的观点，互联网时代给企业管理带来的变化主要表现在以下四个方面：

一是经营方式的变化。互联网的出现导致市场交易费用和管理费用明显下降，越来越多企业放弃了传统的经营体制和机制，采用业务外包、特许经营、战略联盟等各种形式。有资料显示，目前发达国家正以每年30%以上的速度组建跨行业、跨地区甚至跨国界的虚拟企业，许多大公司中有50%以上的业务是通过上述这些经营方式获取利润的。虚拟化这一崭新的运营方式，为企业提供了一个全新的拓展空间，使得企业在有限的资源条件下，为取得竞争中的最大优势，可以仅保留最为关键的功能，而将其他功能通过各种方式如联合、委托、外包等，借助外部的资源力量进行整合来实现。

二是产销模式的变化。工业化时代的产销模式是建立在规模经济上的，依靠的是大生产＋大品牌＋大物流＋大零售。而在网络时代，一方面，消费者主导市场的力量越来越强；另一方面，大众消费正在向分众消费深入发展，这就要求企业要将自己的注意力高度集中到消费者身上，工业时代的大规模生产逐步被各种形式的大规模定制和柔性化生产所取代，按需生产将成为企业源源不断获取竞争优势的来源。互联网的出现，还极大提升了生产者与消费者的互动效率，生产者可以随时了解消费者的反馈，获得海量的个性化订单。

三是组织管理的变化。工业经济时代，企业内部主要实施金字塔式组织结构，强调的是自上而下的集中式管理。在互联网时代，越来越多的企业开始借助于网络向松散的有机式网络型组织结构转化。组织管理的范围从内部拓展到了企业外部，包括供应商、分包方、战略联盟、客户等利益相关方的管理；管理的重点也从传统的内部关系管理转变为如何实现组织的扁平化、柔性化，保持类似有机体那样的低成本有机协调的能力，并加强企业内部和外部的各种联系、协作和合作。因此，在网络时代中，传统的大型企业由于体制机制僵化而面临许多危机和挑战，“大企业病”凸显；而一些中小型企业则由于灵活的经营机制和广泛的关系网络而更加具有活力。

四是管理方式的变化。网络时代的员工、特别是知识员工富有朝气，追求时尚，重视参与，崇尚个人价值的实现。现代企业必须建立起一套制度和机制，使员工个人的知识和才智能够转化为企业的知识资产，实现员工与企业的共同发展。

从以上四个方面，我们要提高学习的自觉性，学习互联网的知识和应用，包括我今天讲的，对我也是考试。诸位，我们不能成为半文盲或者是文盲，要加强学习。要学的东西太多，互联网的知识领域还包括物联网以及云计算。

物联网的英文名称为“The Internet of Things”。顾名思义，物联网就是“物物相连的互联网”。通俗地讲就是万物都可以上网，物体通过装入射频识别设备、红外感应器、全球定位系统或其他方式进行连接，然后接入到互联网或是移动通信网络，最终形成智能网络，通过电脑或手机实现对物体的智能化管理。

云计算的英文对应为“Cloud Computing”，是一种将池化的集群计算能力通过互联网向内外部用户提供弹性、按需服务的互联网新业务、新技术，是传统 IT 领域和通讯领域需求推动、技术进步和商业模式转化共同促进的结果，云计算既是一种技术，也是一种服务，甚至还是一种商业模式，只有符合某些特征的计算模式才能称之为“云计算”。

互联网时代的来临为企业管理突破性的创新提供了思路、手段和条件，既有挑战更有机遇。对传统管理的局部调整已经难以应对变化，只有进行战略性的、贯穿整个价值链的深度变革才能使企业在新的时代获得制胜的先机。

我想我们今天这样一个论坛会——“新经济、新营销、新品牌”离不开互联网，要想使用互联网，我强调的还是学习互联网。要更多人了解和学习这方面知识。

永康——我们协会授予了“中国门都”。“中国门都”应该在这方面走在前面。今天参加会的，有很多大型的门业企业，他们在互联网应用上也取得了很多优秀的成果。将来我们有机会组织全国性的，互联网应用上取得成效、取得真正的实际价值，已经带来经济效益、社会效益、环境效益的企业来互相介绍经验、互相交流。

一句话，到了这个时代了，你就得学习了，不学习你就落伍了；到了这个时代了，企业就要学习了，不学习就会成为短命的企业。

衷心祝愿我们的门都——你们已经在门业行业作出了很大的贡献——在学习互联网、助推我们企业管理新方式变化方面，也要起到带头作用。也衷心祝愿我们的企业家们，在新的时代能成为我们新时代用知识管理统率企业的先锋。在知识管理、信息管理这些方面作出新的贡献。当然这些方面我们也需要向国外学习。发达国家在这些方面比我们要快。但是我们的学习能力很强。只要我们用心学习，我们的企业就会发生一个新的翻天覆地的变化。

（2012 年 5 月 26 日在中国门窗业新经济巅峰论坛暨全国老年公寓用门窗指定供应商推荐工作启动会上的讲话）

创新门窗节能技术　提升建筑节能水平

今天上午，首届中国（高碑店）国际门窗节暨中国国际门窗城开业庆典隆重举行，下午，又在此举办2012中国节能门窗产业发展论坛，我很高兴能够参加本次论坛。本次论坛由中国建筑金属结构协会、中国国际门窗城和新浪地产（微博）网共同举办，以“升级、整合、共赢”为主题，论坛将对中国节能门窗的发展进行回顾和总结，同时将着重探讨未来节能门窗产业发展的新趋势和新思路。

节能门窗产业的发展需要政府大力支持和企业积极参与，需要行业的企业家、专家和有识之士不断创新思路，提升建筑门窗科技水平。刚才河北高碑店市韩晓明市长在致辞中表示政府将全力支持国际门窗城的建设，表明了政府对节能门窗产业发展的支持力度是非常大的。河北奥润顺达窗业有限公司董事长也代表企业在讲话中承诺要加快国际门窗城的建设，管理好国际门窗城，为中国节能门窗产业的发展作出自己的贡献，这些无疑对节能门窗产业的发展是一个好消息。

借此机会，我想围绕“创新门窗节能技术，提升建筑节能水平”谈几点意见。

一、建筑节能任重道远

1. 意义深远

随着全球人口和经济规模的不断扩张，能源使用带来的环境问题及其诱因不断地为人们所认识，不仅是废水、固体废弃物、废气排放等带来危害，更为严重的是大气中二氧化碳浓度升高将导致全球气候发生灾难性变化。发展低碳经济有利于解决常规环境污染问题和应对气候变化。环顾当今世界，发展以太阳能、风能、生物质能为代表的新能源已经刻不容缓，发展低碳经济已经成为国际社会的共识，正在成为新一轮国际经济的增长点和竞争焦点。

2. 发达国家的借鉴

2012年6月26日，美国能源部宣布又有36个州、地方政府和学区加入奥巴马总统的“更加建筑挑战”项目。这一新的进展将使约2800万平方米的建筑物更为节能，其面积相当于130多个纽约帝国大厦。“更加建筑挑战”的一部分，旨在未来10年将美国建筑能源消费减少近400亿美元。

同日，美国财政部发布新的公共税收指导文件，使得美国各地方政府更容易获得

20多亿美元资金，以投资节能和可再生能源项目。美国是能源消费大国。奥巴马政府执政以来，推动绿色经济发展成为其重振经济、增加就业、占领21世纪全球科技发展制高点的重要支柱。

绿色经济发展与传统经济结构调整密切相关，这势必造成在传统经济自身规律发展过程中绿色经济难以立竿见影。美国布鲁金斯学会经济节能专家穆罗认为，绿色就业对推动经济长期转型非常必要，但对于解决短期就业问题却并不是一个合适的方法。

2009年，英国政府发布了节约能耗低碳资源的建筑，要在2050年实现零碳排放，通过设计绿色节能建筑，强调采用整体系统的设计方法，即从建筑选址、建筑形态、保温隔热、窗户节能、系统节能与照明控制等方面，整体考虑建筑的设计方案。

德国从2006年2月开始实行新的建筑节能规范，新的建筑节能、保温节能技术规范的核心新思想是从控制城乡建筑围护结构，比如说外墙、外窗的最低隔热保温对建筑物能耗量达到严格有效的能源控制。

法国于2007年10月提出了环保倡议的环境政策，为解决环境问题和促进可持续发展建立了一个长期的政策。环保倡议的核心是强调建筑节能的重要性和潜力，以可再生能源的适用和绿色建筑为主导。为建筑行业在降低能源消耗、提高可再生能源应用、控制噪声和室内空气质量方面制定了宏伟的目标：所用新建建筑在2012年前能耗不高于50kWh/（m^2·年），2020年前既有建筑能耗降低38%，2020年前可再生能源在总的能源消耗中比例上升到23%。

3. 我国高度重视但任重道远

我国工业、建筑、交通和生活四大节能产业中，建筑节能被视为热度最高的领域，是减轻环境污染、改善城市环境质量的一项最直接、最廉价的措施。“十二五”期间，国家更是对建筑节能提出了更高更明确的要求：一是全面推进新建建筑供热计量设施建设；二是提高建筑节能标准施工阶段执行率的要求；三是推广高性能绿色建筑和低能耗建筑；四是推进农村节能住宅建设。

我国既有建筑达440亿m^2，却仅有大约1%为节能建筑。目前，建筑耗能总量在我国能源消费总量中的份额已经超过了27%，正逐渐接近三成。降低建筑能耗水平，提高楼宇的能源利用效率迫在眉睫。随着人们生活水平的提高，建筑能耗有继续增长的趋势，预计到2030年我国建筑能耗占总能耗的比例将由目前的近30%上升到40%，且在既有的约440亿m^2建筑中，只有4%采取了先进的能源效率改进措施。据有关专家指出，“十二五”时期，城镇化、工业化快速推进，将给住房城乡建设事业提供更大空间和难得机遇，同时也将给相关企业带来前所未有的市场机会。

针对目前紧迫的建筑节能发展形势，党中央、国务院把节能减排工作提升到了前所未有的高度。《中华人民共和国节约能源法》、《中华人民共和国可再生能源法》、

《民用建筑节能条例》等法律法规相继出台，《国民经济和社会发展第十二个五年规划纲要》、《可再生能源中长期发展规划》、《“十二五”节能减排综合性工作方案》、《“十二五”绿色建筑科技发展专项规划》、《“十二五”建筑节能专项规划》等一批涉及建筑节能的重要政策及规划文件陆续推出。未来我国将着力从提高建筑节能的思想认识，推动建筑节能领域技术研发与成果示范，推广节能新技术、新产品，加大财政支持力度，完善节能标准，推动既有建筑节能改造，加大建筑节能执法力度等方面，全面推动我国建筑节能事业向前发展。

二、建筑节能技术综述

建筑节能技术是一个系统工程，涉及建筑系统中的方方面面，可归纳为下图所示的十个方面：

如今，建筑节能呼声日益高涨，这十项新技术的推广和使用不仅顺应时代发展要求，也是一项维持建筑领域可持续发展的长久之计。在上述十项技术中，特别需要关注的是建筑围护结构，包括外墙、外窗、外门、屋面和地面，这是影响建筑保温、隔热和气密性的五大元素，而在这五大元素中，门和窗又占据着十分突出的地位。

将建筑节能技术与可再生能源技术有机结合起来，通过整体规划、合理配置和系统优化，就能够使建筑节能技术的效益得到极大的提升。应该说，世界上不存在不耗能的建筑，而从系统的角度看，“零”能耗建筑却是存在的，它是建筑节能技术和可再生能源技术的杰作。

三、建筑门窗节能技术的创新

建筑节能最重要的是门窗设计和墙体保温，目前的节能新技术开发与应用也主要是围绕这两个方面。因此，门窗系统与建筑节能之间的关系也极为密切，应该引起我们的高度重视。

窗户是建筑外围结构的开口部位之一，在建筑与环境的协调上担负着人与自然、户内与户外既沟通又分离的多重实用功能。除此之外，门窗还有保温、隔热、抗风雨、挡噪声等种种作用。

窗户是建筑围护结构中的轻质、薄壁、透明构件，受窗户影响的采暖、空调、照明能耗往往占到整个建筑能耗的一半左右。对于整幢建筑来说，门窗的面积占建筑面积的比例超过20%，从节能角度上讲，整个建筑的能耗损失中，约50%是在门窗上的能量损失，比例是相当大的。据专家介绍，我国窗户性能普遍较差，与发达国家相比，我国建筑的窗户能耗为他们的2～3倍，而且窗户的功能质量，对居住者的健康、舒适以及生活工作条件，有着重大的影响。因此，建筑节能的重点和关键是门窗。

目前，许多企业和研究机构都在从事门窗节能技术的研究工作，我想，建筑门窗节能技术的创新应从下述四个方面入手：

1. 门窗材料技术创新

材料是门窗的基础，门窗节能技术的创新，首先就是材料技术的创新。用不同材料制作的门窗，其节能效果是不一样的。目前门窗材料主要有以下几类：(1) 钢、铝金属门窗，木窗，铝木复合窗材料；(2) 钢塑、铝塑、木塑复合材料；(3) 玻璃钢和化学建材等。

2. 门窗设计创新

设计是产品的灵魂，对门窗系统而言，设计对门窗系统的节能有至关重要的作用，是门窗节能的关键。门窗设计创新主要包括以下几方面：(1) 开启方式创新；(2) 型材构造创新；(3) 门窗结构创新等。

3. 门窗构配件技术创新

(1) Low-E玻璃；(2) 密封材料；(3) 各种构配件等。

4. 门窗安装技术创新

门窗安装质量如何，对门窗节能具有十分重要的作用，因此对门窗安装技术的创新必须高度重视。在门窗安装技术方面，门窗的标准化和产品化具有特别重要的意义。只有实现了从建筑到门窗系统的标准，才能真正提高门窗的安装质量，进而提高其节能水平。主要包括两个方面：

(1) 预留安装技术。新建建筑的门窗洞口如果能够实现标准化，无疑对门窗的标准化十分有利。

(2) 技改安装技术。对既有建筑而言，当需要对门窗系统和产品进行更换和维护时，其安装技术在许多方面都是需要创新的。

四、协会和企业的重大使命

1. 注重差距 挖掘潜力

差距主要表现在窗口尺寸标准，节能K值标准和一些核心技术上。据统计，通过建筑外窗损失的热量约占建筑总耗能的50%。建筑材料的能效用U值来表示。当建筑外部温度低于内部1摄氏度时，U值用来度量每平方米建筑材料所出现的热损失。它的单位是瓦特。典型的例子，镶嵌单层玻璃的窗户U值是5.6，双层玻璃的窗户U值则是2.8。因此，窗户保温性能的好坏是直接影响整体建筑节能性的关键因素。为保证建筑门窗产品的节能性能，从2006年起，建设部开展了建筑门窗节能性能标识试点工作，2010年住建部发布的节能建筑设计标准还对门窗传热系数限值做出了专门规定。

我们应该看到，我国节能设计标准所要求的门窗传热系统K值与国外的先进水平还有一定的差距，看了差距，我们才会找到发展的潜力和动力。我们也欣喜地看到，以“河北奥润顺达窗业有限公司”为代表的一批国内门窗企业也率先研发出了K值在1w/(K·m^2)以下的门窗产品，技术处于世界先进水平，而且他们研发的大量节能门窗产品在工程实践中也得到了大面积的推广与应用。

因此我们协会有必要呼吁政府和全社会高度重视节能门窗的开发与推广应用，从经济技术等方面，依据国情，从节能门窗标准体系的建立、产品研发和工程应用等诸多环节鼓励使用K值较低的节能门窗产品。

同时我们还应该注重可再生能源在建筑上的应用。2010年财政部、科技部、住房城乡建设部和国家能源局联合发布了《关于加强金太阳示范工程和太阳能光电建筑应用示范工程建设管理的通知》（财建［2010］662号）对推动可再生能源技术在建筑上的应用起到了很好的推动作用。在建筑节能技术和可再生能源技术的应用方面，国外也有许多可供借鉴的先进经验，值得我们学习和研究。

2. 集专家之智深入研讨

门窗节能技术的研究是多学科、综合性的研究，需要发挥各方面的力量，综合专家的意见，集中专家的智慧，进行深入细致的研究分析，因此全社会都要尊重专家，为专家营造创新的环境与氛围，发挥他们的作用。同时也要注意充分发挥企业和企业家在门窗节能技术创新中的主体作用。

在研究工作中，我们还要坚持科研为生产服务的理念。科学研究的目的是将科技成果转化生产力。我们的社会和企业家要尊重专家和科研工作者的劳动成果，创造条件，将其科研成果努力转化为生产力，解决企业存在的现实问题。同时我们的科研工作者也要坚持科学严谨的科学态度，将自己成熟的科研成果向社会公布，服务于社会，服务于企业。使我们的门窗节能技术不断发展，真正做到“生产一代、研发一代、储备一代”。

3. 求真调研　务实活动

发展门窗节能技术，需要开展广泛的技术交流与合作。我们协会每年都会组织一系列产品与技术交流活动。像本次在河北高碑店市召开的“首届中国（高碑店）国际门窗节暨中国国际门窗城开业庆典”和“2012 中国节能门窗产业发展论坛”，就是一次非常好的务实活动，对推动我们节能门窗产业的发展将产生积极的推动作用。我们协会的几大品牌活动主要有：

（1）中国（永康）国际门业博览会

自 2010 年开始，由中国建筑金属结构协会和永康市政府主办，永康市五金城集团公司、中国建筑金属结构协会钢木门窗委员会和永康市钢门窗行业协会承办的门博会每年一届，已连续举办了三届，一年比一年好。

永康门博会经过主承办方三年的培育，已打造成了国内最有影响力、门品种最齐全的门业专业博览会。据统计，第三届门博会参展参会洽谈贸易 14.5 万人次，同比增长 2.8%，其中专业观众 12.88 万人次，同比增长 2.9%，商贸人员 1.62 万人次，同比增长 2.5%；发生交易额 18.3 亿元，同比增长 8.9%，其中达成意向 9.58 亿元，同比增长 10.8%，签订合同 5.41 亿元，同比增长 9.5%，出口额 5085.6 万美元，同比增长 7.4%。网上门博会访问量达 17.8 万人次。

（2）中国国际门窗城

中国国际门窗城位于环首都经济圈——河北省高碑店市，占地 2600 亩，定位成国际化、专业化、集约化、多功能、全方位、高品位的中国节能门窗交易平台。拥有第一家门窗博物馆，首家门窗工程技术学院，批准设立的国家级仓储物流保税区，建筑门窗幕墙检测中心已经开工在建。经过精心筹备，中国国际门窗城于今天（2012 年 8 月 18 日）盛大开业。

（3）凯必盛门道馆

中国建筑金属结构协会常务理事单位、协会钢木门窗委员会副主任单位——凯必盛集团，是北京昌平园高新技术和市首批专利试点单位，是国内第一家涉足自动门、地铁屏蔽门研发和制造的企业，曾经开发了国内第一座自动旋转门产品，现已发展成集研发、制造、销售、服务一体的、中国乃至亚洲最大的自动门企业集团。凯必盛凭借雄厚强劲资源和创新研发能力，积累了丰富的自动门产品研发、制造和市场运作经验，有自动门行业“领军之绩”。

凯必盛集团在中国建筑金属结构协会的大力支持下，创办的中国门道馆于 2012 年上半年正式落成。“中国门道馆”堪称亚洲乃至世界自动门领域规模最大、最具先进和展示性的场馆。也成为门业领域集自动化、智能化、节能化多种高端技术于一体的展示和体验基地。

4. 发挥企业家主力军作用 自主创新

企业是科技创新的主体。中国节能门窗技术的创新同样离不了我们行业有智慧、有胆识的企业家，他们是我们社会最宝贵的财富，因此发挥企业家在节能门窗技术创新中的主力军作用，通过企业家，组织和联合专家与广大科研工作者，大胆创新，自主创新，一定能够将我国节能门窗技术推向一个新的高度。在节能门窗技术研发方面，有一批企业家为此做出了重要的贡献：如河北奥润顺达窗业有限公司董事长倪守强先生、广东坚朗五金制品股份有限公司董事长白宝鲲先生、浙江瑞明节能门窗股份有限公司董事长董呈明先生等，他们无论在技术、管理等方面都有独到的见解和不凡的业绩。

五、结语

中国的门窗节能技术将在行业企业家、专家和相关人士的共同努力下得到快速发展。我们今天在这里进行务实研讨和交流，既是对中国节能门窗发展进程的回顾和总结，也是对未来节能门窗产业发展的展望。我们有理由相信：门窗节能技术是需求更是市场，我们要认清需求、拓展市场。门窗节能技术国际比较有差距，更有潜力，我们要正视差距、挖掘潜力。门窗节能技术创新是机遇更是挑战，我们要抓住机遇迎接挑战。门窗节能技术对专家、企业家和社会活动家来说是责任，更是价值。我们要肩负重任，攻坚门窗节能技术，实现人生价值，迎接门窗行业、门窗企业、门窗产品品牌更加美好的明天。

（2012年8月18日在2012中国节能门窗产业发展论坛上的讲话）

重在科技创新

众所周知，创新是企业强大的不竭动力。一个国家要应对危机，使自己屹立不倒，必须有发达的实体经济，而实体经济必须以创新和高科技产业为主导。从发达国家企业发展的经验看，当一个国家工业化发展到一定阶段、经济总量达到一定规模、资源供给的约束增大时，企业要继续发展，就必须形成以创新为主要动力的新优势。20世纪初欧美的企业是这样，20世纪60～70年代日本的企业也是这样。从我国企业的时间看，创新的的确确强健了企业的“筋骨”。

这些年来，一些领先企业开始在自我积累的基础上，强化自主研发，努力掌握核心技术，培育自主品牌，闯出了一条创新驱动发展的成功之路，涌现出了一批创新型企业。据中企联最新公布的数据显示，中国企业500强专利较上一年增长30%，与之对应，其利润甚至高于一些发达国家的同等企业水平，这靠的是什么？就是科技创新。

针对科技创新，下面我分几个方面来讲。

一、科技创新的内容和方向

1. 节能门窗的开发

这次中国国际门窗城的开幕，吸引了国内外上百家门窗生产企业入驻，其中大部分都是节能型门窗的生产企业，特别是国外参展商，几乎都是节能型门窗的生产者。

至2009年底，中国城市人均住宅建筑面积约30m^2，农村人均住房面积33.6m^2。改革开放30年，中国人均住宅面积增加了4倍，同时人们对住宅舒适度的要求也在不断提高。我国住房条件的改善带来的一个突出问题是能源供应问题。而建筑能耗的快速增长给我国的能源供应带来了相当大的压力。我国建筑能耗约占社会总能耗的40%左右，其中门窗的能耗约占建筑总能耗的50%，且主要是使用能耗。

建筑门窗在实际应用和节能上表现出面积小、作用大、持续时间长的特点。普通中空玻璃的保温系数大约在2.7W/(m^2·K)，充氩气中空玻璃的在2.1W/(m^2·K)，三玻两腔中空玻璃的在1.9W/(m^2·K)，对门窗整体的保温要求如果达到了玻璃的保温水平，意味着很多门窗框扇保温系数略高于中空玻璃的门窗型材，组装后需要依靠与玻璃算平均数才使整个产品获得较好保温效果的门窗，今后都难以达到节能的要求。仅以北京为例，1980 年我国普遍使用钢门窗，其建筑门窗保温性能的要求为 6.4W/(m^2·K)，现今已经降到 1.8～2.0W/(m^2·K)。按照目前的形势，达到节能要求的产品才能继续生存发展，否则必然被淘汰。但对于新型的钢门窗、木门窗来说，这是增强其竞争力的绝佳机会。这次，我们很高兴地看到河北奥润顺达、哈尔滨森鹰等一些门窗企业，研发出了 K 值在 0.8 的新型节能型门窗，虽然目前还没有投入批量生产，但为普及节能门窗迈出了坚实的一步。

2. 机械设备效能开发

如何生产门窗？随着劳动力成本的不断提高，继续沿用劳动密集型的生产方式难以有所作为，必须靠大量机械设备来完成。所以，对于机械设备效能的开发也是至关重要的。

（1）木门窗

有的企业把用刨花板做的实心门也叫实木门，其实不是。那为什么叫？因为我国最早生产的刨花板是手工生产的，把刨花和上胶，用抹子在模子里一抹，晾干了完事，无法保证质量。现在我们使用的刨花板是用大机器生产的，加温、加压，质量完全有保证。

（2）车库门

无锡苏可自动门制造公司很早就认识到了“多用机器少用人”的道理，几年前就率先装备了先进的滑升门门板生产线和五金配件自动化生产设备，生产效率大大提高。生产一线 16 个工人可以完成大多同类企业 100 个人才能完成的工作量。而且产品质量稳定，随着劳动力成本的大幅提高，该企业的竞争优势也愈发明显。

（3）工业门

国内大多企业生产工业滑升门门板采用的都是单块门板手工发泡的工艺，北京红日升工贸公司自主研发的自动生产线，属国内独创，填补了大型工业门门板专用加工设备的空白，生产的门板质量高，生产效率高，与国外大型保温板生产线相比，充分体现出物美价廉的特点。

（4）木质门

江苏合雅公司引进现代化的木门生产流水线，在国内率先研究并尝试生产标准化的木门，效率高、质量稳定。虽然目前在全国大面积推广标准门窗还存在一定困难，但这种思路和作业方式代表了建筑门窗未来的发展趋势。

（5）复合门窗

河北奥润顺达窗业集团是第一批引入复合门窗加工设备的公司，其与著名的德国墨瑟公司合作，专门研发制造安装实木、铝包木类节能门窗，以及木索式木窗和幕墙设备，为提高我国的节能门窗行业水平作出了贡献。

3. 原材料的研发

门窗的原材料，现在也都开始使用多种多样的可再生原料。

（1）钢窗

过去大量的实腹钢窗基本被淘汰了，现在发明和广泛使用了空腹钢窗，热轧的实芯料变成了冷轧异形钢管，原材料的利用率高了，型材重量减少了50%，型材的强度还增强了50%，取得了很好的效果。

（2）木门窗

由于树木在生产过程中都会产生缺陷，很少符合直接做门窗的材料要求。而现在的集成材门窗，先把有缺陷的木材去掉，用指接的办法把木材加长，再用胶合、胶拼的办法把木材加宽加厚，不仅实现了小材大用，提高了木材的利用率，还达到了减少木材的内应力、减小木材的方向性的目的，实现了劣材优用。这也是新型节能木窗能够大力推广的基础条件。这里还值得一提的是重庆星星套装门公司，生产的竹木复合门，前院门厂，后院竹林（原材料基地），既解决了农民种竹子增收的问题，也可持续提供生产门的原材料，还绿化了环境，确是一举三得的事，可视作门业中低碳经济、可持续发展的范例。

4. 新型门窗的设计

北京和深圳都曾经提出过打造“工业设计之都”的理念。这就从一方面反映了设计在工业建筑方面的关键性。门窗设计不只要考虑到实用性，它还要作为一个工艺品进行展现。世界已经离不开“中国制造”，但在辉煌的背后，也有许多不甘。如：我们常用的鼠标，假如它价值24美元，设计者就拿走了其中的8美元，而作为生产者的我们只有0.3美元的利润；还有像一双耐克运动鞋，如果值200美元，设计商至少拿走100美元，制造商却只有10美元的毛利。所以说“没有创造力的制造根本就没有前途，只能永远处于产业链的底端，而设计产业正是国家创新能力的体现。”设计产业完全可以将硬实力与软实力结合在一起。如果我们输送到国外的每一本书、每一件衣服、每一个茶杯、每一种玩具，都能够通过巧妙的设计成为中国文化基因的携带者，成为中国人文理念的载体，中国的文化将被世界所欣赏。

新型门窗的设计不断推陈出新，有条件时我们协会可以组织一些门窗的设计大赛，活跃门窗设计理念，繁荣门窗设计作品。

二、科技创新的途径

1. 产学研结合

所谓“产”就是“产业”；“学”就是“学院”；“研”就是研究所、研究机构。产学研结合就是将实验室里研发出的东西投入到生产中，让它变成生产力。力争做到专家领衔，把各相关专业的技术专家组织起来，按专业、按系统分配课题任务；并以企业家为主，配合课题具体实施，对专家研究的成果组织实践论证，努力转变为科技先导性企业，产生以点带面的作用；呼吁高等院校、科研机构辅助课题组或提供资料、提出建议、发表文章。选择重视科技创新的企业结成联盟，开展有成效的合作。

2. 引进消化吸收

我们要承认差距，承认德国、日本在很多工业方面的技术研发水平是超过我们的。引进消化吸收再创新是提高自主创新能力的重要途径。我们通过引进国外先进技术，增加技术积累，为增强自主创新能力奠定了基础。但是，一些企业往往只重视引进技术，不注意进行消化吸收再创新，结果导致自主创新能力不足、国际竞争力不强。在国际经济科技竞争日趋激烈的今天，如果仅仅满足于引进技术，忽视通过引进技术培育和形成自主创新能力，就会永远落在别人的后面。

3. 专利和专利分析

专利是企业发展的无形资产。企业的厂房、企业的装备都是企业的有形资产。但是当企业上市的时候，当企业跟其他人合作的时候，专利是企业的核心、是企业的财富。专利是企业发展过程中，使企业成长、成熟的标志，是企业实力强大的标志。一个企业没有专利并不可怕，细心研究其他专利技术，在别人的基础上再研发创造属于自己的专利，这是日本科技进步的经验，可以说，企业可以没有专利，但不能没有专利分析，专利分析能使企业做到以无胜有，越是专利不多的领域，技术方面就越可能有未被开垦的土地。如：

（1）钢质门领域

浙江王力集团的技术核心是王力的特能锁。只要轻轻一关，门就完全锁闭，开启时，插上钥匙，轻轻一转即开。而且安全性高于我们常见的普通门锁。这一发明获得了国家专利，为企业创造了极大的价值。公司把“特别方便老人小孩使用”的理念和实践很好地融于一体并已走向全国。

（2）木窗领域

哈尔滨森鹰公司研发的满足被动房屋需求的高性能节能门窗，其保温系数低于0.8，成为国内首家得到德国被动式房屋研究所认证的单位；北京米兰之窗在门窗安装技术方面有所突破，新技术获得了发明专利，特别是很好地解决了包括附框与窗框之间的密封性能在内的门窗系统安装方面的密封问题。

（3）自动门领域

凯必盛集团研发的地铁屏蔽门，在北京地铁昌平线上获得应用，打破了这个领域国外产品一统天下的局面。还有南京帕特自动门公司自主研发的磁悬浮旋转门成为全球首创，以此解决了旋转门存在的动力大、遇阻冲击力大的问题，获得了国家发明专利。

（4）钢窗领域

重庆华夏公司大胆创新，勇于实践，自主研发的钢塑共体窗框型材获得成功，使新型钢窗系统的传热系数低于 2.0。既保持了钢窗原有的体积小、强度高、防火性好、成本低的特点，又一定程度上解决了隔热性能差的弱点。此项技术获得国家发明专利。

4. 信息情报分析

随着市场经济的发展，市场情报、市场信息显得越来越重要。企业是适应市场而存在的，是拓展市场而发展的。我们的企业家要高度重视、认真做好收集和跟踪国内国际两大市场的专业技术工作，总是要想方设法地去获取经济信息、科技发展的信息。做好市场分析，从市场情报到市场分析上再到更深入、更广泛的开展旨在提高能力和拓展市场的产科研合作、银企合作和产业链合作，进而可以更好地拓展适合本企业发展的业务，更好的修订和确定可以指导本企业的发展战略，这是至关重要的。

三、科技创新的关键

1. 人力资源开发

人力资源是一个企业发展的命脉。要为高科技人才提供宽松的研发环境，他们的思维要在不受拘束的环境下才能得以拓展。科技人员在项目研发方面走些弯路，我们要给予充分的理解。

2. 体制制度创新

一是企业内部管理制度的创新；二是制约行业发展的共性的问题需要通过规范制度来解决。一个企业要有适合自己的科技创新体制和管理制度。要让企业所有人员都为企业的创新发展贡献自己的力量。如：标准化生产问题。我们现在的规矩不严，大批量的产品却需要用原始的定制方式生产和安装。都是 1.5 米的洞口，而安装的门窗多大尺寸的都有。进户门和室内门也存在类似问题。这种现实给门窗企业的生产、销售、运输、安装都带来了极大的不便和严重的浪费。必须通过标准化来规范。

对于门窗制造企业来讲，门窗行业需要制订统一的合同示范文本，需要进行门窗系统的研究和产品系列的认证，以解决现存的单件构件质量优良、组装到一起门窗性能并不好的问题。

3. 科技创新战略规划

从企业来讲，我们强调今天的企业应该是成为科技先导型企业，我们的企业家、企业领导人应该是科技先导型企业家。要努力提高企业的科技含量。而任何一个企业都有它的成长期、成熟期，也有它的寿命终结期。只有不断地进行研发工作，才能让企业长寿下去。努力做到研发一代产品，生产一代产品，储备一代产品。同时通过新技术的推广意见去有效引导企业制定创新战略，科技先导战略。

4. 科研组织和经费的落实

我们不要只一味追求挣了多少钱。挣钱后要合理运用分配这些钱，以获取更大的利润。把这些钱投入到新产品的研发与创新中，可以为企业带来更长远的利益。

四、协会在科技创新中的地位和作用

1. 充分发挥专家委员会的作用

协会要充分发挥专家委员会的作用，制定相关标准，并把标准引入到生产实践中去。中国建筑金属结构协会于2011年6月组建了钢木门窗专家委员会，首批聘请钢质门、木质门、木门窗、自动门、电动门领域的专家共30名。这些专家在标准制订或评审中，在日常技术咨询中，在学术研讨中，在企业新产品、新项目论证中都正发挥着越来越大的作用。刚才潘冠军在工作报告中提到的大同明星公司新型高性能钢窗项目的研制过程，就凝聚了委员会多位专家的智慧。北京红日升公司专用工业门门板加工设备的关键部分——轧辊成型技术也是靠专家提供的。

2. 广泛开展国内外考察交流

要广泛开展国内外考察交流，要注重考察报告的分析研究，从中吸取众家之所长为己所用。2012年3月份钢木门窗委员会组织20多家企业赴欧洲考察交流，效果就很好。大家既能够深入到瑞电士、严实、索玛这些国际一流企业内部与管理技术人员面对面交流，还能到生产现场实地观看设备和加工过程。因为对行业协会组织的活动，无论是国外的对口协会，还是相关企业都会重视。

3. 深入开展科技人才的继续教育和行业的科技培训

深入开展科技人才的继续教育和行业的科技培训。这一点，钢木门窗委员会已经在做了，并且在工作报告中也提出了下一年度的培训计划，但做得还不够。其中最主要的要在高端人才的继续教育和行业的一般操作人员的再培训方面多下工夫。

4. 树立典型表彰先进

在建筑门窗行业快速发展的十余年中，涌现了一批专家型的企业家。如自动门领域：北京凯必盛自动门公司石建立董事长、北京信步自动门公司孟嘉董事长；节能门窗领域：哈尔滨森鹰窗业股份有限公司边书平董事长、河北奥润顺达窗业有限公司倪守强董事长、北京美驰建筑材料有限责任公司刘平总经理、北京米兰之窗节能建材有限公司马俊清董事长、浙江瑞明节能门窗股份有限公司董呈明董事长；滑升门领域：无锡苏可门业公司苏可董事长、北京红日升公司王洪文董事长；在开门机领域：江西百胜公司刘润根董事长、浙江蓝海机电公司林伟中董事长等都属于这类人才，在技术、管理方面都有独到的见解和不凡的业绩。

科技创新，首先要建设和完善国家科技创新体系，这已成为各国政府近年来的最优先任务。各国纷纷出台相应的创新政策和计划，如美国实施为期10年至2015年的《美国竞争力计划》，以提高本国的创新能力和长远竞争力；欧盟通过了《创新行动计划》，第七框架计划也正式启动，其最主要的战略指导思想是促进创新和科技进步；日本内阁通过《创新25》，提出了面向2025年的创新型国家远景目标和创新途径；韩国颁布了国家中长期研发战略《国家研发事业总路线图》，对韩国未来15年的研发事业进行总体设计，并制定了《国际商务带基本计划（2012—2017）》，旨在建设世界级的科学产业新集群。各国的创新战略与计划为科技创新体系建设指明了方向和目标，并明确了具体的建设措施。

其次是设立专司创新的政府机构。英国商业、企业和制度改革部与创新、大学和技能部重组为商业、创新和技能部，主要职能是加强创新和促进科技产业化；澳大利亚成立总理科学、工程与创新理事会，整合科学、工程和创新资源，统筹决策创新事宜；芬兰将科技政策委员会改组为创新委员会，负责国家创新系统整体的战略开发和协调；印度也成立了国家创新委员会，负责制定十年创新线路图。设立专门机构的还有美国、德国、俄罗斯、加拿大、丹麦、日本、新加坡、巴西、南非等国家。除了出台相应的创新政策计划和设立专司创新的政府机构外，国外科技创新体系建设的新举措还包括注重提高企业技术能力和加强国际科技合作等。建立在科学研究基础上的技术创新，已成为一国经济发展最重要的推动力量，也是强占全球经济竞争制高点的关键所在。

我们要看到在工业化进程中，欧、美已经走过了两、三百年的时间，中国才走了三、四十年，中国面临的问题和挑战强度会更高，中国这个领域的所有企业的发展空间也会更大。我到过美国、加拿大，走了一圈，就看到两个塔吊，中国到处都是塔吊，我们的社区项目建筑面积上百万、上千万平方米。反过来，我们的门窗企业为什么还比人家小那么多？就不能靠着房地产业发展而壮大吗？我认为完全可能。在这么好的条件下，我们建筑门窗行业的企业家完全有能力创造全球知名的门窗品牌，让我们振奋精神、努力进取，遵循国家科技创新战略，在行业科技创新上做大手笔、大文章，一定会迎来中国门窗业更加美好、更加壮丽的明天。

（2012年8月19日在“2012年钢木门窗行业年会”上的讲话）

五、光电建筑业篇

大力推进太阳能光电建筑应用

各位领导、各位同行：

非常高兴今天在这里参加住房和城乡建设部科技发展促进中心主办，中国兴业太阳能技术控股有限公司协办的太阳能光电建筑一体化（BIPV）应用现场技术交流会。这个以威海市民中心广场——光电建筑一体化示范工程为载体，携项目承建单位珠海兴业幕墙公司召开的现场交流会，是贯彻实施《可再生能源法》，落实国务院节能减排战略部署及《财政部、住房城乡建设部关于加快推进太阳能光电建筑应用的实施意见》的具体体现，对加快太阳能光电技术在建筑行业应用，促进太阳能光电建筑一体化技术推广具有重要意义。

下面我从三个方面讲讲太阳能光电建筑应用的发展趋势。

一、太阳能光电建筑应用大趋势

太阳能光电建筑发展经历了，从对其重要意义和作用有了认识、到形成推进发展的政策方针；从技术研发到建立示范工程；从农村用电到市政设施，从单纯的光伏发电到与建筑围护结构形成有机结合等发展变化等几个阶段，认识研究这些发展趋势将有助于更好地把握我们发展的方向和步骤。

1. 从认识到政策

认识是思想层面，政策是操作层面。太阳能作为可再生资源，既是清洁能源，也是节约能源，更是社会可持续发展重要内容，战略意义重大。为了促进可再生能源的开发利用，改善能源结构，保障能源安全，国家制定出台了一系列的法律、法规和技术政策，其中最早的高技术研究计划，又称之为“863计划”；第二个称“973计划”；第三是为实施国家的能源战略计划，2006年我国正式颁布了《可再生能源法》；第四个是产业规划，包括上海的室外屋顶计划，北京的路灯计划，沙漠电站工程等。今年，财政部与住房和城乡建设部连续下发了3个文件，首先，财政部下发了《财政部、住房城乡建设部关于加快推进太阳能光电建筑应用的实施意见》（财政部财建[2009]128号）文件，它主要讲了当前需要支持开展光电建筑应用和示范，实施太阳能屋顶计划的要求，以及相应的财政扶持政策；之后，财政部又下发了《财政部关于印发〈太阳能光电建筑应用财政部补助资金管理试行办法〉的通知》（财政部财建

[2009] 129号)，明确了具体的资金补助办法；最后，以财政部办公厅与住房和城乡建设部办公厅名义共同下发了《关于印发太阳能光电建筑应用示范项目申报指南的通知》(财政部财办建 [2009] 34号)。这三个文件的出台在全国应该说影响很大、震动很大，充分地调动了业主和建设单位的积极性，调动了太阳能光电工程企业的积极性，随着示范工程的增加，极大地推动了当前太阳能光电建筑的应用。

2. 从研发到示范

目前，太阳能、光电，光电建筑应用技术已经从研发进入示范推广，也就是说，太阳能光电建筑的推广已经进入了政策性的实施阶段，现在，几乎所有大中型城市都开始建设各种各样的示范工程，这次的“威海市民中心广场”就是光伏屋顶的示范工程、样板工程。

3. 从农村到城市

太阳能的开发利用最早开始于农村，特别是在山区，要送上电，需要建高压线，由于太长太远，没办法，就只能用太阳能发电。随着我国国民经济高速发展，大量不可再生能源被消耗的同时，也造成了环境的严重污染，现在，为响应党中央、国务院节能减排的号召，各大城市都在大力推行太阳城计划、屋顶发电计划，城市的路灯照明、信号照明、大屏幕、广告等城市市政工程纷纷利用太阳能发电，比如北京机场T3航站楼的路边，可以看到很多太阳能电池板，它就是通过转化光能为路灯提供电力。

4. 从附加到一体化

以前，我们把太阳能光电材料多晶硅、单晶硅、薄膜构件等附加到建筑物上，现在是把光伏发电和建筑围护结构融为一体即光电建筑一体化，可以说出现了新型的建筑结构。像钢结构、幕墙结构，现在把太阳能光电技术和建筑融合在一起，形成了这样的新型结构，形成了一个有机的结合体。

5. 全球范围的竞争与合作

全球范围的竞争与合作是全世界经济社会发展的必然趋势，随着经济全球化和产业国际化的不断发展而更加深入。为了实现能源和环境的可持续发展，世界各国都将光伏发电作为发电的重点，目前世界光伏发电市场主要在德国、日本、美国，他们走在了光伏发电领域的世界前列，这与政府政策引导、目标引导、财政补贴、税收优惠、出口鼓励等方面的作用是分不开的。以美国为例，美国能源部门提出了推动可再生能源发展计划，包括风力发电、太阳能发电等，其中太阳能光伏发电到2012年将占美国发电装机总容量的15%，与此同时，国际能源署对太阳能光伏发电做出了预测，到2020年世界上光伏发电要占总发电量的2%，到2042年光伏发电要占总发电量的20%～28%，因此，在全球范围内光伏发电的发展是必然趋势，已经引起了全世界各国首脑的高度重视。

我国经过这几年的努力，多晶硅技术迅速提高、硅产量迅速扩大，据统计，2008年我国硅产量达到5000t，产能上升到6000t以上；国内企业成长较快，如洛阳中硅、徐州中能，两家企业的多晶硅千吨级生产线开始投入生产，目前经济效益、社会效益都比较良好。

我国光电电池的产量在2007年首次超过了德国和日本，居世界第一位，2008年的产量继续提高，达到了二百万千瓦，占全球产量的比例由2002年的1.07%增加到2008年的30%，如果加上台湾地区的10%，中国大陆海峡两岸占全球市场的总量高达40%，从这些统计数据上可以看出，我们在太阳能光电材料的生产上有着一定的优势。

目前，在纽约、伦敦、新加坡、香港以及国内证券市场上市的光电产品组件生产企业已达十多家，总市值超过二百亿美元，像我们知道的无锡尚德、保定英利以及这次会议的协办企业珠海兴业等属于此列，是排头兵企业，做得非常好。

二、太阳能光电建筑应用的技术创新

太阳能光电技术，由于我们起步较晚，所以在光电技术研究和应用还不成熟，和国外先进技术相比还有一些距离发展，但是，在这个新科技、新知识以幂指数上涨的知识爆炸的时代，只要我们加强创新，加强原始创新、集成创新、引进消化吸收再创新，是一定能够赶上和超过先行者的。

1. 光电技术和建筑结构技术一体化的集成创新

光伏发电技术和建筑结构技术是两种不同的技术，光伏构件有光伏构件的特点，建筑有建筑的特点，这两个技术如何有机结合，形成一个有机结合的整体，在这个结合的过程中会有不少技术难题需要思考，需要我们进行集成研究，这就要求我们创新第二代、第三代，力争做到光电技术和建筑结构技术一体化的集成创新。

2. 光电工程和建筑外维护结构的维护技术创新

光伏发电组件和建筑外维护结构结合后的维护是个大问题，现在用的硅片、硅胶技术、薄膜技术二十年左右会发生衰减，那衰减后怎么办？新技术就是这样，需要时间和极端情况的考验。就像我们的幕墙一样，结构维护技术要与时俱进，创新出适合幕墙工程的维护技术，对于光电建筑一体化技术亦是如此。我在过去当总工程师时，曾组织过一批专家研究高层建筑的防雷电问题，我们城市高层建筑很多，如何在高层建筑安装有效避雷针，防止雷电袭击？现在出现了光电建筑，如果雷电打在光电组件上，会出现什么结果？像北京的沙尘暴、大雾发生时，空气中的离子作用在多晶硅上，结果又会如何？硅胶本身有个衰减的过程，需要及时更换，万一高层光电组件出现了结构胶硬化，怎么处理？还有像今年中央电视台配楼着火，如果是光电建筑，光电多晶硅受火烤会是怎样，如何抵抗火灾？这些问题都是不容忽视的大问题，需要我们认真研究，加强技术研发。

3. 光电建筑应用领域的系列化研究创新

光电建筑一体化研究，是综合技术的研究，因为光电建筑本身涉及建筑产业链中诸多技术，它们有机结合、紧密联系，其中包括材料技术、结构技术、光电构件技术。另外，过去钢结构主要用于标准厂房、标准中小学以及房地产开发，现在我们提出工业房地产开发，就是在某个集中地区搞工业标准厂房建设，钢结构也好、幕墙也好，都要号召大力推广太阳能光电建筑。为什么我们这么关心？因为我们是中国建筑金属结构协会，主管钢结构和幕墙建筑，对于太阳能光电技术在钢结构和幕墙建筑上的应用，如果不进行系列化研究，会落后于形势，会跟不上时代的要求。

4. 光电建筑应用集约化制作和施工的工艺创新

建筑有它半成品、成品材料制作过程，制作完成后要现场安装和施工，最终形成建筑物，现在加上光电建筑材料、光电技术应用，新的问题就会出现，建筑工艺怎么办？如何进行集约化生产、安装，包括施工工艺，吊装技术？以吊装技术为例，比如说大跨度结构吊装，包括轻钢结构，空间结构，都不是那么简单的问题，还有整体吊装等，在建筑制作安装施工过程中，如何实现新型工业化生产、实现安装施工高效益高效率，本身就是个新课题，加上光电技术，更是新课题中的新课题，可以说，老革命遇到新问题、老建筑也遇到新问题，需要进行集约化研究施工工艺和施工工法，适应光电建筑一体化的需要。

三、太阳能光电建筑应用的管理创新

（1）要逐步建立健全光电建筑应用的法规体系。

光电建筑应用是21世纪出现的新技术，相应法规体系还不完整，包括《建筑法》、《质量管理条例》、《安全管理条例》在内的一些法律法规，过去在制定时没考虑到光电建筑应用，因此，为了更好地推广光电建筑应用，现在有必要逐步建立健全光电建筑应用的法规体系，促使光电建筑应用的市场秩序逐步规范，做到有法可依、执法必严、违法必究。此外，管理是什么？从企业来讲，管理是让别人来工作；从市场来讲，管理是规范市场秩序，尽管经过多年的改革开放，我国市场经济发展状况良好，但是市场中仍存在种种混乱现象，不平等、不正当竞争依然存在，如果管理搞不好，法规体系不健全，对新技术的应用、推广来说依然会造成大的阻碍。

（2）要逐步建立健全光电建筑应用标准规范体系。

标准是我们从事建筑工程的重要依据，没有标准，设计院不敢设计，施工单位不敢施工，所以说它是至关重要的。我们通常说的，三流企业卖劳力，二流企业卖产品，一流企业卖技术，超一流的企业卖标准。标准分类很多，有国家标准、行业标准、地方标准、企业标准等，无论是国标、行标、地方标准、还是企业标准都要抓紧制定，新技术要制定新标准，老标准也要修改更新，才能适应新技术推广需要。

（3）要逐步建立健全光电建筑应用的监督检查和工程验收的技术经济政策。

工程检查验收是非常关键的，我在20世纪70年代搞建筑验收，认为当时建筑验收就像老中医看病，采取传统的望、闻、问、切的土方法，而现在看病要扫描、要断层拍片等；在监督检查上，光靠仪表考量、光靠肉眼看质量好不好是不行的，要在监督上下工夫，尤其是在光电技术和建筑结构技术一体化后，怎么进行检查，用什么仪器、什么方法、什么手段，都是需要创新的？比如焊接，可以用探伤仪检查，那么光电建筑的监督检查和验收用什么样的检查工具和方法呢？如光电组件的使用寿命、发电量等，这些都需要我们去研究创新，以保证技术可靠性，保证工艺可靠性，保证材料寿命质量。

（4）要鼓励表彰对光电建筑应用有突出贡献的技术人员、专家、企业和有影响力的品牌工程。

这一点也非常重要，近几年，党中央对建立创新型国家有贡献的科学家，由总理给予表彰，在光电建筑应用领域，我们也要表彰有突出贡献的专家、人员、企业，树立有影响力的品牌，毛主席当年说过，“手中无典型工作一般化”，“榜样的力量是无穷的”，要在中国树立新技术标杆、榜样，起到示范、推动作用。

（5）要开展光电建筑应用技术经济政策的合理化建议活动。

如何提出有效地合理化建议，拿今天这个现场技术交流会来说，参会的人员有没有什么好的建议，包括来的外国人也可以谈谈，看有什么好的建议，还有一次，我参加了中央二套经济频道的专访节目，节目邀请了一位外国人谈中国发展，其中提出了不少好的建议，我很受启发，所以我认为有必要多开展这样合理化建议的活动以及精细管理的经验交流活动等。

（6）要鼓励实施“走出去”战略以及国际之间合作与交流。

过去我们最早的光电产品，大部分销往国外，国内没有怎么应用，现在国内应用逐渐增多，当然国外市场也不错，我们中国建筑业迟早是要走出去的，要鼓励建筑行业，以及光电建筑应用技术、服务和我们的工程建设一起走向世界市场，现在世界市场有了一批先驱者，也有了一定的经验和教训，我想即使在国际市场失败了，也是宝贵财富，中国人有胆量、有能力，中国建筑业有水平走向国际市场，而且要鼓励制定国际合作战略，加强国际同行之间交流，我们走出去不仅是挣美元，关键是学习世界上别人先进的经验，既不能妄自菲薄，也不能妄自尊大，要把国外的先进技术引进来进行消化吸收再创新，变成中国制造。

（7）要开展光电建筑应用的管理和技术培训。

光电技术要靠人做，要充分发挥产学研一体化的作用，像这次来参加现场技术交流会的就有清华、中山等高等院校的教授们、行业排头兵企业以及研究机构，都是光电技术发展的中坚力量；要加强我们光电建筑应用的能力建设，要有本事搞好光电技术，我们做技术工作，不加强管理，不保证技术成熟是不行的，应该把这个做得更加扎实，才能使我们光电建筑一体化真正做到又好又快，向前发展。

在这里，我还想告诉大家，最近，我们协会应广东、河北、山东、北京、福建等地一些光电组件生产企业的强烈要求，近期正在筹备成立光电建筑应用委员会，同时，在珠海兴业、深圳创意公司的支持下，计划在光电建筑应用委员会成立大会的同时，召开一个有海峡两岸学者、专家和企业参加的建筑光电技术应用的高层峰会，现在，这些准备工作正在紧张有序开展之中，比如珠海兴业幕墙公司，深圳金粤幕墙装饰公司正在做技术标准的准备工作；计划组织专人收集并翻译美国、德国、日本三个国家的光电建筑应用标准，为制定中国的标准提供基础；珠海兴业幕墙公司正在做屋顶标准图集、光电幕墙标准图集；在北京，建黎公司准备做一个光电幕墙的示范项目。

虽然这些已经完成的示范工程，以及我们正在做的这些工作，特别是今天这个大会，预示着我们的光电建筑一体化事业已经有了一个良好的开端，但我们还需要对太阳能光电建筑一体化的发展和技术上的不足加以重视，我们做什么事都不能一哄而上，必须加强管理，要规范，要有秩序、有标准、有研究成果，如果一哄而上，可能会对建筑造成意想不到的质量问题、安全问题，影响到我们建筑物的寿命，说这些话，我绝不是泼冷水，只是想告诉大家，光电建筑一体化的发展一定谨慎，要真正保持科学发展，保证太阳能光电建筑应用又好又快发展。

最后，我还想要说的是，今天这个大会是个鼓励大会、动员大会、再发动大会，我衷心祝愿光电建筑在建筑行业应用方面发挥更大作用；衷心祝愿开展光电建筑应用的有关企业在面对世界金融危机中成为核心力量；衷心祝愿我们城市因光电建筑应用会更加美好；我相信光电建筑应用明天一定会更加美好。

（2009 年 6 月 12 日在“太阳能光伏建筑一体化（BIPV）
应用现场技术交流会”上的讲话）

开拓进取　团结协作　做好工作

2009年4月16日，住房和城乡建设部下发了《关于加快推进太阳能光电建筑应用的实施意见》。正是在住房和城乡建设部的关怀和支持下，中国建筑金属结构协会同时应广大会员的要求，决定成立光电建筑应用委员会。

大家都知道，光电建筑一体化主要的结构形式是建筑钢结构和幕墙结构。中国建筑金属结构协会，主管钢结构和建筑幕墙。所以说，这一历史的重任，就必然落到了我们的肩上。对此，我们深感责任重大。

2009年9月的22日，胡锦涛主席在联合国气候变化峰会的开幕式上，发表了《携手应对气候变化挑战》的讲话，向世界承诺了一个发展中大国的责任，赢得了国际上的好评。讲话中说道，中国5年内要节省6.2亿t标准煤，少排放15亿t二氧化碳；到2020年可再生能源占一次能源消费比重要达到15%左右。要实现这个目标靠什么？必须要落实国务院的节能减排战略部署，要大力发展可再生能源，要加快推进光电建筑一体化的应用。因此，我们今天成立这个光电建筑应用委员会，就是生逢其时，也是任重道远。

为什么说任重道远呢？因为太阳能光电技术还是一门新兴的科学技术，如果从1954年恰宾和皮尔松在美国贝尔实验室，首次制成实用的单晶硅太阳电池，韦克尔首次制成第一块薄膜太阳电池算起，到现在不过55年；从1960年硅太阳电池首次实现并网运行，到现在也才49年。我们国家在这方面的起步比较晚，在光电技术研究和应用方面还不成熟，和国外先进技术相比还有一些距离。特别是太阳能发电在建筑上的应用，国外和国内都处在起步阶段，工程应用还处在示范阶段。在技术方面，像光伏发电技术和建筑结构技术的有效结合，光伏发电组件和建筑外维护结构的维护，光电建筑的防火、防雷、防灾，光电建筑构件的工业化生产等，还有非常多的问题没有得到有效解决。随着科学技术的不断进步，还会有更多的问题需要研究。在管理方面，光电建筑应用的法规体系还没健全，光电建筑应用的标准体系还没建立，监督检查和工程验收还缺乏配套措施，有影响力的光电建筑品牌工程还不多，光电建筑的教育工作还没有跟上等。对此，在2009年6月17日太阳能光电建筑一体化（BIPV）应用现场技术交流会，我作了一个《大力推进太阳能光电建筑应用》的讲话，已印发大家，需要大家出谋划策，共同研究，总之这是一项重大的科技创新工作，我们要解决的问题还很多，我们要走的路程还很长，我们在座的老同志还要发挥智热，中年同志的担子很重，年青同志要追上来，这项伟大的事业要长江后浪推前浪，不断地发展下去。

同志们，我们的任务很艰巨啊。世界能源危机的警钟已经敲响了，全球温室效应已经严重影响了人类的生存和经济的可持续发展。这些灾难剩给人类的时间不是很多了。世界各国已把开发利用可再生能源当作了国家的发展战略。这就告诉我们，我们的责任很重，我们要匹夫有责，要铁肩扛道义。摆在我们面前的这项光电建筑一体化应用事业，的确很伟大。摆在光电建筑应用委员会面前的工作，的确很艰巨。怎么办呢？只能靠大家开拓进取、团结协作，坚持科学发展观，坚持原始创新、集成创新，引进消化吸收再创新，响应国家号召，在住房和城乡建设部的领导下，共同把委员会的工作搞好。

下面，我想对委员会今后的工作方向，讲几点希望。

一、发挥组织作用，增强行业凝聚力

个人的力量是小的，集体的力量是大的。越是解决大的问题，越要形成大的组织。这是一个普通的道理。当今的时代，经济已经走向全球化。为应对世界共同的问题，国际上倡导多边化合作。团结、合作、共赢成为世界的共识。

协会不是行政组织，也不是企业组织，而是一个行业的社团组织。之所以要形成这样一个组织，主要是为解决行业领域内的专业问题。因为，这样的组织比较方便凝聚起行业领域内的知识力量。

任何组织要想形成凝聚力，都要形成一个共识。特别是行业协会这种组织，共识的作用更加重要。光电建筑应用委员会，应该形成光电建筑一体化应用领域的共识。这个共识我只讲三点：第一，服务。委员会不是做行业中的官，而是为会员和行业内的企业做好服务。讲服务，首先要讲服务的观念。就是为他人着想，为行业内的问题着想，对企业无力解决的行业共性问题，委员会可以站在行业的角度，组织力量解决。第二，团结。这已经是一个司空见惯的词了。真正做好并不容易，尤其与自身的利益发生冲突的时候。所以宽容很重要，要相互体谅，要求同存异。第三，和谐。这也是一个家喻户晓的词了。现在全社会都在倡导，全世界都在讲。因为存在关系与矛盾，存在协作与配合，处理得好才能和谐。最重要的是要相互尊重，同心协力。

二、发挥专家和企业家的力量，推进行业科技创新

专家为什么有力量？因为他们有专业知识和专业经验，靠这些可以解决专业上的难题。所以培根说：知识就是力量。专家的专业特长是经过很长时间的积累才形成

的，有的是接受过很长时间的专业教育，理论基础深厚；有的是从事过多年的专业研究，取得过研究成果；有的是经过多年实践工作中的摸爬滚打，专业经验十分丰富。专家是委员会的有生力量，是我们这个行业的宝贵财富。这个资源应该通过委员会，在行业内共享，为国家贡献才智。如何发挥专家作用，我讲过“十大关系”（已印发大家），供大家研究参考。

科学技术是生产力。科学技术是从生产实践中产生的，又转过来促进生产实践的发展。企业是经济社会的细胞，是生产的实践者。企业家是当前最稀缺最宝贵的人力资源，他们最知道技术的重要，尤其在信息时代，缺乏科技含量的企业，就缺乏核心竞争力。由于企业受各种客观条件的制约，技术水平难于满足发展的需要，所以要通过协作来解决。专家的专业技术，如果离开了实践，离开了企业家，就成了无源之水、无本之木。所以，专家需要企业家紧密结合，技术创新需要生产实践紧密结合。

委员会可以有效解决企业需要专业技术的问题，专家需要更广阔的实践领域的问题。委员会应承担起这个工作。高度重视光电建筑应用技术情报信息工作，充分发挥专家和企业家的力量，大力推进光电建筑应用的技术创新。

三、注重人才培养，加强科学管理

做任何事情都离不开人，把事情做好更离不开人才。人才不是天生的，是后天产生的。人才的产生必须经过实践、学习和勤奋。所谓自学成才，只是相对于缺少接受正规教育而言，但必须要学习，要向前人的经验学习，向懂行的人学习，努力做到学以立德、学以增智、学以致用。这个学习的过程就是人才培养的过程。一个人的一生，除去学习和积累知识的时间，真正出成果的时间并不是很多。科学技术的不断发展，就是靠一代一代地往下传，一代一代的去培养。这就是人类的历史，这就是人才的发展史。委员会能够聚集起行业内最多的专业知识，对培养人才具有重要的作用。光电建筑应用是一个新领域，还缺少经验的总结和知识的结晶，为了加快推进光电建筑应用，必须尽快解决大量专业人才的问题。委员会就应肩负起培养人才的责任和推进企业办成学习型组织的责任。

做任何事情都离不开管理，离开管理就没有统一，没有统一就什么事情也干不好。科技创新离不开标准规范，没有标准，科技成果无法推广。关键的问题是管理要科学。科学就是要按照客观规律去办事情。做成功一件事情，必须要有目的、有方向、有计划、有组织、有实施、有监督、有检查、有总结。毛泽东曾说过，我只做两件事：一个是方向，一个是组织。所以，科学的管理主要是目标、计划、组织和协调。光电建筑应用这么个大事，没有科学的管理行吗？委员会怎么做才能让人信服你呀？你能够给行业内的企业带来什么呀？委员会要做的工作千头万绪，但最重要的还是管理的学问。希望大家努力学习，真正把工作开展起来，把光电建筑应用的事业做好。

最后，我衷心的祝愿把“第一届中国光电建筑应用交流论坛”开好，并且不断把论坛办下去，把论坛真正变成我们这个行业的交流平台。

（2009年10月11日在“第一届光电建筑一体化应用论坛”上的讲话）

加快太阳能建筑应用
这一战略性新兴产业的培育和发展

很高兴在唐山参加城市太阳能光电建筑一体化应用研讨会。唐山作为中国当前落实科学发展观的示范城市，也是住房和城乡建设部确定的第一批可再生能源建筑应用的示范城市，在积极响应国家推进新兴能源产业发展战略上起到了全国表率作用。今年的两会，人大和全国政协会议，总理的工作报告确定了把新能源产业作为中国经济发展的重点，太阳能光电建筑就是其中之一。在这个大背景下，为普及太阳能光电建筑知识、协助唐山市开发利用好太阳能能源，由唐山市建设局等四部门和中国建筑金属结构协会光电建筑构件应用委员会共同举办了这次研讨会，邀请了来自德国、香港的专家以及企业家，为大家讲课。可以说，在座的来自唐山市建设局、科技局、发改委的人员是唐山市的中坚力量，肩负着唐山市可持续发展的重要职责，因此，希望研讨会能够让大家有所收获。对于太阳能建筑应用，我简单讲三点。

一、太阳能建筑应用是战略性新兴产业

1. 应对金融危机的战略抉择

大家知道，2008 年开始的全球金融危机，对世界各国的经济造成了严重的影响。对此，中国政府采取了增加投资、扩大内需、推进出口，以及制定出台宽松的金融政策、产业政策等一系列政策措施，使得我们国家顺利渡过了难关，实现了国民经济稳定健康发展。2010 年温总理说过，2009 年是中国最为艰巨的一年，2010 年将是最为复杂的一年，中国面临着调整经济结构、转变经济增长方式的巨大压力。从全球来看，面对世界金融危机的严重冲击，世界上主要发达国家都纷纷加大对科技创新的投入，加大对新兴技术和新兴战略性产业发展的布局，力争通过发展新技术，培育新产业，创造新的经济增长点，抢占全球新一轮的经济增长的制高点。

可再生能源产业作为新兴战略性产业的重要内容，是经济复苏的重中之重。2009 年在中国政府四万亿投资的拉动下，中国 GDP 实现 8%的增长，而 2010 年要确保国民经济平稳较快发展，我们靠什么？要靠经济发展的同时，寻找新的经济增长点。但新的经济增长点是什么？就要通过科技创新，把可再生能源作为一个重要产业。中国幅员辽阔，风能、太阳能和生物质能等可再生能源比较丰富，产业发展的潜力巨大，

要抓住世界范围内产业结构调整的机遇，用节能减排和新能源技术改造传统产业，用生态安全的绿色产品拉动内需，用循环经济的总体思路构筑区域的经济结构，用环保的行为构建我们新的生活方式，实现中国经济顺利转型升级。

2. 低碳经济发展的必然选择

人类社会发展到今天，经历了农业文明、工业文明，今天又进入到新的文明时代，也就是低碳文明。低碳经济就是以低能耗、低污染、低排放为基础的经济发展方式。其实质是能源的高效利用，开发清洁能源，追求绿色GDP，核心是能源的技术创新，制度创新和人类生存发展观念的根本性转变。随着我们全球人口和经济规模的不断扩展，能源使用所造成的人类环境问题正逐步被人们所认识，不仅是废水、空气废弃物，废气排放带来的危害，更严重的是大气中二氧化碳浓度的升高，将会导致全球气候发生灾难性的变化。发展低碳经济，有利于应对地球的气候变化和解决环境污染问题。环顾当今世界，发展太阳能、风能、生物质能为代表的新能源，已经刻不容缓。发展低碳经济，已成为国际社会的共识，正在成为新一轮国际经济的增长点和竞争焦点。

从国际上看，目前全球温室气体减排由科学的共识转变为实际行动，全球经济向低碳转型的大趋势逐渐明显。英国2003年就发布了白皮书，提出我们能源的未来就是低碳经济，2009年7月发布了低碳转型计划，确定到2020年40%的电力来自于低碳领域，包括31%来自风能、潮汐能、8%来自核能，投资达到1000亿英镑。日本1979年颁布节能法，2008年提出能源与环境技术将引领全球，要把日本打造成为世界第一个低碳社会，2009年8月发布了建设低碳社会研究开发建设计划。美国的众议院2009年通过了经济能源与安全法案，设置了美国排放的限制，预计到2020年削减17%，到2050年削减83%，同时奥巴马政府推出了近8000亿美元的绿色经济的复兴计划，优先发展清洁能源。

对中国来说，发展低碳经济是中国实现科学发展、和谐发展、绿色发展、低代价发展的必然要求。通过发展低碳经济，既要促进节能减排，又要推进生态建设，实现经济社会的可持续发展、科学发展。太阳能建筑应用是低碳经济发展方向之一，是与中国正在建设资源节约型、环境友好型社会的本质相一致的，是与国家的宏观政策相吻合的。所以大家也认识到，这是低碳经济发展的必然选择。

二、太阳能建筑应用健康发展的四大重点

1. 政策导向

应该看到，我们国家扶持力度也比较大，特别是近两年我们发布了一系列政策，其中财政部、住房和城乡建设部2009年发了三个文件，2010年财政部办公厅和住房

城乡建设部办公厅又发了一个《关于组织申报 2010 年太阳能光电建筑应用示范项目的通知》。同时，住房和城乡建设部和财政部共同联合组成了可再生能源项目协调办公室，负责审批各地上报的太阳能建筑应用项目。这些文件的出台起到了很大的促进作用，各省市积极性相当之高。据了解，2009 年全国太阳能光电建筑应用示范的项目，通过审批的就有 111 个。其中河北省就有三个项目，一个是保定天威集团综合科技楼太阳能光电建筑项目，装机容量 308kW，补助资金 508 万。第二个是保定市高新区小学太阳能建筑一体化并网应用发电项目，装机容量 120kW，补助资金 161 万。还有一个是馆陶县第一中学光伏发电工程项目，装机容量 159kW，补助资金 207 万。这次我们考察德国，德国农村的农民都在申请项目。德国有个政策，居民用电每度电两毛钱，如果安装太阳能光伏发电系统，发出的电上网，每度电可获得四毛钱的收益，全部投资大约在五到八年内可以全部收回，八年之后就净赚，大家积极性相当之高，因此，德国是全球太阳能建筑应用发展最快的国家，这个政策的导向作用相当关键。

2. 科技攻关

可以说，太阳能建筑应用不仅能减少建筑耗能，还能造能、能发电，这对建筑来讲就是一场革命。放眼全球，中国生产的光电组件，无论是多晶硅、单晶硅，还是薄膜的，生产量居全球第一，但是中国在太阳能光电建筑一体化的技术水平，与发达国家还有不小的差距，比如光电组件安装技术，光电组件的质量评定和验收等。当今世界正处于经济结构转型时期，在全球各国高度重视绿色能源开发的大背景下，我们要抓住这千载难逢的契机，通过引进消化吸收德国等先进国家的技术，进行科技攻关，实现再创新，变为“中国创造”，力争具有占据新一轮全球经济增长制高点的核心竞争力。

3. 标准规范

随着太阳能光伏发电系统在建筑上的推广使用，建筑原有的标准和规范就要有相应的变化，要适应太阳能建筑的要求，我们要组织专家修订或者制定新材料、新技术的标准和规范，设立产品质量门槛，确保项目安全，促进太阳能建筑应用产业规范健康发展。

4. 项目实施与管理

项目是至关重要的。一个城市的发展，是由一个项目一个项目构成的，唐山市之所以发展到今天，是通过一个项目一个项目发展起来的；从人才成长来说，企业领导人、技术专家，也是通过一个项目一个项目逐渐成长的；从企业发展来说，企业赚取的收入和缴纳的税收，也是通过一个项目一个项目来实现的。今天，我们要推广可再生能源建筑，也要通过项目来实现。只有通过项目，才能真正增加可再生能源产业在经济中的比重。我特别关注 2009 年的 111 个项目，由于在实际工作中存在这样那样的矛盾，有可能达不到项目当初可行性研究预想的局面，需要加强项目实施和管理。

三、专业委员会要把握好太阳能建筑应用的人才聚集和成长规律

太阳能建筑应用是新兴产业，要发展靠什么？要靠人才，因为所有的技术和观念都要靠人去干。今天大家参加会议，这是一次对人才的再培养、再教育。我认为唐山市只有更多的人懂得、掌握、研究可再生能源，才能真正使唐山市成为可再生能源的示范城市。

1. 培育创新型人才

创新型人才至关重要。我们对创新人才要有宽容的态度，不能要求事事都成功，不允许失败是不行的。俗话说，失败是成功的母亲，不要母亲是不行的。要为创新人才营造宽松环境，让他敢于创新、敢于失败，才能换来巨大的成功。我们企业要学会用感情留人、用事业留人、用待遇留人，真正做到以人为本，为企业和行业发展提供强大的人力资源储备。

2. 发挥专家和企业家的能动作用

当前，中国科技创新的重点在企业家，而企业家又离不开专家，专家的智慧、才能，要通过企业家去实现。只有专家和企业家紧密结合，才能促使科技创新成果顺利转化成生产力，才能获得巨大的成功。唐山市能够有今天的成就，是唐山市人力资源作用的成果，是唐山市专家和企业家共同努力的结果。

3. 依靠和协助政府部门开发人力资源

作为政府部门来讲，要全力做好人力资源开发。有个外国人曾经说中国的国有企业有“两个会”、“两个不会”，一是会财务管理，不会资本经营管理；二是会人事管理，不会人力资源开发。这话不全对，但是也值得我们思考。当今社会最大的浪费是人力资源的浪费，如果把人力资源开发好，我们的事业才能干好。作为协会来讲，要协助政府部门开发人力资源。比如这次的活动就是光电建筑构件应用委员会组织各方面专家和企业家，协助唐山市政府进行人力资源开发。通过邀请世界级专家讲课，培养属于唐山市的专家，因为只有最了解唐山的专家，才能真正改变唐山市的面貌，所以人力资源的开发是非常重要的。

我相信，今天的参会人员一定会有所得，一定能为唐山市贡献自己更大的价值。作为协会来讲，要尽心尽力为唐山市的发展贡献微薄之力。衷心祝愿唐山市各个部门能够充分发挥各企业、科研单位的人力资源作用，衷心祝愿唐山市从过去的辉煌走向未来的更加辉煌，衷心祝愿唐山的明天更加美好。

（2010年4月23日在城市太阳能光电建筑一体化应用研讨会上的讲话）

向专家们请教十个方面的问题
同心协力做好太阳能光电建筑应用的促进工作

这次会议是专家组成立大会。会议印发了我的讲话汇编，其中《发挥专家作用推进行业科学发展》、《专家的神圣使命》两篇讲话，主要讲了协会应怎么重视专家、怎么发挥专家的作用，希望专家组成员多看一看。今天我不重复这些内容，主要讲讲光电建筑应用十个方面的问题，向专家们请教，也可以说是我们专家组成立后需要研究的问题。

一、太阳能光电建筑一体化概念的确定

太阳能光电建筑一体化，这个概念如何确定？我看了一下资料，一个叫 BIPV，PV 不用说了，是光电。这个 B 是建筑，这个 I 的翻译就多了，怎么翻译中间这个 I，后面还有一个 BAPV，BAPV 中间一个 A，翻译也不一样。有的把 BIPV 的 I 翻译成集成，就是集成化，或者镶嵌式，或者一体化，所以 BIPV 直译应该是集成到建筑物的光伏发电系统，简称为建筑光伏，建筑集成光伏，或者说光电建筑一体化；有的把 BAPV 的 A 翻译成附着式，或者集合式，所以 BAPV 直译应该是附着安装在现有建筑物的光伏发电系统。

怎么看这个问题，我赞成一个观点，当然不一定正确，确实是请教。光电建筑应用应该包括 BIPV 和 BAPV，不能局限于 BIPV。所谓附着式也不是那么简单地就放在建筑上，你还要增加建筑的荷载，也要有一定的结合。从广义来说，无论是集成还是集合，安装在各种建筑物上的光伏发电系统均可称为 BIPV。为什么要谈这个问题？因为我们光电事业的发展必须要制定各种标准规范。如果我们这些概念弄不清楚，我们在和专家们在一起制定标准规范的时候，张专家说张专家的，李专家的说李专家的，那就不太好办。

我还想再从广义说一下，我们讲的是光电建筑应用，可能在我们研究光电建筑应用的同时，还要研究光热。光热是由光产生热，也是能源的转换。建筑物不光是耗能，还能造能，要这么来考虑，因此，光热也是我们考虑的内容。作为一个协会组织，要围绕新能源产业做我们的工作，这也是非常重要的。以上讲法不一定很确切，供大家一起研究讨论。

二、太阳能光电建筑应用方面国家层面的政策规定

我们应该认识到，光电建筑应用离开国家政策是无法发展的。没有国家政策，光靠企业去推动是不行的，我可以断定，世界上任何一个发达国家都在研究光电建筑应用的有关国家层面的政策。这次去德国考察，我们亲身体会到德国最佳的政策就是上网政策，我很欣赏这个。建筑物发的电必须上网，并且优先上网，上网的价格大致上是我们平时用电量价格的双倍，0.39 欧元，就是说你向电网供电 4 毛，自己用电 2 毛，那你不是赚两毛吗？农民为什么要家里屋顶上装个光伏发电系统？光伏发电系统要投资、要花钱的，但他算了一下，如果光电这部分的投资上网的价格给我，大概五到八年的时间，我就能全部收回投资，是个很好的投资项目。那差额 2 毛哪里来？就靠可再生能源的调节费。什么叫可再生能源调节费呢？就相当于我们乘飞机，除了买机票以外，还要付一个机场建设费，形成了所有乘机的人都要为机场建设拿钱。德国电网收取的可再生能源调节费实际上，就是号召全德国人都要支持可再生能源，这样调动了全社会的太阳能建设、应用、投资的积极性，因为上太阳能有钱可赚，有利可图。

应该看到，我们国家扶持力度也比较大的，特别是近两年我们发布了一系列政策，其中财政部、住房和城乡建设部 2009 年发了三个文件，2010 年财政部办公厅和住房城乡建设部办公厅又发了一个《关于组织申报 2010 年太阳能光电建筑应用示范项目的通知》。同时，住房和城乡建设部和财政部共同联合组成了可再生能源项目协调办公室，包括审批这些项目。这些文件起到了很大的促进作用。这次我到德国一看，觉得我们这些文件有些地方值得商讨。现在是国家财政拿钱，上项目给予补贴，一度电补贴两毛钱，有的一毛九、一毛八，补贴完了，电发得怎么样？能不能持久发电？后期效果就不知道了，并且财政的钱也是有限的。因此，我们政策还有待进一步完善。

不管怎么说，应该看到太阳能光电建筑是我们 2009 年人大、政协两个会上确定的新兴能源产业、新兴战略性产业，是我们应对世界金融危机的需要。去年应对世界金融危机，是我们国家最为困难的一年，2010 年温总理说是最为复杂的一年。在这样的情况之下，要把新能源作为国民经济新的增长点。对我们企业来说，对我们行业来说，同样也是一个新的经济增长点。

同时还要看到，太阳能光电建筑是我们应对低碳经济所需要的。2009 年，温总理在哥本哈根气候变化峰会领导人会议上承诺过，中国是一个负责任的大国，到 2020 年，我们的单位国民生产总值能耗比 2005 年要降低 40％～45％。这样，我们在能源考虑上不得不选择可再生能源。也就是说，面临着低碳经济的发展趋势，需要大

力发展这样一个新兴战略性产业。可以说，金融危机是我们面临的机遇和挑战，低碳经济也是我们面临的机遇和挑战。这些都需要我们去研究，制定国家层面、地方政府层面的各项政策。

三、太阳能光电建筑应用在建筑设计和电力设计的结合上的方针及其实施

设计是一个产业，不光有建筑设计，所有搞产品生产的都有设计。设计是产业发展的灵魂，要抓设计产业。我们是搞建筑的，大学里学的建筑学，当然离不开建筑设计，现在建筑面临着新的问题，光电建筑应用一体化就有个光电设计和建筑设计之间有机结合的问题，对于我们设计院来讲也是一个挑战。我们的知识面要增加，不仅包括建筑的防震、防水、气密性，还要包括建筑防震、防爆、防雷电等新知识。可以这样说，我们的光电建筑应用在全国即将兴起新的高潮。在新的高潮面前，这两个设计的结合至关重要，它将决定着太阳能光电建筑的寿命、魅力、可持续发展。

过去，我们建筑设计的方针是“经济、适用、美观”，现在呢？这个方针的内涵还要发展，尤其是光电建筑一体化设计，是否要更加重视稳定和持久等都需要研究，这方面还有很多工作要做。设计把光电建筑的理论、光电建筑的新技术真正应用到光电工程项目上，是必须高度重视的一个重要环节。如何实施好太阳能光电建筑应用在建筑设计和电力设计的结合，需要我们加强这方面的研究。

四、光伏电池及组件的产品标准、质量鉴定以及营销的规定

从全球来讲，中国的光伏电池及组件生产量是领先的，技术水平也是不错的。但是，也面临着一些新的问题。这次我们到德国考察，发现我们的标准组件从中国卖到德国来了，卖到德国最大的 IBC 公司。在 IBC 公司的试验场，摆放了全球八九个国家的组件，中国的企业主要是两大家，就是英利和尚德的。之所以 IBC 公司要做试验，是因为你的组件卖到德国，要满足德国有关标准规范，否则无法使用。

我相信全球在光电组件上的发展速度，不亚于数码产品发展的速度。我总想到，1995 年，我当建设部总工的时候，带领一班人到日本东京去考察，日本人向我炫耀说他们研究出数码相机，照相不用底片，用那个照相机当时给我照了个相，当时这还是试验品，没有投入生产。但当我回来不到半年，中国也有了，全世界都有了，并且从开始 50 万像素，到现今的千万像素，发展速度相当之快。同样，光电组件发展亦是如此。随着研发的不断进行，总要有新一代组件的产生。为了保证产品质量、开发国际市场，应该对新组件的检测，对新组件的质量鉴定，以及新组件的营销上应该有

哪些特殊的规定需要我们去研究。

五、光电建筑安装的施工工法

中国建筑业从业人员4500万，将近有3500万左右是农民工，在施工现场90%的人员是农民工，离开了农民工，施工企业将一事无成，什么楼也盖不了。但是农民工的层次是不一样的，是需要培训的。国内出现的质量事故、安全事故，往往是农民工无知人胆大而造成的，不懂装懂。我当总工时，有一年到湖南长沙，看到有个二层楼的一面墙要拆掉，项目经理指挥怎么拆都拆不掉，指挥民工用钢丝绳把墙绑起来拉，站在一层的楼顶上把二楼的墙拉倒，拉也拉不倒，又指挥3个民工去挖墙脚，还告诉他们一晃你们就跑，正好一拉一晃，把工人全砸死了，最后了解到这个项目经理本身是个材料员，是总经理叫他去当项目经理的。回顾计划经济年代，建筑工人有八级工资质，不管哪个工种，你先当学徒，出徒以后转正，转正以后学习应知、应会才能升到一级工，再到二级工，比较聪明的人大概50多岁能到八级工，一般的人60岁退休也就是六级或七级工。现在市场经济年代了，这些好的东西都弄没了，现在是扔下锄头就是八级工，啥都敢干，这能行嘛？

现在，我们又面临新的问题，即太阳能光电建筑安装。太阳能光电建筑的安装，是不是谁都可以安装？安装后的维护、发电并网等等一系列问题，是不是谁都可以负责？在德国，德国IBC公司成立了专业安装师队伍。这个队伍就二十几个工人，经过IBC公司安装师资格培训，每个人都拿了安装师资格，专门从事太阳能光电建筑安装，一年产值两千万欧元。我国光电建筑安装的从业资格问题，可否需要我们国家劳动人事部门产生一个新的工种，一个特殊工种，确保太阳能光电建筑组件安装质量，或者是光电建筑能够稳定安全，达到我们预想的目标。

六、太阳能光电建筑应用方面的标准规范

在座的有相当一部分是从事制定标准和规范的专家，这是非常重要的。我在住房和城乡建设部当总工的时候，给标准定额司、标准定额所，以及在全国的标准会议上多次讲过标准问题，即三流的企业卖劳力，二流的企业卖产品，一流的企业卖技术，超一流的企业才卖标准。标准是我们技术创新的前提，新材料、新技术、新产品的应用离不开标准。当然，标准有国家标准、有地方标准、有部门标准，还有一个我们不太重视的就是企业标准。除了产品的技术标准之外，还有管理上的规范、规程，这些都属于标准一类的东西，都要引起我们足够的重视。

怎么理解标准？这也是一个问题。我在当总工程师的时候，宁波招宝山大桥发生

了事故，大桥在斜拉桥和平跨桥之间断了，设计单位认为是施工单位的责任，施工单位说大桥施工质量是好的，是设计单位的责任，双方争论不下，都不认账。最后，我开了六个座谈会，确定为技术责任事故与标准有关系。这个大桥是按照斜拉桥标准设计的，但是这个桥不是斜拉桥，它2／3斜拉桥，1／3平跨桥，断就断在那斜拉桥和平跨桥中间，你怎么按斜拉桥设计规范设计就能符合它要求呢？中国还没有这样的2／3斜拉桥，1／3平跨桥的一个设计标准，最后他们都认了这个账。因此，对工程来说，标准是至关重要的，但是如何执行标准也有很多地方值得研究。同样，标准规范要引起太阳能光电建筑构件应用委员会的高度重视，也需要建设部标准定额司、标准定额所的全力配合。我们可以组织专家对标准的补充、修订提出建设性意见，同时要承担他们委托的各种标准的修改、制定，以及颁布实施的指导等相关工作。

七、太阳能光电建筑应用的新技术

首先，我们要讲技术创新，技术创新包括原始创新、集成创新、引进消化吸收再创新三大类。从原始创新来讲，我们的企业应该有自己的专利权，一个企业只有获得自己的专利权，企业才能够发展。还有国家批准的工法，施工的工法等。从集成创新来讲，我搞了一辈子建筑，和曾经搞技术的同志们讲过，什么叫建筑？宝马汽车是高速公路上跑的建筑，登上月球的飞船是登上月球的建筑，航空母舰是海上航行的建筑，飞机是天上飞的建筑，如何把它们的技术集成应用到我们的建筑上来，它们的材料、门窗、涂料、胶条，应用到建筑上来，这样是什么结果？从引进消化吸收再创新来讲，这一点更为重要，我们所有的创新不能从零开始，中国有条件掌握人类历史发展到今天所有先进技术，在充分了解国内外先进技术的基础上再创新。这次去德国，随团的企业家一边看工地，一边把小构件带回来研究，就是希望吸收国外先进产品，回国后变成“中国创造”。

从某种意义上来讲，中国是一个制造大国，今天要变“中国制造”为“中国创造”，中国要成为创造大国才行，所以要搞技术创新。技术创新离不开专家，但是也不要忘记，企业家是主力，主力在企业。要想快速发展的企业，必须高度重视研发机构，让专家的成果转化成生产力。提到我们的研讨会，我在其他地方也讲过，20世纪80年我在当黑龙江省建委主任期间，考察过苏联，当时建研院的一个苏联专家给我讲，讲的也很坦率，他说我们和中国都是社会主义国家，我们每年举办了不少论坛，发表了不少论文，就是为了得个勋章，得个奖，把论文发表到杂志上。日本老板太聪明了，把我们杂志买回去，没过一个月转化成企业的产品，形成了生产力。因此，我想我们的研讨会要总结推广新技术，攻关新课题，更转变成生产力，把专家的智慧转化成企业的财富，这些需要我们专家和企业家之间有机结合，研究推广成熟的新技术，研究确定需要攻关的新技术。

八、组织实施电力并网

我认为，太阳能发电的电力并网是迟早的事情，靠现在补贴政策是不能持久的。但怎么上网，还需要研究。我也看到一位专家写的一篇文章，他说现在我们上网有困难，很难上网，上网的成本费用太高。具体来说，中国光伏组件产能已经是全球第一，2007年、2008年连续两年，中国风电机组增加数量也是全球第一，去年被美国超过，但如果离开了财政的大量补贴，没有一家风电厂、光伏发电厂能够并网发电，哪怕作为一个备用电源都没有价格优势。而美国的成本已经低到3美分和7美分，中国的成本大约是多少钱呢？如果把所有财政补贴都剔除的话，按照中科院资源所的估计，大约是一块四毛钱，根本没有办法并网，要想并网每度电需要补贴一块钱，扩张性财政政策短期可以这样做，长期这样显然不利于新能源产业的健康发展。这个说明什么问题？尽管按照国家政策要求，太阳能发电肯定要上网，而且优先上网，但是我们的上网成本、整个光电建筑应用的成本必须下降的，只有通过技术的措施使价格能控制在可以接受的范围之中，这样才能真正做到上网。

组织实施好电力并网非常重要。我们去德国看到，有的孤零零的一间平房，屋顶上安装了太阳能电池板，它也上网了，每个小小的光伏组件都要和电网连在一块，加上上网的措施和办法，上网电压的检测等，都不是那么简单，并且大大小小的光电建筑发电都上网，对电网的要求又高了，电网也要改进，这一系列的技术问题，对于组织实施好电力并网非常关键，需要我们统筹考虑，认真研究。

九、加强太阳能光电建筑应用的项目管理

我们要高度重视项目管理。可以这样说，我们的人才成长，现在的专家，都是从一个项目、一个项目积累成的；我们的企业，领军企业，包括今天的两个主办单位，一个正泰一个中南，他们之所以有今天，也是从一个项目、一个项目发展到今天的。我们的项目经理，我们的总经理，也是在一个项目、一个项目中成长的，甚至于城市，像杭州市、上海市、北京市等，也是通过一个项目、一个项目进行变化的。没有项目，所有讲的发展都等于零，都是空喊口号。同样，发展太阳能光电建筑应用不重视项目，那都是瞎说，那叫吹牛。我关注了去年由于光电建筑一系列政策的出台，大批申请财政补贴的项目上报上来。2009年财政部、住房和城乡建设部可再生能源项目办公室审批了111个项目，申请的光电装置容量共计151910.87kW。核电补贴光电装置容量共计91441kW，总补贴金额共计127169万，也就是说，国家财政拿出12

个亿补贴光电建筑，直接补了70%，89019万。我现在就担心，这111个项目，财政12个亿下去了，最后111个项目达到预想目的、持续发电的有多少个项目？我不是在泼冷水，首先我们要充分肯定大家上太阳能光电建筑的积极性，太阳能光电建筑肯定要大上，但是问题确实不少，很多新问题需要研究，本身建筑就是个百姓高度关注的话题，“楼歪歪”、“楼倒倒”现象时有发生，现在再加上一个光伏组件，最后建筑效果是什么？很难说，越是新东西越难说，越需要我们统筹研究、精细管理。一句话，要真正落实到低污染、低排放、低能耗的项目上去，那才叫低碳经济。我高度关注2009年这111个项目的建设情况，建设以后投入使用的状况，光电组件衰减状况，以及因暴雨、台风等各种自然灾害袭击的抗灾状况。我们要高度重视项目，有时间要组织专家们考察项目，项目是检验我们的科技成果，检验科学发展观落到实处的载体。我们要认真重视，加强研究光电建筑应用全过程的项目管理。

十、作为专业委员会应开展的活动

在协会工作，我有很多体会，应该说在全球市场经济发达的国家，协会是作为市场经济的一个重要组成部分，起到政府，或者说企业不可替代的作用。它服务于企业，为企业创造商机；它关注着行业，关注着整个行业的全球发展，以及符合中国国情的发展。协会要干的事情很多很多，对协会我也有两句话，“干起来没完没了，不干不多不少”，没有协会企业照样发展，有了协会能够扶持企业更好地发展。太阳能光电建筑应用，对我们建筑来讲是一场革命，是要在建筑原有的功能基础上增加一个造能。建筑革命性的突破，需要专家们聪明才智的支撑。今天，光电建筑应用技术专家组在杭州成立，这是协会给专家的一个舞台，协会以专家为骄傲，离开专家，协会什么也不是。同时，企业要学会用好协会，利用协会为本企业的发展服务，要把协会看成是我的协会。协会需要举办那些为企业创造商机的活动，和国际上同行业增进联系、开展合作的活动。如果有本事，中国也可以联合有关国家成立世界太阳能建筑应用协会，联合世界各国相关协会，共同为人类社会的发展发挥作用。我研究过多个协会，提出政府的工作靠权力，协会的工作靠魅力。协会没有权力，没有“三定”方案，它是跨部门、跨行业的，有丰富的专家人力资源的一个组织，聚集大家能够形成更大的力量。尤其是当今时代，是知识爆炸的年代，任何一个专家离不开专家群，任何一项科学发明不是某一个人独立完成的，而是一群人共同努力的结果，就像美国的阿波罗计划，将近有上百万人的协作配合才能实现。今天，我们不可能再出现一个牛顿，看到苹果从树上掉下来，马上想到一个自由落体定律，没有这样的好事情。科技发展到今天，任何一个专家都需要方方面面的科学知识，比如太阳能光电建筑，包括建筑学、光学，材料学、机械学等多学科知识。任何一个专家都需要和方方面面的专家协作配合。

作为协会，我们会高度尊重每一位专家，尊重专家就是尊重知识。相比较而言，建筑业不是高新技术产业，是需要用高新技术改造的行业。但是，太阳能光电建筑在建筑业中是科技含量比较高的一个新兴产业，新兴产业必定面临一些新问题，这些问题需要专家们去认真研究。在此，我衷心祝愿专家委员会的成立，衷心祝愿专业委员会能够把专家们紧紧团结在一起，实现新老结合，要继续发挥“70后”、“80后”（对70多岁、80多岁专家的谐称）的聪明才智，同时也要培养新一代专家，从而实现光电建筑行业的人力资源大开发，为行业的健康发展作出更大的成就。

（2010年4月27日在光电建筑应用技术专家组成立大会上的讲话）

论光电建筑在新能源产业革命中的作用

中国建筑金属结构协会成立光电建筑构件应用专业委员会，是应部分光伏组件企业、幕墙企业和一些院、所、校等部门的要求而成立的。委员会成立以来，我先后作过三次讲话。一是讲关于大力推进太阳能在建筑方面的应用，二是讲加快太阳能建筑应用这一战略性新兴产业的培育和发展，三是就光电建筑应用技术，我提出了十个专业问题与专家们一起探讨，直到现在专家们也围绕着这十个专业方面的问题展开进行讨论、探索。

最近一段时期，光电建筑应用专业委员的同志到各地去调研，了解各省市有关企业在推广光电建筑应用方面的进展情况，从工作开展情况来看，不少企业普遍反映相关部门对这个问题的认识不太高。

那究竟为什么要搞光电建筑应用这项工作呢？尽管财政部、住房和城乡建设部在2009年联合下发了《关于加快推进太阳能光电建筑应用的实施意见》的文件，即[2009] 128文。应该说这个文件对地方推进光电建筑应用，起到了一定的推动作用，各省、市也纷纷上报了太阳能光电建筑应用示范项目。但从整个社会来讲，对太阳能光电建筑应用的认识还是不高的。在中国，需要全社会提高对光电建筑应用的认识，只有认识提高了，才能解决一些切实的问题，才有人愿意去干这件事情，这件事情才能得到有效地进行。

我看了一下论坛的日程安排，今、明两天将有若干位技术人员和专家，就太阳能光电建筑应用技术，或专家们在这方面的研究成果和大家进行交流。我今天不作为演讲的嘉宾，我来和同志们一起探讨光电建筑在新能源产业革命中的作用。

一、新能源产业革命已经形成

最近，我们党的十七届五中全会刚开完，十七届五中全会主要审议通过了中国国民经济发展第十二个五年规划的建议，第十二个五年规划从明年开始。这个建议强调在“十二五”期间中国经济社会发展，一个要抓住一个主题，一个要抓住一条主线。主题是什么？主题仍然是科学发展，明确指出：坚持发展是硬道理，才是真正的科学发展，中国需要进一步发展，所有存在的问题，都要通过发展来解决。不发展，底下的问题只能是越来越多，所以第一强调主题是发展。第二强调是主线，主线是加速转变我国国民经济的发展方式，实际上是提高发展的质量和怎么样发展的问题，强调在发展的质量方面、发展方式方面，要围绕着低碳经济去考虑节能、减排、保护环境等，当今人类社会进入到低碳社会，可以说是人类社会文明的第三次大革命。人类社会第一次文明革命是农业革命，过去原始人只知道吃野果，以后发现了种植业，发展了农业，这是人类社会的一大进步。之后社会又进步了，发明了蒸汽机，人类社会文明又进入了工业革命。今天我们人类从农业文明革命、工业文明革命进入到低碳文明革命，即低碳社会、低碳经济、低碳生活等。

对我们从事光电建筑应用的同志们来讲，要充分认识到在新能源产业革命中的所起的作用，及时地通过光电建筑应用的实践，感觉到主题是发展，主线是加深或加快我国国民经济发展方式的转变，其主要核心是围绕着低碳、节能、减排、保护环境等考虑，记住特别强调发展新型的战略型产业，包括我们的能源产业，是新型战略型产业。从这个观点去考虑，根据我们光电建筑构件应用专业委员会调查情况来看，我再一次强调一下光电建筑应用在新能源产业革命中的作用，国家从下面三个方面来抓，一个要看到新能源产业革命已经形成，我们中央从政治层面来抓，有文件，又有“十二五”发展规划来指导。同时各级政府部门很重视，住房和城乡建设部、财政部也制订了一些具体的政策，尽管我们有些政策还没完全到位，但毕竟有个参照。我们的新能源产业革命应该说是最早从人类社会开始，从十八世纪中叶，从发展工业开始，人类进入到第二次大文明，即工业文明开始，进入到新产业革命，不仅提高了劳动生产率，而且使社会财富增加。在整个工业文明革命中，也附带着很多不完善的问题，如人类社会人口剧增，人类社会的自然资源短缺，人类社会的环境恶化，以及人类社会发生的各种各样的自然灾害。在现实面前，人类社会怎么发展必须考虑。从 20 世纪 60 年代、70 年代以来，人类社会从自己所取得的进步，逐渐认识了本质，认识到在传统的西方工业发展方式，是以破坏人类基本生存条件为代价，来获得经济增长的模式。今天，我们需要从过去的发展方式转到人类社会应该选择的可持续发展，要从高能耗、高排放、高污染、转入到低能耗、低排放、低污染，认识到人类社会必须坚持可持续发展。由此，新能源产业革命已经形成。

二、新能源产业革命的标志

新能源产业革命的标志是可再生能源的利用。

在 20 世纪的世界能源结构中。人类所利用的一次性能源，主要是石油、天然气和煤，统称化石能源。经过人类数千年，特别是近百年的消费，这些化石能源已被消耗了相当比例。随着世界经济的迅猛发展、战后 65 年来世界人口急骤增加和人类社会生活水准的不断提高，未来世界能源消费量将持续增长，终将走向枯竭而被新的能源所取代。经过广大科技人员、专家的不断开拓、探索，终于找到了可替代化石能源的新能源，我们统称为可再生能源。可再生能源有以下四种。

1. 太阳能

太阳每年为地球提供100亿亿度电的能量，目前，人类对太阳能的新利用有光热转换、光电转换和光化学转换三种形式，太阳能主要应用于发电、热水、采暖、空调等方面。平板太阳能热水器、真空集热管、晶硅太阳电池、非晶薄膜电池等关键部件，主要朝着提高集热性能、提高光电转换效率、降低成本的方向发展。2005年，全球太阳电池产量是1200MW；2009年，达到10431MW。2005年，全球累计光伏电池安装量为6000MW；2009年，累计光伏电池安装量超过了20000MW。

2. 风能

世界风能的潜力约3500亿kW。风能最常见的利用形式为风力发电。截至2009年底，全球风能累计装机容量达到1.59亿kW；2009年，新增装机容量为3800万kW；所有风电机组的发电量每年达到340TW时，占全球用电总量的2%。2009年，风能创造价值50亿欧元。预计到2010年，风能产业可提供100万个就业机会。

3. 地热能

地热能离地球表面5000m，15℃以上的岩石和液体的总含热量，据推算约相当于4948万亿t标准煤。高温地热主要用于发电。中低温地热，通常直接用于采暖、工农业加温、水产养殖、医疗和洗浴等。截至1990年底，世界地热资源开发利用于发电的总装机容量为588万kW，地热水的中低温直接利用约相当于1137万kW。

4. 海洋能

海洋能的蕴藏量是非常巨大的，据估计有780多亿kW，其中波浪能700亿kW，潮汐能30亿kW，温度差能20亿kW，海流能10亿kW，盐度差能10亿kW。海上导航浮标和灯塔的照明已经用上了波浪发电机发出的电。大型波浪发电机组已问世。许多国家已经开始建造潮汐电站和波浪电站。

2009年，胡锦涛主席在联合国气候变化峰会开幕式上，温家宝总理在哥本哈根气候峰会上，分别向世界作了承诺：中国在五年内要节省6.2亿t标准煤，少排放15亿t二氧化碳；到2020年，可再生能源占一次能源消费比重达到15%左右。

经过“十一五”时期经济的快速发展，我国新能源产生发展惊喜不断、捷报频传，产业规模已蔚为可观。截至2010年8月底，我国水电装机容量达到2亿kW，约占全球装机总量的40%，排世界第一；风电装机容量超过了3000万kW，占世界第二位，仅次于美国；太阳能利用达到1.6亿m^2，也居世界第一位，占全球使用量的60%，且发展势头良好。我国可再生能源利用总量约合2.25亿t标准煤，占全年能源消费总量的7.3%。

据规划，可再生能源在2050年的份额中，太阳能将会达到28%左右，可见，太阳能利用将会是未来可再生能源利用的一个主要方向。

“十一五”期间，不仅可再生能源的规模迅速扩大，而且最为重要的是人们对新能源利用的认识大为提高。

由此可见，可再生能源已经形成了一个新型能源产业。

三、光电建筑的转变特征

我们建设口都是搞建筑的，无论是城市建设、城镇建设、住宅建设都是搞建筑的。建筑物本身是耗能的，据不完全统计，全世界30%的能耗是建筑物。今天我们不仅是讲节能，还要造能，不能不说这是一场革命。

1. 光电建筑的革命性特征

太阳能是最具潜力的新能源。因为，地球上的风能、水能、海洋能、生物质能的形成根源都来源于太阳，它们是太阳能的不同转化形态。太阳能与建筑结合，为太阳能的开发利用找到了更加广阔的领域。光电建筑的革命性特征极其显著。

与建筑连在一起，就要讲建筑面积，全中国建筑面积总量相当大。

目前，全球建筑业产值约7.5万亿美元，占全球经济总产出的13.4%。全球建筑市场以年均4.9%的速度增长。到2020年，全球居民住宅建设将占据全球建筑市场的40%。据估计，2011～2020年，新兴国家建筑产值将增长110%，达到7万亿美元，占全球建筑市场的55%。因此，随着人口的不断增加，建筑面积将不断扩大。如果未来的建筑都是光电建筑，那么它的革命性是巨大的。

我今年和一些企业家去德国考察德国的光电建筑应用，德国的农民非常希望在自己的房顶上安装太阳能。说明德国的光电建筑应用已很普及。

我在国内经常出差，去过很多城市，每次飞机降落时，我看到许多建筑物上的大面积屋顶啥都没用，我感到很可惜。

据我所知，我国现有房屋总建筑面积约500亿m^2，其中城市房屋160亿m^2，住宅面积100亿m^2，农村住宅面积约160亿m^2。城镇住宅屋顶可利用面积10亿m^2，农村住宅屋顶可利用面积40亿m^2，共计可利用屋顶面积50亿m^2，假设其中20%的屋顶面积，在今后若干年内安装光电组件，则全部安装完毕，能发电100GWp，这是一个巨大的市场潜力。

我想如果都装上太阳能，中国光电建筑应用市场又是一个什么情况呢。

2. 建筑功能不断丰富

建筑功能大体包括：建筑的安全性、耐久性、舒适性、方便性、人文性、环保性、增值性等。建筑的安全性经历了，从最初的为了遮风避雨、防寒避暑、躲避野兽，发展到抵御自然灾害、防火、防盗、防辐射等功能。建筑的耐久性经历了，从最初的草木、泥土结构，到砖石、混凝土结构，再到钢筋及钢结构。建筑的舒适性经历了，从简单的保温隔热，到适合人体温度的保温隔热，再到合理的通风采光。建筑的方便性经历了，从仅仅满足休憩的需要，发展到用水、用电，洗衣、做饭，通信、交往等更多的需要。建筑的人文性经历了，从基本的生活居住，发展到生产劳动、文化娱乐、商业和交往活动，并带有越来越丰富的文化涵义。建筑的环保性随着人类环保意识的增强、环保技术和材料的进步，建筑废弃物可循环利用。建筑的增值性经历了，从材料消耗、能源消耗，发展到节能、降耗、减排，再到制造热能和电能。人类自走出洞穴的1万年以来，建筑随着人的需要、生产力的发展和科学技术的进步，建筑功能不断丰富。因此，从建筑 功能发展的角度可以证明，光电建筑的革命意义是显著的。

3. 建筑节能减排效果显著

有数据表明，工业能耗、交通能耗、建筑能耗，并称为人类社会的三大能耗。随着城市化的发展，建筑能耗将超越工业能耗、交通能耗，而居于社会能源消耗的首位，占到社会总能耗的30%以上。其中生活能耗，特别是采暖和空调可占到20%。另有数据显示，建筑在二氧化碳排放总量中几乎占到50%，远远高于运输和工业的碳排放量。为了能够更加有效的遏制住化石能源的消耗和二氧化碳的排放，人类已经找到了它的突破口——太阳能与建筑结合。因此，光电建筑在节能减排上的作用是革命性的。

4. 促进能源生产力发展

能源是人类社会赖以生存和发展的重要物质基础。纵观人类社会发展的历史，人类文明的每一次重大进步都伴随着能源的改进和更替。能源的开发利用极大地推进了世界经济和人类社会的发展。人是生产力最活跃的因素。光电建筑可以使人人都成为能源的生产者。节约能源就是生产能源；提高能效就是生产能源；改善能源结构就是生产能源；转变经济增长方式就是生产能源；保护生态环境就是生产能源；促进科技进步就是生产能源；加强能源管理就是生产能源。所以，光电建筑引发的能源生产力的革命是空前的。

5. 形成新兴产业体系

形成新能源在整个能源结构中的占比不断增长，特别是太阳能光伏在常规能源电力中的比例不断提高，人类社会的能源结构将发生改变，随着能源结构的改变，生产能源的方式也将逐步改变。能源的生产方式将呈现出多样化。随着能源生产方式的改变，产业结构将出现重大调整。高能耗、高污染的传统产业将退出历史舞台，清洁的、环保的、高效的新型产业将涌现出来。同时带来人们生活方式的转变，全人类都生活在无污染的环境中。随着生活和生产方式的改变，人们的思想观念也发生了改变，科学发展观和可持续发展观念，将成为人们根深蒂固的思想意识。因此，光电建筑在这场革命中的作用是不可低估的。

6. 能源发展史上的里程碑

人类从靠日取暖，到木柴薪火；从煤炭开采，到石油提炼；从化石能源，到新能源，尤其是太阳能。人类对能源的利用，经历了一个从天空到地面，从地面到地下，又从地下回到地面和天空的发展过程。地球的自然发展史，可以说是碳固化的历史。人类的能源发展史，可以看做是从高碳到中碳，从低碳到无碳，从低效到高校，从不清洁到清洁，从不可持续到可持续的历史。

一部人类的能源发展史，其实就是一部人类对能源的认识史。在这个历史的长河中，人类经历了一个从不自觉到自觉，从被动到主动，从低级到高级的能源认识过程。光电建筑在这个历史过程中具有里程碑式的革命意义。

四、中国在这场革命中的作用

1. 与经济发展的关系

太阳能光电建筑应用的推广同样离不开经济发展。

2009 年，中国 GDP 总量达到 33.5 万亿元人民币，GDP 增长率为 8.7%；进出口总额达到 2.2 万亿美元，成为世界上第一大出口国、第二大进口国。截至 2010 年 6 月底，中国外汇储备约 2.5 万亿美元；全社会固定资产投资完成 27.3 万亿元人民币，同比增长 25%；全年社会消费品零售总额将同比增长 16%。中国经济总量已经占到世界经济份额的 7.3%，居世界前位；工业比重占中国 GDP 的 53%，已经进入工业化中期。改革开放 30 年来，中国的经济发展取得了举世瞩目的成就，为新能源产业革命奠定了基础。

2. 与建筑业的关系

2009 年，中国的城市化率已经达到 41.8%，城镇人口达到 49.6%；全国房屋总面积已经超过 400 亿 m^2，今后每年还将新增建筑面积 16 亿～20 亿 m^2；到 2020 年新增建筑面积将达 200 亿 m^2。2009 年，我国建筑业总产值 7.6 万亿元，实现增加值 2.2 万亿元，比 2008 年增长 18.2%，约占 GDP 的 6.7%。2009 年至 2020 年，中国建筑业将增长 130%。预计 2018 年，建筑业产值将达 2.4 万亿美元，占全球建筑业总产值的 19.1%。中国建筑业的增长潜力，为光电建筑的发展创造了巨大的商机。

我们讲光电建筑应用，离不开讲建筑，建筑市场这么好的前景，这么好的机遇，我们相信中国的光电建筑具有更大的商机。

3. 从可持续发展战略来看

2003 年，胡锦涛总书记在中共十六届三中全会上，明确提出了“从坚持以人为本，树立全面、协调、可持续的发展观”。《国民经济和社会发展“九五”计划和

2010年远景目标纲要》提出，“今后在经济和社会发展中实施可持续发展战略”。2006年，《可再生能源法》颁布；2007年，《节约能源法》和《可再生能源中长期发展规划》颁布；2009年，《住房和城乡建设部关于加快推进太阳能光电建筑应用的实施意见》发布。2009年，中国政府在哥本哈根气候变化会议领导人会议上，向世界承诺“到2020年单位国内生产总值二氧化碳排放比2005年下降40%～45%”。中国的可持续发展战略，成为新能源产业革命的号角。

4. 中国光伏产业的发展

2006年我国太阳能电池产量为2501MW，2009年太阳能电池产量为9300MW，增幅为272%。但我国太阳能电池大部分用在国外，我在考察德国时，看到尚德的电池，还有英利生产的电池板安装在德国建筑上。英利在2010年南非的世足赛上，有“中国英利”的广告。2006年我国光伏装机容量为50MW，到2009年底，光电建筑应用装机容量为420.9MW。国家能源局最新透出的目标是：到2015年，国内光伏装机容量要达到5000MW；到2020年，光伏装机容量要达到20000MW。中国光伏产业的发展，为光电建筑的发展提供了强大的生产保障。

5. 中国将在新能源产业革命中发挥重要作用

中国经济的持续快速发展，奠定了中国将成为世界庞大经济体，其作用已不容忽视。科学发展观和可持续发展战略，指明了中国经济的发展方向，使中国站到了世界经济发展的高端。中国建筑业的巨大潜力和太阳能产业的快速发展，为光电建筑的蓬勃发展创造了条件。可以预见，中国的光电建筑在新能源产业革命中将发挥主导作用；中国经济将在世界新能源产业革命中继续崛起；中华民族的伟大复兴正在到来。

我们是从事光电建筑应用的所有企业、企业家，与我们事业相关的院、所、校各方面的专家，应该说是发挥我们聪明才智的时候到了，应该说我们在中国这样一个庞大的市场中，将能发挥越来越巨大的作用。当然，事情总不是自然发生的，总要有些骨干，我们要有一些光电建筑应用的骨干企业，光电建筑业的著名专家，一些热衷于光电建筑的新闻媒体，让我们共同致力于中国光电建筑更加美好的明天。

（2010年11月4日在第八届中国国际门窗幕墙博览会光电建筑应用讲座上的讲话）

大力推进太阳能建筑应用的三大关键

大家好！大家都是同行，都是朋友，今天在一起共同探讨，我只想谈几点认识，也是我最近思考比较集中的几个问题。我认为是大力推进太阳能建筑应用或者说大力发展光电建筑的三大关键：认识、行动及责任。

一、光电产业和建筑产业的有机结合（认识）

1. 光电产业

光电产业是以光电技术应用为对象所形成的各类部件、组件、设备等制造与流通的市场总和。换言之，光电产业是制造光电元件，或采用光电元件为关键性零部件的设备、器具及系统的所有商业行为。根据国内外科技和产业界的一般看法，光电产业可划分为九类行业，即光电元器件、光电显示、光输入/输出、光存储、光通信、激光、光伏发电、半导体照明、光电周边产品（主要是光电产品专用制造设备等）。

光伏产业的形成主要经历了以下过程：1941 年，奥尔在硅上发现了光伏效应。1954 年，恰宾和皮尔松在美国贝尔实验室，首次制成了实用的单晶太阳电池，效率为 6%。同年，韦克尔首次发现了砷化镓有光伏效应，并在玻璃上沉积硫化镉薄膜，制成了第一块薄膜太阳电池。1955 年，第一个光电航标灯问世。1958 年，太阳电池首次在空间应用，装备美国先锋 1 号卫星电源。1978 年，美国建成 100kWp 太阳地面光伏电站。1990 年，德国提出 1000 个光伏屋顶计划，在每个家庭的屋顶安装 3～5kWp 光伏电池。

大家知道，光电产业被国家确定为战略性新兴产业。这是适应世界低碳经济的需求，是建筑领域的一场深刻变革。可再生能源包括：风能、太阳能、潮汐能、生物质能等。光电产业是科技含量比较高的产业。我国的光伏产业是“两头在外”，一是硅原材料从外国进口比较多，二是我国光伏组件的绝大部分，90%是销往国外的。去年我带了一个团，考察德国的光电建筑，看到在 IBC 公司的实验室里摆放着英利、尚德等中国公司的光伏组件。英利去年在南非世界杯上打出广告，是全球首家可再生能源的世界杯赞助商，也是中国第一个世界杯的赞助企业。这说明中国光伏产业有能量。

中国是目前世界上最大的太阳电池生产国。2009 年，中国太阳电池产量达

4382MW，有4家中国企业跻身全球前10大光伏企业之列。从2005～2008年，中国太阳电池产量的年增长率都超过100%；2008～2010年增长率也在70%以上。目前，中国企业已基本掌握了太阳电池及多晶硅材料的关键工艺技术。但由于光伏发电成本高、并网制约等多种因素，导致国内光伏发电市场规模较小。2009年，我国太阳电池出口额超过了71亿美元，而国内市场需求量不足全国产量的10%。对国外市场严重依赖不是长久之计，它使得我国光伏产业面临着国际贸易保护主义的严峻挑战。

由于多晶硅材料生产规模大（经济规模为千吨以上）、技术复杂、建设周期长、投入大（10亿元/千t），多晶硅材料生产基本上掌握在发达国家的10家生产商手中。因此多晶硅产量的增长落后于光伏产业链其他环节的增长。太阳级硅材料成为光伏产业发展的主要制约因素。2007～2010年，我国有近50家企业正在建设，建设规模超过10万吨，总投资超过1000亿元。我国多晶硅材料厂家主要有：峨眉半导体、洛阳中硅、四川新光、徐州中能、无锡中彩、上海棱光。2000年，我国光伏组件年产能力5MW；2005年，光伏组件年产能力达100MW；2007年，达到3436MW；2010年，达到9300MW。2006年，我国光伏装机容量为50MW；2009年，光伏装机容量为140MW；2010年，申报的金太阳和屋顶计划合并容量为272MW。

2. 建筑产业

我一辈子都在搞建筑，建筑业在国民经济中的作用非常重要。各行各业的发展，千家万户的幸福都离不开建筑业；城市的发展，乡村的变化也离不开建筑业。建筑业作为传统的产业，近年来全球建筑业规模仍在不断扩大。目前，全球建筑业产值约7.5万亿美元，占全球经济总产值的13.4%；全球建筑市场以年均4.9%的速度在增长。2010年，我国房地产开发投资48267亿元，增长33.2%；房屋建筑施工面积70.1亿m^2，增长19%；建筑业总产值95206亿元，增长24%；累计施工项目471863个，增加20601个；施工项目计划总投资522161亿元，增长23.1%；新开工项目330049个；新开工项目计划总投资190805亿元。从全球来看，中国是世界上最大的建筑市场。

中国建筑业有两个特点，一是建筑市场非常大，从沿海到内地，从南方到北方，全中国就像个大工地。2010年，我国城市化率达到45%左右，每年城市化增长率不低于4%。“十二五”时期，发展仍是解决我国所有问题的关键。随着城镇化建设的不断推进，我国建筑业规模仍将不断扩大。二是建筑业是能耗比较高的产业，建筑节能的任务很艰巨。建筑业规模的不断扩大，使得建筑能耗问题日益突出。据统计，随着城市化的发展，建筑能耗将超越工业能耗和交通能耗，而居于社会能源消耗的首位，达到33%左右。可以说，建筑节能任务相当繁重。建筑能耗是指与建筑相关的能源消耗，包括建材生产能耗，建筑建造能耗和建筑使用能耗。以采暖能耗为例，我国北方城镇采暖能耗占全国建筑总能耗的36%，为建筑能源消耗的最大组成部分。

当前，我国北方正在实施供热体制改革，不再按照面积、人口收费，而是换成双排管，按照每户消耗的热量收费，从而减少不必要的能源消耗。国外把建筑业作为节能的重要领域来抓，我国现在也提倡绿色建筑和绿色施工。

3. 新兴光电建筑产业

作为战略性新兴产业的光电产业和作为传统产业的建筑产业的有机结合，形成了一个新兴的产业叫光电建筑业。以前我们的建筑耗能多，现在不仅能降低耗能，而且还能制造能源，所以说，光电建筑是建筑领域的一场革命。光电建筑从规划、设计、施工、监理、检测和评定等方面都和传统建筑不一样，要考虑发热和发电问题。光电建筑大致有十种形式：(1) 光伏屋顶（透明 (2) 或非透明）；(3) 光伏幕墙（透明 (4) 或非透明）；(5) 光伏门窗；(6) 光伏遮阳；(7) 光伏阳台；(8) 光伏墙面；(9) 光伏 LED；(10) 光伏景观小品。

光电建筑具有如下优越性：

(1) 节约用地：充分利用建筑物的有效采光面，可以不占用城市宝贵的土地资源；

(2) 建筑节能：减少建筑在使用过程中，建筑负载对化石能源的消耗；

(3) 即发即用：建筑光伏系统所发电能供建筑自身负载使用，可以减少电力输送线路的建设，减少输送线路的电能损耗；

(4) 多元发电：每个光电建筑都是一个发电站，一个建筑群落就是一个集中发电区域，打破了水利和火力电站的传统格局；

(5) 简捷发电：光伏系统的电能转换环节，是较之其他各种能源的电能转换环节都更加简捷的方式；

(6) 清洁能源：光伏能源不产生污染物排放，属于低碳、绿色的清洁能源；

(7) 取之不尽：有太阳辐射就有光伏电能；硅元素是除碳元素之外最丰富的元素之一；光伏能源具有极强的可再生性。

将光伏技术应用于建筑，使建筑实现了从耗能到节能；从零能耗到提供能源的革命性转变。光电建筑可以使人人都成为能源的生产者。节约能源就是生产能源；提高能效就是生产能源；改善能源结构就是生产能源；转变经济增长方式就是生产能源。所以，光电建筑引发的能源生产力的革命是空前的。

目前，我国光电建筑产业发展还是比较快的，但还有很多技术问题需要解决，比如光电并网，提高光电稳定性、转化率，降低发电成本等。我们要提高对光电建筑的认识，光电建筑绝不等于建筑 + 光伏系统。如果认为光电建筑只是在建筑上简单地安装了一套光伏系统，那就把光电建筑低层次化了。光电建筑产业有很大的市场，有很大的发展空间，全世界都在竞争。在这方面，德国已经走在我们的前面了，普及率比较高，值得我们借鉴。在“十二五”期间，在低碳经济的背景下，我认为这将是中国光电建筑产业大发展的五年，我们企业家要抓住这一重大的战略机遇期，大力发展光电建筑产业。“十二五”时期是全面建设小康社会的关键时期，是转变经济发展方式的攻坚时期，是加快改革开发、各行各业发展的重要战略机遇期。发展是主题。今后的五年甚至十年是中国光电建筑业大发展的时期，是我们从事光电建筑业的企业、设计部门、施工部门、幕墙公司、检测检验机构、原材料企业大有作为的时期。机会难得，对于我们在座的企业家、专家们，时势造英雄，要有所作为。

二、研讨、示范和推广的有力促进（行动）

1. 研讨高层次

光有认识不行，还要付诸行动。理论是行动的指南，实践是检验真理的唯一标准。光电建筑业还有很多不成熟的地方，我曾经向专家们请教过十个方面的问题。我们光电建筑应用委员会非常重视技术研讨，非常重视课题研究，非常重视研讨的高层次。光电建筑应用委员会的研讨分为两个方面：政策研讨和技术探讨。

政策研讨：

（1）可再生能源政策体系初探；

（2）中国与德国光电建筑发展路线的对比分析；

（3）论中国光电建筑在新能源产业革命中的作用；

（4）国家光伏发展规划研究；

（5）上网电价机制研究；

（6）太阳能光伏财政补助资金对比分析；

（7）中国光电建筑市场分析等。

技术研讨：

（1）光电建筑标准体系研究；

（2）建筑用光伏技术导则；

（3）光电建筑设计因素分析；

（4）光电建筑施工工艺要点等。

所以，研讨会非常重要，研讨是理论在前，理论水平决定行动水平，要组织专家们进行研讨。创新非常重要，创新有三种，包括原始创新、集成创新和引进消化吸收再创新。我认为在光电这方面更应当引进消化吸收再创新，我们把发达国家用于光电建筑的技术经验拿过来，引进过来，我们要消化、要吸收，我们要再创新。

2. 示范高水平

我们光研讨不行，还要形成生产力，要建设示范工程，引导和培育行业健康发展。20世纪80年代，我任黑龙江省建委主任，去苏联考察，人家当时跟我讲，我们苏联和你们都是社会主义国家，我们就是太笨，我们研讨得奖，发表在杂志上，结果日本人把杂志买去，没过两个月就形成产品了。我们要把研讨的成果转化成生产力，要建设示范工程。住房城乡建设部、财政部共同发布了有关组织实施太阳能光电建筑应用一体化示范的通知。2009年7月，全国共示范建筑应用项目111个，申报装机容量152MW、示范装机容量91MW，补贴金额约12亿元，项目覆盖了23个省（自治区）、3个直辖市和5个计划单列市。而2010年又优先支持太阳能光电建筑应用一体化程度较高的建材型、构件型项目；优先支持已出台并落实上网电价、财政补贴等扶持政策的地区项目；优先支持2009年示范项目进展较好的地区项目。2010年财政部、住房和城乡建设部组织实施了第二批太阳能光电建筑应用示范项目。截至目前，两部委先后实施太阳能光电建筑应用示范项目210个，总装机容量181.6MW，中央财政补贴24.6亿元。我也建议通过协会对全国211个项目进行一次大检查，看看究竟什么效果，干得怎么样。这样才能保证示范的高水平。当然，我国也建了很多优秀的示范项目。

世博会中国馆的太阳能装机容量可达302万kW；主题馆铺设光伏组件面积达2.6万m^2，太阳能装机容量可达2825万kW，太阳能板面积达3万多平方米，年发电量超过280万kW·h。整个上海世博会园区，光伏建筑的太阳能发电规模更是达到4.68MW，年均发电可达406万kW·h，减排二氧化碳总量逾3400t。天津市滨海新区宗国英区长向业界透露了滨海新区的“10万屋顶计划”。据宗国英介绍，计划到2015年，滨海新区将完成10万个光伏屋顶建设，总装机容量达到300MW。目前国家电网经营区域内接入35kW及以上电压等级的大型并网光伏电站已达到10个，共计110MW。威海市民文化中心非晶硅光伏屋面工程，屋面可安装非晶硅BIPV电池组件6030m^2，总装机功率270多kW，使用45台德国KACOPowador4501xi并网逆变器将电力并入电网，预计年发电量可达到32万多度。青岛火车站的光伏电站系统建设共100kWp，由珠海兴业新能源科技有限公司集成系统，采用了SMASolarTechnology研发生产的24台SB3800组串逆变器，以及数据采集器SunnyBoyControl和各种传感器，能够对整个电站系统实现有效的数据采集和运行监控。该项目在2008年上半年已经调试完成，并投入运行。京沪高速铁路是世界上一次建成线路最长、标准最高的高速铁路，该线由北京南站始发至上海虹桥站，全长1318km。上海虹桥高铁客站BIPV项目总占地面积1659m^2，方阵群由23910块电池板组成。项目完工后，预计每年将为上海虹桥高铁客站提供660万kW·h的清洁电力。

3. 推广高效益

研讨要行动，示范要行动，推广更要行动。可以说，“十二五”期间是从示范转向大规模推广的五年。近日，山东省阳谷县建筑节能办公室出台一系列政策，进一步规范了节能建筑认证体系，将太阳能光热系统融入现代建筑群。阳谷县以规划、施工为突破口，增加了太阳能光热建筑设计，规定从今年开始，凡新开发的住宅小区，必须在住房设计中增加太阳能光热系统，逐步形成太阳能建筑一体化。节能建筑认证体系要求，县城规划区内新建、改建、扩建的12层及以下住宅，必须安装太阳能光热系统，与建筑工程进行一体化设计与施工；12层以上住宅建筑，逐步采用太阳能光热系统。政府机构和政府投资建设的建筑工程应带头执行。

《可再生能源建筑应用城市示范实施方案》中要求："为进一步放大政策效应，更好地推动可再生能源在建筑领域的大规模应用，将组织开展可再生能源建筑应用城市级示范。""申请示范的城市是指地级市（包括区、州、盟）、副省级城市；直辖市可作为独立申报单位，也可组织本辖区地级市区申报示范城市。""在今后2年内新增可再生能源建筑应用面积应具备一定规模，其中：地级市（包括区、州、盟）应用面积不低于200万m^2，或应用比例不低于30%；直辖市、副省级城市应用面积不低于300万m^2。""资金补助基准为每个示范城市5000万元，最高不超过8000万元。"《关于加强金太阳示范工程和太阳能光电建筑应用示范工程建设管理的通知》中要求："进一步扩大国内光伏发电应用规模，降低光伏发电成本，促进战略性新兴产业发展。""选择部分可利用建筑面积充裕、电网接入条件较好、电力负荷较大的经济技术开发区、高新技术产业开发区、工业园区、产业园区等，进行用户侧光伏发电项目集中连片建设试点，统筹规划，整体推进，规划装机总容量原则上不低于20MW，一期装机容量不低于10MW。""结合开发区、园区等集中连片建设的示范工程，支持智能电网示范建设，以及微电网建设和运行管理试点。"

山东省推广光热是非常好的，山东省政府每年举办一次太阳能利用展览和研讨会，2011年成功举办了第四届。我看到山东省光热产品下乡，政府给予补贴13%，推广力度比较大。山东济南良友富临大酒店是其建设的太阳能与建筑一体化项目的典型。该酒店于2007年安装采光面积375m^2的太阳能热水工程系统，总投资约42万元，当时山东省政府还给予了30%的财政补贴。该系统一天可节电1000kW·h，一年可减排二氧化碳975t，节能减排效果显著，收回成本仅需3年左右。从山东省行动来看，山东省委省政府高屋建瓴、高瞻远瞩，山东省企业家一定要抓住重要机遇期，做大做强自身企业，壮大行业队伍，同时，为我们光电科研人员提供大有作为的重要平台。

光电建筑业发展基于两点：一是建筑大发展，新建建筑面积要不断扩大；二是既有建筑改造。有这两点，我觉得光电建筑市场无法估量，大得不得了。我去德国，从飞机往下看，屋顶到处都是太阳能电池，回到我们中国，出差坐飞机，从城市上空往下看我们的工厂，我们的企业厂房屋顶，都空着，没有东西，很可惜。所以我们要努力推广。

三、政府、协会和企业的有效联动（责任）

1. 政府部门政策扶持和规范市场

政府通过行政法规来规范市场。2009 年以来，国家有关主管部门陆续出台了一系列关于促进并网光伏发电工程应用的政策、措施和办法，大大加快了我国并网光伏发电工程应用从示范阶段走上广泛应用的“快车道”。2009 年 3 月，财政部、住房和城乡建设部共同发布政策，就加快推进太阳能光电建筑应用提出实施意见，明确太阳能光电建筑应用财政补助资金管理暂行办法。中央财政首批安排预算 12.7 亿元，用于国家光电建筑应用示范项目建设。2009 年 7 月，财政部、科技部以及国家能源局三部委启动了“金天阳示范工程”，初步预算工程总投资近 200 亿元。当年国内新增光伏装机 160MW，累计装机达到 300MW，500kW 级光伏并网逆变器等关键设备实现国产化，并网光伏系统开始商业化推广。

政府部门要加强光电建筑市场的监管，包括市场准入、质量安全监督检查、市场竞争秩序、市场诚信机制等。

2. 协会技术业务咨询和人才培训

协会就是协作办会，最大的优势是专家，协会就是靠社会活动家，发动专家和企业家紧密结合，帮助企业解决问题。中国建筑金属结构协会光电建筑应用委员会成立了由 6 名博士生导师、11 名博士、19 名教授级高工在内的 78 名专家组成的专家组，为行业内的广大企业服务，共同推动光电建筑的发展。协会就是商会，要为企业家创造商机。光电建筑应用委员会组织企业赴德国和日本进行了考察访问，不仅与欧洲最优秀的光伏企业达成了共同推进光电建筑应用的战略合作协议，更为中国的光电建筑应用事业发展取回了宝贵的经验；同时也启动了推动国内光电建筑应用发展的中外合作计划；与欧洲最优秀的光电建筑应用组织、企业签署了从人才培训到建立认证体系的系列合作协议。

光电建筑应用委员会启动了国内第一套光电建筑应用培训教材的编制工作；开始了光电建筑应用人才的职业教育培训，成功组织了 130 名学员参加，覆盖国内主要光电建筑应用企业技术骨干的第一届光电建筑应用培训班；启动了一系列光电建筑应用标准的编制准备工作，《建筑用光伏系统技术导则》已经通过住房和城乡建设部标准定额研究所的批准立项；3 项光电建筑应用标准已经列入 2011 年标准编制计划。此外，委员会在完成光电建筑应用资质标准的起草工作的同时，启动了“光电建筑应用招标实施细则”的起草工作。

在当今中国市场经济大发展的时期，协会越来越担任着重要的角色。我总结协会的工作是：“不干不多不少，干起来没完没了”。我们要对事业负责，要把专家发动起来，“没完没了”地去推进光电建筑业的发展。当然，我们要开放，要吸取国外的专家。我们要多听大家的意见。今年还要做大量的工作，包括去海南、青海和广州召开类似的会议。所以说，协会就是要联合多行业、多部门，联合国内外的专家和企业家，共同推动中国光电建筑事业的发展。

3. 企业做大做强

企业是科技创新的主体。企业的发展要靠企业家，企业家是当今社会最宝贵的资源，企业家要在种种诱惑下完善自己，要有儒商的诚信，智商的聪明才智，把我们的企业做大做强。建筑业的发展取决于工程项目，光电建筑同样如此，要有项目，有业主的需求。这样才有光电建筑业。政府的责任是研究政策。德国政府实行上网电价法，通过实施可再生能源附加费，电站必须上网，鼓励大家积极从事光电建筑应用，德国的老百姓争先恐后在自家的建筑上安装太阳能电池。有了需求，才有动力。需求多了，我们的企业就发展了，就可以做大做强了。我国的光电建筑企业要有信心、有能力做好这项事业，适应经济发展的需要。

英利集团过去8年的表现令人惊叹：光伏组件年产能由3MW扩大到800MW，销售收入和利润分别由4000万元、900万元分别增加到80亿元、10亿元。2010年，英利集团的产能将达到1400MW，有望把光伏发电成本降到每度电1元钱，并能掌控全球光伏组件市场的定价权。英利集团，人人想创新、敢创新，平均每3天就有1项创新成果，同样的设备、同样的原料生产的产品量多质优，非硅成本下降到0.8美元/瓦，为全球行业最低。无锡尚德电力是以晶硅路径生产太阳能电池组件的龙头企业，在美国纽交所上市后，尚德电力已形成了从晶体硅太阳能电池、组件，薄膜太阳能电池、光伏发电系统和光伏建筑一体化（BIPV）产品的研发、制造与销售的产业链条。尚德电力的发展速度在行业内具有代表性，在不到7年的时间，该公司从2002年9月第一条10MW光伏电池生产线正式投产，到目前已形成1000MW（兆瓦，1MW=1000kW）/年太阳电池生产能力，跻身世界光伏发电企业前三强。

光伏发电技术路线庞杂，究竟哪种技术才能代表未来的发展方向呢？考虑到各种技术的成本均有大幅下降的空间，各种技术的转换率将在未来成为主要的竞争因素，晶硅及薄膜电池技术有较高转换率提升空间的企业将成为“王者”。光伏发电的主要实现路径包括一代晶硅、二代薄膜、三代多结聚光等技术，每一代技术下又各有分支，纷繁复杂。各种光伏发电技术的投资风险、收益如何？成本、转换率怎样？哪种技术才是未来最具前景的？这都需要我们企业去研究。我们的企业要进一步做大做强，要靠科技创新。据了解，国内近两年光电建筑示范项目总装机容量180MW，约有200多个项目，分散在全国各地，主要有山东、内蒙古、江苏、浙江、湖北、湖南、江西、河北、上海。主要从事光电建筑的企业有：广东珠海兴业太阳能控股公司、北京金易格装饰工程公司、汕头金刚玻璃公司、南玻光伏幕墙公司、深圳金粤幕墙公司、沈阳远大工程公司、湖南长沙不二幕墙公司以及上海几个幕墙公司。这些企业做得不错，将来我们协会要给大家排排队，前十名，前二十名。未来是光电建筑大发展的十年，先进入的企业获得了先机，后来的企业也一定有机会超越前面的企业。企业做大做强，才能推动光伏产业做大做强，太阳能建筑应用才能有新的发展。全世界都在做，中国还属于后来的，不过中国有句话，叫"后来者居上"。我们应该有能力、有信心把我们的光电建筑业做大做强。在中国光电建筑应用的市场上，商机无限！看我们的企业谁能抓住这个机遇。希望我们的专家们开动脑筋，能够真正为我们的光电建筑应用事业尽到我们的社会责任。

（2011年3月16日在光电建筑应用委员会副主任工作会议上的讲话）

群策群力　攻克光电建筑业发展的重大难题

中国建筑金属结构协会光电建筑应用委员会成立两年多了，两年多来做了大量的工作，对推动国内光电建筑一体化应用，起到了很大的作用。我也曾就光电建筑一体化应用发展，在不同场合作过七、八次讲话。

最近我在思考一个问题，就是如何群策群力、攻克国内光电建筑业发展的三大难题。我想和大家共同讨论、取得共识。

一、当前光电建筑业发展的三大难题

先讲一讲光电建筑业这个概念。

大家知道，光电产业已被国家确定为战略性新兴产业，光电与建筑的结合，即光电建筑一体化应用，是适应世界低碳经济的需求，也是建筑领域的一场深刻的改革。

与传统建筑业相比较，光电建筑虽然也是一种建筑，但是一种特殊的建筑，或者是新型的建筑，它不同于我们平常所说的建筑。它的本质是光电在建筑中应用。光电建筑应用在全球发展时间是比较早的，但在我国发展的时间不长。国内的尚德、英利等光伏组件企业是比较早生产光伏组件，当时80%～90%的光伏组件产品都是出口海外，在国内应用很少。因为当时国内人们对光电建筑的了解不深。这几年在相关协会、学会、委员会、科研院校及光伏组件企业的共同努力下，光电建筑应用在国内得到了很大的发展。

作为战略性新兴产业的光电产业，和作为传统产业的建筑产业的有机结合，形成了一个新型的产业，叫光电建筑业。以前我们的建筑本身能耗较大，现在搞光电建筑一体化应用，不仅能降低能耗，而且还能让建筑“发电”即制造能源，所以说，光电建筑一体化应用是建筑领域的一场改革。

但是对光电建筑应用的发展，对光电建筑产业是朝阳产业、还是夕阳产业，在社会上人们有不同的看法。不少从事光电建筑业的企业反映感到发展缓慢，到底是什么问题，我想从下面三个方面谈谈我的看法。

第一个问题——政策问题。

应该说这几年国家有关部门对光电建筑的发展很给力的，相继制定、颁发了一系列政策：早在2008年国家发改委发布了《可再生能源“十一五”规划》，正式启动了我国对太阳能的利用；从2009年起，财政部、住房和城乡建设部共同颁布了一系列推行太阳能光电建筑应用一体化进程的相关政策：2009年3月财政部、住房和城乡建设部又联合发布了《关于加快推进太阳能光电建筑应用的实施意见》、《太阳能光电建筑应用财政补助资金管理暂行办法》、《关于印发太阳能光电建筑应用示范项目申报指南的通知》等三个文件。为了抓好落实这项工作，财政部和住房和城乡建设部联合成立了一个“可再生能源建筑应用项目管理办公室”。这对光电建筑一体化应用的发展，是一个很大的推动。但是这些政策、文件，没有从根本上改变国内当前光电建筑应用缓慢的局面，跟世界发达国家相比，我们的差距很大。

前年，我带了一个由光伏企业老总、光电建筑应用委员会主任等参加的考察团，去德国参观、学习光电建筑应用发展情况。我就觉得德国政府制定的对光电建筑应用的补贴政策很合理。第一，它要求光电建筑发的电必须上（并）网；第二，上网就有政策性补贴，比如你发一度电上网，有关部门就补贴你4毛钱。你平时用电只需花2毛钱，也就是你上（并）网后，每度电就赚2毛钱。那么电力部门它哪来的钱呢？德国政府的主管部门有政策，要求全民支持利用可再生能源。就像我们中国买飞机票，要支援机场建设，就要求乘飞机的人缴纳机场建设费，坐一次飞机，就买一次机场建设费，为的是支持机场建设。德国的上网补贴政策，调动了全民利用光电建筑发电的积极性。特别是农场农民，家家户户争相安装光电建筑。他们算了一下，安装光电建筑后大约3到4年，安装的光电屋顶的投资费用就可收回来了，以后就能挣钱。由于政策的支持，人们把光电建筑建设当成是一种投资，极大地调动了全民对光电建筑应用的积极性。

而我国现出台的“金太阳示范”、“光电建筑应用一体化示范”等政策都是对项目投资进行补贴。这种方式存在拿到补贴后，光电建筑发不发电，项目进展情况不很清楚，甚至个别企业钻政策空子骗取补贴。更为重要的是光电建筑项目建成后，因不能并网等原因，无法投入运行，也就无法真正产生效益。

由此可见，目前国内实施的光电建筑示范工程补贴政策，只是起推动作用。

所以，我们还要进一步了解国际上发达国家光电建筑应用的相关政策，同时要组织国家电网的专家到国外考察，也要组织电力部门的工程技术人员去参观、了解情况，光电建筑应用要有大的发展，必须要有一系列好的配套政策。好的政策的制定也要群策群力，也可通过人大代表、政协委员向国家有关部门提出提案，这样才能促进相关配套政策的出台。

第二个问题——光电建筑技术改进。

光电建筑业是新兴产业，它和光伏技术，包括光伏组件技术，多晶硅、单晶硅、薄膜生产技术等是不一样的。它是把光电技术和建筑有机结合在一起。就是说搞光电建筑应用技术的人，既要懂建筑业，又要懂光伏产业。当前国内光电建筑业面临着暂时不能并网的问题，这与我们宣传不到位、认识不够有着密切的关系，当然也有技术方面问题。

国内大的光伏电站发的电能上网，但小的光电建筑发的电不让上，为什么？有些电网部门、电力部门说他们有一整套却造成区域乃至整个城市电网停电。另外像多晶硅、单晶硅、薄膜转化率低，中空玻璃的热效应引起玻璃爆裂、造成转化率衰退等这些技术问题，这些都会影响光电建筑发电。

在2011年中国建筑金属结构协会幕墙行业年会上，我也讲了三大问题，一个是安全问题，爆裂，大城市有的幕墙往下掉，造成安全问题。第二个是防火问题。第三个是节能问题。玻璃幕墙如果是太阳能幕墙，对幕墙来讲是一场革命，它这里的技术问题也是比较多的。

光电建筑业不同于一般建筑业，光电建筑工程从规划、设计、施工、监理、检测以及评定等方面，都和传统建筑工程流程不一样，还要考虑发电、发热问题。建筑业有检测、检验机构，工程质量有验收标准。建筑监理公司能监理建筑施工，但你不一定会监理光电建筑施工。同样光电建筑设计院不一定能搞光电建筑设计。在德国考察时，我们看到现场施工的工人，都是经过一定时间的培训、考核拿到证书后，才能有资格从事光电建筑施工。

所以，尽管目前光电建筑业的相关规范、标准还不齐全，但我们不能因此而简单地用建筑业用的标准、规范用在光电建筑上，都要进行修改、补充，或申报制定新的规范、标准。

光电建筑施工作为一个新技术，我们不能让普通建筑木工、瓦工去搞光电建筑施工，那是不行的。还有光电建筑的资质，光电建筑的质量安全，光电建筑的工法，光电建筑工人的操作规范等，都是光电建筑业发展面临的技术问题。

光电建筑应用委员会正在编制《光电建筑应用技术导则》，这是非常有必要的。要注意的是，一定要在光电建筑应用的推广实践过程中，及时地加以修改、补充、完善，才能编制出好的导则。光电建筑应用技术还存在不少的难题，需要我们组织专家去研究、攻克，尽快制定出更多适用的光电建筑工程的标准、规范。

第三个问题——企业发展问题。

最近几年，光电建筑企业得到了很大发展。但中国作为一个大国，国内光电建筑的发展，仅靠目前的这个企业群体是远远不够的，光电建筑企业不同于普通建筑企业，不是说只要是幕墙公司就能做光电建筑幕墙，它必须要有光电建筑的技术和人才。

光电建筑的企业包含光电建筑设计院、光电建筑施工公司、光电建筑监理公司等，总之，建筑业有的企业类型，我们光电建筑企业都应该有，这样，这个行业才能够健康地发展。

光电建筑应用委员会要深入企业进行调研，除了为企业搭建与政府的沟通桥梁，还要组织专家组成员帮助企业攻克技术难题。

2010年8月我们曾授予"珠海兴业绿色建筑科技有限公司"为首个光电建筑应用示范基地，这即是对这个企业的一种认定、也是对企业的一种宣传。最近，光电建筑应用委员会开展的光电建筑行业的"评优"活动，就更是一种认定，是在国内较大范围内影响更大、更广泛的一种宣传。今年评选出了一批优秀企业和个人，但这只是一个开始，光电建筑应用委员会还要通过这些方式，并以此为契机，加大对企业的宣传力度，扩大会员企业、优秀企业的影响。

总的讲国内光电建筑企业还不成熟，可以说是处在小学、中学阶段，但这些企业不简单，它毕竟是我国率先的光电建筑企业。我相信我们的企业在经过八年、十年的努力，一定会做大、做强，做到立足世界。

光电建筑企业要有自己的企业家，由企业家去描绘光电建筑的前景，由企业家去开创市场。光电建筑企业的企业家越多，越能够带动更多的企业去做大、做强，这是非常有必要的。光电建筑企业发展，需要引导、交流、考察、改进，需要跟国际最强大的光电企业进行更加密切的合作。没有强大的光电企业家队伍，光电建筑业是发展不起来的。

综上所述，光电建筑业发展的三大问题，一个就是政策问题，需要我们去推动，需要去宣传、影响、争取、引导，甚至通过人大代表，政协委员的提案去推动。第二个是技术问题，需要我们专家、专家组继续攻关，进一步完善光电建筑应用的技术，掌握当前人类社会国际上光电建筑的前沿技术。光电建筑应用委员会不要投入过多的精力去研究组件，因为组件的技术，国内已经是比较成功的，我们的组件公司已经走向了世界。我们要研究如何紧紧抓住光电建筑应用这一点，我们有能力、精力把光电建筑应用方面的事都抓起来。第三个问题是关心光电建筑企业，全力扶持企业做大、做强。

这两年多来，通过对光电建筑应用的了解，通过和大家的座谈，我相信这三大问题会有所解决，我想中国光电建筑应用的春天会更灿烂，中国光电建筑业将蓬勃兴起，会引起世界的关注。

二、群策群力、攻克难题

怎么去将攻克这三大难题，首先要依靠三种力量去推动。

1. 必须依靠企业家为主力

企业家是企业的领军人物，必须以企业家为主力，去推动光电建筑业发展。我多次讲过，当前中国的企业家是当今社会最宝贵、最重要的人力资源。可以说一个不重视企业家的民族，是没有希望的民族，社会的财富要靠企业去创造，而企业要靠企业家去引领。所以，对于我们来说，企业家非常重要。

当然，在当今社会中，特别在市场经济还不完善的条件下，企业家也是有危险的，存在着职业风险，要求企业家不断地完善自己。在我国有些企业家像联想的柳传志，这应该是中国企业家的骄傲和自豪。对于光电建筑企业来讲，我们的工作重点应放在企业家上。这次会上表扬一些企业家，是非常好的，相信我们的企业家队伍会不断地发展壮大的。可是我们光电建筑业的企业家数量还不多，但要看到企业家队伍的发展前景是巨大的。因为这是时代的要求，产业发展的要求。作为协会来讲，必须紧紧地依靠企业家，努力去了解、熟悉企业，为企业家主动寻找成长的机会，使企业家逐渐走向成熟，帮助他们去发展壮大。引领他们把中国光电建筑业走向繁荣。

2. 必须依靠专家的智力

专家是我们协会的宝贵财富，协会的实力所在。协会有专家队伍，协会有跨行业、跨部门的优势，协会有能力去把国内在这些方面的，包括院校、研究机构的专家们组织起来，而且与国外的相关专家建立联系。

特别要重视专家队伍的建设工作，光电建筑应用委员会成立了一个有 78 名国内外专家组成的光电建筑业专家组。近两年来，他们积极参加了很多有益的基础工作和调研工作。如：编制《建筑光伏组件用三项产品标准》、《建筑光伏应用技术导则》；参与光电建筑应用现行标准状况调研，不少专家亲自编写光电建筑应用培训教材、积极开展对外宣传、培训等。其中：班广生、石新勇、赵西安、龙文志、罗多、鲁彦武、周良筑、王春、张弓、徐征、朱伟钢、冯保华、黎之奇、沈辉、孙坚等同志就是这个专家群体中的代表人物，是他们为这个行业的发展在默默地奉献。

中国是个大国，虽说大国人才济济，但由于产业发展比较快，我们的专家更需要了解国际尖端技术，需要有在海外从事光电建筑技术专家回来，在国内发挥他的聪明才智，我国的专家需要有更多的信心了解技术前沿。大家最近看到吴良镛同志获得了国家科技进步一等奖，这是中国建筑业的一件大事，党中央、国务院多少年来，没有忘记建筑业方面的专家。尽管今天我们光电建筑业没有到大发展、大繁荣的时期，恰正是我们专家发挥聪明才智的极好时机，专家的智力和企业家主力紧密结合起来就能形成强大的生产力。

3. 必须增强社会活动家的协力

综上所述，除了需要政府制定好的政策，需要专家发挥自己的智力，需要企业家发挥自己的主力作用，还需要我们与各部门、各地方的协会互相沟通。光电建筑应用专业委员会，它既是中国建筑金属结构协会下属的光电建筑应用专业委员会，同时还是中国可再生能源学会、中国电力企业联合会以及其他光电建筑相关组织的合作伙伴，我们的各级社会组织应该加强联系、加强交流、加强沟通，互相学习、取长补短、同心协力地将光电建筑应用事业推向新的高度。

光电建筑业不只是中国的事情，是全人类的事情，是人类社会从农业文明到工业文明，再到今天的低碳文明社会的必然要求。全世界开展合作的往往是在能源和气候变化上，这是人类社会面临的共同问题。因此，作为一个大国来说，我们从事这方面工作，要联系国际有关同行，组成国际方面的产业联盟，产业协会，研究全人类在推进光电建筑技术应用的发展。

这是我讲的三种力：企业家主力、专家智力、社会活动家协力。

4. 具体行动

推动光电发展具体行动有很多，我想着重强调以下三个方面。

（1）深化对外开放。

在经济全球化的推动下，我们更要放眼世界，要学习、引进国外最新光伏应用技术，要学习国外先进的科学管理，要了解、研究国外的光电建筑应用市场，只有这样，才能使我们光电企业走向世界。

光电建筑应用委员会成立两年来，已先后组织3批由企业家、专家组成的考察团，先后去日本、德国考察。今后，还要组织企业去光电建筑应用推广好的国家，如德国、日本、美国等，去考察、参观。

我每次坐飞机，在降落时往下边看，大部分城市都是一大片的屋顶没有利用，也就是没有搞成光电屋顶，这么好的资源没有开发出来，是我们光电建筑应用的不足，也说明我们的光电建筑业没有真正发展起来。与国外一些光电建筑应用搞得好的国家相比，我们的差距还是很大的。

我国“十二五”规划也强调这个问题，2012年的两会和2012年经济工作都强调要稳中求进，特别强调要深化、开放，所谓开放是为了向人家学习，学习是为了超过他们，开放是为了利用世界资源。我们的光电建筑产业需要深化改革开放，我们不能走老路、不能走弯路、更不能走错路。所谓老路就是先污染，以后再治理。错路是不管资源的浪费，不管环境的恶化，只顾招商引资。我们要深化改革开放，我们要掌握世界发达国家在光电建筑技术方面的经济政策。同他们的企业、协会建立更加密切的关系。不要怕外国打进来，中国市场大着呢，最终我们会强大的。可以说，深化改革开放仍是促进光电建筑应用发展最大的实际行动。

（2）强化企业联盟。

我强调企业联盟就是协会组织企业组成联盟，光电建筑业的发展不是某一个企业想发展就发展的，它与很多企业是相关联的，它与很多产业是相关联的。所以我们光电建筑企业有些要和光伏组件企业合作，还有的要和电力企业合作，在光伏产业链上组成我们光电建筑企业联盟。强化企业联盟就是壮大企业力量，壮大我们行业的优势。

光电建筑业本来就是一个新生事物，社会上关注光电建筑的人并不太多，如果我们再不联盟，那只能是力量更小。中国有13亿人口，在光电建筑上我们要走在前面，我们要形成联盟，要向全社会、全人类去宣传，同时要用实际行动去推进发展。

（3）优化竞争合作。

当今社会是一个竞争的社会，而合作是更高层次的竞争。咱们国家加入WTO，创造了双赢、三赢词汇。合作有两个宗旨，一个宗旨是壮大企业能力，通过合作，提高自己企业的能力、力量。加强与合作伙伴相互配合，达到共赢。还有一个宗旨是通过合作，拓展企业的市场。企业的发展离不开市场，没有市场，企业是发展不了的，就像搞旅游的就抓酒店联合，在各地有自己的连锁店，通过连锁、联合的方式来扩大自己的顾客队伍，发展自己的市场。同样的，我们和住房和城乡建设部有关部门的合作，和电力部门的合作都是发展和完善光电建筑市场。

前些日子我与光电建筑应用委员会的几位同志提出，不要抓得太多、太杂。要围绕光电建筑业去想，我们的目的主要是为了推动光电建筑应用的发展。

今天我讲了两大内容，一是正视三大难题，二是要行动起来。行动中强调企业家主力，专家智力，社会活动家协力，还要进一步深化改革开放，进一步强化企业联盟，进一步推进合作、促进合作。

今天我所讲的有些观点不一定完全正确，它是我近一段时间一直在思考的课题，也需要大家共同研究。我相信在“十二五”期间，将是光电建筑应用大发展的时期，再过五到十年，中国的光电建筑业将成为世界上真正的光电建筑应用大国。我们的专家将有新的建树，我们的企业家将有新的贡献，衷心祝愿各位企业、各位专家在光电建筑应用上，展现你们的聪明才智，为了光电建筑的明天我们将群策群力、全力奋进，开拓一个新的事业。

（2012年03月15日在2009～2011年度中国光电
建筑应用四优活动表彰大会上的讲话）

六、模板脚手架及扣件篇

认清地位　奋力创新

今天参加建筑模板脚手架行业年会的，是这个行业的企业家和专家，还有国外的同行，非常高兴大家走到一起来。关于行业的工作和行业的发展状况，刚才委员会的《工作报告》已经讲了，我在这里不再重复，今天我想根据前一段时间的调研与多年从事建筑业工作对这个行业的一些认识，讲四点意见。

一、正确认识模板脚手架行业在建筑业发展中的重要地位与作用

在调研中，一些同志说模板脚手架是个小行业，模板脚手架委员会是个小委员会。我不这么认为，这只是我们以往重视不够、媒体宣传不够、行业宣传不够。因此我觉得有必要讲一讲模板脚手架的地位与作用，我们行业自身首先要切实提高对模板脚手架在建筑业发展中重要地位和作用的认识。

（一）模板脚手架与建筑工人的生命价值息息相关

我们要转变一些观念与认识，现在发达国家将人的生命看得特别重要，发达国家的建筑企业将建筑工人的生命也看得特别重要。从建筑来讲，应该看到“生命第一”应该是建筑的准则，安全既是人的生存，也是人的发展的一个基本条件，也是维系人的生命权、人的生存权、人的发展权的基本保障，安全也是制约整个社会发展的重大问题。我们说建筑是艺术，建筑其实也是维系生命的艺术，无论是建筑结构师、还是从事建筑行业的人，都要从维系生命而建筑。从这个意义上，模板脚手架与建筑工人生命价值息息相关。这些年来曾发生了一连串的重大建筑安全事故，如綦江大桥因焊接问题垮塌、广东外环路施工支架坍塌、贵阳外环路施工等群死群伤事故，动辄死伤数十人，生命财产损失巨大。而与模板脚手架有关的，如1996年国家经贸委大楼施工时脚手架坠落等，死伤人数也不少。近两三年来，因建筑模板支撑、脚手架坍塌造成死亡3人以上的重大伤亡事故仍时有发生。据不完全统计，2007年在广西南宁、山东淄博、河南郑州、山西侯马和湖北荆州等地发生重大事故5起，死伤70多人；2008年在广州白云、湖南长沙、安徽蚌埠、天津西青区、江苏常州、湖南永顺和上海奉贤等地发生重大伤亡事故7起，也死伤70人左右；2009年以来，已发生了6起，分别在上海徐汇、广东河源、江苏南通、重庆铜梁、黑龙江哈尔滨和山东青岛，特别是就在我们这次会议前的一个星期，也就是2009年10月20日，京沪高铁徐州段施工现场发生一起脚手架坍塌事故，5人死亡，这是继“8·19”嘉定龙门架吊倾覆事故后，又一起京沪高铁施工事故，事故原因正在调查之中。2009年8月19日，京沪高铁建设在上海嘉定发生龙门吊倾覆事故，造成4人死亡、3人受伤。施工安全事故的频频发生，不能不引起我们党和政府各级领导的高度重视，作为生产模板脚手架的企业、在现场搭建模板脚手架的企业、施工总承包的企业，都要对安全高度重视、高度负责。可以这么说，这样的事故一旦发生，死伤的往往不是一个两个，大多是群死群伤。因此，我们从事这个行业的人，必须要深刻认识到建筑模板脚手架行业不是一般的行业，而应当切实认识到这是一个与建筑工人的生命紧密相关的行业，是与人民生命财产安全息息相关的行业。在讲求经济效益的同时，更要从对人的生命负责的高度，发展好建筑模板脚手架行业。

（二）模板脚手架与劳动绩效息息相关

所谓劳动绩效，就是讲工作效率。一方面要靠推动建筑施工技术的创新与进步，实现高的工作效率；另一方面也要通过为建筑工人创造良好的工作环境，产生高效率的施工。对模板脚手架来讲，一是模板脚手架自身的效率，像支模板、搭脚手架本身的效率问题；二是模板脚手架搭建后给建筑工人在从事混凝土或钢筋施工时的环境和效率问题。从模板来说，它直接关系到建筑工程的质量，由于模板造成的混凝土表面不平整或是其他漏浆等问题，往往难以保证工程建设的进度和质量，特别是像铁路桥梁工程的模板，其精度要求相当之高，基本上相当于一个钢结构工程，它直接决定了建筑工程的质量，同时也决定了建筑工人的施工效率。建筑工人在方便、安全的脚手架上，与在不方便或是不安全的脚手架上，工作的效率是截然不一样的。这是一个非常重要的问题，但是，一些模板脚手架生产企业，包括一些建筑工程的经理目前还没有完全认识到模板脚手架的重要性，认为模板脚手架能上去就行，能干活就行，而没想到模板脚手架与建筑工人的劳动效率和建筑工程产品的质量有着密切的关系。因此，作为模板脚手架的生产企业以及建筑施工企业，都要切实转变观念，要为建筑工人提供操作方便、设备化程度高、安全性能好的模板脚手架产品。

（三）国内外模板脚手架行业的发展趋势形成我国模板脚手架行业发展的巨大潜力、压力和动力

从国外来看，无论是发达国家，还是经济发展一般的国家，模板脚手架公司成立的时间一般都比较早，模板脚手架技术比较先进，规模比较大。在这里列举几家公司，比如：奥地利的多卡（DOKA）模板公司，她创立于1868年，至今已有139年的历史，但公司是从二次大战后才发展起来的，目前已是世界上最大的跨国模板公司之一。多卡公司是家族性公司，多卡（DOKA）和SHOP公司组成UMDASCH集团公司。2008年集团公司总产值达12亿欧元，其中多卡公司占80%。多卡公司员工有5800人，员工中54%在国外工作，其产品主要在奥地利生产，在德国、捷克、瑞士、芬兰等地也建有生产基地，另外还在43个国家设立办事处，其中在我国上海设有办事处。德国的派利（PERI）模板有限公司，是目前德国规模较大、发展最快的跨国模板公司，成立于1969年，注册资本20万马克，经过近40年的发展，去年全球年销售额达到12亿欧元，员工达5400人，在50个国家设有分公司或代表处，主要业务在德国，70%的业务在国外。在德国总部有两个工厂，一个是模板脚手架生产厂，一个是模板脚手架维修厂，公司的租赁业务也很大，仅租赁的器材资产就达到5亿马克。派利公司在新加坡、马来西亚等亚洲国家也设有子公司，其产品被亚洲很多国家使用，包括我国上海、北京一些工程和二滩工程。西班牙屋玛（ULMA）建筑公司，该公司成立于1961年，是目前世界上最大的建筑模板系统及脚手架系统制造商之一，2008年全球年销售额达到7.5亿欧元，员工人数达4000多人，在19个国家设立分公司或代表处。还有英国的SGB模板公司，成立于1920年，是英国模板公司中规模最大的跨国模板公司。公司有员工约5000人，在欧洲、亚洲和中东等地15个国家设有代表处，在英国有60多个租赁和销售分部。该公司有很强的技术开发能力，他们每两至三年就开发一种新产品，如他们于1976年首先研制成功的碗扣式脚手架，如今已在世界上很多国家推广应用。本世纪初，该公司又与美国PANTENT模板公司和德国的HUNNEBECK模板公司一起加入了美国哈斯科集团公司，组成哈斯科基础工程集团公司。哈斯科基础工程集团公司2008年全球销售额为15亿美元，其中英国SGB公司为8亿多美元，美国PANTENT模板公司和德国的HUNNEBECK模板公司均为3亿多美元，该公司可向任何规模的施工企业提供技术和产品服务。这次，我们还很高兴地邀请到了西班牙模板协会的人员到会，今天大家还将听取他们的介绍，这样通过相互交流、相互学习，可以放宽眼界、拓展视野，还可以取长补短，更好地发展我国的模板脚手架行业。

毫无疑问，与建国60年以前相比，与改革开放30年前比较，我国现在的模板脚手架行业发展的成就是相当巨大的。从纵向上看，我国具有5000多年的文明史，脚手架技术运用最早，经历了从最初用土堆做脚手架，后来用木做脚手架、竹做脚手架，一直发展到今天拥有专业模板脚手架公司的这样一个历史过程。客观上说，我国的专业脚手架公司发展较晚，如果不计扣件生产企业，组合钢模板企业于20世纪80年代初才开始成立，之后相继产生了汕头国际脚手架公司（即现北京捷安建筑脚手架有限公司）、星河机器人技术开发公司（即现北京星河模板脚手架工程有限公司）、北京利建模板公司、北新模板公司、北京奥宇模板公司等专业模板脚手架公司。到20世纪九十年代中后期，随着我国建筑业的迅猛发展以及建设部十项新技术推广政策的制订，应用新型模板脚手架技术取得了显著的经济效益，专业模板脚手架公司得到了迅速发展，模板脚手架技术也因此得到了发展。但是蜂拥而来的模板脚手架企业数量之多难以统计，行业竞争也日趋激烈。据粗略估计，仅北京地区就有模板脚手架生产、租赁企业1200家左右，大多数规模不大，规模大的年产值也不过5亿元人民币，年产值5000万元以上的在行业内已算是规模较大的但数量不是很多，大多数企业甚至还不能称之为企业，只能算一个小作坊，就那么一两个人，产值也只有几百万元甚至更少。我们应该看到，近二十年来中国一直是世界上最大的建筑市场，从国民经济的发展来说，未来建筑产值仍将占据国民生产总值的较大比重，因而我国的模板脚手架市场规模和潜力将是巨大的。但是中国目前的模板脚手架企业规模同建筑市场的规模是不相称的，国外的企业也是急迫地想进入中国这样一个大市场。这对我们国内的企业来讲，既是一场机遇，也是一项挑战。所以我讲，面对国际形势与国内的情况，我们有三个“力”：就是潜力、压力和动力。所谓潜力，我说“差距”就是潜力。无论是技术，还是规模上，或是创新上，认识到与国外大型模板脚手架公司之间的差距也就认识到了我们发展的潜力。国家的发展需要一代又一代人的共同努力，国内模板脚手架行业的发展既要发挥老一辈的专家、企业家的作用，也要寄希望于“80后”和“90后”新一代，我们这一代人有责任，新一代人更有责任要将模板脚手架行业迎头赶上发达国家的水平。再讲压力。国内经济一直保持较高的速度发展，特别是像我们国家这样的一个建设“大工地”，各行各业都在发展，都在建设，模板脚手架行业也要发展，这是我们的压力。我国应对世界金融危机，抓住机遇，要保持8%～9%的增长速度发展，还有很多事情要做，这也就要求模板脚手架行业无论是技术质量还是企业数量上，都要适应和达到经济发展的要求，所以模板脚手架企业承担着巨大的压力。再谈动力，动力来源于政府的支持。国务院不久前发布了扶持中小企业发展的决定，这是一项扶持中小企业发展得很好的优惠政策。中小企业在国民经济中具有重要的地位和作用，应该大力给予扶持发展。像我国的台湾可以说是一个中小企业的“王国”，正是由于中小企业的发展使台湾成为了亚洲的“四小龙”。我们大陆国民经济的发展，也要靠高度扶持中小企业，尽管当前面临着不少的困难与问题，但对我们协会来讲，必须要认真贯彻落实好中央一系列的优惠政策，扶持中小民营企业迅猛发展。同时，也要注重提高中小企业家的素质。今天在座的模板脚手架企业家，能做出现在的成绩应该说是非常了不起的，有的是从政府公务员队伍出来的，有的是从部队转业来的，有的是在家乡自己干出来的，从当初的社办企业或是乡办企业，甚至是小作坊发展起来的，相当了不起。但是，从另一方面来看，我们这些民营企业家的素质还亟须要进一步的提高。有人写一本书，叫《中国没有企业家》，有的观点写得不错，但是结论我是不赞成的。在今天的中国最可爱的人是企业家，我们高度重视就业问题，我想要重视就业首先得重视创业，没有创业者哪有就业的机会？在座的哪个企业没有解决几十人甚至上百人的就业问题？当今中国的民营企业家应该是中国最稀少、最宝贵的资源，是经济社会发展过程中，或者说是经济建设时期最可爱的人，作为党政领导要高度重视民营企业家的发展，但是企业家的本身也面临着种种的挑战，有待于亟须提高自己的素质。有人将中国改革开放以来的企业家作了一个分析，认为中国有三代企业家，改革开放初期出现了一批所谓“胆子大”的企业家，“胆子大”就能挣钱，靠“倒买倒卖”而成为“暴发户”，现在这些“胆商”已被认为是基本垮掉的一代。改革开放的中期，中国出现了一批所谓的“情商”。当时从价格来讲，实行的是“双轨制”，有计划内价格，还有计划外价格，这些“情商”通过关系搞到计划的价格，如搞到一批计划内的钢材计划外倒卖，通过关系搞到一块土地甚至于不要开发，转手就能挣到大钱，当时社会上出现了“官倒”的现象，现在我们的党和政府为保证经济社会持续健康的发展，开展反腐败斗争，打击工程建设领域里的贿赂现象，这些“情商”现在的日子不好过，已成为挣扎的一代。到 20 世纪末到 21 世纪初，我国涌现出一批“智商”，像海尔的张瑞敏、联想的柳传志等一批相当成功的民营企业家，靠发挥自己的聪明才智去经营管理企业，人们分析这批“智商”是中国正在崛起的一代企业家。当然，像他们这样成功的企业家并不是很多，但是从事企业家行为、从事企业家工作，包括今天参加这次会议除政府官员之外的绝大多数人，都是从事企业家行为的人，而这些人的数量是相当之多。这次，我们到黄山来开会，大家想到的会很多，我想大家首先会想到的黄山是国家的风景名胜区，是她的风景和名胜。我到黄山来想到的有两点：一个是徽派建筑，这是中国的民族建筑，在世界上有很大影响的建筑；再一个就是徽商精神。今天参加会的不管是模板脚手架的生产企业，还是租赁企业，或是搭建施工企业，首先要承认自己是个商人、是一个现代商人。在中国的民族经济发展史上，徽商有着重要的地位，清朝末年，有种说法叫做“无徽不成城”，没有徽商不叫城市，徽商走遍全国，徽商为城镇繁荣及民族经济的发展做出了很大贡献，此外也还有很有影响的晋商。至今天，在全国甚至于在全世界已形成很大影响的又有浙商和苏商，现在各地都在兴起商会。我们协会模板脚手架委员会也是这个行业里的一个“商会”，要为行业的会员企业创造商机。发展我们的行业，更重要的要使行业呈现出更多的像徽商一样的儒商精神，还要具有智商这样的现代理念、科技知识，要有儒商的品德，讲诚信，要有智商的智慧，儒商的精神加智商的科技就是中国的现代商人，也是中国的希望所在，为此要努力提高我们企业家的素质。

这就是我要讲的，国内外模板脚手架行业发展的趋势，形成了中国模板脚手架行业发展巨大的潜力、巨大的压力，企业家的成长也给我们行业带来了巨大的发展动力。我们完全有可能、有条件，在改革开放的今天，实现我国模板脚手架行业的跨越式发展、现代工业化的发展，使企业在发展速度上、规模上及技术创新等方面能有一个新的提高。这就是我们协会的宗旨，也是此次会议的根本目的。如果大家参加这次会议有所得的话，我希望大家能够在这个方面有所得。我们的模板脚手架企业，千万不要妄自菲薄，不要小看自己，不要总认为自己是个小企业、小行业，小行业也要求大发展、小企业也要做大贡献，要在我们的有生之年将之做大、做强，交给子孙后代再发展。

二、大力推进模板脚手架行业的技术创新

建筑领域有很多行业，每个行业都有自身的技术，对于模板脚手架行业的技术创新，主要讲三个方面：

（一）制造技术的创新

要制造模板，制造脚手架，那么怎么制造？怎么提高本工厂、本公司的生产效率，确保制造的质量是模板脚手架生产企业应当思考的问题。近年来，随着技术的发展和混凝土质量的提高，对模板的要求也越来越高，尤其是清水混凝土结构和高速铁路的建设，混凝土的精度误差不到1mm，从而对模板的要求也达到一个新的高度，模板的加工再也不是简单意义上的钣金焊接，很多都要用精密的机械加工，这就对企业的规模和设备的要求就很高。这几年焊接已大多使用二氧化碳保护焊，等离子切割代替了气割，铣边机已成为大钢模板加工必备的设备条件，工业机器人自动化焊接也已用于模板脚手架的加工，空腹钢框等异型材亦普遍用于模板产品，制造技术有了很大的提高。由于设计的多样化，尤其是桥梁墩柱形状的千变万化，各种形状的模板也应运而生，促进了模板加工工艺的技术创新与进步。我看过一些模板，有的几乎就是一个钢结构工程。所以在加工制造方面，一方面要加大从国外引进的力度，引进先进的技术和成套的设备；一方面自身也要加强研究，进行多样化的设计，开展技术创新。这个创新大致分三类：一类是原始创新，要靠我们中国人的聪明才智去发明创造，形成本企业的专利，拥有自己的知识产权。要高度重视企业的专利和施工工法，希望模板脚手架专业委员会组织专家，将企业专利的目录编辑出来，提供给相关的企业。当然专利是保密，但是也不是不能转让的，否则就发挥不了作用，形成不了效益。第二类是集成创新。建筑的范畴应该很宽，如宝马是公路上跑的“建筑”，航空母舰是海上游的“建筑”，飞船是登月的“建筑”，飞机是天上飞的“建筑”，如果将它们的制造技术用到建筑上来，我们的建筑技术会大大提高。就拿建筑门窗与航天飞船的门窗来比较是不可同日而语的，但它们的加工制造技术完全能适用于我们。如果将方方面面的技术都集成运用到建筑模板脚手架的制造上来，那将会推动我们这个行业技术一个极大的进步。可以这样说，还有很多的领域需要我们去探索与研究，我们掌握了更多领域的技术，就能促进提高我们模板脚手架的制造技术。第三类是引进消化吸收再创新。通过与国外企业之间的合作，或是到国外搞产品展览。我们走向国际市场，不光只考虑挣美元、赚外汇，更重要的在于关注国际同行的技术及其创新。要将国外的技术引进过来，通过发挥我们中国人的聪明才智，消化、吸收、再创造，使之成为“中国造”。

（二）产品的更新换代

从模板方面来说，当前我国以组合钢模板为主的格局已经打破，已逐步转变为多

种模板并存的格局。组合钢模板的应用量也在下降，新型模板的发展速度相当快。目前，竹胶合板模板、木胶合板模板与钢模板已成三足鼎立之势。

1. 组合钢模板

我国组合钢模板自20世纪80年代初开发以来，推广应用面曾达到75%以上，"以钢代木"，促进了模板施工技术的进步，取得了重大的经济效益。20世纪90年代以后，随着高层建筑和大型公共设施建筑的大量兴建，许多工程要求做成清水混凝土，对模板又提出了新的要求。由于组合钢模板存在板面尺寸小、拼缝多、板面易生锈且清理工作量大等缺陷，同时，由于市场竞争激烈，许多钢模板厂生产设备陈旧简陋、技术和设备投入不足，有的生产厂家采用改制钢板加工，产品质量差，难以适应清水混凝土工程的施工要求，加之竹胶合板模板和木胶合板模板的大量应用，造成了组合钢模板的应用量大幅下滑，致使许多钢模板厂和租赁企业面临停产或转产的危机。目前，全国钢模板的年产量已从1998年的1060万 m^2，下降到2006年的750万 m^2，使用量也从47%下降到15%。有的城市还不准使用组合钢模板，改用散装散拆竹（木）胶合板代替，这既违背了"以钢代木"节约木材的国策，又使得模板的施工技术倒退了一步。为使组合钢模板短期内不被淘汰，必须要完善加工设备，改进生产工艺，完善模板体系，提高钢模板的使用效果。同时，要加强产品质量管理，确保钢模板的产品质量。

2. 竹胶合板模板

这是20世纪80年代末开发的一种新型模板，至90年代末，在全国各地得到大量推广使用，1998年全国竹胶合板模板年产量为72万 m^3，到2006年上升到165万 m^3，使用量有了很大增长。但目前竹胶合板模板厂的生产工艺普遍以手工操作为主，生产设备简陋、技术力量薄弱、质量检测手段落后、产品质量较难控制，主要问题是板面厚薄不均，厚度公差较大，存在不同程度的开胶等缺陷，使用寿命也短，一般周转只使用10到20次。另外，竹材资源浪费较大，利用率为60%到70%，产品质量均属中低水平，不能满足钢框胶合板的质量要求，也很难达到大批量出口的要求。因此，必须采取积极措施，改进生产设备，提高产品质量和精度，并采用性能好的胶粘剂，提高竹胶板的使用寿命，进一步改革生产工艺，提高竹材资源利用率。

3. 木胶合模板

它是国外应用最为广泛的模板形式之一。20世纪90年代以后，随着我国经济建设迅猛发展，胶合板的需求量猛增，胶合板生产厂也大批涌现。1993年国内木胶合板厂仅有400多家，木胶合板年产量也只有212.45万 m^3，到了2005年年产量已达到了2514.97万 m^3，十年间增长10多倍，总产量居世界第一，胶合板厂达到了7000多家。全国木胶合板模板1998年年产量为70多万 m^3，到2006年增至880多万 m^3，使用量大幅增长。此外，木胶合板模板还大量出口到中东、欧洲和亚洲的许多国家。

目前，木胶合板模板存在的主要问题是大部分产品质量低，且以生产脲醛胶素面胶合板为主，一般只能使用3到5次，木材资源浪费也很严重。企业布局也不合理，在一些地区特别集中，企业数量过多，规模不大，设备简陋，技术力量薄弱。企业之间的竞争也很激烈，产品价格低，档次低。因此，需要尽快采取措施，加强产品质量监督和管理，作为模板使用的胶合板也必须采用防水的酚醛胶，使周转使用的次数达到20次以上，提高木材的利用率，节约木材资源。

4. 全钢大模板

早在20世纪70年代初，北京就开始应用全钢大模板，但大量推广应用是在1996年以后，一方面由于北京高层住宅建筑发展迅猛，住宅建筑成片大规模建设，为发展大模板施工技术提供了商机；另一方面，建筑施工混凝土表面质量要求越来越高，而组合钢模板面积小、拼缝多，难以达到施工工程的质量要求；再则1994年开发的钢框竹胶合板模板，由于竹胶板产品质量差、钢竹模板使用寿命短，也不能满足工程施工的要求。这样，具有板面平整、拼缝少、使用次数多、能适应不同板面尺寸要求等特点的全钢大模板，在北京地区就得到了广泛应用，全钢大模板也得以迅猛发展。目前，北京地区已建立全钢大模板生产厂150多家，年产量也由1998年的170万m^2，上升到2006年的480万m^2，全钢大模板的使用量也从1650万m^2，上升至3700多万m^2，并且在北京周边地区，乃至西北的西安、西南的重庆等地也逐步得到推广应用。2003年，颁布实施的《建筑工程大模板技术规程》，对规范全钢大模板的生产和应用，促进了我国大模板的健康发展。

5. 桥隧模板

这种模板是20世纪90年代中期发展起来的。随着我国高速公路、立交桥、大型跨江跨海桥梁、铁路桥梁及各种隧道等工程的兴建，各种桥隧模板也得到了大量开发应用。目前，已有专门生产桥隧模板的厂家有100多家，许多组合钢模板生产厂也大量生产桥梁模板和隧道模板，有的甚至还转为生产桥隧模板为主。1998年全国桥隧模板的年产量为240万m^2，到2006年已上升到750万m^2，使用量也从1200万m^2增加到3900万m^2。同时，桥隧模板的施工技术也得到了很大的发展。目前的问题是，这种模板是异型模板，还没有统一的质量标准可执行，周转使用的次数也少，制作技术要求也较高。

6. 塑料模板

塑料模板具有表面光滑、易于脱模、重量轻、耐腐蚀性好、可以回收利用、有利于环境保护等特点。另外，它还允许设计有较大的自由度，可以根据设计要求，加工各种形状或花纹的异型模板。我国自1982年以来，在一些工程中推广应用过塑料平面模板和塑料模壳，但由于它存在强度和刚度较低、耐热性和耐久性较差、价格较高等原因，没能得到大量推广应用。目前，塑料模板在欧美等国正在得到不断开发和应用，品种规格也很多。我国有不少企业也在开发各种塑料模板，如硬质增强塑料模板、木塑复合模板、GMT塑料模板、楼板塑料模板和塑料大模板体系等。电梯井筒模、台模（飞模）、滑模、爬模、悬臂模等成套模板设备不断发展更新，设备化程度越来越高，操作越来越简便，越来越人性化，模板向模数工具化和设备化方向发展。

从脚手架来看，脚手架是工程必不可少的施工设备，我国脚手架技术和应用比较早，从原始的土堆、凳子、木脚手架、竹脚手架，到扣件式钢管脚手架、门式脚手架及碗扣式脚手架、盘扣式脚手架等各种承插式脚手架，从悬挑脚手架到附着升降脚手架，从吊篮到附着式电动施工平台等等。脚手架不断更新换代，尤其是近二十年来发展很快，特别是用于超高层建筑的附着式升降脚手架的研制成功，极大地推动了脚手架技术的进步，也使脚手架向设备化方向发展迈出了重要的一步，而电动施工平台的研发也必将大大提高施工脚手架的装备水平，促进脚手架技术的发展。

我国在20世纪60年代就开始应用扣件式钢管脚手架，由于其具有装拆灵活、搬运方便、通用性强、价格便宜等特点，因而在我国得以十分广泛应用，使用量占到60%以上，是当前使用量最多的一种脚手架。但是这种脚手架最大的缺点就是安全性较差，施工工效低，材料消耗量大。目前，全国脚手架钢管约有1000万吨以上，其中超期使用和不合格的劣质钢管占80%以上，扣件总量约有10亿到20亿个，其中90%左右为不合格品。如此面广量大的不合格钢管和扣件，已成为建筑施工安全的重大隐患。仅2001～2007年间，由此而发生的安全事故多达70多起，伤亡情况十分严重。20世纪90年代以后，国内的一些企业引进国外的先进技术，开发了多种新型脚手架，如插销式脚手架、CRAB模块脚手架、圆盘式脚手架、方塔式脚手架，以及各种类型的爬架。目前，国内专业脚手架生产企业有百余家，主要分布在无锡、广州和青岛等地。从技术上看，我国脚手架企业已具备加工生产各种新型脚手架的能力，但是国内市场还没有形成，施工企业对新型脚手架的认识还不足，采用新技术的能力还不够，国内脚手架企业主要业务是对外加工。

随着我国大量现代化大型建筑体系的出现，扣件式钢管脚手架已不能适应建筑施工发展的需要，大力开发和推广应用新型脚手架已成为当务之急。实践证明，采用新型脚手架，不仅施工安全可靠，而且脚手架的用钢量可减少33%，装拆速度快，装拆工效提高2倍以上，施工成本可明显下降，施工现场也可做到文明、整洁。20世纪90年代初，由于超高层建筑的飞速发展，搭设传统的落地式脚手架不但不经济，而且也很不安全。“爬架”这样一种附着式升降脚手架的研制成功，为建筑施工带来了可观的经济效益和社会效益。以25层的建筑计算，爬架的材料用量仅为落地脚手架的20%，因为其材料用量并不随着施工高度的增加而增加，因此建筑越高而越经济，由此爬架在九十年代的中期便得到了广泛的应用。但是，附着式升降脚手架技术含量较高，一些不具备技术能力的企业贪图利益一哄而上生产和应用，反而发生了多起严重的整架坠落事故，造成了很坏的影响。2000年，住房和城乡建设部出台了《建筑施工附着式升降脚手架管理暂行规定》，2002年对附着式升降脚手架的施工又进行资质管理，保证了我国这一独有技术的健康发展。

以上讲的就是产品更新换代的问题，在这里，我还要强调一下品牌的问题。我国是世界上最大的制造大国，很多国家的商场里都有中国制造的商品，但是中国却是个品牌小国。世界上许多具有价值的驰名品牌产品大多在欧美和日本等地区，因此，产品的更新换代，就是要求创造更多的品牌。如果说质量是产品的物理属性，那么品牌就是产品的情感属性，品牌能使人们感到满足，品牌是人们一种崇高的追求。在座的企业家要有志向创造自己的品牌，打出自己的品牌，实现名牌企业走天下、品牌产品闯天下。

（三）新型材料的研发

模板脚手架离不开新型材料，新材料的开发与应用一直是技术进步的原动力，往往会带来技术革命。模板脚手架行业对新材料的开发与应用一直未停止过，从最早的木模板到覆膜（木、竹）胶合板模板，使混凝土的质量得到了较大提高；从组合小钢模板到全钢大模板，使劳动的效率得到了极大提高；从覆膜（木、竹）胶合板模板到塑料模板，使得模板的材料更加环保；而铝合金材料的应用，则在很大的程度上降低了工人的劳动强度。脚手架的材料也从木头、竹竿发展到钢，又从普通钢发展到低合金钢、铝合金，现在已有了碳纤维管材的脚手架，材料越来越向轻质、高强发展，轻质、高强的脚手架在建筑行业也必将会得到更多和更大范围的应用。

三、积极拓展模板脚手架的经营方式

模板脚手架行业的经营方式要来一次革命，不能再是小作坊的，不能是万事不求人的。过去，我国有相当一部分企业是“橄榄球式”的企业，中间大，两头小，就是生产车间、仓库很大，而研发力量、营销力量很小，这种模式的企业讲究的是有多少厂房、有多少设备，用了多少工人。而现代企业，强调的是“哑铃式”的企业模式，两头大而中间小，就是研发能力越来越大、营销队伍也越来越大，而中间的生产厂房和生产工人规模不追求大，即使没有那么大的厂房、没有那么多的工人，则可以采取其他方式进行生产。比如，美国的波音公司，它的老总就曾说过波音公司不是美国的波音公司而是全球的波音公司，它的生产车间建立在全球很多国家，有些零部件还是在我国的西安生产的。在这里，经营方式我列了三点，不很全面，供大家参考。

（1）制造、租赁、搭建施工多样化、一体化发展。

模板脚手架的经营一直是以销售为主，到20世纪90年代中后期，随着建筑公司经营模式的改变，项目实施承包责任制，项目部多实行单独核算，为降低单项工程成本，模板脚手架等建筑施工用具的租赁逐渐成其为首选，建筑公司也因此卸掉了需购置庞大资产的包袱，租赁市场得到了迅速发展。2002年，随着建设部新的资质管理规定的出台，很多专项工程从总承包中分离出来，其中附着式升降脚手架被列为专项施工资质，附着式升降脚手架的专项分包逐渐被众多建筑公司所接受，地方建设行政管理部门也坚决贯彻执行建设部的规定，支持专项施工，因而使得附着式升降脚手架企业得以迅速发展，目前全国仅一级资质的附着式升降脚手架企业就达40多家。但由于模板脚手架工程仅列为劳务分包序列，此工程多分包给劳务公司，实际上这些公司大多只是一些小包工头，这严重影响了模板脚手架的施工安全和新技术的推广应用，相信模板脚手架工程施工专业化将是我国建筑施工的发展方向，也必将会极大地促进行业的进步。

（2）联盟生产和营销合作。

目前大多数模板脚手架企业规模较小，大多采用自己直接管理、直接经营的方式，新技术、新产品推广缓慢，限制了企业的发展速度。对新技术产品应探索较为成熟和先进的联盟生产、连锁经营、代理销售等经营方式，加强行业内的合作，迅速做大、做强。有些人总认为现在是市场经济，市场经济就是竞争，竞争就是各自为战，就是大鱼吃小鱼，就是你死我活。其实不然，在今天，竞争更强调“竞合”，就是既有竞争、又有合作，在有些场合是竞争的对手，但在更多的场合却又是合作的伙伴。我们说合作是更高层次的竞争，这体现在两个方面，一是通过合作，增强本企业的生产能力；二是通过合作，增加本企业产品在市场中的份额。有的企业拥有技术创新的能力和自主知识产权，有的企业则具有成熟的营销策略和成功的办法，因此采取联盟合作的形式，发挥各自的优势，实现强强联合，既可提高企业的知名度，也可提高产品的市场占有率。我国加入WTO后，大家学会了一个新的名词，叫“双赢”，要实现双赢，就要学会合作，国家尚且如此，我们的企业更应如此，也只有善于合作，才能算是学会了真正意义上的竞争。

（3）与大型建筑施工企业建立长期稳定的伙伴关系。

模板脚手架是建筑施工的必备条件，建筑施工离不开模板脚手架，模板脚手架也不能只放在仓库里而不应用到建筑施工中去。如果生产出来放在仓库里，怎么能发挥作用？怎么会产生效益？没有效益，模板脚手架企业就难以为继，难以生存，更难以发展，我们说模板脚手架企业的发展是与建筑施工企业的发展紧密联系在一起的。在现代建筑施工中，由于施工难度大以及对混凝土施工质量的要求高，因而对建筑企业的施工技术要求也很高。也只有大型现代建筑企业才能承担高标准、高难度的复杂的建筑工程。建筑施工技术要求的提高，同时也对我们的模板脚手架提出了新的更高的要求，这就要求我们的模板脚手架企业必须加强与建筑施工企业的联系与合作，特别要与大型建筑施工企业建立长期稳定的合作关系。与大型建筑施工企业建立长期稳定的伙伴关系，为这些施工企业长期提供产品，不仅能保证我们的产品销路，而且也还能根据这些施工企业反馈的意见，及时改进，不断完善我们模板脚手架产品的品种，提升产品的质量和技术含量。与大型建筑施工企业合作，通过他们的实践，可以共同参与我们模板脚手架有关标准和技术规范的编制，从理论与实践上为行业提供依据。与大型建筑施工企业建立伙伴合作关系，还可以联合推广我们的新产品。另外，向他们推荐合适的产品，也可以帮助他们节约采购成本、减少施工成本、减轻工人的劳动强度。

四、同心协力，提高模板脚手架委员会的活动能力

中国建筑金属结构协会建筑模板脚手架委员会实际上就是我们建筑模板脚手架行业的一个"商会"，是为模板脚手架企业提供发展商机、搭建发展舞台的这样的一个组织，是我们模板脚手架企业自己的协会。关于提高这个组织的活动能力，我讲下面五点：

（1）要深入调查研究，制订模板脚手架行业健康发展的指导意见。

我们知道，国民经济是宏观的，行业是中观的，企业是微观的，我们要正确处理好行业与企业的关系。作为企业来讲必须要了解行业的发展，不仅要了解国内行业的发展情况，还要掌握国外行业的发展动态。企业的发展与行业的发展紧密相连，企业如果不了解行业全局、不关注行业的发展行情、不了解行业的生产力布局，很难做到企业自身的有效发展，只会是盲目发展。前些年常州的"铁本事件"就是一个活生生的事例。有个民营企业家花一个亿，到江苏常州办一家钢铁厂，后来被中纪委查处。这位企业家办厂愿望很好，也具备资金实力，但他不了解行业全局，不了解行业的生产布局，盲目发展，最后造成了不必要的损失。所以，我们的企业要想始终走在行业发展的前列，就必须要关注行业的发展全局。我们会员企业要履行职责关心协会，关心协会的工作就是关心行业，参与协会的活动就是参与行业的发展，也就是关心企业自身的发展。我们讲协会实际上就是一个"商会"，作为协会更要关注行业的发展，要积极开展活动，深入开展调查研究，总结经验教训，与企业一道拿出行业发展的指导意见，主动为企业提供服务和有效的指导，为企业提供及时有效的信息，提供发展的商机，为行业健康发展创造一个良好的舞台，使我们的协会真正受到企业的欢迎、受到社会的尊敬。

（2）凝聚专家才智，制订模板脚手架行业新技术、新材料、新产品推广应用的指导意见。

这一点非常重要，也非常关键。我们模板脚手架行业要科学发展，一个重要的力量源泉来自于我们专家的聪明才智，我们行业的科技进步，必须要依靠专家的智慧。

模板脚手架新技术、新材料、新产品的研制开发及推广运用，离开这方面的专家是不行的。我们有些企业还不能够完全认识到这一点，对专家的重要作用缺乏应有的认识，光靠自己拼拼凑凑、打打造造、小打小闹、瞎折腾，这是不行的，这样的企业是不能够持续发展的，也是难以有大的作为。我们协会有专家队伍，协会是为企业和行业服务的，有义务也有责任帮助企业寻找他们所需要的专家，帮助他们研制出适应现代建筑施工要求的新技术、新工艺、新材料和新产品，要将专家的研究成果应用到企业中去，推广运用到整个行业的发展中去。当然，专家也有责任将研究成果应用到实践中去，将技术成果转化为现实的生产力。要团结企业家与专家，特别要发挥我们专家的作用，凝聚他们的才智，拿出我们模板脚手架行业新技术、新材料和新产品推广应用的指导意见，促进我们整个行业的科技进步和迅速发展。

（3）广泛开展国内外同行的考察、交流，提升行业素质。

今天西班牙模板协会的同行参加了我们的这次会议，我们非常高兴，这是模板脚手架行业走向国际交流的一个非常好的先例。他们下面将要作介绍，希望大家好好了解其他国家的行业动态与发展情况，学习他们的先进经验。我们还要与世界上更多国家的行业协会建立合作关系，与更多国家的同行企业进行交流、相互学习。中国是个大国，我们应该有这样的度量，无论是发达的国家，还是发展中国家都有值得我们学习借鉴的地方，我们都要向他们学习。一个善于学习的民族才是有希望的民族，一个能够不断学习的国家才是有着光明前途的国家。所以，我们不仅要向国内的同行学习，而且还要关注世界，关注国外的同行，要走出去。走出去是为了更广泛接触了解世界，拓宽眼界，拓展视野，开展广泛的学习交流，了解人家模板脚手架行业的标准规范、新技术、新工艺等，只有不断地学习交流，这样才能做大、做强、做优、做好我们的行业，才能提升我们行业的整体素质。

（4）协助政府部门逐步建立健全模板脚手架行业产品标准体系。

这一点也是一个关键。产品要创新、要推广，技术要更新、要改造，没有标准是不行的。现在，有人说“三流企业卖劳力，二流企业卖产品，一流企业卖技术，超一流企业卖标准”，标准在工业化、信息化的进程中起着十分重要的作用，现在政府及相关部门对产品标准体系的建设工作相当重视。我们说协会是政府与企业的桥梁和纽带，这个桥梁与纽带的作用不能只是做个传声筒，只简单地做些上传下达的事，而更为重要的是，要站在企业和行业发展的大局，要站在政府管理协调行业全面、和谐、健康发展的全局，在推进行业产品标准化建设方面，积极协助政府部门逐步建立健全模板脚手架行业的产品标准体系。2009 年 7 月 1 日实施的《建筑施工碗扣式脚手架安全技术规范》，就是由我们模板脚手架委员会牵头，建安泰、星河等公司参加，由河北建设和中天建设集团主编的，为行业提供了一个很好的依据。我们就是要通过对相关规范和标准的制定，促进产品的技术创新和新产品的推广使用，推进质量监督管理，保证建筑安全施工。当然标准是多个层面的，有行业标准、地方标准，还有企业自己的标准，我在这里强调的是我们要建立国家标准，而且是还能与国际接轨的标准。现在，我们首先要深入了解各地、各模板脚手架企业所生产产品的特点、性能和质量，特别是新技术、新产品，要进行质量跟踪，要进行总结，凡是经实践检验并经专家论证是安全可靠、科技含量高、科技进步意义大的，而且是经济适用的，我们应当积极协助政府部门制定出产品的相关标准，并积极宣传推广。其次，我们还要结合实际情况，对现有产品标准和规范适时进行修订，以适应新形势的要求，不仅要适应国家行业产品推广的需要，同时也要适应国际要求。新的标准要及时建立，旧的标准也要及时修订，这样才能适应生产力发展的需要。在标准体系建立方面，我们也要注重发挥专家的作用。此外，对现有规范和标准体系可依的产品，我们也要协同有关部门进行监管，坚决杜绝伪劣产品进入租赁市场和建筑施工现场，避免给建筑施工安全带来危害。

（5）积极宣传模板脚手架行业优秀企业、成功企业家的先进事迹，繁荣模板脚手架企业文化、产业文化。

促进企业文化和行业文化的繁荣，协会的一项重要工作就是要抓典型，抓示范，抓样板，“榜样的力量是无穷的”。今天，我们给 11 家模板脚手架企业颁发了“重点推荐企业”的证书和铜牌，就是在树立榜样。通过树典型，发挥榜样的示范带头作用，可以带动行业的整体发展。哪些企业干得好，就要号召大家向他们学习；哪些品牌做得好，大家就要他们看齐。像北京的星河模板脚手架公司、奥宇模板公司、捷安建筑脚手架公司、康港模板工程公司，宁夏的永冶钢模板制造公司，还有广东的开平市优赢金属制品公司、东莞市德力建筑机械公司，以及浙江的万华、江苏的业大、江西的正欣、河南巩义的宏建、辽宁大连的天达、河北石家庄的太行等，都是我国模板脚手架行业的佼佼者、领头羊，我们应当积极宣传、大力推荐。我们不仅要积极宣传优秀的企业，还要大力宣传成功的企业家，宣传他们的创业精神，宣传他们的先进事迹，推动我们企业文化与产业文化的建设。文化是国家发展的软实力，也是企业发展的软实力，文化是凝聚企业人心和引领产业发展的灵魂，我们应该重视企业文化和产业文化的研究。我们是秉承儒家文化传统的民族，我们的企业家也应当具备儒商的精神，讲诚信经营、讲勤俭节约、讲艰苦创业，还要讲商业道德，“己所不欲，勿施于人”。同时，我们也要具有智商的聪明智慧，智商的科技水平，以及智商的现代管理理念和品牌意识，提升我们模板脚手架企业家的整体素质，打造我们自己的品牌企业和名牌产品，建立我们自己的品牌和名牌文化，推进企业文化和产业文化的大发展和大繁荣，增强我们企业和行业的竞争能力。

同志们、朋友们，我们协会的职责就是服务。协会要全力做好服务，特别是要服务好我们的会员企业。我们要培育造就出一大批优秀的企业家，也要培育出一大批这个行业的优秀专家，还要培育出更多的优秀的企业管理人才，实现我们模板脚手架企业及行业的大发展。模板脚手架委员会要成为我国模板脚手架行业凝聚力的推动者，要办成我们模板脚手架企业的一个真正的“家”，一个贴心温暖的“家”。我们的会员单位也要积极参与协会的活动，要关心我们的协会成长，商会就是大家商议办会，协会也是大家协作办会。只要是我们协会的会员就应当为我们的协会做有益的事，为我们的模板脚手架事业做有价值的事，实现我们的人生价值。我们这一代人要为模板脚手架行业的发展作出贡献，我们有责任将这项美好的事业完美地交给下一代。最后，衷心祝愿我们在座的建筑模板脚手架行业的专家、企业家和企业管理人员，以及来自国外的朋友，在新的时代里取得更大的成就！衷心祝愿在座各位的企业及我们模板脚手架的行业不断走向新的辉煌！

（2009 年 10 月 27 日在“2009 年建筑模板脚手架行业年会”上的讲话）

企业转变经营方式必须面向市场

时间过得很快，一年一度的年会现在又开始了。2009年10月27日我参加了在安徽黄山召开的年会，那次年会我作了一个报告，讲了模板脚手架行业的基本状况，提出了模板脚手架行业在当前社会进步和经济发展中的重要地位和作用，也讲了模板脚手架行业的技术创新状况，同时着重讲了一下模板脚手架行业的经营方式。这个讲话已经印发给了大家。

刚才亚男同志已经就整个行业的状况、建筑模板脚手架委员会一年的工作以及下一步的工作要求作了报告，我也表示赞同。这次开会和2009年有两点不一样：一是地点在南宁。过去广东开发比较快，海南发展得也比较快，现在广西抓着一个“东盟”，南宁有个重要特点，现在就像成了东盟的“首都”似的，“十加一”的国家都跑到南宁来，开东盟合作会议，刚刚开完，而且是一年一次，可以说这带动了整个广西的社会进步和经济发展，在东盟地区对我们中国的南宁大家的印象还是比较深的。二是我们这次会议是在中央的十七届五中全会刚刚开完之后召开的。五中全会一个重要的特点是提出了我们中国“十二五”规划的《建议》。这个《建议》非常关键，十七届五中全会深刻认识并准确把握了国内外形势变化的新特点，审议并通过了中共中央《关于制定国民经济和社会发展第十二个五年规划的建议》，为全面建成小康社会打下了决定意义的基础，必须明确指导思想，把握“十二五”规划的主题和主线。这个《建议》强调以科学发展为主题是时代的要求，关系改革开放和现代化建设的全局，在当代中国坚持发展还是硬道理的本质要求，就是要坚持科学发展。《建议》强调要以加快转变经济发展方式为主线，是推动科学发展的必由之路，符合我国基本国情和发展阶段的特征，加快转变经济发展方式，是我国经济社会领域的一场深刻变革，必须贯彻经济社会发展全过程及各个阶段。

现在全党全国都在学习这个《建议》，一个特点就是国家要转变经济发展方式，那这与我们有什么关系？我们作为行业，就是要转变行业的发展方式，作为企业要转变企业的经营方式，和国家的总体要求相一致。我去年在黄山重点讲了我们行业的状况，今天我在这里想重点讲讲我们的企业，我们的会员单位，我们的建筑模板脚手架以及相关的企业，如何转变我们的经营方式。为此，我强调：企业转变经营方式，必须面向市场。

刚才亚男同志报告里说得好，中国是一个大市场，今天在座的企业，包括民营企业，正是因为中国搞了市场经济，才发展到今天。当然中国市场经济发展还有不完善之处，对我们企业发展也带来了不少难度，市场还在发育的过程之中。现在全世界可以说同行业都看中中国的大市场，包括模板脚手架行业，不能不引起我们的高度重视。外国的模板脚手架企业想进入中国市场，对我们来讲，当然也是我们学习的榜样，更是我们竞争的对手。对此，我们要有清醒的认识。我们转变经营方式不是喊口号，企业要转变经营方式，必须面向市场。在这里，我想讲五点。

一、靠创新，赢得市场

温家宝总理前两年在巴黎的全球企业家座谈会上，他就讲企业要创新，企业不创新是没有出路的。企业是有寿命的，任何一个产品开始生产出来，市场营销很旺盛说明企业处在青年期；当产品处在滞销，或者产品已经老化市场不太需要的时候，企业就进入到衰老期。所以，企业想要竞争，想要发展，必须创新。

（一）模板脚手架的技术状况

首先，我简要的讲一讲我们中国建筑模板脚手架行业的技术状况。刚才亚男同志在报告里也提到了这个问题。我们中国的特点是幅员辽阔，全国从南到北、从东到西、从沿海到内地，就是一个大的工地。但是情况又不太一样，南方和北方不太一样，沿海和内地不太一样，所以反映在我们模板脚手架行业的产品和技术状况参差不齐。我们模板脚手架的发展历史，大家都很清楚。我们长城怎么建的？就是用土堆起来的，那就是早期的模板，就是原始的脚手架。过去用于支撑的有木头的、竹子的，现在比较先进的是钢的，还有了大型钢模板。我看到一些模板企业生产的桥梁钢模板，甚至比钢结构工程还厉害，无论是精度、质量，还是重量、规模都很了不起。当然，我们在看到大家在用比较先进的钢模板的时候，同时也看到在一些地方也在用着一些小模板，或是木模板、竹模板。在大量使用盘销式钢管脚手架、碗口式钢管脚手架等做支撑的时候，扣件式的钢管脚手架还大量存在，木支撑、木琵芭撑也在使用，因为中国太大了。

对我国较发达地区和主流模板脚手架技术来讲，房建模板市场的基本现状是：钢模板（包括组合小钢模和全钢大模板）、竹胶合板模板和木胶合板模板基本形成三足鼎立之势，除北方的墙体模板和柱模板大量使用大钢模外，北方水平模板及南方的墙和水平模板几乎都用胶合板模板。全钢大模板、空腹型钢边框胶合板模板、铝合金模板等产品得到应用，清水混凝土模板技术、各类爬模技术得到发展。交通铁路等桥梁隧道工程模板多为全钢模板，预制模板技术发展迅速，尤其是高速铁路客运专线轨枕和轨道板模板精度要求更是接近机床具类精度，混凝土制品质量大幅提高。

从脚手架来看，20 世纪 60 年代扣件式钢管脚手架和八十年代的碗口式脚手架仍然是主导产品，各类盘销式承插型脚手架得到推广，支撑架技术大大提高，附着升降脚手架技术、电动吊篮在超高层建筑中广泛应用，现在附着电动施工平台的技术也在替换，从脚手架到相当于一个机械，平台自动升降的，方便多了。

模板脚手架技术的发展也催生一些模板脚手架的专家，有的既是企业家也是行业的专家，更为可喜的是我们国家的一些高等院校，如清华大学、浙江大学、东南大学、哈尔滨工业大学等，这些老师们，这些教授们，开始注重并研究模架技术。相信在不久的将来，模板的理论技术会有较大的提高。协会也成立了模板脚手架专家委员会，就模板脚手架专家分布来讲全国各地都有，北京相对比较多。再就是 2010 年还建立了危险型较大工程专项专家库，其中模板、脚手架专项专家已经有 290 多人。

（二）模板脚手架的创新成果

刚才在亚男同志的报告里讲到了，我们的创新去年取得了一些亮点，实际上也讲了我们创新的成果。最近几年，我国建筑业的飞速发展，以钢筋混凝土为主体结构的工程进入主导地位，由此大大推动了模板脚手架行业的高速发展，路桥模板、工业及房建模板，脚手架支撑体系等几项技术近几年有了新技术、新产品，并在工程中得到了广泛成功的应用。主要表现在：

1. 路桥模板方面

近几年，我国高速铁路建设工程量巨大，大量应用各种结构形式的模板及模板施工技术。如：大型预制 32m 箱梁模板，预制轨道板模板，挂篮悬臂模板施工技术，移动模架造桥技术等。

2. 工业及房建方面

在建筑工程中，高层建筑、超高层建筑、大型体育场馆、展览馆、候机楼、高铁车站等建筑迅速增长，也为一些新型的模板技术的应用创造了良好的机遇。如：铝合金模板、无背楞大模板、塑料模板，早拆模板施工工艺，悬空支模及桁架支模技术，液压爬升模板体系。

3. 新型脚手架体系

随着建筑需求及全球化的技术交流，一些引进的新型脚手架产品陆续进入国内市场，并逐渐得到了市场的认可。如：插接式脚手架，多种类型的盘销式脚手架，附着升降脚手架，附着式电动施工平台等。

（三）模板脚手架的科研方向

从模板、脚手架科研的发展方向来看，当今技术发展已不仅仅是单个技术领域，模板脚手架技术也不例外。模板脚手架技术的重大突破要将建筑结构设计与施工工艺以及材料和制造技术作为一个系统进行整体研究，如清水混凝土技术的应用，首先要有清水混凝土建筑要求，飞模、台模及模板和支撑体系的选用需同建筑结构设计相结合以达到高效经济的目的，着眼于综合经济和社会效益。

社会的进步对生命的尊重，对环保和安全的要求越来越高，因此对模板脚手架产品，对安全和安全防护产品的研究以及绿色环保产品的开发越来越加强。还要面对劳动力成本，现在中国的劳动力成本越来越贵了，面对劳动力成本大幅度上涨和劳动技能逐步退化的局面，这样省工、高强、专用化、产品的研发将是我们未来的方向。随着科技进步，尤其是材料科学的发展，应该研究探索模板脚手架材料的多样化。

（1）积极完善现有的新型模板技术，大力推广应用性能良好、价格合理、安全适用和环保节能的各种清水混凝土模板。

（2）根据各种建筑结构的要求，开发各种不同种类的模板体系，如飞模体系、爬模体系、滑模体系、筒模体系、倒模体系、隧道模体系、桥梁模体系等。

（3）研究开发质量轻、强度高、刚度大的新型模板材料，包括化学材料。化学建材将来也将受到越来越广泛应用，也要加强研究与开发。

（4）推广新型脚手架，确保施工安全。大力推广应用新型脚手架是解决脚手架施工安全的根本措施。有关部门应制订政策鼓励施工企业采用新型脚手架，尤其是高大空间的脚手架应尽量采用新型脚手架，保证施工安全，避免使用扣件式钢管脚手架，多数地区将淘汰竹（木）脚手架。

（5）学习和借鉴发达国家模板公司现代化的科学管理技术。

总之，新型模板、脚手架应该向体系化、标准化、材料多样化、生产工艺化、管理科学化方向发展。

（四）关于协会服务企业创新方面的工作

作为我们模板脚手架专业委员会来讲，在服务企业创新方面，一要加强自身建设，真正成为政府与企业之间的桥梁和纽带，切实当好政府行业管理的参谋助手。二要加强同政府沟通，包括反映企业的诉求和促进行业标准制订工作等，尽快规范扭转模板脚手架行业产品混乱、劣质产品充斥市场的局面，确保施工安全。三要加强同其他相关协会的联系，协调行业企业同其他行业的技术协同发展。四要加强国际交流与合作，开展行业内的学习交流与合作直至整合，培育行业领军企业。我们中国人的眼界要放开一点，全世界有的我都有，人家有我一定要好，你没有我有，你有我比你更好，要向世界上最先进的企业去学习。

二、靠品牌，稳定市场

（一）要认识品牌特性

要靠品牌稳定市场。市场要做买卖，买卖不能做一锤子买卖，买卖要持续下去，要稳定下去，来了还想买你的，靠什么？靠品牌。

我们说什么是品牌？品牌是客户对有形的产品及附在产品上无形的价值，联想的认知及期望。品牌同商号、商标具有区别，品牌是名字，是术语、标记、符号的组合应用，要识别某个或某群卖主的商品和服务，以便使它们与竞争者的商品和服务区分开来。商号，是指一个企业的字号，企业的名称中包含着商号。商号在企业名称中的作用，是彰显企业的独特性，以使企业与其他企业相区分。商标，是指产品或服务的标记。商标的作用，是以一定的外部标记来区分产品或服务。可以这样说，商号是企业的名字，而商标则是企业提供的产品或服务的名字。商号和商标的共同作用，都在于为客户提供识别标记，引导消费者的选择，扩大自己的市场优势，为企业管理和经营服务，形成自己在客户心目中的品牌。

如果说产品质量好，我们模板、脚手架质量好，那是产品的物理属性，而咱们的品牌不仅是物理属性，还是我们产品的情感属性。你们想一下，我们小青年穿了阿迪达斯觉得很满足、很神气，也就因为他用的是品牌。所以，品牌有一个情感的属性在里面，它能满足用户情感上的需求。

商标和品牌是两个不完全重叠的概念，品牌必须使用而无需注册，品牌一经注册就成为商标，商标只有注册后方可受法律保护，并享有商标专用权，仅注册不使用的商标不是品牌。一个企业品牌和商标不一致也不同，品牌比商标有更广泛的外延。

目前城市发展非常快，高层建筑遍地，公路、铁路、桥梁、隧道、机场等基础设施建设规模与日俱增，建筑市场肩负着空前高涨的任务，包括“十二五”规划期间，我们建筑的规模还在不断地扩大，模板脚手架的行业面临厂家林立化、竞争白热化、产品同质化的新形势，在模板、脚手架产品同质化和新技术如此易于模仿的今天，企业的品牌已经成为用户购买取向的主导因素。

品牌还具有几个方面功能作用或特性：品牌是产品或企业核心价值的体现，品牌是识别商品的利器，品牌是质量和信誉的保证，品牌还是企业的“摇钱树”。对企业家来讲，特别是民营企业家，要思考的是，我们终生办企业，交给子孙发展企业，世代将企业做大，为的什么？我觉得我们企业家人生最大的一项需求就是要创造一个品牌，为创造企业的品牌而奋斗这是我们企业家人生的价值体现。所以，企业家要动脑筋，思考如何创造品牌，如何使用户对我们的品牌产品形成了一定的忠诚度、信任度和追随度，由此使企业在与对手竞争中拥有后盾基础。还有可以利用其市场扩展的能力，用品牌带动企业进入新市场，带动新产品打入市场。总之，品牌作为市场竞争的武器常常带来意想不到的效果。

（二）模板脚手架行业品牌状况

从品牌状况来说，目前我们模板脚手架行业企业大多还未对品牌进行专门管理，申请商标的厂家数量不多就是一个很好的说明，整个行业目前对品牌的认识不足。但也有些企业已经认识到了品牌的价值，申请了商标，如星河、三博模板和奥宇模板等，当然他们的品牌还在发育的过程之中。

（三）加大创建品牌的工作力度

如何创建品牌？创建品牌需要狠抓产品质量和售后服务质量，要把“不是卖产品，而是卖信誉；不是为产品找用户，而是为用户找产品”作为企业品牌建设的宗旨。在推行品牌建设过程中，要求企业各生产经营环节必须紧紧围绕用户的需求和变化互相联动，形成“上下一心、横向协调，变多中心为一元化，共急用户之所急，共做用户之所需”的新格局，树立“眼睛盯着用户看、身影围着用户转、思想随着用户变、工作为着用户干”和“用户的呼声是第一信号，用户的需求是第一选择，用户的利益是第一考虑，用户的满意是第一标准”的品牌意识。

（四）协会在企业品牌创建方面应做的工作

作为协会来说，在服务企业品牌建设方面，要做好以下几个方面的工作：

（1）要将积极培育、推出行业名牌企业，创建行业一流企业，建设具有国际竞争力的行业排头兵企业，推动企业兼并重组，创造强势品牌，推动行业科技进步和整体应对市场的能力。

（2）要继续开展“重点推荐企业”的评选活动，加大对这些企业的宣传力度，促进“重点推荐企业”的品牌发展。将来还要更高一些，在我们现有行业“重点推荐企业”的基础上，还要推出我们行业的“品牌企业”，使“重点推荐企业”走向“品牌企业”。

（3）要积极倡导企业规模化与企业舰队形式，打造具有国际竞争力的行业大型企业。

（4）要继续做好企业资质的评审工作，通过评审工作进一步推动行业规范。

（5）要加快完善、落实研发体系与研发规划，加强行业专业化培训工作，促进先进技术的研究与产品开发、市场研发、资源开发、资本运作速度，确保行业持续、稳定发展。

三、靠合作，拓展市场

（一）要大力发展加盟商

合作最为重要，过去我们说市场经济，竞争是无情的、残酷的，是你死我活的，这有一定道理，但也不完全正确。在一些场合下，我们同行业企业是竞争的对手，但在更多的场合下是合作的伙伴。什么叫“东盟”？“东盟”就是一个合作，“上海合作组织”也是一个合作，它是国家与国家之间的合作，我们会员企业之间也要进行合作。在今天，合作是高层次的竞争，谁会合作谁才会竞争。当年我们加入世界贸易组织，那个时候有一个词汇叫“双赢”。“双赢”就是你赢了人家也要赢，不能说你赚钱建立在人家的亏损基础之上，而要实现“共赢”，大家共同得益。模板脚手架企业要赢，用模板脚手架的企业也要赢，我们造模板脚手架的工人也还要赢，大家都要赢，这样才能共同发展。所以，要发展加盟商，成立合作联盟企业。这个联盟非常关键。现在我们模板脚手架行业在全国有十多家加盟企业，有的还与我国的台湾及南非等国家的企业建立了合作关系，成立了加盟企业，开拓了企业专利产品，让社会共同使用，尽快转变生产力的创新发展之路。

一个企业要发展，不是说要买更多的土地、建更多的厂房和找更多的工人，而是通过合作、通过联盟，建立本企业的产品标准，其他企业按我的标准生产，这就是我们的牌子，你也赢我也赢。我经常讲，我们总书记到美国西雅图的波音飞机制造厂，这是一家大型飞机制造厂，在那里我们总书记讲“我这次很高兴到你们这里来参观美国的波音公司”，人家总裁礼貌地举起手站起来说“主席阁下，我想纠正您的说法”，我们总书记也很有风度说“请你先生讲吧”，那位总裁先生说“我不是美国的波音公司，我是世界的，我很多产品是在中国西安生产的”。波音公司有产品标准后，全世界都有合作企业在生产它的零部件。作为我们模板脚手架的一些零部件都要有其他企业进行加工、进行生产，不一定都是要自己扩大厂房增加工人，因此我们也要进行合作、联盟。

（二）要开展授权生产

像高梦军研发的“直插双自锁轮扣式钢管脚手架”产品，为了防止以往新产品研制获得成功刚一问世便很快被假冒，假冒产品以低价格扰乱市场、以低劣质量损害用户利益、危害工程安全的混乱现象发生，在专利法的保护下，采取了在国内分大区授权生产，实行产品关键配件生产工艺保密制度，实行设专厂生产，实行全国统一配送制度，制定了产品企业标准，要求授权生产企业严格按照统一企业标准执行，采取统一生产工艺、统一生产技术、统一生产工装和模具、统一产品生产检验工艺的质量保证体系。经过十多年的实践证明是行之有效的。

（三）要做到同行是朋友

北京康港模板工程有限公司转变经营思路，业务面向全国，承揽工程发展到港澳地区，与同行企业建立朋友加伙伴的合作关系，主动帮助其他企业，把任务分给兄弟厂生产。河南巩义市宏建机械模板材料有限公司转变经营理念变竞争对手为合作伙伴，合作工程投标，达到合作共赢。三博桥梁模板制造有限公司是一家专业生产制造铁路桥梁模板公司，我们很多搞民建模板企业进入铁路、桥梁模板制造初期，都曾到他们企业学习取经过，他们不拒绝、不保密，促进了行业企业间的协调健康发展。

（四）要加强国际合作引进先进技术成果

北京星河模板脚手架工程有限公司从西班牙引进了“附着式电动施工平台”新产品，经三年来的消化、吸收、再创新，完成产品国产化设计制造，使之成为中国造，其性能试验、测试、现场应用实验通过了住房和城乡建设部科学技术成果鉴定，现已批量生产，并已在多个工程上得到应用。

（五）要加大产学研联合

湖南金峰金属构件有限公司与哈尔滨工业大学、中南大学等合作做了大量的试验研究，参与行业标准制定，通过对门式脚手架的技术创新，改进产品结构，为门架的推广和在工程上的安全应用提供了可靠的依据。他们的产品入编“建筑施工门式钢管脚手架安全技术规范”行业标准，企业增强了技术实力，为社会作出贡献。北京盛明建达脚手架有限公司出资与清华大学合作，进行了“碗扣式模板支撑架荷载试验”，企业掌握了第一手的试验数据，为工程的方案设计和工程应用提供了有力的保证。

四、靠服务，延续市场

靠服务延伸市场，就是把市场往上延伸，你服务的好人家才愿意跟着你，所以模板脚手架企业不仅要注重技术进步，注重产品研发，注重产品质量，还要注重市场营销，更要注重服务，要认识到服务也是企业的核心竞争力。单一产品成功还不能代表企业的成功，要做大做强企业，不仅要有产品的成功，还要有市场的份额。企业在拥有成功产品的同时，要建立起正确的产业决策和企业定位，要有持续的经营变革和营销制度，建立起完善的服务体系，要靠优质的服务占领市场，赢得市场，否则，我们的模板脚手架企业则会重蹈改革开放三十年来许多“明星”企业变为“流星”企业的状况。

（一）要着实开展诚信服务

诚信非常关键。诚信为本是人类社会的发展规律属性，诚信不仅是一个人的立身之本，也是一个企业乃至一个国家赖以生存与发展的一个重要基础。北京“同仁堂”药店历经百年长盛不衰，靠的就是诚信。印尼1997年的经济危机，其根源就是印度尼西亚缺失了社会诚信，从而导致危机，举国衰退。诚实与守信，是我们中华民族一种美德、一种品质，是儒家文化思想的一个重要准则，孔子曾教诲弟子说“人而无信，不知其可也”。一个人连诚信都没有了，不知你还能干什么？对我们企业来讲，诚信就是市场，诚信服务就是企业的立业之本，兴业之源。现代企业家海尔集团总裁张瑞敏说过：“一个企业要永久经营，首先要得到社会的承认、用户的承认，企业对用户真诚到永远，才有用户、社会对企业的回报，才能保证企业向前发展。”在激烈市场竞争的条件下，我们模板脚手架企业不仅要诚信生产、诚信经营，还要把工作立足点放在诚信服务上。“立诚，则行天下；守信，则强天下。”诚信服务不仅是一种道义，更是一种交流合作的准则；不仅是一种品格，更是一种义不容辞的责任。只要做到了诚信服务，就可以延续市场、保有市场、赢得市场，在市场激烈的竞争中立于不败之地。我们的企业家，我们的民营企业家你们要记住，你们是儒商、是儒家之商、是中国的商人，儒商的重要特点就是讲诚信，儒商还要加上智商的聪明才智，既要有儒商的诚信，又要有智商的聪明才智，是中国的现代商人、也是中国希望所在。我希望我们模板脚手架行业的企业家一定能在诚信服务上做出引人注目的成绩来，这不仅是企业自身发展的需要，也是我们构建和谐社会的需要。

（二）要切实增强社会责任意识

企业要讲社会责任，尤其是我们模板脚手架行业，务必要增强社会责任意识。现在模板脚手架造成的生命安全问题已引起了社会的高度重视，生命第一是建筑的最高准则，如果生命都没有了哪还搞什么建设？我们编制标准规范，我们制造模板脚手架产品，必须把生命第一作为建筑的最高准则。现在的建筑安全事故仍然不少，全社会也在关注生命安全，并提出了企业的社会责任标准的问题。

“企业社会责任”概念起源于欧洲，是对西方企业的竞争模式和牟利思想的深刻反思，之后开始流行。《财富》和《福布斯》等商业杂志在企业排名评比时也加上了“社会责任”标准，联合国甚至成为推动企业发挥社会责任的重要机构，在2000年7月正式启动的“全球协议”中，时任秘书长安南曾呼吁企业约束自己自私的牟利行为，并担负起更多的社会责任。作为世界上最重视企业社会责任的公司之一，英特尔公司每年都发表企业社会责任实绩报告，把承担社会责任作为企业发展战略的一部分。

在经济全球化、参与国际竞争和经济体制转型期的今天，企业与国家、与社会关系都发生了巨大的变化。在我国，在市场机制的作用下，国家与企业合二为一的现象开始消失，国家权力开始从企业逐步退出，后者因而获得了越来越多的自由。国家职能从对企业的直接控制转向致力于公共设施的提供、宏观经济的调控、构建有利于公平竞争的制度、营造良好的发展环境等方面转变。企业从国家单向命令下服从的客体转向社会主义市场经济下经营的主体，导致企业的各种责任和义务发生重大转变。与之相联系，企业与社会的关系也发生了深刻变化。随着我国现代企业制度的建立，企业的蓬勃发展，企业责任的转型，这就需要企业承担起更多的社会责任。当然，我们模板脚手架企业承担的社会责任不仅仅是社会的公益事业，建立慈善基金会，捐多少款，这只是企业社会责任的一部分，更主要是注重安全第一、生命第一，企业的社会责任还包括遵纪守法、通过商业目标的实施对社会发展有所贡献、对员工的权益保护和素质培养，而我们为用户提供优质社会责任服务，让我们的模板脚手架产品得以安全使用，切实保护好我们建筑工人的生命安全，在此基础上，得力地开拓市场，延续市场，这也就是在承担着社会责任，也是一种社会的担当。我们儒家的一个独特贡献在于明确表达了个人在社会中的担当作用，这形成了传统观念中，个人在社会中的责任感。在现代社会中，企业也必须树立强烈的社会责任服务意识，而且这种责任必须成为一种自觉。一个企业有无社会责任感决定着这个企业的命运，而从社会来讲，企业作为社会一项主体，企业的社会责任越强，社会便越和谐。企业社会责任感的高低决定着企业自身的创新能力与生存能力。“创新是一个民族进步的灵魂，是国家兴旺发达的不竭动力”。同样，创新也是企业不断进步的源泉。没有强烈的社会责任服务意识，企业就不可能提高核心竞争力，更缺乏社会的认同感和美誉度，无法适应市场竞争的需要。加强社会责任服务是企业文化的重要组成部分，是企业开拓产品市场和保有市场重要的途径，更是企业“软实力”的核心内容，对我们每个模板脚手架企业来说，既要做到明确责任，也要做到履行责任、考核责任，这样才能使企业具有持续发展的重要基础，只有得到社会和公众的长期认可与信任，企业才能长盛不衰。社会学家戴维斯说：“放弃了自己对社会的责任，就意味着放弃了自身在这个社会中更好地生存的机会。”同样，如果我们的模板脚手架企业放弃了自己的社会责任，就意味着我们这个企业丧失了在社会上更好发展的机会。

（三）要大力加强服务文化建设

一个企业的核心竞争力是文化力，企业管理的最高境界是文化管理。谈管理科学，至今天有五大管理，从动作管理到行为管理，全面管理到比较管理，到今天的知识管理、信息管理、文化管理。人类社会的管理科学发展到今天，进入了第五代的文化管理。大量案例证明，在企业发展的不同阶段，文化再造是推动企业前进的原动力，企业文化是企业引领市场、提升经营业绩的有效工具，文化力决定企业生命力。随着经济与文化的日益融合，企业文化管理的思想从制造型文化到服务型文化发展与演变。其核心是通过对企业文化的塑造以确保企业经营、管理和体制等有效的运行。人类社会从工业经济发展到知识经济，使企业所处的环境发生了许多新的变化。如全球竞争、用户需求的多样化和个性化、信息技术的飞速发展与普及等。在知识经济时代，从属于人的知识资源、智慧资源、能力资源等成为创造财富的最关键资源，因而更多的制造型企业已经在市场竞争策略、经营重心、组织结构、创新内容和创新主体等方面开始转变，即从传统制造型企业向服务型企业转变，企业文化相应地由制造型文化向服务型文化转型。

模板脚手架行业作为服务建筑业的基础行业，对国民经济发展和构建和谐社会，同样承担着重要的政治责任、社会责任和经济责任，在企业文化建设上，也应当适应新经济发展变化，加强服务文化的建设，这也是市场经济改革和发展的必然选择。随着经济的快速发展和工业与民用建筑施工量的不断加大，人们对优质服务的期望值越来越高，让模板脚手架使用单位享受方便、快捷、安全、满意的服务，是新形势下对我们行业企业优质服务提出的新要求。企业要想在市场竞争中保持领先位置，必须做到服务更加优质规范，我们模板脚手架行企业要将建设服务文化作为开拓和延续市场的出发点和着力点，要在培育先进的服务理念、创新服务手段、培育服务品牌、建立优质的服务人才队伍、建立健全服务标准体系和服务工作奖惩机制等方面着手，做好服务文化建设工作。服务文化一旦转化为我们市场需求，我们的企业便会有广阔的发展前景。因此，构建优秀的服务文化是一个双赢的战略，是提高服务质量、提高企业在市场的影响力、竞争力、引导力和产品在市场的提升力的最佳途径。服务文化的建设，以诚信为本，强调在坚持“以人为本”、“忠诚企业”以及“奉献社会”这一核心价值观的同时，也更注重形成自身的服务特色，以独特的企业服务文化引领企业发展，要使服务文化成为一种“生产生产力的生产力”。

服务文化建设方面的案例很多，包括我自家安装一个海尔空调，海尔的安装人员进门就带了一个脚套子把鞋子套上了，防止将用户家里弄脏，安装好走了没过五分钟公司的电话就打过来了，询问我们安装的怎么样？服务好不好？北京有个小青年准备结婚要买一台冰箱，但家里很小，只有一个三角形的墙角能放冰箱，但市场上没有三角形的冰箱，他抱着试试看的心理与海尔联系，询问能否给他做一个三角形的冰箱。做冰箱是要开模具的，定做一个三角形的冰箱是有难度的，可海尔研究了一下，一个小时后就给他回复，专门为他单做一个，而且在他婚期前三天便将冰箱空运到他家。其实海尔出售这个冰箱挣不了什么钱，但最大的利益已经有了，就是具有不向市场拒绝的能力，用户需要什么我就给你做什么，体现了海尔服务的真诚度，这就是别人都做不到的服务最高点，趋向极限服务了。海尔就是实行这样的服务，将最大限度地满足消费者的利益作为自己服务的宗旨。

（四）协会在企业服务文化建设方面所要做的工作

作为协会来讲，在企业服务文化建设上，我们应当有所作为，一要帮助模板脚手架企业建立起服务文化机制；二要提高企业员工服务意识，帮助企业提升服务质量与水平；三要宣传服务工作做得好、市场开拓有效的企业，树立行业的优秀服务典型；四要利用协会的网站、展会等各种平台为企业服务用户、延伸市场开展宣传。关于网站，我想多说两句。现在已到了信息社会了，我们的企业家要会用“网”，要会搞互联网服务，一个是你要经常看看我们这个网站，第二个是把你企业的网站挂到我们的网站上去，用户到你企业网站上一看就知道有你这个企业，知道你这个企业是做什么的、有什么产品，就可以与你进行网上订货。这很重要，很需要这样做。你们年龄大的人可能弄不太明白，成了“网盲”，是新“文盲”，不懂“网”，但至少找个年轻人专门干这个事情，研究网上的新技术、新材料，研究网上市场的新信息，研究网上的新动向，将网上服务作为服务文化建设的一项重要工作内容做深、做实，更要做好。

五、靠实力，占有市场

占有市场要靠实力，不是靠嘴巴的，企业要有实力，企业的实力非常关键。企业怎么样提高实力？这个事情我在这里不想多说。我们有人说，我们模板脚手架是小行业、小企业，我不这么看。我老说，我很佩服那个叫做“肯德基”的老头。“肯德基”老头的照片，我到处看到它，在中国看到，在法国看到，在美国看到，在非洲也看到。一个小小的“肯德基”能做得这么大，我们的模板脚手架为什么不能做到那么大？上一次年会上我讲了，世界上最大的模板脚手架企业在国外，我觉得应该是在我们中国，中国有这么大的市场，不在中国才是怪事呢，我相信在五到十年内世界上最大的模板脚手架企业必定在中国，就在我们在座的哪一家。我们要干就要干大的，要瞄准世界上最新的、最先进的，中国有这么好的条件，中国有这么大的市场，我们的企业必须要做大做强，做出实力来。

（一）要扩大经营范围

从经营范围来说我们要扩大，不光能制造房建的，也要能造铁路的，能造钢结构的，还要能用于公路、港口、水利、桥梁、核电的。我们不光能生产，还要能租赁；我们不光能租赁，还要能到现场去搭建，能进行专业化施工。脚手架先搭好了，你不用了我再撤回来。我们的经营范围要围绕着模板脚手架前后产业链上的行业，都要把它们考虑上。产业链上，包括原材料提供都建立联盟、建立合作，要做到我什么都能干、我什么都有。即使我没有，而我的联盟企业有；我不能干，而我的联盟企业能干，要啥有啥。企业要由单一生产加工型向设计、制作工程服务发展，要干企业就要这么干，这是完全能做到的事情。

（二）要增强经营能力

从经营能力来说，经营要有素质、要有本事。像安德固脚手架工程公司采用专业承包工程经营模式拓展其经营的能力，他们用这样的方式承揽了一系列的国家重点工程，如央视新址工程、首都机场的3号航站楼、广州的亚运会工程等。另外，要增强我们的经营能力，除了要有配套的专业技术人员，还要有自己的施工队伍和营销队伍，因此企业一定要重视人力资源的开发。你们在座的当公司的经理、公司的总裁、董事长，你们首先是本企业“人力资源开发公司”的“总经理”，你们首要的一项任务就是要开发出企业的优秀人才，建立起一支高素质的人才队伍。有本事的把自己的部下、把自己身边的人培养成人才，充分发挥出他们的聪明才智。企业要有自己的设计制造加工实力，还要有规模化的生产经营，当然规模化生产经营不能脱离自身的发展条件，要因地制宜、因企制宜。同时，要有更大的合作范围，提升企业的经营能力。

（三）要做好经营规划

经营规划是我们企业实施跨越发展的基本蓝图，也是我们模板脚手架企业努力奋斗的目标和方向。近十年，我们模板脚手架企业不断地朝着做大做强规模化的目标发展，行业中出现了一批产值过亿元的企业。专业委员会回去给排排队，看看中国模板脚手架行业里谁是产值（包括其他指标）第一，谁是前十名。过一年再看看变化情况怎么样，看看谁的名次上升了，谁的名次下降了，要互相了解，比较式地向前发展。

现在我们模板脚手架行业产值超亿元的企业，有北京奥宇模板有限公司、北京康港模板有限公司、北京联东模板有限公司、北京星河模板脚手架工程有限公司、宁夏永治钢模板制造有限公司、石家庄太行模板有限公司、山东淄博环宇桥梁模板有限公司、浙江万华建筑器材有限公司等。这些企业成为我们行业发展的中坚力量，为行业的持续发展奠定了基础。我们要瞄准世界最大的模板脚手架行业企业，实行追赶性战略，学习他们的先进的经营理念，精心谋划我们的经营规划和经营策略，实现跨越式发展，他们能做到的我们也能做到。

（四）协会在增强企业实力方面的相关工作

作为协会来讲，要与世界上最大的最强的模板脚手架企业进行联系，为我们的企业提供去考察、去了解、去学习的机会。同时，要牵头组织我们企业开展相互之间的学习交流活动，学习经验，交流成果，促进企业之间的互动与合作。你有长、我有短，“三人行必有我师”，要互相学习、共同提高。此外，要组织专家为企业解决实际问题，帮助企业开发、研发新技术、新产品。要加快标准规范的编制工作，对一些尚未出台的建筑模板脚手架有关技术标准规范要加快编制进度，并做好申报立项工作，敦促政府有关部门加快有关标准规范的立项审批工作，要急企业之所急，需企业之所需。

总之，我们来参加一年一次年会的，每参加一次回去后要反思，并改进工作，再经过一年，企业的实力要增强。在市场经济的条件下，我们的企业必须要靠实力去占有市场。企业如何拥有实力，就是要充分认清市场，全面面向市场，实实在在地走进市场，切实地转变经营方式，全面提高企业的素质。对企业来讲，不面向市场切实转变经营方式就谈不上提高企业的实力。企业只要面向市场转变经营方式，就能提高企业的市场竞争力和国际竞争力，这是至关重要的。要协会干什么？协会就是商会，帮助我们的企业创造商机；协会就是学校，帮助企业提高自身的素质；协会就是一种信息，帮助我们的企业掌握广泛而有用的信息，使我们的企业家拓展自己的眼界，扩大自己的视野，使我们的企业拥有更加美好的明天。在此，我衷心祝愿我们的会员单位，在座的每位企业家在模板脚手架行业中能更好地实现自己的人生价值，祝愿我们的企业从今天的辉煌走向未来的更加辉煌！

（2010年10月31日在2010年全国建筑模板脚手架行业年会上的讲话）

科技创新是扣件行业发展的灵魂

2010年7月，我用两天时间对扣件主产区沧州献县的6家骨干企业进行了调研并和献县、孟村的12位企业老总座谈，一些同志说扣件是个小行业，我不这么认为，这只是以往行业宣传不够，媒体宣传不够。我们行业企业规模虽然不算大，但责任重大，扣件与建筑工人的生命息息相关。因此，我觉得行业自身要切实提高对扣件在建筑业发展中重要地位和作用的认识。特别要强调：科技创新是扣件行业发展的灵魂。

一、扣件行业现状急需科技创新

1. 行业发展现状

扣件产品是建筑、市政、水利、煤炭、船舶、桥梁等工程中搭设钢管脚手架、井架上料平台、隧道模板支护、栈桥、货架、模板支撑、塔架等脚手架的连接紧固件，是由直角扣件、旋转扣件、对接扣件组成。直角扣件是用于脚手架的纵向水平杆与立柱连接的紧固件，旋转扣件是用于脚手架的剪刀撑和高层建筑所用脚手架的双立柱的连接紧固件，对接扣件主要作为钢管的接长使用的紧固件。随着国家建设事业的发展、高层建筑的建设大量增加，脚手架的使用量也大大增加，由于扣件式钢管脚手架拆装方便、搭设灵活，能适应建筑物平面、立面的变化，从而使用越来越多、越来越广。

目前我国生产扣件采用的材料主要是可锻铸铁，俗称玛钢，它之所以称为玛钢，是因为可锻铸铁的英文名的读音有玛字，力学性能接近于钢，俗称为玛钢。玛钢是一种古老的工程材料，它的化学成分是低碳、中硅和合适的锰硫比，制造的原材料主要为废钢、生铁、硅铁、锰铁等，玛钢铸件具有工艺成熟、质量均匀、效率高、原材料资源丰富的特点，是铸造业的一大分支。

使用可锻铸铁制作的扣件有以下优点：

（1）铸造性能好，材料来源广，成本低廉，一般玛钢厂增添少量的专用设备就可以生产；

（2）根据使用方便的特点，即在动态荷载下有较高的塑性和韧性，且有很高的减振性和较好的延伸率；

（3）有较好的抗氧化性能和耐腐蚀性能；

（4）有较好的疲劳强度；

（5）生产成本较低。

另外国内还有铸钢扣件和钢板冲压扣件生产企业等。铸钢扣件及钢板冲压扣件由于生产制作成本较高，在国内脚手架应用较少，主要用于出口。三种扣件的对比如下表。

三种扣件的对比

产　品	重量	价格	机械性能
玛钢扣件	低	低	低
冲压扣件	中	中	中
热锻扣件	高	高	高

全国目前有三百余家扣件生产企业，拥有职工约三万人，固定资产约十亿元，分布在北京、天津、上海、重庆、河北、河南、湖北、湖南、广东、山西、陕西、四川、云南、山东、江苏、浙江、安徽、宁夏、内蒙古、新疆二十个省、自治区、直辖市，其中由近80%的企业集中在河北省的沧州市，全国年产扣件约七亿件，年产值近三十亿元，其中年产量在五百万件以上的生产企业有三十余家，其余都是一些中、小规模的生产企业。经济类型多为私营、股份及个体企业。由于扣件产品是直接涉及建筑工人生命安全和财产安全的产品。为保证脚手架的安全使用，保障建筑工人的生命安全，避免财产损失，扣件产品在1986年就被国家列入实施工业产品生产许可证制度的产品目录。当时根据国家经委、国家标准局的有关对扣件产品发放生产许可证的文件要求、原城乡建设环境保护部工业产品生产许可证办公室自1987年以来组织共对全国扣件产品生产企业进行了两次换、发证工作。第一次发证企业为100家、20世纪90年代中期第二次发（换）证时取证企业为140家。2002年以后目前共有发证企业300余家。

2. 行业发展存在的问题

（1）企业规模小

我国脚手架扣件企业数量多、规模普遍偏小、低水平重复建设现象没有根本改变，加剧了市场竞争的残酷性。脚手架扣件行业经过二十多年的发展，到目前为止建筑扣件产量超过千万套专业化、规模化的企业没有一家，企业分不出档次，在建筑扣件市场需求波动的大潮中，难以摆脱的市场无序和产品价格的恶性竞争，使得多数企业经营极不稳定，一批企业倒下去了，又一批企业诞生了，但仍没有摆脱不良建设模式的怪圈。重复建设是一种极大的浪费，小而全、大而全都是小生产意识的产物，我们的行业只有走专业化、规模化的道路才是提高生产效率、降低劳动成本的基础。因此，在今后的行业工作中，企业一定要转变观念，加强企业间的合作，适时调整经营模式，变独立经营为联合经营，发挥行业产品的品种特点，走集团化、规模化、专业化的道路，才能从根本上促进全行业的共同发展。

（2）自主创新能力薄弱

目前行业企业中普遍存在着生产工艺落后、生产装备简陋、人才资源匮乏、技术创新能力不强，尽管有部分行业骨干企业在技术创新上做出了一些成绩，如河北永杰铸造有限公司的热风水冷冲天炉熔炼、“冲天炉用铁精粉免烧球团化铁”工艺、开发机械化造型生产线，云南云海玛钢有限公司的热处理隧道窑，河北天文铸造有限公司开发的新型Φ48B型专利扣件、孟村回族自治县建筑扣件有限公司加工装配生产线等，但整个行业没有大的突破，多数企业生产工艺仍停留在原始状态，企业感到处于难以发展的困境，无暇顾及科技开发投入和扩大再生产，面对不规范的市场，大多是短期行为、忙于眼前、无暇顾及未来发展，成为阻碍行业发展和技术进步的瓶颈。技术创新是企业适应市场经济的必然产物，是企业生存发展的必然选择，技术创新前提在资金，出路在市场，关键在人。因此，我们的企业要树立技术创新意识，增加技术创新的投入，重视培养和引进创新人才，加强对新产品、新工艺、新装备等关键技术的开发，探索出一条以企业为主体、以市场为导向的自主创新成功之路是建筑扣件行业目前的头等大事。

（3）品牌建设不足

目前扣件市场品牌混乱、质量参差不齐，充分表明我国的建筑扣件市场尽管这两年有所改善，还有待成熟。品牌不是商标，品牌是市场供求关系的契合，品牌表现为消费者对企业承诺的认同程度。竞争有利于促进交流，激励市场，淘汰落后，锤炼品牌。在现阶段，品牌竞争得更加明显而激烈，品牌在整合资源和占领市场中起到了最重要的杠杆作用。我们的企业不仅要考虑如何降低成本，如何扩大规模，如何拓展生产线，如何扩大销售队伍，如何建立销售网络，而且要从品牌战略角度来思考企业的营销组合、生产、财务、人力资源等经营管理决策，以品牌为杠杆，向品牌要效益并最终实现品牌资产的增加。

（4）扣件产量与质量问题

自浙江发生脚手架倒塌的同类重复恶性事故，各级行政主管部门在全国范围内开展建筑施工用钢管、扣件的专项整治工作。通过这几年的专项整治，使生产、销售、租赁和使用量大面广的劣质建筑用钢管、扣件的状况得到明显扭转；生产、租赁活动中的不规范行为和各种欺诈行为得到有效治理；防止劣质钢管、扣件进入工地的监管措施得到有效落实，建筑市场已初步建立防范劣质钢管、扣件进入施工工地的机制。全行业的产品质量整体水平有了较大幅度的提高。但是行业仍然存在不少问题，有部分企业盲目追求扩大产量而忽视质量的现象时有发生，扩大产量是提高企业效率的手段，但需要有科学的管理，严格的质量保证体系来支撑，再管理不到位、工序不完整、检验不严格，必将造成出厂产品质量的不稳定，同时产量的盲目扩大也加剧了市场价格的恶性竞争。个别企业为降低成本，不按产品图纸及标准要求生产、或偷工减料、或降低质量要求。我们发现行业有部分企业在按国家标准生产扣件产品的同时，仍有在生产产品质量低于国家标准，以产品重量划分的系列扣件产品，这种行为不但扰乱了正常的市场经济秩序，破坏了行业的声誉，也给施工安全事故的发生埋下了隐患。

3. 行业发展机遇

(1) 发展主题

中国仍处在改革开放时期，发展速度相当快，城市正处在翻天覆地的变化时期，过两三年再去一个城市就有不认识的感觉。我们的行业也是如此，在行业迅速发展过程中，很少有企业一直都是行业领头羊，而过去很多小企业经过近几年发展，迅速成为大企业。企业要发展，就要有创新，就要依靠设计和创意，这是非常重要的。因此，我们要全面收集国内外先进技术，通过原始创新、集成创新和引进消化吸收再创新，逐步把“中国制造”变成“中国创造”，增强市场核心竞争力。企业要做大做强，就要高度重视专家的作用，协会要充分发挥行业组织的优势，组织专家开展企业管理、产品研发等方面咨询服务，协助企业科学发展、可持续发展。我们要高度重视企业家和专家合作，要实施产学研结合，所谓产就是生产企业，学就是各类院校，研就是我们的科研机构，通过三方面有效组合形成的科技先导型企业，代表了最先进生产力发展方向，是未来市场竞争中的领军企业。

(2) 发展差距

据统计，目前国内扣件产品与发达国家的差距主要体现在产品质量和价格上。国内扣件产品与发达国家扣件产品对比表如下表。

国内扣件产品与发达国家扣件产品对比表

	发达国家	中　国
扣件种类	热锻扣件	玛钢扣件和冲压扣件
质量	很高	一般
价格	很高（约国内的两倍）	一般
安全性	非常高	一般

扣件行业要在新的基础上发展，就要进行国际比较。行业要进行横向比较，不要总是进行纵向比较，总是看到自己的发展，要通过横向比较，寻找自己与国际先进水平的差距。我国的建筑扣件企业规模普遍比较小，生产水平和产品质量与国外相比，差距较大，在性能、质量和外观上还有许多的差距，在企业的管理上、生产工艺上、质量管理等方面存在不少问题。

二、近年来的科技成果急需推广应用

近年来，扣件行业在科技创新有了一批新的成果，对这些需要相互学习，在全行业推广应用，在推广应用的基础上，实现再改进、再创新、再提高。

1. 热风水冷冲天炉熔炼

河北永杰铸造有限公司研制开发的该项目全部采用创新技术，应用“冲天炉用铁精粉免烧球团化铁”、“冲天炉用含铁氧化物球团及其制取工艺”该工艺一是大幅度降低原铁液成本，对新型冲天炉熔化球团所生产的高硫铁液进行高效、低成本脱硫的技术和煤气直接回收利用的节能技术。通过各项技术的采用，将使吨扣件产品成本由原3555元/t降到2569元/t。二是以保证铸铁低成本、稳定生产的成系列的工艺设备集成技术，包括转包脱硫处理工艺设备、浇注电炉工艺设备，这一系列创新技术可有效地提高可锻铸铁材料的稳定性。该公司为降低生产成本，提高产品质量的工艺革新项目、以生产牢牢占领建筑市场的“SH牌”名牌产品，拟订采用节能环保创新专利技术工艺、开发机械化造型生产线，准备新建“年产三万吨国标建筑金属扣件”项目，该项目将全部采用创新技术。

2. 热处理隧道炉

云南云海玛钢有限公司的新研发的我国扣件行业第一条热处理隧道炉，该工艺与传统的燃煤式台车炉退火工艺相比，在工艺性上，由于隧道炉为连续生产，燃煤式台车炉为间歇式生产，因此铸件化学成分的稳定性大大优于燃煤式台车炉；在经济性上，单位吨工件耗煤由传统的燃煤式台车炉290kg降到隧道炉的240kg，单位吨工件操作工人比台车炉减少3人；在环保性上，由于隧道炉热效率高，烟尘二次燃烧和沉降条件优于台车炉，因此，隧道炉的烟尘排放黑度和烟尘排放量小于台车炉。该项新技术的开发具有保温性能好，炉温均匀，退火时间短，有效地节约了燃煤的使用量、降低了热处理成本、保证了产品质量的均匀性。

3. 新型Φ48B型专利扣件的开发

由行业牵头组织河北天文铸造有限公司研制开发的新型Φ48B型专利扣件经过数年的研究，并通过了国家建筑工程质量监督检验中心的多次检验合格，并通过用户使用表明，该产品结构设计合理，平均每件产品可减轻0.1kg，有效地节约了材料及能源，降低了生产成本，不降低产品的力学性能，目前已在浙江地区大量使用，得到了用户的欢迎。

4. 扣件产品加工装配生产线等

为解决本行业劳动强度大、效率低的现状，由委员会组织孟村回族自治县建筑扣件有限公司等行业骨干企业进行技术创新，将原传统的分散型扣件产品加工装配升级改造为机械化联动加工装配生产线，该生产线的应用改变了行业的形象，减轻了工人的劳动强度，优化了工人的工作环境，提高了生产效率，降低了生产成本，为行业企业带来了较好的经济效益。

5. 扣件生产铸造全自动造型线

为解决降低工人劳动强度，解决造型工人日渐萎缩的现状，提高行业技术进步，委员会协助骨干企业河北永杰铸造有限公司，与国内一流的铸造造型自动线的生产商保定铸机有限公司合作，由河北永杰铸造有限公司投入一千万元引进全自动造型生产线，目前已安装调试，今年将投入使用，该生产线的应用将大大提高产品质量的稳定性和一致性，为行业的可持续发展奠定了坚实的基础。

6. 新一代多管径通用钢板冲压扣件

湖南金峰金属结构有限公司研制出新一代多管径通用钢板冲压扣件以适应脚手架与不同钢管配套使用中连接难题。

三、推进科技创新急需扎实工作

1. 提高对企业只有科技创新才有美好明天的认识

（1）低碳经济是人类社会文明的又一次重大进步

人类社会发展至今，经历了农业文明、工业文明，今天，一个新的重大进步，将对社会文明发展产生深远的影响，这就是低碳经济。

所谓低碳经济就是要以低能耗，低污染，低排放为基础的发展模式。其实质是能源高效利用、开发清洁能源、追求绿色GDP，核心是能源技术创新、制度创新和人类生存发展观念的根本性转变。随着全球人口和经济规模的不断扩张，能源使用带来的环境问题及其诱因不断地为人们所认识，不仅是废水、固体废弃物、废气排放等带来危害，更为严重的是大气中二氧化碳浓度升高将导致全球气候发生灾难性变化。发展低碳经济有利于解决常规环境污染问题和应对气候变化。环顾当今世界，发展以太阳能、风能、生物质能为代表的新能源已经刻不容缓，发展低碳经济已经成为国际社会的共识，正在成为新一轮国际经济的增长点和竞争焦点。据统计，全球环保产品和服务的市场需求达1.3万亿美元。

目前，低碳经济已经引起国家层面的关注，相关研究和探索不断深入，低碳实践形势喜人，低碳经济发展氛围越来越浓。

从国际动向看，全球温室气体减排正由科学共识转变为实际行动，全球经济向低碳转型的大趋势逐渐明晰。英国2003年发布白皮书《我们能源的未来：创建低碳经济》；2009年7月发布《低碳转型计划》，确定到2020年，40%的电力将来自低碳领域，包括31%来自风能、潮汐能，8%来自核能，投资达1000亿英镑。日本1979年就颁布了《节能法》。2008年，日本提出将用能源与环境高新技术引领全球，把日本打造成为世界上第一个低碳社会，并于2009年8月发布了《建设低碳社会研究开发战略》。2009年6月，美国众议院通过了《清洁能源与安全法案》，设置了美国主要碳排放源的排放总额限制，相对于2005年的排放水平，到2020年削减17%，到2050年削减83%。奥巴马政府推出的近8000亿美元的绿色经济复兴计划，旨在将刺激经济增长和增加就业岗位的短期政策同美国的持久繁荣结合起来，其“黏合剂”就是以优先发展清洁能源为内容的绿色能源战略。

低碳经济是科学发展的必然选择

发展低碳经济是中国实现科学发展、和谐发展、绿色发展、低代价发展的迫切要求和战略选择。既促进节能减排，又推进生态建设，实现经济社会可持续发展，同时与国家正在开展的建设资源节约型、环境友好型社会在本质上是一致的，与国家宏观政策是吻合的。

发展低碳经济，确保能源安全，是有效控制温室气体排放、应对国际金融危机冲击的根本途径，更是着眼全球新一轮发展机遇，抢占低碳经济发展先机，实现我国现代化发展目标的战略选择。

发展低碳经济，是对传统经济发展模式的巨大挑战，也是大力发展循环经济，积极推进绿色经济，建设生态文明的重要载体。可以加强与发达国家的交流合作，引进国外先进的科学技术和管理办法，创造更多国际合作机会，加快低碳技术的研发步伐。

中国发展低碳经济，不仅是应对全球气候变暖，体现大国责任的举措，也是解决能源瓶颈、消除环境污染、提升产业结构的一大契机。展望未来，低碳经济必将渗透到我国工农业生产和社会生活的各个领域，促进生产生活方式的深刻转变。在发达国家倡导发展低碳经济之时，中国应该找到自己的发展低碳经济之路，低碳经济是我国科学发展的必然选择。综观发达国家发展低碳经济采取的行动，技术创新和制度创新是关键因素，政府主导和企业参与是实施的主要形式。

低碳经济是行业转型升级的指南

加快传统产业优化升级。我国产业结构不合理，一、二、三产业之间的比重仍然停留在“1∶5∶4”的状态，经济的主体是第二产业，钢铁、煤炭、电力、陶瓷、水泥等是主要的生产部门，这些产业具有明显的高碳特征。因此要大力推进传统产业优化升级，实现由粗放加工向精加工转变，由低端产品向高端产品转变，由分散发展向集中发展转变，努力使传统产业在优化调整中增强对经济增长的拉动作用，在扩大内需中实现整体水平的提升。

随着经济的增长，发展受到的约束由资源约束转向资金约束，经济发展已经进入从传统资源性走向低碳经济时代，转型是必需的。

低碳经济既是后危机时代的产物，也是中国可持续发展的机遇。资源依赖与发展阶段有关，要改变我们的经济发展模式、对自然资源索取的方式以及人们生活的习惯和思维方式，这些都是革命性的转变。

在企业转型过程中，低碳经济对成本的增加是一定的，但需要以辩证的角度看待问题，经济学上有一个边际收益递减原理，即以资源作为投入的要素，单位资源投入对实际产出的效用是不断递减的。因此，我们应该从政策、技术自主研发等各方面来提升综合效益。面对中国工业化和城市化加速的现实，用高新技术改造钢铁、水泥等传统重化工业，优化产业结构，发展高新技术产业和现代服务业，尤为重要；建筑扣件行业更是如此，在未来的发展中，我们不仅要“中国制造”，更应关注“中国创造”。

发展新能源是发展低碳经济的一个重要环节，近年来中国在可再生能源和清洁能源发电方面取得了令人瞩目的成就。截至2008年年底，中国累计风力发电装机容量已超过印度，达到1217万kW，成为全球第四大风电市场，同时也提前实现了可再生能源“十一五”规划中2010年风力发电装机容量1000万kW的目标。目前，我国已成为全球光伏发电的第一生产大国。对于我国新能源来讲，不但要保持价格优势，还应培养质量、产业链优势。

环境经济政策是指按照市场经济规律的要求，运用价格、税收、财政、信贷、收费、保险等经济手段，调节或影响市场主体的行为，以实现经济建设与环境保护协调发展的政策手段。它以内化环境成本为原则，对各类市场主体进行基于环境资源利益的调整，从而建立保护和可持续利用资源环境的激励和约束机制。与传统的行政手段“外部约束”相比，环境经济政策是一种“内在约束”力量，具有促进环保技术创新、增强市场竞争力、降低环境治理与行政监控成本等优点。

环境经济政策体系之所以重要，是因为它是国际社会迄今为止，解决环境问题最有效、最能形成长期制度的办法。与以往的“排污者治理”相比，不久的将来还应推出环境税，“碳税”的征收也将指日可待，它不仅能深化能源资源领域价格，推进财税体制改革，也能转变经济增长模式，从而提高资源利用效率，促进清洁能源的开发和追求绿色GDP，更为重要的是能实现节能减排的预期目标，为地球重现碧水蓝天作贡献。

(2) 提高产品质量

产品质量的提高，要依靠工人操作的高度责任感，但不可忽视或者说更为重要的是要依靠科技创新、产品的设计创新、制造工艺的创新、质量管理的创新、原材料产品检测检验的创新，还包括工厂环境整治的创新。总之，扣件行业的科技创新要紧紧围绕提高加工精细度、管理周密度、产品的质量以及外观包装等方面深入开展。

(3) 提高生产效率

目前，全行业企业几乎99%的企业都是传统的铸造工艺，生产过程中都为手工操作，质量的一致性较差，效率低。人工造型和机械化造型存在差距，两者对比如下表。

人工造型与机械化造型对比表

人工造型	机械化造型
效率低	效率高
工人劳动强度大	工人劳动强度低
产品质量一致性差	产品质量好，而且一致

特别是翻砂造型工艺均为传统手工造型，劳动强度较大，工人操作环境恶劣，存在着一些安全隐患。所以行业要发展，首先是从人工造型提升到机械化造型（垂直分型无箱射压造型），减轻工人劳动强度，提升机械化生产水平。

（4）降低生产成本

建筑扣件行业目前市场竞争的最大焦点就是降低消耗和浪费，加强管理，引入新设备和新工艺；从劳动力匮乏和昂贵的地方转到劳动力丰富和廉价的地方，这就需要科技创新，向科技要质量，还要向科技要效益。

（5）产品多样化

从单一产品的研发和生产逐步发展成为多种产品的研发与生产，满足不同客户和市场的需求。企业要生存发展，要寻求利润最大化，必须要摆脱同质化，针对高度竞争化的市场状况，需要在科技创新及方面狠下工夫，因此，企业要充分利用“学”和“研”的优势，通过开展产学研的合作，促使企业成为产品多样化的创新型企业。

2. 跟踪掌握市场信息

（1）提高市场占有率

市场的竞争最早是产品的竞争，是产品的质量竞争，然后是产品的价格竞争，最高层次的竞争是产品的品牌竞争。我们建筑扣件行业企业，要随时跟踪掌握市场信息，要开发更多的客户和市场、开发高端市场、以品牌战略提高市场占有率。企业和产品的科技含量是提高市场占有率的重要砝码。

（2）拓展海外市场

我们的扣件行业企业首先要了解海外市场的需求，有的放矢的开发市场和新产品，委员会要积极组织行业骨干企业参加国外的相关展会，特别是对口的有影响力的国际展会，比如德国的宝马展以及美国和法国的世界建材三大行业展会。随着社会的发展和国家建筑安全规范的提高，中国的扣件产品一定会被发达国家的扣件产品所替代，因而有远见的中国扣件企业目前应该为将来的发展做好准备工作，不断提高产品质量的同时，提高生产效率和产品档次。要树立名牌企业闯天下，品牌产品走天下的企业文化，力争把我们的建筑扣件产品走出国门，拓展海外市场。但要树立必须用当今最先进的技术武装企业，用最先进的技术设计和制造的产品，才能挺起胸脯走出国门。

3. 推进学习型组织建设，逐步建立专家和科技先导型企业家队伍

专家是协会的资源和财富，协会因为有了专家的支持才会变得更加强大，而专家因为有了协会就有了发挥聪明才智的舞台。专家包括个人与群体，个人专家可以帮助某一个企业解决某一个具体问题，或者进行培训讲课，专家的群体可以联合起来制定标准规范，进行科技攻关，或者研究行业科技进度的发展战略，研究哪些新技术可以推广应用，哪些新专利可以得到市场应用。协会的职责就是在了解会员单位需求的基础上，促使专家的聪明才智和企业家的需求相结合，形成巨大的生产力。协会是专家们的“家”，行业的发展离不开“家”里的各位专家，建筑扣件行业的发展战略要靠各位专家来制定，专家们要积极当好咨询与顾问，专家有什么建议跟协会说，企业有什么发展难题找协会帮忙，协会能组织行业的力量来实现企业家的需求和专家的意图。

4. 研究推进行业科技创新的激励政策

科技创新要有政策的扶持，行业要研究激励政策，作为企业更要在激励政策上下工夫，要鼓励创新人员，要宽容创新失败，要奖励科技创新人员和成果，要给予科技创新更大的投入，创造更宽松的环境。可以这样说，不重视科技创新就没有企业的明天，不重视科技创新的企业家是残疾人企业家，企业家应是科技创新人力资源开发的总经理、总设计师。

我到中国建筑金属结构协会工作近两年的时间，我体会很深，协会可干多，可干少，干起了没完没了，不干不多不少，作为协会的职能，就是要为企业创造商机，企业才会欢迎你，要发挥协会的作用，要把协会办成大家的协会，要有敬业精神，把扣件行业、企业办成一个既有文化素养、又有和谐氛围、更有科技创新的聪明才智的大家庭。我们的会员单位也要积极参与协会的活动，要关心我们的协会成长，商会就是大家商议办会，协会也是大家协作办会。只要是我们协会的会员就应当为我们的协会做有益的事，为我们的建筑扣件做有价值的事，实现我们的人生价值。我们这一代人要为建筑扣件行业的发展作出贡献，我们有责任将这项美好的事业完美地交给下一代。最后，衷心祝愿我们在座的建筑扣件行业的专家、企业家和企业管理人员，在新的时代里取得更大的成就！衷心祝愿在座各位的企业及我们建筑扣件的行业不断走向新的辉煌！

（2010 年 11 月 23 日在“2010 年扣件委员会年会”上的讲话）

树立信心　振奋精神
努力促进模板脚手架行业的健康发展

各位专家，各位企业家：

非常高兴在浙江宁波召开我们今年的建筑模板脚手架行业年会，浙江省是全国建筑业的大省，建筑业强省，也是建筑业富省，浙江有很多经验值得在全国推广的。今天，省建筑事业局一把手局长亲自来参加会议，这是对我们这次会议的支持，也显示了对我们建筑模板脚手架行业的重视。刚才，亚男同志把去年大的形势和一年来的工作以及今后将要做的都跟大家说了，还希望大家进一步补充，她总体上讲得不错。今天我想讲的，题目叫“树立信心，振奋精神，努力促进我们模板脚手架行业的健康发展”。为什么讲这个是有点针对性的，有些同志讲去年模板脚手架行业碰到了“天灾人祸”，给企业带来一定的困难，但是我现在要讲的不是“天灾人祸”，而是“天时、地利、人和”。我们既要看到有“天灾人祸”，但更要看到有“天时、地利、人和”，在这方面我们要树立信心。2010 年我没讲信心问题，今年我要特别讲讲这个问题。

一、信心比黄金和货币更重要

上面这句话不是我说的，而是温总理说的。家宝同志在金融危机时期，对发展我国国民经济要各级政府各个企业树立信心，提出了“信心比黄金和货币更重要”。黄金重要，钱重要，但信心更重要。那我们的信心来源于哪几个方面？为什么要树立信心？

第一，信心来源于我们新的历史起点，也就是“十一五”之前到现在为止，模板脚手架行业和企业打下了坚实的基础。我们今天谈模板脚手架行业，今天谈模板脚手架企业，已经不再是十年、二十年前的行业和企业了。在座的企业家经过这么多年的拼搏，我们企业发展到今天，应该说已经进入到了一个新的历史起点。我们已经经过了起步阶段，现在进入到要腾飞或者说快速发展的阶段了，这是我们的一个基础。而且从我们国家来说，中国是世界上最大的建筑市场，必然带动模板脚手架行业的快速发展。我过去出国时没怎么接触这个行业，不清楚模板脚手架企业国外是什么样子，按道理讲最大的模板脚手架企业应该在中国，在外国是没有道理的，因为他外国没有这么大的建筑市场，但是现在这方面大的企业还是在外国，我相信在不久的将来，有我们在座的努力，也许我们在座的那一家企业将成为世界上最大的模板脚手架企业。昨天我问了美国哈斯科基础工程公司的一位同行，他们一年模板脚手架产值40亿美元，那就是将近250亿人民币，我们的模板脚手架企业如果年产值能够达到200多亿人民币，我看就相当不错了。当然人家的企业有的几十年了，甚至有的上百年了，我们的企业才有多少年啊？我不知道你们在座的企业最长的有多少年，有没有与共和国同龄的？同龄应该是62年了，好像我们还没有到这个程度，现在我们企业大多也就十多年，或是二十多年。我们有的从当初乡镇企业搞起来的，或是从一个很小的民营企业起来的，发展到今天，我们四五个亿、十来个亿的已经有了，或许也有上百亿的，这就打下了一个很好的基础。每一个企业都应该看到自己从当初创办到今天，经过我们拼搏已经打下的这个基础，我们要在这个基础上树立信心，在这个新的历史起点上树立信心。应该说办企业、办民营企业不是那么容易的事，从一个小企业办到今天，吃了多少苦头，求了多少人，你们的酸甜苦辣，你们每个人自己知道。前一阶段我看了一个资料，2010年有百亿资产的民营企业家，大概死了几十个，具体数字我记不清了。三种类型死的：第一种是自己的毛病，违反法律规定，被法律追究判了死刑的；第二种是由于企业的矛盾激化，被人家害死的；还有相当一部分，是干企业累死的。有的累病倒了时说我下一辈再也不干企业了。可以说，我们是历经艰难困苦、尝尽酸甜苦辣才有了现在这么一个基础，我们今天讲信心，不是从空平白而来，或者说空口说大话而来的，正是因为我们有了这个基础，这是我们信心所在。

第二，信心来源于“十二五”的主题是发展。现在我们国家进入到“十二五”规划期间，今年第一年，还有四年。“十二五”期间，我们国家规划的主题是发展，只有发展才是硬道理，而且要科学发展。“十二五”期间，规划建设的数字在这里我不想多说，只说些与我们行业相关的：

从保障性安居房建设上看，今年开工建设1000万套，投资是14000亿。“十二五”期间要完成3600万套，一套我们按50m^{2}算，这有多少房子？“两房建设”，指的一个是商品房建设，一个就是我们保障房建设。

从水利工程来说，我们“十二五”期间要比“十一五”总量翻番，要达到多少？要达到18000亿元。

从公路建设来看，“十二五”期间，我国将建设快速铁路网，要超过4万km，包括客运专线、区域干线、城际铁路，交通覆盖10万以上人口的城市；国家要建立高速公路网85000km以上，覆盖20万人口以上的城市。两个路网的建成，对中国城镇化的格局、区域经济发展的格局将会有很大的影响。

从铁路上来讲，前一阶段铁路发生事故，稍微有点缓解了一点，但是我们国家计划2020年铁路营运里程要达到12万km以上，这个量也是相当大的。要建设客运专线16000km以上，“十二五”期间还要新增3万km，基建投资达到3万亿人民币。

大规模的铁路建设为我们的企业也带来了巨大的市场空间。

从城市轨道交通来说，2011年我们制定规划36个城市中，已有26个城市的轨道交通线路规划获得了国务院的审批。到2020年城市的轨道交通累计营运里程运行路程达到7395多公里，以每公里5亿元的投资造价来计算，保守估计还要3万亿财政投入。到2050年，铁路将增加到289条，总里程达到11700km。

"高铁"建设计划，前一阶段由于出现事故，做了适当的"减速"调整，这一调整给我们的企业带来了好多影响。许多企业到了这样一个程度，"高铁"建设工程一停下来，我们主要给他们干活的就遭遇到困难，或是裁员减人，或是被迫转型，或是停工停产，就是刚才我们说的"天灾人祸"。尽管"减速"调整，但是总体格局、总的规划还是要增长，因为"十二五"主题就是要发展。在铁路建设规划调整期间，关系国家经济发展命脉的如运煤专线等重点工程建设不仅没削减，反而加强了，我们有些企业也相应搞了一些对策，像北京星河公司就想方设法，东方不亮西方亮，减少高铁当时的问题带来影响。

前面我说的这些，就是说明我们模板脚手架的市场需求还是很大的。我在十年前到加拿大，去了半个月、走了6个城市，总共没看到6个塔吊，而中国现在即使是一个县城，我们从屋顶往下看周围都是塔吊。可以这样说，中国从南到北，从东到西，从沿海到内地是一个大工地，都在搞建设。我们面临这么大的建设任务，有这么大的市场，我们应该有信心。

第三，信心来源于中小微型企业发展新的机遇。对中小微型企业的发展，我们应该看到有新的机遇，这是非常关键的。过去我们讲中小企业，最近中央的文件还加个微型企业。中小微型企业的发展问题，已经引起国家领导人和有关部门的高度重视。近期有国务院办公厅、工信部、全国工商联等政府部门和社会团体，对全国中小型企业发展存在的问题和困难进行了调研，召开新中国成立以来首次中小企业及非公有制我们民营企业的国家级工作会议，会议期间将对中小型企业存在的问题和发展出台具体政策措施。

今年国庆期间，我们温总理还到浙江温州、绍兴等考察，并和中小企业进行座谈，肯定了中小微型企业在扩大就业、推动经济增长等方面的作用，并提出要从全局和战略高度，支持和帮助中小企业发展，推动经济社会又好又快发展。这些政策措施，我们掌握的还不够具体，正在了解。大概是这么个概念，就是国家扶持中小微型企业，要从六个方面下工夫：

一是促进中小银行加快发展。中小银行资金规模小，跟小企业资金需求更匹配，更愿意小企业为主要服务对象。就是银企合作的问题，因为融资难，而企业发展又需要资金，银行和企业就要进行合作。银行有两种，一种是政策性银行，像中国人民银行，它属于国家金融调控的银行，更多的是另一种银行，就是商业性银行。商业性银行经营跟我们办企业是一个道理，它也是一个企业，只是我们经营的是模板脚手架，它经营的是人民币。无论存款，还是贷款都是为了增加更多的效益，我们要发展，它也需要发展。

二是促进资金雄厚、网点多大型的商业银行加强对小企业的贷款。我们过去说银行“嫌贫爱富”，嫌小企业小，小企业贷款难，大企业贷款容易，现在中央要求它也要服务于小企业。

三是打破经营定式，加强业务创新，让更多的小企业得到银行的信贷服务。不少银行通过下放贷款的审批权限，通过看人品、看产品、看押品；看水表、看电表、看海关报表；看员工、看社区对企业的反应等等，获取企业更全面的信息。就是人家要贷款给你，首先要让人家信任你，你的这些信息要使银行对你信赖，人家才肯贷款给你。不信任你，给你这个钱打水漂了，给你死账赖账，银行是不干的。

四是进一步拓展直接融资渠道。扩大中小企业上市规模，推进中小企业直接债务融资、产品创新，引导各类投资机构加大对中小企业的投资力度。

五是进一步改善政策环境，实行小企业融资困难问题的有效解决。降低市场准入壁垒，推进信用体系建设，加大财政补贴、税收减免等政策支持力度。

六是促进中小企业加强管理。提高管理者与员工的素质，提高财务管理水平，增强信用意识，增强小企业的融资能力。就是要银行支持我们，肯贷给我们，首先我们得要有本事，要有自己的融资能力。

以上，我重点从三个方面，即一个是我们已经有了一定的基础，第二个是大的发展形势、大的建设市场在等着我们去干，第三个是当前我们有困难，但中央特别针对中小微型企业融资难等问题正在研究相关的扶持政策，从这三个方面来讲，我们没有理由不去树立信心，我们没有理由去悲观。如果办企业这么容易、钱那么好挣，那大家都去挣了，我们干的本来就是难事，不能遇到困难就悲观，就对企业发展感到气馁，在这个难事面前我们要树立信心，还要坚定信心。

二、创新比资产和规模更重要

现在，我们有的企业有了一定的基础，不是当初的企业了。我们现在有了一定的资本金，有了一定的资产，也有了一定的规模，但是创新比现在的资产和规模更重要。如果资产和规模说明的是昨天，创新则是为了明天，没有创新企业就没有明天。当然，我们今天的资产和规模怎么来的，也是我们当初创办企业不断创新而来的。没有创新就没有我们今天的资产和规模，但是，有了今天的资产和规模而不再创新，明天照样无法生存，现在小企业破产的例子有的是。那么怎么创新？我讲这么几点。

（一）理念的创新

脑袋瓜子最关键，思想理念最关键。企业具有什么样的理念很重要，特别是要有竞合理念，即竞争与合作的理念。我们模板脚手架行业普遍缺乏的是应对市场的能力，其中一个重要因素就是现在行业内缺乏能够称得上“龙头老大”的企业，或者说企业集团、企业联盟。我们有的企业不错，包括我们副会长单位、副主任单位在行业中是不错的，但真正在世界上称得上“龙头老大”有上百亿资产的还没不够，企业联盟也少。要适应目前日益竞争的市场，就要摒弃那些单靠“船小好掉头”的企业发展经营理念，不能“单打独斗”而要善于联合。关于联合，我以前曾多次讲过、强调过这个问题。现在我们都在讲市场经济，那什么叫市场经济？过去讲市场经济就是竞争经济，竞争就是“大鱼吃小鱼、小鱼吃虾米”，竞争是你死我活的，竞争是残酷的，竞争是无情的，这话有一定道理，但也不完全对。发展到今天，合作才是更高层次的竞争，谁善于合作、善于联盟，谁才是真正的竞争能手。在有些场合下，可能在一个项目招标上，两个企业可能是竞争的对手，但更多的场合下应该是伙伴关系，或者是联盟关系。不仅企业与企业之间如此，国家与国家之间也如此。我讲过一些国家总统，也包括我们的总书记、总理、副总理经常在世界上跑，我们去干什么？你们看看新闻报道，我们到有的国家就是为了建立战略联盟合作关系，搞合作。现在诸如“五十国集团”、“上海合作组织”、“金砖五国”、“东盟合作组织”等，都是讲合作。这些组织讲的是政治合作，经济上也是一样，也要善于合作。企业之间开展合作，至少能达到两个目的：一是增加自身的能力。我没有的我合作伙伴有，我不能干的我合作伙伴能干；我不仅有国内合作伙伴，而且我还有国外合作伙伴，要什么有什么，这样我还有什么不能干?! 二是增加市场份额。这就像连锁店似的，你在北京可以住我的宾馆，到了浙江也可以住我的宾馆，增加了市场份额。要根据企业条件和发展规划，积极开展联盟合作，进行资源整合，实行强强联合、优势互补，提升企业规模竞争力，善于合作是增强竞争力的一个重要内容。理念的创新，就是说我们的脑子要换，不能老皇历，不要死脑筋，要跟上当今时代发展的潮流，学会合作，善于竞争与合作。

（二）经营方式的创新

思想创新了，我们做买卖的经营方式也要创新。“十二五”规划的主线，从国民经济来说是转变经济发展方式，从行业企业来说，转变我们的经营方式。怎么搞好经营？

一要做好产品结构调整的文章。我们的企业不仅要有桥梁模板，还要有房建模板；不仅要有铁路桥梁模板，还要有公路桥梁模板和水利闸坝模板；不仅要有竹木模板，还要有钢模板；不光有模板，还要有脚手架等。现在模板脚手架的应用范围越来越广，用途越来越多，无论是建筑业也好，还是一些工业设施或其他设施也好，只要有土建施工或是高空作业就离不开模板或脚手架。包括酒泉发射工程，卫星飞船也是在那个井架上发射上天的。

二要做好转变经营方式的文章。经营方式分这么几个方面来说，一是生产销售，我们是生产模板脚手架的，做买卖就是卖模板、卖脚手架的；二是租赁，我们不光卖产品，还要开展产品租赁，目前租赁市场是非常庞大的；三是独立承担模板脚手架专业化施工的；四是要努力增加出口，大力开拓国外的市场。要跳出单一的经营模式，转变经营方式，拓宽经营渠道，应对市场风险。更重要的不在生产销售和租赁，而在施工，我们要形成独立性的模板脚手架专业化施工模式。

不要小看模板脚手架，它关系到人的生命财产安全。我多次讲过，生命第一是建筑的最高准则。世界发达国家把人的生命看得非常重要，在我们中国尽管现在口号这么说了，但仍然没达到这个程度。所有的法律法规、技术规范都应当把人的生命安全放在首要的位置，人的生命是最宝贵的，人的生命没了还能有啥？部里市场司给了我一份资料，每年发生的模板脚手架事故不在少数，这里不多说，只举一个例子，就在一个月前的10月8号，辽宁大连发生一起模板坍塌事故，当时就造成13个人死亡，4个重伤。我也到过不少事故现场，1995年我在香港，香港报纸上说广州一个环路工程晚上发生一起模板坍塌事故，我坐火车第二天一早就赶到了事故现场。我赶到时一个建筑工人的手已从硬化的混凝土里刨了出来，而身子还在里面，看到这样的场景心里是很难受的，非常痛心的，也忘不掉的。

模板事故也好，脚手架事故也好，任何一个事故的结果都是具体的，所谓结果就是死人的，就是我们的建筑工人失去了他的宝贵生命。它是怎么产生的？当然有很多原因，但其中重要的一条——就是没有走模板脚手架专业施工的路子。世界上许多发达国家模板脚手架是专业化施工的，模板脚手架的搭建不是一个简单的苦力活，它是一门科学，是一门技术，我们现在是农民工进城，就靠胆子大什么都敢干，能不死人吗？我们作为生产模板脚手架的企业，不光能生产模板和脚手架，我们还要建立专业的搭建施工队伍，你要用我就给你搭建好，你用完以后我自己再给你拆走，我有一套技术，我有一套办法，我来保证安全。20年前我曾在珠海看到一家脚手架公司这么做了，那时我当总工程师，觉得不错，但是当时没有发文，那个时候我就应该抓这个事情，只是没认识到这一点。现在我们要走出一条模板脚手架专业化施工的新路子，我们今天把它叫做新路子，其实在国外那是老路子，人家一直这么走的。当然，出了事故死了人是要追究责任的，我这里有份材料，每次事故都要处理一些人，有的被判刑，有的受到处分，处理是严厉的。出了事故要严厉惩处，但更重要的是不出事故、不死人，要从源头上解决问题。我常举清朝末年“人皮鼓”、“人头碗”的例子，清朝惩治腐败也是严厉的，不仅将贪官杀了，还将他们的头盖骨做成碗、人皮做一个鼓，让人敲敲还响，以示警钟长鸣，但是，即便是如此严厉甚至残酷的惩办，也没能根治清朝的腐败，关键是没有从源头上解决问题。所以，模板脚手架要不出事故，关键是要从体制上、机制上把安全放在第一位，实施模板脚手架专业化施工，这既是我们模板脚手架行业发展的新路子，也是我们建筑业防止事故的有效措施。

（三）管理的创新

什么叫管理？我多次讲过，让别人劳动叫管理，自己劳动不叫管理。要人家劳动问题就来了，人家肯不肯劳动，人家是高效劳动还是磨洋工劳动，是积极劳动还是被动劳动，那就看你管理水平的高低。管理科学非常重要，最早有动作管理，到行为管理，到全面管理，到比较管理，今天全球的管理科学发展到知识管理，叫信息管理、文化管理，也就是说以人为本的管理。什么叫“以人为本”？简化说就两句话，再简化就四个字，一个叫“人为”，一个叫“为人”。所谓“人为”就是所有的事情是人做的，第二个“为人”就是为了人。我们模板脚手架行业的发展，从企业来说要围绕人的全面发展，进行以人为本的管理。企业既要生产产品，为员工日益增长的物质文化生活的需要，为社会用户日益增长的物质文化生活的需要，同时也要造就我们企业的人，造就企业的一代新人。我这个公司的人跟别的公司人不一样，我这个企业员工有我们的特点，我这个员工身上有我们自己的企业文化。另一方面我们要依靠人，要尊重人、善待人，要发挥人的聪明才智，充分调动人的主观能动性和积极性。我们的企业从开办到今天是人做的，企业今后的发展还要靠员工们去发挥自己的聪明才智。企业跟员工的关系，就是这么个关系——员工因为有了企业，才有了自己增长才干的机会，才有施展自己才干的平台；企业也因为有才干的员工才能赚钱，才能发展壮大，因此，我们要在管理上不断进行创新。

（四）科技的创新

企业的核心竞争力，来源于我们企业的产品，产品的寿命决定企业的生命，技术创新是维系企业产品寿命的核心因素。任何一个企业都跟人一样，有少年时期、壮年时期，也有老年时期、死亡时期。当你产品在市场上旺销的时候企业是处在中壮年时期，当你这个产品已在市场上滞销，企业也即将死亡，企业要获得新生就要不断研发新的产品，也就是生产一代、营销一代的同时，我们也储备一代新的产品。关于科技的创新，讲这么几点：

一要进行制造技术的创新。今天随着技术的发展和混凝土质量的提高，对模板技术的要求也越来越高，尤其是清水混凝土结构和高速铁路的建设，混凝土的精度误差不到一个毫米，这对模板的要求也达到一个新的高度。模板的加工再也不是简单意义上的钣金焊接，很多都要用精密的机械加工，这就对企业的规模和设备提出了很高的要求。我刚才看了湖南金峰这家企业给我的一份资料，题目就叫做“科技创新永不止步”，这个提法非常好，企业要生存科技创新是无止境的。昨天下午，我在副主任委员企业座谈会上讲，我们模板脚手架委员会的专家每年都有科技论文发表，每年年会都有一本科技论文集，光有论文还不够，应当思考怎样将科技成果转化为我们的产品。1986年我去苏联考察时，他们的翻译跟我说，我们每年搞论文就是为了得奖，得列宁勋章，而日本人看到杂志登出的论文后，没出不久他们工厂就生产出了产品。那个时候，苏联人费了好大的劲研究出成果来，发个论文得个奖就完事了，而日本人却将论文变成了产品。今天，我讲科技创新就是希望你们能把论文研究能变成我们的施工工艺，变成我们新的产品，将论文变成我们的生产力。

二要加快产品的更新换代。最近几年，我国的建筑业飞速发展，以钢筋混凝土为主体结构的工程进入主导地位，由此大大推动了模板脚手架行业的发展，路桥模板、工业及房建模板、脚手架支撑体系等近几年来有了新技术、新产品，并在工程中得到了广泛成功的应用。主要体现在这几个方面：路桥模板方面。由于近几年来我国高速铁路建设工程量巨大，大量应用各种结构形式的模板及模板施工技术。如大型预制32米箱梁模板，预制轨道板模板，挂篮悬臂模板施工技术，移动模架造桥技术等。工业及房建方面。随着高层超高层建筑、大型体育场馆、展览馆、候机楼、高铁车站等建筑工程的迅速增长，也为一些新型模板技术的应用创造了机遇。如铝合金模板、无背楞大模板、塑料模板，早拆模板施工工艺，悬空支模及桁架支模技术，液压爬升模板体系。新型脚手架体系方面。因建筑施工需求及全球化的技术交流，一些引进的新型脚手架产品陆续进入国内市场，并逐渐得到了市场的认可。如插接式脚手架，多种类型的盘销式脚手架，附着升降脚手架，附着式电动施工平台等。这些都是为了适应建筑施工形势发展的需要，不断研发和应用起来的，今后随着形势的发展和施工要求的更新，我们还要不断进行科技创新，加快产品更新换代，只有这样，企业才能保持旺盛的生命力，才能在竞争激烈的市场中保持不败的地位。

三、服务比会议和表彰更重要

服务比会议和表彰更重要，这个观点是我自己提出来的，这也是对我们协会工作的要求。协会不光是我们协会专职人员的，也包括你们在座的副主任委员、理事和常务理事。你们在协会里担任职务，肩负着双重的责任，既要干好你的企业，也要在协会里尽一份责任，协会是大家的，要共同努力把我们这个模板脚手架委员会干好。我到协会的这将近三年的时间里，就一直在研究如何做好协会的工作，在中国建筑金属结构协会成立30周年庆典时发给大家的《做好协会工作的思考》，里面的十篇讲话就是我专门讲做好协会工作的。我这里讲服务比会议和表彰更重要，我不是说会议和表彰就不重要，会议也很重要，像今天的年会一年才开一次，回顾总结，继往开来，当然重要；表彰也重要，在协会成立30周年大庆上我们对91名突出贡献者、118名优秀企业家和111家突出贡献企业进行了表彰，其中模板脚手架行业受表彰的有突出贡献者7位、优秀企业家7人、贡献企业6家，这些表彰要不要？要！但是，从我们协会工作来讲，服务比会议和表彰更重要，我们更多的时间是服务。那么，服务要干些什么？

第一，要反映企业诉求。作为协会，我们要了解我们的会员单位有什么要求，包括对党和政府有什么要求、对住房城乡建设部有什么要求。我们要认真开展调查研究，掌握目前行业企业的情况，发挥行业协会服务、协调和桥梁纽带作用，主动服务，超前服务。比如说企业遇到什么困难需要什么扶持政策，企业需要什么产品标准规范要协助政府部门抓紧制定，还要配合政府有关部门打击假冒伪劣产品，优化市场的环境等。昨天座谈会上大家也提出了现在的市场环境恶劣，尤其是诚信体系的建设不健全，有的说市场太不公道了，好东西卖不出去，搞回扣什么的，这个现象客观存在。应该说，我们的市场经济还在完善的过程中，大家不要总是埋怨，我们应该看到正因为市场经济才有了我们民营企业的发展，才有了我们的今天。目前我们市场上有三大危害，一个是假，一个是吹，一个是赖，干了活不给钱，我们模板脚手架给他了，他不给钱、不诚信、赖账、拖欠我们的工程款，在国外拖欠工程款是要蹲监狱的。作为协会来讲，我们一方面要开展行业自律，一方面也要积极将企业的诉求反映上去，协助政府革除流弊，共同去完善社会的诚信体系。

第二，要为企业创造商机。我多次讲过协会就是商会，协会是大家来一起做事的社会团体，就是为企业创造商机的这么个商会。你们花了路费、花了时间来参加协会的活动，能有所启发、有所收获，那来是值得的；如果协会不能给企业创造商机，协会的活动就没有什么意义，所以，协会要掌握市场行业动态、市场行情，要给企业创造商机，为做强企业做大行业服务。当然提供商机有很多方面，有的是因企业的需求帮助企业推介产品，有的是让大家了解我们国家建设的宏观情况，让大家了解当前的形势，有的让大家了解我们这个行业的新技术、新产品、新材料等。像这个年会，大家昨天在座谈会上也提出来，将来不光我们行业企业自已开会，还要把建筑施工单位、业主请来一起开，这是有道理的，协会也有这个条件，我们要创造这样的商机。我们协会门窗委员会试验过几次，是和房地产业协会、和工商联的房地产商会联合进行活动来推介产品，效果还不错。我们模板脚手架委员会的活动今后也可以与施工企业等有关联的单位一起搞、一起来交流，让他们了解我们的产品，这样也为我们模板脚手架企业创造商机，提供服务。至于具体怎么做还要大家一起想办法。

第三，要提供信息培训的服务。当今社会已进入信息化时代，大到国家的发展，小到行业和企业发展，都需要及时了解掌握信息。我们模板脚手架企业要发展，既要了解国内的信息，也要了解国外的信息；既要了解全国的信息，也要了解行业的信息；既要了解我们模板脚手架产业链上的信息，也要了解产业群中的信息。我们生产钢模板要钢材，那我们就要了解钢厂的信息；我们要制作钢管脚手架，也要了解人家美国的脚手架跟我们有什么区别。信息情报战争年代十分重要，经济建设时期同样很重要，谁拥有信息谁就能使企业发展少走弯路，就能为企业发展提供新的路子。我们协会要及时搜集有价值的信息，为会员企业提供信息培训的服务，帮助我们的企业掌握包括金融融资、产品市场需求等广泛而有用的信息，使我们的企业家扩大视野，企业获取更多的发展机遇，获得更大的发展空间。

第四，要开展国内外交往交流的服务。这几年我们星河模板脚手架公司跟西班牙联系得比较多，2009 年西班牙模板协会的同行还参加了我们的年会，2011 年 5 月法国阿拉塔德集团亚洲区总经理法赫德先生也在第二届建筑模板脚手架工程技术交流会作了交流发言，这是我们模板脚手架行业走向国际交流的一个非常好的先例，我们非常高兴。

中国是个大国，我们应该有一个大国的姿态，要有一个大国的度量，要尽到一个大国的责任。我们的总书记、总理多次在世界大会上讲话，提出中国要降低能耗、节能减排，这是向世界承诺在全球低碳社会、低碳文明建设中一个大国应该承担的责任。同样，我们作为一个大国的协会，我们作为一个大国的企业，我们也应当有世界的眼光，要有战略性的思维，无论是发达的国家，还是发展中的国家，都有值得我们学习借鉴的地方，我们都要向他们学习，开展交流。我们的模板脚手架迟早要打向全球的，外国也要建设，建设就离不开模板脚手架，我们的建筑施工企业走向世界，离开我们模板脚手架光他自己走向世界能行吗？我曾问美国哈斯科公司的同行他们美国有没有模板脚手架协会，他们跟我说不仅美国有，而且法国也有、加拿大也有。我们都要与他们取得联系，要与世界上更多国家的行业协会建立合作关系，有条件我们也可以考虑把他们联合起来，建立一个全球的模板脚手架协会。从某种意义上讲，模板脚手架已经不是一个企业的事，也不是一个行业的事，而是全人类的事情，模板脚手架牵扯到人类发展的问题。

我非常敬佩我们有些企业能够到欧洲参加展览，并能够把自己的产品销往欧洲、北美及其他境外地区，能走出去这很了不起，但是现在就是没能够联合起来，没有取得国家政府的后盾支持，没有取得我们驻外使馆的支持，我们协会这方面的服务还没有做到家，所以他们走出去常常遇到一些困难，协会有责任提供更多的服务，这是非常关键的。外国企业来我们中国搞模板脚手架我们欢迎，我们支持他们来中国开展业务，同时我们也要思考中国这个行业应该怎么发展，中国模板脚手架企业怎么走向世界。我们的钢木门窗委员会在浙江永康开了个门博会，开完了又开网上的门博会，同时还跨出国门走向国际，他们把世界华人发动起来，建立华侨经纪人队伍，为推销我们的产品服务，世界上几乎所有的国家都有华侨，我想我们的产品不会愁销路的。这是我要说的我们协会要了解世界各国有关模板脚手架协会的情况，有关企业的发展情况，有关市场需求的情况，加强同国际上的交流，提供国际交往交流的服务，让国内企业了解世界、走向世界。

国际要交流，我们国内也要交往，也要交流。我们的一个省就相当于欧洲的一个大国，浙江省相当于好几个大国，况且我们省与省之间也不一样，沿海地区和西部地区不一样，省际之间、区域之间也要交流。我们国家正在逐步实施共同繁荣的战略措施，从国家来说，由早期的沿海特区建设，到之后的重振东北老工业区，又进入西部大开发，像国家级经济开发区，除最早深圳、珠海等特区之外，近年又连续开发了上海浦东新区、天津滨海新区和舟山经济区等；从地方来讲，去年福建提出了海峡西岸经济区建设，最近河南又提出来中原经济区规划，等等。这些经济区的建设都是我们企业寻求发展的很好机遇，应该说我们生在中国当今时代是非常幸运的，我们协会要研究如何利用好这一契机为企业服务，我们的企业家要研究如何抓住这一难得机遇做大、做强和做优企业，不辱时代赋予我们的重要使命。

今天，我着重讲了三个“重要”，第一个是我们的“信心比黄金和货币更重要”，第二个是“创新比资产和规模更重要”，第三个是“服务比会议和表彰更重要”。我们要研究我们的行业和企业工作，也要研究我们协会的工作，研究行业企业是为了企业更好的发展，研究协会是为了更好地做好服务工作。我很敬佩我们模板脚手架的民营企业及民营企业家，也敬佩在我们模板脚手架行业有所建树的各位专家，协会感谢你们，让我们共同努力，创造中国模板脚手架行业更加美好的明天。

（2011 年 11 月 10 日在 2011 年全国建筑模板脚手架行业年会上的讲话）

七、给水排水设备篇

壮大行业　做强企业

地暖产业发展迅速，地暖委的活动得到了全行业地暖人的认可和赞扬，今天召开高峰论坛，其宗旨就是壮大行业、做强企业，对此我讲以下五个问题，供同行们研讨。

一、提高地暖行业的社会认可度

1. 地暖的优越性

你说地暖好，社会不认你不行，需要增强全社会对地暖优越性的认识，如地暖是节能的，地暖能够提高采暖舒适度，地暖能增加房间有效使用面积，地暖使用寿命长，地暖利于保持清洁卫生，地暖还可降低楼层噪声等，能不能为社会所认识是非常关键的。

2. 地暖的发展机遇

今天讲可持续发展、讲低碳经济、讲资源节约型、环境友好型、讲民生要求，尤其是东北地区到了冬天，市政府想的是什么问题，最大的问题是老百姓的采暖问题。这些都是地暖发展的大好机遇，还有改革发展带来的机遇，我们要搞供热体制的改革，对供热效果计量的时候要用大卡计算，而不能吃大锅饭，大卡计算的时候希望效益高一点，这又给地暖带来了首选机遇，从开发来说，尤其是北半球，寒冷的地区，芬兰和日本是怎么做的，这就给我们带来学习和借鉴的机遇。还有中国的社会经济发展迅速，人民生活日益提高，对采暖的需求自然也就加强了，长江流域，尤其是江、浙、沪一带，经济发达，人们对居住环境的舒适度的要求也提高了。特别是经过南方的雪灾，也唤醒了人们的采暖意识。地暖在家装工程上广泛使用，在房地产项目中也屡见不鲜，我们的会员单位从广西的桂林到湖南、四川乃至到西藏，分布广泛，这也说明地暖有着很大的发展空间。

3. 地暖的知识普及

地暖也是一门科学，大学叫暖通，建工学院有暖通专业，涉及化学、建材、土建、工业和民用建筑，还涉及自动控制等科学。地暖委编了一本《地面辐射供暖工程》教材，还拍了一部《舒适节能的地暖》宣传片，我认真的学习了一遍，但是发的量不够，向社会上相关单位和人群多发一点，有的人对地暖有疑问，对地暖的知识不了解，普及应用的情况我们也不清楚，人家发达国家怎么用的我们不详知。我想对地暖企业讲，地暖工程完工之后，应该有一个说明书，这个地暖说明书也很关键，说明书可以使地暖的知识让大家了解，不能像前年黄宏演的装修小品那样，弄大锤砸地板，什么地暖也受不了的。所以说要真正的提高地暖行业的社会认可度，在这里我强调新闻的力量，我们地暖委要充分地发挥各地区新闻的力量，要设立新闻奖，地暖新闻奖，看哪个新闻单位为地暖的社会认可度作出贡献巨大，就发他新闻奖。

二、增强地暖行业的科技含量

1. 地暖的科技创新

科技含量很关键，不是那么简单的弄个管一接就行了，我前面讲了，地暖是一门科学，涉及暖通科学、建材科学、自动控制科学，我们一要强调科技含量，地暖的科技创新，地暖企业要有自己的专利，地暖行业要不断地研究新材料、新工艺、新产品和新的技术。要充分发挥专家的作用，地暖专家要研究地暖行业的工厂化、预制化，这次研讨会有超薄地暖怎么搞，预制化地暖怎么搞，就是需要研究新的技术，还有地面辐射供暖、辐射制冷技术等，都需要我们加强研究和推广，让世界上掌握的最新技术我们都要掌握。我们都要了解，中国是一个大国，完全可以走在科技的最前沿。

2. 地暖的品牌建设

应该强调品牌建设，强调产品的更新换代，第一代地暖，第二代地暖到第三代地暖，要研发一代、生产一代、储备一代，使地暖的产品不断地更新，同时，要有自己的品牌地暖。作为品牌，质量好是产品的物理属性，而品牌是人们情感的需求，品牌满足人们的愿望，用上某公司的地暖是一种荣耀、是一种自我满足。作为品牌观念非常的关键，要做到名牌企业走天下，品牌产品闯天下。地暖委前几年搞了一批推荐产品，今年要评定地暖行业名牌产品，我看是个好事情，通过品牌的培育，扶持一批骨干企业做大做强，形成行业的核心力量。

3. 地暖的科学管理

科技含量很重要的一个方面是体现在科学管理上，科学管理除了组织和营销等管理外，还要包括标准的修订、研发机构、检测手段等，地暖的管理还要特别注重系统的管理，地暖是和系统紧密联系在一起的，由于系统无效，或者是系统工效不高会影响地暖效率的发挥，由此地暖必须和热源，供热系统联系起来，进行系统的研发和管理。

三、拓展地暖行业的市场领域

1. 地暖市场的规范

如市场的准入，不是谁都能搞的，有一些人说建筑业，戴个帽子都能搞建筑，那是胡说八道，大学里学建筑还要学四五年呢，地暖同样如此，也不是什么人都能够搞地暖企业，要有资质准入。还有价格也要有一定的控制，不能同行之间相互压价，对标准、规范、规程都要加以研究，要协助政府部门逐步做到市场的规范。地暖委针对施工企业会员出台了一个《地面供暖企业等级管理办法》实行等级评定，通过对企业的从业时间、注册资本金、技术力量、工程业绩等方面，划分出甲乙丙几个级别，听说在一些地区很被认可，这是一个很好的尝试，要得到政府部门的认可。不仅企业的准入，还有从业人员的执业资格问题，地暖委与人力资源和社会保障部联合确立了《地面供暖施工员》的工种，不仅为行业培养了人才，也扩大了就业队伍，有利于地暖行业的可持续发展。

2. 地暖市场的拓展

我们说今天，在中国搞地暖，从东北、华北到西北正在向长江以南拓展，这就是相当好的形势，人民的生活水平提高了，人们的要求也高了，还要向发展比较快的先进的农村，先进的村镇发展，同时，也要向国外发展。我们中国的地暖也要走向国际市场。不仅在民用上，工业上也在用地暖，工业产房、飞机场、火车站、大型俱乐部、剧院、体育馆等都在考虑如何用好地暖的问题。

3. 地暖市场的信用体系和社会责任体系的建设

作为地暖企业要做到履约承诺，诚信经营，行业之间、行业内部、企业之间要做到良性竞争，同时要做好我们的回访工作，一个小区安装完地暖之后就是我们最好的宣传，我们要做好回访工作，让“上帝”，让用户推广地暖。我们要永远承认“上帝”就是用户，永远是我们地暖发展的发动机，没有人用，说地暖再好也不行，说你企业好，人家不买你的产品，也不行。我们要强调社会责任体系，对社会负责、对用户负责。

四、做大做强地暖企业

我们要壮大行业，行业是由企业做成的，没有大而强的企业就没有大的行业。

1. 企业的文化建设

我们的企业，绝大部分、或者百分之百是中小企业，党和国家高度重视中小企业的发展，中小民营企业的发展，是当前经济发展的关键，我们作为中小企业要尽量的提高本企业的素质，比如我们企业在经营方面怎么搞好企业的经营和管理，怎么提高企业的技术素质，特别是人员素质，人员素质首先是我们创办企业的领导人，或者说企业家，或者说老板，应该说你们很了不起，从当初很小的范围，到了今天有很大的进步，但是跟现代企业的要求相比我们还有不少的差距。要说当今时代，中国最宝贵的资源是企业家，最稀缺的资源也是企业家，经济发展中最可爱的人也是企业家。但在经济社会发展过程中，受到各种诱惑，遇到各种危险，或者说迎接各种挑战的也是企业家。企业家要不断地完善自己，要具备儒家的品德，要有智商的聪明才智，成为现代企业家，企业家素质、管理人员的素质、技术工人的素质、整个素质水平就是企业的文化。要通过创新提高企业的核心竞争力。承担社会责任，强调社会信誉，也是企业的核心竞争力的重要体现。企业要不断地壮大自己，要学习研究国际市场的核心竞争力，使企业能够不断有所进步。

2. 企业的竞争与合作

我们今天讲，会合作的人才会竞争，过去人们常说竞争是大鱼吃小鱼、小鱼吃虾米，竞争是无情的、残酷的、你死我活的，其实这是不完全正确的，今天的竞争是双赢的，多赢的，要强调伙伴关系，联盟关系，合作关系。合作有产学研的合作，和高等院校、研究机关的合作（有的国家有地暖研究院，地暖研究所，地暖科研单位），还要进行同行之间的合作，同行之间的产业链，产业群合作，有利于双方做大做强。还有与建设单位、与房地产开发商进行合作，与银行之间的银企合作，通过合作增强企业能力、扩大市场份额。作为论坛还要强调与国际同行之间的合作。我们应该把世界同行吸引过来真正的成为国际性的论坛，把世界各地的地暖企业家，把世界各地地暖的专家，把世界各地地暖协会请过来，和他们共同研究地暖行业的发展。

3. 企业的发展战略

任何一个企业都要进行横向比较，我们有很多企业觉得自己很不错了、发展很快了，刚才我也说了，很敬佩大家，从小到大、从无到有，企业发展到今天非常的不容易，但是，山外青山楼外楼，我们横向比较一下，我们的企业发展水平还不高，我们的企业还要进一步的做大做强，我们要确定自己的目标方向，研究制定企业的发展战略，在战略实施过程中要挖掘企业发展的潜力，企业发展的压力，以及企业发展的动力，去研究本企业的发展。你们动不动讲我们地暖是一个小行业，什么叫大，怎么叫小，看你怎么看。尤其是中国，13 亿人口的大国，哪个都不小，加起来使外国人吓一跳，中国从事地暖的人员近百万人，到外国一百万人搞的行业难道还是小行业，我们有的企业没有做大做强的精神，日子难过年年过，年年过得还不错，这叫小富即安，那不行，要有志于把自己的企业做大做强。

五、创新地暖委的活动

如何创新地暖委的活动需要总结过去富有成效的，研究会员单位迫切需要的活动，还要从以下四个方面思考种种富有新意、富有成效的高水平的活动。

1. 企业发展和行业振兴紧密结合

首先要讲到作为我们地暖委，是大家的地暖委，不少理事、副主任单位，这些单位应该知道自己的双重身份，一个身份是本企业的董事长，或者是总经理，要把本企业做好，第二个身份，是协会的理事，协会的副主任，要对协会负责，要对协会的工作尽到责任。像河北日泰、浙江洁利达、河南瑞泽等企业，不仅要办好自己的企业，还要想着自己的行业，关心自己的协会，不是你的协会怎么办，而是我的协会怎么办，同时要实现行业的产业结构调整。作为产业结构调整，我们将扶持大型的企业，联合小企业成为大企业的附属单位，逐步提高地暖行业的集中度，要研究行业的技术经济政策，促进行业的发展，要开展有利于行业发展的学习考察活动、经验交流活动、会展活动等为企业创造商机的活动。

2. 专家资源与企业家力量紧密结合

要创新，专家是资源，企业家是主力，必须有效的实行专家和企业家的紧密结合，专家的知识要用到企业家的需求上，有效地开展各种咨询活动，攻关活动等为专家搭建舞台的活动。

3. 广泛交流和深入研讨紧密结合

我们要广泛的进行交流，与各行各业进行交流，了解更多有关地暖方面，无论是地暖材料、分水器等与地暖相关的各行各业发展的情况。同时，要探索我们地暖发展的有效途径，深入研讨解决影响地暖发展的各种问题，拿出我们的对策，要深入的开展各种教育活动、研讨活动、示范活动等有利于地暖人增长知识、增长才干的活动。我们这次会议，大大小小加起来将近十一项活动，大家来一趟北京不容易，这几天的活动很多，相信大家来了必有所得，开展学习与思考，做到学以立德、学以增智、学以致用。

4. 信息功能和文化功能紧密结合

所谓信息功能要做到我们的知识性和趣味性相结合，办好我们的网站和期刊、出版好培训教材，你们还搞了DVD的，我看了很不错，最好拿到中央电视台放一放。不仅我们的文化活动，包括我们的各种表彰，地暖行业发展这样几年应该表彰一批，特别是2011年，我们中国建筑金属结构协会成立30周年，我们要大力表彰对我们行业协会有贡献的人员。同时，要大力表彰我们在行业有影响力的企业，要大力表彰对我们行业有特殊贡献的专家，我们的工程技术人员。协会的活动要创新，从四个紧密结合上研究协会怎么创新活动内容、活动方式、活动效果，应该说地暖委是相当不错的，你们的很多活动在大家的支持下，开展是富有成效的，但是永远不能满足，我们需要在新的形势下，进一步研究我们协会的工作，提高协会的工作能力，活动能力，使我们的活动给我们的地暖企业创造更多的商机，能给专家们搭建更宽阔的舞台，能给社会和企业更有效的知识传授，从而受到地暖企业家，地暖人的欢迎。这是至关重要的。

圣诞将到，元旦将到，春节也不远，提前向大家拜年，衷心的祝愿我们的企业在新的一年更加的辉煌，衷心的祝愿地暖委员会在新的一年里，能够取得大家公认的更加有效的成绩。相信中国的地暖行业在中国地暖人的努力下，一定会创造更加光明、更加辉煌、更加富有影响的明天。

（2009 年 12 月 19 日在“第五届中国国际地暖产业发展（北京）高峰论坛”上的讲话）

坚持“两个面向”促进地暖行业又好又快发展

非常高兴与大家在一起共同参加地面供暖委员会（简称：地暖委）五周年庆典活动！应该说，地暖委成立五年来成就非凡。地暖行业从小到大，从弱到强实现了跨越性的发展。五年来我们注重行业文化建设，实行品牌优先战略，强化人才培养，加强标准化工作，取得了令人瞩目的成绩。值得庆祝！我们要通过今天的庆典活动，回顾过去，总结经验，以更加开放的思维推动整个行业向前发展。对于我们地暖行业，在2009年第五届中国国际地暖产业发展（北京）高峰论坛上我做过讲话，讲了这么几个方面：第一，提高地暖行业的社会认可度；第二，增强地暖行业的科技含量；第三，拓展地暖行业的市场领域；第四，做大做强地暖企业。今年我想借这个机会，再谈一下地暖行业要坚持“两个面向”，即面向社会、面向全球，促进地暖行业又好又快发展。

一、面向社会

地暖作为一种新型供暖方式，与老百姓的关系正越来越密切。地暖的这一社会属性决定了由这一供暖方式延伸出来的地暖行业在努力实现自身技术升级和整体进步的同时，必须进一步面向社会，在加强与社会各领域交流与融合的过程中实现进一步做大做强的目标。

地暖行业要进一步面向社会主要注意这几点。

1. 社会调查

所谓社会调查就是我们了解社会对我们地暖的需求程度。实践证明，地暖的普及程度是由一个国家的国力和生产力的发展水平决定的。20 世纪 70 年代以前我们都是用蜂窝煤做饭取暖，从 20 世纪 70 年代以后我们在城市里开展集中供热，到 21 世纪初人们对地暖有了个性化需求，叫智能地暖、个性地暖、舒适地暖与低碳地暖。生产力水平高了，人们要求也高了，所以从某种意义上讲，使用地暖是生产力水平提高的象征，也是我们生活水平提高的象征。尤其在今天低碳经济的环境下，我们要按照低碳社会的要求引导低碳经济。地暖将是未来采暖的一种趋势，从目前来说，还有大量的潜在需求，从地暖应用地域来说，从东北地区、华北地区、西北地区延伸到了长江中下游一带，上海、杭州对地暖需求程度也在增加，所以南方城市对地暖有着巨大潜在需求。还有城镇、农村。中国有相当一些城镇已经使用上了地暖，中国正在进行新农村建设，我到过不少农村，今天的新农村已今非昔比。经济条件、生活条件、文化生活已有了大幅度提高。他们现在也需要地暖。围绕新农村建设，地暖有着巨大的市场潜力。同时，还要看到中国2009年成功应对世界金融危机，2010年国务院总理温家宝也提出2010年是复杂的一年，那么应对世界金融危机就要寻求我们新的经济增长点，发展地暖也是一个新的经济增长点。我国采暖方式和采暖技术的变革以及地暖应用地域的扩大都充分显示出当今社会对地暖的需求正越来越大。而这种需求到底有多大，需要地暖委认真调研和调查。

2. 社会宣传

一定要提高全社会的地暖认识。认识分两方面，一是地暖的优势。地暖好，好在什么地方，我曾经看过一篇报道，是一个76岁的工程师写的，他原来是本溪钢铁集团的高级工程师，退休后在大连一家房地产公司当顾问，他始终认为地暖对国家、老百姓和企业都是有百利而无一害，老工程师结合自己多年来的实践，总结了他对地暖的看法“合理利用地暖、利国利民利企”。这位老工程师对地暖的优势讲得非常充分，这也充分反映出他是一个有社会责任的人。二是对地暖知识的认识。地暖是一门产业、是一门科学，必须以科学的态度来认识地暖，要认真总结研究地暖的施工经验，提高施工水平、保证施工质量。同时要下大力气加强对地暖科学的研究。加大对新材料、新产品、新工艺的研发力度，不断开拓进取，始终保持地暖行业的科技优势。

3. 社会形象

要重点针对上级主管部门、地暖的客户宣传我们的事业。无论是行业，还是代表行业的地暖委，都应该有自己的形象。在这方面，地暖委做了大量工作。《地暖月刊》、《中国地暖网》、《中国建设报·中国地暖》，这一刊、一网、一报办得有声有色，为宣传地暖、为树立良好的社会形象可以说功不可没。企业和企业家更要有良好的形象。我所说的形象主要是指品牌和服务形象。品牌和我们平时讲的优质产品有什么区别呢？其实优质产品是一个产品的优质特性，是一切产品的生命。质量是生命，品牌才能铸造辉煌。品牌远远超越优质产品的范畴，它代表一种文化、一种情感，广大消费者使用品牌产品会有自豪感和地位感。作为制造行业，产品要让客户感到满意，服务形象非常关键，比如说我对海尔的售后服务就很满意，海尔的安装人员在进门前先给鞋子套上塑料袋，入户做到不污染用户住宅环境，在安装完成后15分钟内海尔总部来电咨询服务质量，整个服务过程让用户感到舒心、放心，因此海尔的服务形象就很好，海尔已成为中国家电行业的领头羊。由此可以看出。我们要成为品牌企业，就要强化品牌形象和服务形象。只有这样，我们的地暖行业才能保持旺盛的生命力。

4. 社会资源

社会资源中最重要的是人力资源、资本。我们要给企业家最佳的支配权。地暖委要成为企业家的伙伴，为企业家提供优质的服务、为企业家的成长创造有利条件。我们要通过培训和继续教育等多种手段，帮助企业家成长。要为企业培养出更多的管理专家、技术专家。前段时间，协会会员单位苏鑫幕墙公司与苏州科技学院共同创办了幕墙方向的本科专业，并成立了幕墙研究院，旨在通过与高等院校的合作，为企业和行业的发展提供雄厚的人力资本。还有，今天地暖委和重庆五一技师学院签订的行业培训的战略合作，以及地暖委与人力资源和社会保障部洽谈合作的《地面供暖施工员》的职业及培训教材，与中国建筑业协会联合培训的地暖项目经理，都是产学研有效合作的积极探索，是非常有益的工作。此外，资本也非常关键。当前，党和国家高度重视中小民营企业，这些企业在我国经济社会发展中起到越来越重要的作用，但普遍面临着融资难等问题，对此，委员会要认真研究，积极探索银企合作方式，帮扶中小企业解决资本难题，为中小民营企业有条件扩大再生产打下坚实基础。

5. 社会责任

地暖企业要高度重视社会责任。2008年，温家宝总理在法国世界企业家座谈会上提出了两点希望：第一，企业家要创新。不创新，企业是没有前途的。企业是有寿命的，不创新的企业是短寿的、短命的。第二，企业家要有社会责任感，脑子里要流着道德的血液。要强调社会责任，不重视社会责任的企业是不受社会欢迎的。应该说，近年来地暖行业取得了较大的发展，但是也要看到地暖行业存在的种种问题。《中国建设报》有篇文章叫《地暖施工：重重漏洞谁来堵》，文中提出“令人谈之色变的漏水事故几乎每年都会发生。与此同时，由于房间温度太高，不少人冬天必须打开窗子散热”、“跑冒滴漏、冷热不均、温度过高等地暖工程质量后患愁煞人”、“北京市一家地暖施工企业由于所承接的地暖工程出现漏水事故，工程报价才1.8万元，而给事主的赔偿费就高达93万元”。这些问题要引起我们高度重视，企业不仅仅要创造利润，更要尽到社会责任。地暖是人性化的，只有更多的高度人性化的企业家和对人高度负责的专业施工人员从事地暖行业，地暖行业才能健康发展。

二、面向全球

1. 考察学习

2009年地暖委组织了一次欧洲考察活动，效果非常好。回来以后，地暖企业的一些代表总结了一下共识：欧洲过硬的产品质量和诚信的经营风格是品牌地暖立足和发展的基础；欧洲供暖企业的创新能力非常强；欧洲地暖企业高度重视地暖整体配套方案的实施；供暖产品已经基本实现了生产机械化、自动化，对不符合规格的产品系统会自动销毁；欧洲的地暖市场较为成熟，欧洲的供暖企业要经过欧洲供暖工业协会严格的审核才能进入供暖领域等。中国地暖行业发展历史不长，但在不长的时间内取得了巨大的成就，也与发达国家存在一定的差距，对此，我们不能妄自菲薄，更不能妄自尊大，我们要放眼世界、开拓思维、看到差距，将世界上一些好的产品以及好的技术拿来参考、学习，充分挖掘我们的潜力，根据中国的国情创造出适合中国人使用的产品。

2. 国际合作

企业要重视合作，协会亦是如此。据了解，我们的邻国日本有地暖施工协会，韩国有大韩民国锅炉协会、欧洲有供热协会、地面供暖产业联盟，意大利有地暖协会等，中国地暖委完全有能力把意大利、日本、欧洲的协会都请进来，扩大全球合作，为人类全社会发展作出贡献。2010 年 3 月 25 日我参加欧洲纽伦堡门窗幕墙展，我们协会有 20 多家企业参展，我觉得他们了不起，花费大量的人力、物力、财力到国外参展，彰显了中国企业角逐国际市场的自信和勇气。中国是一个采暖大国，我们不仅要善于学习欧美国家的先进经验，还要敢于走出国门，参与全球经济竞争。假如我们有更多生产企业和欧美的地暖企业合资合作，我们就会进步更快。我们地暖人的眼光不要局限在国内，也要看看世界上最大的地暖企业是谁，在哪个国家，有多大，能不能超过它，要善于横向比较，不能局限于纵向比较，我们有责任把我们的企业做大做强。

3. 技术引进

为了把企业做大做强，地暖委应当了解当今世界有哪几项技术值得我们学习引进。比如说，高科技地面供暖制冷技术，地暖恒温恒湿技术，结构薄、重量轻、升温快、低耗能的电地暖系统，太阳能地暖应用技术，地暖专用温控技术，还有地暖施工的机械化、自动化技术，体现较高的系统化程度、精细化程度、信息化程度的地暖技术等。希望我们的地暖专家们和企业家们认真研究，提出中国地暖行业需要推广的先进技术，抓好应用新技术新工艺示范工程的推广，使地暖行业向更高更大的技术层次发展。

4. 吸收借鉴

地暖行业要健康发展，行业技术发展标准至关重要。当前由于地暖行业发展的时间比较短，经过这几年业内也有了一些标准和规范，但是相当一部分标准和规范是短缺的，还有一部分是不符合当前行业发展的需要。我看过《中国建设报》一篇文章，报道的是由于中国的电地暖行业起步较晚，与电地暖产业较先进的一些国家相比还有一定的差距。例如：国际上已广泛应用逾十年的由 PTFE 材料制造的发热电缆尚无国家检测标准；发热电缆的电磁辐射安全标准也尚未制订；作为中华人民共和国行业标准的《地面辐射供暖技术规程》ZGJ 142—2004 版第 4.4.2 条以及 2009-09-17 修订版中的第 8.2.5 条还存在“发热电缆外径建议不小于 6mm”，“地面辐射供暖系统用的发热电缆，外径不宜小于 6mm”等字样的描述，目前世界上的发达国家在民用电地暖领域大多数早已采用线功率10～13W、外径2～3mm的细发热电缆，就是为了达到“结构薄、重量轻、升温快”的效果。对此，中国地暖行业要积极与国际先进技术接轨，要向国外同行虚心学习，完善各项标准和规程，推动地暖行业健康持续向前发展。

5. 拓展市场

在中国市场经济状况下，尽管存在种种不正当竞争现象，但是有的企业发展得很好，有的企业怨天尤人，互相埋怨，其最主要的问题还是企业自身。可以说，有创新才能有市场；有诚信才有市场；有品牌才能有市场。要拓展市场，就要宣传好我们的地暖企业。谈到宣传，我想强调协会各委员会举办的活动不能仅仅局限于行业内部，更要加强与房地产开发企业、城市居民等上帝用户的交流沟通，让他们了解我们，这样才能帮助我们拓展市场。此外，我们的企业也不能总盯住国内市场。地暖企业要发展，就必须实行走出去战略。只有走出国门，参与国际市场竞争，通过在国际市场上的竞争才能不断找出差距，找到发展的潜力和动力。我们建筑金属结构协会有很多企业的产品和工程都做到了国外，扩大了市场，树立了自己的品牌。

总之，我们要面向社会、面向全球，壮大行业、做强企业。所谓壮大行业就是要发展低碳经济、低能产业。如何做强企业？我们要面向全球，实行跨越式发展，抓住当前的有利时机，以世界最发达最先进的企业为榜样，实行改革发展、跨越发展。中国地暖市场是巨大的，需求潜力也是巨大的，发展的空间更是巨大的，相信在不久的将来，我国地暖行业会涌现出一大批优秀企业，参与国际竞争，成为国际市场中的弄潮儿。

五年是短暂的，中国“十一五”规划今年即将完成，2011年要实行新的五年规划，对我们地暖行业发展来讲，在新的五年内我们要制订新的发展规划，指导行业的持续健康发展，衷心祝愿地暖行业从今天的辉煌走向未来新的辉煌。

（2010年5月8日在“地暖委五周年庆典”上的讲话）

三“家”结合　促进行业科学发展

今天在这里召开的是中国建筑金属结构协会给水排水设备分会。

三届三次理事会和中国建筑金属结构协会喷泉水景委员会二届第一次理事会。这是给水排水设备分会第一次在召开理事会期间与中国建筑学会建筑给水排水研究分会、中国标准化协会建筑给水排水委员会、中国土木工程学会建筑给水排水委员会以及中国塑料加工工业协会塑料管道专业委员会一起举办展览会，这是第一次由几个与给水排水相关的社团一起举办系列活动，是一次有益的尝试、是一次有效的合作，希望能收到预期的效果。

今天我在这里准备从三个方面就建筑给水排水的现状、机遇与挑战以及如何应对谈谈我的看法。

一、行业发展已进入了新的历史起点

近几年随着国家经济的飞速发展，我国在许多领域都取得了令人瞩目的成就，建筑给水排水行业也得到了长足的发展。在这里我准备从给水排水设备分会工作所涉及的几个行业入手，与大家探讨整个建筑给水排水行业的发展。

1. 管道行业

管道被视作城市的血脉，在城市生活中起着重要作用，尤其在给排水行业中具有无法取代的重要作用，成为现代给排水工程中最不可或缺的材料。据不完全统计，我国每年工程项目所用给排水管材大约在10亿m以上，仅建筑给水用管材用量就将达6亿m以上。

近二十年来，管道在我国给排水工程中的开发与应用发展极为迅速。现在国内生产的各类管材品种非常多，可以说世界上使用的管材几乎都能在中国市场上找到，金属管材有铜管、薄壁不锈钢管、钢管、铸铁管等；塑料管有PE、PB、PVC、U-PVC、C-PVC、PP-R、PE-X、PE-RT等；复合材料管有：铝塑复合、钢塑复合、有色金属与塑料复合以及双金属复合等。

这些管材在城市以及乡村建设上、在国民经济生活里起到了至关重要的作用。

2. 阀门行业

阀门虽然在工程建设里并不是令人瞩目的材料，但却是大众生活乐章里不可或缺的音符。

阀门并不是个简单的产品，约有4000个型号、30000个规格。如此多的产品需要规范生产，才能保证产品品质。

近几年阀门的新产品也层出不穷，市政给水排水和建筑给水排水都有不少的新品推出，比如：鸭嘴阀、楔形闸阀等。特别是倒流防止器的引进、开发与使用，给越来越受到政府和公众重视的饮用水安全提供了新的保证。

3. 给水设备行业

随着中国改革开放进程，城市化建设、住宅建设发展迅速，高层建筑和高层住宅在大中型城市占据了新建建筑面积的90%以上。市政供水系统的供水压力满足不了用水的压力需求，因此，二次加压供水是小区或建筑群必须采取的保证供水到户的手段，这也促进了我国二次给水设备的发展。

另一方面，人们对饮水卫生的追求以及节能环保的理念不断深入民心，使二次供水设备有了很大的发展空间，从气压水罐到变频供水，再到目前最流行的各种叠压（无负压）供水设备都曾或正在备受市场青睐。

叠压供水设备与传统的二次供水系统相比减少了地下水池，有限制条件地直接从市政管网里抽水，充分利用了市政管网的保有压力，有节能效果，在某种条件下节能效果还比较显著。另外改变了传统的地位水池—水泵—高位水箱的设备组合，最大限度地减少了饮用水的二次污染。

目前，经过多年在使用中的摸索，叠压供水设备为适应市政管网和用水要求两方面的需要，派生出多种形式的叠压供水设备，集中了最初的叠压供水设备、气压供水设备以及变频供水设备的优点，成为了目前使用最广泛的二次供水设备。

4. 排水技术行业

排水技术近十几年发展也很迅速，从排水器材的材料、产品开发到排水技术都有明显的进步。

排水管道从传统的铸铁管、钢管发展出多种材料的塑料管，又从普通的塑料管开发出螺旋降噪、空芯降噪和夹层降噪等噪声较低的塑料排水管，虽然其噪声与铸铁管相比仍有差距，但其重量轻、生产污染小、便于安装等优点被消费者广泛接受。特别是最近浙江光华塑料管道有限公司推出的新型塑料管，经检验中心检验其噪声低于了传统的铸铁排水管，在住宅等建设项目上的应用带来了新的市场拓展空间。另外，地漏这样一个看似简单的产品也由于2003年“非典”原因，使诸多企业开发出既环保又实用的多种新型产品。虹吸排水、单立管排水和同层排水更是取得了集技术与产品同步发展的成就。

5. 喷泉水景行业

喷泉水景是改善人居环境、美化城市、亮化城市的重要元素。近十几年来发展非常迅速，技术进步明显，工程量大幅度提高，行业产值从2000年的几千万元发展到现在的上百亿元，工程质量也在不断提高。国内的喷泉工程在数量上有了明显增长，许多城市迎合百姓对美好环境的追求，在城市的中心广场设置喷泉景观，在全国各地新建的大部分住宅小区里也都用喷泉或水景加以衬托，美化了人居环境。喷泉水景工程不仅在数量上明显增长，在技术上、质量上也有明显变化，比如：喷头花型也是不断出新，在传统的简单喷洒形式基础上增加了许多新花型喷头，如：万象直射喷头、产气喷头、水塔喷头等，增加了喷泉水景的表演作用，特别是在大型、演艺型喷泉项目上提高了观赏性。近几年来我国的喷泉水景工程公司在丰富国内城市景观的同时还承接了东欧、亚洲、非洲以及南美的大量工程项目，实现了喷泉水景行业走出国门。进一步提高喷泉水景工程的质量，在提高喷泉水景项目的观赏性的同时，降低制造成本、降低能耗是喷泉水景行业所要面临的重要工作之一，也是该行业健康发展的基础。

据统计用于给水排水的产品总值应该在2000亿左右。其中本协会所属行业包括管道、阀门、给水热水、排水和排水利用委员会以及喷泉水景委员会总产值约为1500亿元，另外水泵、直饮水、消防设施、泳池等体育娱乐以及卫生洁具等行业年产值约为400多亿元。

而全国的给水排水市场容量与年总产值大致相等，阀门、排水、消防、卫生洁具等行业进口大于出口，管道、喷泉等行业出口大于进口。

由于行业特点的原因，全国给水排水行业小企业居多，因此企业数额有上万家，其中年产值在几十亿元以上的较大型企业只有几十家，亿元以上产值的企业也不过几百家。

从业人数包括教学、科研、工程设计、产品生产、施工安装、运行维护在内，总人数约有300万人。

综上所述可以说：给水排水诸行业的发展已进入了新的历史起点。而我们今天的使命是站在这新起点上去制定落实“十二五”规划，谋求进一步做强企业壮大行业。

二、行业发展新的机遇与挑战

目前给水排水行业与国内大多数行业面临着挑战与机遇共存的局面。一方面由于我国近几年经济发展很快，经济形势看好。“十二五”规划的主题是发展，主线是转变发展方式，各行各业都需要上大量的工程项目，特别是大量的保障房建设，这就给予房地产建设息息相关的建筑给水排水企业提供了很大的发展空间和良好的发展势头。另一方面随着改革开放的深入，随着经济发展阶段的进展，建材市场已出现走向理智消费、追求产品品质的良好迹象，这对促进给排水产品市场良性发展具有非常重要的意义。

但事物都具有两重性，给排水产品市场也是有喜有忧，既有向好的趋势，也存在影响市场健康发展的问题，如何解决好这些问题使我们行业发展面临的最大挑战。

行业发展存在的问题

质量问题：

影响质量问题的原因主要是：

一是生产设备陈旧或精度不高；

二是管理不到位，缺少现代企业管理机制；

三是对产品检测重视不够或检测手段达不到标准要求；

最严重的还是压价争抢市场，造成相关企业缺少合理的利润空间，有些企业不把精力投入质量完善与提高上来。

还有科技进步问题：

由于历史上标准管理上的原因，使一些企业把标准编制作为市场运作的手段，争取到标准立后就排除同行企业加入，所编标准缺少代表性而难以执行，降低了标准的权威性和可操作性。而大多这样的标准成为了标准编制企业的广告。

同时还要看到市场经济处于不断完善的过程中，市场环境的良好与否在某种意义上会左右行业的发展进步，压价竞争、傍标获利、行贿中标直接影响行业的健康发展。

另外，市场监管机制的不健全也在某种程度上不能有效遏制不正当竞争行为对市场的破坏作用。

要赢得广泛的市场就应在以下三个方面做出调整。

一是可持续发展是赢得机遇的钥匙。

在当前形势下一个企业、一个行业要想获得新的机会必须在可持续发展上有所建树，可持续发展就要以科技进步、原创技术、高附加值的产品作为基础，以优质产品的生产、以优质的工程安装作为保证，以充足的资金支持为推动力。

有了以上这些条件就可以赢得更多的市场，包括赢得更广泛的国际市场。

目前中国给排水行业原创技术并非没有，但还是很少，希望有更多更好的原发技术呈现市场，已达到可持续发展的效果！

二是多方共同努力使给排水市场良性发展。

企业界要避免低价竞争，充分认识到低价竞争是把双刃剑，既损害了其他企业的利益，又压缩了自己的利润空间，使业内企业缺少合理的利润空间、缺少科研投入的基础、缺少有长期竞争能力的自有技术。质量是所有工程的基础和保障，低价竞争必然带来产品质量和工程质量的降低，还在某种程度上损害了消费者的利益。因此协会必须协助政府部门规范市场，同时要在我们会员中推进社会责任体系，讲究诚信经营，共同维护市场秩序良性发展。

三是三“家”结合，形成行业科学发展的强大推动力。

我经常讲，做好协会工作要靠三“家”，所谓三“家”是指行业的行业专家、企业家和行业社会活动家。

1. 专家力量

行业专家有专业知识和专业经验，靠这些可以解决专业上的难题。培根说过：知识就是力量。专家掌握着技术和市场的许多信息，对产品的生产以及对技术的适用性有着独特的发言权。专家的专业特长是经过很长时间的积累才形成的，有的是接受过很长时间的专业教育，理论基础深厚；有的是从事过多年的专业研究，取得过研究成果；有的是经过多年实践工作中的摸爬滚打，专业经验十分丰富。所以，行业专家是我们这个行业的宝贵财富。

借助专家可以开展技术研讨，提高产品乃至行业的科技含量，借助专家开展调研、咨询，可以增强企业核心竞争力，借助专家可以开展培训，提升企业人员的技术素养，借助专家还可以开展专题研究，协助政府主管部门建立健全行业标准规范体系。总之只有借助专家的力量才可能有效开展有利于企业发展、有利于行业进步的诸多工作。

回顾行业发展，不能忘记我们开展的各项活动中专家的作用，我们特别赞赏那些在行业中有造诣、有贡献的专家，如：姜文源、左亚洲两位专家代表，他们在行业标准工作中作出了很大的贡献，不论是产品标准、工程标准还是标准图的编制都做了大量的工作，被誉为标准审查的金牌主持人，虽然现在都已年过七十仍活跃在标准工作领域。又如：几个给排水学会的现任领导人：赵锂、徐凤和冯旭东，在给水排水的技术交流与推广，在加强给水排水业内人士的技术提升等方面也都是有目共睹的。

2. 企业家地位与作用

企业是经济社会的细胞，是生产的实践者。企业家是行业的资源和财富，是产业文化的倡导者和执行者，是社会的栋梁，是形成行业的主要力量，是行业组织会员单位的核心和领导者，是当前最稀缺、最宝贵的人力资源。当然不是所有的经营者都可以称之为企业家，这里所说的企业家是指那些把企业当做事业来做，勇于承担社会责任，把企业的经营建立在促进行业发展的基础之上，有能力引导行业健康发展的企业领导者。

科学技术是生产力。科学技术是从生产实践中产生的，又转过来促进生产实践的发展，科学成为生产力的实现过程是通过企业家来完成的。企业家不仅拥有科学转化为生产力的实现过程所需资金，还把控着科学技术向产品的转化过程。

在行业发展过程中已经涌现出一批发展较快、实力较强的领军企业和令人尊敬的企业家，如：叠压供水设备生产企业的青岛三利集团、北京威派格，水泵生产企业苏州格兰富、上海连成、上海熊猫，塑料管道生产企业广东联塑、广东日丰、长沙金德、武汉金牛，钢塑管生产企业浙江金州集团和上海德士净水，不锈钢管生产企业的无锡金羊、浙江正康、成都共同、深圳民乐，阀门企业的浙江盾安、上海冠龙、广东永兴，排水行业的上海吉博力、广东截流、北京泰宁，喷泉水景行业的东方光大、清华同方等。有突出影响的企业家有：李政宏、陈键明、赵小虎、沈淦荣、陈模、蒋鑫明、谢家明、黄建聪、张明亮、吴克建、贾志学、石磊、周昱、何文、钱东郁。

3. 社会活动家

社会团体或称之为协会是行业组织，主要职责是推动行业的发展，协会是协助会员企业搞好生产经营不可忽视的力量，是联系政府和企业、联系行业专家和企业的纽带与桥梁。行业组织的专职工作人员应该成为社会活动家。

社会活动家应具备战略思维能力、业务分析能力、组织协调能力和对会员单位与专业人士的亲和能力。

具备战略思维能力就是要能从宏观角度思考国民经济现状和发展趋势，从宏观角度分析产业、行业现状和发展趋势，从微观角度去分析重点企业现状和发展趋势。在了解掌握有关信息基础上，要有能力概括、罗列、提升，从战略角度制定发展规划。

具备业务分析能力就是要求协会工作人员在行业中工作，在某种程度上可以说是行业专家，应该具备一定的业务分析能力，而各专业委员会的负责人应该熟悉行业情况，应该具备对行业状况与发展做出全面、深刻分析的能力，成为了解行业、了解业内企业，具有专业素养的社会工作者，具备推动行业发展的基本功和基础能力。

组织能力和协调能力是社会活动家必须具的备条件，是体现上述的两个能力的基础，没有这一能力就无法把战略思维能力和业务分析能力落实到具体工作中去。

而对会员单位和专家人士的亲和能力是实现战略思维能力、业务分析能力和组织能力与协调能力的保障。要做好调查研究，就要与企业进行沟通，这就要求我们拥有亲和力，使企业愿意与你沟通，能与你进行坦率、真实的沟通。我多次强调政府工作主要靠权力，协会工作主要靠魅力、靠亲和能力。我们在协会工作，既要成为这个行业的行家，更要成为社会活动家，要努力把自己锻炼成我们行业的社会活动家。

给水排水设备分会近几年在行业中开展了富有成效的活动，华明九同志是该分会的会长，同时担任世界水务协会执委，成为该组织的七个领导核心成员之一，代表我国行使表决权。该国际组织的主要职责是联合各国建筑给水排水的行业组织和企业，倡导饮水卫生、节约用水，为各国业内人士和企业提供交流平台和交往机会，推进给水排水行业的发展与进步。目前我国已经有九个企业加入了该组织，壮大了我国在该组织中的力量，扩大了我国建筑给水排水在国际上的影响。由此可见，壮大给水排水设备行业发展是我们国家经济发展的一个重要方面，也是全球关心的全人类的大事之一，我们要发挥一个大国的作用，在行业发展过程中既要借鉴发达国家的经验，更要强调自主创新，变中国制造为中国创造，在国际上发挥更大的作用。

三“家”合力，形成行业科学发展的强大推动力，其中社会活动家的责任更大，要紧紧依靠专家和企业家，把这三“家”团结在一起，做强做大企业，引导行业向健康、壮大的方向发展。相信在党中央、国务院的正确领导下，在改革开放带来的大好发展机遇的良好条件下，经过三“家”的共同努力，我国的给水排水行业一定会蓬勃发展，一定会有美好的未来。

（2011年6月1日在给水排水设备分会第三届三次理事会上的讲话）

八、采暖散热器篇

推进行业科技创新的七大要点

今天参加会议的人都是采暖散热器行业的精英，主要骨干力量，对采暖散热器行业怎么看？我想至少有三点，供大家共同商讨。

一是采暖散热器行业应该看到它是关系到民生的一个课题。我国是世界上生产散热器大国之一，也是散热器最大的销售市场。采暖散热器是我国三北地区必备的建筑采暖设备，我们党和政府高度关注民生，采暖散热器直接关系到千家万户。我在黑龙江省工作了23年，东北几个省，每年进入冬季政府最关注的就是老百姓的供暖问题，供暖工作已成为政府必须抓实抓好的一件大事，采暖散热器行业直接关系到民生冷暖的大问题。二是采暖散热器行业是我们国家实行可持续发展的一个重要行业。可持续发展要体现环境友好、资源节约型，对于我国多年来使用的传统铸铁散热器产品，无论是产品制造工艺，还是在使用等方面，均不符合节能的要求。要实施节能减排，就要有创新型产品，要研究、要考虑环境，要考虑资源节约和能源节约，为此，必须推进我国采暖散热器行业的科技进步和创新发展。三是采暖散热器行业是我们国家经济增长的一个方面。中央最近就要召开“全国经济工作会议”，“全国经济工作会议”研究什么？研究国民经济的稳定协调、可持续发展。国民经济是宏观经济，要搞好宏观调控，才能保持国民经济持续稳步增长。行业是中观经济，中观经济管理是宏观经济管理的延伸，行业要先进科学，才能和谐发展；企业是微观经济，企业要健康成长。党和政府高度重视民营企业，一直在扶持中小民营企业。散热器行业大部分是中小民营企业，在我们行业经济中起着重要的作用。前一段习近平同志到甘肃视察参观了“陇星”散热器企业，说明中央领导对我们散热器行业的关心和重视，重视我们行业在经济发展中的作用。无论从民生方面、可持续发展方面，还是从我们国家经济增长方面来看，作为采暖散热器行业的企业肩负着重要的历史使命和社会责任。今天，我们在这里召开采暖散热器委员会常委会，希望大家能够研究探讨行业的发展战略。宋为民同志就采暖散热器委员会一年来工作进行了总结，对今后的工作进行了部署，内容很全，题目也很好，叫“战胜危机、抓住契机、大力推进采暖散热器行业的科学发展”。我想就他这个题目，把它进一步加以展开讲一下采暖散热器行业推进科技创新的七大要点，供大家参考。

一、切实抓住科技创新的大好机遇

1. 市场机遇

中国是一个大市场，可以说世界上没有比中国市场再大的市场。

2006年底统计：城市人均27m² 住宅建筑面积，和2003年至2006年全国城镇人口是按照3.28%增长来计算，每年，将有5.1亿万平方米的城镇房屋需求的缺口，我们国家城市在不断地扩大，城镇化发展相当之快。我国长江以北地区的城市居住房、公用房的需求量就决定了采暖散热器的需求量（除空调设备外），这么大的市场需求不能不说是发展的大好机遇。这就要求我们切实把握机遇，促进采暖散热器行业的大发展。

2. 供热改革机遇

目前我国的采暖区域在逐步向南扩大，现在广东有些宾馆也有采暖了，过去哪有采暖？有太阳光进来就行了，没有一个采暖的概念，采暖是北方地区的事。现在采暖往南移，但采暖面临着供热体制改革，而供热体制改革是一个巨大的系统改造工程。过去北方地区冬天采暖，按户、按面积、按人口，去计算采暖收费标准是不科学的，必须进行改革，采暖像用电一样，消耗多少电就交多少钱，那么采暖消耗多少热量就要交多少供暖钱。逐步要将采暖管道由串联改成并联式，居室安装计量表和温控阀，人们就要考虑采暖散热器的热效率，这种需求对采暖散热器的科学创新带来了新的需求和机遇。

3. 产品标准改进机遇

要使居住有个舒适的空间，这对我们采暖散热器企业、行业提出了新的要求。我们企业的产品标准、行业标准也要跟上时代的步伐，始终要保持标准的先进性，使制（修）定的行业标准保持先进性、可操作性、权威性。目前，我们采暖散热器行业的企业标准远没有达到跨国企业的标准，企业标准的概念将越来越在人类社会中发挥着重要的作用。

4. 经济全球化的时代机遇

采暖散热器委员会近几年来多次组织骨干企业赴国外采暖散热器参展、观展、市场考察，扩大了国际间交流与合作，不仅提升了采暖散热器制造工艺技术水平，还将采暖散热器产品远销世界各地。我们呼吁更多的散热器企业要走出国门，走向世界，相互之间扩大交流与学习。在全球经济一体化的今天，关注国际市场变化趋势和市场走向，在国际社会经济中，起着越来越重要的作用。有人说，国家与国家参与国际事务中的企业财团，将会发挥重要的作用。所有这些方面，都对我们采暖散热器行业科技创新提供了大好的机遇，或者是大好的时代背景，或者说使我们这一代人实现人生价值的最好时期，我们现在这个年代就要为国家作出我们的贡献。今年，我和宋为民同志看了几个散热器厂，我也非常敬佩大家，大家不容易，听几个工厂的总经理介绍，创业前有的是散热器代理专卖店，有的是几个人投资建散热器厂。几位总经理深有感触地说：你们看到我们今天的工厂，或者说我们已具备了一定的规模，在创业方面，我们有了明显的成绩，这是值得骄傲，也值得自豪的，但与国外企业相比还差得很远，我们还要加倍努力。我们大家应当看到，目前对我们行业的创新要求，非常紧迫，创新可以决定一个企业能活多久？活多大岁数？温总理 2008 年 8 月在会见世界企业家，国内企业家座谈的时候谈了两条，第一条，强调企业家要有创新的脑袋，企业不创新，就没有生命力。企业不创新，即使暂时是繁荣的，将来也会夭折的。即使今天具备的一定的规模，将来也会破产，必须创新，创新决定企业的生命。第二点，温总理强调，企业家要有流着道德的血液，就是要强调社会责任，所以我们觉得这个会议的主题，把创新列为主题，大家到深圳，深圳本身就是创新的产物，没有创新，没有深圳，我们过去的成果也是创新，没有创新，就没有我们企业的今天，要看到企业更加辉煌的明天，要高度重视创新。

二、重视原始创新

1. 重视新技术开发、新材料的应用

在采暖散热器材料选择方面，我希望行业的专家把它系统归纳一下，原来用什么材料？现在用什么材料？将来发展将用什么新型材料？有多种多样散热器，要用新技术、新工艺去提升散热器生产加工水平。就散热器来说，散热器的焊接质量至关重要，这是所有企业都重视的工序。比如说焊接技术，目前国内发展的相当快，就我们行业来说，也在逐步由手工焊接过渡到自动焊接、激光焊接发展到机械手焊接，这在焊接工艺上的确是一个大的转折点。同时，我们企业的加工生产线，也是多种多样，高效的生产线，要不了多少工人，从头到尾，全部自动化。我们工人的生产作业环境，都需要通过创新来解决。前几个月我去了森德、金泰格、佛罗伦萨、北新集团、陇星五家国内知名散热器企业，从工厂的科学管理到生产流水线，体现了工厂重质量、重视新品的研发。金泰格散热器采用机械手焊接工艺，这在散热器行业来说是个很大的创新。兰州陇星企业，给我的印象是，一个发展十年的企业，能取得这样的成绩，值得我们企业去深思。总之，看到了这些多种款式、多种材质、多种规格的新型高中档散热器，做工精良，对质量精益求精，关键还是紧紧依靠产、学、研相结合的创新之路。

2. 新产品的更新换代和品牌建设

通过创新，要使我们的产品有一个更新换代的概念，有的工厂领导跟我讲，“要生产一代，同时要研发一代，还要储备一代”，我很赞同他们这个提法。过去在计划经济年代，工厂是什么样子呢？像个橄榄球式的，中间很大，两头很小，研发力量很小，营销力量很小，厂房挺大，工人挺多，仓库挺多。现在的生产企业、加工企业不是这样的，是哑铃式的，两头很大，研发队伍很大，营销队伍很大，中间生产的队伍很小，工人不多，不多怎么出产品呢？他们有办法，实现了低成本运作，概括起来说“零应收、零应付、零贷款、零库存、零投诉”。这五个零是企业发展的至关因素。产品还要强调一个品牌产品，这是至关重要的，我们中国从加工制造来讲是全世界的制造大国，全世界无论是欧洲、美洲、非洲，那些市场我看过，都有中国的产品，MADE IN CHINA，中国制造，到处都有。但就品牌来说，我们是生产大国，品牌小国。著名品牌，大部分在日本、欧洲、美国，现在我们在尽量营造自己的品牌。我举个简单例子，你看服装品牌，同样的中国布料，中国加工，中国的机械，同样是这些人生产的这件衣服，你打个勾或不打个勾，价格差十倍，打个勾，叫“耐克”，贵的了不得，不打那个勾，就不值钱，那个叫品牌。西服也是的，打个（BOSS），那是德国的，那个是品牌，我们的西服再好，人家不认你这个。做成一个品牌不容易，如果说产品质量是产品的物理属性，品牌将是产品的情感属性，品牌满足人的最大需求，满足人的情感需求，做成一个品牌了不得，我总说我佩服那个老头，那个叫什么“肯德基”，你到法国，你到德国，城镇、机场到处是老头的照片，中国也有，深圳可能也不少，反正这个老头的照片很慈祥，他就变成一个品牌，到处是这个品牌。我们要知道品牌产品闯天下，名牌企业走天下。当然，近几年，我们在品牌方面，我们的企业也做出了很多很富有成效的工作，在有些方面还远远不够。作为一个企业、一个企业家，终生为一个品牌贡献自己的聪明才智，才是最有价值的，因为品牌要奋斗。我们要了解新产品的更新换代，首先要了解品牌的定义，简单地说，品牌就是消费者对产品的质量、企业的生产、管理、售后服务体系及社会形象的综合评价。

3. 要重视知识产权

采暖散热器委员会送我一本专利汇编，我非常高兴，书中介绍了 1995 年 5 月到 2006 年 5 月中国采暖散热器行业获得国家专利 620 项，其中发明专利 58 项，实用新型专利 402 项，外观专利 160 项。这本书不错，其他专业委员会要向你们学习。2006 年 5 月到现在又快 3 年多了，还会有不少新的专利，专利汇编还要搞下去。专利权是无形资产，是新一代产业资源，是我们科技人员创新智慧的结晶，我们应该拥有更多的专利权，我想哪一天找个专门讲专利的人给我们讲一讲，我觉得我们有些企业不太重视专利权，企业要赚钱是对的，但是这个钱怎么赚，你不重视专利，光重视赚钱你这个眼光是短浅的，要高度重视发明专利权。

三、拓展集成创新

集成创新是把方方面面的技术综合运用到我们行业上来。我曾经讲过，什么叫建筑？我搞建筑一辈子，用我眼光来说，宝马汽车是马路上跑的建筑，航空母舰是海上行驶的建筑，飞机天上飞的建筑，飞船是登上月球的建筑，如果把它们的技术都用到我建筑上来，我们的建筑也不是现在这个样子，当然不是完全一样，值得我们思考这个问题。如果要用高新技术去指导我们技术创新，应用到我们行业上来，那情况会有相当大的变化。有人一听说纳米技术好，什么都是纳米的，究竟什么叫纳米？那是真是假也不好说。我们的行业属于制造行业，需要在高新技术指导下加以改造，需要在信息技术，数字技术指导下去进行改造，同时还要看到可再生能源技术在我们这个行业的综合运用，可再生能源是当前我们研究的一个重点，也是人类社会研究的一个重点。我们能源过去是火电发电、水力发电，现在我们考虑到可再生能源包括太阳能、风能等，这些能源如果运用到我们的加工制造技术上来，运用到我们建筑上来，将是一种新的创新。2009年，我们协会成立了一个光电建筑委员会，专门研究太阳能在建筑方面的应用。还有信息和智能技术的合作，既可以用于我们加工制造方面的改造，还要用于我们企业科学管理上面，这些技术也是值得我们去深入探讨学习和应用。前不久刚召开了“2009北京世界设计大会”，设计产业是一个大型产业，发展各行各业的设计产业，过去光重视制造而不重视设计，设计是一个地区经济社会发展模式转型的先导力量，科学技术是第一生产力，设计是产业振兴的第一推动力。在采暖散热器行业调整产业结构和转变经济发展方式的进程中，需要采暖散热器专业设计高度介入，努力提高采暖散热器产业转型中的设计含量，设计业将会对我们整个产业发展带来一个巨大的憧憬，我们要高度重视行业的设计产业。

四、多渠道引进消化吸收再创新

1. 国际考察

从国外引进的工艺技术是要消化的，只消化不行得吸收进去，还要再创新成为中国造的本土产品。有这么几个途径，走出去赴国外考察。中国是一个大国，在国际交往上我们既不要妄自尊大，也不妄自菲薄，要把人类社会掌握的技术都能为我所用。在世界科学技术的舞台上，无论是中国，还是外国，攻克尖端技术的大多数中国人，包括美国的航天技术，很多都是中国人发挥了很重要的作用。今天市场经济给我们人力资源开发提供了大好的机遇，咱们过去在国内没有条件，技术人员发挥不了作用，有的跑到国外去，文化大革命更糟糕，现在看到科技人员，在我们中国人里面加上华人，世界上几乎大大小小的国家都有华人，祖籍中国人，现在叫华侨，这些人我接触得很多，他们很多人都想为国家的繁荣富强作出贡献，无论在开发国际市场方面还是在利用外国技术方面，他们也将发挥重大的作用，现在我们国内也经常召开一些华商会议，把华人的技术、华人掌握的信息为行业创新服务。

2. 走出去的战略实施

前不久我们协会在安徽开会，采暖散热器委员会提供给我一份资料，我看还是不错的，采暖散热器行业2008年出口企业有63家，主要产品是压铸铝散热器、钢制板式散热器、钢制管型散热器、内腔无砂铸铁散热器、复合型散热器等，出口额达到20余亿元人民币。2008年永康旺达集团有限公司出口近5亿元，宁波金海水暖器材公司出口是2亿元，河北圣春冀暖散热器有限公司出口达4000万元，北京派捷暖通工程技术有限公司出口8000万元。这些企业在俄罗斯、乌克兰、波兰、哈萨克斯坦、欧洲等国享有很高的信誉。近几年来，中国的新型采暖散热器多次参加了跨国博览会产品展示，受到了国外客商的广泛关注。我们2010年3月份要在北京国展中心举办一个大型的中国国际供暖展，欧洲组团过来，由我们主办，加强国内外技术交流与合作，进一步缩小我国散热器与国外的差距。博览会也是产业，协会要学会掌握这门产业，是给我们会员提供商机的产业，如果把我们的会展业做大，博览会做大，中国是个大国，要有大国的风度，不要小家气，办个博览会，声势要大，影响要大，走出去也好，会展也好，不光是为了挣外汇更重要的是学习国外的新技术、新材料、新产品，努力做到引进吸收消化再创新。

3. 国际合作

我很高兴地看到在采暖散热器行业有一些中外合资企业。我们办厂，搞合资，要的是技术，你要把发达国家的技术，先进技术拿过来，就可以合资。有一个中外合资电梯公司，它的先进指标、核心指标始终不拿过来，就是想着挣钱，结果是做不好做不大，要合资什么，我们合资企业要看是不是你们国家最先进的核心技术，如果先进技术拿不过来，还想在中国挣钱，我们中国不是过去的中国，不是什么人想合资就合资的，必须要有先进技术。合资也好，合作也好，这都是引进吸收消化再创新的一个途径。

五、致力于专家和企业家的人力资源开发

1. 专家研讨和咨询

钢结构专业委员会刚召开100多名专家座谈会，我做了一个讲话，主要讲如何发挥专家作用，发挥专家作用的十大关系，讲话已经发给大家，我不再重复专家们的研讨会和论文的内容。20世纪80年代我在黑龙江省当建委主任的时候，就考察过原苏

联的国家建研院，我考察它在建筑方面的新技术，当时有一个苏联人很直率跟我讲，他说他们跟中国一样，每年都召开研讨会，很多专家发言，我们还有杂志登他们的发言稿，他说我们开研讨会的目的就是为了得列宁勋章，或者得一等奖或者是拿个几十块钱的稿费。他说日本人不这样，我们刚上稿子就拿过去了，人家形成产品，形成资产，我们要的就是勋章，人家要的是资产，要的是产品，就是说我们专家的研讨，专家的研讨成果如何把它转化成产品转化为生产力，如何为企业所用？这才是最关键的。

2. 企业家的需求和主力军的作用

科技创新的主力在哪里？在企业，包括我们民营中小型企业，这是科技创新的主力，专家是科技创新的智囊，必须把专家智囊与企业家的需求结合起来。企业的需求有的专家不了解，有的企业需求找不到专家，那要协会干什么，协会要搭起专家和企业家之间的桥梁，为企业的科技创新去提供各种机会和条件。

3. 产科研结合，创办科技先导性企业

要创办科技先导性企业，企业不能光是发财的企业，光是挣钱的企业，要成为科技先导性企业，始终站在科技前沿的企业，用科技引导企业、发展企业，而不是看有多少钱，我们的企业家也是如此，应该是科技先导型的企业家，我讲过我们企业家非常关键，要有儒商的品德、智商的技能，要和科研院所、高等院校紧密结合确定科研课题攻克技术难关。

4. 要重视企业科技创新的政策措施和新产品企业标准的修订

作为一个企业要生产、要销售、要创造利润，创造利润干什么，要拿出一部分，要扶持搞研发，要有这样的政策，要激励有研发成果的人和单位。另外企业要有自己的企业标准，得到技术监督局的认可，我们有的企业对企业自身的产品标准重视不够，协会要协助政府部门补充修改国家行业的标准，作为企业要高度重视自己本企业的产品标准。

5. 科技公关的组织机构、经费保证

具有一定规模的企业应该有自己的研究机构，提供自己的研究经费，同时要建立比较先进的监测机构，以保证产品质量。

六、营造科技创新的良好氛围

1. 企业和产业文化建设

我认为人才是企业发展的第一资源，也是企业文化建设的根基。作为企业就要有企业文化的内涵，一个企业家的领导思维方式和他的先进文化理念对于企业的发展起到决定性的作用。采暖散热器委员会非常重视宣传企业文化，委员会做了大量的工作，在行业内开展了“采暖中国·走进名企”系列专题采访报道活动。行业文化研究小组历经一年的时间走访了24家名企，报道文字长达23万字。从采访的优秀企业中，不仅挖掘了我们采暖散热器行业的优秀文化，弘扬了优秀的企业文化、还鼓励了企业的文化创新，介绍了企业茁壮成长发展的过程，我看过后觉得文章具有文化色彩富有很强的时代感，充满生机与活力，这些优秀文化值得全行业学习与借鉴。

近一年我们委员会还提出了“创新谋发展、品牌聚实力、文化树形象、和谐促共赢”，我认为提的好有内涵，这就是我们协会委员会的宗旨。宋为民同志在报告中介绍了辽宁省散热器行业协会率领骨干企业的总经理到河南省考察散热器企业，河南省的企业打破技术封锁，手把手传授技术和管理经验，建立了无障碍的沟通，这正是我们行业协会所倡导的“和谐促共赢”。两省企业敞开心扉的沟通，相互学习，共同促进和提升，寻找破解当前企业发展困难的难题，不仅提高了各企业的工艺技术水平，同时也促进了企业间的友谊与合作。希望我们全行业的企业要同心协力，去学习去交流，不能认为同行是冤家，同行不交往，蹲在井里头妄自尊大。一个企业不仅要有经济实力，还要营造一个良好文化氛围创新氛围，没有一个很好的氛围，想干事也干不成。一个人生活在一个组织之中，生活在一个单位之中，单位的氛围对这个人的聪明才智起着巨大的作用，有的是压抑，有的是充分发挥，我们有些人非常糟糕，你比他强他嫉妒你，你比他差他笑话你，你还让不让人家活了，比你强也不行，比你差也不行。我们还有一种文化叫打麻将的文化，四个人打麻将看住上家，瞄着对家，防着下家，我不糊，你也不能糊，我干不成你也干不成，你干成我就嫉妒你，那还得了吗？要高度重视创新人才，有些人就能创新，就能研究，但是毛病也不少，你要考虑到他有创新的智慧你要用他，用人之所长。有一个德国人写过一本书，我在20世纪80年代就看过他这本书叫有效地管理，他说用人之所长的原理，他说有一个剧场老板作了一个演员的广告，剧票全部卖光了，他的生意相当好，生意兴隆，但是这个演员毛病很多，三只手，比如说偷人家的化妆品，干那些很讨厌的事，他说如果剧团把这个演员的手指垛了，那他的嘴就不能唱歌了，你要想这个嘴唱歌这个三只手还得留着。那就说在我们日常工作中既要重视人才，又要发现培养人才，让他发挥作用和长处，帮助他改正缺点。要有一个好的氛围，激励创新人才宣传创新成果、弘扬创新精神、凝聚创新力量。

2. 学习型组织建设

过去我们改造人，领导老想改造你的部下，动不动搞个什么运动，今天你是运动员，你是动力，别人是对象，最后运动完以后再平反、再昭雪，那是人整人的时代。要有一个对科技人才，创新人才的高度重视，还要有一个学习型组织的建设。一个企业要办成一个学习型的组织，实际上很多国家都在考虑，美国要办成人人学习之国，日本要把大阪办成学习型城市，新加坡制订学习计划，德国有终身学习之年，我们中国共产党提出来要成为学习型政党，企业要变成学习型企业，努力做到学以立德、学以增智、学以致用。

3. 强化创新的系统管理

强化创新系统管理观念，这也很关键的，创新是要管理的，因为有资源的管理，有信息的管理，创新离不开资源，离不开信息，还有采暖散热器行业与其他行业的有机结合，比如说产业群，产业链方面的这种有机联系也是非常重要的。

七、自加压力肩负起在行业科技创新中的协会职能和责任

我到中国建筑金属结构协会工作不到一年的时间，我体会很深，协会可干多，可干少，干起来没完没了，不干不多不少，企业照常在发展，你要有敬业精神，事情多得很。作为协会的职能，就是要为企业创造商机，企业才欢迎你，要发挥协会的作用，要把协会办成大家的协会，协会要大家来办，民主办会。今天来参会的都是常委，大部分是企业家，你们所肩负是双重责任，既要做好本企业的良性发展，又要行使好委员会常委的职责做好行业管理、规范市场行为。两个省协会的沟通交流为我们行业开了个好头，希望你们坚持下去，把散热器行业、企业办成一个既有企业文化素养的又有和谐氛围又有科技创新的聪明才智的大家庭。

（1）协会要制定推广应用新技术的指导意见。哪些技术是推广应用的，哪些技术是限制淘汰的，要加快制定行业技术标准规范，大力推广新技术、新材料、新设备应用。表彰有推广成果的先进企业和示范项目。

（2）要重视会展业，高水平办好会展业。前面我讲过了，高水平办好会展业，要么不办，办就要办好办大，办一次要总结一次，要拿出中国人的气派、大国的气派，办好展会。

（3）要协助政府部门制定和修改科技创新的相关标准和规范。积极引导、支持企业的创新工作，扶持企业形成自己的核心竞争能力，建立完善科技创新服务体系，包括新产品的推介会、技术研讨会、行业标准宣贯会，切实为企业提供服务平台。另外，我们协会要和房地产协会和其他协会紧密联系在一起，共同为我们会员企业搭建一个新的桥梁。

（4）实实在在地开展搭建科技创新，国内国外考察，研讨和经验交流的平台。国外考察很关键，那么要考察什么呢？考察人家的先进技术、先进产品、先进的管理经验。中国采暖散热器委员会要建立和国外采暖散热器协会加强沟通和交流的平台，中国采暖散热器企业家要和外国采暖散热器的企业家要建立同盟关系。我们是大国但不能傲慢，大小国家一律平等，要交流要合作，才能把我们采暖散热器行业科技水平推

向一个崭新的高度。工作报告中提到针对行业发展的重点、焦点开展专题研究，制订了“太阳能利用与供暖一体化”、“大力推进供暖水质的规范化管理”、“采暖散热器低温运行的研究”、“钢制散热器的新品开发”、“铜管对流型散热器的创新及功能拓展”、“压铸铝合金散热器市场开发与应用”、“铸铁散热器机械化生产线的推广和应用”、“辅配件的专业化生产和安装挂件部品化”、“塑料合金散热器的探索”和“电采暖散热器的开发应用”的十大重要研究课题，我认为非常有必要。要围绕这些课题扎扎实实开展能形成生产力的交流和研讨。

（5）向社会、向市场推介科技成果。我们有责任向社会、向市场去推介我们的研究科技成果，推荐我们科技创新的名牌企业，他们是行业的领头羊，行业的排头兵，我们要对他们负责，给他们创造一定条件，大力宣传和推广名优产品，但我们绝不做虚假广告，这就是对消费者负责对社会负责。

（6）要组织汇编行业科技知识和专利汇编。我看了散热器委员会文献汇编的几本书，内容丰富，有国家的产业政策、专家论文、企业管理经验介绍、经验篇、风采篇、技术篇、采暖中国·走进名企汇编、专利汇编等。这几本书具有史学价值，让我们企业能回顾过去，了解现在，展望未来。

我们中国建筑金属结构协会的会员单位生产若干的产品，每一种产品都应该有一套知识丛书，编一整套知识丛书向社会进行推荐，还要汇编行业知识和专利，便于社会各界了解行业了解产品，意义重大。

（7）宣传表彰科技创新有功人员和先进企业。2011 年是中国建筑金属结构协会成立 30 周年，我们采暖散热器行业怎么做？借这个 30 周年前后做些什么工作？值得我们去研究。最近，铝门窗委员会编了一盘录像带，向世界介绍中国铝门窗幕墙产品，全是英文和中文对照的。协会 30 周年庆典，要表彰对行业发展的有功人员，在行业发展中有特殊贡献的企业和企业家，有特殊贡献的专家，这种表彰不是为了表彰而表彰，而是树立榜样。“榜样的力量是无穷的”，用这个先进事迹去鼓励或去带动我们整个行业的发展。我相信采暖散热器行业在改革开放 30 年来取得的巨大变化，能为我们协会成立 30 周年提供更多的企业风采！

让我们站在新的历史起点上，开拓进取、奋力创新、创建中国采暖散热器行业更加辉煌，更加壮丽的明天！

（2009 年 11 月 21 日在“采暖散热器委员会常委会”上的讲话）

落实规划
提升采暖散热器会员企业的核心竞争力

中国建筑金属结构协会有15个专业委员会，应该说采暖散热器委员会专家力量比较雄厚，工作比较扎实，始终坚持多元化发展原则。委员会2009年11月21日，在深圳召开了采暖散热器委员会常委会，会上我做了讲话，提出了推进行业科技创新的几大要点。这次委员会也印发了我在“协会、各专业委员会工作会议上的讲话汇编二”已发给大家。今天，我讲的题目是“落实规划，提升采暖散热器会员企业的核心竞争力”。为什么要讲这个？我们党第十七届五中全会深刻认识并准确把握国内外形势新变化新特点，审议通过了《中共中央关于制定国民经济和社会发展第十二五规划的建议》。为全面建成小康社会打下了具有决定性意义的基础。我们必须明确指导思想，把握“十二五”规划的主题和主线。《建议》强调，主题是发展，在当代中国，坚持发展是硬道理，就是坚持科学发展。《建议》强调，以加快转变经济发展方式为主线，是推动科学发展的必由之路，符合我国基本国情和发展阶段性特征。

中国建筑金属结构协会以中建金协暖［2010］09号文件印发了《中国采暖散热器行业“十二五”发展规划》,《规划》分析了行业发展形势与要求。中国采暖散热器行业“十二五”发展规划，已发到了大家的手里。这个发展规划是委员会、专家花费很长的时间，很多企业的参与，做了大量的调查研究，分析了当前我国采暖散热器行业发展的状况及特点，在回顾、总结采暖散热器行业“十一五”发展规划的基础上及时制定了行业“十二五”发展规划，提出五项行业发展思路和确定了十项基本目标，并制定了实现“十二五”目标的三大措施。包括七项坚持科学进步和创新的措施，六项增强行业软实力的措施和十项加强行业管理、加快行业建设的措施。宋为民同志针对行业发展的现状，和今后的工作思路，作了一个较为详细的报告，我完全赞同。清华大学肖曰嵘教授就中国采暖散热器行业“十二五”发展规划又做了十二点说明，他是代表专家发言的，这个发言凝结着行业专家的智慧。委员会这次年会，既是对“十一五”期间采暖散热器行业的回顾和总结，又是贯彻落实采暖散热器行业“十二五”发展规划的总动员。这次大家参加年会会议，一个重要任务就是“落实规划，提升采暖散热器会员企业的核心竞争力”。

一、实施人才强企战略，提升人力资源竞争力

我们讲以人为本就是讲一切要依靠人，一切为了人。所有的事业是人干的，中国共产党最高宗旨是为了人的全面发展。我们办企业也是为了人，为了本企业员工日益增长的物质和文化生活需要，为了使我们的产品能够向社会、用户、客户提供满足他们日益增长的物质和文化生活需要。一切依靠人要充分调动人的积极性、主观能动性，人力资源是第一宝贵资源。就我们企业来讲，人力资源有几方面的人才，一是企业家，包括我们在座的，我们民营企业家了不起。财富是企业创造的，企业要有企业家引领，还有我多次讲过，一个民族不重视企业家的民族是没有希望的民族。我们要解决民生问题，解决就业问题，必须要重视创业，要重视企业家，没有企业家创业，哪有就业。在座的每个工厂都有几十人、几百人再就业。所以要重视创业才能就业，只有重视企业家民族才有希望，企业家是当今中国社会最宝贵的资源，最可爱的人。当然也要关注企业家的健康成长，企业家要不断地完善自己。二是技术专家，技术专家是我们行业最宝贵财富。协会之所以有号召力，就是因为协会有专家，有各行业和各部门的、有高等院校和企业的、有研究院所的专家、有中国的专家资源和外国的专家资源等，我们把他们召集在一起。专家没有一个固定的标准。我说一个人干活扫地，你扫10年地你应该成为一个扫地专家，你不成为专家你10年白活。所以我们企业的专家，不要局限在企业，要成为本地区的专家，进而成为行业的专家，乃至是世界的专家，这些专家至关重要。三是管理专家，管理专家也是我们行业的宝贵财富。企业要进行现代化管理，我们从传统的动作管理，到行为管理，再发展到全面管理，再发展到比较管理，当今管理的前沿是知识管理、文化管理和信息管理。企业拥有管理专家也至关重要，不能想象一个管理很糟糕的企业，能生产出什么优质产品？管理好，可以使企业长寿，管理不好，企业是短命的。四是技工行家，我们要高度重视技工人才，技工行家。我多次讲过，不要全盘否定计划经济年代，计划经济年代有些做法还是很好的，如当时的建筑工人有八级制，你一开始是学徒，再过几年是一级工，聪明的人到50岁才能成为八级工，一般人退休了也就是六级工。现在我们有的建筑工人扔下锄头，进来就是八级工，什么都敢干，质量事故、安全事故出现不少，无知人胆大。一定要认识到技工人才，是我们企业的宝贵财富。目前，有一些企业的生产技术水平状况不是很理想，技术人员占总人数比例很少，其中高级职称人数占总人数的3%，初级和中级职称人数占总人数的8%，这是远远不够的。我很敬佩现在的民营企业家，尽管有的学历水平并不高，不是大学毕业，但是你们高度重视你们的子女，花高价送孩子们去学习，有的送到国外去学习。对员工的知识培训同样重要，要实现人力资源开发，就要把本企业办成学习型企业。转型，转什么型，就是要转成组

织学习型。大家知道，现在全人类都在研究学习型组织，美国提出了要把美国变成人人学习之国，日本提出了要把大阪、神户变成学习型城市，德国提出了终身学习之年，要人人终身学习；新加坡提出了2015年学习计划，不管大人、小孩，人人会电脑。中国共产党明确提出要把共产党办成学习型政党，我们企业也建成学习型组织，今天我们的年会，也是给参会代表一个学习的机会，如果说我花了钱，花了时间，跑了这么多路参加这次年会来了，什么也没得到，那是不行的，如果你参加这个会有一点收获、有一点体会，可能是企业发展的宝贵财富。

二、推进科技创新，提升品牌竞争力

科技创新有三大类：一是原始创新，就是发明、创造、有专利；二是集成创新，就是把方方面面，包括国防的、各制造行业的，有关科学技术都把它集成运用到采暖散热器上来；三是引进、消化吸收再创新。就是把发达国家、外国的技术引进来，通过吸收、消化再创新，变成中国创造。中国采暖散热器企业，现在有很多好的机遇，我们有一个巨大的市场需求，我们每年将有5.1亿平方米的城镇房屋建设，我们城镇人均居住目标将要达到35平方米。另外我们旧房系统的改造、采暖区面积的扩大、农村建设城镇化的需要等，都包含着对采暖散热器产品的需求量是越来越大。另外对采暖散热器的质量标准也是不断改进提高，还有可持续发展，对环保的要求，我们传统的铸铁散热器的制造工艺，有的是高污染、高能耗。新型采暖散热器和精品铸铁散热器，可满足原料再生、生产无污染，符合节能建设的要求。在建设资源节约型和环境友好型社会的大环境下，大力提倡企业创新，以产品的制造、技术的提高和企业组织结构调整为切入点，紧紧围绕新产品开发、产品质量的改进、技术进步和降低成本、防治污染，加大技术改造的力度，促进产业的优化升级，提高采暖散热器工业和技术装备水平，努力形成能够拥有自主知识产权和关键技术的品牌产品。

我们的规划明确提出几个方面，要扩大我们采暖散热器行业的生产规模，强化工艺质量管理，做到产业集团化、生产现代化、工艺流程化、检测标准化、配套一体化。同时提出了我们要扩大服务范围，提升服务质量，树立品牌形象。同时还要开发产品的务实性，还要有适应潮流的经营理念，产销分离是经营理念的一个大的转变，加大自主创新，强化品牌建设，积极开拓国际市场等。

我国新型散热器的发展之路是很曲折的，不仅仅是产品材质、款式和制造工艺上的竞争，而且还包含着现代工艺生产规律与传统思维观念的深刻冲突。以钢制散热器为代表的新型采暖散热器，技术含量高，工艺要求较严的现代工业产品，也是国家工业化发展取得的丰硕成果。我们要清楚地认识到，要发展中国的新型散热器企业，必须大力提高企业的科学文化素质，坚持科学发展、以人为本，发扬企业的社会责任感，全面提高企业的经营理念，是我们行业面临的十分重要的战略任务。

大家知道，产品质量好是产品的物理属性，品牌不仅是物理属性，还是产品的情感属性，它将满足用户情感上的需求。作为一个企业家，终生的职责就是为创造本企业的品牌而奋斗，而不在于挣多少钱。追求品牌，把品牌做好，是企业家的终生使命，也是企业家的人生价值。

要提高我国新型采暖散热器在国内外的影响力，加强品牌宣传。2009 年 3 月至 2010 年 3 月，委员会在北京举办了“第九届、第十届中国国际供热、通风及空调产品与技术博览会暨中国国际采暖散热器及配套产品展览会”，国内外的散热器品牌企业纷纷在展会亮相。尤其是在今年的展会上，河南佛瑞德公司开发的一系列铜管对流散热器新产品，河南沃德散热器公司“绿暖人间”活动等成为展会一道靓丽的风景。在 2010 年的展会上，我们委员会组织专家对参展产品进行了评审，评出了努奥罗（中国）有限公司、圣春冀暖散热器有限公司、天津马丁康华不锈钢制品有限公司、宁波宁兴金海水暖器材有限公司、旺达集团有限公司、河南乾丰散热器有限公司、佛瑞德（郑州）工业有限公司、鹤壁市沃德新世纪科技有限公司、江苏昂彼特堡散热器有限公司、天津市翔盛粉末涂料有限公司、健坤天地（北京）采暖设备有限公司等 11 家企业荣获产品金质奖，17 家企业荣获产品创新奖，6 家企业荣获供应商“优秀产品奖”，展会上涌现出了一大批优秀产品，同时也让国内外参观者记忆犹新。近两年，我们深深感到，在市场竞争中成长起来的骨干企业，非常重视品牌建设，尤其是兰州陇星散热器公司，2009 年 6 月国家副主席习近平在兰州视察了陇星集团企业，这不仅是陇星集团在享受领导的关怀，我们整个行业也应该感受到中央领导同志对我们中小民营企业的高度重视。这对企业、对行业的发展来说，都是一件鼓舞人心的大事。尤其是越重视品牌建设的企业发展就越好，发展越好的企业，越要重视品牌建设。

另外，在科技创新方面，还要高度重视设计。设计是灵魂，采暖散热器不仅在功能上要满足高效率的采暖要求，同时在外观上也是一个工艺品，是一个精品，满足人们享受的需要。所以工艺设计非常关键，我们采暖散热器委员会与国际铜业协会（中国），共同举办了三次铜管对流散热器产品外形设计大赛，不仅宣传了行业，调动发挥了社会资源，优化了铜管对流散热器的外形，加速了产品的更新换代和设计成果的转化。希望我们的大赛继续进行下去，要高度重视、培养从事我们采暖散热器产品设计的年轻设计师，这是我们事业的未来。

三、广泛开展合作联盟，提升市场经营竞争力

要强调联盟合作，现在全世界都在搞联盟，有很多国家要建立合作等；总统、元

首们忙什么，天天忙的是战略合作。我们的企业家忙什么？企业家忙合作，合作是更高层次的竞争。不会合作的人，就不懂得竞争，不会合作的人，企业是不可能发展的。不会合作的企业家，是“残疾人”企业家。我们要把各行各业的力量充分调动起来，为本企业的发展服务，为行业的发展服务。所以我强调，一是银企联盟，企业和当地银行联盟，不管哪个银行，银行业需要我们的企业，我们企业也需要银行。银行和企业之间联盟，使企业有更大的生产投资规模。二是强调产、学、研、用联盟，我们和高等院校、科研机构等实行产学研联盟，是保证我们的产品不断创新，保证我们在设计生产一代产品的同时规划设计另一代，也就是说生产一代、设计一代、储备一代，使我们的企业不断发展下去。沟通与交流，合作与发展，是我们采暖散热器行业的显著特征。合作不仅是上述两点，而应是多领域、多层次、多方面的，如当前行业内的骨干企业之间能够打破技术的封锁，相互参观、考察、学习，突破企业发展的瓶颈，相互促进，相互提高，竞争与合作要向更高水平发展。协会和各行业协会要建立联盟，我们采暖散热器行业要同房地产联盟，与我们生产企业相关的各个协会建立联盟合作等。所以我们要想办法扩大联盟、扩大交流，为我们的会员单位开拓商机。

四、要做大做强过亿元企业，提升行业领军企业的榜样号召力

当年毛主席说过：榜样的力量是无穷的。要让领军企业，走在前面，我们要重点扶持。目前我们采暖散热器行业具有一定规模的生产企业有1500多家，其实还不止这么多，其中上规模产值超亿万的企业有20家，5000万元以上的企业有50家，1000万元以上的企业有300家，行业年产值近150亿元，其中出口占12%，年产量为5亿标准片。我们采暖散热器生产企业主要集中在北京、天津、河北、河南、山东、辽宁、山西、浙江等八个省市，这八个省市的企业数量占总体的80%以上。

我们采暖散热器所占的比重，铸铁散热器，钢制散热器，铜及复合类散热器，铝合金散热器，分别占市场37.7%、37.6%、17%、6.4%，我们要重点扶持过亿元的大型企业，要同国际上的企业相比较；但同时，我们也要重点扶持中小企业，中小型企业要干什么？中小企业要专业化、精品化。较大的企业要和中小型企业建立联盟，按照大企业的生产规范去管理企业，按照大企业的企业标准生产部件，中小企业要参与战略联盟实现共赢的战略，领军企业要带动中小企业向精品化方向发展，这也就是我们的产业结构调整，而不是你生产什么产品，我也生产什么产品，而是相互协作推进，开发研制自主创新的产品，实现精细化、规模化生产和经营。

五、强化“中国采暖散热器产业化”基地，提升产业链产业群对企业发展的影响力

刚才我们颁布了河北唐山芦台经济开发区，为我们采暖散热器委员会的科技产业化基地。基地是以加速实现科技成果转化为宗旨，充分发挥基地的聚集效应，转化已有的科技成果，形成新的各具特色的发展模式。目前，芦台经济开发区已初步形成了一个聚集区，这个聚集区使产业集中、人才集中、信息集中，从而产生较大的社会影响。基地的产生不仅对我们企业发展有很大的影响力，还提高了区域的产业集中度。比如唐山芦台经济开发区成为我们采暖散热器行业的产业基地，我们就能推动这个地区的采暖散热器行业发展和技术进步，以及经济的发展，并起到重要的带动作用。我们要做好芦台经济开发区和宁河地区产业化基地的试点工作，应该说它们这两个地区已初步具备了技术优势、加工优势以及相对完整的产业链。目前河北唐山芦台经济开发区采暖散热器生产企业及辅配件、原材料生产企业，达到200多家，为资源整合、延伸散热器产业链，强化企业实力，经委员会多次考察后报协会批准，授予河北唐山芦台经济开发区为“中国散热器科技产业化基地”。为加强这两个地区的监管力度和行业规范，促进自律、倡导和谐，委员会将积极推动这两个地区的清理、培训、发展等工作，促进企业向规模化、标准化、品牌化、效益化发展，进而带动全行业健康有序的发展。

六、加快行业建设，提升对企业发展的推动力

行业管理与我们企业是息息相关的，如果说我们的国民经济是宏观，行业就是中观，企业就是微观，微观要在中观的指导下，中观也在宏观的指导下，作为行业管理来讲，政府部门有管理的职责，但是更多的将由我们协会去承担。加强行业的管理，参与我们行业标准规范的修改和制定，有些老的标准规范需要修改，有些新提出的标准规范要加快制定，协助政府部门做好有关标准规范的修改调整工作。同时，我们协会还要加强会员单位的行业自律。在和企业座谈的时候，有企业跟我反映，现在市场上有很多不应该出现的现象，或者说不正当的竞争行为，好的东西卖不出去，次的东西到处都有。是有这个现象，社会上，存在着“吹、假、赖”的现象。作为企业家来讲，首先要树立儒家的诚信观念，我们是儒商，中国的商人既要有儒家的诚信品德，又要有智商的聪明才智。所以我们要加强行业自律，共同抵制打击在生产或者销售假冒伪劣产品的行为或者企业。

七、加强信息化互联网的建设，提升企业的知识管理竞争力

我们要高度重视互联网的作用，将网络用于我们市场的经营。我们可以在网上采购，可以在网上学习，可以在网上建立企业联盟。我们可以通过互联网宣传我们的企业，也可以了解世界的企业。中国建筑金属结构协会有总网，各专业委员会也有分网，所有的网站必须集中力量办成高水平的网站，同时把企业的网站尽量链接。将来可能我们这样的会议就不在这里开，网上就可以开会了，而且还能交流思路。所以要实现知识管理、信息管理，要注重网上营销。

八、加强企业文化建设，提高企业发展软实力

企业文化建设是至关重要的。企业文化建设是企业的软实力。在某种意义上说是企业的灵魂、企业的精神，企业必须要有良好的氛围和团队，要有好的氛围，不会干事的人他也会干事，他也能干得很好，氛围不好的企业，能干事的也干不成事。特别是创新，我们的企业领导人要宽容那些敢于创新的人，尽管他们有这样那样的不足，让他们充分发挥自己的聪明才智。失败是成功的妈妈，我们不能不要“妈妈”，不能说失败就要不得，要从失败中去总结经验和教训，使企业迈向更大的进步。有位民营企业家讲过，“我的失败是我这一生中最大的财富”。所以企业要有自己企业的文化，从2007年到今天，我们采暖散热器委员会在行业内开展了“采暖中国·走进名企”这样一个访谈活动，已经走访了25家企业，通过这些企业的企业文化，我们深深地感受到了企业家和企业文化是相互促进的关系。这个活动还要继续，还要充分发挥新闻媒体的作用，让社会了解我们的行业，让更多的用户了解我们的产品。

同时，企业文化很重要的一点是提高企业的凝集力和诚信力。企业要有凝聚力，要有诚信力，企业是一个团队，要有团队的精神，要凝聚大家的聪明才智，凝聚大家对企业发展的信心，并变成做好产品的实际行动。这是非常重要、非常关键的。

九、扩大国际合作，提升国际市场的竞争力

我们中国是一个大国，必须有全球的观念。我们全世界人就生存在一个村子里，叫“地球村”。在经济全球化的驱动下，我们要着眼于全球，要着眼于在科技进步方面的发展成果，要着眼于在科学管理上的前沿知识。我们都需要去加强沟通学习了解，了解全球各地，无论是南美、南非、中欧、北欧、中东亚市场状况，对我们的产品需求调查，同时开展全球合作。我看到有些企业，本来开始是和德国的企业合作，

逐步做到了以我为主。要建立合作，无论是合资、合作，都是为了推进我们的产品进步。一句话：你没有的我要有，你有的我要比你更好。

要广泛的开展全球合作，合作的目的是要学习全球的先进理念，做到引进消化吸收再创新。合作的第二个目的是要把我们的产品推出去，让我们的产品走向世界。中国人是聪明的，中国的产品在全世界是受欢迎的，我们要进一步扩大国际市场。当前，我们主要出口地区有俄罗斯、哈萨克斯坦、南美洲、德国、意大利、法国、日本等国家，我们出口国际市场的产品已达到5000万片，但是这些远远不够。我参加了不少的国际展览会，2010年就去德国慕尼黑参观了一个德国大型的展览会，光我们中国金属结构协会就有23家会员企业参加，我们的民营企业家到德国去，拿我们的产品跟他们进行比较，进行展示，德国人感到也很高兴。所以今天的中国可不是昨天的中国，可不能小看，我们必须要更多的参与国际的竞争。

今天我想借这个机会讲规划，这次年会一个很重要的特点，就是要大家来学习贯彻我们中国采暖散热器行业“十二五”发展规划。落实规划，来提高我们行业和企业的核心竞争力。为此，我今天讲了“九个力”，一是人力资源竞争力；二是品牌竞争力；三是市场竞争力；四是榜样号召力；五是产业链、产业群的影响力；六是行业管理的推动力；七是知识管理的竞争力；八是企业发展的软实力；九是国际市场的竞争力。但是在这里面我讲了我们企业的转型，作为一个企业要转型，行业要转型，要转变经济发展方式，要转什么型？我想至少要从六个方面去考虑：一是科技先导型。企业要成为科技先导型企业，企业家要成为科技先导型的企业家，不是靠繁重的体力劳动，不是靠延长工作时间，不是靠恶劣的工作环境，而是靠科技去发展我们的企业。二是质量效益型，或者叫品牌型。我们的产品要对社会负责，我们要有高度的社会责任感，我们要从过去的规模速度型转向质量效益型。三是资源节约型，包括节约能源、节约各种资源。四是环境友好型。包括我们的市场环境，是充满诚信的；我们的作业环境是舒适的，有利于员工身心健康的。五是组织学习型。也就是学习型组织，从老板到员工都要学习，企业因为有了肯学习的员工才能挣更多的钱，有更大的发展。员工因为有了企业这个舞台，才能获得更多的学习机会，增强才干的机会。学习是至关重要的，当今的文盲不是不识字的人，现在的文盲是不肯学习，不善于学习的人统统叫文盲，所以我们企业领导人要高度重视组织的学习型。六是全球开放型。我们的产品销到某个乡、某个村、或者某个县，或者是全世界，我们要面向世界，了解世界，熟悉掌握全球的技术、产品，走向全球的市场。

我们要依靠“两家”：一个是依靠专家，一个是依靠企业家；振兴“两业”：壮大行业，做强企业。所有的活动都要围绕着“两个经济”的要求：循环经济的要求和低碳经济的要求。人类社会进入到低碳社会以后，我们行业要有更新的发展。相信我们今天通过这个会议，在“十二五”发展规划总动员之后，大家回去要认真的研究一下本企业的战略规划，落实规划，提升核心竞争力。祝愿我们的会员单位在我们专业委员会的组织下，通过相互学习能够更好更快的发展，我们的企业家能更健康的成长，我们的行业会有更好的今天。

（2010 年 11 月 25 日在采暖散热器委员会年会上的讲话）

品牌战略与企业文化

河北圣春是中国建筑金属结构协会副会长、采暖散热器委员会副主任单位，是采暖散热器行业的领军企业。40年来，河北圣春在行业中作为一个领军企业不简单，为行业发展进步作出了重要贡献。行业的发展以领军企业为标志，领军企业在行业发展中发挥着凝聚行业整体竞争力、引领行业发展方向等重要作用。每个在圣春工作的人员应该认清本企业在行业中所处的地位和作用，认清地位和作用才能激发我们对行业的责任感、对企业发展的责任感。

一、品牌战略

1. 品牌战略意义

我们知道，品牌战略规划很重要的一项工作是规划科学合理的品牌化战略与品牌架构。在单一产品格局下，营销传播活动都是围绕提升同一个品牌的资产而进行的。在企业规模扩大、产品种类增加后，企业就面临很多难题，如：究竟是进行品牌延伸新产品，沿用原有品牌，还是采用一个新品牌？若新产品采用新品牌，那么原有品牌与新品牌之间的关系如何协调？企业总品牌与各产品品牌之间的关系又该如何协调？这些问题就属于优选品牌化战略与规划科学品牌架构的范畴。这是一个理论上非常复杂，实际操作上又具有很大难度的课题。有不少企业在发展新产品时，因没有把握好这一难题而翻了船，不仅未能成功开拓新产品市场，而且连累了老产品的销售。有的即使新产品推广成功了，也因为品牌化与品牌架构决策水平太低而付出了太大的成本。

品牌战略是一个很重要的工作，首先我们要清楚什么是品牌。我以前当过总工程师，整天抓质量。如果说一个产品的质量是一个产品物理属性的话，那么品牌不仅是产品的物理属性，还包括人的情感属性。品牌对用户来讲有一种情感上的满足。我们穿衣服过去看衣料，现在看什么牌子，同样的服装、同样的料子、同样的加工，品牌越来越重情感上的满足，所以品牌战略是非常关键的，是影响企业生存发展的。从某种意义上来讲，我们作为一个企业家，终身的使命就是为了创造品牌。迄今为止，大产品的品牌仍然在国外，中国还不是很多。国内这几年比较重视品牌，对工业品牌来讲我们国家的数量还远远不够。在新型工业化发展过程中品牌非常重要，品牌的战略意义非常重要。

2. 品牌战略目的和战略收益

企业的品牌形象承载着厚重的企业信息，是企业综合实力的具体体现。提升品牌形象对企业的长远发展、保持旺盛的生命力有着极其重要的意义。企业应把提升品牌形象作为企业形象集中展示，紧紧围绕“打造名牌产品、争创驰名商标、塑造知名企业”为目标。

当前，圣春已经认识到品牌的重要性，刚才我们说这40年的发展不简单，圣春成为了一个企业的品牌。一批在市场竞争中成长起来的骨干企业，非常重视品牌战略。争创驰名商标，是实现品牌战略目标的有效途径，不仅能给企业带来经济、社会效益，而且可以利用品牌的知名度、美誉度，传播企业声誉，塑造行业形象。如河北圣春、唐山大通、天津御马、山东邦泰、上海努奥罗、宁波宁兴金海等公司先后获得了“中国驰名商标”称号。

为了进一步扩大我们行业新型散热器在国内外的影响力，增强品牌宣传，构建行业信息交流平台，搭建产、供、销企业之间的营销渠道，从2001年起，委员会连续在京举办了“十二届国际采暖供热与通风、空调技术博览会”，国内外很多散热器品牌企业纷纷在这个展会上展示产品和技术，在数届展会上涌现出了一大批优秀新产品，给我们留下了深刻的印象，同时也让国内外参观者记忆犹新。从第十届展会开始，委员会组织行业专家对所有参展产品进行现场评奖，有近百家产品获得了“金奖”、“创新奖”等称号，圣春公司的产品在多次评选中都是榜上有名。

2007年9月，委员会根据企业发展的特点组成了“行业文化研究小组”，在行业内开展“采暖中国·走近名企”系列宣传活动。在2008年年会上出版了《采暖中国·走进名企》一书，对行业企业的全面发展有所启发、有所帮助。“行业文化研究小组”继续在全行业开展“采暖中国·走进名企”的大型访谈活动，积极促进企业的文化建设和孵化，树立行业内优秀企业文化的示范基地，把优秀企业的文化、理念和经验推荐给大家。同时，为树立行业形象、宣传行业，委员会拟定在2013年拍摄《行业宣传专题片》。

二、企业文化

1. 企业文化软实力

这个软实力指什么呢？指市场竞争力、国际竞争力。企业实力就是竞争力，企业的实力要表现在市场上。企业文化是指企业中长期形成的思想作风、价值观念和行为准则，是一种具有企业个性的信念的行为方式，因为企业文化，每个企业都有自己的文化。广义上说企业文化是企业在实践过程中所创造的物质财富和精神财富的总和，狭义上说，是指企业经营管理过程中所形成的独具特色的思想意识、价值观念和行为方式。企业文化从外延看，包括经营文化（信息文化、广告文化等）、管理文化、教育文化、科技文化、精神文化、娱乐文化等。企业文化从内涵看，包括企业精神、企业文化行为、企业文化素质和企业文化外壳。其精髓是提高人的文化素质，重视人的社会价值，尊重人的独立人格。

2. 企业文化建设需要解决的问题

（1）中小型企业管理者素质普遍不高，对企业文化建设缺乏正确的理解与认识。从全国来讲，党中央提出促进社会主义文化大发展、大繁荣，实际上解决什么问题呢？解决两大问题。一个是文化自觉的问题，一个是文化自信问题。提高文化自觉增强文化自信。文化自觉就是人们对一个国家、一个民族文化的一种觉悟或者觉醒。文化是客观存在的，我们要自觉地从文化方面考虑，企业经营管理从文化中考虑，有的自觉性是不够高的，企业经营管理高层人员对企业文化的自觉性要进一步增强。还有一个是文化自信。文化自信是对国家民族团体一种文化信念信心力量，相信自己有能力有本事。现在有些地方还存在一种崇洋媚外的东西，作为中国来讲既不能妄自菲薄，也不能妄自尊大。妄自菲薄认为我们什么都不行，妄自尊大认为我们什么都行，两个极端都不能要。我们的文化在增强信念的基础上要向全球学习、向世界同行学习，我们有信心有力量。温家宝总理说过："信心和信念比黄金还重要"。当前在我们行业中存在中小型企业管理者的素质普遍不高，包括扣件行业、生产脚手架中间的扣件企业，很多工地生产方式就是过去的手工作坊，实际上是很落后的工业方式。

（2）企业文化建设与企业经营活动缺乏紧密联系，企业文化不能真正渗透到企业的生产、经营、管理中。不是今天搞个联欢，明天搞个卡拉 OK，那不叫企业文化。企业文化要渗透到企业的生产、经营、管理各行各业各个方面。

（3）企业文化建设缺乏个性，缺少创新精神，雷同化比较严重。人家怎么做我就怎么做，没有形成自己独具特色的本企业的一种力量。

（4）大多数中小型企业没有进行文化建设的战略思考和决策。这次圣春搞的文化建设与可持续发展与 40 周年庆典联系起来同时进行活动，体现圣春领导人高度文化自觉性，这些我想是企业文化建设需要解决的问题。

三、品牌战略规划制定实施与企业文化建设的关键在于创新

1. 品牌战略与企业文化的内在联系

品牌与文化是影响着企业的长远发展和兴衰的关键。品牌是文化的载体，文化凝结在品牌之中。近几年，我们行业的企业文化越来越引起社会各界的广泛关注。委员会与新浪网、搜狐网、慧聪网、搜房家天下网等国内知名网站合作，多次邀请我们一

些企业的老总、营销经理做客访谈，与网友就采暖散热器品牌建设、企业文化、营销理念、科学使用散热器等进行交流对话；开展品牌评选等，有效地宣传了行业和企业，树立了良好的社会形象。

2. 发展战略创新

(1) 科技创新

1) 科技创新的机遇：一是城镇化建设的需求巨大，每年将有5.1亿m^2的城镇房屋建设；二是旧房系统的改造，采暖区面积的扩大；三是市场需求形式的多样化等；

2) 科技创新的形式：一是原始创新；二是集成创新；三是引进、消化吸收再创新；

3) 科技创新的方向：铸铁精品化、钢制高档化、铜管对流的设计多样化、生产工艺的节能减排等；

4) 创四个第一：圣春创造出中国第一个稀土孕育高压散热器、第一个内腔无砂铸铁散热器、第一个外表静电喷涂铸铁散热器、第一条铸铁散热器自动化铸造流水线，均是在行业发展的关键时期实现了产品工艺、质量的突破，在促进自身发展的同时，带动了整个行业的发展。40年只能说明我们企业的过去，没有创新就没有圣春的明天，企业创新至关重要。

我们要向发达国家学习，了解国际国内的现状，都是为了创新。我想圣春要是有条件，可以建立一个博物馆，博物馆可以展示创新的智慧和力量。科技创新要向着铸铁精品化、钢制高档化、铜管对流的设计多样化、生产工艺的节能减排等方向发展。我们要建立现代化工厂。什么叫现代化工厂？一个是工厂功能现代化，工厂地下空间可以作为仓库；可以作为通风调节的地方；还可以建立风道，让工厂的粉尘通过风道传到外面去。现代工厂有三大问题需要进一步改进：一个是噪声，一个是粉尘，还有一个就是高温问题需要改进。还有屋面，假如用太阳能，我可以说你的电用不完。屋顶全做成太阳能屋顶，是一大笔投资更是一大笔财富。还有就是制作加工现代化问题，就是能够形成集成化、形成自动化，从原材料到产品甚至到包装都是自动化。自动化生产线，国外铸铁件生产比较少一点，它不是不需要，它生产不起，因为人工太贵，相比较我们中国人工费还是便宜的。随着中国现代化的进程，人工费将会越来越高。作为产品生产成本来说，减少人工、增加机械工作效率至关重要，这一方面有待进一步研究。还有加工的自动化、集成化，还有经营管理的现代化。

作为圣春这样的厂我要求的目标不是中国第一，而是世界第一。不能光靠自己，我们的产品要生产一代、储备一代、研发一代。企业和人一样也是有寿命的：当产品处在营销旺销的时候，企业是中壮年；当产品处于滞销企业就步入老年甚至于死亡。企业要保持年轻，就要不断研发产品，研发队伍要大，还有营销队伍也要壮大。营销队伍不仅是卖东西，从营销队伍中能得到产品改进的方向，能了解客户的需求，了解在客户中使用状况，才能提出产品改进的意见。那么中间要小、工人要少、仓库要小。我觉得圣春应该到了一种企业发展的扩张阶段，圣春从原始资本的积累、从一个乡镇企业发展壮大到今天应该说是走上了高速公路，需要一个快速发展快速扩张的形式，通过收购兼并合作进入新阶段，而不是扩大厂房、广招人员，这样成本太高。现在中国的经济是西快东慢，西部地区国民经济的增长速度是快的，东部地区慢一点，西部是我们重要的一个市场。和西部企业联合兼并收购同类型的中小企业，圣春才能真正发展起来。这是经营方面的创新。圣春创造出中国第一个稀土孕育高压散热器、第一个内腔无砂铸铁散热器、第一个外表静电喷涂铸铁散热器、第一条铸铁散热器自动化铸造流水线，均是在行业发展的关键时期实现了产品工艺、质量的突破，在促进自身发展的同时，带动了整个行业的发展。

(2) 管理创新

什么叫管理？就是让别人劳动叫管理，自己劳动叫操作。劳动的方式多样：有主动劳动、有被动劳动、有呆板性的劳动、有创造性的劳动、有磨洋工的劳动、有积极性很高的劳动。我们要求的是发挥人的主观能动性、创造性的劳动。企业发展到一定规模的时候，原有的体制都不适应了就需要创新。要实现管理现代化。

营销文化非常关键，企业文化不光在生产过程，包括产品的营销服务，在某种意义上讲我们营销一种产品，使人家相信营销人的素质、营销人的形象。强调一下合作的理念，竞争与合作的理念也叫竞合理念。现在强调的是伙伴关系、联盟关系、战略合作关系。作为企业来讲必须要搞战略性的联盟，我们与房地产企业要建立战略合作关系，一个目的是通过合作增强本企业的能力；第二个目的是拓展本企业的市场，增加市场占有份额。通过合作使信赖我们产品的客户多了，客户再去推广客户，一传十十传百，我们的市场就扩大了。

3. 文化创新

(1) 以文化人

企业文化怎么做？企业文化建设不是党委书记一个人的事情，也不是工会主席一个人的事情，是全体经营者、全体生产者的事。企业文化建设是企业全部员工的责任、每一个员工的责任。我们坚持以文化人，坚持人才兴企，打造高效人才团队。人才是企业的宝贵资源，企业的发展依靠人才的积极性和主动性。企业需要有几类人才：

企业家。企业需要企业家队伍，企业家是一个队伍，有资本又会管理才叫，今天的企业家就是职业加风险，是一个高风险的职业，有成功有失败的。

技术专家。专家靠知识技术但必须与企业家相结合，企业家要尊重专家、用好专家的智慧。

管理专家。这么说吧，圣春管理财务的过几年应该成为专家，再过几年成为河北的专家，再干十年八年成为全国专家。干一行、爱一行、专一行，不要把专家看的神乎其神，每个人在自己的岗位上都能成为专家。

工人技师队伍。要尊重工人，特别是有主见能自动负责的工人队伍。工人技师队伍也是人才，企业要有一个好的氛围，好氛围不干活的人是待不住的，不好的氛围想干事的人是干不成事的。再有就是要容忍失败，有创新就有失败，好的产品、好的技术是经过若干次失败最终研究出来的，失败是成功之母，作为企业要用待遇留人、用感情留人，以圣春品牌事业留人。

（2）以文兴企

企业的管理者应该认识到一个企业区别于其他企业的特征不只是在自己的产品上、企业的外在形象上，而更多的应该是在自己企业的文化特色上，文化能够反映一个企业本质特点，其他外在形象的表现都是这种文化的表现，所以中小型企业在建设自己企业文化时，应该结合自己企业的自身特点，创造出具有一定特色、富有个性的企业文化。企业文化也是一个动态的发展过程，应该根据实际情况的变化而进行不断地创新，不断为企业文化建设注入新鲜血液，这样才能增强企业文化的活力，最大限度发挥企业文化的推动作用。

成功的企业家性格都不是一样的，但都要强调建立学习型组织。当今社会是科技高速发展的社会，不善于学习的人是当今世界的文盲。我们的企业要成为学习型组织，员工要成为知识型员工。学习是终身义务，所以要以文化兴企业。

以上讲的三个方面只是一个提纲，需要我们去领会去补充，是圣春的品牌战略，企业文化建设做到创新、创新、再创新，企业发展必然会上一个更新更高的台阶。40年过去了，40年值得我们回顾值得总结，但是40年只能说明过去，只能说今天作为一个快速发展、扩张发展阶段，我们要重新进行思考，借40年经验走今后的发展之路。用老话来说：30而立，40而不惑，这是孔老先生讲的。40我们要走向成熟，企业也是如此走向成熟的。我想我们的圣春是一个有战斗力的团队，有自己的使命、有自己的价值、有自己的方向、有自己的凝聚力量。圣春是一个品牌，不光是产品，企业也是一个品牌。我们人是圣春人，除了创造圣春产品还造就圣春一代新人。圣春也是一种文化，这种文化凝聚在圣春的每一个人之中；凝聚在圣春每一项管理工作中；凝聚在圣春的每一个组织之中；也凝聚在圣春创造制造的产品之中。圣春也是一个希望，是一种责任，肩负社会的责任，同时作为中国民族品牌的企业为中华民族而把企业做大做强的责任和希望。所谓学习就是为了超越，应该说圣春在过往的40年风雨中打拼，走过了原始积累和稳定增长的历程。如今的圣春已进入高速腾飞的新阶段，让我们乘企业文化之东风，满载企业品牌之硕果，全力奋进，以实干实绩拥抱更加美好的明天。

（2012年8月8日在“河北圣春集团企业文化建设研讨会”上的讲话）

九、建筑业篇

关于人力资源开发的十大理念

关于房地产企业和企业家的机遇和挑战，我在“应对国际金融危机，中国建筑业于房地产业的机遇与挑战”高层论坛上有个讲演已印发各位。今天的主题讲人力资源。我们说人力资源开发，从几个方面，首先从经营管理来说，作为经营就要有资源投入，作为管理就要抓住各种要素。从经营投入来说，人力资源是我们的第一资源，人力资本是我们的第一资本，从管理角度说，人力资源是第一要素；第二从国家社会发展的总目标来说强调的是可持续发展、科学发展，可持续发展强调的是环境友好型、资源节约型。所谓资源节约型包括了很多的资源：矿产资源、电力资源、能源的节约等，资源的节约从人力资源来看，是第一资源，现在来看，最大的浪费资源也是人力资源，最大的节约也是人力资源的节约；环境友好型，环境包括自然环境、人文环境，自然资源、风景名胜等都很重要，环境要友好，环境要从人力资源角度来看，人文环境，人际关系更是重要的环境。第三从我们当前企业的现状来说，有个外国人曾经说我们，中国企业有两个会，两个不会，中国的企业会财务管理，不会资本经营管理；中国的企业会人事管理，不会人力资源开发管理。这个话我不赞成，但值得我们思考。当前的企业发展过程中对人力资源的管理仍然是面临的现实问题，提升企业的竞争力，使企业做大做强，提高管理水平，在人力资源这方面有很多的文章要做。总而言之，从这三个方面来讲，人力资源非常重要。以下就人力资源开发，我讲十个观点。

一、现代人素质

现代化，现代人非常关键。首先明确，中国共产党最根本的、最本质的宗旨是为了人的全面发展。那么，当今的人、现代人，应该具备哪些素质？我想说这么几点。

(一) 思维型

人要有创造性的思维。中央党校培养高级干部就要培养“世界眼光、战略思维”的人才。有的做中国的父母和外国的父母不一样，外国的小孩子敢让他去闯，去冒险，中国的父母很多是让孩子听话。我们的领导也希望被领导者听话，叫买酱油就买酱油，让打醋就打醋，要你干什么就干什么，并不是创造性的劳动，不是思维性的对待一切。人要有自己的独立思想去思考一些问题，这是非常关键的。

(二)能力型

美国哈佛大学有位教授曾经说过：我们培养的学生不是知识分子，是能力分子。他们千方百计、拼命地、疯狂地追求本企业产品的利润、追求本企业产品的质量，都是市场竞争的职业杀手。他说哈佛大学最大的缺点就是学生身价太高，美国2/3的大企业的董事长都毕业于哈佛商学院，没有几十万美金的年薪聘用不到我们的学生。正话反说，但表明有能力的人才非常宝贵。教授的话不尽正确，还是有点思考价值。我们共产党要长期执政，很大的建设就是执政能力建设，各级政府要有行政能力建设，我们协会提出一个活动能力建设。不得不承认，我们的教育要进行改革，要向素质教育方面转变，过去确实存在着一些“有文凭、无水平”、“有学历、无能力”、“学历挺高，能力不大”，不能解决实际问题，那么我们这个企业怎么用这些人，所以要强调能力型。

(三)开放型

国家要开放，人际交往中也要有开放型思维。人要活得大度，不能小肚鸡肠，要学会包容。有一些人认为朋友的朋友是朋友，朋友的敌人是敌人，这个是不行的。要有一种胸怀、有度量，用开放的心态对待一切事物。

(四)社会责任型

社会责任型非常重要。从企业来讲，国际上有一个体系，即SA8000，这是全球关于企业社会责任的国际标准体系，强调企业要尽社会责任。温总理去年在法国和企业家座谈时也强调这两点：第一企业家要创新，不创新企业发展不了；第二企业家要有社会责任，要流着道德的血液，承担社会责任。什么意思呢？比如说企业的产品很好，大家都买你的产品，价格还便宜，但是人们发现你的企业雇用童工或向社会上排出了废气、污水等不良行为，那么你就没有承担社会责任。你的产品就要全部退回。我记得看过一个资料，过去中国每两分钟自杀死一个，未遂两个，往往都是青年大学生，这些人都是不负责任的，这样算算一年加起来多少人？这些人就不承担社会责任。你自杀了，痛快了，可社会赋予你的，父母养育你的，你的社会责任到哪里去了？

(五)恪守规范型

人要恪守规范。党有党纪，国有国法，企业有企业的规章制度，人要自觉的恪守各种规范。我在东北工作过，有的东北人常说，要为朋友“两肋插刀”，江湖义气，是不行的。很多人求人办事，求领导办事，或是领导给别人办事。领导可以给别人办事，但是不能违反党章，违反国家规定。胡办，乱办，没有钱不办事，有了钱乱办事是不行的。办事要讲究规范，当领导的，一定要帮人家办事，但是不能违反党纪国法，权力不能乱用，乱用权力绝对腐败。

这就是我简要地讲讲人的全面发展。总而言之，人力资源管理要有识别能力。怎么看人、怎么去识别人才、怎么去确立自己作为人才的发展目标，怎么使人达到自我修养的要求。明确现代人的素质很重要。

二、专业人才的需求

这个很简单，企业里面有企业家、技术专家、管理专家、技工人才。这里面我不想全说，我们教育协会就管各类人才的教育培训，就技工人才、管理人才编过一整套的培训资料，我就不多说了。我着重讲讲第一个人才，企业家。在座的很多都是房地产企业家，怎么看企业家，企业家应该说是当今中国社会最可爱的人。抗美援朝最可爱的人是中国人民志愿军，今天我们搞和平建设，社会财富要靠企业创造，企业要靠企业家运营，所以企业家是当今时代最可爱的人，也是最稀缺、最宝贵的人力资源。也可以这样说，一个不重视企业家的民族是没有希望的民族。我们有一些领导，天天讲“三个代表”，天天喊政治口号“科学发展”、“持续发展”，不重视企业家，根本发展不了。还有现在天天讲“解决就业问题”，返乡的农民工就业又成了问题，但是不要光重视就业，应该先重视创业，创业才能就业。办一个房地产开发公司，就会有很多人就业，公司做一个项目可以吸引很多的就业人员，例如，施工过程中要有人干活，建筑材料要有人生产。由此，重视就业要更加重视创业，只有重视创业才能解决就业，创业是谁？是企业家。怎么看企业家，现在社会上有些老百姓有两种心态：一种是仇富，一种是仇官。认为当官的都滥用权力，有钱人的钱也不是好来的，这是社会的不良现象。什么叫企业家，怎么看待企业家，有一本书《中国没有企业家》中从明朝、清朝开始分析，中国的企业家没有一个成熟的，这里面有很多的分析很有道理，但是结论我反对，我不赞成这个说法。中国明清的时候最早的是徽商，徽商走天下，有很多成功的企业家，以后的晋商。现在拍了一个电视剧《走西口》，里面充满着风险，有成功，也有失败。山东人闯关东，山西人走西口，这都是中国民族商人当时形成的过程。现在全国比较强的是浙商、苏商，房地产界是开发商。

有人把中国的企业家从改革开放以来划分了三种：改革开放初期，中国有一批胆商，胆子大就可以发财。有一个例子，天津有一个商人，一些教授去参观学习，他迎接他们进去，他说你们的车都是共产党给的，我们的卡迪拉克车都是自己赚钱买的。讲高兴了不坐在沙发上而坐在沙发背上，教授们听了很反感地说“这样的企业家是土豆，叫马铃薯也不行，还是土豆”。改革开放中期是情商，靠关系发财致富的，当时中国什么国情呢？我们的很多价格是双轨制的，计划内价格和计划外价格两种，假如你拿着一批计划内钢材指标，再到市场上一卖，就发大财了。当时在海口拿一块土地，不开发，一转手就发大财。还有广西的北海，好多人到那里买土地，第二天一转手就发大财。中国当时就出现了“官倒”现象，接着有了“六四”事件，当然它有反革命事件的政治背景，也有社会因素。出事当时也有“官倒”问题，提出“反官倒”，存在的“官倒”问题是反腐败问题。中央后期采取了很多措施，取消了双轨制，不准政府和军队办企业等，有效地制止了“官倒”现象。20世纪末，21世纪初，中国的民营企业家出现了一批智商，靠自己的聪明才智，靠科学的经营管理，把企业做大做强。像海尔的张瑞敏，联想的柳传志等，美国哈佛大学案例教学教材都将他们选为中国成功的民营企业家案例。有人说改革开放以来，胆商是垮掉的一代，情商是挣扎的一代，智商是中国有希望、正在崛起的一代。我希望我们在座的都应该成为房地产智商。我们说第一要有儒商的精神，儒商的传统，讲诚信；第二个要有智商的科技精神，要有科技理念，要创新，要靠科技先导性去办好我们的现代企业。既要有儒商的品德，又要有科技的知识，智商的知识。所以，人才的需求是很高的，研究这项工作也是一门学问。

三、现代管理知识

管理科学最早是美国的泰勒先生研究的，叫动作管理。他把人的干活过程中的工作用秒表掐时间，干哪一步要完成多长时间，以后用平均先进的办法确定为劳动定额，就是叫动作管理。动作是人的行为，行为是人的需求。产生的行为管理。行为科学里面有X行为、Y行为、Z行为。人的需求有最低需求，最高需求。最低需求就是吃饱、穿暖和，就安全。再需求就是尊重，就像女同志做媳妇一定要尊重老婆婆，尊重她，怎么样都高兴，不尊重，怎么看你都不顺眼。人的最高需求就是自我实现的需求，那就是不存在吃饱穿暖，尊重不尊重的问题，就是要自我实现，董存瑞炸碉堡也是自我实现，为民族解放。数学家陈景润一切为了哥德巴赫猜想，这就是他的自我实现需求。那么我们房地产企业家的最高自我需求就是把房地产企业做大做强。人自我实现的需求是最高的需求，于是管理科学就发展到了行为管理，再发展就是全面管理，最典型的是日本的TQC全面质量管理。举例说房地产公司做得好不好，与你房地产公司大楼里扫地的员工都有关系，是什么关系，大家可以研究，说明企业管理应该是全员的、全面的、全过程的管理。

接着管理科又发展到比较管理。比较就是横向比较，纵向比较，实质性因素比较。房地产公司发展得快不快，比较二十年前什么样，现在什么样，这是纵向比较。我们人习惯于纵向比较，当你中学时，觉得小学太顽皮了，大学时觉得中学太幼稚了，参加工作几年以后觉得大学时太理想化了。这就是纵向比较还有横向比较。有人说什么叫中国国情，中国国情就是九个字：“差不多”，“差很多”，“差太多”。中国很多东西跟外国差不多，包括你们穿的皮尔卡丹，吃的海参、鲍鱼，建的高楼大厦，我们的超市，我们的人登上月球，建立海上大桥，等大型工程，各方面和国外比都差不多；差很多就是什么东西拿13亿人口一除就差很多。我们的小康是不完善、不完备的，不完全的，我们的经济总量世界第三，但是人均收入人均占有资源等在国际上就靠后了，分母是十三个亿啊，还差很多；差太多，少数民族地区，受灾地区，老百姓还是很穷的。我去过贵州，想象一下在贵州山区的少数民族，一家人五六个小孩，丈夫去世了，老婆又有病，这样的生活太贫穷了，这就是横向比较。今天管理科学的前沿是知识管理、文化管理、信息管理。特别对人来说，尊重人，善待人，人力资源的管理和人力资源的发展的战略，我就不做名词解释了。我特别要讲一点，知识主管。我们企业有总工程师，在国外的大企业，现在发展到最高职务的CEO、MBA等知识主管。知识主管是当前企业管理的热门话题，管理不仅在于个人，而在于每一个人的知识水平，而知识是以一挡十，以十挡百，发挥着相乘的效果。所以，知识主管就是智力资本主管，智力资产主管，专门负责公司的知识开发、利用和管理工作。知识主管也是知识经济时代崛起的必然产物；知识主管是经济社会信息化趋势的必然产物；知识主管是科技发展快速化趋势的产物，是市场竞争激烈化的产物。知识主管的主要的内容不仅是负责企业技术、教育、培训、市场分析等方面的管理工作，而更要承担人力资源开发的各个方面。同信息、市场分析和企业的经营管理协调统一的工作，必须以市场为核心，围绕市场组织知识管理和企业其他资源完美结合，综合企业内部知识和外部知识的高度结合，从而优化整体经营的效果。知识主管的主要基本素质要求有专业性素质、全面性素质、预见性素质和民主性素质。迅猛发展的知识经济，对中国来说既是一个严峻的挑战，又是千载难逢的机会。中国的企业应及时抓住这一历史机遇，着手构建企业知识管理运作体系，以期在新世纪获取新的竞争优势。可以预期，在不久将有一批新的知识主管活跃在中国企业管理的舞台上。

在众多的企业家老板当中，许多是行家里手，但不乏赶时髦的“南郭先生”。由于这些专家缺乏学习，观念陈旧，理论水平低下，业务素质差，往往导致决策失误、运作不当、管理混乱，最终使企业陷入困境。市场经济的活力在于企业的活力，企业的活力取决于企业家的活力，企业家的活力是市场经济的首要因素。市场需要知识型企业家。在经济发展的今天，知识型企业家得到重视已成为社会共识。知识经济与企业家的战略选择有很多个方面：在企业成长战略上；在投资战略上；在技术发展战略上；在品牌发展战略上；在文化发展战略上；在对外合作等方面。

现代管理，知识管理还要强调协作精神，协作精神已经成为当代先进的企业管理理念的核心内容。这里面应该有一个关键词叫“竞合理念”，竞争与合作的理念。有人说市场经济是竞争的，竞争是残酷的，是无情的，竞争就是“大鱼吃小鱼，小鱼吃虾米”。这个话是过去说的，现在说不完全对。现在要说，开展合作是更高层次的竞争。单位，同行，有时候在一个场合下是竞争的对手，更多的场合下是合作的伙伴。

国家与国家之间，很多的合作组织，建立联盟关系、合作关系、伙伴关系，如50国集团、G20等。无论干什么都要合作，要联盟。企业合作有两种，一种是属于市场合作，就像连锁店一样，如在北京住一家宾馆，到上海也住同一家联盟的宾馆。购物到连锁的店。这样通过合作增加市场的占有份额；第二个是能力的合作，能力合作就是我这个公司啥都能干，就算我干不了，我的合作伙伴能干。你要外国的材料，我的合作伙伴有，你要专家，合作的伙伴有，你要机械或钱，合作的伙伴也有。通过能力的合作增强竞争力。在加入WTO谈判时，跟外国谈判的时候出现了一个新词汇叫“双赢”或“多赢”，我们跟美国谈判，双赢，中国赢了美国也赢了；我们跟欧共体谈判，三赢，我们赢了，欧共体赢了，欧共体各国也赢了。这是竞争与合作的经验。要学会协作的精神。不能把自己的成功建立在人家失败的基础上，把自己的盈利建立在别人亏损的基础上。房地产开发，开发公司要赢，开发公司的用户要赢，给我们施工的单位也要赢，农民工也要赢，不是说我赢了，你们亏了。这是不行的。

四、以人为本

注意一下，现在电台里、电视里、报纸上、网络上，大概出现最多的四个字就是“以人为本”。科学发展观的核心是“以人为本”，企业文化的本质是“以人为本”，共产党的执政理念和核心是“以人为本”等。那么，什么叫“以人为本”？简化一下，最简单四个字：为人，人为。“为人”就是做一切事情都是为了满足人的需求，做一切事业都要从人的物质生活和文化生活的需要出发，为了造就一代新人出发。我们办房地产公司为什么？是为了房地产公司的员工。日益增长的物质文化生活的需要；为了房地产开发的产品向社会提供给用户，满足他们日益增长的物质文化生活的需要；为了社会，在城市里搞一个项目，去美化一个城市，发展一个城市，是为了社会日益增长的物质文化生活的需要；同时也是为了造就一代新人，为人力资源开发。第二是“人为”，一切依靠人，要充分调动人的积极性、主动性和主观能动性，靠人去干。现在虽然有电脑等部分代替人行为的设备，电脑是人操作的，要充分调动人的主观能动性，人力资源开发，这是非常重要的。职工是企业效益的创造者，企业是职工获取人生财富、实现人生价值的场所和舞台。

无论在企业的价值观念上，还是企业的经营理念和管理工作上都要体现“以人为本”的原则。不“以人为本”，就会“以物为本”，就会“见物不见人”，就会钱书记掏钱，蒋书记发奖，这样是不能调动积极性的。离开了“以人为本”，企业失去了存在的价值，企业家也失去了自身发展的灵魂。比尔盖茨说过“我给员工最大的福利就是给员工以支持，给予员工培训”，这很值得深思。世界上兴起一个EPA员工帮助计划。它是通过专业人员对组织的诊断、建议和对员工及其直属亲人提供的专业指导、培训和咨询，旨在帮助解决员工及其家庭成员的各种心理和行为问题，提高员工在企业中的工作绩效，这就是现代企业的“爱抚”管理。企业这个大家庭的每一个成员都需要“爱抚”。我们知道，企业原始资本积累的过程在一定意义上说也是牺牲员工眼前利益的过程，解决这个利益矛盾的方法就是要对员工进行“爱抚”管理。企业的价值文化对于企业内部来讲，就是要满足企业员工和客户在物质文化上的不断增长的需求以及全面提高人的素质。

五、文化氛围

文化氛围就是组织氛围，这个非常关键。要想人力资源开发，没有一个好的氛围是不行的。想想看，从参加工作到今天，可能在不同的单位、不同的岗位上工作过，不同的岗位就有不同的氛围。良好的氛围是人们想干事、能干事、干成事的重要条件。在良好的氛围下，懒惰的人变得勤快了，不干活的人也变得干活了。有的人在另外一种氛围下，干活的人也变得不干活了，想干事也干不成。现在讲企业竞争力、核心竞争力、全球竞争力，与企业氛围关系十分密切。氛围是指周围的气氛和情调，良好的氛围是促进事物正常、健康和快速发展并趋于成功、兴旺和发达所必不可少的条件和环境。有人说文化氛围有两种：一种是打桥牌的文化，通过几次叫牌，我就知道你手里有什么牌，我们两个人密切配合，这叫配合默契的文化；还有一种是打麻将的文化，四个人打麻将，看着上家，瞄着对家，防着下家，我胡不成你也别想胡成，这个文化就不行了。就像在单位上，我提拔不了，你也别想提拔。一件事情我没做好，你也不能做成。还有些人，如果别人比他强，就嫉妒，比他差，就笑话。那怎么能行。文化要强调一种团队精神，要有凝聚力，要有竞争力。

人力资源开发就要建立一种组织氛围。从管理学来讲，人是第一要素，从经营上来讲，人又是第一资源，经理要发挥资源开发的作用，而不造成浪费。成功的企业文化可以成就一个企业，失败的企业文化可以毁掉一个企业。没有一种良好的组织氛围，人力资源是开发不了的。一个人生存在两个家里，一个是回家，充满父母、夫妻、儿女，充满亲情的家，有天伦之乐；还有一个是工作单位，充满友情的家，要和同事们在一起共事、工作，这是一个家。人离不开这两个家。一个生活在社会上，一个生活在自己的家中，都是这样的。这两家的文化氛围都很重要。企业文化对企业的核心竞争力的影响是全面而又深刻的。核心竞争力有五个特点：偷不去即不可模仿性；买不来即不可交易性；拆不开即资源的互补性；带不走即资源的归属性；溜不掉即资源的延续性。氛围是长期培育形成的。胡锦涛总书记讲过，“要着力营造聚精会神搞建设，一心一意谋发展的良好氛围；营造解放思想、实事求是、与时俱进的良好氛围；营造倍加顾全大局、倍加珍惜团结、倍加维护稳定的良好氛围；营造权为民所用、情为民所系、利为民所谋的良好氛围”。这是锦涛总书记对全国、全党提出来的，要营造一个良好的氛围。

六、用人之所长

人总是有缺点和错误的，有长处和短处。怎么用人之所长，是管理科学上的原则。不能用人短，弄不好就会是残酷的，是摧残人的。用人之所长，是发挥人的作用。德鲁克有一本研究怎样用人之所长的书《有效的管理》值得借鉴。他举了一个例子，一个剧场里，有个歌唱演员一登场全场爆满，能为剧团赚很多的门票钱。只要他出场，看戏的人就多，但是这个演员的手脚不干净，剧团的团长要是把这个演员的手剁下来，不用他的手，只用他的嘴唱歌，结果，剁了他的手之后，他的嘴也就不能唱歌了。用他的嘴的同时，也要用他的手，就是说在用他长处的时候，你还要容忍他的缺点和错误但是让其缺点和错误尽量可能地减少或减少负面影响。用人之所长非常关键。我们有一些人武大郎开店，生怕别人比他强。美国钢铁之父卡耐基死的时候有人写了一个墓碑：知道选用比他能力更强的人，为他工作的人安息于此。人都是有缺点的，我们都是和有缺点和错误的人一起共事、一起合作的。如何用人之所长，至关重要。有一句话，叫“忙人手下无闲人”，“衙役眼中无英雄”、“仆人眼中无伟人”。所以要学会怎么看待人，怎么用人。目前在理论研究方面也有人提出用人之短。本来应该是用人之所长，让人最大限度的发挥优势。但同时要考虑用人之短，是让人的短处能在一定范围内起到另外的作用，从而创造效益。这只能是换个角度的思考。

顶尖的人力资源部门应该有两个显著职能：一是人力资源管理，包括工资管理、劳工关系、相关法律事务、规章制度等。二是人力资源战略，包括招募人才的战略体系和步骤，保留、发展、吸引人力资源战略等。要真正做到有爱才之心：从思想上重视人才、从感情上贴近人才；要有识才之智，善于发现人才，准确识别人才；要有容才之量：以开阔的眼光和胸怀选用人才；要有用才之艺，要拴心留人，充分调动各类人才的积极性和创造性。作为领导者，为周围的人才创造充分发挥作用的条件，搭建各展所长的舞台，实在是太重要了。

七、学习型组织

要学习，长知识，长见识。知识可以通过书本学，见识是靠实践。李白和杜甫是大诗人，是因为他们游遍全国山水，见识多了，写东西就生动，“读书破万卷，下笔如有神”，只有读万卷书、行万里路、交万人友，才能出口成章。学习型组织有这样的原则，终身求知已成为一种准则。人类最有价值的资产是知识，学习是一个人真正的看家本领，是人的第一特点、人的第一长处、人的第一智慧、人的第一本领，一切都是学习的结果。学习造就人才，学习是消除贫困的武器，学习是社会进步的推动力，学习是终身受益的投资，学习是每个人，乃至整个社会开启繁荣富裕的钥匙，学习是使人不断自我完善、提供事业发展和改善生活的机会，学习是一种精神境界，学习是人身的质量。学习的目的很多，我们要增加知识、增加才能，有良好的品格。努力做到学以立德、学以增智、学以致用。但是不得不承认一个现实，世界读书日我看了一篇文章，说现在做了一个调查表明：至20世纪90年代以来，我国每年人均购书量不到五册；国民阅读率逐年下降，每年超过一半的识字成人一本书也没读过。大学生去应聘，面试时问读过什么书，说没读过什么书，"看书看皮，看报看题"，阅览室去的人在减少了，这是民族素质下降的表现。古代人对读书非常重视，大思想家王夫之一身著书数百卷，送给女儿的嫁妆都是书。《资本论》的首位翻译者，经济学家王亚楠，有一次在船上，船上颠簸得很厉害，就让别人把自己绑在椅子上看书。在知识经济勃兴的今天，阅读已不仅仅关乎个人的修身养性，更攸关一个国家的民族素质和竞争力。因为，阅读习惯和阅读能力的欠缺将极大地损害人们的想象力和创造力，而想象力和创造力是一个国家一个民族永葆活力的源泉。

建设学习型社会的目的是提高人的创新能力，充分开发和利用人力资源。在世界排名前一百家企业中已经有40%的企业正在建设学习型组织，很多城市乃至国家也在快速推进。美国提出来要成为"人人学习之国"，把社会变成大课堂。日本要把大阪变成"学习型城市"。德国提出要终身学习。新加坡提出"2015学习计划"，要每人两台电脑，要建立学习型政府。中国共产党提出了要办成学习型政党。习近平在最近中央党校进修班暨专题研讨班开学典礼上指出："书籍是人类知识的载体，是人类智慧的结晶，是人类进步的阶梯，真正把读书学习当成一种生活态度、一种工作责任、一种精神追求，自觉做到爱读书、读好书、善读书，积极推动学习型政党、学习型社会的建设"。我们的房地产企业都应该成为学习型组织。当今，什么人是文盲，是不肯学习，不喜欢学习的人是今天社会的文盲。现在是知识爆炸的年代，科技发展速度相当之快。比如说手机，新手机出了一万多块，用不到一年就八千左右，两年左右就淘汰了，科技发展速度相当之快。包括房地产项目，现在我们要搞节能环保绿色建筑，新型材料层出不穷，新型结构轻质高强多功能，我们要进行工业房地产开发，我会见过一个美国籍华人在海口搞了一个"美国村"，他当村长，就是用轻钢结构建的各种厂房，租给各个厂家。经济效益、社会效益都很好。我们说什么是建筑，航空母舰是海上的建筑，飞机是空中飞的建筑，宝马是公路上跑的建筑，飞船是登月的建筑。如果把他的技术集成应用到我们建筑上来，通过创新把我们的技术提高一步，我们的建筑水平就会大大地提高。

八、组织人员的优化配置

人力资源开发要记住一个公式：人才+人才≠人才。人力资源要优化配合好。人才是各种类型、多种多样的。三国演义的三个主人公刘备、关羽、张飞，是不同性格的人，西游记里四个人物也是一样的，各有其优缺点。如果都一样，那什么仗都打不成，什么经也取不成，它就需要不同性格的人组成一个群体，各展其所长。要想成功，必须要形成优化配合。一个群体，一个组织人才资源的优化配置才能形成集体的竞争能力。

九、责、权、利的统一

在人力资源里面强调责任、权利、利益，做到感情留人、事业留人，待遇留人。美国一个青年管理学家创立了企业管理中的人际关系学说，他鲜明地提出"感觉满足的工人是最有效率的工人"。法国企业界有一句名言"爱你的员工吧，他们会加倍爱你的企业"。日本松下先生当年讲过"社长必须兼任端茶工作，社长不是高高在上，而是指在员工背后推他们前进的人"。一个心理学家描述激励作用：人在无激励的状态下，只能发挥自身作用的10%～30%，人在物质激励的状态下，可以发挥自身能力的50%～80%，在得到适当精神激励状态下能将自身的能力发挥至80%～100%之间，甚至超越100%，物质激励到一定程度就会出现边际递减现象，而来自精神的激励则更持续、更强大。有人说过"人的最大的未被开发的领域在两耳之间"。普通人的大脑开发了多少？科学家发现普通人的大脑只利用了10%或者更低，有90%以上的东西还在睡觉，需要去唤醒、去挖掘、去开发。托尼·布赞说"我们人类目前仅仅使用了不到1%的大脑细胞，人类本身显然是未开发的资源"。我们强调责权利统一，人人可以成才，强调激励就是人力资源的开发，强调领导干部和企业家要善于将自己和部属以及身边的人激励发展成为人才。

十、健康成长与挑战

人要有精神，要讲社会主义核心价值体系。精神状态至关重要，我们一定要树立两个健康的概念，企业要健康发展，企业家要健康成长，要考虑可持续发展。要追求"三优"：优质工程、优化管理、优秀人才，解决"老板抓，企业垮"、"工程上去了，干部下来了"的问题和现象。要精心致力于企业健康发展，员工健康成长，致力于人的全面发展。

青年技术人员在业务上不合格，是次品；身体不合格，是废品；政治上不合格，是危险品。我们企业家不是政治家，但是企业必须讲政治，跟我们领导干部一样。一个人的一生，不管你赚多少钱，人不能把钱带进坟墓，钱却能把人带进坟墓。人生像飞机，不管你的飞机飞多快、多高、多远，问题是不是能安全着陆。法国的飞机很好，但是上个月掉下来一架。人生要安全着陆。有些贪官收了来路不明的钱，放在家里怕偷，带在身上怕抢，存在银行怕查，提心吊胆，防火防盗防纪检，何苦呢，要健康的成长。要树立社会主义核心价值体系，包括爱国主义精神，改革开放的时代精神，"八荣八耻"的做人原则，这对人力资源开发很关键。市场经济中企业家要面临着种种的挑战和挡不住的诱惑，现实的诱惑太多了。过去毛主席说：共产党进城了，要防止糖衣炮弹的袭击，而今社会中，要比糖衣炮弹厉害得多，简直就是飞毛腿。所以，一定要树立两个健康的概念，企业要健康发展，企业家要健康成长。企业要长寿，不能短命，要考虑可持续发展。人力资源开发是一门科学，内容很多，因为时间关系，我简要的提出这十个方面，供大家共同学习和思考。

（2009年6月5日在"首届中国房地产人力资源发展战略高峰论坛"上的讲话）

工程质量新概念和管理标准体系

工程质量是建筑业永恒的主题，它不仅影响建筑市场主体的利益，也影响着人民群众的生命和财产安全。今天结合建设与房地产工程建设实际，讲一讲工程质量在新形势下应包含的四大概念，并介绍与工程建设相关的管理标准体系。

一、工程质量的新内涵及制度创新

随着国家投资体制和工程建设管理体制改革的进一步深化，特别是住房制度改革的深化，社会对于工程质量的期望越来越高，工程质量已经不再是单纯追求满足建筑物的结构安全和使用功能，仅仅满足符合性要求，完善的工程质量应以顾客满意为宗旨，内涵包括结构质量、功能质量、魅力质量和可持续发展质量四大新概念。

（一）结构质量

结构质量是建设工程质量价值实现的核心，一旦发生结构质量隐患，后果就不堪设想。建设工程结构质量的优劣，不仅决定工程质量的好坏，而且涉及人民生命财产的安全。建筑结构的安全、可靠是建筑工程质量的重要指标。结构安全既包括正常使用条件下的安全、耐久、适用，也包括极端条件下（如地震、台风、冰冻灾害）工程的良性破坏和工程使用人的人身安全。现就目前工程结构质量状况，从合理寿命、抗灾能力、结构优化三个方面来探讨结构质量对建筑物质量的作用。

1. 合理寿命

（1）工程使用寿命现状

大型工程项目的结构损坏造成使用寿命缩短的实例不断映入眼帘，令人十分痛心。

据统计资料显示，分别建于1984年和1989年的济南、潍坊机场的跑道早已不能使用；北京三元里立交桥和天津八里台立交桥，使用不到10年就出现较大裂缝；上海站的枕轨仅使用8年就破损2/3；1980年投入使用的西直门立交桥已经加固；1990年交付的国家奥林匹克体育中心已经大规模修补等。以上工程主体结构一次使用寿命均不到50年，有的不到20年甚至不到10年。这些20世纪80年代的工程按当时设计施工是符合国家规范的，但随着改革开放的发展，这些结构严重的超负荷使用，所以出现了诸多问题。

而近年来一些工程在工程交付不久就出现结构质量问题，虽然不存在安全隐患，但主体结构的裂缝也严重影响使用寿命。如 2004 年就投入建设的沈阳虎石台公铁立交桥在建当年准备竣工时发现较大裂缝，致使 2009 年才交付使用。竣工仅 2 年的南京汉中门大桥，在 2009 年 12 月被发现其花岗岩栏杆出现 50 多处裂缝，影响正常使用。

由于结构质量不合格，我国建筑物实际使用期限的统计资料显示出工程使用寿命远远低于预期水平。对于办公楼、住宅旅馆、医院及学校等建筑物，除钢筋混凝土结构平均使用年限为 51 年以外，砖石、砌块结构平均使用年限 43.75 年，一些建筑在使用过程中存在安全隐患。工业建筑物的结构破损比较严重，其结构的使用寿命不能保证 50 年，这与我国规范规定的普通房屋结构所要求的 50 年以上或 100 年及以上的使用年限相差甚远。

（2）结构质量对工程合理寿命的影响

根据《民用建筑设计通则（试行）》，一般认为按民用建筑的主体结构确定的建筑耐久年限分为四级：一级 100 年以上，适用于重要的建筑和高层建筑（指 10 层以上住宅建筑、总高度超过 24m 的公共建筑及综合性建筑）；二级耐久年限为 50～100 年，适用于一般建筑；三级耐久年限为 25～50 年，适用于次要建筑；四级为 5 年以下，适用于临时性建筑。若对于地基和主体结构发生质量缺陷，是否在合理使用寿命内引起争议，应首先确定该建筑物的合理使用寿命。根据 2001 年 1 月 1 日实施的《建设工程质量管理条例释义》规定：工程合理使用寿命是指从工程竣工验收合格之日起，工程的地基基础、主体结构能保证在正常的情况下安全使用的年限。工程合理使用年限也是勘察、设计单位的责任年限。

建设工程结构的耐久性与建筑物的使用寿命密切相关，结构耐久性越好使用寿命越长。而工程结构的使用寿命又取决于以下四个方面的因素。

1）材料的自身特性。以钢结构为例，由于钢材的强度主要与受力大小和受力性质有关，如受弯构件，采用高强度的钢材很容易由挠度或局部失稳控制截面，使强度不能充分发挥；受压杆件，细长压杆整体稳定与承载力和钢材强度无关，可采用低强度钢材；中长压杆及短杆，当内力不大时不一定有利；受拉杆件，当杆件内力不大时，采用高强度钢材使截面过小，可由长细比控制。

2）结构的设计与施工质量。设计因素如材料的选择、强度的值、设计计算与构造措施等，施工因素如焊接材料的选择、防火涂料的选择、连接处的处理、施工质量控制等，都直接影响结构的寿命。如为了延长工程的使用寿命，钢结构施工工艺要求涂两道防锈漆，并且彩钢板用电镀锌且镀锌标准为最低 180k，需要两涂两烘，这样来增加外围保护层的抗腐蚀能力，钢筋的寿命也能延长。

3）结构所处的环境。外界环境因素对结构寿命的影响十分显著。以钢结构为例，在所有环境因素中，钢筋腐蚀的危害最大。建筑物的钢筋在干燥环境下是不容易锈蚀的，多数房子在50年里不会因为钢筋锈蚀而受损，但是在潮湿的环境下或者有氯化物侵蚀的建筑物，一般的边缘带、角部、女儿墙较易损坏，钢筋易锈蚀，保护层易脱落。

4）结构的使用条件与防护措施。结构的使用条件和特定的防护措施、寿命期间的维护不同，将使结构内在寿命延长。正常大气环境和应力状态下，钢结构大约腐蚀深度为每十年0.4mm（有腐蚀条件的建筑除外）。因此对钢结构建筑的说明应注明使用条件和维护要求。我国至今对建筑物使用阶段的使用安全与维护管理还在逐步规范中。

5）一次性投资。结构使用寿命与一次性投资有关，一次性投资越大，建筑物的使用年限越长。如欧洲的很多钢结构建筑物已建造了近百年，至今完好。目前很多业主在选择钢结构承包商时，都愿意用较大的成本换取钢结构的终身保修，这样的做法虽然一次投资大，但在一定程度上保证了钢结构的使用寿命。世界预制轻钢结构建筑系统设计、制造的领先者巴特勒公司的钢结构建筑都能保证使用百年以上。

2. 抗灾能力

（1）工程抗灾能力现状

随着人类社会的发展和进步，灾害带来的损失也越来越严重。我国是一个多自然灾害的国家，地震、风灾、水灾、火灾等灾害，均造成过重大损失，尤其是对建筑物。

1）地震：是迄今具有巨大潜能和最大危害性的灾害，我国约46%的城市和许多重大工程设施分布在地震带上，约2/3的大城市处于地震区，200余座大城市位于地震烈度7度以上地区，20座百万以上人口的特大城市位于地震烈度8度的高强地震区，历次地震都不同程度地对建筑物造成了损坏。2008年5月12日，四川汶川地震震级达到里氏8级，地震造成百万房屋倒塌、千万间房屋损坏，北川县城、汶川县映秀镇等部分城镇夷为平地，初步估计此次地震及其引起的次生灾害造成灾区基础设施损失超过1800亿元。为了减弱地震的损失，现行的2001规范，《建筑抗震设计规范》（GB 50011—2001）（2008年汶川地震后作了局部修订），从2002年1月1日实施，1989和2001规范引入了弹塑性分析法和时程分析法抗震计算，提出了“小震不坏、中震可修、大震不倒”的设防原则。但除此之外，建筑物的受损情况除了与震级作用大小有关外，还跟场地条件、设计、施工等多种因素有关。

2）风灾：全球超过15%的人口居住有热带暴风雨危险的地区，如美国东南部、日本、菲律宾等，其中包括我国沿海。另外，东起台湾、西达陕甘、南迄两广、北至漠河，以及湘黔丘陵和长江三角洲，均有强龙卷风。随着城市经济的发展，一座座标志性的高层建筑拔地而起，人们更加关心风这个自然因素对高层建筑的影响。美国

John Hancock 大楼受风灾影响，更换了 10348 块玻璃，增加预算 830 万美元。国内近几年来建筑物的玻璃幕墙、屋顶搭盖物被大风吹毁的事例也不少。如浙江大学逸夫楼在一夜大风劲吹下，所有的幕墙玻璃几乎都被吹毁。至于台风季节建筑物、结构物、幕墙玻璃及覆盖物等被风吹毁的事例，在沿海城市更是屡见不鲜。风灾的课题，已责无旁贷地展现在今日城市规划、建筑设计部门、施工单位的面前。如同城市中大气污染、噪声污染、光污染、采光权纠纷等环境问题一样，能否在高层建筑的规划与布局伊始就周密地考虑到优化风环境，防范不测风灾，而进行认真的论证和试验，这已成为评估城市建设规划优劣的一个重要衡量指标。

3）火灾：随着国民经济的发展和城市化进程的加速、人口和建筑群的密集，建筑物的火灾概率大大增加，我国平均每年火灾 6 万余起（60800 次/年），其中建筑物火灾占火灾总数的 60%左右，因火场温度和持续时间的不同而造成的灾害，使不少建筑物提前破损，使更多的建筑物受到严重损坏。

4）水灾：我国大陆海岸线长达 18000km，全国 70%以上的城市，55%的国民经济收入分布在沿海地带，每年仅因海洋灾害造成的直接经济损失超过 20 亿元，目前我国 1/10 的国土、100 多座大中城市的高程在江河洪水位以下；我国每年水灾导致房屋倒塌发生数十万到数百万起，比地震严重得多。

(2) 结构质量对工程抗灾能力的影响

随着科技的进步，房屋不再是为人们提供遮风避雨的场所，有了越来越多的其他功能。然而，当灾难来临，仍有大部分工程抵挡不了强烈的冲击而纷纷倒下。各种灾害往往造成城市建筑物群破坏和倒塌，尤以地震灾害为甚。1976 年唐山发生 7.8 级地震，由于没有抗震设防，造成了 24 万人死亡，经济损失超过百亿元，10 年过后，这座城市才恢复元气。而 1985 年智利瓦尔帕莱索市，同样是 7.8 级地震，人口 183 万，由于其预先采取了有效的抗震设防措施，只有 150 人死亡，不到一周，整个城市便恢复原样。

建筑材料的不同，工程结构的不同，直接影响着工程抗灾能力的强弱。

1）不同年代按不同抗震设防标准修建的房屋，震害明显不同。我国自 1978 年开始，不定期颁布和修订建筑抗震设计规范，形成了不同版本的规范。从各年震害显示，1990 年以后修建的房屋震害情况有显著减轻的趋势。1989 规范以前，框架结构抗震设计主要基于安全系数法，从 1989 规范开始，采用了基于以概率理论为基础的极限状态设计方法，提出了强度验算和变形验算这一更高的要求；在砖混结构方面，人们对圈梁和构造柱重要性的认识也是逐步提高的，1978 年以前对 6 度区砖房没有圈梁和构造柱的设置要求，对 7～9 度设防的砖房在 3～6 层内也没有要求设置构造柱，1989 和 2001 规范在圈梁和构造柱的设置上提出更高的要求，符合这些要求的房屋建筑，震害明显减轻。

2）不同的典型住宅结构对灾害的抵抗程度不同。土木石结构最容易受到破坏，46.56%的村镇在遭受灾害后都会损毁1/2以上的土木石结构住宅，地震、洪水和火灾是主要的灾害。砌体结构易受损的程度次之。其中，砌体结构的主要灾害是洪水、火灾、地震和风雹雪灾；砖混结构的主要灾害是洪水、火灾、沙暴和风雹雪灾。最有抵抗能力的是钢结构，而且这种结构对大多数灾害的抗灾能力都较强，是未来建筑结构的重要发展趋势。

3）水泥、混凝土标准改变后，房屋震害减轻。20世纪90年代以来，国家对水泥和混凝土的标准进行了重大调整：一是淘汰了旧标准中广泛使用的275号和325号两个低强度等级水泥，新标准规定的水泥强度最低等级为32.5（2008年又被淘汰），相当于旧标准的425号水泥，大大提高了水泥强度等级；二是混凝土标号改为混凝土强度等级与国际接轨，强度有所提高。如：新标准C20等级混凝土比原200号混凝土强度提高了11%。材料标准上的不断改进，有助于水泥砂浆和混凝土强度的提高，有助于结构抗震性能的提高，在汶川地震倒塌的房屋中，2000年以后修建的极少。

4）不同的墙体材料，房屋震害差异较大。钢结构的抗灾能力较强，汶川地震中门式钢架轻型钢房屋没有一幢倒塌，与周边房屋的倒塌和破损形成鲜明对比。而由钢筋混凝土构筑的剪力墙结构房屋，普遍震害也较轻。由各种烧结砖、混凝土砌块、轻质墙体材料等组成的框架填充墙，震害比较严重，但也有大致的规律：空心砌块墙震害大于实心砌体墙；无筋墙体震害大于有筋墙；加气混凝土轻质墙震害大于普通烧结砖墙体。

3. 结构优化

（1）工程结构优化的现状

1）建筑材料选用的现状

随着我国建筑业的不断发展、规模的不断扩大，消耗了大量的自然矿物资源、能源，同时又向大气中排放大量的有害气体，严重污染环境、破坏生态。由此带来的资源枯竭、环境破坏，已经引起人们的警惕。据统计，我国建筑业每年消耗的混凝土达15亿m^3，建筑用钢超过7000万t，几乎占全球的1/3。钢筋和混凝土作为主要的工程结构材料，是国家工程建设必不可少的物质基础，它消费了大量的能源和资源，给国民经济可持续发展带来了挑战。因此，如何优化建筑结构，用较少的资源来满足大规模建设，就成为目前亟须解决的问题。

在工程建设过程的设计阶段，当满足建筑的诸多功能后，工程造价的控制成为投资者评价设计质量优劣、衡量设计水平、选择设计单位的重要标准。因此，为业主提供优质的设计产品，提高设计产品的经济性，已成为每一个设计单位努力追求的目标。由于在建筑产品中结构造价所占的比重很大，通过对建筑结构的优化设计，不仅能够提高建筑物的安全度，而且能够有效地降低工程造价，从而实现投资效益的最大化。

其实，对工程结构设计进行优化一直是设计师们的目标。目前，美国、日本、英国、澳洲等国家正积极推动钢结构建筑，如在住宅领域的预制装配式钢结构住宅。钢结构建筑具有绿色环保无污染、可再生循环使用的特点。众多国内的专家认为，钢结构建筑充分契合了绿色环保、节能减排和循环经济的社会发展方向，是未来建筑结构的主流发展方向。

2）设计方法应用现状

早在1300多年前，我国隋朝的李春设计并监造的赵州桥就体现了许多“结构优化设计”的思想。在近代欧洲，1869年由Maxwell及1990年由Cilley等人提出同破坏设计，1904年米歇尔又提出最小体积桁架的设计问题，才使优化思想应用于土建结构有了一定的理论依据。但这些方法的意义只有在计算机出现之后才被认识。电子计算机在建筑结构设计中的应用，使设计水平提高到了一个前所未有的高度。

(2) 工程结构优化的主要内容

1）对建筑材料的优化

“多安全才算安全？（How Safe is Safe enough?）”一直是一个难以解决的问题。如果仅仅追求建造成本低，特别是降低用钢量，往往造成施工难度增大、结构的耐久性差、维修加固费用增高，从结构的整个生命周期来看，总费用将会提高，这实际上是不经济的；如果结构的安全水平设置过高，又会使得投资浪费，影响国家的综合发展。优化是一种很有价值的工具，优化的目标通常是求解具有最小重量的结构，同时必须满足一定的约束条件，以获得最佳的静力或动力等性态特征。结构优化的目的在于在满足既定质量、功能要求的前提下寻求既安全又经济的结构形式，也就是在满足工程结构质量的前提下，达到成本的最低。

建筑钢结构和传统的混凝土结构相比，具有寿命周期长、跨度大、抗震抗风能力强、外表美观、建造周期短、维修费用低等一系列的优点，因而作为结构优化的方案越来越受欢迎，得到了飞速的发展。

钢结构的耐久性是当前我国困扰钢结构工程的问题。国内外统计资料表明，由于钢结构的腐蚀性病害而导致的经济损失是巨大的。我国钢结构的设计与施工规范重点放在各种荷载作用下的结构强度要求，对环境因素作用下的耐久性要求相对较少。而钢结构的耐久性应分两部分看，首先，结构的使用寿命，与设计的使用期限有关，一般为50年，在正常设计期限内，结构还是需要维护的，如定期检查和补刷防锈漆等；另一方面是围护结构的寿命，这些就跟所使用的围护材料有很大的关系了。因此，钢结构的寿命取决于制作、安装和维护等多个细节，要重视结构的耐久性，通过各个环节的质量控制，减少腐蚀对结构造成的危害。只有这样才能确保各种结构在使用期间内的正常管理和运营，减少不必要的浪费。

2）对设计方法的优化

实际上，工程结构优化的过程是非常复杂的，电子计算机技术的发展，为结构优化提供了工具。计算机结构设计程序的不断完善和全面应用，使结构工程师从繁重复杂的结构计算中解脱出来。工程师可以在概念、经验和估算的基础上借助计算机进行可靠的分析计算，经过多次计算比较和调整，使结构设计更加合理和经济。在利用计算机结构设计程序进行结构计算时，要注意以下问题：

①不能盲目的依赖计算机。因计算软件的缺陷和设计人员不加分析的盲从而导致设计错误的现象时有发生，所以对用于结构设计的计算程序的基本理论假定、应用范围和限制条件以及程序与规范的结合一定要搞清楚。

②对于输入的几何图形、构件尺寸、荷载数据等应认真核对、力求准确无误。避免因数据输入错误造成计算分析结果的错误或较大的误差。比如，高层建筑标准层荷载数据的输入出现错误，其累加后对结构计算所产生的影响是不容忽视的，将导致计算结果要么不安全、要么不经济。

③对计算参数的选取要正确合理。选取不同的计算参数会得出完全不同的计算结果，要根据实际结构的具体情况和计算程序的功能要求合理选取。比如，高层建筑结构的计算自振周期折减系数的取值，要根据不同的结构形式以及填充墙的材料和数量，选取恰当的数值对计算周期进行折减，若折减系数选取偏大，会使计算地震力小于实际的地震力，造成结构分析偏于不安全，反之则不经济。

④注意实际结构与计算模型的差异。所有的计算理论和设计程序都是建立在一些假定和理想的计算模型之上的，而实际结构的受力状态又是千差万别的，一味地依赖电脑或计算手册的计算结果进行结构设计会给结构留下较多的隐患，所以任何构件的计算都应根据实际情况确定结构的约束关系，并利用结构概念、工程经验对计算结果进行分析，判断其是否合理，以确保最终结构设计的正确。

（二）功能质量

1. 建筑功能设计上存在的问题

（1）功能设计不适用

我们常常看到一些建筑的设计是多余的，或者是功能不合理，导致建筑的不适用。例如有些行政办公大楼，在前厅旁设计一个中厅，而中厅除了一个上二层的楼梯外，没有其他功能，但净空高度达十几米。这样高大的空间没有任何使用价值，却提高了造价，给人空洞无物的感觉。还有一些把不同功能特征的房间设计在一起，导致互相影响，互相排斥的情况，例如有的宾馆方案设计时，在客房对面设计了歌舞厅和卡拉 OK 厅，把休闲娱乐房间安排在客房的对面将影响客人的休息，也缺少私密性。有些房间功能尺度不妥，也会导致功能设计不适用，例如某个学校的教学楼有 2 个走廊，一个是教室走廊，宽为 2.7m，一个是办公区走廊，宽为 3m，而计算一下两走廊的人流量，是前者人流更多需要更宽一些。这些不适用的建筑功能设计，会影响到建筑的使用，给人们的学习和生活带来不便。

（2）技术设计不方便

建筑设计的技术处理不当可能导致建筑物使用的不方便。如有一栋长约 80m 的建筑物，按规范应设变形缝或采取设后浇带的方式解决建筑变形。把变形缝的位置设置在教室的中部，就不便于清扫垃圾，不够妥当。而一个图书馆的大厅在设计时是作为一个防火分区考虑的，而大厅四周的门窗设计却是普通的铝合金门窗，这是不符合设计要求的，因为按规范要求所开设的门窗必须是防火门窗。

也有一些建筑设计不完全，导致不能正确反映一栋建筑所包含的功能需求，从而造成使用上的不便。如某高校的一个学术交流中心初步设计方案，建筑物规模为 1.7 万 m^2，主要分会议、就餐，住宿、娱乐四个部分。就方案来讲，设计人员不论在平面布置组合、功能分区的联系、还是建筑立面与外部环境协调方面无可挑剔，不失为一个优秀的方案。但仔细推敲其内部的使用功能设计，确实不完整的。第一，该方案中未考虑该建筑物应有的“接待”这一功能要求。在会议室附近也未把“休息”这一功能要求设计进去，整个大楼没有一处反映这种功能要求的房间。按规范要求，该建筑中设计有残疾人坡道供残疾人通行，但整个大楼却未设计一个残疾人专用厕所，也是功能不全的例子。

2. 功能质量的概念

不同的建筑产品，有着不同的功能。例如，工业厂房要满足生产一定工业产品的要求，既要考虑设备的布置、安装的场地和条件，又要考虑必需的空调、采暖、照明、给水排水等功能，以便提供适宜的生产环境。功能通常是业主、设计单位和施工单位最关注的方面，尽管建筑的外观造型能够吸引人们的目光，但人们往往不会只停留在对外在形式美的欣赏上，而会从感觉外在的形式到功能方面的理性认识上。

从某种程度上说，建筑产品的质量归根到底是功能质量。使用者对功能要求必然伴随着对功能质量的要求，没有适当的质量要求，就不能有效地实现功能。另一方面，建筑是各类消费品中耐久性最长、耗用资源最多、同生态环境结合最密切的产品。投入使用后，仍需不间断地供热、制冷、耗电、用水和生产垃圾，其功能好坏对社会可持续发展关系极大。因此，提高工程的功能质量即迫切又必要。

所谓功能质量就是综合运用传统工艺及当代科技成就，通过物质要素、文化要素和生态环境的有效整合，实现内在质量与外在功能的统一，全面贯彻“适用、方便、智能、经济维修与保养”的方针，为人类生存和发展提供良好的服务。

有些建筑物由于受客观条件的限制，必须采取有效的技术措施处理后方能达到适用上的最佳效果，例如，对于东西朝向的建筑，采取遮阳等技术措施以后方能解决西晒问题。

(1) 适用

功能质量的适用性指工程满足使用目的的各种性能，具体包括：

1) 理化性能，如：尺寸、规格、保温、隔热、隔声等物理性能，耐酸、耐碱、耐腐蚀、防火、防风化、防尘等化学性能；

2) 结构性能，如地基基础牢固程度，结构和足够强度、刚度和稳定性；

3) 使用性能，如住宅工程能满足起居的需要，工业厂房能满足生产活动的需要，道路、桥梁、铁路、航道能通达便捷等，建设工程的组成部件、配件、水、暖、电、卫器具、设备也要能满足其使用功能；

4) 外观性能，指建筑物的造型、布置、室内装饰效果、色彩等美观大方、协调等。

(2) 方便

功能质量的另外一个要求是能为人们的生活和工作提供方便的环境。要充分考虑人的生活规律，注重生存空间内容的合理搭配，重视结构安全、消防安全、应急安全等因素，使建筑物既实用、好用，又舒适、方便。

另外要注意的是不同类型的建筑对功能方便性的要求也是不同的。如体育建筑是进行体育活动的场所，体育建筑的功能方便性就要求便于体育比赛、训练、群众体育活动需要的设施与布局，包括体育建筑功能设施（如田径场，游泳池等各种活动场地)、能满足体育活动所需的环境设施（如空调通风、采光照明、制冰造雪循环水处理等)、能符合竞技体育需要的智能化设施及其他专用设施（如竞赛信息显示计时记分及现场成绩处理、电视转播、场地照明与扩声控制、综合布线、语音通信、信息网络等)。

而博物馆以人的愉悦体验为中心，在陈展功能中要注重观众与展品的互动参与交流，方便参观者通过各种知觉来体验世界。如2003年设计的埃及国家大博物馆为了便于观众浏览，在设计时将展示体系主干依主题划分，每个主题内部则依年代划分，基于这种对展品的编年划分与主题划分的双重网络，两种划分体系的交叉点形成展示线路中的快速浏览节点，使观众无论处于展示线路中的任何一处，都可以方便快速地回到浏览节点，能够选择进入其他主题的展示。

(3) 智能

智能性是建筑发展过程中科学技术和经济水平快速发展的必然要求，智能就是要一种有创造力的环境，有着“聪明的头脑”和“灵敏的神经系统”能知道建筑内外所发生的一切，并能准确地以最有效的方式迅速地“响应”用户的各种要求。

智能建筑可以给人们带来极大的方便。

1) 安全、健康、节能、舒适宜人、能提高工作和生活质量的环境。可以自动调节温度、湿度、照度，环境的色彩、味道与背景噪声，尽量利用自然界的光、冷、热量、大气等，创造更有人性的生存和行为环境。

2）满足不同用户对不同环境功能的要求。根据用户的需求，可以方便地改变建筑物的使用功能，重新规划建筑平面与环境因素，具有极强的灵活性与机动性。

3）现代化的通信手段与办公条件。若建筑实现智能，则人们可以通过国际直拨电话、可视电话、电子邮件、声音邮件、电视会议、信息检索、统计分析等手段，获得全球性情报、信息，以空前的高速度与世界各地的人们进行商贸等各种活动。

4）力求利用太阳能和充分发挥天然资源的作用，同时将能源和原料的消耗和土地的占用减至最小。

（4）维修与保养的经济性

我国正处于一个建筑快速发展的时期，同时也是一个对建筑发展及其内涵进行重新思考的时期。目前，在建筑设计中所存在的对维修与保养的经济性重视不够、认识片面的问题值得我们认真地加以归纳、分析。问题主要体现在以下几方面：

1）不重视建筑方案的经济性研究。设计构思中，人们习惯于仅对一般的建筑功能、形式表现等进行思考；对设计方案的评价，也常常只关注其形式表现力、空间舒适度、技术先进性等方面，缺少对建筑经济性问题的研究以及对经济条件的客观分析，使得建筑维修与保养的费用巨大。

2）忽视建筑使用中的消费成本。工程项目投资可以用公式X＋Y＝Z来表示，X代表项目建设期间的投入；Y代表项目的维修、能耗等项目建成后在使用年限期间的所有投入；Z是两部分的总值，则表示全生命周期的投入。现存问题是投资者一般不愿意在前期多投入，对建筑经济性的认识局限于建设成本的最小化，而忽视使用过程中能源、资源的消耗成本，缺少对社会资源综合高效利用的研究，常常造成建设低投入和使用高能耗、低效率的非良性循环。

3）缺乏综合效益观念。孤立地理解经济效益，将高经济回报作为建筑发展的首要目标，忽视环境质量、社会效益，最终使经济效益也很难得到保证。

这些问题在很大程度上是源自传统思想的局限。先进的思想是应用全寿命过程理论对工程项目进行全过程管理。建筑是一个包含“全寿命过程”的系统，这个系统是由决策、设计到建造、维护使用等彼此关联的运作过程组成的。在建筑设计之初，不仅要研究建筑物生产投资的经济合理性，还要重视建筑物使用过程中维修与保养的经济合理性。从时间跨度的角度来看，全寿命周期分析覆盖了工程项目的整个寿命周期，指导人们自觉、全面地考虑项目的建造成本和运营与维护成本，从多个可行性方案中，按照寿命周期成本最小化的原则，选择最佳的投资方案，从而实现更为科学合理的投资决策。

（三）魅力质量

魅力质量理论是由日本著名的质量管理大师东京理科大学教授狩野纪昭提出的。

根据顾客的感受和质量特性的实现程度，将质量特性划分为3种类型：基本质量、一元质量和魅力质量。

基本质量指符合产品（或服务）基本规格的质量，也称必需的质量特性，即顾客认为是理所当然应当具备的质量特性。这类质量特性的特点是即使提供充分也不会使顾客感到特别的兴奋和满意，但一旦不足却会引起强烈不满。

一元质量，也称顾客期望的质量或满意质量（CS）（Customer Satisfaction）。这一层次的质量特性是顾客要求并希望提供的质量特性。这类质量特性的特点是提供的充足时，顾客就满意，越充足越满意，越不充足越不满意。

魅力质量，也称顾客愉悦的质量（CD）（Customer Delight）。这一层次质量特性是通过满足顾客潜在需求，超越顾客期望，使新产品或服务达到顾客意想不到的新质量，给顾客带来惊喜和愉悦以致使顾客钟情着迷。这类质量特性的特点是如果提供充足的话会使人产生满足，但不充足也不会使人产生不满。

把这个制造业的概念引入工程建设领域，建筑的魅力质量是建筑功能、适用、经济和美观四维指标的综合最优。

1. 形态与特色

（1）建筑形态

1）建筑形态的内涵和构成

建筑形态是一种依据建筑构成的特点和规律而创造的造型设计活动。作为艺术与技术相结合的物质产品，无论是对建筑的内部或是外观设计，都把形式、色彩、肌理、材质等方面的造型设计手法贯穿于始终。

建筑形态的表现形式主要体现在建筑体量与建筑形象。

建筑体量是指建筑空间的体积，包括建筑物的长度、宽度、高度。建筑体量对建筑竖向尺度、横向尺度和形体三方面提出要求，在一般情况下，建筑空间的体量主要是根据房间的使用功能确定的，但有些建筑物为了满足造就其宏伟、博大或其他特殊功能的要求，往往把设计的建筑空间体量大于实际使用要求，如大会堂、展览馆等大型的公共建筑。

建筑形象是一个国家（或地区）政治、经济、文化传统、民族风格、思想意识的综合体现，展示着不同社会、不同时代产生的不同的建筑形象。每一个具体的建筑形象产生都是通过对建筑各部位的形体组合、立面处理和实现。建筑形象抽象为形式，从人对形象的感受来说，风格是形式（或行为）的抽象，风格受意识形态的影响，它就必然表现出民族和地域、历史和时代、思想和信仰、行为和性格等特征。建筑形态的形成和发展，不仅满足了建筑的实用性和合理性，同时又使人们得到美的享受。

2）现代建筑形态的变革

工业大生产的发展促使建筑科学有了巨大的进步。新的建筑材料、结构技术、施工方法的出现，为建筑的发展开辟了广阔的前途，建筑的功能复杂了，类型增多了，古典建筑的简单空间形式已不能适应时代发展的要求。在经过几十年的发展之后，到20世纪，现代建筑以全新的面貌登上了历史的舞台。建筑形态的转变是由多方面的原因促成的。

①建筑设计理念的转变。当代建筑在外部形式上往往表现为强调局部、片断、冲突和无序，绝大部分建筑师设计时只考虑单体设计，考虑不全面，缺乏整体设计思想。但从城市空间角度分析，要解决的就不仅仅是单纯的协调环境的问题，也不仅仅是如何与原有建筑相协调的问题，而是一个关于城市空间承载性和城市建筑文化形态的思考。

②新技术和新材料的涌现。随着计算机辅助设计等新技术的应用，当代建筑可以生成非传统的形态，大量柔韧的、曲面的、拓扑化的建筑形式取代传统建筑的几何形边界。金属、玻璃幕墙和钢筋混凝土结构等材料的出现和不断创新，给建筑形态的设计提供了更加丰富的表现手法和实现途径。结合新材料和细部形式的运用，建筑形态展示出超越时代的未来感，并与相邻的历史建筑共同构成一种动态平衡。

③建筑环境的变革需要。建筑形态的生成和适宜性，是由建筑环境形态激发和评判的。建筑对自然环境，对社会与人，以及对未来周边的建筑形态都将产生影响。当代建筑形态更深层次探求与城市和环境的联系。除建筑与城市的空间联系以外，结构、历史、文化等方面的关联均在考虑之中，城市环境气氛在得到强化的同时也焕发出新的生机。建筑是城市空间的界定因素，架构出城市空间格局；同时，建筑作为使用载体与感知对象，具有表述城市空间信息和营造场所精神的作用。当代建筑设计形式多变、风格多元，不可避免地影响着建筑发挥其本质作用。

3）建筑形态变革对城市建设的影响

近代建筑形态变革给城市建设的理念和方式带来了革命性的变化，其影响力主要体现在：

①当代建筑形态对城市空间的整合。我国城市更新建设的实践中，通常建筑地块尺度混杂、构成凌乱、形态不规则。由于地块重划与置换机制严重缺失，所以地块边界难以协调，城市空间混乱无序。当代建筑形态在协调城市空间方面具有重要的意义，通过当代建筑形态注入旧有的建筑环境，可以整合城市空间风格，和谐城市空间环境，重塑城市形象并调整城市空间功能分区。

②当代建筑形态对城市文化的传承。处理新旧建筑的关系时，新形体常常拘泥于传统形式的简单模仿，缺乏与旧形体的深层关联，似乎城市更新中的建筑设计不宜创新。城市空间更新中，应该强调城市环境的场所精神的传承，用当代设计思想和技术手段重新解读城市空间文脉，而不是从风格或手法方面的模仿作为清规戒律去束缚新建筑，从而实现崭新的现代城市空间的连续性。

③当代城市空间设计的多元化。我国城市空间更新充满着前所未有的多样性与复杂性，这其中既有城市规划层面的潜在干扰，也有城市设计层面的固有束缚，还有建筑设计层面的内敛保守，使得城市空间设计所面临的问题日益纷繁难解。所以无论是政府主导还是开发商主导的城市更新，都要提倡灵活多变的城市空间设计概念与设计手段，加强多学科协作，以达到切实而全面地解决城市空间的更新与整合。

(2) 建筑特色

1) 建筑特色的缺失

在中国高速发展的城市化进程中，城市建筑特色成为一个值得关注的重大问题。在许多地方的建筑物设计中，仍然存在着诸多不以人为本，没有文化要素，缺乏艺术美感的现象。大多数城市呈现给人们的仍然是大大小小钢筋混凝土的“火柴盒”，在这样的建筑群中，有的建筑物忽视自然采光和通风，光照不足，令人压抑；有的只重视形式的新异，忽视空间、色彩、特色文化艺术符号与具体功能的恰当搭配，违背人的生存规律和审美情趣；有的片面强调建筑物的利用率，质量问题大，安全有隐患，绿化面积少，造成经常性的大拆大建，正所谓“一代人要建好几次房”。这些情形，必然造成“千城一面”、“万楼一样”的现象和人财物的严重浪费。

从目前的实际情况看，不少城市整体建筑群缺乏科学规划，拥挤无序，混乱不堪，单体建筑物的外观造型更是缺乏文脉特色，加之一些纵横交织的电缆电线和颜色众多而又杂乱无章的住宅门窗等，严重破坏了整体的和谐美。这种不和谐的现象，通过视觉影响人的思维、行动、言谈、情绪、感觉，以至生理、心理变化，使人变得心理粗糙，甚至焦虑不安。有的城市存在着一些破坏性建设的情况。在迅速崛起的现代化新区，一味追求“新、奇、洋”，有自己特色的建筑风格完全消失，各城市风貌和格局的雷同，丧失了城市应有的人文品格和个性特色。有的在旧城改造中，虽然保留了重点文物古迹，却完全处在现代建筑物的重重包围之中，没有任何过渡和呼应，新建筑物的风格与古建筑物全无联系。这是没有文化的表现。

2) 建筑特色的创建

①继承和发扬中国民族风格。风格是民族的特征，也是时代的特征。各时代、各民族的建筑风格凝聚着当时、当地几乎全部的上层建筑和意识形态的特点。如果无视历史文脉、民族特色的继承和发扬，建筑就会失去生命力，也就无以体现特点之美。地域文化是一个地方在特定的地理环境和历史条件下，世代经营、创造、演变的结果。在罗马、巴黎、纽约、东京等城市，人们都可以看到代表不同时代的声音和视觉形象的建筑符号。而中国各具特色的地域文化相互交融、相互影响，共同组合出大中华文化色彩斑斓的壮丽图景。

②适应与融合建筑环境。环境是建筑物的母体，建筑物是环境的细胞。有文化要素的建筑物，不仅能展示自身功能与文化内涵的协调统一，而且能表达与环境之间的

和谐关系，体现一种水乳交融的和谐之美。这是建筑艺术的根基，也是和谐社会的物化体现。城市是由建筑物集群组成的，城市的风格是由这个城市里大多数建筑物的风格决定的，建筑物与城市之间应该构成一种和谐之美。在城市规划中，我们必须统筹考虑建筑物与环境、城市等的和谐关系，使建筑物寓于环境中，而环境同样寓于建筑群的空间之中，两者相辅相成，浑然一体，给人以立体型、深层次美的感受。建筑物不是一种单纯的人工简单制造物，它本身就是另一种形态的自然。高大建筑群，体现出的是壮美；绿树成荫的街道公园，体现出的是秀美。这种刚柔相济之美，是城市"生机勃勃"的最好写照。建筑物与自然环境相和谐，要充分考虑建筑物所处地的位置、地形、气候、植被和相邻建筑物等要素，使人和自然展开自由对话。要把建筑物充分融入自然，与生态环境相和谐，包括一切非自然的建筑物、道路和构筑物等和谐统一，体现出应有的建筑形式、建筑色彩和建筑风格，与社会、人文环境相和谐，充分体现历史传统、风俗习惯和社会风尚。最终，就是要使建筑物与环境相融相生，使建筑物与客观环境达到最佳配置，让建筑物与自然环境及人的精神融为一体，让人们充分享受自然环境和建筑艺术所带来永恒的和谐美。

2. 时尚与霓裳

（1）建筑时尚化的趋势

中国建筑设计的发展，走过了许多艰难坎坷的探索之路。鸦片战争后，半殖民地半封建的中国大地涌入了大量的洋楼建筑，这种风格的建筑，影响了当时的中国设计师，他们竞相效仿，以致出现了大量的仿洋楼、伪洋楼。新中国成立后，在计划经济体制下，国家本着节约的原则，制定了标准化图集，所有的东西都有标准，尤其是住宅，无论从平面、立面到细部构造设计图集都有标准，并且保持了十几年不变。改革开放后，迎来了中国建筑界最变化多端的时代，建筑时尚化具体表现为以下几方面：

1）时尚化的工程项目类型。市民广场、行政广场、大剧院、传统风貌商业街、大学城等项目和新的建筑形式不断涌现，这些时尚、前卫、优美而具有特色的建筑令城市风貌呈现出时尚的特质。

2）时尚化的建筑理念。绿色建筑、可持续发展、生态节能、智能化、现代主义、后现代主义等各种建筑理念如时尚潮流般出现，并在短时间内成为建筑师和开发商、大众媒体所频繁使用甚至炒作的词汇。各种建筑理念在建筑市场的竞争中成为各种政治包装和商业包装的噱头。

3）时尚化的建筑形式。民族式、欧陆风、现代国际式、KFP 风格、白色派、极少主义、表皮建构等流行的建筑形式层出不穷，从材料到手法，从整体的平面构图到立面的细部构件都可以成为建筑时尚化的元素，因为建筑的外在形式和风格是最容易模仿和复制的时尚外衣，而在各种纷繁的形式背后往往缺乏深层的意义。

4）时尚化的建筑操作模式。现在的建筑项目运作从项目策划到项目设计、再到项目建成销售的整个过程，形成了一套完善的商品包装、宣传甚至炒作的运作机制，类似时尚杂志的建筑宣传广告、明星化的建筑师、各种与身份和品味相关联的媒体宣传、类似时装发布会的带炒作性质的建筑展览等，建筑的项目运作过程跟时尚商品已没太大区别。

(2) 建筑时尚化的动因

当代中国建筑时尚化的风格和趋势是由多方面共同作用的，除世界建筑设计趋势的影响之外，建筑时尚化还是外因和内因共同作用的结果。

1) 建筑时尚化的外因。计划经济时期依赖政府指令和行政拨款的建设体制，逐渐从一个单一的消耗政府财政收入的消费部门转向市场经济下的生产部门。建筑市场化的转变一方面是使建筑的投资主体多元化，从国家财政支出到各种市场主体的商业投资的转变，多元化的投资主体使建筑形式的自由表达获得物质的支持；另一方面，市场化的过程在产生了各种独立自主的市场主体，确立了市场的主体意识，个体获得独立发展，个性得到张扬，各种市场主体也产生了表达个性、寻求认同的冲动和需求。

2) 建筑时尚化的内因。建筑是一种实实在在的物质存在，它的建造需要消耗大量的社会物质财富和人力资源；它建成后在空间上具有相当体量，是相对于自然最大的人造物；在时间上具有一定的持久性，少则可存在数年，多则上百年，甚至更长；同时建筑具有公开的展示性，总是公开地存在于一定的社会环境中，因此建筑天生就具有符号象征相教化的功能，是表达价值观的一种有力的方式和手段。

(3) 建筑时尚化的出路

对于政府等权力部门，城市面貌的变化是国家和城市经济发展的一个最明显的表征，林立的高楼大厦、开阔的广场、宽敞的景观大道等都是象征城市经济繁荣和现代化的符号，也是政府表现“政绩”的有力手段。在这种关系中，建筑成为城市建构现代化认同的工具，各城市的权力部门在相互的模仿和攀比中，按照同一个象征模式在发展着。这个模式就是西方的模式，它成为建构“发达”、“先进”、“现代化”认同的标志。而国外建筑师大行其道及各种新、奇、特比西方更“现代”的建筑形式在全国蔓延。要想创建具有中国特色的时尚化风格，必须做到：

1) 理性借鉴国外先进的建筑设计思想。20世纪西方建筑发展经历了现代主义、后现代主义、解构主义、过程设计及智能化设计等几个过程。20世纪的建筑革命将以与高科技成果密切相关的建筑材料、建筑结构技术、建筑施工技术、建筑智能化管理以及计算机网络等技术手段为基础，我们要认真学习国外先进的建筑设计思想，并融会贯通，尽量转化成符合中国建筑的设计理念。

2) 与时俱进，掌握时尚趋势。建筑产生于特定的时代中，不可避免地带有这个时代特有的语素。外国优秀建筑师在这一点上研究得很深入，设计思想也跟得紧、反应得快。犹如法国、意大利有许多著名的时装设计大师，而中国却只有小裁缝，仿造者所做的外形似乎相同，但实际却相去甚远。中国建筑师在这方面处于劣势，毕竟时尚的中心都在西方，离我们有很远的空间距离，这就要求我们紧跟时代步伐，缩短时间和空间上的差距。

3）稳扎稳打，发扬传统文化和民族精华。中国有悠久的民族文化传统，丰富的历史沉积，单就建筑来说，中国拥有许多以儒家思想为基础的宫殿、楼台、祭祀建筑和以道教思想为基础的园林等，它们讲究严谨对称、空间秩序，其间有随意随性的，也有自然天成的。传统文化并不是传统形式。北京曾有一阵子无论什么建筑都要在其顶上戴一个帽子（古亭），谓之“民族形式”，这并不是我们讲的“民族形式”。只有真正抓住传统文化精神意义才是根本，才能建成拥有传统文化精华的“民族形式”。

4）勇于创新，树立独特建筑风格。中国是发展中国家，受到现实情况中经济和技术的限制比较多，中国与国外传统文化背景不同，不能用西方发达国家的标准来衡量，但也不能拒绝先进的西方经典。对中国传统文化的了解，对西方先进建筑时尚的学习，最终是要让两者融会贯通，演化出自己的东西。创造出具有时代性和本土民族文化性的建筑是一个国家建筑文化发展、产生影响、受到世界重视和尊重的关键。有很多值得学习、借鉴的例子，如印度的柯里亚、墨西哥的巴拉甘，还有近些年越来越受到关注的日本建筑，都体现了本民族强烈的文化特色，使他们成为世界建筑舞台上的重要角色。

3. 建筑美学与城市景观

（1）建筑美学

1）建筑美的内涵

建筑拥有一种特别的美。它不同于绘画、雕塑等艺术美，它在具有审美价值的同时，还体现着重要的实用功能价值。建筑美更是一种多向度的美。它是一个时代的技术条件、社会特征和人们的审美需求以及地域、文化、材料等各方面的综合体现。空间和实用功能是建筑区别于其他审美对象的重要特征。在出现伊始，人类就挖“穴居”、筑“巢居”为自己寻找遮风避雨、躲避野兽侵袭的处所。这虽还不能被称为真正的建筑，但已体现了空间和功能在人类生存方面的重要作用。随着原始茅屋的诞生，人类的生存居住方式发生了根本性的变革。“原始房屋的出现，标志着建筑形式美的产生”为适合居住使用要求及营造的便利，这些房屋已初具几何形态，并且有了总体布局和平面组合的概念。

2）当代建筑美学观的趋向

当前世界经济迅猛发展，新技术和新需求不断出现。而建筑的意义并不简单依赖于实体一建筑物本身，而是与接受者的主体意识密切相关。因而，建筑的意义会随着时间、地域的变化以及接受者的个体差异而处于不断变化的过程中。建筑美的内涵也随之发生了变化。

总体来说，当代建筑美学观大体出现了以下三种趋向：

①现代主义美学渐渐衰退之后的建筑舞台上，相继出现了各种新的建筑美学观念和流派，如后现代主义，新现代主义，新理性主义，解构主义等。当代建筑领域已由现代主义独霸天下的单一美学观发展为多种美学观的多元共生。许多建筑师都在以各种打破现代主义审美法则的新颖的建筑形式向现代主义建筑师挑战。而现代主义建筑师也在继续以新的作品展示现代主义建筑不可抵挡的魅力。而与此同时，许多投资商试图让自己投资所建的建筑异于其他，突出个性，而促使建筑师更加将“标志性”作为重要建筑和大型公共建筑设计所追求的目标。

②自从现代主义建筑大潮出现以来，世界各地的建筑形象出现明显的趋同化倾向。现代主义建筑强调功能为先，提倡简练的处理手法和纯净的形体。反对附加装饰，并强调建筑的标准化和批量化生产。现代主义建筑变得呆板、冷漠，千篇一律，越来越远离传统和艺术。整个城市成为高速运转的机器、混凝土的森林、钢和玻璃的试验基地。历史，传统，对人性的关怀在现代城市中已退之于次要地位。另一方面，现代城市发展的高速率、高压力、高节奏，急功近利的心理普遍存在。在公众面前炫耀，在个人生活方面则力图回归田园，回归自然，追求一份悠闲、安逸的感觉。当代许多建筑师力图改变世界各个角落都被冷漠的现代建筑所统治的局面，努力探索适合本地区的传统文化和地域特点的建筑风格，继承和发展当地传统文化。

③20世纪工业革命以来，科学艺术迅猛发展，而在技术文明给人类带来舒适而安逸的生活的同时，也给人类生存环境带来了可怕的后果。现代大工业生产和城市的盲目开发建设，加剧了人类生存环境的恶化。同时，对地下资源、水资源与森林资源的无节制的开采与破坏，更加使生态环境的恶化不断加剧。

人们越来越关注生态环境的变化，将生存环境质量的优劣作为评判一个城市、地区乃至建筑的标准。随之而来的，可持续发展观和生态观已成为当代建筑设计和城区规划中必不可少的考虑因素。

世界环境与发展委员会在《我们共同的未来》中，将可持续发展定义为“在满足当代人需要的同时，不损害人类后代满足自身需要和发展的能力。”可持续发展是一个宽泛的概念，它包括了社会生活的各个方面。建筑业所消耗的能源占到了全球能源总消耗中很大的一部分。在建筑行业进行可持续性设计，对保护环境和节约能源有着十分积极而现实的意义。

（2）建筑与城市景观

在城市建设及城市改造过程中，人们对建筑作品外观和室内设计非常重视，而往往忽略了建筑与城市景观的协调关系，不少的历史环境遭到破坏，城市特色在消失，城市景观变得杂乱无序。

1）建筑在城市景观中的作用

城市景观是给人们的视觉感受，它包括城市的自然环境，文化古迹、建筑群体以及城市的各项功能设施等物象，还包括地方民族特色，文化艺术传统以及人们生活、活动所反映的文化、习俗，精神风貌等。在民族文化和历史传统的基础上，城市景观始终不断地更新着，增添着新的内容。现代城市环境具备安全、卫生、便利、舒适等基本物质条件，同时又有着传统文化特色及优美的、有活力的艺术空间。如公园、绿地、广场、街道等。城市景观通过各种物象来体现，称之为“要素”。自然物和城市人工建造物都是构成景观的要素。大至自然地形、开阔空间，小至栏栅围墙、小桥坐凳等。在城市景观中，自然物具有自然美，人工建造物具有工艺造型美。如果把单一的要素，如建筑物、道路铺装、街灯、花坛等，有机地组合起来，就能达到空间环境构图的效果。

建筑是城市景观的核心要素，往往因为建筑的历史地位、历史背景，以及它的地理位置和出色的艺术造型等，使其成为一个城市的象征。如北京的天安门、延安的宝塔、拉萨的布达拉宫，以及上海的东方明珠电视塔等。因此，建筑的造型、尺度、比例、风格、色彩等都对城市景观产生直接的影响。所以，建筑是构成城市轮廓、空间构图、标志的主体物，城市景观离开建筑将是暗淡无光。

城市景观的建造往往要面对很多制约，包括场地的制约、经济的制约等，因此，城市景观的建造不仅要依靠建筑物的支撑，更要依靠建筑技术的辅助。利用建筑思维方法和建筑技术可以克服许多限制条件，使建筑更富有时代性、地域性。城市景观与传统植物造景的风景意象不同，他更注重用建筑思维方法和建筑技术来表现科学与艺术的完美结合，因此，建筑思维方法与建筑技术手段成为现代城市景观实现的关键。

2）建筑在城市景观设计中的思路

建筑要与城市景观协调发展，其创作者必须了解和研究城市，对城市有总体的认识。综合分析城市的自然条件、区位、地段及性质等，可为建筑创作提供依据，了解城市的建筑文化特征（如风格、标志、色彩等），更能使建筑创作在继承的基础上求得新的表现形式。

建筑在追求土地开发利用价值的同时，要满足甲方及规划部门的要求，更应注重社会文化效益和环境效益，延续城市历史，进而塑造与其身份相符的建筑气质，既能融入城市景观，又突出建筑个性。

城市景观是城市发展的积淀，它蕴涵着丰富的物质和人文财富，每个城市都有它自己的过去、现在和未来，保护历史与地域的人文环境，与日新月异的建筑创作风格一样有着重要的意义。所以，建筑创作应从城市既有空间环境、社会传统文脉中继承精髓，去其糟粕，努力维护其延续与发展，协调环境，创造环境。

（四）可持续发展质量

1. 建筑节能

为认真贯彻可持续发展战略，我国将节约能源作为一项长远的战略方针。坚持“资源开发与节约并举，把节约放在首位，提高资源利用率”，建筑节能受到了广泛的重视，1997年全国人民代表常务会议通过了《中华人民共和国节约能源法》，在以后的几年中，又陆续出台《重点用单位节能管理办法》、《节约用电管理办法》、《民用建筑节能设计标准（采暖居住建筑部分）》和《夏热冬冷地区新建居住建筑节能设计标准》等相关法律法规。这些法规对推动节能工作向纵深发展，保障国民经济持续健康发展发挥出积极而深远的影响。

（1）城镇住宅节能

我国的城镇住宅除采暖外的住宅能耗主要包括照明、炊事、生活热水、家电、空调等，从整体上看，这类建筑能耗低于发达国家水平，但有非常明显的增长趋势。在未来时间里，我国城镇住宅节能的主要任务是避免由于经济水平增长、生活需要提高和城镇化加速给我国能源供应带来的沉重压力。主要措施包括：在全社会继续提倡行为节能，倡导勤俭节能的生活方式；依靠技术创新，找到长江流域住宅采暖空调的节能途径；在南方和夏热冬冷地区加强通风、遮阳，降低空调能耗；及时发展和推广新的生活热水制备技术，不使生活热水需求量的增加造成住宅能耗的大幅度增加；推广节能灯具和高效电器。

另一方面，我国城镇住宅节能应避免一些不合适技术的应用。比如大型冷冻机集中供冷技术。由于调节和计量问题，住宅的集中供冷远比目前的房间空调费能。大型冷冻机虽然能效比高，但加上把冷量从机房输送到末端的电耗，其高能效比的优点也会丧失；随之而来的调节和计量等方面的问题，使其在能源利用率方面无法与房间空调器抗衡。目前我国住宅的房间空调器平均每夏季耗电不到8kW·h/m^2，而采用大规模集中供冷，仅循环水泵电耗就有可能达到每个夏季5kW·h/m^2，再加上制冷机耗电，不可能实现任何“节能”。

（2）公共建筑节能

公共建筑可分为一般公共建筑和大型公共建筑。下表是我国一般办公建筑、大型公建与发达国家公共建筑能耗比较。

我国一般办公建筑、大型公建与发达国家公共建筑能耗比较（单位：kWh/(m^2·年)）

我国一般公共建筑	我国大型公共建筑	美国公共建筑	日本公共建筑
30	180	260	130

注：以上各能耗数据不包含采暖能耗。

对于一般公共建筑的节能，关键应维持目前的建筑使用模式，避免通过“豪华装修”向大型公共建筑的方向发展，并通过管理和技术的创新，合理使用能源、提高用能设备的使用效率，使能耗水平在目前的基础上进一步降低，所以公共建筑的节能主要任务是着眼于大型公共建筑的节能。所谓大型公共建筑指单体面积超过 2 万 m^2，并采用中央空调的公共建筑。其用能设备包括空调、照明、办公设备、电梯等多个系统。我国大型公共建筑单位建筑面积耗电量为 70～300kW·h/(m^2·年)，为住宅的 5～15 倍，是建筑能源消耗的高密度领域。尽管该类建筑目前的用电量水平与发达国家相当，但调查结果表明这类建筑能源浪费现象较严重，具有巨大节能潜力。

大型公共建筑节能可从以下三个方面着手：

1）严格控制空调制冷和加强设备选型的合理性。根据目前的初步分析研究和一些改造示范项目的经验，新建大型公建在技术创新的基础上，通过对设计的严格审查，以及在施工、调试各个环节的严格管理，可以使空调电耗在目前的基础上降低 50%；通过对关键设备的改造和对运行管理的改进，既有大型公建空调电耗可以在目前的基础上降低 30%。

2）加强其他用电设备的节能使用。在大型公共建筑内，推广采用节能灯具，加强照明的调节与控制装置并配之以有效的节能意识与节能管理，大型公建的照明用电可以在目前基础上降低 30%。对于电梯、通信设备等设备如选用节能的设备及节能的运行管理方式尚有一定节能潜力。如采用新型的能量回收型电梯，可以降低电梯电耗 20%以上，通过改变控制和管理，也可使电梯电耗有一定程度的降低。对于办公设备及小家电通过加强管理，下班关机，同时更换为高效节能设备，此项用电可降低 10%～20%。

3）做好新建项目的节能工作。通过对既有建筑设备的改造能够使既有建筑能耗降低 30%，而对于新建建筑如果从关键的设计开始就注意建筑节能能使新建建筑能耗平均降低到目前的 50%。对于新建建筑严格把握新建项目设计、施工和调试的各环节，实行节能的全过程管理，避免新建项目中再出现各类导致高耗能的建筑与系统问题：建立节能的审查制度、运行管理机制，避免由于运行不当造成的能源浪费，实行运行能耗的定额管理机制、大型公共建筑的用电分项计量和数据集中采集与管理。

（3）农村建筑节能

开发农村可再生能源，做好农村能源节约，不仅有利于改变农民传统生活能源消费模式，减少农民对商品能源的依赖，而且能够有效改善农村生产生活条件，推进社会主义新农村建设。目前，我国农村建筑用能存在用能结构不合理、建筑节能宣传不到位、缺乏相关的节能法律、法规和节能标准、对农村建筑节能的研发投资少等问题。未来，农村建筑节能的任务应该在以下几个方面着手：

1）大力提高生物质能技术，积极推广沼气使用。秸秆、薪柴等生物质能占农村总能耗的三分之二，其绝大部分是以直接燃烧方式消耗的，能源利用效率仅为25%左右，节能潜力巨大。从2004年的农村能源消费比例可以看出，2004年我国农村生活用能中生物质能占56%，其中沼气仅占1%。大力推广沼气的使用对农村地区而言是一项具有综合效益的举措。沼气的推广使用对优化能源使用结构，降低总能耗量及农户经济支出，减少有害气体的排放量以及保护生态平衡等具有积极作用。

案例：全国文明村——河南获嘉县楼村，2004年开始充分利用村办养殖业和粪水资源。年利用固体粪便4400t、高浓度废粪水2.75万m^3。到2007年共投资175万元，建起池容4500m^3沼气池和460m^3储气柜。除供养殖场内部消毒、猪舍取暖和生活用能外，还供应居民生活用能。省时、省煤、省电，全村供气已达750户，占全村的80%。计划2009年再建一座大型沼气工程，让全部村民用上沼气。集中建比单户建可节约土地，每户成本可降低1000元。

2）积极开发太阳能、风能、地热能、小水电和沼气等可再生能源。无论从能源资源的结构性短缺，还是从经济可持续发展的目标来考虑，我国农村能源开发不能再延续过去资源耗竭性的发展模式，必须依靠农民、立足农村，除生物质能、沼气之外，还应积极开发当地丰富的、太阳能、风能、地热能、小水电等可再生能源。

3）改善尤其是北方农村地区建筑维护结构。农村地区的住宅保温隔热效果一般较差，这是由农村地区的建造技术落后所决定的。主要表现在以下方面：农村住宅建筑规划不合理，住宅分散；外围护结构保温隔热性能差，房屋墙体、窗户、屋顶等部位耗热量极大；门窗气密性不良。这些是造成农村住宅冬季室温较低、夏季室内过热、居住也不舒适的重要原因。农村住宅仍使用火炕、火墙和火炉分散式采暖方式，热效率只有15%左右。住宅外墙、屋面和门窗等仍采用常规做法，房屋维护结构保温性能差；当采用燃煤作为采暖的主要燃料时，由于建筑保温性能的恶劣和采暖系统的低效，尽管室温远低于城市建筑，但耗煤量却高达30～40kg标煤/(m^2·年)，为城市采暖能耗的1.5～2倍，给农户带来了沉重的经济负担。另外，随着农村地区生活水平的提高，农村地区对商品能源的需求会有所增加，如果不对农村建筑进行节能改造的话，将会使我国商品能源的供应面临潜在的危机。

案例：哈尔滨市的8区10县于2008年以节能环保为内容，新建和改造泥草房近4万户、369万m^2。主要采用节能环保建材、沼气、太阳能、苯板、稻草板、草砖、空心砖、节能墙板。据初步测算，这一批项目可节约采暖煤标准6万t，采暖费3000余万元，减少二氧化碳排放量15.7万t，节约地170亩，改善了居住环境。对此，该市政府制定了一系列政策性文件。

4）加强农村节能的研发投资和宣传教育。受我国传统教育的影响，多数农民朋友对我国国情的认识是“地大物博”，认为我国的能源取之不尽、用之不竭，不知道我国乃至全世界的能源问题有多么严重。所以也就没有人在农村建筑上关心节能问题。此外，农民对节能建筑能不能满足使用要求还存在着一定的疑问，通过积极的宣传以打消农民的这些忧虑是刻不容缓的。

(4) 北方建筑采暖节能

导致北方城镇地区及北京四合院老房子采暖能耗高的主要原因有四：一是围护结构保温不良；二是供热系统效率不高，各输配环节热量损失严重；三是热源效率不高；四是房屋层高高，部分没有吊顶。由于大量小型燃煤锅炉效率低下，热源目前的平均节能潜力在15%～20%。为了有效降低北方建筑采暖能耗，必须做好以下工作：

1) 深化北方采暖地区供热体制改革，推动既有建筑的节能改造。国家一方面通过进一步推进城镇供热体制改革并作出相关部署，使北方地区供热体制改革有实质性进展；另一方面，给予政策引导、技术质询和适当资金支持，选择有积极性、有相关能力的城市按照国家要求进行城市级示范。在示范城市，通过采暖地区采暖系统和围护结构的改造，为全国提供经验和模式由国家组织相关省、自治区、直辖市进行推广。

2) 做好建筑采暖节能工作的宣传和教育工作。改造工作可能会给居民添麻烦，但最终目标是降低采暖能耗，节省热费支出，改善居住热环境质量，对居民是有利的。城市人民政府组织这项工作时，一定要在充分尊重产权人意愿基础上，尽可能结合建筑修缮和城市热源改造共同开展。在进行建筑节能和采暖系统的改造之前，一定要做好利益相关主体（居民等）的教育和宣传工作，使相关主体晓之利害，这样有利于节能改造工作的开展，同时建立城镇居民的建筑节能意识。

(5) 建筑施工节能

建筑施工节能分为建筑设计要求的节约和施工本身的节能。从目前来看，建筑施工用能主要是电能。因此，控制电能的耗用就成了建筑施工节能工作的重点。而更为重要的是贯彻执行节能强制性标准，到2008年达到80%，以后要完全达到。这就要求在施工中必须认真执行施工图设计和《建筑节能施工验收规范》的节能强制性标准。做好建筑施工节能的工作需要“内力”和“外力”的共同作用。所谓“内力”，就是指施工企业在施工图设计和施工组织设计中应该包括施工节能规划的内容，其中必须包括执行强制性标准的要求并组织人员落实；所谓“外力”，是指有关部门应该做好相关工作，比如相关标准的制定、对建筑施工企业的监管制度等。在建筑施工过程中要注意从以下方面加强节能工作：

1) 严格审查施工图纸，避免不符合节能要求的工法、工序；

2) 做好施工中节能规划，形成一个规划目标体系，并有具体措施，有利于节能责任落实到具体的操作者；

3) 加强监督和奖罚做好规范落实工作；

4) 做好施工组织和施工过程中的节能工作。

(6) 建筑节能监督管理

建筑节能监督管理的实施主体应该包括各级建设行政主管部门和监管单位。各个实施主体，主要是业主、设计和施工单位，应该在其所参与的阶段上做好建筑节能的自身监管和接受监管工作，这样才能保证各种标准规范的落实，使建筑真正达到节能降耗的效果。具体工作可从以下几个方面开展：

1) 完善标准规范规程，让监管有法可依。标准规范规程的编制工作是建筑节能的重要内容，各地应引起重视。住建部所颁布的各种文件，是针对共性问题而编制的，各省、市的具体情况而异。所以，各地方的建设行政主管部门必须根据建设部的总体规划制定适合本地区的具体实施条例或实施细则，形成上下贯通的建筑节能标准规范和管理制度，为建筑节能工作的开展提供政策法规依据。各地制定的标准规范规程应该具有可操作性，以便于建设单位、施工单位按照执行、有法可依，也有利于主管部门依法监管。

2) 加强各个建设阶段的监督管理任务。首先，设计阶段的施工图设计审查中必须采取相应的强制措施。如果有不符合节能的相关标准，施工图纸就不得批准。担当审查责任的建设行政主管部门要对施工图进行严格审查或委托审查，如果不符合节能标准就不能颁发施工许可证。其次，实施阶段的监管也非常重要，同时又有一定的困难。施工单位往往受制于建设单位，因此在建筑节能实施过程中加强对建设单位的行为的监管是很必要的。要将施工过程作为一个体系监管。对施工单位的监管也不能忽视，施工单位作为主要负责人，要严格按照图纸和强制性标准要求施工，保证各个分项工程的质量和节能要求。最后，竣工验收阶段的验收节能上不合格是导致仍然存在大量的非节能建筑的主要原因。当地建设主管部门应该严把竣工验收关，以引起参建各方对工程验收的充分重视。建设单位要严格按照《建筑节能施工验收规范》和其他一些施工验收规范进行建筑节能专项验收。

2. 可再生能源建筑应用

可再生能源是指在自然界中可以不断再生、永续利用、取之不尽、用之不竭的资源，它对环境无害或危害极小，而且资源分布广泛，适宜就地开发利用。可再生能源可分为传统的可再生能源和新的可再生能源。传统可再生能源主要包括大水电和用传统技术利用的生物能源；新的可再生能源主要指利用现代技术的小水电、太阳能、风能、生物质能、地热能和海洋能等。

(1) 主动式太阳热能建筑

主动式太阳能建筑是通过高效集热装置来收集获取太阳能，然后由热媒将热量送入建筑物内的建筑形式。它对太阳能的利用效率高，不仅可以供暖、供热水，还可以供冷，而且室内温度稳定舒适，日波动小。但也有设备复杂、先期投资偏高，阴天有云期间集热效率严重下降等缺点。

最普遍的主动式太阳能建筑是太阳能热水器。由于将太阳能转化为温度不太高的热水，只要用简单的装置即可实现，因而被广泛采用。供应热水可以采取集中的方式，也可以用于单独的住宅中。集中供应热水，需要有一定的场地和基建投资，经济效益较高，适用于人口较集中的城镇。单独供应热水，设备简单，不需要专门的管理人员，在城镇和乡村均可采用。

工程实例：北京密云太扬家园太阳热水工程。北京市蹊径科技公司设计安装的北京密云太扬家园太阳热水工程就充分考虑了太阳热水系统的建筑一体化和保证太阳热水系统的使用质量两方面因素，在密云太扬家园太阳热水工程中实现了该公司提出的“打造 8760 工程”的承诺。“8760 工程”是该公司为热水供应提出的一个量化指标，要求太阳热水系统在一年 12 个月的每天 24 小时中都必须有热水备用。

（2）被动式太阳能建筑

被动式太阳能建筑是指太阳能向室内的传递不借助于机械动力，完全由自然的方式，即蓄热体进行的建筑形式。所谓蓄热体一般指可以储存热量的集热体，蓄热体相对于建筑物构造体有附属于或不附属于两种存在方式。若属于构造一部分，则一方面支撑建筑物，另一方面具有储热体的功能。不为构造体的蓄热体能很简单地设置于建筑物中，可灵活增减，配合季节调节室内温度。

常见的被动式太阳能建筑是太阳房。用于蓄热体的材料很简单，可以是液态的水、盐水、油等液体，也可以是固体的砖瓦、预制混凝土、沙、黏土、石块等。蓄热体设置在太阳能接收式冷暖系统的建筑物的任何位置都会发挥功用，但为能发挥最大限度的功能，必须选择理想的位置。

工程实例：狮泉河太阳能中学教学楼。西藏阿里地区狮泉河太阳能中学教学楼位于狮泉河南侧，建筑面积 2546m²，总投资 300 万元，共有 13 个教室，可容纳学生 576 个，整个建筑为砖混结构。工程验收后，进行了 5 个月的测试。结果表明：采暖效果达到和超过了原设计要求。12 月份在连续 4 天以上阴天的情况下，室内平均温度仍维持在 10.8℃以上，最高温度在 15℃以上。冬季最冷 5 个月的室内平均温度在 10.4℃以上，月最低温度为 8℃左右。阴雪天 9 次。最冷月（1～2 月）室内平均温度在 12.2℃以上，最低在 11.8℃以上。该太阳能建筑采暖效果良好，这座现代化的教学大楼整个南面房间均采用被动式太阳能取暖。大楼墙体用保温材料内填而成。整个教室采光良好。在这号称“世界屋脊之屋脊”的严冬季节里，这座太阳能建筑为藏族学生创造了舒适、良好的学习环境。

（3）太阳能空调

太阳能是一种取之不尽、用之不竭的洁净能源。在太阳能热利用领域中，不仅有太阳能热水和太阳能采暖，而且还有太阳能制冷空调。换句话说，在太阳能转换成热能后，人们不仅可以利用这部分热能提供热水和采暖，而且还可以利用这部分热能提供制冷空调。从节能和环保的角度考虑，用太阳能替代或部分替代常规能源驱动空调系统，正日益受到世界各国的重视。

由于现有太阳集热器价格较高，造成太阳能空调系统的初始投资偏高，加上自然条件下的太阳能辐照密度不高，使太阳集热器采光面积与空调建筑面积的配比受到限制，目前尚只适用于层次不多的建筑，而且已经实现商品化的都是大型的嗅化锂吸收式制冷机，因此目前尚只用于单位的中央空调。

（4）地热资源

地热资源作为能源家族中的新能源之一。开发利用地热资源在我国已有几千年的历史，但是大规模开发利用是近三十多年的事，与其他矿物能源利用相比起步较晚，但它在建筑节能及经济建设中的作用日益显现出来。如西藏羊八井的地热发电，为拉萨市提供了40%的电力供应；北京、天津等地的地热供暖，解决了1000万户住宅采暖，减轻了城市地区燃煤对大气的污染：华北、大庆、中原等油区利用废弃的油井开发地热，推动了油区经济的多元化及油区后续经济的发展。可见，开发利用地热资源是我国实施可持续经济发展重要组成部分。

工程实例：天津某办公楼地下水地源热泵工程。该工程为一办公楼，分为两期，一期为1.2万m^2，二期为1.6万m^2。一期工程已运行一年多，二期工程仍在建设中。采用地下水源热泵完成冬季供暖和夏季空调。选用WRHH3006机组2台，单台机组制冷量和供热量为877.4kW和1031.5kW，可满足总建筑面积2.8万m^2的要求。冬夏季节共钻了3口井，井距47m，井深400m，井口水温25℃，出水量93t/h，单位出水量5.1t/(h·m)。一期工程热泵机组连续运行，性能比较稳定。冬季，热水供回水温度为42/37℃。由于采用了大温差，冬季地下水温降达14℃，地下水流量42t/h就可满足建筑物供暖的要求；夏季地下水62.5t/h，灌采比43%，较小的流量运行减轻了回灌井的压力。该工程目前可以做到完全回灌，取得了既节能又节水的效果。

3. 无害化处理

（1）建筑垃圾及其危害性

根据《城市建筑垃圾和工程渣土管理规定》，建筑垃圾是指建设、施工单位或个人对各类建筑物、构筑物、管网等进行建设、铺设或拆除、修缮过程中所产生的渣土、弃土、弃料、淤泥及其他废弃物。建筑垃圾污染环境的途径多、污染形式复杂，可以直接或间接污染环境，一旦建筑垃圾造成环境污染或潜在的污染变为现实，需要消耗较大的代价进行治理，并且很难使被污染破坏的环境完全复原。

建筑垃圾对环境的危害主要有：

1）侵占土地。目前我国绝大多数建筑垃圾未经处理而直接运往郊外堆放。每堆积10000t建筑垃圾需占用0.067m^2的土地。我国许多城市的近郊处常常是建筑垃圾的堆放场所，占用了大量的生产用地，从而进一步加剧了我国人多地少的矛盾。

2）污染水体。建筑垃圾在堆放场经雨水渗透浸淋后，建筑垃圾会溶出含有的大量水和硅酸钙、氢氧化钙、硫酸根离子、重金属离子的渗滤水，如不加控制让其流入江河或渗入地下，就会导致地表水和地下水的污染。水体污染后会直接影响和危害水生生物的生存和水资源的利用。

3）污染大气。建筑垃圾废石膏中含有大量硫酸根离子，硫酸根离子在厌氧条件下会转化为硫化氢，废纸板和废木料在厌氧条件下可溶出木质素和单宁酸并分解成挥发性有机酸，这些有害气体会污染大气。

4）污染土壤。建筑垃圾及其渗滤水所含的有害物质对土壤会产生污染，对土壤的污染包括改变土壤的物理结构和化学性质，影响土壤中微生物的活动，有害物质在土壤中发生积累等。

5）影响市容和环境卫生。我国许多地区建筑垃圾未经任何处理，便被运往城郊采用露天堆放或简易填埋方式处理，而且在运输过程中产生垃圾遗撒、扬尘等问题，严重影响了市容卫生。

（2）建筑垃圾无害化处理

据估算，每万平方米建筑施工过程中，产生建筑废渣约500～600t，目前我国每年新竣工的面积达到了50亿m^2，按此计算，仅施工建筑垃圾每年产生上亿吨，加上每年旧建筑拆迁产生建筑垃圾3亿t，每年产生垃圾数量达4亿t，这些垃圾如果不做任何处理就暴露于环境，将对人居环境造成巨大压力。

建筑垃圾无害化的意义在于它能够有效缓解建筑垃圾在环境和经济两个方面造成的压力。从环境角度而言，排入外界的垃圾量减少，相应的侵占土地面积减小，排入水体和大气的有害物质减少，对土壤的破坏也会降低；从经济角度而言，减少了土地使用面积，降低材料的重建成本，资源利用率得到提高。建筑垃圾无害化，对于节约资源，改善环境、提高经济效益和社会效益、实现资源优化配置和可持续发展具有重要意义。

4. 资源节约

（1）粗放式资源消费的弊端

随着城市化进程高速推进，城市的发展将面临巨大的压力。目前，我国城市数量为661个，面临容纳约1.5亿农村富余劳动力的巨大压力。一方面，导致原有城市规模的扩大和城市人口的剧增；另一方面，必然要有大量新的城市产生，以缓解现有城市面临的压力。这必然要占用大片耕地、消耗大量资源，造成资源的紧张和环境压力的增加。因此，城市化进程中我国区域和城市的资源环境面临着严峻的考验。

目前粗放的资源消费方式有四大弊端：1）大多数资源都是不可再生的，极端依赖不可再生资源投入的粗放型经济增长方式本身不是可持续发展的，据测算如果我国不改变这种粗放型的生产方式，40年后，经济发展将遇到困境。而能源格局的弊端甚至不用等这么久就可能会显露出来；2）经济成本的增加使得经济增长模式面临严峻考验，我国经济的发展极端依赖于能源与原材料，使得对资源的需求日益增大，而价格的提升、使得我国经济增长的成本上升、利润降低，经济增长模式遭受重大考验；3）由于我国资源储量不丰富，需要大量进口，这就增加了我国能源保障的难度，加大了我国经济健康发展的风险，对我国和谐发展制造了约束；4）由于资源大量盲目的开采与使用，造成环境的污染与破坏，给社会的健康发展带来了巨大的压力。

（2）资源节约的内涵

资源节约是指在城市的规划建设及运营过程中，充分考虑资源条件和环境承载力，优化配置城市各建设资源，提高自然资源利用率，以最少的资源消耗获得最大的经济和社会效益，保障城市的高效运作，满足人类当代及后代的理性需求的同时实现城市可持续发展的思想。

资源节约思想提出的意义首先在于其追求的目标是可持续的发展，发展是一个国家、一个民族以至于全人类谋求不断进步的事业，是人类追求的永恒主题。资源节约思想倡导的是保持生态可持续性，在整体性、公平性和协调性原则下的可持续发展。

值得提出的是，在这种资源节约思想指导的发展模式过程中，必须清醒的认识到，我国现在还是个发展中国家，13亿人口中至少还有3000万以上的人口还没有脱贫，减少城乡差异与新农村建设从根本上还需要不断增加生产、发展经济。所以，这种“节约”是发展中的节约，目的在于提高资源的利用率与杜绝浪费，既不是北欧发达国家的经济“零增长”发展模式，也不是搞“穷节约”。这就要求在建设节约型社会中提倡效益增长基础上的经济增长。

一方面，“经济”的本意具有节俭与低投入、高产出、高效益的内部含义。经济包括生产与消费，所以这种“效益增长”包括了生产效益与消费效益两方面，必须从这两方面同时入手。生产效益的提高要求我们必须改变长期以来的外延扩大再生产模式，走内涵扩大再生产的道路，因为单纯的经济规模扩大并不等于发展与进步。

另一方面，不能认为经济发展或现代化就是不节约。在很多情况下越穷的地方，其资源的利用效率也越低，比如发达国家的农业“滴灌”技术，其水资源利用率就要远远高于落后国家的“漫灌”技术。虽然落后国家消费总量少、人均消费量也少，但是单位资源的人均福利产出量更少，也还是一种浪费。所以，社会经济发展快，并不是就意味着浪费并不发展，也并不就意味着节约。我国节约型社会的建设是社会经济发展中的节约，是杜绝资源浪费、提高资源利用率的节约，绝非不消费或回到商品紧缺时代的节约。

（3）资源节约的目标

资源节约思想既是一种发展模式，又是人类在可预知的期限内的发展目标，其基本的战略目标是：

1）在一定质量前提下保持经济增长；

2）在效率与公平的基础上满足人类社会的需求；

3）在经济与环境协调的原则下保证资源的永续利用。

5. 绿色建筑与绿色施工

在当今可持续发展成为全世界人类共同追求的目标之时，建筑领域也在发生着一场“绿色革命”。由于建筑业本身所固有的能源消耗特性，绿色建筑和绿色施工将在实现可持续发展的道路上扮演重要的角色。

绿色建筑又称为生态建筑或可持续建筑，是指为人们提供健康、舒适、安全的居住、工作和活动的空间，同时在建筑全生命周期（物料生产、建筑规划、设计、施工、运营维护及拆除、回用过程）中实现高效率地利用资源能源、土地、水资源、材料，最低限度地影响环境的建筑物。

绿色施工是指工程建设中，在保证质量、安全等基本要求的前提下，通过科学管理和技术进步，最大限度地节约资源与减少对环境负面影响的施工活动，实现四节一环保（节能、节地、节水、节材和环境保护）。

（1）绿色建筑技术与制度发展现状

绿色建筑的发展离不开技术和制度两大要素，其中绿色建筑技术为绿色建筑的发展提供内在支持，制度环境的建设为绿色建筑的发展构筑一个外在的环境，是绿色建筑发展的保证。

1）绿色建筑技术发展现状

①高端绿色建筑技术研究接近国际先进水平。以上海生态建筑示范楼（2004 年建成）和清华超低能耗示范楼（2005 年建成）为代表，中国在搭建高端绿色建筑技术研究平台方面，已经步入国际先进行列，包括双层玻璃幕墙、真空玻璃、太阳采光系统、温湿独立控制空调系统、溶液除湿新风系统等在内的一系列绿色建筑技术都达到了国际先进水平，而且像这样大集成度的、以真实建筑为尺度的实验性建筑本身，即使在国外的先进国家中也非常少见，它们的出现，为进行相关的科学研究提供了良好的条件。

②一批具有推广价值的绿色建筑技术体系初步建立。在住建部科技司和住宅产业化促进中心的推动下，经过一系列节能示范项目、康居示范工程的实践，包括轻质绿色建材 ALC 板性能及应用技术、ETS 生态污水处理系统、FPW 有机固体废弃物生化处理技术、节能环保型地源热泵空调系统、钢结构－混凝土组合结构住宅建筑体系、绿色环保隔热保温材料技术、LZF2J 系列再燃连续式多层悬浮燃烧焚烧系统、大面积太阳能集中供热工程、小区智能化系统等在内的一批绿色建筑成套技术，已经初步成熟，具备了推广的价值。随着《绿色建筑技术导则》的出台，原来相对分散的绿

色建筑设计策略与措施，将逐步统一到《导则》所构建的由节能、节水、节材、节地与环境保护组成的技术框架之下，技术的体系化由此将得到加强。

③绿色建筑技术的产业化处在起步阶段。先进的技术要为市场所接受，技术的产业化是一个必要前提。当前，包括皇明、振利等一批绿色建筑部品生产企业，已经从最初的国外绿色建筑技术引进，向有针对性的自主研发转变，太阳能光热技术、可再生建材等一系列绿色建筑技术的产业化进程开始加快。但是，同时仍有许多技术仍处在“中试”阶段，等待绿色建筑市场的成熟。

④大量基础性研究工作存在空白。对全生命周期环境影响的关注是绿色建筑的基本理念，这要求对于建筑的研究不仅局限于目标建筑本身，同时上溯至材料的生产、运输，下达建筑的废弃与再利用，为此，对于建筑的基本信息需求和处理有了质的变化，更大量的基础性数据成为必须（如各种材料的全生命周期能耗数据等），而这恰恰是绿色建筑技术从理论走向实践过程中首先需要面对的问题。

⑤国外技术有待本土化。由于国外的绿色建筑技术研究要早于我国，因此在发展的初期引入国外的先进技术，是在短时间内跟上国际先进水平的有效途径。但是，国外先进技术是基于当地特定的气候条件和生活习惯提出的，必然与我国的实际情况存在差异，因此从科学的态度出发，技术的引进首先是本土化，而这一点我们做得还很不够（如将双层玻璃幕墙直接照搬到我国的南方地区、不利朝向只简单采用低辐射玻璃而忽视必要的遮阳措施等）。技术本土化还意味着成本的降低，意味着消费群体的扩大。目前国内技术在绿色建筑项目中还没有占到主导作用，这成为目前绿色建筑多集中于高端产品的一个重要原因。

⑥设计领域的运作机制与设计理念有待提高。由于绿色建筑是近两年才开始真正走向实践，国内普遍缺乏绿色建筑设计经验，同时绿色建筑所要求的“整合性设计”理念，也对传统的专业合作机制提出了新的要求，在这些方面，我国的建筑设计机构的发展与调整还普遍滞后。

2）绿色建筑制度发展现状

按照从宏观到微观的顺序，绿色建筑的制度体系可以分为基本法律、行政及地方法规、规章及标准和微观制度等四个部分内容。其中，基本法律确定的是整个制度体系的基本原则和主体要求，行政及地方法规是根据基本法律作出的细致法律规定，规章及标准则是根据地方或各个部门的具体情本法律作出的细致法律规定，规章及标准则是根据地方或各个部门的具体情况，形成的有关法律规章的具体执行要求，微观制度则是保证各项要求得以落实的操作办法。

当前我国绿色建筑制度发展的基本现状是：

①在制度体系建设上，初步建成了由《中华人民共和国节约能源法》、《中华人民共和国建筑法》、《中华人民共和国可再生能源法》等构成的我国绿色建筑发展的基本

法律基础，但在操作层面上，将这些法律所规定下的基本原则，结合建筑行业与不同地区特点形成的行政与地方法规、规章与标准体系尚待完善。在标准层面，《绿色建筑评价标准》所确定的基本原则与绿色建筑的现实推动相结合的恰当方式，仍在摸索的过程中；在微观制度层面，能效标识制度刚刚起步，许多建筑相关产品还未加入其中，建筑整体能效标识体系的建立尚需时日。

②在制度执行思路上，当前我国绿色建筑相关制度的执行手段大多仍然以行政命令的方式进行强制性推动，几乎没有任何的激励性政策与之配合，制度与市场机制的结合度较差，加之缺乏有效的行政监管体系，制度的现实执行、贯彻度低，制度的引导性作用没有得到很好的发挥。

据住建部全国建筑节能设计标准实施情况调查（主要调查对象是全国 17 个省市在 2000 年建筑节能设计标准颁布后新建的居住建筑）结果显示，总体来说从 2000 年到 2004 年按节能标准设计的新建项目比例为 58.53%，而实际按节能标准建造的项目为 23.25%；在寒冷和严寒地区，两者值分别为 90.08%和 30.61%；在夏热冬冷地区，两者值分别为 19.98%和 14.36%；在夏热冬暖地区，两者值都为 11.20%。可见，由于制度实施的漏洞，在局部解决了技术体系的问题之后，我国的绿色建筑在实际生产建造过程中，依然面临着许多问题。

3）绿色施工及其存在问题的原因

①绿色施工实施现状

随着可持续发展战略在我国推广，建筑业的可持续发展也越来越受到社会各界的重视，绿色建筑设计、绿色施工作为在建筑业落实可持续发展战略的重要手段，已经为众多的业内人士所了解。但需要说明的是，绿色施工虽然与可持续发展密切相关，但在其实际的推行中，存在深度、广度不足，系统化、规范化差，口头赞同多、实际行动少等现象，绿色施工的作用并不明显，亟待进一步加强与完善。

当前承包商以及建设单位为了满足政府及大众对文明施工、环境保护及减少噪声的要求，为了提高企业自身形象，一般均会采取一定的技术来降低施工噪声、减少施工扰民、减少环境污染等，尤其在政府要求严格、大众环保意识较强的城市进行施工时，这些措施一般会比较有效。

但是，大多数承包商在采取这些绿色施工技术时比较被动和消极，缺乏施工管理的相应投入，工人素质普遍偏低，未经培训就上岗。没有专业知识和绿色施工的意识，对绿色施工的理解也较为单一，还不能够运用适当的技术、科学的管理方法以系统的思维模式、规范的操作方式从事绿色施工。

事实上，绿色施工并不仅仅是指在施工中实施封闭施工，没有尘土飞扬、噪声扰民，在工地四周栽花、种草，实施定时洒水等，还包括涉及可持续发展的各个方面，如生态与环境保护、资源有效利用、社会与经济发展等。真正的绿色施工应当是将

"绿色方式"作为一个整体运用到施工中去，将整个施工过程作为一个微观系统做出科学的绿色施工组织设计。绿色施工技术除了文明施工、封闭施工、减少噪声扰民、减少环境污染、清洁运输等外，还包括减少场地干扰、尊重当地环境，结合气候施工，节约水、电、材料等资源或能源，采用环保健康的施工工艺，减少填埋废弃物的数量，以及实施科学管理等。

②原因分析

a. 认识不足。当前，包括政策的制定者、业主、设计者、施工人员及公众在内，人们对环保的认识仍然普遍不够，公众环保意识水平仍有待提高。我国公众环境意识的特点主要表现在：说的多，做得少；学者和政府官员对环境问题关注较多，而一般居民的环境意识普遍欠缺；城镇居民的环境意识较强，但广大农村居民的环境意识普遍欠缺；对环境问题的认识较高，但实际承受能力有限。在建设项目的建造过程中，由于建筑施工作业的特点，以及一线从业人员一般受教育水平较低，他们对施工过程的环境保护尤为不重视，似乎已经习惯了工地的噪声、严重的浪费和一些习惯性的不良做法。此外对绿色施工的宣传、教育不足，也是导致对绿色施工认识不足的原因，如众多承包商都有一个错误认识就是认为采用绿色施工技术一定会增加费用，事实并非如此。

b. 经济原因。承包商的目标是以最低的成本及最高的利润在规定的时间内建成项目。除非几乎不增加费用，或者已经在合同中加以规定，或者承包商在经济上有好处，否则承包商不会去实施与环境或可持续发展有关的工作。当前承包商采用绿色施工技术或施工方法，经济效果并不明显。很多情况下，由于绿色施工被局限在封闭施工、减少噪声扰民、减少环境污染、清洁运输等目的，通常要求增加一定的设施或人员投入，或需要调整施工作业时间，因此会带来成本的增加。而一些节水节电措施如果没有系统长期的采用，则由于其节约的费用可能低于其投入而得不到应用。

c. 制度原因。由于缺乏系统科学的制度体系，使得政府在宏观调控上缺乏有效的手段，各个部门的标准不同，给执行带来了较大的困难。当前我国建设行政管理部门对施工现场的管理主要体现在对文明施工的管理，对于绿色施工还没有系统科学的制度来予以促进。另一方面，当前我国建筑市场仍存在一些不良现象，各项改革仍在进行，如，不规范的建筑工程承发包制导致一些施工企业不是通过改进施工技术和施工方法来提高竞争力；建筑工程盲目压价严重，导致承包商的利润较低、经济承受能力有限。

d. 管理水平低、成本较高。目前我国建筑企业普遍人员素质不高，企业管理水平低下，企业采用绿色施工技术随意性、依赖性强，而制度化、规范化差，无法采用科学的管理方法和手段，导致成本上升，绿色施工经济性效果更差，形成恶性循环。

e. 缺乏评价与激励。目前绿色施工还没有系统科学的评价及管理，造成绿色施工的先进技术、管理方法并未得到充分应用，没有一个统一的信息平台提供施工环境信息，同时也没有相应的激励机制。这使得绿色施工的推广工作进程缓慢。因此，制定绿色施工评价指标体系、信息平台和激励机制已成为推行绿色施工的瓶颈问题。

4）绿色建筑与绿色施工推广应用对策

①提高“绿色建筑”、“绿色施工”意识

只有在工程建设各方以及广大民众对自身生活环境的认识和保护意识达成共识时，绿色价值标准和行为模式才能广泛形成，因此，提高人们的绿色施工意识是非常重要的。具体可以通过以下几种途径：

a. 进行广泛深入的教育、宣传，加强培训；

b. 建立绿色施工示范性项目及企业；

c. 建立和完善绿色施工的民众参与制。

②贯彻执行绿色施工管理体系

推行绿色施工，必须实施科学的现代管理，提高企业管理水平，使企业和项目从被动变为主动，使之制度化、规范化。目前，很多企业施工企业已具备完善的施工管理体系，多数也已经通过了认证，但在实施执行过程中力度不够。在贯彻执行绿色施工管理体系过程中，要强调管理者的责任感和领导能力，将各项管理制度切实落实。

③严格执行绿色施工技术标准

《绿色施工导则》中在以下方面都有明确规定：

a. 在环保保护方面，从扬尘控制、噪声振动控制、光污染控制、水污染控制、土壤保护、建筑垃圾控制、地下设施资源与文物保护六个方面提出了具体要求；

b. 在节材与材料资源利用方面，对节材措施，结构材料、周转材料、围护材料、装饰装修材料的规定；

c. 有节水与水资源利用方面，对提高用水效率，非传统水源利用和用水安全方面的规定；

d. 在节能与能源利用方面，对节能措施、机械设备与机具用能，生产生活及办公临时设施用能，施工用电及照明几个方面的规定；

e. 在节地与施工用地保护方面，对临时用地指标，临时用地保护，施工总平面布置的规定。

④加强绿色施工技术的研发与应用

科技进步和自主创新可以有效地推动绿色施工技术的运用。在许多情况下，一种对环境更为有利的施工过程能够比传统的过程还要经济，或至少在费用上相等。绿色施工技术研究应对传统施工技术进行消化、改良，进而进行管理和技术的集成，最终回归绿色施工实践、指导绿色施工。绿色施工改进的主要方向应从建筑业的实际出发，一方面广泛关注相关行业（例如环境工程、新材料、新能源等）的科技发展动态，寻找可以为绿色主题服务的科技创新和技术引进；另一方面在建筑业自身范围内对传统的资源利用方式和生产组织方式进行绿色审视、批判和改革。

⑤建立建全系统科学的绿色施工法规和制度体系

科学系统的法规、制度体系是推动绿色施工及其技术应用的关键，在人们的思想意识尚未达到理性的自觉时，需要靠政府部门的参与和引导及切合实际的法规。制定有前瞻性的市场规则和法规体系，形成一个自上而下强大推动力，才能激发自下而上的积极呼应。绿色施工的法规可以是环境保护法规的分支及施工现场管理的规定，它的制定是一个系统工程，需要多行业、多学科的协商。

应建立一些利于推进绿色施工的制度，如，针对政府投资的建设项目，可在招标文件中明确承包商应在投标书中说明的有关可持续发展的要求，并在工程承包合同中予以覆盖；可提出承包商应通过 ISO 14001 环保认证的要求；对于其他社会投资项目则可通过税收、奖励等制度促进绿色施工的应用，鼓励业主将绿色施工准则纳入施工图纸和技术要求中，将环境等责任加入建造合同，并在建造期间监督承包商加以遵守。此外，还可建立绿色施工责任制、施工单位的社会承诺保证机制、社会各界共同参与监督的制约机制。

⑥建立“绿色施工”评价与激励体系

为了推行绿色施工，配合相关制度的实施，使政府主管部门、行业和企业能够实施有效管理，积极建立绿色施工评价与激励体系，对绿色施工技术在建筑工程中的应用进行综合评判。针对我国绿色施工处于起步阶段的现状，需要各地根据具体情况制订有针对性的考核制度，促进绿色施工的发展。

绿色施工评价体系主要是评价指标的确定，应以绿色施工的主要因素如现场环境保护、节省量（材料、能源、土地和水）和人员安全健康等作为三个主要方面。此外是权重的确定和评分。同时应明确评价的组织、成员及评价结果的确定。更为重要的是建立激励机制，对评价结果及其评价等级逐年公布，并纳入对主管部分、业主、企业（施工单位和监理单位）和项目的业绩考核之中。特别是对项目经理及其主管领导的考核至关重要。而且应作为评选鲁班奖、绿色建筑奖和优秀项目经理的必备条件之一。因为施工过程的优良是构成这些奖项的基础。

二、工程质量管理的制度创新

工程质量是行业整体发展水平的综合反映，属于多因一果：个体失律、行业失范、市场失灵、政策失效都将导致工程出现这样那样的问题。如近年来发生的凤凰桥坍塌、杭州“11·15”地铁塌陷、上海“楼脆脆”等事故，直接原因表现为有关操作人员不严格执行技术标准和操作规程，深层次分析无不是包工头、承包商（包括勘察设计单位)、建设单位甚或主管部门受利益驱使，一味抢工期、压造价，违反法定程序，违反技术标准，导致事故发生。归纳起来，影响工程质量安全水平的因素主要有两个，一是技术因素，包括技术人员的业务水平和操作人员的操作技能，二是责任体系因素，包括责任划分是否合理、责任权利是否对等。因此，治理工程质量，也需要标本兼治，综合治理。

(一) 工程质量管理制度现状

改革开放以来，我国出台了一系列工程建设的法律法规和部门规章（质量安全管理方面计有“一法三条例十一项部令”)，形成了一系列管理制度（如工程质量监督制度、施工安全监督制度、施工图审查制度、超限高层审查制度、抗震新技术核准制度、安全生产许可制度、施工安全三类人员考核任职制度、检测机构许可制度、竣工验收备案制度、工程质量保修制度等)，使工程质量安全管理有章可循、有法可依，对规范工程建设活动起到了积极作用，为确保大规模工程建设的质量安全提供了制度保证。

问题还是存在的。当前我国工程质量安全方面的问题，突出反映在以下几个方面：安全生产事故起数和死亡人数虽有较大幅度下降，但事故总量仍然较大，且事故下降幅度趋缓；村镇住宅建设缺乏相应的技术保障，安全性、适用性较差，村镇建设事故时有发生；随着一些不成熟材料、技术的大量应用，城镇住宅建设中出现了一些新的质量通病；随着越来越多的深基坑、大跨度、超高层建筑的出现，技术风险进一步凸显，地铁、桥梁等工程事故时有发生；一些政府投资工程违反科学规律，盲目压缩工期，配套措施跟不上，导致工程事故时有发生。此外，建材市场鱼目混珠，勘察设计深度和精度不足，施工承包层层转包与无证挂靠猖獗，一线工人质量意识和操作技能长期得不到提高，监理人员形同虚设，都制约着行业整体质量水平的进一步提升。这些情况都折射出当前工程质量安全管理的法律法规存在着诸多不适应、不符合问题，都可以归结到制度层面存在的缺陷。

(二) 制度创新的基本要求

仔细分析以上问题可以发现，制度建设上的主要问题是责、权、利不对等，一些单位和个人有利无责，或利大责小，这样构筑的责任体系起不到规范行为的作用，无法在实践中落实，反而会纵容违法违规行为。因此，在制度建设中，必须按照责权利一致的原则，符合以下几点要求，做到外在制度与内在制度的统一：

一是要符合人性特点，制度建设就是重新界定和调整利益关系，要承认多数人都有趋利避害的天性，是追求利益的，不能指望人人都是活雷锋，对人的这种自利性首先要正视，同时也要给予适当的引导和规范。官员们追求政绩，就要合理设计政绩考核标准；商人追求利润，就要及时对其不法行为进行曝光，影响市场对其的选择。

二是要符合工程建设的基本规律，首先，工程建设活动先有交易后有产品，是以诚信为基础的甲乙方重复博弈，存在信息不对称，同时也存在甲方的强势主导，业主参与并主导工程建设的全过程，政府的监管和政策必须以市场主体之间的博弈为基础，有一个合理的边界，绝不能越俎代庖。其次，工程建设活动是市场化程度比较高的一个领域，价值规律发挥着基础性作用，因此必须以市场规则为基础选择政策调控的着力点。譬如，作为工程建设基本制度的招投标制度，其目的就在于通过招标选取一个最低价，制度设计不能离开这个基本点。当然这个最低价是经过评审、核实无误的最低价。与招标制度相配套的是担保制度，如果只有低价中标而没有担保，责权利无法对等，风险不可避免。再次，工程建设活动是一种社会活动，一个工程的实施涉及众多的专业分包，对社会资源的组合与管理是工程建设管理的重要内容，这就需要统一的技术标准和统一的行业基本运行规则。

三是要符合中国现阶段国情和实际，首先，我国正处在社会主义市场经济体制完善阶段，工程建设领域中相当多的市场主体还不是完全的理性经济人，很大一部分业主是政府部门或国有企事业单位，承包商也有相当大比例是国有企业，他们不但肩负着产生效益、创造财富的责任，也肩负着社会稳定、做出政绩的特殊使命，价值目标是多元的，他们是有限理性的经济人，甚至有时候可能表现的是政治人、关系人；其次，中国的工程建设管理体制是高度分割的，投资决策与实施分割，各类专业工程的监管分割，各个地方也有自己的土政策，一项统一的政策往往因为地方、部门附加的各类“细则”而大相径庭，因此，必须在确保基本模式一致的前提下，给予地方和部门足够的政策空间。

（三）制度创新的关键内容

粗略分析，目前我国工程建设质量安全管理制度创新中，应注意解决以下一些问题：

1. 建设单位的权利责任一致问题

建设单位是工程的发起人和受益人，建设单位分为两类，一类是自建自有自用的，如各类企事业单位，其质量责任是终身的，对其约束力主要来自后续的使用功能保障压力；第二类是建成后作为商品进行交易的，主要是各类开发商，其追求的是建造成本（开发成本）与商品房售价之间的差额，对其约束力主要来自市场选择与竞争压力。目前各类开发商存在的问题比较多，突出问题是权利和责任不对等。当前房地产市场处于卖方市场，开发商只要拿到好地块，就不愁房子卖不出去，无法形成有效的市场竞争压力，因此，在建造成本控制上就会有压级压价的倾向，能省就省，在品质要求上“达标就行”、“合格就行”。由于购房人与开发商之间存在着严重的信息不对称，对开发商的偷工减料、以次充好，购房人也无法作出准确的判断。因此，开发商这类建设单位应成为政府工程质量监管的重点。

规范开发商的行为，不可能对其作为项目投资人的权利（如选取设计人、承包人、指定分包人、指定特殊材料等）做过多的限制，但应该按照责、权、利一致的原则，明确其相应的质量安全责任，如将安全生产许可的条件列入施工许可中，由建设单位牵头对项目施工期间的现场安全负总责。再如应由开发商组织保修工作，先行对小业主作出保修承诺，先行赔偿；项目开发公司的保修责任应由其母公司承担。也可由开发商为其开发的商品房购买工程质量保险，并将每个小业主列为被保险人。此外，也应明确建设单位或建筑工程所有人在工程长期使用过程的质量责任，由其定期对工程进行鉴定和维修加固。

2. 强化勘察设计施工单位直接责任问题

察设计和施工单位是工程质量的直接责任主体，所有的规章制度、技术标准都需要通过他们落实到实际工程建设过程中。工程勘察、设计、施工承发包市场是目前市场化程度比较高的一个领域，存在的问题主要表现在，首先是严酷市场竞争压力下的低价竞标、低价中标所导致的成本控制压力，为降低成本和缩短工期，一些勘察单位在野外作业原始数据上造假，一些设计单位的方案设计深度不够，专业配合不到位，施工图设计粗制滥造，一些施工单位偷工减料、以次充好。其次，目前我国工程建设中设计、施工环节互相脱节的体制也制约着工程质量水平的进一步提高，设计阶段不考虑施工的可行性，施工阶段只是简单地按图施工，不考虑对设计的反馈和优化。再次，随着工程量的急剧增加和新型结构的大量出现，人员素质跟不上，一些小型设计施工单位质量保证体系不健全。最后，“责任到人”的责任体系远没有建立起来，责任体系不合理，有权无责、有责无权，管生产不管安全、管生产不管质量的现象比较普遍，一些企业、项目负责人重进度、重成本、轻质量、轻安全的意识还比较浓，一些项目经理甚至从不看图纸！

确保工程质量，基础在于提高勘察设计和施工单位的质量意识，完善责任体系。要继续坚持市场化改革方向，加快推进企业产权制度改革，建立现代企业制度，培育真正的市场主体；要加快诚信体系建设，将企业的质量状况及时反映在招投标市场，实现现场与市场的联动；要加快推进工程担保与保险制度的实施，用市场的力量约束企业的行为；要根据责权利一致原则，加快完善以个人为基础的质量责任体系；要促进设计与施工的互相渗透，改进生产组织方式；要大力发展建筑工业化，减少工程质量不稳定因素，提高生产效率；要进一步完善职业培训制度，提高一线作业人员质量意识和技能。

3. 中介机构的鉴证责任问题

工程建设领域与质量安全控制关系密切的中介机构主要是监理单位和检测单位。本来监理单位受雇于建设单位对承包合同的实施进行管理，对工程建设过程进行控制，是工程质量保证体系中重要的环节，但目前一些监理单位起不到应有的作用，形同虚设。造成这种情况的原因来自两方面，一方面是外部的，一些建设单位（包括开发商）不放权，法律法规规定的监理单位在材料认定、进度款支付、竣工验收中的签字权无法落实，监理单位不能独立自主地开展工作。另一方面是内部的，一些监理单位人员素质较低，不能给建设单位和施工单位以有价值的咨询和指导，成了一个可有可无的角色，影响其法定地位，而法律法规又规定规模以上的工程必须聘请监理，因此一些监理单位就成了建设单位请来的摆设。检测单位的主要问题是迫于市场竞争压力，为了吸引和留住客户，不顾原则迁就客户，在试验数据上造假，失去公正性。

检测机构作为提供技术验证服务的单位，公正性是其生命，不能搞“完全竞争”，要对其数量进行限制，实行有限竞争，一个城市不能审批太多的机构。对于监理单位的发展，不能超越发展阶段，拔苗助长，建议调整强制性监理的范围，给予社会投资工程业主以自主权，由他们根据工程的规模和复杂程度决定是否请监理。没有监理的工程，项目监督管理的责任由建设单位直接承担，这样比形同虚设的监理效果更好。

4. 政府监管责任的落实问题

与工程质量的形成有直接关系的政府监管内容主要是工程质量监督、施工图设计文件审查和竣工验收备案三个环节。工程质量监督方面存在的主要问题是工作边界模糊，导致责任不清，同样的工程事故，不同的地方监督机构承担的责任大相径庭。施工图审查方面存在的主要问题是目前的审图任务委托方式不合理，由建设单位直接将审图业务委托给经政府认定的审图机构，审图机构之间为争夺业务产生的竞争导致把关不严、审图质量下降，那些把关越严的审图机构越没有活干。此外，现有法规的部分处罚条款操作性不强，如有关行政处罚金额过大，动辄数十万，造成实际执行中的困难。

实践证明，工程质量监督和施工图审查是政府对工程质量进行监管的重要手段，在我国城市化进程加快发展的历史阶段，这些措施必不可少。应进一步规范工程质量监督和施工图审查工作。审图机构的任务应由城市建设主管部门根据审图任务量和各审图机构工作质量的优劣进行分配，而不是由建设单位来自行选择。

5. 进一步强化民事赔偿责任的问题

我国正处于城镇化过程中，2008年城镇化率是45.7%，专家预测今后10年每年要提高一个百分点，也就是说1300多万人要进城，每年城镇在施工的建筑面积近50亿m^2，竣工20亿m^2建筑，再加上已有的430亿m^2建筑，而政府专业监督人员只有不足4万人，完全靠政府来解决所有的具体问题是不现实的，更为可行、有效的解决办法是政府通过完善法律法规和技术标准，建立起合理、明确的责任体系，完善技术鉴定机构等诉讼支持体系，健全保险机制，疏通解决问题渠道，为广大群众提供有力的法律武器。几千年来，国人从来就不缺平等和公平意识，改革开放30年，维权意识也不断提高，相信只要群众手中有了好使、管用的法律武器，那些不良开发商、承包商就没有立足之地了，社会诚信将建立起来，建筑市场秩序也将最终得以规范。

6. 监管体制上存在的问题

目前我国工程建设的管理体制特点是“统分结合”，即“统一规则、分别监管”，各相关部门根据《建筑法》、《招标投标法》、《质量管理条例》、《安全管理条例》等所规定的基本制度，分别对各类专业工程进行监督管理，分阶段、分主体监管的特色突出，众多的管理制度和管理主体给项目参建单位带来很大的制度执行成本。单就房屋建筑而言，就涉及项目立项审批（核准、备案）、规划审批、施工许可、施工质量监督、消防验收、人防验收、防雷验收、燃气验收、竣工验收备案、竣工资料城建档案验收等10多项审批。各部门缺乏有效配合，不能实现对工程建设全过程、全方位的联动式管理。此外，对一些特殊工程，如政府投资工程、市政项目、各类开发区项目、村镇建设项目等，执法难度很大，存在不能管、不敢管、管不了的现象。在现阶段，需要整合监管资源，加强信息沟通，形成监管合力，降低监管成本和执行成本。

（2009年11月5日在“建设与房地产管理国际学术研讨会（ICCREM 2009）”上的讲话）

以人为本　安全发展

安全第一是人类社会生产、生活各项活动最基本的准则，也是各国建筑业的最高准则，我国建筑业根据党和国家以人为本、科学发展、安全发展的要求，达到又好又快发展的目标，必须切实贯彻这一准则，要从以下五大方面抓细、抓实、抓出成效来。

一、树立安全理念

建筑业是重要的国民经济支柱性产业，同时建筑业也是职业安全事故率较高的行业之一。建筑生产安全事故除了造成大量的人员伤亡外，还导致直接的和间接的经济损失，产生巨大的社会影响。为此，必须首先对目前我国建筑安全水平进行分析判断，树立科学发展、安全发展的理念，才能有效寻求降低建筑生产安全事故的发生率和减少事故损失的途径。

（一）建筑安全事故状况

改革开放三十年，我国进行了也正在进行着历史上同时也是世界上的最大的工程建设。截至2008年年底，全国建筑业总产值达到45880亿元，建筑企业共5.91万家，从业人员2556万人。但在某种程度上，这些辉煌的成绩是用惨痛的代价换来的，主要表现在我国建筑业质量安全管理水平较低，导致在建筑生产阶段每年由于生产伤害事故丧生的从业人员近千人，在建筑使用阶段由于建筑质量原因，也造成了人民群众人身及财产的重大损失。

1. 建筑生产安全事故情况

根据住房城乡建设部“建筑安全生产事故情况通报”的数据，2009年，全国共发生房屋建筑和市政工程生产安全事故684起、死亡802人，与上年同期相比，事故起数下降了12.08%，死亡人数下降了16.80%；其中，发生较大事故21起、死亡91人，与上年同期相比，事故起数下降了50%，死亡人数下降了51.34%；全年没有发生重大及以上事故。截至2010年9月底，建筑生产安全事故356起、死亡452人。

2. 较大及重大安全事故情况

2009年以来，全国房屋建筑和市政工程共发生生产安全重大事故1起、较大事故20起、死亡96人。按事故死亡人数从多到少排列，依次是吉林省梅河口市爱民医院住院部综合楼工程，造成 11 人死亡；广东深圳汉京峰景苑工程，造成 9 人死亡；贵州贵阳国际会议展览中心工程，造成 9 人死亡；安徽芜湖华强文化科技产业园配送中心工程，造成 8 人死亡；云南昆明新机场配套引桥工程，造成 7 人死亡；广东广州花花世界中心广场二期工程，造成 4 人死亡；辽宁本溪恒仁县人民医院异地新建工程，造成 4 人死亡；辽宁沈阳崇山华府 3 号楼工程，造成 4 人死亡；内蒙古自治区苏尼特右旗人民法院审判法庭工程，造成 3 人死亡；江苏省无锡市北塘区文教中心工程，造成 3 人死亡；湖南省锦苑鑫城工程，造成 3 人死亡；湖北省随州市广水滨河休闲街 A2 号楼工程，造成 3 人死亡；内蒙古自治区和平路道路改造工程，造成 3 人死亡；江苏扬州彩弘苑 7 号楼工程，造成 3 人死亡；河北石家庄北城国际 B-10 号楼工程，造成 3 人死亡；四川农业大学温江校区学生宿舍楼工程，造成 3 人死亡；辽宁沈阳龙之梦亚太中心二期工程，造成 3 人死亡；四川成都天堂岛海洋乐园工程，造成 3 人死亡；四川南充天来豪庭工程，造成 3 人死亡。

3. 事故类型和部位情况

2010 年上半年，建筑生产安全事故按照类型划分，高处坠落事故 103 起，占总数的 48.13%；坍塌事故 40 起，占总数的 18.69%；物体打击事故 30 起，占总数的 14.02%；起重伤害事故 18 起，占总数的 8.41%；机具伤害事故 13 起，占总数的 6.07%；其他事故 10 起，占总数的 4.68%。

2010 年上半年，建筑生产安全事故按照部位划分，洞口和临边事故 46 起，占总数的 21.50%；模板事故 23 起，占总数的 10.75%；脚手架事故 23 起，占总数的 10.75%；基坑事故 20 起，占总数的 9.35%；塔吊事故 18 起，占总数的 8.41%；其他事故 84 起，占总数的 39.24%。

（二）建筑安全管理特点

1. 建筑项目特殊性

（1）一次性。考虑项目的规模、结构以及实施的时间、地点、参加者、自然条件和社会条件，世界上没有绝对相同的一栋建筑，设计的单一性、工程的单件性，使得建筑施工不同于工业、制造业的重复生产。生产的一次性使得项目的知识、经验和技能积累困难，并很难将其重复地运用到以后的项目管理中，不确定因素多，如政治、经济、自然条件和技术，它们存在于项目决策、设计、计划、实施、维修各个阶段。这决定了在建设的过程中，建筑安全管理所要面对的环境十分复杂，并且需要不断地面对新的问题，需要充分发挥创造性。

（2）流动性。首先是施工队伍的流动。建筑工程项目具有固定性，这决定了施工队伍需要不断地从一个地方换到另一个地方进行建筑施工；其次是人员的流动。由于建筑企业超过 80%的工人是农民工，人员流动性也较大；再次是施工过程的流动。建筑工程从基础、主体到装修各阶段，因分部、分项工程、工序的不同，施工方法的不同，现场作业环境、状况和不安全因素都在变化中，作业人员经常更换工作环境。特别是工程施工中往往需要采取临时性的措施，其规则性较差。建筑项目的流动性特点使危险存在不确定性，要求项目的管理者和各方面参与者对安全施工、事故预防具有预见性、适应性和灵活性。

（3）密集性。首先是劳动密集。目前，我国建筑工业化程度较低，需要大量人力资源的投入，是典型的劳动密集型行业。因此，建筑安全生产管理的重点首先是对人的管理。当前建筑业集中了大量的农民工，不少都是没有经过集中专业技能的培训，技能和安全知识的欠缺对安全管理工作提出了挑战。其次是资金密集。建筑项目的建设是以大量资金投入为前提的，如三峡工程一天的投资就高达三千多万元，资金投入大决定了项目受制约的因素多：一是受施工资源的约束；二是受社会经济波动的影响；三是受社会政治的影响。因此，建筑安全生产要考虑外界环境的影响。

（4）协作性。首先是多个建设主体的协作。建设工程项目的参与主体涉及业主、勘察、设计、工程监理以及施工等多个单位，它们之间存在着较为复杂的关系，需要通过法律法规以及合同来进行规范。只有各建设主体之间共同努力，精诚合作，才能按预定目标顺利完成建设工程项目。其次是多个专业的协作。建设工程项目需要经过策划、设计、计划、实施和维修等各个阶段才能完成实现工程实体的功能。这个过程涉及工程项目管理、法律、经济、建筑、结构、电气、给水、暖通和电子等相关专业。在各个专业的工作过程中经常需要交叉作业。这就对安全管理提出了更高的要求，需要专业工作队伍之间精诚协作、合理协调，需要完善的施工组织作为保障。

2. 作业环境的特殊性

（1）高处作业、交叉作业多。建筑施工中的许多作业都是在高处进行的，如脚手架、滑模及模板施工；基坑、管道施工以及建筑物内外装修施工作业等，两米以上即属高处作业，通常建筑物的高度从十几米到几百米，地下工程深度也从几米到几十米，并且存在多工种、多班组在一处或一个部位施工作业，施工的危险性较高。

（2）作业强度高。施工中，大多数工种仍是手工操作或借助于工具进行手工作业、现场安装等，湿作业多，如浇筑混凝土、抹灰作业等，劳动强度高、体力消耗大，容易发生疏忽造成事故。

（3）作业环境条件差。建筑施工作业大部分在室外进行，受天气、温度影响较大，夏天是高温、冬天是低温影响，还有受风、雨、霜和雾等的影响，工作条件较差。在雨雪天气还会导致工作面湿滑，夜间照明不够。这些自然因素也都容易导致事故发生。

（4）作业环境变化快、标准化程度低。工程项目的类型、施工现场的作业、工作环境千变万化。工人散布在工地上从事多个岗位和任务的工作，作业环境和条件随工程的进展日新月异，难以一一规范所有操作行为，也难以做出标准作业技术规定。这就既增加了安全生产的难度，也增加了安全监督检查的难度。

3. 组织结构和管理方式的特殊性

（1）项目管理与企业管理离散。施工企业安全生产管理水平往往通过工程项目管理水平加以体现和落实，由于一个企业可能同时有多个项目，且项目往往远离公司总部，这种远离使得现场安全管理的责任，或者说能够有效进行安全管理的角色，更多地由项目来承担。由于项目的临时性、特定环境和条件以及项目盈利能力的压力等，企业的安全管理制度和措施往往难以在项目得到充分的落实。

（2）多层次分包制度。由于建筑工程存在分包或专业承包的体制，总承包企业与各分包或专业承包企业责任制度的建立和落实、现场的管理和协调等，对工程质量、安全管理影响很大。包工头的存在，更是增加了现场安全管理的难度。

（3）施工管理的目标（结果）导向。当前，建设单位对工程项目通常确定的目标（质和量）和资源限制（时间、成本），无形约束着施工单位的行为，往往对施工单位形成很大的压力。而建筑施工中的管理主要是一种目标导向的管理，只要结果（产量）不求过程（安全），而安全管理恰恰是在过程中的管理。

（三）以人为本的建筑安全理念的思想基础

1. 体现“三个代表”重要思想和“以人为本”精神

安全生产的基本目标与党中央提出“三个代表”重要思想的基本精神是一致的，即把人民群众的根本利益放在至高无上的地位。在人民群众的各种利益中，人的生命安全与健康保障是最基本的利益。因此，建筑安全管理就是要站在维护人民群众根本利益的角度来认识安全生产工作，这就要求我们要一切从人民群众的根本利益出发，对人民群众负责。这反映了党和政府对人民群众的生命安全和身心健康的深切关怀，旨在强化和反映全民安全意识的安全文化。将先进文化和社会主义精神文明建设的重要组成部分反映到安全生产的具体工作中，就必须确保人民群众的生命财产安全，使广大人民群众有一个安稳的工作环境和生活环境。人民群众的利益是一个综合体，内涵是多方面的，而保证其生命安全和身心健康是最起码的要求，也是广大群众最关心的问题。

党的十六届三中全会明确提出了“以人为本，全面协调可持续的发展观”，把“以人为本”正式写进党的文件。“以人为本”就是一切从人民群众的根本利益出发，促进人的全面发展，满足人民群众日益增长的物质文化需求。

2. 体现经济的可持续健康发展

一个国家所需要的发展不是一味追求 GDP 的增长，而是社会、经济和环境等各方面综合起来共同协调发展，建筑安全的科学管理就是要强调经济发展和职业安全健康、环境保护、资源保护的相互协调，强调把眼前利益和长远利益、局部利益和整体利益结合起来，注重地区之间和国际之间的机会均等；强调建立和推行一种新型的生产和消费方式，应当尽可能有效地利用可再生资源，包括人力资源和自然资源；强调人类应当学会珍惜自己，保护自己，保护人力资源。

改革开放20多年以来，我国经济之所以能以让世界为之震惊的速度持续发展，在很大程度上是依赖于不同层次的人力资本的贡献。而安全管理是保护人力资本的有效方式之一。据有关方面测算，发达国家人力资本对经济增长的贡献占到75%，而我国目前只占35%左右。这表明我国的人力资本还有很大的开发利用空间，我们应该加倍珍惜现有的人力资源，使这些人力资本在为我国的经济建设不断作出贡献的同时实现增值，进而在实现人的全面发展的同时实现社会经济的可持续发展。

3. 体现构建和谐社会的思想

社会生产实践的主体是人，安全生产是尊重和保障人权的一个组成部分，是对人的生命权、健康权和基本尊严的维护。建筑安全管理就是保障劳动者和公众或个人的生命安全与健康，保障劳动者的生命安全与健康权。同时，使所有劳动者的安全与健康得到保障是社会公正、安全、文明、健康发展的基本标志之一，也是保持社会安定团结和经济持续、稳定、健康发展的重要条件。

安全生产事关劳动者的基本人权和根本利益，工伤事故和职业病对人民生命与健康的威胁会使广大劳动者感到不满，严重时可能使人民群众对社会主义制度的优越性，对党为人民服务的宗旨和对改革的目标产生疑虑和动摇。当这些问题累积到一定程度和作用力发展到一定程度的时候，必然成为影响社会和谐的重要因素。只有为每一位劳动者提供一个安全健康的不断持续改进的工作环境，才能使他们有一个基本的生活保障和幸福美满的家庭，从而才能构建社会主义和谐社会。

(四) 以人为本的建筑安全理念内涵

任何有效的管理都应该以明确的目标作为前提。正确的建筑安全理念应该有明确的建筑安全管理目标，这样才能够激励建筑安全管理的参与者，克服各种短期行为，从而实现科学的、有计划的管理。

1. 安全和安全管理的含义辨析

安全是一个普通而平凡的常用概念，它具有十分广阔的含义，从涉及军事战略到国家安全，到依靠警察维持的社会公众安全，再到交通安全、网络安全等，都属于安全问题。安全既包括实体安全，例如国家安全、社会公众安全、人身安全等，也包括虚拟形态安全，例如网络安全等。安全的基本含义包括两个方面，一是预知危险，二是消除危险，两者缺一不可。从广义上讲，安全就是预知人类活动各个领域里存在的固有的或潜在的危险，并且为了消除这些危险所采取的各种方法、手段和行动的总称。从狭义上说，安全是指在社会生产活动中，在科学和技术的应用过程中可能的危险所产生的人身伤害和损失问题，是指伴随着人类社会生产而产生和发展的问题。

对任何工业部门的任何雇主来说，安全都应当被视为一个很重要的因素。对建筑工业，这种因素比其他大部分的行业更加重要。因为在建筑工人中发生事故的概率非常高，使得安全对于建筑业来说显得尤其重要。

有人将安全管理定义为管理者对生产活动进行的计划、组织、指挥、协调和控制的一系列活动，以保护员工在生产过程中的安全与健康。从管理的范围和层次上看，安全管理包括宏观安全管理和微观安全管理两部分。宏观安全管理是指国家从思想指导、机构建设、手段（包括法律、经济、文化、科学等）各方面所采取的措施和进行保护工人的安全与健康的活动。实施宏观安全管理的主体是各级政府机构。另一方面，微观安全管理是安全生产主体企业根据国家安全法律法规所采取的旨在保障工人在生产过程中的安全和健康的行为。实施微观安全管理的主体主要是企业及其相关部门。

在我国经常提到劳动保护这个概念，一般来说，安全管理和劳动保护管理的含义大体相同，在我国两者是通用的。但在欧美各国，一般将安全管理或劳动保护称为职业安全与健康。这主要是我国和欧美各国的安全管理内容的差异所致，目前我国是将生产安全和卫生健康分开管理，而欧美各国大多数是将生产安全和卫生健康综合在一起管理。为了更好地对生产过程的安全与健康进行有效管理，实现与国际接轨，对职业安全与健康进行综合管理将是我国未来的努力目标，也是必然的趋势，因此安全管理也应该包括职业卫生健康的考虑。

2. 以人为本的建筑安全管理理念解析

以人为本的建筑安全管理理念，就是要转变传统的监督与管理的指导思想和模式，转变以发动集中检查整治安全管理问题的方式，变事故管理为事故预防，进行超前管理，建立以人为本，以建筑企业为主体，一切依靠人，以生命第一为最高准则，全面贯彻落实预防为主的方针，通过正确应用安全管理的原理和方法，深入分析和评价生产过程中的危险源和不安全因素，采用经济手段、法律手段、技术手段和教育手段，预先消除隐患或采取防范措施，有效地控制设备事故、人身伤亡事故和职业危害的发生，达到生产活动中确保职工人身安全和健康的目的。

以人为本的建筑安全管理理念包含三个方面的内容，分别为建筑安全管理的最终目标是一切为了人；建筑安全管理的根本任务是一切依靠人；建筑安全管理所应遵循的最高准则是生命第一准则。

（1）最终目标：一切为了人

广义的一切为了人是指满足人的需求，主要是指满足人们日益增长的物质生活和文化生活的需求。建筑安全管理理念的“一切为了人”是指建筑安全管理是为了满足人对安全的需求，这里的人指建筑企业的员工，即满足建筑企业员工对安全和健康的需求，保护其生命不受威胁。

发达国家有关职业安全的法律都提出了非常明确的管理目标，强调对人的保护，也就是建筑安全管理的“一切为了人”。发达国家在有关职业安全与健康保护方面已经踏出了重要步伐并通过法律形式明确了安全管理的目标。在美国，《职业安全与健康法》提出的是“尽可能保证每一个工人有安全健康的工作环境，保护国家人力资源”，它强调的是对每一个工人个体的保护；在英国，《劳动健康安全法》提出的目标是“保证职业工人的健康、安全和福利，保证可能会受到生产影响的公众的健康和安全”，它强调的不仅是对工人个体的保护，同时注重对社会公众健康与安全的保护。可以看出，美国和英国的安全管理目标的出发点都是从一切为了人出发，基于对每一个工人的保护，但是英国的安全管理目标则更进一步，它把保护的范围扩展到可能受生产影响的社会公众的范围。

尽管近来以人为本的理念被社会广为接受，但我国的法规所确定的目标却比较模糊。例如，安全生产法制定的目标是：加强安全生产监督管理，防止和减少生产安全事故，保障人民群众生命和财产安全，促进经济发展。这中间有两个层次的含义：一是对人的保护；二是对财产的保护。当然，我们并不否认对财产保护的重要性，在大多数情况下，对人的生命的保护和对财产的保护是基本一致的。但是，在一些情况下，对人的生命的保护和对财产的保护可能会出现矛盾，很难同时兼顾。目前，我国各地方政府、企业都把促进经济发展和提高效益作为首要的任务来抓，在经济利益的驱使下，当对人的生命和财产的保护出现矛盾的时候，有些人可能会以牺牲人的生命为代价，以保护“更高价值”的财产或获取“更高价值”的利润，致使人的生命与健康得不到应有的保护，人的生命权与健康权受到了人为的践踏，人的价值得不到基本的认识和尊重。

因此，建筑安全管理的最终目标应是保护每个工人的安全和健康，即一切为了人。这个目标应反映在我国所有与建筑安全相关的法律制度中，各地方、各级政府及有关管理机构也应该把保护工人作为自己的终极职责，所有的建筑企业同样应该承担起保护企业员工的重要责任。

(2) 根本任务：一切依靠人

要达到一切为了人、保护每个工人的安全与健康这一最终目标，必须做到一切依靠人，这就是建筑安全管理的根本任务，一切依靠人，即充分调动人的积极性、主动性，在事前对可能出现的问题做出分析、判断并提出相关预防的措施或预案，从而最大限度地减少事故的发生，保证建筑安全管理的效果。这里的人即指相关管理部门，也指建筑企业，更是指建筑企业的每个员工。

建筑安全管理部门为进一步减低建筑施工伤亡事故做出了各种工作包括法律法规和标准规范的制定、经济措施的采用等，但是这些工作的效率有赖于管理部门的执法效率和经济措施的成本。管理部门的执法和经济措施是建筑安全管理不可缺少的重要组成部分，它们在某种程度上对那些只是怕罚款才愿意遵守安全法规标准的建筑企业起到一定作用。

建筑安全对人进行保护的主要方式有事故发生后对责任人的制裁和对受害人的赔偿，以及事故发生前的事故预防。诚然，事后的责任追究和赔偿在一定程度上能够抑制潜在威胁的发生，对违法者有威慑力量，它通过严厉的后果促使相关行为主体遵守安全规章，从而实现安全目标。然而，单靠外部的监督和赔偿受害人，都是一种事后补救手段，它们并不能使已发生的损害复原，尤其是现代工程建设的规模越来越大，安全问题更加复杂，一个微小的差错就会酿成重大事故，造成巨额的损失。因此，提升施工安全管理水平，全面的事前预防才是最主要的解决安全问题的手段。应该鼓励建筑企业建立安全生产自我约束的管理机制，激励企业不但遵守有关安全法律法规，而且还积极采取相应措施革除不安全的行为和习惯，以不断改善安全生产状况。

消除人的不安全行为是降低或减少安全生产事故频率的最根本方法，而消除人的不安全行为必须依靠健全的安全健康管理机制。也就是说，只要建筑企业建立安全生产自我约束的管理机制，就可以最大限度地避免事故的发生。基于这种理念，美国等安全管理业绩良好的国家基本上都把“零事故”，作为企业追逐的目标，并且做得很好。

随着社会经济以及现代科学技术的迅速发展，建筑企业所面临的安全问题将随经济、社会环境以及施工环境的不断变化而改变，这也就要求管理部门的有关事故预防措施（包括安全法规、管理手段、管理理念等）要与时俱进，营造安全环境，促进建筑企业管理者采取适当的管理制度和管理措施来预防人的不安全行为和事物的不安全状态所导致的建筑安全事故的发生。

建筑企业建立安全生产自我约束的管理机制，首先是要满足现行安全生产法律法规和标准规范的要求，这是自我约束的管理机制的基本要求，也是最低层次；其次是企业采取比现行安全生产法律法规和规范要求更高的安全标准，同时可以根据安全生产形势发展的需要，灵活多变地采取应对措施，这是更高层次的自我约束管理机制；再次是在企业建立自我约束的管理机制的过程中，实现员工行为的自我约束，实现安全生产自我约束机制与施工生产管理体系的融合，也就是企业行为自我约束与员工行为自我约束的统一，安全生产自我约束机制与施工生产管理体系的统一。

（3）最高准则：安全第一

安全的核心、根本就是生命，安全第一就是生命第一。一切生活、生产活动都源于生命的存在，如果人们失去了生命，一切都无从谈起。因此，生命第一是以人为本的建筑安全理念的最高准则。“生命第一”的行动准则是衡量安全管理效果的最高准则，强调人的生命是不可替代的。

首先，“生命第一”是每个个人的、家庭的需要，也是国家的需要，国家事业发展的需要。应该成为政府有关安全生产监督管理部门工作的最高原则。我们衡量有关安全生产监督管理部门的方法往往是看它们是否履行了规定的行政职责，然而这些行政职责反映的是部门工作的基本准则，有些规定在某些情况下可能与"生命第一"目标相悖。因此，把"生命第一"作为政府有关部门的工作宗旨，可以促使这些部门的行政职责适应环境和形势发展的需要而做出调整。

此外，建筑安全管理水平的提高需要各参与主体的共同努力，强调"生命第一"，可以明确不同项目参与主体的责任，促使大家共同参与建筑安全管理工作。我国传统的建筑安全管理理念只是要求施工单位对工人的安全承担全部责任，这种单一的保护对象使得业主、设计等单位长期游离在建筑安全生产的责任主体之外，造成了业主、设计等单位安全责任意识薄弱，导致项目参与主体应承担的安全责任和所具备的安全意识失衡，建筑安全管理在较长时间里得不到明显的改善。因此，建筑安全管理的最高原则应该是"生命第一"突出人的生命和健康的价值，强调对人的生命和健康的保护在安全生产中具有至高无上的地位。这个原则应该反映到我国所有与安全生产相关的重要法律中，所有的政府管理机构和企业也应该把对人的生命和健康的保护作为自己的终极职责，以此来衡量安全管理的成果。

另外，在我国通常将建筑安全与工程质量两个概念联系在一起，这是因为二者存在着统一性。安全是工作质量的一种具体体现，广义上的安全，即包括建筑施工阶段建筑生产安全，又包括建筑实体本身的质量安全。好的工程质量能够确保工程施工和使用的安全可靠，反之则会导致严重的后果，有些工程事故特别是一些重大的建筑安全事故，往往是由于工程质量问题造成的。尽管建筑质量管理和建筑安全管理的分工不同，但二者是相互统一、息息相关的。不重视工程质量或安全的任何一项都是不行的，这正是"生命第一"最高准则的具体体现。

二、掌握安全科学

建筑安全管理就是要用安全科学的研究方法和思想，将建筑生产所产生的危害控制到最低限度内，从而达到一切为了人的安全管理目标。只有真正认识和掌握安全科学原理，才能树立正确的以人为本的建筑安全生产管理观。

（一）安全科学的基本理论

1. 安全系统论理论

系统原理是人们在从事管理工作时，运用系统的观点、理论和方法对管理活动进行充分的分析，以达到管理的优化目标，即从系统论的角度来认识和处理管理中出现的问题。对于建筑企业来说，由于建筑产品生产以及建筑安全管理的种种特殊性，可以将建筑安全管理看作一个复杂的系统，影响建筑安全管理这个系统运行的因素有多种，表现为企业内部因素和企业外部因素，建筑安全管理的内部影响因素，就是指直接导致建筑安全事故发生的各类具体原因。

另外，应用安全系统理论对建筑安全管理的指导还包括安全控制论原理、安全信息论原理、安全协同论、事故突变论等理论，以及对安全系统结构、机制、规律的探讨和优化。

2. 安全经济学理论

安全经济学理论包括安全与生产、安全与效益、安全与效率的关系；研究事故损失的规律与评价技术，安全的效益理论和投入产出规律；研究与事故相关的非价值因素的价值化技术；研究不同社会经济体制和经济发展时期，事故保险（伤亡保险、财产保险、意外事故保险等）的运行机制及其与事故预防等。

另外，制度经济学对安全科学也有理论支撑作用，不同的安全管理制度与经济绩效及建筑安全管理有不同的对应关系，经济制度决定了组织和经济运行的交易成本，而交易成本的大小最终决定了经济绩效的高低。

3. 安全管理学理论

安全管理学理论包括研究从安全事故损失出发的安全科学分析原理、安全监察与监督的原理；安全组织学原理、人员优化的原理；阐明合理的安全投资保障机制；揭示出合理的安全管理机制、安全管理模式、安全管理体系等基本的理论。

4. 安全工程技术与职业卫生理论

主要是指针对生产工艺和技术与人的行为心理、生理需要，研究相适应的安全生产防范原理（如防火、防爆、机电安全原理与防尘、防毒、防辐射原理等）。

（二）建筑安全影响因素分析

1. 人的不安全行为

人的不安全行为往往是建筑安全事故发生的最直接因素。各种生产事故，其原因不管是直接的还是间接的，都可以说是由于人的不安全行为引起的。人的不安全行为可以导致物的不安全状态，导致不安全的环境因素被忽略，也可能出现管理上的漏洞和缺陷，还可能造成事故隐患并触发事故的发生。

从心理学的角度，人的行为来自于人的动机，而动机产生于需要，动机促成实现其目的的行为发生。尽管人具有自卫的本能，不希望受到伤害，并且根据希望产生自以为安全的行为，但是人又是具有思维的、有情感的，由于受到物质状态以及自身素质等条件的影响或制约，有时会出现主观认识与客观实际不相一致的现象。心理反应与客观实际相违背，行为就不安全。人在生产活动中，曾引起或可能引起事故的行为，必然是不安全的行为。具体的不安全行为有：操作失误、疲劳作业、以非正常节奏作业、使用不安全设备、用手替代工具操作、物体的摆放不安全、不按规定使用防护用品、不安全着装等。在事故致因中，人的个体行为和事故是存在因果关系的，任何人都会由于自身与环境因素的影响，对同一事件的反应、表现和行为出现差异。

人的因素又可以分为：教育原因，包括缺乏基本的文化知识和认识能力缺乏安全生产的知识和经验，缺乏必要的安全生产技术和技能等；身体原因，包括生理状态或健康状态不佳，如听力、视力不良，反应迟钝，疾病、醉酒、疲劳等生理机能障碍等；态度原因，缺乏积极工作和认真的态度，如怠慢、反抗、不满等情绪，消极或亢奋的工作态度等。

2. 物的不安全状态

导致事故发生的物的因素不仅包括机器设备的原因，而且还包括建筑材料、工具等的移动、倒塌、坠落等突发因素。物之所以成为事故的原因，是由于物质的固有属性及其具有的潜在破坏和伤害能力的存在。例如，施工过程中钢材、脚手架及其构件等原材料的堆放和储运不当，对零散材料缺乏必要的收集管理，作业空间狭小，机械设备、工器具存在缺陷或缺乏保养，高空作业缺乏必要的保护措施等。物的不安全状态往往又是由于人的不安全行为导致的。物的不安全状态，是随着生产过程中物质条件的存在而存在，是事故的基础原因，它可以由一种不安全状态转换为另一种不安全状态，由微小的不安全状态发展为致命的不安全状态，也可以由一种物质传递给另一个物质。事故的严重程度随着物的不安全程度的增大而增大。

3. 环境的不安全因素

不安全的生产环境会影响人的行为，同时对机械设备也会产生不良的作用。由于建筑生产活动是一种露天作业比较多的活动，同时随着建筑技术的深地下、高空化发展，地下施工、水下施工等密闭场所施工明显增多，因此受到环境因素的影响比较明显。环境因素包括气候、温度、自然地理条件等方面。如冬天的寒冷往往造成施工人员动作迟缓或僵硬；夏天的炎热往往造成施工人员的体力透支，注意力不集中；还有下雨、刮风、扬沙等天气，都会影响到人的行为和机械设备的正常使用。值得注意的是，人文环境也是一个十分重要且不容忽视的因素。如果一个建筑企业，从领导到职工，人人讲安全，人人重视安全，形成一个良好的安全氛围，更深层次地讲，就是形成了企业的安全文化，在这样一种环境、氛围下的安全生产是有保障的。

4. 管理的不安全因素

人的不安全行为和物的不安全状态，往往只是事故直接和表面的原因，深入分析可以发现，发生事故的根源在于管理的缺陷。国际上很多知名学者都支持这一说法，认为造成安全事故的原因是多方面的，根本原因在于管理系统，包括管理的规章制度、管理的程序、监督的有效性以及员工训练等方面的缺陷等，是因管理失效而造成了安全事故。环境因素的影响是不可避免的，但是，通过适当的管理行为，选择适当的措施是可以把影响程度减少到最低的。导致安全事故的管理因素主要包括企业主要领导者对安全不重视，组织结构和人员配置不完善，安全规章制度不健全，安全操作规章缺乏或执行不力等。

建筑生产系统中，由于管理的缺失，造成了人的不安全行为的出现，进而导致物的不安全状态或环境的不安全状态的出现，最终导致安全生产事故的发生。因此，搞好建筑安全生产管理工作，重在改善和提高建筑安全管理水平，如生产组织、生产设计、劳动计划、安全规章制度、安全教育培训、劳动技能培训、职工伤害事故保险以及应急预案等。

（三）建筑安全事故损失分析

安全生产事故发生的后果就是造成不同种类损失，而损失的存在，正是我们关注和重视安全生产的主要动因。安全事故损失主要包括人的生命健康和财产的损失。具体地看，事故损失是多样和复杂的，主要有以下表现形式：

1. 经济损失与非经济损失

经济损失是指那些可以计算，或至少在理论上是可以计算的那部分损失，即有市价或可以以一定形式给出市价的商品或服务损失，具体包括医疗费，企业设备、设施或资产的价值损失，企业的工效和工作日损失，员工的工资和福利损失，以及造成的社会生产力损失等。非经济损失则是指不能直接用经济来衡量的损失。非经济损失是十分重要的，如生命健康的损失、痛苦和肉体以及精神上的折磨、受害者家庭和社会的精神损失、使人们丧失对社会公平和稳定的看法、丧失生活趣味、企业的商誉受损等。在全面建设小康社会以及构建社会主义和谐社会的背景下，非经济损失将受到政府及社会各界的极大关注。

2. 固定损失与变动损失

在经济损失中，有一部分是固定损失，即不随事故率或事故水平的变化而变化的损失，如国家或建设行政主管部门的处理事故费用和保险管理费用等。

目前，大部分甚至可以说全部企业的保险费与其实际事故水平相互独立。如果事故损失可以通过会计处理分配到固定损失中去，对管理决策者而言，将无任何动力去降低事故风险。变动损失则是随事故率变化而变动的损失。为了增强企业的安全生产意识，应该建立起变动损失机制，如采用浮动保险费率、事故次数累进重罚机制等，加大事故率高企业的变动损失。

3. 直接损失与间接损失

直接损失是指事故当时发生的、直接联系的、能用货币直接或间接估计的损失，即在企业的账簿上可以查询的损失，如医疗费用、罚款、法律成本等。其余与事故无直接联系，能以货币价值衡量的损失为间接损失，如加班工作和临时劳动等。将经济损失分为直接和间接损失两部分的原因在于：只有直接经济损失是企业可以从账面上看到的，它表明了事故多大程度被反映出来。直接经济损失直观，而间接经济损失不容易被准确估量，很多雇主或企业很难觉察到间接经济损失的影响力。

4. 内部损失与外部损失

对建筑企业来说，区分经济损失与非经济损失、固定损失与非固定损失以及直接损失与间接损失是重要的，然而，从社会角度来看，将事故损失区分为内部损失与外部损失才是最重要的。企业自身承受的部分为内部损失，如企业设备损毁、工伤事故赔偿等。外部损失是不由雇主或企业负担的损失部分，如由于员工伤残，导致家庭生活质量降低，孩子受教育条件下降，以及由于事故给社会带来的负面影响和政府的负担等。其他还有不能反映在企业账面上的非经济损失也是外部损失的方面。根据1984年Lings等人对丹麦事故损失的研究结果显示，大约44%～89%的损失为外部损失，其中约20%由雇员直接负担。由于通常是企业在控制事故风险方面起主导作用，因此往往外部损失偏大。合理的情况应该是采取措施缩小内部损失与总损失的差距，使得雇主或企业承担更多的责任，真正落实安全生产中的企业负责制度。在很多国家，现行的法令通过某种途径把损失带回给应该承担损失的企业或个人（损失内部化），这对预防未来的职业伤害或职业病起了经济刺激作用，因此，应该提倡“损失内部化”的策略。

5. 事故损失的社会成本

职业安全与健康在社会和公众健康领域存在的问题实际上也是经济领域的问题，追求更好的职业安全与健康动机既来自于社会目标，同时也是来自于经济目标。不管事故损失如何分类，它都要由一定的社会主体来承担。通常情况下，企业并未承担职业伤害或职业病造成的全部损失，职业事故对员工、企业以及整个社会都产生负担，这是十分清晰的，必须牢记的，是职业事故把损失都担负在许多不同的参与者的身上，包括建筑企业员工的家庭、建筑物的业主等。

对实际的状况的调查研究发现，发生事故后大部分的事故损失并非由企业承担，而是员工和其家庭以及社会共同承担。但是这种损失的转移，使事故的成本不进入企业的利润损失核算中，这样就会造成企业决策者对建筑安全投资的决策在仅仅依据利润最大化原则指导下进行，如果政府不加干预，建筑企业建筑安全投入的积极性是有限的，并常常处于亏欠的状态。所以，需要政府的干预，加强对企业约束机制，达到政府与企业的双赢格局，达到建筑安全系统的功能与社会经济水平的统一，在有限的经济和科技能力的状况下，获得尽可能大的建筑安全性，尽可能地提高建筑安全投资的巨大的社会效益和潜在的经济效益。

以上建筑安全事故造成的损失，可以归结为两部分：一是建筑企业的财务损失，另一个是社会损失。研究表明，大部分承包商的财务损失同时也是社会损失，但不是全部。同时还存在一些不是由建筑企业承担但却属于社会损失的经济损失。建筑企业的经济损失由以下几部分组成：

（1）承包商对事故中受伤人员的赔偿，包括误工费和伤残补助等；

（2）受伤人员复工以后的工作效率损失；

（3）医疗费用；

（4）行政罚款和诉讼费用；

（5）因事故造成的其他人员的误工损失（这些人员包括安全员、工地代表、工地工程师、消防人员及相关的工作人员）；

（6）机器设备的损失；

（7）因事故导致的机器设备的闲置成本；

（8）其他损失。

社会损失就是因为安全事故而需要消耗的社会财富和资源其组成如下：

（1）受伤人员的误工损失（与受伤人员得到的赔偿不同，这是指受伤人员在因伤误工期间可以为社会创造的财富）；

（2）受伤人员复工以后的工作效率损失；

（3）医疗救治及伤员的康复费用；

（4）诉讼费用；

（5）事故造成的其他人员的误工损失（这些人员包括安全员、工地代表、工地工程师、消防人员及相关的工作人员）；

（6）机器设备的损失；

（7）原材料及已完工程的损失；

（8）因事故导致的机器设备的闲置成本；

（9）受伤人员亲友的损失，受伤人员亲友需要对受伤人员进行照顾，其劳动时间本来可以为社会创造财富；

（10）其他社会部门承担的损失，主要是与建筑安全事故有关的政府部门：消防、社会福利部、法院等。

经济理论告诉我们，外部损失的存在使得个体投资决策可能做出与社会利益最大化相违背的决策，看一下损失负担的结构构成，大部分损失由社会承担。由于通常是建筑企业在控制事故风险方面起主导作用，因此，可以首先采取措施缩小内部损失和总损失的差距，使得损失更多的落在雇主肩上。在工业革命早期，即如此。其次，社会可以建立一个规范体系，使得建筑企业超脱利益限制，来改善工作环境。只有将两者结合起来，才能满足建筑安全生产的需要。因此，我们提出外部损失内部化的策略：一方面加大经济激励，另一方面加强规章体系的约束力。

安全事故造成投资成本的无效增加，不仅浪费了大量的社会资源，而且也成为建筑业长期亏损的主要原因之一，严重影响了建筑业的可持续发展。引起建筑损失增加的根本原因是建筑事故的多发。

三、落实安全责任

（一）我国建筑安全责任制度变迁及责任主体

结合我国建筑安全管理的实际和制度变迁模式，我国建筑安全责任主体主要有三类，即中央政府、地方政府和建筑企业。其中，工程建设参与方即建筑企业是建筑安全的实施责任主体，中央和地方政府是建筑安全的管理责任主体。

新中国成立六十年以来，党和政府一直十分重视安全生产工作，20世纪50年代至60年代我国就总结出了一套以“三大规程”和“五项规定”为核心的具有中国特色的和行之有效的安全责任分担经验并经过长期的经验总结，已初步形成了“国家监察，行业管理，企业负责，群众监督和劳动者遵章守纪”的责任管理体制，并摸索出了一套适合于当时计划经济的管理办法。

在由计划向市场经济过渡过程中，由于建筑业无序运行，安全责任混乱的现象十分严重，国家在1998年施行了《建筑法》，其中规定了设立安全生产责任制度、安全技术措施制度、安全事故报告制度等一系列的基本责任分担制度。为合理划分建筑安全责任提供了重要的法律依据。

随着现代企业制度的建立，企业成为市场经济中的主体，也是建筑安全责任的实施主体，承担建筑安全管理责任，企业的各种生产行为直接影响建筑安全。但企业为了追求经济效益的最大化，就尽量减少生产成本，减少企业安全生产方面的投入，从而忽视了对员工的安全生产教育，减少了相应的劳动防护设施和劳保用品，不注意改善生产环境，最终导致生产事故频发，从而使我国的安全管理工作远远落后于世界发达国家。

由于各类重大、特大事故仍不断发生，企业安全责任生产行为需要进一步规范，2002年国家又颁布了《安全生产法》，详细规定了生产经营单位的安全生产保障、从业人员的权利和义务、施行安全生产的监督管理、生产安全事故的应急救援与调查处理等安全生产责任分担制度；进而，随着建筑企业结构的变化、承包机制的发展、市场竞争的影响，国家在《建筑法》和《安全生产法》的基础上，针对实践中存在的主要问题，于2004年又颁布了《建筑工程安全生产管理条例》，明确参与建设活动各方责任主体的安全责任，确保参与各方责任主体安全生产利益及建筑工人安全与健康的合法权益。

我国的建筑安全监督管理，在不同的历史时期体现出不同的管理模式。20世纪50年代至60年代建立了劳动保护管理体系；20世纪70年代在劳动保护管理体制下，强调了事故管理系统；20世纪80年代出现了职业安全卫生管理和安全生产管理模式；进入20世纪90年代，现代安全科学管理理论和方法体系逐步发展和完善，但在制度上依然不够完善，不能满足建筑市场的需要。根据我国安全管理体制的要求，1991年颁布了建设部13号令《建筑安全生产监督管理规定》，明确在全国建设系统建立建筑安全生产监督管理机构，开展建筑安全生产的行业监督管理工作。目前，全国已经有22个省（直辖市和自治区），272个地级市以及上千个县成立了建筑安全监督管理机构，拥有建筑安全执法监督队伍，初步形成了“纵向到底，横向到边”的建筑安全生产责任监督管理体系。监督管理体制的形成，加大了建筑安全生产监督的监察力度，强化了建筑业企业安全生产意识，消除了大量的事故隐患，减少了伤亡事故的发生，但是，我国建筑安全管理水平依然滞后于社会经济发展的水平，依然存在许多问题。

（二）我国建筑安全责任分担存在的主要问题

1. 建筑安全的实施责任主体存在的问题

建筑施工企业的安全管理队伍建设是安全生产工作的一个重要基础，没有一支可靠的企业安全生产管理队伍，一切安全管理工作都无法得到贯彻落实。在现代企业制度下，建筑企业在转换经营机制的过程中，重生产轻安全的思潮膨胀，安全管理开始放松，在机构精简、人员压缩的过程中，出现了撤销或兼并安全管理机构、裁减或取消专职安全员的现象。大部分企业都没有设立安全部（处、科）等安全生产管理常设办事机构，没有专门的安全生产工程师等专门从事安全生产管理的专职人员。有些企业虽然设置了这些安全管理机构，但是很多情况下并没能发挥真正的作用，形同虚设。

正是施工企业思想的不重视和管理机构的不健全，削弱了安全管理检查实施的力度，安全监管体系难以保证，导致安全管理工作严重滑坡。目前，虽然我国相关安全生产法规对建筑企业设置施工安全生产管理机构做出了明确的规定，但是这些规定主要还是强调了承包商在安全生产管理机构中的主导地位，并未对安全生产委员会的设置做出规定，安全生产管理缺乏员工的参与，缺乏必要的沟通和监督。

对于建设单位、勘察单位、设计单位和监理单位等其他实施主体，由于其对建筑生产安全的责任长期以来得不到法律上的确认，他们的安全生产意识十分淡薄。《建设工程安全生产管理条例》的出台，使建设单位、勘察单位、设计单位和监理单位等责任主体的安全生产责任得到了确认，但要使他们在企业内部真正建立起安全管理机构，还需要一段过程。

通过对各国建筑安全管理体制的分析，我们看到一些发达国家由于建筑管理体制完善，执行严格，所以建筑事故少，所造成的损失少，而我国由于建筑管理不到位、体制不完善，造成建筑安全事故多，损失也比较大。

2. 安全生产管理机构之间责任职能不清

综合安全管理部门和行业安全生产管理部门之间关系、职责不清是当前建筑安全管理的主要问题。

2003年国家安全生产监督管理局成立后，成为了对安全生产实施综合管理的部门。但是，国家安全生产监督管理局如何实施综合管理？它与建筑行业安全生产管理机构（即建设行政主管部门）之间是何种关系？它们对建筑安全生产的监督责任又如何分工协作？这些问题直到2005年国家安全生产监督管理局升格为国家安全生产监督管理总局后也一直没有得到明确的界定。综合安全管理机构和行业安全管理机构关系和职能不清，一方面将会使两个机构的工作目标和重心不明确，有关监督管理措施的执行就不坚决、彻底，管理效果也大打折扣；另一方面，各自的工作效果也难以得到客观的评价。在管理法制化、规范化的今天，必须明确规定综合安全管理机构和行业安全管理机构的关系，并赋予它们相应的职能。

此外，还有建设行政主管部门与铁路、交通、水利等有关专业部门的建设工程安全生产管理关系、责任不清，安全生产管理机构与劳动和社会保障部门之间的关系、责任不清。当然，目前国家有关部门已经对卫生部门与安全生产监督管理部门之间的职责做出了规定，并建立了协调工作机制，但这仅仅是一个开始。

3. 监督管理部门职能转变滞后，管理出现真空

由于我国实行的是“国家监察、行业管理”的建筑安全管理体制，因此，国家安全生产监督管理总局及地方各级安全生产监督管理机构实施国家的监督职能，建设部及地方建设行政主管部门则实施行业管理职能。但是，随着我国政治体制改革的深化，国家机构改革，企业改制，企业逐渐脱离了行业行政管理的束缚，成为了市场中独立的行为主体。与此相适应，住房城乡建设部及地方建设行政主管部门也应该由原先的行业行政管理向国家宏观调控和市场监督的职能转变，成为国家建筑安全生产专项监督职能的履行者，国家安全生产监督管理总局及地方各级安全生产监督管理机构则成为国家安全生产综合监督职能的履行者。但是，在这个过程中，由于我国安全中介组织和行业组织发展的滞后，住房城乡建设部及地方建设行政主管部门等国家机构的职能转变并不能一步到位，实际上还是履行着一部分行业行政管理职能。由此造成精力不足、管理不到位、不能跟上经济形势的发展，不可避免地出现安全管理责任的真空。

4. 管理职能分散，管理效果受到削弱

（1）工伤保险和安全生产管理分开。2003年国务院颁布的《工伤保险条例》明确了劳动和社会保障部主管全国的工伤保险工作；国家安全生产监督管理总局是综合管理全国安全生产工作的部门。从表面上看，工伤保险是具有社会保障的属性，多险种的管理其运作方式相似，放在同一部门管理，似乎理顺了关系。但从实际工作来看，因工伤保险的特点与其他保险制度的相关性不大，组织方式与实际效果和企业目标产生了脱节，工伤保险并没有发挥出工伤预防应有的作用。由于工伤保险和安全生产管理职能的分离，一方面使劳动和社会保障部门与安全生产监督管理部门存在职能交叉；另一方面，劳动和社会保障部门与安全生产监督管理部门又没有建立起有效的协调工作机制。因此，导致双方各自在发挥工伤预防作用和利用工伤保险促进安全生产方面都显得力不从心，管理效果大打折扣。

（2）职业安全和卫生健康的管理分开。目前，我国对职业卫生的管理属于卫生部门。有关研究显示，在76个市场经济国家中，94.4%的发达国家和79.3%的发展中国家都是把职业安全与卫生统一结合在一起管理，这一方面，职业安全和卫生是联系在一起；另一方面，在全球经济、社会的不断进步和发展中，职业安全卫生管理一体化和国际化已成必然趋势。目前，中国已经加入WTO，国内、国际市场的竞争将逐步发生质的变化，我们只有迎合职业安全卫生管理国际化的要求才能在竞争中占据主动地位。目前，虽然卫生部、国家安全生产监督管理局《关于职业卫生监督管理职责分工意见的通知》已经对两个部门建立协调工作机制做出了规定，但是这仅仅是安全与卫生一体化管理的开始。

（3）把建设工程安全生产管理与专业建筑工程安全生产管理分开，行业安全管理覆盖面小。我国《建设工程安全生产管理条例》规定："国务院建设行政主管部门对全国的建设工程安全生产实施监督管理。国务院铁路、交通、水利等有关部门按照国务院规定的职责分工，负责有关专业建设工程安全生产的监督管理……"这实际说明了建设行政主管部门只负责城镇中房屋建筑工程这一块，其他建设工程的安全管理由各行业部门或相关部门负责，也同时表明了目前我国建设工程安全管理工作实际上处于分散管理状态，并未真正做到行业管理。事实上，这就形成了建设安全管理标准化、管理模式不一致，伤亡事故统计数据失真，管理工作职责交叉不清，形成了"没利监管失控，有利打架不顺"的局面。以伤亡统计为例，全国工程建设队伍是4000多万人，近五年建设部每年统计死亡人数在1000人左右，如以2003年（死亡人数最多的年份）施工死亡1512人计算，10万人死亡率约为4%，这几乎与欧盟建筑安全状况最好的英国相当。然而，事实并非如此，建设部统计的范围仅仅局限于房屋建筑和市政工程，大约在1000万建筑队伍之内，其余建筑从业人员的伤亡情况并不包括在内。国家安全生产监督管理总局统计的数据理应是全国建筑业的全部数据，这种数据在统计上无法闭合的原因，主要是建设工程安全生产管理划分归不同部门管理形成的。

5. 管理机构变化频繁，机构建设缺乏持续性和前瞻性

我国新中国成立以来，国家安全生产管理机构发生多次变化。自1998年以来，国家安全生产管理机构就发生了四次变化。国家安全生产管理机构的变化，在一定程度上显示出国家对安全生产的重视。但是，在如此短的时间内变化的次数如此频繁，弊端是显而易见的。国家组织机构的变化不仅需要国家组织机构本身职能的转换和关系的协调，更重要的是需要地方各级政府相关管理机构的变动与之适应，这就涉及30多各省（直辖市、自治区），数百个地级政府，上千个县级政府，可谓牵一发而动全身。国家安全管理机构的频繁变动，使地方政府在前一次变动刚完成不久的情况下又面临新的变动，不能很好地适应工作新形势。相比1998年以来的频繁变动，1993～1998年期间，国家安全生产管理机构没有发生变化，这段时间恰好是我国安全形势比较平稳的一段时期，这说明我们在安全形势平稳的时候并没有考虑到国家安全管理改革的问题，而安全形势比较严峻的时候，我们才考虑到改革国家安全管理机构的问题。管理问题具有一定的滞后性，管理措施同样存在一定的滞后性，因此，管理机构建设应该保持平稳发展，在发展中不断地进步和完善。

（三）建筑安全责任的落实

将建筑安全责任落到实处，需要各个责任主体的协同合作，包括宏观的建筑安全管理和微观的建筑安全管理两个方面。宏观的建筑安全管理主要是指国家安全生产管理机构以及建设行政主管部门从组织、法律法规、执法监察等方面对建设项目的安全生产进行管理。它是一种间接的管理，同时也是微观管理的行动指南。微观的建筑安全管理主要是指直接参与对建设项目的安全管理，包括建筑企业、业主或业主委托的监理机构、中介组织等对建设项目安全生产的计划、实施、控制、协调、监督和管理。微观管理是直接的、具体的，它是安全管理思想、安全管理法律法规以及标准指南的体现。

1. 政府监管责任落实

我国建筑安全生产行业管理的模式为统一管理，分级负责，即国务院建设行政主管部门负责对全国建筑安全生产进行监督指导，县级以上人民政府建设行政主管部门分级负责本辖区内的建筑安全生产管理。

建立安全生产法规和技术标准的五层体系：第一层的三部法律是中国建筑安全法律体系的基础；第二层的《建筑工程安全生产管理条例》是在第一层的基础上提出了具体规定并做出了有效补充，其最突出的进步便是将包括业主在内的各方对建筑安全的责任进行了规定；第三层为行政法规，包括国务院及其下属各部委颁布的规章；第四层为一系列标准，包括国家和行业的安全技术标准及其他有关规定，作为具体执法时的标准；第五层为根据各地情况制定的地方法规，其针对性更强。

随着政府职能的转变，建筑企业对政府的要求也出现了改变，建筑企业希望政府的政策能更加符合企业的需要，解决建筑企业的实际问题。为此有专家对200家大中型建筑企业进行了调查，询问他们希望政府在安全管理上发挥什么样的作用时，经济援助、组织培训、严格依法执行、有效的监察和建立信息系统是出现频率最高的五方面。

2. 行业协会责任落实

行业协会对建筑安全的影响也不容忽视。由于政府逐渐退出建筑企业的生产经营活动的直接管理，造成了部分职责的空白，如对安全设施、设备性能的检测和认证，对建筑人员的安全教育培训等，这些工作可以由独立于政府部门，又独立于建筑企业的行业协会来完成。在发达国家，建筑行业协会是提高建筑安全水平的重要手段，其每一个行业都有行业协会，在政府与企业之间起着桥梁作用，它的出现反映了行业自我服务、自我协调、自我保护的意识和要求。由于行业协会是以同行业企业为主体，建立在自愿原则的基础上，以谋取和增进全体会员企业的共同利益为宗旨，承担了许多政府不便干预的工作，因此国内的建筑企业对行业协会的期望也逐渐增高。

建筑行业协会应从以下几方面落实责任：(1) 发挥建筑行业协会的服务功能：建筑行业协会可以为建筑企业提供安全技术和咨询服务，传播建筑行业安全文化，协助实现企业自我约束；此外，行业协会是沟通政府与企业之间的桥梁，政府部门制定的有关安全方面的政策和法律法规可以通过行业协会贯彻到会员企业，会员企业也可以通过行业协会把自己的要求和意见反映到政府有关部门；(2) 促进建筑企业间的团结：建筑行业协会可以增加建筑企业的横向联系，调动企业相互监督的积极性，建立起长效性的安全监督机制，以适应市场经济发展的需要，弥补我国建筑安全监督管理工作中的不足起到协助建筑安全监督管理部门的作用；(3) 帮助建筑企业培训职工：建筑行业协会可以根据行业的特点选择适合本行业的安全培训教材和教育方式，进行职工培训。

3. 建筑企业责任落实

责任是安全的灵魂，责任制是安全管理中最主要的制度。通过建立健全责任制，明确各级管理人员和作业人员的责任和义务。建筑施工企业主要责任人要负起安全生产领导责任，构建以企业法定代表人为核心的安全生产责任体系，建立企业—项目部—作业队（班组）—作业人员的安全管理责任链，严格责任追究制度，理顺公司、项目、作业班组、作业岗位的安全管理关系，安全责任要明确到位，落实执行到位，达到下抓一级，上保一级。企业要与项目部、项目部与作业队（班组）、作业队（班组）与作业人员之间要及时签订“安全责任书”，明确各自安全责任、分解并落实安全目标，由此建立横到边、纵到底、专管成线、群管成网的安全管理体系，形成全员管理格局，有力地保障企业安全生产目标的顺利实现。企业在平时的工作中经常进行检查和监督责任落实情况，发现哪个环节出现漏洞就要追究责任人的责任。责任制的核心是责任追究，安全生产推行的“问责制”就是具体表现。《安全生产法》、《建设工程安全生产管理条例》等的法律法规，都有安全生产责任主体的界定、责任单位和责任人的处罚规定，在此基础上企业应制定企业内部的安全生产责任制和安全生产责任追究制度，一旦工作落实不到位或发生安全生产事故事件严格追究责任，这也是有利于各级领导和管理人员提高对安全生产工作的认识和重视程度。

建筑企业应当将安全视作一种投资而不是消费，投资就意味着有回报，有利可图。安全的建筑企业可以避免不必要的经济损失并且获得质量和工期方面的回报。因此建筑企业在对安全投入有积极性后，会主动对工人进行安全培训，建立和完善企业的安全管理制度，实施安全奖励等措施。逐步使安全生产管理规范化、科学化、标准化，落实自身安全管理责任。

四、普及安全文化

（一）建筑安全文化的内涵

1. 安全文化与建筑安全文化

狭义而言，安全文化的定义强调文化或安全内涵的某一层面，例如人的素质、企业文化范畴等。如：1991 年国际安全核安全咨询组在 INSAG－4 报告中给出的安全文化定义是："安全文化是存在于单位和个人中的种种素质和态度的总和。"

广义的安全文化把"安全"和"文化"两个概念都进行扩充，安全不仅包括生产安全，还扩展到生活、娱乐等领域，文化的概念不仅包涵观念文化、行为文化、管理文化等人文方面，也包括物态文化、环境文化等硬件方面。如：英国保健安全委员会核设施安全咨询委员会组织提出："一个单位的安全文化是个人和集体的价值观、态度、能力和行为方式的综合产物，它决定于保健安全管理上的承诺，工作作风和精通程度。"中国地质大学罗云教授则认为："安全文化是人类安全活动所创造的安全生产、安全生活的精神、观念、行为与物态的总和。"这种定义建立在"大安全观"和"大文化观"的概念基础上。在安全观方面包括企业安全文化、全民安全文化、家庭安全文化等；在文化观方面既包含精神、观念等意识形态的内容，也包括行为、环境、物态等实践和物质的内容，较全面地反映了安全文化的内容。

安全文化在不同的社会领域中会形成不同的文化类型。建筑安全文化是安全文化的重要组成部分。建筑安全文化是安全文化在建筑业领域中形成的建筑安全物质财富和精神财富的总和。具体而言，就是与建筑安全相关的各个主体在长期的建筑安全管理、监督、生产过程中，逐步形成的被整个建筑业乃至社会所接受和遵循的、具有建筑业特色的安全思想和意识、安全作风和态度、安全道德与行为规范、安全风貌与习俗、安全生产奋斗目标和进取精神、安全法律法规和规章制度、安全管理监督机制、安全生产和生活环境与条件等种种建筑安全物质因素和安全精神因素的总和。

2. 建筑安全文化的结构层次

文化具有空间性，也即从横向来剖析文化，其具有较为清晰的结构层次，同样，建筑安全文化也有结构层次，可以分为物质层、行为层、制度层、精神层四个层次，依次对应为建筑安全物质文化、行为文化、制度文化和精神文化。

（1）建筑安全文化物质层——建筑安全物质文化

建筑安全文化物质层即建筑安全物质文化，它包括人们在建筑生产过程中使用的各种材料、工具、设备和器械，建筑从业人员施工作业的环境，为保障建筑安全而采用的各种安全技术和措施等内容。

建筑安全物质文化是建筑安全文化层中的表层文化，它是建筑安全文化的硬件，是建筑安全科学思想和审美意识的物化，是一定社会发展阶段的建筑安全认识能力和改造能力的体现。其中的器物文化层如安全防护工具、设备、器械等则是文化概念中物质文化的重要内容，可以较明显、较全面、较真实地体现一定社会发展阶段的特点。在一般情况下，通过对建筑安全器物层次的考察就能比较直观地反映出它所属时代的建筑安全文化整体的发展水平，当然要想全面考察建筑安全文化水平，还必须结合建筑安全物质文化的其他内容以及其他层次建筑安全文化的情况进行。

（2）建筑安全文化行为层——建筑安全行为文化

建筑安全文化行为层即建筑安全行为文化，指在建筑安全生产管理过程中与建设活动安全相关的各种安全文化活动。具体包括政府部门为保障建筑安全而进行的指导、监管、惩治、培训、教育、宣传、法律法规及规章制度的颁布和修改活动；建设业主、设计、监理单位、行业协会以及中介组织等为保证建筑安全所进行的责任分担、咨询、监督和协调活动；施工企业为实现建筑安全进行的建设项目安全评估、生产场所危险源辨识、重大事故应急预案制定、安全生产发展规划编制、安全检查和整改、安全培训、安全教育和宣传、安全知识学习、人际关系处理、文娱等活动；社会为促进建筑安全而进行的舆论监督、个人举报、家庭成员感化、全员学习和参与等活动。

建筑安全行为文化是建筑安全文化的浅层文化，相对物质文化而言有所深入，它是建筑业安全思想、安全规范、安全作风、安全面貌的动态体现，也是社会、国家和企业建筑安全价值观的折射。

（3）建筑安全文化制度层——建筑安全制度文化

建筑安全文化制度层包括建筑生产过程中的安全组织机构、劳动保护、劳动安全与卫生、消防安全、环保安全等方面的一切制度化的社会组织形式以及人的社会关系网络。

建筑安全制度文化是建筑安全文化的中层文化，它是对建筑安全行为给予一定限制的文化，是建筑安全行为规范在国家、企业和社会层面上的制度化体现，它对建筑安全文化整体的充实、更新和发展往往能起决定性的影响，这是因为它具有实现社会凝聚和社会控制的功能。

（4）建筑安全文化精神层——建筑安全精神文化

建筑安全文化精神层包括精神智能层和价值规范层两个方面的内容。建筑安全精神智能层包括：安全哲学思想、安全宗教信仰、安全美学、安全文学、安全科学以及安全管理方面的经验和理论等。建筑安全价值规范层则包括人们对安全的价值观和行为规范。建筑安全文化精神层从本质上看，它是人的思想、情感和意志的综合表现，是人对外部客观世界和自身内心世界的认识能力与辨识结果的综合体现。建筑安全价值规范层则是建筑安全文化系统深层结构之中最不易变更、最为顽固的成分。前面的物质层、行为层和制度层是精神智能层物化或对象化的结果，而价值规范层则是精神智能层长期作用形成的心理深层次积淀和升华的结果，是建筑安全文化层中的特质和核心。

3. 建筑安全文化的内涵

建筑安全文化有多种内涵，在以人为本的建筑安全科学管理理念的指导下，建筑安全文化的内涵应包含以下两个方面内容：建筑安全文化人文文化内涵和建筑安全文化科技文化内涵。二者作为一个相互联系、相互作用的统一整体，代表了建筑安全文化的发展方向。

（1）建筑安全文化人文文化内涵

以人为本的建筑安全理念要求一切为了人，一切依靠人，且以生命第一为最高准则。在建筑业诸多社会责任中一个非常重要的方面就是其对人生命安全的责任，我们经常强调“安全第一，责任重于泰山”，为的就是突出生命安全的重要性，生命只有一次，我们只能通过预防来避免事故的发生，从而保全人的生命，所有这些都体现了建筑安全文化的人文文化内涵。

（2）建筑安全文化科技文化内涵

科学技术作为第一生产力，其创新成果是文化的构成要素，是文化丰富和发展的坚实基础与驱动力量。在现代社会中科技作为文化的属性、特点和功能，比以往任何时候都更加明显和突出，是实现文化创新的最基本和最活跃的构成因素。当安全科学技术以安全文化的形式作用于社会文明和社会生产力发展的同时，就会对于人们的思想、精神与道德的升华发挥潜移默化的作用。

对于建筑安全来说，科学技术的重要性在于：其一，通过技术创新，可以提高建筑企业的科技安全水平，从而提高企业的核心竞争力。其二，通过发展科学技术，可以避免事故，实现本质安全化。建筑安全可以依靠科技进步，推广先进的技术和成果，不断改善劳动条件和作业环境，从而实现生产过程的本质安全化。

没有先进的科学技术，就难以发明先进的生产设备和防护装置供建筑安全生产所使用，建筑安全水平就会因缺乏基本的技术保障而难以上升到新的高度；而有了先进的科学技术却不把它运用于保障人的生命安全，则是文化素质欠缺的表现。因此，建筑安全文化建设必须强调科技文化的建设，既要重视科学技术的不断创新和发展，也要重视科学技术在建筑安全领域的广泛运用，科学技术只有在与安全文化有机地结合在一起并形成整体效应时，才能更好地发挥其先进作用。

（二）建筑安全文化存在的问题

（1）安全生产培训工作重视不够。一些政府领导和建筑企业，特别是地方政府领导，没有将安全生产培训纳入发展计划，缺乏对安全培训工作重要性、紧迫性的认识。使得安全生产培训工作在自己的行政区域内开展迟缓，严重滞后于蓬勃发展的安全生产活动的需要。

（2）安全文化建设法律法规尚不健全。政府关于建筑安全文化建设的立法迟缓，导致一些急需的法律法规空缺，而一些已颁布的法律法规又重复和交叉，操作起来困难很多。建筑安全文化建设标准制度不健全，不能适应形势发展的需要。

（3）建筑安全生产培训机制不完善。我国各层次的建筑安全生产培训机构在资格审定、任务分配、质量监督等方面没有建立起有机联系，形不成一个系统化的网络体系。各种培训机构遍地开花，管理混乱，甚至出现以办班为名，主办单位为赚钱，参加人员为观光的不正常现象。建筑安全生产培训所涉及的安全监管、劳动保障、质量监督、建设管理等多个部门相互协调配合不够，没有按各自的职能做好自己的本职工作，甚至相互纠葛争利，给安全生产培训工作带来了诸多不必要的阻碍。

（4）安全文化建设投入不足，经费落实不到位。各级政府和相关职能部门有的还没有树立“培训育人”的观念，在建筑安全生产培训特别是农民工的安全生产培训上投入严重不足。

（5）安全生产培训考核及发证把关不严。建筑安全生产培训往往都是由培训部门自编教材、自己组织培训、自己出题考试、自己组织批卷，不管培训效果如何，只要参加培训，人人都可以过关。至于培训上岗后效果如何，培训部门则很少进行回访或跟踪调查。由于政府缺乏对培训质量严格的考核认证，以及对培训机构和受训人员缺乏有效的双向制约机制，致使安全生产培训过程中“宽进宽出”、“高分低能”、甚至“只要交了钱就能拿到证”的现象难以杜绝，这也是当前培训流于形式的症结所在。

（6）农民工安全文化意识薄弱。农民工是我国工业化、城镇化进程中涌现出的一支新型劳动大军，是推动我国社会经济发展的重要力量，为我国城市繁荣和现代化建设作出了重要贡献。但是，由于农民工整体文化素质较低、安全意识淡薄、缺乏必要的安全知识和自我防范能力，给安全生产带来了很大压力。近几年发生的生产安全伤亡事故，每年职业伤害、职业病新发病例和死亡人员中，半数以上是农民工。在建筑安全生产培训中，由于农民工与建筑施工企业签订的劳动合同时间短、流动性大，企业为了减少经营开支，最大限度地追求利润，一般不愿花费成本对农民工进行培训，再加上大部分农民工安全意识差、维权意识薄弱，对参加培训的积极性不高，甚至不愿参加培训，这就为施工企业搪塞和草率应付安全生产培训提供了可乘之机。目前，国家还没有建立一个完善的农民工安全教育培训经费由政府、用人单位和农民工个人共同分担的投入机制，农民工培训保障体系也还很不健全，农民工安全教育培训投入渠道尚未建立，农民工的安全生产培训还有很多问题亟待政府解决。

此外，建筑安全生产培训还存在培训规划流于形式，培训内容单调、枯燥，缺乏针对性和趣味性；建筑安全生产培训覆盖面不足，众多中小企业的培训能力有限，培训工作十分薄弱等问题。所有这些问题都有待于建筑安全文化建设的解决。总之，在农民工问题上，一个极为重要的问题是把农民工锤炼成为名副其实的建筑业产业工人，把农民工队伍建设成为建筑业产业大军。

(三) 建筑安全文化体系建设

虽然各个建筑安全责任主体有所不同，但每个责任主体的建筑安全文化建设不能脱离于整个建筑安全文化建设系统而独自进行，对建筑安全文化建设体系进行系统构建，有利于不同层次的责任主体从整体上明确自己在建筑安全文化建设体系中的地位和责任，把握好其自身建筑安全文化建设的方向，以在实际的建筑安全文化建设和建筑安全管理工作中很好地赢得其他各方参与主体的相互配合、相互理解、相互支持，充分调动起各方参与主体的积极性，上下一心、形成合力，真正构建好有中国特色的，有助于从根本上使我国建筑安全状况稳定好转的建筑安全文化。

建筑安全文化建设体系强调体系内各主体协调配合，互利共赢。虽然体系中各参与主体在建筑安全文化建设中扮演的角色各不相同，各自为了最大化自身利益，对建筑安全采取的态度和参与的积极性也不一样，建筑安全生产过程中也不可避免地会产生一些矛盾和冲突，但各个参与主体必须认识到："建筑安全"是一个多方共赢的目标，每个参与者都必须把保障建筑安全、提高建筑安全意识、加强建筑安全文化建设当作自己的头等大事来抓，努力把自身利益的实现与保障建筑生产安全这两大目标协调统一起来，促成在安全生产前提条件下各方利益实现最大化的共赢局面。只有各参与主体的独立作用力及其相互间的影响力能形成合力，建筑安全文化建设体系才能产生"1+1>2"的功效，从而最终推动起我国建筑业安全状况的持续改善。

1. 政府的建筑安全文化建设

(1) 政府建筑安全文化建设概述

政府作为建筑安全管理的监督管理责任主体，也是建筑安全文化建设体系的核心主体之一，其在方针政策制定和执行、理念灌输和培养上对建筑安全文化建设起着不可替代的牵引力作用。一个国家建筑安全文化建设水平的高低在很大程度上取决于这个国家是否拥有一个心系人民安危、以人为本、廉洁高效的政府。尤其对于我们国家，市场经济正处于逐步走向规范和完善的过程当中，经济管理体制还没有完全调整到位，企业也并没有真正走向市场，在现代化的发展道路上还需要政府发挥基础性的主导作用。因此，我国的建筑安全文化建设必须由政府大力推进和带动才能更好更快地向前发展。

新中国成立以来，我国政府一直十分关心和重视安全生产工作，在不同的历史发展阶段，党和国家的领导人都对安全生产工作作出了重要批示和详细论述。虽然党和国家历来高度重视和关注建筑生产工作，但部分地方政府和职能部门在贯彻党和国家的安全生产方针政策、部署和要求时往往流于形式，对安全生产工作大多停留在文件下达甚至是口头要求上，在安全监督检查中存在严重的官僚主义、形式主义，对重大安全隐患的监控和整改工作抓得不紧、落实不够。一些地方领导对存在的安全问题视而不见、有法不依、执法不严，有的甚至收受贿赂，充当有关责任人的保护伞，进而走向腐败的深渊。究其原因，主要是由于对安全管理思想认识扭曲和个人利益驱使所致。有些地方政府的负责人错误地认为，市场经济实行政企分开，企业的生产经营由企业自主管理，企业发生了安全生产事故完全是企业自己的事，企业应为此负全部责任。其实，我国的安全生产法已经明确规定，地方政府对安全生产负有监管责任。企业自主管理不是自由管理，它必须以遵守国家安全生产法律规章，执行“安全第一，以人为本”原则为首要前提，否则，自主管理将无从谈起。地方政府应该向地方企业和职工乃至普通大众宣传和灌输国家关于安全生产的法律法规、管理思想和精神，起到为国家安全生产工作监督管理和具体把关的作用。

(2) 政府建筑安全文化建设内容

政府作为建筑安全文化建设的领航者，必须首先搞好安全观念文化的建设，从而更好地发挥其导航作用。观念是人对自然界、社会等客观事物的认识，对现实的认知、态度和观点等诸要素所构成的完整体系，是人对客观事物所持的基本态度和观点的集中反映。安全观是人对安全活动、安全行为、安全环境、安全事务、安全标准、安全原则、安全现实条件的基本态度和观点的总和，它是人们安全行为的基础和准则。人们在生产和生活过程中所具有的不同安全观念将会产生不同的安全认知和态度，进而影响人们对于安全的规划、决策、管理和指挥。因此，不同的安全观念必然导致不同的安全活动效果与不同的安全发展水平。政府的建筑安全文化建设具体可以从安全管理思想的树立，安全理念的灌输和培养，安全教育、培训和宣传等方面展开进行。

1) 树立先进的安全管理思想。

政府在进行安全管理工作时的指导思想，影响着各行业、企业及全民的安全思想，对安全生产管理工作的开展和长远发展都有着深远的影响。作为人民利益的最忠实代表，政府在建筑安全文化建设中必须自始至终实行“安全第一，预防为主”的思想。它是我国建筑安全生产的首要方针政策，是对我国建筑安全生产管理工作的经验总结，也是国家保护劳动者安全与健康的一项基本国策。它体现了国家对全国建筑安全管理工作的总要求，是指导全国建筑安全生产管理工作的总思想。“安全第一”体现了以人为本的思想，人的生命至高无上，任何物质和经济上的利益在与人的生命安全发生冲突时都必须做出让步；“预防为主”体现了对安全工作的科学要求，安全事故一旦发生，特别是当出现人身伤亡时，其损失往往巨大，难以用金钱来简单衡量。对此，最明智的举措就是坚持“预防为主”，做到未雨绸缪，对涉及建筑安全的一切工作予以高度重视。

2）培养合乎时代要求的安全管理理念。

在建筑安全文化建设中，政府坚持什么样的安全管理理念将直接关系到建筑安全管理工作的成败。管理理念决定管理工作的态度和行为，要想把建筑安全文化建设好，政府就必须建立和培养合乎时代要求的安全管理理念，让先进的安全理念在所有人心中生根发芽，茁壮成长。

3）营造良好建筑安全文化氛围。

加强建筑安全文化教育、培训和宣传，营造良好建筑安全文化氛围是政府进行建筑安全文化建设所必须常抓不懈的一项工作内容。任何好的思想和理念都需要不断教育和宣传才能深入人心。与建筑安全相关的各种法律法规、规章制度、技能知识也只有通过教育、培训和宣传来普及，从而真正实现“预防为主，防患于未然”。

政府安全教育的对象应是全社会，特别是如建筑业等一些高危、高事故率的行业，更要注重整个行业从业人员整体安全素质的培养和提高。政府要注重培养全社会成员的安全意识观，开展安全科普教育和继续安全工程教育，把安全科技文化教育作为大众终身教育的内容来抓。要让每一个社会公民认识到，“安全问题人人有责，酿成灾祸害人害己”。同时，政府官员自身也要加强安全意识培养和安全知识教育，所谓“其身不正，虽令不从”，如果政府自身都不能以身作则，试问又如何能担当起建筑安全文化建设领航人的重任。

安全生产培训是建筑业对所有从业人员进行短期安全教育，帮助从业人员迅速掌握有关建筑安全生产的各种技能和知识，强化从业人员在建筑生产过程中树立“安全第一”的态度和观念最直接、最有效的手段。作为建筑安全生产最高管理者的政府及其相关安全职能机构，在加强安全生产培训工作，提高从业人员安全素质上责无旁贷。

4）安全文化宣传。

安全文化宣传可以很好地解决人思想认识上的问题。通过倡导安全文化，开展安全宣传教育活动，使安全生产方针和法律法规深入人心，从而增强社会成员安全防范意识，掐断安全事故的导火索和引线，筑起安全生产的思想防线。政府部门凡开展安全生产重大活动，均应做到兵马未动，宣传先行。同时，通过对安全事故的披露和曝光，让社会成员从思想上有所震动，为防止或避免安全事故起到警示作用。

政府及其相关部门要大力倡导安全文化宣传活动，全方位、多渠道、多形式地开展安全宣传教育工作，如政府可以通过组织开展“安全活动周”、“安全宣传进企业、校园或社区”等活动普及安全生产方针和法律法规。另外，政府还可以通过设立国家和地方各级“安全贡献奖”、“安全杯”电视辩论或答题比赛等进行安全宣传教育，全面提高全民族的安全文化素质。要花大力气建设好安全文化宣传网络体系工程，建成一个以国家局为中枢、以省级宣传教育机构为分支、以新闻媒体和社会文化团体机构为主要力量的支撑网络体系。

2. 建筑企业的建筑安全文化建设

建筑企业安全文化的总目标是根据企业文化、企业进行安全生产的规章制度和目标来确定的。每个企业的主观和客观条件各不相同，追求的目标也不同，采用的措施、手段也会各有特色。企业安全文化建设的实践形式多种多样，应表现出企业的形象、特点和精神。对于建筑企业而言，安全文化建设在实践操作中可通过四个层次按如下方式进行：

(1) 班组及职工的安全文化建设

安全工作不可能游离于真空状态，而总是和具体的人和具体的生产活动密切联系在一起的，所有的要求最终都要人去落实，所以人是安全文化建设的核心，人的安全文化素质是企业安全文化建设的基础。因此，必须强化班组及职工的安全人生观、安全价值观和安全科技知识的教育。只有提高班组及职工的安全文化素质，才能提高企业整体安全文化素质和安全管理水平。而班组及职工安全素质的提高关键在于观念的更新，因此利用各种形式的安全技术教育、培训和有意义的活动来促使他们树立正确的安全观念将是重中之重。

可通过积极开展如下活动来提高班组及职工的安全文化素质：一是对新招工人、特种作业人员进行上岗前培训，内容既要全面，又要突出重点，边讲解、边进行参观，并在生产过程中要求持证上岗；二是通过定人、定机、定岗来管理人流物流，通过开展技能演练、岗位竞赛的活动来建设合格、过硬的班组；三是根据员工对安全的认识程度，在生产过程中对安全意识淡薄的员工开展定期的安全技术教育，使员工都树立起“安全第一”和“安全生产人人有责”的思想；四是坚持每周的安全活动日制度，对该周生产实践中的安全问题进行总结、备案；五是实行群策、群力、群管的“三群”政策，预知、发现进而消除安全隐患；六是开展事故应急救援“仿真”演习等活动，以此提前做好降低事故损失的准备。

(2) 管理层及决策者的安全文化建设

管理层及决策者的安全文化素质是企业安全文化建设的关键因素，对企业安全文化形成起着倡导和强化作用。他们对安全文化内涵及意义的理解，直接决定着企业安全文化建设的成效和可持续性。

有效地提高管理层和决策者的安全文化素质需要以下几方面：一是对管理层及决

策者进行定期的安全知识，特别是安全新理论、新方法的培训，其中还要强调国家有关安全生产的各项方针政策、法律法规、行业规范和技术标准；二是签订安全生产责任状，持证上岗，在整个生产过程中实行安全目标管理，落实安全生产责任，横向到边，纵向到底，不留死角；三是实行无隐患管理，责任制、监督制与定期检查制相结合，系统科学地管理人、机、料、法、环系统；四是利用经济杠杆作用，建立有效的激励机制，鼓励员工刻苦钻研业务，不断更新观念，积极推广应用安全生产新技术、新工艺、新方法，提高科学管理安全生产的能力；五是经常进行生产经验交流，拓宽工作思路，改进工作方法，提高工作质量；六是定期开展创先评优活动，树立安全工作标兵，并给予其物质与精神上的奖励。

（3）施工现场的安全文化建设

抓好施工现场的安全文化建设，搞好文明施工，既是安全生产的一种形式，也是企业整体实力的具体体现。通过张贴安全标语，树立安全警示标志和事故警告牌来营造安全氛围，使身在其中的员工每天都能意识到安全施工的重要性。对施工的新方法、新工艺进行严格论证，实现技术及工艺的本质安全化，从源头上消除安全隐患。并对施工过程中的事故多发点、危险点、危害点进行例行检查，重点加以控制，并对结果做好记录，然后存档，这样可为企业以后的施工提供宝贵的参考资料。

（4）企业安全文化氛围的建设

建筑企业具有浓厚的安全文化氛围，它对企业员工具有无形的导向和约束作用。它可使安全价值观念和安全目标在员工中间形成共识，使他们产生自控意识，指引他们向安全生产和经营的既定目标前进。

五、加强安全工作

以人为本的建筑安全理念为基础，针对安全管理产生问题的原因，并结合国外的先进管理经验，提出建筑企业加强安全管理能力所需要做的工作。

（一）健全建筑安全生产体系

建筑施工企业应当依法设置与企业生产经营规模相适应的安全生产管理机构，在企业主要负责人的领导下开展本企业的安全生产管理工作。企业同时要建立安全生产工作的领导机构—安全生产委员会，负责统一领导企业的安全生产工作，研究决策企业安全生产的重大问题。并应当在建设工程项目组建安全生产领导小组。建设工程实行施工总承包的，安全生产领导小组由总承包企业、专业承包企业和劳务分包企业项目经理、技术负责人和专职安全生产管理人员组成。

安全生产管理机构要配备足够数量的经建设行政主管部门或者其他有关部门安全生产考核合格的专职安全生产监督管理人员，从事安全生产监督管理工作。《建筑施工企业安全生产管理机构设置及专职安全生产管理人员配备办法》文件规定：建筑施工企业安全生产管理机构专职安全生产管理人员的配备应满足下列要求，并应根据企业经营规模、设备管理和生产需要予以增加。

对分包单位配备项目专职安全生产管理人员也提出明确要求：专业承包单位应当配置至少1人，并根据所承担的分部分项工程的工程量和施工危险程度增加。劳务分包单位施工人员在50人以下的，应当配备1名专职安全生产管理人员；50人～200人的，应当配备2名专职安全生产管理人员；200人及以上的，应当配备3名及以上专职安全生产管理人员，并根据所承担的分部分项工程施工危险实际情况增加，不得少于工程施工人员总人数的5%。施工作业班组可以设置兼职安全巡查员，对本班组的作业场所进行安全监督检查，企业定期对兼职安全巡查员进行安全教育培训。

安全管理机构和人员是实施安全管理的基础，没有职责明确、权力对等、运行顺畅的安全管理机构和符合法规要求及具备安全管理能力的安全管理人员就谈不上安全管理，更不能及时发现和解决安全生产中存在的问题。

（二）完善企业安全生产规章制度和安全管理标准

安全规章制度是安全管理工作的一项重要内容，俗话说，没有规矩不成方圆。在建筑企业的经营活动中实现制度化管理是一项重要课题，安全制度的制定依据要符合安全法律和行业规定，制度的内容齐全、针对性强，企业的安全生产制度应该体现更具有实效性和可操作性，面向生产一线贴近员工生活，让员工体会并理解透彻。一部合理、完善、具有可操作性的管理制度，有利于企业领导的正确决策，有利于规范企业和企业员工行为，有利于指导企业生产一线安全生产的实施，提高员工的安全意识，加强企业的安全管理，最终实现杜绝或减少安全事故的发生，为企业的生产经营和生存与发展奠定良好的基础。安全生产制度主要包括安全生产责任制度、安全生产例会制度、安全生产定期检查整改制度、安全生产奖罚制度、安全生产培训制度、安全生产事故报告和处理制度、安全生产资金保障制度、安全生产管理制度（安全生产制度、消防保卫制度、环境保护制度、文明施工制度、现场用电管理制度、现场机械设备管理制度等）以及应急预案与响应制度等。以安全生产检查制度为例，通过定期检查、不定期抽查、重点隐患治理检查、季节性（雨季、冬季）检查等各类检查，认真查找安全隐患，深入分析，查出根源，对排查出的隐患要落实治理经费和专职负责人，限期进行整改，符合安全生产奖罚条件的立即进行奖罚。对重大事故隐患应建立排查整改工作档案，对事故隐患类别、事故隐患等级、影响范围及严重强度、隐患整改措施及效果等进行详细记录，并按要求上报。企业健全安全管理各项制度，能够做到安全生产有法可依、有法必依、执法必严、违法必究，就才能够保证安全生产工作的真正落实。

建立健全各项安全管理制度的同时，企业安全生产管理部门要根据国家安全生产现行的法律、法规，颁布行业标准、规范、规程（如住房和城乡建设部《建设施工安全检查标准》和《施工现场文明施工安全管理标准》、《施工现场绿色施工标准》、《施工现场安全管理资料规程》等国标、地标），结合企业自身特点，从施工现场出发，编制企业《文明施工安全管理标准》。建筑施工企业文明施工安全管理标准一般包括安全管理、安全防护和脚手架、临时用电、机械设备、消防保卫、环境保护、现场料具、生活区设置和卫生管理等内容。标准制定的越具体、越详细，越有利于操作，越有利于推行，能够统一企业管理行为，提高整体管理水平。

（三）安全生产教育工作

安全生产意识和能力的匮乏是安全生产工作得不到落实，事故频发的重要原因之一。员工的安全教育在建筑企业中应该是一堂必修课，而且应该具有系统性和长期性，安全教育由企业的人力资源部门按照综合体系的要求纳入员工统一教育、培训计划，由安全职能部门归口管理和组织实施，目的在于通过教育和培训提高员工的安全意识，增强安全生产知识，有效地防止人的不安全行为，减少人为失误。安全教育培训要形成制度，适时适地，内容丰富，方式多样，讲求实效。建筑施工企业的安全教育培训做好以下几个方面：

1. 进场安全教育

对于项目新入场的员工和调换工种的员工应进行安全教育和技术培训，经考核合格方准上岗。一般企业对于进场的员工实行三级安全教育，它也是新员工接受的首次安全生产方面的教育。公司级教育对新员工进行初步安全教育，内容包括：劳动保护意识和任务的教育；安全生产方针、政策、法规、标准、规范、规程和安全知识的教育；企业安全规章制度的教育。项目部级安全教育的内容包括：施工项目安全生产技术操作一般规定；施工现场安全生产管理制度；安全生产法律和文明施工要求；工程的基本情况现场环境、施工特点、可能存在的不安全因素。班组一级的对新分配来的员工进行工作前的安全教育内容包括：从事施工必要的安全知识、机具设备及安全防护设施的性能和作用教育；本工种安全操作规程；班组安全生产、文明施工基本要求和劳动纪律；本工种容易发生事故环节、部位及劳动防护用品的使用要求。进场三级安全教育是员工上岗的必要条件，是安全教育的基础性工作，必须严格执行。

2. 日常安全教育

企业和项目组在做好新员工进场教育、特种作业人员安全教育和各级领导干部、安全管理干部的安全生产教育培训的同时，还必须把经常性的安全教育贯穿于安全管理的全过程，并根据接受教育的对象和不同特点，采取多层次、多渠道、多方法进行安全生产教育。经常性安全教育要有利于加强企业领导干部的安全理念，有利于提高全体员工的安全意识。经常性安全教育形式多样，班前安全讲话、安全例会、安全生产月（周、日）活动教育都是较好的形式。施工现场的班前安全讲话是经常性教育的最好形式，应长期有效地开展。班前安全讲话要更面向一线、贴近生活，具体地指出员工在生产经营活动中应该怎样做，注意那些安全因素，怎样消除那些安全隐患从而保证安全生产，提高施工效率。另外，对项目施工现场作业的劳务作业人员，利用“农民工夜校”的形式加强教育、培训、考核，持之以恒，也能收到提高安全意识和作业技能的目的。

3. 特种作业人员的安全教育

特种作业人员还要按照《关于特种作业人员安全技术考核管理规划》的有关规定，经合法的培训和考核机构进行特种专业培训、上岗资格考核取得特种作业人员操作证后方可上岗。企业要对特种作业人员建立档案，针对具体工种、季节性变化、工作对象改变、新工艺、新材料、新设备的使用以及发现事故隐患或事故等应进行特定的安全教育和培训。这是针对重点对象的重点培训，是防止发生重大事故的重要措施，应重点关注。

4. 专项安全培训

企业和项目的培训是安全工作的一项重要内容，培训分为理论知识培训和实际操作培训，随着社会经济的发展和管理工作的不断完善，新材料、新工艺、新设备、新规定、新法规也在施工活动中得到推广和应用。因此就要组织员工进行必要的理论知识培训和实际操作培训，通过培训让其了解掌握新知识的内涵，更好地运用到工作中去，通过培训让员工熟悉掌握新工艺、新设备的基本施工程序和基本操作要点。专项安全培训应针对不同人群编制不同的培训计划，以提高管理人员的安全生产知识、现场发现和解决问题的能力为出发点进行系统培训。培训后要进行考核，考核合格后方可上岗，督促管理人员提高安全管理能力。

（四）建筑安全事故处理工作

1. 建筑生产安全事故等级划分标准

为规范房屋建筑和市政工程生产安全事故报告和调查处理工作，《生产安全事故报告和调查处理条例》规定，生产安全事故划分为特别重大事故、重大事故、较大事故和一般事故 4 个等级。

（1）一般事故：造成 1～2 人死亡，或者 10 人以下（不含 10 人）重伤（包括急性中毒，下同），或者 1000 万元以下直接经济损失；

（2）较大事故：造成 3～9 人死亡，或者 10～49 人重伤，或者 1000～5000 万元（不含 5000 万元）直接经济损失；

（3）重大事故：造成 10～29 人死亡，或者 50～99 人重伤，或者 5000 万元至 1 亿元（不含 1 亿元）直接经济损失；

（4）特别重大事故：造成 30 人以上死亡，或者 100 人以上重伤，或者 1 亿元以上直接经济损失。

2. 事故报告

（1）施工单位事故报告要求

事故发生后，事故现场有关人员应当立即向施工单位负责人报告；施工单位负责人接到报告后，应当于1小时内向事故发生地县级以上人民政府建设主管部门和有关部门报告。

情况紧急时，事故现场有关人员可以直接向事故发生地县级以上人民政府建设主管部门和有关部门报告。

实行施工总承包的建设工程，由总承包单位负责上报事故。

（2）建设主管部门事故报告要求

1）建设主管部门接到事故报告后，应当依照下列规定上报事故情况，并通知安全生产监督管理部门、公安机关、劳动保障行政主管部门、工会和人民检察院：较大事故、重大事故及特别重大事故逐级上报至国务院建设主管部门；一般事故逐级上报至省、自治区、直辖市人民政府建设主管部门；建设主管部门依照本条规定上报事故情况，应当同时报告本级人民政府。国务院建设主管部门接到重大事故和特别重大事故的报告后，应当立即报告国务院。必要时，建设主管部门可以越级上报事故情况。

2）建设主管部门按照本规定逐级上报事故情况时，每级上报的时间不得超过2小时。

3）事故报告内容：

事故发生的时间、地点和工程项目、有关单位名称；

事故的简要经过；

事故已经造成或者可能造成的伤亡人数（包括下落不明的人数）和初步估计的直接经济损失；

事故的初步原因；

事故发生后采取的措施及事故控制情况；

事故报告单位或报告人员。

其他应当报告的情况。

4）事故报告后出现新情况，以及事故发生之日起30日内伤亡人数发生变化的，应当及时补报。

（3）事故处理

1）建设主管部门应当依据有关人民政府对事故的批复和有关法律法规的规定，对事故相关责任者实施行政处罚。处罚权限不属本级建设主管部门的，应当在收到事故调查报告批复后15个工作日内，将事故调查报告（附具有关证据材料）、结案批复、本级建设主管部门对有关责任者的处理建议等转送有权限的建设主管部门。

2）建设主管部门应当依照有关法律法规的规定，对因降低安全生产条件导致事故发生的施工单位给予暂扣或吊销安全生产许可证的处罚；对事故负有责任的相关单位给予罚款、停业整顿、降低资质等级或吊销资质证书的处罚。

3）建设主管部门应当依照有关法律法规的规定，对事故发生负有责任的注册执业资格人员给予罚款、停止执业或吊销其注册执业资格证书的处罚。

（五）确保安全生产资金投入

加强安全生产直接表现出来的是成本的增加，但其本质应是一种特殊的投资对安全的投入所产生的效益并不像普通的投资那样直接反映在产品数量的增加和质量的改进上，而是体现在生产的全过程中，保证生产的正常和连续地进行。这种投入的直接结果是，企业不发生或减少事故和职业病，而这个结果是企业持续生产、保证正常效益取得的必要条件。安全与效益之间是一种相互依存、相互促进的关系。

安全事故的成本是非常高的，而且随着社会的进步和经济的发展还会继续提高。仅对死者的赔偿，按照目前国家安全生产监督管理总局的规定，安全生产事故赔偿标准是最高可达60万元，另外还有政府的罚款，工地停工损失等。此外，按照住房和城乡建设部资质动态管理办法、安全生产许可证管理办法，发生事故后还要暂扣安全生产许可证一个月，企业的招投标活动也相应地被迫停止。这给企业的经营带来巨大影响，越是大型企业，影响就越大。可见事故给企业造成的损失是非常巨大的，对企业经济效益的负面作用是非常巨大的。意识到企业生产活动中安全生产的巨大风险，就能理解安全生产投入的必要性和潜在的效益。

安全与资金投入的关系是显而易见的，在企业的经营活动中，安全投入少于定额最低数字（安全失稳点）时，企业就不能保证安全生产经营活动的正常运行，企业的抗风险，预防事故的能力就差。在安全失稳点和最佳安全投入点（安全保障点）之间是企业安全改进的区域，投入的增加有效提高安全管理水平的提高，整体效益继续随着投入的增加而提高。不同的企业由于安全管理能力不同、采取的安全技术措施的不同在安全投入相同的情况下，可能会收到不同的效益。企业要根据自身的情况确定最佳的安全投入点。在企业的安全投入超过安全保障点时，增加的安全投入对安全生产能力的提高贡献不大，就可能造成盲目投入、资源浪费，降低了企业的效益。因此也不是安全投入越多企业得到的效益就越好，都应该在安全失稳点与安全保障点之间。

《高危行业企业安全生产费用财务管理暂行办法》规定，企业应建立健全内部安全费用管理制度，明确安全费用使用、管理的程序、职责及权限，接受安全生产监督管理部门和财政部门的监督。安全生产费用按照规定标准提取，在成本中列支，专门用于完善和改进企业安全生产条件。专户核算，并按规定范围安排使用。另外，《建筑工程安全防护、文明施工措施费用及使用管理规定》中明确了安全生产和文明施工取费的最低标准。

建筑施工企业必须要保证以上安全投入的最低标准，按照国家现行的建筑施工安全、施工现场环境与卫生标准和有关规定，购置和更新施工安全防护用具及设施、改善安全生产条件和作业环境，防止事故的发生。同时企业要根据自身的特点，及时统计分析安全生产费用的使用情况，实际收到的效果，努力查找企业最佳安全投入点，完善安全投入的企业标准，取得最佳的安全绩效，这是做好建筑施工企业安全生产工作的最重要的保证。

（六）建立职业安全健康管理体系

安全生产是系统工程，由单独的安全管理部门无法实施全面的安全管理，必须把与安全生产密切相关的生产、技术、经营、财务、采购、人力、工会等部门和系统纳入安全管理，完善工作流程，形成一套行之有效的安全管理体系，共同为安全生产创造条件，进行监控，齐抓共管。因此，建筑施工企业应积极建立职业安全健康管理体系。目前建筑施工企业大多已通过质量管理体系并获取 ISO 9000 认证，ISO 14000 环境管理体系和 OHSAS 18000 职业安全健康管理体系的认证。但多数建筑施工企业质量管理体系的运作比较成熟、规范，而在另外两个标准的贯彻执行方面普遍不到位，基本是流于形式。根据系统的观点，为达到组织的管理效果最佳，其所有管理活动必须纳入一个整体考虑，这就意味着任何管理子系统都应该成为组织管理系统的一部分运作，从而达到节约管理资源，提高整体效益的目的。质量、环境、安全三种管理体系具有相同的指导思想，在体系运行方式上也体现了相同的管理学原理。三套管理体系同时作用于产品的生产过程，三者质量管理体系的成功模式，结合环境管理体系的标准和安全管理体系的要求，建立一体化的综合管理体系。

（七）建立安全事故应急体系

预防为主是安全生产的基本方针和原则，然而现实是无论预防工作如何周密，事故和灾难总是难以避免。为了避免或减少事故和灾害的损失，应付紧急情况，就应居安思危，常备不懈。如此，才能在事故和灾害发生的紧急关头反应迅速、措施正确，避免事故扩大，最大限度地减少损失。建筑施工企业需进一步完善应急管理体制，建立健全分类管理、分级负责、条块结合的应急管理体制，建立全方位、立体化、多层次、综合性的应急管理组织体系，提高应急事件的快速响应和处置能力。同时通过危险辨识、事故后果分析，采用技术和管理手段降低事故发生的可能性且使可能发生的事故控制在局部，尽量减少生命财产损失和不良影响，防止事故的蔓延。

1. 制定重大危险源和安全事故应急预案

为了在重大事故发生后能及时予以控制，防止重大事故的蔓延，有效地组织抢险和救助，施工单位应对已初步认定的危险场所和部位进行重大事故危险源的评估。对所有被认定的重大危险场所，应事先进行重大事故后果定量预测，估计在重大事故发生后的状态、人员伤亡情况及设备破坏和损失程度，以及由于物料的泄漏可能引起的爆炸、火灾、有毒有害物质扩散对单位及周边地区可能造成危害程度的预测。根据

《建设工程安全生产管理条例》要求，根据项目施工的特点，对施工现场易发生重大事故的部位、环节进行重点监控，制定项目施工生产事故的应急救援预案。制定事故应急救援预案应遵循“以防为主，防救结合”的原则。

2. 应急准备工作

要从容地应付紧急情况，需要周密的应急计划、严密的应急组织、精干的应急队伍、灵敏的报警系统和完备的应急救援设施。单位根据实际需要，应建立各种不脱产的专业救援队伍，包括抢险抢修队、医疗救护队、义务消防队、通信保障队、治安队等，救援队伍是应急救援的骨干力量，担负单位各类重大事故的处置任务。

3. 进行应急演练工作

事故应急救援预案，不能仅仅停留在“纸上谈兵”阶段，只有通过演练，才能在事故真正发生时做出快速反应，投入处理救援中。“及时、正确地进行救援处理”和“减轻事故所造成的损失”是事故损失控制的两个关键点。建立应急救援组织或者应急救援人员、配备救援器材、设备并定期组织演练。加强对各救援队伍的培训。指挥领导小组要从实际出发，针对危险源可能发生的事故，每年至少组织一次模拟演习，把指挥机构和各救援队伍训练成一支思想好、技术精、作风硬的指挥班子和抢救队伍。一旦发生事故，指挥机构能正确指挥，各救援队伍能根据各自任务及时有效地排除险情、控制并消灭事故、抢救伤员，做好应急救援工作。

以上从安全理念、安全科学、安全责任、安全文化、安全工作阐述了建筑业以人为本、安全发展的主要内容，可以说所提出的很多观点都来源于本人任建筑业司长、建设部总工程师期间处理过的重大安全事故的血的教训，来源于对建筑业可持续发展的思考，来源于众多的建筑业企业家，安全管理专家的智慧结晶，尽管如此，也肯定会有不确切、不深刻之处，有待建筑业同行共同切磋，用我们的实践进一步丰富发展建筑安全科学，用建筑安全科学指导建筑业，一切为了人的全面发展，为了建筑业更加美好的明天。

（2010 年 6 月 23 日在浙江省建筑安全论坛上的演讲）

建筑业企业的转型升级

“十一五”期间，建筑业取得了巨大的成绩。面对刚刚开局的“十二五”，我们要牢牢记住“十二五”的主题和主线，这个主题和主线用六个字来概括就是“谋发展，转方式”。“十二五”的主题是发展，我国目前还存在着一些矛盾，贫富之间的矛盾、发展与资源的矛盾、发展与环境的矛盾以及其他各种各样的社会矛盾，所有这些矛盾都要依靠发展来解决，不发展是不行的，坚持发展是硬道理，但发展要走科学发展之路。“十二五”的主线是转变经济发展方式，称之为“转方式”，要转变国民经济发展方式，对于企业而言就要转型升级。谈转变方式不谈发展，那转变方式是无本之源，谈发展不谈转变方式，那这个发展就容易出现大问题，诸如重数量、轻质量，重规模、轻效益，以及出现许多社会问题等。所以“谋发展”和“转方式”应当相辅相成。对于建筑企业来说，“十一五”期间我们的企业付出了很多的努力，取得了很大的成绩，在“十二五”期间，我们面临着谋发展转方式的任务，要有自己的发展战略和发展规划，发展要靠转型升级，转什么型、升什么级，我们要从以下方面进行探讨。

一、转型升级的必要性

1. 经济建设的需求

转型升级是我国经济建设的需要。2010 年，我国国内生产总值达到 328000 亿元，跃居世界第二位，国家财政收入达到 83000 亿。“十二五”期间，国民经济增长速度要达到 7%，城镇化率要提高 4 个百分点，城乡区域发展的协调性要进一步增长，单位国民生产总值的能耗要降低 10%，二氧化碳排放量要降低 17%，城镇保障性安居工程建设要完成 3600 万套。“十二五”期间，国民经济发展的指导思想总结为“五个坚持”：坚持把经济结构战略性调整作为加快转变经济发展方式的主攻方向；坚持把科技进步和创新作为加快转变经济发展方式的重要支撑；坚持把保障和改善民生作为加快转变经济发展方式的根本出发点和落脚点；坚持把建设资源节约型、环境友好型社会作为加快转变经济发展方式的重要着力点；坚持把改革开放作为加快转变经济发展方式的强大动力。“十二五”期间，建筑业面临的任务相当艰巨，根据“十二五”规划的要求，建筑业要推广绿色建筑、绿色施工，着力用先进建造材料、信息技术优化结构和服务模式。加大保障性安居工程建设规模，2011年要开工建设1000万套保障性住房，共需投资14000亿；从水利工程来看，“十二五”要比“十一五”总量翻番，规模达到18000亿元，第一要加强生态文明建设，江河湖泊的治理，山洪灾害的防治，极端天气的防范，第二要实现水资源的配置，重要水源建设，南水北调，第三是民生工程建设，农村饮水工程，农村小水电，还有经济发展需要，30万亩以上的灌区改造，小型农田水利建设等；从公路建设来讲，“十二五”期间，我国将建设快速铁路网超过40000km，包括客运专线、区域干线，城际铁路交通覆盖10万以上人口的城市，国家要建立高速公路网85000km以上，覆盖20万人口以上的城市，两个路网的建成对中国城镇化的格局，区域经济发展的格局将会有很大的影响；从铁路来看，2008年，根据发展需要，国家进行了规划调整，到2020年，我国铁路营运里程到达到12万km以上，要建设客运专线16000km以上，“十二五”期间，铁路还将新增30000km，基建投资达到3万亿人民币，大规模的铁路建设将为施工企业带来巨大的市场空间，2011年，高铁投资要达到7000亿元；城市轨道交通建设步伐加快，2011年，制定规划36个城市中已有26个城市的轨道交通线路规划要获得国务院的审批，到2020年，我国城市的轨道交通累计营运里程达到7395km，以每公里5亿元的造价计算，保守估计需要30000亿的财政投入，到2050年，规划的线路将增加到289条，总里程达到11700km。可以说，从南到北，从东到西，从沿海到内地，整个中国都在搞建设，给建筑业企业的发展带来了机遇。

2. 建筑行业的发展

从建筑行业的发展来看，2010年，我国固定资产投资总额为278000亿元，比上年增加了24.5%，2009年建筑业总产值达到75863亿元，增长22%，建筑业增加值达到22333亿元，企业68283家，从业人员达到将近4500万人。2010年，全年全社会建筑业增加值为26450亿元，比上年增加12.6%，全国具有资质等级的总承包和专业承包建筑企业实现利润3422亿元，增长25.9%，其中国有及国有控股企业实现990亿元，增长30%。“十一五”期间，建筑业增加值占国内生产总值的比重保持在6%左右，2009年达到6.66%，成为大量吸纳农村富余劳动力，拉动国民经济发展的重要产业。“十一五”期间，建筑业企业积极开拓国际市场，对外承包工程营业额每年增长30%以上，2009年对外承包工程完成营业额777亿美元，新签合同1262亿美元。可以说，建筑业在国民经济中的支柱地位不断加强。

3. 建筑业企业的机遇和挑战

“十一五”期间，建筑业企业取得了巨大的成就，获得了新的历史发展起点，同时还要看到我们面临的机遇和挑战。挑战之一是新的国家发展战略对建筑业企业的要求越来越高，低碳社会要求我们实现绿色施工，要求建造过程环境友好。建筑能耗占社会总能耗的30%～35%以上，所以建筑节能成为全社会节能减排的一个重要领域，是低碳社会低碳经济发展的重要领域；挑战之二是成本快速提高。过去大量的企业靠廉价的农民工获得利润，现在农民工也不再廉价，我认为农民工是我们建筑业的产业工人，任何一个国家对产业工人的要求都越来越高，产业工人也不会是廉价的，农民工待遇的提高给建筑业企业的利润目标带来挑战；挑战之三是自然灾害频繁，全社会对于安全生产水平的要求提高，地震、水灾等挑战越来越突出，火灾，尤其是高层建筑的防火给工程建设提出新的要求；此外，新时期建筑企业需要用高新技术进行改造，这方面的任务也相当重。

我们作为建筑业从业人员，身处我国经济社会飞速发展的年代，为社会、为各行各业的发展，为千家万户的幸福，作出了不可磨灭的贡献，面对未来，更要充满激情，迎接新的挑战，作出更大贡献，实现我们的人生价值。

二、建筑业企业转型升级的内容

怎么转型，怎么升级？实现建筑业企业的转型升级要从以下八个方面入手。

1. 科技先导型

（1）科学技术是第一生产力。今天的社会是知识经济的时代，经济全球化的时代，知识和科技正以幂指数的速度增长，这种变化在人们的日常生活中体现的非常明显，数码相机、手机，电视等产品的更新换代速度之快令人惊讶。科学技术的发展对建筑行业的影响同样也十分深远，我们必须用先进的技术来改造建筑业企业。

（2）十大新技术的推广。建筑业在人们的印象中并不是高新技术产业，但实际上，建筑业急需用高新技术进行改造，在这个背景下，国家住房和城乡建设部2010年10月发布的《建筑业十项新技术》，指出了建筑业技术进步的重点和方向，这些技术有：

1）地基基础和地下空间工程技术：为实现节能节地，建筑物的地下空间越来越重要，要加强城市地铁及地下空间的利用，过去我们在城市地下修建了很多防空洞，现在要加以改造利用。但地下空间的利用对技术的要求很高。举例来说，某地一栋24层的高层，附近进行基础施工，由于处于河滩地段，临近工地基础打桩施工挤压了该栋高层的基础，结果造成大楼倾斜，成了中国的“斜塔”，最后只好爆破处理，爆破之后，框架的完整性很好，说明工程质量是好的，主要是地基基础出现了问题。

2）混凝土技术：现在的混凝土已经不是传统意义上的混凝土，出现了各种高强混凝土，混凝土的成分也不再是传统的水泥、砂石和水，出现了各种附加剂来改良混凝土的性能，例如高强的、防冻的混凝土。关于混凝土，要大力推广预制技术，推广混凝土搅拌站。值得注意的是现场搅拌砂浆带来的质量问题，砂浆比成了良心比，质量完全掌握在现场搅拌工人个人手中，也带来现场的不文明施工，所以，四川成都提出禁止现场搅拌砂浆，这种做法值得推广。大型建筑企业如果在一个城市建筑工程量比较多的情况下建立自己的预制混凝土搅拌站，预制砂浆工程车是很有必要的。

3）钢筋及预应力技术：钢筋工程大多是隐蔽工程，质量问题往往很严重，浙江某大桥现浇混凝土的预制钢筋缺了一根，混凝土预制过程中钢筋的配比拉筋也出现问题，结果发生了事故。这样的案例告诉我们，钢筋及预应力技术的应用必须要重视。

4）模板及脚手架技术：模板及脚手架技术也在不断更新，从过去现场搭接变成组装、自动式的。但是，模板及脚手架近几年造成的现场安全事故还是很多的，从保护人的生命为最高准则出发，模板及脚手架技术的应用还要继续推广和完善。

5）钢结构技术：中国钢结构的发展很迅速，飞机场、博物馆、体育馆、桥梁、火车站基本都是钢结构，但是在住宅上的应用还不多。在国外，钢结构占到建筑用钢的30％～50％，我们国家这个比例只有7％，中国是世界钢产量大国，而我国的建筑目前大多数是以钢筋混凝土为主，还没有改变过来。钢结构的应用涉及很多技术，例如焊接技术、吊装技术、组装技术等，值得注意的是，钢结构的应用不是用钢量越多越好，而是单位面积和单位产值要求下钢结构的优化。

6）机电安装工程技术：机电设备还有光电设备的应用，需要培养我们的专业人才。例如德国正在普遍发展光电建筑，窗户、墙面、遮阳板都能够发电，这种应用不是简单地把光电设备组合到建筑上，而是光电建筑一体化，每家每户的发电统一上网，这就要求电压稳定，因此，德国设置国家认证的光电安装师，这种做法值得我们学习。

7）绿色施工技术：所谓建筑，是各种建筑材料的组合，绿色施工技术对于工程施工方法和材料利用都会提出新的要求，什么样的建筑材料是绿色的建筑材料，什么样的施工是绿色施工，什么样的建筑是绿色建筑，都是我们要研究的问题。

8）防水防火技术：防水技术的核心是防渗漏。防火，特别是高层建筑的防火和灭火是一个重要问题，一些技术的应用，可以为人员疏散和火灾的扑灭赢得时间。比如普通玻璃在1000摄氏度的温度下，3分钟开始变形，而金刚玻璃可以维持60分钟的时间。央视大楼、上海“11·15”火灾等事故为我们敲响了警钟，高层建筑的防火必须得到充分的重视。

9）抗震加固与监测技术：地震是对建筑的破坏性检测，在日本神户地震时，发现钢筋混凝土中有易拉罐，追究了承包商的法律责任。台湾南投县集集大地震，从基础钢筋弯转的角度上发现不少建筑物本应达到135度的钢筋只有90度，逮捕了承包商，而我们的汶川地震，三层楼的中学居然没有圈梁，学校成了学生的坟墓，这是惨痛的教训。必须要发展抗震加固与监测技术，同时要实行承包商对工程的终身负责制。

10）信息化应用技术：信息化应用的核心是用信息化进行信息管理，用信息化去掌握市场动向，去掌握设计制造和监测过程。即通过信息化技术的应用，提高建筑企业管理信息和分析市场的能力，提高施工过程的信息化程度。

（3）三大创新。科技是第一生产力，要提倡科技创新。科技创新分为三类，原始创新、集成创新和引进消化吸收再创新。

原始创新简单地说就是各种专利、工法；集成创新是把各种技术集中用于建筑；引进消化吸收再创新说明创新不是从零开始，而是站在别人的肩膀上，把国外的先进技术引进消化，变成我们自己的。

建筑企业要有自己的专利、要有自己的工法。制造业企业制造产品、销售产品、储备产品、研发产品，才能成为长寿的企业。而对建筑企业来说，重视施工，重视质量，这是企业的今天，重视科技创新，是为了企业的明天。企业同人一样，是有寿命的，技术领先，企业就是年轻的，技术落后，企业就进入老年。过去国有企业的创新有个问题，只许成功不许失败，但是创新哪有一次成功的，不能不允许失败，要宽容创新人才，创建宽松的环境，重视创新人才的培养，重视创新技术的推广，表彰具有创新精神的单位和人员。

2. 资源节约型

（1）循环经济

传统经济是“资源－产品－废弃物”的单向直线过程，创造的财富越多，消耗的资源和产生的废弃物就越多，对环境资源的负面影响也就越大。循环经济则以尽可能小的资源消耗和环境成本，获得尽可能大的经济和社会效益，从而使经济系统与自然生态系统的物质循环过程相互和谐，促进资源永续利用。因此，循环经济是对“大量生产、大量消费、大量废弃”的传统经济模式的根本变革。循环经济条件下，资源得到充分利用，要按照循环经济的要求思考我们的建筑过程，提倡修旧利废。

（2）节能、节材、节地

节能：建筑节能学是一门科学，实现建筑节能要从材料、施工、结构、装修等方面全面掌握建筑节能的途径和方法。

节材：建筑材料是建筑业的物质基础。我国建筑业材料消耗数量极其惊人，浪费严重，但是反过来也表明我国建筑节材的潜力十分巨大。就目前可行的技术而言，建筑节材技术可以分为三个层面：工程材料应用方面的节材技术、建筑设计方面的节材技术、建筑施工方面的节材技术。建筑要合理的利用材料实现功能要求，现在涌现出各种新型建筑节能材料，对实现建筑节能十分有益。

节地：节地的根本思想是要使有限的土地创造最大的价值。值得注意的是，节约土地不能矫枉过正，既要节约土地，又要有合理的城市空间，不能把城市建得太拥挤。建筑企业必须精心规划，在功能布局、总体设计、单体建筑和户型功能设计上，充分考虑气候、地形等自然条件，通过有序的规划布局、人性化的细节设计、因地制宜的运用高新技术和精心的施工，来提高城市空间的舒适度。

3. 环境友好型

（1）低碳经济

什么是低碳经济？人类从原始社会开始发展出农业经济，使农业变成一大产业，直到蒸汽机的发明引发第一次工业文明，发展到今天，人类社会进入到低碳文明，以低能耗、低消耗为目标，人类认识到不能再靠大量能耗换来经济发展，对建筑要做到节能降耗。所谓低碳经济，是指在可持续发展理念指导下，通过技术创新、制度创新、产业转型、新能源开发等多种手段，尽可能地减少煤炭、石油等高碳能源消耗，减少温室气体排放，达到经济社会发展与生态环境保护双赢的一种经济发展形态。低碳经济是以低能耗、低污染、低排放为基础的经济模式，是人类社会继农业文明、工业文明之后的又一次重大进步。在这种低碳经济条件下，建筑和建筑企业也负有降低能耗、减少污染的艰巨任务。

（2）减排降耗

对施工过程来说，减少污水排放、污气和各种污染物的排放，措施是多种多样的，比如预制混凝土以及禁止砂浆现场搅拌，一方面可以实现减排降耗的要求，同时又可以保证质量，可以说建筑企业的减排降耗需要做的工作很多，这方面的任务很重。

（3）文明施工

所谓文明施工，通俗的说就是不能因为一个工地破坏了一大片的周围环境。这个环境第一是指自然环境，脏乱差的工地到处是砖头、瓦头、钢筋头，卫生不合格，因此，工地必须加强现场仓库、现场排水、现场道路的建设和管理；第二是指人文环境，每个工地内部要有一个和谐的工作氛围，企业同样也要和谐有序。

4. 质量效益型

凡是搞工程的人，都必须牢记质量第一是永恒主题，人的生命第一是最高准则，研究工程质量问题必须要坚持这个主题和准则。

（1）质量安全是永恒主题

当前我国住宅工程质量的总体水平与经济发展的要求和人民群众改善居住条件的需求，还存在着一定的差距。主要表现在：一是住宅工程质量事故时有发生，给人民生命财产安全造成损失，也引起社会舆论强烈反响。二是我们住宅的许多质量通病还没有完全消除，住宅工程的质量投诉事件仍然较多。现在媒体中出现的“楼倒倒”，“楼歪歪”等说法，反映的是社会舆论和人民群众对工程质量问题的关注和担忧。

（2）工程质量新概念

随着国家投资体制和工程建设管理体制改革的进一步深化，特别是住房制度改革的深化，社会对于工程质量的期望越来越高，工程质量已经不再是单纯追求满足建筑物的结构安全和使用功能，仅仅满足符合性要求，完善的工程质量应以顾客满意为宗旨，内涵包括结构质量、功能质量、魅力质量和可持续发展质量四大新概念。

1）结构质量。结构质量是建设工程质量价值实现的核心，一旦发生结构质量隐患，后果就不堪设想。建设工程结构质量的优劣，不仅决定工程质量的好坏，而且涉及人民群众生命财产的安全。建筑结构的安全可靠是建筑工程质量的重要指标。结构安全既包括正常使用条件下的安全、耐久、适用，也包括极端条件下（如地震、台风、冰冻灾害）工程的良性破坏条件下能够保障工程使用人的人身安全，要提高建筑抗灾防灾能力，比如对地震来说，建筑应该大震不倒、小震可修。要说明的是，强调建筑的结构质量不能搞极端，不能单纯地追求结构质量而把建筑搞成碉堡，而是要在确保结构安全的前提条件下优化材料的使用。

2）功能质量。不同的建筑有不同的功能要求，比如说国家大剧院，2000 人的座位，演出结束，人们站起来，椅子不能哗哗响，舞台上表演的声音要确保坐在最后一排的观众也能听清楚，这是大空间的剧场建筑。又比如住宅，走廊太长，卧室太小，客厅太大，门窗开启不严，屋顶裂缝，地面裂纹，这些都对住宅功能造成影响。一句话，功能质量要满足用户的需求。

3）魅力质量。建筑与音乐、诗词、戏剧一样，是人类社会的艺术成果，建筑的造型和颜色必然给建筑周围的环境带来这样那样的影响，要么增加了城市的景点，要么成为城市的败笔。国家大剧院建设之前，我考察了德国、意大利、芬兰、澳大利亚，还有我国香港、澳门地区的剧院，主要是考察功能质量和魅力质量。建筑之美能够熏陶人，也能够影响人的心情，在美国某州的一个学校，学生学习不好，秩序不好，除了教育等原因，学校的建筑使学生心情浮躁也是其中一个原因。

4）可持续发展质量。环保的建筑、低碳的建筑同时也应是一个具有很好环境的建筑，这就是可持续发展的要求。建筑质量贯彻落实可持续的科学发展观，首先应总结探讨随着社会经济的发展和人民生活水平的提高，工程质量是否已体现了可持续发展的涵义，即不仅可以改善和提高当代人的生活与发展质量，而且也体现了为后代人改善和提高生存与发展质量创造了条件。工程项目的规划、设计、建造和建成后的每个阶段，不仅要充分考虑到建筑质量的适用性、安全性、耐久性和经济性，同时还要充分考虑到可持续性。

（3）四大标准体系

目前，与工程建设直接相关的管理标准体系包括 ISO 9000 质量管理体系、OHSAS 18001 职业健康安全管理体系、ISO 14000 环境管理体系和 SA 8000 社会责任体系。

ISO 9000，质量保证体系。什么是 ISO 9000，我总结就三句话，经理、项目经理或管理人员该说的必须说到，说到必须做到，做到就要认真记下来，或者说倒过来，在管理上，记下你所做的，做你所说的，说你应该说的。听起来容易，做起来可不容易，在实际工作中，很多人并没有说该说的，我曾经检查一个监理公司，刚毕业的大学生做监理工程师，写的监理日记全是喊口号、讲废话。上海南浦大桥竣工验收，写验收鉴定时候，他们写上海南浦大桥的工程水平体现了上海的水平、上海的速度、上海的质量，我当时作为验收组副组长就谈到，这几句话不合适。讲质量，要说检查点合格率是多少，优良品率是多少；讲速度，要说定额工期是多少，合同工期多少，提前多少；讲水平，要说大桥采用了多少项新技术，怎么使用的。工程技术人员要讲政治，但不能变成政治家，不能用外交语言来谈工程，工程质量是实打实的。我们还要避免一种倾向，搞质量认证开始一阵风，通过了以后就不当回事，这种态度是不利于企业和工程的质量管理的。

OHSAS 180001，卫生健康保障体系。讲到安全问题，什么是不安全？简单地说是物的不安全状态和人的不安全状态的交叉，造成安全事故。举例来说，塔吊在运行过程中，如果正常运转，就不会倒掉，也不会掉东西，如果人在塔吊的运转半径之外，也不会有问题。假如塔吊不安全，人又处在半径之内，就可能出问题。我在德国考察，高速运转的电刨子，德国人问我敢不敢把手伸进去，结果我一伸进去，机器马上停了，这就是人—机工程的原理，所以安全要有科学做保障。

ISO 14000，环境体系。前面讲过自然环境和人文环境，我们不能设想一个乱糟糟的工地能干出优等工程，不能设想一个乱糟糟的工地工人能有极高的劳动积极性，工地的状况决定工地的精神状态，工地的精神状态又和工程质量、成本和进度息息相关。

SA 8000，社会责任体系。这是我们进入世界市场的通行证，一个企业再大再强，也要承担社会责任。比如说，一个企业产品再好，如果发现用了童工，那么所有产品要召回，如果发现企业排放污气，那么产品也不能再销售，所以说我们建筑企业，要做负责任的企业，要承担社会责任。

（4）项目管理

谈质量不能不谈项目管理。第一说项目，一个城市的发展，靠一个个项目发展起来，一个公司的成长，靠一个个项目积累，我们个人靠一个个项目增长才干，所以项目至关重要。第二，什么叫管理？让别人劳动叫管理，自己劳动叫操作，叫别人怎么劳动就很有门道了，劳动分很多种：积极性劳动、被动性劳动、主动性劳动、“磨洋工”的劳动、干一天混一天的劳动、带有创造性的劳动，都不一样，这要看管理水平的高低。回想每一个人的成长经历，在有些领导的领导下，累死也要干，在有些领导的领导下，不用干活白给钱也不高兴。管理要讲科学，管理科学已经发展到第五代。第一代是美国泰勒的动作管理，把每个工序用秒表记录下来，把先进水平确定为劳动定额，完成定额给钱，完不成定额就不给钱；第二代是行为管理，行为靠需求产生，理论基础是马斯洛的需求层次理论；第三代全面管理，以日本为代表，认为管理是全过程全方面全员的管理；第四代是比较管理，企业纵向比较，今年和去年比，企业横向比较，与国内最大、国际最大的企业比较，尤其是与日本、美国和德国的公司比，这些企业很多都是百年老店，值得我们学习，还有实质性的比较；到了今天，第五代的管理是文化管理、信息管理和知识管理，管理学的不断发展，是我们搞管理的人的理论依据，必须好好研究。

5. 联盟合作型

（1）竞合理念

过去讲，市场经济是竞争的，所谓竞争，是你死我活的，是大鱼吃小鱼，小鱼吃虾米，是残酷的，是无情的，这种说法有一定的道理，但不完全对。在市场经济条件下，企业与企业之间，同行之间有时候是竞争对手，比如我们多家企业同时投标，但在更多的情况下，企业是合作的伙伴，是联盟关系，所以现在全世界强调的是联盟合作，既有竞争又有合作，因此称为竞合理念。2000 年我们加入 WTO 时学到一个词汇，叫双赢、多赢。项目要赢，企业要赢。甲方要赢，乙方要赢；施工承包商要赢，监理公司要赢，设计单位还要赢，材料供应商也要赢。公司要赢，我们每一个人都要赢。世界上很多组织，像是 G20、东盟合作组织、上海合作组织、金砖五国、北约组织，都强调联盟合作，现在很多连锁店，无论是市场、技术和多种生产要素之间，充满着合作。

（2）三大合作

合作包括很多方面，我在这里强调三大合作。

第一个是银企合作。我们的企业要做大，无论是上市还是不上市，和银行的合作很重要。银行分两类，一种是政策性银行，像中国人民银行，研究金融政策，掌握金融工具，还有商业性银行，就是经营人民币的商店。银行需要企业，企业也需要银行，因为企业需要资金，需要更大的金融实力，所以企业与银行的合作至关重要。

第二个是产学研合作。讲科技创新，不是从零开始、从原始开始，而是跟现有的院校、科研机构、转化科研成果的单位进行合作，包括国外的国内的，拿别人的为我所用，这不是抄袭，而是站在别人的成果上进行再研究再发展，同时也是积聚社会力量充实企业的研发机构。

第三是甲乙方合作。任何工程的完成，无论是房地产项目还是建筑工程项目都是合作的结果，而合作的过程中不断产生矛盾不断解决矛盾，如果一点矛盾没有反而可能出现大问题。作为建筑业来讲，业主永远是建筑业发展的动力，只有业主的需求，才有建筑业，反过来，业主和监理公司、施工企业之间是一个合作的过程，是不断产生矛盾不断解决矛盾的过程。甲乙双方的合作还包括所有合同双方，所有产业链企业之间，所有产业群企业之间合作。可以说，合作是更高层次的竞争。

6. 社会责任型

（1）企业家要流着道德的血液

2008年9月27日，国务院总理温家宝出席夏季达沃斯论坛年会开幕式和企业家座谈时指出，企业是经济的主体，企业家要有道德。每个企业家都应该流着道德的血液，每个企业都应该承担起社会责任。合法经营与道德结合的企业，才是社会需要的企业。2011年在两会期间，温总理又强调企业家要流着道德的血液。什么是流着道德的血液，就是要讲究社会道德，需要树立平等互利、自由竞争、公平交易、以义求利、诚实守信、团结合作、勤俭廉洁、遵纪守法等维系市场经济的基本道德观念，以使我们的道德行为成为一种理性选择。

（2）劳资关系

建筑企业要正视劳方与资方的关系，正确对待农民工，什么叫老板？松下电器的老板松下幸之助讲过，作为老板，就是给员工端茶倒水的人。而我们有的人对农民工吆五喝六的，有一个企业怕安全大检查的时候农民工说话不合适，竟然把农民工关起来。这怎么行。尊重和爱护农民工，是社会进步的表现。新的社会条件下，劳资关系是非常重要的，不能使矛盾激化。我们强调企业与员工的和谐关系，员工因为有了企业才有了施展才干的舞台，企业有了施展才干的员工才能发展壮大，企业和员工的关系相辅相成。

（3）诚信体系

今天的建筑企业领导，要勇敢的承认自己是商人，我们是建筑承包商，是儒商，要讲究诚信，现在，不诚信的情况太多了，简单地说，三个字，一个是吹，一个是假，一个是赖。什么是吹，十几个人的小公司也叫集团，也称总裁，计划经济条件下我们有个毛病，大企业就是级别高的，科级的、处级的、局级的、部级的，现在叫大名字的就是大企业，我们开个饺子店，也要叫饺子城，建个大楼不叫大厦，叫广场，叫花园。一个小区挖个坑，灌点水，广告里就说本小区碧波荡漾，还有豪宅，巨无霸等，都是吹牛。人多也不是大企业，美国75%的企业是3～17人的企业，企业的强大要靠经营能力，融资能力。还有假，哪怕是中小城市，也有法国的香水，意大利的皮货，很多都是假的，假奶粉，假药，等等，假的太多了。还有一个赖，沾边就赖，能赖就赖，集中体现为拖欠工程款。住房和城乡建设部市场司清理拖欠工程款，花很大力气。我们到美国、德国问人家，你们有没有什么清理拖欠工程款的经验，人家就问什么叫清理拖欠工程款，就是干活不给钱，人家就说那太简单了，不给钱就蹲监狱。我们要建立诚信的企业，有的企业觉得诚信吃亏，好的东西卖不出去，这是因为我们的市场经济还有不成熟的方面，要靠发展来解决，不能因为这个就埋怨社会，要有信心诚信地搞好自己的企业。

7. 全球开放型

建筑企业要实施走出去的战略，实现市场全球化。中国的建筑企业和国际上的竞争对手竞争，我们的进步相当快，按照ENR的统计，全球最大的225家承包商，其中中国企业的数量在不断增加。要更好地走出去，必须高度重视属地化经营和本土化策略。

中东、南美、非洲，每个国家都有自己的一些法规惯例需要深入了解，包括工程所在国的法规、标准、民风、民俗，要按照当地的市场要求来经营，不能固守自己的一套做法。要善于用本地人，外资企业在中国经营，靠的是高薪聘用我们的专业人才，我们到外国开展工程承包，也要善于使用当地人才。中建总公司在香港本部有三分之二是香港人，三分之一是内地人，香港本地人拿的工资比内地人高得多，这很必要，目的就是要实施本地化策略。

8. 组织学习型

（1）要强调不断学习

知识经济时代，今天的文盲不是不识字的人，而是不肯学习不善于学习的人。世界各国都重视学习。美国提出人人学习的口号，日本提出要把大阪神户建立成学习型城市，德国提出终身学习，新加坡提出2015学习计划，即到2015年，新加坡大人小孩人均两台电脑。这给我们带来很大的启示，中国共产党要成为学习型的政党，企业要成为学习型的组织。一个人长知识长见识都是学习，长知识靠读书，长见识要靠实践，因此说读万卷书行千里路，企业要成为学习型组织，员工要成为知识型员工。

（2）要进行企业文化创新

企业文化是企业的指导思想、行为准则，是人们共同遵守的行动目标和方向。企业要有文化创新，企业的性格不同，成功不同，都有自己的文化，是企业物质财富和精神财富的总和，是企业成长过程中的动力、形象和价值。企业文化创造企业良好的氛围，我们自己的家是充满亲情的家，我们的企业是充满友情的家，这个家对人的成长至关重要，有些人生怕别人比自己强，这是错误的想法，美国钢铁之父卡耐基说要高度重视比自己强的人，胡锦涛总书记说过，要创造人人想创新，人人想尽义务进行经济建设谋发展的良好氛围。企业的氛围好了，不想干成的人坐不住，氛围不好，想干事的人干不成。因此，氛围对事业非常重要。

（3）要加强人力资源开发

人人都可以成才，企业的管理者要把企业多出人才作为目标，为企业创造最大的价值。人力资源开发的方式有很多，人才培养规划、培训投资、事业留人、待遇留人、感情留人都很重要，缺一不可。还要尊重人，要高度重视他人的创造，高度尊重他人的人格，高度尊重他人的智慧，尊重知识、尊重才能。

三、企业家的使命

1. 国家发展需要企业家

当今时代最可爱的人是企业家，也是最稀缺、最宝贵的人力资源，社会的发展要靠企业，企业要靠企业家来经营，就业是我们的党和政府关心的重要的民生问题，要解决就业就要高度重视企业家的创业，企业家的创业关系到就业，时代需要企业家，时代造就企业家，中国这么大的市场，可以容纳许多企业，可以容纳大的企业，需要大量优秀企业家。

2. 企业家的素质要求

建筑企业的转型升级，很大程度上要靠企业的眼光、气魄和能力，对企业家提出了很高的要求，可以总结为八个方面：

（1）世界眼光

企业家不要小家子气，要了解世界。以高新技术的研发应用为例，知识无国界，高新技术的巨额投资只有在更广泛的国际市场上才能收回并取得高效益。同时，高新技术的研究与发展需要大量的科研经费支出、高新技术交流、大批优秀的高新技术人才、高精密度仪器设备，这些也都需要在国际范围内进行通力合作。因此，在知识经济时代，企业家必须要有全球意识和观念，明白技术国际化、人才国际化和跨国经营对知识经济发展的重大促进作用，并善于运用跨国经营来促进企业的发展。

（2）战略思维

企业家不能只看眼前，头痛医头，脚痛医脚，要有战略眼光，要有规划思维。企业家的战略性思维具有三大特征：一是全局性、二是长远性、三是定位性。全局性思维就是立足本企业，放眼全社会，将自己企业的发展变化与社会、市场发展紧密联系起来，进而达到把自己企业放在整个市场来看的境界；长远性思维就是要具备对企业发展未来思考的能力，既要想近期，还要想中期，更要想长远，使自己的思维始终走在企业发展的前面；做好企业定位，就是对企业在未来某个阶段要达到的目标进行思维决策的能力，对实现目标采用的战略手段和方法思考决策的能力。

（3）儒商诚信

企业家要作为有文化教养的学者化的商人。诚信同商业经济关系最为密切。企业家要从自己做起，以“诚”为做人第一要义，以“信”为处世第一准则，以诚取信，以信养诚。纯粹的儒商不是简单的商人加文人，与时下取得了一些商业利润就以学问作装点门面的媚俗行为更是毫不相干。儒商关键不在于学问有多高深，学养有多深厚，而在于对儒家伦理道德实践程度。有些商人尽管文化程度不是很高，但他在本质上却有向善之念，对儒商思想有一种如佛家所言的天然的“慧根”，在商业行为中自然地坚持“不苟取”、坚持取之有道、善于处理好公众利益和个人利益的关系，不以获利为唯一目的和终极目的，也完全可以称之为儒商，而且是有“君子儒”风采的儒商。

(4) 智商才智

改革开放以来，有人说中国的民营企业家经历了三代，第一代叫“胆商”，谁胆子大谁就发财；第二代叫“情商”，在特定的历史条件下，我们国家实行价格双轨制，形成了特权企业，出现了“官倒”现象；第三代出现了智商，像联想的柳传志，海尔的张瑞敏等，已经成为商业经典的案例。胆商是垮掉的一代，情商是挣扎的一代，只有智商是正在崛起的一代，是有希望的一代。

(5) 人力资源开发

什么叫领导，有人跟随才是领导。领导要作为人力资源开发的领导，要把自己的下属、自己身边的人都培养成人才。人力资源开发首先是一种被无数成功企业家证明有效的具有重大价值的科学观念。它明确告示企业家：企业的任何行为，包括资金的运作、产品的开发、市场的开拓、日常的管理等无一不是由人在实施，离开人的活动，企业就意味着死亡。因此，人力资源是企业最重要的资源，也是最首要开发的资源。人力资源开发已成为企业家寻求竞争优势的焦点。凡是重视人力资源开发的企业都取得了巨大效益。不能想象一个忽视人力资源开发的企业能成为竞争力强的企业。

(6) 竞合技能

要学会与人合作，发挥团队的作用。心胸决定格局，眼界决定境界。尤其对于企业家而言，更是如此，如果过于计较小利，而吝啬对他人就合作伙伴的付出，必然会因失去合作者的信任而步履维艰、难有作为，市场表现的乏力。某种程度上，掌舵人的胸襟和格局怎样，决定了市场能否做大、企业能否做强。新的时代背景下，呼唤企业家建立“共赢”理念，即要以企业家特有的境界和风格，与企业内外合作者共谋合作、共同发展，缔造建筑企业发展的一个又一个成功。

(7) 文化自觉

从某种意义上讲，企业文化是企业家的理想、信念、价值观念、道德规范和行为取向等个人素质的综合反映。企业家要提高管理效果，就必须懂得企业文化知识，善于进行企业文化经营。企业文化代表着企业的整体素质，它以价值观、企业精神和企业道德规范为核心和基础，以企业环境、企业组织机构、企业制度为主要表达。企业家通过积极地倡导、示范和实践，创造符合时代特点的、有个性和特色的企业文化，并通过企业文化强烈的感召力，来引导员工实行自我管理，充分调动员工的主动性、积极性和创造性。

(8) 自我修炼

企业家要有自我完善、自我控制的能力，当今社会有很多陷阱、很多诱惑，企业家要时刻保持清醒的头脑。要善于从自己及别人的成功和失败中吸取经验教训，要遵纪守法，要时时刻刻注重廉洁自律，要不断自我完善。这样，企业家才能跟得上时代的步伐，以高尚的思想、正确的价值观去把握企业的健康发展。

3. 企业家的历史责任

说到企业家的历史责任，首先要谈谈企业家的社会责任。企业家的社会责任一般表现为阶段性、现实性，而历史责任就不同了，历史责任是公众对企业家的纵向考核，也许是几年、几十年，或者时间更长。从这个意义讲，一个企业家兑现社会责任容易，体现历史责任就困难多了。把企业做大做强，是企业家自我实现的需求，是一个人追求事业成功的正当需求。当有自我实现要求的时候，什么都可以付出，跟国外一些知名的建筑企业相比，我们的企业都很年轻，企业家们要有把企业做成百年老店的决心，让我们的企业成为国人的骄傲。

2011年是“十二五”规划的开局之年。带着“十一五”留下的精神财富，我们要抓住机遇，勇于变革，应对挑战，奋发有为，我们将创造属于“十二五”的历史荣耀，并以新的光荣庆祝中国共产党成立90周年，纪念辛亥革命100周年。

（2011年3月29日在“江苏省建筑业中小企业发展研讨会”上的讲话）

现代建筑管理创新

一、建筑管理创新基础和建筑管理者的职责

1. 管理科学的发展

从历史上看，著名的管理科学理论有五个方面：

首先是泰勒制，特征是动作管理。动作管理是将劳动分解成若干个动作，用计时器记下每个动作完成需要的时间，编制劳动定额，按照制式生产分配工资，计件管理。

其次是行为管理理论。从管理科学角度来讲，每个人有不同的需求，至少可以分为五大类：生理需求、安全需求、社会需求、尊重需求和自我实现需求。而建筑工作者的自我实现需求就是把管理科学推向前进，把建筑管理搞好，无论是在企业还是在高校，这是我们最高的需求。人的需求是由环境产生的。在当前的建设时期，我们注重管理的原因，就是来自于环境的要求。先由需求产生行为，行为去改变环境，环境再产生需求，如此循环往复，形成一个不断循环的过程。

再次是全面管理理论。全面管理是全过程的、全方位的和全体人员的管理，最典型的例子是日本 TQC（全面质量管理）。例如企业要完成一个工程，这个工程的质量与全体人员都密不可分，从工程画线开始到工程竣工，从基础到主体，是对全过程的管理。

还有比较管理理论。比较管理有三种，分别是纵向比较、横向比较和关键要素比较。我们通常习惯做纵向比较，而当前需要做横向比较，“山外青山楼外楼”，讲究“中国国情”，这就是横向比较，是将中国的国情和国外比较。目前中国的国情用九个字概括就是：差不多、差很多、差太多。青藏铁路、跨海大桥和天宫一号等工程采用的是最先进的技术，这些技术和其他国家差不多。国内的大型商场和超市都很漂亮，商品种类丰富，也和国外的情况差不多。然而当按人均计算时，各项指标数值和国外相比就差很多。我们的经济总量排名位居世界第二，但是经过人均后，我们还仍然属于发展中国家，人均经济水平差很多，人均资源水平还很低。中国有很多贫困地区，如少数民族地区和偏远山区都太困难，所以中央去年特别强调要加强扶贫工作。我们还有很多东西需要做横向比较，包括建筑管理，与美国比较，与日本比较，了解他们

的建筑管理是什么状况。

到了现在，就是我们今天讲的现代管理。现代管理就是管理现代化，是管理创新的内容。

2. 建筑实践的锤炼

中国是全世界管理实践最多的国家，目前全国上下是大工地，每年在建项目面积达50万公顷，2010年固定资产投资规模达到27.8万亿人民币。

（1）项目。在这里需要强调项目的重要性。由于我自身的经历，我特别地重视项目，每个城市都是靠一个一个项目发展起来，逐渐变得现代化。建筑和城市的关系可以这样表达，如果说一个单体工程是项目的微观，那么城市就是项目的宏观，城市就是由具体项目构成的。从企业的角度来讲，它也是靠每一个项目展开经营，获取盈利，进行资本积累的。

我们在座的每一位，都是经过一个一个项目锻炼成长起来的，就我个人而言，做过的大小项目有160余项。建筑管理工作者如果不了解项目，就无法胜任自身的管理工作。我们研究建筑管理也离不开项目，因为建筑管理根本的目的是为了更好地经营项目。

（2）人才。我国建筑管理科学的发展和创新是有基础的，建筑业从业人员已多达4500万。城市的发展离不开建设者的艰苦努力，千家万户的幸福生活离不开建设者的无私奉献，离开了建筑业各个行业都无法发展，所以人才是非常关键的。

（3）经验。我国从“一五”时期开始搞建设，当时是向苏联专家学习的，在他们的帮助下（编制施工组织设计），我们搞了156个大型工业项目。改革开放30年来，我们已完成了这么众多工程，城市面貌发生了翻天覆地的变化，基础设施大大加强，居民住宅从量和质两个方面都取得了巨大的进步，积累了大量的成功经验。值得注意的是，建设中的失败教训也是非常宝贵的财富。失败是成功之母，总结失败是为了今后获得更大的成功，经验和教训同属于建筑管理实践的范畴。

3. 建筑管理人力资源的开发

管理的实践要靠人力资源的开发，尤其是项目经理、建造师、执业经理人、高等院校从事建筑管理的教学和研究人员、企业从事建筑管理的领导层和决策层，这些人力资源都是建筑科学发展的基础。可以说现代建筑管理的创新就是人的创新，这些人是当代的建设者和人才。企业家是当今最稀缺和最宝贵的资源、是最可爱的人，同时也面临着很多的风险。

4. 建筑管理者的职责

建筑管理者的职责决定了我们要对建筑管理进行创新，将建筑管理做好是我们人生最大的自我需求，也是我们人生价值的体现。建筑管理创新是所有建设者的崇高职责。

二、建筑管理创新内容

1. 知识管理

（1）定义。知识管理就是企业的知识开发、利用和管理工作。不仅指负责企业技术、教育、培训和市场分析等方面的管理工作，还要承担人力资源的开发，并同信息、市场分析和企业的经营管理协调统一的工作。必须以市场为核心，围绕市场，组织知识管理和企业其他资源完美结合，综合企业内部知识和外部知识的结合，从而优化整体经营的效果。中国企业的总工程师与国外的知识总管相对应。

（2）学习型组织。知识管理要求我们成立学习型组织。企业、高校和协会等组织都要建立学习型组织，这是全球总体的趋势。美国提出“人人学习之国”，日本提出把大阪和神户办成学习型城市，德国提出要终生学习，新加坡提出2015年学习计划，我党提出要把中国共产党办成学习型政党。将来我们的企业要成为知识型企业，员工要成为知识型员工。学习型组织的五大要素是建立共同愿景、团队学习、改变心智模式、自我超越和系统思考。

（3）创新。知识管理的特点就是创新。当前人类社会已经步人知识社会，知识在不断地增长和更新。数码相机和手机等科技的飞速发展就是很好的证明。创新包括原始创新（专利）、集成创新（将各种适用的先进技术应用在建筑上，目前我国建筑的创新性还不强）、引进消化吸收再创新（把国外的技术引进、消化和再创新，将“中国制造”变为“中国创造”）。今天的文盲不是不识字的人，而是不肯学习不善于学习的人。防止无知人胆大。我们的管理层要通过知识去创新，用知识管理来解决问题。

2. 信息管理

（1）定义。人类综合采用技术的、经济的、政策的、法律的、人文的方法和手段对信息流（包括非正规信息流和正规信息流）进行控制，以提高信息利用效率和最大限度地实现信息效用价值为目的的一种活动。

（2）市场信息。信息来源于网络、媒体宣传与介绍、文献资料、公司年报和行业性期刊、广告、展销、用户口碑等。市场信息有很重要的作用。市场信息是企业制定经营的战略与策略、进行市场竞争的重要依据，是企业提高经济效益的有效途径，是企业发掘经营机会的源泉，经营机会来源于企业主观条件的改变和客观环境的变化，还是企业生产经营的先导。

（3）计算机管理。计算机是人脑的扩展，计算机能掌握现场所有的情况，包括隐性的和显性的，要运用科学的计算机程序去管理信息。信息就是情报，在经济建设年代，谁掌握了信息，谁就有可能做大做强。同时要防止夜郎自大、关门主义，否则无法进行科学现代管理。

3. 文化管理

(1) 定义。从文化的高度来管理企业，以文化为基础，强调人的能动作用、团队精神和情感管理，管理的重点在于人的思想和观念。

(2) 以人为本。以人为本的含义是一切为了人、一切依靠人。办企业是为了满足人们日益增长的物质文化需要，向社会提供产品和服务，为企业造就一代新人。一切工作都是人做的，所以要充分调动人的主观能动性，要用人之所长和善待人。企业领导者要有为员工服务的意识，要尊重知识和人才，要用感情留人、事业留人和待遇留人。

(3) 产业和企业文化。党中央强调文化强国、提高文化自觉和增强文化自信。个人和企业都需要文化，要用高度的文化自觉和文化觉悟去做管理，来体现企业的精神。还需要重视文化氛围，好的氛围使不干活的人待不住，不好的氛围使想干活的人干不成事，所以氛围非常关键。企业的伦理道德也属于企业文化的范畴，非常重要，要有社会诚信和社会责任，否则无法受到欢迎。管理工作中容易出现的毛病就是金钱至上和物质至上。

4. 系统管理

(1) 定义。系统管理是从系统“整体”的角度研究管理活动规律性的一门学科，它应用系统科学的思想、方法全面分析和研究企业及其他组织管理活动和管理过程，重视对组织结构和模式分析，并通过建立系统模型进行分析和研究。万物都在系统中而不是孤立的。

(2) 系统分析。系统分析现已成为“科学管理”的一个重要特点。系统观点把某一管理对象看作是极其复杂的“系统”，是由相互联系、互相作用的不同部分结合构成的一个具有特定功能的有机整体，该系统又从属于某个更大的系统。运用系统分析研究该系统时，要求从系统的全局出发，进行研究、分析和制定决策，进行组织管理。比如施工安全问题，施工事故是很具体的，原因又都是很复杂的。

(3) 系统运行。一个工程是一个系统，从工程的开工到竣工是一个系统的运行过程。企业也是一个系统，它经营的每一天也是系统运行的每一天，要从系统运行的角度去考虑企业的管理。建筑是由人员、机械设备、材料、法律和环境等组成的一个完整系统，所以在管理过程中要从整个系统出发去考虑，而不能简单的胡子眉毛一把抓，乱打仗和打乱仗，不成体系。

5. 统筹管理

(1) 定义。即统一筹划管理的意思。例如：统筹城乡发展的战略思路，就是要通过积极促进城乡产业结构调整、人力资源配置和金融资源配置的优化、经济社会协调发展等，既充分发挥城市对农村的带动作用，又充分发挥农村对城市的促进作用，逐步形成以市场机制为基础、城乡之间全方位自主自由交流与平等互利合作、有利于改变城乡二元经济结构的体制和机制，实现工业与农业、城市与农村发展良性互动，通过文化、人员、信息交流，经济、教育与科技合作，把城市现代文明输入农村，从而加快城乡一体化发展，加快“三农”问题的解决，推动我国全面建设小康社会的历史进程。

（2）投入要素统筹。统筹管理是要从整体系统的高度来调配资源，实现资源的最优化配置，这就决定这种管理方法必须被领导层和战略决策层所掌握。同时，统筹规划的最终结果是要一线员工执行的，员工的统筹规划意识和对统筹规划的把握程度将决定领导层的统筹规划能不能得以具体实施。

（3）运营路径统筹。

6. 决策管理

（1）定义。即决策者通过制定工作目标、工作任务和工作方案，以达到企业运营目标的一种管理方法。

（2）决策程序。4个基本步骤：1）提出问题，确定目标；2）拟定具备实施条件、能保证决策目标实现的可行方案；3）分析评估，方案择优；4）慎重实施，反馈调节。

（3）决策优化。1）确定重要决策；2）研究决策的相关因素；3）干预决策过程；4）实现决策的机制化。

7. 标准化管理

（1）概念。是指符合外部标准（法律、法规或其他相关规则）和内部标准（企业所倡导的文化理念）为基础的管理体系。

（2）四大标准体系。ISO 9000、SA8 000、ISO 14000、OHSAS 18001。

ISO 9000是指质量管理体系标准，它不是指一个标准，而是一种标准的统称。ISO 9000是由TC176（TC176指质量管理体系技术委员会）制定的所有国际标准，今天ISO 9000系列管理标准已经为提供产品和服务的各行各业所接纳和认可，拥有一个由世界各国及社会广泛承认的质量管理体系具有巨大的市场优越性。未来几年内，当国内外市场经济进一步发展，贸易壁垒被排除以后，它将会变得更加重要。ISO 9000的应用是企业实施最佳管理的证明，自始至终都提供恰当控制的质量系统将产生极大的经济效益。排除和预防错误，或修改不恰当的设计能够节约大量资金。每个活动阶段的系统性控制对于产品/服务或过程的改进而言都有着无法估量的价值。在产品或服务责任日益受到人们重视的今天，建立ISO 9000质量保证体系成为一项重要的预防性措施。

SA 8000即“社会责任标准”，是Social Accountability 8000的英文简称，是全球首个道德规范国际标准。其宗旨是确保供应商所供应的产品，皆符合社会责任标准的要求。SA 8000标准适用于世界各地，任何行业，不同规模的公司。其依据与ISO

9000 质量管理体系及 ISO 14000 环境管理体系一样，皆为一套可被第三方认证机构审核之国际标准。

ISO 14000 环境管理系列标准是国际标准化组织（ISO）继 ISO 9000 标准之后推出的又一个管理标准。该系列标准融合了世界上许多发达国家在环境管理方面的经验，是一种完整的、操作性很强的体系标准，包括为制定、实施、实现、评审和保持环境方针所需的组织结构、策划活动、职责、惯例、程序过程和资源。其中 ISO 14001 是环境管理体系标准的主干标准，它是企业建立和实施环境管理体系并通过认证的依据 ISO 14000 环境管理体系的国际标准，目的是规范企业和社会团体等所有组织的环境行为，以达到节省资源、减少环境污染、改善环境质量、促进经济持续、健康发展的目的。ISO 14000 系列标准的用户是全球商业、工业、政府、非营利性组织和其他用户，其目的是用来约束组织的环境行为，达到持续改善的目的，与 ISO 9000 系列标准一样，对消除非关税贸易壁垒即“绿色壁垒”，促进世界贸易具有重大作用。

OHSAS 18001 标准是于 1999 年 6 月由 BSI 正式颁布的，标准的制定主要是基于越来越多的顾客对于可识别的职业健康与安全管理体系认证和评价标准的需求，OHSAS 18001 规定了职业健康和安全管理体系（OH&S）的要求，使一个组织能控制其 OH&S 危险并改善其行为，但它本身并未提出具体的 OH&S 行为准则，也未给出策划管理体系的详细规定。任何地域、状态、规模、性质的单位，都可以按照该标准的要求建立一套持续改进和职业健康与安全管理体系。

（3）企业标准。企业标准有以下几种：1）企业生产的产品，没有国家标准、行业标准和地方标准的，制定的企业产品标准；2）为提高产品质量和技术进步，制定的严于国家标准、行业标准或地方标准的企业标准；3）对国家标准、行业标准的选择或补充的标准；4）工艺、工装、半成品和方法标准；5）生产、经营活动中的管理标准和工作标准。

8. 精细管理

（1）定义。将某项工作或者某个流程细化，使其具有可知性和可控性。在可知性的基础之上，管理者和员工能够把握好每一个环节，规避不利因素，发挥有利因素使工作结果向预想的方向发展。

（2）专业化施工和专业管理。专业化施工包括钢结构施工、铝门窗幕墙施工等。专业管理包括施工项目管理、人力资源管理、材料管理、机械设备管理、财务管理等。

（3）无缺陷管理。无缺陷理论是质量管理理论，主要观点是：质量的定义是符合要求；质量通过预防措施来达成；质量的执行标准是零缺陷；质量要用不符合要求的代价来衡量；真正浪费钱的是不符合要求的事情，如果第一次就把事情做对，那些浪费在补救工作上的时间、金钱和精力就可以避免。

无缺陷的四项基本原则依次是：明确需求，做好预防，一次做对，科学衡量。

例如：日本电气股份公司由于开展无缺点运动，仅1965年5月至12月间，成本就降低了1亿日元以上，而直接用于无缺点运动的费用为60万日元，表扬费用120万日元，两项合计仅180万日元。

9. 管理制度创新

（1）行业管理制度。1）业主负责制；2）总承包制；3）建设监理制；4）招投标制；5）政府质量监督制等。

（2）企业和项目管理制度。1）质量自检互检交接检制；2）文明施工现场安全达标制；3）材料检验制；4）现场公告制等。

10. 管理学科创新

（1）经营与管理的概念。经营和管理是两个不同的范畴，两者有密切的联系又有严格的区别。经营是根据企业的资源状况和所处的市场竞争环境对企业的长期发展进行战略性规划和部署、制定企业的远景目标和方针的战略层次活动。根据管理学的定义，管理是指通过计划、组织、领导、控制及创新等职能手段，结合人力、物力、财力、信息等资源，以期高效地达到组织目标的过程。可见，经营或决策往往解决的是战略问题，而管理是计划、指挥、协调、监督等关于执行经营方针、实施经营战略、为达到经营目的而进行的工作。

经营和管理的联系：1）经营和管理都是经济活动，其目的都是为了企业的生存和发展，创造并提高企业的经济效益和社会价值。经营是管理的前提和目的，管理是经营的基础和保证。2）经营和管理的目的与手段是相统一的。经营是目的，管理是手段。企业通过管理的手段达到经营的目的。在达到经营目的的这个过程之中，经营和管理相互渗透密不可分。

建筑经营与建筑管理的联系都是围绕建筑活动进行的，但又各有侧重。

1）建筑管理侧重于探索建筑经济活动中的原则、规律、方法，追求组织指挥协调的有效性、科学性。建筑管理活动主要是对内的，强调对企业内部资源的整合和建立秩序。建筑管理要求建筑企业能够有效地控制成本，追求的是节流的效率。作为企业管理的自然属性，科学性强调必须从企业的客观实际出发，根据客观规律、采用先进的技术和手段去实施管理活动。如何以管理科学为依托，以科学的管理理论与方法为指导，合理控制企业经营风险并制定正确的经营决策，是每个建筑企业要考虑的至关重要的问题。

2）建筑经营侧重于探索建筑经济活动中的理念、经营组织与方式、经营战略与决策、追求组织的经营力和可持续发展。相对于管理，经营主要是指涉及市场、顾客、行业、环境、投资等的问题。建筑经营要求企业选择正确的经营理念，根据建筑企业的具体情况确定在建筑经营活动中应该采取的经营方式，通过分析建筑经营要素而制定出企业在市场中的战略与决策。从长远来看，建筑企业追求的是在企业外部、在整个行业建立影响，提高企业的经营能力，以增强自己的核心竞争力以尽可能地实现可持续发展。

经营与管理的区别：1）从形成过程来看，管理是社会化分工的结果，是社会共同劳动的产物；而经营是市场竞争的结果，是市场经济的产物。2）从职能来看，管理侧重于企业内部的职能、纵向的职能；而经营侧重于企业外部的职能、横向的职能。管理多是中下层的职能，经营多是上层的职能。3）从研究的对象来看，管理适用于一切组织，主要是方法、战术的研究，其自身目的主要是提高工作效率、作业效率。而经营主要适用于经济实体，经营主要是目的、方针、战略性问题的研究，其自身目标是提高盈利、提高效益、实现其价值。经营是商品经济的产物，管理是劳动社会化的产物，它们既是分开的又是统一的。要实现择优决策方案，必须有企业管理作为保证；企业管理的井然有序是企业经营的基础。

（2）管理理论。一百多年以来，随着资本主义生产的高度发展，企业发展过程中积累了丰富的经验；随着企业管理工作的复杂化，为了实现有效地管理，企业把积累的管理经验进行总结，使之系统化、科学化、标准化，形成了不同时代的具有特色的管理理论。

1）行政管理理论。由德国的社会学家、被称为“古典组织理论”之父的马克思·韦伯创立，确定了现代企业的行政管理体系；该理论也在不断发展完善，指导行政管理成员之间的沟通，改进行政管理实践。

2）目标管理理论。由现代管理大师彼得·德鲁克提出，强调组织群体共同参与指定具体的可行的能够客观衡量的目标，以目标作为各项管理活动的指南，激励和调动组织成员的积极性，以目标的实现程度来评价部门和工人工作的好坏和贡献大小。

3）行为管理理论。行为科学理论的产生和发展是现代化大生产发展的必然产物，是人本管理思想的体现。其主要理论组成有梅奥的人际关系学说、麦格雷戈的X理论和Y理论、布莱克的管理方格理论等。

4）权变理论。权变理论主要研究与领导行为有关的情境因素对领导效力的潜在影响，以菲德勒的领导权变理论为代表。

5）系统管理理论。系统管理理论是把一般系统理论应用到组织管理之中，运用系统研究的方法以系统解决管理问题的理论体系，其理论基础是系统论。

6）计划评审理论。计划评审技术目的是对系统进行合理安排，对各项工作的完成进度进行严密的控制，以期最经济地达成系统预定目标。常用的方法有CPM与PERT。

7）组织管理理论。美国著名管理学家巴纳德创立了组织系统理论，并阐述了组织管理理论，以系统的视角分析组织要素、确定职能。

8）控制理论。控制论于20世纪40年代兴起，以反馈方法、功能模拟方法等为基本方法。用控制论的概念和方法分析控制管理过程，更便于揭示描述其内在机理。

9）CQT函数理论。该理论是研究建设工程项目成本、工程质量与建设工期之间关系的相关理论。

10）投入产出理论。该理论的主要思想是，通过部门投入与产出的数量关系建立数学模型进而进行计算分析，达到控制经济活动的目的。

11）资源开发与经营扩张理论。

12）可持续发展理论。该理论即要实现可持续发展的目标，即“既满足当代人的需求，又不对后代人满足其自身需要的能力构成危害的发展”。

（3）管理方法艺术。管理方法艺术是研究管理者如何在实践中创造性地运用管理学的一般规律，去解决由现代科学、技术、生产的发展而带来的复杂多变的管理问题，以取得最优的管理效果的。在实际管理工作中，管理方法艺术具体地体现为管理者根据自己的知识、经验、智慧和直觉来及时、准确地处理问题、解决问题的技巧与能力。

1）管理方法艺术既是一种观念状态的文化，又是一种管理方法与技巧。针对同样一件事，针对相同的管理活动，使用的方法不同，产生的效果也不同。管理方法的艺术问题不存在对与错，其标准是美与丑，强调的是对管理中各种关系的“度”的把握。

2）管理方法艺术是一个既带有一定的理论高度，又与管理实践紧密相连的新兴管理理论分支。管理是一门科学，也是一门艺术。管理方法的科学性是来源于其艺术性的，即在大量的管理艺术中选择比较稳定的、经过实践检验的部分固定下来。管理方法的科学性使之有一定的理论高度，但这离不开管理实践。

3）管理方法艺术的社会性是指管理艺术是社会的产物。管理艺术来源于社会，并且不同的地区、国家有着不同的文化背景，也形成了不同的管理风格。要想实现有效管理，必须在结合当地社会背景、风土人情、文化等的基础上采取科学的管理方法。

4）管理方法艺术的技术性是指艺术所包含的实际内容同一定的管理组织和管理过程紧密结合在一起，成为实现管理效率的手段。管理本身是具有技术性的。管理的艺术性经理性总结形成了科学性的结论，而管理的技术性是把已经科学化的理论知识具体化为要操作的管理方法、管理手段与管理技巧。

5）管理方法艺术的随机性是管理艺术的最主要的特征。我们管理所说的艺术实际上就是一种技巧，不同的管理者凭借各自的个人魅力、灵感、创新都会得到可能不同的管理结果。这就体现为管理方法的随机性。正是如此，我们才会把管理成为一门艺术；在各个管理者独特的不确定的思维视角下，我们感觉到了管理的美感。

6）管理方法艺术的主观能动性是指管理者依据其个人的主观思维对管理对象的影响作用。管理艺术体现了管理者生机勃勃的创造力，管理者应善于立新，善于应用情感艺术以促进与管理对象之间的和睦相处。

7）管理方法艺术的经验性是指管理艺术与管理者的知识、阅历和体验有非常密切的关系，任何高潮、绝妙的管理艺术。人们总可以发现其中经验的痕迹。管理活动的结果具有不确定性，而管理活动本身也并不要求必须寻找到固定的最优的解决模式，这就为管理者体现个性、施展自己的管理方法提供了机会。管理者自己的管理经验，形成了自己独特的管理艺术风格。

管理方法艺术二忌："情况不明决心大、数字不清点子多"；"原始数据不准＋计算机处理＝灾难"。

三、建筑管理创新者素质

1. 世界眼光

在知识经济时代，企业家必须要有全球意识和观念，明白技术国际化、人才国际化和跨国经营对知识经济发展的重大促进作用，并善于运用跨国经营来促进企业的发展。

中国的建筑市场是国际建筑市场的一部分，因此作为一个建造师，要有世界眼光，要有进取思维，不能鼠目寸光。尤其是如何对待市场上的困难，作为一个经济管理者来讲，在困难面前，比如面对不正当竞争，面对回扣等一些问题时，我们要知道没有市场，就没有民营企业今天的辉煌，而今天的市场经济又有其有待完善的地方。我们要用乐观、进取思维去考虑市场经济完善的过程。

2. 战略思维

所谓战略思维就是用动态的、先进的、整体的思维去考虑问题，企业家不能只看眼前，头痛医头，脚痛医脚，要有战略眼光，要有规划思路。企业家的战略性思维具有三大特征：一是全局性、二是长远性、三是定位性。战略思维是一种境界，更是一种胸怀，是对世界大势超越时代穿越空间的把握和决断。战略思维不是教人如何做领导的醒世恒言，而是从创新层面探讨如何善于进行战略性思考的领导韬略。战略思维不是虚无缥缈的玄学，它首先是理性的、科学的，然后才是感性的、哲理的。探讨战略思维，首先是感悟隐藏于其后的令人敬畏的创造力和对未来的洞察力，认识到掌握战略思维才是领导艺术的最高殿堂。

3. 儒商诚信

企业家要作为有文化教养的学者化的商人。诚信同商业经济关系最为密切。目前市场经济中不诚信的行为比较多，具体表现为吹、假、赖三个方面。有些开发商在广告当中过分夸大自己产品，开发一个小区，挖个坑、灌些水，就吹嘘自己小区碧波荡漾；建一个大楼也不叫大楼，叫广场，叫山庄，凡此种种过分吹嘘自己产品的行为，均对消费者产生了误导。假的更多，随便一个小县城就能买到法国的名牌香水，卖假药、会计做假账等不胜枚举。很多人能赖账就赖账，我们在新闻上也不乏见到各种类似的例子。企业家要从自己做起，以“诚”为做人第一要义，以“信”为处世第一准则，以诚取信，以信养诚。

4. 智商才智

改革开放以来有三代商人。第一代商人要胆子大，胆子大就能挣大钱，这叫做胆商；第二代商人要有比较高的情商，通过关系来赚钱；现代的这一代要有智商，要像联想的柳传志，海尔的张瑞敏那样，其企业发展已经成为成功的经典案例。现在的形势是，胆商是垮掉的一代，情商是增长的一代，智商是正在崛起的一代。

5. 人力资源

企业的任何行为，包括资金的运作、产品的开发、市场的开拓、日常的管理等无一不是由人在实施，离开人的活动，企业就意味着死亡。因此，人力资源是企业最重要的资源，也是首要开发的资源。

如果说科技是第一生产力，那么人才就是生产力诸要素中的特殊要素。人才不仅是再生型资源、可持续资源，而且是资本性资源。在现代企业和经济发展中，人才是一种无法估量的资本，一种能给企业带来巨大效益的资本。人才作为资源进行开发是经济发展的必然。企业只有依靠人才智力因素的创新与变革，依靠科技进步，进行有计划的人才资源开发，把人的智慧能力作为一种巨大的资源进行挖掘和利用，才能达到科技进步和经济腾飞。企业必须创造一个适合吸引人才、培养人才的良好环境，建立凭德才上岗、凭业绩取酬、按需要培训的人才资源开发机制，吸引人才，留住人才，满足企业经济发展和竞争对人才的需要，从而实现企业快速发展。

6. 竞合理念

竞合理念，就是竞争与合作的理念。很多项目，都需要合作才可以完成，所以要强调这种合作伙伴的关系。合作是更高层次的竞争，通过合作使本企业增强能力。新的时代背景下，呼唤企业家建立“共赢”理念，即要以企业家特有的境界和风格，与企业内外合作者共谋合作、共同发展。

企业经营活动是一种特殊的博弈，是一种可以实现双赢的博弈。现代建筑企业的经营活动必须进行竞争，也必然有合作，这给我们提出了合作竞争的新理念。竞合理念是对网络经济时代企业如何创造价值和获取价值的新思维，强调合作的重要性，有效克服了传统建筑企业战略过分强调竞争的弊端。

7. 文化自觉

企业家通过积极地倡导、示范和实践，创造符合时代特点的、有个性和特色的企业文化，并通过企业文化强烈的感召力，来引导员工实行自我管理，充分调动员工的主动性、积极性和创造性。

8. 自我修炼

企业家要有自我完善，自我控制的能力，以高尚的思想、正确的价值观去把握企业的健康发展。

企业家需要有清醒的头脑。达尔文在研究生物进化过程时，有一句话，这句话后来被管理学、经济学方面的专家引用了。他说，“最后生存下来的，不是品种最优秀的种群，也不是智商最高的种群，而是那些积极应对变化的种群”。就是说最后在环境变化和大自然的考验下，能够生存下来的不是品种最优秀的种群也不是智商最高的种群，而是那些积极应对变化和适应变化的种群。这种生物衍变的规律也适应于企业家，也适应于企业。一定要修炼企业家个人形象和影响力，企业家的人格魅力在于团结一班人共事，成为核心，大家心甘情愿地跟着你去实现共同目标。在我们国家，企业家和企业联系起来的还不是很多，方才我说的海尔的张瑞敏，还有联想的柳传志，算是企业和企业家联系起来了。我想什么时候，我们这个行业有一批在行业内甚至在整个中国社会有影响的企业家了，这个行业的地位也就提高了，行业也越发被社会承认了。我们这个行业急需造就一批有影响的企业家，他们要成为行业发展的领军人物，这是行业发展的要求。

（2012年1月8日在“哈尔滨工业大学首届全国建筑业企业现代化创新成果表彰会暨中国建筑业协会管理现代化专业委员会五届理事会第二次会议”上的讲话）

浅谈新型建筑工业化道路

城市的发展、乡村的变化、江河湖海的改造离不开建筑业的丰功伟绩。各行各业的振兴、千家万户的幸福离不开建筑业的奋进奉献。建筑业作为国民经济的支柱产业正在向新型工业化道路迈进。

新型建筑工业化，新就新在科技含量越来越高，信息化程度越来越高，经济效益越来越佳，质量安全越来越好，资源消耗越来越低，环境污染越来越少。为了使新型建筑工业化科学健康发展，我们必须认真研究新型建筑工业化发展过程中的问题，制定政策措施，避免走重建轻管的弯路，避免走重规模数量、轻质量安全的错路，避免走“先污染后治理”的老路。让我们共同努力，走出一条新型建筑工业化的正确道路。

一、建筑专业化

1. 安装专业施工

建设工程的施工涉及面广，过程复杂，影响工程质量的因素较多。一方面，设计、材料、施工工艺、操作方法、技术措施、管理制度等均直接影响着工程项目的施工质量；另一方面，建设工程的自然环境包括地形、地质、水文、气象等，也是重要影响因素。加之工程位置固定，产品体积大、不同的项目具有不同的施工地点，不像工业生产有固定的流水线、规范化的生产工艺及检测技术、成套的生产设备和稳定的生产条件。

一般而言，工程项目建设由土建施工、装修施工、安装施工等几大项目组成。概括而言其是一个由多工种、多系统互相渗透、密切配合、综合而成的有机整体。因此搞好内部各专业、各部门之间的协调与配合就显得至关重要。

建筑安装工程主要包括给排水及采暖工程、电气工程、通风空调工程、智能化工程、电梯安装工程等，必须了解和掌握各专业的总体及阶段特性，以便在实际施工组织中能够合理、有序、有效地安排各专业交叉施工。首先应从书面资料入手，对本专业图纸、会审纪要、工艺标准、质量要求等力求熟悉做到心中有数，在此基础上还需对其他专业图纸、资料、施工布局、施工工艺等要有所了解，如：在竖井施工中，管道专业有时与通风专业共用管井，各自所占位置、分支管开支位置、走向等在各自图上表示，并无一张综合设计图，所以须在图纸上先进行综合考虑，再结合现场实际情况进一步考虑，把一部分图纸设计矛盾及不合理处在施工前加以消除和更改。按现行设计图纸，一般管道专业图纸中诸管道及设施均有较明确的纵横位置规定，通风专业管道一般体积较大，坐标规定不尽详细，因此常常会造成“水”、“风”专业管道“打架”。电气工种管路、托盘、线槽等在设计图中均未明确规定其坐标位置，且电流、电信号的传送不受高差变化影响，其走向自由度较大，也许正是由于这种不确定性，设计中也常常出现与其他专业“打架”的现象。其次从技术方面讲，搞好各专业协调配合，一定要把好熟悉图纸、认真会审、内部会审、内部技术协调的关口务必保持解决问题的渠道畅通无阻。前者主要是解决各专业内部问题而后者则是解决各专业交叉配合的问题，相比较而言搞好内部协调配合更为重要。再次是施工进度方面的配合，在一般民用建筑、工业建筑中，要达到施工的进度要求必须根据工程的阶段特性，合理、有序地安排各专业进入作业面施工，即一定要注意专业特性与工程的阶段特性相结合、局部作业面的施工特性与整体施工特性相结合。

要注意与土建单位、设计单位、装修单位之间的协调配合。首先，要提高设计图纸的质量，减少因技术错误带来的协调问题，设计图纸的好坏直接关系到工程质量的优劣，图纸会签又关系到各专业的协调，设计人员对自己设计的部分，一般都较为严密和完整，但与其他人的工作就不一定能够一致，这就需要在图纸会签时找出问题，并认真落实，从图纸上加以解决，从而减少交叉协调问题。其次就一般建筑整体而言，土建工程和安装工程构成了其躯干和内脏，装修工程则是为其着装打扮，根据一般建筑的特点，土建与装修施工阶段划分为：混凝土结构施工与砌体建筑施工；初级装修施工与二次装修施工。无论从整体还是从局部来看，土建、装修、安装各专业都有着密切的联系。有联系就难免有矛盾，所以对于安装施工必须了解土建、装修专业图纸，从中了解整个建筑构造特点及建筑装饰特点，结合本专业情况，找出问题所在，从技术角度讲，土建、装修专业对安装专业形成了空间限制，各专业必须准确地知道自身专业所处建筑位置及范围，并清楚各种专业井洞尺寸、轴线、标高、层高，乃至砌体厚度、楼板厚度、梁的大小等，在施工前和施工过程中，及时准确发现和解决各专业之间的问题。再次就是进度方面的协调。既然土建、装修、安装均作为建筑的有机组成部分，彼此必然存在着密切的联系，实际是相辅相成、缺一不可的关系。但作为一个独立项目，又有各自的运行规律，只有掌握了这些规律并了解其间的内在联系，才能有理、有序、有效地搞好各项目之间的协调与配合。对于安装施工来讲，从整体看，其成品可以说是依附于土建的半成品或成品之上，它们之间的交叉配合贯穿于整个施工过程，且配合密集处主要在“暗”处，如混凝土结构、砌体内管井等；而装修与安装施工的交叉配合，主要集中在“明”处，如墙面、天花板等。根据工程的阶段特性，在混凝土结构施工阶段，安装主要是电气、管道专业插入配合，其他工种处于准备阶段，对于这两个专业来讲，此阶段与土建专业配合最为密切与频繁。

人、财、物、机各生产要素的优化组合问题，它对于各类建筑施工是个带有共性的问题，这个问题的关键所在是诸生产要素的优化组合决定权是在前方还是在后方；是在项目上，还是在大本营里。项目法施工运用动态管理原理很好地回答和解决了这个问题，使长期以来的前方与后方难以协调配合的局面得到了根本转变。合理组合各生产要素，达到前方与后方的有序协调和密切配合。

加强各专业之间协调管理的基本措施。首先要做好设计图纸图纸会审与技术交底，这个技术协调的重要环节，图纸的会审应将各专业的交叉与协调工作列为重点，进一步找出设计中存在的技术问题，从图纸上解决问题；而技术交底是让施工队、班组充分理解设计意图，了解施工的各个环节，从而减少交叉协调问题。其次是要建立健全一套切实可行的管理制度，通过管理以减少施工中各专业的配合问题。

2. 装饰装修专业施工

建筑装饰企业的专业化发展，既是市场的客观需要，又是企业自身成长的需要，更是行业发展的必然趋势。目前，在欧美发达国家和地区，装饰行业经过多年的发展后，专业分工进一步细化，即使是装饰设计的分工细化程度也很高，不同的设计事务所一般擅长某一类工程的设计，在其专长范围内比国内的设计单位整体水平明显要高，并且提供的服务更加到位。在日本，专门从事商业设计、咨询的专业公司就有1000家左右，其中有十几家每年经营收益都达到约100亿元。

中国建筑装饰百强企业之所以能够成为行业的领跑者，一个重要的原因是由于他们大都能在市场细分的新竞争态势下，以专业化、特色化发展，形成在某个或某些方面的经营、服务特色，不断稳固和发展市场占有份额，占领某个或某些专业市场的制高点。专业化，是建筑装饰企业不容逃避的行业“大考”，可以预见，我国建筑装饰行业的大格局，必将经由优胜劣汰的专业化“洗牌”取得合理变化和科学发展。

在中国建筑装饰百强企业中，已不乏专业化经营的先行者、领跑者。它们在市场细分的新竞争态势下，找到适合自己的模式，或在饭店业中具有较强的设计和施工能力，市场份额不断扩展；或正在金融服务、文化剧场、商业流通、医药卫生领域，连续创造施工佳绩，成为在这些专业领域里极具实力的竞争者。

深装总在机场装饰装修领域具有传统的专业优势。自1994年承接太原机场候机大厅的装修工程后，公司还先后参与了广州、拉萨、成都、沈阳和重庆等二十多个大城市的机场装修。2006年深装总在承接该领域的装饰工程方面进入了新的加速期。这年4月，北京首都机场3号航站楼及交通中心精装修工程招标，消息一出，国内数百家建筑装饰企业参与了竞争。最后，48家精英企业进入决赛。深装总一路过关斩将，拿到了总合同额达1.5亿元的精装修工程。接下来，一个月不到，深装总又在新郑国际机场航站楼装修工程竞标中成功问鼎。6月份，咸阳国际机场老航站楼改造室内装修工程面向全国招标，深装总再次中标。在不足三个月的时间内连中三标，深装总显现了在该领域所具有的非凡实力。2008 年 11 月，经过严格的审核，深装总被深圳市第 7 届企业新纪录认定为“承建机场装饰工程最多的建筑装饰公司”。深装总也是因机场装饰工程而获得鲁班奖等各种奖项最多的装饰企业。

北方天宇专注于医疗装饰及洁净工程项目的设计施工，把“倡导医疗建筑新概念”作为奋斗目标和行为准则，积极引入先进的国外医院设计、施工理念，综合考虑国情、业主及环境艺术等因素，近年来在国内 20 余省市承接了 50 多项大中型医院门诊楼、急诊楼、住院楼的装饰设计及洁净工程。

洪涛素以承建大型高档装饰工程的大堂见长，早在 20 世纪 90 年代末就被业界誉为“大堂专业户”、“大堂王”。随着企业实力的扩大与对专业的精深修炼、科学外延，目前，洪涛装饰在剧院装饰领域也声名鹊起，优势明显。

深圳长城一直致力于以五星级酒店为代表的高端装饰工程的设计和施工，先后完成了包括目前全国最大、最豪华的白金五星级酒店之一——深圳华侨城洲际大酒店在内的近百家五星级酒店装饰工程，不断刷新行业纪录，彰显了其在国际高端酒店工程市场的独特优势和竞争力，已形成了专业品牌效应。

嘉信装饰瞄准商铺装修专业这块市场“蛋糕”，与深国投、新加坡嘉德置地等商业地产巨头结成了战略合作伙伴，成为沃尔玛的指定装修公司，随着沃尔玛在中国的加速扩张，深圳嘉信也进入了快速发展阶段，其成功要诀显然归于找到了商业地产装饰的专业化之路。

更为难得的是，在传统装饰领域之外，有一些装饰企业在拓展行业发展边界上做了有益而有效的尝试，例如中国装饰股份有限公司在飞机装饰领域的探索。飞机装饰是一项高度国际化、高附加值的装饰领域，但因为准入壁垒森严，中国至今尚未有获得国际认证的飞机装饰厂家。这是一项牵涉面甚广，看似难度非常大的工作，中装公司董事长李杰峰适逢天时地利人和，并凭着坚定的信念，锲而不舍的执著精神，一步一步地走了下来。2009 年 10 月 28 日，中装公司与天津滨海新区航空产业园完成了土地转让合同的签署，在这块土地上，中装公司将建设二个中型飞机机库和一个 FBO 候机楼及停机坪等相关设施。这标志着中装公司投资和进军航空领域迈出了坚实的一步。

当然，也有金螳螂、亚厦、广田等企业，在多个细分专业内都能够驾轻就熟，成为佼佼者，但这样的企业只是凤毛麟角，这需要非同一般的实力和时间的历练。对于大多数装饰企业甚至大多数百强企业而言，“大而全”构想是很难实现的，只有根据自身的优势，找准企业定位，坚定不移地走“专业化生存”之路，才有希望在未来的市场中占有一席之地并走得更远。

中国建筑装饰行业的未来，属于且只属于那些对建筑装饰情有独钟、矢志不渝的坚守者。

3. 光电建筑业专业施工

我国拥有全球最大的建筑市场，全国建筑总面积超过 400 亿 m^2，预计今后每年新增建筑面积将超过 15 亿 m^2，到 2020 年全国建筑面积将达到 600 亿 m^2。“当前建筑能耗约占社会总能耗的 27%，降低建筑能耗已经成为节能减排的重要内容之一。通过光电建筑直接在负荷中心增加可再生能源的供给，广开绿色能源之源，是有效实现建筑节能、建设低碳城市的重要途径。”新奥集团太阳能公司总经理周德领博士向中国能源报记者表示。

光电建筑是大势所趋。光电建筑能够将光伏发电与建筑物有效、有机地结合，充分利用建筑已有立体空间而不占用额外土地资源，将耗能建筑转变为节能建筑、产能建筑，丰富了城市内涵，提升了生活品位，代表着未来太阳能源利用的发展方向。作为科技节能领域的创新型成果，由同济大学与新奥集团联合打造的“太阳能竹屋”11 月 12 日在上海工博会上完美亮相。其设计结合中国古典建筑的美学元素（反宇屋顶），与光伏组件的高效排布，体现了太阳能光伏技术在住宅建筑领域的巧妙利用，向人们展示了自产能源超越自耗能源近两倍的产能建筑。

光电建筑是改变城市用能结构、完成节能减排目标的重要途径，是未来低碳建筑发展的大势所趋。当前，我国的光电建筑市场还处于培育期。光电建筑的主体业务目前还没有成熟的营利模式，缺少配套的合理电价补贴与融资支持，还需加强税收与产业管理等支持；同时，光电建筑成本尚较高，企业自主创新力量薄弱。这些已成为制约国内光电建筑一体化快速发展的瓶颈。光电建筑代表着未来太阳能利用的发展方向，需要国家给予大力的支持才能良性发展。而国际上光电建筑较发达国家，政策支持力度大，市场机制较成熟，有明确的行业标准，并且不少国家以立法的形式确立了新能源行业的发展规则，依靠项目末端上网电价的补贴机制，形成较为完善的商业模式。这些经验都值得我们政府主管部门借鉴。我们需要在光电建筑项目的融投资、政策贴息、减免税方面，以及电价补贴、政策的实际操作规则与程序方面，借助市场化、商业化运作手段，同时加快制订行业技术标准，在政策层面大力支持企业技术自主创新。

4. 模板脚手架租赁和专业化作业

目前，我国模板、脚手架的技术进步不大，与发达国家的差距还相当大，行业发展中存在的主要问题是：

(1) 科技投入不足

大部分企业生产规模都不大，发展也不快，主要是科技和设备投入不足，技术力量薄弱，缺乏研制开发新产品的能力。如组合钢模板已应用了 20 多年，许多钢模板厂多年来一直生产这种模板产品，且规格品种还不齐全，生产设备也陈旧简陋，使钢模板产品质量越来越差。大部分模板企业都缺乏研制开发新产品的能力，在市场需求发生变化时，这些企业肯定无法生存。据德国 NOE 和英国 SGB 公司介绍，基本上每两年可研制出一种新产品，德国 PERI 公司几乎每年都有 1～2 项开发的新产品或换代产品。在施工方面，除少数国家重点工程外，绝大多数施工工程中采用的模板、脚手架都很落后，施工企业宁肯多用人工、多消耗材料，不肯科技投入、采用新型模架。

（2）租赁市场混乱

由于租赁市场十分混乱，生产厂家低价恶性竞争，施工企业只图价格便宜，造成大批低劣产品流入施工现场。由于对产品质量缺乏严格的监督措施和监控机构，产品质量好的企业利益得不到保护，使产品质量不断下降，另外知识产权也得不到保护，严重影响了企业科技创新的积极性。

（3）安全隐患严重

目前全国脚手架钢管约有 1000 多万吨，其中劣质的、超期使用的和不合格的钢管占 90％以上，扣件总量约有 10～12 亿个，其中 90％以上为不合格品，如此量大面广的不合格钢管和扣件，已成为建筑施工的安全隐患。据初步统计，自 2001 年至 2005 年，已发生脚手架倒塌事故 24 起，其中死亡 71 人，受伤 150 余人。2003 年国家有关部门开展对钢管和扣件专项整治，但仍不断发生安全事故。

（4）材料消耗严重

建筑业是原材料消耗的重点行业，建筑业钢材消耗量约占全国钢材消耗量的 60％以上，建筑施工用钢模板、各类脚手架、支撑、横梁等用钢量达到 2000 多万吨，年钢材消耗量 260 多万吨。与发达国家的模板和脚手架相比，不仅技术水平低，而且使用寿命短，消耗量多。如国外钢框胶合板模板的钢框使用寿命可达 20 年左右，我国钢模板使用寿命一般为 5～10 年，我国脚手架钢管为普碳钢，使用寿命为 5～8 年，同样一个工程，用新型脚手架与扣件钢管脚手架相比，可节省 2/3 的钢脚手架用量。

（5）体制和机制不完善

建筑工程项目管理制是建筑业的管理体制改革之一，由于这项改革不完善，造成项目负责人的短期行为，片面追求经济效益，限制了新技术的推广应用，不少项目负责人对推广新技术、新工艺不热心，也不愿意投资应用新技术。许多施工工程中，采用木模板、竹脚手架、扣件钢管支架等落后施工工艺，许多施工企业的模板施工倒退到传统的施工工艺，尤其是楼板、平台等模板施工技术普遍采用堂支架，费工费料，非常落后。

当前，混凝土工程中已实现了混凝土商品化，钢筋加工安装专业化，模板脚手架工程施工专业化将是发展的必然趋势。模板脚手架工程施工专业化具有以下明显优点：

（1）有利于促进行业的技术进步。项目经理一般不愿投资用新技术，限制了模架的技术进步。但是模架专业公司必须采用新技术不断开发新产品，掌握先进的模架体系，才能提高企业的市场竞争能力，也促进了行业的技术进步。

(2) 有利于提高模架资源的利用率。目前，用的木胶合板模板和扣件钢管脚手架利用率都很低，资源浪费严重，模板专业公司可以用高质量的复膜胶合板，周转次数提高到 30 次以上，提高模板利用率，节省大量木材。采用先进脚手架，减少脚手架的使用量，加速周转，提高利用率和安全性。

(3) 充分利用模架施工设备。模板专业公司可以充分利用模架施工设备，尤其是爬模、滑模、爬架等施工设备，一般施工企业由于工程项目的限制，利用率都不高，只有专业模板公司才能充分利用。

(4) 有利于培养专业人员，提高施工技术水平。一般施工企业对普通工人缺乏培训，以致有些先进的模板脚手架产品不会使用，用不好，也容易发生安全事故。模板脚手架专业公司可以通过专业培训，培养专业队伍，提高队伍素质，掌握先进施工技术，提高工程的施工进度和施工质量。

(5) 有利于提高模板工程的经济效益

模板脚手架专业公司可以利用模架装备先进、技术水平高等方面，从而比一般施工企业具有竞争优势。专业公司利用先进模架，熟练的施工队伍，充分利用模架设备等方面提高经济效益。同时，在节约木材、钢材等资源，提高施工安全性等方面，收到很好的社会经济效益。

我国已开始建立了一些专业模板脚手架公司，但是大部分企业仍为生产企业，没有自己的专利技术和施工技术，企业特色不明显。专业公司应是具备设计、科研、生产、经营和施工等综合功能的技术密集型企业，能适应模板脚手架工程较高技术特点的需要。另外还要针对这些特点和问题提出几点建议：

(1) 积极争取政府有关部门的支持。

建设部曾下发了《建筑业企业资质管理规定》，建筑业企业资质分为施工总承包、专业承包和劳务分包三类，其中专业承包中，批准的承包专业有地基与基础工程、土石方工程、建筑装修装饰工程、建筑幕墙工程、预拌混凝土、混凝土预制构件、园林古建筑等 60 个专业，没有模板脚手架工程专业。从模板脚手架工程的重要性，经济性、必然性、发展规模等方面来看，都有必要设立专业承包的企业资质。

(2) 进一步完善项目管理制度。

据调查，不少人认为项目承包制是新技术推广应用的最大障碍。由于工程项目经理是按工程项目临时设立，项目结束后，项目经理也撤了，以后是否还有工程项目还不清楚，这种短期行为造成不愿大量投资采用新技术也在情理之中。因此应进一步完善项目管理制度，调动项目负责人推广新技术的积极性，为新型模架技术的推广应用提供一个良好的外部环境。

（3）切实加强产品质量监督和管理。

目前我国模板、脚手架的产品质量从整体上讲是比较差的，2003年建设部等部门对脚手架钢管和扣件进行专项整治，结果没有见到成效，产品质量仍然很差。我国也不断开发了新型模板和脚手架，有不少产品在国外仍在大量应用，不断发展，而我国只推广了几年就退出了市场。什么原因？主要是缺乏严格的质量监督和管理措施，对生产低劣产品的厂家不能加以监督管理。一个新产品出来后，有了一定市场，很快仿造产品出来了，价格很低，竞争激烈，产品质量下降，最后淘汰出局。这种局面不改变，以后还会有新产品被淘汰。

（4）大力发展租赁业，促进技术进步。

目前全国钢模板租赁企业有近万家，在加速模板周转、提高利用率和社会经济效益等方面都起了很大作用。但是大部分钢模板租赁企业规模小，租赁器材的品种单调，技术落后，基本上都是小钢模和钢管、扣件等，随着小钢模的应用量减少，不少租赁企业倒闭。因此租赁企业应该随着建筑施工技术和模架技术的发展，不断调整和增加新产品。由于新型模架的价格都比较高，施工企业一般不愿意购买，使得推广应用新型模架很困难。如果通过租赁方式，则可能有些施工企业会应用，这样既可以发展了租赁业务，又可以推动新技术的应用，施工企业也能促进施工技术进步，取得更好的效益，因此，要大力发展新型模架的租赁业。

5. 钢筋配送专业化作业

钢筋加工配送技术又称商品钢筋配送技术或钢筋深加工技术，是高效钢筋与预应力技术内容中的一个部分。当技术的推广应用波及钢筋混凝土构造工程施工组织管理模式的变更时，因而人们要转变已经习惯的传统施工管理模式，这是一个大的体系工程。下面就钢筋加工配送技术的海内外现状、技术内容、技术特色、工艺过程与设备、工程应用情况等分别进行介绍。

（1）国内外现状

我国每年用于建筑行业的钢材占总产量的55%左右，其中钢筋混凝土结构年用钢量（主要是各类钢筋）约占建筑钢材总量的70%～80%，而不需要加工直接应用于施工的钢筋制品用量不足千分之几，绝大多数钢筋制品需要再加工后使用。钢筋混凝土结构工程施工主要由三部分组成，分别是模板脚手架工程、钢筋工程和混凝土工程。施工组织过程是搭设脚手架、支设模板、绑扎钢筋、浇筑混凝土、养护混凝土、拆卸模板脚手架，顺次周而复始分流水段作业。模板脚手架工程和混凝土工程现已根本上实现了专业化商品供应和具有专业资质的专业化设计、生产加工、部品供应，不仅提高了建筑工程施工质量，而且产生了明显的经济效益和社会效益。

模板脚手架工程由专业模板脚手架公司按结构要供设计、生产、供应并设计组织施工方案，由施工企业组织现场施工。混凝土工程中的混凝土由专业混凝土公司商品化供应，现场由施工企业组织施工。唯独钢筋工程中的钢筋加工还以工地施工现场加工为主。现场加工钢筋存在的问题是：1）需要人工数目多，劳动强度大，钢筋加工质量绝对比专业机械化加工低；2）钢筋材料的废料率高，能源损耗大，加工成本高；3）钢筋堆放、加工占用处地大，在城市内施工场地非常拥挤，给安全生产管理增添难度；4）钢筋加工发生噪声，产生噪声扰民问题严重；5）设备安装分散，设备利用率低，保养、维护不到位，加大了设备损耗；6）现场加工工期长，工程质量难保证，劳动效率低。

国外经济发达国家的钢筋加工已由过去的工地现场加工改变为工厂内专业化加工配送供给，钢筋专业化加工配送个别由古代化的钢筋加工核心实现。专业化加工配送供应有诸多长处：1）工程钢筋产品在专业化工厂加工成型，工厂同时可替多个工程供给产品，易构成范围化工业化生产；2）加工设备自动化水平高，加工产品质量有保证，设备生产效率高，生产能力大大提高，并可实现计算机网络化控制和管理；3）每台设备基本上只要1名工人操作，生产效率高，在雷同设备投进下生产才能大大提高，钢筋废物率和能源耗费低；4）生产设备技术机能逐渐向多功效、多用处和智能化发展，有利于采取高新技术推进钢筋工程施工的技术提高。

随着国民经济的发展、建筑施工技术的不断进步，工程项目管理制度的不断完善，大力发展我国建筑工程钢筋专业化加工配送技术将是今后建筑施工技术发展的必定趋势。

（2）技术内容

建筑工程钢筋专业化加工配送技术的主要内容是：将钢筋工程中的钢筋采购、钢筋翻样、优化套裁、加工成型和成品配送等工作内容，全部由专业化的钢筋加工配送中心完成。把建筑工程所需钢筋盘条或棒材螺纹钢在专业化加工车间内，由专用机械设备经由必定的工艺加工成为钢筋成品后，按照施工承包方的供货计算要求直接供应到施工现场。

按照钢筋加工工艺分类，建筑工程钢筋专业化加工配送技术主要包含：钢筋强化（冷拉、冷轧、凉轧带肋和寒轧扭钢筋），钢筋成型（调直、定尺切断、弯曲成型），箍筋成型（数控弯箍机实现箍筋产品自动化生产），钢筋网成型（钢筋焊网机自动焊接成为钢筋网片供应），钢筋笼成型（采用电阻点焊技术把钢筋自动持续焊接成各种形状钢筋笼）和钢筋机械连接（钢筋机械连接设备提前预制钢筋丝头，现场用套筒将钢筋连接在一起）。

（3）工艺工程与设备

建筑工程钢筋专业化加工配送技术的工艺过程是：钢筋洽购进厂后分类寄存→对盘条钢筋进行矫直、定尺割断、曲折成型或网片焊交成型→对棒材螺纹钢筋进行断截、弯曲成型→须要衔接的钢筋对其钢筋端头的螺纹丝头进走预造加工→组装钢筋笼、柱、梁、网等钢筋部品构件成型→依照施工打算要求把钢筋成品或部品配送到施工现场。

钢筋专业化加工配送技术的主要设备有：钢筋切断机（生产线）、钢筋弯曲机（弯曲中心）、数控钢筋弯箍机、钢筋矫直机、钢筋笼、柱成型设备、多功能钢筋数控加工中心、钢筋网片焊机和钢筋直螺纹成型机等。

（4）技术优势

发展建筑工程钢筋专业化加工配送技术存在的优势主要有以下四个方面。

1）节省人工，降低钢筋损耗，提高劳动生产率，降低施工成本。

①应用专业化加工设备、利用钢筋工程施工通用管理软件以及改良施工组织管理之后，可使劳动生产率平均提高8～10倍，大大节约工程造价和施工成本。

②专业化加工中心能够同时为多个工程提供钢筋配送，大大提高设备生产效率和钢筋材料利用率。专业化工厂集中加工可以使得钢筋材料的废料率从当前的10%减到2%左右，仅此一项钢筋材料成原就可以降低100～150元/t。

③可以充分利用钢筋材料，每吨钢筋材料成本可以降低200～300元。

④应用计算机生产管理系统软件进行配筋、翻样、优化套裁并管理专业加工中心，可使钢筋制品加工生产的材料成品率和不及格返工率降低到最低。

2）使工地施工现场的管理程序简略化。

①为施工承包方简化很多繁缛的管理环节，按照工程施工总进度的规划，施工承包方只考虑钢筋成品配送方案便可，不用再去考虑加工工人的组织管理、设备采购、租用与使用管理、现场资料配件采买、钢筋加工、装配等各部环节的管理，不必再为垫付周转资金、是否能保证施工工期和钢筋加工品质而烦恼。

②施工承包方对所承建工程所需钢筋的生产成本与用量十分清楚，如工地现场加工的话则很难计算这个费用。

③管理环节简化后可大大降低项目管理费用，提高工程承包的经济效益。

3）加快施工进度，提高钢筋工程施工质量。

①钢筋加工的专业化生产可保证钢筋成品的加工精度（钢筋长度，弯折角度，二手吊车，钢筋外形等），这是现场手工操作无法到达的。

②计算机管理系统的应用（产品标识、工作程序表、交货计划表等），配合电子仪器的使用，可简化各生产环节的工作程序。

③可缩短钢筋加工周期和工程施工工期。

4）有利于高新技术推广应用，提高施工技术水平。

①钢筋部品化加工生产、供应（钢筋笼、柱、梁、网），实现钢筋工程施工现场拆卸功能，既保证工程质量，又保证施工进度，推动建筑产业化发展过程。

②有利于工地施工现场安全生产、文明施工，使钢筋工程施工安全、环保、

节能。

③有利于高新技术、先进设备、先进工艺的推广应用，提高加工技术水平和施工水平，推进建筑施工行业技术进步。

6. 混凝土集中搅拌作业

20 世纪 80 年代以来，我国的混凝土科学研究取得了不少成果，但是在城乡建设中未能得到广泛的应用，未能借以取得应有的技术经济效益。主要原因之一就是分散搅拌的生产方式，不利于许多先进技术和有效措施的推广。近年来随着建筑体系的改变，现浇工程量有了很大的发展。为了提高现浇混凝土工程的技术经济和社会效益，实现旧城市的改建，改善施工环境，提高施工的文明程度，推进现浇混凝土工程的工业化施工，加快施工进度，保证混凝土质量，节约材料，推行混凝土集中搅拌和商品化供应，势在必行。

（1）推广混凝土集中搅拌能得到巨大的效益。

集中搅拌混凝土具有专业化大生产的特点，设备利用率高，能及时地提供大量的预拌混凝土，有利于满足大型工程项目施工进度的要求，并有着巨大而广泛的社会效益和经济效益。

（2）实行混凝土集中搅拌是工程建设施工现代化的方向。

目前工业发达国家集中搅拌的混凝土量占混凝土总生产量的比例：美国 84%，瑞典 83%，日本 78%，澳大利亚 68%。我国目前集中搅拌的混凝土量与工业发达国家相比，差距很大，也等于在无形中损失了巨大的经济效益。国家已将加速发展集中搅拌列为改革我国建设施工技术的一项基本政策，是一个完全正确的决策，必须调动各方面的积极因素，努力促其实现。

集中搅拌的最大优越性就在于它可以采用最先进的技术、装备和管理方法，以及行之有效的措施，保证混凝土质量，在建厂时希望能注意以下几点：

1）掺用外加剂。

外加剂能改善混凝土性能、节约水泥，已成为近代混凝土的第五组成部分。掺用木钙可以节约水泥 5%～10%，掺用高效减水剂可节约 10%～20%；并可轻而易举地用 525～625 号水泥配制 C60～C80 级混凝土。早强减水剂，不但适用于需要早强混凝土，而且适用于低温施工，采用防冻剂可以在冬期施工；阻锈剂可以在较恶劣的条件下防止钢筋锈蚀；引气剂是提高混凝土抗冻性的重要手段；调凝剂可以调节凝结时间等。我国混凝土外加剂的应用，已经有了相应的国标。在集中搅拌、较长时间运输的条件下，采用减水剂的一个问题，是新拌混凝土流动性损失较大，现在清华大学土木系已经有专利发明——外加剂载体，利用这种载体掺用减水剂可以使新拌混凝土的流动性保持 2 小时以上，而无损失，特别对于在搅拌站（商品混凝土工厂）采用高效减水剂的混凝土作较长时间的运输，提供了保持流动性的有效手段。

2）采用矿物珍料、矿物掺料也具有改善混凝土性能和节约水泥的功能，尤其对泵送混凝土是不可少的。

粉煤灰和硅灰，在国外已经应用较多，粉煤灰作为水泥和混凝土的掺料，我们已进行了大量的研究，并制定了粉煤灰及其应用的部标，正在制定国标。水电部规定，在水电工程中不用粉煤灰要经过批准。粉煤灰作为混凝土掺料，不但可以取代部分水泥取得节约水泥的效果，而且可以改善新拌的混凝土的工作性，包括泵送性，已经是集中搅拌混凝土必不可少的组成部分。掺粉煤灰还可以降低混凝土的水化热，并增加其抗裂性，优质粉煤灰（粒度较细，需水量小），还有减水效应，可以配制高强混凝土。可喜的是国家已经注意到粉煤灰的资源化问题。株洲电厂已经能供应不同粒度的粉煤灰。水电部正在抓粉煤灰的综合利用。北京高井电站已经有分选粉煤灰，2012年已供应铁道部门，2013年将供应商品混凝土站。硅灰是一种高效矿物掺料。在国外的研究与应用只有十多年的历史，在我国则是20世纪80年代才开始。掺硅灰可以有效地提高混凝土的强度和拉压强度比（同时掺用高效减水剂和硅灰混凝土可以用525号水泥配制80MPa的混凝土，已经用于铁路系统的接触网支柱和40m跨后张梁中），具有抗渗、耐蚀、耐磨和防护钢筋的性能。虽然价格比水泥贵（上海、唐山有商品供应），配制一些有特殊要求的混凝土，还是值得采用的。我国沸石资源丰富、分布也广，沸石粉作为混凝土的掺料，我国已做过较系统的研究，有提高强度和节约水泥及改善性能（包括泵送性）的效果。在集中搅拌中应加以推广。

3）采用高强混凝土。

国外也普遍使用高强混凝土强度，现浇混凝土达到80MPa，预制达到10MPa；我国则分别达到60～70MPa和70～80MPa。高强混凝土的优点在于强度高，因而可以使结构的断面减少、自重减轻，所以特别适于在大跨、重载结构。使材料和能源消耗降低，工程量减少，运输和架设工作量减轻，并且可以使预应力混凝土上代替钢结构的应用范围得以扩大。高强混凝土还具有较高的耐久性以及耐冲撞和打击的能力（例如用于桥墩和打桩），因此高强混凝土的应用可以取得显著的经济效益。国外，用高强混凝土的预应力桥梁跨度达330m，高层建筑达79层；贮罐直径达82m，电视塔高达594m。国内，预应力高强混凝土结构著名的有：主跨96m的红水河铁路斜拉桥，主跨180m的洛溪公路桥。预应力高强混凝土轨枕和输水管得到广泛应用。人们寄希望于集中搅拌站商品混凝土厂能为城乡建设提供质量稳定的高强混凝土，使这一效益显著的新材料得以在城乡建设中推广。

7. 砂浆集中搅拌作业

工程中使用预拌砂浆，改变了现场拌制砂浆必须由人工装卸、人工搅拌、人工喷涂的落后作业方法，而采用了现代化、机械化的新一代生产方法。水泥在出厂前由专业化机械搅拌完毕，灌入全封闭的专业运输车运至施工现场，随即由机器喷涂墙面或浇灌墙体。用预拌砂浆代替现场拌制砂浆，不是简单意义的同质产品替代，而是采用了先进工艺拌制、提高了技术含量、产品性能得到增强的更高层次的替代，是用一种新型建筑材料来代替传统、落后的建筑材料。

在生产流通过程中，预拌砂浆从搅拌、运输到使用均在密封的装备和环境下作业，全部使用机械化、自动化操作，使水泥从袋装变散装，彻底告别了一次性包装袋。这首先节约了一大笔为制造包装袋花费的能源开支：2006 年，发展散装水泥减少包装袋 94 亿只，由此节省包装费用 211.5 亿元、包装纸 282.26 万 t（折合木材 1554.55 万 m^3），节约电力 33.9 亿 kW・h、水资源 7.1 亿 t，综合能耗节约达 807 万 t 标准煤。

除此之外，去除包装袋也就避免了包装破损带来的水泥损耗。2006 年，通过发展散装水泥减少水泥破损 2119 万 t，仅此一项就减少经济损失 55 亿元。

预拌砂浆生产过程中，还可大大减少水泥、石灰用量。以 2006 年全国 3.5 亿 t 砂浆需求量计算，如果全部使用预拌砂浆，每年因此而节约能耗就达 315 万 t 标准煤，减少二氧化碳排放 3150 万 t。

预拌砂浆采用计算机程序控制成分配比，可避免现场搅拌过程中受人为因素影响造成的建筑质量隐患；专业化生产形成的一套可追溯的质量保证体系，从制度上强化了生产单位的质量意识，保证了建筑质量安全，大大降低了工程返工率，从而实现了更广泛意义上的“节材”，并能更好地服务于建筑节材、建筑节能、延长建筑物使用寿命的需要，更好地服务于中国建立节约型社会的发展大局。北京市对国家体育场工程“鸟巢”使用预拌砂浆试点项目进行初步评估显示，室内部分原预算砂浆用量为 1.98 万 t，改用预拌砂浆后实际使用量减少到 1.28 万 t，节约砂浆用量 35%，且工程质量、现场管理、施工环境和工作效率等方面均呈现出明显的优越性。

预拌砂浆生产过程中，可运用尾矿废石、钢渣、矿渣等固体废物制成的人工砂来代替天然砂，这就为固体废物再运用、发展循环经济提供了新途径。2006 年，北京市在发展预拌砂浆过程中，消耗粉煤灰和矿渣达到 422 万 t，尾矿废石 5000 万 t，减少了天然矿石的开采，北京西郊多年来堆积如山的铁矿渣也得到了有效运用。

预拌砂浆的封闭式、机械化生产工序还可以大大减少城市施工现场搅拌带来的噪声污染，以及建筑材料露天堆放、现场施工造成的粉尘等污染。据测算，与袋装水泥相比，每使用 1 吨散装水泥可减少粉尘排放 4.2kg。2006 年，因发展散装水泥减少向大气排放粉尘 184.7 万 t；减少二氧化碳排放 2675.3 万 t，减少二氧化硫排放 84.8 万 t。

发展预拌砂浆还改变了过去靠人拉肩扛、人工装卸的落后作业方法，改变了机器轰鸣和尘土飞扬的施工场面，在维护了城市环境、造福了城市居民的同时也改善了工人的劳动环境、减轻了工人的劳动强度，符合以人为本的科学发展思想。

应对气候变化和节能减排工作已经被提到前所未有的高度，成为中国经济社会发展倍加重视的战略任务。作为高能耗、高污染的典型行业，以水泥产品为主体的建材工业自然是国家节能减排的重点。

国家有关部门实施“禁现”绝非一时之举。早在2003年，商务部、建设部等部门就已在全国部分城市禁止现场搅拌混凝土，大力发展预拌混凝土。截至2006年年底，全国禁止现场搅拌混凝土的城市已从当初的124个扩大到300多个。2006年，全国2891家规模化、现代化的预拌混凝土生产厂、配送中心使用散装水泥量达到1.4亿t，占当年散装水泥使用量的30%以上。

然而，禁止在现场搅拌混凝土，只是堵住了袋装水泥的一个渠道，在城市施工建立中普遍存在的现场搅拌砂浆，仍在大量使用袋装水泥。为堵住这一渠道，开展以禁止在施工现场搅拌砂浆为主要内容的“禁现”工作势在必行。

据商务部副部长姜增伟介绍，在我国大力发展散装水泥，提高水泥散装率，务必积极采取措施，促进“禁现”工作顺利实施。

一是将“禁现”工作纳入各地节能减排工作体系。各地在工作中，要将发展散装水泥、开展城市“禁现”纳入各地节能减排体系，要与各地开展的文明城市、绿色城市、国家环境保护城市等创建活动、城市大气污染防治工作等节能减排综合推进措施相结合，为地方节能减排工作作贡献。要建立科学的量化指标体系，以具体数字为依据揭示发展散装水泥和“禁现”工作对地方节能减排的贡献。

二是发展散装水泥流通标准和相关法规的建立进程，为“禁现”提供相关技术规范和良好的法制环境。商务部要求各地政府部门进一步加强散装水泥法规体系建立，继续加大限制袋装水泥、鼓励散装水泥、鼓励发展预拌混凝土和预拌砂浆的力度，并将此内容在节约资源、保护环境等相关法律法规文件和国务院出台的重大方针政策中得到体现。同时，积极探索出台《散装水泥管理条例》的可行性。进一步加强散装水泥流通标准化体系建立，为“禁现”提供相应的技术规范。

三是今后工作重点放在限制袋装水泥发展、推进散装水泥的集中化使用上；放在加强农村散装水泥销售网络建立、推动农村散装水泥的发展上；放在加强散装水泥物流建立、提高物流组织化程度上。

与世界工业发达国家80%的散装率相比，中国近40%的散装率仍然较低，发展速度还不尽如人意，地区发展不平衡、城乡发展差距大。目前散装水泥比较普及的地区主要集中在东部发达地区，中西部散装水泥发展依然比较落后，农村散装率仅有6%。在实现“禁现”目标、推广散装水泥、贯彻节能减排方针、发展循环经济的道路上，我们任重而道远。

8. 建筑机械租赁作业

我国的建筑机械租赁行业起步晚，发展快，但规模小。建筑机械租赁始于20世纪90年代。这些年来，随着企业改制、剥离步伐的加快，国有、民营、合资、个体建筑机械生产厂家等多种类型、属性的租赁公司得到快速发展。

（1）我国建筑机械设备租赁业的发展趋势。

据数字统计分析，欧美等发达国家，建筑设备租用率约占80%左右。日本作为亚洲租赁业最发达的国家，租赁设备比例虽不及欧美国家，却也呈逐年增加趋势，尤其是在大型建筑公司中，已经达到76.1%。在全球范围内建筑机械租赁已是发展的必然趋势。我国近十几年对基础建设投资的加大，拉动了建筑机械制造业和租赁业的快速发展，大量的施工企业愈来愈倾向于采用租赁的方式获取机械设备的使用权，既经济又高效。

另一方面，随着建筑机械市场竞争的加剧，越来越多的工程机械制造商参与到租赁行业中来。近几年，我国建筑机械租赁企业的数量急剧增长，在北京、上海等经济发达地区，建筑机械租赁业发展的较快，也相对成熟。我国从事工程建设机械租赁企业主要来源于：建设集团企业所属的租赁企业；通过企业改制从大型建筑企业剥离出来的租赁企业；民营租赁企业；合资或外资租赁企业。

（2）我国建筑机械设备租赁中存在的问题。

1）无序竞争，建筑机械设备租赁市场比较混乱。无序竞争、市场混乱是我国许多领域中普遍存在的问题，在建筑机械租赁行业中也不可避免。租赁市场缺乏有效监管，出现违约事件后追究责任比较困难。我国目前大部分工程机械租赁公司规模较小，部分公司内部不规范，技术力量比较薄弱，经营管理水平普遍较低，且没有准确的市场定位，盲目跟进，企业之间竞相压价，造成无序竞争的局面。同时，企业设备质量不过关，以次充好，出现故障，故障出现后又因技术因素未能及时进行修理。

2）建筑机械租赁政策相对滞后、法律法规不健全。我国税法规定从事融资租赁和从事经营性租赁税收的税基不同，造成这两种租赁税相差8倍左右，而内资企业进入融资租赁的门槛比外资企业的高也是租赁业内有目共睹的事实。虽然很多国内优秀的建筑机械租赁企业一直积极努力争取融资租赁资格，但是目前还没有一家获得。另外，对拖欠租赁费方面没有相对的法规约束，这也是造成租赁费用拖欠严重的原因之一。建设部对建筑施工企业的资质标准中规定，一些特级的建筑施工企业必须具有相应的设备保有量，无疑对建筑机械租赁业的发展产生一定的影响。

3）建筑机械租赁合同不规范。目前为止，还没有一套设备租赁标准化格式的合同文本，这就造成租赁合同不严密，在履行过程中常常会发生纠纷。双方在签订合同时，由于考虑不全，对大型机械使用风险意识不强，使合同存在一定的局限，缺乏准确性、严密性，对设备返还状况和完整性没有严格的界定；双方责任不明确，合同缺乏严谨性，相关收费标准不一致；租赁方式和租赁期限说明含糊；合同履行中对双方的违约行为与索赔要求不清也会导致合同纠纷。

4）机械租赁前双方了解深度不够，从而造成决策失误。一种可能是事前认为租赁设备比较合算，而实际施工中由于某些原因，致使工作量增加或租赁时间延长，导致租赁费用大增；另外由于对施工设备机械性能了解不够，从而使租赁设备形成大马拉小车的局面，大材小用不说，也增加了费用；租赁方式、期限等选择不当，都会造成租赁费用增加，或者由于客观因素的影响，出现租赁设备派不上用场，施工中设备满足不了工程需要等情况，这都会导致租赁费用的增加，提高了施工成本。

5）机械设备租赁与管理出现脱节。设备操作人员随机而来，但机械日常维修由谁负责在合同中未明确指出，这就会造成设备在现场无人看管或管理不当，致使设备租、管、用脱节。租赁设备到达施工现场后，承租方对设备使用管理不当，施工方案不完善或没有制定租赁设备现场管理办法，致使设备闲置，降低使用效率，在后期又没有进行良好的保养维修，致使设备状况不佳，操作人员与施工人员配合欠默契等都会使得租赁与管理出现脱节现象。

（3）我国建筑机械设备租赁问题的对策措施。

1）大型设备自购与租赁决策。

这就需要项目负责人仔细衡量思考，大型机械设备的经济合理性与其利用率有着密切的关系。施工项目部应根据工程的特点，结合施工进度的要求，在认真调研的基础上进行使用大型机械成本分析，以从经济角度出发的原则来选择是自购大型设备还是承租设备的方案。如果建筑工程规模较小，工期也短，大型机械利用率偏低，可用资金比较紧张时，往往选择租赁方案。从经济上看，租赁要远比自购来得实惠。当建筑工程规模较大，工期较长，设备利用率较高，且企业的储备资金比富足，自购费用仅是租赁费用的2～3倍左右，可以选择考虑自购设备方案，这种情况下自购设备使施工总体成本较低，又便于机械设备管理。

2）建立合格的设备出租备选库。

企业应建立适合本企业的设备出租单位备选库，运用招标方式进行比选，对设备出租方实行信用准入制度，从而确定项目最终使用的设备出租方及机型。设备管理和机况必须满足行业标准的相关要求。像起重机械设备还应包括以下条件：具备建设主管部门颁发的安装维修安全认可证，起重设备出租单位必须具备建设主管部门颁发的起重设备安装工程专业承包资质证书，安拆操作人员必须具有建筑施工特种作业操作资格证书。此外，对出租管理的规模状况、技术管理能力、财务能力、服务状况、职员专业能力、业绩等也要进行综合考察，才可列入合格出租设备单位备选库。

3）租赁合同的签订。

为了规范双方的行为，要在合同中明确双方的权利、义务，降低合同履行过程中的风险，保证租赁合同能顺利履行，双方应明确责任，也可互相提供履约担保。

①在租赁合同签订前，施工项目部应对出租机械设备单位进行实地考察、评价和

评估，对设备生产单位现状和社会信誉进行调查研究，待确认其设备完善，技术性能好，机械运行记录、大修、验收记录、设备台账等都齐全后，方可签订租赁合同。

②在租赁合同签订过程中，要以《合同法》的有关规定为依凭，签订合同时要注意数字准确、用词严谨、考虑周全。在合同中明确指出租赁方式，是采用计量租赁还是采用计时租赁。租赁期限，是短期租还是长期租，小型机械设备以不超过半年至一年为宜，在原租赁合同履行期满后可商定继续租赁。设备租金、设备的折旧、大修费摊销、经常性修理费、贷款利息、投资回报、保养费、年检费、车辆使用费和管理费等都与设备租金相关联，都要考虑清楚，在合同中表现出来。保证金，为了保证租赁合同能顺利履行，规范双方的行为，双方可互相提供履约担保。签订的合同中要严格体现双方的责任和义务。只有做到条款明确、内容具体，才能减少合同履行期间的风险。

(4) 对未来的一点建议。

1) 改变经营观念，创新租赁模式。

被动销售、口碑传播仍是中国建筑机械租赁行业的销售与推广模式，这在一定程度上保证了企业信誉，但从企业经营的角度来讲大大降低了效率。租赁企业应从保守、被动、落后的坐商改变为积极、主动的行商经营。

未来的市场竞争中，销售模式将是竞争的根本，租赁企业的销售模式不仅包括租赁业务的开拓、服务内容的创新、企业营销管理能力的提升，还包括自身品牌建设与推广手段的进步。在中国缺乏生机与活力的建筑租赁行业中，能够率先创新销售模式的企业将是走在行业前端的企业，能够大大推动整个租赁行业获得新生。

2) 建立规模化、品牌化、专业化的新型租赁企业。

一个行业中规模化、品牌化、专业化企业的数量代表着整个行业的发展水平。只有具有先进品牌经营理念、专业服务技能、高素质专业化人才队伍的大型租赁企业才能引导整个行业向成熟、有序的方向发展，才能推动中小型企业的健康发展。

经济体制市场化带动了建筑业的发展，在建筑安装工程中，施工机械化作业所占比例越来越高，提高建筑机械设备利用率以降低生产成本已成为施工企业提高竞争力的重要手段。但是现今大多数企业无力采购大型、专用设备，在这种情况下，建筑机械设备租赁行业应运而生。但是由于目前机械租赁市场不够完善，存在混乱现象，且租赁行业法律法规尚不健全，常常导致设备租赁过程中出现很多意外情况。

在我国原有的计划经济体制下，施工企业的设备都是自有的，但随着经济体制市场化，建筑业改革发展取得了巨大进步，建筑机械的要求也不断更新提高，逐渐发展成技术含量高、资金投入密集的产品。但是通常情况下，大多数施工企业考虑到成本问题，无力购买这类专用性高、资金占有量大的设备，为了节约成本、提高施工效率、顺利完成工程施工，施工企业更多的时候会选择租赁建筑机械设备，尤其那些技术含量高、资金占用大、使用率低的设备。

二、建筑标准化

1. 标准规范规程的健全

在我国，全国的标准化工作由国家质量监督检验检疫总局统一管理，而建筑标准化工作则由住房和城乡建设部具体负责。在住房和城乡建设部下设有标准定额司和标准定额研究所，负责制订建筑标准化的方针、政策、规划、计划，并批准、发布职权范围内的国家标谁和专业标准。

在我国建筑标准分为强制性标准和推荐性标准两类。强制性标准是由政府部门制订的，它包括：有关安全、卫生、环境、基本功能要求的标准，必须在全国统一的模数、公差、计量单位、符号、图例、术语等基础标准，与评价工程和产品质量有关的通用试验方法和分析方法标准，对国民经济有重要影响的工程和产品标准等。推荐性标准是由专业标准技术委员会等标准化学术组织制订的。它包括：先进的勘察、设计、施工方法或生产工艺标准，技术经济分析和管理标准，供创优、认证用的高质量产品标准等。强制性标准具有法律性质，在规定的适用范围内必须遵照执行，推荐性标准具有权威性，经当事各方以合同等法律文件确认后，也具有法律性。在我国，长期来一直实行强制性标准。近年来，为了适应发展商品经济的需要，已开始试行一部分推荐性标准。

虽然我国建筑标准已经形成了初步系列，标准化管理工作也建立了相应的工作体系。但是，目前的建筑标准系列还是不够完整的，或者说是很不平衡的，按照国际先进水平和从我国实际需要来要求，我国建筑标准缺门、缺项还不少，深度很不一样。随着工农业的日益发展、科学技术的不断进步和生产工艺的日新月异，相应的新标准需要陆续制订，已有的标准也应不断地进行修订和补充，并且需要新制订的标准数量很大，修订标准的周期也将要求不断加快。因此，建立更加完善和适应发展需要的建筑标准体系是非常艰巨的任务。首先，加强建筑标准化工作，建立更加完善的工作体系，乃是发展建筑业一靠科学技术、二靠加强管理的具体体现，而且应当着手制订相应的中长期规划、计划和实施措施。其次，应当逐步建立起从上到下的执行标准的监督机构和健全相应的工作体系。即一是对执行标准要实行切实的监督，二是对标准实施要进行适时的反馈，三是新的标准要及时制订，老的标准要定期修订。第三，要保证必要的开展标准化工作的经费，进而逐步建立起行业技术开发基金，其中，支持标准化工作乃系一项重要内容。第四，各项具有法律效力的标准应当由政府进行审批、颁布和监督，但制订、修订标准乃至抽查、监督实施的工作，除由科研单位、高等院校承担外，有的也可委托有关学会、协会承担。在这方面，国际上有许多可行的成功经验可供借鉴。

2. 部件标准化

我国住宅建造的水平与发达国家相比有很大的差距，住宅建造的生产效率仅相当于美国和日本住宅建造效率的1/6～1/5，究其原因还是住宅建设的工业化水平较低所致。通过几十年的努力至今尚未缩小与发达国家的差距。建筑工业化是住宅产业化发展的基础，建筑工业化除了要发展适应工业化生产建造方式的建筑体系，离开了建筑材料的部品部件化（Components）也是难以实现的。长期以来由于受到体制的限制，部门之间相互脱节，彼此衔接的不够，建材生产部门非常重视发展各类基本建材以及新型建材的开发，建材的品种几乎不亚于国外，基本上人家有什么我们也有什么，但忽略了建筑材料的部品部件化发展。由于尚未形成建筑材料的部品部件化生产与供应，建造用材还是以基本的原材料生产供应方式，致使施工现场的手工再加工作业的工作量非常之大，导致了施工效率低。工程质量也受到工匠水平高低等人为因素以及现场工作条件的限制而参差不齐。住宅部品部件化，就是要将由材料商生产供应基本的建筑材料和单一制品到施工现场，转化为将基本建材和制品通过在工厂的部品部件化生产再供货，使之由供应原材料（现场需再加工）向供应半成品（现场无需再加工，只是装配）转化，提高了工业化水平，推动了产业化的发展。住宅部品部件化就是最大限度地实现住宅部品部件的标准化和通用化，实现住宅部品的工业化生产、社会化协作配套供应。

1999年国务院办公厅转发建设部等八部委《关于推进住宅产业现代化提高住宅质量的若干意见》（国发办［1990］72号），文件中明确了建立住宅部品体系是推进住宅产业化的重要保证的指导思想，同时也提出了建立住宅部品体系的具体工作目标："到2005年初步建立住宅及材料、部品的工业化和标准化生产体系；到2010年初步形成系列的住宅建筑体系，基本实现住宅部品通用化和生产、供应的社会化。"

（1）住宅部品部件化对推动住宅产业现代化的发展具有积极作用。

住宅产业的发展应该类似于汽车工业，没有汽车零部件的发展汽车工业的发展是难以想象的。住宅也是一个完整的商品，但它的生产制造不同于一般的商品，它不是在固定工厂车间里直接生产加工制作而成，而是在施工现场（流动的生产车间）搭建而成，因此住宅部品化的水平高低，直接影响到住宅建造的效率和质量。当前我国建筑施工人员大多是民工，人员的素质和技术水平非常低，对推广应用新技术和新材料有相当大的困难。建筑材料部品部件促进了材料的系统配套与组合技术的系统集成，它也是技术的载体，因此建筑材料部品部件化有利于推广应用新技术，提高住宅的科技含量。这也是国外为什么要普遍将材料和技术系统化（System）的原因。建筑材料部品部件化，将基本建筑材料与制品在工厂里部品部件化，使之达到现场安装简单易行，这样就可以大大地提高房屋建造生产效率。另外，工厂的生产条件、质量控制手段都要比施工现场好得多，因此在工厂生产的部品部件更有利于保证质量，这也是提高住宅质量的一个有效的保证途径。也易将质量责任划清，便于工程质量管理和保险制度的推行实施。国外发展建筑材料部品部件化的成功经验非常值得我们认真学习和借鉴。

法国混凝土工业联合会和法国混凝土制品研究中心在20世纪70年代后，吸收了20世纪50～60年代法国推行建筑工业化经验，在此基础上，经过多年的努力，编制出一套G5设计软件系统。这套软件系统把遵守同一模数协调，在安装上具有兼容性的建筑部品（主要是楼板、柱、梁、楼梯、围护构件、内墙和各种管道）汇集在部品目录中，它告诉使用者有关选择的协调规则、各种类型部品的外形、技术数据和尺寸数据、部品之间的连接方法，特定建筑部位的施工方法等。

瑞典从20世纪50年代开始，在法国的影响下推行建筑工业化政策，大力发展以通用部品为基础的通用体系。目前瑞典的住宅建造中，采用通用部品的住宅占80%以上。

丹麦以发展“产品目录设计”为中心推动通用体系发展。将通用部品部件称为“目录部件”。每个厂家都将自己生产的产品列入部品目录，汇集成“通用体系部品总目录”，设计人员可以任意选用总目录中的部品进行住宅设计。

日本与其他西方工业发达国家一样，二战后也遇到了战后重建的问题，尤其是需要大量建造住宅。日本政府为了推动日本住宅工业化的发展，在学习和借鉴丹麦、瑞典、法国等欧洲国家发展住宅产业化的经验，于1960年建立了公营住宅KJ制度，即在公营住宅建造中推广采用工业化生产的规格部件。1966年日本建设省发表的“住宅建设工业化的基本设想”中，重点指出为了强有力地推动住宅建设工业化，有必要进行建筑材料和部品的工业化生产，使施工现场的作业转移到工厂中，以提高生产效率，此后在日本出现了住宅部品。1973年日本建设省组建了“住宅部品开发中心”（1986年更名为住宅部品认定中心），并制定了“优良住宅部品（BL部品）审定制度”，1987年在此基础上，日本建设省正式批准为“优良住宅部品（BL部品）认定制度”。至今日本BL认证中心已建立了58类住宅部品的认定标准，并开展了相应的认定工作。日本政府推行优良住宅部品认定制度，大大推动了日本建筑业与住宅的工业化水平的提高，有效地促进了住宅部品体系的建立，以及建筑材料与制品的更新换代。

（2）建立我国住宅部品部件体系。

住宅部品是构成住宅建筑的组成部分，是住宅建筑中的一个独立单元，它具有规定的功能。按照住宅建筑的各个部位和功能要求，将住宅进行部品部件化的分解，使其在工厂内制作加工成半成品（即部件化），运至施工现场，达到在工程现场组装简捷、施工迅速，并保证部品安装就位后，能确保其规定的技术要求和质量要求，发挥其功能作用。再通俗地讲，住宅（成品）是由住宅部品组合构建而成，而住宅部品（半成品）是由建筑材料、制品、产品、零配件等原材料组合而成；部品是经过在工厂内生产组合好，作为系统集成和技术配套整体部件，达到在工程现场组装简捷、施工迅速，提高生产效率，保证工程质量的目标。

(3) 尽快搞好住宅部品的标准化工作。

为了尽快推进住宅部品体系的建立，住房和城乡建设部批准成立了“住房和城乡建设部住宅部品标准化技术委员会”，该标委会的成立将大大推动住宅部品的标准化工作，逐步制定住宅部品的各类标准，为促进住宅部品体系的建立和开展住宅部品的认证工作创造条件。通过住宅部品标准化工作，将明确各类住宅部品的定义及部品的系统构成、模数与规格尺寸系列、部品的功能与性能要求以及功能试验方法与检验要求等。

纵观住宅产业化较为成熟的日本、美国等国家，住宅产业化的历史背景、国家政策、发展侧重点与取得的成果等都不尽相同。因此，想要借鉴他国发展经验时必须结合我国国情及住宅产业发展的现状。

多位专家都表示，中国人口众多，宜居国土面积少，造成人口密度高，这一点和日本非常类似。因此，在住宅类型上必然是以多层、小高层、高层为主，日本在这类建筑的钢筋混凝土工业化技术上是比较成熟的。万科就是通过与日本企业的合作，缩短了技术研发周期。其他产业化程度较高的欧美国家，住宅类型以低层的独栋住宅居多，结构形式以钢、木为主，不太适合中国资源状况。但专家们也表示，住宅产品的特点决定了其产业化的市场组织方式与一个国家的地域、经济、气候密切相关。日本地域狭小、经济水平地域差异不大、气候条件基本相同。而中国正相反，幅员辽阔、区域经济水平跨度大、东西南北气候差异很大，所以中国住宅产业化不应采取日本的市场组织方式，而更应该向美国多学习。

日本：标准化体系建设完备。

从实际来看，中国从事住宅产业化工作的企业，绝大多数都是学习日本住宅产业化体系。日本标准化体系建设中比较关键的即为住宅建筑标准化、住宅部件化及日本的住宅性能认定制度。

住房和城乡建设部住宅建设及产业现代化技术专家委员会专家委员开彦告诉《中国投资》，一直以来，标准化都是推进住宅产业化的基础。目前日本各类住宅部件（构配件、制品设备）工业化、社会化生产的产品标准十分齐全，占标准总数的80%以上，部件尺寸和功能标准都已成体系。在日本，住宅部件化程度很高。由于有齐全、规范的住宅建筑标准，建房时从设计开始，就采用标准化设计，产品生产时也使用统一的产品标准。因此，建房使用部件组装应用十分普及。与一般国内所见的建筑工地不同，从地基开始，日本住宅就可以采用部分预制的形式。中国房地产研究会住宅产业发展和技术委员会秘书长孙克放描述，在他参观的日本建筑现场，大量的工作都被提前完成，现场几乎只需要安装。

除了已经预制好的部件部分外，日本在整个流程工艺的完整贯通性方面的成熟度极高，工人建筑一栋住宅可以有条不紊，同时完成多重步骤。

美国：中小企业专业化分工明确。

美国住宅产业化市场的特点是在统一的技术标准下，部件制造、部件销售、施工安装、营销等各个环节存在大量中小型企业，专业化分工明确。以施工安装为例，据《美国统计摘要》1987年的统计，建筑总承包商为15.76万家，重型工程承包商（道桥等市政工程）3.66万家，专业承包商34.20万家（进一步可细分为17类）。另外，房地产开发的融资渠道基金化，把投资风险和收益社会化。这样的市场结构使得美国房地产的行业利润相对均摊到产业链的各个环节，而不是集中在房地产开发公司，从而避免了社会矛盾的激化，政府税收也更有保证。

我们未来的目标是形成住宅产业化链，形成一个完整的产业化体系．目前还存在以下三个方面的问题急待解决：

1）住宅部件标准化和通用化的缺失。

在建筑部件的设计上和施工安装上目前还是注册工程师设计、签字，设计院盖出图章，审图中心审图，然后预制件企业施工安装的传统建筑流程。我个人认为，住宅产业化就应该像造汽车那样能够流水线生产的工业化，所有的建筑部件都有标准，企业可以直接购买，库存，直接上流水线，而不是要等设计师设计、等施工图。住宅部件的标准化和通用化有几个好处：一是可以形成住宅产业链，二是可以提高部件质量，三是可以避免独家垄断，保证技术公开透明，让竞争保持在一个高的技术水平上。目前，住宅部件尚未形成配套系列，部件、材料以及配套产品品种少，据相关资料统计：建筑部件/配件日本有10000多种，中国不足2000种。所以，建议政府部门是否可以考虑搞上下游产业链，形成住宅产业化工业园。

2）设计资质的约束：受计划经济影响，标准设计集中在少数单位。标准图设计周期过长，不能及时反映技术进步，不能加快促进产品更新换代，已经成为制约预制构件行业发展的瓶颈。预制件企业是否可以象幕墙生产企业那样申请相关专项设计资质。

3）施工资质：混凝土预制件企业属于专业承包，有二、三级资质，但不允许现场安装。受计划经济影响，以前很多混凝土预制件企业只是施工单位的一部分，不需要安装资质，在新形势下，政府行业主管部门是否可以考虑拓展预制件企业的服务范围。

总而言之，从历史的角度看，我国混凝土预制构件行业在20世纪80年代中期达到鼎盛时期，20世纪90年代中后期开始走下坡路。近期，我们在实地了解和看了发达国家的住宅产业化以及住宅部件的标准化，感觉这是一种大趋势。走新型住宅产业化道路是中国城镇化，建设节约型社会的必由之路。同时，我们也应该清醒地看到，由于技术含量的提高，产品质量标准的提高，前期投资的加大，在机器化大生产没有达到一定量的时候，成本必然下不来，市场接受这种即节能又环保的结构体系可能需要一定时间。

三、建筑信息化

建筑信息化是国民经济信息化的基础之一。建筑信息化是指运用信息技术，特别是计算机技术、网络技术、通信技术、控制技术、系统集成技术和信息安全技术等，改造和提升建筑业技术手段和生产组织方式，提高建筑企业经营管理水平和核心竞争能力，提高建筑业主管部门的管理、决策和服务水平。

1. 市场信息

建筑市场信息主要包括以下几方面：建筑企业信息、人员信息、招投标信息、施工许可信息、合同备案信息、合同履约信息、竣工备案信息、业绩信息、获奖信息、违法违规信息、综合评价信息。

2. 专利和工法信息

建筑专利信息主要包括以下几方面：桥梁建筑专利、水利工程专利、给排水专利、建筑物专利、门窗零件专利、门窗或楼梯专利和土层或岩石专利信息。

施工企业以工程为对象、工艺为核心，把先进施工技术与科学管理结合起来，经过工程实践形成的某种综合配套技术的应用方法。每项建筑的工法信息一般都包括：本工法的特点、适用范围、施工程序、操作要点、机械设备、质量标准、劳动组织及安全、技术经济指标和应用实例等方面信息。工法是指导施工企业施工与管理的一种规范化文件，是施工企业技术水平和施工能力的重要标志，是施工企业技术进步的重要组成部分。施工企业经过工程实际形成的工法应具有技术新颖、可靠，其关键技术必须达到较高的水平，并要在实施中取得较好的经济效益或社会效益。凡符合国家专利法或奖励条例的工法可以申请专利或奖励，并实行有偿转让。我国现在的工法分为一、二、三级，其关键技术分别要求达到国家、地区或部门、施工企业的先进水平。

3. 建筑要素信息

构成建筑的要素有三方面：建筑功能、建筑技术和建筑形象。

（1）建筑功能：是指建筑物在物质和精神方面必须满足的使用要求。

（2）建筑技术：是建造房屋的手段，包括建筑材料与制品技术、结构技术、施工技术、设备技术等，建筑不可能脱离技术而存在。

（3）建筑形象：构成建筑形象的因素有建筑的体型、内外部的空间组合、立体构面、细部与重点装饰处理、材料的质感与色彩、光影变化等。

建筑的三要素是辩证统一，不可分割的。建筑功能起主导作用。建筑技术是达到目的的手段，技术对功能又有约束和促进作用。建筑形象是功能和技术的反映。

4. 在建工程和竣工工程信息

在建工程和竣工工程信息主要包括：项目时间、投资金额、所在地区、项目进程、设备需求、项目详情、建设单位和联系方式等方面信息。

5. 智能建筑

智能建筑的概念：修订版的国家标准《智能建筑设计标准》GB/T 50314—2006对智能建筑定义为“以建筑物为平台，兼备信息设施系统、信息化应用系统、建筑设备管理系统、公共安全系统等，集结构、系统、服务、管理及其优化组合为一体，向人们提供安全、高效、便捷、节能、环保、健康的建筑环境”。

（1）我国智能建筑研究发展的启动

早在1986年我国“七五”计划初期，我国政府就紧紧跟踪世界科技发展前沿涉足智能建筑领域，由国家计委会同国家科委共同批准立项“七五”国家重点科技攻关项目：《智能化办公大楼可行性研究》。国家项目编号为67-6-21/27。国家项目正式批准立项，标志着揭开了中国智能建筑领域研究发展的序幕。该“七五”国家重点科技攻关项目课题由中国科学院计算所承担。于1991年初完成科技攻关项目课题研究报告，并通过了多学科专家鉴定委员会的成果鉴定。

（2）政府的指导行为

1）经过了多年酝酿，1996年1月，在华东建筑设计研究院的协办下，建设部勘察设计司在上海佘山兰笋山庄主持召开了我国首届“建设部智能建筑设计研讨会”。这次研讨会对我国智能建筑领域市场规范、有序发展起到了很大的推动作用。

2）1997年10月，建设部正式发布了中国智能建筑领域的第一个规范性政府文件，即《建筑智能化系统工程设计管理暂行规定》（建设［1997］290号）。其中文件第二条明确界定了建筑智能化系统工程的内涵“是指新建或已建成的建筑群中，增加通信网络、办公自动化、建筑设备自动化等功能，以及这些系统集成化管理系统”。

3）我国政府实行智能建筑市场准入制度。1998年10月建设部发布了《关于建立建筑智能化系统工程设计系统集成专项资质及开展试点工作的通知》（建设［1998］194号）。文件具体规定了系统工程设计单位资质标准和系统集成商及子系统集成商资质标准条款。

4）建设部和国家质量技术监督局联合发布了国家标准《智能建筑设计标准》GB/T 50314—2000，于2000年10月1日起施行。在国标中对智能建筑下了一个相对科学的定义：“它是以建筑为平台，兼备建筑设备、办公自动化及通信网络系统，集结构、系统、服务、管理及它们之间的最优化组合，向人们提供一个安全、高效、舒适、便利的建筑环境”。

（3）我国智能建筑领域发展现况

根据欧洲智能建筑集团（EIBG）的分析报告，国际上对智能化建筑系统技术的发展，大致划分成三个技术发展阶段：1985年前为专用单一功能系统技术发展阶段；1986～1995年为多个功能系统技术向多系统集成技术发展阶段；1996年以后为多系统集成技术向控制网络与信息网络应用系统集成相结合的技术发展阶段。

据不完全统计，到目前为止，我国全国各地累计已建成及正在建的不同类型（含智能住宅小区）智能化建筑（包括自称的）总数约接近两千幢（项）。但大多数属于处在上述第二阶段技术发展之中，且由于多方面原因，技术开通达标率普遍不高，多数效益效果不理想。

我国实行智能建筑市场准入制度三年多来，目前全国已获得我国政府建设行政主管部门批准颁发的“建筑智能化专项资质证书”的单位共有905家（含外商独资企业）。其中工程设计资质257家，系统集成商资质339家，子系统集成商资质309家。可以说，业内绝大多数有实力、有业绩、够条件的企业，都已规范有序地进入智能建筑市场。

目前，我国的智能建筑正在蓬勃发展，经济发达地区发展更快。智能建筑是原来建筑物中的弱电系统在质上的飞跃。这种变化，势头之猛、之快，使不少人在认识上产生误区，管理跟不上，而导致在当前智能建筑的建设中出现了不少问题。

1）业主方面

在“智能建筑”热面前，贪多求全，期望太高，提出“世界一流”、“十五年不落后”等口号，提出大大超过建筑功能与规模的智能化要求。

既对建筑物的需求不清楚，也对信息化产品没有深入的了解，仓促上马，致使投资效果很不理想，投入使用后发现问题多多。对智能化集成系统带来的增值效果有所怀疑或由于资金投入方向问题，以致不适当地压低在智能化系统上的投资，结果造成建筑物的档次的下降。

没有总体集成的概念和系统发展的考虑，以致边招标、边设计、边施工、边修改，返工浪费严重。缺乏掌握智能化系统技术的人才，以致在设计、施工、竣工等建设的各个环节上不能很好把关，及时纠正质量问题。智能化系统建成后，对日常管理和持续维护重视不够。特别是对在建设时就必须予以重视，不能让此问题放任自流。

2）厂商方面

智能建筑的兴起在呼唤智能化系统集成商。市场上集成公司为数众多，相当活跃，运用种种商业手段以谋取对智能化系统的承包。但从他们的技术水平，技术支援能力，施工、组织经验和内部质量保证体系等方面来考察，真正能称为系统集成商的公司不多。这方面出现的问题有：

自称的智能化系统集成商，实际上仅仅是某一个子系统的集成商，甚至只是产品销售商，他们对建筑、对现场安装、对施工组织了解不多，甚至毫无了解。因此，不能很好组织指挥，甚至组织指挥不及系统各个分包商。

商业利润考虑多，力图在智能化系统中分得尽可能大的份额，对业主造成误导。在系统建设中，各厂商各自为政，在接口上互相扯皮，贻误工程。

为争取项目，迎合业主低投资的企图，拼命压低报价。项目到手，为了利润，不顾质量，降低规格。

各厂商的产品都自称“开放性”好，而实际上为了市场利益，开放程度有限，造成集成系统难以实现或留下维护中的隐患。

3）设计方面

面对飞速发展的信息技术，设计部门对智能化产品和智能设计方法还不很熟悉，尤其在集成方面更弱些，还需要产品在家和系统集成商的支持和通力合作。

目前对智能建筑设计的注意重点大都集中在智能化系统上，而在建筑平台方面注意不够。以致建筑结构的灵活性、适应性稍欠佳，对智能化系统设备的安装空间、管线、路由等考虑不周。

业主盲目相信境外设计单位。结果，由于这些单位并非智能建筑行家，图纸和设计文化水平也并不见得比国内设计部门高，再加上文化背景、设计方法、施工习惯的不同，往往拿到境外图纸都无法实施。

4）实施方面

施工队伍素质差，缺乏经过正规训练有经验的施工人员，大量刚离开土地的农民担当施工安装，造成安装质量不高。

现场工程督导人员素质差。因为这是新兴业务，要求新且深的知识，要求丰富的现场实际经验、好的组织协调能力以及熟悉有关的法规、标准。所以，原来的督导需要重新培训，而刚出校门不久的大学生，一时胜任不了督导。

施工组织与管理不够健全，造成指挥不灵、协调不力，于是施工中相互扯皮，施工效率低。对施工的全面质量管理重视不够，很少有制定明确的质管标准或规定的：施工前的设备品质检查，施工中每个阶段的控制指标和质量控制停止点的设立，测试报告的内容和格式的规定，竣工验收的条件和相关文件。仍偏重于定性验收，即眼看、手摸，忽视定量验收。只有用仪器测试，才能发现隐患。

5）标准化和行政管理方面多头管理

我国从中央到地方，与智能建筑相关的管理部门有建设、邮电、广电、公安、技监等。只有这些部门联手，才能制定出国家的关于智能建筑的标准，使管理工作有法可依，管理才有权威性和可操作性。

现有的法规或标准不够齐全，已有的也已经落后了。管理部门管理力度不够，或管理依据不够，这也与以上两点密切相关。其他宣传上对智能建筑的误导。如，把A的多少说成是智能建筑的级别。又如，把搞了综合布线的建筑说是智能建筑等。过分强调了智能化系统的作用，而忽视了中国的现实、中国的文化背景、人的作用等。对信息化设备与人的关系的统一性考虑不够。

智能建筑的咨询、总承包、总监理的作用尚未被正确认识，其体制未建立和运作尚未展开。

6. 设计和施工的计算机应用

21世纪初的今天，种种迹象表明，历史正在另一个层面上展开一个全新的循环：计算机技术的突飞猛进正在建筑设计、制造和建造领域掀起又一场革命。计算机虚拟现实是近几年来最热门的技术之一，随着这一技术的迅速发展，在各行业运用日益广泛和深入，借助于虚拟现实的图形分析技术和数字化控制制造技术，建筑师将获得前所未有的形式表现力。

当代建筑界表现形式多为绘制二维图纸，手工制作实体模型，电脑绘制静态效果图。这些传统的表现模式一般只是展示建筑的其中一个部分，虚拟现实技术能够在计算机中产生逼真的“虚拟环境”，而且它是一个开放、互动的环境，辅助建筑方案设计、工程设计模拟、三维数字表现施工信息、建筑三维漫游、多媒体展示，这都是虚拟现实技术可以实现的功能。以往做建筑设计，建筑师用大量的平、立、剖面图、效果图、模型等，向业主表达自己的设计思想，这些平面的图纸和模型无论如何也不能全方位地表现出建筑师对于所有空间的设计。而虚拟现实可以把所有的空间变成看得见的虚拟物体和环境，使以往的表现模式提升到数字化的即看即所得的完美境界，大大提高了设计的质量与效率。虚拟现实中最基本的一个环节就是虚拟场景的制作，构建可漫游的三维虚拟场景主要涉及以下一些基本因素：

（1）三维真实感地形及天空体的建模与显示；

（2）特征地貌物如树木、湖泊及诸如雨、雪等自然景观的模拟；

（3）人造地物，如公路、桥梁、房屋等的仿真；

（4）交互性漫游的实现。

2001年，斯坦福大学设施集成化工程中心CIFE（Center for Integrated Facility Engineering）联合工业界、行业协会在综合分析国际上相关研究成果后首次提出建设领域的虚拟设计与施工（Virtual Design and Construction，简称VDC）理论，认为这是未来建设领域信息化研究和发展的方向。2007年该中心第五版（最新版）将VDC定义为：虚拟设计与施工是在工程建设过程中通过应用多学科多专业集成化的信息技术模型，来准确反映和控制项目建设的过程，使项目建设目标能最好地实现。

虚拟设计与施工理论是集成化管理思想和IT技术在工程建设领域的创造性应用，

其框架内容可以用POP模型来概括。POP模型是指产品（Product）、组织（Organization）、过程（Process）模型，产品是指组织为完成项目而交付的成果，它可以是最后的成果（如完成的设施），也可以是中间成果（如设计）；组织是为完成产品而参与到项目中的单位或个人；过程是指组织为完成产品而经历的程序。

虚拟设计和施工在工程建设过程中主要有以下特点：

（1）虚拟设计和施工是虚拟可视化的。VDC是通过在计算机上建立模型并借助于各种可视化设备对项目进行虚拟描述。

（2）虚拟设计和施工可以用POP模型为导向模型，VDC目标体系将项目目标划分成3类：可控目标、过程目标、成果目标，VDC目标管理的思想是通过做好可控目标来实现过程目标进而实现项目的成果目标，通过梯层制的方式来逐步实现项目的成果目标。

总的来说，虚拟设计与施工是通过对多学科多专业知识的综合运用来预测、分析和控制项目的实际进展情况，通过全面系统的准确数据对建设项目的各种方案以及相关的未来影响进行准确的预测和分析，从而帮助项目各参与单位进行决策，避免项目建设的失误，使项目的建设目标尽可能好地实现。

自21世纪初以来，建筑行业兴起了围绕BIM为核心的建筑信息化应用。BIM模型表达的是产品的组成部分以及它们的各种特性等，因此，从这个意义上可以把BIM和VDC的关系描述如下：BIM是VDC的一个子集；3DBIM模型相当于VDC的产品模型；BIM4D应用相当于VDC的产品模型＋流程模型。以Autodesk公司BIM软件Revit为例，它通过应用关系数据库来创建三维建筑模型，应用这个模型，可以生成二维图形和管理大量相关的工程项目数据。绘制图纸的基本要素不再是AutoCAD中的点、线、面、图等几何元素，而是墙、窗、梁、柱、楼梯、栏杆等建筑对象。

BIM的优势有以下几点：提高设计和施工效率；在实际施工前可视化设计变更的影响；提高施工流程的可预测性；预测建筑性能；评估节省的运营成本；最大限度地减少高成本的错误；与扩展团队进行协作。

BIM建筑设计软件Revit的特点：

（1）绘图方式和元素是通过建筑要素，如楼梯、柱子、墙和栏杆等来实现的，方便建筑师将精力集中在建筑设计的思考和研究上。

（2）提供了许多图元（建筑构件），允许用户自己设计建筑构件，自定义族可适应建筑的工业化和个性化要求。

（3）绘图方式是三维的，各个图之间关联，可避免图纸设计过程中平、立、剖之间不一致。图纸文档生成及修改维护简单

（4）修改一个构件时，所有同类型的构件在所有视图里全部自动更新，方便

省时。

《2011～2015年建筑业信息化发展纲要》中对设计与施工集成系统的要求：重点研究与应用智能化、可视化、模型设计、协同等技术，在提升各设计专业软件和普及应用新型智能二维和三维设计系统的基础上，逐步建立方案/工艺设计集成系统和专有技术与方案设计数据库，集成主要方案/工艺设计软件，创建方案/工艺设计协同工作平台；逐步建立工程设计集成系统和工程数据库，集成主要工程设计软件，创建工程设计协同工作平台；同时，逐步实现方案/工艺设计、工程设计、项目管理、施工管理、企业级管理等系统的集成。

7. 互联网＋云计算

目前，互联网在国内得到蓬勃发展，同时也逐步深入到企业的日常运营中。通过20多年企业信息化的建设，中国建筑企业的管理效率在很大程度上得到提升，但是不可否认，国内的建筑企业信息化建设过程中仍存在问题。

首先，建筑企业内部存在多个信息孤岛，大量的数据无法被有效共享，也就不可能进行基于数据挖掘的深度利用。

其次，建筑企业内面向个人的应用注重提高员工效率和团队效率，与之相关的诸如语音、电子邮件、视频等数据具有非结构化和难以预测的特征。在建筑企业信息总量中，结构化数据仅占企业的20％左右，其余约80％的信息则是非结构化的数据。

复杂而多变的内外部环境要求建筑企业信息化建设必须从以流程为核心转变为以人为核心。从数据角度上说，信息化建设就是要充分整合企业内外部相关的非结构化数据和结构化数据，并在此基础上对数据进行充分挖掘，从而充分利用数据的价值。

从计算负载上看，以流程为核心的信息化应用，主要运行在后台服务器上，而语音、邮件、视频等大量与企业相关的信息则产生或者主要运行在PC、笔记本电脑、手机、平板电脑等多种客户端设备上。

因此，建筑企业在信息化建设中应该是服务器端与客户端并重建设，只有当后台强大的计算能力与客户端各种应用有机地整合在一起时，才能使企业的信息化投资效益最大化。

云计算等新技术相继引发了后台信息化应用的显著变革。云其实是网络、互联网的一种比喻说法。云计算是一种基于因特网的超级计算模式，在远程的数据中心，几万甚至几千万台电脑和服务器连接成一片，共享的软硬件资源和信息可以按需提供给计算机和其他设备。云计算描述了一种基于互联网的新的IT服务增加、使用和交付模式，通常涉及通过互联网来提供动态易扩展而且经常是虚拟化的资源。典型的云计算提供商往往提供通用的网络业务应用，可以通过浏览器等软件或者其他Web服务来访问，而软件和数据都存储在服务器上。云计算可以促进建筑产品的平台化、集成化和个性化。

云计算和互联网将会成为建筑企业信息化建设的基础。

四、建筑工厂化

1. 混凝土预制全装配

钢—钢筋混凝土全预制装配式结构，有两种装配形式，第一种为柱钢—钢筋混凝土全预制装配式结构，预制钢柱由 H 型钢柱、混凝土加劲肋及其钢板托板、配有抗剪条的预应力剪切—摩擦型节点组成。在 H 型钢柱、楼板与边梁的交汇节点处设有由钢板托板承托的混凝土加劲肋，在 H 型钢柱的翼缘与预制楼板和预制边梁形成的"非平接接头"位置处，设置抗剪条。第二种为预制钢管混凝土柱钢—钢筋混凝土全预制装配式结构，预制钢管混凝土柱由方形截面钢管内浇筑高强微膨胀混凝土而成，其钢管外壁配有抗剪条，形成预应力剪切—摩擦型节点。本发明提高了结构抗震性能，面积使用率，施工工效进一步提高，防火性能高，而造价低，构件尺寸小，适宜各类建筑工程。两种结构形式都可以通过施工技术将其主体结构构件原状拆除回收利用，减少建筑垃圾，是一种绿色结构体系。

2. 钢结构、轻钢结构及钢混结构

钢结构工程是以钢材制作为主的结构，是主要的建筑结构类型之一。钢结构是现代建筑工程中较普通的结构形式之一。中国是最早用铁制造承重结构的国家，远在秦始皇时代，就已经用铁做简单的承重结构，而西方国家在 17 世纪才开始使用金属承重结构。公元 3～6 世纪，聪明勤劳的中国人民就用铁链修建铁索悬桥，著名的四川泸定大渡河铁索桥，云南的元江桥和贵州的盘江桥等都是中国早期铁体承重结构的例子。

轻钢结构主要构件钢板厚度≥10mm。轻钢也是一个比较含糊的名词，一般可以有两种理解。一种是现行《钢结构设计规范》中第十一章"圆钢、小角钢的轻型钢结构"，是指用圆钢和小于 L45×4 和 L56×36×4 的角钢制作的轻型钢结构，主要在钢材缺乏年代时用于不宜用钢筋混凝土结构制造的小型结构，现已基本上不大采用，所以这次钢结构设计规范修订中已基本上倾向去掉。另一种是《门式刚架轻型房屋钢结构技术规程》所规定的具有轻型屋盖和轻型外墙的单层实腹门式刚架结构，这里的轻型主要是指围护是用轻质材料。

轻钢结构有如下优点：

(1) 综合成本较低。

钢材的稳定的供给造成价格的波动很小。使用薄壁轻钢结构的墙面可以保持出色的平面。这也意味着当你在钉钉子的时候墙面不会反弹和收缩破裂。因为材料可以预先切到需要的长度，所以在很大的程度上降低了浪费。另外，钢材的边料也是可以出

售的，这样更是大大地降低了浪费。基础处理简便适用于广泛地质程度，基础部分比传统建筑要节约50%费用。合理墙体厚度使得用户的使用面积一般现行建筑要多出8%左右，且因为施工快，缩短了资金的周转期，加快了资金的流动速度，相应地降低了成本。

(2) 不破坏森林资源。

轻钢结构住宅起源于美国，其背景是由于树木砍伐过渡而造成的森林破坏，进而导致整个全球环境恶化的问题成为全球注目的焦点。在这种全世界提倡保护森林的形势下，这项技术由美国13家公司共同研制开发，并迅速普及美国。由于保护环境，设计合理，竣工速度快，并具有卓越的抗震性能，1995年阪神大地震后始建于日本并日趋普及。

(3) 清洁环保、不产生有害物质。

轻钢结构住宅是以型钢骨架取代传统木造房屋的木骨架的建筑工法，使用的材料百分之百是钢材，各部材之间用螺钉和钉子连接，不使用任何焊接及黏合剂。所以完全不用担心由于建筑过程中使用药剂等给人体造成的危害。此外建设工地也不会有大量灰尘及噪声等对周围环境造成的污染。

(4) 施工快捷。

轻钢结构住宅的型材在工厂作大规模生产，骨架在工厂组装，现场拼装。只需要1名现场指导及7名左右工人，即可在正常的设计时间内完成一座房子的骨架的搭建。

(5) 安全性能好。

轻钢结构住宅自重轻，其结构的重量只有传统的砖混结构建筑的重量的1/5，这样大大地降低了地震时受到的载荷，具有很高的安全性。此外采用全日本进口的高强度得螺钉和螺栓进行连接固定骨架和框架，安装既科学又快捷。同时在设计时针对每座建筑物作结构计算，以结构计算为基准来设计基础及建筑整体结构。结构计算是美国及日本试验及实践的结晶，具有专利技术权利及国家认可证书。

(6) 防火、防虫。

钢材是不燃材料，并经过深层镀锌保护，能防腐和防白蚁侵害，并能自动修复涂层的破损。

(7) 抗震和防暴风雨特性强。

(8) 隔热保温系统，性能特优异，比一般砖混建筑可节省能源高达70%。

轻钢结构住宅使用外隔热方法。该方法利用薄壁轻钢结构特有的性质，骨架用薄塑隔热防潮材料从外部紧紧地全部覆盖，再加以隔热材料，隔热材料之外设有空气层，空气层之外根据客户对建筑物外墙要求，可使用各种材料作各种外墙处理。外隔热方法在骨架内部不需做隔热处理，内部可以直接作内墙处理。在日本隔热材料和防火材为一体，所以对材料要求特别高。薄壁轻钢结构其隔热保温性能是利用了外隔热的原理，在墙体内设有空气层同屋面连通的特点，保证了热的不良导体，其原理类似于保温瓶。从而在不增加建筑费用的基础上，通过建筑结构上的处理而达到了优良的节能保温效果，又克服了因结露而带来的潮湿，生虫等弊端，所以这种隔热方法已迅速取代内隔热方法。从而保证了薄壁轻钢结构冬暖夏凉的特点。当室外温度为 0℃时，室内还可维持 17.2℃自然空气对流调节室内温度确实达到冬暖夏凉。

(9) 可以循环利用。

轻钢结构住宅充分利用钢材的优越特性，符合当今建筑材料选用的主流。薄壁轻钢结构建筑因使用的是钢材，不会随时间的流失而老化，另外废旧的钢材百分之百可以被回收利用；同时，薄壁轻钢结构建筑也可以使用再利用的钢材，在美国每 5～6 辆报废车就可以建造一栋 180m^2 的房子。

(10) 节省劳动力。

轻钢结构住宅与木结构类似。在相同的建筑要求的情况下，薄壁轻钢结构熟练工人的劳动时间和成本比木结构要低上很多。薄壁轻钢结构的型材在工厂作大规模生产，骨架可在工厂组装，在工地安装，只需要 1 名现场指导及 7 名左右工人，即可完成一座房子的骨架的搭建。因为型材薄而轻，所以基本全部可以利用手工搭建完成。

(11) 设计富有很大弹性。

材料尺寸和厚度的多种多样，为设计者在不管是考虑成本的设计，还是要考虑效率的设计时提供了很大的空间。

钢混结构住宅的结构材料是钢筋混凝土，即钢筋、水泥、粗细骨料（碎石）、水等的混合体。这种结构的住宅具有抗震性能好、整体性强、抗腐蚀能力强、经久耐用等优点，并且房间的开间、进深相对较大，空间分割较自由。目前，多、高层住宅多采用这种结构。但这种结构工艺比较复杂，建筑造价也较高。分两种：a) 整体式钢筋混凝土结构。在施工现场架设模板，配置钢筋，浇捣混凝土而筑成。b) 装配式钢筋混凝土结构。用在工厂或施工现场预先制成的钢筋混凝土构件，在现场拼装而成。

3. 多功能空间结构

多功能大空间的设计任务通过对建筑功能初步分析拟出合理的平面、断面形象，并选择结构形式。

4. 地下空间结构

随着人口的增长，地球上可是越来越拥挤了，聪明的人类把目光瞄准了地下。一个新的专业也在这样的背景下诞生了，这就是城市地下空间工程。其主要内容包括武器及其爆炸效应、射弹侵彻与核爆动荷载、附建式结构、浅埋闭合框架结构、圆形与盾构结构、沉井结构、地下连续墙结构、拱形结构的计算方法与构造、地下结构有限元分析等内容。

五、住宅产业化

1. 住宅产业化的概念

住宅产业化的概念最早于20世纪60年代末期出自日本通产省，其含义是采用工业化生产方式生产住宅，以提高住宅生产的劳动生产率。工业化的前提必须是标准化。

2. 联合国经济委员会的定义

联合国经济委员会的定义是：生产的连续性；生产物的标准化；生产过程各阶段的集成化；工程高度组织化；尽可能用机械代替人的手工劳动；生产与组织一体化的研究与实验。

3. 产业化的观念

应该体现3种方式：第一，要实现住宅的现代生产方式；第二，实现住宅企业的现代化经营方式；第三，实现住宅行业的现代化管理方式。

4. 住宅产业化的重要意义

（1）用产业现代化的方式转变粗放型的生产方式，发展住宅产业。

（2）推广应用产业现代化技术提升住宅建设的水平，改善住宅品质。

（3）以住宅建设发展与相关产业的联动关系和支柱性产业的作用，发挥对国民经济积极促进作用。

5. 住宅产业化基本工作框架

（1）编制住宅产业的技术政策及标准。

产业化基地应当逐步发展成为所处领域内的技术研发中心，积极参与相关标准规范的编制与国家住宅产业经济、技术政策的研究。

（2）建立住宅/建筑部品认证制度。

为适应住宅建设尤其是大力推进保障房建设的需要，我国将积极推进住宅部品认证制度，以提升住宅建设的生产效率和工程质量。

（3）建立国家住宅产业化基地。

建立国家住宅产业化基地是推进住宅产业现代化的重要措施，其目的就是通过产业化基地的建立，培育和发展一批符合住宅产业现代化要求的产业关联度大、带动能力强的龙头企业，发挥其优势，集中力量探索住宅建筑工业化生产方式，研究开发与其相适应的住宅建筑体系和通用部品体系，建立符合住宅产业化要求的新型工业化发展道路，促进住宅生产、建设和消费方式的根本性转变。通过国家住宅产业化基地的实施，进一步总结经验，以点带面，全面推进住宅产业现代化。

(4) 建立住宅性能认定制度。

国外开展住宅性能认定已有多年的历史。20世纪90年代初我国翻译了日本工业化住宅性能评定制度的有关文件，之后又结合国家“2000年小康型城乡住宅科技产业工程”项目进行了较为系统的研究。1998年国务院宣布停止住房实物分配后，住房市场空前活跃起来。为了配合建立多元多层次的住房供应体系，促进我国住宅建设水平的全面提升，引导居民放心买房、买放心房，建设部于1999年4月颁布了《商品住宅性能认定管理办法》(建住房［1999］114号)，决定从当年7月1日起在全国试行住宅性能认定制度。我国建立住宅性能认定制度的根本目的，是为了提高住宅性能，促进住宅产业现代化，保证住房消费者的权益。

我国的住宅性能认定制度把住宅性能分解为适用性能、环境性能、经济性能、安全性能和耐久性能5个方面共268条具体指标，通过对各项指标的打分和综合评价，最终确定住宅的综合性能等级。目前正在编制的国标《住宅性能评定技术标准》将住宅综合性能按照得分划分为A、B两个级别，其中A级住宅为执行了现行国家标准且性能好的住宅；B级住宅为执行了现行国家强制性标准但性能达不到A级的住宅。A级住宅按照得分由低到高分为1A、2A、3A三个级别。应当说，无论1A、2A还是3A，都可认为是住宅中的精品。

(5) 组织实施国家康居示范工程

由建设部住宅产业中心实施的国家康居示范工程，目的是在以往的“2000年小康住宅科技产业示范工程”和“城市住宅小区建设试点”的基础上，以现代建筑技术、新型建材、部品与设备等实用新技术作为技术支撑，将近年已有的新技术、新材料、新工艺集成，以工程示范作为产业化链条，综合采用新型结构体系、供排体系、隔墙体系、厨卫体系等新材料、新部品，从而为住宅产业现代化做出示范。通过示范，以点带面，推动整个住宅产业的技术进步，使住宅建设的质量和功能有较大的改善，适用性能、安全性能、耐久性以及环境性能、经济性能全面提高，达到国际文明居住水准。

按照国家推进住宅产业现代化的方针政策，建设部于1999年开始实施康居示范工程。国家康居住宅示范工程是以住宅小区为载体，以推进住宅产业现代化，提高住宅质量为总目标，通过示范小区引路，加速科技成果转化，带动相关产业的发展。国家康居住宅示范工程把推广应用先进适用的住宅成套技术作为重点，逐步建立和完善住宅技术体系：把提高住宅功能质量，环境质量作为前提，满足广大居民不断改善居住条件和居住环境的需求；把住宅装修一次到位作为基本要求：提高住宅建设集约化水平：把住宅示范工程作为样板，引导住宅产业现代化的发展。国家康居住宅示范工程自1999年启动以来，截至目前共有130多个居住小区列入计划，分布在19个省，市自治区，已取得了良好的示范效果。

六、建筑集成化

1. 建筑功能集成

建筑功能集成是根据用户现实和发展的应用需求，从功能的角度考察产品与技术并合理地调配各项功能，充分发挥各自的优势，使整体的建筑系统达到功能最优。它是智能建筑系统集成的一个重要方面。

2. 建筑材料集成

建筑材料集成是根据建筑产品对材料的需求，从材料的配套使用角度出发，使材料的选择、采购、使用全过程实行综合集成管理。

3. 建筑工艺集成

建筑工艺集成是对建筑产品生产过程中所采用的筑工艺从技术上进行统筹，合理地进行工艺的搭配、融合与运用。

七、建筑低碳化

1. 绿色建筑和绿色施工

(1) 绿色建筑概念

绿色建筑指在建筑的全寿命周期内，最大限度地节约资源（节能、节地、节水、节材），保护环境和减少污染，为人们提供健康、适用和高效的使用空间，与自然和谐共生的建筑。

绿色建筑的基本内涵可归纳为：减轻建筑对环境的负荷，即节约能源及资源；提供安全、健康、舒适性良好的生活空间；与自然环境亲和，做到人及建筑与环境的和谐共处、永续发展。

(2) 绿色施工概念

绿色施工是指工程建设中，在保证质量、安全等基本要求的前提下，通过科学管理和技术进步，最大限度地节约资源与减少对环境负面影响的施工活动，实现四节环保（节能、节地、节水、节材和环境保护）。

另外，对绿色施工，也有这样的定义："通过切实有效的管理制度和绿色技术，最大程度地减少施工活动对环境的不利影响，减少资源与能源的消耗，实现可持续发展的施工"。

此外，绿色施工是一种"以环境保护为核心的施工组织体系和施工方法"

可见，对于绿色施工还有其他的一些说法，但是万变不离其宗，绿色施工的内涵大概包括如下四个方面含义：

一是尽可能采用绿色建材和设备；

二是节约资源，降低消耗；

三是清洁施工过程，控制环境污染；

四是基于绿色理念，通过科技和管理进步的方法，对设计产品（即施工图纸）所确定的工程做法、设备和用材提出优化和完善的建议意见，促使施工过程安全文明，质量保证，促使实现建筑产品的安全性、可靠性、适用性和经济性。

（3）绿色施工与传统施工之差别及重点

施工是指具备相应资质的工程承包企业，通过管理和技术手段，配置一定资源，按照设计文件（施工图），为实现合同目标在工程现场所进行的各种生产活动。

施工活动的五个要素：
- 对象—工程项目；
- 资源配置—人、设备、材料等；
- 方法：管理＋技术—持续改进；
- 验收—合格性产品；
- 目标：不同时期工程施工的目标值设定不同。

绿色施工活动与一般施工一样，也具有相同的五个要素，即：

相同的对象：工程项目；

相同的资源配置：人、设备、材料等；

相同的实现方法：管理＋技术——持续改进；

相同的产品验收：产品合格性；

相同的目标控制：在我国不同时期和时代背景，工程施工要求的目标值设定是不尽同的。

如：改革开放前工程施工目标值为：质量＋安全＋工期；

改革开放后工程施工目标值为：（质量＋安全＋工期）＋成本；

最近十年工程施工目标值为：（质量＋安全＋工期）＋成本＋环境保护。

可见，绿色施工与传统施工的主要区别在于“目标”要素中，除质量、工期、安全和成本控制之外，绿色施工要把“环境和资源保护目标”作为主控目标之一加以控制。正是因此，施工过程控制目标数量的增多，必然导致施工企业施工成本的增加。而且，环境和资源保护方面的工作做得越多，要求得越严格，企业成本增加，施工项目出现亏损所面临的压力就会越大。

在此，绿色施工所谈到的“四节一环保”中的“四节”与传统的所谓“节约”是不尽相同的，有其特别的含义：

出发点不同：动机；

着眼点不同：角度；

落脚点不同：效果；

效益观不同：国家。

它所强调的“四节”并非以项目部的“经济效益最大化”为基础，而是强调在环境保护前提下的“四节”，是强调以“节能减排”为目标的“四节”。因此，符合绿色施工做法的“四节”，对于项目成本控制而言，往往使施工的成本的大量增加。然而，这种企业效益的“小损失”换来的却是国家整体环境治理的“大收益”，但是局部利益与整体利益、眼前利益与长远利益客观上的不一致性，必然增加推进绿色施工的困难，因此要充分估计在施工行业推动绿色施工的复杂性和艰难性。

(4) 绿色施工与绿色建筑的关系

主要表现为：

1) 绿色施工表现为一种过程；绿色建筑表现为一种状态。

2) 绿色施工可为绿色建筑增色；但仅绿色施工不可能建成绿色建筑。

3) 绿色建筑形成，必须首先使设计成为“绿色”；绿色施工关键在于施工组织设计和施工方案做到绿色，才能使施工过程成为绿色。

4) 绿色施工主要涉及施工期间，它对环境影响相当集中，施工过程做到绿色，一般会增加施工成本，但对社会及人类生存环境是一种“大节约”。

5) 绿色建筑事关居住者的健康，运行成本和使用功能，对整个使用周期均有重大影响。

综上，绿色施工与绿色建筑互有关联又各自独立，既抓绿色建筑，又抓绿色施工，确属双管齐下之举，长此坚持，必会取得良效。作为施工企业，切实在施工过程做到“四节一环保”，积极推进绿色施工，对于实施科学发展观，在建筑行业实践“低碳经济”发展思想，促使环境友好，提升建筑业绿色施工水平是刻不容缓，大势所趋的重要任务。

6) 绿色施工是以环境保护为前提的“节约”，其内涵相对宽泛。节约型工地活动相对于绿色施工，其涵盖范围相对较小，是以节约为核心主题的施工现场专项活动，重点突出了绿色施工的“节约”要求，是推进绿色施工的重要组成部分，对于促进施工过程最大限度的实现节水、节能、节地、节材的“大节约”具有重要意义。

7) 倡导“节能降耗”活动，是当前建筑业发展的核心要求，是推进以“节能降耗”为重点的绿色施工活动之一。绿色施工包含节能降耗，是绿色施工的主要内容。推进绿色施工可促进节能降耗进入良性循环，而节能降耗把绿色施工的节能要求落到了实处。我国是耗能大国，又是能效利用率较低的国家，当前我们必须把“节能降耗”作为推进绿色建筑和绿色施工重中之重的工作，抓紧抓好。

8) 在我国，规划设计、施工及物业管理通常为互无关联的企业或组织主体，要实现规划、设计、施工和物业（运营）的全过程的绿色化，必须明确责任主体，促使相关方实现联动，否则期间的所有努力都将化为乌有，使绿色效果大打折扣；我们必须从立项开始，以绿色视角统筹规划全局和全过程，以期实现绿色效果的最大化。

9）推进绿色施工，说到底，是建筑业贯彻科学发展观思想，实现国家可持续发展，保护环境，替国分忧，勇敢承担社会责任的一种积极应对措施，是企业面对严峻的经营形势和严酷的环境压力，自我加压，挑战历史和未来工程建设模式的一种施工活动。

(5) 基于推进绿色施工的设想

1）提高全行业的“绿色施工”意识；

2）开展广泛的绿色施工研究；

3）开展绿色施工技术创新研究；

4）对传统技术进行绿色审视和改造；

5）建立健全实施绿色施工的运行管理机制；

6）建立健全法规标准体系；

7）系统推进。

2. 可再生能源的建筑应用

可再生能源是指自然界中可以不断利用、循环再生的一种能源，例如太阳能、风能、水能、生物质能、海洋能、潮汐能、地热能等。太阳能建筑应用、地热能建筑应用、风能建筑应用、生物质能建筑应用。

广义上的太阳能是地球上许多能量的来源，如风能，生物质能，水能等等。狭义的太阳能则限于太阳辐射能的光热、光电和光化学的直接转换。太阳能热水器是利用太阳光的热量加热水的装置，是目前应用最普遍的太阳能光热利用方式之一。通过光热转化，太阳能可用来进行蓄热采暖和集热发电。这也正是太阳能在建筑应用上的主要领域。

地热能是指来自地球内部的热能资源。我们生活的地球是一个巨大的热库，仅地下 10km 厚的一层，储热量就达 1.05×10～26J，相当于 3.58×10～15t 标准煤所释放的热量。地热能是在其演化进程中储存下来的，是独立于太阳能的又一自然能源，它不受天气状况等条件因素的影响，未来的发展潜力也相当大。

风能存在于地球的任何地方，是由于空气受到太阳能等能源的加热而产生流动形成的能源，通常是利用专门的装置（风力机）将风力转化为机械能、电能、热能等各种形式的能量，用于提水、助航、发电、制冷和致热等。风力发电是目前主要的风能利用方式。根据全国风能资源普查最新统计，中国陆域离地面 10 米高度的风能资源总储量为 43.5 亿 kW，其中技术可开发量约为 3 亿 kW，有广阔的开发前景。使用风力发电机，就是源源不断地把风能变成我们家庭使用的标准市电，其节约的程度是明显的，一个家庭一年的用电只需 20 元电瓶液的代价。现在的风力发电机比几年前的性能有很大改进。以前只是在少数边远地区使用，风力发电机接一个 15W 的灯泡直接用电，一明一暗并会经常损坏灯泡。而现在由于技术进步，采用先进的充电器、逆变器，风力发电成为有一定科技含量的小系统，并能在一定条件下代替正常的市电。山区可以借此系统做一个常年不花钱的路灯；高速公路可用它做夜晚的路标灯；山区的孩子可以在日光灯下晚自习；城市小高层楼顶也可用风力电机，这不但节约而且是真正的绿色电源。家庭用风力发电机，不但可以防止停电，而且还能增加生活情趣。在旅游景区、边防、学校、部队乃至偏远的山区，风力发电机正在成为人们的采购热点。

生物质能主要是指植物通过叶绿素的光合作用将太阳能转化为化学能贮存在生物质内部的能量。生物质能一直是人类赖以生存的重要能源，目前它是仅次于煤炭、石油和天然气而居于世界能源消费总量第四位的能源，在整个能源系统中占有重要地位。据估计，地球上每年通过光合作用生成的生物质总量就达1440～1800亿t，其能量约相当于20世纪90年代初全世界每年总能耗的3～8倍。生物质能在建筑上的应用的一个例子就是用生物质在沼气池中产生沼气供炊事照明用。

八、建筑技术优化

1. 十大新技术

（1）地基基础和地下空间工程技术；

（2）混凝土技术；

（3）钢筋及预应力技术；

（4）模板及脚手架技术；

（5）钢结构技术；

（6）机电安装工程技术；

（7）绿色施工技术；

（8）防水防火技术；

（9）抗震加固与监测技术；

（10）信息化应用技术。

2. 专利和工法

（1）专利

专利是受法律规范保护的发明创造，它是指一项发明创造向国家审批机关提出专利申请，经依法审查合格后向专利申请人授予的在规定的时间内对该项发明创造享有的专有权。授予专利权的发明和实用新型，应当具备新颖性、创造性和实用性。

建筑业企业过去一直对申请专利不重视，也缺乏专利保护意识。在现代社会，建筑业企业必须加强专利意识和专利保护。

（2）工法

根据建设部2005年颁布的《工程建设工法管理办法》（建质［2005］145号）规定，工法分为国家级、省部级和企业级。国家级工法由建设部审定公布，每两年评审一次，评审数量原则上不超过120项。申报条件为已公布为省（部）级工法，关键性技术达到国内领先水平或国际先进水平，经过工程应用，经济、社会效益显著等。评审采取主副审制，无记名投票。国家级工法有效期6年。

评审程序：工法评审共分三个层次（主副审专家、评审组、评审委员会）。首先是主副审审查、其次是进行评审组讨论、最后是评审委员会表决。每项工法由一名主审和两名副审进行审查。

评审原则：一是优中选优的基本原则。二是工程实践检验的原则。所申报工法至少已在3个以上工程上应用。

按照《工程建设工法管理办法》，工法分为房屋建筑工程、土木工程、工业安装工程三个类别。近年申报数量激增，涉及专业领域宽泛，具体分布视每届申报情况有所不同。例如去年申报2009～2010年度国家级工法的数量达到1941项，其中房屋建筑类858项，土木工程类778项，工业安装类305项。房屋建筑类涉及地基基础、主体结构、钢结构、装饰、水暖、建筑电气、防水、建材、智能建筑、机械、通风空调等15个专业，土木工程类涉及公路、铁路、隧道、桥梁、堤坝、电站、码头水运、矿山、爆破、地铁轻轨等14个专业，工业安装类涉及工业设备、工业炉砌筑、工业管道、电气装置、容器、海底电缆等8个专业。

截至目前，住房和城乡建设部先后共组织11次国家级工法审定，共审定出1895项国家级工法（其中升级版170项）。

3. 新施工装备和材料

伴随着超高层建筑、超大跨的桥梁以及高水平路面等建筑产品的出现，为满足工程需要，新的施工装备不断涌现。在某种程度上来说，在这个市场上就是新施工装备的竞争。没有新机械装备，就根本无法进行这类项目的施工。伴随而来的是新材料的不断涌现，建筑材料不仅向轻质高强发展，随着可持续发展理念的建筑领域的引入，节能、环保的建筑材料的发展速度也非常之快，这也反过来促进了新型建筑产品的不断涌现。

九、建筑管理现代化

1. 业主负责制

业主负责制，即业主管理制，它是以工程项目为对象，以项目业主管理为基础，以取得综合经济效益为中心，通过工程发包手段，统筹安排、合理调度，使社会资源和生产要素得到充分利用的市场管理制度。

（1）业主负责制的好处：

从业主负责制的内涵不难看出，业主管理完全符合市场经济的客观要求，较建筑行业传统管理体制有五大好处：

首先，重点工程由国家无偿投资变为业主向国家借贷，各地势必对项目的选择更加慎重。有利于国家通过贷款及税收，对产业进行宏观调控，促进人、财、物向需求大、效益好的方向投入。

其次，无偿投入，国家仅靠税收回收财政，比例小，资金少。变投入为贷款，业主既要还本，还得付息。有利于减轻国家财政负担。

第三，由于业主资金来源靠借贷，在建、管过程中，得进行通盘考虑，要按市场机制进行安排，以求达到尽快投产还贷、滚动发展。有利于提高企业综合效益。

第四，有利于转换企业经营机制。实施业主负责制的施工项目，管理体制上完全同上级脱钩，国家只用投资和税收进行调控，而不能以行政命令的手段来指挥企业，使企业享有充分的自主权而实行自我约束、自我发展。

第五，有利于竞争机制的形成。业主管理走的全是市场经济的道路，就得完全遵照价值规律办事。寻找施工队伍时，业主要以造价最低、工期最短、质量最好为目标。产品进入市场后，它得以效益最好为目的。行业保护、行政限制，在业主管理的企业将丧失威力。

（2）业主负责制的监管：

推行市场业主负责制需要不断深入、完善，实践中，必须坚持突出市场主体准入、质量检查和违法行为查处这三个重点，引导业主自律，严格行政执法，发挥社会监督作用，对工程建设实施有效的监管。

强化自管责任，构筑自律平台。业主在日常管理中应履行六项自管责任。即：建立健全管理制度，落实对承包商的资格审查责任，落实对承包商的契约管理责任，落实质量检查及公示责任，实行重要材料的检验检测、落实对承包者的诚信教育引导责任。

2. 建设监理制度

建设工程监理也叫工程建设监理，属于国际上业主项目管理的范畴。

《工程建设监理规定》第三条明确提出：建设工程监理是指监理单位受项目法人的委托，依据国家批准的工程项目建设文件、有关工程建设的法律、法规和工程建设监理合同及其他工程建设合同，对工程建设实施的监督管理。

建设工程监理可以是建设工程项目活动的全过程监理，也可以是建设工程项目某一实施阶段的监理，如设计阶段监理、施工阶段监理等。我国目前应用最多的是施工阶段监理。

监理单位与项目法人之间是委托与被委托的合同关系，与被监理单位是监理与被监理关系。

监理单位应按照“公正、独立、自主”的原则，开展工程建设监理工作，公平地维护项目法人和被监理单位的合法权益。

可见，监理是一种有偿的工程咨询服务；是受项目法人委托进行的；监理的主要依据是法律、法规、技术标准、相关合同及文件；监理的准则是守法、诚信、公正和科学。

从目前监理制度发展的过程和发展方向上看，工程监理的主要工作可概括为：三控制、三管理、一协调。三控制包括的内容有：投资控制、进度控制、质量控制。三管理指的是：合同管理、安全管理和风险管理。一协调主要指的是施工阶段项目监理机构组织协调工作。

3. 政府质量安全监督制度

（1）政府应强化建设工程质量安全监督。

从市场经济发展较成熟的英、德两国来看，政府都有一整套完整、严密的政府工程质量、安全监督管理体制，有一支技术含量高的专业监督队伍，所以在市场经济条件下，政府对建设工程质量、安全监督，不能弱化，只能强化。

（2）调整现行政府监督管理体制。

目前我国对建设工程质量监督分为施工图文件审查和工程施工质量现场监督。审图机构仅负责对勘察、设计单位施工设计文件进行审查，监督机构局限于施工阶段工程施工质量监督，将同一工程分为设计、施工两部分，互相隔离，不利于对单位工程完整、有效、全面监督。因此，建议将审图机构与质监机构合二为一，对建设工程实行从勘察、设计到施工、竣工全过程监督。

（3）进一步建立健全法律、法规。

虽然我国在建设工程领域已有《建筑法》、《招投标法》、《建设工程质量管理条例》、《建设工程勘察设计管理条例》等法律、法规，但与市场经济发展的要求相比，还有相当距离，在工程建设领域有很多法律、法规空白（如建设工程质量检测方面），需尽快建立和健全。

（4）区别政府项目与私人项目。

随着市场经济的发展，建设工程投资主体正从原来的政府投资单一化向投资主体多元化发展，私人投资项目直线上升。对于政府投资的公益性项目和私人投资项目，可采用不同的质监模式区别对待。私人投资项目可适当引入质监公司实行委托监督。

（5）逐步推进工程保险。

工程保险是明确责任、化解风险的有效途径，是市场经济保障稳定的强有力手段。因此，积极稳妥地推进工程保险，特别是建工一切险，是建设工程管理体制和运行机制改革的重要内容，也是市场经济发展的必然趋势。

4. 招投标制

建筑工程实行招投标制，是我国建筑市场趋向规范化、完善的重要举措，使供求双方更好地相互选择，使公开、公平、公正的原则得以贯彻。工程实行招投标制，打破了地区和部门的界线，推动了建筑市场的开放。给企业提供了一个平等交易、公平竞争的机遇。

5. 总承包制和咨询服务代建制

总承包一般是在扩初完成后开始至项目交付，总承包单位可以进行施工图设计、施工，一般施工图设计由总承包单位完成，施工可以委托专业单位

代建制是一种由项目出资人委托有相应资质的项目代建人对项目的可行性研究、勘察、设计、监理、施工等全过程进行管理，并按照建设项目工期和设计要求完成建设任务，直至项目竣工验收后交付使用人的项目建设管理模式。这种模式的特点是将工程项目由建设单位委托专门机构管理，不仅负责组织设计、施工、材料设备的选型，还直接承担工程全过程的管理和监督职能，由过去工程自管型的小生产管理方式向项目专业化转变，项目的工程技术及管理手段也趋于现代化。代建代管是保证工程质量、加快建设周期、提高投资效益的有力措施。

代建制的缺点：

（1）设计的“可施工性”较差，设计时很少考虑施工采用的技术、方法、工艺和降低成本的措施，施工阶段的设计变更多，导致施工效率降低、进度拖延、费用增加，不利于业主的投资控制及合同管理；

（2）设计单位与承包商之间相互推诿责任，使业主利益受到损害；

（3）建设周期长，按设计—招标—施工的建设方式循序渐进。业主在施工图设计全部完成后组织整个项目的施工发包，中标的总包商再组织进场施工。

代建制最早出现在政府投资项目，特别是公益性项目。针对财政性投资、融资社会事业建设工程项目法人缺位，建设项目管理中“建设、监管、使用”多位一体的缺陷，并导致建设管理水平低下、腐败问题严重等问题，通过招标和直接委托等方式，将一些基础设施和社会公益性的政府投资项目委托给一些具有实力和工程管理能力的专业公司实施建设，而业主则不从事具体项目建设管理工作。业主与项目管理公司/工程咨询公司通过管理服务合同来明确双方的责、权、利。

十、建筑的可持续发展

1. 可抗灾能力

我国建设工程抗御重大自然灾害能力不足的主要表现：建筑设施建设缺乏防灾、

抗灾的统筹与总体安排；建筑设防标准低下，建设质量堪忧，抗灾综合能力差。因此需加强我国建筑设施抗灾能力，一是强化建筑设施规划与建设的防灾抗灾考虑，突出预防为主的思维理念。二是加强建筑抗灾标准的修订工作，适当提高建筑设防标准。三是加强政府对住房建设和管理和指导。

2. 可再生使用

利用太阳、风、雨水、地热等可再生资源，是面向未来设计关注的重点，有助于保护生态环境，提高建筑的可持续性。

3. 可协调发展

建筑技术政策纲要第一条提出“建筑业要树立和加强建筑产品观念”。要“加速我国建筑工业化、现代化步伐，并使勘探、设计、施工、材料和设备生产以及经营管理协调发展，取得建筑技术的整体进步。”对于一个完整的建筑产品来说，设计、施工是相辅相成综合性效能都较强的两阶段工作。重视这两个环节的紧密结合，有利于充分利用各个方面技术与资源的潜力，最大限度发挥各个环节的综合优势，在最终产品的效益上体现出最佳的功能效果。

4. 可宜居美化

吴良镛先生在“发展模式转型与人居环境科学探索”中指出，科学发展观是得之不易的战略准则，是中国发展道路的基本指引，我们应将科学发展观在人居环境科学中加以具体落实。科学发展观，核心是以人为本，基本要求是全面协调可持续。目前，科学发展观已经逐步深入人心，转变经济增长方式，节能减排、自主创新、可持续发展，强调以人为本和社会和谐已经成为社会共识。对环境保护和恢复不只是口号，开始逐步落到实处。与之相比，对人居环境建设的重视还相对落后。人居环境科学也应适应形势需要，积极加以发展。人居环境是各种社会政治经济环境的因素综合在一起的外在表现。作为复杂系统，人居环境建设是一个长期的过程。应理论与实践相结合，应用新的理论和方法，在重点问题上尝试突破，探索新的人居环境建设模式。

5. 可传承保护

面对建设与保护的矛盾，关键是寻求将保护与建设结合起来的理论方法。不仅要将遗产保护与建设发展统一起来，保护遗产、文物建筑本身，保持其原生态、环境与风格。在周边确定缓冲区，保护区，而且对保护区发展中的新建筑，必须使它遵从建设的新秩序，即在体量、高度、造型等方面要尊重历史遗产所在环境的文脉，尊重文化遗产所在主体情况，以烘托文化遗产，加强原有文化环境特色为依托。这样使所在地区不失相对独立，即保持和发展城市建筑原有的文化风范，又使新建筑具有时代风貌。

新型建筑工业化是一个大概念，涉及科技管理的众多内容。新型建筑工业化是一个大课题，涉及建筑业企业转型升级的紧迫要求。新型建筑工业化是一个大目标，涉及国际和国内两大市场的需求，还涉及全面提高建设者的素质、充分发挥人力资源的优势。让我们共同努力，继续深化改革开放，并为走出一条新型建筑工业化的道路，尽职尽力奉献聪明才智，做出具有民族特色及时代精神的新型建筑，为社会进步、经济发展作出新的贡献。

（2012年8月31日在“广西建筑业联合会成立二十五周年庆典及建筑业发展论坛会”上的讲话）

十、建筑节能篇

建筑节能　商机无限

我国工业、建筑、交通和生活四大节能产业中，建筑节能被视为热度最高的领域，是减轻环境污染、改善城市环境质量的一项最直接、最廉价的措施。“十二五”期间，国家更是对建筑节能提出了更高更明确的要求：一是全面推进新建建筑供热计量设施建设；二是提高建筑节能标准施工阶段执行率的要求；三是推广高性能绿色建筑和低能耗建筑；四是推进农村节能住宅建设。

我国既有建筑达 400 亿 m^2，却仅有 1%为节能建筑。目前，建筑耗能总量在我国能源消费总量中的份额已经超过了 27%，正逐渐接近三成。降低建筑能耗水平，提高楼宇的能源利用效率迫在眉睫。预计到 2030 年我国建筑能耗占总能耗的比例将由目前的近 30%上升到 40%，且在既有的约 430 亿 m^2 建筑中，只有 4%采取了先进的能源效率改进措施。专家指出，“十二五”时期，城镇化、工业化快速推进，将给住房城乡建设事业提供更大空间和难得机遇，同时也将给相关企业带来了前所未有的市场机会。

一、建筑节能是需求更是市场

1. 建筑节能是需求

建筑节能具有两大需求：一是低碳经济的需求；二是建筑业可持续发展的需求。

（1）低碳经济与建筑节能

首先，低碳经济是人类社会文明的又一次重大进步。人类社会发展至今，经历了农业文明、工业文明，而低碳经济将是一个新的重大的进步，对社会文明发展产生深远的影响。低碳经济就是要以低能耗、低污染、低排放为基础的发展模式。其实质是能源高效利用、开发清洁能源、追求绿色 GDP，核心是能源技术创新、制度创新和人类生存发展观念的根本性转变。

随着全球人口和经济规模的不断扩张，能源使用带来的环境问题及其诱因不断地为人们所认识，不仅是废水、固体废弃物、废气排放等带来危害，更为严重的是大气中二氧化碳浓度升高将导致全球气候发生灾难性变化。发展低碳经济有利于解决常规环境污染问题和应对气候变化。环顾当今世界，发展以太阳能、风能、生物质能为代表的新能源已经刻不容缓，发展低碳经济已经成为国际社会的共识，正在成为新一轮国际经济的增长点和竞争焦点。据统计，全球环保产品和服务的市场需求达 1.3 万亿美元。

目前，低碳经济已经引起国家层面的关注，相关研究和探索不断深入，低碳实践形势喜人，低碳经济发展氛围越来越浓。从国际动向看，全球温室气体减排正由科学共识转变为实际行动，全球经济向低碳转型的大趋势逐渐明晰。许多发达国家已经制定了发展的规划：

1）英国 2003 年发布白皮书《我们能源的未来：创建低碳经济》；2009 年 7 月发布《低碳转型计划》，确定到 2020 年，40％的电力将来自低碳领域，包括 31％来自风能、潮汐能，8％来自核能，投资达 1000 亿英镑。

2）日本 1979 年就颁布了《节能法》。2008 年，日本提出将用能源与环境高新技术引领全球，把日本打造成为世界上第一个低碳社会，并于 2009 年 8 月发布了《建设低碳社会研究开发战略》。

3）2009 年 6 月，美国众议院通过了《清洁能源与安全法案》，设置了美国主要碳排放源的排放总额限制，相对于 2005 年的排放水平，到 2020 年削减 17％，到 2050 年削减 83％。奥巴马政府推出的近 8000 亿美元的绿色经济复兴计划，旨在将刺激经济增长和增加就业岗位的短期政策同美国的持久繁荣结合起来，其“黏合剂”就是以优先发展清洁能源为内容的绿色能源战略。

其次，低碳经济是科学发展的必然选择。发展低碳经济是中国实现科学发展、和谐发展、绿色发展、低代价发展的迫切要求和战略选择。既促进节能减排，又推进生态建设，实现经济社会可持续发展，同时与国家正在开展的建设资源节约型，环境友好型社会在本质上是一致的，与国家宏观政策是吻合的。

发展低碳经济，确保能源安全，是有效控制温室气体排放、应对国际金融危机冲击的根本途径，更是着眼全球新一轮发展机遇，抢占低碳经济发展先机，实现我国现代化发展目标的战略选择。同时也是对传统经济发展模式的巨大挑战，也是大力发展循环经济，积极推进绿色经济，建设生态文明的重要载体。可以加强与发达国家的交流合作，引进国外先进的科学技术和管理办法，创造更多国际合作机会，加快低碳技术的研发步伐。

中国发展低碳经济，不仅是应对全球气候变暖，体现大国责任的举措，也是解决能源瓶颈，消除环境污染，提升产业结构的一大契机。展望未来，低碳经济必将渗透到我国工农业生产和社会生活的各个领域，促进生产生活方式的深刻转变。在发达国家倡导发展低碳经济之时，中国应该找到自己的发展低碳经济之路，低碳经济是我国科学发展的必然选择。综观发达国家发展低碳经济采取的行动，技术创新和制度创新是关键因素，政府主导和企业参与是实施的主要形式。

（2）建筑业可持续发展与建筑节能

现在从全世界来看，欧盟、美国、日本都已将建筑业列入低碳经济、绿色经济的重点。

2008年的11月份，美国前副总统戈尔发表文章，世界40%的二氧化碳排放量是由建筑能耗引起的，提出要改变建筑的隔热性能、密封性能，动员一些国家，像法国、英国、德国等国家，于2008年倡议并成立了可持续建筑联盟。

2009年，英国政府发布了节约低能耗低碳资源的建筑，要在2050年实现零碳排放，通过设计绿色节能建筑，强调采用整体系统的设计方法，即从建筑选址、建筑形态、保温隔热、窗户节能、系统节能与照明控制等方面，整体考虑建筑的设计方案。

德国从2006年2月开始实行新的建筑节能规范，新的建筑节能、保温节能技术规范的核心新思想是从控制城乡建筑围护结构，比如说外墙、外窗的最低隔热保温对建筑物能耗量达到严格有效的能源控制。

法国于2007年10月提出了环保倡议的环境政策，为解决环境问题和促进可持续发展建立了一个长期的政策。环保倡议的核心是强调建筑节能的重要性和潜力，以可再生能源的适用和绿色建筑为主导。为建筑行业在降低能源消耗、提高可再生能源应用、控制噪音和室内空气质量方面制定了宏伟的目标：所用新建建筑在2012年前能耗不高于50kW·h/（m^2·年），2020年前既有建筑能耗降低38%，2020年前可再生能源在总的能源消耗中比例上升到23%。

中国在这方面也下达了一系列的文件和要求。在2009年，胡锦涛总书记在世界气候变化峰会时向全世界承诺，中国五年内要节约6.2亿t标准煤，要少排放15亿t二氧化碳。2009年，温总理在哥本哈根气候变化领导人会议上也承诺，到2020年中国单位国内生产总值所排放的二氧化碳要比2005年下降40%～45%，这个要求是相当之高的。

2. 建筑节能是市场

2012年2月，住建部在下发的有关通知中进一步明确表示，制定建筑节能“十二五”专项规划，明确建筑节能工作目标、思路、重点工作任务及保障措施。

建筑节能造就了三大市场：一是节能建材市场；二是节能设计市场；三是绿色施工市场。

（1）节能建材市场

1）节能建材的概念及现状：

节能建材作为一种产业是因节能建筑发展而形成的，其构成主要由来自于工业绝热保温材料产业、玻璃门窗产业和墙体材料产业以及相关配套材料产业，例如防水密封材料等。

在全球进入低碳经济发展的时代，节能减排作为实现低碳经济发展的重要举措，一直受国家的高度重视，节能的问题已经上升到国家战略安全的层面。建筑节能是整个节能工作中的重要一环，从分量来说，以建筑为主体，包括建筑材料的生产能耗，建筑能耗高达全社会能耗的40%左右。

严格地说，节能建筑材料还应满足其生产制造过程中的节能减排要求。节能建材的概念还应该立足于建筑的全寿命周期。因此，性能低、质量差、耐久性不好的建材，都不符合节能建材和节能建筑的要求。目前建筑节能的设计对于不同区域的气候条件，在标准规范中对围护结构的热工性能提出了明确的要求，而且这些要求还会随着节能建筑的发展不断提高。因此，节能建材的理念和要求将在建筑节能工程的发展中逐步建立和完善。

2）节能建材的分类：

我国目前建筑节能主要以强制性设计标准进行规范，节能规范从建筑类型上分为公共和居住两类；从不同气候区可分为四个地区，即夏热冬冷、夏热冬暖、寒冷和严寒地区；从节能率可分为节能50%和个别城市节能65%地区。

具体来说有保温隔热性能的围护结构材料与部品中的墙体材料，如：烧结材料、蒸压加气混凝土、混凝土复合保温砌块、复合保温外墙板等。门窗材料中的PVC型材、塑铝型材、玻璃钢型材、玻璃、门窗五金件、密封材料、门窗结构及加工等。另外还有屋面材料、地面材料等。保温隔热功能性材料与部品中的建筑节能外墙保温材料，如：岩棉、聚苯乙烯泡沫塑料等。另外，遮阳材料、隔热材料等也是需要注意的一个重要组成部分。

3）各类材料产业发展状态的评价：

从建筑节能所用的各种保温隔热材料的发展状态来看，目前国内已具备生产制造各种材料的技术和生产企业，高端材料产品和应用技术主要来自外资企业和国内技术引进企业。因此，我国节能建材的发展重点主要不是量的发展，关键在质的提高。从某种意义上来说，这不是简单的技术升级问题，而是与市场竞争环境有关的复杂问题。

总的来说，虽然我国节能建材产品种类齐全，但产业结构很落后，主要是由成千上万的中小企业制造各种节能建材，产业生产集中度很低，各种先进的和落后的生产技术并存，其表观原因是“市场需求”存在。这些落后的技术产品流行于市，建筑节能工程质量产生不良影响。技术性能上差距较大的是XPS，许多产品氧指数和燃烧性能不达标。由于行业大型龙头企业很少，行业的自主创新和技术进步也受到影响。这方面的改进提高不是单一措施能实现的，需要“组合拳”，需要相关政府部门的共同努力。

4）我国节能建材产业发展中存在的问题：

我国节能建材企业普遍存在发展历史不长；企业规模小；技术水平相差非常大等

问题，造成产品质量无法保证。有效解决问题的办法是以市场需求为核心，及时调整政策，鼓励和引导建筑节能材料发展。同时建立相关税收优惠政策、技术改造政策、市场准入政策，技术标准与法规等。具体来说主要存在五个问题：一是产业结构落后缺乏创新能力；二是政府主管部门之间缺乏协调，管政策的不管生产和应用，管生产制造的也不管建筑应用，而管建筑应用的又不管生产制造；三是高性能节能建材缺乏产业技术政策激励；四是节能建材缺乏配套未能形成体系，建筑与建材之间的合作不够、材料研究与结构构造配套研究不够，产学研结合不够；五是新型节能墙体材料与部品的研究开发引导不力等。

5）政策建议：

加快推进我国节能建材的发展，需要在政策上做以下的调整：一是大力推进节能建材产业结构的调整；二是制定鼓励高性能节能建材发展的产业政策；三是鼓励企业兼并重组，做大做强；四是制定配套的建筑技术经济政策；五是大力推广应用单一材料保温墙体体系；六是开展绝热保温材料体系评价认定等

（2）节能设计市场

节能设计主要包括以下的十个方面：设计方针，建筑选址，建筑布局，建筑形态设计，建筑间距设计，建筑避风设计，建筑朝向设计，建筑结构设计，建筑围护结构设计，光电建筑设计等。

在建筑设计上因从四方面考虑：

1）在规划层面（建筑选址）

考虑基地日照、基地遮阳、基地通风、基地不利因素。

我们一个好的规划，是绿色的规划，能够为我们国家，为我们整个社会节省很多能源。例如把居住和就业平衡匹配的去安排规划在一个地方，这应该是绿色的，是低碳的，是为社会带来很多减排，而且也缓解了很多交通压力。

2）在建筑层面（建筑体型设计）

我们过去的建筑从节能方面考虑很少，特别是在前一、二十年的时候，大家都是用最低造价把一个房子盖起来，但从来没计算过这个房子耗的空调或者采暖非常大，因为采暖条件很差，包括我们门窗、墙体。但是经过十年二十年来看这个成本是高的，如果我们把保温、隔热这些系统做好以后，实际上一次性投资会大一点，但是长期来看会省很多钱，这个在西方很长时间都在利用，现在中国已经在改变了。

专业方面控制体型系数、朝向和体型、风向和体型。

面宽进深控制　客厅面宽需要3.2～4.5m，卧室面宽需要3.0～3.9m，工作间需要2.0～3.6m，厨房、卫生间则需要1.6m以上，否则会太拥挤。客厅进深需要5m，但不能太深，否则采光不好，卧室进深3.0～5.0m为宜，总面积以16平方米以下为宜，更衣室、工作间、厨房、卫生间的进深也不宜过大。

体型系数控制技术 建筑物与室外大气接触的外表面积与其所包围的体积的比值。体形系数大，对节能有不利；体形系数较小，对节能较为有利。

窗墙比控制技术 窗户面积不宜过大，南向窗墙比不宜大于0.35；北向窗墙比不宜大于0.25；东（西）向窗墙比控制比较严格，一般不宜大于0.10。

3）在细部层面（建筑围护结构）

尽量考虑使用保温外墙体、特隆布墙、双层玻璃幕墙、绿化墙体、保温门窗、窗用玻璃、绝热窗框、保温屋顶、种植屋面、通风屋顶和架空屋顶、阳光间、中庭空间。

采用低反射下垫面，对改善建筑热环境较为有利，且在一定程度上可以缓解城市的“热岛效应”。采用浅色屋顶，可以减少建筑物所吸收的太阳辐射热量，特别是对于夏季制冷能耗较大的公共建筑，节能效果明显。

4）在建筑设备层面

使用土壤源热泵 、温湿度独立控制空调系统、LED照明技术、智能自动控制系统、热管型机房专用空调设备、空调系统的热回收和变频、分项计量系统、VRV空调机组。

（3）绿色建筑市场

1）绿色建筑理论涵义：

绿色建筑理论即关于绿色建筑的学问，是研究建筑物全生命周期内最大限度地保护环境，节约资源（节能、节水、节地、节材），减少污染，为人们提供健康适用和高效的使用空间，最终实现人与自然共有建筑物的问题。关于这个定义，我们可以将绿色建筑创新理论分为三要素：一是保护环境减少污染；二是节约资源；三是提供舒适空间。

2）绿色建筑理论的价值：

绿色建筑理论作为应用性学科有其独特的学科功能和作用。它具有保护自然环境，遵循自然规律的特征性；节约资源，提高效率的基础性；构建标准体系，营造舒适环境的目标性。

首先，绿色建筑理论以保护自然环境，遵循自然规律为特征。其次，绿色建筑理论以节约资源，提高效率为基础。再次，绿色建筑理论以构建标准体系，营造舒适环境为目标。

3）绿色建筑评定涵义：

绿色建筑评定涵义是对建筑产品生产和使用全过程绿色要素的综合评价。要素性评定时按照绿色建筑所具有的三大要素逐项评价的总和：

一是对该建筑物环境污染程度的评价，简称环评，分为室外环境评价、室内环境评价等。

二是资源节约评价，简称为“四节”评价：节能，包括电、油、燃气等常规能源节约，自然能源利用，如太阳能、沼气能、地能、风能、水能、垃圾能等的评价；节地，即节约用地评价；节材，特别是对不可再生材料的节约和再生资源材料的利用，绿色材料（环保材料）利用评价；节水，现有水节约，自然水利用，污水回收处理评价。

三是人性化的空间评价，主要是满足人们需求情况和生活评价。要素中认为，要为人们提供健康、适用、高效的使用空间，所以在这个要素中我们对采光度、自然温湿度、调控能力、空气变化频率等进行评价。

二、建筑节能国际比较有差距更有潜力

1. 建筑节能国际比较存在三大差距

目前我国在建筑节能方面与西方发达国家相比较存在三大差距：一是建筑节能标准差距，例如节能标准、建筑工业化等；二是建筑结构差距，如钢结构的运用目前还属于发展阶段；三是节能技术差距，例如光电建筑应用技术方面等。

2. 我国建筑节能最具潜力的六大领域

这是仇副部长在中国节能协会研讨会上讲的，我完全赞同。

（1）北方地区城镇供热计量改革

截至2009年采暖季前，北方15省市已经完成改造面积共计10949万m^2，其中2009年完成的改造面积为6984万m^2。据测算，完成改造的项目可形成年节约75万t标准煤的能力，减排二氧化碳200万t。

改革存在的主要难点是：怕乱求稳；操作主体不明确；两部制热价不统一；计价复杂化。破解难题的主要对策可以考虑，一是激励政策，北方城市荣誉称号与计量改革挂钩；二是财政补贴主要用于计量改造；三是固定热计价比率统一为30%；四是明确城市供热公司承担起计量改革任务。

（2）新建建筑节能标准执行

2009年全年新增节能建筑面积9.6亿m^2，可形成900万t标准煤的节能能力。

目前推行新建建筑节能标准的难点主要包括：施工环节的监督；中小城市还是空白；北方农村还未启动。破解难点的对策主要包括：加大监督力度；推动标准向中小城市及农村延伸；对未达标准的企业、设计单位进行处罚，直至退出市场。

（3）大型公建节能改造

大型公共建筑比普通住宅运行能耗高5～10倍，甚至10～20倍，建筑能耗及相应的碳排放量也很大，“罩着玻璃罩子，套着钢铁膀子，空着建筑身子”，是对那些片面追求新、奇、异的高能耗建筑的真实写照。

对上海9幢商业楼进行了全年能耗调查的测量结果表明，这9幢商用楼的全年一次耗能量为1.8GJ/（m^2·a），超过了日本相应商业建筑的节能标准（1.25GJ/（m^2·a））近43.3%。

目前，全国共完成国家机关办公建筑和大型公共建筑能耗统计29359栋，确定重点用能建筑2647栋，完成能源审计2175栋，公示了2441栋建筑的能耗状况。北京、天津、深圳市能耗监测平台均已通过验收，全国已对758栋建筑的能耗进行了实时动态监测。江苏、内蒙古、重庆被确定为第二批能耗监测平台建设试点，2009年新确定了18所大学作为节约型校园建设试点大型公共建筑节能改造的难点一是（大马拉小车）；二是设计方面标新立异使建筑成为能源杀手。解决这些问题的对策包括：率先改造政府办公楼，在设计阶段进行能效评估，建立奖惩分明的政策，给能源服务公司提供优惠政策等。

（4）住宅全装修和装配式施工的推广

推广城镇住宅全装修每年将减少300亿元的物耗。装配式施工相较传统施工也有大幅度的能源节约。装配式施工与传统施工对比如下表。

装配式施工与传统施工比较表

统计项目	装配式项目	传统项目	相对传统方式
每平方米能耗（千克标准煤/平方米）	约15	19.11	—约20%
每平方米水耗（立方/平方米）	0.53	1.43	—63%
每平方米木模板量（立方米/平方米）	0.002	0.015	—87%
每平方米产生垃圾量（立方方/平方米）	0.002	0.022	—91%

目前在住宅全装修和装配式施工的推广方面存在的难点主要包括：中小企业难以推广，成本提高，技术复杂等。解决的对策主要可以考虑：一是大企业带动中小企业（如万科），二是城建配套费返还等政策鼓励，三是推进标准规范制订等。

（5）可再生能源在建筑中应用

可再生能源在建筑中应用目前主要包括两个方面：太阳能光热建筑一体化和地源热泵建筑一体化。

太阳能热水器的使用。目前，世界太阳能热水器总保有量约1.45亿m^2，中国的保有量约占世界总量的60%。以太阳能集热为主，电加热为辅，一年365天均有热水供应，能保证3口之家的正常使用。户年均节电约860kW·h，可节省费用400余元。

太阳能照明灯保证了小区的庭院灯和草坪灯的正常使用，既环保节能，又美化了小区环境。

地板辐射采暖具有冬季地板采暖舒适节能、夏季空调方便调控、蓄热性好、绿色环保等特点。经测算，可比传统采暖方式节能20%～30%。

目前推广使用的难点包括：缺太阳能热水器、光电、地源热泵建筑一体化设计规范，缺光伏并网技术与政策，缺区域性地源（水源）热泵指导准则等。解决问题的对策可以考虑：一是完善标准规范，二是强化示范城市带头效应，三是加大激励政策，四是向农村推广等。

（6）绿色建筑的示范推广

示范推广绿色建筑是综合性解决节能节水节材节地与室内环保的措施，绿色住宅必须实行全装修。

目前绿色建筑的示范推广难点包括：单项技术与系统设计，不同气候区的标准，设计技术人员素质，激励政策缺乏。对策主要包括：建立激励政策，加快标准编制，推进材料与系统集成创新，评估队伍培训等。

三、建筑节能对企业来说是机遇更是挑战

2012年1月住建部公布的《“十二五”建筑节能专项规划（征求意见稿）》，该专项规划明确提出了我国建筑节能“十二五”期间发展的具体目标，（1）执行不低于65%的建筑节能标准，城镇新建建筑95%达到建筑节能强制性标准的要求。鼓励北京等四个直辖市和有条件的地区率先实施节能75%的标准。（2）“十二五”末，力争实现公共建筑单位面积能耗下降10%，其中大型公共建筑能耗降低15%。（3）新型墙体材料产量占墙体材料总量的比例达到60%以上，建筑应用比例达到70%以上。

我国建筑节能的市场规模非常大，2020年前，我国用于节能建筑项目的投资将至少达到1.5万亿元。建筑节能市场对企业来说面临着三大机遇：

1. 三大机遇

（1）投资方向

发展绿色建筑将有效带动新型建材、新能源、节能服务等行业的发展，生产高强度钢、高性能混凝土、防火与保温性能优良的建筑保温材料等绿色建材企业也有望受益，同时也将培育出从水务、大气治理、资源再生、重金属治理、工业节能、技术节能等细分行业的龙头企业。国家节能建筑的推广，将大大拓展我国企业的投资方向。

（2）市场开拓

市场开拓是指商品生产者打开市场，提高本企业产品的市场占有率的行为。

一般情况下，企业在目标市场开拓过程中有五大典型战略可供选择：一是“滚雪球”战略。这种选择对于中小企业逐步滚大企业、滚强品牌是最佳选择之一。二是“保龄球”战略。企业要占领整个目标市场，首先攻占整个目标市场中的某个“关键

市场”——第一个“球瓶”，然后利用这个“关键市场”的巨大辐射力来影响周边广大的市场，以达到全部占领目标市场的目的。例如海尔集团首先投入大量的精力先后进入并占领了“广州—上海—北京”这个进军全国市场的战略“金三角”，依靠其强劲的市场辐射能量，产品迅速推向全国市场。在开拓国际市场时，海尔集团也采用了首先攻占“日本—西欧—美国”三个关键市场的战略，从而为进军全球市场铺平了道路，起到了事半功倍的效果。三是“采蘑菇”战略。“采蘑菇”市场开拓战略是一种跳跃性的拓展战略，企业开拓目标市场时，通常遵循目标市场“先优后劣”的顺序原则，而不管选择的市场是否邻近。也就是首先选择和占领最有吸引力的目标区域市场，采摘最大的“蘑菇”；“采蘑菇”的目标市场开拓战略，虽然给人挑肥拣瘦的感觉，存在缺乏地理区域上的连续性的缺点，但却是一种普遍适用的选择。这种目标市场开拓战略的风险也最大，竞争也最为激烈。因为在大多数企业都采用这种战略选择时，无异于千军万马过独木桥，因此对企业实力、品牌特色的考验也最大。四是“农村包围城市”战略。这种先易后难的目标市场开拓战略，对实力尚弱、品牌知名度不是很高的中小企业比较适用。五是“遍地开花”战略。遍地开花战略是企业在开拓其目标市场时，采用到处撒网，遍地开花的方式。这种目标市场开拓战略的成功系数比较小，而且成功者寥寥，失败者多多。可见这种战略并不适合于目前我国的中小企业。市场开拓战略的选择，于企业的营销及发展战略至关重要，因此在选择时需要格外慎重。

（3）自我发展

在一定时期内，受企业盈利能力和负债情况的制约，企业内部经营所创造的资金是有限的，企业可持续的发展速度也是有限度的。如果企业过快的扩大生产经营规模，则经营活动可能因为缺乏必要的资金而中断，或者迫使企业依靠外部资金来解决发展资金短缺。一旦外部资金筹集困难或成本较高，就会使企业的发展遭受挫折，就会给企业的进一步发展带来困难。分析企业的可持续发展能力，计算企业可持续增长速度，就是期望知道什么样的发展速度是企业目前经营成果和财务状况可以支持的发展速度。建筑节能是个大市场，企业参与这个市场的竞争，扩大市场占有份额，一定要控制好企业自身的发展速度。盲目扩张和故步自封对于参与企业来说都是一个致命的战略失误。

2. 四大挑战

（1）企业转型升级

市场与大自然很相似，也是一个强者愈强、弱者愈弱的正反馈机制，企业能够赚钱、生存下来的毕竟是少数。因此中国的企业要么提升转型力求发展，要么不适应商业环境被市场所淘汰、走向死亡。转型力是企业成功的核心能力。企业转型的关键，在于转型战略是否建立在核心竞争力的基础之上。转型的最终目的是使企业能拥有持续的竞争优势，从而能在剧烈而多变的市场竞争中取得主动，实现永续经营。

随着中国企业市场化程度的不断提高，建筑节能市场的逐渐成长，企业的转型问题就成了本土企业再度壮大的一个瓶颈，企业没有解决好转型问题，没有过硬的转型力，很难在国际强势企业的蜕变中，在建筑节能市场的发展中求得一席生存之地。

(2) 自主创新

自主创新是指通过拥有自主知识产权的独特的核心技术以及在此基础上实现新产品的价值的过程。自主创新包括原始创新、集成创新和引进技术再创新。自主创新的成果，一般体现为新的科学发现以及拥有自主知识产权的技术、产品、品牌等。

建筑节能是一门跨学科、跨行业、综合性和应用性很强的技术，它集成了城乡规划、建筑学及土木、设备、机电、材料、环境、热能、电子、信息、生态等工程学科的专业知识，同时，又与技术经济、行为科学和社会学等人文学科密不可分。但在当前高校学科设置的背景下。各相关专业培养的学生还没有条件掌握建筑节能的跨学科知识，也不具备建筑节能技术集成的能力。建筑节能领域的自主创新对于参与企业是占领行业制高点的战略部署。

(3) 竞争与合作

我们知道，竞争是不同对象向同一目标、按同一标准比试高低优劣，为了自己的利益争胜；而合作则是不同对象为了共同目标、利益和愿望而一起工作。

合作与竞争，看似水火不容，其实，他们相互依存，你中有我，我中有你，他们是同一问题的不同方面。一般地说，竞争要求合作，竞争促进合作。只有善于合作，借势助力，才能在合作中发展自己，才能增强参与新的竞争的实力。因此，竞争和合作都是促进事物发展的动力。我们的企业要培养竞合理念，合作是更高层次的竞争。合作一方面提高了本企业的能力，另一方面拓展了企业的市场。

(4) 人力资源开发

人力资源开发的目标：一是通过开发活动提高人的才能；二是通过开发活动增强人的活力或积极性。

人的才能是认识和改造世界的能力，它构成了人力资源的主要内容。通过开发来增强人在工作中的活力，才能充分、合理地利用人力资源，提高人力资源的利用率。

提高人的才能是人力资源开发的基础。人的才能的高低，决定人力资源存量的多寡；增强人的活力是人力资源开发的关键。有才能而没有活力，这种才能没有任何现实意义；有了活力就会自我开发潜力，提高才能。企业参与建筑节能市场的发展就必须把人力资源的开发摆在一个非常高的高度。新新市场的发展离不开高素质的人才。一切为了人，一切依靠人。

最后我总结一下今天的发言，正如我强调的八个字“建筑节能 商机无限”，我希望我们建筑行业的企业能从我讲的以上三个方面获得收益，能做到：抓住需求、拓展市场，正视差距、挖掘潜力，抓住机遇、迎接挑战，实现更新、更大的变化，更好地实现人身价值。

（2012 年 4 月 18 日在“第六届中国企业跨国投资研讨会建设行业经济形势与国际合作论坛”上的讲话）

绿 色 建 筑

我国工业、建筑、交通和生活四大节能产业中，建筑节能被视为热度最高的领域，是减轻环境污染、改善城市环境质量的一项最直接、最廉价的措施。

我国既有建筑达400亿m^2，却仅有1%为节能建筑。目前，建筑耗能总量在我国能源消费总量中的份额已经超过了27%，正逐渐接近三成。降低建筑能耗水平，提高楼宇的能源利用效率迫在眉睫。

下面，我分五个部分来讲一讲绿色建筑。

一、绿色建筑的概念

首先，我们来谈谈什么叫绿色建筑。绿色建筑是指在建筑的全寿命周期内，最大限度地节约资源（节能，节地，节水，节材）、保护环境和减少污染，为人们提供健康、适用和高效的使用空间，与自然和谐共生的建筑。又可称为可持续发展建筑、生态建筑、回归大自然建筑、节能环保建筑等。

绿色建筑的基本内涵包含了三个方面——减轻建筑对环境的负荷，也就是节约能源及资源；提供安全、健康、舒适性良好的生活空间；与自然环境亲和，让人与建筑与环境达到和谐共处、永续发展。

20世纪60年代美国建筑师保罗·索勒瑞提出了生态建筑的新理念；1969年，美国建筑师伊安·麦克哈格又写出了《设计结合自然》一书，这标志着生态建筑学的正式诞生。1987年，联合国环境署发表《我们共同的未来》报告，确立了可持续发展的思想；1990年世界首个绿色建筑标准在英国发布；1993～2000年间，美国、我国香港、我国台湾、加拿大等国家、地区都相应出台了一些标准，促进绿色建筑的发展。

我们国家关于这方面也出台了一些政策法规，来促进绿色建筑的有序发展。1992年巴西里约热内卢联合国环境与发展大会以来，中国政府相续颁布了若干相关纲要、导则和法规，大力推动绿色建筑的发展；2004年9月建设部“全国绿色建筑创新奖”的启动标志着我国的绿色建筑发展进入了全面发展阶段；2006年，住房和城乡建设部正式颁布了《绿色建筑评价标准》；2007年8月，住房和城乡建设部又出台了《绿色建筑评价技术细则（试行）》和《绿色建筑评价标识管理办法》，逐步完善适合中国国情的绿色建筑评价体系；2008 年 3 月，成立中国城市科学研究会节能与绿色建筑专业委员会，对外以中国绿色建筑委员会的名义开展工作；2009 年、2010 年分别启动了《绿色工业建筑评价标准》、《绿色办公建筑评价标准》编制工作。

以上是绿色建筑在国际国内的一些发展情况，可以看到绿色建筑无论在国际还是在国内都是在稳步有序地发展着。但是对于绿色建筑的认识，我们也容易走入一些误区。

首先，有些人会认为绿色建筑一定是高价高成本的。这是一种典型的错误理解。绿色建筑的绿色并不意味着高价和高成本。比如延安窑洞冬暖夏凉，把它改造成中国式的绿色建筑，造价并不高。由此可以看出绿色建筑主要是靠技术，并不是一定要增加建筑成本。绿色建筑体现在绿色设计、绿色施工，采用绿色建筑材料及绿色建筑技术诸多方面。

第二，绿色建筑并不仅限于新建筑。也就是说绿色建筑完全可以应用于旧建筑，我们叫“再使用建筑”——这样的建筑一样可以变成绿色建筑。

第三，建筑节能不只是政府的职责。推广绿色建筑不只是政府的职责，广大居民也是绿色建筑的最终实践者和受益者。很多建筑本身的节能效果不错，可居民在装修过程中，把墙皮打掉了，或者换了窗户，拆掉天花板，这样就破坏了建筑本身的节能性和环保性。

事实上，建筑一直是能耗大户，是节能工作中的重点和难点。2000 年以前，我国建成的建筑大多为非节能建筑。业内专家透露，目前，北方采暖地区部分新建建筑没有按照法律的要求安装供热计量装置。同时，施工阶段，有部分企业没有安装供热计量装置或安装质量低劣，有些不符合供热计量技术规程的要求。部分节能建筑材料质量不高，有些甚至是假冒伪劣产品。我国建筑节能形势较为严峻。

“十二五”期间我国力求在节能建筑领域做到三个转变——从推广建筑节能，向推广绿色建筑转变；从单纯节约，向节水、节材、节地节能等综合节约方式转变；从设计、施工环节节能，向设计、施工、运行、监测、报废等各个环节和阶段的综合利用的科学管理系统转变。而正是在目前尚处于起步阶段的客观背景下，推进绿色建筑工作急需突破口。

二、绿色设计

绿色设计（Green Design）是 20 世纪 80 年代末出现的一股国际设计潮流。绿色设计反映了人们对于现代科技文化所引起的环境及生态破坏的反思，同时也体现了设计师道德和社会责任心的回归。也可称为生态设计（Ecological Design），环境设计（Design for Environment）等。

绿色设计的原则被公认为“3R”的原则，即 Reduce，Reuse，Recycle，减少环境污染、减小能源消耗，产品和零部件的回收再生循环或者重新利用。

为贯彻环保节能的设计理念，实现良好的经济和环境效益，在建筑设计中常把握以下几要点。

1. 居住环境的气候条件

绿色建筑是一种气候适宜性建筑，即遵循气候特点设计出低耗能建筑。如徽派建筑就是典型的小气候调节型的建筑，非常热的夏天，到了房间里也会觉得很凉快。徽派建筑大多为两层结构，一楼住人，二楼堆放稻草和粮食，粮食和稻草就成为隔热层，建筑上层与下层、内部与外部温差相差 5 度之多。徽派建筑的地窖是把季节性的热能储藏在地下，然后用温差为建筑取暖或降温，达到节能的效果。

2. 确保人的健康

绿色建筑设计的重要任务是确保使用者的健康，要保证室内空气质量、热环境、噪声和电磁场辐射等因素对人的影响。设计中尽可能地采用低毒或无毒材料，如墙和吊顶使用无毒或低毒性涂料，建材无甲醛或 Voc 含量最少，采用陶瓷、硬木等硬装修地面等；选择材料、建筑系统和机械系统时尽量减少木制品、地毯、涂料、密封膏、织物等潜在的对健康不利的污染物，合理组织通风，设置进风口和必需的出风口，引风入室。改善室内热环境，包括温度、湿度、辐射温度和气流等，提高人体舒适性。提高水质量，有条件的可以选用直饮水。合理进行自然采光，即满足人类健康的需要，又满足视觉美学的需要，同时达到节能的效果。通过改进细部设计和建造方法，以及采用吸声材料来提高建筑的隔声效果。

3. 最大限度降低能耗

这主要体现在两点——减少建筑材料生产运输过程中的能耗和减少建筑使用过程中的能耗。

（1）减少建筑材料生产运输过程中的能耗。

在建筑设计过程中，不仅要注重使用过程中的节能，还应考虑蕴含在建筑材料本身中的能源消耗量。在满足建筑的使用功能和结构安全的前提下，应尽可能地选用生产能耗低的建筑材料，以及钢材、铝材这些回收利用率较高的建筑材料，实现建筑的可持续。为减少运输过程中的能耗和污染，应尽可能的选用地方性的材料。

（2）减少建筑使用过程中的能耗。

在建筑建成后使用过程中会消耗大量的能耗，所以应重点从建筑本身来做好节能设计，可通过建筑体形设计达到节能效果，如平面布局、平面形状、进深、体形系数、表面面积系数、长宽比和朝向等因素，都与建筑的节能效果有很大关系。合理设计建筑的墙体、门窗、屋顶、热缓冲区及有效遮阳，提高外围护结构的保温隔热性能，也对建筑节能有着重大意义。

4. 合理利用资源

这里所说的资源利用是指——清洁能源的利用；旧建筑材料的回收利用和可再生材料的利用。

（1）清洁能源的利用。

太阳能是一种资源丰富的清洁能源，在建筑中可将强太阳能的利用，如设计并建造太阳能光电屋顶、太阳能电力墙和太阳能光电玻璃，将太阳能转化为建筑本身需要的电能和热能。此外，风能也是一种开发利用较为方便的一种清洁能源，除了建筑的自然通风外，还可以安装风力发电和风力致热设备，将风能转化为建筑内可直接使用的能源。

（2）回收利用旧建筑材料。

加大旧建筑材料的回收利用，尽可能地降低能源和物质投入及废弃物和污染物的产出，这是绿色建筑体系最重要的内在机制。可将建筑拆除过程中的建筑材料，如木地板、木制品、混凝土预制构件、铁器、钢材、砖石、保温材料等，经过加工和改造，在满足规范和设计要求的条件下，利用到新建筑中。

（3）可再生材料的利用。

建筑中加大木材、废纸/纤维保温材料等可再生材料的利用，不仅较少建筑的投资，还可减轻人类过度开采资源引发的生态问题。

5. 降低环境负荷

在进行绿色建筑设计的过程中，应注意减轻对自然环境的破坏，减少环境污染，使建筑产生的建筑垃圾、固体、污水与气体等污染物带来最小的环境负荷。

（1）选择环境负荷小的建筑材料。

建筑生产过程中会消耗大量的资源和能源，并带来较高的环境污染。建筑师在对材料进行选择时，应具备生态和的意识，选择对环境造成的负荷小的材料，如生态水泥、绿化混凝土、高性能长寿建筑材料、家居舒适化和保健化建材等。可使用预制模数构件来减少建筑垃圾。

（2）采用合理的施工方法。

建筑设计要充分考虑施工过程中带来的污染，在建筑的造型设计、材料选用和工艺设计都应便于施工，减少施工的能耗和降低其带来的环境负荷。

6. 使建筑长寿

（1）选用耐久性材料，延长建筑使用寿命。

设计中选用耐久性较好的建材，以延长建筑的使用寿命，最好做到建筑材料的使用寿命与建筑同步，减少材料的更换、维护，从而节约费用。如推广高强钢筋、高强水泥，还有各种轻质高强材料等。

（2）采用灵活多样的设计手法。

建筑师在设计中应充分预见到建筑可能根据用户的不同要求而改造，采取适应性改变、灵活性设计等策略，提高建筑的使用寿命和使用效益，以提高整体资源利用率，减少寿命周期的能源资源消耗和环境影响。例如，设计两所住宅建筑，在材料和工艺都相同的情况下，设计者采用不同户型的话，一种自适应性又差，可能在若干年后无法满足使用功能，无法改造只有拆除重建，而另一所由于可以灵活变换户型而得到更长时间的使用，相比之下，在相同的时间内，后者生命周期中耗费的资源和产生的污染比前者要少很多。

从建筑设计角度看，绿色建筑可以从以下的十个方面得到体现：

（1）规划设计

节能规划设计就是分析构成气候的决定因素——辐射因素、大气环流和地理因素的有利和不利影响，通过建筑的规划布局对上述因素进行充分利用、改造，形成良好的居住条件和有利于节能的微气候环境。

（2）建筑选址

建筑选址，是住宅建筑的首要问题。古代风水理论关于建筑选址的基本原则之一，叫做“相形取胜”，即选用山川地貌、地形地势等自然景观方面的优胜之地。风水中关于聚落选址的最佳格局，即：“背山、面水、向阳”。向阳，则背阴；面南，则背北。背山，可以阻挡冬天北来之寒流；面水，可以迎接夏天南来之凉风；向阳，可以取得良好的日照。其中，水源具有特殊的重要意义。中国古代在建立城市（又称立国或营国）的时候，把周围的山川形胜看得比规矩准绳还要重要。《管子·乘马篇》说：“凡立国者，非于大山之下，必于广川之上，高毋近旱而水用足，下毋近水而沟防省，因天时，故城郭不必中规矩，道路不必中准绳。”按照这一原则所选择的建筑基址，有利于形成优越的小气候和良性的生态循环。在这样一个自然环境中安家落户，必然有利于人的生存与健康，同时节能环保。

（3）建筑布局

利用建筑的布局，形成优化微气候的良好界面，建立气候防护单元，对节能有利，建立一个小型组团的自然－人工生态平衡系统。

建筑布局方式：形体组合关系的集中式、分散式、组群式；组合手法的规整式、自由式、混合式。具体要求：

1）与场地取得适宜关系；

2）充分结合总体分区及交通组织；

3）有整体观念，统一中求变化，主次分明；

4）体现建筑群性格；

5）注意对比、和谐手法的运用。

（4）建筑形态设计

1）从形态的横向构成来看，形态是“形”与“态”的组合。“形”指形状，它是由事物的边界线即轮廓所围合成的呈现形式，包括外轮廓和内轮廓。“态”是事物的内在发展方式，它与物体在空间中占有的地位有着密切的关系。

2）从形态的纵向层次来看，形态是由材料层、形式层和意蕴层三个层次构成的。材料层是设计品的物质基础。形式层是针对意蕴层而言的，专指形态的外部呈现形式，也就是我们的视觉和触觉接触到的物象。它包括外形式和内形式。意蕴层意蕴层深藏于形态内部，是整个形态的核心层。它是在长期的社会文化发展进程中积淀的具有稳定性的意义。

（5）建筑间距设计

影响建筑间距的主要因素有日照、通风、防火、防噪、卫生、通行通道、工程设施布置、抗震要求。住宅应每户至少有1个居室，宿舍应每层至少有半数以上居室能获得冬至日满窗日照不少于1小时：托儿所、幼儿园和老年人、残疾人专用住宅的主要居室，医院、疗养院。至少有半数以上的病房和疗养室，应获冬至日满窗口照不少于3小时。目前《民用建筑设计通则》、《城市居住区规划设计规范》、《民用建筑防火设计规范》等三个规范中有明确的间距要求。

（6）建筑避风设计

（7）建筑朝向设计

影响建筑朝向的主要因素是日照和通风。由于我国处于北半球，因此大部分地区最佳的建筑朝向为南向，适宜朝向为东南向。

（8）建筑结构设计

建筑结构设计就是建筑结构设计人员对所要施工的建筑的表达。建筑结构设计主要分为三个阶段：结构方案阶段、结构计算阶段与施工图设计阶段。其中结构方案阶段的内容是：根据建筑的重要性，工程地质勘查报告，建筑所在地的抗震设防裂度，建筑的高度和楼层的层数以及建筑场地的类别来确定建筑的结构形式。在确定了结构的形式之后，就需要根据不同结构形式的要求和特点来布置结构的受力构件和承重体系。

（9）建筑围护结构设计

我国城乡建筑围护结构保温隔热和气密性能较差，采暖空调系统的能源效率低下，与发达国家不断提高的建筑节能要求相比，差距较大。我国已经编制的居住建筑与公共建筑节能设计标准都是在原有能耗基础上，通过改善建筑围护结构保温隔热性能，以及提高设备和系统能源利用效率，达到一定的节能标准。

（10）光电建筑设计

太阳能光电建筑即建筑整合太阳能（BIPV），是使用太阳能光伏材料取代传统建筑材，使建筑物本身成为一个大的能量来源，而不必用外加方式加装太阳能板，因为在设计阶段就考量，所以发电率和成本比值最佳，天窗和外墙是通常最大的接光面。可以部分或全部供应建筑用电，现有建筑也可能用改装方式成为太阳能光电建筑。最大好处是太阳能板价格可以摊进被它取代的原始建筑材料，安装成本也可以算进建筑工事中，从而降低使用太阳能的成本。而且在设计阶段就纳入太阳能，可以使接光率提高并且兼具美观因素。这些因素使太阳能光电成为成长最快的太阳能产业应用。

三、绿色施工

绿色施工是指工程建设中，在保证质量、安全等基本要求的前提下，通过科学管理和技术进步，最大限度地节约资源与减少对环境负面影响的施工活动，实现四节一环保（节能、节地、节水、节材和环境保护)。其原则减少场地干扰、尊重基地环境、施工结合气候，绿色施工要求节水节电环保、减少环境污染，提高环境品质、实施科学管理、保证施工质量等。它不是独立于传统施工技术的全新技术，而是用“可持续”的眼光对传统施工技术的重新审视，是符合可持续发展战略的施工技术。可持续发展思想在工程施工中应用的重点在于将“绿色方式”作为一个整体运用到工程施工中去，实施绿色施工。

建筑施工期间，各项施工活动、建筑原材料装卸、运输等不可避免地对周围环境造成影响。影响因素主要有废气、粉尘、噪声、固体废物和污水等，其中以粉尘和施工噪声的影响较为突出。

针对上面提出的污染因素，提出建筑施工中的污染防治措施，实现绿色施工。

1. 建筑施工大气环境污染防治对策

首先对施工现场实行合理化的管理，比如要使砂石料堆放要统一，水泥应在专门库房堆放，并尽量减少搬运环节，搬运时做到轻举轻放，防止包装袋破裂；然后开挖时，对作业面和土堆适当喷水，使其保持一定湿度，来减少扬尘量，而且开挖的泥土和建筑垃圾要及时的运走，以防止因长期堆放表面干燥而起尘或被雨水冲刷；还有运输车辆应完好，不应装载过满，并尽量采取遮盖、密闭等措施，减少沿途抛洒，并及时清扫散落在路面上的泥土和建筑材料，冲洗轮胎，定时洒水压尘；施工现场要设围栏或部分围栏，缩小施工扬尘扩散范围；最后当风速过大时，应停止施工作业，并对堆存的砂粉等建筑材料采取遮盖措施。

2. 建筑施工中水污染防治对策

建筑施工过程中产生的生产废水和生活污水如不妥善处理，直接进入水体，将会造成一定的水体污染。建筑施工单位可以从以下方面入手做好水污染防治；

（1）施工单位应加强对生活污水的管理，尤其是厕所污水必须排入化粪池，严禁直接排入环境；

（2）施工场地产生砂石清洗水、混凝土养护水、设备水压试验水及设备车辆洗涤水等不得随意排入水体，应导入事先设置的简单沉淀池进行沉淀后方可排放；

（3）对各类车辆、设备使用的燃油、机油、润滑油等应加强管理，所有废弃脂类均要集中处理，不得随意倾倒，更不得任意弃入水体内。

3. 噪声污染防治对策

根据国家相关规定，建筑施工执行《建筑施工场界噪声限值》的标准。对于建筑施工过程中，噪声扰民是主要的污染，要达到绿色施工的标准，必须严格控制噪声对周围居民影响，应该采用以下控制措施：

（1）加强施工管理，合理安排作业时间，严格按照施工噪声管理的规定，夜间不得进行打桩。尽量采用低噪声施工设备和噪声低的施工方法；

（2）作业时在高噪声设备周围设置屏蔽；

（3）加强运输车辆的管理，建材等运输尽量在白天进行，并控制车辆鸣笛。

4. 固废影响分析及防治对策

对施工现场要及时清理，建筑垃圾要及时清运，并加以利用，防止因长期堆存而产生扬尘。建筑施工期间对生活垃圾应进行专门收集，并定期将之送往附近的垃圾场进行卫生填埋处置，严禁乱堆乱扔，以免破坏景观、污染环境。

5. 防止有毒有害化学品污染

施工现场要设置专用的油漆、油料和危险化学品库，仓库地面和墙面要做防渗漏的特殊处理，使用和保管要专门人负责，防止油料的跑、冒、滴、漏，污染水体和土壤；还有禁止将有毒有害废弃物作土方回填，应交给具备资质能力的处置单位进行处理；最后易燃易爆品应单独设立专用库房来保存。

绿色施工并不仅仅是指在工程施工中实施封闭施工，没有尘土飞扬，没有噪声扰民，在工地四周栽花、种草，实施定时洒水全部密目式安全围挡封闭和硬地坪施工等文明工地的内容，它还包括了其他很多的内容。就如同绿色设计一样，涉及可持续发展的各个方面如生态与环境保护、资源与能源的利用等。

绿色施工作为建筑全寿命周期中的一个重要阶段，是实现建筑领域资源节约和节能减排的关键环节。要严格执行绿色施工技术标准。

四、绿色节能建材

绿色建材，又称生态建材、环保建材和健康建材，指健康型、环保型、安全型的建筑材料，在国际上也称为“健康建材”或“环保建材”，绿色建材不是指单独的建材产品，而是对建材“健康、环保、安全”品性的评价。它注重建材对人体健康和环保所造成的影响及安全防火性能。它具有消磁、消声、调光、调温、隔热、防火、抗静电的性能，并具有调节人体机能的特种新型功能建筑材料。

在西方，节能环保建筑的观念早已深入人心。一方面，针对环保节能方面的建筑构造技术和材料有了很大进步和发展；另一方面，经历了上百年工业化和城市化的西方人对质朴自然的生活环境的向往，促进了节能环保建筑理念的普及。举一个美国的例子，位于纽约的孔戴·纳斯特大厦运用了几乎所有的节能技术，是按照节能环保建筑标准建造的办公楼典范。这座大厦采用了一种采光性很好的特殊玻璃，可减少室内灯光照明。此外，这种玻璃在夏天能隔热、隔紫外线，冬天又能降低热量损失。大厦内安装了两个以天然气为燃料的电池，可提供400kW的电力，满足夜间全部电量供应以及白天5%的电力需求。还有电池产生的热水部分可用于大楼供暖，部分作为日常热水供应。大厦外墙使用太阳能光伏发电板，也可提供15kW的电力。室内安装了动作状感应器，能自动控制人少区域等。由于采用了节能措施，这座大厦的能量损耗比周边办公楼降低了30%左右。如此节能环保的大厦是我们希望以后住的房子。

在全球能源供应趋紧的形势下，居住环境的节能设计成为建筑业必须面对的一个重要课题。目前建筑业对居住环境建造中节能环保材料的运用主要体现在窗户和照明节电上。例如在玻璃窗的设计上，双层玻璃越来越普遍，它一可防尘，二可防噪声，三可防暑避寒。一些室内设备更多地采用光电池作为能源；自动转向的遮阳伞、光电池自动遮帘等产品也十分引人注目，它们既能使室内采集到足够的光线，又能保持室内的热度，从而使传统楼房向建设智能化楼房迈出了一大步。新型节能装置还包括，照明系统广泛采用荧光灯、卤素灯、白炽灯等，均以获得室内节能与照明的最佳效果。此外，在屋顶安装可调节的采光系统，可将阳光通过反射的“管道”送往室内。如果在设计墙体、屋顶时，通盘考虑门窗、遮阳、热量采集、自然通风和太阳能发电、热水等的功能和需求，也可为楼房提供或节省能源。其实就环保建筑材料的实用性而言，关键还要有一个好的设计，能充分发挥材料的环保优势。所谓好的设计，不仅仅就外观而言，其实建筑设计中最重要的东西：大到总体规划层面，小到构造设计层面，很多都是隐形的。比方说一栋经过节能设计的房子，可能会有一个设计得很好的采暖和通风系统，也采用了保温性能很好的外墙和屋顶材料，门窗的隔热材料也采用了很好的品牌，其中每一个构造都务求做到精益求精，以保证其耐久性和质量。但这些东西大都是看不见的。在节能设计中，即使是一颗钉子的构造，都会对房子的整体保温性能产生很大影响，更不要说藏在外墙饰面下的保温砂浆层了。由此可见环保建筑材料的应用必将成为以后居民房屋住宅规划的一个方面了，而从我国现阶段的经济发展速度而言，环保建筑材料也必将得到我们国人的青睐。

据介绍，欧洲目前正在掀起一场“建筑革命”，人们期待新一代的房屋不仅能确保能源自给自足，还能将剩余的能源输入电网。可见这是人们对当今建筑行业提出的一个新的要求，也是世界环保意识增强的一个表现。相应环保建筑材料的使用将会为整个建筑行业注入一股新鲜血液，它不仅解决了人们异常关注的环境污染问题，也充分实现了资源的合理、重复利用，使整个建筑在设计和构造上更加趋于完美化、合理化，能够跟上时代的步伐。

五、绿色节能技术

近年来，中国的住宅市场蓬勃发展，绿色建筑生态智能住宅已经开始走入我们的生活，人居环境已成为全世界共同关注的课题。由此，绿色建筑正逐步走进我国的房地产。在当前形势下，房地产开发公司逐渐提高对建筑节能的认识和投资，并以市场需求为导向，走科技创新之路，我国建筑节能技术有了突飞猛进的发展，发展绿色节能技术已成为和房地产行业的趋势。

1. 节能建筑有关的技术与产品

（1）在建筑物和管道、风道上应用的各种保温、隔热材料；（2）外墙保温、隔热复合技术及产品；（3）屋顶保温、隔热技术及相关材料、制品；（4）各种不同材质门窗的保温、隔热技术及产品、多层玻璃、中空玻璃、充气镀膜玻璃、密封技术与材料、遮阳与换气技术与设备；（5）节能建筑的优化设计以及节能设备的优选与集成。

2. 与采暖、降温有关的技术与产品

（1）适应各种不同能源的供热、制冷技术与设备；（2）不同热媒的输送热冷交换调控技术与设备；（3）各种采暖、降温方式的技术与设备；（4）各种热（冷）能量的计量仪表系列产品；（5）集中供热采暖、中央空调的运营管理及其软件。

3. 建筑物的新能源开发利用技术

（1）太阳能在建筑中的应用；（2）地热能用于采暖、制冷和生活热水；（3）水源、空气源热泵的应用；（4）风能的开发与利用；（5）其他可再生能源的开发和在建筑中的综合利用等。

我国目前正处于经济快速发展阶段，作为大量消耗能源和资源的建筑业，必须发展绿色建筑，改变当前高投入、高消耗、高污染、低效率的模式，承担起可持续发展的社会责任和义务，实现建筑业的可持续发展。面对全球经济一体化的发展趋势，发展绿色建筑是我国的必由之路。

“可持续发展和环境保护”是21世纪的主题，所有的建筑人士都应该明白这一点。不仅从施工产生的污染源头开始，减少和消除施工污染，实现绿色施工，而且也要采取绿色环保的建筑材料和装饰材料等一切可以环保节能的材料。只有这样才能实现可持续化。所以建筑行业肩负着保护环境的重要责任，他们必须符合相关要求，在建筑过程中能够坚持环保理念，积极探索有利于环境保护的建筑设计策略，追求人类与自然的和谐发展。

（2012年6月21日在“可持续发展与绿色建筑国际合作论坛”上的讲话）